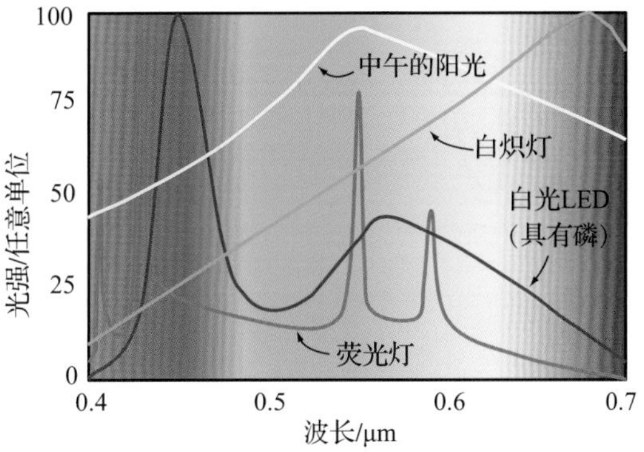

图 TF1-2　普通可见光源的光谱

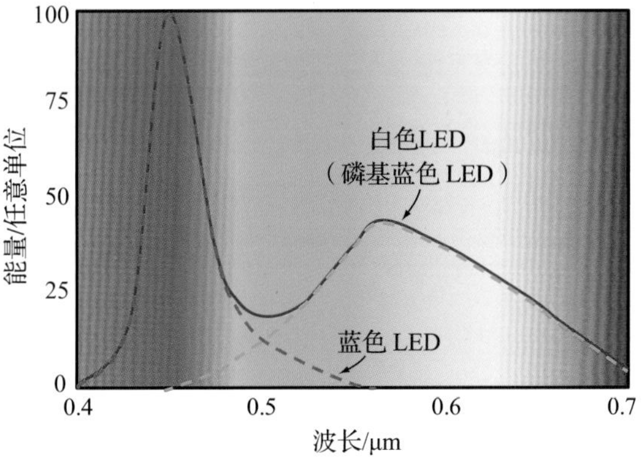

图 TF1-6　磷基白光 LED 发射光谱

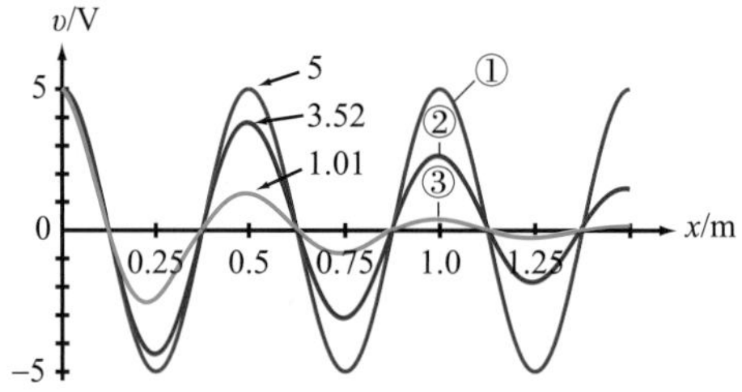

图　E1-7

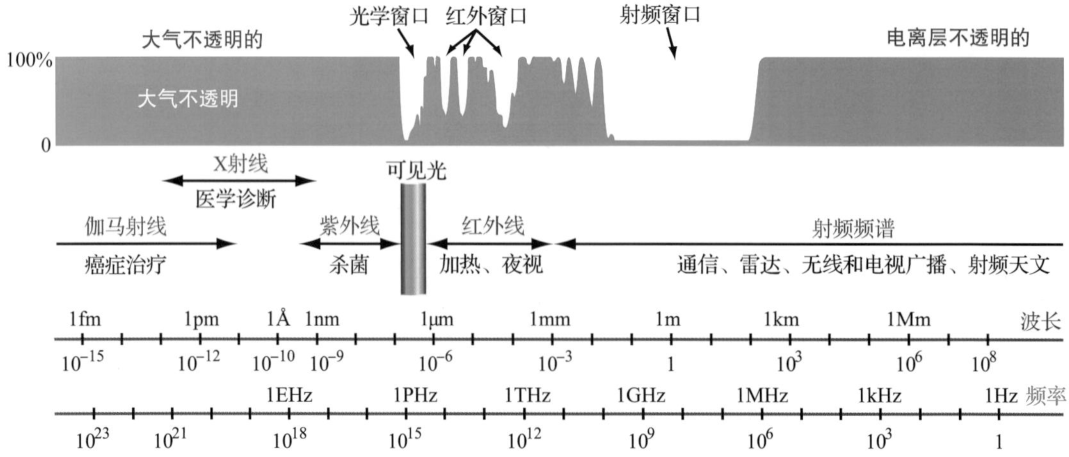

图 1-16　电磁频谱

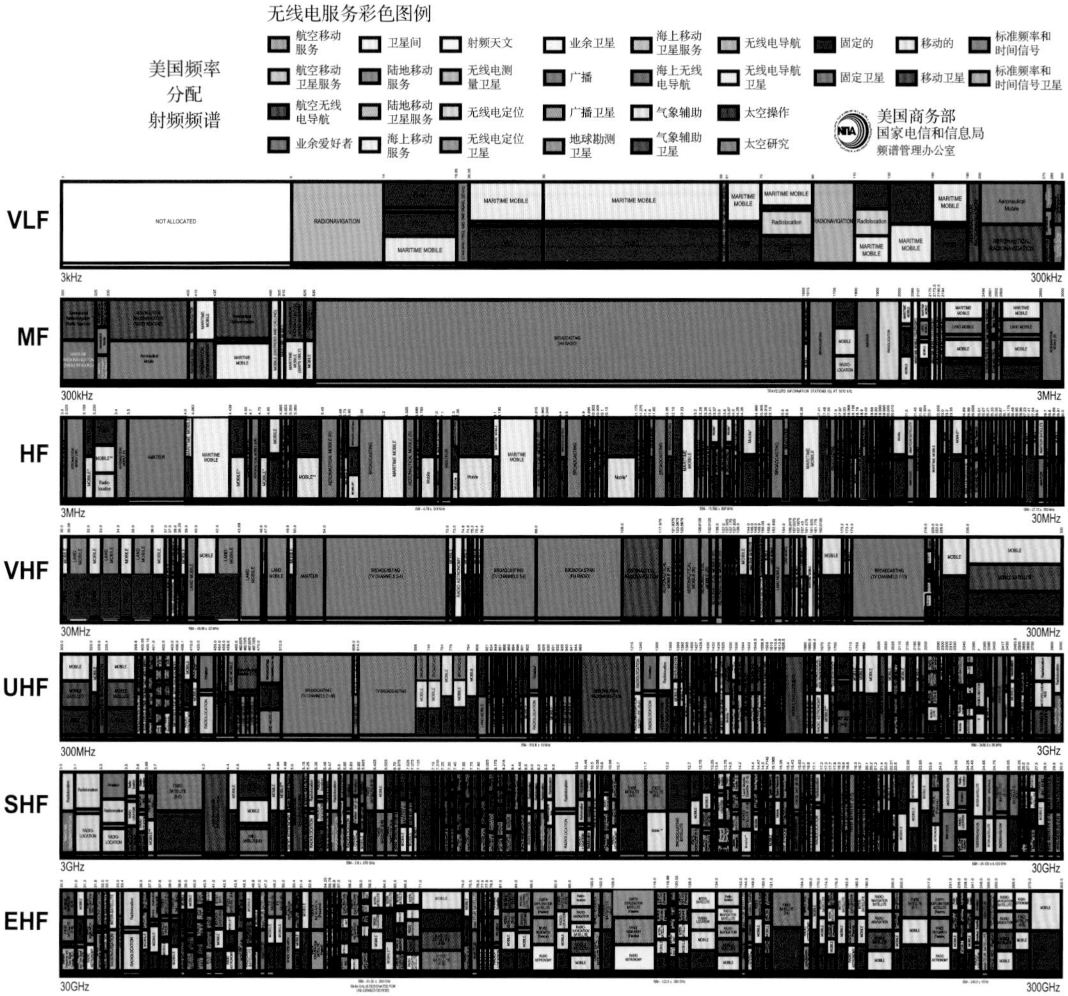

图 1-17　美国各频段的无线电频谱及其主要分配（参见本书网站上的可放大视图）

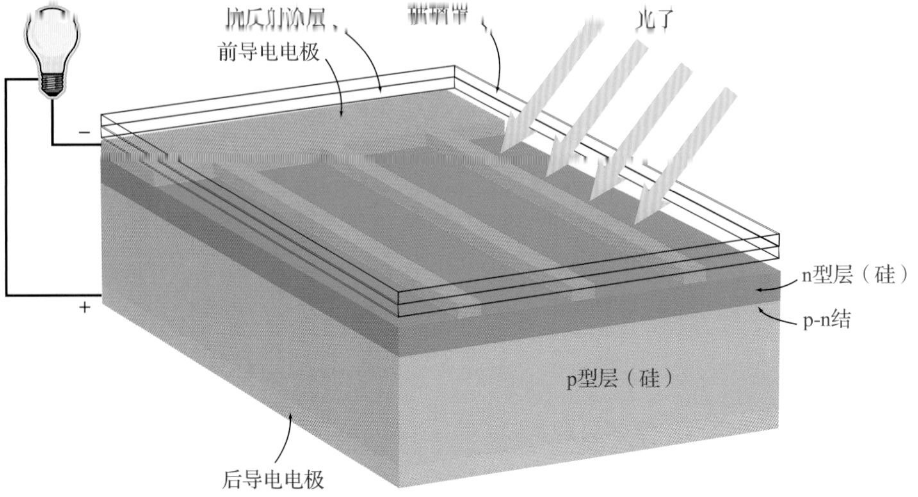

图 TF2-2　光伏电池的基本结构

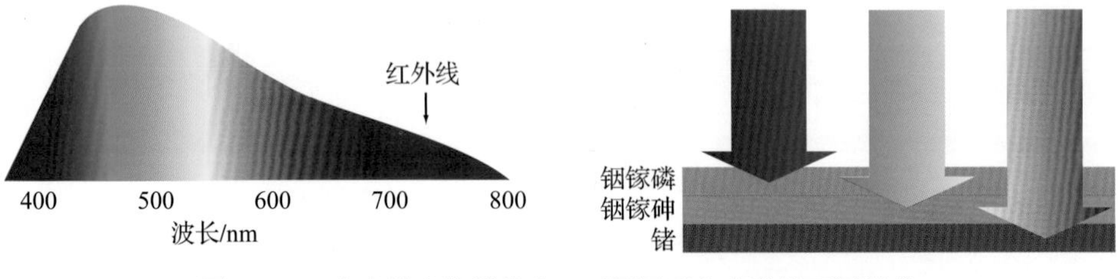

图 TF2-3　在多结光伏器件中，不同层吸收光谱的不同部分

信息技术经典译丛

Fundamentals of Applied Electromagnetics

Eighth Edition

应用电磁学基础

（原书第8版）

[美] 法瓦兹 · T. 乌拉比（Fawwaz T. Ulaby）
翁贝托 · 拉瓦利（Umberto Ravaioli） 著
丁君 郭陈江 庞晓炎 译

机械工业出版社
CHINA MACHINE PRESS

图书在版编目（CIP）数据

应用电磁学基础：原书第 8 版 /（美）法瓦兹・T. 乌拉比（Fawwaz T. Ulaby），（美）翁贝托・拉瓦利（Umberto Ravaioli）著；丁君，郭陈江，庞晓炎译．—北京：机械工业出版社，2023.9

（信息技术经典译丛）

书名原文：Fundamentals of Applied Electromagnetics, Eighth Edition

ISBN 978-7-111-74110-7

Ⅰ. ①应…　Ⅱ. ①法… ②翁… ③丁… ④郭… ⑤庞…　Ⅲ. ①电磁学　Ⅳ. ① O441

中国国家版本馆 CIP 数据核字（2023）第 201591 号

机械工业出版社（北京市百万庄大街 22 号　邮政编码 100037）

策划编辑：王　颖　　　　责任编辑：王　颖

责任校对：张爱妮　李小宝　　责任印制：单爱军

保定市中画美凯印刷有限公司印刷

2024 年 1 月第 1 版第 1 次印刷

185mm × 260mm · 25.5 印张 · 2 插页 · 693 千字

标准书号：ISBN 978-7-111-74110-7

定价：149.00 元

电话服务	网络服务
客服电话：010-88361066	机　工　官　网：www.cmpbook.com
010-88379833	机　工　官　博：weibo.com/cmp1952
010-68326294	金　　书　　网：www.golden-book.com
封底无防伪标均为盗版	机工教育服务网：www.cmpedu.com

译者序

Fundamentals of Applied Electromagnetics 是美国 100 多所大学电子电气工程专业及相关专业本科生电磁学理论课程参考使用的经典图书，本书是其第 8 版的中文翻译版。根据我们在翻译过程中的体会，本书具有以下几个突出的特点。

1. 本书体系独特，知识结构系统完整，内容丰富合理，为读者提供了更多的选择性和自由度。

2. 本书语言描述亲切自然，问题阐述由浅入深、循序渐进，概念定律清晰明确，理论推导详细完整，并做了大量的归纳总结，便于读者理解和掌握。

3. 本书注重前后知识的联系。例如第 1 章的复数和相量，以及第 3 章的矢量分析，为电磁学的学习奠定了数学基础；第 2 章的传输线分析在电路理论与电磁学理论之间架起了桥梁，通过读者已经熟悉的概念介绍波在传输线上的运动、反射、传输、阻抗匹配等性质，为学习第 7 章和第 8 章平面波在自由空间和媒质中的传播做了铺垫。

4. 本书提供了 47 个基于网络的仿真模块，读者可在配套网站(em8e. eecs. umich. edu)以交互的方式分析和设计传输线电路，生成由电荷和电流产生的电场和磁场的空间图形，并利用二维和三维可视化图形显示电磁波的分布和传播特性。这些仿真模块的设计思路为读者查看可视化图形提供了参考。

5. 本书给出了 17 个技术简介，将电磁学理论与工程应用紧密结合，帮助读者深入理解电磁学的概念和应用。

本书的前言和第 1、6、7、8 章由丁君翻译，第 2、9、10 章和附录由郭陈江翻译，第 3、4、5 章由庞晓炎翻译，丁君进行了统稿。

本书的翻译和出版得到了西北工业大学教务处及机械工业出版社的大力支持，以及西北工业大学电子信息学院同仁的关心和帮助，在此深表感谢。

由于我们水平有限，书中难免存在翻译不当和错误之处，敬请读者批评指正。

译者

前　言

本书在上一版核心内容和风格的基础上修订，旨在帮助读者深入理解电磁概念和应用。书中的 47 个基于网络的仿真模块[1]可供读者以交互的方式分析和设计传输线电路，生成由电荷和电流产生的电场和磁场的空间图形，利用二维和三维可视化图形显示空间函数的梯度、散度和旋度，观察平面波在无耗和有耗媒质中传播的时间和空间波形，计算和显示矩形波导中的场分布，产生线天线和抛物面天线的辐射方向图。

此外，本书通过新增加图表，以及扩展技术简介的主题范围，在电磁学基础与工程应用之间建立了更多的桥梁。另外，增加和更新了习题。

内容介绍

本书第 1 章介绍电磁学(EM)基础知识。一般情况下，读者在学习电磁学之前，都要学习电路知识，需要熟悉电路分析、欧姆定律、基尔霍夫电流定律和电压定律，以及相关的内容。

第 2 章介绍传输线，读者可以使用已经熟悉的概念来学习波的运动、功率的反射和传输、相量、阻抗匹配，以及在导波结构中波传播的许多性质。所有这些新学习的概念都将在以后(在第 7 章～第 9 章)被证明是非常有价值的，并将有助于学习平面波如何在自由空间和媒质中传播。

第 3 章～第 5 章，涵盖矢量分析、静电学和静磁学。其中第 4 章的静电学从时变麦克斯韦方程组开始，然后研究静电学和静磁学。这些章节将给读者提供一个总体框架，并展示为什么静电学和静磁学是更一般的时变电磁场的特殊情况。

第 6 章讨论时变场，是第 7 章～第 9 章的铺垫。第 7 章涵盖平面波在介质中的传播，第 8 章涵盖不连续边界处的反射和透射，并介绍光纤、波导和谐振器，第 9 章介绍了导线中电流的辐射原理(如偶极子的辐射)，以及孔径辐射原理(如喇叭天线或被光源照射的不透明屏幕上的空隙的辐射)。

为了让读者了解电磁学在当今技术社会中的广泛应用，第 10 章以两个系统——卫星通信系统和雷达传感器的示例作为本书的结尾。

致读者

读者可将本书基于网络的交互模块与书中的资料结合起来使用。交互模块使用中，电子显示屏的多功能窗口中有“帮助”按钮，在需要时可为使用者提供指导。本书配套网站上的视频动画展示了场和波在时间和空间中的传播过程、天线阵列的波束进行电子扫描的过程，以及在变化磁场下的电路中产生电流的过程。这些都是有用的自学资源。读者可以在本书的配套网站 em8e. eecs. umich. edu 上找到它们，并使用它们！

---

[1] 可以在本书的网站 em8e. eecs. umich. edu 找到互动模块和技术简介。

本书的配套网站

在整本书中，我们使用㊣符号来表示本书的配套网站 em8e. eecs. umich. edu，该网站包含了丰富的信息和大量有用的工具。

致谢

作为作者，我们有幸与最好的专业团队合作完成本书，该团队包括：理查德·卡恩斯(Richard Carnes)、利兰·皮尔斯(Leland Pierce)、珍妮丝·理查兹(Janice Richards)、罗斯·柯南(Rose Kernan)和保罗·梅浩特(Paul Mailhot)。我们非常感谢他们对这项工作的大力支持和坚定不移的奉献精神。

特别感谢本书审稿人提出的宝贵意见和建议。他们包括亚利桑那州立大学的康斯坦丁·巴拉尼斯(Constantine Balanis)，阿拉巴马大学的哈罗德·莫特(Harold Mott)，马萨诸塞大学的大卫·波扎尔(David Pozar)，布拉德利大学的 S. N. 普拉萨德(S. N. Prasad)，新墨西哥理工学院的罗伯特·邦德(Robert Bond)，科罗拉多大学科罗拉多斯普林斯分校的马克·罗宾逊(Mark Robinson)，以及伊利诺伊大学的拉杰·米特拉(Raj Mittra)。感谢普伦蒂斯霍尔出版社工作人员的辛勤努力，非常感谢他们在本书出版过程中给予的帮助。

Fawwaz T. Ulaby

技术简介列表

模块列表

获得和使用下列电子模块，请访问 em8e. eecs. umich. edu。

模块 1.1（正弦波形）
模块 1.2（行波）
模块 1.3（相位超前/滞后）
模块 2.1（双导线）
模块 2.2（同轴线）
模块 2.3（无耗微带线）
模块 2.4（传输线仿真器）
模块 2.5（波和输入阻抗）
模块 2.6（交互式史密斯圆图）
模块 2.7（四分之一波长变换器）
模块 2.8（离散元件匹配）
模块 2.9（单支节调制阻抗匹配）
模块 2.10（瞬态响应）
模块 3.1（点和矢量）
模块 3.2（梯度）
模块 3.3（散度）
模块 3.4（旋度）
模块 4.1（电荷产生的场）
模块 4.2（相邻电介质中的电荷）
模块 4.3（导体平面上的电荷）
模块 4.4（导体球附近的电荷）
模块 5.1（静态场中电子的运动）
模块 5.2（线源产生的磁场）
模块 5.3（电流环的磁场）
模块 5.4（两个平行导线之间的磁场力）
模块 6.1（时变磁场中的圆环回路）
模块 6.2（在恒定磁场中旋转的回路）
模块 6.3（位移电流）
模块 7.1（$\boldsymbol{E}$ 和 $\boldsymbol{H}$ 的联系）
模块 7.2（平面波）
模块 7.3（极化Ⅰ）
模块 7.4（极化Ⅱ）
模块 7.5（波的衰减）

目 录

第 1 章
电磁学基础

学习目标

1. 描述电场力和磁场力的基本性质。
2. 给出无耗媒质和有耗媒质中正弦波的数学表达式。
3. 应用直角坐标和极坐标形式的复数。
4. 使用相量技术分析由正弦源激励的电路。

液晶显示器(Liquid Crystal Display，LCD)已经成为闹钟、手机、计算机、电视等许多消费电子产品不可或缺的部件。LCD 技术依赖于一类被称为液晶的材料的特殊电学和光学性质，它们既不是纯固体，也不是纯液体，而是两者的混合物。这些材料的分子结构是这样的，当光通过它们时，出射光的偏振(极化)取决于在材料上是否存在电压。因此，当在 LCD 材料上不施加电压时，表面显得明亮；相反，当在 LCD 材料上施加一定的电压时，光不能通过，从而产生一个暗像素。中间电压转换成一定范围的灰色等级。通过控制二维阵列中各像素上的电压，LCD 可以显示完整的图像(见图 1-1)。彩色显示器由三个带有红、绿和蓝滤波器的子像素组成。

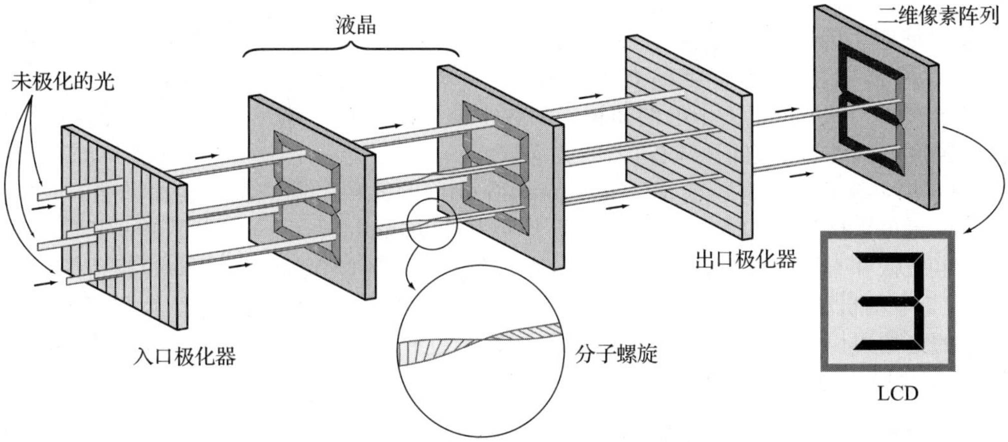

图 1-1 二维 LCD 阵列

LCD 中光的偏振行为是电磁学如何成为电气和计算机工程的核心的最好的例子。

本书的主题是电磁学(Electromagnetics，EM)的应用，包括静态和动态的电和磁现象及其工程应用的研究，重点放在动态(时变)电磁场的基本性质上，因为它们与实际应用的相关性更大，这些实际应用领域包括无线通信、光通信、雷达、生物电磁学和高速微电子学。我们将研究：①波在同轴传输线、光纤和波导等导波媒质中的传播；②波在不同媒质界面的反射和透射；③天线的辐射；④其他相关的主题。最后通过介绍与雷达传感器和卫星通信系统的使用和操作相关的设计考虑因素，来说明电磁应用的几个方面。

本章从电学和磁学的发展历史年代表开始，然后介绍电磁学的基本电场量和磁场量及它们之间的相互关系，以及它们与产生它们的电荷和电流之间的关系。这些关系构成了电磁现象研究的基础。最后，本章提供了三个主题的简短回顾——行波、复数和相量，用于解决时谐问题，为第 2 章做准备。

1.1 历史时间轴

根据历史时间轴，电磁学可以分为经典电磁学和现代电磁学。在经典电磁学时期发现了电和磁的基本定律，并将它们公式化。以这些公式为基础，过去 100 多年的现代电磁学时期迎来了应用电磁学的诞生。

1.1.1 经典电磁学

年代表 1 为电磁理论在经典电磁学时期的发展提供了时间轴，它突出了那些对电磁学历史发展产生了重大影响的发现和发明，尽管这些只代表了我们目前对电磁学理解的一小部分。随着继续阅读本书，一些在年代表 1 中的人物(比如库仑和法拉第)将在我们讨论以他们的名字命名的定律和公式时再次出现。

据报道，大约 2800 年前，希腊人就发现了磁铁矿的吸引力。泰勒斯(Thales of Miletus，希腊人)首先描述了静电，即摩擦琥珀可使其产生一种可以吸引如羽毛这样轻物体的力。“电”(electric)一词最早出现在 1600 年左右的一篇关于摩擦产生(静电)力的论文中，其作者是英国女王伊丽莎白一世的御医——威廉·吉尔伯特(William Gilbert)。

大约 1733 年，查尔斯·弗朗索瓦·杜费(Charles-François du Fay)提出了电是一种“流体”的概念，有两种类型，一类为“正”，另一类为“负”，而且同性相斥，异性相吸。这种流体就是我们现在所说的电荷。1745 年，最初被称为莱顿瓶(Leyden jar)的电容器的发明，使在单个设备中存储大量电荷成为可能。1752 年，本杰明·富兰克林(Benjamin Franklin)证明了闪电是电的一种形式。他通过一个在雷雨中放飞的丝绸风筝，将云中的电荷转移到莱顿瓶中。1785 年，查尔斯·奥古斯丁·德·库仑(Charles-Augustin de Coulomb)综合了 18 世纪关于电的知识，以数学公式的形式，描述了两个电荷间作用力与电荷的强度、极性以及它们之间距离的关系。

1800 年，亚历山德罗·伏特(Alessandro Volta)因发明了第一块电池而闻名，1820 年是发现电流可产生磁力的重要一年。约瑟夫·亨利(Joseph Henry)利用了这一知识发明了最早的电磁铁和直流电动机。此后不久，迈克尔·法拉第(Michael Faraday)制造了第一台发电机(与电动机相反)。法拉第从本质上证明了变化的磁场会感应电场(从而产生电压)。而变化的电场可以产生磁场，是由詹姆斯·克拉克·麦克斯韦(James Clerk Maxwell)于 1864 年首次提出的，然后在 1873 年纳入以他的名字命名的著名的方程组中。

麦克斯韦方程组是经典电磁理论的基础。

麦克斯韦的理论预测了电磁波的存在，但当时没有被科学界完全接受。19 世纪 80 年代，海因里希·赫兹(Heinrich Hertz)通过实验证明了无线电波的存在。电磁家族中的另外一个成员——X 射线，是在 1895 年由威廉·伦琴(Wilhelm Röntgen)发现的。同一时期，尼古拉·特斯拉(Nikola Tesla)发明了交流电动机，与其前身的直流电动机相比，它被认为是一个重大的进步。

尽管 19 世纪人们在对电和磁的理解，以及如何将它们应用到实际中取得了进展，但直到 1897 年，电荷的基本载体——电子，才被约瑟夫·汤姆逊(Joseph Thomson)发现，其性质才被量化。电磁能(如光)照射到材料上，使其射出电子，这种现象称为光电效应。

为了解释光电效应，**阿尔伯特·爱因斯坦**(Albert Einstein)采用了**马克斯·普朗克**(Max Planck)之前(1900 年)提出的能量的量子概念。这象征性地代表了经典电磁学和现代电磁学之间的桥梁。

年代表 1：经典电磁学的时间轴

约公元前 900 年　据说一个名叫**马格努斯**(Magnus)的牧羊人走过希腊北部的田野，当他站在一块黑色的岩石上时，他的凉鞋上的铁钉被拉了一下。该地区后来被命名为**马格尼西亚**(Magnesia)，而这种岩石被称为**磁铁矿**(一种具有永久磁性的铁)。

约公元前 600 年　希腊哲学家**泰勒斯**(Thales)描述了琥珀与猫毛摩擦后可以吸起羽毛(静电)。

约 1000 年　磁性罗盘被用作导航设备。

1600 年　**威廉·吉尔伯特**(William Gilbert，英国人)在希腊语单词琥珀(elektron)的基础上创造了**电**(electric)一词。

1671 年　**艾萨克·牛顿**(Isaac Newton，英国人)证明了**白光**是由所有颜色的光混合而成的。

a)

b)

1733 年　**查尔斯·弗朗索瓦·杜费**(Charles-François du Fay，法国人)发现**电荷**有两种类型，同性电荷相斥，异性电荷相吸。

1745 年　**彼得·范·穆森布鲁克**(Pieter van Musschenbroek，荷兰人)发明了莱顿瓶，这是第一个**电容器**。

1752 年　**本杰明·富兰克林**(Benjamin Franklin，美国人)发明了**避雷针**，并证明了闪电就是电。

1785 年　**查尔斯·奥古斯丁·德·库仑**(Charles-Augustin de Coulomb，法国人)证明了电荷之间的作用力与它们之间距离的平方成反比。

1800 年　**亚历山德罗·伏特**(Alessandro Volta，意大利人)发明了第一个电池。

c)

d)

1820 年　**汉斯·克里斯蒂安·奥斯特**(Hans Christian Oersted，丹麦人)发现导线中的电流可使指南针的指针与导线垂直，这个发现证明了电和磁之间的相互联系。

1820 年　**安德烈·玛丽·安培**(André-Marie Ampère，法国人)注意到平行导线中的同向电流互相吸引，反向电流互相排斥。

1820 年　**让·巴蒂斯特·毕奥**(Jean-Baptiste Biot，法国人)和**菲利克斯·萨伐尔**(Félix Savart，法国人)提出了毕奥-萨伐尔定律，该定律将导线产生的磁场与流过导线的电流联系起来。

e)

f)

1827 年　**格奥尔格·西蒙·欧姆**(Georg Simon Ohm，德国人)阐述了将电位与电流和电阻联系起来的欧姆定律。

1827 年　**约瑟夫·亨利**(Joseph Henry，美国人)提出了**电感**的概念，并制造了最早的电动机之一。他还帮助**塞缪尔·莫尔斯**(Samual Morse)发明了电报。

1831 年　**迈克尔·法拉第**(Michael Faraday，英国人)发现了变化的磁通量可以感应出**电动势**。

1835 年　**卡尔·弗里德里希·高斯**(Carl Friedrich Gauss，德国人)阐述了通过闭合面的电通量与其周围电荷之间关系的**高斯定律**。

高斯定律

$$\Phi_E = \oint \vec{E} \cdot \mathrm{d}\vec{A} = \frac{q_{\text{inside}}}{\varepsilon_0}$$

1873 年　**詹姆斯·克拉克·麦克斯韦**(James Clerk Maxwell，英国人)出版了关于电和磁的论文，其中将库伦、奥斯特、安培、法拉第及其他人的发现统一到四个形式优美的数学方程中，现在将其称为**麦克斯韦方程组**。

g)

h)

1887 年　**海因里希·赫兹**(Heinrich Hertz，德国人)建立了一个(在射频上)可以产生和检测**电磁波**的系统。

1888 年　**尼古拉·特斯拉**(Nikola Tesla，美国人)发明了**交流**电动机。

i)

j)

1895 年　**威廉·伦琴**(Wilhelm Röntgen，德国人)发现了 **X 射线**。他的第一个 X 射线图像是他妻子的手的骨骼。(1901 年获得诺贝尔物理学奖。)

1897 年　**约瑟夫·约翰·汤姆逊**(Joseph John Thomson，英国人)发现了**电子**并测量了其荷质比。(1906 年获得诺贝尔物理学奖。)

1905 年　**阿尔伯特·爱因斯坦**(Albert Einstein，德国裔美国人)解释了赫兹 1887 年发现的**光电效应**。(1921 年获得诺贝尔物理学奖。)

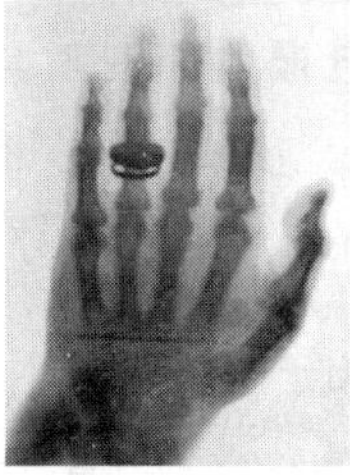

k)

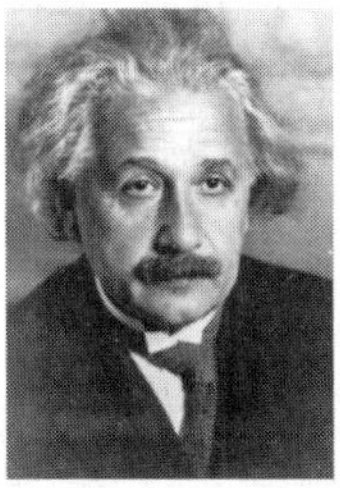

l)

1.1.2　现代电磁学

电磁学在所有能想到的电子设备的设计和工作中都起着重要作用，包括二极管、晶体管、集成电路、激光、显示屏、条形码阅读器、手机和微波炉等。考虑到这些应用的广泛性和多样性(见图 1-2)，为现代电磁学构建一个有意义的历史时间轴更困难。也就是说，为特定的技术制定时间表，并将它们里程碑式的创新与新兴市场联系起来。年代表 2 和 3 列出了电信技术和计算机发展的时间表，这些技术已经成为当今社会基础设施中不可或缺的组成部分。年代表 2 和 3 中的一些条目指的是具体的发明，如电报、晶体管和激光。本书在称为技术简介的特殊段落中，重点介绍了其中一些技术的工作原理和功能，这些内容分散在本书各章中。

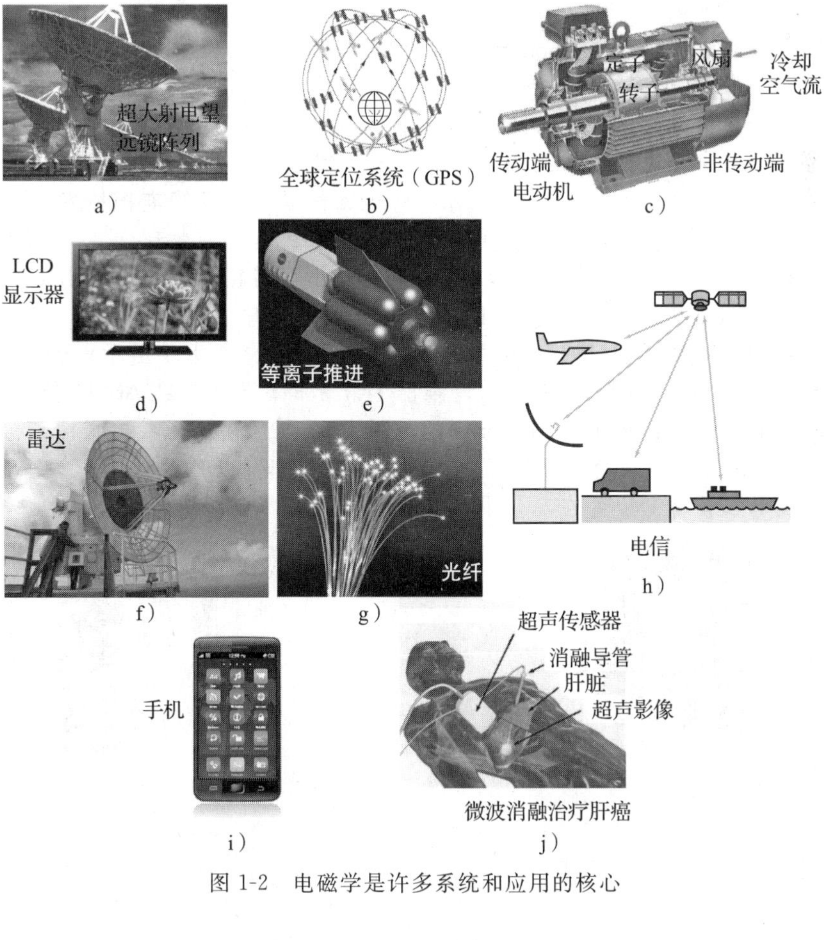

图 1-2　电磁学是许多系统和应用的核心

年代表 2：电信技术的时间轴

1825 年 **威廉·斯特金**(William Sturgeon，英国人)研制了多匝**电磁铁**。

1837 年 **塞缪尔·莫尔斯**(Samuel Morse，美国人)申请了**电报**的专利，其使用点和划的代码来表示字符和数字。

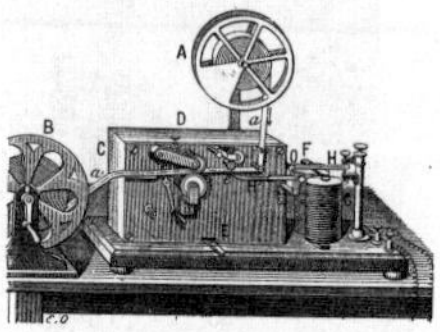

a)

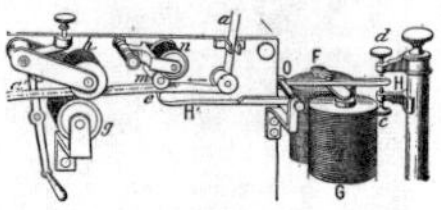

b)

1872 年 **托马斯·爱迪生**(Thomas Edison，美国人)申请了**电动打字机**的专利。

1876 年 **亚历山大·格拉汉姆·贝尔**(Alexander Graham Bell，英国裔美国人)发明了**电话**。1890 年旋转式拨号开始使用，1900 年许多社区都安装了电话系统。

c)

d)

1887 年 **海因里希·赫兹**(Heinrich Hertz，德国人)产生了**无线电波**，并证明其具有与光相同的性质。

1887 年 **埃米尔·贝林纳**(Emil Berliner，美国人)发明了平面留声机磁盘，或称**唱片**。

1896 年 **古列尔摩·马可尼**(Guglielmo Marconi，意大利人)申请了关于**无线传输**多项专利中的第一项专利。1901 年，他横跨大西洋展示了**无线电报技术**。[他与卡尔·布劳恩(Karl Braun，德国人)分享了 1909 年的诺贝尔物理学奖。]

1897 年 **卡尔·布劳恩**(Karl Braun，德国人)发明了**阴极射线管**(Cathode Ray Tube，CRT)。(他与马可尼分享了 1909 年的诺贝尔物理学奖。)

1902 年 **雷金纳德·费森登**(Reginald Fessenden，美国人)发明了用于电话传输的**调幅技术**(AM)。1906 年的平安夜，他推出了语音和音乐的**无线 AM 广播**节目。

1912 年 **李·德·福雷斯特**(Lee De Forest，美国人)研制了用于无线电报的**三极管**放大器。同年，远洋客轮卡帕西亚号(Carpathia)在 58 英里[㊀] 以外收到了泰坦尼克号发出的无线电求救信号，并在 3.5 小时以后营救了 705 名泰坦尼克号上的旅客。

e)

f)

㊀ 1 英里=1609.344 米。——编辑注

1919年 **埃德温·阿姆斯特朗**(Edwin Armstrong，美国人)发明了**超外差无线电接收机**。

1920年 **商业无线电广播**诞生；西屋公司在美国宾夕法尼亚州的匹茨堡建立了无线电台KDKA。

1923年 **弗拉基米尔·左里金**(Vladimir Zworykin，俄罗斯裔美国人)发明了**电视**。1926年，**约翰·贝尔德**(John Baird，英国人)通过电话线将电视图像从伦敦传输到格拉斯哥。德国在1935年、英国在1936年、美国在1939年分别开始了常规的**电视广播**。

g)

h)

1926年 从伦敦到纽约的**跨大西洋电话**服务建立。

1933年 **埃德温·阿姆斯特朗**(Edwin Armstrong，美国人)发明了无线电传输的**调频**(Frequency Modulation，FM)技术。

1935年 **罗伯特·沃森·瓦特**(Robert Watson-Watt，英国人)发明了**雷达**。

1938年 H. A. **李维斯**(H. A. Reeves，美国人)发明了**脉冲编码调制**(Pulse Code Modulation，PCM)技术。

1947年 **威廉·肖克利**(William Shockley)、**沃尔特·布拉顿**(Walter Brattain)和**约翰·巴丁**(John Bardeen)(三人都是美国人)在贝尔实验室发明了**结型晶体管**。(1956年获得诺贝尔物理学奖。)

i)

j)

1955年 **寻呼机**作为一种无线电通信产品被引入医院和工厂。

1955年 **纳林德尔·卡帕尼**(Narinder Kapany，印度裔美国人)证明了**光纤**是一种低损耗光传输媒质。

1958年 **杰克·凯比**(Jack Kilby，美国人)在锗上制造了第一个**集成电路**(Integrated Circuit，IC)，**罗伯特·诺伊思**(Robert Noyce，美国人)在硅上制造了第一个集成电路。

1960年 第一颗无源通信卫星**回声**(Echo)发射，并成功将无线电信号反射回地面。1963年，第一颗**通信卫星**被送入地球同步轨道。

k)

l)

1969 年 美国国防部建立了**阿帕网络**(ARPANET)，后来演变为互联网。
1979 年 日本建成了第一个蜂窝电话网络。

- 1983 年：美国开始使用蜂窝电话网络。
- 1990 年：**电子传呼机**开始普及。
- 1995 年：**手机**广泛普及。
- 2002 年：手机开始支持**视频和互联网**。

m)

1984 年 全球**互联网**开始运行。
1988 年 美国和欧洲之间敷设了第一条**跨大西洋光纤电缆**。
1997 年 **火星探路者**(Mars Pathfinder)向地球发回图像。
2004 年 许多机场、大学校园和其他机构开始支持**无线通信**。
2012 年 全球**智能手机**超过 10 亿部。

年代表 3：计算机技术的时间轴

约公元前 1100 年 **算盘**是已知最早的计算设备。
1614 年 **约翰·纳皮耶**(John Napier，英国人)发明了**对数**系统。
1642 年 **布莱斯·帕斯卡尔**(Blaise Pascal，法国人)使用多个刻度盘构建了第一台**加法器**。

a)

b)

1671 年 **戈特弗里德·冯·莱布尼兹**(Gottfried von Leibniz，德国人)发明了一种既可以进行加法运算，又可以进行乘法运算的计算器。
1820 年 **查尔斯·泽维尔·托马斯·德·科尔马**(Charles Xavier Thomas de Colmar，法国人)发明了**四则运算器**(Arithmometer)——第一个大规模生产的计算器。
1885 年 **多尔·菲尔特**(Dorr Felt，美国人)发明并出售了一种按键操作的**加法器**(并于 1889 年增加了一台打印机)。
1930 年 **万尼瓦尔·布什**(Vannevar Bush，美国人)开发了微分分析仪，这是一种求解微分方程的**模拟计算机**。
1941 年 **康拉德·朱泽**(Konrade Zuze，德国人)利用二进制运算和电子继电器开发了第一台**可编程数字计算机**。
1945 年 **约翰·莫克利**(John Mauchly)和 **J. 普雷斯伯·埃克特**(J. Presper Eckert)(两人均为美国人)开发了第一台**全电子计算机**——ENIAC。

c)

d)

1950 年　**中松义郎**(Yoshiro Nakama，日本人)为一种存储数据的磁性介质的**软盘**申请了专利。
1956 年　**约翰·巴克斯**(John Backus，美国人)开发了第一种主要的编程语言——FORTRAN。
1958 年　**贝尔实验室**开发了调制解调器。
1960 年　**数字设备公司**推出了第一台**微型计算机**——PDP-1，随后在 1965 年又推出了 PDP-8。
1964 年　IBM 360 **大型机**成为大型企业的标准计算机。
1965 年　**约翰·科姆尼**(John Kemeny)和**托马斯·库尔茨**(Thomas Kurtz)(两人均为美国人)开发了 BASIC 计算机语言。

e)

```
PRINT
FOR Counter=1TO Items
    PRINT USING "##."; Counter;
     LOCATE , ItemColumn
     PRINT Item$(Counter);
     LOCATE , PriceColumn
  PRINT Price$(Counter)
NEXT Counter
```

f)

1968 年　**道格拉斯·恩格尔巴特**(Douglas Engelbart，美国人)演示了一个**文字处理**系统和鼠标指向装置，并使用了**“窗口”**(window)。
1971 年　**德州仪器公司**推出了**袖珍计算器**。
1971 年　**特德·霍夫**(Ted Hoff，美国人)发明了第一台计算机**微处理器**——Intel 4004。
1976 年　IBM 推出了**激光打印机**。
1976 年　**苹果计算机**开始以套件的形式销售 Apple I，随后在 1977 年销售全组装的 Apple Ⅱ，1984 年销售 Macintosh。
1980 年　**微软**推出了 MS-DOS 计算机磁盘操作系统。1985 年微软 Windows 进入市场。
1981 年　IBM 推出**个人计算机**。

g)

h)

i)

1989 年　**蒂姆·伯纳斯·李**(Tim Berners-Lee，英国人)通过引入网络超文本系统，发明了**万维网**(World Wide Web)。
1991 年　**互联网**连接到 100 多个国家的 60 万个主机上。
1995 年　**太阳微系统公司**推出了 Java 编程语言。
1996 年　**沙比尔·巴蒂亚**(Sabeer Bhatia，印度裔美国人)和**杰克·史密斯**(Jack Smith，美国人)推出了第一个网络邮件服务——Hotmail。
1997 年　IBM **深蓝**计算机打败了国际象棋冠军加里·卡斯帕罗夫(Garry Kasparov)。
2002 年　**个人计算机**销售量达到 10 亿台，2007 年达到 20 亿台。
2010 年　苹果公司推出了 iPad。

j)

1.2　量、单位和符号

国际单位制，缩写为SI，来自法语 Système Internationale，是当今科技文献中用来表示物理量单位的标准体系。长度是一种量纲(dimension)，而米是相对于参考标准表示长度的单位(unit)。国际单位制是以七个SI基本量纲(fundamental dimension)的单位为基础的，其他所有量纲的单位都可以用这七个基本单位来表示。

电磁学涉及标量和矢量。本书使用斜体表示标量，如 R 表示电阻；使用黑斜体表示矢量，如 $\boldsymbol{E}$ 表示电场矢量。矢量由大小(标量)和方向组成，方向通常用单位矢量表示，例如

$$\boldsymbol{E}=\hat{\boldsymbol{x}}E \tag{1.1}$$

式中，E 为 $\boldsymbol{E}$ 的大小，$\hat{\boldsymbol{x}}$ 为其方向。黑斜体字母上边加^表示单位矢量。

在本书中，当求解随时间呈正弦变化的电磁量问题时，使用相量表示(phasor representation)。字母上边加～表示相量，所以，$\widetilde{\boldsymbol{E}}$ 为对应瞬态电场矢量 $\boldsymbol{E}(t)$ 的相量电场矢量。这种表示法在1.7节将有更详细的讨论。

符号总结

- **标量**：斜体字母，如 C 表示电容。
- **单位**：拉丁字母，如 V/m 表示伏每米。
- **矢量**：黑斜体字母，如 $\boldsymbol{E}$ 表示电场矢量。
- **单位矢量**：上边带^的黑斜体字母，如 $\hat{\boldsymbol{x}}$。
- **相量**：字母上边带～，$\widetilde{E}$ 为正弦时变标量电场 $E(t)$ 的相量表示，$\widetilde{\boldsymbol{E}}$ 为正弦时变矢量电场 $\boldsymbol{E}(t)$ 的相量表示。

1.3　电磁学的本质

我们的物理宇宙由以下四种基本的自然力统治：

- 核力(nuclear force)——四种力中最强的，但是其范围限制在亚原子尺度(subatomic scale)，如原子核。
- 电磁力(electromagnetic force)——存在于所有带电粒子之间，是微观系统中的主导力，如原子和分子，其强度是核力的 10^{-2} 量级。
- 弱相互作用力(weak-interaction force)——强度仅为核力的 10^{-14} 量级，主要作用是参与某些放射性基本粒子的相互作用。
- 万有引力(gravitational force)——四种力中最弱的，强度为核力的 10^{-41} 量级。但是，它是宏观系统(如太阳系)中的主导力。

本书主要讨论电磁力及其影响。虽然电磁力在原子尺度上起作用，但它的作用可以通过电磁波的形式传播，电磁波可以通过自由空间和物质媒介传播。本节概述了电磁学的基本框架，电磁学由一些基本定律组成，这些定律支配着由静止的和运动的电荷引起的电场和磁场、电场和磁场之间的关系，以及这些场如何与物质相互作用。然而，作为先导，本节将利用我们熟悉的万有引力来类比电磁力的一些性质。

1.3.1　万有引力

如图1-3所示，根据牛顿的万有引力定律，质量为 m_1 的物体对距离为 R_{12}、质量为 m_2 的物体的引力为

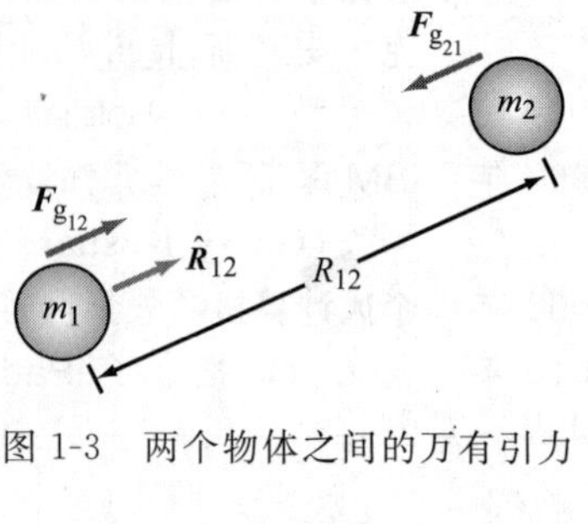

图1-3　两个物体之间的万有引力

$$\boldsymbol{F}_{g_{21}}=-\hat{\boldsymbol{R}}_{12}\frac{Gm_1m_2}{R_{12}^2}\quad(\mathrm{N})\tag{1.2}$$

式中，G 为引力常量，$\hat{\boldsymbol{R}}_{12}$ 为由 m_1 指向 m_2 的单位矢量，力的单位为 N。式(1.2)中的负号说明万有引力是吸引力。相反，$\boldsymbol{F}_{g_{12}}=-\boldsymbol{F}_{g_{21}}$，其中 $\boldsymbol{F}_{g_{12}}$ 是质量为 m_2 的物体作用于质量为 m_1 的物体的力。注意，$\boldsymbol{F}_g$ 的第一个下标表示受力的物体，第二个下标表示力的来源物体。

万有引力是超距作用的。

两个物体不必直接接触，就能感受到对方的拉力，这种远距离作用的现象导致了场(field)的概念。一个质量为 m_1 的物体产生引力场 $\boldsymbol{\psi}_1$(见图 1-4)，这个场不是从物体发射出来的物质，但是它的影响存在于空间中的每一点。如果另一个质量为 m_2 的物体与质量为 m_1 的物体之间的距离为 R_{12}，那么质量为 m_2 的物体将感受到作用于其上的力，该力为

$$\boldsymbol{F}_{g_{21}}=\boldsymbol{\psi}_1 m_2\tag{1.3}$$

式中，

$$\boldsymbol{\psi}_1=-\hat{\boldsymbol{R}}\frac{Gm_1}{R^2}\quad(\mathrm{N/kg})\tag{1.4}$$

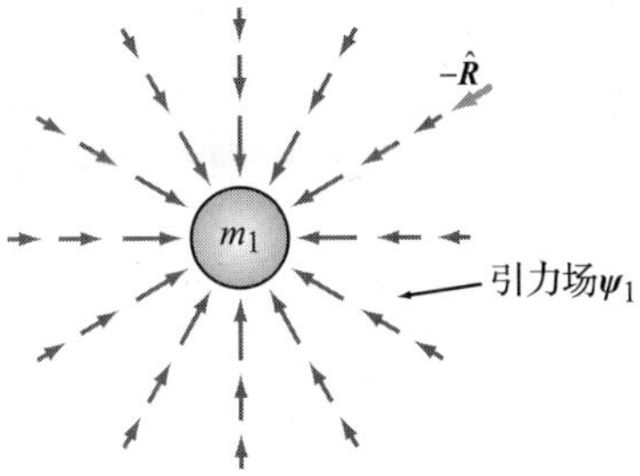

图 1-4　由质量为 m_1 的物体产生的引力场 $\boldsymbol{\psi}_1$

式(1.4)中，$\hat{\boldsymbol{R}}$ 为远离质量为 m_1 物体的径向单位矢量。所以，$-\hat{\boldsymbol{R}}$ 指向 m_1。例如，由 $\boldsymbol{\psi}_1$ 作用于质量为 m_2 的物体上的力，可以由式(1.3)和式(1.4)得到，其中 $R=R_{12}$，$\hat{\boldsymbol{R}}=\hat{\boldsymbol{R}}_{12}$。场的概念可以通过在空间任意点定义引力场 $\boldsymbol{\psi}$ 来推广，当一个测试质量为 m 的物体位于该点，作用在其上的力与 $\boldsymbol{\psi}$ 的关系式为

$$\boldsymbol{\psi}=\frac{\boldsymbol{F}_g}{m}\tag{1.5}$$

$\boldsymbol{F}_g$ 可以由单个物体产生或者由多个物体组合产生。

1.3.2　电场

电磁力由电场力 $\boldsymbol{F}_e$ 和磁场力 $\boldsymbol{F}_m$ 组成。

电场力 $\boldsymbol{F}_e$ 类似于万有引力，但是它们有两个主要的差别：
(1) 电场的源是电荷，引力场的源是质量；
(2) 虽然这两种类型的场都与离开源的距离的平方成反比，但是电荷的极性可以是正的，也可以是负的，结果导致电场力可以是吸引力或排斥力。

所有的物质都是包含中子、带正电的质子和带负电的电子的混合体，基本电荷量为单个电子的电荷量，通常用字母 e 表示。电荷的度量单位是 C(库仑)，这个命名是为了纪念 18 世纪法国科学家查尔斯·奥古斯丁·德·库仑(Charles-Augustin de Coulomb，1736—1806)。e 的值为

$$e=1.6\times10^{-19}\mathrm{C}\tag{1.6}$$

单个电子的电荷量为 $q_e=-e$；质子的电荷量与电子相同，但是极性相反：$q_p=e$。

库仑的实验证明了：
(1) 两个同性的电荷相互排斥，两个异性的电荷相互吸引；
(2) 电场力的作用沿着两个电荷的连线；
(3) 电场力的强度与两个电荷大小的乘积成正比，与它们之间距离的平方成反比。

这些性质构成了今天所说的库仑定律(Coulomb's law)，可以用数学形式表示为

$$\boldsymbol{F}_{e_{21}}=\hat{\boldsymbol{R}}_{12}\frac{q_1q_2}{4\pi\varepsilon_0R_{12}^2}\quad(\mathrm{N})\quad(\text{自由空间中})\tag{1.7}$$

式中，$\boldsymbol{F}_{e_{21}}$ 为当两个电荷均位于自由空间(真空)时，电荷 q_1 作用于电荷 q_2 上的电场力；R_{12} 为两个电荷之间的距离；$\hat{\boldsymbol{R}}_{12}$ 为从 q_1 指向 q_2 的单位矢量(见图 1-5)；ε_0 为自由空间的介电常数($\varepsilon_0=8.854\times10^{-12}\mathrm{F/m}$)。假设这两个电荷与所有其他电荷隔离。电荷 q_2 作用于电荷 q_1 上的力 $\boldsymbol{F}_{e_{12}}$ 大小与 $\boldsymbol{F}_{e_{21}}$ 相等，但方向相反：$\boldsymbol{F}_{e_{12}}=-\boldsymbol{F}_{e_{21}}$。

式(1.7)给出的电场力的表达式与式(1.2)给出的万有引力的表达式类似。进一步扩展这个类比，定义由任意电荷 q 产生的电场强度 $\boldsymbol{E}$ 为

$$\boldsymbol{E}=\hat{\boldsymbol{R}}\frac{q}{4\pi\varepsilon_0R^2}\quad(\mathrm{V/m})\quad(\text{自由空间中})\tag{1.8}$$

式中，R 为电荷与观测点之间的距离，$\hat{\boldsymbol{R}}$ 为指向远离电荷方向的径向单位矢量。图 1-6 描绘了一个正电荷的电场线，$\boldsymbol{E}$ 的单位为 V/m，使用这个单位的原因将在后面的章节中详细说明。

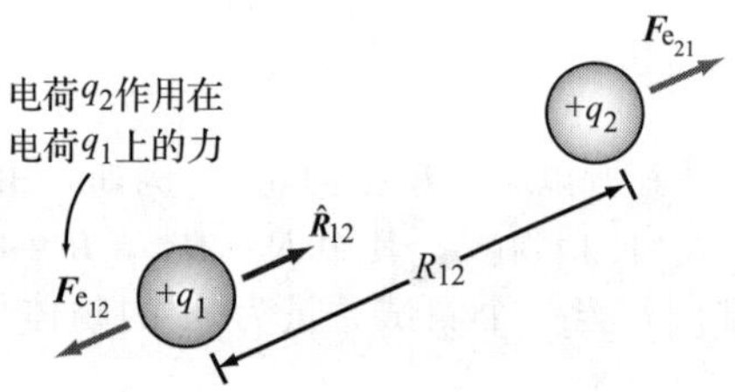

图 1-5 自由空间中两个正的点电荷的电场力

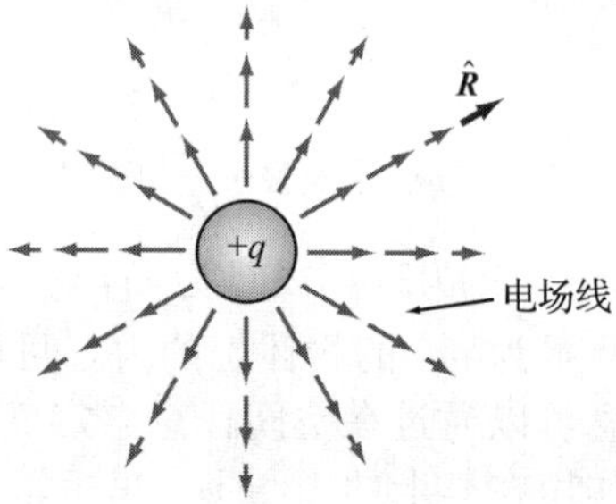

图 1-6 电荷 q 产生的电场 $\boldsymbol{E}$

如果一个点电荷 q' 出现在电场 $\boldsymbol{E}$(由其他电荷产生)中，那么该点电荷将感受到作用在其上的力为 $\boldsymbol{F}_e=q'\boldsymbol{E}$。

电荷展现两个重要的性质。

电荷的第一个性质概括为**电荷守恒定律**，该定律描述了**(净)电荷既不能被产生，也不能被消灭**。

如果空间中含有 n_p 个质子和 n_e 个电子，则总电荷量为

$$q=n_pe-n_ee=(n_p-n_e)e\quad(\mathrm{C})\tag{1.9}$$

即使一些质子与等量的电子结合产生中子或其他基本粒子，净电荷 q 仍然保持不变。在物质中，控制原子核内质子和原子核外电子行为的量子力学定律不允许它们结合。

电荷的第二个重要性质体现为**线性叠加原理**，它表明空间中一点上由点电荷系统产生的总矢量电场，等于各独立电荷在该点产生的电场的矢量和。

这个看似简单的概念，允许我们在以后的章节中计算由复杂的电荷分布产生的电场时，不必考虑其他电荷的场作用在每个电荷上的力。

式(1.8)描述了自由空间中电荷产生的电场强度。现在我们考虑将一个正的点电荷放置在由原子组成的物质中会发生什么现象。在没有点电荷的情况下，物质是电中性的，每

个原子都有一个带正电荷的原子核和围绕在原子核周围的带有等量异性电荷的电子云，因此物质中任何没有原子的地方的电场 $\boldsymbol{E}$ 都为零。当一个点电荷放置在物质中后，如图 1-7 所示，原子受到作用力使它们发生变形。电子云的对称中心相对于原子核发生变化，使原子的原子核一极相对于另一极带正电荷，这种变形过程称为极化(polarization)，这种极化的原子称为电偶极子(electric dipole)。极化的程度取决于原子和孤立点电荷之间的距离，偶极子的方向是连接它两极的轴指向点电荷的方向[⊖]。这种极化过程的最终结果是，原子(或分子)偶极子产生的电场倾向于抵消点电荷产生的电场。因此，物质中任何一点的电场都与没有物质存在情况下点电荷产生的电场不同。为了将式(1.8)从自由空间扩展到任意媒质，我们将自由空间的介电常数 ε_0 替换为 ε，这里 ε 是测量电场的媒质的介电常数，因此 ε 是该特定媒质的特性，则

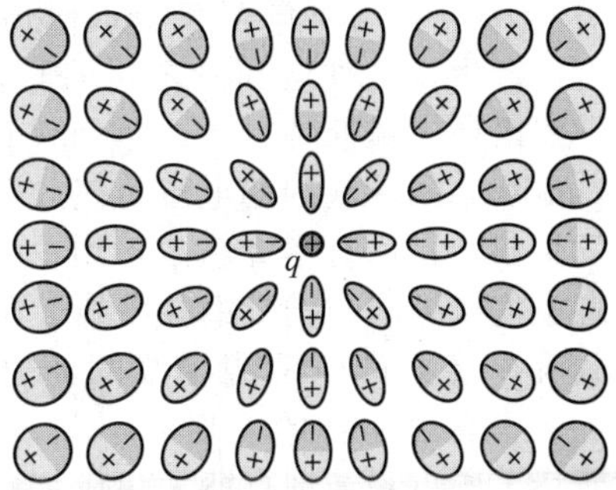

图 1-7　由正电荷 q 引起介电材料原子的极化

$$\boldsymbol{E}=\hat{\boldsymbol{R}}\frac{q}{4\pi\varepsilon R^2}\quad (\mathrm{V/m})\quad (介电常数为 \varepsilon 的媒质中) \tag{1.10}$$

通常，ε 表示为下面的形式：

$$\varepsilon=\varepsilon_r\varepsilon_0\quad (\mathrm{F/m}) \tag{1.11}$$

式中，ε_r 是一个无量纲的量，称为物质的相对介电常数或电容率。对于真空，$\varepsilon_r=1$；对于地表附近的空气，$\varepsilon_r=1.0006$。

除了电场强度 $\boldsymbol{E}$ 以外，我们经常发现使用一个相关的称为电通量密度(electric flux density)的量 $\boldsymbol{D}$ 也很方便。$\boldsymbol{D}$ 由下式给出：

$$\boldsymbol{D}=\varepsilon\boldsymbol{E}\quad (\mathrm{C/m^2}) \tag{1.12}$$

这两个电参量 $\boldsymbol{E}$ 和 $\boldsymbol{D}$ 构成了电磁场的两对基本场量中的一对场量，第二对场量由下面讨论的磁场组成。

1.3.3 磁场

早在公元前 800 年，希腊人就发现某些种类的石头对铁块会表现出一种吸引力，这些石头现在称为*磁铁矿*(Fe_3O_4)，它们具有的特性即所谓的*磁性*(magnetism)。在 13 世纪，法国科学家发现，将一根针放在球形天然磁铁的表面时，针的方向随其在磁铁上的位置不同而不同。对针所指示的方向进行绘图，可以展现磁力形成的环绕球体的磁场线，并且似乎穿过了两个彼此完全相反的点，这两个点称为磁铁的南极和北极。所有磁铁中，无论其形状如何，都存在南极和北极。条形磁铁的磁场线如图 1-8 所示。人们还观察到，不同磁铁的相同磁极互相排斥，不同磁极互相吸引。

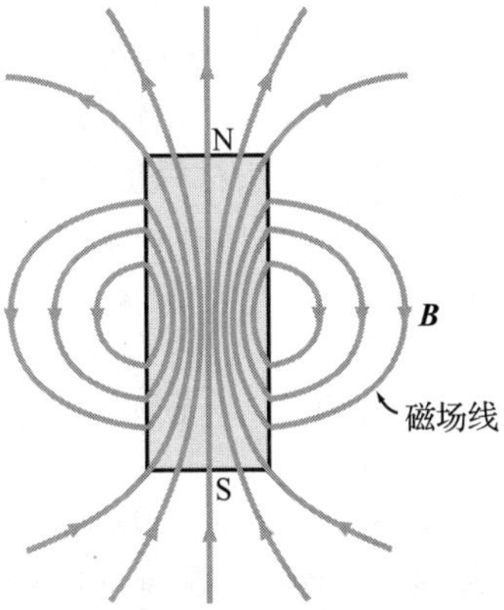

图 1-8　条形磁铁的磁场线

磁铁的吸引-排斥特性类似于电荷之间的电场力，但有一个重要的差别：**电荷可以是孤立的，而磁极总是成对出现的。**

⊖ 偶极子的方向指向正电荷。——译者注

如果把一块永久性磁铁切成小块，那么不论每块有多小，它总是有一个南极和一个北极。

围绕磁铁的磁场线表示*磁通量密度*(magnetic flux density)$\boldsymbol{B}$。磁场不仅存在于永磁体周围，而且也可以由电流产生。这种电和磁之间的联系是1819年由丹麦科学家汉斯·奥斯特(Hans Oersted，1777—1851)发现的，他观察到导线中的电流会使放置在其附近的罗盘指针发生偏转，而且指针总是转到垂直于导线的方向，也垂直于连接导线与指针的径向线。根据这些观察，他推断载流导线会产生围绕导线的闭合圆环状的磁场(见图1-9)。在奥斯特的发现后不久，法国科学家让·巴蒂斯特·毕奥和菲利克斯·萨伐尔提出了将空间中某一点的磁通量密度$\boldsymbol{B}$与导线中的电流I联系起来的表达式，这就是现在的*毕奥-萨伐尔定律*(Biot-Savart law)。如图1-9所示，自由空间有一根很长的导线，其上沿z方向流动的恒定电流I产生的磁通量密度$\boldsymbol{B}$为

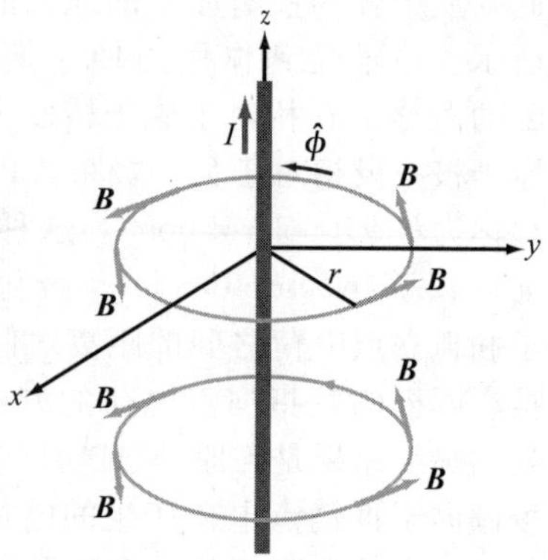

图1-9 由沿z向流动的恒定电流产生的磁场

$$\boldsymbol{B}=\hat{\boldsymbol{\phi}}\frac{\mu_0 I}{2\pi r} \quad (\mathrm{T}) \tag{1.13}$$

式中，r为到电流的径向距离；$\hat{\boldsymbol{\phi}}$为方位向的单位矢量，表示磁场方向与围绕电流的圆相切。磁场的测量单位是T(特斯拉)，以尼古拉·特斯拉(Nikola Tesla，1856—1943)的名字来命名。特斯拉是一名电气工程师，他对变压器的研究使电力通过长电线传输而不造成太大损失成为可能。参数μ_0称为*自由空间的磁导率*($\mu_0=4\pi\times10^{-7}\,\mathrm{H/m}$)，与介电常数$\boldsymbol{\varepsilon}_0$类似。事实上，我们将在第2章看到，$\boldsymbol{\varepsilon}_0$和$\mu_0$的乘积确定了*自由空间的光速*$c$，即

$$c=\frac{1}{\sqrt{\mu_0\boldsymbol{\varepsilon}_0}}=3\times10^8\,\mathrm{m/s} \tag{1.14}$$

根据1.3.2节可知，当电荷q'受到电场$\boldsymbol{E}$的作用时，其受到的电场力$\boldsymbol{F}_\mathrm{e}=q'\boldsymbol{E}$。类似地，如果电荷$q'$置于磁通量密度为$\boldsymbol{B}$的磁场中时，那么其会受到*磁场力*$\boldsymbol{F}_\mathrm{m}$，但是仅当电荷处于运动状态，而且其速度$\boldsymbol{u}$的方向不平行(或反平行)于$\boldsymbol{B}$时，它才会受到磁场力。事实上，正如我们将在第5章更详细了解的那样，$\boldsymbol{F}_\mathrm{m}$指向与$\boldsymbol{B}$和$\boldsymbol{u}$都垂直的方向。

为了将式(1.13)从自由空间扩展到其他媒质，应该将μ_0替换为$\boldsymbol{B}$所在媒质的*磁导率*μ。大多数天然材料是*非磁性*的，意味着它们的磁导率$\mu=\mu_0$。对于铁磁质材料，如铁和镍，μ可以远大于μ_0。磁导率体现了材料的*磁化特性*。类似于式(1.11)，特定材料的μ可以定义为

$$\mu=\mu_\mathrm{r}\mu_0 \quad (\mathrm{H/m}) \tag{1.15}$$

式中，μ_r是一个无量纲的量，称为材料的*相对磁导率*。

> *我们前面说过*$\boldsymbol{E}$*和*$\boldsymbol{D}$*构成了两对电磁场量中的一对场量，第二对场量是*$\boldsymbol{B}$*和***磁场强度**(magnetic field intensity)$\boldsymbol{H}$，*它们通过*μ*联系起来：*
>
> $$\boldsymbol{B}=\mu\boldsymbol{H} \tag{1.16}$$

1.3.4 静态场和动态场

在电磁学中，时间变量t，或者更准确地说，电磁场量是否随时间变化以及如何随时间变化是至关重要的。在进一步阐述这句话的意义之前，我们有必要明确地定义以下与时间相关的词：

- 静态的(static)——描述一个不随时间变化的量。术语直流(即 dc)通常作为静态的同义词，不仅用来描述电流，也用来描述其他电磁场量。
- 动态的(dynamic)——指的是一个随时间变化的量，但是没有传达关于变化特征的具体信息。
- 波形(waveform)——指的是一个量的大小随时间变化的曲线。
- 周期性的(periodic)——如果一个量的波形以一定的间隔重复出现，即其周期为 T，那么这个量就是周期性的，例如正弦波和方波。通过应用傅里叶级数分析法，任何周期性的波形都可以表示为无穷级数的正弦曲线之和。
- 正弦的(sinusoidal)——也称为交流(即 ac)，描述了一个随时间呈正弦(或余弦)变化的量。

基于这些术语，现在我们来研究电场 $\boldsymbol{E}$ 和磁通量密度 $\boldsymbol{B}$ 之间的关系。由于 $\boldsymbol{E}$ 受电荷 q 支配，$\boldsymbol{B}$ 受电流 $I=\mathrm{d}q/\mathrm{d}t$ 支配，人们期望 $\boldsymbol{E}$ 和 $\boldsymbol{B}$ 必然有某种相互关系。正如我们后面了解到的，它们是否相互关联，取决于 I 是静态的还是动态的。

让我们从研究直流的情况开始，这种情况下 I 随时间保持恒定，考虑带电粒子束中的一小段，其中所有带电粒子都以恒定的速度运动，运动的电荷构成直流电流。这一小段电荷束产生的电场由其包含的总电荷量 q 决定。磁场不依赖于 q，而是与流过这一段的电荷(电流)的速率有关。数量少而运动快的电荷可以与数量多而运动慢的电荷产生相同的电流。在这两种情况下，由于电流 I 相同，产生的磁场也相同，但由于电荷量不同，产生的电场就大不相同。

静电学(electrostatics)和静磁学(magnetostatics)指的是分别在静止的电荷和直流电流条件下对电磁学的研究。它们代表两个独立的分支，特征是产生的电场和磁场不发生相互耦合。动态场(dynamics)是电磁学的第三个更一般的分支，涉及时变源产生的时变场(time-varying field)，时变源包括电流和相关的电荷密度。如果与运动带电粒子束相关的电流随时间变化，那么在给定带电粒子束中的电荷量也随时间变化，反之亦然。正如我们将在第 6 章中看到的，在这种情况下，电场和磁场发生相互耦合。

> 时变电场产生时变磁场，反之亦然。

表 1-1 给出了电磁学的三个分支。

表 1-1 电磁学的三个分支

分支	条件	场量(单位)
静电学	静止电荷($\partial q/\partial t=0$)	电场强度 $\boldsymbol{E}$(V/m) 电通量密度 $\boldsymbol{D}$(C/m^2) $\boldsymbol{D}=\varepsilon\boldsymbol{E}$
静磁学	恒定电流($\partial I/\partial t=0$)	磁通量密度 $\boldsymbol{B}$(T) 磁场强度 $\boldsymbol{H}$(A/m) $\boldsymbol{B}=\mu\boldsymbol{H}$
动态场(时变场)	时变电流($\partial I/\partial t\neq 0$)	$\boldsymbol{E}$、$\boldsymbol{D}$、$\boldsymbol{B}$ 和 $\boldsymbol{H}$，($\boldsymbol{E},\boldsymbol{D}$)耦合到($\boldsymbol{B},\boldsymbol{H}$)

材料的电磁特性分别用参数ε 和 μ 来表征，第三个基本参数为材料的电导率(conductivity)σ，电导率用 S/m(西门子每米)来度量。电导率表征的是电荷(电子)在材料中自由移动的难易程度。如果 $\sigma=0$，电荷的移动不超过原子间的距离，则这种材料称为理想介质(perfect dielectric)；反之，如果 $\sigma=\infty$，电荷可以在材料中非常自由地运动，则这种材料称为理想导体(perfect conductor)。

> 参数ε、μ 和 σ 通常称为材料的**本构参数**(见表 1-2)。如果媒质的本构参数在整个媒质中是恒定的，那么该媒质称为**均匀媒质**。

表 1-2 材料的本构参数

参数	单位	自由空间的值
介电常数ε	F/m	$\varepsilon_0=8.854\times10^{-12}\approx\frac{1}{36\pi}\times10^{-9}$
磁导率μ	H/m	$\mu_0=4\pi\times10^{-7}$
电导率σ	S/m	0

概念问题 1-1：自然界的四种基本力是什么？它们的相对强度是多少？
概念问题 1-2：什么是库伦定律？描述其性质。
概念问题 1-3：电荷的两个重要性质是什么？
概念问题 1-4：解释材料的介电常数和磁导率。
概念问题 1-5：电磁学的三个分支和相关的条件是什么？

技术简介 1：LED 照明

1879 年，托马斯·爱迪生发明了白炽灯。现今，许多国家已经采取措施逐步淘汰它，取而代之的是一种更节能的替代品：**发光二极管**(LED)。

光源

三种主要的电光源是白炽灯、荧光灯和 LED(见图 TF1-1)。下面对它们进行简单介绍。

a）白炽灯　　b）荧光灯　　c）白光LED

图 TF1-1　三种主要的电光源

白炽灯

白炽灯是热物体因其温度而发出的光。

当电流流过细钨丝时，它本质上是一个电阻，钨丝的温度上升到很高，使钨丝灼热并发出可见光。发射光谱的强度和曲线形状取决于钨丝的温度。典型的例子是图 TF1-2 中的绿色曲线。钨的光谱曲线的形状类似于太阳光(见图 TF1-2 中的黄色曲线)，特别是光谱中的蓝色和绿色部分(400nm～550nm)。尽管白炽灯发出的黄光相对强烈(与太阳光相比)，但它们发出的准白光的质量让人眼感到相当舒服。

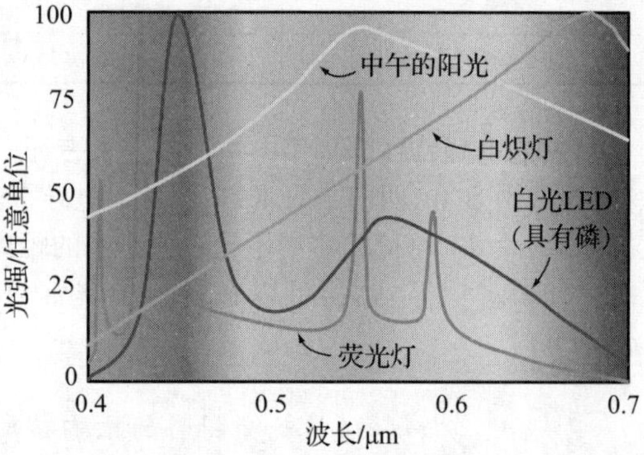

图 TF1-2　普通可见光源的光谱(见彩插)

白炽灯的制造成本明显低于荧光灯和LED，但是在能源效率和使用寿命方面远远不如后两者。

在提供给白炽灯的能量中，仅有大约2%的能量转换为光，剩余的能量以热的形式浪费了！事实上，在整个从煤到光的转换过程中，白炽灯是最弱的环节(见图TF1-3)。

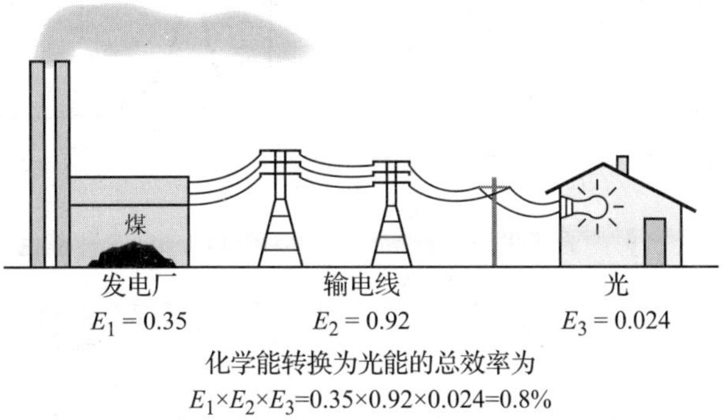

图TF1-3　照明效率(源自美国国家研究委员会，2009)

荧光灯

荧光是指经较短波长的入射射线激发而发出的辐射。在含有极低气压的汞气体(或惰性气体氖、氩和氙)的管子两端的电极之间通过电子流(见图TF1-1b)，这些电子与汞原子发生碰撞，使其将自己的电子激发到更高的能级。当被激发的电子回到基态时，它们会发射出特定波长的光子，这些光子大多位于光谱的紫外波段。因此，荧光灯的光谱曲线被压缩成窄线，如图TF1-2中的蓝色曲线。

为了将汞的光谱拓宽到类似于白光的光谱，荧光灯管的内表面涂有荧光粉颗粒[如掺铈的钇铝石榴石(YAG)]，这些颗粒吸收紫外线能量，然后将其重新辐射，形成从蓝色延伸到红色的广谱辐射，因此得名**荧光灯**。

LED

在图TF1-1c中，位于聚合物封装壳内部的LED是一种在半导体薄片上制作的p-n结二极管。当给二极管施加正向偏置电压时(见图TF1-4)，电流流过p-n结，某些流动的电子被正电荷(空穴)捕获，与每个电子-空穴重组行为相关的是以光子的形式释放能量。

发射光子的波长取决于二极管的半导体材料。最常用的材料是产生**红光**的铝镓砷(AlGaAs)，产生**蓝光**的铟镓氮(InGaN)，产生**绿光**的铝镓磷(AlGaP)。每种情况下，发射的能量都局限在一个狭窄的光谱内。

LED产生白光有两种基本技术：RGB和蓝色LED/荧光粉转换。RGB方法使用三种单色(红、绿和蓝)LED混合在一起产生接近于白光的光谱，如图TF1-5所示。这种方法的优点是三个LED的相对强度可以独立控制，因此可以“调谐”总光谱曲线的形状来产生令人满意的“白光”。RGB技术的主要缺点是成本：需要制作三个而不是一个LED。

通过蓝色LED/荧光粉转换技术，蓝色LED与悬浮在封装它的环氧树脂中的荧光粉颗粒一起使用，LED发射的蓝光被荧光粉颗粒吸收后，以广谱的形式再次发射出来(见图TF1-6)。为了产生高强度的光，可以将几个LED封装在一个单独的外壳中。

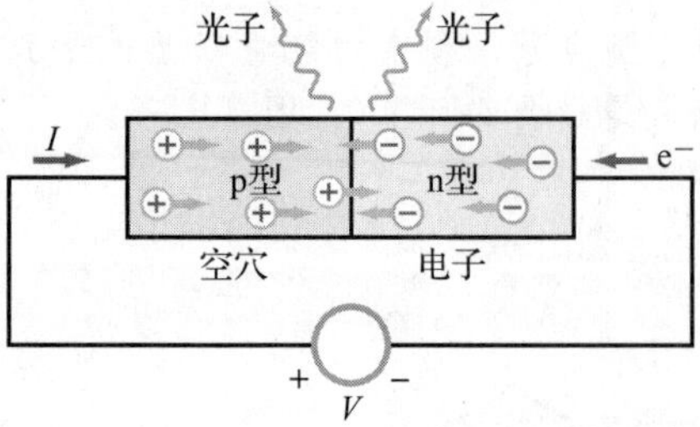

图 TF1-4　电子与空穴结合时的光子发射

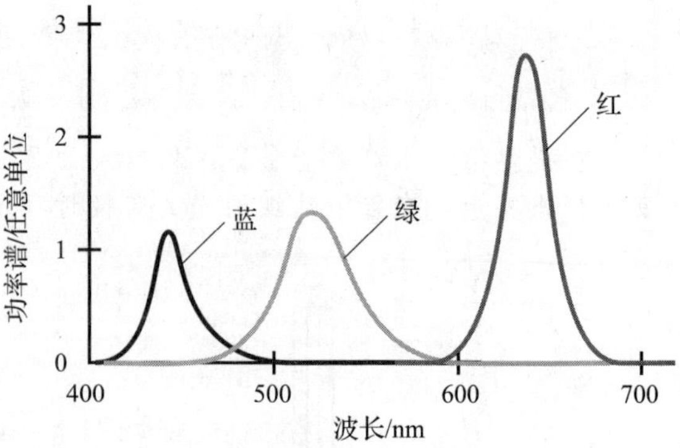

图 TF1-5　三种单色 LED 功率谱的叠加

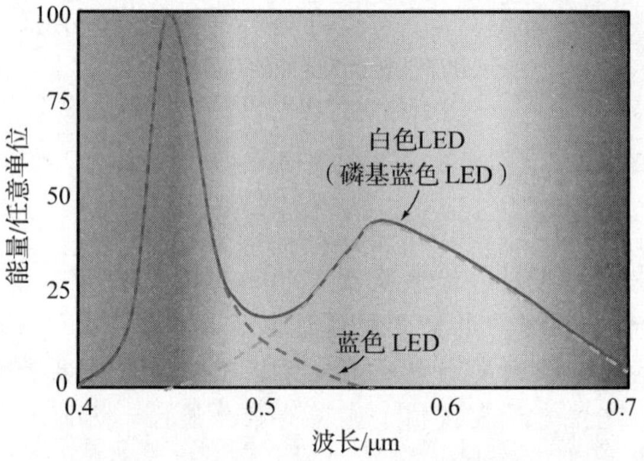

图 TF1-6　磷基白光 LED 发射光谱(见彩插)

比较

发光效率(Luminous Efficacy，LE)是衡量光源每消耗 1W 电能所产生光的流明数的指标。

在我们讨论的这三种类型的灯泡中，白炽灯是迄今为止效率最低、使用寿命最短的(见表 TF1-1)。对于一个典型的家庭来说，10 年的成本(包括用电量和更换成本)，LED 比其他替代产品低几倍。

表 TF1-1　尽管白光 LED 的初始购买价格是白炽灯的几倍，但使用 LED 10 年的总成本仅为白炽灯的四分之一(2010 年)，预计到 2025 年将降至十分之一

参数	灯泡类型			
	白炽灯	荧光灯	白光 LED	
			2010 年	2025 年
发光效率(流明/瓦)	约 12	约 40	约 70	约 150
使用寿命(小时)	约 1000	约 20 000	约 60 000	约 100 000
购买价格	约 1.50 美元	约 5 美元	约 10 美元	约 5 美元
10 年预估成本	约 410 美元	约 110 美元	约 100 美元	约 40 美元

练习 1-1　已知自由空间中有三个点电荷 $q_1=10\text{mC}$，$q_2=-10\text{mC}$，$q_3=5\text{mC}$，则作

用在 q_3 上力的方向是什么(见图 E1-1)?

答案: 沿 $+\hat{x}$ 方向。(参见Ⓔ,符号Ⓔ对应本书网站 em8e. eecs. umich. edu)

练习 1-2 两根很长的平行导线,分别载有电流 I_1 和 I_2,已知电流 I_1 单独在两根导线正中间一点产生的磁场为 $\boldsymbol{B}_1$。在下列情况下,两个电流在两根导线正中间一点产生的磁场是多少(见图 E1-2)?

(a) $I_1=I_2$,且两个电流均沿 $+\hat{y}$ 方向流动;

(b) $I_1=I_2$,但是 I_2 沿 $-\hat{y}$ 方向流动。

答案: (a) $\boldsymbol{B}=0$,(b) $\boldsymbol{B}=2\boldsymbol{B}_1$。(参见Ⓔ)

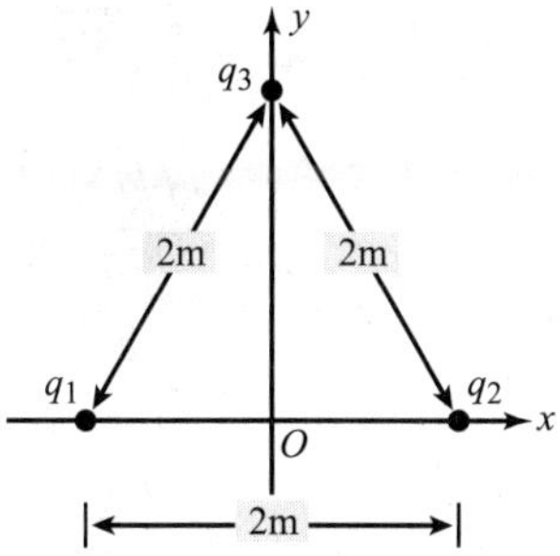

图 E1-1

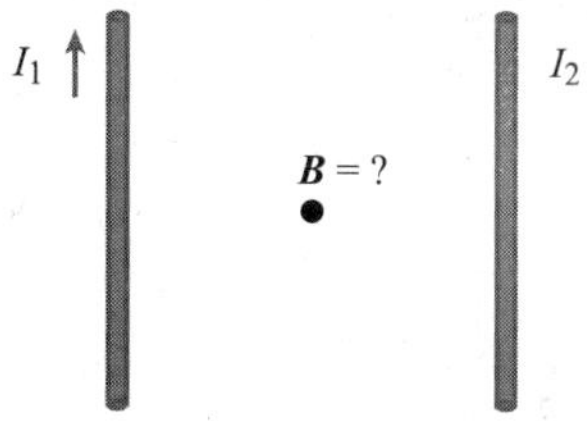

图 E1-2

1.4 行波

波是许多物理过程的自然结果:波通常表现为海洋和湖泊表面的涟漪;声波构成通过空气传播的压力扰动;机械波调节拉伸的弦;电磁波携带电场和磁场通过自由空间和媒质,如微波、光波和 X 射线。所有这些不同类型的波都有一些共同的性质,包括:

- 运动的波携带能量。
- 波具有速度。波从一点传播到另一点需要时间,电磁波在真空中以 3×10^8 m/s 的速度传播,而声波在空气中传播的速度为 330m/s,比电磁波在真空中的速度大约慢一百万倍。声波不能在真空中传播。
- 许多波表现出线性的性质。不相互影响传播的波称为线性波,因为它们可以直接穿过彼此。两个线性波的总和就是单独存在的两个波的简单相加。电磁波是线性的,声波也是。当两个人说话时,他们产生的声波不会相互影响,而且简单地通过彼此。水波是近似线性的,两颗小石子扔到湖面上的两个地方,所产生的不断扩大的圆形波纹不会相互影响。虽然这两个圆的相互作用可能表现出一种复杂的图案,但它只是两个独立扩张圆的线性叠加。

波有两种类型:由突然扰动引起的瞬态波(transient wave)和由重复源产生的连续周期波(continuous periodic wave)。我们在本书中两种类型的波都会遇到,但是大多数讨论的是随时间呈正弦变化的连续周期波的传播。

行波的一个本质特征是传播媒介的一种自我维持扰动,如果这种扰动是随着一个空间变量的函数变化的,如图 1-10 所示的弦的垂直位移,则我们称该波为一维波。垂直位移随时间和沿弦长的位置而变化。即使弦上升到第二维度,由于扰动仅随一

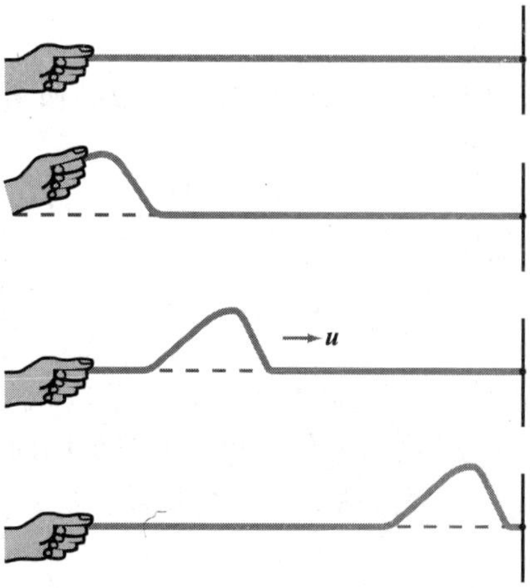

图 1-10 在弦上传播的一维波

个空间变量变化，因此该波只是一维的。二维波在表面上传播，就像池塘里的涟漪(见图1-11a)，其扰动可以用两个空间变量来描述。由此可知，三维波在体积中传播，其扰动可以是所有三个空间变量的函数。三维波可以有许多种形状，包括平面波(plane wave)、柱面波(cylindrical wave)和球面波(spherical wave)。平面波的特征是在给定的时间点上，扰动在垂直于其传播方向的无限大平面上具有均匀的性质(见图1-11b)。类似地，对于柱面波和球面波，其扰动在柱面和球面上是均匀的(见图1-11b和c)。

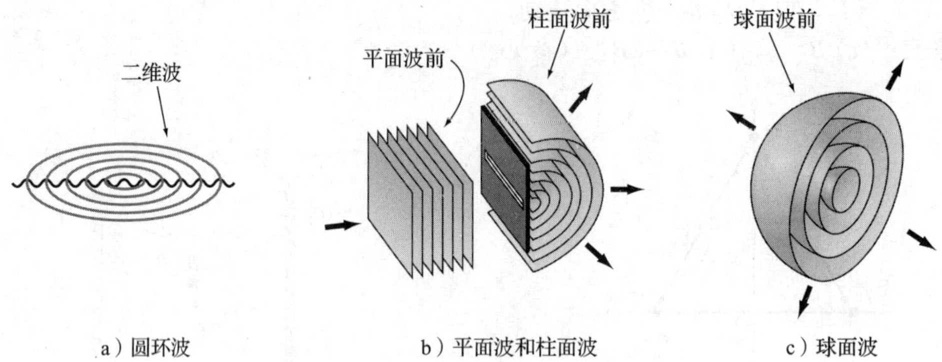

图 1-11　二维波和三维波的例子

下面通过建立描述波对时间和空间变量的函数依赖性的数学公式，来研究波的一些基本性质。为了使表述简单明了，我们只讨论正弦变化的波，其扰动仅是一个空间变量的函数。在后续的章节将讨论更复杂的波。

1.4.1 无耗媒质中的正弦波

不管产生线性波的机理如何，所有的线性波都可以使用通用的数学关系式来描述。

> 如果波在一种媒质中或媒质表面传播时振幅不衰减，那么该媒质就是**无耗的**(lossless)。

例如，考虑一个在湖面上传播的波，暂时假设摩擦力可以被忽略，从而使在水面上产生的波可以无限地传播而不损失能量。如果 y 表示水面相对于其平均高度(未扰动)的高度，x 表示波传播的距离，那么 y 对时间 t 和空间坐标 x 的函数依赖关系的一般形式为

$$y(x,t)=A\cos\left(\frac{2\pi t}{T}-\frac{2\pi x}{\lambda}+\phi_0\right)\quad(\mathrm{m})\tag{1.17}$$

式中，A 为波的振幅，T 为时间周期，λ 为空间波长，ϕ_0 为参考相位。$y(x,t)$也可以表示为

$$y(x,t)=A\cos\phi(x,t)\quad(\mathrm{m})\tag{1.18}$$

式中，

$$\phi(x,t)=\frac{2\pi t}{T}-\frac{2\pi x}{\lambda}+\phi_0\quad(\mathrm{rad})\tag{1.19}$$

$\phi(x,t)$称为波的相位，它不应该与参考相位ϕ_0混淆，参考相位对时间和空间均是常数。相位的度量单位与角度的单位相同，即 rad(弧度)或°(度)，$2\pi\mathrm{rad}=360°$。

首先分析$\phi_0=0$的简单情况：

$$y(x,t)=A\cos\left(\frac{2\pi t}{T}-\frac{2\pi x}{\lambda}\right)\quad(\mathrm{m})\tag{1.20}$$

图 1-12 中的曲线显示了在 $t=0$ 时，$y(x,t)$随 x 的变化，以及在 $x=0$ 处，$y(x,t)$随

t 的变化。波形图沿 x 以空间周期 λ 重复，沿 t 以时间周期 T 重复。

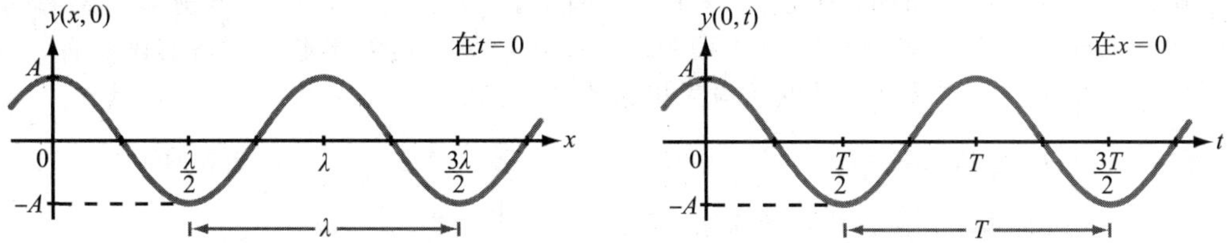

a）$t=0$，$y(x,t)$随x变化　　b）$x=0$，$y(x,t)$随t变化

图 1-12　$y(x,t)=A\cos\left(\frac{2\pi t}{T}-\frac{2\pi x}{\lambda}\right)$波形曲线

如果我们对水面进行时间快照，那么高度轮廓 $y(x,t)$将展现如图 1-13 所示的正弦图形。这三个轮廓对应三个不同的 t 值，波峰之间的距离等于波长 λ。因为它们对应的观察时间不同，所以这些波形相对于其他图形发生了偏移。因为波形随着时间 t 逐渐增加沿 $+x$ 方向前进，所以 $y(x,t)$称为沿 $+x$ 方向传播的波。如果跟踪波上一个给定的点（如峰值点 P），并随时间跟踪该点，则可以测量波的相速(phase velocity)。在波形图的峰值点处，相位 $\phi(x,t)$等于零或 2π 的倍数。所以，

$$\phi(x,t)=\frac{2\pi t}{T}-\frac{2\pi x}{\lambda}=2n\pi,\quad n=0,1,2,\cdots \tag{1.21}$$

如果选择波的其他固定高度（如 y_0），并且监测其作为 t 和 x 函数的运动，那么同样等价于设置相位$\phi(x,t)$为常数：

$$y(x,t)=y_0=A\cos\left(\frac{2\pi t}{T}-\frac{2\pi x}{\lambda}\right) \tag{1.22}$$

或

$$\frac{2\pi t}{T}-\frac{2\pi x}{\lambda}=\arccos\left(\frac{y_0}{A}\right)=\text{常数} \tag{1.23}$$

式(1.23)对时间求导可以得到固定高度的相速：

$$\frac{2\pi}{T}-\frac{2\pi}{\lambda}\frac{\mathrm{d}x}{\mathrm{d}t}=0 \tag{1.24}$$

则相速 u_{p} 为

$$u_{\mathrm{p}}=\frac{\mathrm{d}x}{\mathrm{d}t}=\frac{\lambda}{T}\quad(\mathrm{m/s}) \tag{1.25}$$

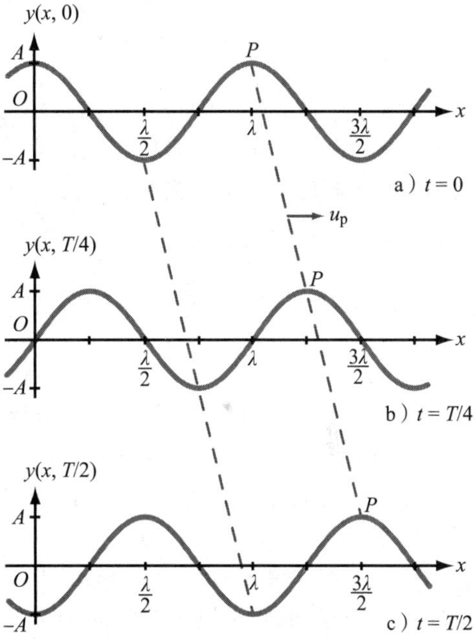

图 1-13　$y(x,t)=A\cos\left(\frac{2\pi t}{T}-\frac{2\pi x}{\lambda}\right)$的曲线，注意波在 $+x$ 方向以速度 $u_{\mathrm{p}}=\lambda/T$ 运动

相速也称为传播速度，是波在水面移动时其波形图的速度。

水本身主要是上下运动的，当波从一点移动到另一点时，水本身并没有随着波移动。

正弦波的频率 f 是其时间周期 T 的倒数：

$$f=\frac{1}{T}\quad(\mathrm{Hz}) \tag{1.26}$$

将式(1.25)与式(1.26)联立得到

$$u_p = f\lambda \quad (\text{m/s}) \tag{1.27}$$

波的频率 f 以每秒钟的周期数来度量，并指定单位为 Hz(赫兹)，以德国物理学家海因里希·赫兹(Heinrich Hertz，1857—1894)的名字命名，赫兹是无线电波设备的创始者。

由式(1.26)，式(1.20)可以重新写为更紧凑的形式：

$$y(x,t) = A\cos\left(2\pi ft - \frac{2\pi}{\lambda}x\right) = A\cos(\omega t - \beta x) \quad (\text{沿}+x\text{ 方向传播的波}) \tag{1.28}$$

式中，ω 为波的角频率，β 为其相位常数(或波数)，定义为

$$\omega = 2\pi f \quad (\text{rad/s}) \tag{1.29a}$$

$$\beta = \frac{2\pi}{\lambda} \quad (\text{rad/m}) \tag{1.29b}$$

通过这两个量可以表示相速，即

$$u_p = f\lambda = \frac{\omega}{\beta} \tag{1.30}$$

目前为止，我们已经研究了沿 $+x$ 方向传播的波的特性。为了描述沿 $-x$ 方向传播的波，我们将式(1.28)中 x 的符号反转一下：

$$y(x,t) = A\cos(\omega t + \beta x) \quad (\text{沿}-x\text{ 方向传播的波}) \tag{1.31}$$

通过审查式(1.19)给出的相位 $\phi(x,t)$ 表达式中 t 和 x 项的符号，我们可以很容易确定波的传播方向：如果其中一个符号为＋，另一个为－，则波沿 $+x$ 方向传播；如果两者均为正或均为负，则波沿 $-x$ 方向传播。恒定的参考相位 ϕ_0 对波的传播速度和传播方向均无影响。

现在研究式(1.17)中给出的参考相位 ϕ_0 的作用。如果 ϕ_0 不为零，则式(1.28)应该写为

$$y(x,t) = A\cos(\omega t - \beta x + \phi_0) \tag{1.32}$$

指定时间 t，$y(x,t)$ 作为 x 的函数曲线，或指定位置 x，$y(x,t)$ 作为时间 t 的函数曲线，分别是相对 $\phi_0=0$ 时曲线在空间和时间上的平移，位移量正比于 ϕ_0。图 1-14 中的曲线说明了这一点。我们观察到，当 ϕ_0 为正时，$y(t)$ 到达其峰值或其他任何指定值的时间要比 $\phi_0=0$ 时早。所以，$\phi_0=\pi/4$ 的波超前 $\phi_0=0$ 的波，其相位超前 $\pi/4$；类似地，$\phi_0=-\pi/4$ 的波滞后 $\phi_0=0$ 的波，其相位滞后 $\pi/4$。与零参考相位的波函数相比，一个 $-\phi_0$ 的波函数需要用更长的时间到达给定的 $y(t)$ 值(如峰值)。

当 ϕ_0 的值为正时，意味着时间上相位超前；当其值为负时，意味着相位滞后。

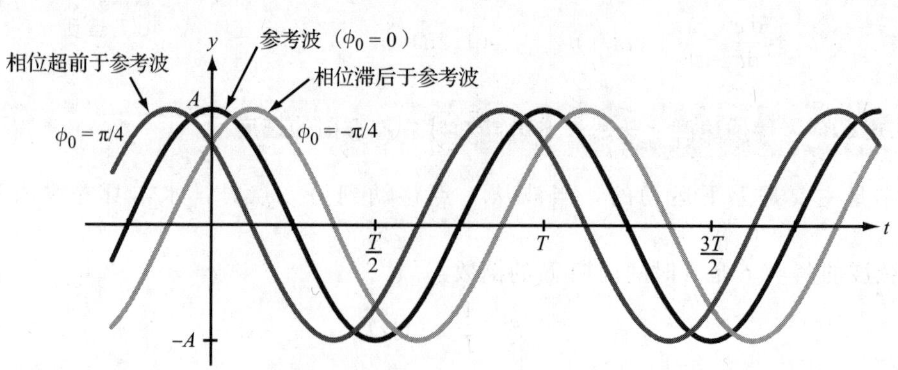

图 1-14　三种不同参考相位 ϕ_0 下 $y(0,t)=A\cos(2\pi t/T+\phi_0)$ 的曲线

模块 1.1(正弦波形) 了解波的形状与正弦波的振幅、频率和参考相位的关系。

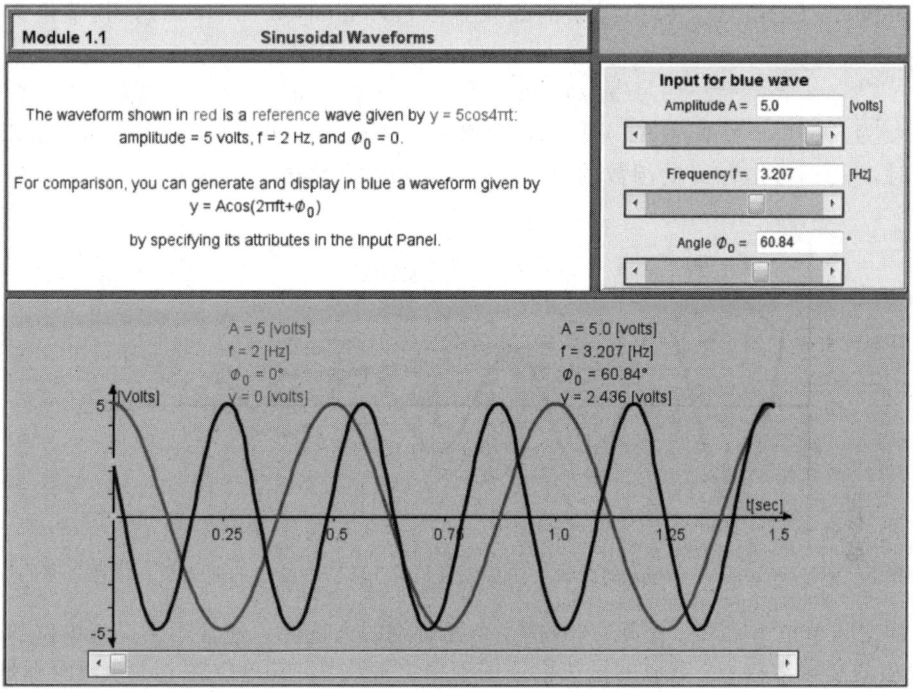

练习 1-3 考虑图 E1-3 所示的波，已知相速为 6m/s。求波的下列值：(a) 振幅，(b) 波长，(c) 频率。

答案：(a) $A=6\mathrm{V}$，(b) $\lambda=4\mathrm{cm}$，(c) $f=150\mathrm{Hz}$。(参见Ⓔⓜ)

练习 1-4 图 E1-4 中所示的波①由 $v=5\cos 2\pi t/8$ 给出，下面四个方程中：

(1) $v=5\cos(2\pi t/8-\pi/4)$

(2) $v=5\cos(2\pi t/8+\pi/4)$

(3) $v=-5\cos(2\pi t/8-\pi/4)$

(4) $v=5\sin 2\pi t/8$

(a) 哪一个方程对应波②？(b) 哪一个方程对应波③？

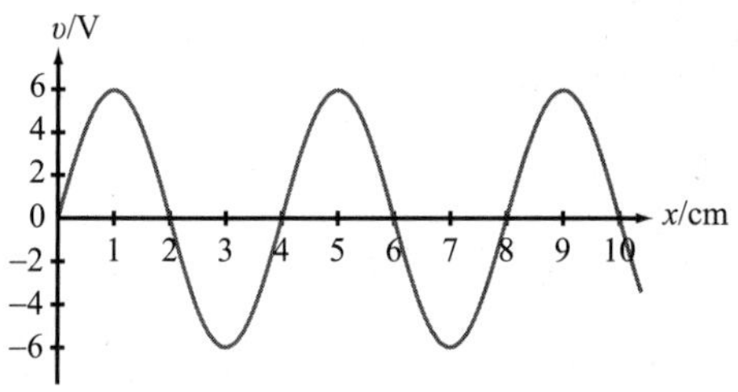

图 E1-3

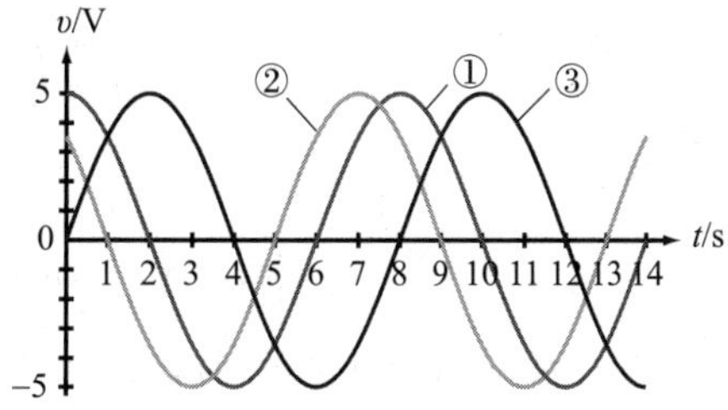

图 E1-4

答案：(a) 方程(2)，(b) 方程(4)。(参见Ⓔⓜ)

练习 1-5 已知传播的电磁波的电场为 $E(z,t)=10\cos(\pi\times10^7 t+\pi z/15+\pi/6)\mathrm{V/m}$，试求：(a) 波的传播方向，(b) 波的频率 f，(c) 波长 λ，(d) 相速 u_p。

答案：(a) $-z$ 方向，(b) $f=5\mathrm{MHz}$，(c) $\lambda=30\mathrm{m}$，(d) $u_p=1.5\times10^8\mathrm{m/s}$。(参见Ⓔⓜ)

1.4.2 有耗媒质中的正弦波

如果一个波在有耗媒质中沿 x 方向传播，则其振幅随 $e^{-\alpha x}$ 减小，该因子称为衰减因子(attenuation factor)，α 称为媒质的衰减常数(attenuation constant)，其单位为 Np/m(奈培每米)。所以，一般情况下：

$$y(x,t)=Ae^{-\alpha x}\cos(\omega t-\beta x+\phi_0) \tag{1.33}$$

波的振幅为 $Ae^{-\alpha x}$，而不是 A。图 1-15 给出了 $t=0$，$A=10\text{m}$，$\lambda=2\text{m}$，$\alpha=0.2\text{Np/m}$，$\phi_0=0$ 时，$y(x,t)$作为 x 的函数的曲线。注意，波的包络随 $e^{-\alpha x}$ 减小。

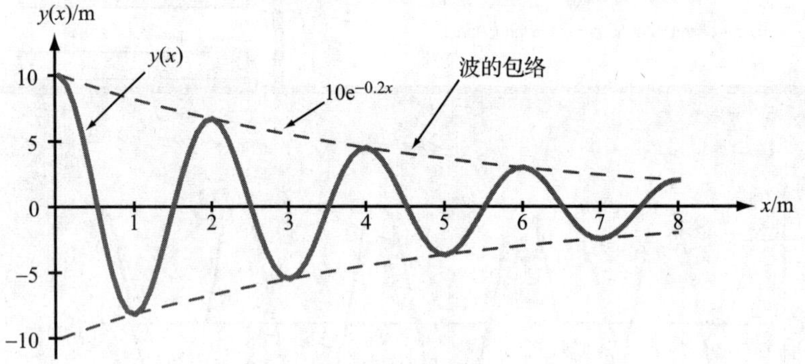

图 1-15　$y(x)=10e^{-0.2x}\cos\pi x$ 的曲线，注意包络是由 $10e^{-0.2x}$ 给出的曲线及其镜像之间的边界

α 的实际单位为 1/m，奈培(Np)是一个无量纲的人造词，通常用来提醒单位 Np/m 指的是媒质的衰减常数 α。类似的做法也适用于相位常数 β，其单位为 rad/m，而不是 1/m。

概念问题 1-6：怎么知道波沿 $+x$ 还是 $-x$ 方向传播呢?

概念问题 1-7：波的包络在无耗媒质和有耗媒质中是如何随距离变化的?

概念问题 1-8：为什么 $-\phi_0$ 表示相位滞后?

例 1-1 水中的声波

在流体(液体或气体)中沿 x 方向传播的声波由压差 $p(x,t)$来表征。压力的单位为 N/m^2。已知声波的频率为 1kHz，水中声速为 1.5km/s，波的振幅为 10N/m^2，$p(x,t)$在 $t=0$ 和 $x=0.25\text{m}$ 时达到最大值。求在水中沿 $+x$ 方向传播的正弦声波 $p(x,t)$的表达式。(将水视为无耗媒质。)

解：根据式(1.17)给出的沿 $+x$ 方向传播的波的一般形式，

$$p(x,t)=A\cos\left(\frac{2\pi}{T}t-\frac{2\pi}{\lambda}x+\phi_0\right)\quad(\text{N/m}^2)$$

$A=10\text{N/m}^2$，$T=1/f=10^{-3}\text{s}$，由 $u_p=f\lambda$ 可得

$$\lambda=\frac{u_p}{f}=\frac{1.5\times10^3}{10^3}\text{m}=1.5\text{m}$$

所以，

$$p(x,t)=10\cos\left(2\pi\times10^3t-\frac{4\pi}{3}x+\phi_0\right)\quad(\text{N/m}^2)$$

当 $t=0$ 和 $x=0.25\text{m}$ 时，$p(0.25,0)=10\text{N/m}^2$，有

$$10=10\cos\left(\frac{-4\pi}{3}\times0.25+\phi_0\right)=10\cos\left(\frac{-\pi}{3}+\phi_0\right)$$

则 $\phi_0-\pi/3=0$，即 $\phi_0=\pi/3$。

所以，

$$p(x,t)=10\cos\left(2\pi\times10^3t-\frac{4\pi}{3}x+\frac{\pi}{3}\right)\quad(\text{N/m}^2)$$

◀

例 1-2 功率损耗

在大气中传播的激光束由下面的电场来表征：

$$E(x,t)=150\mathrm{e}^{-0.03x}\cos(3\times10^{15}t-10^{7}x)\quad(\mathrm{V/m})$$

式中，x 是与源的距离，单位为 m。衰减是由于大气气体吸收造成的。求：

(a) 波的传播方向；

(b) 波的速度；

(c) 距离 200m 处波的振幅。

解：(a) 由于余弦函数中的变量 t 和 x 的系数符号相反，波向 $+x$ 方向传播。

(b)
$$u_{\mathrm{p}}=\frac{\omega}{\beta}=\frac{3\times10^{15}}{10^{7}}=3\times10^{8}\quad(\mathrm{m/s})$$

这个值等于自由空间中的光速 c。

(c) 在 $x=200\mathrm{m}$ 处，$E(x,t)$的振幅为

$$150\mathrm{e}^{-0.03\times200}=0.37\quad(\mathrm{V/m})$$

◀

模块 1.2(行波) 了解行波的波形与其频率和波长以及媒质衰减常数之间的关系。

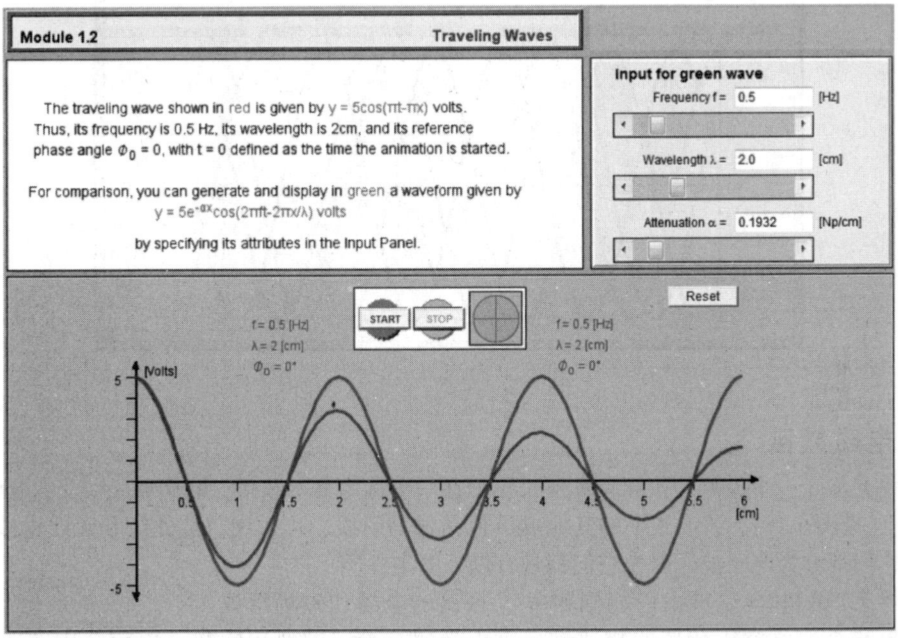

练习 1-6 考虑图 E1-6 所示的波。求波的下列值：(a) 振幅($x=0$)，(b) 波长，(c) 衰减常数。

答案：(a) 5V，(b) 5.6cm，(c) $\alpha=0.06\mathrm{Np/cm}$。(参见Ⓔⓜ)

练习 1-7 已知图 E1-7 中所示的波①的表达式为 $v=5\cos4\pi x\,\mathrm{V}$。求：(a) 波②的表达式，(b) 波③的表达式。

答案：(a) $v=5\mathrm{e}^{-0.7x}\cos4\pi x\,\mathrm{V}$，(b) $v=5\mathrm{e}^{-3.2x}\cos4\pi x\,\mathrm{V}$。(参见Ⓔⓜ)

练习 1-8 电磁波在有耗媒质中沿 z 方向传播，其衰减常数 $\alpha=0.5\mathrm{Np/m}$。如果在 $z=0$ 处，波的电场振幅为 100V/m，试求波的振幅衰减到下列值时传播的距离：(a) 10V/m，(b) 1V/m，(c) 1μV/m。

答案：(a) 4.6m，(b) 9.2m，(c) 37m。(参见Ⓔⓜ)

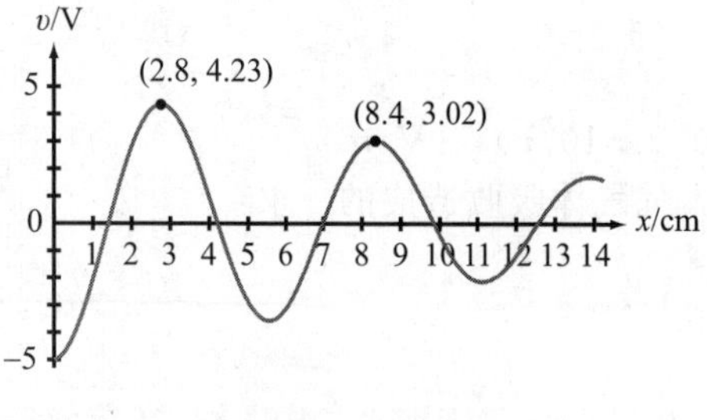

图　E1-6

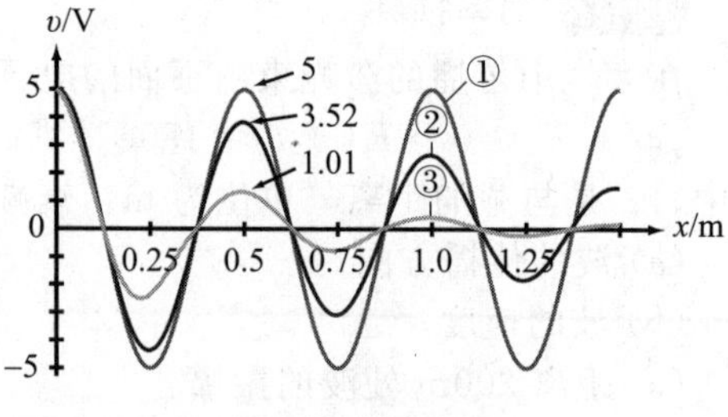

图　E1-7(见彩插)

模块 1.3(相位超前/滞后)　观察不同参考相位常数值的正弦波形。

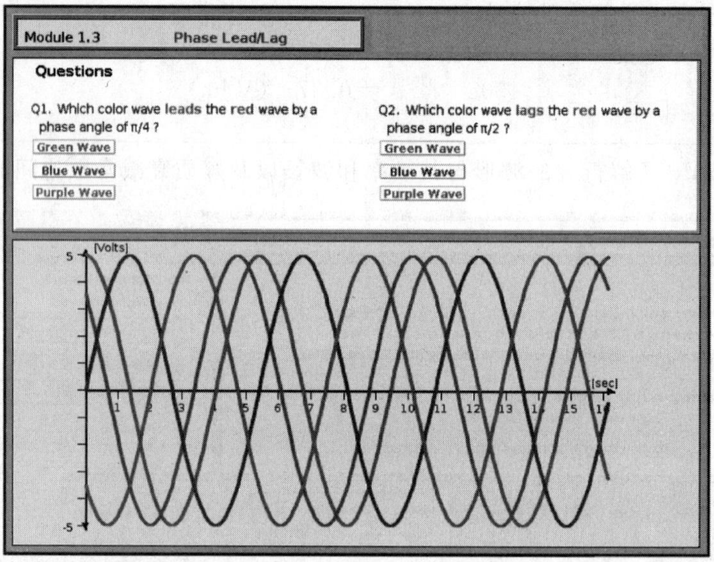

1.5　电磁频谱

可见光属于一个波族，按频率和波长排列在一个称为电磁频谱(electromagnetic spectrum)的连续线上(见图 1-16)。该波族中的其他成员包括伽马射线、X 射线、红外线和无线电波。一般来说，它们都称为电磁波，因为它们都具有以下基本性质：

- 单色(单频)电磁波由以相同频率 f 振荡的电场和磁场组成。
- 电磁波在真空中传播的相速是一个由光速 c 给定的通用常数，由前文中的式(1.14)定义。
- 在真空中，电磁波的波长 λ 与其振荡频率 f 的关系式为

$$\lambda=\frac{c}{f} \tag{1.34}$$

虽然所有的单色电磁波都具有这些性质，但每一种单色电磁波都由其自己的波长 λ 或等效地由其自己的振荡频率 f 来区分。

图 1-16 所示的电磁频谱的可见光部分覆盖了波长从 $\lambda=0.4\mu m$(紫色)到 $\lambda=0.7\mu m$(红色)之间很窄的范围。当逐渐向更短的波长移动时，我们遇到的是紫外线、X 射线和伽马射线波段。每个波段的命名，都与发现这些波长的波的历史原因有关。在可见光谱的另一边是红外波段，然后是射频范围的微波部分。由于式(1.34)给出的 λ 和 f 的关系，可以根据波长范围或频率范围来指定每一个频谱的范围。然而，在实际中，如果 $\lambda<1mm$，则用波长 λ 来指定

一个波，这包含了除射频以外的所有电磁频谱；如果 $\lambda > 1\text{mm}$（即射频范围），则该波是用频率来指定的。自由空间中 1mm 波长对应的频率为 $3\times10^{11}\text{Hz}=300\text{GHz}$。

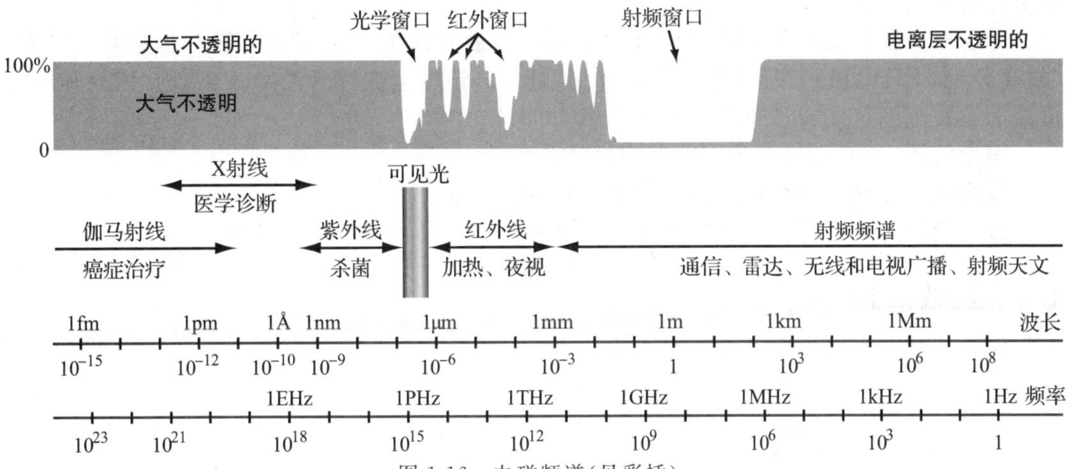

图 1-16　电磁频谱（见彩插）

射频频谱由几个独立的频段组成，如图 1-17 所示。每一个频段涵盖 10 倍的射频频

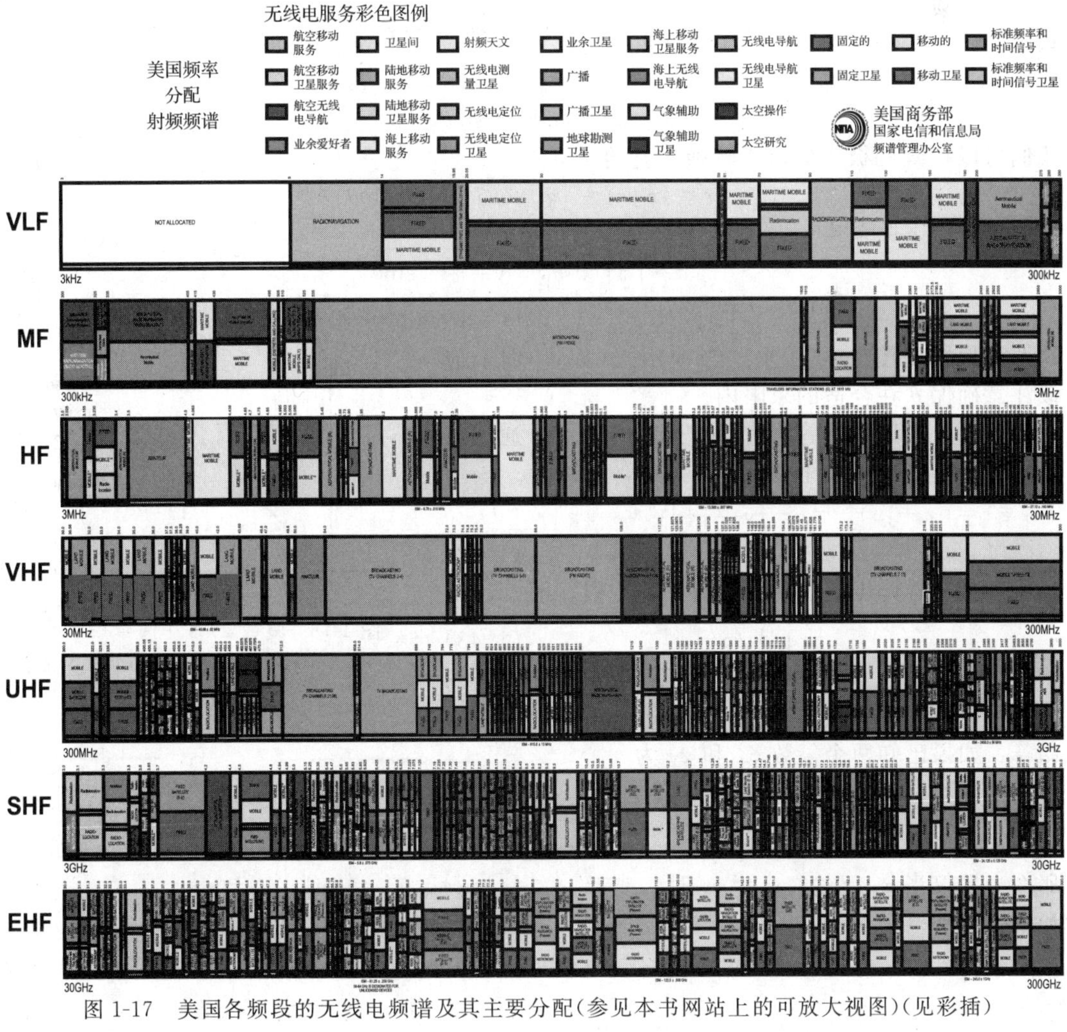

图 1-17　美国各频段的无线电频谱及其主要分配（参见本书网站上的可放大视图）（见彩插）

谱，并且根据国际电信联盟定义的命名法，用一个字母来命名。不同频率的波有不同的应用，因为它们是由不同的机理激发的，在非真空材料中，电磁波传播的性质在不同波段之间可能有很大差异。

尽管对微波频段的范围没有精确的定义，但通常认为它覆盖了 UHF(特高频)、SHF(超高频)和 EHF(极高频)频段的全部范围。EHF 频段也被称为毫米波频段，因为该频段覆盖的波长范围从 1mm(300GHz)到 1cm(30GHz)。

概念问题 1-9：电磁波的三个基本性质是什么？

概念问题 1-10：微波频段覆盖的频率范围是什么？

概念问题 1-11：可见光谱的波长范围是多少？红外波段有哪些应用？

1.6　复数回顾

任意复数 z 可以用直角坐标形式表示为

$$z=x+\mathrm{j}y \tag{1.35}$$

式中，x 和 y 分别为 z 的实部(Re)和虚部(Im)，而且 $\mathrm{j}=\sqrt{-1}$，即

$$x=\mathrm{Re}(z),\quad y=\mathrm{Im}(z) \tag{1.36}$$

或者，z 可以用极坐标形式表示为

$$z=|z|\mathrm{e}^{\mathrm{j}\theta}=|z|\angle\theta \tag{1.37}$$

式中，$|z|$ 为 z 的大小，θ 为相位角，$\angle\theta$ 为 $\mathrm{e}^{\mathrm{j}\theta}$ 的一个有效的速记表示。应用欧拉恒等式，有

$$\mathrm{e}^{\mathrm{j}\theta}=\cos\theta+\mathrm{j}\sin\theta \tag{1.38}$$

我们可以将 z 的极坐标形式转换为直角坐标形式：

$$z=|z|\mathrm{e}^{\mathrm{j}\theta}=|z|\cos\theta+\mathrm{j}|z|\sin\theta \tag{1.39}$$

这引出了如下关系式：

$$x=|z|\cos\theta,\quad y=|z|\sin\theta \tag{1.40}$$

$$|z|=\sqrt{x^2+y^2},\quad \theta=\arctan(y/x) \tag{1.41}$$

这两种形式如图 1-18 所示。当使用式(1.41)时，应该注意确保 θ 在合适的象限内。

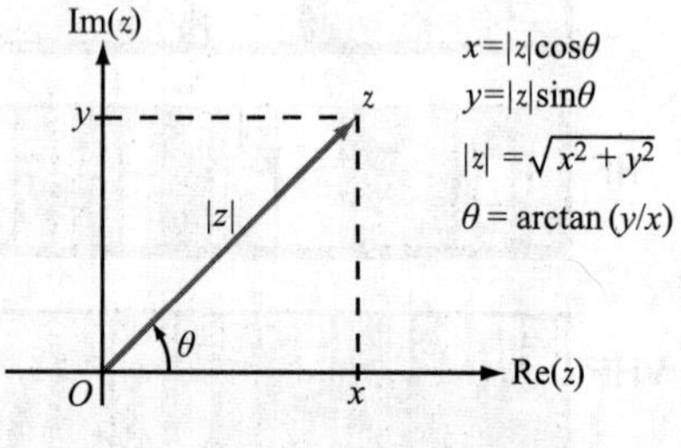

图 1-18　复数 $z=x+\mathrm{j}y=|z|\mathrm{e}^{\mathrm{j}\theta}$ 的直角坐标表示和极坐标表示之间的关系

z 的共轭复数用星号上标(或星号)表示，通过将 j(无论出现在哪里)替换为 $-\mathrm{j}$ 来得到，所以

$$z^*=(x+\mathrm{j}y)^*=x-\mathrm{j}y=|z|\mathrm{e}^{-\mathrm{j}\theta}=|z|\angle-\theta \tag{1.42}$$

$|z|$ 等于 z 与其共轭复数乘积的正平方根，即

$$|z|=\sqrt{zz^*} \tag{1.43}$$

现在，我们重点介绍一些在后面章节中会遇到的复数代数的性质。

相等：如果已知两个复数 z_1 和 z_2 为

$$z_1=x_1+\mathrm{j}y_1=|z_1|\mathrm{e}^{\mathrm{j}\theta_1} \tag{1.44}$$

$$z_2=x_2+\mathrm{j}y_2=|z_2|\mathrm{e}^{\mathrm{j}\theta_2} \tag{1.45}$$

那么当且仅当 $x_1=x_2$，$y_1=y_2$ 时，或者 $|z_1|=|z_2|$，$\theta_1=\theta_2$ 时，$z_1=z_2$。

加法：

$$z_1+z_2=(x_1+x_2)+\mathrm{j}(y_1+y_2) \tag{1.46}$$

乘法：

$$z_1z_2=(x_1+jy_1)(x_2+jy_2)=(x_1x_2-y_1y_2)+j(x_1y_2+x_2y_1) \tag{1.47a}$$

或

$$\begin{aligned}z_1z_2&=|z_1|e^{j\theta_1}\cdot|z_2|e^{j\theta_2}=|z_1||z_2|e^{j(\theta_1+\theta_2)}\\&=|z_1||z_2|[\cos(\theta_1+\theta_2)+j\sin(\theta_1+\theta_2)]\end{aligned} \tag{1.47b}$$

除法：对于 $z_2\neq0$，

$$\frac{z_1}{z_2}=\frac{x_1+jy_1}{x_2+jy_2}=\frac{(x_1+jy_1)}{(x_2+jy_2)}\cdot\frac{(x_2-jy_2)}{(x_2-jy_2)}=\frac{(x_1x_2+y_1y_2)+j(x_2y_1-x_1y_2)}{x_2^2+y_2^2} \tag{1.48a}$$

或

$$\frac{z_1}{z_2}=\frac{|z_1|e^{j\theta_1}}{|z_2|e^{j\theta_2}}=\frac{|z_1|}{|z_2|}e^{j(\theta_1-\theta_2)}=\frac{|z_1|}{|z_2|}[\cos(\theta_1-\theta_2)+j\sin(\theta_1-\theta_2)] \tag{1.48b}$$

幂：对于任意正整数 n，

$$z^n=(|z|e^{j\theta})^n=|z|^ne^{jn\theta}=|z|^n(\cos n\theta+j\sin n\theta) \tag{1.49}$$

$$z^{1/2}=\pm|z|^{1/2}e^{j\theta/2}=\pm|z|^{1/2}[\cos(\theta/2)+j\sin(\theta/2)] \tag{1.50}$$

有用的关系式：

$$-1=e^{j\pi}=e^{-j\pi}=1\angle 180^\circ,\quad j=e^{j\pi/2}=1\angle 90^\circ \tag{1.51}$$

$$-j=-e^{j\pi/2}=e^{-j\pi/2}=1\angle -90^\circ \tag{1.52}$$

$$\sqrt{j}=(e^{j\pi/2})^{1/2}=\pm e^{j\pi/4}=\frac{\pm(1+j)}{\sqrt{2}} \tag{1.53}$$

$$\sqrt{-j}=\pm e^{-j\pi/4}=\frac{\pm(1-j)}{\sqrt{2}} \tag{1.54}$$

例 1-3　复数运算

已知两个复数 $V=3-j4$，$I=-(2+j3)$。试求：(a) V 和 I 的极坐标形式，(b) VI，(c) VI^*，(d) V/I，(e) $\sqrt{I}$。

解：(a) $|V|=\sqrt{VV^*}=\sqrt{(3-j4)(3+j4)}=\sqrt{9+16}=5$

$$\theta_V=\arctan(-4/3)=-53.1^\circ$$

$$V=|V|e^{j\theta_V}=5e^{-j53.1^\circ}=5\angle -53.1^\circ$$

$$|I|=\sqrt{2^2+3^2}=\sqrt{13}=3.61$$

由于 $I=-2-j3$ 位于复平面上的第三象限(见图 1-19)，

$$\theta_I=180^\circ+\arctan(3/2)=236.3^\circ$$

$$I=|I|e^{j\theta_I}=3.61\angle 236.3^\circ$$

(b) $VI=5e^{-j53.1^\circ}\times3.61e^{j236.3^\circ}=18.05e^{j(236.3^\circ-53.1^\circ)}=18.05e^{j183.2^\circ}$

(c) $VI^*=5e^{-j53.1^\circ}\times3.61e^{-j236.3^\circ}=18.05e^{-j289.4^\circ}=18.05e^{j70.6^\circ}$

(d) $\dfrac{V}{I}=\dfrac{5e^{-j53.1^\circ}}{3.61e^{j236.3^\circ}}=1.39e^{-j289.4^\circ}=1.39e^{j70.6^\circ}$

(e) $\sqrt{I}=\sqrt{3.61e^{j236.3^\circ}}=\pm\sqrt{3.61}\,e^{j236.3^\circ/2}=\pm1.90e^{j118.15^\circ}$ ◀

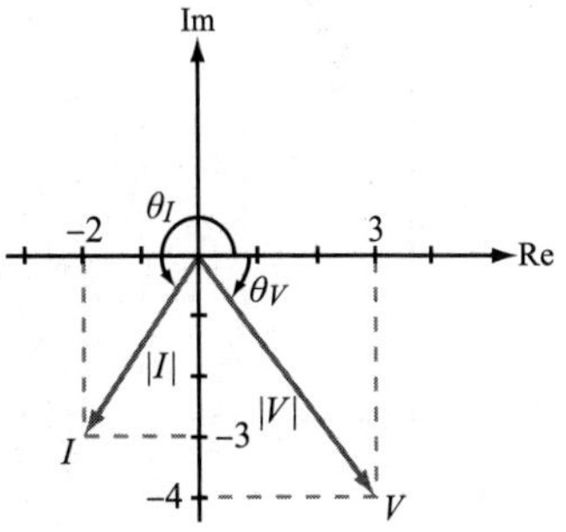

图 1-19　复平面上的复数 V 和 I(例 1-3)

练习 1-9　用极坐标形式表示下列复函数：$z_1=(4-j3)^2$，$z_2=(4-j3)^{1/2}$。

答案：$z_1=25\angle -73.7^\circ$，$z_2=\pm\sqrt{5}\angle -18.4^\circ$。(参见Ⓔⓜ)

练习 1-10　证明 $\sqrt{2j}=\pm(1+j)$。

答案：参见Ⓔⓜ。

技术简介 2：太阳能电池

太阳能电池是一种将太阳能转换为电能的光伏器件，这种转换过程依赖于**光伏效应**。1839 年，19 岁的艾德蒙·贝克勒尔(Edmund Bequerel)首次发现了光伏效应，当时他观察到铂电极被光照射时会产生小电流。光伏效应经常与**光电效应**混淆，它们是相互联系的，但是不完全相同(见图 TF2-1)。

光电效应描述了一种机制，该机制解释了当光子入射到材料表面上，会导致电子从材料中逸出的现象(见图 TF2-1a)。为了让这个现象发生，光子能量 E(与波长的关系式为 $E=hc/\lambda$，其中 h 为普朗克常数，c 为光速)必须超过材料对电子的束缚能。阿尔伯特·爱因斯坦(Albert Einstein)于 1905 年提出了光电效应的量子力学模型，而获得了 1921 年的诺贝尔物理学奖。

虽然一种材料足以产生光电效应，但光伏效应至少需要两种相邻的具有不同电子特性的材料(形成一个可以支持跨电压的结)，通过外部负载建立**光伏电流**(见图 TF2-1b)。因此，这两种效应是由相同的量子力学规则控制的，该规则与如何利用光子能量将电子从其宿主中释放出来有关，但在这两种情况下，释放的电子将会发生什么变化的后续步骤是不同的。

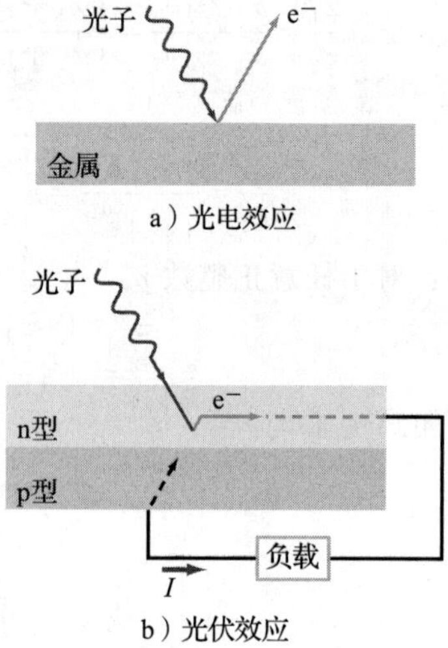

图 TF2-1 光电效应与光伏效应的比较

光伏电池

现今的光伏(PV)电池是由半导体材料制成的，光伏电池的基本结构由一个连接到负载的 p-n 结组成(见图 TF2-2)。

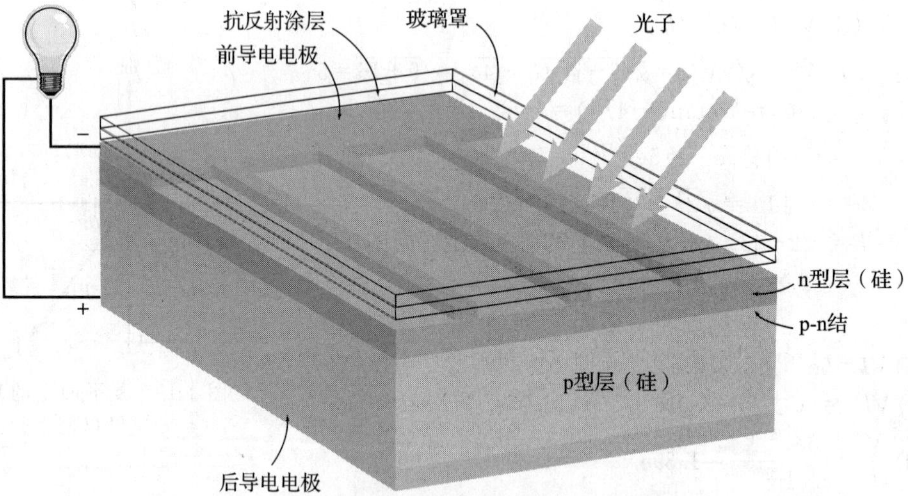

图 TF2-2 光伏电池的基本结构(见彩插)

通常，n 型层是由掺杂了某种材料的硅制成的，这种材料会产生大量的带负电荷的原子，而 p 型层也是由硅掺杂材料制成的，但掺杂了一种不同的材料，会产生大量的空穴(缺少电子的原子)。这两层的结合在连结处产生了一个跨在结上的电场，所以当一个入射的光子释放出一个电子时，在该电场的影响下，电子通过 n 型层送到与负载相连的外部电路。

光伏电池的转换效率依赖于几个因素，包括被半导体材料吸收的入射光的比例，而不包括被 n 型层前表面反射或透射到背面后导电电极的部分。为了减少反射分量，通常在玻璃罩与 n 型层之间插入一层抗反射涂层(见图 TF2-2)。

图 TF2-2 所示的光伏电池称为**单结电池**，因为其仅包含一个 p-n 结。半导体材料的特征是由称为**带隙能量**的量来表示的，它是将一个自由电子从其宿主原子中释放出来所需要的能量。为了实现这一点，入射光子的波长(决定了它的能量)必须满足：光子的能量超过材料的带隙能量。太阳能的光谱范围很广，所以只有其中一小部分的太阳光谱(光子能量大于带隙能量的)会被单结材料吸收。为了克服该限制，可以将多个 p-n 层级联在一起，形成**多结光伏器件**(见图 TF2-3)。通常，电池的排列方式是这样的：顶部的电池具有最高的带隙能量，从而捕获高能(短波长)光子，接着是具有较低带隙能量的电池，以此类推。

多结技术的转换效率比单结电池提高了 2～4 倍，但是制造成本显著增大。

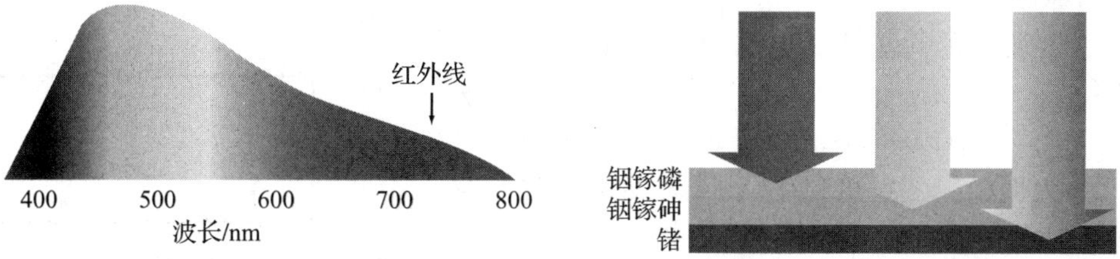

图 TF2-3　在多结光伏器件中，不同层吸收光谱的不同部分(见彩插)

组件、阵列和系统

光伏组件由多个连接在一起的光伏电池组成，以提供特定电压的电力，如 12V 或 24V。多个组件的组合形成**光伏阵列**(见图 TF2-4)，产生的电能取决于截获阳光的强度、组件或阵列的总面积和单个电池的转换效率。如果光伏能源需要提供多种功能，那么它将被集成到能源管理系统中，该系统包括直流到交流的电流转换器和用来存储能量供以后使用的蓄电池(见图 TF2-5)。

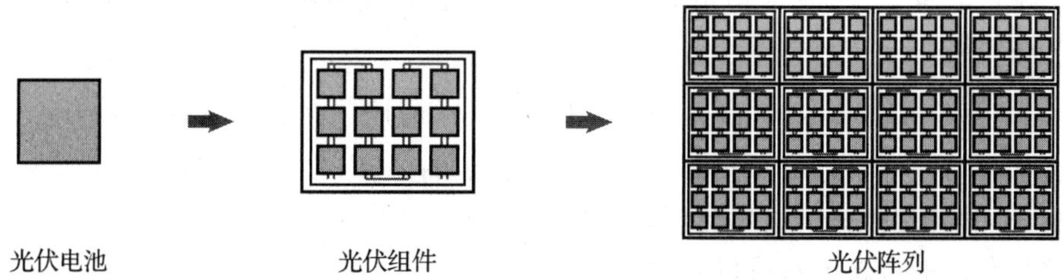

图 TF2-4　光伏电池、光伏组件和光伏阵列

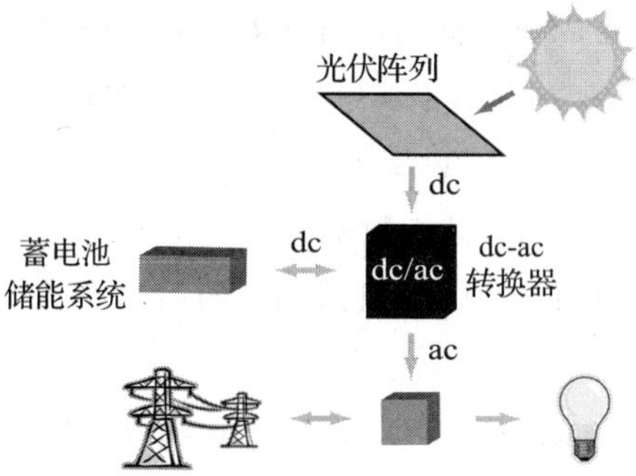

图 TF2-5　大规模光伏系统的组成

1.7　相量回顾

相量分析是求解涉及激励为时间周期函数的线性系统问题的一种有用的数学工具，许多工程问题都是用线性积分-微分方程的形式来表示的。如果激励随时间呈正弦变化，通常称为**强迫函数**(forcing function)，则用相量符号表示与时间相关的变量，将线性积分-微分方程转换为没有正弦函数的线性方程，从而简化了求解方法。求解出所需的变量(如电路中的电压或电流)后，再从相量域转换回时域，即可得到期望的结果。

相量技术也可以用于分析强迫函数为时间的(非正弦)周期函数的线性系统，如方波或脉冲序列。通过将强迫函数展开为正弦分量的傅里叶级数，我们可以对强迫函数的每个傅里叶分量分别进行相量分析来求解所需的变量。根据叠加原理，所有傅里叶分量的解的总和给出的结果，与完全在时域中不借助傅里叶表示时求解的结果相同。相量-傅里叶方法的明显优点是简单。此外，非周期源函数(如单个脉冲)可以表示为傅里叶积分，也可以使用类似的叠加原理。

图 1-20 所示的简单 RC 电路包含一个正弦时变电压源：

$$v_s(t)=V_0\sin(\omega t+\phi_0) \tag{1.55}$$

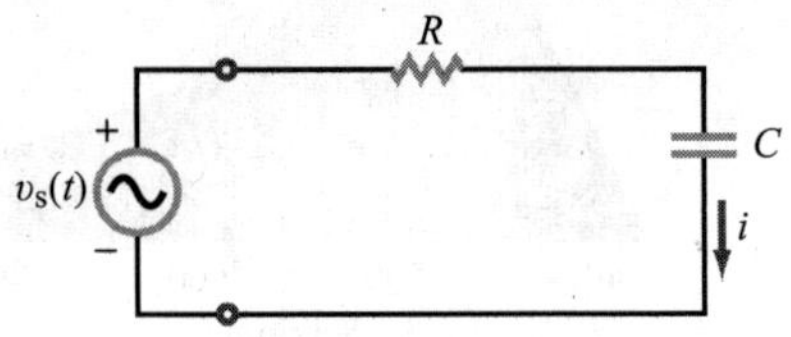

图 1-20　连接到电压源 $v_s(t)$ 的 RC 电路

式中，V_0 为振幅，ω 为角频率，ϕ_0 为参考相位。应用基尔霍夫电压定律给出如下回路方程：

$$Ri(t)+\frac{1}{C}\int i(t)\,\mathrm{d}t=v_s(t)\quad(\text{时域}) \tag{1.56}$$

我们的目标是得到电流 $i(t)$ 的表达式，可以通过在时域中求解式(1.56)来实现，但由于强迫函数 $v_s(t)$ 是正弦函数，这样做有些复杂。另外，我们可以采用如下的相量域求解技术。

1.7.1　求解过程

步骤 1：采用余弦参考

为了建立电路中所有时变电流和电压的参考相位，强迫函数可以表示为余弦形式(如果还不是这种形式)。在本例中，已知

$$v_s(t)=V_0\sin(\omega t+\phi_0)=V_0\cos\left(\frac{\pi}{2}-\omega t-\phi_0\right)=V_0\cos\left(\omega t+\phi_0-\frac{\pi}{2}\right) \tag{1.57}$$

其中使用了 $\sin x=\cos(\pi/2-x)$ 和 $\cos(-x)=\cos x$ 的性质。

步骤 2：用相量表示时间相关的变量

任意时变余弦函数 $z(t)$ 可以表示为

$$z(t)=\mathrm{Re}(\widetilde{Z}\mathrm{e}^{\mathrm{j}\omega t}) \tag{1.58}$$

式中，$\widetilde{Z}$ 是一个与时间无关的函数，称为瞬时函数 $z(t)$ 的相量。为了区分瞬时量和对应的相量，在代表相量的字母上边加～。对于式(1.57)给出的电压 $v_s(t)$，其对应的相量 $\widetilde{V}_s$ 为

$$\widetilde{V}_s=V_0\mathrm{e}^{\mathrm{j}(\phi_0-\pi/2)} \tag{1.59}$$

所以，$\widetilde{V}_s$ 与 $v_s(t)$ 具有相同的振幅，其指数函数为 $\mathrm{j}(\phi_0-\pi/2)$，其中 $\phi_0-\pi/2$ 为式(1.57)中的余弦函数不含 ωt 项的相位部分。为了验证式(1.59)给出的 $\widetilde{V}_s$ 的表达式确实与 $v_s(t)$ 的相量等效，式(1.58)右边：

$$\mathrm{Re}(\widetilde{V}_s\mathrm{e}^{\mathrm{j}\omega t})=\mathrm{Re}[V_0\mathrm{e}^{\mathrm{j}(\phi_0-\pi/2)}\cdot\mathrm{e}^{\mathrm{j}\omega t}]=V_0\cos\left(\omega t+\phi_0-\frac{\pi}{2}\right)$$

这正是式(1.57)给出的 $v_s(t)$ 的表达式。

对于任意相位角 ϕ，时域和相量域的对应关系可以用一般形式表示为

$$v_s(t)=V_0\cos(\omega t+\phi)\leftrightarrow \widetilde{V}_s=V_0 e^{j\phi} \tag{1.60}$$

因此，ϕ 可以是常数（如$\phi_0-\pi/2$），或一个或多个空间变量的函数（如$\phi=\beta x$）。

时间函数 $v_s(t)$对应的相量 $\widetilde{V}_s$ 包含了振幅和相位信息，但它与时间变量 t 无关。接下来，根据相量等价关系，将未知变量 $i(t)$定义为

$$i(t)=\mathrm{Re}(\widetilde{I}e^{j\omega t}) \tag{1.61}$$

如果我们试图求解包含导数或积分的方程，那么可以使用下面两个性质：

$$\frac{di}{dt}=\frac{d}{dt}[\mathrm{Re}(\widetilde{I}e^{j\omega t})]=\mathrm{Re}\left[\frac{d}{dt}(\widetilde{I}e^{j\omega t})\right]=\mathrm{Re}[j\omega\widetilde{I}e^{j\omega t}] \tag{1.62}$$

和

$$\int i\,dt=\int \mathrm{Re}(\widetilde{I}e^{j\omega t})dt=\mathrm{Re}\left(\int\widetilde{I}e^{j\omega t}dt\right)=\mathrm{Re}\left(\frac{\widetilde{I}}{j\omega}e^{j\omega t}\right) \tag{1.63}$$

因此，时间函数 $i(t)$对时间的微分等于将其相量 $\widetilde{I}$ 乘以 $j\omega$，积分等于除以 $j\omega$。

步骤 3：将微分/积分方程改写为相量形式

使用式(1.58)的形式，将式(1.56)中的 $i(t)$和 $v_s(t)$用相量表示，有

$$R\,\mathrm{Re}(\widetilde{I}e^{j\omega t})+\frac{1}{C}\mathrm{Re}\left(\frac{\widetilde{I}}{j\omega}e^{j\omega t}\right)=\mathrm{Re}(\widetilde{V}_s e^{j\omega t}) \tag{1.64}$$

将三项合并在同一实部算子下得到

$$\mathrm{Re}\left\{\left[\left(R+\frac{1}{j\omega C}\right)\widetilde{I}-\widetilde{V}_s\right]e^{j\omega t}\right\}=0 \tag{1.65a}$$

如果采用正弦参考而不是余弦参考来定义正弦函数，那么前面的处理就会导致下面的结果：

$$\mathrm{Im}\left\{\left[\left(R+\frac{1}{j\omega C}\right)\widetilde{I}-\widetilde{V}_s\right]e^{j\omega t}\right\}=0 \tag{1.65b}$$

因为花括号中表达式的实部和虚部均为零，所以表达式自身必须为零。此外，由于 $e^{j\omega t}\neq 0$，可以得出

$$\widetilde{I}\left(R+\frac{1}{j\omega C}\right)=\widetilde{V}_s\quad(\text{相量域}) \tag{1.66}$$

由于三项中均含有时间因子 $e^{j\omega t}$，因此时间因子就隐去了。式(1.66)为式(1.56)的相量域等式。

步骤 4：求解相量域方程

由式(1.66)可知，相量电流 $\widetilde{I}$ 为

$$\widetilde{I}=\frac{\widetilde{V}_s}{R+1/j\omega C} \tag{1.67}$$

在进行下一步之前，我们需要将式(1.67)右边转换为 $I_0e^{j\theta}$ 形式，其中 I_0 为实数。所以，

$$\begin{aligned}\widetilde{I}&=V_0e^{j(\phi_0-\pi/2)}\left(\frac{j\omega C}{1+j\omega RC}\right)=V_0e^{j(\phi_0-\pi/2)}\left(\frac{\omega C e^{j\pi/2}}{\sqrt{1+\omega^2R^2C^2}\,e^{j\phi_1}}\right)\\&=\frac{V_0\omega C}{\sqrt{1+\omega^2R^2C^2}}e^{j(\phi_0-\phi_1)}\end{aligned} \tag{1.68}$$

式中使用了恒等式 $j=e^{j\pi/2}$，与$(1+j\omega RC)$相关的相位角为$\phi_1=\arctan(\omega RC)$，位于复平面上的第一象限。

步骤 5：转换回时域

为了求解 $i(t)$，我们只需要简单应用式(1.61)，即将式(1.68)给出的相量 $\widetilde{I}$ 乘以 $e^{j\omega t}$ 并取实部：

$$\begin{aligned} i(t) &= \mathrm{Re}(\widetilde{I}\,e^{j\omega t}) = \mathrm{Re}\left[\frac{V_0\omega C}{\sqrt{1+\omega^2R^2C^2}}e^{j(\phi_0-\phi_1)}e^{j\omega t}\right] \\ &= \frac{V_0\omega C}{\sqrt{1+\omega^2R^2C^2}}\cos(\omega t+\phi_0-\phi_1) \end{aligned} \tag{1.69}$$

综上所述，我们将所有的时变量转换到相量域，求出所需的瞬时电流 $i(t)$的相量 $\widetilde{I}$，然后再转换回时域，得到 $i(t)$的表达式。表 1-3 总结了一些时域函数及其相量域的等效相量。

相量技术求解步骤

(1) 采用余弦参考，对于所有正弦变量取余弦参考，如

$$x(t)=A\cos(\omega t+\phi_0)$$

- 系数 A 应该为正。如果不是，那么为了使其为正，应该给ϕ_0 加上或减去 π。
- 如果时间函数是正弦而不是余弦表示，则使用式(1.57)将其转换为余弦表示。

(2) 将与时间相关的量转换为等效相量：

$$z(t)\leftrightarrow\widetilde{Z}\ (\text{如表 1-3 所示})$$

(3) 将方程转换到相量域，然后求出需要的量。

(4) 如果有必要，将解 $\widetilde{Y}$ 修改为以下形式：

$$\widetilde{Y}=B e^{j\theta}$$

式中，B 为正实数。

(5) 将相量域的解转换为时域的解：

$$y(t)=\mathrm{Re}(Be^{j\theta}\cdot e^{j\omega t})=B\cos(\omega t+\theta)$$

表 1-3　时域正弦函数 $z(t)$及其余弦参考相量域对应的函数 $\widetilde{Z}$，其中 $z(t)=\mathrm{Re}(\widetilde{Z}e^{j\omega t})$

$z(t)$	$\widetilde{Z}$
$A\cos\omega t$	A
$A\cos(\omega t+\phi_0)$	$Ae^{j\phi_0}$
$A\cos(\omega t+\beta x+\phi_0)$	$Ae^{j(\beta x+\phi_0)}$
$Ae^{-\alpha x}\cos(\omega t+\beta x+\phi_0)$	$Ae^{-\alpha x}e^{j(\beta x+\phi_0)}$
$A\sin\omega t$	$Ae^{-j\pi/2}$
$A\sin(\omega t+\phi_0)$	$Ae^{j(\phi_0-\pi/2)}$
$\frac{d}{dt}[z(t)]$	$j\omega\widetilde{Z}$
$\frac{d}{dt}[A\cos(\omega t+\phi_0)]$	$j\omega Ae^{j\phi_0}$
$\int z(t)dt$	$\frac{1}{j\omega}\widetilde{Z}$
$\int A\sin(\omega t+\phi_0)dt$	$\frac{1}{j\omega}Ae^{j(\phi_0-\pi/2)}$

例 1-4 *RL* 电路

已知图 1-21 所示电路中的电压源为

$$v_s(t)=5\sin(4\times10^4 t-30^\circ)\text{V} \tag{1.70}$$

求电感器两端电压的表达式。

解： *RL* 电路的回路电压方程为

$$Ri+L\frac{\mathrm{d}i}{\mathrm{d}t}=v_s(t) \tag{1.71}$$

在将式(1.71)转换为相量域之前，将式(1.70)表示为余弦形式：

$$v_s(t)=5\sin(4\times10^4 t-30^\circ)\text{V}=5\cos(4\times10^4 t-120^\circ)\text{V} \tag{1.72}$$

由 t 的系数得出角频率 $\omega=4\times10^4\text{rad/s}$。根据表 1-3 的第二行，对应 $v_s(t)$ 的电压相量为

$$\widetilde{V}_s=5\mathrm{e}^{-\mathrm{j}120^\circ}\text{V}$$

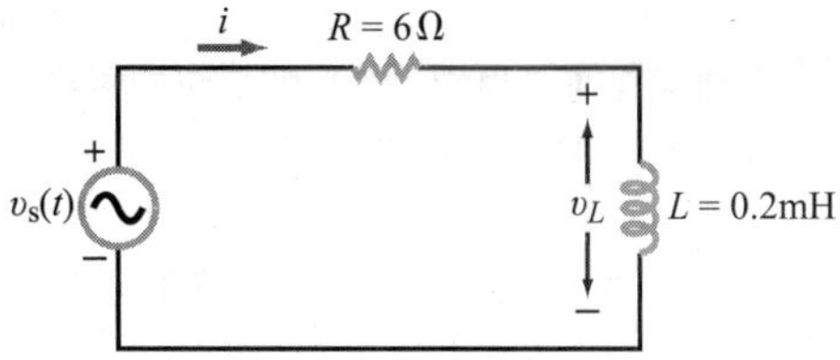

图 1-21 *RL* 电路(例 1-4)

对应式(1.71)的相量方程为

$$R\widetilde{I}+\mathrm{j}\omega L\widetilde{I}=\widetilde{V}_s \tag{1.73}$$

求解电流相量 $\widetilde{I}$：

$$\widetilde{I}=\frac{\widetilde{V}_s}{R+\mathrm{j}\omega L}=\frac{5\mathrm{e}^{-\mathrm{j}120^\circ}}{6+\mathrm{j}4\times10^4\times2\times10^{-4}}\text{A}=\frac{5\mathrm{e}^{-\mathrm{j}120^\circ}}{6+\mathrm{j}8}\text{A}=\frac{5\mathrm{e}^{-\mathrm{j}120^\circ}}{10\mathrm{e}^{\mathrm{j}53.1^\circ}}\text{A}=0.5\mathrm{e}^{-\mathrm{j}173.1^\circ}\text{A}$$

与 $\widetilde{I}$ 相关的电感器两端的电压相量为

$$\widetilde{V}_L=\mathrm{j}\omega L\widetilde{I}=\mathrm{j}4\times10^4\times2\times10^{-4}\times0.5\mathrm{e}^{-\mathrm{j}173.1^\circ}\text{V}=4\mathrm{e}^{\mathrm{j}(90^\circ-173.1^\circ)}\text{V}=4\mathrm{e}^{-\mathrm{j}83.1^\circ}\text{V}$$

所以，对应的瞬态电压 $v_L(t)$ 为

$$v_L(t)=\text{Re}(\widetilde{V}_L\mathrm{e}^{\mathrm{j}\omega t})=\text{Re}(4\mathrm{e}^{-\mathrm{j}83.1^\circ}\mathrm{e}^{\mathrm{j}4\times10^4 t})\text{V}=4\cos(4\times10^4 t-83.1^\circ)\text{V}$$ ◀

概念问题 1-12： 为什么相量技术是有用的？什么时候使用？描述使用过程。

概念问题 1-13： 当强迫函数为非正弦周期波形(如脉冲序列)时，如何使用相量技术？

练习 1-11 将一个串联 *RL* 电路连接到电压源上，该电压源电压 $v_s(t)=150\cos(\omega t)\text{V}$，已知 $R=400\Omega$，$L=3\text{mH}$，$\omega=10^5\text{rad/s}$。求：(a) 相量电流 $\widetilde{I}$，(b) 瞬态电流 $i(t)$。

答案： (a) $\widetilde{I}=150/(R+\mathrm{j}\omega L)=0.3\angle-36.9^\circ\text{A}$，(b) $i(t)=0.3\cos(\omega t-36.9^\circ)\text{A}$。(参见Ⓔⓜ)

练习 1-12 已知相量电压 $\widetilde{V}=\mathrm{j}5\text{V}$，求 $v(t)$。

答案： $v(t)=5\cos(\omega t+\pi/2)\text{V}=-5\sin\omega t\,\text{V}$。(参见Ⓔⓜ)

1.7.2 相量域中的行波

根据表 1-3，假设 $\phi_0=0$，则其第三行变为

$$A\cos(\omega t+\beta x)\leftrightarrow A\mathrm{e}^{\mathrm{j}\beta x} \tag{1.74}$$

由对式(1.31)的相关讨论，我们得出结论：$A\cos(\omega t+\beta x)$ 描述了一个沿 $-x$ 方向传播的波。

在相量域中，无耗媒质中以相位常数为 β、沿 $+x$ 方向传播、振幅为 A 的波由负指数 $A\mathrm{e}^{-\mathrm{j}\beta x}$ 表示；反之，沿 $-x$ 方向传播的波由 $A\mathrm{e}^{\mathrm{j}\beta x}$ 表示。所以，指数中 x 的符号与传播方向相反。

习题㊀

1.4 节

*1.1　一个沿弦传播的谐波由每分钟振动 180 次的振荡器产生。如果观察到一个给定的波峰或最大值，在 10s 内传播了 300cm，则波长是多少？

1.2　对于例 1-1 中所描述的压力波，绘出：
(a) $t=0$ 时，$p(x,t)$随 x 变化的曲线；
(b) $x=0$ 处，$p(x,t)$随 t 变化的曲线。
(使用适当的 x 和 t 比例，使每一条曲线至少包含两个周期。)

*1.3　一个 2kHz 的声波在空气中沿 x 方向传播，在 $x=0$，$t=50\mu s$ 的压差为 $p(x,t)=10N/m^2$。如果 $p(x,t)$的参考相位为 36°，求 $p(x,t)$的完整表达式。声波在空气中传播的速度为 330m/s。

1.4　一个沿弦传播的波为 $y(x,t)=2\sin(4\pi t+10\pi x)$cm，其中 x 为沿弦的距离，单位为 m，y 为垂直位移。确定：(a) 波的传播方向，(b) 参考相位 ϕ_0，(c) 频率，(d) 波长，(e) 相速。

1.5　两列波 $y_1(t)$和 $y_2(t)$具有相同的振幅和振荡频率，但是 $y_2(t)$的相位比 $y_1(t)$超前 60°。如果 $y_1(t)=4\cos(2\pi\times10^3t)$，写出 $y_2(t)$的表达式，并绘出两个函数在 0 到 2ms 范围内的曲线图。

*1.6　海浪的高度由函数 $y(x,t)=1.5\sin(0.5t-0.6x)$m 来描述，确定相速和波长，并绘出 $x=0$ 到 $x=2\lambda$ 范围内 $y(x,t)$的草图。

1.7　一个沿弦在 $+x$ 方向传播的波为 $y_1(x,t)=A\cos(\omega t-\beta x)$，其中 $x=0$ 为弦的端点，被牢牢固定在墙壁上，如图 P1.7 所示。

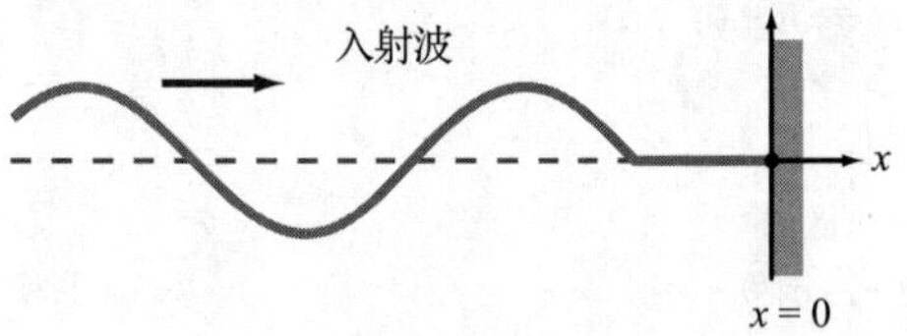

图 P1.7　习题 1.7 图

当入射波 $y_1(x,t)$到达墙壁时，产生了反射波 $y_2(x,t)$。因此，弦上任意位置的垂直位移 y_s 为入射波和反射波之和：$y_s(x,t)=y_1(x,t)+y_2(x,t)$。
(a) 写出 $y_2(x,t)$的表达式，注意其传播方向，弦的端点不能移动；
(b) 绘出 $y_1(x,t)$、$y_2(x,t)$和 $y_s(x,t)$在 $-2\lambda\leqslant x\leqslant0$ 范围内 $\omega t=\pi/4$ 和 $\omega t=\pi/2$ 时，随 x 的变化曲线。

1.8　弦上的两列波由下面的函数给出：

$$y_1(x,t)=4\cos(20t-30x)\text{cm},$$
$$y_2(x,t)=-4\cos(20t+30x)\text{cm}$$

式中，x 的单位为 cm。当它们的叠加 $|y_s|=|y_1+y_2|$最大时，称为增强干涉；当 $|y_s|$最小时，称为相消干涉。
*(a) $y_1(x,t)$和 $y_2(x,t)$的传播方向是什么？
(b) 当 $t=(\pi/50)$s 时，两列波增强干涉的位置 x 是多少？对应的 $|y_s|$值是多少？
(c) 当 $t=(\pi/50)$s 时，两列波相消干涉的位置 x 是多少？对应的 $|y_s|$值是多少？

1.9　求解弦上沿负 x 方向传播的正弦波 $y(x,t)$的表达式，已知 $y_{max}=40$cm，$\lambda=30$cm，$f=10$Hz：
(a) $x=0$ 处，$y(x,0)=0$；
(b) $x=3.75$cm 处，$y(x,0)=0$。

*1.10　若一个振荡器在弦上产生的正弦波在 50s 内完成了 20 次振动，波的峰值在 5s 时间内沿弦传播了 2.8m 的距离，则波长是多少？

1.11　弦的垂直位移由谐波函数 $y(x,t)=2\cos(16\pi t-20\pi x)$m 给出，其中 x 为沿弦的水平距离，单位为 m。假设一个微小粒子在 $x=5$cm 处附着在弦上，求粒子的垂直速度随时间变化的表达式。

*1.12　已知两列波的特征分别为 $y_1(t)=3\cos(\omega t)$ 和 $y_2(t)=3\sin(\omega t+60°)$，$y_2(t)$超前还是滞后于 $y_1(t)$？超前或滞后的相位角是多少？

1.13　沿传输线传输的电磁波的电压 $v(z,t)=5e^{-\alpha z}\sin(4\pi\times10^9t-20\pi z)$V，其中 z 为距信号源的距离，单位为 m。
(a) 求波的频率、波长和相速；
(b) 在 $z=2$m 处测得波的振幅为 2V，求 α。

*1.14　在海水中传播的某种电磁波，在 10m 深度观察到的振幅为 98.02V/m，在 100m 深度的振幅为 81.87V/m。海水的衰减常数为多少？

1.15　一束激光穿过雾时，观察到距离激光枪 2m 处的光强为 $1\mu W/m^2$，3m 处的光强为 $0.2\mu W/m^2$。已知电磁波的强度与电场振幅

㊀　带 * 习题的答案见附录。

的平方成正比，求雾的衰减常数 α。

1.16　在模块 1.2 中，设 $f=1\text{Hz}$，$\lambda=2\text{cm}$，$\alpha=0.5\text{Np/cm}$。估计波 $y(t)$ 在其第一个最大值（$x=0$）和第二个最大值（$x=2\text{cm}$）处的振幅。给定 f、λ 和 α 的值，结果是否满足你的期望？

1.5 节

1.17　复数 z_1 和 z_2 分别为 $z_1=3-\text{j}2$，$z_2=-4+\text{j}3$。

(a) 将 z_1 和 z_2 表示为极坐标形式；

(b) 首先应用式(1.41)，然后应用式(1.43)求 $|z_1|$；

*(c) 确定 z_1z_2 的极坐标形式；

(d) 确定 z_1/z_2 的极坐标形式；

(e) 确定 z_1^3 的极坐标形式。

1.18　计算下列复数的值，并将结果表示为直角坐标的形式：

(a) $z_1=8\text{e}^{\text{j}\pi/3}$

*(b) $z_2=\sqrt{3}\,\text{e}^{\text{j}3\pi/4}$

(c) $z_3=2\text{e}^{-\text{j}\pi/2}$

(d) $z_4=\text{j}^3$

(e) $z_5=\text{j}^{-4}$

(f) $z_6=(1-\text{j})^3$

(g) $z_7=(1-\text{j})^{1/2}$

1.19　复数 z_1 和 z_2 分别为 $z_1=-3+\text{j}2$ 和 $z_2=1-\text{j}2$，分别确定下列的极坐标形式：(a) z_1z_2，(b) z_1/z_2^*，(c) z_1^2，(d) $z_1z_1^*$。

1.20　如果 $z=-2+\text{j}4$，确定下列量的极坐标形式：

(a) $1/z$

(b) z^3

*(c) $|z|^2$

(d) $\text{Im}(z)$

(e) $\text{Im}(z^*)$

1.21　对于下列给出的每一组复数，求复数 $t=z_1+z_2$ 和 $s=z_1-z_2$ 的极坐标形式：

(a) $z_1=2+\text{j}3$，$z_2=1-\text{j}2$

(b) $z_1=3$，$z_2=-\text{j}3$

(c) $z_1=3\angle 30^\circ$，$z_2=3\angle -30^\circ$

*(d) $z_1=3\angle 30^\circ$，$z_2=3\angle -150^\circ$

1.22　已知复数 z_1 和 z_2 分别为 $z_1=5\angle -60^\circ$ 和 $z_2=4\angle 45^\circ$。

(a) 确定 z_1z_2 的极坐标形式；

(b) 确定 $z_1z_2^*$ 的极坐标形式；

(c) 确定 z_1/z_2 的极坐标形式；

(d) 确定 z_1^*/z_2^* 的极坐标形式；

(e) 确定 $\sqrt{z_1}$ 的极坐标形式。

*1.23　如果 $z=3-\text{j}5$，求 $\ln z$ 的值。

1.24　如果 $z=3\text{e}^{\text{j}\pi/6}$，求 e^z 的值。

1.25　如果 $z=3-\text{j}4$，求 e^z 的值。

1.6 节

*1.26　如图 1-20 所示，一个连接于串联 RC 负载的电压源 $v_s(t)=25\cos(2\pi\times10^3t-30^\circ)\text{V}$。如果 $R=1\text{M}\Omega$，$C=200\text{pF}$，推导电容器两端电压 $v_C(t)$ 的表达式。

1.27　求下列相量对应的瞬时时间正弦函数：

(a) $\widetilde{V}=-5\text{e}^{\text{j}\pi/3}\text{V}$

(b) $\widetilde{V}=\text{j}6\text{e}^{-\text{j}\pi/4}\text{V}$

(c) $\widetilde{I}=(6+\text{j}8)\text{A}$

*(d) $\widetilde{I}=(-3+\text{j}2)\text{A}$

(e) $\widetilde{I}=\text{jA}$

(f) $\widetilde{I}=2\text{e}^{\text{j}\pi/6}\text{A}$

1.28　求下列时间函数的相量：

(a) $v(t)=9\cos(\omega t-\pi/3)\text{V}$

(b) $v(t)=12\sin(\omega t+\pi/4)\text{V}$

(c) $i(x,t)=5\text{e}^{-3x}\sin(\omega t+\pi/6)\text{A}$

*(d) $i(t)=-2\cos(\omega t+3\pi/4)\text{A}$

(e) $i(t)=[4\sin(\omega t+\pi/3)+3\cos(\omega t-\pi/6)]\text{A}$

1.29　一串联 RLC 电路连接到电压 $v_s(t)=V_0\cos(\omega t+\pi/3)\text{V}$ 的信号源。

(a) 利用 $i(t)$、R、L、C 和 $v_s(t)$ 写出回路电压方程；

(b) 求出对应的相量域方程；

(c) 求解该方程，得到相量电流 $\widetilde{I}$ 的表达式。

1.30　图 P1.30 所示电路的电压源 $v_s(t)=25\cos(4\pi\times10^4t-45^\circ)\text{V}$。求流过电感器的电流 $i_L(t)$ 的表达式。

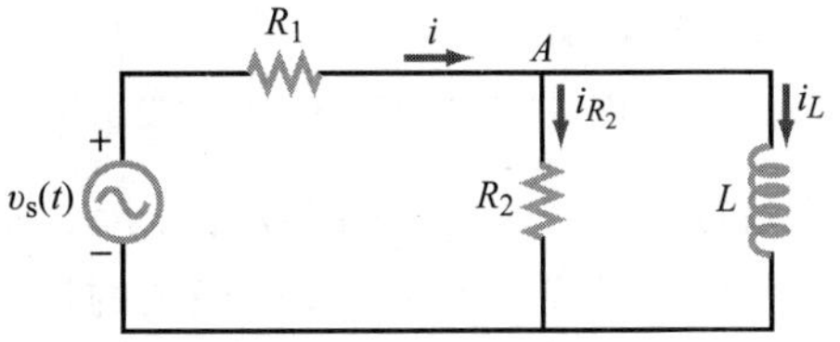

$R_1=20\Omega$，$R_2=30\Omega$，$L=0.4\text{mH}$

图 P1.30　习题 1.30 图

1.31　重复习题 1.30，求 $i_{R_2}(t)$ 的表达式。

第2章

传 输 线

学习目标

1. 计算同轴线、双线、平行板线和微带传输线的分布参数、特性阻抗和传播常数。
2. 确定传输线负载端的反射系数、驻波图、电压和电流的最大和最小点的位置。
3. 计算从信号源通过传输线传输给负载的功率。
4. 利用史密斯圆图完成传输线的计算。
5. 分析传输线对电压脉冲的响应。

2.1 概述

在学习电磁学之前最好要先学习电路基础知识。在本书中，我们基于这个背景来建立电路理论和电磁场理论之间的桥梁。这个桥梁就是本章的主题——传输线。通过等效电路形式给传输线建立模型，可以使用基尔霍夫电压和电流定律推导出波动方程，该波动方程的解提供了对波的传播、驻波和能量传输等概念的理解。熟悉这些概念有助于下面章节的学习。

虽然传输线(transmission line)的概念包括所有用于在两点之间传递能量或信息的结构和媒质，还包括人体中的神经纤维以及支持机械压力波传播的液体和固体，但本章重点讨论引导电磁信号的传输线。这类传输线包括电话线，将音频和视频信息传输到电视机或将数字数据传输到计算机显示器的同轴电缆，印刷在微波电路板上的微带线，以及携带光波以高速率传输数据的光纤。

从本质上来说，传输线是一个二端口网络，每一个端口由两个端组成，如图 2-1 所示。其中，一个端口为连接到信号源(也称为信号发生器)的发送端，另一个端口为连接到负载的接收端。连接到发送端的信号源可以是产生输出电压的任何信号源电路，如雷达发射机、放大器或工作于发送模式的计算机终端。从电路理论来看，直流源可以表示为图 2-1 所示的源电压 V_g 与源内阻 R_g 串联的戴维南等效信号源电路(generator circuit)。在交流(ac)信号情况下，信号源电路可以由电压相量 $\widetilde{V}_g$ 和阻抗 Z_g 表示。

图 2-1 传输线是一个在发送端连接信号源且在接收端连接负载的二端口网络

负载电路，或简称为负载(load)，可以是雷达的发射天线、工作于接收模式的计算机终端、放大器的输入端，或可以由等效负载阻抗 Z_L 表示的任何电路的输入端。

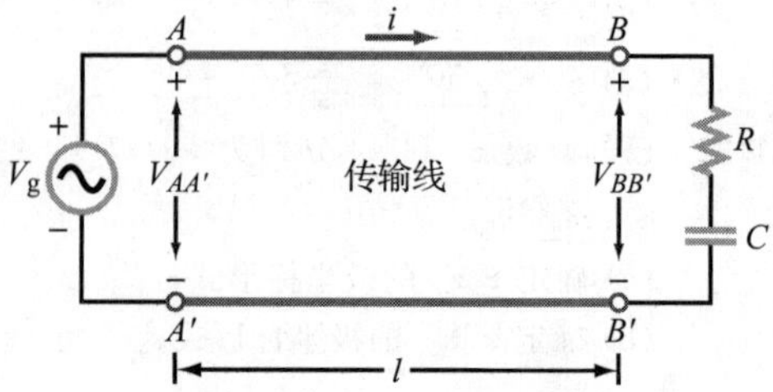

图 2-2 信号源通过长度为 l 的传输线连接到 RC 电路

2.1.1 波长的作用

在低频电路中，电路元件通常用简单导线相互连接，如图 2-2 所示的电路中，信号源通过一对导线连接到简单的 RC 负载。根据前文对传输线的定义，这里提出两个问题：AA'端和BB'端之间的这一对导线是传输线吗？如果是，那么在什么情况下不是完全忽视它们的存在，可以明确地将这一对导线视为传输线，或仅将它们当作信号源$\widetilde{V}_g$和RC负载的连接？对第一个问题的回答是：是的，这对导线确实构成了一段传输线。对第二个问题的回答是：决定是否应该将导线视为传输线的因素是导线的长度l和信号源产生信号的频率f。（正如我们稍后将要看到的，决定因素是AA'端的源和BB'端的负载之间导线的长度l和传播波的波长λ之比。）如果信号源的电压随时间呈余弦变化，则输入端AA'端的电压为

$$V_{AA'}=V_g(t)=V_0\cos\omega t \quad (\mathrm{V}) \tag{2.1}$$

式中，$\omega=2\pi f$为角频率。若假设导线上的电流以光速$c=3\times10^8\mathrm{m/s}$流动，则输出端$BB'$端的电压相对于$AA'$端的电压有一个传播时间延迟$l/c$。因此，假设传输线上没有电阻损耗，而且忽略本章后面将要讨论的其他传输线效应，则有

$$V_{BB'}(t)=V_{AA'}(t-l/c)=V_0\cos[\omega(t-l/c)]=V_0\cos(\omega t-\phi_0) \tag{2.2}$$

式中，

$$\phi_0=\frac{\omega l}{c} \quad (\mathrm{rad}) \tag{2.3}$$

所以，与线长l相关的时间延迟在余弦函数的变量中表示为固定相移ϕ_0。在工作频率$f=1\mathrm{kHz}$的超低频电路中，比较$t=0$时的$V_{BB'}$与$V_{AA'}$。对于$l=5\mathrm{cm}$的典型线长，由式(2.1)和式(2.2)得出$V_{AA'}=V_0$，$V_{BB'}=V_0\cos(2\pi fl/c)=0.999\,999\,999\,998V_0$。所以，实际应用中可以忽略传输线的存在，就电压而言，AA'端的电压可以处理为与BB'端的电压相同。另外，如果有一条长度为20km载有1kHz音频信号的电话电缆，相同的计算得到的结果为$V_{BB'}=0.91V_0$，偏差为9%。进一步，如果5cm线长上信号的频率为1.5GHz而不是1kHz，那么终端的电压$V_{BB'}=0$！所以，这对导线在AA'端的电压为V_0，在BB'端的电压为零，决定因素是$\phi_0=\omega l/c$的值。由式(1.27)可知，行波的传播速度u_p与振荡频率f和波长λ的关系式为

$$u_p=f\lambda \quad (\mathrm{m/s})$$

在此情况下，$u_p=c$。所以，相位延迟为

$$\phi_0=\frac{\omega l}{c}=\frac{2\pi fl}{c}=2\pi\frac{l}{\lambda} \quad (\mathrm{rad}) \tag{2.4}$$

当l/λ非常小时，传输线效应可以忽略；当$l/\lambda\geqslant0.01$时，不仅需要考虑由时间延迟引起的相移，而且还需要考虑由负载反射回信号源的反射信号。

传输线上的功率损耗和色散效应也要考虑。

色散传输线是指其上的波速不为常数，而是随频率f变化的函数。

矩形脉冲可以通过傅里叶分析分解为许多个不同频率的正弦波，因为其不同频率的分量不会以相同的速度传播，所以当这样的脉冲在传输线上传播时，脉冲的形状会发生失真，如图2-3所示。在高速数据传输中，保持脉冲的形状是非常重要的，不仅在传输线终端之间传输数据，而且在跨越高速集成电路的传输线上传输数据都很重要。例如，频率为10GHz，在空气中的波长$\lambda=3\mathrm{cm}$，但在半导体材料中波长仅为1cm。因此，即使器件之间连线的长度在毫米级也变得很重要，在电路的设计中必须考虑它们的存在。

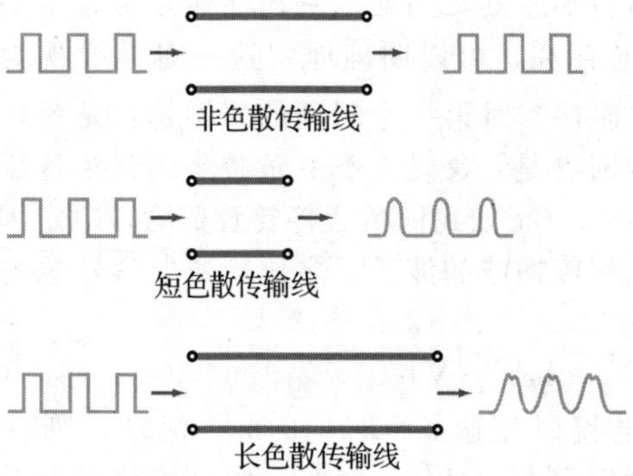

图 2-3 非色散传输线无论长度如何都不会使通过它的信号产生失真，而色散传输线会使输入脉冲的形状发生失真，原因是不同频率分量有不同的传播速度，失真的程度与色散传输线的长度成正比

2.1.2 传输模式

几种常见的传输线如图 2-4 所示。传输线可以分成以下两种基本类型。

- 横电磁波（TEM）传输线：沿这种传输线传播的波的电场方向和磁场方向均完全与传播方向正交，这种正交结构称为 TEM 模。图 2-5 中所示的同轴线就是一个很好的例子，电场在内外导体之间的径向，而磁场环绕内导体，没有沿轴线（波的传播方向）的场分量。TEM 传输线还包括双导线、平行板线、带状线、微带线和共面波导（见图 2-4）。虽然在微带线中的场不符合 TEM 模的精确定义，但是非横向场分量（与横向场分量相比）小到可以忽略，所以将微带线归于 TEM 类型。TEM 传输线的一个共同特征是它们由两个平行的导电表面组成。

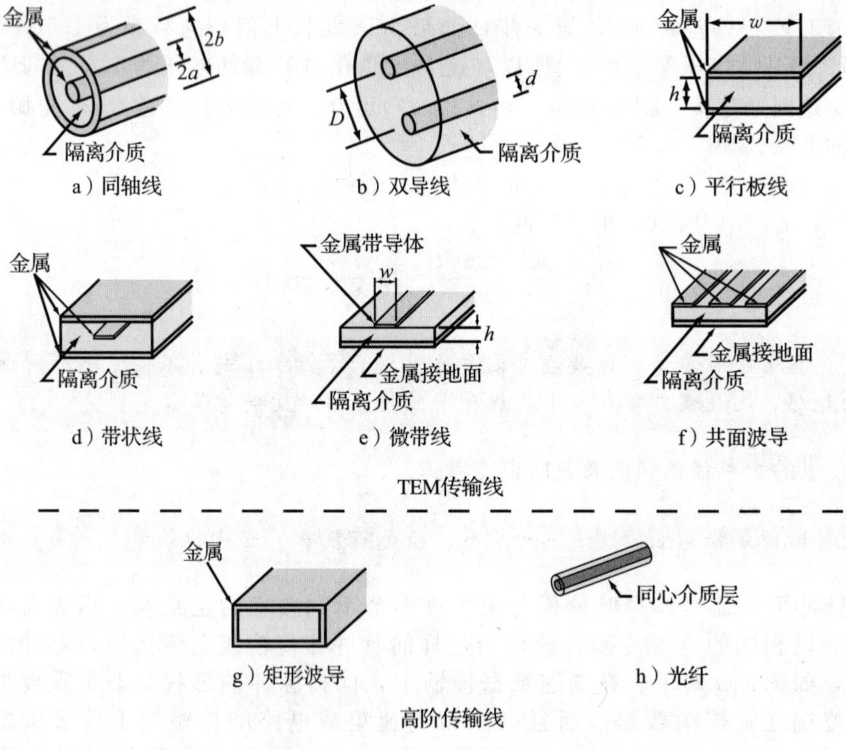

图 2-4 横电磁波（TEM）传输线和高阶传输线的例子

- 高阶传输线：沿这类传输线传播的波在传播方向上至少有一个显著的场分量。矩形导体波导和光纤都属于这类传输线（见第 8 章）。

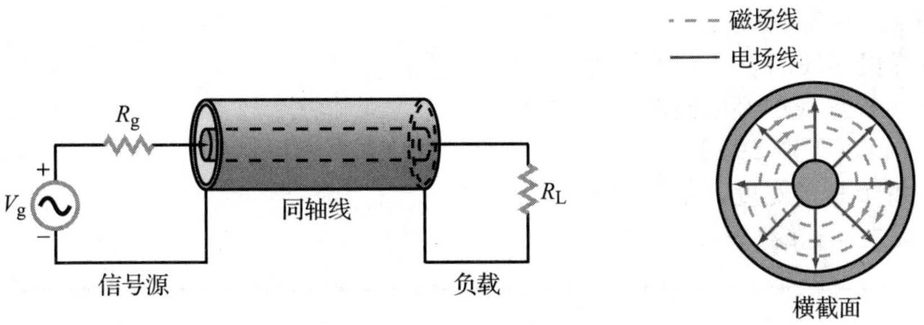

图 2-5 在同轴线中，电场在内外导体之间的径向，磁场围绕着内导体形成圆环。因为电场和磁场都与信号源和负载之间的传播方向正交，因此同轴线是横电磁波(TEM)传输线

本章仅讨论 TEM 传输线，这是因为它们在实际中应用更多，且它们所需的数学严谨性比高阶传输线要低一些。首先从利用集总元件模型来表示传输线开始，然后应用基尔霍夫电压和电流定律，推导出一对控制它们行为的方程，即所谓的*电报方程*(telegrapher's equations)。通过把这些方程联合起来，得到沿线任意位置的电压和电流的波动方程。对正弦稳态情况下的波动方程进行求解，可得到一组用于解决各种实际问题的公式。本章的后半部分将介绍一种称为*史密斯圆图*(Smith chart)的图形工具，这个工具有助于解决传输线的问题，而不涉及复数的复杂计算。

2.2 集总元件模型

当绘制电子电路原理图时，我们使用特定的符号来表示电阻器、电容器、电感器、二极管等。在每种情况下，符号表示的是元件的功能，而不是其形状、大小或其他属性。我们将对传输线采取同样的方法。

无论具体形状或本构参数如何，传输线都将表示为平行导线结构(见图 2-6a)。

所以，图 2-6a 可以表示同轴线、双导线或其他任何形式的 TEM 传输线。

当分析含有晶体管的电路时，用一个由信号源、电阻和电容组成的等效电路来模拟晶体管的功能。我们对传输线采用相同的方法，使传输线沿 z 方向放置，将其细分为多个长度为 Δz 的微分段(如图 2-6b 所示)，然后用等效电路表示每一个微分段，如图 2-6c 所示。这种表示法通常称为*集总元件模型*，该模型由四种基本元件组成，它们的值称为*传输线参数*。

- R'：单位长度上两个导线的总*电阻*，单位为 Ω/m。
- L'：单位长度上两个导线的总*电感*，单位为 H/m。
- G'：单位长度上两个导线之间绝缘媒质的*电导*，单位为 S/m。
- C'：单位长度上两个导线之间的*电容*，单位为 F/m。

虽然对于不同类型的传输线，其四个传输线参数用不同的公式表示，但是图 2-6c 所表示的等效模型对所有 TEM 传输线均适用。*上标′用来提醒传输线参数是微分量，其单位是每单位长度*。

表 2-1 给出了图 2-4a～c 三种类型 TEM 传输线参数 R'、L'、G'和 C'的表达式。每一种传输线的表达式都是两组参数的函数：①给定传输线横截面尺寸的几何参数；②导体和绝缘材料的电磁本构参数。相关的几何参数如下。

- 同轴线(见图 2-4a)：
  a＝内导体的外半径，单位为 m
  b＝外导体的内半径，单位为 m

- 双导线(见图 2-4b)：
  d=每根导线的直径，单位为 m
  D=两根导线中心的间距，单位为 m
- 平行板线(见图 2-4c)
  w=每个板的宽度，单位为 m
  h=板之间绝缘材料的厚度，单位为 m

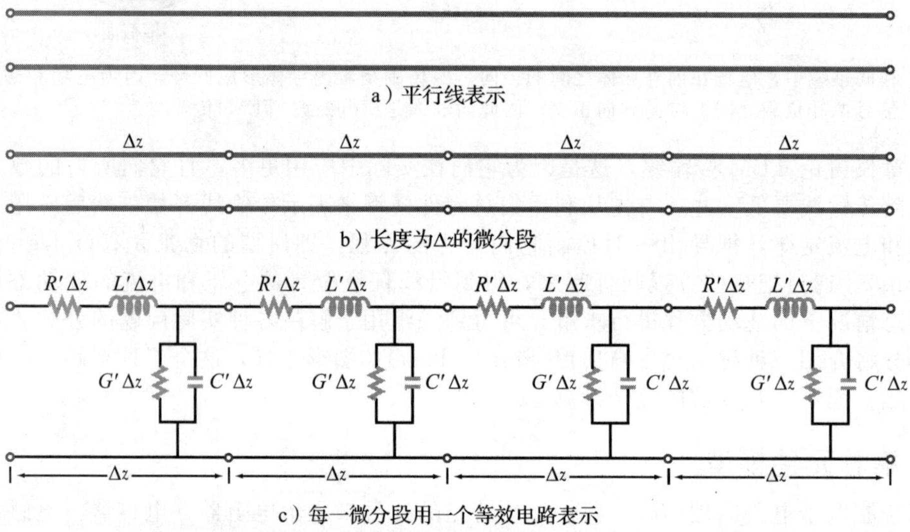

图 2-6　不论截面形状如何，TEM 传输线由平行线结构表示。为了获得有关的电压和电流方程，传输线被细分为微分段，每个微分段由等效电路表示

表 2-1　三种类型 TEM 传输线参数

参数	同轴线	双导线	平行板线	单位
R'	$\frac{R_s}{2\pi}\left(\frac{1}{a}+\frac{1}{b}\right)$	$\frac{2R_s}{\pi d}$	$\frac{2R_s}{w}$	Ω/m
L'	$\frac{\mu}{2\pi}\ln(b/a)$	$\frac{\mu}{\pi}\ln\left[(D/d)+\sqrt{(D/d)^2-1}\right]$	$\frac{\mu h}{w}$	H/m
G'	$\frac{2\pi\sigma}{\ln(b/a)}$	$\frac{\pi\sigma}{\ln\left[(D/d)+\sqrt{(D/d)^2-1}\right]}$	$\frac{\sigma w}{h}$	S/m
C'	$\frac{2\pi\varepsilon}{\ln(b/a)}$	$\frac{\pi\varepsilon}{\ln\left[(D/d)+\sqrt{(D/d)^2-1}\right]}$	$\frac{\varepsilon w}{h}$	F/m

注：1. 参考图 2-4 对尺寸的定义。
2. μ、ε 和 σ 为导体之间绝缘材料的参数。
3. $R_s=\sqrt{\pi f\mu_c/\sigma_c}$。
4. μ_c 和 σ_c 为导体的参数。
5. 如果$(D/d)^2\gg 1$，则 $\ln\left[(D/d)+\sqrt{(D/d)^2-1}\right]\approx\ln(2D/d)$。

对三种传输线均适用的相关**本构参数**，由以下两组组成：
(a) μ_c 和 σ_c 分别为导体的磁导率和电导率；
(b) ε、μ 和 σ 分别为导体之间绝缘材料的介电常数、磁导率和电导率。

针对本章，我们不需要关心表 2-1 中表达式的推导过程。计算一般情况下任意双导体结构的 R'、L'、G'和 C'所需要的技术将在后面的章节中介绍。

图 2-6c 所示的集总元件模型，反映了任意 TEM 传输线上与电流和电压相关的物理现象。

该模型由两个串联元件 R'和 L'以及两个并联元件 G'和 C'组成。为了解释集总元件模型，考虑图 2-7 所示的一小段同轴线。该线由介电常数为ε、磁导率为 μ、电导率为 σ 的材料隔开的半径分别为 a 和 b 的内外导体组成。两金属导体由电导率为 σ_c、磁导率为 μ_c 的材料制成。

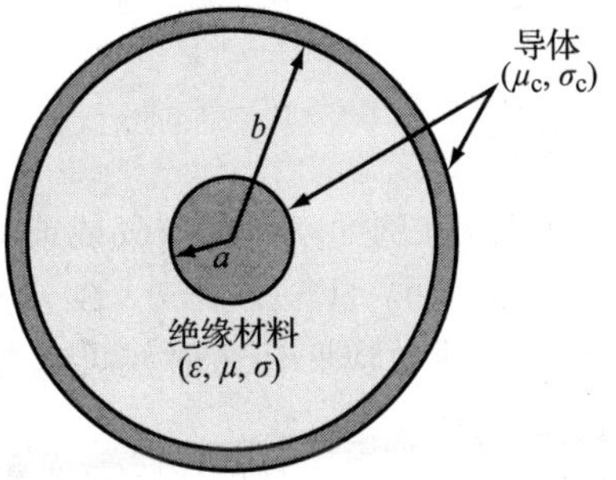

图 2-7 内导体外半径为 a，外导体内半径为 b 的同轴线截面。导体的磁导率为 μ_c，电导率为 σ_c；导体间绝缘材料的介电常数为ε，磁导率为 μ，电导率为 σ

电阻 R'

当电压源跨接在传输线发送端的两个导体端子上时，导体中的电流主要在内导体的外表面和外导体的内表面流动。传输线的电阻 R'是单位长度上内外导体电阻的总和。R'的表达式[推导参见式(7.96)]为

$$R'=\frac{R_s}{2\pi}\left(\frac{1}{a}+\frac{1}{b}\right) \quad (同轴线) \quad (\Omega/\text{m}) \tag{2.5}$$

式中，R_s 为导体的表面电阻，它的表达式[参见式(7.92a)]为

$$R_s=\sqrt{\frac{\pi f\mu_c}{\sigma_c}} \quad (\Omega) \tag{2.6}$$

该表面电阻不仅与导体的材料性质(σ_c 和 μ_c)有关，还与导线上传播的波的频率 f 有关。

对于 $\sigma_c=\infty$ 的**理想导体**，或($f\mu_c/\sigma_c$)≪1 的高导电性材料，R_s 接近于零，所以 R' 也接近于零。

电感 L'

接下来，我们研究传输线的电感 L'，该电感是两个导体电感的总和。根据第 5 章应用安培定律对电感的定义，得到同轴线单位长度电感的表达式[参见式(5.99)]，即

$$L'=\frac{\mu}{2\pi}\ln\left(\frac{b}{a}\right) \quad (同轴线) \quad (\text{H/m}) \tag{2.7}$$

电导 G'

传输线的电导 G'是考虑流过内外导体之间的电流，由绝缘材料的电导率 σ 决定。正是由于电流从一个导体流向另一个导体，所以在集总元件模型中 G'为一个并联元件。同轴线单位长度的电导[参见式(4.86)]为

$$G'=\frac{2\pi\sigma}{\ln(b/a)} \quad (同轴线) \quad (\text{S/m}) \tag{2.8}$$

如果隔开内外导体的材料是 $\sigma=0$ 的**理想介质**，则 $G'=0$。

电容 C'

对于表 2-1 中的传输线参数电容 C'，当在任意两个非接触导体上放置等量相反的电荷时，它们之间就会产生电压差。电容定义为电荷与电压差的比值。对同轴线来说，单位长度的电容[参见式(4.127)]为

$$C'=\frac{2\pi\varepsilon}{\ln(b/a)}\quad（同轴线）\quad(\mathrm{F/m}) \tag{2.9}$$

所有 TEM 传输线都满足以下关系式：

$$L'C'=\mu\varepsilon\quad（所有\ \mathrm{TEM}\ 传输线） \tag{2.10}$$

和

$$\frac{G'}{C'}=\frac{\sigma}{\varepsilon}\quad（所有\ \mathrm{TEM}\ 传输线） \tag{2.11}$$

如果导体之间的绝缘媒质为空气，则该传输线称为空气线(例如，同轴空气线或双导空气线)。对于空气线，$\varepsilon=\varepsilon_0=8.854\times10^{-12}\mathrm{F/m}$，$\mu=\mu_0=4\pi\times10^{-7}\mathrm{H/m}$，$\sigma=0$，$G'=0$。

概念问题 2-1：什么是传输线？什么时候应该考虑传输线效应？什么时候可以忽略传输线效应？

概念问题 2-2：色散传输线和非色散传输线之间的区别是什么？色散的实际意义是什么？

概念问题 2-3：TEM 传输线的构成是怎样的？

概念问题 2-4：集总元件模型的目的是什么？传输线参数 R'、L'、G'和 C'与传输线的物理和电磁本构性质有何关系？

练习 2-1　使用表 2-1 计算半径为 1mm，间距为 2cm 的双导空气线的传输线参数的值。该导线可以视为 $\sigma_c=\infty$的理想导体。

答案：$R'=0$，$L'=1.20\mu\mathrm{H/m}$，$G'=0$，$C'=9.29\mathrm{pF/m}$。(参见Ⓔⓜ)

练习 2-2　已知同轴空气线的内外导体直径分别为 0.6cm 和 1.2cm，在 1MHz 频率上计算传输线参数。导体由铜制成。

答案：$R'=2.07\times10^{-2}\Omega/\mathrm{m}$，$L'=0.14\mu\mathrm{H/m}$，$G'=0$，$C'=80.3\mathrm{pF/m}$。(参见Ⓔⓜ)

2.3　传输线方程

传输线通常将一端的电源与另一端的负载连接起来。在考虑完整电路之前，我们先建立描述传输线上作为时间 t 和空间位置 z 的函数的电压和电流的通用方程。使用图 2-6c 所示的集总元件模型，我们首先从图 2-8 所示的微分长度 Δz 开始，$v(z,t)$和 $i(z,t)$表示微分段左端(节点 N)的瞬时电压和电流，同理，$v(z+\Delta z,t)$和 $i(z+\Delta z,t)$表示微分段右端(节点 $N+1$)的瞬时电压和电流。应用基尔霍夫电压定律，考虑到在串联电阻 $R'\Delta z$ 和电感 $L'\Delta z$ 上的压降，可得

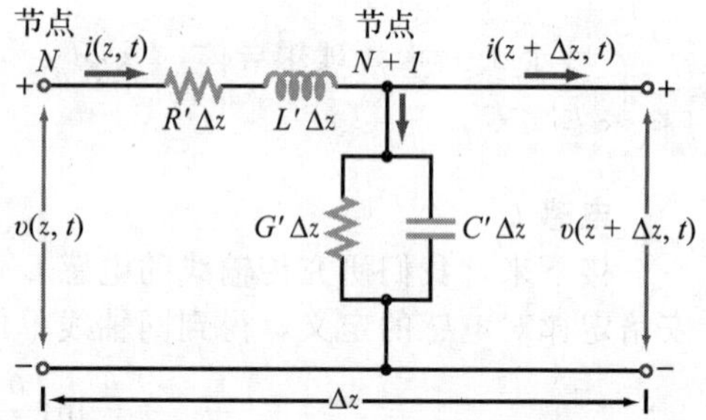

图 2-8　微分长度 Δz 的双导线等效电路

$$v(z,t)-R'\Delta z i(z,t)-L'\Delta z\frac{\partial i(z,t)}{\partial t}-v(z+\Delta z,t)=0 \tag{2.12}$$

将所有项除以 Δz 并重新排列，得到

$$-\left[\frac{v(z+\Delta z,t)-v(z,t)}{\Delta z}\right]=R'i(z,t)+L'\frac{\partial i(z,t)}{\partial t} \tag{2.13}$$

在 $\Delta z\to0$ 的极限情况下，式(2.13)变成微分方程

$$-\frac{\partial v(z,t)}{\partial z}=R'i(z,t)+L'\frac{\partial i(z,t)}{\partial t} \tag{2.14}$$

类似地，在节点 $N+1$ 处应用基尔霍夫电流定律，考虑流过并联电导 $G'\Delta z$ 和电容 $C'\Delta z$ 的电流，可得

$$i(z,t)-G'\Delta z v(z+\Delta z,t)-C'\Delta z\frac{\partial v(z+\Delta z,t)}{\partial t}-i(z+\Delta z,t)=0 \tag{2.15}$$

将所有项除以 Δz 并取极限 $\Delta z\to 0$，式(2.15)变成一阶微分方程

$$-\frac{\partial i(z,t)}{\partial z}=G'v(z,t)+C'\frac{\partial v(z,t)}{\partial t} \tag{2.16}$$

一阶微分方程式(2.14)和式(2.16)是时域形式的传输线方程，即所谓的电报方程。

除了本章最后一节以外，我们主要关注的是正弦稳态条件。为此，我们使用的是如 1.7 节给出的余弦参考的相量形式：

$$v(z,t)=\mathrm{Re}[\widetilde{V}(z)\mathrm{e}^{\mathrm{j}\omega t}] \tag{2.17a}$$

$$i(z,t)=\mathrm{Re}[\widetilde{I}(z)\mathrm{e}^{\mathrm{j}\omega t}] \tag{2.17b}$$

式中，$\widetilde{V}(z)$ 和 $\widetilde{I}(z)$ 分别为 $v(z,t)$ 和 $i(z,t)$ 对应的相量，可以是实数或复数。将式(2.17a)和式(2.17b)代入式(2.14)和式(2.16)，并利用式(1.62)给出的性质，时域中的 $\partial/\partial t$ 等效于相量域中乘以 $\mathrm{j}\omega$，我们得到下面一对方程：

$$-\frac{\mathrm{d}\widetilde{V}(z)}{\mathrm{d}z}=(R'+\mathrm{j}\omega L')\widetilde{I}(z) \tag{2.18a}$$

$$-\frac{\mathrm{d}\widetilde{I}(z)}{\mathrm{d}z}=(G'+\mathrm{j}\omega C')\widetilde{V}(z) \tag{2.18b}$$

（相量形式的电报方程）

2.4　波在传输线上的传播

两个一阶耦合方程式(2.18a)和式(2.18b)可以联合起来，导出两个二阶去耦合波动方程：一个是 $\widetilde{V}(z)$的波动方程，另一个是 $\widetilde{I}(z)$的波动方程。对于 $\widetilde{V}(z)$波动方程的推导，首先式(2.18a)两端对 z 求微分，得到

$$-\frac{\mathrm{d}^2\widetilde{V}(z)}{\mathrm{d}z^2}=(R'+\mathrm{j}\omega L')\frac{\mathrm{d}\widetilde{I}(z)}{\mathrm{d}z} \tag{2.19}$$

然后将式(2.18b)中的 $\mathrm{d}\widetilde{I}(z)/\mathrm{d}z$ 代入，式(2.19)变为

$$\frac{\mathrm{d}^2\widetilde{V}(z)}{\mathrm{d}z^2}-(R'+\mathrm{j}\omega L')(G'+\mathrm{j}\omega C')\widetilde{V}(z)=0 \tag{2.20}$$

或

$$\frac{\mathrm{d}^2\widetilde{V}(z)}{\mathrm{d}z^2}-\gamma^2\widetilde{V}(z)=0 \quad (\widetilde{V}(z)\text{的波动方程}) \tag{2.21}$$

式中，

$$\gamma=\sqrt{(R'+\mathrm{j}\omega L')(G'+\mathrm{j}\omega C')} \quad (\text{传播常数}) \tag{2.22}$$

相同的步骤应用到式(2.18a)和式(2.18b)得到

$$\frac{\mathrm{d}^2\widetilde{I}(z)}{\mathrm{d}z^2}-\gamma^2\widetilde{I}(z)=0 \quad (\widetilde{I}(z)\text{的波动方程}) \tag{2.23}$$

二阶微分方程式(2.21)和式(2.23)分别称为 $\widetilde{V}(z)$和 $\widetilde{I}(z)$的波动方程，γ 称为传输线的复传播常数。γ 由实部 α 和虚部 β 组成，其中 α 称为传输线的衰减常数，单位为 Np/m(奈培/米)，β 称为传输线的相位常数，单位为 rad/m(弧度/米)。因此，

$$\gamma=\alpha+\mathrm{j}\beta \tag{2.24}$$

式中，

$$\alpha=\mathrm{Re}(\gamma)=\mathrm{Re}\sqrt{(R'+\mathrm{j}\omega L')(G'+\mathrm{j}\omega C')} \quad (\mathrm{Np/m}) \quad (\text{衰减常数}) \tag{2.25a}$$

$$\beta=\mathrm{Im}(\gamma)=\mathrm{Im}\sqrt{(R'+\mathrm{j}\omega L')(G'+\mathrm{j}\omega C')}\quad(\mathrm{rad/m})\quad(相位常数) \tag{2.25b}$$

2.4.1 相量域的解

在式(2.25a)和式(2.25b)中，我们选择 α 和 β 的正平方根。对于无源传输线，α 为零或正。大多数传输线以及本章讨论的所有传输线均为无源传输线。激光器的增益区域是一个具有负 α 的有源传输线的例子。

波动方程式(2.21)和式(2.23)具有下面形式的行波解：

$$\widetilde{V}(z)=V_0^+\mathrm{e}^{-\gamma z}+V_0^-\mathrm{e}^{\gamma z}\quad(\mathrm{V}) \tag{2.26a}$$

$$\widetilde{I}(z)=I_0^+\mathrm{e}^{-\gamma z}+I_0^-\mathrm{e}^{\gamma z}\quad(\mathrm{A}) \tag{2.26b}$$

后面将证明，$\mathrm{e}^{-\gamma z}$ 表示沿 $+z$ 方向传播的波，而 $\mathrm{e}^{\gamma z}$ 表示沿 $-z$ 方向传播的波(见图 2-9)。将式(2.26a)和式(2.26b)以及它们的二阶导数代入式(2.21)和式(2.23)中，很容易验证这些解确实是有效的解。

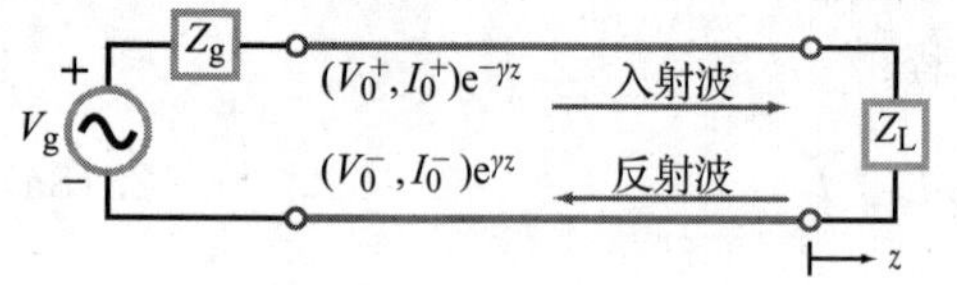

图 2-9 一般情况下，传输线可以支持两个行波：一个沿 $+z$ 方向(向负载方向)传播的入射波(电压和电流的振幅为(V_0^+,I_0^+))和一个沿 $-z$ 方向(向信号源方向)传播的反射波(电压和电流的振幅为(V_0^-,I_0^-))

现在，由式(2.26a)和式(2.26b)给出的解中包含四个未知数：沿 $+z$ 方向传播的波的振幅(V_0^+,I_0^+)和沿 $-z$ 方向传播的波的振幅(V_0^-,I_0^-)。通过将式(2.26a)代入式(2.18a)中，然后求解电流 $\widetilde{I}(z)$，我们可以很容易将电流波的振幅 I_0^+ 和 I_0^- 与电压波的振幅 V_0^+ 和 V_0^- 联系起来。这个过程可得

$$\widetilde{I}(z)=\frac{\gamma}{R'+\mathrm{j}\omega L'}(V_0^+\mathrm{e}^{-\gamma z}-V_0^-\mathrm{e}^{\gamma z}) \tag{2.27}$$

将该式中的每一项与式(2.26b)中的对应项进行比较，我们可以得出结论：

$$\frac{V_0^+}{I_0^+}=Z_0=\frac{-V_0^-}{I_0^-} \tag{2.28}$$

式中，

$$Z_0=\frac{R'+\mathrm{j}\omega L'}{\gamma}=\sqrt{\frac{R'+\mathrm{j}\omega L'}{G'+\mathrm{j}\omega C'}}\quad(\Omega) \tag{2.29}$$

称为传输线的特性阻抗。

> 应该注意的是，Z_0 等于每一个单独行波的电压振幅与电流振幅之比(沿 $-z$ 方向传播的波应该加一个负号)，而不等于总电压 $\widetilde{V}(z)$ 与总电流 $\widetilde{I}(z)$ 之比，除非两个波中有一个不存在。

两个波的电压和电流比 V_0^+/I_0^+ 和 V_0^-/I_0^- 均与相同的量 Z_0 有关似乎是合理的，但是，为什么一个比值是另一个比值的负值还不是很明显。第 7 章将给出更详细的解释，它是基于方向规则，该规则指定了 TEM 波的电场和磁场的方向与其传播方向之间的关系。在传输线上，电压与电场 $\boldsymbol{E}$ 相关，电流与磁场 $\boldsymbol{H}$ 相关。为了满足方向规则，传输方向反转要求 I 相对于 V 的方向(或极性)逆转，所以 $V_0^-/I_0^-=-V_0^+/I_0^+$。

根据 Z_0 的定义，式(2.27)可以转换为

$$\widetilde{I}(z)=\frac{V_0^+}{Z_0}\mathrm{e}^{-\gamma z}-\frac{V_0^-}{Z_0}\mathrm{e}^{\gamma z} \tag{2.30}$$

由式(2.29)可知，特性阻抗 Z_0 由沿线传播的波的角频率 ω 和四个传输线参数(R'、

L'、G'和 C')决定。反过来，这些参数又由传输线的几何参数及其本构参数决定。因此，式(2.26a)和式(2.30)联合，现在仅含有两个未知量，即 V_0^+ 和 V_0^-，而不是四个未知量。

模块 2.1(双导线) 输入指定双导线几何结构和电参数的数据，输出包括传输线参数、特性阻抗 Z_0、衰减常数和相位常数的计算值，以及作为 d 和 D 的函数的 Z_0 曲线。

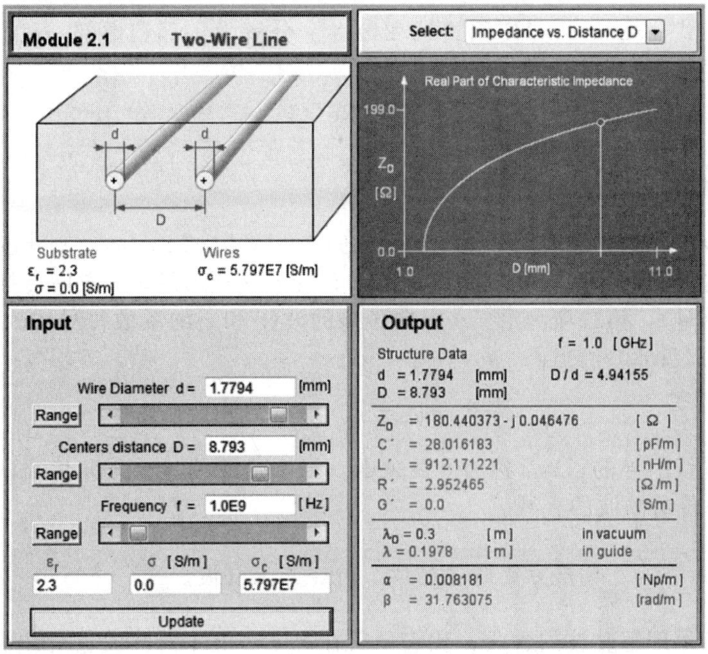

模块 2.2(同轴线) 除了将几何参数改变为同轴线以外，该模块提供与模块 2.1 相同的输出信息。

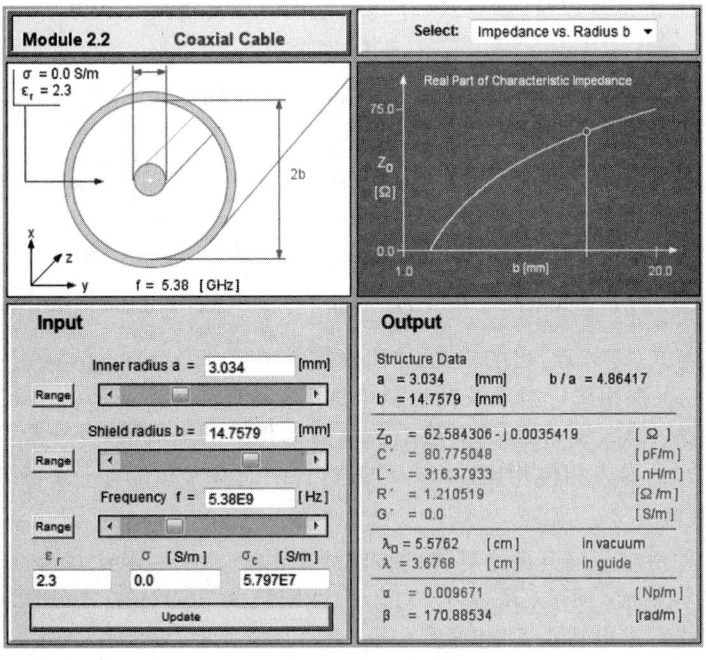

2.4.2 $v(z,t)$的时域解

在后面的章节中，我们在传输线的源端和负载端应用边界条件，得到剩余的波振幅 V_0^+ 和 V_0^- 的表达式。通常，它们都是由其大小和相位角来表征复数量的：

$$V_0^+ = |V_0^+| e^{j\phi^+} \tag{2.31a}$$

$$V_0^- = |V_0^-| e^{j\phi^-} \tag{2.31b}$$

将这些定义代入式(2.26a)，并使用式(2.24)将 γ 分解为实部和虚部，我们可以转换回时域，得到传输线上瞬时电压 $v(z,t)$的表达式：

$$\begin{aligned} v(z,t) &= \mathrm{Re}[\widetilde{V}(z)e^{j\omega t}] = \mathrm{Re}[(V_0^+ e^{-\gamma z} + V_0^- e^{\gamma z})e^{j\omega t}] \\ &= \mathrm{Re}[|V_0^+| e^{j\phi^+} e^{j\omega t} e^{-(\alpha+j\beta)z} + |V_0^-| e^{j\phi^-} e^{j\omega t} e^{(\alpha+j\beta)z}] \end{aligned}$$

$v(z,t)$的最终表达式为

$$v(z,t) = |V_0^+| e^{-\alpha z}\cos(\omega t - \beta z + \phi^+) + |V_0^-| e^{\alpha z}\cos(\omega t + \beta z + \phi^-) \tag{2.32}$$

从 1.4 节对波的回顾中，我们确认式(2.32)的第一项为沿 $+z$ 方向传播的波(t 和 z 的系数为相反的符号)，第二项为沿 $-z$ 方向传播的波(t 和 z 的系数符号均为正)。两个波传播的相速 u_p 由式(1.30)给出：

$$u_p = f\lambda = \frac{\omega}{\beta} \tag{2.33}$$

由于波是由传输线引导的，λ 常称为导波波长。$e^{-\alpha z}$ 表示沿 $+z$ 方向传播的波的衰减，$e^{\alpha z}$ 表示沿 $-z$ 方向传播的波的衰减。

传输线上存在两个相反方向传播的波，将会产生**驻波**。

为了从物理上理解驻波的含义，我们稍后在 2.6.2 节中对驻波进行详细的讨论。

2.4.3 $i(z,t)$的时域解

在相量域中，由式(2.30)给出的 $\widetilde{I}(z)$的表达式与 $\widetilde{V}(z)$类似，不同之处在于电流振幅要除以传输线的特性阻抗 Z_0，且沿 $-z$ 方向传播的电流波有一个负号[式(2.30)中的第二项]。由于 Z_0 通常是复数量[参见式(2.29)]，我们需要将其表示为

$$Z_0 = |Z_0| e^{j\phi_z} \tag{2.34}$$

为了得到 $i(z,t)$的表达式，我们将式(2.31)和式(2.34)代入式(2.30)，两边同时乘以 $e^{j\omega t}$，并取实部：

$$i(z,t) = \mathrm{Re}[\widetilde{I}(z)e^{j\omega t}] = \mathrm{Re}\left[\frac{|V_0^+|}{|Z_0|} e^{j\phi^+} e^{-j\phi_z} e^{j\omega t} e^{-(\alpha+j\beta)z} - \frac{|V_0^-|}{|Z_0|} e^{j\phi^-} e^{-j\phi_z} e^{j\omega t} e^{(\alpha+j\beta)z}\right]$$

从而得到

$$i(z,t) = \frac{|V_0^+|}{|Z_0|} e^{-\alpha z}\cos(\omega t - \beta z + \phi^+ - \phi_z) - \frac{|V_0^-|}{|Z_0|} e^{\alpha z}\cos(\omega t + \beta z + \phi^- - \phi_z) \tag{2.35}$$

$i(z,t)$的表达式与式(2.32)给出的 $v(z,t)$比较揭示了：

(a) 与电压波振幅相比，电流波振幅减小到 $1/|Z_0|$。

(b) 式(2.35)中第二项的振幅(对应沿负 z 方向传播的电流波)有一个负号。

(c) 与 $v(z,t)$的参考相位相比，$i(z,t)$表达式中的参考相位有一个额外的量 $-\phi_z$。

例 2-1 空气线

空气线是一种由空气隔开两个导体的传输线，由于 $\sigma=0$，因此 $G'=0$。另外，假设导体由高电导率材料制成，所以 $R'\approx 0$。对于特性阻抗为 50Ω，在 700MHz 时相位常数为 20rad/m 的空气线，求电感 L'和电容 C'。

解：已知 $Z_0=50\Omega$，$\beta=20\text{rad/m}$，$f=700\text{MHz}=7\times10^8\text{Hz}$，$R'=G'=0$，则式(2.25b)和式(2.29)简化为

$$\beta=\text{Im}\left[\sqrt{(\text{j}\omega L')(\text{j}\omega C')}\right]=\text{Im}(\text{j}\omega\sqrt{L'C'})=\omega\sqrt{L'C'}$$

$$Z_0=\sqrt{\frac{\text{j}\omega L'}{\text{j}\omega C'}}=\sqrt{\frac{L'}{C'}}$$

β 与 Z_0 之比为 $\beta/Z_0=\omega C'$，或

$$C'=\frac{\beta}{\omega Z_0}=\frac{20}{2\pi\times7\times10^8\times50}\text{F/m}=9.09\times10^{-11}\text{F/m}=90.9\text{pF/m}$$

由 $Z_0=\sqrt{L'/C'}$ 得

$$L'=Z_0^2C'=(50)^2\times90.9\times10^{-12}\text{H/m}=2.27\times10^{-7}\text{H/m}=227\text{nH/m}$$ ◀

练习 2-3 验证式(2.26a)确实为式(2.21)的解。

答案：参见Ⓔ。

练习 2-4 双导体空气线的传输线参数为 $R'=0.404\text{m}\Omega/\text{m}$，$L'=2.0\mu\text{H/m}$，$G'=0$，$C'=5.56\text{pF/m}$。工作于 5kHz 时，求：(a) 衰减常数 α，(b) 相位常数 β，(c) 相速 u_p，(d) 特性阻抗 Z_0。

答案：(a) $\alpha=3.37\times10^{-7}\text{Np/m}$，(b) $\beta=1.05\times10^{-4}\text{rad/m}$，(c) $u_p=3.0\times10^8\text{m/s}$，(d) $Z_0=(600-\text{j}1.9)\Omega=600\angle{-0.18°}\Omega$。(参见Ⓔ)

2.5 无耗微带线

由于几何结构非常适合在印刷电路板上制造，微带线是射频和微波电路中最常用的互联结构。它由一个窄的非常薄的铜带(或其他良导体)印刷在覆盖接地平面的介质基板上构成(见图 2-10a)。在两个导体表面上存在极性相反的电荷，导致它们之间产生电场线(见图 2-10b)。同时，流过导体的电流(闭合电路部分)产生围绕导体的磁场环路，如图 2-10b 所示。虽然 **E** 和 **B** 的场线并不是处处完全正交，但在两个导体之间的区域，也就是 **E** 和 **B** 最集中的地方，它们近似完全正交。因此，微带线被认为是准 TEM 传输线，这允许我们根据 2.4 节中式(2.26)到式(2.33)给出的一维 TEM 模型来描述其电压和电流。

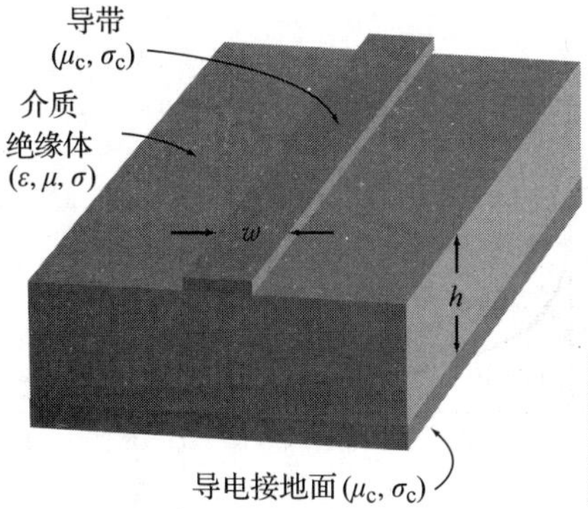

a）纵视图

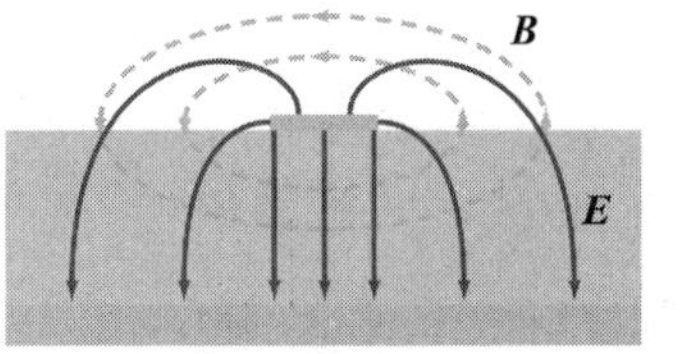

b）E和B场线的截面图

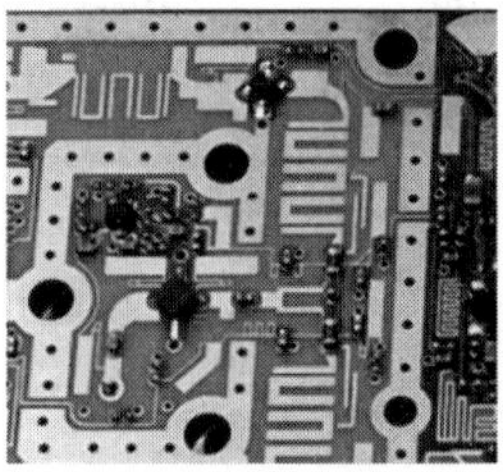
c）微波电路

图 2-10 微带线

(由美国加州大学圣地亚哥分校的 Gabriel Rebeiz 教授提供)

微带线有两个几何参数：导带宽度 w 和介质层厚度(高度)h。我们忽略导带的厚度，因为只要导带的厚度远小于宽度 w，实际中总是这样的，它对微带线的传播特性的影响可以忽略不计。同时，假设衬底材料为 $\sigma=0$ 的理想介质，金属带和接地面为 $\sigma_c\approx\infty$ 的理想导体。这两个

假设大大简化了分析，而不会导致明显误差。最后，设 $\mu=\mu_0$，这对于制作微带线中所使用的介质总是成立的。这些简化将几何参数和电参数减少到三个，即 w、h 和ε。

电场线总是从带正电荷的导体开始，到带负电荷的导体结束。对于图 2-4 中上部所示的同轴线、双导线和平行板线，场线被限制在两个导体之间的区域内。这类传输线的一个特征属性是，沿其中任意一类传输线传播的波的相速由下式给出：

$$u_p=\frac{c}{\sqrt{\varepsilon_r}} \tag{2.36a}$$

式中，c 为自由空间中的光速，ε_r 为导体之间电介质的相对介电常数。

2.5.1 有效相对介电常数

在微带线中，尽管大多数连接导带和接地平面的电场线都直接通过了介质基板，但也有少数电场线同时通过导带和介质层上方的空气到达接地平面(见图 2-10b)。这种非均匀的混合体可以通过定义有效相对介电常数ε_{eff} 来处理，这样相速就由类似于式(2.36a)的表达式给出，即

$$u_p=\frac{c}{\sqrt{\varepsilon_{eff}}} \tag{2.36b}$$

计算微带线传播特性的方法非常复杂，而且超出了本书的范围。但是可以对严格解使用曲线拟合近似得到下面的表达式：

$$\varepsilon_{eff}=\frac{\varepsilon_r+1}{2}+\left(\frac{\varepsilon_r-1}{2}\right)\left(1+\frac{10}{s}\right)^{-xy} \tag{2.37a}$$

式中，s 为宽厚比(宽度与厚度之比)，即

$$s=\frac{w}{h} \tag{2.37b}$$

x 和 y 是中间变量，由下式给出：

$$x=0.56\left(\frac{\varepsilon_r-0.9}{\varepsilon_r+3}\right)^{0.05} \tag{2.38a}$$

$$y=1+0.02\ln\left(\frac{s^4+3.7\times10^{-4}s^2}{s^4+0.43}\right)+0.05\ln(1+1.7\times10^{-4}s^3) \tag{2.38b}$$

2.5.2 特性阻抗

微带线的特性阻抗为

$$Z_0=\frac{60}{\sqrt{\varepsilon_{eff}}}\ln\left[\frac{6+(2\pi-6)e^{-t}}{s}+\sqrt{1+\frac{4}{s^2}}\right] \tag{2.39}$$

式中，

$$t=\left(\frac{30.67}{s}\right)^{0.75} \tag{2.40}$$

图 2-11 显示了不同类型介质材料微带线 Z_0 随 s 的变化曲线。

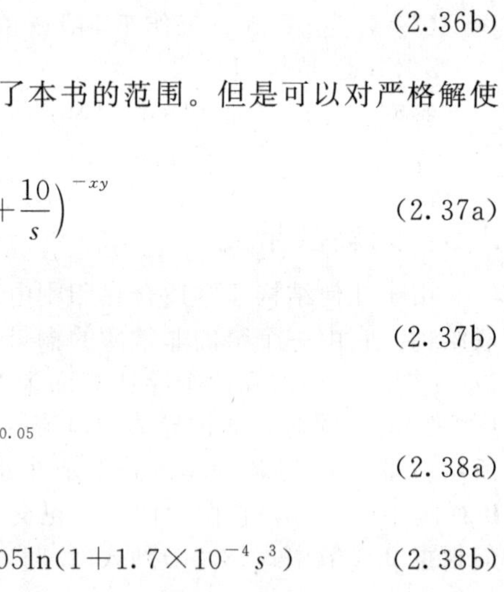

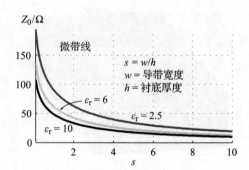

图 2-11 不同类型介质材料微带线 Z_0 随 s 的变化曲线

对应的传输线参数和传播参数为

$$R'=0 \quad (因为\ \sigma_c=\infty) \tag{2.41a}$$

$$G'=0 \quad (因为\ \sigma=0) \tag{2.41b}$$

$$C'=\frac{\sqrt{\varepsilon_{eff}}}{Z_0c} \tag{2.41c}$$

$$L'=Z_0^2C' \tag{2.41d}$$

$$\alpha=0 \quad (\text{因为 } R'=G'=0) \tag{2.41e}$$

$$\beta=\frac{\omega}{c}\sqrt{\varepsilon_{\text{eff}}} \tag{2.41f}$$

模块 2.3(无耗微带线) 输出显示传输线参数的值，并显示 Z_0 和ε_{eff} 随 h 和 w 的变化曲线。

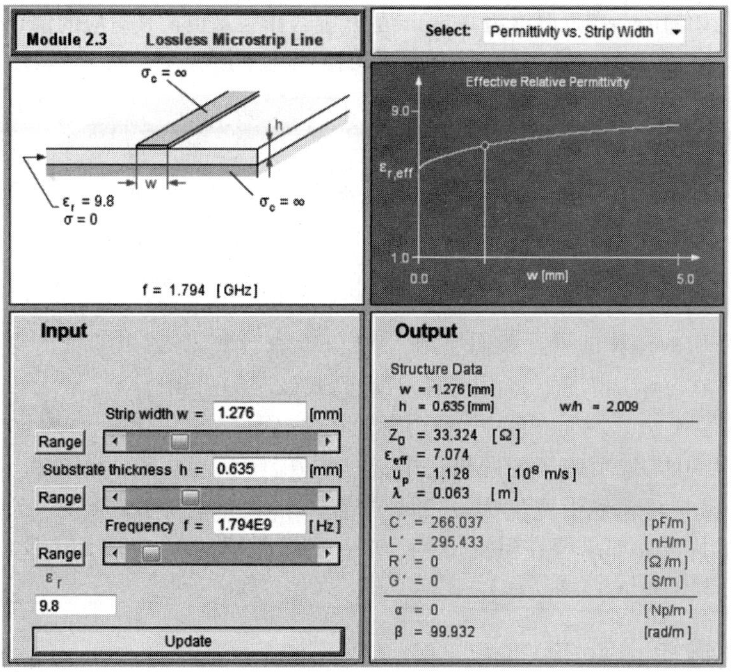

2.5.3 设计过程

上述表达式允许我们在给定ε_r、h 和 w 的值时，计算 Z_0 和其他传播常数的值。这在分析含有微带传输线的电路中是需要的。为了完成逆过程，也就是说，为了设计微带线，通过所需要的 Z_0 值(以满足设计性能指标)，来选择微带线的 w 和 h 的值，即它们的比 s，我们需要用 Z_0 来表示 s。式(2.39)给出的 Z_0 的表达式非常复杂，所以反过来用该表达式得到 s 用 Z_0 表示的表达式是相当困难的。另一种方法是生成类似于图 2-11 所示的曲线族，并用它们在指定 Z_0 值时来估算 s 的值。图形方法的逻辑扩展是用曲线拟合表达式，提供s 的高精度估计。以下公式的误差小于 2%：

(a) 对于 $Z_0\leqslant(44-2\varepsilon_r)\Omega$，

$$s=\frac{w}{h}=\frac{2}{\pi}\left\{(q-1)-\ln(2q-1)+\frac{\varepsilon_r-1}{2\varepsilon_r}\left[\ln(q-1)+0.29-\frac{0.52}{\varepsilon_r}\right]\right\} \tag{2.42}$$

式中，

$$q=\frac{60\pi^2}{Z_0\sqrt{\varepsilon_r}}$$

(b) 对于 $Z_0\geqslant(44-2\varepsilon_r)\Omega$，

$$s=\frac{w}{h}=\frac{8e^p}{e^{2p}-2} \tag{2.43a}$$

式中，

$$p=\sqrt{\frac{\varepsilon_r+1}{2}\frac{Z_0}{60}}+\left(\frac{\varepsilon_r-1}{\varepsilon_r+1}\right)\left(0.23+\frac{0.12}{\varepsilon_r}\right) \tag{2.43b}$$

上述表达式假定介质基板的相对介电常数ε_r是已知的。典型的基板材料包括杜劳特铬合金钢(Duroid)、聚四氟乙烯、硅和蓝宝石等材料，其ε_r的范围在2～15。

例 2-2 微带线

50Ω的微带线使用$\varepsilon_r=9$，厚度为0.5mm的蓝宝石作为基板，其对应的铜导带宽度是多少？

解：由于$Z_0=50\Omega>(44-18=26)\Omega$，我们应该使用式(2.43)：

$$p=\sqrt{\frac{\varepsilon_r+1}{2}\frac{Z_0}{60}}+\left(\frac{\varepsilon_r-1}{\varepsilon_r+1}\right)\left(0.23+\frac{0.12}{\varepsilon_r}\right)=\sqrt{\frac{9+1}{2}\times\frac{50}{60}}+\left(\frac{9-1}{9+1}\right)\left(0.23+\frac{0.12}{9}\right)=2.06$$

$$s=\frac{w}{h}=\frac{8e^{p}}{e^{2p}-2}=\frac{8e^{2.06}}{e^{4.12}-2}=1.056$$

所以，

$$w=sh=1.056\times0.5\text{mm}\approx0.53\text{mm}$$

为了检验我们的计算结果，我们使用$s=1.056$来计算Z_0，以验证所得到的值确实等于或接近50Ω。在$\varepsilon_r=9$情况下，由式(2.37a)到式(2.40)得到

$$x=0.55,\quad y=0.99,\quad t=12.51,\quad \varepsilon_{\text{eff}}=6.11,\quad Z_0=49.93\Omega$$

实际上，计算得到的Z_0值等于问题描述中指定的值。 ◀

练习 2-5 微带传输线由宽度为w的导带置于相对介电常数$\varepsilon_r=4$、高度$h=1$mm的衬底基板上构成，如果特性阻抗$Z_0=50\Omega$，则微带线的w应该是多少？

答案：$w=2.05$mm。(参见Ⓔⓜ)

2.6 无耗传输线：概述

根据前一节的讨论，传输线完全由两个基本参数来表征——传播常数γ和特性阻抗Z_0，这两个参数均由角频率ω和传输线参数R'、L'、G'和C'来确定。

在许多实际情况下，设计传输线时可以选择导电性极高的导体和导电性可忽略不计的介质材料(用于隔离导体)来降低欧姆损耗，使R'和G'的值非常小，以至于$R'\ll\omega L'$，$G'\ll\omega C'$。

这些条件允许我们设定式(2.22)中的$R'=G'\approx0$，从而得到

$$\gamma=\alpha+j\beta=j\omega\sqrt{L'C'} \tag{2.44}$$

这意味着

$$\alpha=0\quad(\text{无耗传输线}) \tag{2.45a}$$

$$\beta=\omega\sqrt{L'C'}\quad(\text{无耗传输线}) \tag{2.45b}$$

对于特性阻抗，将无耗条件应用于式(2.29)可得

$$Z_0=\sqrt{\frac{L'}{C'}}\quad(\text{无耗传输线}) \tag{2.46}$$

现在特性阻抗为实数。使用无耗传输线中β的表达式[式(2.45b)]，我们得到下面导波波长λ和相速u_p的表达式：

$$\lambda=\frac{2\pi}{\beta}=\frac{2\pi}{\omega\sqrt{L'C'}} \tag{2.47}$$

$$u_p=\frac{\omega}{\beta}=\frac{1}{\sqrt{L'C'}} \tag{2.48}$$

在使用式(2.10)后，式(2.45b)和式(2.48)可以重新写为

$$\beta=\omega\sqrt{\mu\varepsilon}\quad(\mathrm{rad/m}) \tag{2.49}$$

$$u_p=\frac{1}{\sqrt{\mu\varepsilon}}\quad(\mathrm{m/s}) \tag{2.50}$$

式中，μ 和ε 分别为隔离两个导体的绝缘材料的磁导率和介电常数。传输线中使用材料的磁导率通常为 $\mu_0=4\pi\times10^{-7}$ H/m(自由空间的磁导率)。同时，介电常数ε 通常用下面定义的相对介电常数来指定：

$$\varepsilon_r=\varepsilon/\varepsilon_0 \tag{2.51}$$

式中，$\varepsilon_0=8.854\times10^{-12}$ F/m$\approx(1/36\pi)\times10^{-9}$ F/m 为自由空间(真空)的介电常数。所以，式(2.50)变为

$$u_p=\frac{1}{\sqrt{\mu_0\varepsilon_r\varepsilon_0}}=\frac{1}{\sqrt{\mu_0\varepsilon_0}}\cdot\frac{1}{\sqrt{\varepsilon_r}}=\frac{c}{\sqrt{\varepsilon_r}} \tag{2.52}$$

式中，$c=1/\sqrt{\mu_0\varepsilon_0}=3\times10^8$ m/s 为自由空间中的光速。如果导体之间的绝缘材料是空气，则$\varepsilon_r=1$，$u_p=c$。根据式(2.51)和式(2.33)给出的 λ 和 u_p 的关系，波长由下式给出：

$$\lambda=\frac{u_p}{f}=\frac{c}{f}\frac{1}{\sqrt{\varepsilon_r}}=\frac{\lambda_0}{\sqrt{\varepsilon_r}} \tag{2.53}$$

式中，$\lambda_0=c/f$ 为空气中对应于频率 f 的波长。注意，由于 u_p 和 λ 均依赖于ε_r，因此传输线中绝缘材料的选择不仅由其机械性能来决定，而且要考虑其电气性能。

根据式(2.52)，如果绝缘材料的ε_r 与 f 无关(这是 TEM 传输线中的常见情况)，同样的独立性也适用于 u_p(即 u_p 也与 f 无关)。

如果不同频率的正弦波在传输线上以相同的相速传播，则该传输线称为**非色散传输线**。

当数字数据以脉冲形式传输时，这是一个需要考虑的重要的特征。一个矩形脉冲或脉冲序列由许多不同频率的傅里叶分量组成，如果所有频率分量(或至少主要的频率分量)的相速相同，那么该脉冲形状在传输线上传输时不会发生变化。相比之下，在色散媒质中传播时，脉冲形状会逐渐失真。脉冲宽度随着在媒质中传播距离的增加而增加(拉伸)(见图 2-3)，从而限制了在不丢失信息的情况下通过媒质传输的最大数据速率(与单个脉冲的宽度和相邻脉冲的间距有关)。

表 2-2 给出了一般情况下有耗传输线和几种无耗传输线的 γ、Z_0 和 u_p 的表达式。无耗传输线中的 L'和 C'的表达式见表 2-1。

表 2-2　传输线的特征参数

	传播常数 $\gamma=\alpha+j\beta$	相速 u_p	特性阻抗 Z_0
一般情况	$\gamma=\sqrt{(R'+j\omega L')(G'+j\omega C')}$	$u_p=\omega/\beta$	$Z_0=\sqrt{\dfrac{(R'+j\omega L')}{(G'+j\omega C')}}$
无耗($R'=G'=0$)	$\alpha=0$，$\beta=\omega\sqrt{\varepsilon_r}/c$	$u_p=c/\sqrt{\varepsilon_r}$	$Z_0=\sqrt{L'/C'}$
无耗同轴线	$\alpha=0$，$\beta=\omega\sqrt{\varepsilon_r}/c$	$u_p=c/\sqrt{\varepsilon_r}$	$Z_0=(60/\sqrt{\varepsilon_r})\ln(b/a)$
无耗双导线	$\alpha=0$，$\beta=\omega\sqrt{\varepsilon_r}/c$	$u_p=c/\sqrt{\varepsilon_r}$	$Z_0=(120/\sqrt{\varepsilon_r})\ln\left[(D/d)+\sqrt{(D/d)^2-1}\right]$ $Z_0\approx(120/\sqrt{\varepsilon_r})\ln(2D/d)$(如果 $D\gg d$)
无耗平行板线	$\alpha=0$，$\beta=\omega\sqrt{\varepsilon_r}/c$	$u_p=c/\sqrt{\varepsilon_r}$	$Z_0=(120\pi/\sqrt{\varepsilon_r})(h/w)$

注：1. $\mu=\mu_0$，$\varepsilon=\varepsilon_r\varepsilon_0$，$c=1/\sqrt{\mu_0\varepsilon_0}$，$\varepsilon_r$ 为绝缘材料的相对介电常数。
2. 对于同轴线，a 和 b 为内外导体的半径。
3. 对于双导线，d 为线的直径，D 为线中心的距离。
4. 对于平行板线，w 为板的宽度，h 为板之间的距离。

练习 2-6 对于无耗传输线，当频率为 1GHz 时，$\lambda=20.7\text{cm}$，求绝缘材料的ε_r。

答案：$\varepsilon_r=2.1$。(参见Ⓔⓜ)

练习 2-7 无耗传输线使用$\varepsilon_r=4$ 的绝缘材料，如果传输线的电容 $C'=10\text{pF/m}$，求：(a) 相速 u_p，(b) 传输线的电感 L'，(c) 特性阻抗 Z_0。

答案：(a)$u_p=1.5\times10^8\text{m/s}$，(b) $L'=4.45\mu\text{H/m}$，(c) $Z_0=667.1\Omega$。(参见Ⓔⓜ)

2.6.1 电压反射系数

对于无耗传输线，其 $\gamma=\text{j}\beta$，由式(2.26a)和式(2.30)给出的总电压和总电流变为

$$\widetilde{V}(z)=V_0^+\text{e}^{-\text{j}\beta z}+V_0^-\text{e}^{\text{j}\beta z} \tag{2.54a}$$

$$\widetilde{I}(z)=\frac{V_0^+}{Z_0}\text{e}^{-\text{j}\beta z}-\frac{V_0^-}{Z_0}\text{e}^{\text{j}\beta z} \tag{2.54b}$$

这些表达式含有两个未知数：V_0^+ 和 V_0^-。根据 1.7.2 节，指数因子 $\text{e}^{-\text{j}\beta z}$ 与从源(发射端)到负载(接收端)沿$+z$ 方向传播的波相关，因此，我们将其称为电压振幅为 V_0^+ 的入射波；类似地，$V_0^-\text{e}^{\text{j}\beta z}$ 项表示电压振幅为 V_0^- 沿$-z$ 方向从负载向源传播的反射波。

为了确定 V_0^+ 和 V_0^-，我们需要考虑包含在输入端的信号源和输出端的负载的完整电路中的无耗传输线，如图 2-12 所示，长度为 l 的传输线端接任意负载阻抗 Z_L。

为了数学上的方便，空间坐标 z 的参考点 $z=0$ 选择在负载位置，而不是在信号源位置。

在 $z=-l$ 的发送端，传输线连接到相量电压为 $\widetilde{V}_g$、内阻抗为 Z_g 的正弦电压源，由于从信号源到负载的 z 点，z 的正值对应的位置超出了负载，所以与电路无关。在后面的章节中，我们将发现使用从负载开始但方向与 z 相反的空间坐标更加方便。我们将其称为到负载的距离 d，定义为 $d=-z$，如图 2-12 所示。

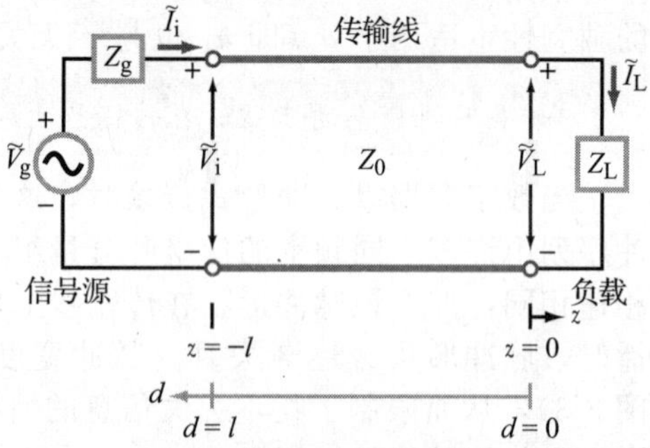

图 2-12 长度为 l 的传输线一端接信号源，另一端接负载 Z_L。负载位于 $z=0$ 处，信号源位于 $z=-l$ 处。坐标 d 定义为 $d=-z$

横跨负载端的相量电压 $\widetilde{V}_L$ 和流过它的相量电流 $\widetilde{I}_L$ 由负载阻抗 Z_L 联系起来：

$$Z_L=\frac{\widetilde{V}_L}{\widetilde{I}_L} \tag{2.55}$$

电压 $\widetilde{V}_L$ 为由式(2.54a)给出的传输线上的总电压 $\widetilde{V}(z)$，电流 $\widetilde{I}_L$ 为由式(2.54b)给出的总电流 $\widetilde{I}(z)$，两者均是在 $z=0$ 处计算的值：

$$\widetilde{V}_L=\widetilde{V}(z=0)=V_0^++V_0^- \tag{2.56a}$$

$$\widetilde{I}_L=\widetilde{I}(z=0)=\frac{V_0^+}{Z_0}-\frac{V_0^-}{Z_0} \tag{2.56b}$$

利用式(2.55)得到

$$Z_L=\left(\frac{V_0^++V_0^-}{V_0^+-V_0^-}\right)Z_0 \tag{2.57}$$

求解 V_0^- 可得

$$V_0^-=\left(\frac{Z_L-Z_0}{Z_L+Z_0}\right)V_0^+ \tag{2.58}$$

在负载处反射电压波的振幅与入射电压波的振幅之比称为电压反射系数 Γ。

由式(2.58)可知：

$$\Gamma=\frac{V_0^-}{V_0^+}=\frac{Z_L-Z_0}{Z_L+Z_0}=\frac{Z_L/Z_0-1}{Z_L/Z_0+1}=\frac{z_L-1}{z_L+1}\quad（无量纲）\tag{2.59}$$

式中，

$$z_L=\frac{Z_L}{Z_0}\tag{2.60}$$

为归一化负载阻抗。在许多传输线问题中，我们可以通过将电路中所有的阻抗归一化到特性阻抗 Z_0 来简化必要的计算。归一化阻抗用小写字母表示。

根据式(2.28)可知，其电流振幅之比为

$$\frac{I_0^-}{I_0^+}=-\frac{V_0^-}{V_0^+}=-\Gamma\tag{2.61}$$

我们注意到，电压振幅之比等于 Γ，而电流振幅之比等于 $-\Gamma$。

反射系数 Γ 由一个参数来确定，即归一化负载阻抗 z_L。由式(2.46)可知，无耗传输线的 Z_0 为实数，但是 Z_L 通常为复数，如在串联 RL 电路中，$Z_L=R+j\omega L$。所以，通常 Γ 也是复数：

$$\Gamma=|\Gamma|e^{\theta_r}\tag{2.62}$$

式中，$|\Gamma|$ 为 Γ 的幅值，θ_r 为其相位角，请注意 $|\Gamma|\leqslant 1$。

如果 $Z_L=Z_0$，则称负载与传输线匹配，因为不存在负载反射($\Gamma=0$，$V_0^-=0$)。

另外，当负载开路($Z_L=\infty$)时，$\Gamma=1$，$V_0^-=V_0^+$；当负载短路($Z_L=0$)时，$\Gamma=-1$，$V_0^-=-V_0^+$(见表 2-3)。

表 2-3　各种类型负载对应的反射系数的幅值和相位。归一化负载阻抗 $z_L=Z_L/Z_0=(R+jX)/Z_0=r+jx$，式中 $r=R/Z_0$，$x=X/Z_0$ 分别为 z_L 的实部和虚部

反射系数 $\Gamma=\lvert\Gamma\rvert e^{j\theta_r}$		
负载	$\lvert\Gamma\rvert$	θ_r
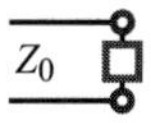 $Z_L=(r+jx)Z_0$	$\left[\frac{(r-1)^2+x^2}{(r+1)^2+x^2}\right]^{1/2}$	$\arctan\left(\frac{x}{r-1}\right)-\arctan\left(\frac{x}{r+1}\right)$
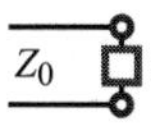 Z_0	0(无反射)	无关紧要
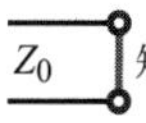 短路	1	±180°(反相)
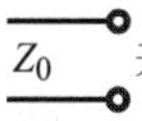 开路	1	0(同相)
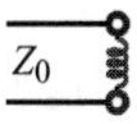 $jX=j\omega L$	1	$\pm180°-2\arctan x$
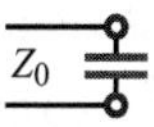 $jX=\frac{-j}{\omega C}$	1	$\pm180°-2\arctan x$

例 2-3 串联 RC 负载的反射系数

一个 100Ω 的传输线连接到由 50Ω 电阻和 10pF 电容串联组成的负载上。求 100MHz 的信号在负载处的反射系数。

解： 已知 $R_L=50\Omega$，$C_L=10\text{pF}=10^{-11}\text{F}$，$Z_0=100\Omega$，$f=100\text{MHz}=10^8\text{Hz}$，归一化阻抗为

$$z_L=\frac{Z_L}{Z_0}=\frac{R_L-j/\omega C_L}{Z_0}=\frac{1}{100}\left(50-j\frac{1}{2\pi\times10^8\times10^{-11}}\right)\Omega$$

$$=(0.5-j1.59)\Omega$$

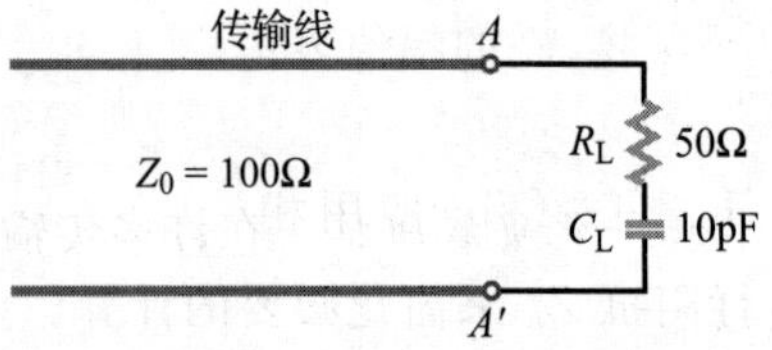

图 2-13 RC 负载(例 2-3)

由式(2.59)可知，电压反射系数为

$$\Gamma=\frac{z_L-1}{z_L+1}=\frac{0.5-j1.59-1}{0.5-j1.59+1}=\frac{-0.5-j1.59}{1.5-j1.59}=\frac{-1.67e^{j72.6^\circ}}{2.19e^{-j46.7^\circ}}$$

$$=-0.76e^{j119.3^\circ}$$

可以用 e^{-j180° 代替上式中的负号，将这个结果转换为式(2.62)的形式：

$$\Gamma=0.76e^{j119.3^\circ}e^{-j180^\circ}=0.76e^{-j60.7^\circ}=0.76\angle-60.7^\circ$$

或

$$|\Gamma|=0.76,\quad \theta_r=-60.7^\circ$$ ◀

例 2-4 纯电抗负载的反射系数 $|\Gamma|$

证明：连接到纯电抗负载的无耗传输线的 $|\Gamma|=1$。

证明： 纯电抗负载的负载阻抗为 $Z_L=jX_L$。由式(2.59)可知，反射系数为

$$\Gamma=\frac{Z_L-Z_0}{Z_L+Z_0}=\frac{jX_L-Z_0}{jX_L+Z_0}=\frac{-(Z_0-jX_L)}{Z_0+jX_L}=\frac{-\sqrt{Z_0^2+X_L^2}\,e^{-j\theta}}{\sqrt{Z_0^2+X_L^2}\,e^{j\theta}}=-e^{-j2\theta}=1e^{j(\pi-2\theta)}$$

式中，$\theta=\arctan X_L/Z_0$，所以由 $\Gamma=|\Gamma|e^{j\theta_r}$ 可知：

$$|\Gamma|=1$$

$$\theta_r=\pi-2\theta=\pi-2\arctan\left(\frac{X_L}{Z_0}\right)。$$ ◀

练习 2-8 一段 50Ω 的无耗传输线端接阻抗为 $Z_L=(30-j200)\Omega$ 的负载。计算负载处的电压反射系数。

答案： $\Gamma=0.93\angle-27.5^\circ$。(参见Ⓔⓜ)

练习 2-9 一段 150Ω 的无耗传输线端接阻抗 $Z_L=-j30\Omega$ 的电容器，计算 Γ。

答案： $\Gamma=1\angle-157.4^\circ$。(参见Ⓔⓜ)

练习 2-10 假设负载处反射系数 $\Gamma=0.6-j0.3$，求归一化负载阻抗 z_L。

答案： $z_L=(2.2-j2.4)\Omega$。(参见Ⓔⓜ)

2.6.2 驻波

将关系式 $V_0^-=\Gamma V_0^+$ 应用到式(2.54a)和式(2.54b)中，得到

$$\widetilde{V}(z)=V_0^+(e^{-j\beta z}+\Gamma e^{j\beta z}) \tag{2.63a}$$

$$\widetilde{I}(z)=\frac{V_0^+}{Z_0}(e^{-j\beta z}-\Gamma e^{j\beta z}) \tag{2.63b}$$

现在，这些表达式仅包含一个(待确定的)未知量 V_0^+。在求解 V_0^+ 之前，首先研究这些表达式背后的物理意义。我们首先从 $\widetilde{V}(z)$ 的幅值 $|\widetilde{V}(z)|$ 的表达式的推导开始，在式(2.63a)中使用式(2.62)，并且应用关系式 $|\widetilde{V}(z)|=[\widetilde{V}(z)\widetilde{V}^*(z)]^{1/2}$，其中 $\widetilde{V}^*(z)$ 为 $\widetilde{V}(z)$ 的复共轭，可以得到

$$|\widetilde{V}(z)|=\{[V_0^+(e^{-j\beta z}+|\Gamma|e^{j\theta_r}e^{j\beta z})][(V_0^+)^*(e^{-j\beta z}+|\Gamma|e^{-j\theta_r}e^{-j\beta z})]\}^{1/2}$$
$$=|V_0^+|[1+|\Gamma|^2+|\Gamma|(e^{j(2\beta z+\theta_r)}+e^{-j(2\beta z+\theta_r)})]^{1/2} \quad (2.64)$$
$$=|V_0^+|[1+|\Gamma|^2+2|\Gamma|\cos(2\beta z+\theta_r)]^{1/2}$$

式中使用了恒等式，对于任意的实数 x，有

$$e^{jx}+e^{-jx}=2\cos x \quad (2.65)$$

为了将 $\widetilde{V}$ 的幅值表示为 d 的函数而不是 z 的函数，用 $-d$ 代替式(2.64)右端的 z：

$$|\widetilde{V}(d)|=|V_0^+|[1+|\Gamma|^2+2|\Gamma|\cos(2\beta d-\theta_r)]^{1/2} \quad (2.66)$$

对式(2.63b)使用相同的步骤，可以得到 $\widetilde{I}(d)$的幅值$|\widetilde{I}(d)|$的类似表达式。电流 $\widetilde{I}(d)$的幅值为

$$|\widetilde{I}(d)|=\frac{|V_0^+|}{Z_0}[1+|\Gamma|^2-2|\Gamma|\cos(2\beta d-\theta_r)]^{1/2} \quad (2.67)$$

$|\widetilde{V}(d)|$和$|\widetilde{I}(d)|$随 d 的变化情况如图 2-14 所示，其中对应于传输线的负载处($d=0$)，图中曲线对应$|V_0^+|=1$V，$|\Gamma|=0.3$，$\theta_r=30°$，$Z_0=50\Omega$。由两个方向传播的波干涉形成的正弦曲线图称为驻波。$|\widetilde{V}(d)|$的驻波图的最大值对应于入射波和反射波同相的位置[即式(2.66)中的 $2\beta d-\theta_r=2n\pi$]。所以，它们相增叠加给出的值为$(1+|\Gamma|)|V_0^+|=1.3$V。$|\widetilde{V}(d)|$的最小值出现在两个波干涉相消处，即入射波和反射波相位相反的位置[对应于 $2\beta d-\theta_r=(2n+1)\pi$]。在这种情况下，$|\widetilde{V}(d)|=(1-|\Gamma|)|V_0^+|=0.7$V。

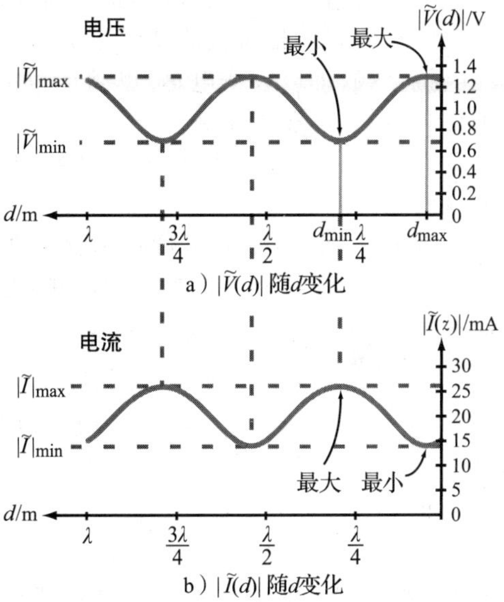

图 2-14 端接反射系数 $\Gamma=0.3e^{j30°}$ 的负载，特性阻抗 $Z_0=50\Omega$ 的无耗传输线的驻波图。其中入射波的幅值 $|V_0^+|=1$V，驻波比 $S=|\widetilde{V}|_{max}/|\widetilde{V}|_{min}$

> 当单独考虑入射波和反射波时周期为 λ，而驻波曲线的周期为 $\lambda/2$。

驻波图描述了 $\widetilde{V}(d)$幅值作为 d 的函数的空间变化。如果观察图 2-14 中 $d=d_{max}$ 处瞬时电压随时间的变化，可以看出这个变化是振幅为 1.3V 的 $\cos\omega t$[即 $v(t)$在-1.3V 和$+1.3$V 之间振荡]。类似地，任意位置 d 处的瞬时电压 $v(d,t)$为振幅等于该点振幅$|\widetilde{V}(d)|$的正弦变化。

> 模块 2.4 提供了一个强烈推荐的仿真工具，以更好理解 $\widetilde{V}(d)$和 $\widetilde{I}(d)$的驻波图以及 $v(d,t)$和 $i(d,t)$的动态特性。

仔细观察图 2-14 中的电压和电流驻波曲线可以发现，这两个图是反相的(当一个最大时，另一个最小，反之亦然)。这是由于式(2.66)的第三项前边是一个加号，而式(2.67)的第三项前边是一个减号。

图 2-14 所示的驻波图是在 $\Gamma=0.3e^{j30°}$ 的情况下画出的，曲线的峰-峰变化[$|\widetilde{V}|(1-|\Gamma|)$

$|V_0^+|_{\min}$ 到 $|\widetilde{V}|(1+|\Gamma|)|V_0^+|_{\max}$]取决于 $|\Gamma|$。在 $Z_L=Z_0$ 传输线匹配的特殊情况下，$|\Gamma|=0$，对 d 的所有值均有 $|\widetilde{V}(d)|=|V_0^+|$，如图 2-15a 所示。

当没有反射波时，不存在干涉和驻波。

$|\Gamma|$ 的另一个极端是 $|\Gamma|=1$，对应于负载短路($\Gamma=-1$)或负载开路($\Gamma=1$)。这两种情况的驻波图如图 2-15b 和 c 所示。两个图的最大值均为 $2|V_0^+|$，最小值均为 0，但是两个图在空间上相对彼此平移了 $\lambda/4$ 的距离。纯电抗负载(即电容或电感)也满足 $|\Gamma|=1$ 的条件，但 θ_r 通常既不是 0，也不是 180°(见表 2-3)。练习 2-9 考察了端接电容的无耗传输线的驻波图。

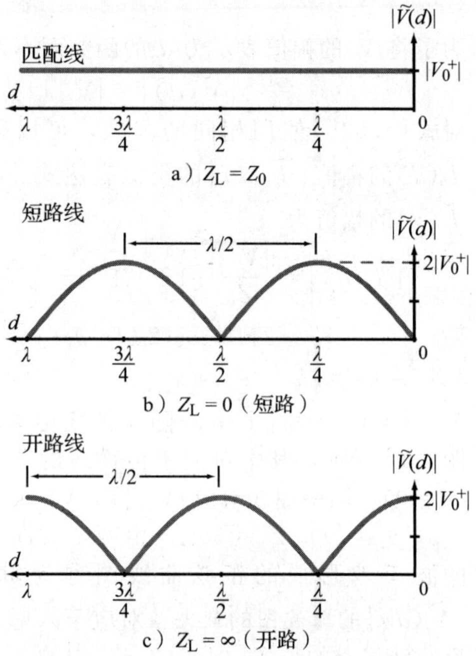

图 2-15　电压驻波图

现在让我们考察电压幅值的最大值和最小值。由式(2.66)可知，当余弦函数的幅角等于零或 2π 的整数倍时，$|\widetilde{V}(d)|$ 为最大值。用 $d_{\max}$ 表示 $|\widetilde{V}(d)|$ 为最大值的点到负载的距离，则有

$$|\widetilde{V}(d)|=|\widetilde{V}|_{\max}=|V_0^+|(1+|\Gamma|) \tag{2.68}$$

当

$$2\beta d_{\max}-\theta_r=2n\pi \tag{2.69}$$

式中，$n=0$ 或正整数。由式(2.69)求解 $d_{\max}$ 得到

$$d_{\max}=\frac{\theta_r+2n\pi}{2\beta}=\frac{\theta_r\lambda}{4\pi}+\frac{n\lambda}{2}\quad\begin{cases}n=1,2,\cdots, & \text{如果 } \theta_r<0\\ n=0,1,2,\cdots, & \text{如果 } \theta_r\geqslant 0\end{cases} \tag{2.70}$$

其中使用了 $\beta=2\pi/\lambda$。电压反射系数的相位角 θ_r 的取值范围在 $-\pi$ 和 π 之间。如果 $\theta_r\geqslant 0$，则第一个电压最大值出现在 $d_{\max}=\theta_r\lambda/4\pi$ 处，对应于 $n=0$。当 $\theta_r<0$ 时，第一个物理意义上的最大值出现在 $d_{\max}=\theta_r\lambda/4\pi+\lambda/2$ 处，对应于 $n=1$。负的 $d_{\max}$ 值对应位置超过了传输线终端，所以它们没有物理意义。

类似地，$|\widetilde{V}(d)|$ 的最小值出现在式(2.66)中余弦函数幅角等于 $(2n+1)\pi$ 时对应的距离 $d_{\min}$ 处，给出的结果为

$$|\widetilde{V}|_{\min}=|V_0^+|(1-|\Gamma|)\quad \text{当 } 2\beta d_{\min}-\theta_r=(2n+1)\pi \tag{2.71}$$

式中，$-\pi\leqslant\theta_r\leqslant\pi$。第一个最小值对应 $n=0$。最大值位置 $d_{\max}$ 和相邻的最小值位置 $d_{\min}$ 之间的距离为 $\lambda/4$。所以，第一个最小值出现在：

$$d_{\min}=\begin{cases}d_{\max}+\lambda/4, & \text{如果 } d_{\max}<\lambda/4\\ d_{\max}-\lambda/4, & \text{如果 } d_{\max}\geqslant\lambda/4\end{cases} \tag{2.72}$$

传输线上电压最大值的位置对应电流最小值，反之亦然。

$|\widetilde{V}|_{\max}$ 与 $|\widetilde{V}|_{\min}$ 之比称为电压驻波比(Voltage Standing-Wave Ratio)，由式(2.68)和式(2.71)得到

$$S=\frac{|\widetilde{V}|_{\max}}{|\widetilde{V}|_{\min}}=\frac{1+|\Gamma|}{1-|\Gamma|}\quad(\text{无量纲}) \tag{2.73}$$

这个量通常用 Voltage Standing-Wave Ratio 的首字母缩写来表示，即 VSWR，或更简短的缩写 SWR，它为负载和传输线之间的匹配程度提供了一种度量。

对于 $\Gamma=0$ 的匹配负载，$S=1$；对于 $|\Gamma|=1$ 的传输线，$S=\infty$。

概念问题 2-5：衰减常数 α 表示欧姆损耗。根据图 2-6c 给出的模型，为了没有损耗，R'和 G'应该是多少？用式(2.25a)给出的 α 的表达式来验证。

概念问题 2-6：波在传输线上传输的波长 λ 与自由空间的波长 λ_0 之间有什么关系？

概念问题 2-7：什么情况下负载与传输线匹配？为什么匹配很重要？

概念问题 2-8：什么是驻波图？为什么其周期为 $\lambda/2$，而不是 λ？

概念问题 2-9：传输线上电压最大值点与相邻电流最大值点之间的距离是多少？

模块 2.4(传输线仿真器) 根据需要输入数据，包括 $d=0$ 时的负载阻抗和 $d=l$ 时的信号源电压和阻抗。该模块提供了大量关于传输线上电压和电流波形的输出信息，可以查看电压和电流的驻波图，瞬时电压 $v(d,t)$和瞬时电流 $i(d,t)$随时间和空间的变化情况，以及其他相关的量。

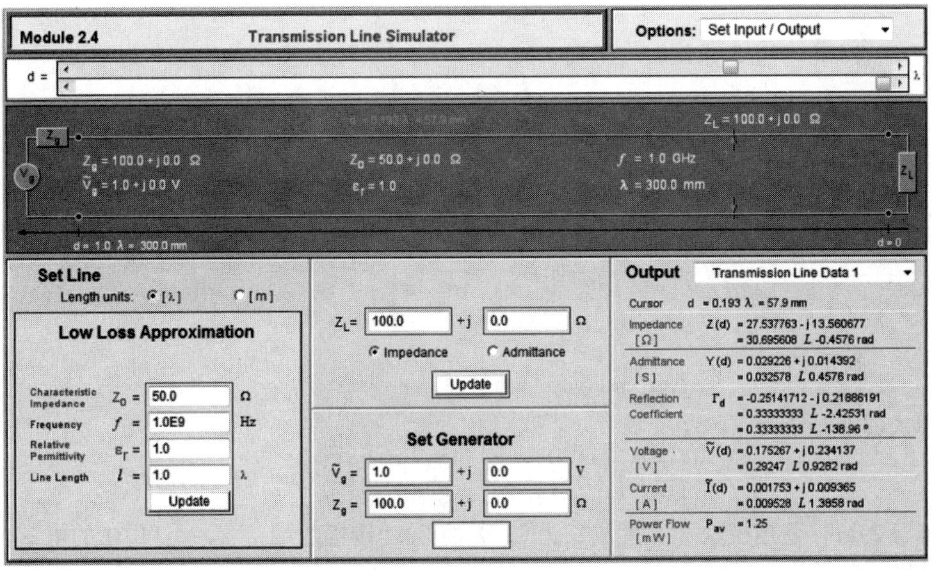

例 2-5 驻波比

一段 50Ω 的传输线端接 $Z_L=(100+\mathrm{j}50)\,\Omega$ 的负载。求电压反射系数和电压驻波比。

解：由式(2.59)，

$$\Gamma=\frac{z_L-1}{z_L+1}=\frac{(2+\mathrm{j}1)-1}{(2+\mathrm{j}1)+1}=\frac{1+\mathrm{j}1}{3+\mathrm{j}1}$$

将分子和分母转换为极坐标形式：

$$\Gamma=\frac{1.414\mathrm{e}^{\mathrm{j}45°}}{3.162\mathrm{e}^{\mathrm{j}18.4°}}=0.45\mathrm{e}^{\mathrm{j}26.6°}$$

使用式(2.73)关于 S 的定义，得到

$$S=\frac{1+|\Gamma|}{1-|\Gamma|}=\frac{1+0.45}{1-0.45}=2.6$$ ◀

例 2-6　测量 Z_L

槽线测量仪是一种用来测量未知负载阻抗 Z_L 的仪器。同轴槽线在同轴线的外导体上有一个狭窄的纵向缝隙，用一个插入缝隙中的小探针来对电场幅值进行采样，因此，可以得到传输线上电压的幅值 $|\widetilde{V}(d)|$（见图 2-16）。通过沿槽线长度方向移动探针，可以测量 $|\widetilde{V}|_{max}$ 和 $|\widetilde{V}|_{min}$ 以及它们所对应的位置到负载的距离，利用式(2.73)可以得到电压驻波比，即 $S=\dfrac{|\widetilde{V}|_{max}}{|\widetilde{V}|_{min}}$。当一个 $Z_0=50\Omega$ 的槽线端接未知负载阻抗时，测得 $S=3$，两个连续电压最小值点之间的距离为 30cm，第一个电压最小值点到负载的距离为 12cm。确定负载阻抗 Z_L。

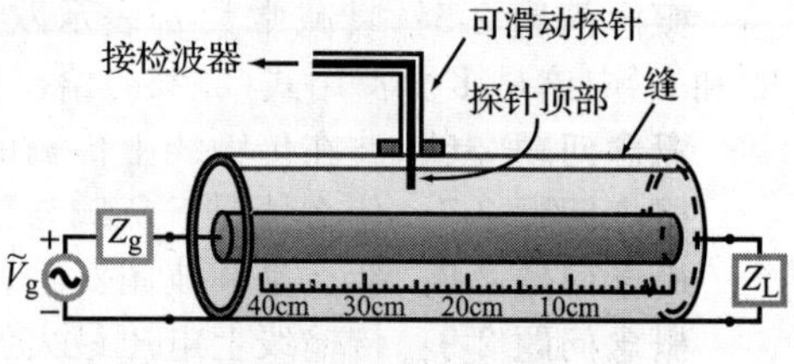

图 2-16　同轴槽线(例 2-6)

解：已知 $Z_0=50\Omega$，$S=3$，$d_{min}=12\text{cm}$，由于两个连续电压最小值点之间的距离为 $\lambda/2$，则

$$\lambda=2\times0.3\text{m}=0.6\text{m}$$

$$\beta=\frac{2\pi}{\lambda}=\frac{2\pi}{0.6}\text{rad/m}=\frac{10\pi}{3}\text{rad/m}$$

由式(2.73)，用 S 求解 $|\Gamma|$ 得到

$$|\Gamma|=\frac{S-1}{S+1}=\frac{3-1}{3+1}=0.5$$

用式(2.71)给出的条件求解 θ_r：

$$2\beta d_{min}-\theta_r=\pi，\text{对于 } n=0(\text{第一个最小值点})$$

由此得到

$$\theta_r=2\beta d_{min}-\pi=\left(2\times\frac{10\pi}{3}\times0.12-\pi\right)\text{rad}=-0.2\pi\text{rad}=-36°$$

所以，

$$\Gamma=|\Gamma|e^{j\theta_r}=0.5e^{-j36°}=0.405-j0.294$$

用式(2.59)求得 Z_L 为

$$Z_L=Z_0\left(\frac{1+\Gamma}{1-\Gamma}\right)=50\left(\frac{1+0.405-j0.294}{1-0.405+j0.294}\right)\Omega=(85-j67)\Omega$$ ◀

练习 2-11　使用模块 2.4 生成长为 1.5λ 的 50Ω 传输线端接 $Z_L=j140\Omega$ 的电感的电压和电流驻波图。

答案：参见模块 2.4 显示的结果。

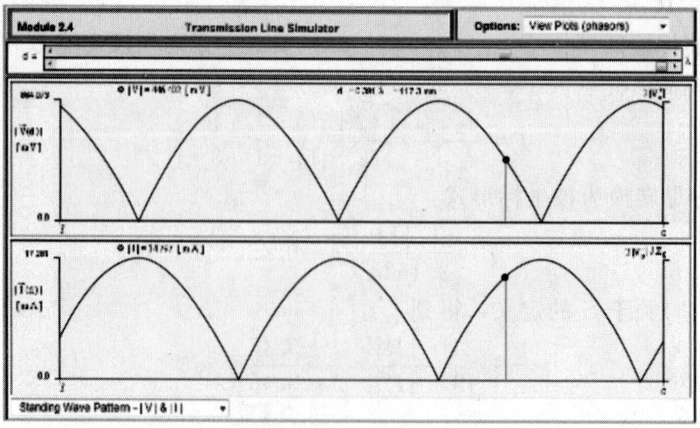

练习 2-12　如果 $\Gamma=0.5\angle 60^\circ$，$\lambda=24\text{cm}$，求距负载最近的电压最大值点和最小值点的位置。

答案：$d_{\max}=10\text{cm}$，$d_{\min}=4\text{cm}$。（参见㊞）

练习 2-13　一条 140Ω 的无耗传输线端接负载阻抗 $Z_L=(280+\text{j}182)\Omega$，如果 $\lambda=72\text{cm}$，求：(a) Γ，(b) 电压驻波比 S，(c) 电压最大值点的位置，(d) 电压最小值点的位置。

答案：(a) $\Gamma=0.5\angle 29^\circ$，(b) $S=3$，(c) $d_{\max}=(2.9+n\lambda/2)\text{cm}$，(d) $d_{\min}=(20.9+n\lambda/2)\text{cm}$，其中 $n=0,1,2,\cdots$。（参见㊞）

2.7　无耗传输线的波阻抗

驻波图显示，在失配的传输线上电压和电流的幅值沿线起伏振荡，而且电压和电流的相位彼此相反。因此，电压和电流之比称为波阻抗 $Z(d)$，且 $Z(d)$ 也随位置的变化而变化。当 $z=-d$ 时，利用式(2.63a)和式(2.63b)得到

$$Z(d)=\frac{\widetilde{V}(d)}{\widetilde{I}(d)}=\frac{V_0^+(\text{e}^{\text{j}\beta d}+\Gamma\text{e}^{-\text{j}\beta d})}{V_0^+(\text{e}^{\text{j}\beta d}-\Gamma\text{e}^{-\text{j}\beta d})}Z_0=Z_0\left(\frac{1+\Gamma\text{e}^{-\text{j}2\beta d}}{1-\Gamma\text{e}^{-\text{j}2\beta d}}\right)=Z_0\left(\frac{1+\Gamma_d}{1-\Gamma_d}\right)\quad(\Omega)\tag{2.74}$$

式中，定义

$$\Gamma_d=\Gamma\text{e}^{-\text{j}2\beta d}=|\Gamma|\text{e}^{\text{j}\theta_r}\text{e}^{-\text{j}2\beta d}=|\Gamma|\text{e}^{\text{j}(\theta_r-2\beta d)}\tag{2.75}$$

为相移电压反射系数，意味着 Γ_d 与 Γ 有相同的幅度，但是 Γ_d 相对于 Γ 的相位移动了 $2\beta d$。

> $Z(d)$ 为传输线上任意位置 d 处总电压（入射波电压和反射波电压之和）与总电流之比，相比较而言，传输线的特性阻抗 Z_0 为两个独立波各自的电压和电流之比（$Z_0=V_0^+/I_0^+=-V_0^-/I_0^-$）。

在如图 2-17a 所示电路中，在传输线上任意位置 d 处的 BB' 端，$Z(d)$ 为向右看（即向负载方向看）的波阻抗。应用等效原理，我们可以用集总参数阻抗 $Z(d)$ 代替 BB' 端的右边部分，如图 2-17b 所示。从 BB' 端左边部分的输入电路看，这两种电路在电气上是等效的。

在许多传输线问题中，我们特别感兴趣的是在 $d=l$ 处信号源端的输入阻抗，该阻抗为

$$Z_{\text{in}}=Z(d=l)=Z_0\left(\frac{1+\Gamma_l}{1-\Gamma_l}\right)\tag{2.76}$$

式中，

$$\Gamma_l=\Gamma\text{e}^{-\text{j}2\beta l}=|\Gamma|\text{e}^{\text{j}(\theta_r-2\beta l)}\tag{2.77}$$

将 Γ 替换为式(2.59)，并使用关系式

$$\text{e}^{\text{j}\beta l}=\cos\beta l+\text{j}\sin\beta l\tag{2.78a}$$

$$\text{e}^{-\text{j}\beta l}=\cos\beta l-\text{j}\sin\beta l\tag{2.78b}$$

式(2.76)可以用归一化负载阻抗 z_L 表示为

$$Z_{\text{in}}=Z_0\left(\frac{z_L\cos\beta l+\text{j}\sin\beta l}{\cos\beta l+\text{j}z_L\sin\beta l}\right)=Z_0\left(\frac{z_L+\text{j}\tan\beta l}{1+\text{j}z_L\tan\beta l}\right)\tag{2.79}$$

从信号源电路角度来看，传输线可以用阻抗 Z_{in} 代替，如图 2-18 所示。Z_{in} 上的电压相量为

$$\widetilde{V}_i=\widetilde{I}_iZ_{\text{in}}=\frac{\widetilde{V}_gZ_{\text{in}}}{Z_g+Z_{\text{in}}}\tag{2.80}$$

同时，从传输线角度来看，其输入端上的电压在 $z=-l$ 处由式(2.63a)给出：

$$\widetilde{V}_i=\widetilde{V}(-l)=V_0^+(\text{e}^{\text{j}\beta l}+\Gamma\text{e}^{-\text{j}\beta l})\tag{2.81}$$

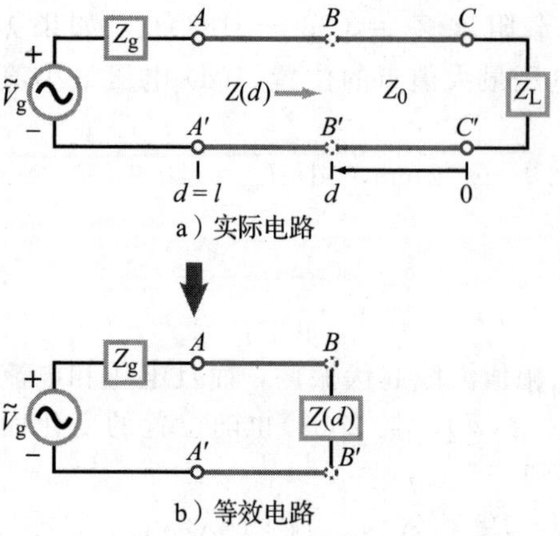

图 2-17　BB'端右边部分可以用值为$Z(d)$的分立阻抗代替

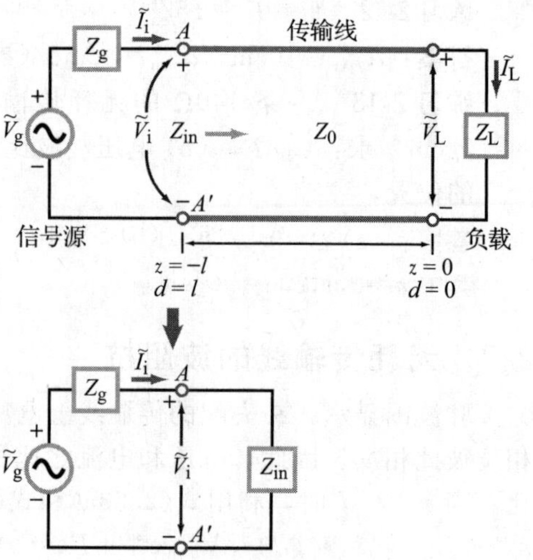

图 2-18　在信号源端，端接传输线可以替换为传输线的输入阻抗 Z_{in}

式(2.80)等于式(2.81)，求解 V_0^+ 得到

$$V_0^+=\left(\frac{\widetilde{V}_g Z_{in}}{Z_g+Z_{in}}\right)\left(\frac{1}{e^{j\beta l}+\Gamma e^{-j\beta l}}\right) \tag{2.82}$$

这就完成了由式(2.21)和式(2.23)给出的传输线波动方程在无耗特殊情况下的求解。首先，我们从式(2.26)给出的通解出发，其中包括四个未知振幅 V_0^+、V_0^-、I_0^+ 和 I_0^-。然后，确定 $Z_0=V_0^+/I_0^+=-V_0^-/I_0^-$，从而将未知数减少到仅有两个电压振幅。应用负载处的边界条件，我们用 Γ 将 V_0^- 和 V_0^+ 联系起来，最后通过应用在源处的边界条件得到 V_0^+ 的表达式。

例 2-7　$v(d,t)$和 $i(d,t)$的完整解

一个 1.05GHz 的信号源，串联阻抗 $Z_g=10\Omega$，源电压 $v_g(t)=10\sin(\omega t+30°)$V，通过一段 67cm 长的 50Ω 无耗传输线连接到 $Z_L=(100+j50)\Omega$ 的负载上。传输线的相速为 $0.7c$，其中 c 为真空中的光速。求传输线上的 $v(d,t)$和 $i(d,t)$。

解：由关系式 $u_p=\lambda f$，得到波长为

$$\lambda=\frac{u_p}{f}=\frac{0.7\times3\times10^8}{1.05\times10^9}\text{m}=0.2\text{m}$$

$$\beta l=\frac{2\pi}{\lambda}l=\frac{2\pi}{0.2}\times0.67\text{rad}=6.7\pi\text{rad}=0.7\pi\text{rad}=126°$$

式中，我们已经减去了 2π 的倍数。负载处的电压反射系数为

$$\Gamma=\frac{Z_L-Z_0}{Z_L+Z_0}=\frac{(100+j50)-50}{(100+j50)+50}=0.45e^{j26.6°}$$

参考图 2-18，由式(2.76)给出的传输线输入阻抗为

$$Z_{in}=Z_0\left(\frac{1+\Gamma_l}{1-\Gamma_l}\right)=Z_0\left(\frac{1+\Gamma e^{-j2\beta l}}{1-\Gamma e^{-j2\beta l}}\right)=50\left(\frac{1+0.45e^{j26.6°}e^{-j252°}}{1-0.45e^{j26.6°}e^{-j252°}}\right)\Omega=(21.9+j17.4)\Omega$$

利用余弦，重新将信号源电压的表达式写为

$$v_g(t)=10\sin(\omega t+30°)=10\cos(90°-\omega t-30°)\text{V}=10\cos(\omega t-60°)\text{V}$$
$$=\text{Re}[10e^{-j60°}e^{j\omega t}]\text{V}=\text{Re}[\widetilde{V}_g e^{j\omega t}]\text{V}$$

所以，相量电压 $\widetilde{V}_g$ 为

$$\widetilde{V}_g=10e^{-j60°}\text{V}=10\angle-60°\text{V}$$

应用式(2.82)可得

$$V_0^+=\left(\frac{\widetilde{V}_g Z_{in}}{Z_g+Z_{in}}\right)\left(\frac{1}{e^{j\beta l}+\Gamma e^{-j\beta l}}\right)=\left[\frac{10e^{-j60^\circ}(21.9+j17.4)}{10+21.9+j17.4}\right]\cdot(e^{j126^\circ}+0.45e^{j26.6^\circ}e^{-j126^\circ})^{-1}\text{V}$$

$$=10.2e^{j159^\circ}\text{V}$$

用式(2.63a)和 $z=-d$，该传输线上的相量电压为

$$\widetilde{V}(d)=V_0^+(e^{j\beta d}+\Gamma e^{-j\beta d})=10.2e^{j159^\circ}(e^{j\beta d}+0.45e^{j26.6^\circ}e^{-j\beta d})\text{V}$$

对应的瞬时电压 $v(d,t)$ 为

$$v(d,t)=\text{Re}[\widetilde{V}(d)e^{j\omega t}]=[10.2\cos(\omega t+\beta d+159^\circ)+4.55\cos(\omega t-\beta d+185.6^\circ)]\text{V}$$

类似地，由式(2.63b)得到

$$\widetilde{I}(d)=0.20e^{j159^\circ}(e^{j\beta d}-0.45e^{j26.6^\circ}e^{-j\beta d})\text{A}$$

$$i(d,t)=[0.20\cos(\omega t+\beta d+159^\circ)+0.091\cos(\omega t-\beta d+185.6^\circ)]\text{A}$$ ◀

模块 2.5(波和输入阻抗) 波阻抗 $Z(d)=\widetilde{V}(d)/\widetilde{I}(d)$，呈现出沿传输线位置变化的周期性图形。该模块显示 $Z(d)$ 的实部和虚部的曲线，并给出距离负载最近的电压最大值和最小值点的位置，并提供其他相关信息。

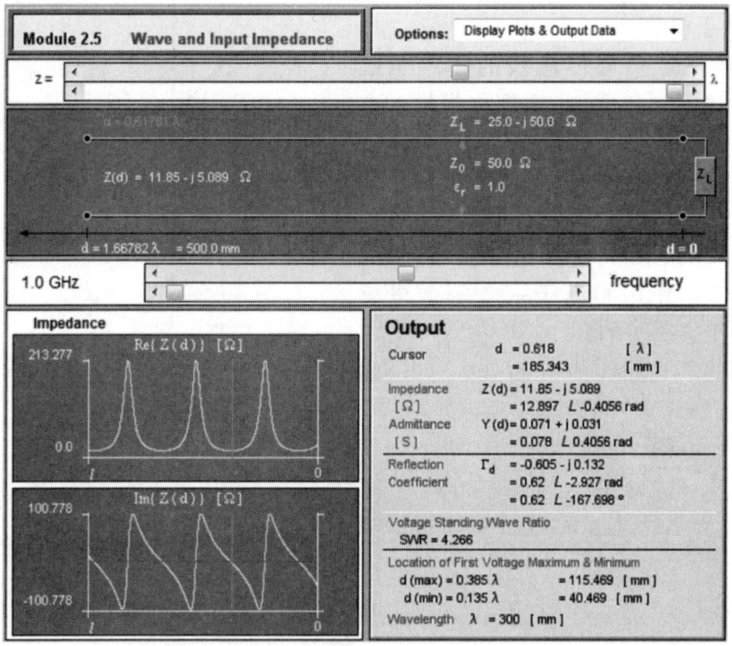

2.8 无耗传输线的特殊情况

我们经常遇到涉及特殊终端的无耗传输线，或传输线的长度导致传输线的特殊用途的情况。我们现在考虑其中一些特殊情况。

2.8.1 短路线

图 2-19a 所示为终端短路($Z_L=0$)的传输线。因此，式(2.59)定义的电压反射系数 $\Gamma=-1$，式(2.73)给出的电压驻波比 $S=\infty$。将 $z=-d$ 和 $\Gamma=-1$ 代入式(2.63a)和式(2.63b)中，并将 $\Gamma=-1$ 代入式(2.74)中，得到短路无耗传输线的电压、电流和波阻抗分别为

$$\widetilde{V}_{sc}(d)=V_0^+(e^{j\beta d}-e^{-j\beta d})=2jV_0^+\sin\beta d \tag{2.83a}$$

$$\widetilde{I}_{sc}(d)=\frac{V_0^+}{Z_0}(e^{j\beta d}+e^{-j\beta d})=\frac{2V_0^+}{Z_0}\cos\beta d \tag{2.83b}$$

$$Z_{sc}(d)=\frac{\widetilde{V}_{sc}(d)}{\widetilde{I}_{sc}(d)}=jZ_0\tan\beta d \tag{2.83c}$$

电压 $\widetilde{V}_{sc}(d)$ 在负载处 $(d=0)$ 为零，因此该传输线应该是短路的，且 $\widetilde{V}_{sc}(d)$ 振幅沿线随 $\sin\beta d$ 变化。相比较而言，电流 $\widetilde{I}_{sc}(d)$ 在负载处为最大值，且 $\widetilde{I}_{sc}(d)$ 沿线随 $\cos\beta d$ 变化，图 2-19 中显示这两个量都是 d 的函数。

Z_{in}^{sc} 表示长度为 l 的短路传输线的输入阻抗：

$$Z_{in}^{sc}=\frac{\widetilde{V}_{sc}(l)}{\widetilde{I}_{sc}(l)}=jZ_0\tan\beta l \tag{2.84}$$

图 2-19d 给出的是 Z_{in}^{sc}/jZ_0 随 l 的变化曲线。对于短路线，如果传输线的长度小于 $\lambda/4$，其阻抗等效于电感；如果传输线的长度在 $\lambda/4$ 和 $\lambda/2$ 之间，等效于电容。

通常，端接任意负载传输线的输入阻抗 Z_{in} 的实部称为输入电阻 R_{in}，虚部称为输入电抗 X_{in}：

$$Z_{in}=R_{in}+jX_{in} \tag{2.85}$$

在无耗情况下，短路传输线的输入阻抗为纯虚数 $(R_{in}=0)$。如果 $\tan\beta l\geqslant 0$，则该传输线对源表现为感性，作用相当于一个等效电感 L_{eq}，其阻抗等于 Z_{in}^{sc}。所以，

$$j\omega L_{eq}=jZ_0\tan\beta l\text{，当 }\tan\beta l\geqslant 0 \tag{2.86}$$

或

$$L_{eq}=\frac{Z_0\tan\beta l}{\omega}\quad(\mathrm{H}) \tag{2.87}$$

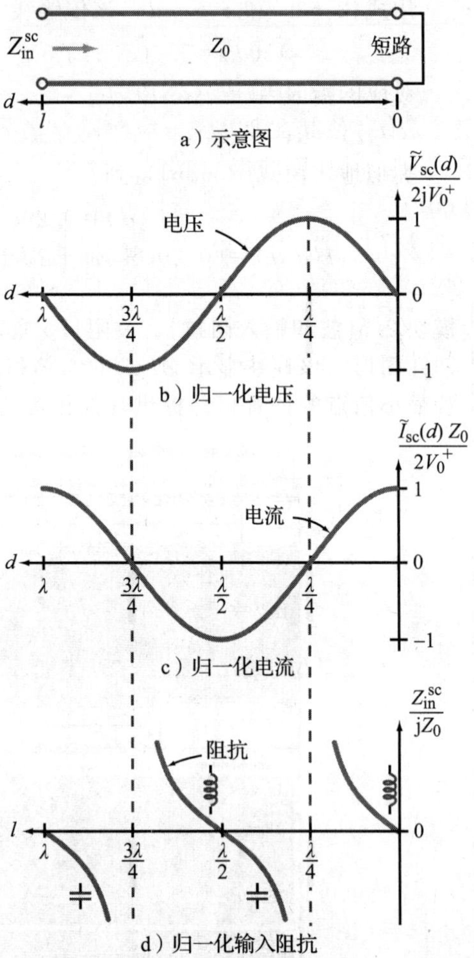

图 2-19　终端短路的传输线

使输入阻抗 Z_{in}^{sc} 等效于 L_{eq} 的电感器的最短线长为

$$l=\frac{1}{\beta}\arctan\left(\frac{\omega L_{eq}}{Z_0}\right)\quad(\mathrm{m}) \tag{2.88}$$

类似地，如果 $\tan\beta l\leqslant 0$，则输入阻抗为容性，这种情况下传输线的作用相当于电容值为 C_{eq} 的等效电容，因此，

$$\frac{1}{j\omega C_{eq}}=jZ_0\tan\beta l\text{，　当 }\tan\beta l\leqslant 0 \tag{2.89}$$

或

$$C_{eq}=-\frac{1}{Z_0\omega\tan\beta l}\quad(\mathrm{F}) \tag{2.90}$$

当 l 为正值时，对应 $\tan\beta l\leqslant 0$，$\pi/2\leqslant\beta l\leqslant\pi$ 的最短线长。所以，导致输入阻抗 Z_{in}^{sc} 等效于 C_{eq} 的电容器的最短线长为

$$l=\frac{1}{\beta}\left[\pi-\arctan\left(\frac{1}{\omega C_{eq}Z_0}\right)\right]\quad(\mathrm{m}) \tag{2.91}$$

这些结果表明，通过合理选择短路线的长度，可以使其等效于任意期望电抗值的电容器和电感器。

这种做法在微波电路和高速集成电路的设计中确实很常见，因为制作一个实际的电容器或电感器通常比在电路板上制作一段终端短路的微带线要困难得多。

例 2-8 等效电抗元件

选择一段 50Ω 无耗短路传输线的长度(见图 2-20)，使其在 2.25GHz 时的输入阻抗等效于一个 $C_{eq}=4\text{pF}$ 的电容器。该传输线上的波速为 $0.75c$。

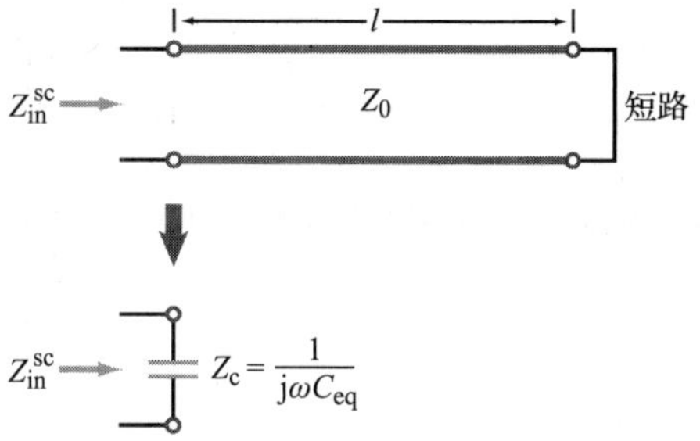

图 2-20 等效于电容器的短路传输线(例 2-8)

解： 已知

$$u_p=0.75c=0.75\times3\times10^8\text{m/s}=2.25\times10^8\text{m/s}$$
$$Z_0=50\Omega$$
$$f=2.25\text{GHz}=2.29\times10^9\text{Hz}$$
$$C_{eq}=4\text{pF}=4\times10^{-12}\text{F}$$

相位常数为

$$\beta=\frac{2\pi}{\lambda}=\frac{2\pi f}{u_p}=\frac{2\pi\times2.25\times10^9}{2.25\times10^8}\text{rad/m}=62.8\text{rad/m}$$

由式(2.89)得到

$$\tan\beta l=-\frac{1}{Z_0\omega C_{eq}}=-\frac{1}{50\times2\pi\times2.25\times10^9\times4\times10^{-12}}=-0.354$$

当自变量位于第二或第四象限时，正切函数为负。第二象限的解为

$$\beta l_1=2.8\text{rad},\qquad l_1=\frac{2.8}{\beta}=\frac{2.8}{62.8}\text{m}=4.46\text{cm}$$

第四象限的解为

$$\beta l_2=5.94\text{rad},\qquad l_2=\frac{5.94}{62.8}\text{m}=9.46\text{cm}$$

我们也可以通过应用式(2.91)得到 l_1 的值，长度 l_2 正好比 l_1 长 $\lambda/2$。事实上，任意长度 $l=(4.46+n\lambda/2)\text{cm}$($n$ 为正整数)都是解。 ◀

2.8.2 开路线

如图 2-21a 所示，当 $Z_L=\infty$时，我们有 $\Gamma=1$ 和 $S=\infty$，电压、电流和输入阻抗分别为

$$\widetilde{V}_{oc}(d)=V_0^+(e^{j\beta d}+e^{-j\beta d})=2V_0^+\cos\beta d \tag{2.92a}$$

$$\widetilde{I}_{oc}(d)=\frac{V_0^+}{Z_0}(e^{j\beta d}-e^{-j\beta d})=\frac{2jV_0^+}{Z_0}\sin\beta d \tag{2.92b}$$

$$Z_{in}^{oc}=\frac{\widetilde{V}_{oc}(l)}{\widetilde{I}_{oc}(l)}=-jZ_0\cot\beta l \tag{2.93}$$

图 2-21 给出了电压、电流随 d 变化的曲线，以及输入阻抗随 l 变化的曲线。

2.8.3 短路/开路技术的应用

网络分析仪是一种射频(RF)仪器，能够测量连接在其输入端的任意负载阻抗。当用于测量 Z_{in}^{sc}(即终端短路的无耗传输线的输入阻抗)和 Z_{in}^{oc}(即终端开路的无耗传输线的输入阻抗)时，两个测量结果的组合可以用来确定传输线的特性阻抗 Z_0 和相位常数 β。事实

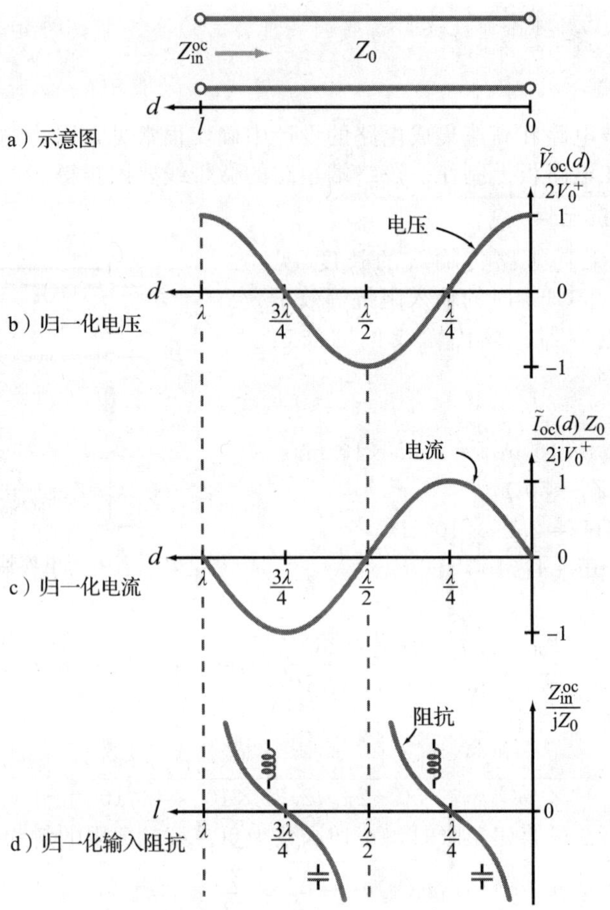

图 2-21　终端开路的传输线

上，式(2.84)和式(2.93)的乘积给出

$$Z_0=\sqrt{Z_{in}^{sc}Z_{in}^{oc}} \tag{2.94}$$

这两个表达式的比给出

$$\tan\beta l=\sqrt{\frac{-Z_{in}^{sc}}{Z_{in}^{oc}}} \tag{2.95}$$

由于正切函数存在 π 相位模糊问题，为了提供一个明确的解，长度 l 应该小于或等于 $\lambda/2$。

例 2-9　测量 Z_0 和 β

一段 57cm 长的无耗传输线，当终端短路时，测得输入阻抗 $Z_{in}^{sc}=j40.42\Omega$，当终端开路时，测得输入阻抗 $Z_{in}^{oc}=-j121.24\Omega$。在其他测量中，我们知道线长在 3～3.25 倍波长之间。求该传输线的 Z_0 和 β。

解： 由式(2.94)和式(2.95)有

$$Z_0=\sqrt{Z_{in}^{sc}Z_{in}^{oc}}=\sqrt{(j40.42)(-j121.24)}\,\Omega=70\Omega$$

$$\tan\beta l=\sqrt{\frac{-Z_{in}^{sc}}{Z_{in}^{oc}}}=\sqrt{\frac{1}{3}}$$

由于 l 在 3λ～3.25λ 之间，$\beta l=2\pi l/\lambda$ 在 6πrad～$(13\pi/2)$rad 之间，可以判定 βl 位于第一象限(0～π/2)。因此，$\tan\beta l=\sqrt{1/3}$ 唯一可以接受的解为 $\beta l=(\pi/6)$rad。但是这个值不包括与 l 整数倍波长 λ 相关的 2π 整数倍。所以，βl 的真值为

$$\beta l=\left(6\pi+\frac{\pi}{6}\right)\text{rad}=19.4\text{rad}$$

这种情况下，

$$\beta=\frac{19.4}{0.57}\text{rad/m}=34\text{rad/m}$$ ◀

2.8.4　$l=n\lambda/2$ 的传输线

如果 $l=n\lambda/2$，其中 n 为整数，那么 $\tan\beta l=\tan[(2\pi/\lambda)(n\lambda/2)]=\tan n\pi=0$，因此式(2.79)简化为

$$Z_{\text{in}}=Z_{\text{L}}(l=n\lambda/2) \tag{2.96}$$

这意味着半波长(或任意 $\lambda/2$ 整数倍)传输线不改变负载阻抗的值。

2.8.5　四分之一波长变换器

另外一种有趣的情况是，当传输线的长度为四分之一波长(或 $\lambda/4+n\lambda/2$，其中 $n=0$ 或正整数)时，对应的 $\beta l=(2\pi/\lambda)(\lambda/4)=\pi/2$，由式(2.79)可知，输入阻抗为

$$Z_{\text{in}}=\frac{Z_0^2}{Z_{\text{L}}}(l=\lambda/4+n\lambda/2) \tag{2.97}$$

这种四分之一波长变换器的用途在例 2-10 中说明。

例 2-10　$\lambda/4$ 变换器

如图 2-22 所示，用长度为四分之一波长的传输线段将 50Ω 的无耗传输线与 $Z_{\text{L}}=100\Omega$ 的电阻性负载阻抗匹配，从而消除沿馈线的反射。求四分之一波长变换器的特性阻抗。

解：为了消除 AA' 端的反射，向四分之一波长线看去的输入阻抗 Z_{in} 应该等于馈线的特性阻抗 Z_{01}。因此，$Z_{\text{in}}=50\Omega$，由式(2.97)可知

$$Z_{\text{in}}=\frac{Z_{02}^2}{Z_{\text{L}}}$$

或

$$Z_{02}=\sqrt{Z_{\text{in}}Z_{\text{L}}}=\sqrt{50\times100}\,\Omega=70.7\Omega$$

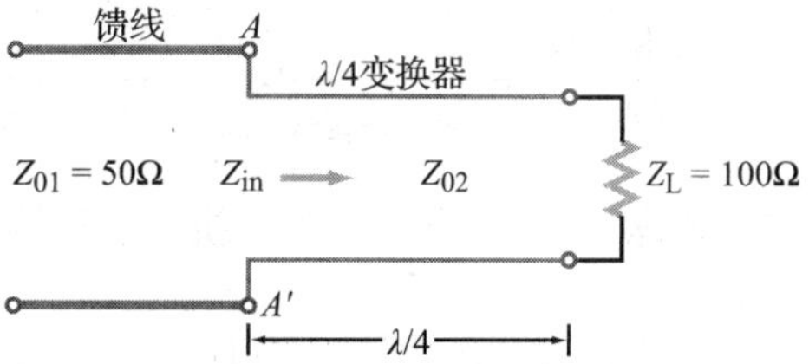

图 2-22　例 2-10 图

虽然这样就消除了馈线上的反射，然而并不能消除 $\lambda/4$ 线上的反射。但是，由于传输线是无耗的，所有入射到 AA' 上的功率最终都被传输给负载 Z_{L}。 ◀

在这个例子中，Z_{L} 为纯电阻。为了将 $\lambda/4$ 变换器技术应用到传输线与复阻抗负载的匹配，需要更加复杂的过程(参见 2.11 节)。

2.8.6　匹配传输线：$Z_{\text{L}}=Z_0$

对于 $Z_{\text{L}}=Z_0$ 的匹配无耗传输线：①线上所有位置 d 的输入阻抗 $Z_{\text{in}}=Z_0$；②$\Gamma=0$；③所有入射的功率都输送给了负载，与线的长度 l 无关。无耗传输线上的驻波特性见表 2-4。

表 2-4　无耗传输线上的驻波特性

名称	特性
最大电压	$\lvert\widetilde{V}\rvert_{\max}=\lvert V_0^+\rvert(1+\lvert\Gamma\rvert)$
最小电压	$\lvert\widetilde{V}\rvert_{\min}=\lvert V_0^+\rvert(1-\lvert\Gamma\rvert)$
电压最大(也是电流最小)点的位置	$d_{\max}=\frac{\theta_r\lambda}{4\pi}+\frac{n\lambda}{2}$，$n=0,1,2,\cdots$

（续）

名称	特性
第一个电压最大（也是第一个电流最小）点的位置	$d_{\max}=\begin{cases}\dfrac{\theta_r\lambda}{4\pi}, & 如果\ 0\leqslant\theta_r\leqslant\pi\\ \dfrac{\theta_r\lambda}{4\pi}+\dfrac{\lambda}{2}, & 如果\ -\pi\leqslant\theta_r\leqslant 0\end{cases}$
电压最小（也是电流最大）点的位置	$d_{\min}=\dfrac{\theta_r\lambda}{4\pi}+\dfrac{(2n+1)\lambda}{4},\ n=0,1,2,\cdots$
第一个电压最小（也是第一个电流最大）点的位置	$d_{\min}=\dfrac{\lambda}{4}\left(1+\dfrac{\theta_r}{\pi}\right)$
输入阻抗	$Z_{in}=Z_0\left(\dfrac{z_L+j\tan\beta l}{1+jz_L\tan\beta l}\right)=Z_0\left(\dfrac{1+\Gamma_l}{1-\Gamma_l}\right)$
Z_{in} 为实数的位置	在电压最大和最小点
电压最大点的 Z_{in}	$Z_{in}=Z_0\left(\dfrac{1+\lvert\Gamma\rvert}{1-\lvert\Gamma\rvert}\right)$
电压最小点的 Z_{in}	$Z_{in}=Z_0\left(\dfrac{1-\lvert\Gamma\rvert}{1+\lvert\Gamma\rvert}\right)$
短路线的 Z_{in}	$Z_{in}^{sc}=jZ_0\tan\beta l$
开路线的 Z_{in}	$Z_{in}^{oc}=-jZ_0\cot\beta l$
$l=n\lambda/2$ 线的 Z_{in}	$Z_{in}=Z_L,\ n=0,1,2,\cdots$
$l=\lambda/4+n\lambda/2$ 线的 Z_{in}	$Z_{in}=Z_0^2/Z_L,\ n=0,1,2,\cdots$
匹配线的 Z_{in}	$Z_{in}=Z_0$

注：$\lvert V_0^+\rvert$ 为入射波的振幅；$\Gamma=\lvert\Gamma\rvert e^{j\theta_r}$，$-\pi<\theta_r<\pi$；$\theta_r$ 为弧度；$\Gamma_l=\Gamma e^{-j2\beta l}$。

概念问题 2-10：特性阻抗 Z_0 和输入阻抗 Z_{in} 之间的区别是什么？它们在什么时候相同？

概念问题 2-11：什么是四分之一波长变换器？如何使用？

概念问题 2-12：长度为 l 的无耗传输线终端短路，如果 $l<\lambda/4$，则输入阻抗是感性的还是容性的？

概念问题 2-13：无限长传输线的输入阻抗是多少？

概念问题 2-14：如果终端短路的无耗传输线的输入阻抗是感性的，那么当终端开路时输入阻抗是感性的还是容性的？

练习 2-14 50Ω 无耗传输线使用 $\varepsilon_r=2.25$ 的绝缘材料。当终端开路时，为使其在 50MHz 时输入阻抗等效为 10pF 的电容器，该传输线需要多长？

答案：$l=9.92$cm。（参见ⓔⓜ）

练习 2-15 300Ω 的馈线连接到一段 3m 长，特性阻抗为 150Ω，端接 150Ω 电阻的传输线上。两条传输线都是无耗的，且使用空气作为绝缘材料，工作频率为 50MHz。确定：(a) 3m 长传输线的输入阻抗，(b) 馈线上的电压驻波比，(c) 为了使馈线获得 $S=1$，用于两线之间的四分之一波长变换器的特性阻抗。（参见ⓔⓜ）

答案：(a) $Z_{in}=150\Omega$，(b) $S=2$，(c) $Z_0=212.1\Omega$。

练习 2-16 通过多次试验，用特性阻抗为 60Ω 的 $\lambda/4$ 变换器，将一未知阻抗 Z_L 的负载与 $Z_{in}=50\Omega$ 的馈线完美匹配，请问 Z_L 是多少？

答案：$Z_L=72\Omega$。

技术简介3：微波炉

20世纪40年代，**珀西·斯宾塞**(Percy Spencer)在雷神公司(Raytheon)从事雷达磁控管的设计和制造工作，他注意到口袋里无意暴露在微波中的一块巧克力棒融化了。1946年颁布了微波烹饪方法的专利，到20世纪70年代微波炉已经成为标准的家居用品。

微波吸收

微波是一种频率在300MHz～300GHz范围内的**电磁波**(参见图1-6)。当含水的材料暴露在微波中时，其水分子的**电偶极子**通过自身旋转，使其沿着微波振荡电场的方向整齐排列。这些电偶极子随微波迅速振动，在材料中产生热量，导致微波能转换为热能。水对微波频谱的吸收系数$\alpha(f)$取决于水的温度和水中溶解的盐或糖的浓度。如果选择频率f使$\alpha(f)$很高，那么含水材料会吸收大部分通过它的微波能量，并将其转化为热量。然而，这也意味着大部分的能量被材料的表面薄层吸收了，剩余的能量不足以加热更深层的部分。材料的穿透深度δ_p定义为$\delta_p=1/2\alpha$，是电磁波携带能量能够穿透材料的深度。入射到材料上的微波能量大约95%被深度为$3\delta_p$的表面层吸收。图TF3-1显示了纯水和两种不同含水量食品的穿透深度随频率的变化。

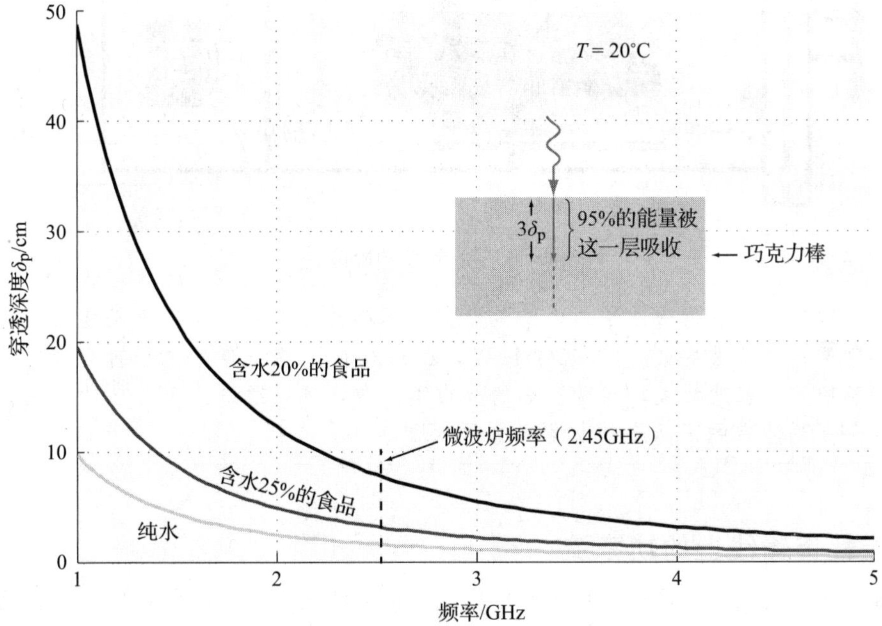

图TF3-1 纯水和两种不同含水量食品的穿透深度随频率的变化

微波炉最常用的频率为2.45GHz。在2.45GHz上，δ_p值的变化范围从纯水的约2cm，到含水量仅为20%的材料的8cm之间。

这是在微波炉中烹饪食物的实用范围，在低得多的频率上，食物并不是很好的能量吸收体(除此之外，磁控管和炉腔的设计也有问题)；在高得多的频率上，微波能量烹饪食物非常不均匀(主要在表层)。尽管微波很容易被水、脂肪和糖吸收，但它们可以穿透大多数陶瓷、玻璃或塑料而不损失能量，因此，这些材料只消耗少量或不消耗热量。

微波炉工作

为了产生高功率微波(约 700W)，微波炉使用的磁控管(见图 TF3-2)需要施加 4000V 量级的电压。通过高压变压器将典型的家用电压提升到所需要的电压水平。磁控管产生的微波能量传输到烹饪腔，该烹饪腔通过金属表面和安全锁开关等设计将微波限制在其中。

微波被金属表面反射，所以它们可以在腔体内部反弹，被食物吸收，但不会泄漏到外面。

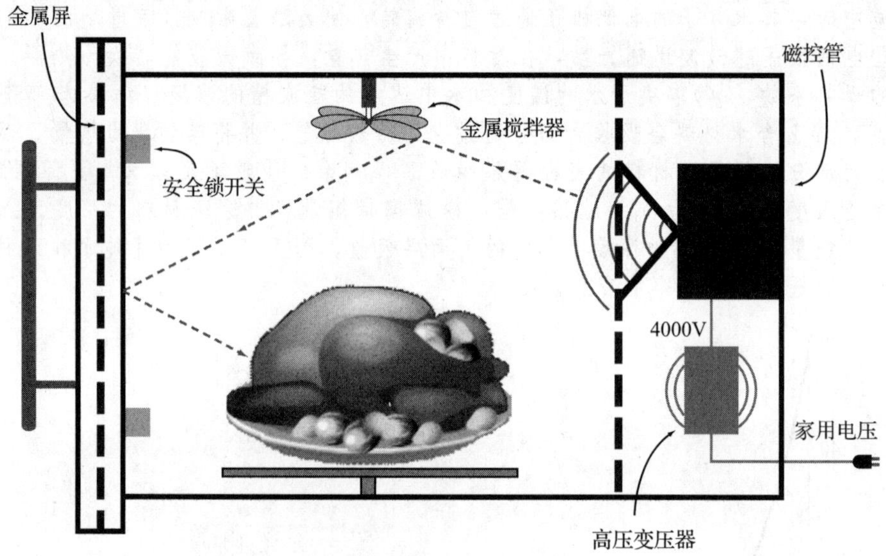

图 TF3-2 微波炉腔体

如果用玻璃板来制作微波炉门，给其贴上金属屏或导电网，以保证必要的屏蔽。如果网眼的宽度远小于微波的波长(2.45GHz 时，$\lambda \approx 12$cm)，微波就不能通过金属屏。微波能量在烹饪腔中形成驻波模式，导致能量的分布不均匀，可以通过一个旋转的金属搅拌器将微波能量分散到腔室的不同部分以缓解这种不均匀。

2.9 无耗传输线上的功率流

目前为止，我们的讨论主要集中在传输线上传输波的电压和电流特性。现在我们研究入射波和反射波所携带的功率流，从将 $z=-d$ 重新引入式(2.63a)和式(2.63b)开始：

$$\widetilde{V}(d)=V_0^+(\mathrm{e}^{\mathrm{j}\beta d}+\Gamma\mathrm{e}^{-\mathrm{j}\beta d}) \tag{2.98a}$$

$$\widetilde{I}(d)=\frac{V_0^+}{Z_0}(\mathrm{e}^{\mathrm{j}\beta d}-\Gamma\mathrm{e}^{-\mathrm{j}\beta d}) \tag{2.98b}$$

在这两个表达式中，第一项表示入射电压和电流，包括 Γ 的项表示反射电压和电流。通过将式(2.98)转换到时域，得到距离负载 d 处电压和电流的时域表达式：

$$\begin{aligned}v(d,t)&=\mathrm{Re}(\widetilde{V}\mathrm{e}^{\mathrm{j}\omega t})=\mathrm{Re}[|V_0^+|\mathrm{e}^{\mathrm{j}\phi^+}(\mathrm{e}^{\mathrm{j}\beta d}+|\Gamma|\mathrm{e}^{\mathrm{j}\theta_r}\mathrm{e}^{-\mathrm{j}\beta d})\mathrm{e}^{\mathrm{j}\omega t}]\\&=|V_0^+|[\cos(\omega t+\beta d+\phi^+)+|\Gamma|\cos(\omega t-\beta d+\phi^++\theta_r)]\end{aligned} \tag{2.99a}$$

$$i(d,t)=\frac{|V_0^+|}{Z_0}[\cos(\omega t+\beta d+\phi^+)-|\Gamma|\cos(\omega t-\beta d+\phi^++\theta_r)] \tag{2.99b}$$

式中分别使用了之前引入的由式(2.31a)和式(2.62)给出的 $V_0^+=|V_0^+|e^{j\phi^+}$ 和 $\Gamma=|\Gamma|e^{j\theta_r}$。

2.9.1 瞬时功率

传输线所携带的瞬时功率等于 $v(d,t)$ 和 $i(d,t)$ 的乘积：

$$\begin{aligned}P(d,t)&=v(d,t)i(d,t)\\&=|V_0^+|[\cos(\omega t+\beta d+\phi^+)+|\Gamma|\cos(\omega t-\beta d+\phi^++\theta_r)]\times\\&\quad\frac{|V_0^+|}{Z_0}[\cos(\omega t+\beta d+\phi^+)-|\Gamma|\cos(\omega t-\beta d+\phi^++\theta_r)]\\&=\frac{|V_0^+|^2}{Z_0}[\cos^2(\omega t+\beta d+\phi^+)-|\Gamma|^2\cos^2(\omega t-\beta d+\phi^++\theta_r)]\quad(\mathrm{W})\end{aligned}\tag{2.100}$$

根据我们之前关于式(1.31)的讨论，如果余弦项的自变量中 ωt 和 βd 前边的符号均为正或均为负，那么该余弦项表示沿负 d 方向传播的波。由于 d 点位于从负载到信号源之间，因此式(2.100)中的第一项表示向负载传输的**瞬时入射功率**，这个功率是没有反射波情况下(当$\Gamma=0$)传输给负载的功率。由于式(2.100)第二项中余弦的自变量中 βd 前边的符号为负，这一项表示沿正 d 方向传输的**瞬时反射功率**，即离开负载。因此，我们对这两个功率分量进行标注：

$$P^i(d,t)=\frac{|V_0^+|^2}{Z_0}\cos^2(\omega t+\beta d+\phi^+)\quad(\mathrm{W})\tag{2.101a}$$

$$P^r(d,t)=-|\Gamma|^2\frac{|V_0^+|^2}{Z_0}\cos^2(\omega t-\beta d+\phi^++\theta_r)\quad(\mathrm{W})\tag{2.101b}$$

使用三角恒等式

$$\cos^2x=\frac{1}{2}(1+\cos2x)$$

式(2.101)可以改写为

$$P^i(d,t)=\frac{|V_0^+|^2}{2Z_0}[1+\cos(2\omega t+2\beta d+2\phi^+)]\tag{2.102a}$$

$$P^r(d,t)=-|\Gamma|^2\frac{|V_0^+|^2}{2Z_0}[1+\cos(2\omega t-2\beta d+2\phi^++2\theta_r)]\tag{2.102b}$$

我们注意到，在每种情况下，瞬时功率都由一个直流项(不随时间变化)和一个以角频率 2ω 振荡的交流项组成。

> 功率振荡的频率是电压或电流的两倍。

2.9.2 时间平均功率

从实用的角度来看，我们通常更感兴趣的是沿传输线流动的时间平均功率 $P_{av}(d)$，而不是瞬时功率 $P(d,t)$。为了计算 $P_{av}(d)$，我们可以使用时域方法或计算上更简单的相量域方法。为了完整性，我们两种方法都考虑。

时域方法

时间平均功率等于瞬时功率在一个周期 $T=1/f=2\pi/\omega$ 的平均值。入射波的时间平均功率为

$$P_{av}^i(d)=\frac{1}{T}\int_0^T P^i(d,t)\mathrm{d}t=\frac{\omega}{2\pi}\int_0^{2\pi/\omega}P^i(d,t)\mathrm{d}t\tag{2.103}$$

将式(2.102a)代入式(2.103)并进行积分：

$$P_{av}^i=\frac{|V_0^+|^2}{2Z_0}\quad(\mathrm{W})\tag{2.104}$$

这与式(2.102a)中的直流项相同。对反射波也做类似的处理，得到

$$P_{av}^{r}=-|\Gamma|^{2}\frac{|V_0^+|^2}{2Z_0}=-|\Gamma|^{2}P_{av}^{i} \tag{2.105}$$

反射平均功率等于入射平均功率乘以因子$-|\Gamma|^2$。

注意，P_{av}^{i} 和 P_{av}^{r} 的表达式与 d 无关，这意味着入射波和反射波所携带的时间平均功率在它们沿传输线传播时不会改变。由于传输线是无耗的，这个结果是意料之中的。

如图 2-23 所示，流向负载的净平均功率(然后被负载吸收)为

$$P_{av}=P_{av}^{i}+P_{av}^{r}=\frac{|V_0^+|^2}{2Z_0}(1-|\Gamma|^2)\quad (\mathrm{W}) \tag{2.106}$$

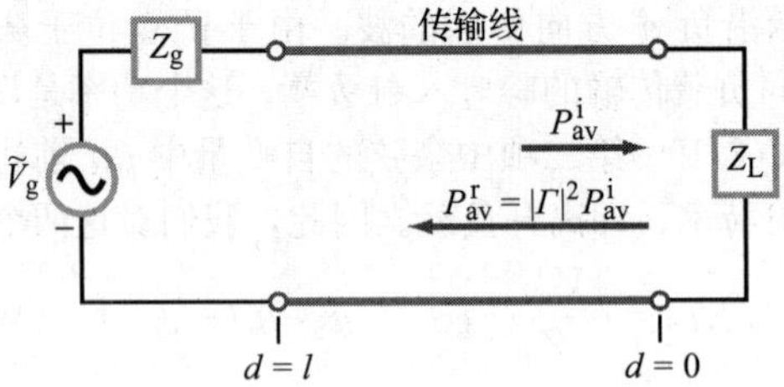

图 2-23 连接到无耗传输线终端的负载的反射时间平均功率等于入射时间平均功率乘以$|\Gamma|^2$

相量域方法

对于具有电压相量 $\widetilde{V}$ 和电流相量 $\widetilde{I}$ 的任意传播的波，计算时间平均功率的一个有用的公式为

$$P_{av}=\frac{1}{2}\mathrm{Re}(\widetilde{V}\cdot\widetilde{I}^{*}) \tag{2.107}$$

式中，$\widetilde{I}^{*}$ 为 $\widetilde{I}$ 的复共轭。将该公式应用于式(2.98a)和式(2.98b)得到

$$\begin{aligned}P_{av}&=\frac{1}{2}\mathrm{Re}\left[V_0^+(\mathrm{e}^{\mathrm{j}\beta d}+\Gamma\mathrm{e}^{-\mathrm{j}\beta d})\frac{V_0^{+*}}{Z_0}(\mathrm{e}^{-\mathrm{j}\beta d}-\Gamma^{*}\mathrm{e}^{\mathrm{j}\beta d})\right]\\&=\frac{1}{2}\mathrm{Re}\left[\frac{|V_0^+|^2}{Z_0}(1-|\Gamma|^2+\Gamma\mathrm{e}^{-\mathrm{j}2\beta d}-\Gamma^{*}\mathrm{e}^{\mathrm{j}2\beta d})\right]\\&=\frac{|V_0^+|^2}{2Z_0}\{(1-|\Gamma|^2)+\mathrm{Re}[|\Gamma|\mathrm{e}^{-\mathrm{j}(2\beta d-\theta_r)}-|\Gamma|\mathrm{e}^{\mathrm{j}(2\beta d-\theta_r)}]\}\\&=\frac{|V_0^+|^2}{2Z_0}\{(1-|\Gamma|^2)+|\Gamma|[\cos(2\beta d-\theta_r)-\cos(2\beta d-\theta_r)]\}\\&=\frac{|V_0^+|^2}{2Z_0}(1-|\Gamma|^2)\end{aligned} \tag{2.108}$$

这与式(2.106)完全相同。

概念问题 2-15：根据式(2.102b)，反射功率的瞬时值与反射系数的相位 θ_r 有关，但式(2.105)给出的反射时间平均功率与 θ_r 无关，请解释。

概念问题 2-16：无耗传输线输送给电抗性负载的平均功率是多少？

概念问题 2-17：百分之多少的入射功率输送给了匹配负载？

概念问题 2-18：无论 d 和ϕ 取何值，只要它们都不是 t 的函数，证明：

$$\frac{1}{T}\int_0^T\cos^2\left(\frac{2\pi t}{T}+\beta d+\phi\right)\mathrm{d}t=\frac{1}{2}$$

练习 2-17 一条 50Ω 无耗传输线端接负载阻抗 $Z_L=(100+j50)\Omega$，确定负载反射时间平均功率占入射时间平均功率的百分比。

答案：20%。（参见Ⓔⓜ）

练习 2-18 对于练习 2-17 的传输线，当 $|V_0^+|=1V$ 时，反射时间平均功率的值是多少？

答案：$P_{av}^r=2mW$。（参见Ⓔⓜ）

2.10 史密斯圆图

1939 年由史密斯(P. H. Smith)开发的*史密斯圆图*(Smith chart)，是一种广泛用于分析和设计传输线电路的图形工具。尽管它最初是为了简化复杂阻抗的计算，但现在史密斯圆图已经成为比较和表征微波电路性能的重要途径。正如本节和下一节所演示的，使用史密斯圆图不仅避免了烦琐的复数运算，而且还使工程师可以相对容易地设计阻抗匹配电路。

2.10.1 参数方程

通常，反射系数 Γ 是由幅值 $|\Gamma|$ 和相位角 θ_r 或由实部 Γ_r 和虚部 Γ_i 组成的复数，即

$$\Gamma=|\Gamma|e^{j\theta_r}=\Gamma_r+j\Gamma_i \tag{2.109}$$

式中，

$$\Gamma_r=|\Gamma|\cos\theta_r \tag{2.110a}$$

$$\Gamma_i=|\Gamma|\sin\theta_r \tag{2.110b}$$

史密斯圆图位于复 Γ 平面上。在图 2-24 中，点 A 表示反射系数 $\Gamma_A=0.3+j0.4$，或等效为

$$|\Gamma_A|=[(0.3)^2+(0.4)^2]^{1/2}=0.5$$

且

$$\theta_{r_A}=\arctan(0.4/0.3)=53°$$

同理，点 B 表示 $\Gamma_B=-0.5-j0.2$，或 $|\Gamma_B|=0.54$ 和 $\theta_{r_B}=202°$，或等效于

$$\theta_{r_B}=202°-360°=-158°$$

> 当 Γ_r 和 Γ_i 均为负时，θ_r 位于 $\Gamma_r-\Gamma_i$ 平面的第三象限。所以，当使用 $\theta_r=\arctan(\Gamma_i/\Gamma_r)$ 来计算 θ_r 时，必须加或减 180°，以获得正确的 θ_r 值。

如图 2-24 所示的单位圆对应于 $|\Gamma|=1$。因为当传输线终端接无源负载时，$|\Gamma|\leqslant 1$，所以 $\Gamma_r-\Gamma_i$ 平面上仅单位圆内的部分对我们是有用的，故后续绘图将被限制在单位圆内部所包含的区域。

史密斯圆图上的阻抗用其特性阻抗 Z_0 的归一化值来表示。由

$$\Gamma=\frac{Z_L/Z_0-1}{Z_L/Z_0+1}=\frac{z_L-1}{z_L+1} \tag{2.111}$$

得到逆关系式为

$$z_L=\frac{1+\Gamma}{1-\Gamma} \tag{2.112}$$

通常，归一化负载阻抗 z_L 是由归一化负载电阻 r_L 和归一化负载电抗 x_L 组成的复数：

$$z_L=r_L+jx_L \tag{2.113}$$

将式(2.109)和式(2.113)代入式(2.112)中得到

$$r_L+jx_L=\frac{(1+\Gamma_r)+j\Gamma_i}{(1-\Gamma_r)-j\Gamma_i} \tag{2.114}$$

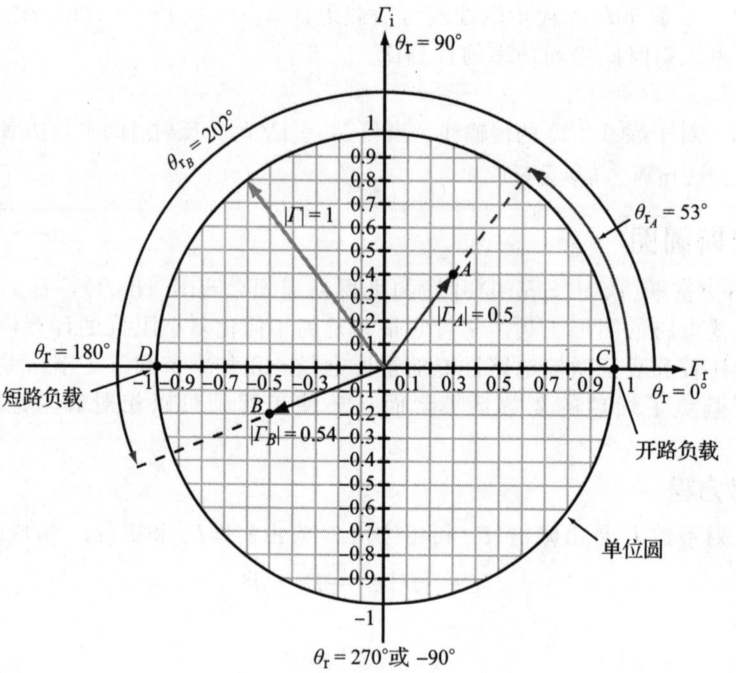

图 2-24　复 Γ 平面。点 A 位于 $\Gamma_A = 0.3 + j0.4 = 0.5e^{j53°}$，点 B 位于 $\Gamma_B = -0.5 - j0.2 = 0.54e^{j202°}$。单位圆对应于 $|\Gamma| = 1$。在点 C，$\Gamma = 1$，对应于开路；在点 D，$\Gamma = -1$，对应于短路

由上式通过推导可以得到用 Γ_r 和 Γ_i 表示的 r_L 和 x_L 的明确表达式。可以通过将式(2.114)右端的分子和分母乘以分母的复共轭，并将结果分成为实部和虚部来完成。通过这些步骤得到

$$r_L = \frac{1 - \Gamma_r^2 - \Gamma_i^2}{(1 - \Gamma_r)^2 + \Gamma_i^2} \tag{2.115a}$$

$$x_L = \frac{2\Gamma_i}{(1 - \Gamma_r)^2 + \Gamma_i^2} \tag{2.115b}$$

式(2.115a)隐含同一个归一化电阻 r_L 对应很多 Γ_r 和 Γ_i 的组合。例如，$(\Gamma_r, \Gamma_i) = (0.33, 0)$ 对应 $r_L = 2$，$(\Gamma_r, \Gamma_i) = (0.5, 0.29)$ 也对应相同的 r_L 值，还有其他无数多个 Γ_r 和 Γ_i 组合也对应这个 r_L 值。事实上，如果我们将对应 $r_L = 2$ 的所有可能的 Γ_r 和 Γ_i 组合均绘制在 $\Gamma_r - \Gamma_i$ 平面上，那么将得到图 2-25 中标注为 $r_L = 2$ 的圆。对于其他的 r_L 值也可以得到类似的圆。经过一些代数运算，将式(2.115)重新排列为对应于给定 r_L 值的 $\Gamma_r - \Gamma_i$ 平面上圆的参数方程：

$$\left(\Gamma_r - \frac{r_L}{1 + r_L}\right)^2 + \Gamma_i^2 = \left(\frac{1}{1 + r_L}\right)^2 \tag{2.116}$$

已知 $x - y$ 平面上圆心在 (x_0, y_0)，则半径为 a 的圆的标准方程为

$$(x - x_0)^2 + (y - y_0)^2 = a^2 \tag{2.117}$$

通过比较式(2.116)和式(2.117)可以看出，r_L 圆的圆心为 $\Gamma_r = r_L/(1 + r_L)$ 和 $\Gamma_i = 0$，其半径为 $1/(1 + r_L)$。因此，所有的 r_L 圆都经过点 $(\Gamma_L, \Gamma_i) = (1, 0)$。图 2-25 中显示的最大的圆为 $r_L = 0$ 的圆，这也是 $|\Gamma| = 1$ 所对应的单位圆。这是意料之中的，因为当 $r_L = 0$ 时，无论 x_L 取何值，都有 $|\Gamma| = 1$。

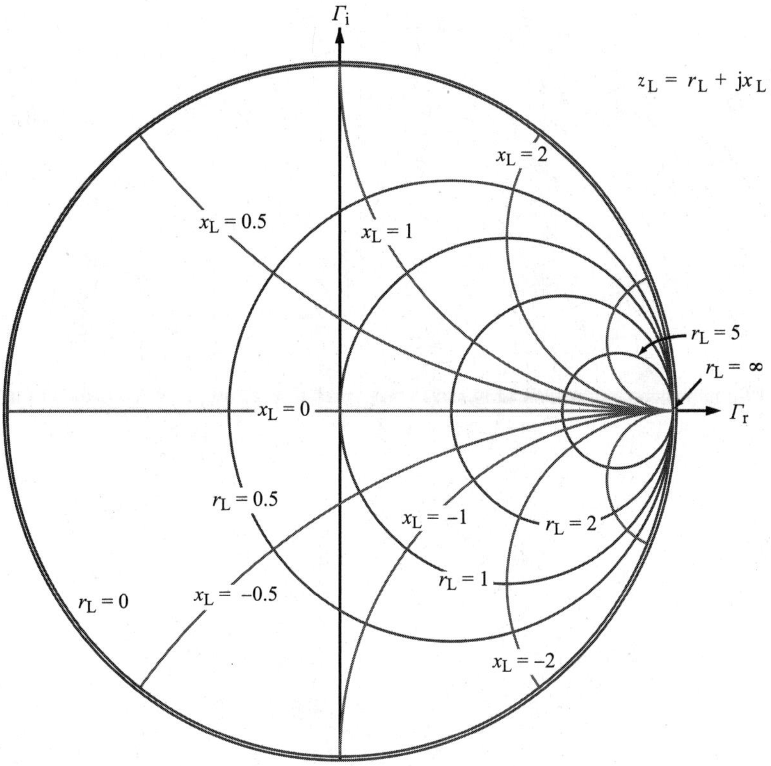

图 2-25 $|\Gamma|\leqslant 1$ 区域内的 r_L 和 x_L 圆族。r_L 圆与对应于 $r_L=0$ 的最外侧的圆和对应于 $r_L=\infty$ 的最内侧的圆的圆心在一条轴线上。x_L 圆部分包含在史密斯圆图内，x_L 为正在上半平面，x_L 为负在下半平面

对由式(2.115b)给出的 x_L 的表达式进行类似的推导可得

$$(\Gamma_r-1)^2+\left(\Gamma_i-\frac{1}{x_L}\right)^2=\left(\frac{1}{x_L}\right)^2 \tag{2.118}$$

这是一个圆心在$(\Gamma_L,\Gamma_i)=(1,1/x_L)$，半径为$(1/x_L)$的圆的方程。$\Gamma_r-\Gamma_i$ 平面上等 x_L 圆与等 r_L 圆完全不同。归一化电抗 x_L 可以是正或负，而归一化电阻不能为负(在无源电路中不能实现负电阻)。所以，式(2.118)表示两个圆族：一族为正的 x_L，另一族为负的 x_L。而且如图 2-25 所示，一个给定圆仅有一部分落入$|\Gamma|=1$ 的单位圆内部。

从式(2.116)和式(2.118)两个参数方程给出的圆族中选定 r_L 和 x_L 的值，绘制成如图 2-26 所示的史密斯圆图。史密斯圆图提供了式(2.115)及其逆关系的图形评估。

史密斯圆图上的每一个点都对应两个相互关联量 z_L 和 Γ 的值，在 r_L 圆和 x_L 圆的交点处定义了 $z_L=r_L+jx_L$，同时该点的位置也定义了$|\Gamma|$和 θ_r。

例如，图 2-26 中点 P 表示的归一化负载阻抗为 $z_L=2-j1$，对应的电压反射系数为 $\Gamma=0.45e^{-j26.6°}$。用史密斯圆图中心到 P 点的距离(图 2-26 中用 $\overline{OP}$ 表示)，除以史密斯圆图中心到单位圆边缘的距离(单位圆的半径为 1)$\overline{OR}$，可以得到$|\Gamma|=0.45$。史密斯圆图的外围圆周包含三个同心标尺。最内侧标尺标注反射系数的角度，单位是度(°)，是 θ_r 的标尺。如图 2-26 所示，点 P 的 $\theta_r=-26.6°(-0.46\text{rad})$。接下来将讨论其他两个标尺的含义和用途。

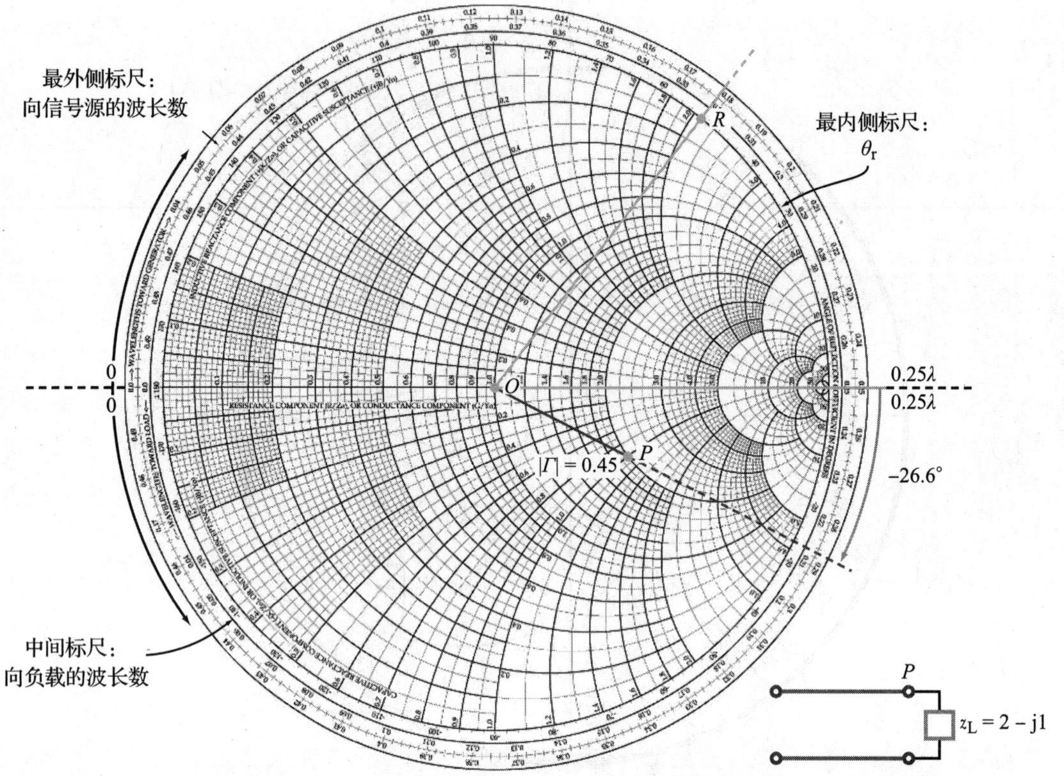

图 2-26　点 P 表示归一化负载阻抗 $z_L=2-j1$。反射系数的幅度 $|\Gamma|=\overline{OP}/\overline{OR}=0.45$，相角 $\theta_r=-26.6°$。点 R 为 $r_L=0$ 圆(也是 $|\Gamma|=1$ 圆)上的任意点

练习 2-19　使用史密斯圆图求解下列归一化负载阻抗所对应的 Γ 值：(a) $z_L=2+j0$，(b) $z_L=1-j1$，(c) $z_L=0.5-j2$，(d) $z_L=-j3$，(e) $z_L=0$(短路)，(f) $z_L=\infty$(开路)，(g) $z_L=1$(匹配负载)。

答案：(a) $\Gamma=0.33$，(b) $\Gamma=0.45\underline{/-63.4°}$，(c) $\Gamma=0.83\underline{/-50.9°}$，(d) $\Gamma=1\underline{/-36.9°}$，(e) $\Gamma=-1$，(f) $\Gamma=1$，(g) $\Gamma=0$。(参见EM)

2.10.2　SWR 圆

考虑图 2-27 所示的史密斯圆图上的 A 点。在 A 点，归一化负载阻抗为 $z_L=2-j1$，对应的反射系数的幅值为

$$|\Gamma|=\left|\frac{z_L-1}{z_L+1}\right|=\left|\frac{2-j1-1}{2-j1+1}\right|=\left|\frac{1-j1}{3-j1}\right|=\frac{\sqrt{2}}{\sqrt{10}}=0.45$$

让我们构造一个圆心在$(\Gamma_r,\Gamma_i)=(0,0)$且经过 A 点的圆。这个圆上每一个点均有相同的 $|\Gamma|$ 值，这个值为 0.45。该等 $|\Gamma|$ 圆也是等 SWR 圆。这是由电压驻波比(SWR)和 $|\Gamma|$ 的关系得出的，即

$$S=\frac{1+|\Gamma|}{1-|\Gamma|} \tag{2.119}$$

等 $|\Gamma|$ 值对应于等 S 值，反之亦然。

SWR 圆的实用性很快就会显现出来。

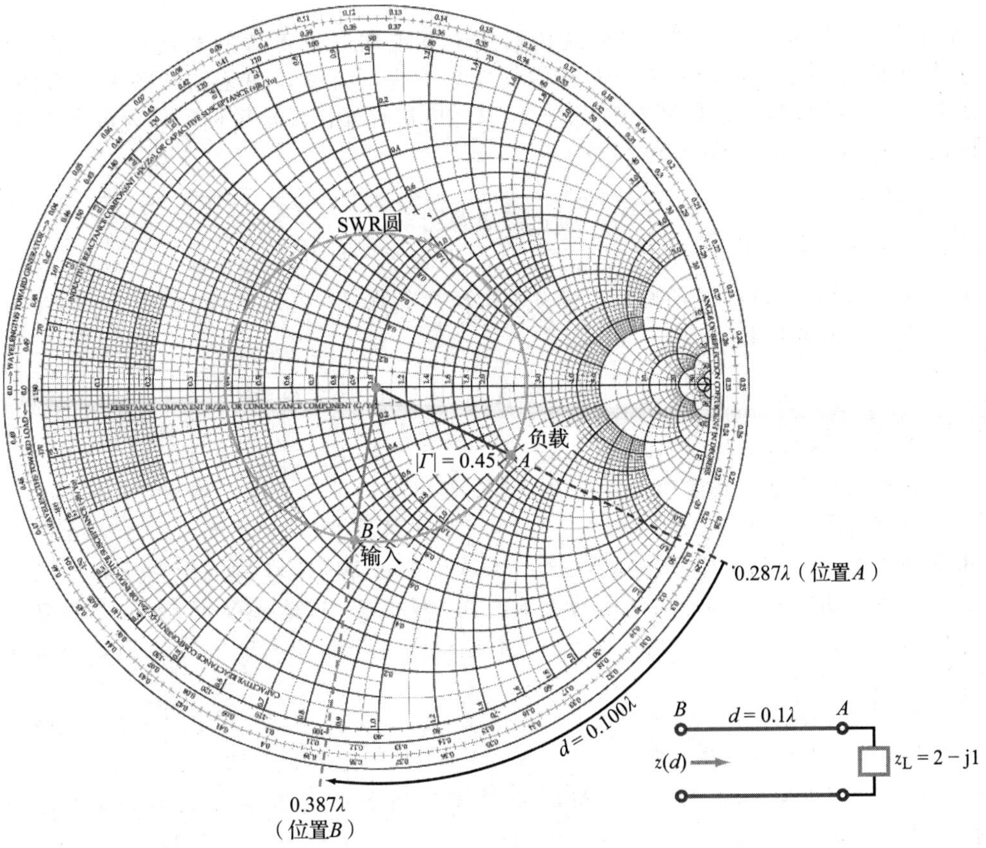

图 2-27 点 A 表示归一化负载 $z_L=2-\mathrm{j}1$，位于 WTG 标尺上 0.287λ 处；点 B 表示距负载 $d=0.1\lambda$ 处，在 B 点，$z(d)=0.6-\mathrm{j}0.66$

2.10.3 波阻抗

由式(2.74)可知，在距离负载 d 处向负载看去的归一化波阻抗为

$$z(d)=\frac{Z(d)}{Z_0}=\frac{1+\Gamma_d}{1-\Gamma_d} \tag{2.120}$$

式中，

$$\Gamma_d=\Gamma \mathrm{e}^{-\mathrm{j}2\beta d}=|\Gamma|\mathrm{e}^{\mathrm{j}(\theta_r-2\beta d)} \tag{2.121}$$

为相移电压反射系数。式(2.120)的形式与式(2.112)给出的 z_L 相同：

$$z_L=\frac{1+\Gamma}{1-\Gamma} \tag{2.122}$$

这种形式的相似性表明，如果将 Γ 转换为Γ_d，z_L 就转换为 $z(d)$。在史密斯圆图上，通过保持 $|\Gamma|$ 为常数，将其相位 θ_r 减少 $2\beta d$，实现从 Γ 到Γ_d 的转换，对应于顺时针旋转(在史密斯圆图上)$2\beta d$ 弧度的角度。围绕史密斯圆图旋转一周对应于 Γ 的相位改变 2π，该相位变化对应的长度 d 满足：

$$2\beta d=2\,\frac{2\pi}{\lambda}d=2\pi \tag{2.123}$$

由此得出 $d=\lambda/2$。

围绕史密斯圆图(见图 2-26)外围圆周最外侧的标尺称为向信号源的波长数(WTG，Wavelengths Toward Generator)，表示传输线上向信号源移动的距离，以波长 λ 为单位，即用波长来度量 d，旋转一周对应于 $d=\lambda/2$。

在有些传输线问题中，可能需要从传输线上某点向靠近负载的某点移动，这种情况下，Γ 的相位必须增加，对应于逆时针方向旋转。为了方便，史密斯圆图上含有绕外围(在 θ_r 标尺和 WTG 标尺之间)的第三个标尺以适应这种操作，这个标尺称为向负载的波长数(WTL，Wavelengths Toward Load)。

说明：用史密斯圆图求 $Z(d)$

为了说明如何使用史密斯圆图求 $Z(d)$，考虑一段 50Ω 无耗传输线端接一个 $Z_L=(100-j50)\Omega$ 的负载阻抗。我们的目标是求出距离负载 $d=0.1\lambda$ 处的 $Z(d)$。

1. 归一化负载阻抗为

$$z_L=\frac{Z_L}{Z_0}=\frac{100-j50}{50}=2-j1 \qquad (\text{见图 2-27 中的点 } A)$$

2. 点 A 位于 WTG 标尺上的 0.287λ 处。

3. 利用圆规在史密斯圆图上画出圆心在圆图中心，半径通过点 A 的 SWR 圆。

4. 如前所述，为了将 z_L 转换为 $z(d)$，需要保持 $|\Gamma|$ 为常数，这意味着保持在 SWR 圆上，将 Γ 的相位减少 $2\beta d$ 弧度。这等效于在 WTG 标尺上向信号源移动 $d=0.1\lambda$ 的距离。由于点 A 位于 WTG 标尺上的 0.287λ 处，通过在 WTG 标尺上移动到位置 $0.287\lambda+0.1\lambda=0.387\lambda$ 得到 $z(d)$。一条通过 WTG 标尺上这个新位置的径向线与 SWR 圆相交于点 B。

5. 点 B 表示的 $z(d)$，其值为 $z(d)=0.6-j0.66$。为了得到 $Z(d)$，将 $z(d)$ 乘以 $Z_0=50\Omega$，得到非归一化值：$Z(d)=(0.6-j0.66)\times50\Omega=(30-j33)\Omega$。

这个结果可以用式(2.120)来分析验证。SWR 圆上点 A 和点 B 之间的点表示沿传输线不同的位置。

如果传输线的长度为 l，则其**输入阻抗**为 $Z_{in}=Z_0 z(l)$，其中 $z(l)$ 由沿 WTG 标尺从负载旋转的距离 l 来确定。

练习 2-20 使用史密斯圆图，求下列长度为 l 端接归一化负载阻抗 z_L 的无耗传输线的归一化输入阻抗：(a) $l=0.25\lambda$，$z_L=1+j0$；(b) $l=0.5\lambda$，$z_L=1+j1$；(c) $l=0.3\lambda$，$z_L=1-j1$；(d) $l=1.2\lambda$，$z_L=0.5-j0.5$；(e) $l=0.1\lambda$，$z_L=0$(短路)；(f) $l=0.4\lambda$，$z_L=j3$；(g) $l=0.2\lambda$，$z_L=\infty$(开路)。

答案：(a) $z_{in}=1+j0$，(b) $z_{in}=1+j1$，(c) $z_{in}=0.76+j0.84$，(d) $z_{in}=0.59+j0.66$，(e) $z_{in}=0+j0.73$，(f) $z_{in}=0+j0.72$，(g) $z_{in}=0-j0.32$。(参见EM)

2.10.4 SWR 与电压最大值和最小值

考虑 $z_L=2+j1$ 的负载，图 2-28 显示了在史密斯圆图上通过点 A(表示 z_L)画了一个 SWR 圆。该 SWR 圆与实轴(Γ_r)相交于两点，标记为 P_{max} 和 P_{min}。在这两点上都有$\Gamma_i=0$ 和 $\Gamma=\Gamma_r$。同时，在实轴上，负载阻抗的虚部 $x_L=0$。由 Γ 的定义可知

$$\Gamma=\frac{z_L-1}{z_L+1} \tag{2.124}$$

这样，点 P_{max} 和点 P_{min} 对应于

$$\Gamma=\Gamma_r=\frac{r_0-1}{r_0+1} \quad (\Gamma_i=0) \tag{2.125}$$

式中，r_0 为 SWR 圆与Γ_r 轴交点处的 r_L 的值。点 P_{min} 对应 $r_0<1$，点 P_{max} 对应 $r_0>1$。将式(2.119)改写为用 S 表示的$|\Gamma|$，得到

$$|\Gamma|=\frac{S-1}{S+1} \tag{2.126}$$

在点 P_{max}，$|\Gamma|=\Gamma_r$，所以，

$$\Gamma_r=\frac{S-1}{S+1} \tag{2.127}$$

式(2.125)和式(2.127)的类似形式表明 S 等于归一化电阻 r_0 的值。根据定义 $S\geqslant1$，在点 P_{max} 处，$r_0>1$，进一步满足类似的条件。在图 2-28 中，P_{max} 点的 $r_0=2.6$，所以 $S=2.6$。

在 P_{max} 点，S 在数值上等于 r_0 的值，点 P_{max} 是 SWR 圆与图表中心右侧的 Γ 正实轴的交点。

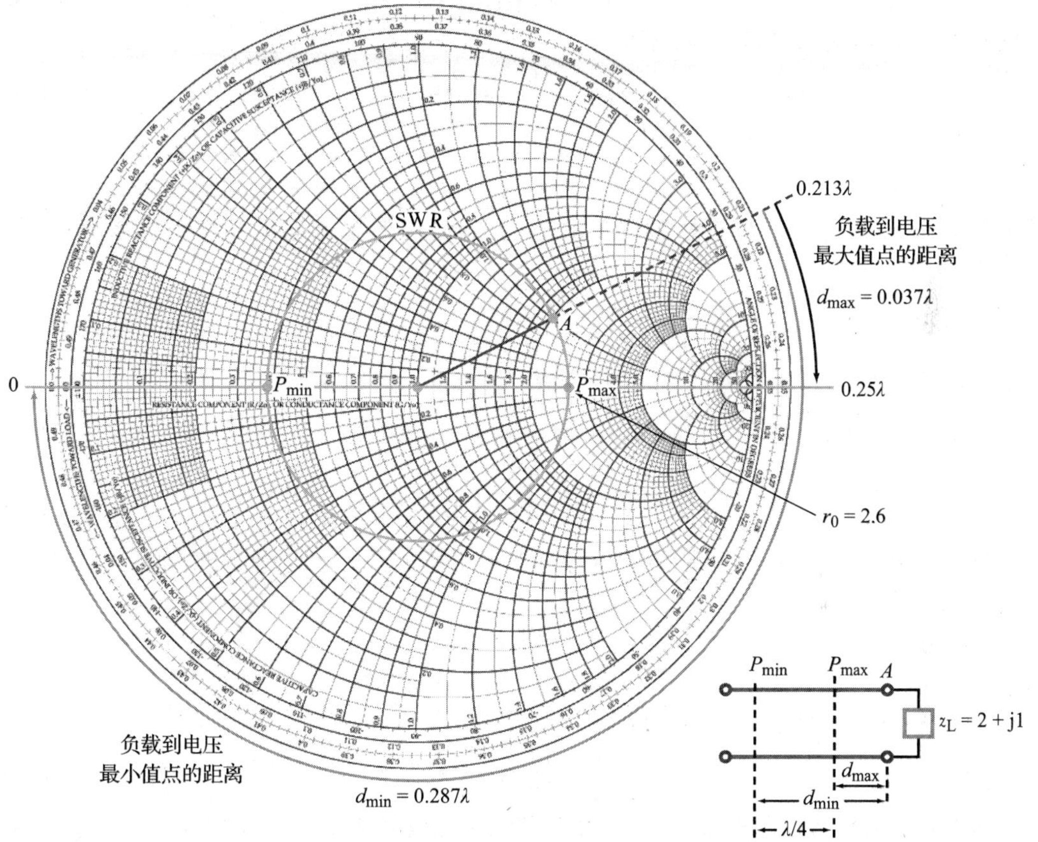

图 2-28 点 A 表示归一化负载 $z_L=2+j1$。驻波比 $S=2.6$(在点 P_{max})，负载到第一个电压最大值点的距离为 d_{max}，负载到第一个电压最小值点的距离为 d_{min}

点 P_{min} 和点 P_{max} 也分别表示传输线上电压幅值 $|\widetilde{V}|$ 的最小值和最大值的位置。通过考虑式(2.121)中的 Γ_d 可以很容易证明这一点。在 P_{min} 点，Γ_d 的总相位($\theta_r-2\beta d$)等于零或 $-2n\pi$(其中 n 为正整数)，这是对应于 $|\widetilde{V}|_{max}$ 的条件，如式(2.69)给出的那样。类似地，在 P_{min} 点，Γ_d 的总相位等于 $-(2n+1)\pi$，这是 $|\widetilde{V}|_{min}$ 的条件。因此，如图 2-28 所示，对于由 SWR 圆所表示的传输线，负载距最近的电压最大值点的距离为 $d_{min}=0.037\lambda$，这个结果是通过从负载点 A 顺时针旋转到点 P_{max} 得到的；距最近的电压最小值点的距离为 $d_{min}=0.287\lambda$，对应于从点 A 顺时针旋转到点 P_{min}。由于 $|\widetilde{V}|_{max}$ 的位置对应于 $|\widetilde{I}|_{min}$，$|\widetilde{V}|_{min}$ 的位置对应于 $|\widetilde{I}|_{max}$，史密斯圆图提供了一种确定从负载到传输线上所有最大值点或最小值点距离的方便途径(回忆驻波图的重复周期为 $\lambda/2$)。

2.10.5 阻抗到导纳的转换

在求解某些类似的传输线问题时，使用导纳比使用阻抗更加方便。通常，任意阻抗 Z 是由电阻 R 和电抗 X 组成的复数：

$$Z=R+\mathrm{j}X \quad (\Omega) \tag{2.128}$$

导纳 Y 是 Z 的倒数：

$$Y=\frac{1}{Z}=\frac{1}{R+\mathrm{j}X}=\frac{R-\mathrm{j}X}{R^2+X^2} \quad (\mathrm{S}) \tag{2.129}$$

Y 的实部称为电导 G，虚部称为电纳 B，即

$$Y=G+\mathrm{j}B \quad (\mathrm{S}) \tag{2.130}$$

比较式(2.130)与式(2.129)可以得到

$$G=\frac{R}{R^2+X^2} \quad (\mathrm{S}) \tag{2.131a}$$

$$B=\frac{-X}{R^2+X^2} \quad (\mathrm{S}) \tag{2.131b}$$

归一化阻抗 z 定义为 Z 与特性阻抗 Z_0 之比。相同的概念也适用于归一化导纳 y 的定义，即

$$y=\frac{Y}{Y_0}=\frac{G}{Y_0}+\mathrm{j}\frac{B}{Y_0}=g+\mathrm{j}b \quad (\text{无量纲}) \tag{2.132}$$

式中，$Y_0=1/Z_0$ 为传输线的特性导纳，则有

$$g=\frac{G}{Y_0}=GZ_0 \quad (\text{无量纲}) \tag{2.133a}$$

$$b=\frac{B}{Y_0}=BZ_0 \quad (\text{无量纲}) \tag{2.133b}$$

小写字母 g 和 b 分别表示 y 的归一化电导和归一化电纳。当然，归一化导纳 y 也是归一化阻抗 z 的倒数，即

$$y=\frac{Y}{Y_0}=\frac{Z_0}{Z}=\frac{1}{z} \tag{2.134}$$

于是，由式(2.122)可得归一化负载导纳 y_L 为

$$y_\mathrm{L}=\frac{1}{z_\mathrm{L}}=\frac{1-\Gamma}{1+\Gamma} \quad (\text{无量纲}) \tag{2.135}$$

现在，让我们考虑距离负载 $d=\lambda/4$ 处的归一化波阻抗 $z(d)$。将 $2\beta d=4\pi d/\lambda=4\pi\lambda/4\lambda=\pi$ 代入式(2.120)中得到

$$z(d=\lambda/4)=\frac{1+\Gamma\mathrm{e}^{-\mathrm{j}\pi}}{1-\Gamma\mathrm{e}^{-\mathrm{j}\pi}}=\frac{1-\Gamma}{1+\Gamma}=y_\mathrm{L} \tag{2.136}$$

> 在 SWR 圆上通过旋转 $\lambda/4$ 可将 z 转换为 y，反之亦然。

在图 2-29 中，表示 z_L 的点 A 和表示 y_L 的点 B 在 SWR 圆上是相互对称的。事实上，史密斯圆图上这样的变换可以用来由归一化阻抗确定归一化导纳，反之亦然。

史密斯圆图可以与归一化阻抗或归一化导纳一起使用。作为阻抗圆图，史密斯圆图由归一化负载阻抗 z_L 的电阻 r_L 圆和电抗 x_L 圆组成。

> 当用作导纳圆图时，r_L 圆变为 g_L 圆，x_L 圆变为 b_L 圆，其中 g_L 和 b_L 分别为归一化负载导纳 y_L 的电导和电纳。

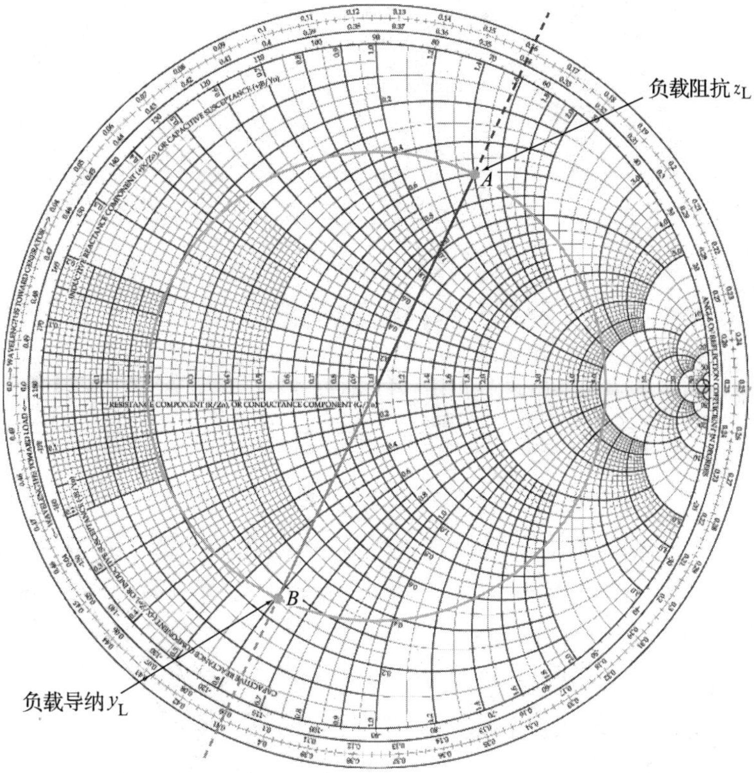

图 2-29 点 A 表示归一化负载阻抗为 $z_L=0.6+j1.4$，其对应的归一化负载导纳为 $y_L=0.25-j0.6$，位于点 B

例 2-11 史密斯圆图计算

一条长 3.3λ 的 50Ω 无耗传输线端接 $Z_L=(25+j50)\Omega$ 的负载阻抗，使用史密斯圆图求：(a) 电压反射系数，(b) 电压驻波比，(c) 第一个电压最大值点和第一个电压最小值点到负载的距离，(d) 传输线的输入阻抗，(e) 传输线的输入导纳。

解： (a) 归一化负载阻抗为

$$z_L=\frac{Z_L}{Z_0}=\frac{25+j50}{50}=0.5+j1$$

在图 2-30 所示的史密斯圆图上，该阻抗标记为 A 点。从史密斯圆图的中心点 O 经过 A 点到图的外围画一条径向线，该线于 $\theta_r=83°$穿过标有“反射系数角度”的标尺。然后测量 O 点和 A 点的长度 $\overline{OA}$ 以及 O 点和 O'点的长度 $\overline{OO'}$，其中 O'为 $r_L=0$ 圆上的任意点。长度 $\overline{OO'}$等于 $|\Gamma|=1$ 圆的半径。由 $|\Gamma|=\overline{OA}/\overline{OO'}=0.62$ 得到 Γ 的幅值。所以，

$$\Gamma=0.62\underline{/83°} \tag{2.137}$$

(b) 经过 A 点的 SWR 圆与Γ_r 轴相交于 B 点和 C 点，B 点的 r_L 值为 4.26，由此得到

$$S=4.26$$

(c) SWR 圆上第一个电压最大值点在 B 点，这是 WTG 标尺上 0.25λ 的位置。负载用 A 点表示，在 WTG 标尺上 0.135λ 的位置。因此，负载与第一个电压最大值点之间的距离为

$$d_{max}=(0.25-0.135)\lambda=0.115\lambda$$

第一个电压最小值点位于 C 点，在 WTG 标尺上 A 点和 C 点之间移动得到

$$d_{min}=(0.5-0.135)\lambda=0.365\lambda$$

该点在超过 d_{max} 后面 0.25λ 处。

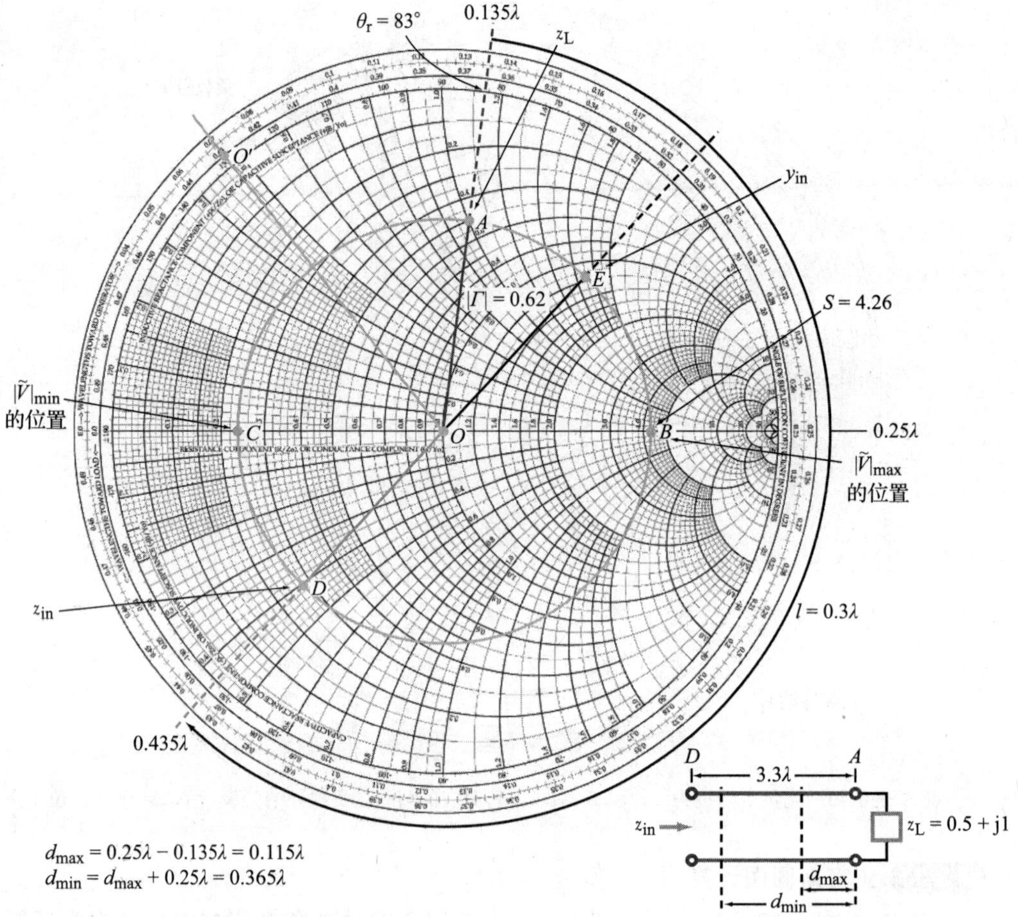

图 2-30 例 2-11 的求解过程。点 A 表示在 WTG 标尺上 0.135λ 处归一化负载 $z_L=0.5+j1$。在 A 点，$\theta_r=83°$，$|\Gamma|=\overline{OA}/\overline{OO'}=0.62$。在 B 点，驻波比为 $S=4.26$。从 A 点到 B 点的距离得到 d_{max}，从 A 点到 C 点的距离得到 d_{min}。D 点表示归一化输入阻抗 z_{in}，E 点表示归一化输入导纳 y_{in}

(d) 传输线长为 3.3λ，减去 0.5λ 的倍数剩余 0.3λ。在 WTG 标尺上从 0.135λ 处的负载开始，传输线的输入端位于(0.135+0.3)λ=0.435λ。这在 SWR 圆上标注为 D 点，其归一化阻抗为

$$z_{in}=0.28-j0.40$$

由此得到

$$Z_{in}=z_{in}Z_0=(0.28-j0.40)50\Omega=(14-j20)\Omega$$

(e) 通过在史密斯圆图上将 z_{in} 移动 0.25λ 到达其圆上的镜像点，标注为 SWR 圆上的点 E，得到归一化输入导纳 y_{in}，E 点的坐标为

$$y_{in}=1.15+j1.7$$

对应的输入导纳为

$$Y_{in}=y_{in}Y_0=\frac{y_{in}}{Z_0}=\frac{1.15+j1.7}{50}\text{S}=(0.023+j0.034)\text{S}$$ ◀

例 2-12 使用史密斯圆图确定 Z_L

该问题类似于例 2-6，只是现在我们使用史密斯圆图来演示其求解过程。

已知 50Ω 传输线上的电压驻波比 $S=3$，第一个电压最小值点在距离负载 5cm 处，两

个相邻最小值点之间的距离为 20cm，求负载阻抗。

解：两个相邻最小值点之间的距离等于 $\lambda/2$，所以 $\lambda=40\text{cm}$，以波长为单位，第一个电压最小值点位于

$$d_{\min}=\frac{5}{40}=0.125\lambda$$

图 2-31 中史密斯圆图上的点 A 对应于 $S=3$。使用圆规画出通过点 A 的等 S 圆。点 B 对应于电压最小值点的位置。在 WTL 标尺上从点 B 向负载移动 0.125λ 的距离（逆时针），我们来到 C 点，该点代表负载的位置。C 点的归一化负载阻抗为

$$z_L=0.6-j0.8$$

乘以 $Z_0=50\Omega$ 得到

$$Z_L=(0.6-j0.8)\times50\Omega=(30-j40)\Omega$$

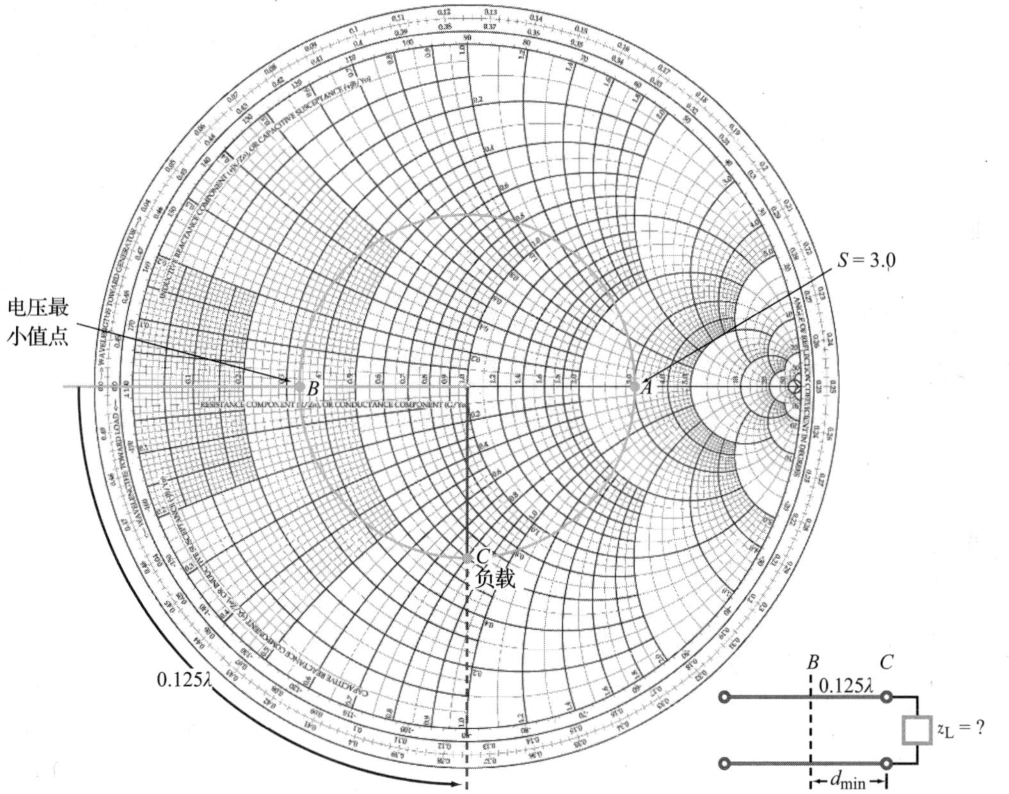

图 2-31 例 2-12 的求解过程。点 A 表示 $S=3$，点 B 表示电压最小值点的位置，点 C 表示在 WTL 标尺上距 B 点 0.125λ 处的负载，$z_L=0.6-j0.8$ ◀

概念问题 2-19：史密斯圆图外围表示 $|\Gamma|$ 的什么值？史密斯圆图上哪个点表示匹配负载？

概念问题 2-20：什么是 SWR 圆？在 SWR 圆上所有点的什么量是恒定的？

概念问题 2-21：在史密斯圆图上旋转完整一周对应的传输线长度是多少？为什么？

概念问题 2-22：在 SWR 圆上的哪些点对应于传输线上电压最大值和最小值的位置？为什么？

概念问题 2-23：已知归一化阻抗 z_L，如何使用史密斯圆图得到对应的归一化导纳 $y_L=1/z_L$？

模块 2.6(交互式史密斯圆图)　在史密斯圆图上找到负载位置，显示对应的反射系数和 SWR 圆，从负载“移动”距离 d 到达新的位置，读取波阻抗 $Z(d)$和相移反射系数Γ_d，完成阻抗到导纳的转换和逆转换，通过史密斯圆图使用所有这些工具来求解传输线问题。

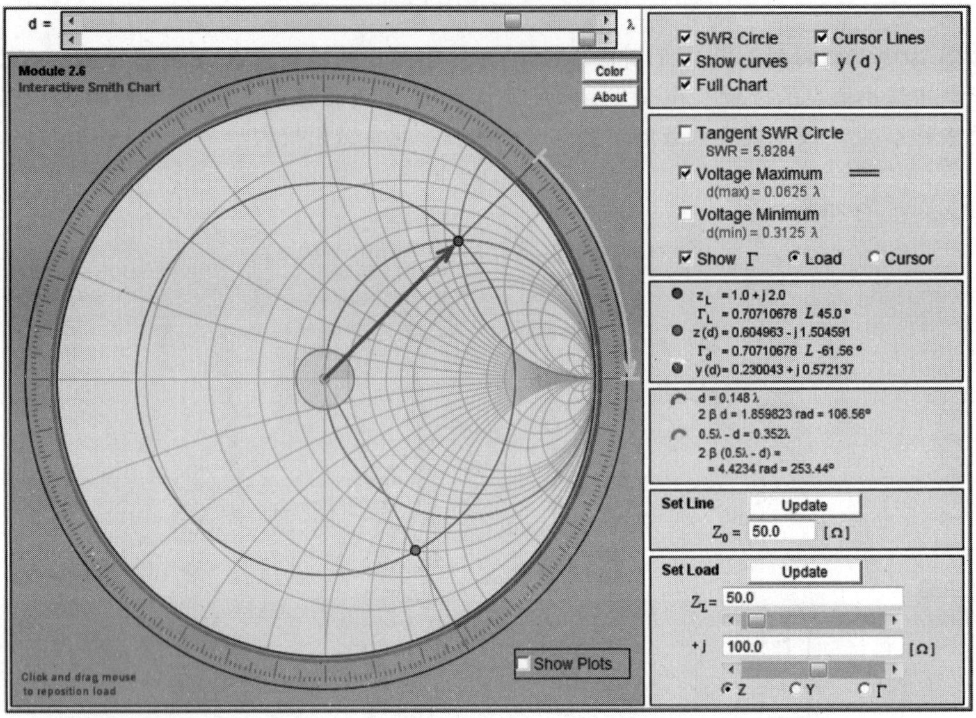

2.11　阻抗匹配

传输线通常一端连接信号源，另一端连接负载，负载可以是天线、计算机终端或任何具有等效输入阻抗 Z_L 的电路。

> 当传输线的特性阻抗 $Z_0=Z_L$ 时，称为传输线与负载匹配，此时沿传输线向负载传播的波，不会被反射回源。

由于传输线的主要用途是传输功率或传送编码信号(如数字数据)，匹配负载保证源发送给传输线的所有功率都传输给负载(没有回波回传给源)。

将负载与传输线匹配最简单的解决方法是设计负载电路，使其阻抗 $Z_L=Z_0$。遗憾的是，这在现实中也许是不可能的，因为负载电路可能必须满足其他要求。另外的解决途径是在负载和传输线之间放置一个阻抗匹配网络，如图 2-32 所示。

> 匹配网络的目的是消除 MM' 端对来自源入射波的反射。虽然在 AA' 和 MM' 之间可能发生多次反射，但在馈线上仅存在前向传输的波。

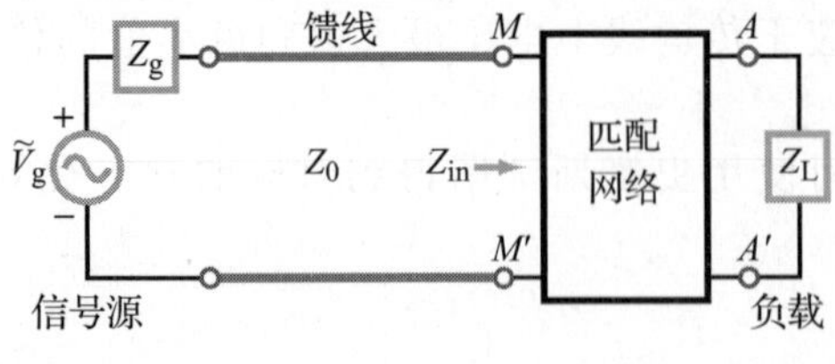

图 2-32　匹配网络的作用是对负载阻抗 Z_L 进行变换，使看向网络输入端的输入阻抗 Z_{in} 等于传输线的特性阻抗 Z_0

在匹配网络中，两端(AA'和MM')可能都存在反射，形成驻波模式，但是总结果(匹配网络内部所有多次反射的结果)是使从信号源来的入射波到达MM'端时没有反射。这是通过设计一个匹配网络，当从传输线一侧向网络看去时，在MM'端的阻抗等于Z_0来实现的。如果网络是无耗的，那么所有进入网络的功率都将在负载中终止。

匹配网络可以由集总元件组成，如电容器和电感器(但不包括电阻器，因为电阻器会产生欧姆损耗)，或者由合适长度和端接的传输线段组成。

将负载阻抗$Z_L=R_L+jX_L$匹配到特性阻抗为Z_0的无耗传输线的匹配网络，可以如图2-33a和b所示串联插入负载和馈线之间，或者如图2-33c～e所示并联在负载和馈线之间。无论哪种形式，网络都必须将负载阻抗的实部从R_L(负载处)变换到图2-32所示MM'处的Z_0，并将电抗从X_L(负载处)变换到MM'处的零。为了实现这两个变换，匹配网络至少需要两个自由度(即两个可以调节的参数)。

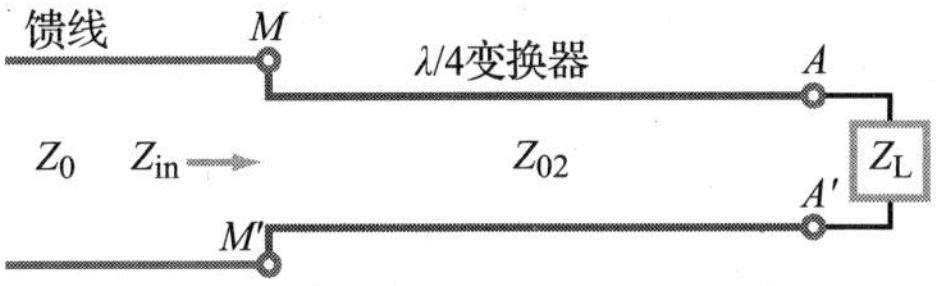

a）如果Z_L为实数：在AA'处插入串联的λ/4变换器

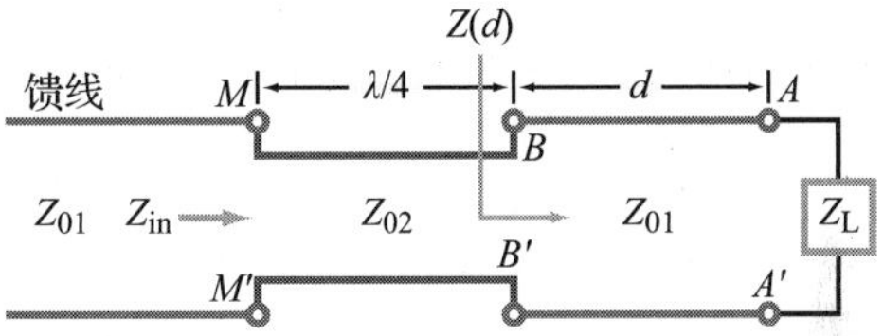

b）如果Z_L为复数：在$d=d_{max}$或$d=d_{min}$处插入串联的λ/4变换器

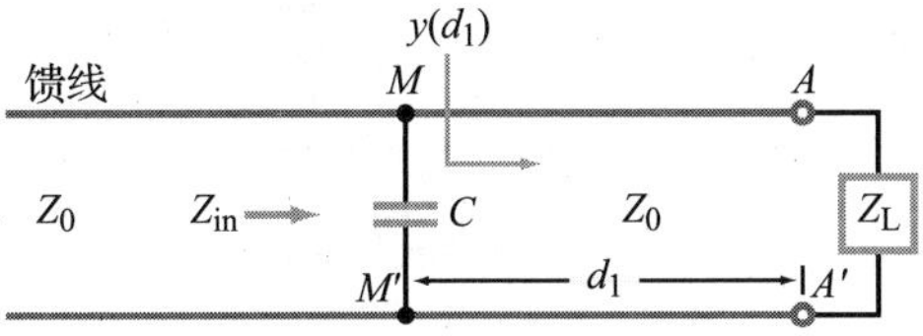

c）在距离d_1处插入并联电容器

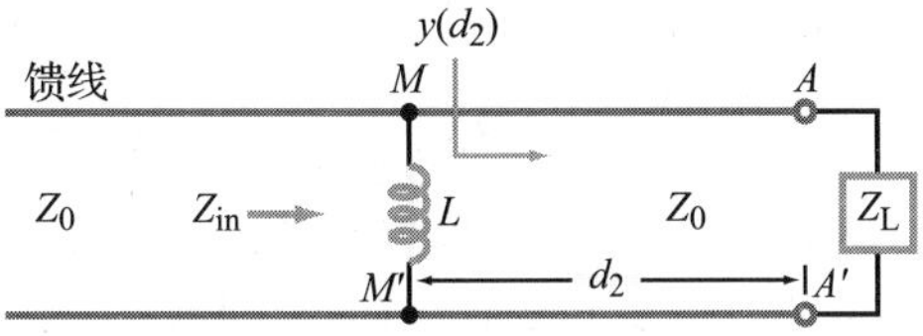

d）在距离d_2处插入并联电感器

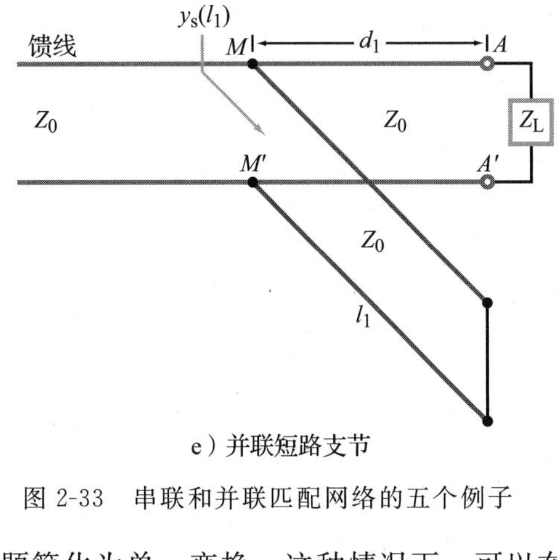

e）并联短路支节

图2-33 串联和并联匹配网络的五个例子

如果$X_L=0$，那么问题简化为单一变换，这种情况下，可以在负载前插入四分之一波长变换器(参见2.8.5节)实现匹配(见图2-33a)。

对于$X_L\neq 0$的一般情况，可以设计一个四分之一波长变换器来提供所需的匹配，但是必须插入距离负载d_{max}或d_{min}的位置处(见图2-33b)，其中d_{max}和d_{min}分别为电压最大值点和最小值点到负载的距离。

模块 2.7 概述了设计过程。图 2-33c～e 所示的并联插入网络是例 2-13 和例 2-14 的主题。

2.11.1 集总元件匹配

在图 2-34 所示的布局中，匹配网络由单个集总元件组成(或者是电容器，或者是电感器)，并联在传输线上距离负载 d 的位置。并联要求在导纳域中操作，因此，负载用导纳 Y_L 来表示，传输线的特性导纳为 Y_0，分流元件的导纳为 Y_s。在 MM' 处，Y_d 是传输线段上 MM' 右边的导纳。输入导纳 Y_{in}(参考点位于 MM' 左边)等于 Y_d 和 Y_s 之和：

$$Y_{in}=Y_d+Y_s \tag{2.138}$$

通常，Y_d 为复数，而 Y_s 为纯虚数，因为它表示电抗元件(电容器或电感器)。因此，式(2.138)可以写为

$$Y_{in}=(G_d+jB_d)+jB_s=G_d+j(B_d+B_s) \tag{2.139}$$

当将所有的量用 Y_0 归一化时，式(2.139)变为

$$y_{in}=g_d+j(b_d+b_s) \tag{2.140}$$

为了达到在 MM' 处匹配的条件，必须有 $y_{in}=1+j0$，这就转换为两个特定条件，即

$$g_d=1 \quad (\text{实部条件}) \tag{2.141a}$$

$$b_s=-b_d \quad (\text{虚部条件}) \tag{2.141b}$$

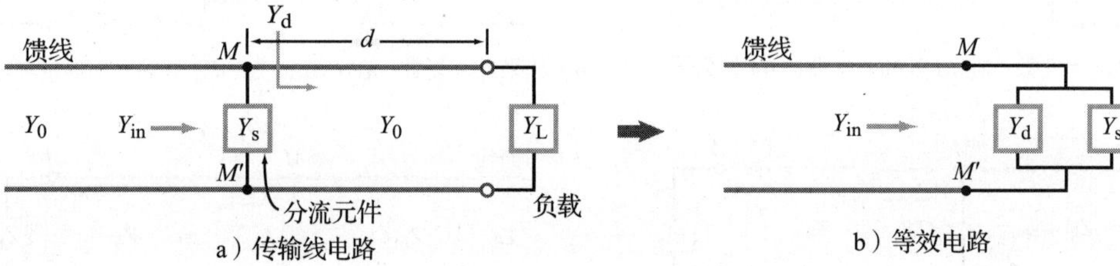

图 2-34 在 MM' 处插入导纳为 Y_s 的电抗元件，将 Y_d 变换为 Y_{in}

实部条件通过 d 的选择来实现，d 为负载到分流元件的距离。虚部条件通过选择集总元件(电容器或电感器)的值来实现。这两个选择是为了使负载与馈线匹配所需要的两个自由度。

例 2-13 集总元件

一个 $Z_L=(25-j50)\Omega$ 的负载阻抗连接到 50Ω 的传输线上，插入一个分流元件来消除对传输线发送端的反射。确定插入的距离 d(以波长表示)、元件的类型以及 $f=100\text{MHz}$ 时元件的值。

解： 归一化负载阻抗为

$$z_L=\frac{Z_L}{Z_0}=\frac{25-j50}{50}=0.5-j1$$

在图 2-35 所示的史密斯圆图上，该 z_L 用点 A 来表示。然后，我们画出经过 A 点的等 S 圆。如前所述，为了完成匹配任务，使用导纳比使用阻抗更容易。归一化负载导纳 y_L 由点 B 来表示，点 B 是通过将点 A 旋转 0.25λ 得到的，或等效为从点 A 经过圆图中心画一条直线，到达等 S 圆上 A 点的镜像点来得到。B 点的 y_L 值为

$$y_L=0.4+j0.8$$

其在 WTG 标尺上位于 0.115λ 的位置。在导纳域中，r_L 圆变为 g_L 圆，x_L 圆变为 b_L 圆。为了实现匹配，我们需要从负载向信号源移动一段距离 d，使端接负载的传输线的归一化输入导纳 y_{in}(见图 2-34)的实部为 1。在图 2-35 和图 2-36 所示的史密斯圆图上，两个匹配点 C 和 D 都满足这个条件，这两个匹配点分别对应于 S 圆与 $g_L=1$ 圆的两个交点。点 C 和点 D 表示图 2-34a 中距离 d 的两个可能的解。

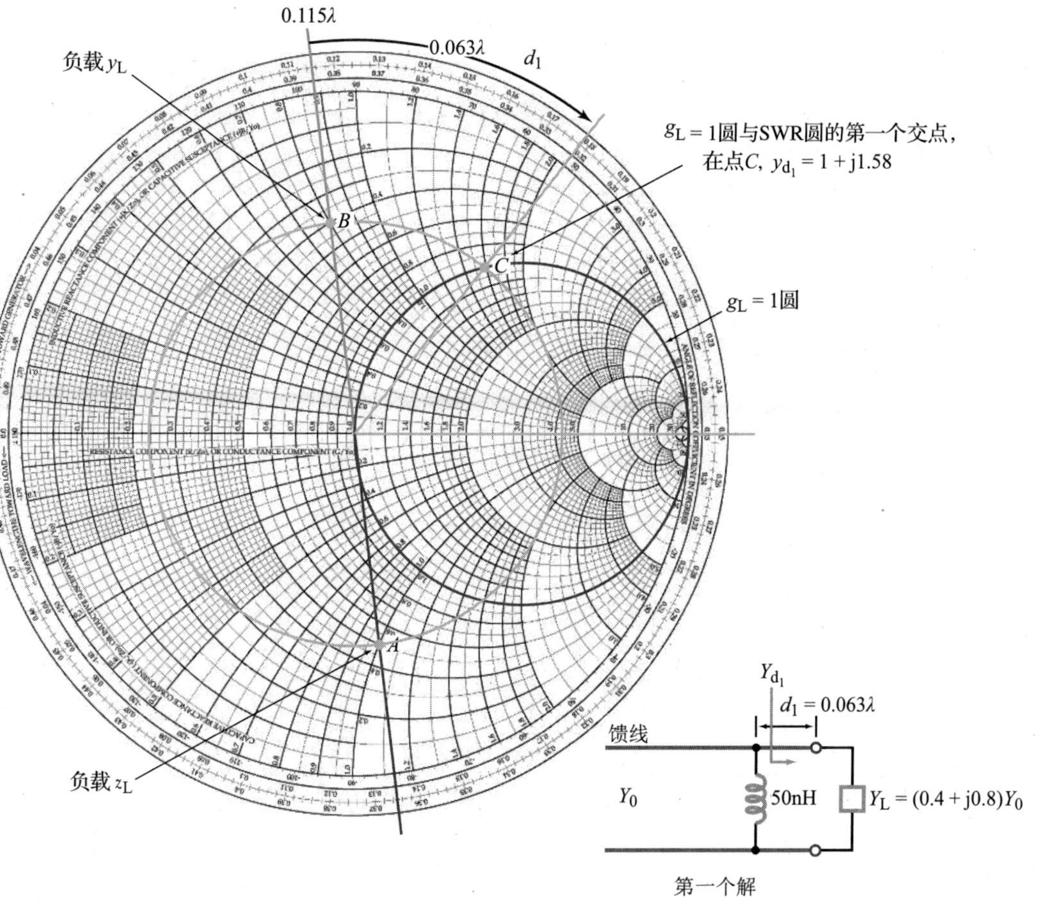

图 2-35　例 2-13 点 C 的解。点 A 为 $z_L=0.5-j1$ 的归一化负载，点 B 为 $y_L=0.4+j0.8$，点 C 为 SWR 圆与 $g_L=1$ 圆的交点，B 到 C 的距离为 $d_1=0.063\lambda$

点 C 的解(见图 2-35)　在点 C 处，$y_{d_1}=1+j1.58$，位于 WTG 标尺上 0.178λ 的位置。点 B 和点 C 的距离为

$$d_1=(0.178-0.115)\lambda=0.063\lambda$$

从信号源角度看，连接负载的传输线与分流元件的并联组合，在 MM'端的归一化输入导纳为

$$y_{in_1}=y_{s_1}+y_{d_1}$$

式中，y_{s_1} 为分流元件的归一化输入导纳。为了将馈线与并联组合匹配，需要 $y_{in_1}=1+j0$。所以，需要 y_{s_1} 来抵消 y_{d_1} 的虚部，即 $y_{s_1}=-j1.58$。

集总元件对应的阻抗为

$$Z_{s_1}=\frac{1}{Y_{s_1}}=\frac{1}{y_{s_1}Y_0}=\frac{Z_0}{jb_{s_1}}=\frac{Z_0}{-j1.58}=\frac{jZ_0}{1.58}=j31.62\Omega$$

由于 Z_{s_1} 的值为正，因此插入的元件应该为电感器，其值应该为

$$L=\frac{31.62}{\omega}=\frac{31.62}{2\pi\times10^8}\text{nH}=50\text{nH}$$

该结果已在图 2-35 所示电路中标出。

点 D 的解(见图 2-36)　在点 D 处，$y_{d_2}=1-j1.58$，点 B 和点 D 的距离为

$$d_2=(0.322-0.115)\lambda=0.207\lambda$$

电抗元件所需要的归一化导纳为

$$y_{s_2}=+j1.58$$

所以，

$$Z_{s_2}=-j31.62\Omega$$

这是一个电容器的阻抗，电容值为

$$C=\frac{1}{31.62\omega}=50\text{pF}$$

图 2-36 所示的电路中标出了 d_2 和电容值。

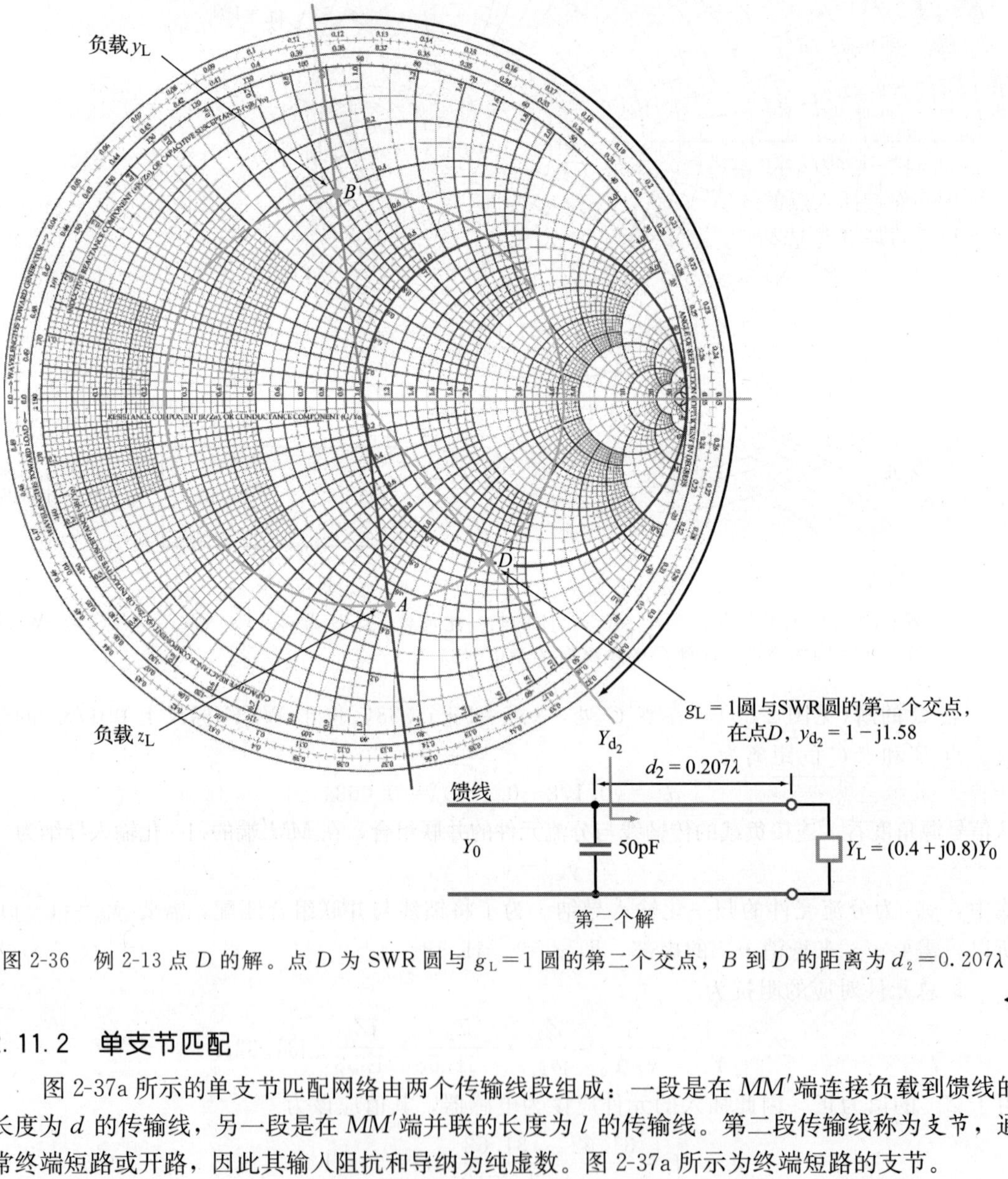

图 2-36 例 2-13 点 D 的解。点 D 为 SWR 圆与 $g_L=1$ 圆的第二个交点，B 到 D 的距离为 $d_2=0.207\lambda$

◀

2.11.2 单支节匹配

图 2-37a 所示的单支节匹配网络由两个传输线段组成：一段是在 MM'端连接负载到馈线的长度为 d 的传输线，另一段是在 MM'端并联的长度为 l 的传输线。第二段传输线称为支节，通常终端短路或开路，因此其输入阻抗和导纳为纯虚数。图 2-37a 所示为终端短路的支节。

> 所需要的两个自由度由支节的长度 l 和负载到支节位置的距离 d 来提供。

由于 MM'处添加的支节与传输线并联(这就是为什么称为分流支节的原因)，使用导纳比使用阻抗处理更容易。匹配过程包括两个步骤：第一步，选择距离 d 将负载导纳$Y_L=1/Z_L$ 变换

为 MM' 处向负载看去的导纳 $Y_d = Y_0 + jB$；第二步，选择支节的长度 l 使其在 MM' 处的输入导纳 Y_s 等于 $-jB$，在 MM' 处两个导纳并联得到 Y_0，Y_0 是传输线的特性导纳。这个过程由例 2-14 来说明。

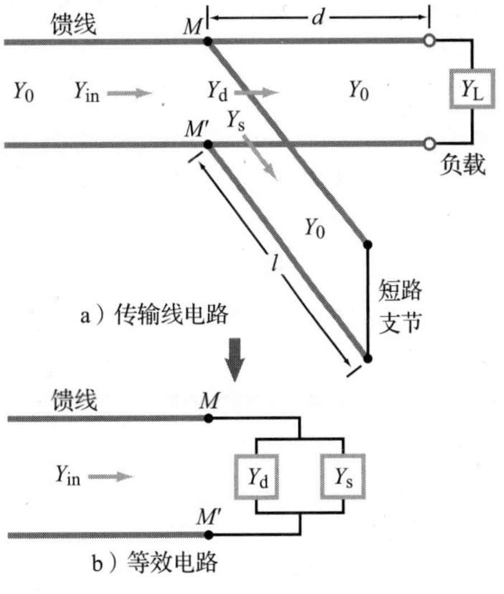

图 2-37 短路支节匹配网络

例 2-14 单支节匹配

重复例 2-13，但是使用短路支节（代替集总元件），将 $Z_L = (25 - j50)\Omega$ 的负载匹配到 50Ω 的传输线。

解： 例 2-13 演示了将负载匹配到传输线的两个解。

1）$d_1 = 0.063\lambda$，$y_{s_1} = jb_{s_1} = -j1.58$

2）$d_2 = 0.207\lambda$，$y_{s_2} = jb_{s_2} = j1.58$

现在保持插入点的距离 d_1 和 d_2 的位置不变，但是我们的任务是选择相应的短路支节的长度 l_1 和 l_2，在它们的输入端提供所要求的导纳。

为了确定 l_1，我们使用如图 2-38 所示的史

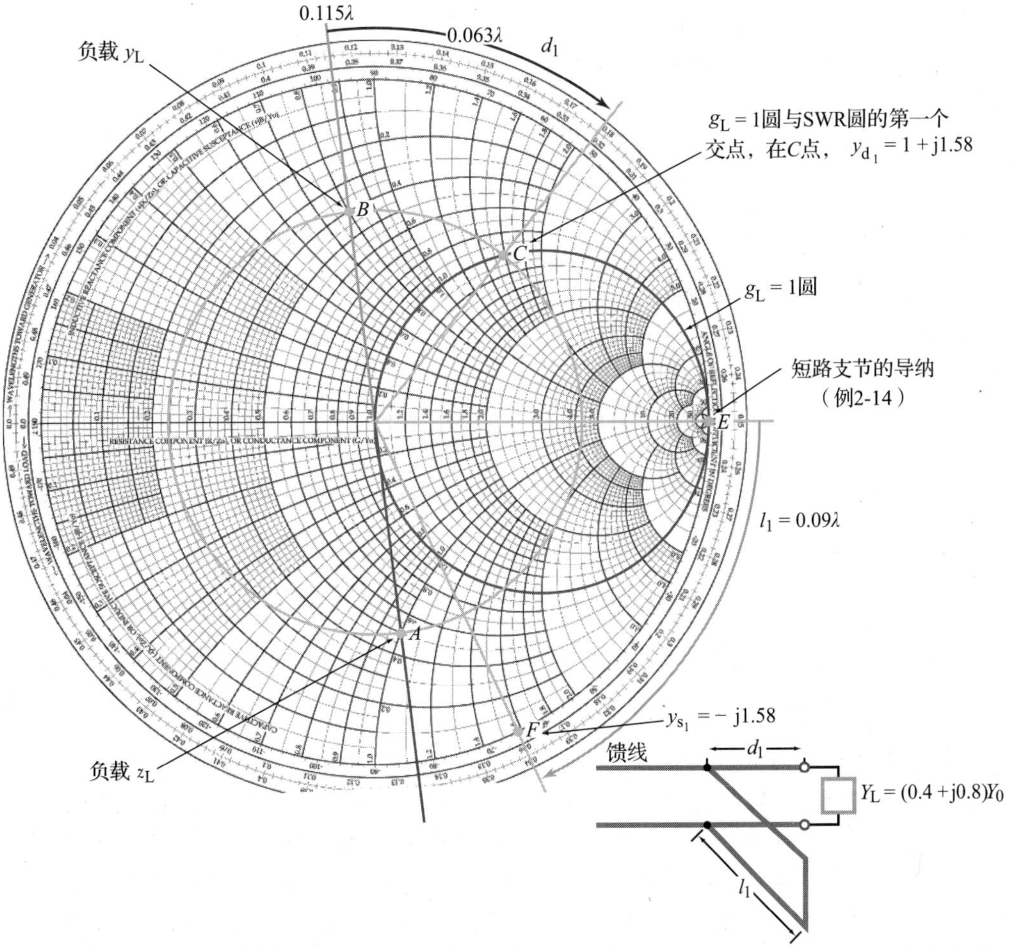

图 2-38 例 2-14 中点 C 的解。点 A 为归一化负载 $z_L = 0.5 - j1$，点 B 为 $y_L = 0.4 + j0.8$，点 C 为 SWR 圆与 $g_L = 1$ 圆的交点，B 到 C 的距离为 $d_1 = 0.063\lambda$，短路支节的长度（E 到 F）为 $l_1 = 0.09\lambda$

密斯圆图。短路的归一化导纳为$-j\infty$，用史密斯圆图上的点E表示，在WTG标尺上的位置为0.25λ。归一化输入导纳$-j1.58$位于点F，在WTG标尺上的位置为0.34λ。所以，

$$l_1=(0.34-0.25)\lambda=0.09\lambda$$

类似地，$y_{s_2}=j1.58$由如图2-39所示的史密斯圆图中的点G来表示，在WTG标尺上的位置为0.16λ，从点E旋转到点G为0.25λ加上0.16λ，即

$$l_2=(0.25+0.16)\lambda=0.41\lambda$$

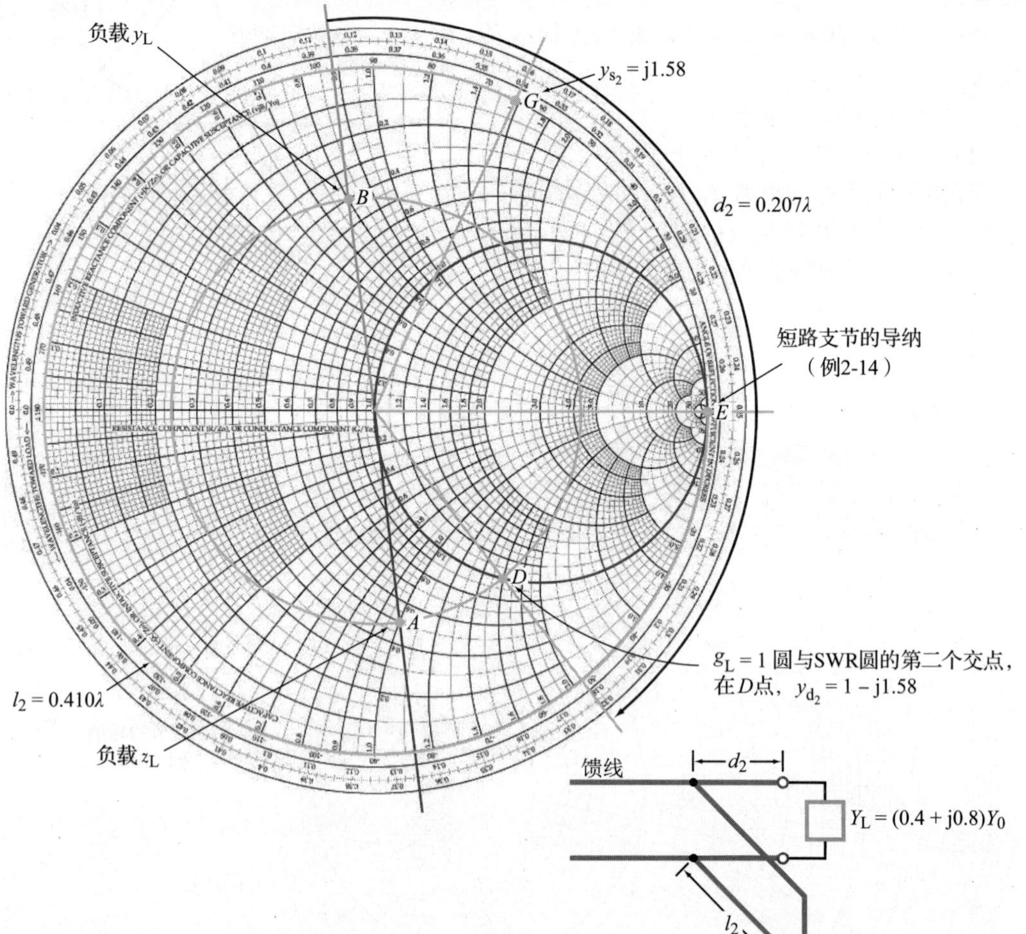

图2-39 例2-14中点D的解。点D为SWR圆与$g_L=1$圆的第二个交点，B到D的距离为$d_2=0.207\lambda$，E到G的距离为$l_2=0.410\lambda$

◀

例2-15 复负载的$\lambda/4$变换器

设计一个四分之一波长变换器，将负载$Z_L=(100+j100)\Omega$匹配到50Ω的传输线。

解： 要求的传输线电路如图2-40a所示，我们需要插入一个$\lambda/4$变换器来消除MM'处的反射。为此需要指定插入的位置距离d和$\lambda/4$变换器的特性阻抗Z_{0_2}使$Z_{in}=Z_{0_1}$。

一段特性阻抗为Z_{0_2}的$\lambda/4$传输线，可将其一端的阻抗Z_a变换为另一端的Z_b，因此有

$$Z_a Z_b = Z_{0_2}^2 \tag{2.142}$$

在本例中(见图 2-40a)，$Z_a = Z(d)$为 BB'处向负载看去的输入阻抗，且 $Z_b = Z_{\text{in}} = Z_{0_1} = 50\Omega$。由于 $\lambda/4$ 变换器为无耗传输线，其阻抗 Z_{0_2} 为纯实数。因此，为了满足式(2.142)，必须使 $Z(d)$也为纯实数，这是选择距离 d 的关键。根据这个基本原理，我们按照如下步骤进行。

1）归一化负载阻抗为

$$z_{\text{L}} = \frac{Z_{\text{L}}}{Z_{0_1}} = \frac{100 + \text{j}100}{50} = 2 + \text{j}2$$

如图 2-40b 所示史密斯圆图上的点 A。

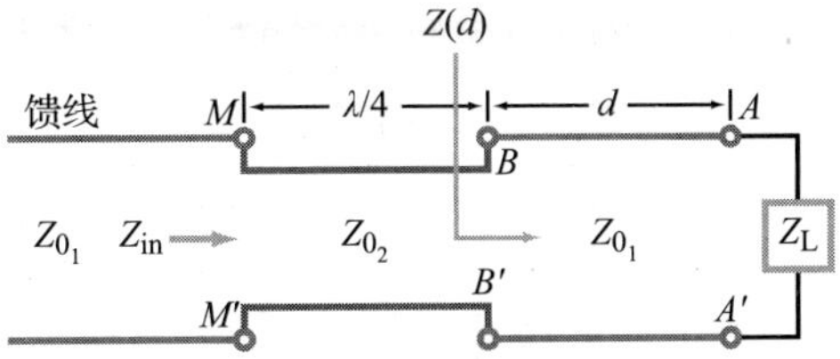

a）四分之一波长变换器

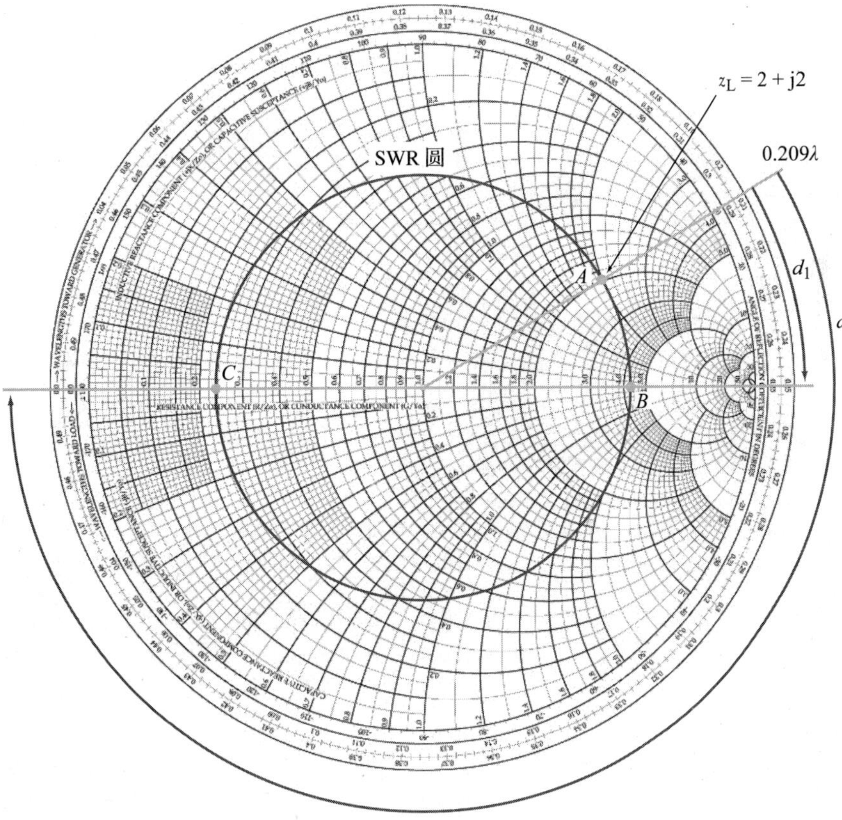

b）史密斯圆图的解

图 2-40　例 2-15 的解

2）在 SWR 圆上移动，直到 $z(d)$变为纯实数，对应于点 B 和点 C。

（a）点 B：

$$d_1=(0.25-0.209)\lambda=0.041\lambda$$

$$z(d_1)=4.27$$

$$Z(d_1)=4.27\times50\Omega=213.5\Omega$$

$$Z_{0_2}=\sqrt{Z(d_1)Z_{0_1}}=\sqrt{213.5\times50}\ \Omega=103.3\Omega$$

（b）点 C：

$$d_2=d_1+\frac{\lambda}{4}=(0.041+0.25)\lambda=0.291\lambda$$

$$z(d_2)=0.23$$

$$Z(d_2)=0.23\times50\Omega=11.5\Omega$$

$$Z_{0_2}=\sqrt{Z(d_2)Z_{0_1}}=\sqrt{11.5\times50}\ \Omega=24.2\Omega$$ ◀

概念问题 2-24：为了利用匹配网络将任意负载阻抗与无耗传输线匹配，网络需要提供的最少的自由度是多少？

概念问题 2-25：在单支节匹配网络情况下，两个自由度是什么？

概念问题 2-26：当传输线通过单支节匹配网络与负载匹配时，不存在向信号源的反射波。被负载和短路支节反射的波到达图 2-37 中 MM'处时会发生什么？

模块 2.7（四分之一波长变换器） 该模块允许通过多个步骤来设计四分之一波长传输线，当其插入原始传输线的合适位置时，为馈线提供匹配负载。

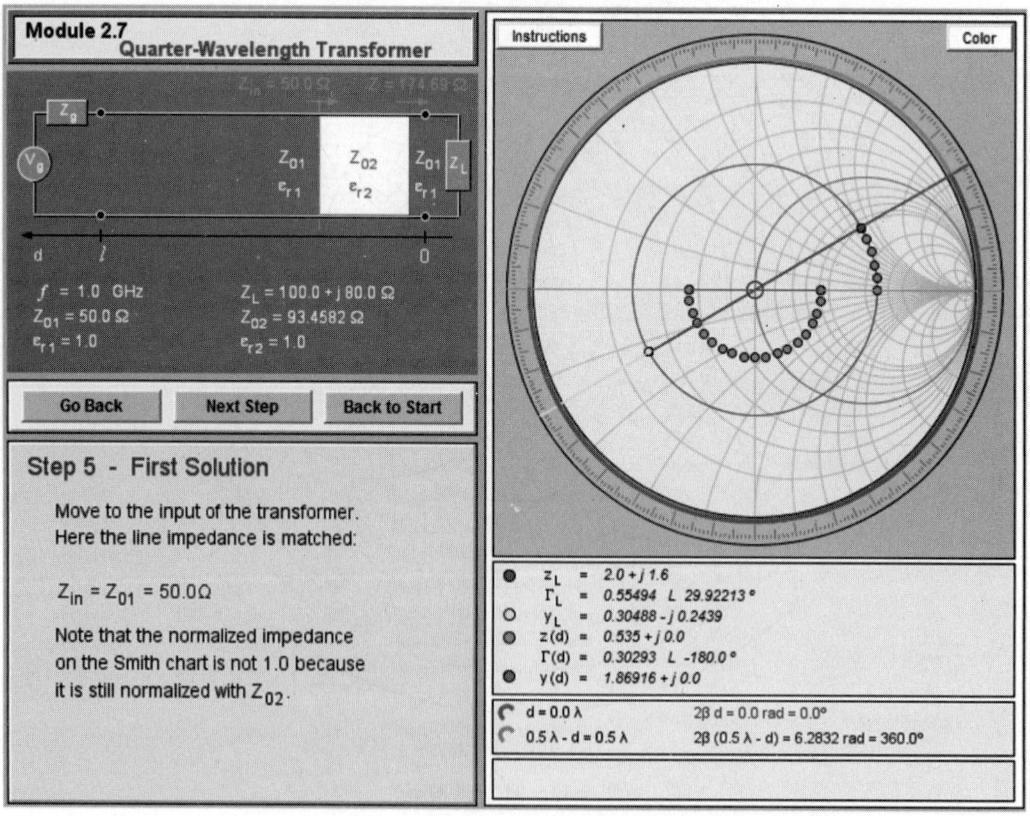

模块 2.8(离散元件匹配)　对于两种可能的解的每一种，该模块指导用户使用一个程序，通过在传输线合适位置插入电容器或电感器来将负载匹配到馈线。

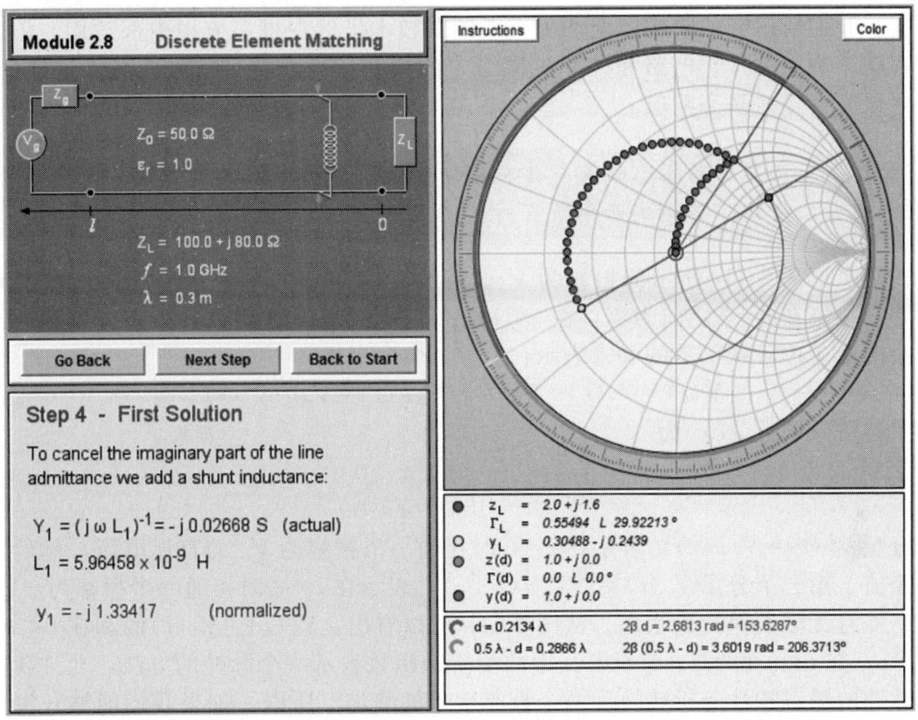

模块 2.9(单支节调制阻抗匹配)　该模块不是插入集总元件来匹配馈线和负载，而是确定短路支节的长度，以达到相同的目的。

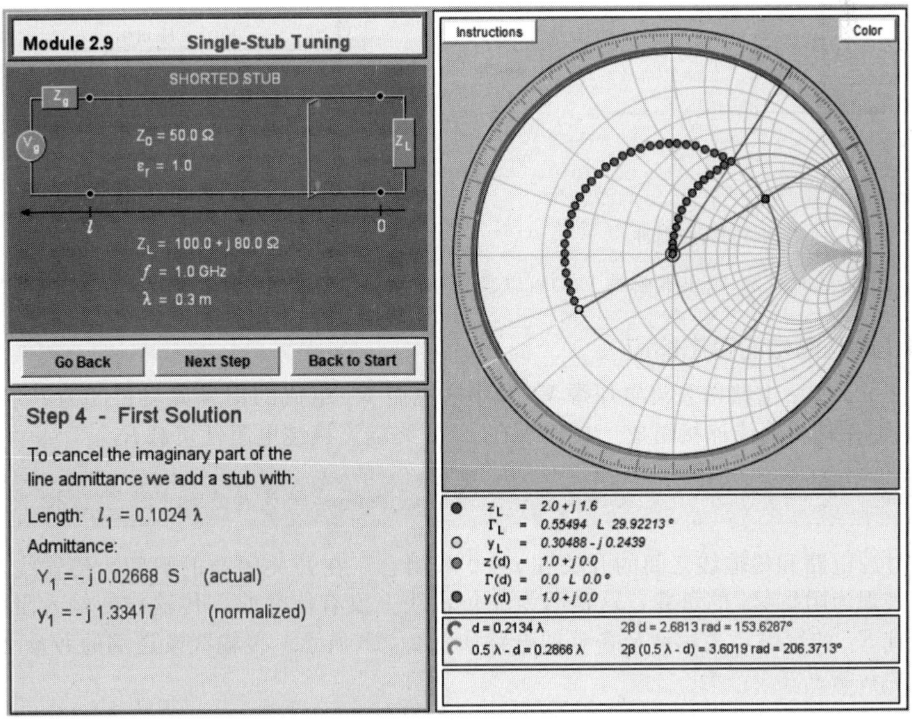

2.12　传输线上的瞬态现象

到目前为止，我们对波在传输线上传播的讨论主要集中在稳态条件下的单频时谐波信号的分析。我们所研究的阻抗匹配和史密斯圆图技术虽然在很多应用中都适用，但不适用于处理存在于数字芯片、电路和计算机网络中的数字信号或宽带信号。对于这样的信号，我们需要研究传输线瞬态响应。

传输线上电压脉冲的**瞬态响应**是其在传输线的发送端和接收端之间来回传播的随时间变化的记录，考虑了传输线两端所有的多次反射(回波)。

我们从考虑图 2-41a 所示的振幅为 V_0、持续时间为 τ 的单个矩形脉冲的情况开始讨论。脉冲的振幅在 $t=0$ 之前为零，在 $0\leqslant t\leqslant\tau$ 区间为 V_0，之后仍然为零。该脉冲在数学上可以用两个单位阶跃函数的和来表示：

$$V(t)=V_1(t)+V_2(t)=V_0u(t)-V_0u(t-\tau) \tag{2.143}$$

式中，单位阶跃函数 $u(x)$ 为

$$u(x)=\begin{cases}1, & x>0\\0, & x<0\end{cases} \tag{2.144}$$

第一个分量 $V_1(t)=V_0u(t)$，表示在 $t=0$ 时接通一个振幅为 V_0 的直流电压，然后无限期保持这个值。第二个分量 $V_2(t)=-V_0u(t-\tau)$，表示在 $t=\tau$ 时接通一个振幅为 $-V_0$ 的直流电压，并且无限期保持该状态。从图 2-41b 可以看出，$V_1(t)+V_2(t)$的和在 $0<t<\tau$ 期间等于 V_0，在 $t<0$ 和 $t>\tau$ 等于零。用两个阶跃函数表示一个脉冲的方法，允许我们将传输线上脉冲的瞬态特性分析转换为两个直流信号的叠加。所以，如果我们能够开发出描述单个阶跃函数瞬态特性的基本工具，那么就可以对脉冲的两个分量分别应用相同的工具，然后将结果相加得到 $V(t)$的响应。

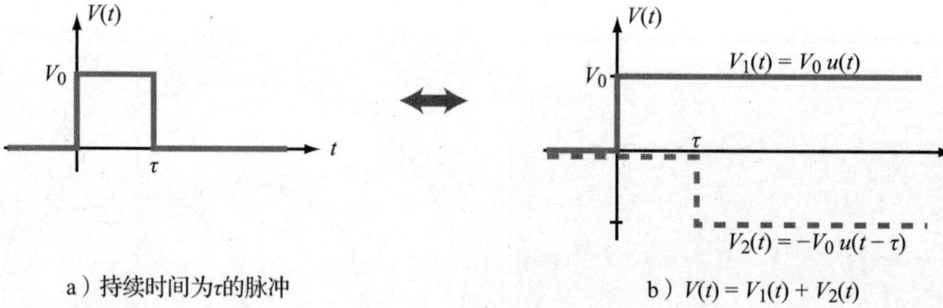

图 2-41　持续时间为 τ 的矩形脉冲 $V(t)$可以表示为两个极性相反、相对位移为 τ 的阶跃函数的和

2.12.1　阶跃函数的瞬态响应

图 2-42a 所示电路由直流电压源 V_g 和串联电阻 R_g 组成的信号源与长度为 l、特性阻抗为 Z_0 的无耗传输线连接组成。传输线在 $z=l$ 终端连接纯电阻性负载 R_L。

注意，前一节将 $z=0$ 定义为负载的位置，现在将其定义为源的位置更方便。

信号源电路和传输线之间的开关在 $t=0$ 时闭合。在开关闭合的瞬间，传输线对信号源电路表现为阻抗 Z_0 的负载，这是因为在传输线上没有信号时，传输线的输入阻抗不受负载阻抗 R_L 的影响。表示初始条件的电路如图 2-42b 所示。传输线发送端的*初始电流* I_1^+ 和对应的*初始电压* V_1^+ 为

$$I_1^+=\frac{V_g}{R_g+Z_0} \tag{2.145a}$$

$$V_1^+=I_1^+Z_0=\frac{V_gZ_0}{R_g+Z_0} \tag{2.145b}$$

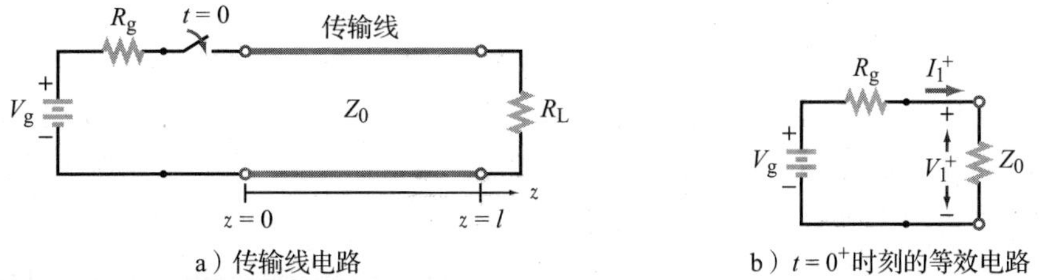

图 2-42 在 $t=0^+$ 时刻，闭合电路中的开关后，电路可以由等效电路来表示，因为从这个时刻开始到信号源接收到负载的反射之前，从信号源向传输线看去的阻抗仅为 Z_0

在开关闭合后，立刻形成由 V_1^+ 和 I_1^+ 组合的沿传输线以速度 $u_p=1/\sqrt{\mu\varepsilon}$ 传播的波。上标的加号表示波沿 $+z$ 方向传播。图 2-43 给出了 $R_g=4Z_0$ 和 $R_L=2Z_0$ 的电路在三个不同时刻波的瞬态响应的实例。第一个响应发生在 $t_1=T/2$ 时刻，其中 $T=l/u_p$ 为波传过整个传输线所用的时间。在时刻 t_1，波在传输线上走了一半的距离，因此传输线上前半段的电压等于 V_1^+，后半段的电压仍然为零(见图 2-43a)。在 $t=T$ 时刻，波到达 $z=l$ 处的负载，由于 $R_L\neq Z_0$，该失配情况下产生的反射波的振幅为

$$V_1^-=\Gamma_L V_1^+ \tag{2.146}$$

式中，

$$\Gamma_L=\frac{R_L-Z_0}{R_L+Z_0} \tag{2.147}$$

为负载的反射系数。对于图 2-43 所示的特定情况，$R_L=2Z_0$，得到$\Gamma_L=1/3$。第一次反射后，传输线上的电压波由两个波叠加组成：初始波 V_1^+ 和反射波 V_1^-。在 $t_2=3T/2$ 时刻传输线上的电压如图 2-43b 所示，传输线的前半段($0\leqslant z\leqslant l/2$)上的电压 $V(z,3T/2)$等于 V_1^+，后半段($l/2\leqslant z\leqslant l$)上的电压为 $V_1^+ +V_1^-$。

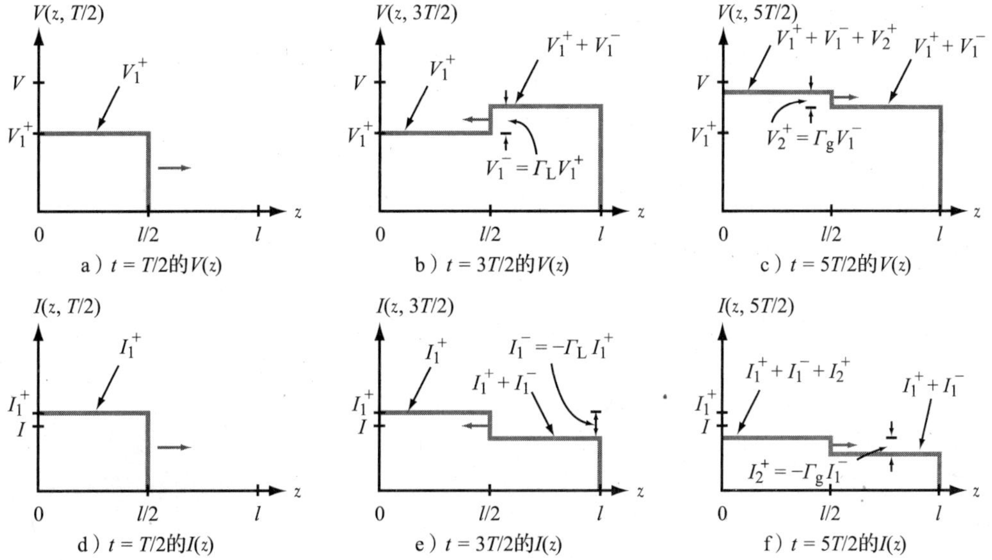

图 2-43 单位阶跃电压作用于 $R_g=4Z_0$ 和 $R_L=2Z_0$ 的无耗传输线上，在 $t=T/2$、$t=3T/2$ 和 $t=5T/2$ 时刻传输线上的电压和电流分布，对应的反射系数为 $\Gamma_L=1/3$ 和$\Gamma_g=3/5$

在 $t=2T$ 时刻，反射波 V_1^- 到达传输线的发送端。如果 $R_g \neq Z_0$，在 $z=0$ 处的发送端不匹配将产生一个反射波，反射波的电压振幅 V_2^+ 为

$$V_2^+ = \Gamma_g V_1^- = \Gamma_g \Gamma_L V_1^+ \tag{2.148}$$

式中，

$$\Gamma_g = \frac{R_g - Z_0}{R_g + Z_0} \tag{2.149}$$

为信号源电阻 R_g 的反射系数。对于 $R_g = 4Z_0$，我们有 $\Gamma_g = 0.6$。在 $t=2T$ 之后，随着时间推移，波 V_2^+ 沿线向负载方向传播，并与传输线上之前建立的电压叠加。所以，在 $t=5T/2$ 时刻，前半段传输线上的总电压为

$$V(z,5T/2) = V_1^+ + V_1^- + V_2^+ = (1+\Gamma_L+\Gamma_L\Gamma_g)V_1^+ \quad (0 \leqslant z \leqslant l/2) \tag{2.150}$$

后半段传输线上的电压为

$$V(z,5T/2) = V_1^+ + V_1^- = (1+\Gamma_L)V_1^+ \quad (l/2 \leqslant z \leqslant l) \tag{2.151}$$

电压分布如图 2-43c 所示。

到目前为止，我们已经研究了电压波 $V(z,t)$ 的瞬态响应。相关的电流 $I(z,t)$ 的瞬态响应如图 2-43d～f 所示，除了一个重要的区别以外，电流的表现与电压类似。在传输线的任意一端，反射电压与入射电压之间的关系取决于该端的反射系数，而反射电流与入射电流之间的关系取决于反射系数的负值。波反射的这种性质由式(2.61)表示。因此，

$$I_1^- = -\Gamma_L I_1^+ \tag{2.152a}$$

$$I_2^+ = -\Gamma_g I_1^- = \Gamma_g \Gamma_L I_1^+ \tag{2.152b}$$

依此类推。

多次反射过程无限持续下去，直到 t 接近 $+\infty$ 时，传输线上所有位置上 $V(z,t)$ 的最终值相同。

电压 V 的最终值由下式给出：

$$\begin{aligned} V_\infty &= V_1^+ + V_1^- + V_2^+ + V_2^- + V_3^+ + V_3^- + \cdots \\ &= V_1^+(1+\Gamma_L+\Gamma_L\Gamma_g+\Gamma_L^2\Gamma_g+\Gamma_L^2\Gamma_g^2+\Gamma_L^3\Gamma_g^2+\cdots) \\ &= V_1^+[(1+\Gamma_L)(1+\Gamma_L\Gamma_g+\Gamma_L^2\Gamma_g^2+\cdots)] \\ &= V_1^+(1+\Gamma_L)(1+x+x^2+\cdots) \end{aligned} \tag{2.153}$$

式中，$x=\Gamma_L\Gamma_g$。括号中的级数为几何级数函数，有

$$\frac{1}{1-x} = 1+x+x^2+\cdots \qquad 当 |x|<1 \tag{2.154}$$

所以，式(2.153)可以改写为紧凑形式：

$$V_\infty = V_1^+ \frac{1+\Gamma_L}{1-\Gamma_L\Gamma_g} \tag{2.155}$$

用式(2.145b)、式(2.147)和式(2.149)置换 V_1^+、Γ_L 和Γ_g，式(2.155)化简为

$$V_\infty = \frac{V_g R_L}{R_g + R_L} \tag{2.156}$$

电压 V_∞ 称为传输线上的稳态电压，其表达式与图 2-43a 中对电路进行直流分析的结果相同。在图 2-43a 中，我们将传输线简单处理为信号源和负载之间的连接线，对应的稳态电流为

$$I_\infty = \frac{V_\infty}{R_L} = \frac{V_g}{R_g + R_L} \tag{2.157}$$

2.12.2　反弹图

当电压和电流在传输线上来回反弹时，持续跟踪它们是一个相当乏味的过程。反弹图是一种图形表示，它允许我们以相对轻松的方式达到相同的目的。图 2-44a 和 b 的横轴表示沿传输线的位置，纵轴表示时间。图 2-44a 和 b 分别对应电压 $V(z,t)$ 和电流 $I(z,t)$。图 2-44a 中的反弹图由一条表示电压波在传输线上行进过程的锯齿线组成。入射波 V_1^+ 从 $z=t=0$ 开始，沿着 $+z$ 方向传播，直到 $t=T$ 时刻到达 $z=l$ 处的负载。在反弹图的最顶端，信号源端的反射系数由 $\Gamma=\Gamma_g$ 表示，负载端的反射系数由 $\Gamma=\Gamma_L$ 表示。在锯齿线第一段直线的末端，画出的第二个线段表示反射电压波 $V_1^-=\Gamma_L V_1^+$。每一个新的直线段的振幅等于前一个直线段的振幅与其末端反射系数的乘积。图 2-44b 中电流 $I(z,t)$ 的反弹图除了顶端 Γ_L 和 Γ_g 的符号相反以外，遵循相同的原理。

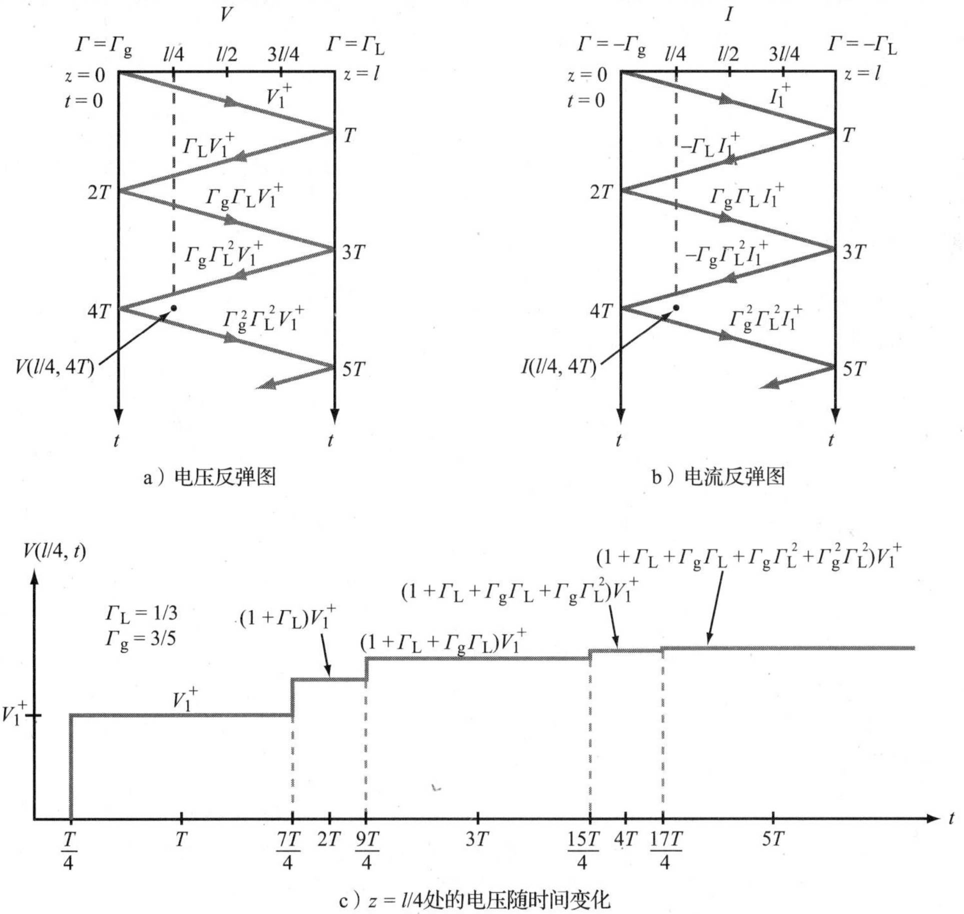

图 2-44　电压和电流的反弹图

利用反弹图，可以确定传输线上任意点 z_1 和任意时刻 t_1 的总电压(或总电流)。首先在反弹图上画一条通过 z_1 点的垂直线，然后将 $t=0$ 和 $t=t_1$ 之间所有与该垂直线相交的锯齿线段上的电压(或电流)加起来即可。例如，为了求 $z=l/4$ 和 $t=4T$ 的电压，我们在图 2-44a 中过 $z=l/4$ 从 $t=0$ 到 $t=4T$ 画一条垂直虚线，该虚线与四条锯齿线段相交。所以，在 $z=l/4$ 和 $t=4T$ 的总电压为

$$V(l/4,4T)=V_1^+ +\Gamma_L V_1^+ +\Gamma_g\Gamma_L V_1^+ +\Gamma_g\Gamma_L^2 V_1^+ =V_1^+(1+\Gamma_L+\Gamma_g\Gamma_L+\Gamma_g\Gamma_L^2)$$

通过沿穿过 z 的垂直(虚)线绘制 $V(z,t)$ 的值，可以得到 $V(z,t)$ 在指定位置 z 处随时

间的变化。图 2-44c 为$\Gamma_g=3/5$，$\Gamma_L=1/3$ 的电路在 $z=l/4$ 处，V 随时间变化的情况。

例 2-16 脉冲传播

图 2-45a 所示的传输线电路由一个从 $t=0$ 开始的持续时间 $\tau=1\text{ns}$ 的矩形脉冲激励。已知脉冲的振幅为 5V，相速为 c，传输线的长度为 0.6m，建立负载处电压响应的波形。

解： 单向传播的时间为

$$T=\frac{l}{c}=\frac{0.6}{3\times10^8}\text{ns}=2\text{ns}$$

负载端和发送端的反射系数为

$$\Gamma_L=\frac{R_L-Z_0}{R_L+Z_0}=\frac{150-50}{150+50}=0.5$$

$$\Gamma_g=\frac{R_g-Z_0}{R_g+Z_0}=\frac{12.5-50}{12.5+50}=-0.6$$

利用式(2.143)，将该矩形脉冲处理为两个阶跃函数的和：第一个从 $t=0$ 开始，振幅为 $V_{10}=5\text{V}$；第二个从 $t=1\text{ns}$ 开始，振幅为 $V_{20}=-5\text{V}$。除了时间延迟 1ns 和所有电压值的符号相反以外，两个阶跃函数产生完全相同的反弹图，如图 2-45b 所示。对于第一个阶跃函数，初始电压为

$$V_1^+=\frac{V_{10}Z_0}{R_g+Z_0}=\frac{5\times50}{12.5+50}\text{V}=4\text{V}$$

使用反弹图中显示的信息，可以直接生成如图 2-45c 所示的电压响应。注意，在 $t=2\text{ns}$ 时，负载端的电压由 $V_1^+=4\text{V}$ 和反射电压 $V_1^-=\Gamma_L V_1^+=2\text{V}$ 共同组成。因此，在 $t=2\text{ns}$ 时，负载端总电压为 6V。对于负阶跃函数，在 3ns 时发生类似的过程，产生 -6V。因此，两个阶跃函数之和为零，并保持这种状态直到 $t=6\text{ns}$。◀

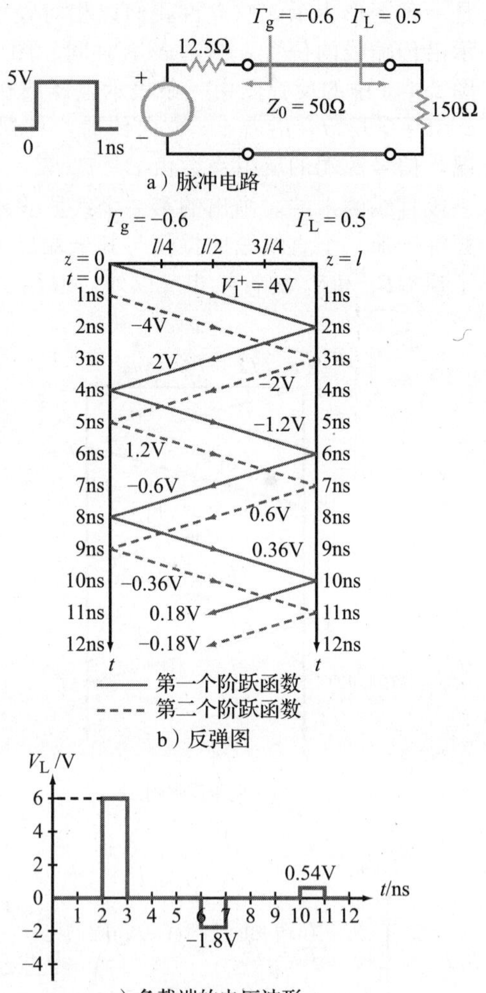

c）负载端的电压波形

图 2-45 例 2-16 图

例 2-17 时域反射计

时域反射计(Time-Domain Reflectometer，TDR)是一种用来确定传输线上故障位置的仪器。例如，考虑一个(以前匹配的)长地下或海底电缆，在距离传输线的发送端 d 处损坏。损坏可能会改变电缆的电气性能或形状，在其故障位置表现为一个有效电阻 R_{Lf}，TDR 在传输线上发送一个阶跃电压，通过观察发送端电压随时间的变化，可以确定故障的位置以及严重程度。

如果在连接到 75Ω 匹配传输线的输入端的示波器上看到如图 2-46a 所示的电压波形，确定：(a) 信号源的电压，(b) 故障的位置，(c) 故障处的并联电阻。该传输线的绝缘材料为$\varepsilon_r=2.1$ 的聚四氟乙烯。

解： (a) 由于传输线正确匹配，$R_g=R_L=Z_0$。在图 2-46b 中，距离发送端 d 处的故障用并联电阻 R_f 表示。对于匹配的传输线，式(2.145b)给出

$$V_1^+=\frac{V_gZ_0}{R_g+Z_0}=\frac{V_gZ_0}{2Z_0}=\frac{V_g}{2}$$

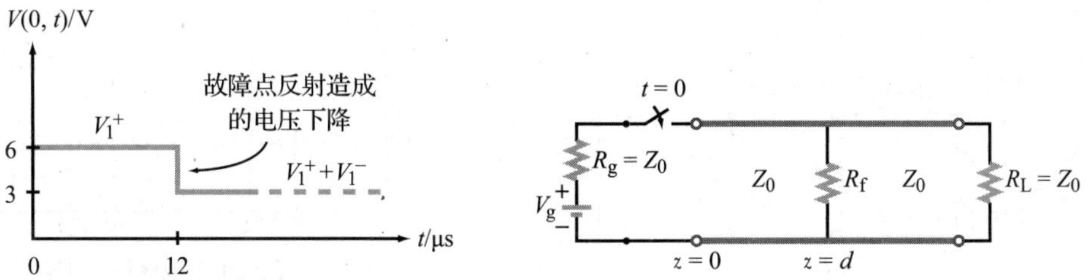

a）发送端观察到的电压

b）由故障电阻R_f来表示$z=d$处的故障

图 2-46　例 2-17 的时域反射计

根据图 2-46a 可知，$V_1^+=6\text{V}$。所以，

$$V_g=2V_1^+=12\text{V}$$

（b）传输线上波的传播速度为

$$u_p=\frac{c}{\sqrt{\varepsilon_r}}=\frac{3\times10^8}{\sqrt{2.1}}\text{m/s}=2.07\times10^8\text{m/s}$$

对于距离 d 处的故障，回波的往返时延为

$$\Delta t=\frac{2d}{u_p}$$

由图 2-46a 可知，$\Delta t=12\mu\text{s}$，所以，

$$d=\frac{\Delta t}{2}u_p=\frac{12\times10^{-6}}{2}\times2.07\times10^8\text{m}=1242\text{m}$$

（c）图 2-46a 中 $V(0,t)$下降的量表示 V_1^-。所以，

$$V_1^-=\Gamma_fV_1^+=-3\text{V}$$

或

$$\Gamma_f=\frac{-3}{6}=-0.5$$

式中，Γ_f 为在 $z=d$ 处出现的有效故障电阻 R_{Lf} 引起的反射系数。

由式(2.59)可知：

$$\Gamma_f=\frac{R_{Lf}-Z_0}{R_{Lf}+Z_0}$$

由此得到 $R_{Lf}=25\Omega$。该故障电阻由故障并联电阻 R_f 和故障点右端传输线的特性阻抗 Z_0 并联而成：

$$\frac{1}{R_{Lf}}=\frac{1}{R_f}+\frac{1}{Z_0}$$

所以，并联电阻 $R_f=37.5\Omega$。◀

例 2-18 脉冲传输

当振幅为 1V 持续时间为 5μs 的脉冲源激励时，观察到一条未知特性阻抗 Z_0 和未知负载阻抗 R_L 的传输线在中点处的电压响应如图 2-47b 所示。传输线的相对介电常数为$\varepsilon_r=2.25$。确定：(a) 传输线的长度，(b) Z_0，(c) R_L。

解：（a）相速为

$$u_p=\frac{c}{\sqrt{\varepsilon_r}}=\frac{3\times10^8}{\sqrt{2.25}}\text{m/s}=2\times10^8\text{m/s}$$

脉冲从开始到达传输线的中点用了 10μs 的时间（由图 2-47b 可知），因此需要 20μs 的时间到达传输线的终端。所以，

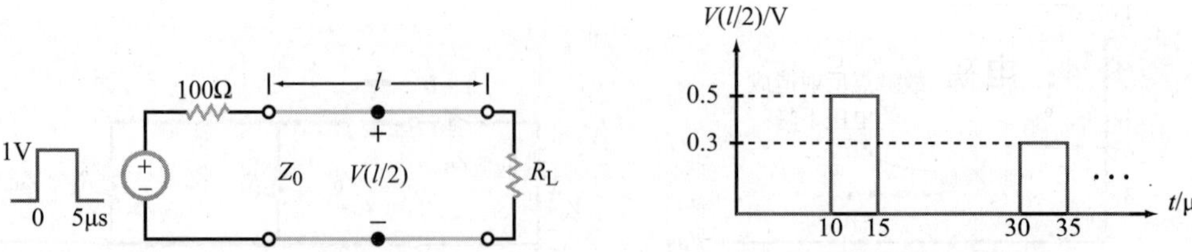

a）传输线　　　　b）在传输线中点观察到的电压

图 2-47　例 2-18 的电路和电压响应

$$l=u_p T=2\times10^8\times20\times10^{-6}\,\text{m}=4000\text{m}$$

(b) 由式(2.145b)可知：

$$V_1^+=\frac{V_g Z_0}{R_g+Z_0}$$

在本例中，$V_g=1\text{V}$，$R_g=100\Omega$，如图 2-47b 所示的波形表示 $V_1^+=0.5\text{V}$。得到

$$Z_0=100\Omega$$

(c) 由负载反射的脉冲出现在 30μs 和 35μs 之间，其振幅为 $V_1^-=0.3\text{V}$。所以，

$$\Gamma_L=\frac{V_1^-}{V_1^+}=\frac{0.3}{0.5}=0.6$$

同时，

$$\Gamma_L=\frac{R_L-Z_0}{R_L+Z_0}$$

由 $\Gamma_L=0.6$ 和 $Z_0=100\Omega$，得到 $R_L=400\Omega$。◀

概念问题 2-27：瞬态分析的用途是什么？

概念问题 2-28：本节介绍的瞬态分析是针对阶跃电压的，如何用其来分析脉冲的响应呢？

概念问题 2-29：电压反弹图和电流反弹图有什么不同？

概念问题 2-30：什么是时域反射计(TDR)？其用途是什么？

概念问题 2-31：V_∞ 和 I_∞ 表示的是什么？

模块 2.10(瞬态响应)　对于端接电阻性负载的无耗传输线，该模块模拟传输线上任意位置对信号源发送阶跃波形或脉冲波形的动态响应。

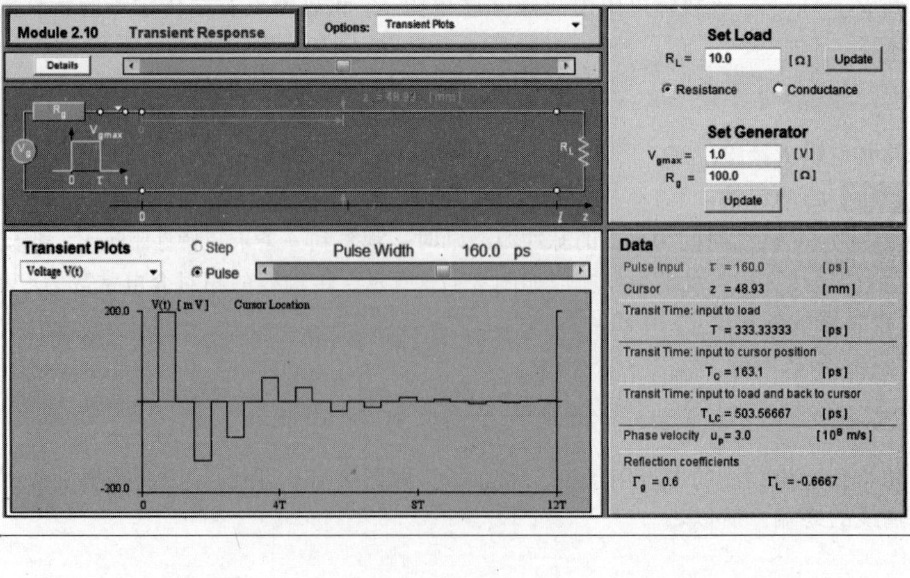

技术简介4：电磁癌症消融器

从激光眼科手术到三维X射线成像，电磁源和传感器作为医学诊断和治疗的工具已经用了几十年了。未来信息处理和其他相关技术的进步，无疑将提高电磁设备的性能和实用性，并引入全新类型的设备。该技术简介将介绍两种新兴的电磁技术，虽然它们仍处于起步阶段，但正迅速发展成为用于癌症肿瘤外科治疗的重要技术。

微波消融术

在医学上，消融通常定义为直接利用化学或热疗法"切除身体组织的外科手术"。

微波消融术应用与微波炉相同的热转换过程(参见技术简介3)，但它不是用微波能量来烹饪食物，而是通过将肿瘤组织暴露在聚焦的微波波束中来将其切除。

该技术可经皮(通过皮肤)、**腹腔镜**(通过切口)或**外科手术**(开放手术通道)来使用。在CT扫描仪或超声成像仪等成像系统的引导下，外科医生可以确定肿瘤位置，然后将一根细同轴传输线(直径约1.5mm)直接穿入身体，将传输线顶端(探针式天线)放置在肿瘤内部(见图TF4-1)。将传输线连接到一台能够在频率为915MHz时提供60W功率的信号源(见图TF4-2)，肿瘤的温度升高程度与它所接收到的微波能量有关，微波能量等于信号源的功率电平与消融治疗时间的乘积。微波消融术是一种治疗肝、肺、肾上腺肿瘤的很有前途的新技术。

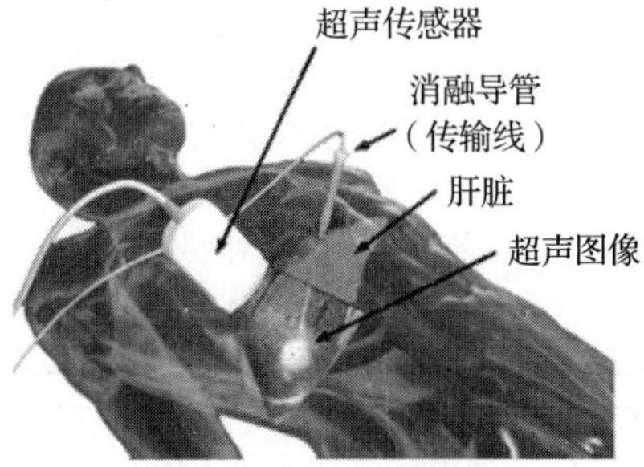

图 TF4-1 微波消融术治疗肝癌

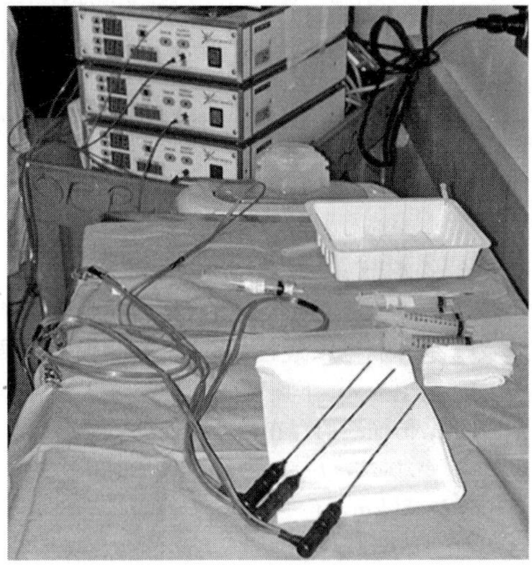

图 TF4-2 经皮肤穿刺的微波消融术装置的照片，其中三个单独的微波探针连接到三个微波信号源

高功率纳秒脉冲

生物电子学是专注于研究电场在生物系统中的行为的新兴领域。最近，人们对理解活细胞对具有极高电压和电流幅值的极短脉冲[纳秒级(10^{-9}s)或者皮秒级(10^{-12}s)]的响应特别感兴趣。

动机是使用高能脉冲轰击癌细胞来治疗它们，脉冲功率通过传输线传输给细胞，如图TF4-3中的例子所示。

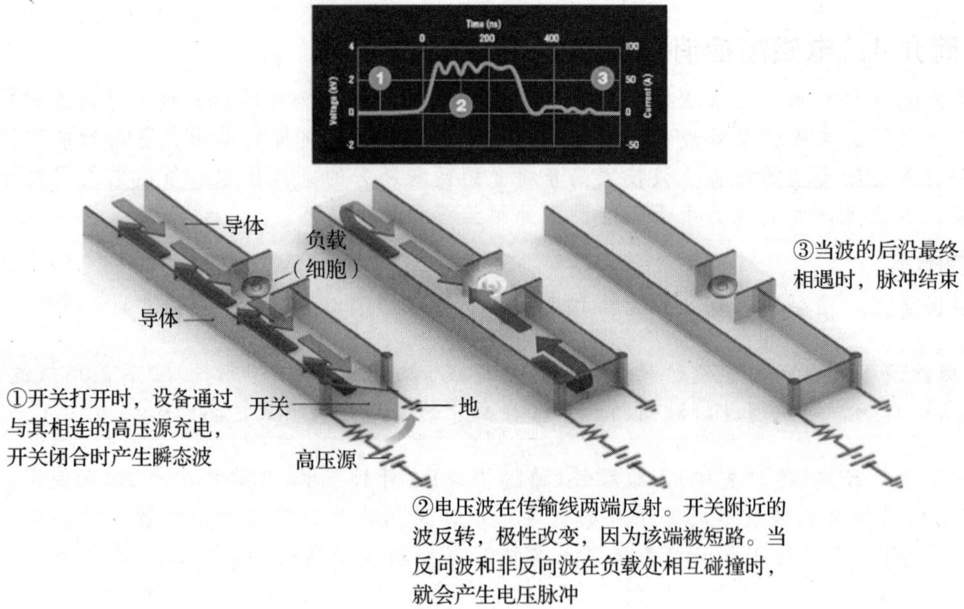

图 TF4-3　高压纳秒脉冲经传输线传输给肿瘤细胞，被脉冲摧毁的细胞位于传输线上一个导体的断口处

请注意，脉冲大约为 200ns，其电压和电流幅值分别约为 3000V 和 60A。因此，峰值功率大约为 180 000W！但是脉冲所携带的总能量仅为$(1.8\times10^{5})\times(2\times10^{-7})J=0.0036$J。尽管所包含的能量很低，但非常高的电压似乎对摧毁恶性肿瘤（到目前为止，在小鼠身上）非常有效，而且不会再生。

习题

2.1 节至 2.4 节

2.1　长度为 l 的传输线将一负载连接到振荡频率为 f 的正弦电压源上。假设波在传输线上传播的速度为 c，下面哪一种情况在电路求解中忽略传输线的存在是合理的？

*(a) $l=20$cm，$f=20$kHz

(b) $l=50$km，$f=60$Hz

*(c) $l=20$cm，$f=600$MHz

(d) $l=1$mm，$f=100$GHz

2.2　一铜质双导线嵌入$\varepsilon_r=2.6$，$\sigma=2\times10^{-6}$S/m 的介电材料中。导线之间的距离为 3cm，导线半径为 1mm。

(a) 计算 2GHz 时的传输线参数 R'、L'、G' 和 C'。

(b) 将计算结果与基于模块 2.1 的结果进行对比，并打印屏幕显示结果。

2.3　证明图 P2.3 所示的传输线模型的电报方程与式(2.14)和式(2.16)给出的相同。

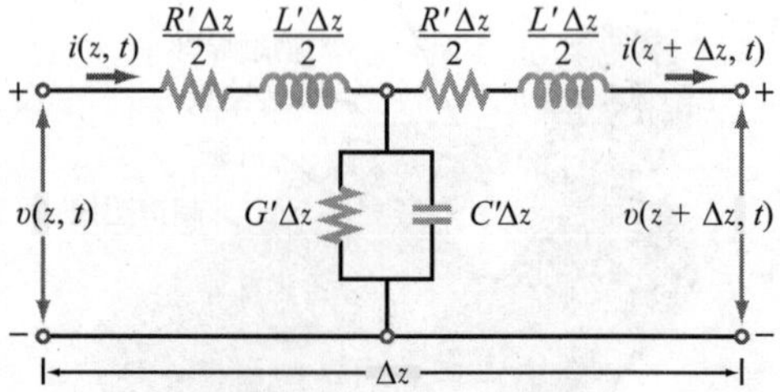

图 P2.3　习题 2.3 图

*2.4　一条 1GHz 的平行板线由厚度为 0.15cm 的聚苯乙烯隔开的宽度为 1.2cm 的铜带组成。铜的 $\mu_c=\mu_0=4\pi\times10^{-7}$H/m，$\sigma_c=5.8\times10^{7}$S/m，聚苯乙烯的$\varepsilon_r=2.6$。用表 2-1 确定传输线参数。假设聚苯乙烯的 $\mu=\mu_0$，$\sigma\approx0$。

2.5　已知习题 2.4 中的平行板线的参数为 $R'=1\Omega$/m，$L'=167$nH/m，$G'=0$，$C'=172$pF/m。计算 1GHz 时的 α、β、u_p 和 Z_0。

2.6　同轴线内外导体的直径分别为 0.5cm 和 1cm，

填充的绝缘材料的本构参数为$\varepsilon_r = 4.5$和$\sigma = 10^{-3}$S/m，导体是铜制的。

(a) 计算1GHz时的传输线参数。

(b) 将计算结果与基于模块2.2的结果进行对比，并打印屏幕显示结果。

2.7 求习题2.6中同轴线的α、β、u_p和Z_0。用模块2.2验证结果，并打印屏幕显示结果。

*2.8 求习题2.2中双导线的α、β、u_p和Z_0。将计算结果与基于模块2.1的结果进行对比，并打印屏幕显示结果。

2.5节

2.9 一条无耗微带线的导带宽度为1mm，其基板厚度为1cm，相对介电常数为$\varepsilon_r = 2.5$。在10GHz，求微带线的参数ε_{eff}、Z_0和β。将结果与基于模块2.3的结果进行对比，并打印屏幕显示结果。

*2.10 使用模块2.3设计一条100Ω的微带线，基板厚度为1.8mm，$\varepsilon_r = 2.3$。选择导带的宽度w，确定在$f = 5$GHz时的波导波长λ，并打印屏幕显示结果。

2.11 一条50Ω的微带线用0.6mm厚、$\varepsilon_r = 9$的氧化铝作为基板。使用模块2.3确定所需要的导带宽度w，并打印屏幕显示结果。

2.12 一条微带线制作在0.7mm厚、$\varepsilon_r = 9.8$的基板上。生成该微带线的Z_0随导带宽度w从0.05mm到5mm变化的函数曲线。

2.6节

2.13 除了不消耗功率，无耗传输线还有两个重要特征：①是无色散的(u_p与频率无关)；②特性阻抗Z_0为纯实数。有时设计一条$R' \ll \omega L'$和$G' \ll \omega C'$的传输线是不可能的，但是可以通过选择传输线的尺寸以及材料特性来满足条件：

$$R'C' = L'G'$$

这样的传输线称为无失真传输线，原因是尽管其不是无耗的，但是仍然具有前面提到的无耗传输线的特征。证明对于一条无失真传输线：

$$\alpha = R'\sqrt{\frac{C'}{L'}} = \sqrt{R'G'}$$

$$\beta = \omega\sqrt{L'C'}$$

$$Z_0 = \sqrt{\frac{L'}{C'}}$$

*2.14 对于$Z_0 = 50\Omega$，$\alpha = 20$mNp/m和$u_p = 2.5 \times 10^8$m/s的无失真传输线(参见习题2.13)，求在100MHz频率上的传输线参数及λ。

2.15 求$R' = 2\Omega$/m，$G' = 2 \times 10^{-4}$S/m的无失真传输线的α和Z_0。

*2.16 一条工作于125MHz的传输线的$Z_0 = 40\Omega$，$\alpha = 0.02$Np/m，$\beta = 0.75$rad/m。求传输线参数R'、L'、G'和C'。

2.17 使用开槽线时发现在无耗传输线上的电压最大值为1.5V，最小值为0.6V。求负载反射系数的值。

*2.18 用$\varepsilon_r = 2.25$的聚乙烯作为特性阻抗为50Ω的同轴线的绝缘材料，内导体的半径为1.2mm。

(a) 外导体的半径是多少？

(b) 传输线的相速是多少？

2.19 一条50Ω的无耗传输线端接阻抗$Z_L = (30 - j50)\Omega$的负载，波长为8cm。求：

(a) 负载的反射系数；

(b) 传输线的驻波比；

(c) 距离负载最近的电压最大值点的位置；

(d) 距离负载最近的电流最大值点的位置；

(e) 使用模块2.4验证(a)～(d)的结果，并打印屏幕显示的结果。

2.20 如图P2.20所示，将300Ω的无耗空气传输线连接到由电阻与电感串联组成的复合负载上。在5MHz频率上确定：(a) Γ，(b) S，(c) 距离负载最近的电压最大值点的位置，(d) 距离负载最近的电流最大值点的位置。

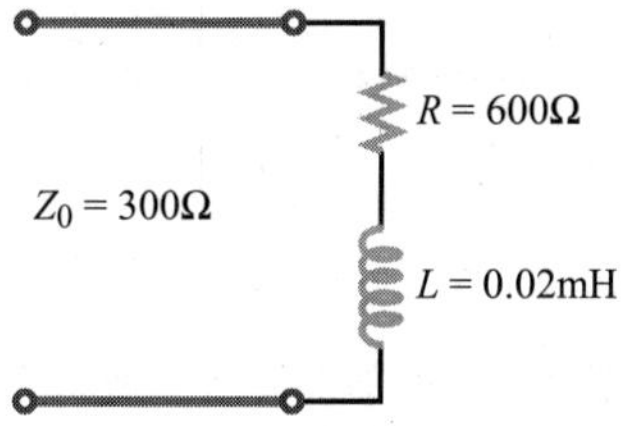

图P2.20 习题2.20图

*2.21 在150Ω的无耗传输线上观察到以下结果：第一个电压最小值点到负载的距离为3cm，第一个电压最大值点到负载的距离为9cm，$S = 3$。求Z_L。

2.22 使用开槽线得到如下结果：第一个最小值点到负载的距离为4cm，第二个最小值点到负载的距离为14cm，电压驻波比为1.5。如果传输线是无耗的且$Z_0 = 50\Omega$，求负载阻抗。

*2.23 将阻抗$Z_L = (25 - j50)\Omega$的负载连接到特性阻抗为Z_0的无耗传输线上，选择Z_0使驻波比尽可能小，Z_0应该是多少？

2.24 端接纯电阻性负载的50Ω无耗传输线的驻波比为3，求所有可能的Z_L值。

2.25 使用模块2.4生成端接阻抗$Z_L = (100 - j50)\Omega$负载的50Ω传输线的电压驻波图曲

线。设 $V_g=1V$，$Z_g=50\Omega$，$\varepsilon_r=2.25$，$l=4cm$，$f=1GHz$，并求 S、d_{max} 和 d_{min}。

2.26　一条 50Ω 的无耗传输线端接由 75Ω 电阻和未知电容值的电容器串联组成的负载（见图 P2.26）。如果在 10MHz 频率时测量得到传输线的电压驻波比为 3，求电容 C。

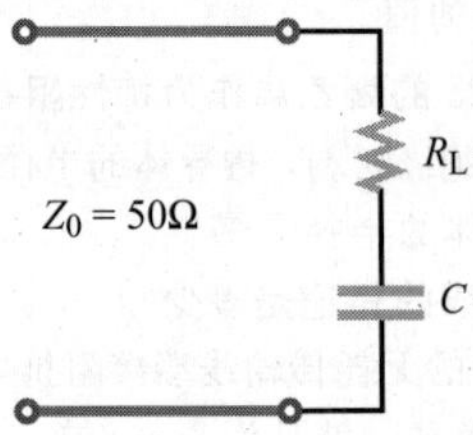

图 P2.26　习题 2.26 图

2.7 节

*2.27　在 300MHz 工作频率下，长度为 2.5m 的 50Ω 无耗空气传输线端接 $Z_L=(40+j20)\Omega$ 的阻抗，求输入阻抗。

2.28　长度 $l=0.35\lambda$ 的无耗传输线端接如图 P2.28 所示的负载阻抗，求 Γ、S 和 Z_{in}。使用模块 2.4 或模块 2.5 验证结果，并打印屏幕显示结果。

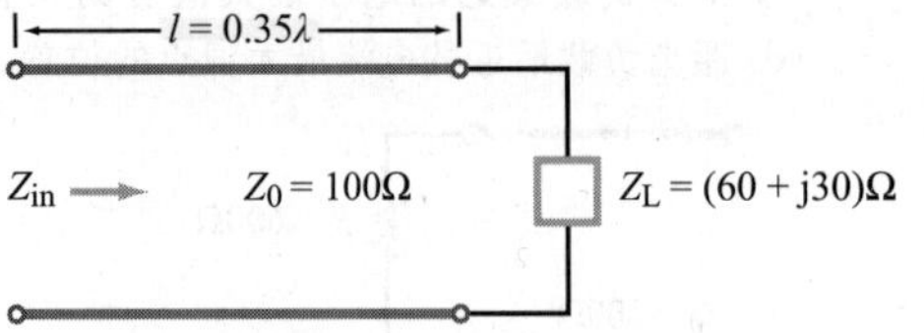

图 P2.28　习题 2.28 图

2.29　证明终端短路的四分之一波长无耗传输线的输入阻抗表现为开路。

2.30　证明在传输线上电压最大值的位置上的输入阻抗为纯实数。

2.31　电压源的电压为 $v_g(t)=5\cos(2\pi\times10^9t)$V，内阻 $Z_g=50\Omega$，将其连接到一段 50Ω 空气填充无耗传输线，传输线的长度为 5cm，端接阻抗 $Z_L=(100-j100)\Omega$ 的负载。求：

*(a) 负载端的 Γ；

(b) 传输线输入端的 Z_{in}；

(c) 输入电压 $\widetilde{V}_i$ 和输入电流 $\widetilde{I}_i$；

(d) 使用模块 2.4 或模块 2.5 来验证(a)～(c)中的量。

2.32　一段 6m 长的 150Ω 无耗传输线，由 $v_g(t)=5\cos(8\pi\times10^7t-30°)$V 的源来激励，且 $Z_g=150\Omega$。如果传输线的相对介电常数为 $\varepsilon_r=2.25$，端接负载为 $Z_L=(150-j50)\Omega$，确定：

(a) 传输线上的 λ；

*(b) 负载端的反射系数；

(c) 输入阻抗；

(d) 输入电压 $\widetilde{V}_i$；

(e) 时域输入电压 $v_i(t)$；

(f) 使用模块 2.4 或模块 2.5 验证(a)～(d)中的量。

2.33　两个阻抗为 75Ω 的半波偶极子天线，通过一对传输线的并联组合连接到馈电传输线，如图 P2.33 所示。

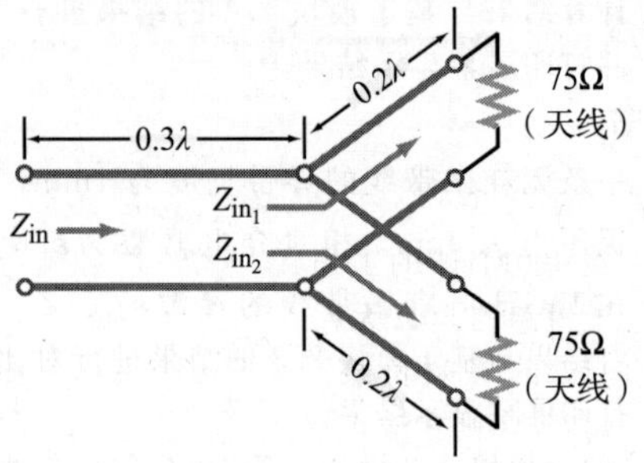

图 P2.33　习题 2.33 图

所有传输线均是 50Ω 和无耗的。

*(a) 计算并联结处端接天线的传输线的输入阻抗 Z_{in_1}；

(b) 计算馈线的有效负载阻抗，即 Z_{in_1} 和 Z_{in_2} 的并联阻抗 Z'_L；

(c) 计算馈线的 Z_{in}。

2.34　一段 50Ω 的无耗传输线端接负载阻抗 $Z_L=(30-j20)\Omega$。

(a) 计算 Γ 和 S；

(b) 建议在传输线上距离负载 d_{max} 处跨接一个适当的电阻（见图 P2.34），其中 d_{max} 为负载到电压最大值点的距离，有可能使 $Z_i=Z_0$，从而消除终端的反射。验证该建议的方法是有效的，并求出并联电阻的值。

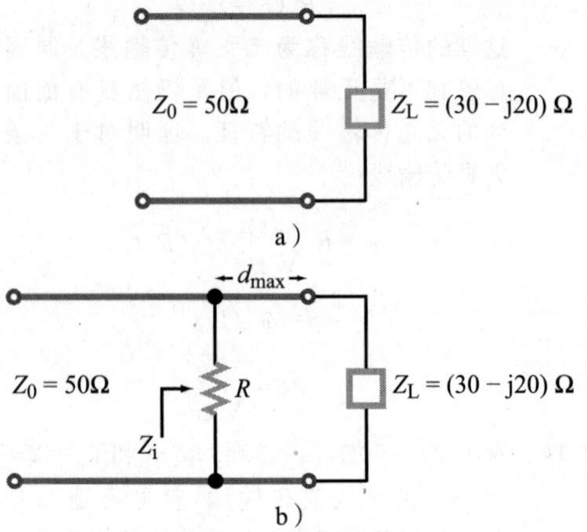

图 P2.34　习题 2.34 图

*2.35 对于图P2.35所示的无耗传输线，在400MHz频率上确定传输线的输入端等效的串联集总元件电路。传输线的特性阻抗为50Ω，绝缘层的相对介电常数$\varepsilon_r=2.25$。

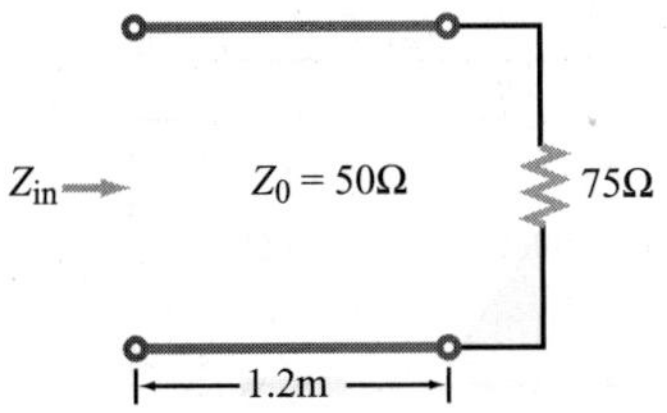

图P2.35 习题2.35图

2.8节

2.36 在300MHz的工作频率上，需要用一段终端短路的50Ω无耗传输线构建电抗为$X=40Ω$的等效负载。如果传输线的相速为$0.75c$，则在输入端呈现所需电抗的最短线长是多少？使用模块2.5验证结果。

*2.37 一段终端短路的无耗传输线，在其输入端呈现开路的线长(用波长表示)是多少？

2.38 在1MHz频率下，测量一段31cm长的未知特性阻抗的无耗传输线的输入阻抗，当终端短路时测量的输入阻抗等效为0.064μH的电感，当终端开路时测量的输入阻抗等效为40pF的电容。求传输线的Z_0、相速和绝缘材料的相对介电常数。

*2.39 一75Ω的电阻性负载前边有一段50Ω的$\lambda/4$无耗传输线，在该传输线前边是另一段100Ω的$\lambda/4$传输线。输入阻抗是多少？将结果与两次连续使用模块2.5的结果进行比较。

2.40 一个100MHz的FM广播电台在发射机和高塔安装的半波偶极子天线之间用一段300Ω的传输线连接。天线的阻抗为73Ω。设计一个四分之一波长变换器使天线和传输线匹配。

(a) 确定四分之一波长段的长度和特性阻抗；

(b) 如果四分之一波长段为一嵌入$\varepsilon_r=2.6$的聚苯乙烯中的双导线，双导线的$D=2.5$cm，确定四分之一波长段的物理长度和两个导线的半径。

2.41 一长度$l=0.375\lambda$的50Ω无耗传输线将$\widetilde{V}_g=300$V，$Z_g=50Ω$的300MHz信号源连接到负载Z_L，针对下列负载，求通过负载的瞬时电流：

(a) $Z_L=(50-j50)Ω$；

*(b) $Z_L=50Ω$；

(c) $Z_L=0$(短路)。

针对情况(a)，从模块2.4生成的输出结果中推导需要的信息来验证结果。

2.9节

2.42 一个$\widetilde{V}_g=300$V，$Z_g=50Ω$的信号源通过$l=0.15\lambda$的50Ω无耗传输线连接到$Z_L=75Ω$的负载。

*(a) 计算传输线在信号源端的输入阻抗Z_{in}；

(b) 计算$\widetilde{I}_i$和$\widetilde{V}_i$；

(c) 计算传送给传输线的时间平均功率$P_{in}=\frac{1}{2}\text{Re}(\widetilde{V}_i\widetilde{I}_i^*)$；

(d) 计算$\widetilde{V}_L$和$\widetilde{I}_L$，以及传送给负载的时间平均功率$P_L=\frac{1}{2}\text{Re}(\widetilde{V}_L\widetilde{I}_L^*)$。$P_{in}$与$P_L$相比情况如何？解释之；

(e) 计算由信号源输出的时间平均功率P_g及Z_g消耗的时间平均功率。是否满足功率守恒？

2.43 如果将图P2.43所示的两个天线结构连接到$\widetilde{V}_g=250$V，$Z_g=50Ω$的信号源上，传送给每个天线的平均功率是多少？

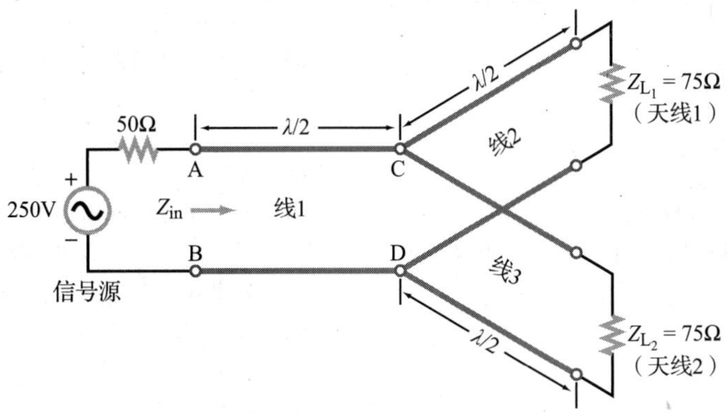

图P2.43 习题2.43图

* 2.44　针对图 P2.44 所示电路，计算平均入射功率、平均反射功率和传送给无限长 100Ω 传输线的平均功率。其中，$\lambda/2$ 线是无耗的，无限长传输线略有损耗。（提示：只要 $\alpha \neq 0$，无限长传输线的输入阻抗等于其特性阻抗。）

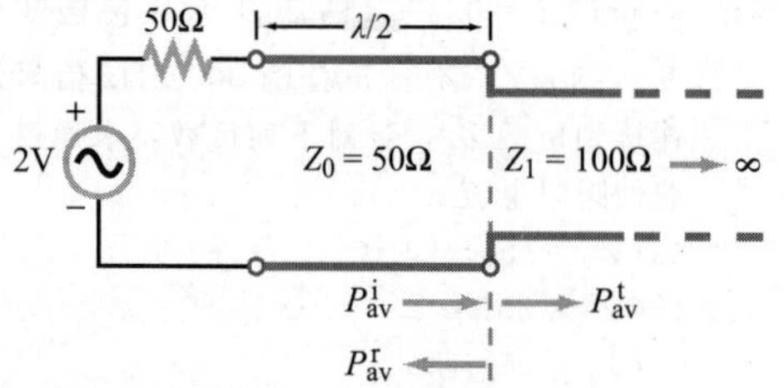

图 P2.44　习题 2.44 图

2.45　如图 P2.45 所示的电路由端接 $Z_L=(50+j100)\Omega$ 的 100Ω 无耗传输线组成，如果测量得到负载电压的峰值为 $|\widetilde{V}_L|=12V$，求：

* (a) 负载耗散的时间平均功率；

(b) 入射到传输线上的时间平均功率；

(c) 由负载反射的时间平均功率。

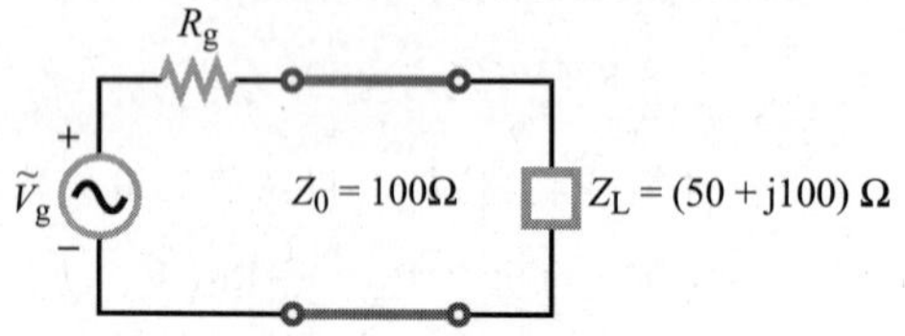

图 P2.45　习题 2.45 图

2.46　一个阻抗为 $Z_L=(75+j25)\Omega$ 的天线，通过一段 50Ω 的无耗传输线连接到发射机。如果在匹配情况下(50Ω 负载)发射机传送给负载的功率为 20W，则该发射机传送给天线的功率是多少？假设 $Z_g=Z_0$。

2.10 节

2.47　使用史密斯圆图求解下列负载阻抗对应的反射系数：

(a) $Z_L=3Z_0$

* (b) $Z_L=(2-j2)Z_0$

(c) $Z_L=-j2Z_0$

(d) $Z_L=0$(短路)

2.48　使用模块 2.6 重复习题 2.47 的问题。

2.49　使用史密斯圆图求解下列反射系数对应的归一化负载阻抗：

(a) $\Gamma=0.5$

(b) $\Gamma=0.5\angle 60^\circ$

(c) $\Gamma=-1$

(d) $\Gamma=0.3\angle -30^\circ$

(e) $\Gamma=0$

(f) $\Gamma=j$

* 2.50　使用史密斯圆图确定如图 P2.50 所示的双线结构的输入阻抗 Z_{in}。

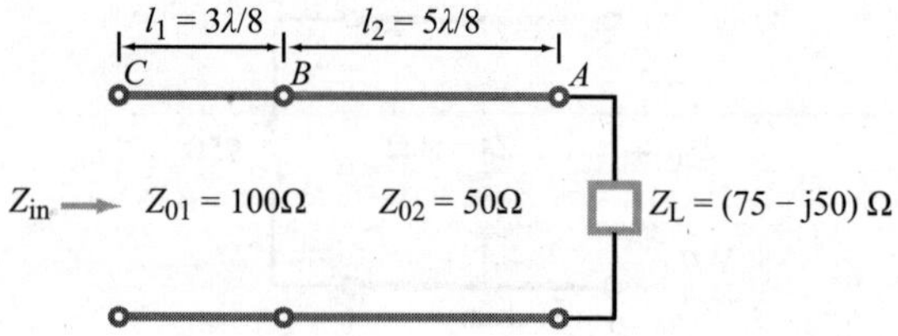

图 P2.50　习题 2.50 图

2.51　使用模块 2.6 重复习题 2.50 的问题。

* 2.52　在无耗传输线上端接负载 $Z_L=100\Omega$，测量的驻波比为 2.5，使用史密斯圆图寻找两个可能的 Z_0 值。

2.53　一段 50Ω 无耗传输线端接 $Z_L=(50+j25)\Omega$ 的负载，使用史密斯圆图求解：

(a) 反射系数 Γ；

* (b) 驻波比；

(c) 距离负载 0.35λ 处的输入阻抗；

(d) 距离负载 0.35λ 处的输入导纳；

(e) 输入阻抗为纯电阻的最短线长；

(f) 从负载开始的第一个电压最大值点的位置。

2.54　使用模块 2.6 重复习题 2.53 的问题。

* 2.55　一段 50Ω 无耗传输线终端短路，使用史密斯圆图确定：

(a) 距离负载 2.3λ 处的输入阻抗；

(b) 从负载到输入导纳为 $Y_{in}=-j0.04S$ 的位置的距离。

2.56　使用模块 2.6 重复习题 2.55 的问题。

* 2.57　当 $z_L=1.5-j0.7$ 时，使用史密斯圆图求 y_L。

2.58　一段长度为 $3\lambda/8$ 的 100Ω 无耗传输线端接一个未知的阻抗，如果其输入阻抗为 $Z_{in}=-j2.5\Omega$，则：

(a) 使用史密斯圆图求 Z_L；

(b) 使用模块 2.6 验证结果。

2.59　一段 75Ω 的无耗传输线长为 0.6λ，如果 $S=1.8$，$\theta_r=-60^\circ$，使用史密斯圆图求 $|\Gamma|$、Z_L 和 Z_{in}。

2.60　使用模块 2.6 重复习题 2.59 的问题。

* 2.61　使用 50Ω 的开槽空气传输线得到下列测量结果：$S=1.6$，仅在距离负载 10cm 和 24cm 处出现 $|\widetilde{V}|_{max}$。使用史密斯圆图求 Z_L。

2.62　在 5GHz 的工作频率上，绝缘材料的相对介电常数 $\varepsilon_r=2.25$ 的 50Ω 无耗同轴线端接阻抗为 $Z_L=150\Omega$ 的天线。使用史密斯圆图求 Z_{in}。同轴线的长度为 30cm。

2.11 节

*2.63　一段 0.6λ 长 50Ω 的无耗传输线端接 $Z_L=(50+j25)\Omega$ 的负载。在距离负载 0.3λ 处并联一个 $R=30\Omega$ 的电阻，如图 P2.63 所示。使用史密斯圆图求 Z_{in}。

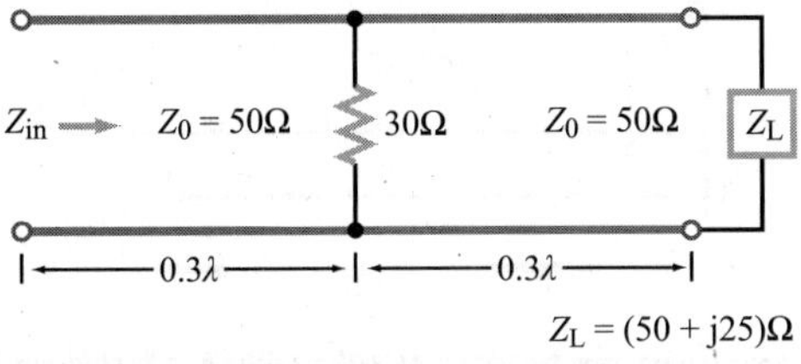

图 P2.63　习题 2.63 图

2.64　使用模块 2.7 设计一段四分之一波长变换器，将 $Z_L=(100-j200)\Omega$ 的负载与 50Ω 的传输线相匹配。

2.65　使用模块 2.7 设计一段四分之一波长变换器，将 $Z_L=(50+j10)\Omega$ 的负载与 100Ω 的传输线相匹配。

2.66　通过给传输线插入一个合适的电抗将 200Ω 的传输线匹配到 $Z_L=(50-j25)\Omega$ 的计算机终端。如果 $f=800\text{MHz}$，$\varepsilon_r=4$，求距离负载最近的插入距离，以及：

(a) 能达到要求匹配的电容器的电容值；

(b) 能达到要求匹配的电感器的电感值。

2.67　使用模块 2.8 重复习题 2.66 的问题。

2.68　使用短路支节将 50Ω 的无耗传输线匹配到 $Z_L=(75-j20)\Omega$ 的天线。使用史密斯圆图确定支节的长度以及天线到支节的距离。

*2.69　对于负载为 $Z_L=(100+j50)\Omega$，重复习题 2.68 的问题。

2.70　使用模块 2.9 重复习题 2.68 的问题。

2.71　使用模块 2.9 重复习题 2.69 的问题。

2.72　求图 P2.72 所示馈线的 Z_{in}。所有的传输线为 $Z_0=50\Omega$ 的无耗传输线。

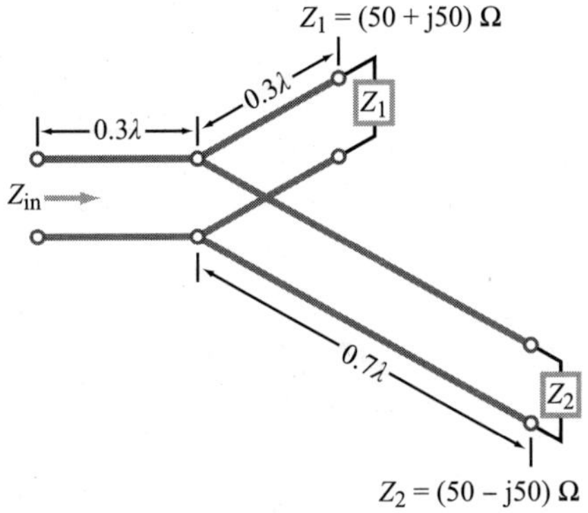

图 P2.72　习题 2.72 图

*2.73　对于所有三段传输线长度均为 λ/4 的情况，重复习题 2.72 的问题。

2.74　一个 25Ω 的天线连接到一段 75Ω 的无耗传输线，可以通过在距离负载 l 处并联一个阻抗 Z 来消除向信号源的反射(见图 P2.74)。求 Z 和 l 的值。

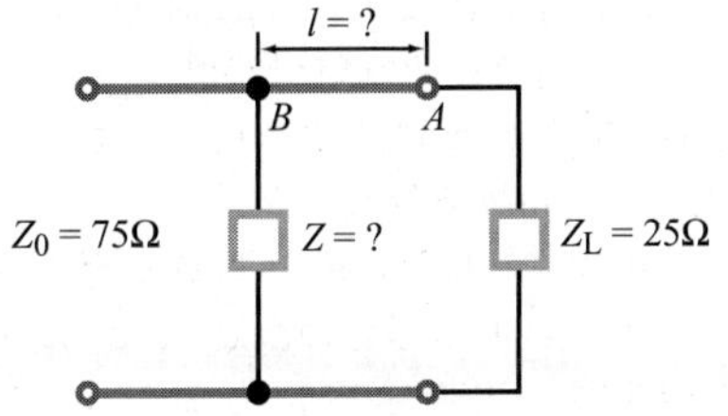

图 P2.74　习题 2.74 图

2.12 节

2.75　一段 1m 长，$Z_0=50\Omega$，$u_p=2c/3$(c 为光速)的无耗传输线，端接 $R_L=25\Omega$ 的负载。信号源为 $V_g=60\text{V}$，$R_g=100\Omega$，当 $t=0$ 用阶跃电压馈电时，生成电压 $V(z,t)$ 的反弹图。利用反弹图绘出传输线中点处从 $t=0$ 到 $t=25\text{ns}$ 之间的 $V(t)$ 曲线。

2.76　对于传输线上的电流 $I(z,t)$ 重复习题 2.75 的问题。

2.77　在阶跃电压的响应中，在 $R_g=50\Omega$，$Z_0=50\Omega$，$\varepsilon_r=2.25$ 的无耗传输线的发送端观察到如图 P2.77 所示的电压波形。确定：

(a) 信号源电压；

(b) 传输线的长度；

(c) 负载阻抗。

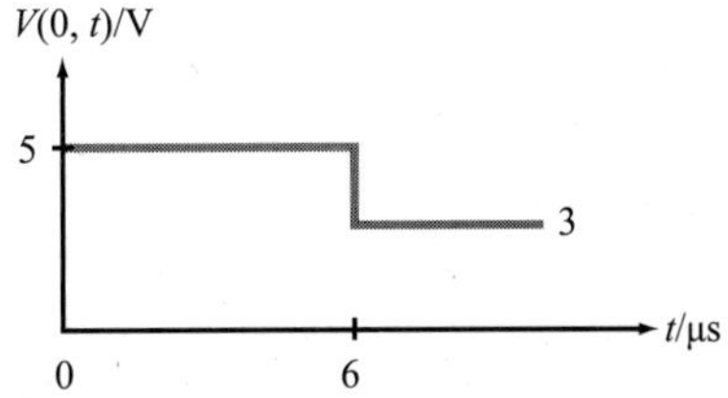

图 P2.77　习题 2.77 和习题 2.79 图

*2.78　在阶跃电压的响应中，在 $Z_0=50\Omega$，$\varepsilon_r=4$ 的无耗传输线的发送端观察到如图 P2.78 所示的电压波形。确定 V_g、R_g 和传输线的长度。

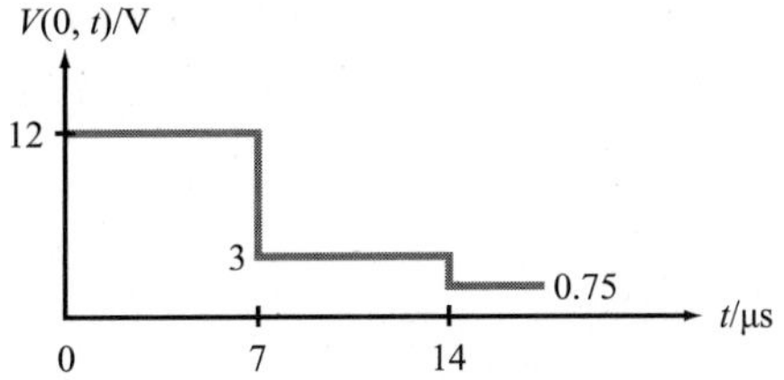

图 P2.78　习题 2.78 图

2.79　假设在 50Ω 传输线的发送端观察到如图 P2.77 所示的电压波形，由 $V_g=15V$ 和未知串联电阻 R_g 组成的信号源引入的阶跃电压的响应。该传输线的长度为 1km，传播速度为 1×10^8 m/s，端接负载 $R_L=100\Omega$。

(a) 确定 R_g；

(b) 解释为什么在 $t=6\mu s$ 时 $V(0,t)$ 下降不是由负载的反射引起的；

(c) 确定观察到的波形所对应的分流电阻 R_f 和故障位置。

2.80　采用 $V_g=200V$，$R_g=25\Omega$ 的信号源产生 $\tau=0.4\mu s$ 的矩形脉冲激励一段 75Ω 的无耗传输线。该传输线长为 200m，$u_p=2\times10^8$ m/s，端接 $R_L=125\Omega$ 的负载。

(a) 将激励传输线的电压脉冲用两个阶跃函数 $V_{g_1}(t)$ 和 $V_{g_2}(t)$ 之和来表示；

(b) 对于每一个电压阶跃函数，生成传输线上电压的反弹图；

(c) 使用反弹图绘出传输线发送端总电压的曲线；

(d) 使用模块 2.10 确认(c)的结果。

2.81　对于习题 2.80 的电路，生成电流的反弹图并绘出线的中点的时间历程。

*2.82　在阶跃电压的响应中，在 $Z_0=50\Omega$，$u_p=2\times10^8$ m/s 的无耗传输线中点观察到如图 P2.82 所示的电压波形。确定：(a) 线的长度，(b) Z_L，(c) R_g，(d) V_g。

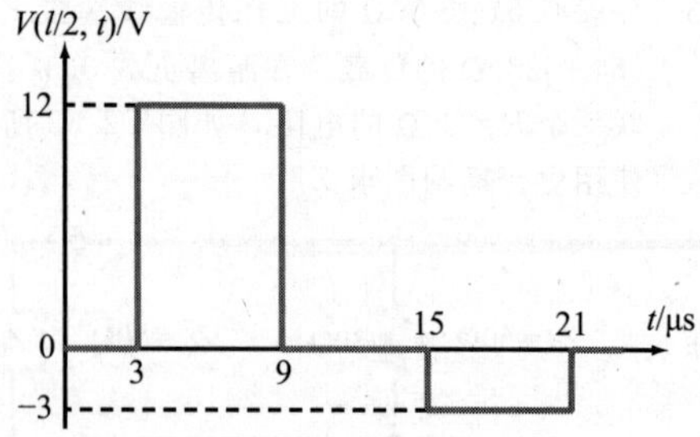

图 P2.82　习题 2.82 图

2.83　如图 P2.83 所示的传输线电路，由在 $t=0$ 时刻开始的 1ns 长的脉冲激励。该传输线长为 1m，相速为 2×10^8 m/s。生成：

(a) $t=6$ns 时沿线的电压曲线；

(b) $t=12$ns 时沿线的电压曲线；

(c) 在传输线的发送端，电压随时间变化的曲线；

(d) 在传输线的中点，电压随时间变化的曲线。

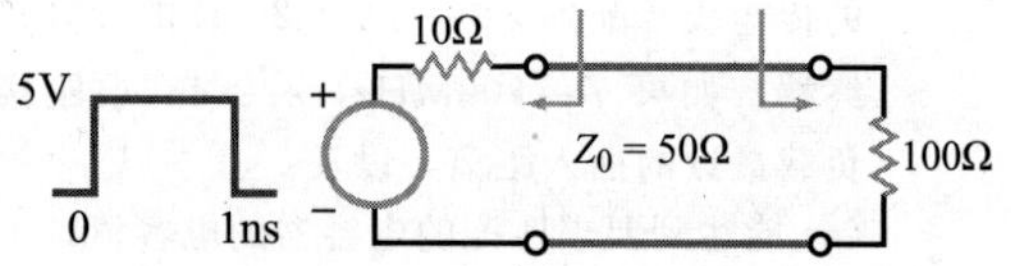

图 P2.83　习题 2.83 图

第3章 矢量分析

学习目标

1. 在直角坐标系、圆柱坐标系和球坐标系中使用矢量代数。
2. 在三个主要坐标系之间的矢量变换。
3. 在三个主要坐标系中，计算标量函数的梯度以及矢量函数的散度和旋度。
4. 应用散度定理和斯托克斯定理。

在第2章中，我们研究传输线上波的传播时，处理的主要是电压、电流、阻抗和功率。这些量都是标量，也就是说，如果某一个量是正实数时，它可以完全由其大小决定；如果它是负实数或复数，则由其幅值和相角决定(负实数的幅值为正，相角为 πrad)。本章讨论的是矢量。矢量不仅有大小，而且有方向。物体的速率(speed)是一个标量，而它的速度(velocity)则是一个矢量。

从下一章到本书的后续各章，所处理的主要电磁量是电场和磁场，即 $\boldsymbol{E}$ 和 $\boldsymbol{H}$。这些量以及其他许多与之相关的量都是矢量。矢量分析为高效、便捷地表达和处理矢量提供了必要的数学工具。为了在三维空间中确定一个矢量，必须同时确定其在三个方向上的分量。

在矢量的研究中可以使用多种坐标系，其中最常见的是直角(或笛卡儿)坐标系、圆柱坐标系和球坐标系。通常，坐标系的选择是根据所考虑问题最适合的几何形状来确定的。

矢量代数支配着矢量的加法、减法和乘法定律。在上述各正交坐标系中的矢量代数的法则和矢量表示法(包括它们之间的矢量变换)是本章讨论的三个主要主题中的两个。第三个主题是矢量微积分，它涵盖了矢量的微分和积分定律、特殊矢量算子(梯度、散度和旋度)的使用，以及在电磁学研究中非常有用的某些定理的应用，尤其是散度定理和斯托克斯定理。

3.1 矢量代数的基本定律

矢量是一个类似于箭头的数学对象。如图3-1所示的矢量 $\mathbf{A}$ 具有幅值(或长度)$A=|\mathbf{A}|$和单位矢量 $\hat{\boldsymbol{a}}$：

$$\mathbf{A}=\hat{\boldsymbol{a}}\,|\mathbf{A}|=\hat{\boldsymbol{a}}A \tag{3.1}$$

单位矢量 $\hat{\boldsymbol{a}}$ 的幅值为1($|\hat{\boldsymbol{a}}|=1$)，方向为由 $\mathbf{A}$ 的尾端或锚点指向其头部或末端。由式(3.1)可得

$$\hat{\boldsymbol{a}}=\frac{\mathbf{A}}{|\mathbf{A}|}=\frac{\mathbf{A}}{A} \tag{3.2}$$

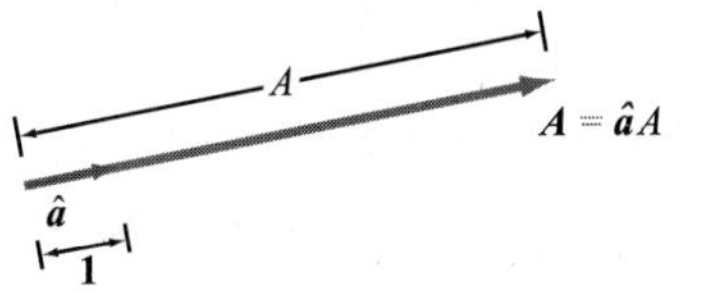

图3-1 矢量 $\mathbf{A}=\hat{\boldsymbol{a}}A$ 的幅值为 $A=|\mathbf{A}|$ 并指向单位矢量 $\hat{\boldsymbol{a}}=\mathbf{A}/A$ 的方向

在如图3-2a所示的直角坐标系中，x、y 和 z 坐标轴沿相互垂直的三个单位矢量 $\hat{\boldsymbol{x}}$、$\hat{\boldsymbol{y}}$ 和 $\hat{\boldsymbol{z}}$ 的方向延伸，这三个单位矢量也称为基矢量。图3-2b中的矢量 $\mathbf{A}$ 可以分解为

$$\mathbf{A}=\hat{\boldsymbol{x}}A_x+\hat{\boldsymbol{y}}A_y+\hat{\boldsymbol{z}}A_z \tag{3.3}$$

式中，A_x、A_y 和 A_z 分别是 $\mathbf{A}$ 沿 x、y 和 z 轴的标量分量。分量 A_z 等于 $\mathbf{A}$ 在 z 轴上的垂直投影，类似的定义也适用于 A_x 和 A_y。应用勾股定理，首先在 x-y 平面上的直角三角形中以 A_x 和 A_y 表示斜边 A_r，然后在垂直面上的直角三角形中以 A_r 和 A_z 表示斜边 A，可得到 $\mathbf{A}$ 的幅值的表达式：

$$A=|\mathbf{A}|=\sqrt[+]{A_x^2+A_y^2+A_z^2} \tag{3.4}$$

由于 A 是非负标量，因此这里仅采用正根。由式(3.2)可知，单位矢量 $\hat{\boldsymbol{a}}$ 可表示为

$$\hat{\boldsymbol{a}}=\frac{\boldsymbol{A}}{A}=\frac{\hat{\boldsymbol{x}}A_x+\hat{\boldsymbol{y}}A_y+\hat{\boldsymbol{z}}A_z}{^{+}\sqrt{A_x^2+A_y^2+A_z^2}} \tag{3.5}$$

有时，我们使用速记符号 $\boldsymbol{A}=(A_x,A_y,A_z)$ 表示在直角坐标系中具有分量 A_x、A_y 和 A_z 的矢量。

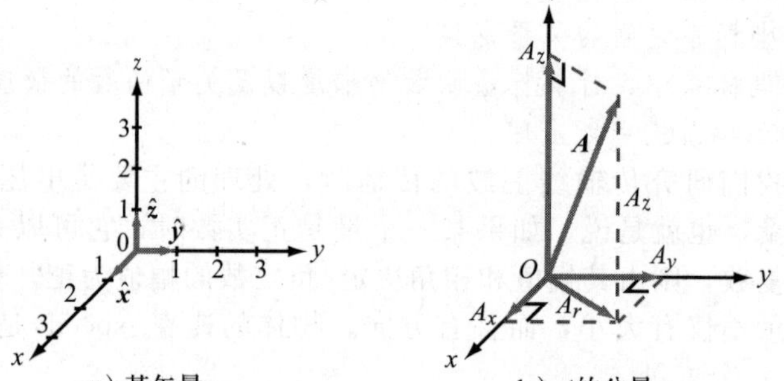

a）基矢量　　b）$\boldsymbol{A}$的分量

图 3-2　直角坐标系中的矢量

3.1.1　矢量相等

如果两个矢量 $\boldsymbol{A}$ 和 $\boldsymbol{B}$ 的幅值相等且具有相同的单位矢量，则它们相等。因此，如果

$$\boldsymbol{A}=\hat{\boldsymbol{a}}A=\hat{\boldsymbol{x}}A_x+\hat{\boldsymbol{y}}A_y+\hat{\boldsymbol{z}}A_z \tag{3.6a}$$

$$\boldsymbol{B}=\hat{\boldsymbol{b}}B=\hat{\boldsymbol{x}}B_x+\hat{\boldsymbol{y}}B_y+\hat{\boldsymbol{z}}B_z \tag{3.6b}$$

当且仅当 $A=B$ 并且 $\hat{\boldsymbol{a}}=\hat{\boldsymbol{b}}$ 时，$\boldsymbol{A}=\boldsymbol{B}$，这就要求 $A_x=B_x$、$A_y=B_y$、$A_z=B_z$。

两个矢量相等不一定意味着它们是相同的。在直角坐标系中，大小相等且指向相同方向的平行放置的两个矢量相等，但是只有当它们相互重叠时才是相同的。

3.1.2　矢量加法和减法

两个矢量 $\boldsymbol{A}$ 和 $\boldsymbol{B}$ 之和是一个矢量：

$$\boldsymbol{C}=\hat{\boldsymbol{x}}C_x+\hat{\boldsymbol{y}}C_y+\hat{\boldsymbol{z}}C_z$$

矢量 $\boldsymbol{C}$ 由下式给出：

$$\begin{aligned}\boldsymbol{C}=\boldsymbol{A}+\boldsymbol{B}&=(\hat{\boldsymbol{x}}A_x+\hat{\boldsymbol{y}}A_y+\hat{\boldsymbol{z}}A_z)+(\hat{\boldsymbol{x}}B_x+\hat{\boldsymbol{y}}B_y+\hat{\boldsymbol{z}}B_z)\\&=\hat{\boldsymbol{x}}(A_x+B_x)+\hat{\boldsymbol{y}}(A_y+B_y)+\hat{\boldsymbol{z}}(A_z+B_z)\\&=\hat{\boldsymbol{x}}C_x+\hat{\boldsymbol{y}}C_y+\hat{\boldsymbol{z}}C_z\end{aligned} \tag{3.7}$$

式中，$C_x=A_x+B_x$，诸如此类。

矢量加法满足交换律：

$$\boldsymbol{C}=\boldsymbol{A}+\boldsymbol{B}=\boldsymbol{B}+\boldsymbol{A} \tag{3.8}$$

用图形表示，矢量相加可以由平行四边形法则或首尾法则来完成(见图 3-3)。矢量 $\boldsymbol{C}$ 是由 $\boldsymbol{A}$ 边和 $\boldsymbol{B}$ 边组成的平行四边形的对角线。使用首尾法则，可以将 $\boldsymbol{A}$ 加到 $\boldsymbol{B}$ 或将 $\boldsymbol{B}$ 加到 $\boldsymbol{A}$。当 $\boldsymbol{A}$ 被加到 $\boldsymbol{B}$ 时，$\boldsymbol{A}$ 将重新定位，使其尾部从 $\boldsymbol{B}$ 的首部开始，同时 $\boldsymbol{A}$ 仍保持其长度和方向不变，则矢量 $\boldsymbol{C}$

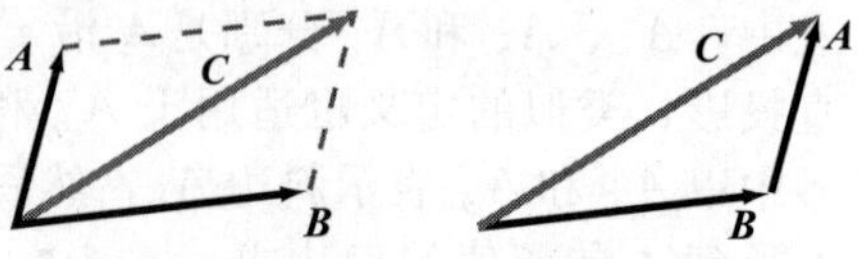

a）平行四边形法则　　b）首尾法则

图 3-3　矢量加法

从 $\boldsymbol{B}$ 的尾部开始到 $\boldsymbol{A}$ 的首部结束。

矢量 $\boldsymbol{A}$ 减去矢量 $\boldsymbol{B}$ 等于将 $\boldsymbol{A}$ 加到负的 $\boldsymbol{B}$。因此，

$$\begin{aligned}\boldsymbol{D}&=\boldsymbol{A}-\boldsymbol{B}=\boldsymbol{A}+(-\boldsymbol{B})\\&=\hat{\boldsymbol{x}}(A_x-B_x)+\hat{\boldsymbol{y}}(A_y-B_y)+\hat{\boldsymbol{z}}(A_z-B_z)\end{aligned}\tag{3.9}$$

在图形表示中，用于矢量加法的规则也同样适用于矢量减法，唯一不同的是 $-\boldsymbol{B}$ 的箭头绘制在代表矢量 $\boldsymbol{B}$ 的线段的另一端(即尾部和首部互换)。

3.1.3 位置矢量和距离矢量

空间中 P 点的位置矢量是一个从原点到 P 点的矢量。假设 P_1 点和 P_2 点在图 3-4 中位于(x_1,y_1,z_1)和(x_2,y_2,z_2)，它们的位置矢量为

$$\boldsymbol{R}_1=\overrightarrow{OP_1}=\hat{\boldsymbol{x}}x_1+\hat{\boldsymbol{y}}y_1+\hat{\boldsymbol{z}}z_1\tag{3.10a}$$

$$\boldsymbol{R}_2=\overrightarrow{OP_2}=\hat{\boldsymbol{x}}x_2+\hat{\boldsymbol{y}}y_2+\hat{\boldsymbol{z}}z_2\tag{3.10b}$$

式中，O 点为原点。

从 P_1 点到 P_2 点的距离矢量定义为

$$\begin{aligned}\boldsymbol{R}_{12}&=\overrightarrow{P_1P_2}=\boldsymbol{R}_2-\boldsymbol{R}_1\\&=\hat{\boldsymbol{x}}(x_2-x_1)+\hat{\boldsymbol{y}}(y_2-y_1)+\hat{\boldsymbol{z}}(z_2-z_1)\end{aligned}\tag{3.11}$$

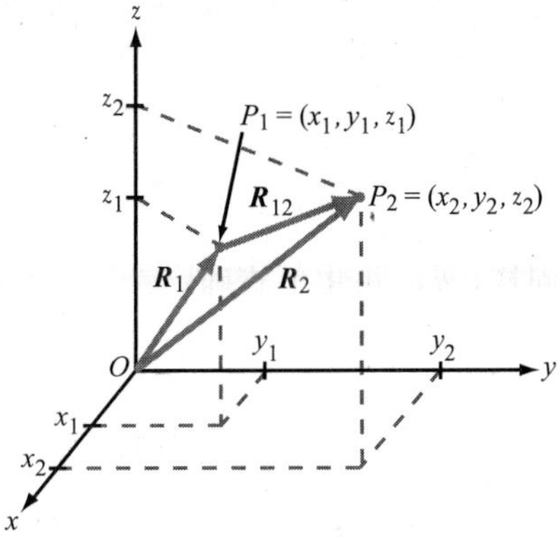

图 3-4 距离矢量 $\boldsymbol{R}_{12}=\overrightarrow{P_1P_2}=\boldsymbol{R}_2-\boldsymbol{R}_1$，其中 $\boldsymbol{R}_1$ 和 $\boldsymbol{R}_2$ 分别是点 P_1 和点 P_2 的位置矢量

P_1 和 P_2 之间的距离 d 等于 $\boldsymbol{R}_{12}$ 的幅值：

$$d=|\boldsymbol{R}_{12}|=[(x_2-x_1)^2+(y_2-y_1)^2+(z_2-z_1)^2]^{\frac{1}{2}}\tag{3.12}$$

注意，$\boldsymbol{R}_{12}$ 的第一个下标和第二个下标分别表示其尾部和首部的位置(见图 3-4)。

3.1.4 矢量乘法

矢量运算中存在三种类型的乘积：简单乘积、标量积(或点积)和矢量积(或叉积)。

简单乘积

矢量与标量的乘积称为简单乘积。矢量 $\boldsymbol{A}=\hat{\boldsymbol{a}}A$ 与标量 k 的乘积得到幅值为 $B=kA$，方向与 $\boldsymbol{A}$ 相同的矢量 $\boldsymbol{B}$，即 $\hat{\boldsymbol{b}}=\hat{\boldsymbol{a}}$。在直角坐标系中，

$$\begin{aligned}\boldsymbol{B}&=k\boldsymbol{A}=\hat{\boldsymbol{a}}kA=\hat{\boldsymbol{x}}(kA_x)+\hat{\boldsymbol{y}}(kA_y)+\hat{\boldsymbol{z}}(kA_z)\\&=\hat{\boldsymbol{x}}B_x+\hat{\boldsymbol{y}}B_y+\hat{\boldsymbol{z}}B_z\end{aligned}\tag{3.13}$$

标量积或点积

两个尾部相连的矢量 $\boldsymbol{A}$ 和 $\boldsymbol{B}$ 的标量积(或点积)，表示为 $\boldsymbol{A}\cdot\boldsymbol{B}$，读作“$A$ 点乘 B”，在几何上定义为 $\boldsymbol{A}$ 的大小和 $\boldsymbol{B}$ 在 $\boldsymbol{A}$ 方向上的标量分量的乘积，反之亦然，即

$$\boldsymbol{A}\cdot\boldsymbol{B}=AB\cos\theta_{AB}\tag{3.14}$$

式中，θ_{AB} 是 $\boldsymbol{A}$ 和 $\boldsymbol{B}$ 之间的夹角(见图 3-5)，该角度是从 $\boldsymbol{A}$ 的尾部到 $\boldsymbol{B}$ 的尾部的夹角。θ_{AB} 设定在 $0\leqslant\theta_{AB}\leqslant180°$范围内。$\boldsymbol{A}$ 和 $\boldsymbol{B}$ 的标量积得到的是标量，其值小于或等于两个矢量幅值的乘积(当 $\theta_{AB}=0$ 时相等)。如果 $0<\theta_{AB}<90°$，该标量的符号为正；如果 $90°<\theta_{AB}<180°$，则其符号为负；当 $\theta_{AB}=90°$时，$\boldsymbol{A}$ 和 $\boldsymbol{B}$ 正交，并且它们的点积为零。$A\cos\theta_{AB}$ 是 $\boldsymbol{A}$ 沿着 $\boldsymbol{B}$ 的标量分量。类似地，$B\cos\theta_{AB}$ 是 $\boldsymbol{B}$ 沿着 $\boldsymbol{A}$ 的标量分量。

a) $0\leqslant\theta_{AB}<90°$，点积为正　　b) $90°<\theta_{AB}\leqslant180°$，点积为负

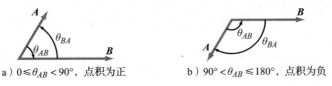

图 3-5 $\boldsymbol{A}$ 和 $\boldsymbol{B}$ 之间的夹角 θ_{AB} 是从 $\boldsymbol{A}$ 的尾部到 $\boldsymbol{B}$ 的尾部的夹角

点积服从乘法的交换律和分配律：

$$\boldsymbol{A}\cdot\boldsymbol{B}=\boldsymbol{B}\cdot\boldsymbol{A}\quad(\text{交换律})\tag{3.15a}$$

$$\boldsymbol{A}\cdot(\boldsymbol{B}+\boldsymbol{C})=\boldsymbol{A}\cdot\boldsymbol{B}+\boldsymbol{A}\cdot\boldsymbol{C}\quad(\text{分配律})\tag{3.15b}$$

交换律由式(3.14)和 $\theta_{AB}=\theta_{BA}$ 的事实得到。分配律表达了这样一个事实：两个矢量的和在第三个矢量上的标量分量等于它们各自标量分量的和。

一个矢量与其自身的点积为

$$\boldsymbol{A}\cdot\boldsymbol{A}=|\boldsymbol{A}|^2=A^2\tag{3.16}$$

这意味着

$$A=|\boldsymbol{A}|=\sqrt[+]{\boldsymbol{A}\cdot\boldsymbol{A}}\tag{3.17}$$

同样，θ_{AB} 可由下式确定：

$$\theta_{AB}=\arccos\left(\frac{\boldsymbol{A}\cdot\boldsymbol{B}}{\sqrt[+]{\boldsymbol{A}\cdot\boldsymbol{A}}\sqrt[+]{\boldsymbol{B}\cdot\boldsymbol{B}}}\right)\tag{3.18}$$

由于基矢量 $\hat{\boldsymbol{x}}$、$\hat{\boldsymbol{y}}$ 和 $\hat{\boldsymbol{z}}$ 中的每一个都与其他两个正交，因此得出

$$\hat{\boldsymbol{x}}\cdot\hat{\boldsymbol{x}}=\hat{\boldsymbol{y}}\cdot\hat{\boldsymbol{y}}=\hat{\boldsymbol{z}}\cdot\hat{\boldsymbol{z}}=1\tag{3.19a}$$

$$\hat{\boldsymbol{x}}\cdot\hat{\boldsymbol{y}}=\hat{\boldsymbol{y}}\cdot\hat{\boldsymbol{z}}=\hat{\boldsymbol{z}}\cdot\hat{\boldsymbol{x}}=0\tag{3.19b}$$

如果 $\boldsymbol{A}=(A_x,A_y,A_z)$，$\boldsymbol{B}=(B_x,B_y,B_z)$，则

$$\boldsymbol{A}\cdot\boldsymbol{B}=(\hat{\boldsymbol{x}}A_x+\hat{\boldsymbol{y}}A_y+\hat{\boldsymbol{z}}A_z)\cdot(\hat{\boldsymbol{x}}B_x+\hat{\boldsymbol{y}}B_y+\hat{\boldsymbol{z}}B_z)\tag{3.20}$$

将式(3.19a)和式(3.19b)应用于式(3.20)，得到

$$\boldsymbol{A}\cdot\boldsymbol{B}=A_xB_x+A_yB_y+A_zB_z\tag{3.21}$$

矢量积或叉积

两个矢量 $\boldsymbol{A}$ 和 $\boldsymbol{B}$ 的矢量积(或叉积)表示为 $\boldsymbol{A}\times\boldsymbol{B}$，读作“A 叉乘 B”，得到的矢量定义为

$$\boldsymbol{A}\times\boldsymbol{B}=\hat{\boldsymbol{n}}AB\sin\theta_{AB}\tag{3.22}$$

式中，$\hat{\boldsymbol{n}}$ 为垂直于 $\boldsymbol{A}$ 和 $\boldsymbol{B}$ 所在平面的单位矢量(见图 3-6a)。叉积的大小 $AB\sin\theta_{AB}$ 等于由这两个矢量定义的平行四边形的面积，$\hat{\boldsymbol{n}}$ 的方向遵循右手法则(见图 3-6b)：当右手四指从 $\boldsymbol{A}$ 旋转到 $\boldsymbol{B}$ 并经过角度 θ_{AB} 时，$\hat{\boldsymbol{n}}$ 指向右手拇指的方向。注意，由于 $\hat{\boldsymbol{n}}$ 垂直于 $\boldsymbol{A}$ 和 $\boldsymbol{B}$ 所在平面，因此 $\boldsymbol{A}\times\boldsymbol{B}$ 垂直于矢量 $\boldsymbol{A}$ 和 $\boldsymbol{B}$。

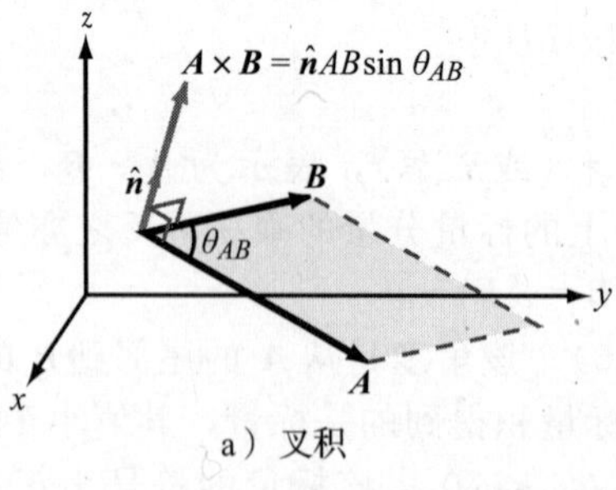

a）叉积

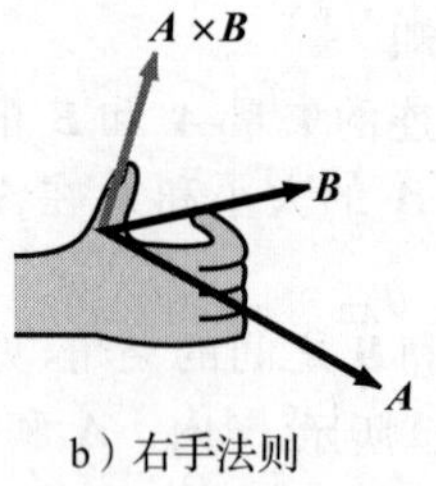

b）右手法则

图 3-6 叉积 $\boldsymbol{A}\times\boldsymbol{B}$ 指向 $\hat{\boldsymbol{n}}$ 方向，该方向垂直于 $\boldsymbol{A}$ 和 $\boldsymbol{B}$ 所在平面，并由右手法则定义

叉积服从反交换律和分配律：

$$\boldsymbol{A}\times\boldsymbol{B}=-\boldsymbol{B}\times\boldsymbol{A}\quad(\text{反交换律})\tag{3.23a}$$

反交换律的性质来自应用右手法则确定 $\hat{\boldsymbol{n}}$ 的结果。分配律来自以下事实：由 $\boldsymbol{A}$ 和 $(\boldsymbol{B}+\boldsymbol{C})$ 形成的平行四边形的面积等于由 $\boldsymbol{A}$ 和 $\boldsymbol{B}$ 形成的平行四边形的面积与 $\boldsymbol{A}$ 和 $\boldsymbol{C}$ 形成的平行四边形的面积之和，即

$$\boldsymbol{A}\times(\boldsymbol{B}+\boldsymbol{C})=\boldsymbol{A}\times\boldsymbol{B}+\boldsymbol{A}\times\boldsymbol{C}\quad（分配律）\tag{3.23b}$$

矢量与其自身的叉积等于零，即

$$\boldsymbol{A}\times\boldsymbol{A}=0\tag{3.24}$$

根据式(3.22)给出的叉积定义，容易验证直角坐标系的基矢量 $\hat{\boldsymbol{x}}$、$\hat{\boldsymbol{y}}$ 和 $\hat{\boldsymbol{z}}$ 遵循以下右手循环关系式：

$$\hat{\boldsymbol{x}}\times\hat{\boldsymbol{y}}=\hat{\boldsymbol{z}},\quad \hat{\boldsymbol{y}}\times\hat{\boldsymbol{z}}=\hat{\boldsymbol{x}},\quad \hat{\boldsymbol{z}}\times\hat{\boldsymbol{x}}=\hat{\boldsymbol{y}}\tag{3.25}$$

注意循环顺序($xyzxyz\cdots$)，并且

$$\hat{\boldsymbol{x}}\times\hat{\boldsymbol{x}}=\hat{\boldsymbol{y}}\times\hat{\boldsymbol{y}}=\hat{\boldsymbol{z}}\times\hat{\boldsymbol{z}}=0\tag{3.26}$$

假设 $\boldsymbol{A}=(A_x,A_y,A_z)$、$\boldsymbol{B}=(B_x,B_y,B_z)$，则利用式(3.25)和式(3.26)可得

$$\begin{aligned}\boldsymbol{A}\times\boldsymbol{B}&=(\hat{\boldsymbol{x}}A_x+\hat{\boldsymbol{y}}A_y+\hat{\boldsymbol{z}}A_z)\times(\hat{\boldsymbol{x}}B_x+\hat{\boldsymbol{y}}B_y+\hat{\boldsymbol{z}}B_z)\\&=\hat{\boldsymbol{x}}(A_yB_z-A_zB_y)+\hat{\boldsymbol{y}}(A_zB_x-A_xB_z)+\hat{\boldsymbol{z}}(A_xB_y-A_yB_x)\end{aligned}\tag{3.27}$$

由式(3.27)给出结果的循环形式将叉积表示为行列式的形式：

$$\boldsymbol{A}\times\boldsymbol{B}=\begin{vmatrix}\hat{\boldsymbol{x}} & \hat{\boldsymbol{y}} & \hat{\boldsymbol{z}}\\ A_x & A_y & A_z\\ B_x & B_y & B_z\end{vmatrix}\tag{3.28}$$

例 3-1　矢量和角度

在直角坐标系中，矢量 $\boldsymbol{A}$ 从原点指向点 $P_1=(2,3,3)$、矢量 $\boldsymbol{B}$ 从点 P_1 指向点 $P_2=(1,-2,2)$。求：(a) 矢量 $\boldsymbol{A}$、它的幅值 A 和单位矢量 $\hat{\boldsymbol{a}}$；(b) 矢量 $\boldsymbol{A}$ 与 y 轴的夹角；(c) 矢量 $\boldsymbol{B}$；(d) 矢量 $\boldsymbol{A}$ 和矢量 $\boldsymbol{B}$ 的夹角 θ_{AB}；(e) 原点到矢量 $\boldsymbol{B}$ 的垂直距离。

解：(a) 矢量 $\boldsymbol{A}$ 由点 $P_1=(2,3,3)$ 的位置矢量给出(见图 3-7)。所以，

$$\boldsymbol{A}=\hat{\boldsymbol{x}}2+\hat{\boldsymbol{y}}3+\hat{\boldsymbol{z}}3$$

$$A=|\boldsymbol{A}|=\sqrt{2^2+3^2+3^2}=\sqrt{22}$$

$$\hat{\boldsymbol{a}}=\frac{\boldsymbol{A}}{A}=(\hat{\boldsymbol{x}}2+\hat{\boldsymbol{y}}3+\hat{\boldsymbol{z}}3)/\sqrt{22}$$

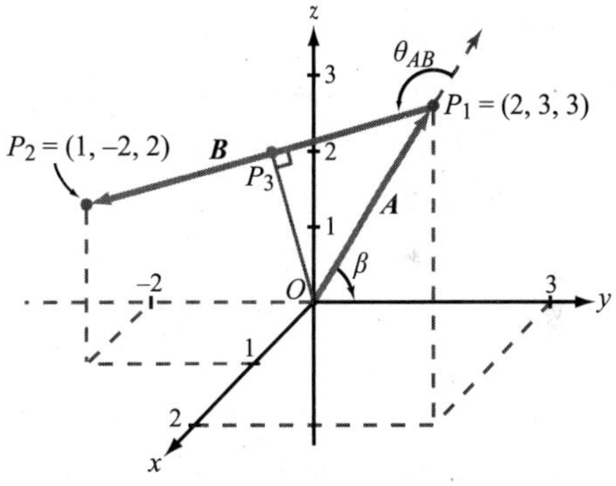

图 3-7　例 3-1 图

(b) $\boldsymbol{A}$ 与 y 轴的夹角 β 由下式得出：

$$\boldsymbol{A}\cdot\hat{\boldsymbol{y}}=|\boldsymbol{A}|\,|\hat{\boldsymbol{y}}|\cos\beta=A\cos\beta$$

或者

$$\beta=\arccos\left(\frac{\boldsymbol{A}\cdot\hat{\boldsymbol{y}}}{A}\right)=\arccos\left(\frac{3}{\sqrt{22}}\right)=50.2^\circ$$

(c)
$$\boldsymbol{B}=\hat{\boldsymbol{x}}(1-2)+\hat{\boldsymbol{y}}(-2-3)+\hat{\boldsymbol{z}}(2-3)=-\hat{\boldsymbol{x}}-\hat{\boldsymbol{y}}5-\hat{\boldsymbol{z}}$$

(d)
$$\theta_{AB}=\arccos\left(\frac{\boldsymbol{A}\cdot\boldsymbol{B}}{|\boldsymbol{A}|\,|\boldsymbol{B}|}\right)=\arccos\left(\frac{(-2-15-3)}{\sqrt{22}\sqrt{27}}\right)=145.1^\circ$$

(e) 如图 3-7 所示，原点到矢量 $\boldsymbol{B}$ 的垂直距离是 $|\overrightarrow{OP_3}|$，根据直角三角形 OP_1P_3，有

$$|\overrightarrow{OP_3}|=|\boldsymbol{A}|\sin(180^\circ-\theta_{AB})=\sqrt{22}\sin(180^\circ-145.1^\circ)=2.68$$ ◀

例 3-2　叉积

已知矢量 $\boldsymbol{A}=\hat{\boldsymbol{x}}2-\hat{\boldsymbol{y}}+\hat{\boldsymbol{z}}3$，$\boldsymbol{B}=\hat{\boldsymbol{y}}2-\hat{\boldsymbol{z}}3$，计算：(a) $\boldsymbol{A}\times\boldsymbol{B}$，(b) $\hat{\boldsymbol{y}}\times\boldsymbol{B}$，(c) $(\hat{\boldsymbol{y}}\times\boldsymbol{B})\cdot\boldsymbol{A}$。

解：(a) 由式(3.28)可得

$$\begin{aligned}\boldsymbol{A}\times\boldsymbol{B}&=\begin{vmatrix}\hat{\boldsymbol{x}} & \hat{\boldsymbol{y}} & \hat{\boldsymbol{z}}\\ 2 & -1 & 3\\ 0 & 2 & -3\end{vmatrix}\\&=\hat{\boldsymbol{x}}[(-1)\times(-3)-3\times2]-\hat{\boldsymbol{y}}[2\times(-3)-3\times0]+\hat{\boldsymbol{z}}[2\times2-(-1\times0)]\end{aligned}$$

$=-\hat{\boldsymbol{x}}3+\hat{\boldsymbol{y}}6+\hat{\boldsymbol{z}}4$

(b) $\hat{\boldsymbol{y}}\times\boldsymbol{B}=\hat{\boldsymbol{y}}\times(\hat{\boldsymbol{y}}2-\hat{\boldsymbol{z}}3)=-\hat{\boldsymbol{x}}3$

(c) $(\hat{\boldsymbol{y}}\times\boldsymbol{B})\cdot\boldsymbol{A}=-\hat{\boldsymbol{x}}3\cdot(\hat{\boldsymbol{x}}2-\hat{\boldsymbol{y}}+\hat{\boldsymbol{z}}3)=-6$

练习 3-1 在直角坐标系中，求 $P_1=(1,2,3)$和 $P_2=(-1,-2,3)$之间的距离矢量。

答案： $\overrightarrow{P_1P_2}=-\hat{\boldsymbol{x}}2-\hat{\boldsymbol{y}}4$。(参见EM)

练习 3-2 由例 3-1 中矢量 $\boldsymbol{A}$ 和 $\boldsymbol{B}$ 的叉积求它们之间的夹角 θ_{AB}。

答案： $\theta_{AB}=145.1°$。(参见EM)

练习 3-3 求例 3-1 中的矢量 $\boldsymbol{B}$ 与 z 轴之间的夹角。

答案： 101.1°。(参见EM)

练习 3-4 矢量 $\boldsymbol{A}$ 和 $\boldsymbol{B}$ 位于 y-z 平面上，且幅值均为 2(见图 E3-4)。求：(a) $\boldsymbol{A}\cdot\boldsymbol{B}$，(b) $\boldsymbol{A}\times\boldsymbol{B}$。

答案： (a) $\boldsymbol{A}\cdot\boldsymbol{B}=-2$，(b) $\boldsymbol{A}\times\boldsymbol{B}=\hat{\boldsymbol{x}}3.46$。(参见EM)

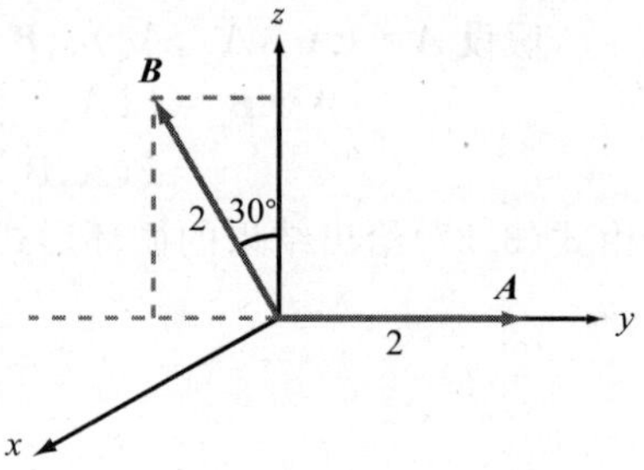

图 E3-4

练习 3-5 如果 $\boldsymbol{A}\cdot\boldsymbol{B}=\boldsymbol{A}\cdot\boldsymbol{C}$，那么 $\boldsymbol{B}=\boldsymbol{C}$ 是否成立？

答案： 不成立。(参见EM)

3.1.5 标量三重积和矢量三重积

当三个矢量相乘时，并非所有点积和叉积的组合都有意义。例如，乘积 $\boldsymbol{A}\times(\boldsymbol{B}\cdot\boldsymbol{C})$ 是没有意义的，因为 $\boldsymbol{B}\cdot\boldsymbol{C}$ 是一个标量，并且矢量 $\boldsymbol{A}$ 与标量的叉积在矢量代数的规则中无定义。除了形式为 $\boldsymbol{A}(\boldsymbol{B}\cdot\boldsymbol{C})$ 的乘积之外，三个矢量乘积中仅有两个是有意义的，它们是标量三重积和矢量三重积。

标量三重积

一个矢量与另外两个矢量叉积的点积称为标量三重积，这样命名是因为所得结果为一个标量。标量三重积服从循环次序：

$$\boldsymbol{A}\cdot(\boldsymbol{B}\times\boldsymbol{C})=\boldsymbol{B}\cdot(\boldsymbol{C}\times\boldsymbol{A})=\boldsymbol{C}\cdot(\boldsymbol{A}\times\boldsymbol{B}) \tag{3.29}$$

只要保持循环次序($ABCABC\cdots$)，等式均成立。矢量 $\boldsymbol{A}=(A_x,A_y,A_z)$、矢量 $\boldsymbol{B}=(B_x,B_y,B_z)$和矢量 $\boldsymbol{C}=(C_x,C_y,C_z)$的标量三重积可以表示为 3×3 行列式的形式：

$$\boldsymbol{A}\cdot(\boldsymbol{B}\times\boldsymbol{C})=\begin{vmatrix} A_x & A_y & A_z \\ B_x & B_y & B_z \\ C_x & C_y & C_z \end{vmatrix} \tag{3.30}$$

式(3.29)和式(3.30)的有效性可以通过以分量形式展开 $\boldsymbol{A}$、$\boldsymbol{B}$ 和 $\boldsymbol{C}$，并进行乘法运算来验证。

矢量三重积

矢量三重积是一个矢量与另外两个矢量的叉积的叉积，如

$$\boldsymbol{A}\times(\boldsymbol{B}\times\boldsymbol{C}) \tag{3.31}$$

由于每个叉积产生一个矢量，因此矢量三重积的结果也是一个矢量。矢量三重积不服从结合律，即

$$\boldsymbol{A}\times(\boldsymbol{B}\times\boldsymbol{C})\neq(\boldsymbol{A}\times\boldsymbol{B})\times\boldsymbol{C} \tag{3.32}$$

这意味着指定首先进行哪个叉积运算很重要。通过以分量形式展开矢量 $\boldsymbol{A}$、$\boldsymbol{B}$ 和 $\boldsymbol{C}$，可以证明：

$$\boldsymbol{A}\times(\boldsymbol{B}\times\boldsymbol{C})=\boldsymbol{B}(\boldsymbol{A}\cdot\boldsymbol{C})-\boldsymbol{C}(\boldsymbol{A}\cdot\boldsymbol{B}) \tag{3.33}$$

这就是所谓的 bac-cab 规则。

例 3-3 **矢量三重积**

$\boldsymbol{A}=\hat{\boldsymbol{x}}-\hat{\boldsymbol{y}}+\hat{\boldsymbol{z}}2$，$\boldsymbol{B}=\hat{\boldsymbol{y}}+\hat{\boldsymbol{z}}$，$\boldsymbol{C}=-\hat{\boldsymbol{x}}2+\hat{\boldsymbol{z}}3$，求$(\boldsymbol{A}\times\boldsymbol{B})\times\boldsymbol{C}$，并将其与$\boldsymbol{A}\times(\boldsymbol{B}\times\boldsymbol{C})$进行比较。

解：

$$\boldsymbol{A}\times\boldsymbol{B}=\begin{vmatrix}\hat{\boldsymbol{x}} & \hat{\boldsymbol{y}} & \hat{\boldsymbol{z}}\\ 1 & -1 & 2\\ 0 & 1 & 1\end{vmatrix}=-\hat{\boldsymbol{x}}3-\hat{\boldsymbol{y}}+\hat{\boldsymbol{z}}$$

则

$$(\boldsymbol{A}\times\boldsymbol{B})\times\boldsymbol{C}=\begin{vmatrix}\hat{\boldsymbol{x}} & \hat{\boldsymbol{y}} & \hat{\boldsymbol{z}}\\ -3 & -1 & 1\\ -2 & 0 & 3\end{vmatrix}=-\hat{\boldsymbol{x}}3+\hat{\boldsymbol{y}}7-\hat{\boldsymbol{z}}2$$

同理可得 $\boldsymbol{A}\times(\boldsymbol{B}\times\boldsymbol{C})=\hat{\boldsymbol{x}}2+\hat{\boldsymbol{y}}4+\hat{\boldsymbol{z}}$。两个矢量三重积的结果不同，证明了式(3.32)。◀

概念问题 3-1：两个矢量在什么时候相等？什么时候相同？

概念问题 3-2：一个点的位置矢量何时与两个点之间的距离矢量相同？

概念问题 3-3：如果 $\boldsymbol{A}\cdot\boldsymbol{B}=0$，$\theta_{AB}$ 是多少？

概念问题 3-4：如果 $\boldsymbol{A}\times\boldsymbol{B}=0$，$\theta_{AB}$ 是多少？

概念问题 3-5：$\boldsymbol{A}(\boldsymbol{B}\cdot\boldsymbol{C})$是矢量三重积吗？

概念问题 3-6：如果 $\boldsymbol{A}\cdot\boldsymbol{B}=\boldsymbol{A}\cdot\boldsymbol{C}$，是否有 $\boldsymbol{B}=\boldsymbol{C}$？

3.2　正交坐标系

三维坐标系允许我们唯一指定空间中点的位置以及矢量的幅值和方向。坐标系可以是正交的或非正交的。

正交坐标系是沿着局部相互垂直的坐标轴测量坐标的坐标系。

非正交坐标系是非常特殊的且很少用于解决实际问题的坐标系。虽然已经设计了许多正交坐标系，但是最常用的是：

- 笛卡儿坐标系(也称为直角坐标系)
- 圆柱坐标系
- 球坐标系

为什么我们需要不止一个坐标系呢？尽管无论用何种坐标系来描述，空间的一点都具有相同的位置，一个物体都具有相同的形状，但是通过选择与求解的实际问题的几何条件最适合的坐标系，可以极大地促进问题的求解。以下将研究上述每个正交坐标系的特性，并在 3.3 节介绍如何将一个点或矢量从一个坐标系变换到另一个坐标系。

3.2.1　直角坐标系

在 3.1 节中介绍了用直角坐标系来说明矢量代数定律。这些定律不再重复，将其总结在表 3-1 中。微分计算涉及使用微分线元、微分面元和微分体元。在直角坐标系中，微分线元矢量(见图 3-8)表示为

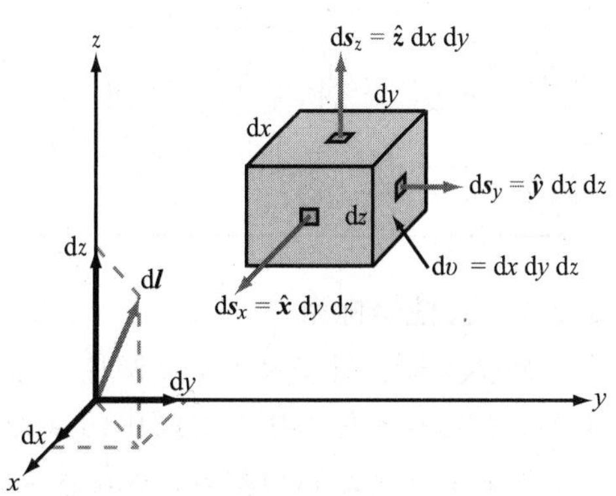

图 3-8　直角坐标系中的微分线元、微分面元和微分体元

$$d\boldsymbol{l}=\hat{\boldsymbol{x}}\,dl_x+\hat{\boldsymbol{y}}\,dl_y+\hat{\boldsymbol{z}}\,dl_z=\hat{\boldsymbol{x}}\,dx+\hat{\boldsymbol{y}}\,dy+\hat{\boldsymbol{z}}\,dz \tag{3.34}$$

式中，$dl_x=dx$ 是沿 $\hat{\boldsymbol{x}}$ 的微分长度，同理$dl_y=dy$，$dl_z=dz$。

微分面元矢量 $d\boldsymbol{s}$ 是一个矢量，其幅值 ds 等于两个微分长度(如 dl_y 和 dl_z)的乘积，方向为沿第三个方向单位矢量指定的方向(如 $\hat{\boldsymbol{x}}$)。因此，在 y-z 平面的微分面元矢量为

$$d\boldsymbol{s}_x=\hat{\boldsymbol{x}}\,dl_y\,dl_z=\hat{\boldsymbol{x}}\,dy\,dz \quad (y\text{-}z\ 平面) \tag{3.35a}$$

式中，$d\boldsymbol{s}$ 的下标表示其方向。同样，

$$d\boldsymbol{s}_y=\hat{\boldsymbol{y}}\,dx\,dz \quad (x\text{-}z\ 平面) \tag{3.35b}$$

$$d\boldsymbol{s}_z=\hat{\boldsymbol{z}}\,dx\,dy \quad (x\text{-}y\ 平面) \tag{3.35c}$$

微分体元等于三个微分长度的乘积：

$$dv=dx\,dy\,dz \tag{3.36}$$

表 3-1 矢量关系汇总

	直角坐标系	圆柱坐标系	球坐标系
坐标变量	x,y,z	r,ϕ,z	R,θ,ϕ
矢量表示 $\boldsymbol{A}$	$\hat{\boldsymbol{x}}A_x+\hat{\boldsymbol{y}}A_y+\hat{\boldsymbol{z}}A_z$	$\hat{\boldsymbol{r}}A_r+\hat{\boldsymbol{\phi}}A_\phi+\hat{\boldsymbol{z}}A_z$	$\hat{\boldsymbol{R}}A_R+\hat{\boldsymbol{\theta}}A_\theta+\hat{\boldsymbol{\phi}}A_\phi$
$\boldsymbol{A}$ 的大小 $\|\boldsymbol{A}\|$	$\sqrt[+]{A_x^2+A_y^2+A_z^2}$	$\sqrt[+]{A_r^2+A_\phi^2+A_z^2}$	$\sqrt[+]{A_R^2+A_\theta^2+A_\phi^2}$
位置矢量 $\overrightarrow{OP_1}$	对于 $P(x_1,y_1,z_1)$ $\hat{\boldsymbol{x}}x_1+\hat{\boldsymbol{y}}y_1+\hat{\boldsymbol{z}}z_1$	对于 $P(r_1,\phi_1,z_1)$ $\hat{\boldsymbol{r}}r_1+\hat{\boldsymbol{z}}z_1$	对于 $P(R_1,\theta_1,\phi_1)$ $\hat{\boldsymbol{R}}R_1$
基矢量特性	$\hat{\boldsymbol{x}}\cdot\hat{\boldsymbol{x}}=\hat{\boldsymbol{y}}\cdot\hat{\boldsymbol{y}}=\hat{\boldsymbol{z}}\cdot\hat{\boldsymbol{z}}=1$ $\hat{\boldsymbol{x}}\cdot\hat{\boldsymbol{y}}=\hat{\boldsymbol{y}}\cdot\hat{\boldsymbol{z}}=\hat{\boldsymbol{z}}\cdot\hat{\boldsymbol{x}}=0$ $\hat{\boldsymbol{x}}\times\hat{\boldsymbol{y}}=\hat{\boldsymbol{z}}$ $\hat{\boldsymbol{y}}\times\hat{\boldsymbol{z}}=\hat{\boldsymbol{x}}$ $\hat{\boldsymbol{z}}\times\hat{\boldsymbol{x}}=\hat{\boldsymbol{y}}$	$\hat{\boldsymbol{r}}\cdot\hat{\boldsymbol{r}}=\hat{\boldsymbol{\phi}}\cdot\hat{\boldsymbol{\phi}}=\hat{\boldsymbol{z}}\cdot\hat{\boldsymbol{z}}=1$ $\hat{\boldsymbol{r}}\cdot\hat{\boldsymbol{\phi}}=\hat{\boldsymbol{\phi}}\cdot\hat{\boldsymbol{z}}=\hat{\boldsymbol{z}}\cdot\hat{\boldsymbol{r}}=0$ $\hat{\boldsymbol{r}}\times\hat{\boldsymbol{\phi}}=\hat{\boldsymbol{z}}$ $\hat{\boldsymbol{\phi}}\times\hat{\boldsymbol{z}}=\hat{\boldsymbol{r}}$ $\hat{\boldsymbol{z}}\times\hat{\boldsymbol{r}}=\hat{\boldsymbol{\phi}}$	$\hat{\boldsymbol{R}}\cdot\hat{\boldsymbol{R}}=\hat{\boldsymbol{\theta}}\cdot\hat{\boldsymbol{\theta}}=\hat{\boldsymbol{\phi}}\cdot\hat{\boldsymbol{\phi}}=1$ $\hat{\boldsymbol{R}}\cdot\hat{\boldsymbol{\theta}}=\hat{\boldsymbol{\theta}}\cdot\hat{\boldsymbol{\phi}}=\hat{\boldsymbol{\phi}}\cdot\hat{\boldsymbol{R}}=0$ $\hat{\boldsymbol{R}}\times\hat{\boldsymbol{\theta}}=\hat{\boldsymbol{\phi}}$ $\hat{\boldsymbol{\theta}}\times\hat{\boldsymbol{\phi}}=\hat{\boldsymbol{R}}$ $\hat{\boldsymbol{\phi}}\times\hat{\boldsymbol{R}}=\hat{\boldsymbol{\theta}}$
点积 $\boldsymbol{A}\cdot\boldsymbol{B}$	$A_xB_x+A_yB_y+A_zB_z$	$A_rB_r+A_\phi B_\phi+A_zB_z$	$A_RB_R+A_\theta B_\theta+A_\phi B_\phi$
叉积 $\boldsymbol{A}\times\boldsymbol{B}$	$\begin{vmatrix}\hat{\boldsymbol{x}} & \hat{\boldsymbol{y}} & \hat{\boldsymbol{z}}\\ A_x & A_y & A_z\\ B_x & B_y & B_z\end{vmatrix}$	$\begin{vmatrix}\hat{\boldsymbol{r}} & \hat{\boldsymbol{\phi}} & \hat{\boldsymbol{z}}\\ A_r & A_\phi & A_z\\ B_r & B_\phi & B_z\end{vmatrix}$	$\begin{vmatrix}\hat{\boldsymbol{R}} & \hat{\boldsymbol{\theta}} & \hat{\boldsymbol{\phi}}\\ A_R & A_\theta & A_\phi\\ B_R & B_\theta & B_\phi\end{vmatrix}$
微分线元 $d\boldsymbol{l}$	$\hat{\boldsymbol{x}}dx+\hat{\boldsymbol{y}}dy+\hat{\boldsymbol{z}}dz$	$\hat{\boldsymbol{r}}dr+\hat{\boldsymbol{\phi}}r\,d\phi+\hat{\boldsymbol{z}}dz$	$\hat{\boldsymbol{R}}dR+\hat{\boldsymbol{\theta}}R\,d\theta+\hat{\boldsymbol{\phi}}R\sin\theta\,d\phi$
微分面元 $d\boldsymbol{s}$	$d\boldsymbol{s}_x=\hat{\boldsymbol{x}}dy\,dz$ $d\boldsymbol{s}_y=\hat{\boldsymbol{y}}dx\,dz$ $d\boldsymbol{s}_z=\hat{\boldsymbol{z}}dx\,dy$	$d\boldsymbol{s}_r=\hat{\boldsymbol{r}}r\,d\phi\,dz$ $d\boldsymbol{s}_\phi=\hat{\boldsymbol{\phi}}dr\,dz$ $d\boldsymbol{s}_z=\hat{\boldsymbol{z}}r\,dr\,d\phi$	$d\boldsymbol{s}_R=\hat{\boldsymbol{R}}R^2\sin\theta\,d\theta\,d\phi$ $d\boldsymbol{s}_\theta=\hat{\boldsymbol{\theta}}R\sin\theta\,dR\,d\phi$ $d\boldsymbol{s}_\phi=\hat{\boldsymbol{\phi}}R\,dR\,d\theta$
微分体元 dv	$dx\,dy\,dz$	$r\,dr\,d\phi\,dz$	$R^2\sin\theta\,dR\,d\theta\,d\phi$

3.2.2 圆柱坐标系

圆柱坐标系对于解决涉及圆柱对称结构的问题非常有用，例如计算同轴线单位长度的电容。在圆柱坐标系中，空间中的点的位置由 3 个变量表示：r、ϕ 和 z(见图 3-9)。坐标 r 是在 x-y 面上的径向距离，ϕ 是从 x 轴正方向测量的方位角，而 z 与之前在直角坐标系中定义的一样。它们的取值范围是 $0\leqslant r<\infty$，$0\leqslant\phi<2\pi$，$-\infty<z<\infty$。图 3-9 中的点 $P(r_1,\phi_1,z_1)$位于 3 个表面的交点，这 3 个表面分别为由 $r=r_1$ 定义的圆柱面，由$\phi=\phi_1$

定义的垂直半平面(从 z 轴向外延伸)和由 $z=z_1$ 定义的水平面。

相互垂直的基矢量为 $\hat{\boldsymbol{r}}$、$\hat{\boldsymbol{\phi}}$ 和 $\hat{\boldsymbol{z}}$，其中 $\hat{\boldsymbol{r}}$ 沿 r 远离原点，$\hat{\boldsymbol{\phi}}$ 指向与圆柱面相切的方向，$\hat{\boldsymbol{z}}$ 指向垂直方向。与直角坐标系不同，在直角坐标系中基矢量 $\hat{\boldsymbol{x}}$、$\hat{\boldsymbol{y}}$ 和 $\hat{\boldsymbol{z}}$ 与 P 的位置无关，而在圆柱坐标系中 $\hat{\boldsymbol{r}}$ 和 $\hat{\boldsymbol{\phi}}$ 均是 ϕ 的函数。

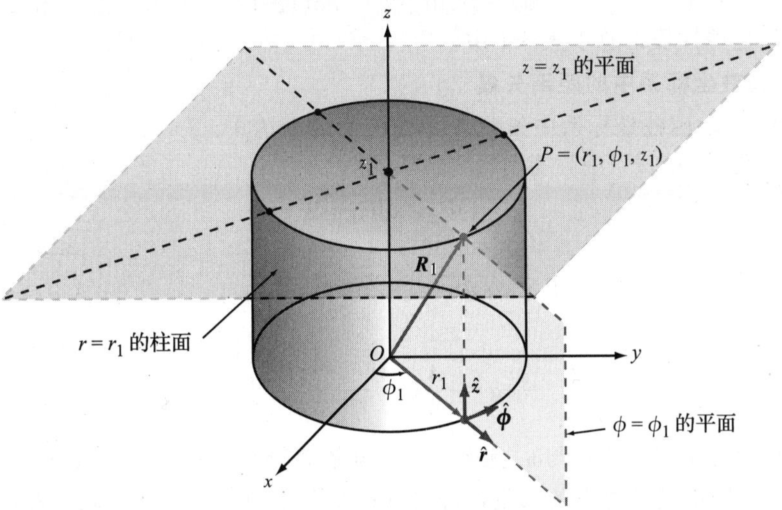

图 3-9 圆柱坐标中的点 $P(r_1,\phi_1,z_1)$，r_1 是在 x-y 面上从原点出发的径向距离，ϕ_1 是在 x-y 面中从 x 轴向 y 轴测量的角度，z_1 是到 x-y 面的垂直距离

基单位矢量遵循以下右手螺旋关系式：

$$\hat{\boldsymbol{r}}\times\hat{\boldsymbol{\phi}}=\hat{\boldsymbol{z}},\quad \hat{\boldsymbol{\phi}}\times\hat{\boldsymbol{z}}=\hat{\boldsymbol{r}},\quad \hat{\boldsymbol{z}}\times\hat{\boldsymbol{r}}=\hat{\boldsymbol{\phi}} \tag{3.37}$$

并且与所有单位矢量一样，$\hat{\boldsymbol{r}}\cdot\hat{\boldsymbol{r}}=\hat{\boldsymbol{\phi}}\cdot\hat{\boldsymbol{\phi}}=\hat{\boldsymbol{z}}\cdot\hat{\boldsymbol{z}}=1$，$\hat{\boldsymbol{r}}\times\hat{\boldsymbol{r}}=\hat{\boldsymbol{\phi}}\times\hat{\boldsymbol{\phi}}=\hat{\boldsymbol{z}}\times\hat{\boldsymbol{z}}=0$。

在圆柱坐标系中，一个矢量表示为

$$\boldsymbol{A}=\hat{\boldsymbol{a}}|\boldsymbol{A}|=\hat{\boldsymbol{r}}A_r+\hat{\boldsymbol{\phi}}A_\phi+\hat{\boldsymbol{z}}A_z \tag{3.38}$$

式中，A_r、A_ϕ 和 A_z 是 $\boldsymbol{A}$ 沿着 $\hat{\boldsymbol{r}}$、$\hat{\boldsymbol{\phi}}$ 和 $\hat{\boldsymbol{z}}$ 方向的分量。$\boldsymbol{A}$ 的大小用式(3.17)得到

$$|\boldsymbol{A}|=\sqrt[+]{\boldsymbol{A}\cdot\boldsymbol{A}}=\sqrt{A_r^2+A_\phi^2+A_z^2} \tag{3.39}$$

如图 3-9 所示的位置矢量 $\overrightarrow{OP}$ 仅具有沿 r 和 z 的分量。所以，

$$\boldsymbol{R}_1=\overrightarrow{OP}=\hat{\boldsymbol{r}}r_1+\hat{\boldsymbol{z}}z_1 \tag{3.40}$$

$\boldsymbol{R}_1$ 对 ϕ_1 的依赖性隐含于 $\hat{\boldsymbol{r}}$ 对 ϕ_1 的依赖性中。因此，当使用式(3.40)来表示点 $P(r_1,\phi_1,z_1)$ 的位置矢量时，必须指定 ϕ_1 处的 $\hat{\boldsymbol{r}}$。

图 3-10 表示了圆柱坐标系中的微分体元。沿 $\hat{\boldsymbol{r}}$、$\hat{\boldsymbol{\phi}}$ 和 $\hat{\boldsymbol{z}}$ 的微分线元为

$$\mathrm{d}l_r=\mathrm{d}r,\quad \mathrm{d}l_\phi=r\mathrm{d}\phi,\quad \mathrm{d}l_z=\mathrm{d}z \tag{3.41}$$

注意，沿 $\hat{\boldsymbol{\phi}}$ 的微分线元为 $r\mathrm{d}\phi$，而不仅仅是 $\mathrm{d}\phi$。圆柱坐标系中的微分线元 $\mathrm{d}\boldsymbol{l}$ 为

$$\mathrm{d}\boldsymbol{l}=\hat{\boldsymbol{r}}\mathrm{d}l_r+\hat{\boldsymbol{\phi}}\mathrm{d}l_\phi+\hat{\boldsymbol{z}}\mathrm{d}l_z=\hat{\boldsymbol{r}}\mathrm{d}r+\hat{\boldsymbol{\phi}}r\mathrm{d}\phi+\hat{\boldsymbol{z}}\mathrm{d}z \tag{3.42}$$

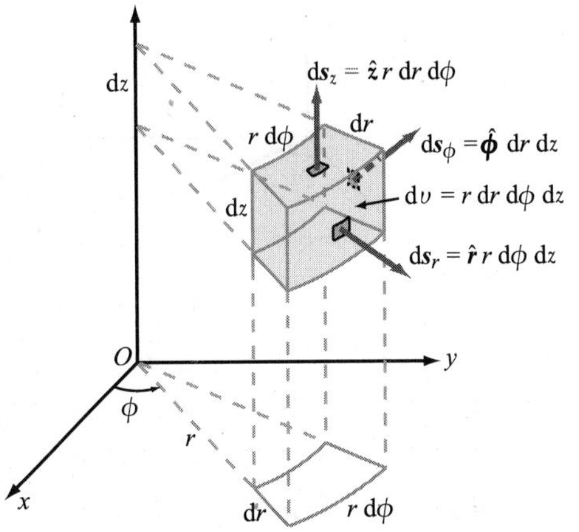

图 3-10 圆柱坐标系中的微分面元和微分体元

如前所述，在直角坐标系中，任意一对微

分线元的乘积等于微分面元矢量的大小，该表面的法线指向第三个坐标的方向。所以，

$$d\boldsymbol{s}_r = \hat{\boldsymbol{r}} dl_\phi dl_z = \hat{\boldsymbol{r}} r d\phi dz \quad (\phi - z \text{ 圆柱面}) \tag{3.43a}$$

$$d\boldsymbol{s}_\phi = \hat{\boldsymbol{\phi}} dl_r dl_z = \hat{\boldsymbol{\phi}} dr dz \quad (r - z \text{ 平面}) \tag{3.43b}$$

$$d\boldsymbol{s}_z = \hat{\boldsymbol{z}} dl_r dl_\phi = \hat{\boldsymbol{z}} r dr d\phi \quad (r - \phi \text{ 平面}) \tag{3.43c}$$

微分体元等于 3 个微分线元的乘积：

$$d\upsilon = dl_r dl_\phi dl_z = r dr d\phi dz \tag{3.44}$$

圆柱坐标系的这些性质汇总于表 3-1 中。

例 3-4 圆柱坐标系中的距离矢量

求图 3-11 所示圆柱坐标系中矢量 $\boldsymbol{A}$ 单位矢量的表达式。

解：在三角形 OP_1P_2 中，有

$$\overrightarrow{OP_2} = \overrightarrow{OP_1} + \boldsymbol{A}$$

因此，

$$\boldsymbol{A} = \overrightarrow{OP_2} - \overrightarrow{OP_1} = \hat{\boldsymbol{r}} r_0 - \hat{\boldsymbol{z}} h$$

于是得到

$$\hat{\boldsymbol{a}} = \frac{\boldsymbol{A}}{|\boldsymbol{A}|} = \frac{\hat{\boldsymbol{r}} r_0 - \hat{\boldsymbol{z}} h}{\sqrt{r_0^2 + h^2}}$$

我们注意到，$\boldsymbol{A}$ 的表达式与 ϕ_0 无关，这意味着在圆柱坐标系中，从点 P_1 到 x-y 平面上半径为 $r = r_0$ 圆上的任意点的矢量都相等，这是不正确的。这种不确定性可以通过指定 $\boldsymbol{A}$ 经过 $\phi = \phi_0$ 面上的一个点得到解决。◀

例 3-5 圆柱面积

求由 $r=5$，$30° \leqslant \phi \leqslant 60°$ 和 $0 \leqslant z \leqslant 3$ 所确定的圆柱面的面积（见图 3-12）。

解：要求的表面如图 3-12 所示，对于具有常数 r 的表面单元，利用式(3.43a)，得出

$$S = r\int_{30°}^{60°} d\phi \int_0^3 dz = 5\phi\Big|_{\pi/6}^{\pi/3} z\Big|_0^3 = \frac{5\pi}{2}$$

注意，在计算积分之前，必须将 ϕ 的积分限转换为弧度。◀

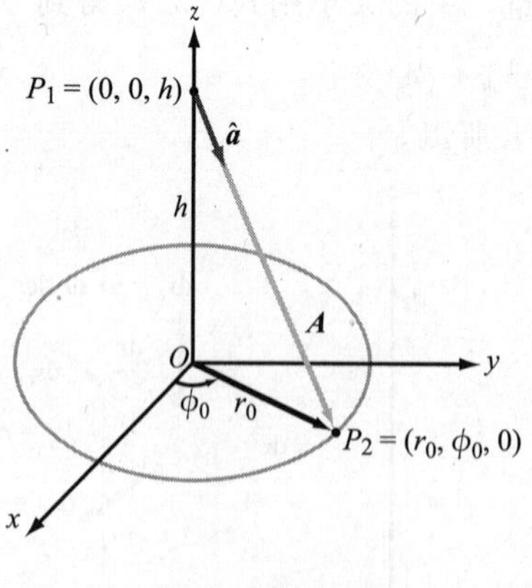

图 3-11 例 3-4 图

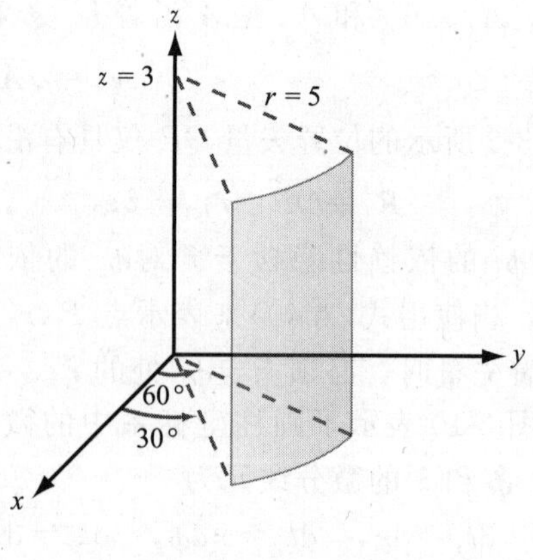

图 3-12 例 3-5 图

练习 3-6 一个半径为 $r=5\text{cm}$ 圆柱体的轴线位于 z 轴，并且在 $z=-3\sim3\text{cm}$ 之间，利用式(3.44)计算该圆柱体的体积。

答案：471.2cm^3。（参见Ⓔⓜ）

模块 3.1(点和矢量)　检验点和矢量在直角坐标(x,y)和圆柱坐标(r,ϕ)之间的关系。

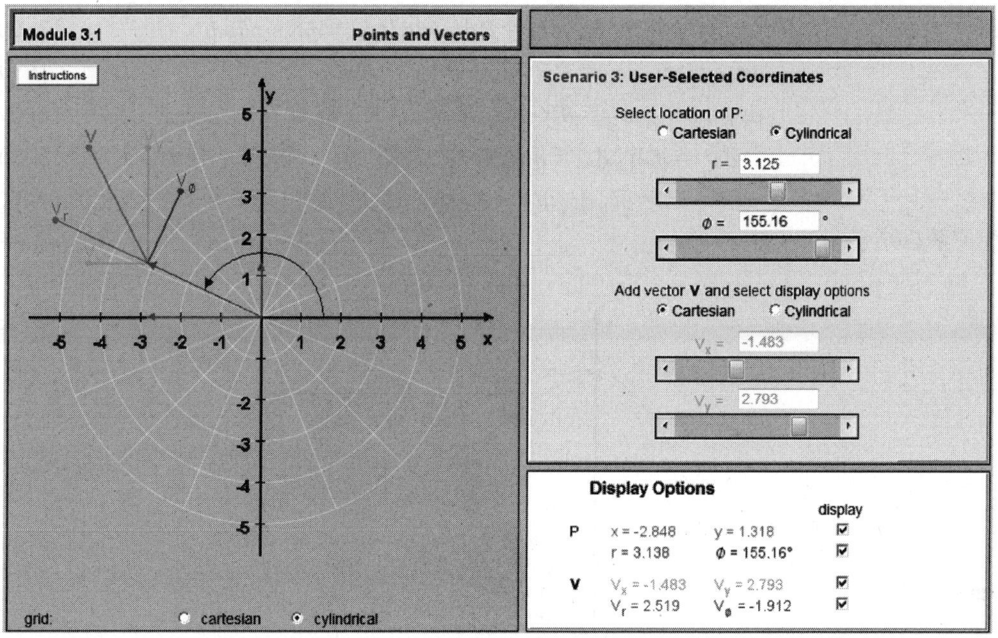

3.2.3　球坐标系

在球坐标系中，空间中一点的位置由变量R、θ和ϕ唯一指定(见图 3-13)。距离坐标R，表示原点到该点的距离，描述了以原点为中心、半径为R的球面。天顶角θ是从z轴正方向测量的角度，它描述了一个顶点在原点的圆锥面。方位角ϕ与圆柱坐标系中相同。变量R、θ和ϕ的范围为$0\leqslant R\leqslant\infty$、$0\leqslant\theta\leqslant\pi$、$0\leqslant\phi<2\pi$。基矢量$\hat{\boldsymbol{R}}$、$\hat{\boldsymbol{\theta}}$和$\hat{\boldsymbol{\phi}}$遵循右手螺旋法则：

$$\hat{\boldsymbol{R}}\times\hat{\boldsymbol{\theta}}=\hat{\boldsymbol{\phi}},\quad \hat{\boldsymbol{\theta}}\times\hat{\boldsymbol{\phi}}=\hat{\boldsymbol{R}},\quad \hat{\boldsymbol{\phi}}\times\hat{\boldsymbol{R}}=\hat{\boldsymbol{\theta}} \tag{3.45}$$

由分量A_R、A_θ和A_ϕ构成的矢量可以表示为

$$\boldsymbol{A}=\hat{\boldsymbol{a}}\,|\boldsymbol{A}|=\hat{\boldsymbol{R}}A_R+\hat{\boldsymbol{\theta}}A_\theta+\hat{\boldsymbol{\phi}}A_\phi \tag{3.46}$$

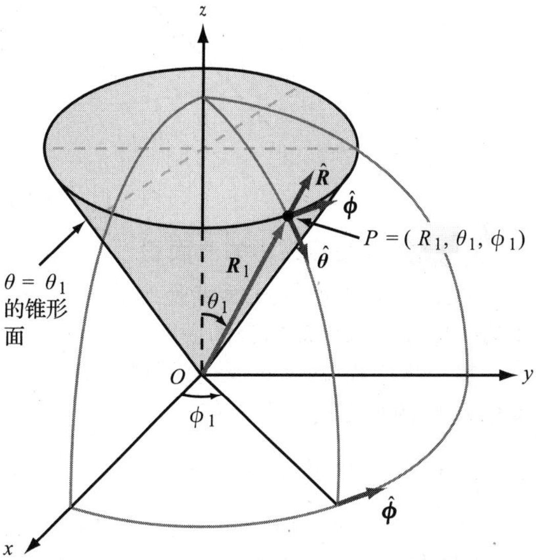

图 3-13　球坐标系中的点$P(R_1,\theta_1,\phi_1)$

其幅值为

$$|\boldsymbol{A}|=\sqrt[+]{\boldsymbol{A}\cdot\boldsymbol{A}}=\sqrt[+]{A_R^2+A_\theta^2+A_\phi^2} \tag{3.47}$$

点$P(R_1,\theta_1,\phi_1)$的位置矢量可以简单表示为

$$\boldsymbol{R}_1=\overrightarrow{OP}=\hat{\boldsymbol{R}}R_1 \tag{3.48}$$

同时，注意$\hat{\boldsymbol{R}}$隐含着与$\hat{\boldsymbol{\theta}}$和$\hat{\boldsymbol{\phi}}$的依赖关系。

如图 3-14 所示，沿着$\hat{\boldsymbol{R}}$、$\hat{\boldsymbol{\theta}}$和$\hat{\boldsymbol{\phi}}$的微分线元分别为

$$dl_R = dR,\quad dl_\theta = R\,d\theta,\quad dl_\phi = R\sin\theta\,d\phi \tag{3.49}$$

因此，微分线元矢量 $d\boldsymbol{l}$、微分面元矢量 $d\boldsymbol{s}$ 和微分体元 $d\upsilon$ 的表达式为

$$d\boldsymbol{l} = \hat{\boldsymbol{R}}\,dl_R + \hat{\boldsymbol{\theta}}\,dl_\theta + \hat{\boldsymbol{\phi}}\,dl_\phi = \hat{\boldsymbol{R}}\,dR + \hat{\boldsymbol{\theta}}R\,d\theta + \hat{\boldsymbol{\phi}}R\sin\theta\,d\phi \tag{3.50a}$$

$$d\boldsymbol{s}_R = \boldsymbol{R}\,dl_\theta\,dl_\phi = \hat{\boldsymbol{R}}R^2\sin\theta\,d\theta\,d\phi \quad (\theta-\boldsymbol{\phi}\ 球面) \tag{3.50b}$$

$$d\boldsymbol{s}_\theta = \hat{\boldsymbol{\theta}}\,dl_R\,dl_\phi = \hat{\boldsymbol{\theta}}R\sin\theta\,dR\,d\phi \quad (R-\boldsymbol{\phi}\ 锥面) \tag{3.50c}$$

$$d\boldsymbol{s}_\phi = \hat{\boldsymbol{\phi}}\,dl_R\,dl_\theta = \hat{\boldsymbol{\phi}}R\,dR\,d\theta \quad (R-\theta\ 平面) \tag{3.50d}$$

$$d\upsilon = dl_R\,dl_\theta\,dl_\phi = R^2\sin\theta\,dR\,d\theta\,d\phi \tag{3.50e}$$

这些关系总结于表 3-1 中。

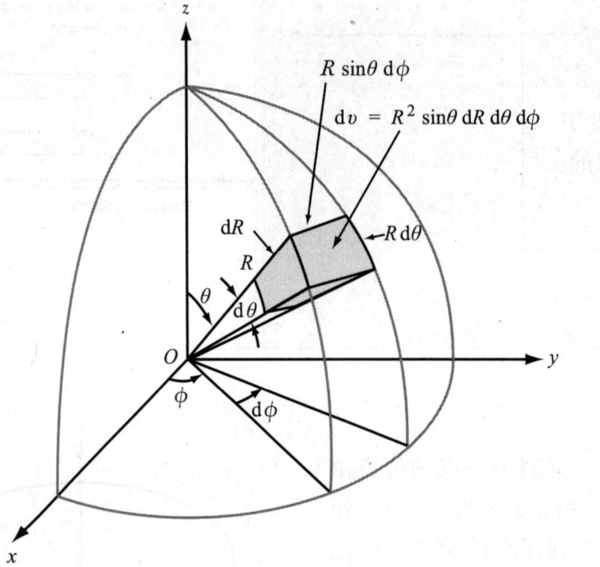

图 3-14　球坐标系中的微分体元

例 3-6 球坐标系中的表面积

如图 3-15 所示的球面带是半径为 3cm 的球面的一部分，求该球面带的面积。

解： 利用式(3.50b)表示的微分面元，计算半径为 R 的球面的部分面积：

$$S = R^2\int_{30^\circ}^{60^\circ}\sin\theta\,d\theta\int_0^{2\pi}d\phi = 9(-\cos\theta)\Big|_{30^\circ}^{60^\circ}\phi\Big|_0^{2\pi}$$

$$= 18\pi(\cos 30^\circ - \cos 60^\circ)\,\text{cm}^2 = 20.7\,\text{cm}^2$$ ◀

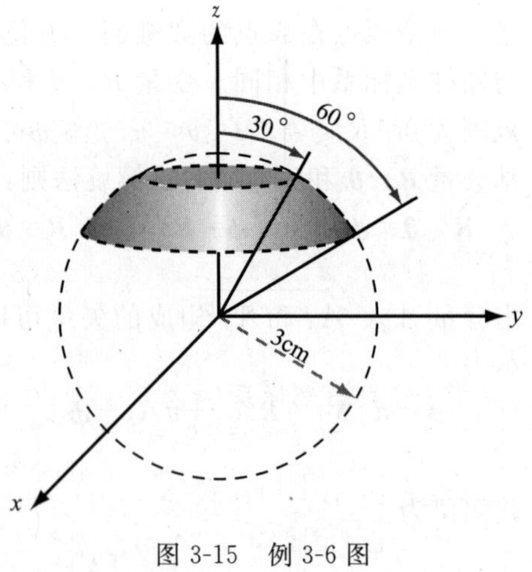

图 3-15　例 3-6 图

例 3-7 球体中的电荷

一个半径为 2cm 的球内含有体电荷密度为 ρ_v 的电荷，$\rho_v = 4\cos^2\theta\ \text{C/m}^3$。求该球中包含的总电荷 Q。

解：

$$Q = \int_\upsilon \rho_v\,d\upsilon = \int_0^{2\pi}\int_0^{\pi}\int_0^{2\times10^{-2}}(4\cos^2\theta)R^2\sin\theta\,dR\,d\theta\,d\phi$$

$$= 4\int_0^{2\pi}\int_0^{\pi}\frac{R^3}{3}\Big|_0^{2\times10^{-2}}\sin\theta\cos^2\theta\,d\theta\,d\phi = \frac{32}{3}\times10^{-6}\int_0^{2\pi}-\frac{\cos^3\theta}{3}\Big|_0^{\pi}d\phi$$

$$=\frac{64}{9}\times10^{-6}\int_0^{2\pi}\mathrm{d}\phi=\frac{128\pi}{9}\times10^{-6}\,\mu\text{C}=44.68\,\mu\text{C}$$

注意，在计算 R 上的积分之前，要将 R 的积分限单位转换为 m。◀

3.3 坐标系之间的变换

空间中一个给定点的位置当然不依赖于坐标系的选择，也就是说，无论使用哪种特定的坐标系来表示它，其位置都是相同的。这同样适用于矢量。然而，在求解一个给定的问题时，某个坐标系可能比其他坐标系更有用，因此，我们必须拥有将问题从一个系统“变换”到另一个系统的工具。在这一节中，我们将建立直角坐标系的变量(x,y,z)，圆柱坐标系的变量(r,ϕ,z)和球坐标系的变量(R,θ,ϕ)之间的关系。这些关系用于将 3 种坐标系中任意一个矢量的表达式变换为适用于其他两种坐标系的表达式。

3.3.1 直角坐标系到圆柱坐标系的变换

图 3-16 中的点 P 具有直角坐标(x,y,z)和圆柱坐标(r,ϕ,z)。两个坐标系共用 z 轴，其他两对坐标之间的关系可以从图 3-16 中的几何关系得到，它们是

$$r=\sqrt[+]{x^2+y^2},\quad \phi=\arctan\frac{y}{x} \tag{3.51}$$

逆关系式为

$$x=r\cos\phi,\quad y=r\sin\phi \tag{3.52}$$

然后，借助图 3-17 所示的在 x-y 面上的单位矢量 $\hat{\boldsymbol{x}}$、$\hat{\boldsymbol{y}}$、$\hat{\boldsymbol{r}}$ 和 $\hat{\boldsymbol{\phi}}$ 的方向，我们得到以下关系式：

$$\hat{\boldsymbol{r}}\cdot\hat{\boldsymbol{x}}=\cos\phi,\quad \hat{\boldsymbol{r}}\cdot\hat{\boldsymbol{y}}=\sin\phi \tag{3.53a}$$

$$\hat{\boldsymbol{\phi}}\cdot\hat{\boldsymbol{x}}=-\sin\phi,\quad \hat{\boldsymbol{\phi}}\cdot\hat{\boldsymbol{y}}=\cos\phi \tag{3.53b}$$

为了用 $\hat{\boldsymbol{x}}$ 和 $\hat{\boldsymbol{y}}$ 表示 $\hat{\boldsymbol{r}}$，可以将 $\hat{\boldsymbol{r}}$ 写为

$$\hat{\boldsymbol{r}}=\hat{\boldsymbol{x}}a+\hat{\boldsymbol{y}}b \tag{3.54}$$

式中，a 和 b 是未知的变换系数。点积 $\hat{\boldsymbol{r}}\cdot\hat{\boldsymbol{x}}$ 给出

$$\hat{\boldsymbol{r}}\cdot\hat{\boldsymbol{x}}=\hat{\boldsymbol{x}}\cdot\hat{\boldsymbol{x}}a+\hat{\boldsymbol{y}}\cdot\hat{\boldsymbol{x}}b=a \tag{3.55}$$

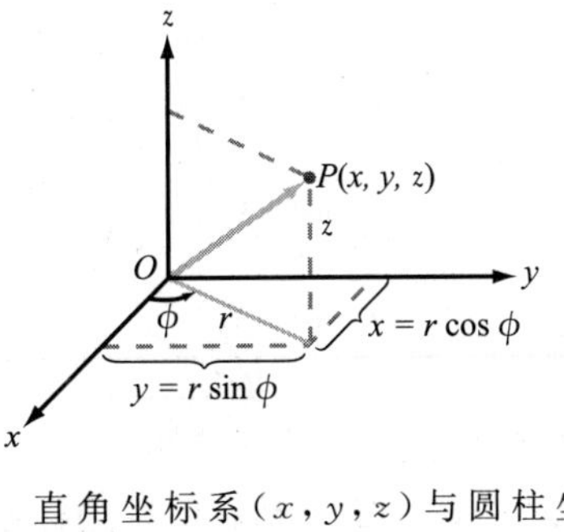

图 3-16　直角坐标系(x,y,z)与圆柱坐标系(r,ϕ,z)的相互关系

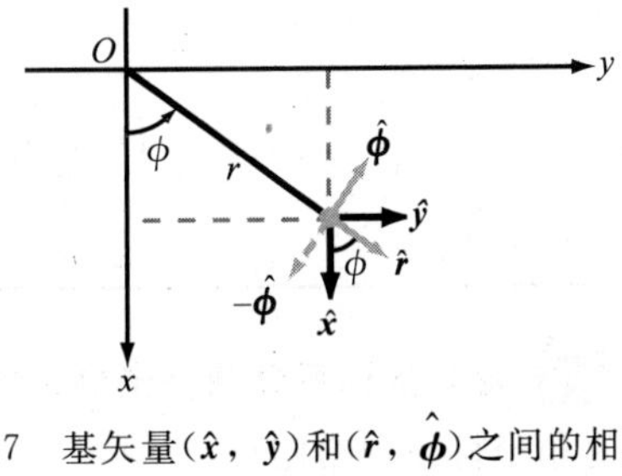

图 3-17　基矢量$(\hat{\boldsymbol{x}},\hat{\boldsymbol{y}})$和$(\hat{\boldsymbol{r}},\hat{\boldsymbol{\phi}})$之间的相互关系

比较式(3.55)和式(3.53a)可以得到 $a=\cos\phi$。类似地，将点积 $\hat{\boldsymbol{r}}\cdot\hat{\boldsymbol{y}}$ 代入式(3.54)得到$b=\sin\phi$。因此，

$$\hat{\boldsymbol{r}}=\hat{\boldsymbol{x}}\cos\phi+\hat{\boldsymbol{y}}\sin\phi \tag{3.56a}$$

对$\hat{\boldsymbol{\phi}}$ 重复该操作得到

$$\hat{\boldsymbol{\phi}}=-\hat{\boldsymbol{x}}\sin\phi+\hat{\boldsymbol{y}}\cos\phi \tag{3.56b}$$

第三个基矢量 $\hat{\boldsymbol{z}}$ 在两个坐标系中相同，对于 $\hat{\boldsymbol{x}}$ 和 $\hat{\boldsymbol{y}}$，联立求解式(3.56a)和式(3.56b)，我们得到以下逆关系式：

$$\hat{\boldsymbol{x}}=\hat{\boldsymbol{r}}\cos\phi-\hat{\boldsymbol{\phi}}\sin\phi \tag{3.57a}$$
$$\hat{\boldsymbol{y}}=\hat{\boldsymbol{r}}\sin\phi+\hat{\boldsymbol{\phi}}\cos\phi \tag{3.57b}$$

式(3.56a)到式(3.57b)给定的关系，不仅适用于基矢量$(\hat{\boldsymbol{x}},\hat{\boldsymbol{y}})$到$(\hat{\boldsymbol{r}},\hat{\boldsymbol{\phi}})$的变换和反变换，也可用于将一个坐标系中矢量的分量变换为另一个坐标系中相应矢量的分量。例如，通过式(3.56a)和式(3.56b)将直角坐标系中的矢量$\boldsymbol{A}=\hat{\boldsymbol{x}}A_x+\hat{\boldsymbol{y}}A_y+\hat{\boldsymbol{z}}A_z$表示为圆柱坐标系中的矢量$\boldsymbol{A}=\hat{\boldsymbol{r}}A_r+\hat{\boldsymbol{\phi}}A_\phi+\hat{\boldsymbol{z}}A_z$，即

$$A_r=A_x\cos\phi+A_y\sin\phi \tag{3.58a}$$
$$A_\phi=-A_x\sin\phi+A_y\cos\phi \tag{3.58b}$$

相反，

$$A_x=A_r\cos\phi-A_\phi\sin\phi \tag{3.59a}$$
$$A_y=A_r\sin\phi+A_\phi\cos\phi \tag{3.59b}$$

本节和后续两小节给出的坐标变换关系均总结于表 3-2 中。

表 3-2 坐标变换关系

变换	坐标变量	单位矢量	矢量分量
直角坐标系到圆柱坐标系	$r=\sqrt[+]{x^2+y^2}$ $\phi=\arctan(y/x)$ $z=z$	$\hat{\boldsymbol{r}}=\hat{\boldsymbol{x}}\cos\phi+\hat{\boldsymbol{y}}\sin\phi$ $\hat{\boldsymbol{\phi}}=-\hat{\boldsymbol{x}}\sin\phi+\hat{\boldsymbol{y}}\cos\phi$ $\hat{\boldsymbol{z}}=\hat{\boldsymbol{z}}$	$A_r=A_x\cos\phi+A_y\sin\phi$ $A_\phi=-A_x\sin\phi+A_y\cos\phi$ $A_z=A_z$
圆柱坐标系到直角坐标系	$x=r\cos\phi$ $y=r\sin\phi$ $z=z$	$\hat{\boldsymbol{x}}=\hat{\boldsymbol{r}}\cos\phi-\hat{\boldsymbol{\phi}}\sin\phi$ $\hat{\boldsymbol{y}}=\hat{\boldsymbol{r}}\sin\phi+\hat{\boldsymbol{\phi}}\cos\phi$ $\hat{\boldsymbol{z}}=\hat{\boldsymbol{z}}$	$A_x=A_r\cos\phi-A_\phi\sin\phi$ $A_y=A_r\sin\phi+A_\phi\cos\phi$ $A_z=A_z$
直角坐标系到球坐标系	$R=\sqrt[+]{x^2+y^2+z^2}$ $\theta=\arctan(\sqrt[+]{x^2+y^2}/z)$ $\phi=\arctan(y/x)$	$\hat{\boldsymbol{R}}=\hat{\boldsymbol{x}}\sin\theta\cos\phi+\hat{\boldsymbol{y}}\sin\theta\sin\phi+\hat{\boldsymbol{z}}\cos\theta$ $\hat{\boldsymbol{\theta}}=\hat{\boldsymbol{x}}\cos\theta\cos\phi+\hat{\boldsymbol{y}}\cos\theta\sin\phi-\hat{\boldsymbol{z}}\sin\theta$ $\hat{\boldsymbol{\phi}}=-\hat{\boldsymbol{x}}\sin\phi+\hat{\boldsymbol{y}}\cos\phi$	$A_R=A_x\sin\theta\cos\phi+A_y\sin\theta\sin\phi+A_z\cos\theta$ $A_\theta=A_x\cos\theta\cos\phi+A_y\cos\theta\sin\phi-A_z\sin\theta$ $A_\phi=-A_x\sin\phi+A_y\cos\phi$
球坐标系到直角坐标系	$x=R\sin\theta\cos\phi$ $y=R\sin\theta\sin\phi$ $z=R\cos\theta$	$\hat{\boldsymbol{x}}=\hat{\boldsymbol{R}}\sin\theta\cos\phi+\hat{\boldsymbol{\theta}}\cos\theta\cos\phi-\hat{\boldsymbol{\phi}}\sin\phi$ $\hat{\boldsymbol{y}}=\hat{\boldsymbol{R}}\sin\theta\sin\phi+\hat{\boldsymbol{\theta}}\cos\theta\sin\phi+\hat{\boldsymbol{\phi}}\cos\phi$ $\hat{\boldsymbol{z}}=\hat{\boldsymbol{R}}\cos\theta-\hat{\boldsymbol{\theta}}\sin\theta$	$A_x=A_R\sin\theta\cos\phi+A_\theta\cos\theta\sin\phi-A_\phi\sin\phi$ $A_y=A_R\sin\theta\sin\phi+A_\theta\cos\theta\sin\phi+A_\phi\cos\phi$ $A_z=A_R\cos\theta-A_\theta\sin\theta$
圆柱坐标系到球坐标系	$R=\sqrt[+]{r^2+z^2}$ $\theta=\arctan(r/z)$ $\phi=\phi$	$\hat{\boldsymbol{R}}=\hat{\boldsymbol{r}}\sin\theta+\hat{\boldsymbol{z}}\cos\theta$ $\hat{\boldsymbol{\theta}}=\hat{\boldsymbol{r}}\cos\theta-\hat{\boldsymbol{z}}\sin\theta$ $\hat{\boldsymbol{\phi}}=\hat{\boldsymbol{\phi}}$	$A_R=A_r\sin\theta+A_z\cos\theta$ $A_\theta=A_r\cos\theta-A_z\sin\theta$ $A_\phi=A_\phi$
球坐标系到圆柱坐标系	$r=R\sin\theta$ $\phi=\phi$ $z=R\cos\theta$	$\hat{\boldsymbol{r}}=\hat{\boldsymbol{R}}\sin\theta+\hat{\boldsymbol{\theta}}\cos\theta$ $\hat{\boldsymbol{\phi}}=\hat{\boldsymbol{\phi}}$ $\hat{\boldsymbol{z}}=\hat{\boldsymbol{R}}\cos\theta-\hat{\boldsymbol{\theta}}\sin\theta$	$A_r=A_R\sin\theta+A_\theta\cos\theta$ $A_\phi=A_\phi$ $A_z=A_R\cos\theta-A_\theta\sin\theta$

例 3-8 直角坐标系到圆柱坐标系的变换

在直角坐标系中给定点$P_1=(3,-4,3)$和矢量$\hat{\boldsymbol{A}}=\hat{\boldsymbol{x}}2-\hat{\boldsymbol{y}}3+\hat{\boldsymbol{z}}4$，请在圆柱坐标系中表示出$P_1$和$\boldsymbol{A}$，并在$P_1$处计算$\boldsymbol{A}$的值。

解： 对于点P_1，$x=3$、$y=-4$、$z=3$，由式(3.51)得到

$$r=\sqrt[+]{x^2+y^2}=5,\quad \phi=\arctan\frac{y}{x}=-53.1^\circ=306.9^\circ$$

z保持不变。因此，在圆柱坐标系中$P_1=(5,306.9^\circ,3)$。

可以由式（3.58a）和式（3.58b）得到圆柱坐标系中矢量$\boldsymbol{A}=\hat{\boldsymbol{r}}A_r+\hat{\boldsymbol{\phi}}A_\phi+\hat{\boldsymbol{z}}A_z$的分量

$$A_r=A_x\cos\phi+A_y\sin\phi=2\cos\phi-3\sin\phi$$
$$A_\phi=-A_x\sin\phi+A_y\cos\phi=-2\sin\phi-3\cos\phi$$

$$A_z = 4$$

所以，

$$\mathbf{A} = \hat{\boldsymbol{r}}\ (2\cos\phi - 3\sin\phi) - \hat{\boldsymbol{\phi}}(2\sin\phi + 3\cos\phi) + \hat{\boldsymbol{z}}4$$

在点 P_1 处，$\phi = 306.9°$，因此，

$$\mathbf{A} = \hat{\boldsymbol{r}}3.60 - \hat{\boldsymbol{\phi}}0.20 + \hat{\boldsymbol{z}}4$$ ◀

3.3.2 直角坐标系到球坐标系的变换

由图 3-18 可知，直角坐标系 (x, y, z) 到球坐标系 (R, θ, ϕ) 的关系式如下：

$$R = {}^{+}\sqrt{x^2 + y^2 + z^2} \tag{3.60a}$$

$$\theta = \arctan\left(\frac{{}^{+}\sqrt{x^2 + y^2}}{z}\right) \tag{3.60b}$$

$$\phi = \arctan\left(\frac{y}{x}\right) \tag{3.60c}$$

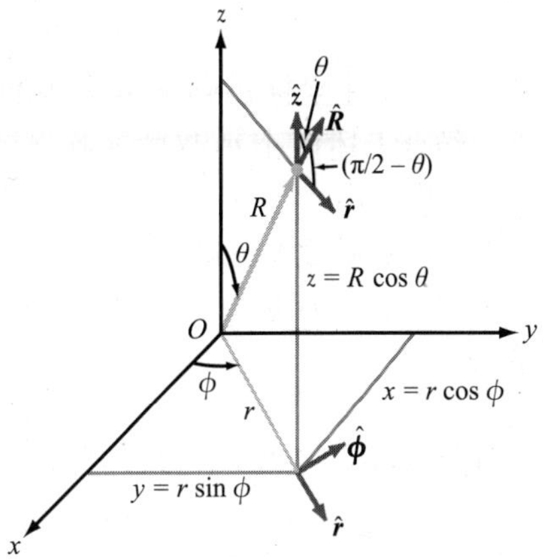

图 3-18 (x, y, z) 和 (R, θ, ϕ) 之间的相互关系

逆关系式为

$$x = R\sin\theta\cos\phi \tag{3.61a}$$

$$y = R\sin\theta\sin\phi \tag{3.61b}$$

$$z = R\cos\theta \tag{3.61c}$$

单位矢量 $\hat{\boldsymbol{R}}$ 位于 $\hat{\boldsymbol{r}} - \hat{\boldsymbol{z}}$ 平面中。因此，$\hat{\boldsymbol{R}}$ 可以用 $\hat{\boldsymbol{r}}$ 和 $\hat{\boldsymbol{z}}$ 的线性组合来表示：

$$\hat{\boldsymbol{R}} = \hat{\boldsymbol{r}}a + \hat{\boldsymbol{z}}b \tag{3.62}$$

式中，a 和 b 是变换系数。由于 $\hat{\boldsymbol{r}}$ 和 $\hat{\boldsymbol{z}}$ 相互垂直，因此，

$$\hat{\boldsymbol{R}} \cdot \hat{\boldsymbol{r}} = a \tag{3.63a}$$

$$\hat{\boldsymbol{R}} \cdot \hat{\boldsymbol{z}} = b \tag{3.63b}$$

由图 3-18 可以看出，$\hat{\boldsymbol{R}}$ 和 $\hat{\boldsymbol{r}}$ 之间的夹角为 θ 的余角，$\hat{\boldsymbol{R}}$ 和 $\hat{\boldsymbol{z}}$ 之间的夹角为 θ。因此，$a = \hat{\boldsymbol{R}} \cdot \hat{\boldsymbol{r}} = \sin\theta$，$b = \hat{\boldsymbol{R}} \cdot \hat{\boldsymbol{z}} = \cos\theta$。将 a 和 b 代入式(3.62)并且用式(3.56a)替换 $\hat{\boldsymbol{r}}$，得到

$$\hat{\boldsymbol{R}} = \hat{\boldsymbol{x}}\sin\theta\cos\phi + \hat{\boldsymbol{y}}\sin\theta\sin\phi + \hat{\boldsymbol{z}}\cos\theta \tag{3.64a}$$

按照类似的过程可以得到 $\hat{\boldsymbol{\theta}}$ 的表达式：

$$\hat{\boldsymbol{\theta}} = \hat{\boldsymbol{x}}\cos\theta\cos\phi + \hat{\boldsymbol{y}}\cos\theta\sin\phi - \hat{\boldsymbol{z}}\sin\theta \tag{3.64b}$$

最后 $\hat{\boldsymbol{\phi}}$ 由式(3.56b)得到

$$\hat{\boldsymbol{\phi}} = -\hat{\boldsymbol{x}}\sin\phi + \hat{\boldsymbol{y}}\cos\phi \tag{3.64c}$$

联立求解式(3.64a)至式(3.64c)可以得到用$(\hat{\boldsymbol{R}}, \hat{\boldsymbol{\theta}}, \hat{\boldsymbol{\phi}})$表示$(\hat{\boldsymbol{x}}, \hat{\boldsymbol{y}}, \hat{\boldsymbol{z}})$的关系式：

$$\hat{\boldsymbol{x}} = \hat{\boldsymbol{R}}\sin\theta\cos\phi + \hat{\boldsymbol{\theta}}\cos\theta\cos\phi - \hat{\boldsymbol{\phi}}\sin\phi \tag{3.65a}$$

$$\hat{\boldsymbol{y}} = \hat{\boldsymbol{R}}\sin\theta\sin\phi + \hat{\boldsymbol{\theta}}\cos\theta\sin\phi + \hat{\boldsymbol{\phi}}\cos\phi \tag{3.65b}$$

$$\hat{\boldsymbol{z}} = \hat{\boldsymbol{R}}\cos\theta - \hat{\boldsymbol{\theta}}\sin\theta \tag{3.65c}$$

通过用$(A_x, A_y, A_z, A_R, A_\theta, A_\phi)$代替$(\hat{\boldsymbol{x}}, \hat{\boldsymbol{y}}, \hat{\boldsymbol{z}}, \hat{\boldsymbol{R}}, \hat{\boldsymbol{\theta}}, \hat{\boldsymbol{\phi}})$，式(3.64a)～式(3.65c)亦可用来将矢量 $\mathbf{A}$ 的直角坐标系分量(A_x, A_y, A_z)变换成球坐标系相对应的分量(A_R, A_θ, A_ϕ)，反之亦然。

例 3-9 直角坐标系到球坐标系的变换

在球坐标系中表示矢量 $\mathbf{A} = \hat{\boldsymbol{x}}(x+y) + \hat{\boldsymbol{y}}(y-x) + \hat{\boldsymbol{z}}z$。

解：使用表 3-2 中给出的 A_R 的变换关系式为

$$A_R = A_x\sin\theta\cos\phi + A_y\sin\theta\sin\phi + A_z\cos\theta = (x+y)\sin\theta\cos\phi + (y-x)\sin\theta\sin\phi + z\cos\theta$$

使用式(3.61)给出的 x、y 和 z 的表达式，有

$$A_R = (R\sin\theta\cos\phi + R\sin\theta\sin\phi)\sin\theta\cos\phi + (R\sin\theta\sin\phi - R\sin\theta\cos\phi)\sin\theta\sin\phi + R\cos^2\theta$$
$$= R\sin^2\theta(\cos^2\phi + \sin^2\phi) + R\cos^2\theta = R\sin^2\theta + R\cos^2\theta = R$$

类似地，

$$A_\theta = (x+y)\cos\theta\cos\phi + (y-x)\cos\theta\sin\phi - z\sin\theta$$
$$A_\phi = -(x+y)\sin\phi + (y-x)\cos\phi$$

使用与 A_R 类似的步骤，我们得到

$$A_\theta = 0,\quad A_\phi = -R\sin\theta$$

因此，

$$\boldsymbol{A} = \hat{\boldsymbol{R}}A_R + \hat{\boldsymbol{\theta}}A_\theta + \hat{\boldsymbol{\phi}}A_\phi = \hat{\boldsymbol{R}}R - \hat{\boldsymbol{\phi}}R\sin\theta$$ ◀

3.3.3　圆柱坐标系到球坐标系的变换

结合上述两个小节的变换关系，可以实现圆柱坐标系和球坐标系的变换，结果在表 3-2 中给出。

3.3.4　两点之间的距离

在直角坐标系中，点 $P_1 = (x_1, y_1, z_1)$ 和点 $P_2 = (x_2, y_2, z_2)$ 之间的距离 d 由式(3.12)给出：

$$d = |\boldsymbol{R}_{12}| = [(x_2 - x_1)^2 + (y_2 - y_1)^2 + (z_2 - z_1)^2]^{1/2} \tag{3.66}$$

通过式(3.52)将点 P_1 和点 P_2 的直角坐标变换为相应的圆柱坐标，有

$$d = [(r_2\cos\phi_2 - r_1\cos\phi_1)^2 + (r_2\sin\phi_2 - r_1\sin\phi_1)^2 + (z_2 - z_1)^2]^{1/2} \tag{3.67}$$
$$= [r_2^2 + r_1^2 - 2r_1r_2\cos(\phi_2 - \phi_1) + (z_2 - z_1)^2]^{1/2}\quad (\text{圆柱坐标})$$

使用式(3.61a)～式(3.61c)的类似变换，将 d 的表达式用点 P_1 和点 P_2 的球坐标表示：

$$d = \{R_2^2 + R_1^2 - 2R_1R_2[\cos\theta_2\cos\theta_1 + \sin\theta_1\sin\theta_2\cos(\phi_2 - \phi_1)]\}^{1/2}\quad (\text{球坐标}) \tag{3.68}$$

例 3-10　矢量分量

在空间中一个给定点处，圆柱坐标系中给定矢量 $\boldsymbol{A}$ 和 $\boldsymbol{B}$ 为 $\boldsymbol{A} = \hat{\boldsymbol{r}}2 + \hat{\boldsymbol{\phi}}3 - \hat{\boldsymbol{z}}$，$\boldsymbol{B} = \hat{\boldsymbol{r}} + \hat{\boldsymbol{z}}$。求：(a) 矢量 $\boldsymbol{B}$ 在矢量 $\boldsymbol{A}$ 方向的标量分量或投影，(b) 矢量 $\boldsymbol{B}$ 在矢量 $\boldsymbol{A}$ 方向的矢量分量，(c) 矢量 $\boldsymbol{B}$ 在矢量 $\boldsymbol{A}$ 的垂直方向的矢量分量。

解：(a) 如图 3-19 所示，将 $\boldsymbol{B}$ 在 $\boldsymbol{A}$ 方向上的标量分量记为 C，则

$$C = \boldsymbol{B}\cdot\hat{\boldsymbol{a}} = \boldsymbol{B}\cdot\frac{\boldsymbol{A}}{|\boldsymbol{A}|} = (\hat{\boldsymbol{r}} + \hat{\boldsymbol{z}})\cdot\frac{(\hat{\boldsymbol{r}}2 + \hat{\boldsymbol{\phi}}3 - \hat{\boldsymbol{z}})}{\sqrt{4+9+1}} = \frac{2-1}{\sqrt{14}} = 0.267$$

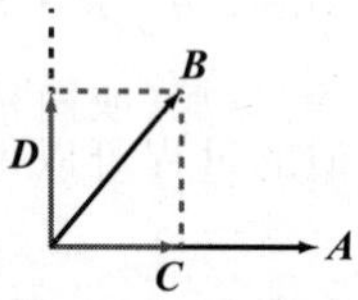

图 3-19　例 3-10 中的矢量 **A**、**B**、**C** 和 **D**

(b) $\boldsymbol{B}$ 在 $\boldsymbol{A}$ 方向上的矢量分量由标量分量 C 与单位矢量 $\hat{\boldsymbol{a}}$ 的乘积得到

$$\boldsymbol{C} = \hat{\boldsymbol{a}}C = \frac{\boldsymbol{A}}{|\boldsymbol{A}|}C = \frac{(\hat{\boldsymbol{r}}2 + \hat{\boldsymbol{\phi}}3 - \hat{\boldsymbol{z}})}{\sqrt{14}} \times 0.267 = \hat{\boldsymbol{r}}0.143 + \hat{\boldsymbol{\phi}}0.214 - \hat{\boldsymbol{z}}0.071$$

(c) $\boldsymbol{B}$ 在 $\boldsymbol{A}$ 的垂直方向的矢量分量等于 $\boldsymbol{B}$ 减去 $\boldsymbol{C}$，即

$$\boldsymbol{D} = \boldsymbol{B} - \boldsymbol{C} = (\hat{\boldsymbol{r}} + \hat{\boldsymbol{z}}) - (\hat{\boldsymbol{r}}0.143 + \hat{\boldsymbol{\phi}}0.214 - \hat{\boldsymbol{z}}0.071) = \hat{\boldsymbol{r}}0.857 - \hat{\boldsymbol{\phi}}0.214 + \hat{\boldsymbol{z}}0.929$$ ◀

概念问题 3-7：为什么要使用多个坐标系？

概念问题 3-8：为什么基矢量($\hat{\boldsymbol{x}}$，$\hat{\boldsymbol{y}}$，$\hat{\boldsymbol{z}}$)与点的位置无关，而 $\hat{\boldsymbol{r}}$ 和 $\hat{\boldsymbol{\phi}}$ 却非如此？

概念问题 3-9：在直角坐标系、圆柱坐标系和球坐标系中，基矢量的循环关系是什么？

概念问题 3-10：一个点在圆柱坐标系中的位置矢量与它在球坐标系中的位置矢量有什么关系？

练习 3-7　在圆柱坐标系中给出点 $P = (2\sqrt{3}, \pi/3, -2)$，在球坐标系中点 P 如何表示？

答案：$P = (4, 2\pi/3, \pi/3)$。(参见Ⓔⓜ)

练习 3-8　将矢量 $\mathbf{A}=\hat{\boldsymbol{x}}(x+y)+\hat{\boldsymbol{y}}(y-x)+\hat{\boldsymbol{z}}z$ 从直角坐标系变换到圆柱坐标系。

答案： $\mathbf{A}=\hat{\boldsymbol{r}}r-\hat{\boldsymbol{\phi}}r+\hat{\boldsymbol{z}}z$。(参见Ⓔⓜ)

3.4　标量场的梯度

当处理一个大小只依赖于单个变量的标量物理量时，例如温度 T 是高度 z 的函数，T 随高度的变化率可以用导数 $\mathrm{d}T/\mathrm{d}z$ 表示。然而，如果 T 同时也是 x 和 y 的函数，它的空间变化率将很难描述，因为我们现在需要处理 3 个独立的变量。T 沿 x、y 和 z 的微分变化可以用 T 对这 3 个坐标变量的偏导数来表示。但是，如何结合 3 个偏导数来描述 T 沿特定方向的空间变化率还不是很明显。此外，在电磁学中，我们面临的大部分物理量都是矢量，所以这些物理量的大小和方向都可能随空间位置的变化而变化。为此，我们引入 3 个基本的算子——梯度、散度和旋度，来描述标量和矢量的微分空间变化。梯度算子适用于标量场，也是本节的主题。另外两个适用于矢量场的算子将在随后的小节中讨论。

假设 $T_1=T(x,y,z)$ 是空间某个区域中点 $P_1=(x,y,z)$ 的温度、$T_2=T(x+\mathrm{d}x,y+\mathrm{d}y,z+\mathrm{d}z)$ 是其附近点 $P_2=(x+\mathrm{d}x,y+\mathrm{d}y,z+\mathrm{d}z)$ 的温度(见图 3-20)。微分距离 $\mathrm{d}x$、$\mathrm{d}y$ 和 $\mathrm{d}z$ 是微分距离矢量 $\mathrm{d}\boldsymbol{l}$ 的 3 个分量，即

$$\mathrm{d}\boldsymbol{l}=\hat{\boldsymbol{x}}\mathrm{d}x+\hat{\boldsymbol{y}}\mathrm{d}y+\hat{\boldsymbol{z}}\mathrm{d}z \qquad (3.69)$$

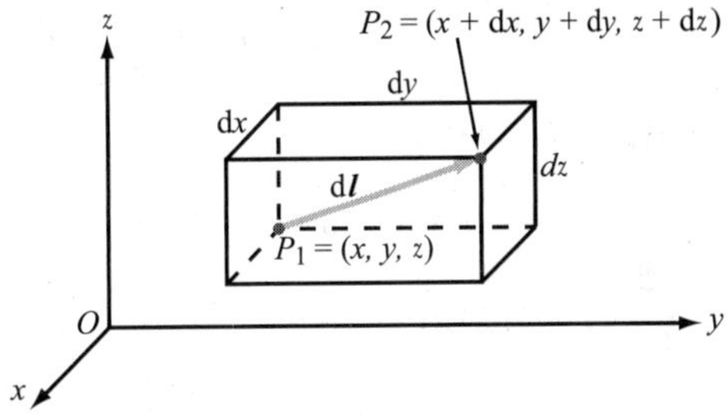

图 3-20　点 P_1 和点 P_2 之间的微分距离矢量 $\mathrm{d}\boldsymbol{l}$

依据微分学，点 P_1 和点 P_2 之间的温差 $\mathrm{d}T=T_2-T_1$ 为

$$\mathrm{d}T=\frac{\partial T}{\partial x}\mathrm{d}x+\frac{\partial T}{\partial y}\mathrm{d}y+\frac{\partial T}{\partial z}\mathrm{d}z \qquad (3.70)$$

因为 $\mathrm{d}x=\hat{\boldsymbol{x}}\cdot\mathrm{d}\boldsymbol{l}$、$\mathrm{d}y=\hat{\boldsymbol{y}}\cdot\mathrm{d}\boldsymbol{l}$、$\mathrm{d}z=\hat{\boldsymbol{z}}\cdot\mathrm{d}\boldsymbol{l}$，式(3.70)可以写为

$$\mathrm{d}T=\hat{\boldsymbol{x}}\frac{\partial T}{\partial x}\cdot\mathrm{d}\boldsymbol{l}+\hat{\boldsymbol{y}}\frac{\partial T}{\partial y}\cdot\mathrm{d}\boldsymbol{l}+\hat{\boldsymbol{z}}\frac{\partial T}{\partial z}\cdot\mathrm{d}\boldsymbol{l}=\left(\hat{\boldsymbol{x}}\frac{\partial T}{\partial x}+\hat{\boldsymbol{y}}\frac{\partial T}{\partial y}+\hat{\boldsymbol{z}}\frac{\partial T}{\partial z}\right)\cdot\mathrm{d}\boldsymbol{l} \qquad (3.71)$$

式(3.71)中括号内的矢量将温度的变化 $\mathrm{d}T$ 与方向上的变化矢量 $\mathrm{d}\boldsymbol{l}$ 联系了起来。这个矢量称为 T 的梯度(或简称 grad T)，用 ∇T 表示为

$$\nabla T=\mathrm{grad}T=\hat{\boldsymbol{x}}\frac{\partial T}{\partial x}+\hat{\boldsymbol{y}}\frac{\partial T}{\partial y}+\hat{\boldsymbol{z}}\frac{\partial T}{\partial z} \qquad (3.72)$$

式(3.71)可以表示为

$$\mathrm{d}T=\nabla T\cdot\mathrm{d}\boldsymbol{l} \qquad (3.73)$$

符号∇称为 del 或梯度算子，定义为

$$\nabla=\hat{\boldsymbol{x}}\frac{\partial}{\partial x}+\hat{\boldsymbol{y}}\frac{\partial}{\partial y}+\hat{\boldsymbol{z}}\frac{\partial}{\partial z}\quad(\text{直角坐标系}) \qquad (3.74)$$

虽然梯度算子本身没有物理意义，但是只要它对标量进行运算后就具有了物理意义，而且梯度运算的结果是一个矢量，该矢量的大小等于该物理量单位距离的最大变化率，其方向指向最大增量方向。

当 $\mathrm{d}\boldsymbol{l}=\hat{\boldsymbol{a}}_l\mathrm{d}l$ 时，其中 $\hat{\boldsymbol{a}}_l$ 是 $\mathrm{d}\boldsymbol{l}$ 的单位矢量，T 沿着 $\hat{\boldsymbol{a}}_l$ 的方向导数为

$$\frac{\mathrm{d}T}{\mathrm{d}l}=\nabla T\cdot\hat{\boldsymbol{a}}_l \qquad (3.75)$$

我们可以看到，该差值(T_2-T_1)不一定无限小，其中 $T_1=T(x_1,y_1,z_1)$ 和 $T_2=T(x_2,y_2,z_2)$ 是 T 分别在点 $P_1=(x_1,y_1,z_1)$ 和点 $P_2=(x_2,y_2,z_2)$ 的值，通过对式(3.73)

的两边积分，得到

$$T_2-T_1=\int_{P_1}^{P_2}\nabla T\cdot \mathrm{d}\boldsymbol{l} \tag{3.76}$$

例 3-11 方向导数

求 $T=x^2+y^2z$ 沿方向 $\hat{\boldsymbol{x}}2+\hat{\boldsymbol{y}}3-\hat{\boldsymbol{z}}2$ 的方向导数，并计算该方向导数在点(1，−1，2)的值。

解：首先，求解 T 的梯度：

$$\nabla T=\left(\hat{\boldsymbol{x}}\frac{\partial}{\partial x}+\hat{\boldsymbol{y}}\frac{\partial}{\partial y}+\hat{\boldsymbol{z}}\frac{\partial}{\partial z}\right)(x^2+y^2z)=\hat{\boldsymbol{x}}2x+\hat{\boldsymbol{y}}2yz+\hat{\boldsymbol{z}}y^2$$

将 $\boldsymbol{l}$ 记为给定方向：

$$\boldsymbol{l}=\hat{\boldsymbol{x}}2+\hat{\boldsymbol{y}}3-\hat{\boldsymbol{z}}2$$

其单位矢量为

$$\hat{\boldsymbol{a}}_l=\frac{\boldsymbol{l}}{|\boldsymbol{l}|}=\frac{\hat{\boldsymbol{x}}2+\hat{\boldsymbol{y}}3-\hat{\boldsymbol{z}}2}{\sqrt{2^2+3^2+2^2}}=\frac{\hat{\boldsymbol{x}}2+\hat{\boldsymbol{y}}3-\hat{\boldsymbol{z}}2}{\sqrt{17}}$$

应用式(3.75)得到

$$\frac{\mathrm{d}T}{\mathrm{d}l}=\nabla T\cdot\hat{\boldsymbol{a}}_l=(\hat{\boldsymbol{x}}2x+\hat{\boldsymbol{y}}2yz+\hat{\boldsymbol{z}}y^2)\cdot\left(\frac{\hat{\boldsymbol{x}}2+\hat{\boldsymbol{y}}3-\hat{\boldsymbol{z}}2}{\sqrt{17}}\right)=\frac{4x+6yz-2y^2}{\sqrt{17}}$$

在点(1，−1，2)有

$$\left.\frac{\mathrm{d}T}{\mathrm{d}l}\right|_{(1,-1,2)}=\frac{4-12-2}{\sqrt{17}}=-\frac{10}{\sqrt{17}}$$

◀

3.4.1 圆柱坐标系和球坐标系中的梯度算子

式(3.72)为在直角坐标系下推导的梯度公式，在其他坐标系下也应有相对应的梯度公式。为了将式(3.72)转化到圆柱坐标系(r,ϕ,z)，首先重述一下坐标之间的关系式：

$$r=\sqrt{x^2+y^2},\quad \tan\phi=\frac{y}{x} \tag{3.77}$$

由微分学可得

$$\frac{\partial T}{\partial x}=\frac{\partial T}{\partial r}\frac{\partial r}{\partial x}+\frac{\partial T}{\partial \phi}\frac{\partial \phi}{\partial x}+\frac{\partial T}{\partial z}\frac{\partial z}{\partial x} \tag{3.78}$$

因为 z 与 x 正交，并且$\partial z/\partial x=0$，式(3.78)最后一项消失。由式(3.77)坐标系关系可以得到

$$\frac{\partial r}{\partial x}=\frac{x}{\sqrt{x^2+y^2}}=\cos\phi \tag{3.79a}$$

$$\frac{\partial \phi}{\partial x}=-\frac{1}{r}\sin\phi \tag{3.79b}$$

所以，

$$\frac{\partial T}{\partial x}=\cos\phi\frac{\partial T}{\partial r}-\frac{\sin\phi}{r}\frac{\partial T}{\partial \phi} \tag{3.80}$$

该表达式可以用来替换式(3.72)中 $\hat{\boldsymbol{x}}$ 的系数，利用类似过程可以得到$\partial T/\partial\phi$ 关于 r 和ϕ的表达式。另外，使用关系式 $\hat{\boldsymbol{x}}=\hat{\boldsymbol{r}}\cos\phi-\hat{\boldsymbol{\phi}}\sin\phi$ 和 $\hat{\boldsymbol{y}}=\hat{\boldsymbol{r}}\sin\phi+\hat{\boldsymbol{\phi}}\cos\phi$［由式(3.57a)和式(3.57b)］，式(3.72)变为

$$\nabla T=\hat{\boldsymbol{r}}\frac{\partial T}{\partial r}+\hat{\boldsymbol{\phi}}\frac{1}{r}\frac{\partial T}{\partial \phi}+\hat{\boldsymbol{z}}\frac{\partial T}{\partial z} \tag{3.81}$$

所以，圆柱坐标系下的梯度算子可以表示为

$$\nabla = \hat{\boldsymbol{r}}\frac{\partial}{\partial r} + \hat{\boldsymbol{\phi}}\frac{1}{r}\frac{\partial}{\partial \phi} + \hat{\boldsymbol{z}}\frac{\partial}{\partial z} \quad (\text{圆柱坐标系}) \tag{3.82}$$

通过类似的过程可以得到球坐标系的梯度算子

$$\nabla = \hat{\boldsymbol{R}}\frac{\partial}{\partial R} + \hat{\boldsymbol{\theta}}\frac{1}{R}\frac{\partial}{\partial \theta} + \hat{\boldsymbol{\phi}}\frac{1}{R\sin\theta}\frac{\partial}{\partial \phi} \quad (\text{球坐标系}) \tag{3.83}$$

3.4.2 梯度算子的性质

对于任意两个标量函数 U 和 V，有以下关系式：

$$\nabla(U+V) = \nabla U + \nabla V \tag{3.84a}$$

$$\nabla(UV) = U\,\nabla V + V\,\nabla U \tag{3.84b}$$

$$\nabla V^n = nV^{n-1}\,\nabla V \quad (n\ \text{任意}) \tag{3.84c}$$

例 3-12 梯度计算

求下列标量函数的梯度，并计算其在给定点的值。

(a) $V_1 = 24V_0\cos(\pi y/3)\sin(2\pi z/3)$ 在直角坐标系中一点(3,2,1)；

(b) $V_2 = V_0 e^{-2r}\sin 3\phi$ 在圆柱坐标系中一点(1,π/2,3)；

(c) $V_3 = V_0(a/R)\cos 2\theta$ 在球坐标系中一点(2a,0,π)。

解：(a) 使用式(3.72)：

$$\begin{aligned}\nabla V_1 &= \hat{\boldsymbol{x}}\frac{\partial V_1}{\partial x} + \hat{\boldsymbol{y}}\frac{\partial V_1}{\partial y} + \hat{\boldsymbol{z}}\frac{\partial V_1}{\partial z} \\ &= -\hat{\boldsymbol{y}}8\pi V_0\sin\frac{\pi y}{3}\sin\frac{2\pi z}{3} + \hat{\boldsymbol{z}}16\pi V_0\cos\frac{\pi y}{3}\cos\frac{2\pi z}{3} \\ &= 8\pi V_0\left(-\hat{\boldsymbol{y}}\sin\frac{\pi y}{3}\sin\frac{2\pi z}{3} + \hat{\boldsymbol{z}}2\cos\frac{\pi y}{3}\cos\frac{2\pi z}{3}\right)\end{aligned}$$

在点(3,2,1)处：

$$\nabla V_1 = 8\pi V_0\left(-\hat{\boldsymbol{y}}\sin^2\frac{2\pi}{3} + \hat{\boldsymbol{z}}2\cos^2\frac{2\pi}{3}\right) = \pi V_0(-\hat{\boldsymbol{y}}6 + \hat{\boldsymbol{z}}4)$$

(b) 函数 V_2 是用圆柱坐标系表示的，因此需要使用式(3.82)求梯度：

$$\begin{aligned}\nabla V_2 &= \left(\hat{\boldsymbol{r}}\frac{\partial}{\partial r} + \hat{\boldsymbol{\phi}}\frac{1}{r}\frac{\partial}{\partial \phi} + \hat{\boldsymbol{z}}\frac{\partial}{\partial z}\right)V_0 e^{-2r}\sin 3\phi \\ &= -\hat{\boldsymbol{r}}2V_0 e^{-2r}\sin 3\phi + \hat{\boldsymbol{\phi}}(3V_0 e^{-2r}\cos 3\phi)/r \\ &= \left(-\hat{\boldsymbol{r}}2\sin 3\phi + \hat{\boldsymbol{\phi}}\frac{3\cos 3\phi}{r}\right)V_0 e^{-2r}\end{aligned}$$

在点(1,π/2,3)处，$r=1$、$\phi=\pi/2$，所以，

$$\nabla V_2 = \left(-\hat{\boldsymbol{r}}2\sin\frac{3\pi}{2} + \hat{\boldsymbol{\phi}}3\cos\frac{3\pi}{2}\right)V_0 e^{-2} = \hat{\boldsymbol{r}}2V_0 e^{-2} = \hat{\boldsymbol{r}}0.27V_0$$

(c) 函数 V_3 是用球坐标系表示的，因此使用式(3.83)求 V_3 的梯度：

$$\begin{aligned}\nabla V_3 &= \left(\hat{\boldsymbol{R}}\frac{\partial}{\partial R} + \hat{\boldsymbol{\theta}}\frac{1}{R}\frac{\partial}{\partial \theta} + \hat{\boldsymbol{\phi}}\frac{1}{R\sin\theta}\frac{\partial}{\partial \phi}\right)V_0\left(\frac{a}{R}\right)\cos 2\theta \\ &= -\hat{\boldsymbol{R}}\frac{V_0 a}{R^2}\cos 2\theta - \hat{\boldsymbol{\theta}}\frac{2V_0 a}{R^2}\sin 2\theta \\ &= -(\hat{\boldsymbol{R}}\cos 2\theta + \hat{\boldsymbol{\theta}}2\sin 2\theta)\frac{V_0 a}{R^2}\end{aligned}$$

在点(2a,0,π)处，$R=2a$、$\theta=0$，得到

$$\nabla V_3 = -\hat{\boldsymbol{R}}\,\frac{V_0}{4a}$$ ◀

模块 3.2(梯度)　选择一个标量函数 $f(x,y,z)$，计算其梯度，并在适当的二维平面中显示它们。

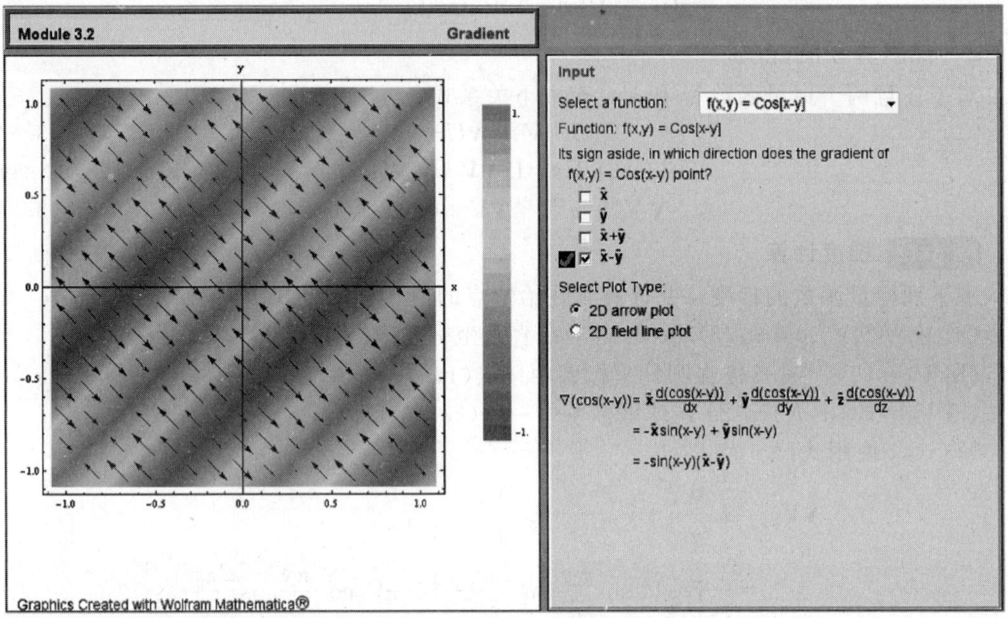

练习 3-9　已知 $V=x^2y+xy^2+xz^2$，求：(a) V 的梯度；(b) V 在点(1,−1,2)处的值。

答案： (a) $\nabla V=\hat{\boldsymbol{x}}(2xy+y^2+z^2)+\hat{\boldsymbol{y}}(x^2+2xy)+\hat{\boldsymbol{z}}2xz$，(b) $\nabla V|_{(1,-1,2)}=\hat{\boldsymbol{x}}3-\hat{\boldsymbol{y}}+\hat{\boldsymbol{z}}4$。(参见Ⓔⓜ)

练习 3-10　求 $V=rz^2\cos 2\phi$ 沿着 $\mathbf{A}=\hat{\boldsymbol{r}}2-\hat{\boldsymbol{z}}$ 方向的方向导数，并求该方向导数在点(1,π/2,2)处的值。

答案： $(\mathrm{d}V/\mathrm{d}l)|_{(1,\pi/2,2)}=-4/\sqrt{5}$。(参见Ⓔⓜ)

练习 3-11　一颗恒星辐射的功率密度(见图 E3-11a)随 $S(R)=S_0/R^2$ 沿径向减小，其中 R 为距恒星的径向距离，S_0 为常量。使用标量函数的梯度表示该函数每单位距离的最大变化率，且梯度方向为沿最大增加方向，请用箭头表示∇S。

答案： $\nabla S=-\hat{\boldsymbol{R}}2S_0/R^3$(见图 E3-11b)。(参见Ⓔⓜ)

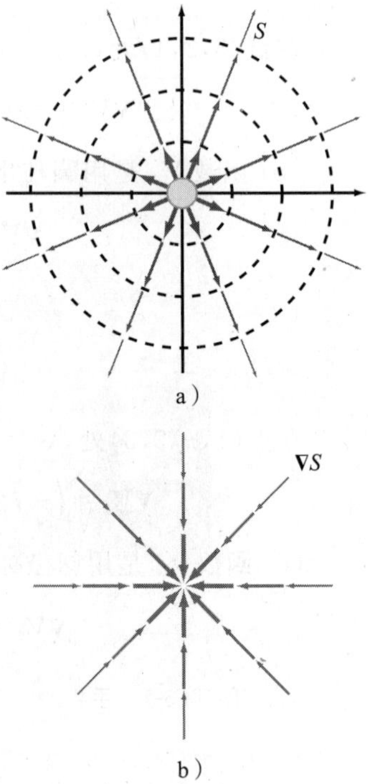

图　E3-11

练习 3-12　图 E3-12a 描绘了大气温度从海洋上的 T_1 到陆地上的 T_2 的缓慢变化。温度分布由下列方程描述：

$$T(x)=T_1+\frac{T_2-T_1}{\mathrm{e}^{-x}+1}$$

式中，x 的单位为 km，且 $x=0$ 为海-陆边界。(a) ∇T 指向哪个方向？(b) 当 x 为多少时∇T 取最大值？

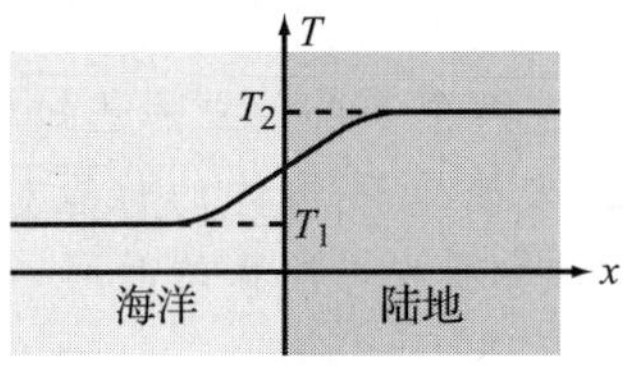

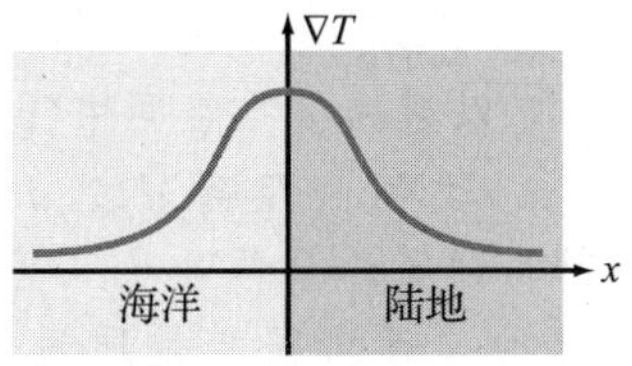

图　E3-12

答案：(a) $+\hat{\boldsymbol{x}}$；(b) 当 $x=0$ 时，$T(x)=T_1+\dfrac{T_2-T_1}{e^{-x}+1}$、$\nabla T=\hat{\boldsymbol{x}}\dfrac{\partial T}{\partial x}=\hat{\boldsymbol{x}}\dfrac{e^{-x}(T_2-T_1)}{(e^{-x}+1)^2}$。

（参见Ⓔⓜ）

技术简介 5：全球定位系统

全球定位系统(GPS)，最早是美国国防部于 20 世纪 80 年代开发的一种用于军事用途的导航工具，现已发展成为具有众多民用应用的系统，这些应用包括车辆跟踪、飞机导航、汽车和手机中的地图显示(见图 TF5-1)，以及地形测绘。整个 GPS 系统包括 3 个部分，其中**空间部分**由 24 颗卫星组成(见图 TF5-2)，每颗卫星每 12h 绕地球飞行 1 周，轨道高度约为 12 000 英里㊀，并发送连续的编码时间信号。所有卫星发射机都以两个特定频率广播编码消息——1.575 42GHz 和 1.227 60GHz。**用户部分**包括手持式或车载式接收机，它们通过接收和处理来自多个卫星的信号来确定自己的位置。第三部分是由分布在世界各地的 5 个**地面站**组成的网络，用于监视卫星并为它们提供最新的精确轨道信息。

GPS 的定位误差在水平和垂直方向上均约为 30m，但差分 GPS 可以将定位精度提高到 1m 以内。

图 TF5-1　手机地图功能

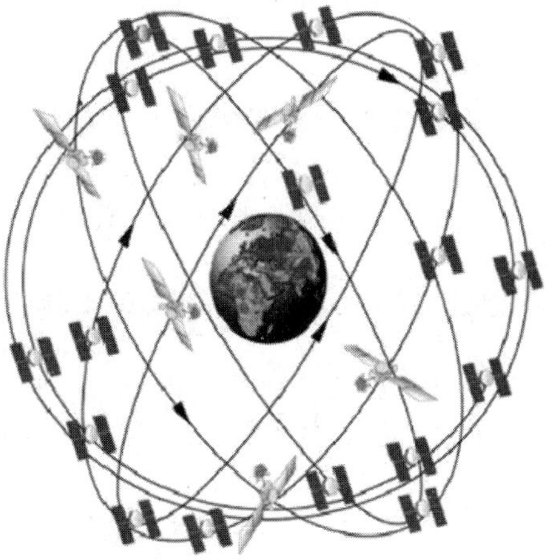

图 TF5-2　GPS 标称卫星星座，每个高度为 20 200km 倾角为 55°轨道面有 4 颗卫星

㊀ 1 英里(mile)＝1609.344m。——编辑注

工作原理

三角测量技术可以根据三维空间中任一物体与空间中3个独立的已知位置坐标点(x_1,y_1,z_1)到(x_3,y_3,z_3)之间的距离d_1、d_2和d_3，来确定该物体的位置(x_0,y_0,z_0)。在GPS中，这些距离是通过测量信号从卫星传播到GPS接收机所需的时间，再乘以光速$c=3\times10^8\text{m/s}$来确定的。时间同步是通过使用原子钟实现的，卫星使用非常精确的时钟，精确到3ns(3×10^{-9}s)。但接收机使用的是精度较低、价格便宜的普通石英钟。因此，接收机时钟相对于卫星时钟可能具有未知的时间偏移误差t_0。**为了校正GPS接收机的时间误差，就需要来自第四颗卫星的信号。**

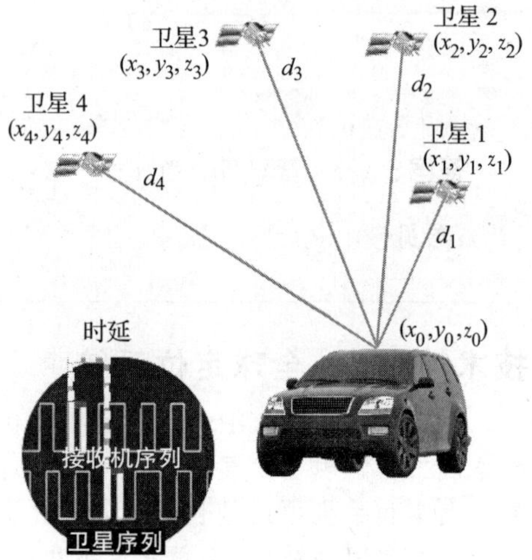

图 TF5-3　在(x_0,y_0,z_0)位置的汽车GPS接收机

图TF5-3中汽车的GPS接收机与GPS卫星的距离为$d_1\sim d_4$。每颗卫星发送一个确定其轨道坐标的信息，如卫星1的坐标(x_1,y_1,z_1)，其他卫星也依此类推，并且发送携带所有卫星共有的二进制序列。GPS接收机产生一个相同的二进制序列(见图TF5-3)，通过与从卫星1接收到的编码进行比较，从而确定距离d_1对应的传输时间t_1。相似的过程应用于卫星2～卫星4，即可得到下列4个方程：

$$d_1^2=(x_1-x_0)^2+(y_1-y_0)^2+(z_1-z_0)^2=c^2(t_1+t_0)^2$$
$$d_2^2=(x_2-x_0)^2+(y_2-y_0)^2+(z_2-z_0)^2=c^2(t_2+t_0)^2$$
$$d_3^2=(x_3-x_0)^2+(y_3-y_0)^2+(z_3-z_0)^2=c^2(t_3+t_0)^2$$
$$d_4^2=(x_4-x_0)^2+(y_4-y_0)^2+(z_4-z_0)^2=c^2(t_4+t_0)^2$$

四颗卫星将各自的位置坐标$(x_1,y_1,z_1)\sim(x_4,y_4,z_4)$报告给GPS接收机，时延$t_1\sim t_4$由接收机直接测量。未知量为GPS接收机的位置坐标$(x_0,y_0,z_0)$及其时钟的时间偏移误差$t_0$。这4个方程联立求解，可以得到所需的位置信息。

差分GPS

30m的GPS定位误差归因于几个因素，包括与接收机在地球上的位置相关的时间延迟误差(由于光速和对流层中实际信号速度之间的差异)，由高层建筑信号反射引起的延迟，以及卫星的位置报告错误导致的误差。

差分GPS或DGPS，在已知坐标的位置使用一个固定的参考接收机。

参考接收机通过计算GPS估算的位置与真实位置之间的差值，建立坐标校正因子，并将其发送给该区域中的所有DGPS接收机。应用这些校正信息通常可将定位误差降低到1m左右。

3.5　矢量场的散度

从第1章对库伦定律的简要介绍可知，一个孤立的正的点电荷q在其周围空间中感应出电场$\boldsymbol{E}$，电场$\boldsymbol{E}$指向远离电荷的方向。另外，$\boldsymbol{E}$的强度(大小)与q成正比，并且随着与电荷距离R的增加以$1/R^2$减小。在图形表示中，矢量场通常用场线表示，如图3-21所示。箭头表示场线所在点处的电场方向，线的长度提供了对场大小的定性描述。

在表面边界处，通量密度定义为穿过单位表面 ds 向外的通量。

电场 $\boldsymbol{E}$ 的通量密度：

$$\boldsymbol{E}=\frac{\boldsymbol{E}\cdot \mathrm{d}\boldsymbol{s}}{|\mathrm{d}\boldsymbol{s}|}=\frac{\boldsymbol{E}\cdot \hat{\boldsymbol{n}}\,\mathrm{d}s}{\mathrm{d}s}=\boldsymbol{E}\cdot \hat{\boldsymbol{n}} \tag{3.85}$$

式中，$\hat{\boldsymbol{n}}$ 是 d$\boldsymbol{s}$ 的法线方向。如图 3-21 中虚拟的球形封闭表面，向外穿过封闭面 S 的总通量表示为

$$\text{总通量}=\oint_S \boldsymbol{E}\cdot \mathrm{d}\boldsymbol{s} \tag{3.86}$$

现在，我们考虑一个矩形六面微分体元的情况，如图 3-22 所示的各边与直角坐标轴平行的立方体。该立方体的边长沿 x 方向为 Δx、沿 y 方向为 Δy、沿 z 方向为 Δz。在包含该立方体的空间区域中存在矢量场 $\boldsymbol{E}(x,y,z)$，我们希望确定 $\boldsymbol{E}$ 通过整个表面 S 的通量。由于 S 包括 6 个平面，因此需要对通过所有面的通量求和，并且根据定义，通过任意面的通量是从体积 Δv 通过该面向外的通量。

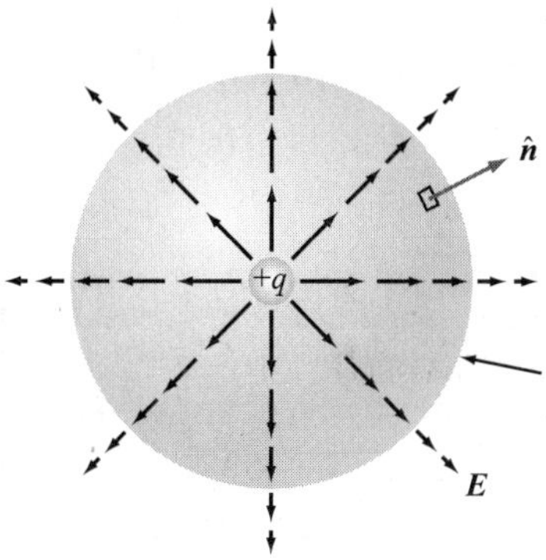

图 3-21 正的点电荷 q 产生的电场 $\boldsymbol{E}$ 的通量线

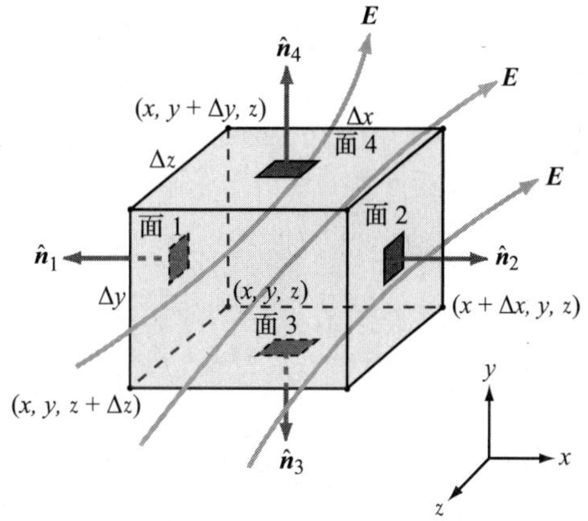

图 3-22 矢量场 $\boldsymbol{E}$ 穿过微分体元为 $\Delta v=\Delta x\Delta y\Delta z$ 的平行六面体的通量线

定义 $\boldsymbol{E}$ 为

$$\boldsymbol{E}=\hat{\boldsymbol{x}}E_x+\hat{\boldsymbol{y}}E_y+\hat{\boldsymbol{z}}E_z \tag{3.87}$$

图 3-22 中标记为 1 的面的面积为 $\Delta y\Delta z$，其单位矢量 $\hat{\boldsymbol{n}}_1=-\hat{\boldsymbol{x}}$。因此，通过面 1 向外的通量 F_1 为

$$\begin{aligned}F_1&=\int_{\text{面}1}\boldsymbol{E}\cdot\hat{\boldsymbol{n}}_1\,\mathrm{d}s\\&=\int_{\text{面}1}(\hat{\boldsymbol{x}}E_x+\hat{\boldsymbol{y}}E_y+\hat{\boldsymbol{z}}E_z)\cdot(-\hat{\boldsymbol{x}})\,\mathrm{d}y\,\mathrm{d}z\\&\approx -E_x(1)\Delta y\Delta z\end{aligned} \tag{3.88}$$

式中，$E_x(1)$是 E_x 在面 1 中心位置的值。如果该微分体元的体积非常小，可以用面 1 中心处的值近似代替面 1 上的 E_x。

类似地，面 2($\hat{\boldsymbol{n}}_2=\hat{\boldsymbol{x}}$)上的通量为

$$F_2=E_x(2)\Delta y\Delta z \tag{3.89}$$

式中，$E_x(2)$表示面 2 中心处 E_x 的值。面 1 和面 2 中心之间的微分距离为 Δx，可将 $E_x(2)$用 $E_x(1)$表示，即

$$E_x(2)=E_x(1)+\frac{\partial E_x}{\partial x}\Delta x \tag{3.90}$$

式中忽略了包含$(\Delta x)^2$项及更高阶的项，因为当Δx很小时，高阶项的值小到可以忽略。将式(3.90)代入式(3.89)，得到

$$F_2=\left(E_x(1)+\frac{\partial E_x}{\partial x}\Delta x\right)\Delta y\Delta z \tag{3.91}$$

面1和面2的向外的通量之和，可以通过式(3.88)和式(3.91)相加得到

$$F_1+F_2=\frac{\partial E_x}{\partial x}\Delta x\Delta y\Delta z \tag{3.92a}$$

对其他的每一对面重复上述相同的步骤，可以得出

$$F_3+F_4=\frac{\partial E_y}{\partial y}\Delta x\Delta y\Delta z \tag{3.92b}$$

$$F_5+F_6=\frac{\partial E_z}{\partial z}\Delta x\Delta y\Delta z \tag{3.92c}$$

$F_1\sim F_6$的通量和就是通过此立方体表面S的总通量：

$$\oint_S \boldsymbol{E}\cdot \mathrm{d}\boldsymbol{s}=\left(\frac{\partial E_x}{\partial x}+\frac{\partial E_y}{\partial y}+\frac{\partial E_z}{\partial z}\right)\Delta x\Delta y\Delta z=(\mathrm{div}\boldsymbol{E})\Delta v \tag{3.93}$$

式中，$\Delta v=\Delta x\Delta y\Delta z$，div$\boldsymbol{E}$是一个标量函数，称为$\boldsymbol{E}$的散度，在直角坐标系中表示为

$$\mathrm{div}\boldsymbol{E}=\frac{\partial E_x}{\partial x}+\frac{\partial E_y}{\partial y}+\frac{\partial E_z}{\partial z} \tag{3.94}$$

将体积Δv缩小到零，我们定义$\boldsymbol{E}$在某点的**散度**为在该点封闭的增量曲面上单位体积向外的净通量。

因此，由式(3.93)可得

$$\mathrm{div}\boldsymbol{E}\triangleq\lim_{\Delta v\to 0}\frac{\oint_S \boldsymbol{E}\cdot \mathrm{d}\boldsymbol{s}}{\Delta v} \tag{3.95}$$

式中，S为包围微分体元Δv的表面。通常的做法是用$\nabla\cdot\boldsymbol{E}$代替div$\boldsymbol{E}$来表示$\boldsymbol{E}$的散度，即

$$\nabla\cdot\boldsymbol{E}=\mathrm{div}\boldsymbol{E}=\frac{\partial E_x}{\partial x}+\frac{\partial E_y}{\partial y}+\frac{\partial E_z}{\partial z} \tag{3.96}$$

这里，$\boldsymbol{E}$为直角坐标系中的矢量。

根据$\boldsymbol{E}$的散度定义，即式(3.95)，如果从表面S流出的净通量为正，则场$\boldsymbol{E}$具有正散度，可以视为体积Δv中包含场线**源**；如果通量为负，Δv被视为包含场线的**汇聚**，因为净通量是流入Δv的。对于一个均匀场$\boldsymbol{E}$，进入Δv的通量与离开它的通量相等，因此，它的散度为0，这样的场称为**无散场**。

散度是一个微分算子，它只作用于矢量，运算结果是标量。这与梯度算子正好相反，梯度算子作用于标量，运算结果是矢量。

散度算子满足分配律，对于任意一对矢量$\boldsymbol{E}_1$和$\boldsymbol{E}_2$，有

$$\nabla\cdot(\boldsymbol{E}_1+\boldsymbol{E}_2)=\nabla\cdot\boldsymbol{E}_1+\nabla\cdot\boldsymbol{E}_2 \tag{3.97}$$

如果$\nabla\cdot\boldsymbol{E}=0$，则矢量场$\boldsymbol{E}$是无散的。

式(3.93)中对于微分体元Δv的结论可以扩展为$\nabla\cdot\boldsymbol{E}$对于任意体积$v$的体积分和$\boldsymbol{E}$通过体积$v$的边界的闭合曲面$S$的面积分的关系式为

$$\int_{v} \nabla \cdot \boldsymbol{E} \mathrm{d}v = \oint_{S} \boldsymbol{E} \cdot \mathrm{d}\boldsymbol{s} \quad （散度定理） \tag{3.98}$$

这就是熟知的散度定理，它在电磁学中有着广泛的应用。

例 3-13　散度的计算

计算下列矢量场的散度，并求出其在指定点的值。

(a) $\boldsymbol{E}=\hat{\boldsymbol{x}}3x^2+\hat{\boldsymbol{y}}2z+\hat{\boldsymbol{z}}x^2z$，指定点为$(2,-2,0)$；

(b) $\boldsymbol{E}=\hat{\boldsymbol{R}}(a^3\cos\theta/R^2)-\hat{\boldsymbol{\theta}}(a^3\sin\theta/R^2)$，指定点为$(a/2,0,\pi)$。

解： (a) $\nabla \cdot \boldsymbol{E}=\dfrac{\partial E_x}{\partial x}+\dfrac{\partial E_y}{\partial y}+\dfrac{\partial E_z}{\partial z}=\dfrac{\partial}{\partial x}(3x^2)+\dfrac{\partial}{\partial y}(2z)+\dfrac{\partial}{\partial z}(x^2z)=6x+0+x^2=x^2+6x$

在点$(2,-2,0)$处，$\nabla \cdot \boldsymbol{E}\big|_{(2,-2,0)}=16$。

(b) 由球坐标系中矢量散度的表达式可知：

$$\begin{aligned}
\nabla \cdot \boldsymbol{E} &= \frac{1}{R^2}\frac{\partial}{\partial R}(R^2E_R)+\frac{1}{R\sin\theta}\frac{\partial}{\partial \theta}(E_\theta\sin\theta)+\frac{1}{R\sin\theta}\frac{\partial E_\phi}{\partial \phi} \\
&= \frac{1}{R^2}\frac{\partial}{\partial R}(a^3\cos\theta)+\frac{1}{R\sin\theta}\frac{\partial}{\partial \theta}\left(-\frac{a^3\sin^2\theta}{R^2}\right) \\
&= 0-\frac{2a^3\cos\theta}{R^3}=-\frac{2a^3\cos\theta}{R^3}
\end{aligned}$$

在 $R=a/2$，$\theta=0$ 处，$\nabla \cdot \boldsymbol{E}\big|_{(a/2,0,\pi)}=-16$。◀

模块 3.3（散度）　选择一个矢量函数 $\boldsymbol{f}(x,y,z)$，计算其散度，并在适当的二维平面中显示。

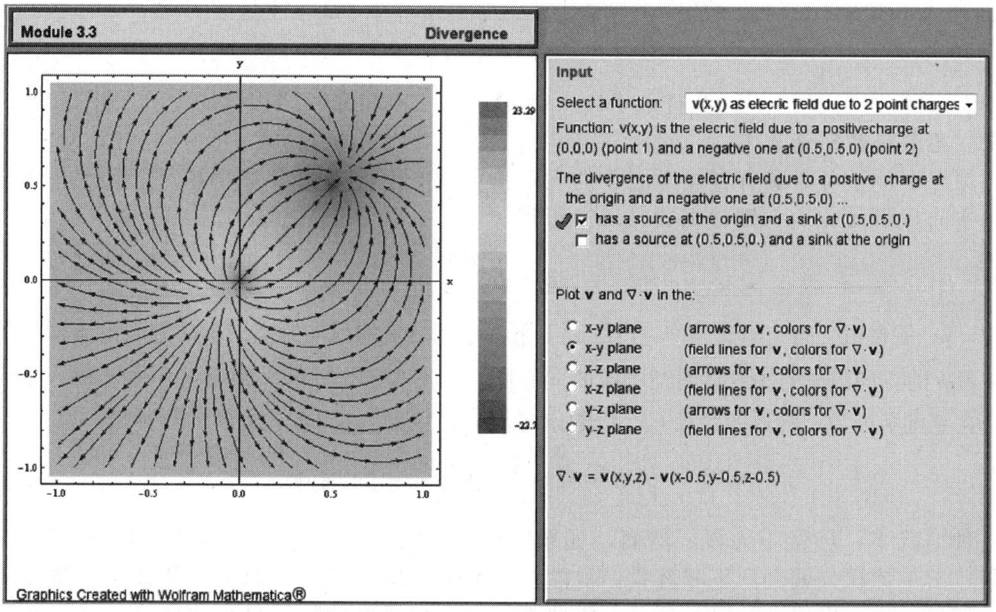

练习 3-13　已知 $\boldsymbol{A}=\mathrm{e}^{-2y}(\hat{\boldsymbol{x}}\sin 2x+\hat{\boldsymbol{y}}\cos 2x)$，求$\nabla \cdot \boldsymbol{A}$。

答案： $\nabla \cdot \boldsymbol{A}=0$。（参见Ⓔⓜ）

练习 3-14　已知 $\boldsymbol{A}=\hat{\boldsymbol{r}}r\cos\phi+\hat{\boldsymbol{\phi}}r\sin\phi+\hat{\boldsymbol{z}}3z$，求点$(2,0,3)$处的$\nabla \cdot \boldsymbol{A}$。

答案： $\nabla \cdot \boldsymbol{A}=6$。（参见Ⓔⓜ）

练习 3-15 如果在球坐标系中 $\boldsymbol{E}=\hat{\boldsymbol{R}}AR$，计算 $\boldsymbol{E}$ 通过一个以原点为中心半径为 a 的球面的通量。

答案： $\oint_S \boldsymbol{E}\cdot \mathrm{d}\boldsymbol{s}=4\pi Aa^3$。（参见EM）

练习 3-16 通过计算练习 3-15 中 $\boldsymbol{E}$ 的散度在半径为 a 的球面所界定的体积中的体积分来验证散度定理。

练习 3-17 图 E3-17 中的箭头表示矢量场 $\boldsymbol{A}=\hat{\boldsymbol{x}}x-\hat{\boldsymbol{y}}y$ 的方向。在空间给定点处，如果通过以该点为中心的无限小的虚拟体积向外流出的净通量为正，则 $\boldsymbol{A}$ 具有正散度 $\nabla\cdot\boldsymbol{A}$；如果净通量是流入该体积的，则 $\nabla\cdot\boldsymbol{A}$ 为负；如果流入该体积的通量等于流出的通量，则 $\nabla\cdot\boldsymbol{A}=0$。求在 x-y 平面上各处的散度。

答案： 各处 $\nabla\cdot\boldsymbol{A}=0$。（参见EM）

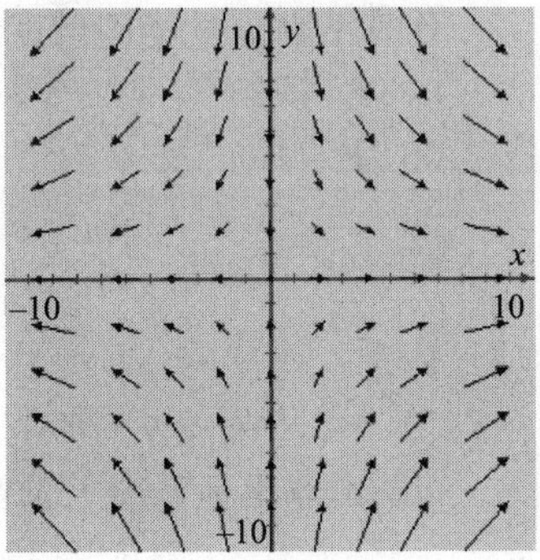

图 E3-17

3.6 矢量场的旋度

到目前为止，我们已经定义和讨论了矢量分析使用的三个基本算子中的前两个：标量的梯度和矢量的散度。现在介绍旋度算子。矢量场 $\boldsymbol{B}$ 的旋度描述了该场的旋转性质，或环量。$\boldsymbol{B}$ 的环量定义为 $\boldsymbol{B}$ 围绕闭合路径 C 的线积分：

$$\text{环量}=\oint_C \boldsymbol{B}\cdot \mathrm{d}\boldsymbol{l} \tag{3.99}$$

为了获得该定义的物理理解，我们考虑两个例子，第一个例子是均匀场 $\boldsymbol{B}=\hat{\boldsymbol{x}}B_0$，其场线如图 3-23a 所示。对于图中所示的矩形环路 $abcd$，有

$$\text{环量}=\int_a^b \hat{\boldsymbol{x}}B_0\cdot\hat{\boldsymbol{x}}\,\mathrm{d}x+\int_b^c \hat{\boldsymbol{x}}B_0\cdot\hat{\boldsymbol{y}}\,\mathrm{d}y+\int_c^d \hat{\boldsymbol{x}}B_0\cdot\hat{\boldsymbol{x}}\,\mathrm{d}x+\int_d^a \hat{\boldsymbol{x}}B_0\cdot\hat{\boldsymbol{y}}\,\mathrm{d}y=B_0\Delta x-B_0\Delta x=0 \tag{3.100}$$

式中，$\Delta x=b-a=c-d$，并且由于 $\hat{\boldsymbol{x}}\cdot\hat{\boldsymbol{y}}=0$，第二项和第四项积分均为 0。由式(3.100)可知，均匀场的环量为零。

第二个例子考虑载有直流电流 I 的无限长导线产生的磁通量密度 $\boldsymbol{B}$。如果此电流位于自由空间且沿 z 方向，则根据式(1.13)可得

$$\boldsymbol{B}=\hat{\boldsymbol{\phi}}\frac{\mu_0 I}{2\pi r} \tag{3.101}$$

式中，μ_0 是自由空间中的磁导率，r 是 x-y 平面上到电流的径向距离。$\boldsymbol{B}$ 的方向沿方位角的单位矢量 $\hat{\boldsymbol{\phi}}$ 的方向。$\boldsymbol{B}$ 的场线是围绕电流的同心圆，如图 3-23b 所示。对于一个位于 x-y 平面上中心在原点半径为 r 的环形路径 C，其微分线元矢量为 $\mathrm{d}\boldsymbol{l}=\hat{\boldsymbol{\phi}}r\,\mathrm{d}\phi$，则 $\boldsymbol{B}$ 的环量为

$$\text{环量}=\oint_C \boldsymbol{B}\cdot \mathrm{d}\boldsymbol{l}=\int_0^{2\pi}\hat{\boldsymbol{\phi}}\frac{\mu_0 I}{2\pi r}\cdot\hat{\boldsymbol{\phi}}r\,\mathrm{d}\phi=\mu_0 I \tag{3.102}$$

在这种情况下，环量不为零。然而，如果路径 C 位于 x-z 或 y-z 平面上，则 $\mathrm{d}\boldsymbol{l}$ 不再有 $\hat{\boldsymbol{\phi}}$ 分量，于是该积分就会产生零环量。显然，$\boldsymbol{B}$ 的环量取决于路径的选择及其穿过路径的方向。例如，为了描述龙卷风的环量，需要选择一个使风场的环量最大的环路，并且希望这个环量不仅有大小也有方向，该方向与龙卷风漩涡轴的方向一致[⊖]。旋度算子就体现了这些特性，矢量场 $\boldsymbol{B}$ 的旋度可以表示为 curl $\boldsymbol{B}$ 或者 $\nabla\times\boldsymbol{B}$，定义为

⊖ 环量只有大小没有方向，但是环量的大小与环路所在面的法线方向有关，要想获得最大的环量，需要环面方向与龙卷风漩涡轴的方向一致。——译者注

$$\nabla\times\boldsymbol{B}=\text{curl}\boldsymbol{B}=\lim_{\Delta s\to 0}\frac{1}{\Delta s}\left(\hat{\boldsymbol{n}}\oint_{C}\boldsymbol{B}\cdot \mathrm{d}\boldsymbol{l}\right)_{\max} \tag{3.103}$$

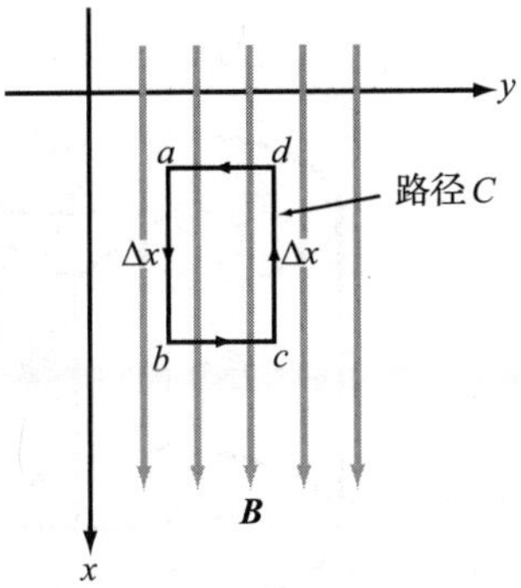

a）均匀场

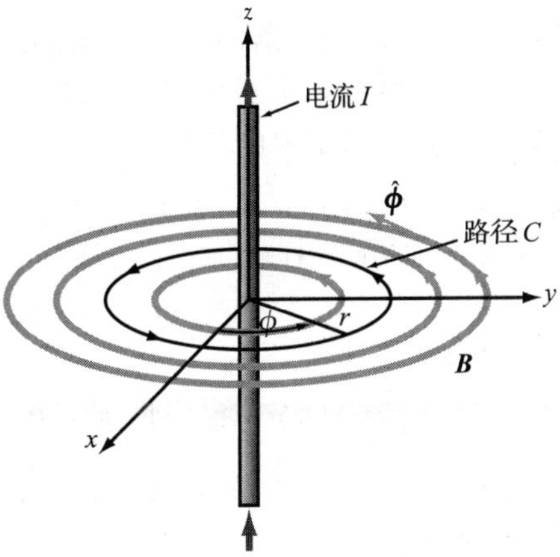

b）角向场

图 3-23 均匀场和角向场

> ***B* 的旋度是单位面积上 *B* 的环量，其环路 *C* 围绕的面积 Δ*s* 的取向是使环量最大的方向。**

旋度 $\boldsymbol{B}$ 的方向为 $\hat{\boldsymbol{n}}$，是 Δs 的单位法线方向(见图 3-24)。根据右手定则，若用右手的四个手指沿着路径 $\mathrm{d}\boldsymbol{l}$ 的方向，则大拇指的方向为 $\hat{\boldsymbol{n}}$。当我们使用符号$\nabla\times\boldsymbol{B}$ 表示 $\boldsymbol{B}$ 的旋度时，不应该将其理解为∇和 $\boldsymbol{B}$ 的叉积。

对于用直角坐标系表示的矢量 $\boldsymbol{B}$：

$$\boldsymbol{B}=\hat{\boldsymbol{x}}B_x+\hat{\boldsymbol{y}}B_y+\hat{\boldsymbol{z}}B_z \tag{3.104}$$

由式(3.103)通过漫长的推导，可以导出

$$\begin{aligned}\nabla\times\boldsymbol{B}&=\hat{\boldsymbol{x}}\left(\frac{\partial B_z}{\partial y}-\frac{\partial B_y}{\partial z}\right)+\hat{\boldsymbol{y}}\left(\frac{\partial B_x}{\partial z}-\frac{\partial B_z}{\partial x}\right)+\hat{\boldsymbol{z}}\left(\frac{\partial B_y}{\partial x}-\frac{\partial B_x}{\partial y}\right)\\&=\begin{vmatrix}\hat{\boldsymbol{x}} & \hat{\boldsymbol{y}} & \hat{\boldsymbol{z}}\\ \dfrac{\partial}{\partial x} & \dfrac{\partial}{\partial y} & \dfrac{\partial}{\partial z}\\ B_x & B_y & B_z\end{vmatrix}\end{aligned} \tag{3.105}$$

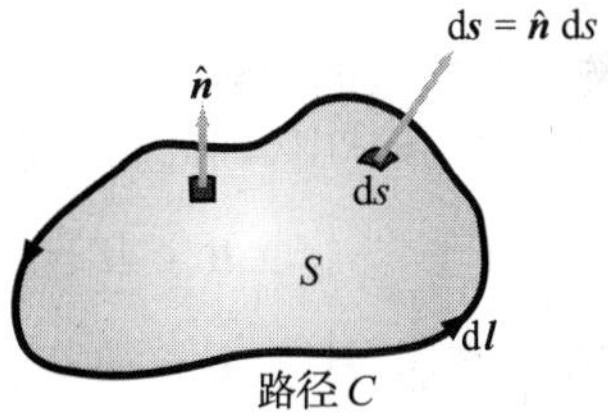

图 3-24 当右手的 4 个手指沿着 $\mathrm{d}\boldsymbol{l}$ 方向时，单位矢量 $\hat{\boldsymbol{n}}$ 的方向为大拇指方向

3.6.1 涉及旋度的矢量恒等式

任意两个矢量 $\boldsymbol{A}$ 和 $\boldsymbol{B}$，以及标量 V，有下列恒等式：

$$\nabla\times(\boldsymbol{A}+\boldsymbol{B})=\nabla\times\boldsymbol{A}+\nabla\times\boldsymbol{B} \tag{3.106a}$$

$$\nabla\cdot(\nabla\times\boldsymbol{A})=0 \tag{3.106b}$$

$$\nabla\times(\nabla V)=0 \tag{3.106c}$$

3.6.2 斯托克斯定理

> **斯托克斯定理**将矢量的旋度在开放曲面 *S* 上的面积分转换为该矢量沿 *S* 曲面边界 *C* 的线积分。

对于图 3-24 所示的几何图形，斯托克斯定理表示为

$$\int_S (\nabla\times\boldsymbol{B})\cdot d\boldsymbol{s}=\oint_C \boldsymbol{B}\cdot d\boldsymbol{l} \quad （斯托克斯定理） \tag{3.107}$$

它的有效性来自式(3.103)给出的$\nabla\times\boldsymbol{B}$ 的定义。如果$\nabla\times\boldsymbol{B}=0$，则该矢量场 $\boldsymbol{B}$ 称为保守场或者无旋场，这是因为无论路径如何选择，式(3.107)的右边所表达的环量均为零。

例 3-14 斯托克斯定理的验证

对矢量场 $\boldsymbol{B}=\hat{\boldsymbol{z}}\cos\phi/r$，在由 $r=2$，$\pi/3\leqslant\phi\leqslant\pi/2$，$0\leqslant z\leqslant 3$ 定义的部分圆柱表面上验证斯托克斯定理(见图 3-25)。

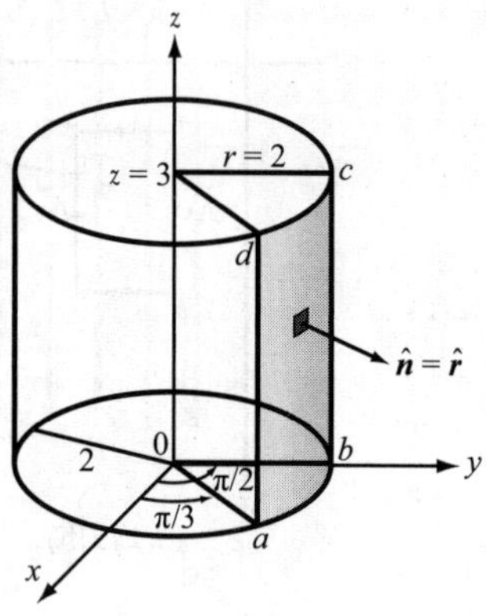

图 3-25 例 3-14 图

解：斯托克斯定理指出：

$$\int_S (\nabla\times\boldsymbol{B})\cdot d\boldsymbol{s}=\oint_C \boldsymbol{B}\cdot d\boldsymbol{l}$$

等式左边：由于 $\boldsymbol{B}$ 仅有一个分量 $B_z=\cos\phi/r$，使用圆柱坐标系中$\nabla\times\boldsymbol{B}$ 的表达式可得

$$\begin{aligned}\nabla\times\boldsymbol{B}&=\hat{\boldsymbol{r}}\left(\frac{1}{r}\frac{\partial B_z}{\partial\phi}-\frac{\partial B_\phi}{\partial z}\right)+\hat{\boldsymbol{\phi}}\left(\frac{\partial B_r}{\partial z}-\frac{\partial B_z}{\partial r}\right)+\hat{\boldsymbol{z}}\frac{1}{r}\left[\frac{\partial}{\partial r}(rB_\phi)-\frac{\partial B_r}{\partial\phi}\right]\\&=\hat{\boldsymbol{r}}\frac{1}{r}\frac{\partial}{\partial\phi}\left(\frac{\cos\phi}{r}\right)-\hat{\boldsymbol{\phi}}\frac{\partial}{\partial r}\left(\frac{\cos\phi}{r}\right)\\&=-\hat{\boldsymbol{r}}\frac{\sin\phi}{r^2}+\hat{\boldsymbol{\phi}}\frac{\cos\phi}{r^2}\end{aligned}$$

$\nabla\times\boldsymbol{B}$ 在指定表面 S 上的积分为

$$\begin{aligned}\int_S(\nabla\times\boldsymbol{B})\cdot d\boldsymbol{s}&=\int_0^3\int_{\pi/3}^{\pi/2}\left(-\hat{\boldsymbol{r}}\frac{\sin\phi}{r^2}+\hat{\boldsymbol{\phi}}\frac{\cos\phi}{r^2}\right)\cdot\hat{\boldsymbol{r}}r\,d\phi\,dz=\int_0^3\int_{\pi/3}^{\pi/2}-\frac{\sin\phi}{r}d\phi\,dz\\&=-\frac{3}{2r}=-\frac{3}{4}\end{aligned}$$

等式右边：曲面 S 由图 3-25 所示的轮廓 $C=abcd$ 界定。选择 C 的方向，使其与表面法线 $\hat{\boldsymbol{r}}$ 满足右手定则，所以，

$$\oint_C\boldsymbol{B}\cdot d\boldsymbol{l}=\int_a^b\boldsymbol{B}_{ab}\cdot d\boldsymbol{l}+\int_b^c\boldsymbol{B}_{bc}\cdot d\boldsymbol{l}+\int_c^d\boldsymbol{B}_{cd}\cdot d\boldsymbol{l}+\int_d^a\boldsymbol{B}_{da}\cdot d\boldsymbol{l}$$

式中，$\boldsymbol{B}_{ab}$、$\boldsymbol{B}_{bc}$、$\boldsymbol{B}_{cd}$ 和 $\boldsymbol{B}_{da}$ 分别是沿着 ab、bc、cd 和 da 线段的矢量场 $\boldsymbol{B}$。在圆弧段 ab 上，$\boldsymbol{B}_{ab}=\hat{\boldsymbol{z}}(\cos\phi)/2$ 和 $d\boldsymbol{l}=\hat{\boldsymbol{\phi}}r\,d\phi$ 的点积为零，在圆弧段 cd 上也同样如此。在线段 bc 上，$\phi=\pi/2$，所以 $\boldsymbol{B}_{bc}=\hat{\boldsymbol{z}}(\cos\pi/2)/2=0$。对于最后一段，$\boldsymbol{B}_{da}=\hat{\boldsymbol{z}}(\cos\pi/3)/2=\hat{\boldsymbol{z}}/4$ 且 $d\boldsymbol{l}=\hat{\boldsymbol{z}}dz$。所以，

$$\oint_C\boldsymbol{B}\cdot d\boldsymbol{l}=\int_d^a\left(\hat{\boldsymbol{z}}\frac{1}{4}\right)\cdot\hat{\boldsymbol{z}}dz=\int_3^0\frac{1}{4}dz=-\frac{3}{4}$$

这与斯托克斯等式左边计算的结果相同。◀

练习 3-18 在圆柱坐标系下计算点(2，0，3)处$\nabla\times\boldsymbol{A}$ 的值，其中矢量场 $\boldsymbol{A}=\hat{\boldsymbol{r}}10e^{-2r}\cos\phi+\hat{\boldsymbol{z}}10\sin\phi$。

答案：$\nabla\times\boldsymbol{A}=\left(\hat{\boldsymbol{r}}\frac{10\cos\phi}{r}+\hat{\boldsymbol{z}}\frac{10e^{-2r}}{r}\sin\phi\right)\Big|_{(2,0,3)}=\hat{\boldsymbol{r}}5$。(参见㊪)

练习 3-19 在球坐标系的(3,π/6,0)处计算$\nabla\times\boldsymbol{A}$ 的值，其中矢量场 $\boldsymbol{A}=\hat{\boldsymbol{\theta}}12\sin\theta$。

答案：$\nabla\times\boldsymbol{A}=\hat{\boldsymbol{\phi}}\frac{12\sin\theta}{R}\Big|_{(3,\pi/6,0)}=\hat{\boldsymbol{\phi}}2$。(参见㊪)

模块 3.4(旋度) 选择一个矢量 $\boldsymbol{f}(x,y)$，计算其旋度，并将两者显示在 x-y 平面中。

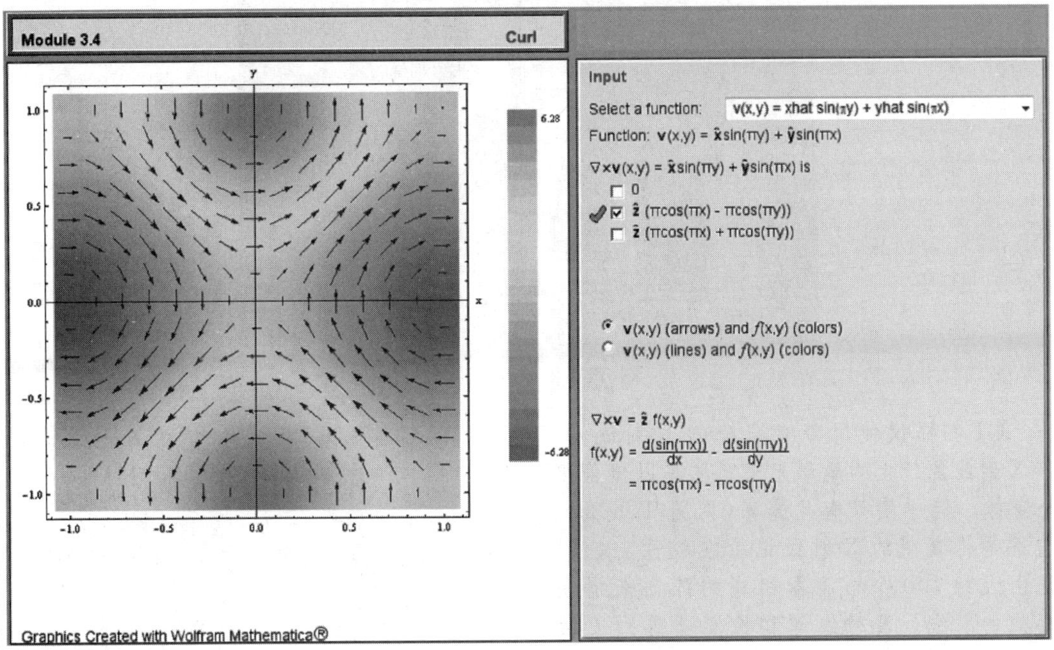

技术简介 6：X 射线计算机断层扫描技术

断层扫描(tomography)源自希腊语 tome，意为截面或切片，graphia 意为书写。

计算机断层扫描，也称为 CT 扫描或 CAT 扫描(用于计算机轴向断层扫描)，是一种根据物体对 X 射线衰减(吸收)性质而生成的三维图像技术。传统的 X 射线技术仅产生物体的二维剖面(见图 TF6-1)。CT 技术是 1972 年由英国电气工程师戈弗雷·霍斯菲尔德(Godfrey Hounsfeld)和在南非出生的美国物理学家艾伦·科马克(Allan Cormack)各自独立发明的。这两位发明者共同获得了 1979 年的诺贝尔生理学或医学奖。在各种诊断成像技术中，CT 在敏感性方面具有显著的优势，因为它对软组织、血管、骨骼等身体各部位的较宽范围的成像都很敏感。

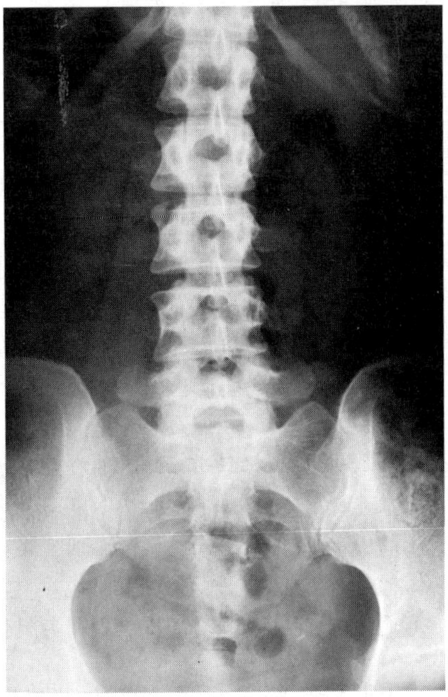

图 TF6-1 二维剖面 X 射线图像

工作原理

在图 TF6-2 所示的系统中，X 射线源和检测器阵列包含在一个圆形结构中，患者可以通过该圆形结构沿传送带移动。CAT 扫描技术人员可以监视重建的图像，以确保在测量过程中不包含因患者的部分运动而引起的如条纹或模糊截面等伪影。

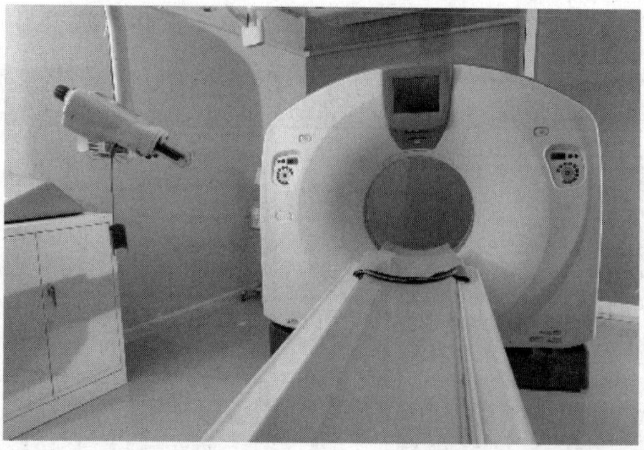

图 TF6-2 CT 扫描仪

CT 扫描仪使用带有窄缝的 X 射线源，该 X 射线源产生的扇形光束宽度足以覆盖整个身体，但厚度只有几毫米(见图 TF6-3a)。它不是将衰减的 X 射线记录在胶片上，而是由大约 700 个检测器组成的阵列来捕获衰减的射线。X 射线源和检测器阵列安装在一个圆形框架上，该圆形框架在围绕患者的整个 360°圆周上以几分之一度的步长旋转，每次都从不同角度记录 X 射线的衰减剖面。通常，解剖的每个薄横切面记录 1000 个此类剖面。在当今的技术中，这个过程在 1s 内即可完成。要对身体的某个整体部位成像，例如胸部或头部，这个过程需要在多个切片(层)上重复进行，通常需要大约 10s 来完成。

图像重建

对于每个解剖切片，CT 扫描仪都会进行 7×10^5 次(1000 个角度方向×700 个检测器通道)测量。每次测量代表 X 射线源和检测器之间窄光束的合成路径衰减(见图 TF6-3b)，且为每个体积元素(像素)提供了 1000 条这样的测量光束。

商用 CT 机使用一种称为**滤波反投影**的技术来“重建”解剖切片中每个体积元素的衰减率图像，进而扩展到重建整个人体器官中每个体积元素的衰减率图像，这是通过复杂的矩阵求逆过程来实现的。

图 TF6-3c 显示了大脑的 CT 成像。

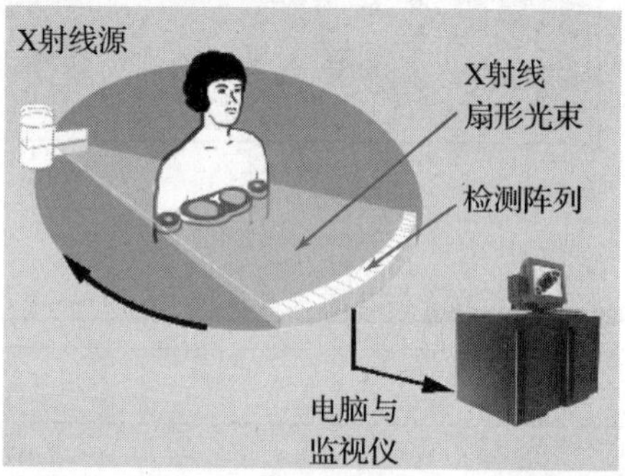

a）CT扫描仪

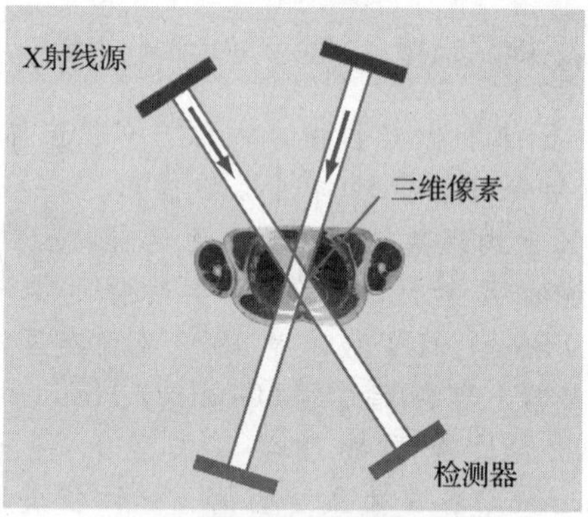

b）检测器沿解剖路径测量合成衰减

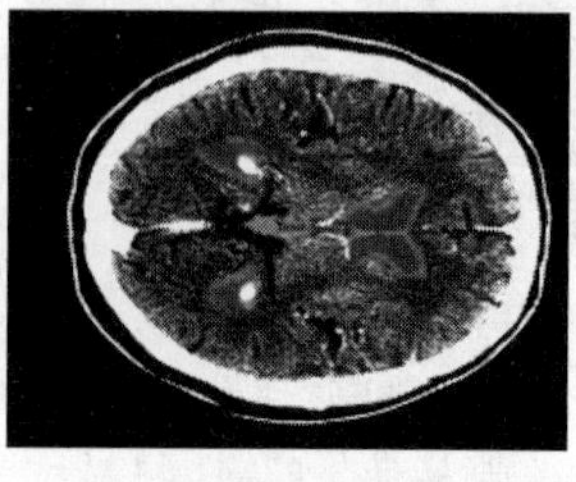

c）大脑的CT成像

图 TF6-3 CT 扫描仪的基本部件

3.7 拉普拉斯算子

在后面的章节中，我们有时会处理涉及标量和矢量多种组合运算的问题。经常遇到的一种组合是标量梯度的散度。对于在直角坐标系中定义的一个标量函数 V，其梯度为

$$\nabla V=\hat{\mathbf{x}}\frac{\partial V}{\partial x}+\hat{\mathbf{y}}\frac{\partial V}{\partial y}+\hat{\mathbf{z}}\frac{\partial V}{\partial z}=\hat{\mathbf{x}}A_x+\hat{\mathbf{y}}A_y+\hat{\mathbf{z}}A_z=\mathbf{A} \tag{3.108}$$

这里我们定义了一个矢量 $\mathbf{A}$，其分量为 $A_x=\partial V/\partial x$，$A_y=\partial V/\partial y$，$A_z=\partial V/\partial z$。$\nabla V$ 的散度为

$$\nabla\cdot(\nabla V)=\nabla\cdot\mathbf{A}=\frac{\partial A_x}{\partial x}+\frac{\partial A_y}{\partial y}+\frac{\partial A_z}{\partial z}=\frac{\partial^2 V}{\partial x^2}+\frac{\partial^2 V}{\partial y^2}+\frac{\partial^2 V}{\partial z^2} \tag{3.109}$$

为了方便起见，$\nabla\cdot(\nabla V)$称为 V 的拉普拉斯算子，用$\nabla^2 V$ 表示，即

$$\nabla^2 V=\nabla\cdot(\nabla V)=\frac{\partial^2 V}{\partial x^2}+\frac{\partial^2 V}{\partial y^2}+\frac{\partial^2 V}{\partial z^2} \tag{3.110}$$

从式(3.110)中我们可以看出，一个标量函数的拉普拉斯算子是一个标量。

标量的拉普拉斯算子可用来定义矢量的拉普拉斯算子。在直角坐标系中，给定一个矢量 $\mathbf{E}$ 为

$$\mathbf{E}=\hat{\mathbf{x}}E_x+\hat{\mathbf{y}}E_y+\hat{\mathbf{z}}E_z \tag{3.111}$$

则 $\mathbf{E}$ 的拉普拉斯算子为

$$\nabla^2\mathbf{E}=\left(\frac{\partial^2}{\partial x^2}+\frac{\partial^2}{\partial y^2}+\frac{\partial^2}{\partial z^2}\right)\mathbf{E}=\hat{\mathbf{x}}\nabla^2 E_x+\hat{\mathbf{y}}\nabla^2 E_y+\hat{\mathbf{z}}\nabla^2 E_z \tag{3.112}$$

因此，在直角坐标系中，一个矢量的拉普拉斯算子是一个矢量，其分量等于这个矢量分量的拉普拉斯算子。通过直接替换，它可以表示为

$$\nabla^2\mathbf{E}=\nabla(\nabla\cdot\mathbf{E})-\nabla\times(\nabla\times\mathbf{E}) \tag{3.113}$$

概念问题 3-11：标量的梯度的大小和方向代表的是什么？

概念问题 3-12：在直角坐标系中证明式(3.84c)的有效性。

概念问题 3-13：矢量场的散度的物理意义是什么？

概念问题 3-14：如果一个矢量场在空间某点是无散的，能否得出这个矢量场在该点必然为零？给出解释。

概念问题 3-15：散度定理提供的变换有什么意义？

概念问题 3-16：矢量场在某点的旋度与其环量有什么关系？

概念问题 3-17：斯托克斯定理提供的变换有什么意义？

概念问题 3-18：矢量场在什么时候是“保守的”？

习题

3.1 节

*3.1 矢量 $\mathbf{A}$ 的起点为(1,−1,−3)、终点为(2,−1,0)，求 $\mathbf{A}$ 方向上的单位矢量。

3.2 已知矢量 $\mathbf{A}=\hat{\mathbf{x}}2-\hat{\mathbf{y}}3+\hat{\mathbf{z}}$，$\mathbf{B}=\hat{\mathbf{x}}2-\hat{\mathbf{y}}+\hat{\mathbf{z}}3$，$\mathbf{C}=\hat{\mathbf{x}}4+\hat{\mathbf{y}}2-\hat{\mathbf{z}}2$，证明 $\mathbf{C}$ 垂直于 $\mathbf{A}$ 和 $\mathbf{B}$。

*3.3 在直角坐标系中，三角形的 3 个顶点为 $P_1=(0,4,4)$、$P_2=(4,-4,4)$和 $P_3=(2,2,-4)$。求该三角形的面积。

3.4 已知 $\mathbf{A}=\hat{\mathbf{x}}2-\hat{\mathbf{y}}3+\hat{\mathbf{z}}1$，$\mathbf{B}=\hat{\mathbf{x}}B_x+\hat{\mathbf{y}}2+\hat{\mathbf{z}}B_z$。

(a) 如果 $\mathbf{A}$ 与 $\mathbf{B}$ 平行，求 B_x 和 B_z；

(b) 如果 $\mathbf{A}$ 垂直于 $\mathbf{B}$，求 B_x 与 B_z 之间的关系。

3.5 已知矢量 $\mathbf{A}=\hat{\mathbf{x}}+\hat{\mathbf{y}}2-\hat{\mathbf{z}}3$，$\mathbf{B}=\hat{\mathbf{x}}2-\hat{\mathbf{y}}4$，$\mathbf{C}=\hat{\mathbf{y}}2-\hat{\mathbf{z}}4$。求：

*(a) A 和 $\hat{\mathbf{a}}$

(b) $\mathbf{B}$ 沿 $\mathbf{C}$ 方向的分量

(c) θ_{AC}

(d) $\mathbf{A}\times\mathbf{C}$

*(e) $\mathbf{A}\cdot(\mathbf{B}\times\mathbf{C})$

(f) $\mathbf{A}\times(\mathbf{B}\times\mathbf{C})$

(g) $\hat{\mathbf{x}}\times\mathbf{B}$

*(h) $(\mathbf{A}\times\hat{\mathbf{y}})\cdot\hat{\mathbf{z}}$

3.6 已知矢量 $\boldsymbol{A}=\hat{\boldsymbol{x}}2-\hat{\boldsymbol{y}}+\hat{\boldsymbol{z}}3$，$\boldsymbol{B}=\hat{\boldsymbol{x}}3-\hat{\boldsymbol{z}}2$，求矢量 $\boldsymbol{C}$，使其大小为 9 且方向垂直于 $\boldsymbol{A}$ 和 $\boldsymbol{B}$。

3.7 已知 $\boldsymbol{A}=\hat{\boldsymbol{x}}(x+2y)-\hat{\boldsymbol{y}}(y+3z)+\hat{\boldsymbol{z}}(3x-y)$，求在点 $P=(1,-1,2)$ 处平行于 $\boldsymbol{A}$ 的单位矢量。

3.8 通过在直角坐标系中进行展开，证明：

(a) 式(3.29)给出的标量三重积的关系；

(b) 式(3.33)给出的矢量三重积的关系。

*3.9 求通过 $x=1$ 和 $z=-2$ 直线上任意一点指向原点的单位矢量的表达式。

3.10 求 $z=-5$ 平面上任意点 $Q=(x,y,-5)$ 指向 z 轴上 x-y 平面上方 h 处的点 P 的单位矢量的表达式。

*3.11 求平行于由 $2x+z=4$ 描述的直线的任意方向的单位矢量。

3.12 在 x-y 平面上的两条直线由下列表达式描述：

线 1：$x+2y=-6$

线 2：$3x+4y=8$

运用矢量代数求这两条直线交点处较小的角度。

*3.13 已知一条直线表示为 $x+2y=4$，矢量 $\boldsymbol{A}$ 从原点出发指向直线上的 P 点，且 $\boldsymbol{A}$ 垂直于这条直线。求 $\boldsymbol{A}$ 的表达式。

3.14 写出由下列条件限定的两个矢量 $\boldsymbol{A}$ 和 $\boldsymbol{B}$：

(a) 矢量 $\boldsymbol{C}$ 定义为矢量 $\boldsymbol{B}$ 沿 $\boldsymbol{A}$ 方向上的分矢量，由下式给出：

$$\boldsymbol{C}=\hat{\boldsymbol{a}}(\boldsymbol{B}\cdot\hat{\boldsymbol{a}})=\frac{\boldsymbol{A}(\boldsymbol{B}\cdot\boldsymbol{A})}{|\boldsymbol{A}|^2}$$

式中，$\hat{\boldsymbol{a}}$ 是 $\boldsymbol{A}$ 的单位矢量。

(b) 矢量 $\boldsymbol{D}$ 定义为矢量 $\boldsymbol{B}$ 垂直于 $\boldsymbol{A}$ 的分矢量，由下式给出：

$$\boldsymbol{D}=\boldsymbol{B}-\frac{\boldsymbol{A}(\boldsymbol{B}\cdot\boldsymbol{A})}{|\boldsymbol{A}|^2}$$

*3.15 某个平面表示为 $2x+3y+4z=16$，求垂直于该平面且在离开原点方向的单位矢量。

3.16 已知 $\boldsymbol{B}=\hat{\boldsymbol{x}}(z-3y)+\hat{\boldsymbol{y}}(2x-3z)-\hat{\boldsymbol{z}}(x+y)$，求在点 $P=(1,0,-1)$ 处平行于 $\boldsymbol{B}$ 的单位矢量。

*3.17 求大小为 4 且方向同时垂直于矢量 $\boldsymbol{E}$ 和 $\boldsymbol{F}$ 的矢量 $\boldsymbol{G}$，其中 $\boldsymbol{E}=\hat{\boldsymbol{x}}+\hat{\boldsymbol{y}}2-\hat{\boldsymbol{z}}2$、$\boldsymbol{F}=\hat{\boldsymbol{y}}3-\hat{\boldsymbol{z}}6$。

3.18 已知直线方程 $y=x-1$，矢量 $\boldsymbol{A}$ 的起点位于 $P_1=(0,2)$ 处，终点位于该直线上的 P_2 点处，在该点处 $\boldsymbol{A}$ 与直线垂直，求 $\boldsymbol{A}$ 的表达式。

3.19 已知矢量场 $\boldsymbol{E}=\hat{\boldsymbol{R}}5R\cos\theta-\hat{\boldsymbol{\theta}}\dfrac{12}{R}\sin\theta\cos\phi+\hat{\boldsymbol{\phi}}3\sin\phi$。求在点 $P(2,30°,60°)$ 处与半径为 $R=2$ 的球面相切的 $\boldsymbol{E}$ 分量。

3.20 在绘制或表示矢量场的空间变化时，通常使用箭头，如图 P3.20 所示，其中箭头的长度与场的强度成正比，而箭头的方向与场的方向一致。图 P3.20 给出了矢量场 $\boldsymbol{E}=\hat{\boldsymbol{r}}r$ 的示意图，该场由离开原点的径向箭头组成，箭头的长度与离开原点的距离成正比。请使用箭头绘制下列矢量场的示意图：

(a) $\boldsymbol{E}_1=-\hat{\boldsymbol{x}}y$

(b) $\boldsymbol{E}_2=\hat{\boldsymbol{y}}x$

(c) $\boldsymbol{E}_3=\hat{\boldsymbol{x}}x+\hat{\boldsymbol{y}}y$

(d) $\boldsymbol{E}_4=\hat{\boldsymbol{x}}x+\hat{\boldsymbol{y}}2y$

(e) $\boldsymbol{E}_5=\hat{\boldsymbol{\phi}}r$

(f) $\boldsymbol{E}_6=\hat{\boldsymbol{r}}\sin\phi$

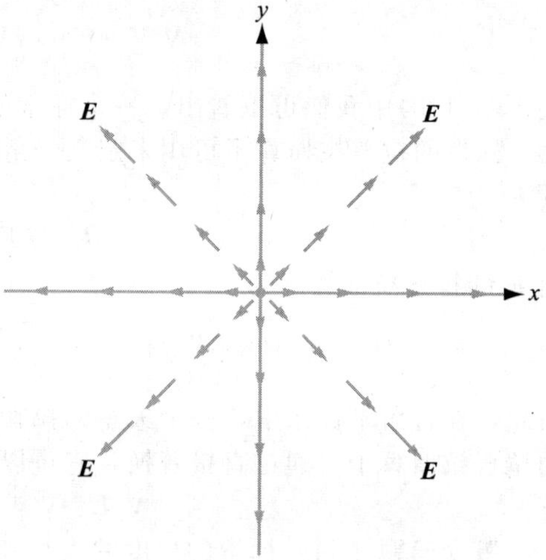

图 P3.20 习题 3.20 图

3.21 用箭头绘制下列各矢量场：

(a) $\boldsymbol{E}_1=\hat{\boldsymbol{x}}x-\hat{\boldsymbol{y}}y$

(b) $\boldsymbol{E}_2=-\hat{\boldsymbol{\phi}}$

(c) $\boldsymbol{E}_3=\hat{\boldsymbol{y}}(1/x)$

(d) $\boldsymbol{E}_4=\hat{\boldsymbol{r}}\cos\phi$

3.2 节和 3.3 节

3.22 将下列点的坐标从直角坐标系变换到圆柱坐标系和球坐标系：

*(a) $P_1=(1,2,0)$

(b) $P_2=(0,0,2)$

(c) $P_3=(1,1,3)$

*(d) $P_4=(-2,2,-2)$

3.23 将下列点的坐标从圆柱坐标系变换到直角坐标系：

(a) $P_1=(2,\pi/4,-3)$

(b) $P_2=(3,0,-2)$

(c) $P_3=(4,\pi,5)$

3.24 将下列点的坐标从球坐标系变换到圆柱坐标系：

*(a) $P_1=(5,0,0)$

(b) $P_2=(5,0,\pi)$

(c) $P_3=(3,\pi/2,0)$

3.25 使用恰当的微分面元 d$\boldsymbol{s}$ 的表达式来确定下列各表面的面积，并绘制其轮廓：

(a) $r=3$，$0\leqslant\phi\leqslant\pi/3$，$-2\leqslant z\leqslant 2$

(b) $2\leqslant r\leqslant 5$，$\pi/2\leqslant\phi\leqslant\pi$，$z=0$

* (c) $2\leqslant r\leqslant 5$，$\phi=\pi/4$，$-2\leqslant z\leqslant 2$

(d) $R=2$，$0\leqslant\theta\leqslant\pi/3$，$0\leqslant\phi\leqslant\pi$

(e) $0\leqslant R\leqslant 5$，$\theta=\pi/3$，$0\leqslant\phi\leqslant 2\pi$

3.26 求下列关系式描述的体积，并绘制其轮廓：

* (a) $2\leqslant r\leqslant 5$，$\pi/2\leqslant\phi\leqslant\pi$，$0\leqslant z\leqslant 2$

(b) $0\leqslant R\leqslant 5$，$0\leqslant\theta\leqslant\pi/3$，$0\leqslant\phi\leqslant 2\pi$

3.27 一个球体的某个部分由 $0\leqslant R\leqslant 2$、$0\leqslant\theta\leqslant 90°$、$30°\leqslant\phi\leqslant 90°$表示，求：

(a) 该球面部分的表面积；

(b) 该封闭体积，并画出其表面轮廓。

3.28 在圆柱坐标系中给定一个矢量场 $\boldsymbol{E}=\hat{\boldsymbol{r}}r\cos\phi+\hat{\boldsymbol{\phi}}r\sin\phi+\hat{\boldsymbol{z}}z^2$。点 $P(2,\pi,3)$位于半径为 $r=2$ 的圆柱表面上。在 P 点，求：

(a) $\boldsymbol{E}$ 与该圆柱面垂直的分矢量；

(b) $\boldsymbol{E}$ 与该圆柱面相切的分矢量。

3.29 在空间中某一点上，矢量 $\boldsymbol{A}$ 和 $\boldsymbol{B}$ 用球坐标系表示为 $\boldsymbol{A}=\hat{\boldsymbol{R}}4+\hat{\boldsymbol{\theta}}2-\hat{\boldsymbol{\phi}}$，$\boldsymbol{B}=-\hat{\boldsymbol{R}}2+\hat{\boldsymbol{\phi}}3$。求：

(a) $\boldsymbol{B}$ 在 $\boldsymbol{A}$ 方向上的标量分量或投影；

(b) $\boldsymbol{B}$ 在 $\boldsymbol{A}$ 方向上的矢量分量；

(c) $\boldsymbol{B}$ 垂直于 $\boldsymbol{A}$ 的矢量分量。

*3.30 已知矢量 $\boldsymbol{A}=\hat{\boldsymbol{r}}(\cos\phi+3z)-\hat{\boldsymbol{\phi}}(2r+4\sin\phi)+\hat{\boldsymbol{z}}(r-2z)$、$\boldsymbol{B}=-\hat{\boldsymbol{r}}\sin\phi+\hat{\boldsymbol{z}}\cos\phi$，求：

(a) 在点$(2,\pi/2,0)$处的夹角 θ_{AB}；

(b) 在点$(2,\pi/3,1)$处同时垂直于 $\boldsymbol{A}$ 和 $\boldsymbol{B}$ 的单位矢量。

3.31 计算下列两点之间的距离：

(a) 在直角坐标系中，$P_1=(1,2,3)$，$P_2=(-2,-3,-2)$；

(b) 在圆柱坐标系中，$P_3=(1,\pi/4,3)$，$P_4=(3,\pi/4,4)$；

(c) 在球坐标系中，$P_5=(4,\pi/2,0)$，$P_6=(3,\pi,0)$。

3.32 计算下列两点之间的距离：

* (a) $P_1=(1,1,2)$，$P_2=(0,2,3)$；

(b) $P_3=(2,\pi/3,1)$，$P_4=(4,\pi/2,3)$；

(c) $P_5=(3,\pi,\pi/2)$，$P_6=(4,\pi/2,\pi)$。

3.33 将（球坐标系中）矢量 $\boldsymbol{A}=\hat{\boldsymbol{R}}\sin^2\theta\cos\phi+\hat{\boldsymbol{\theta}}\cos^2\phi-\hat{\boldsymbol{\phi}}\sin\phi$ 变换到圆柱坐标系中，并计算其在点 $P=(2,\pi/2,\pi/2)$的值。

3.34 将下列矢量变换到圆柱坐标系，并计算它们在指定点的值：

(a) $\boldsymbol{A}=\hat{\boldsymbol{x}}(x+y)$，在点 $P_1=(1,2,3)$；

(b) $\boldsymbol{B}=\hat{\boldsymbol{x}}(y-x)+\hat{\boldsymbol{y}}(x-y)$，在点 $P_2=(1,0,2)$；

* (c) $\boldsymbol{C}=\hat{\boldsymbol{x}}y^2/(x^2+y^2)-\hat{\boldsymbol{y}}x^2/(x^2+y^2)+\hat{\boldsymbol{z}}4$，在点 $P_3=(1,-1,2)$；

(d) $\boldsymbol{D}=\hat{\boldsymbol{R}}\sin\theta+\hat{\boldsymbol{\theta}}\cos\theta+\hat{\boldsymbol{\phi}}\cos^2\phi$，在点 $P_4=(2,\pi/2,\pi/4)$；

* (e) $\boldsymbol{E}=\hat{\boldsymbol{R}}\cos\phi+\hat{\boldsymbol{\theta}}\sin\phi+\hat{\boldsymbol{\phi}}\sin^2\theta$，在点 $P_5=(3,\pi/2,\pi)$。

3.35 将下列矢量变换到球坐标系，并计算它们在指定点的值：

(a) $\boldsymbol{A}=\hat{\boldsymbol{x}}y^2+\hat{\boldsymbol{y}}xz+\hat{\boldsymbol{z}}4$，在点 $P_1=(1,-1,2)$；

(b) $\boldsymbol{B}=\hat{\boldsymbol{y}}(x^2+y^2+z^2)-\hat{\boldsymbol{z}}(x^2+y^2)$，在点 $P_2=(-1,0,2)$；

* (c) $\boldsymbol{C}=\hat{\boldsymbol{r}}\cos\phi-\hat{\boldsymbol{\phi}}\sin\phi+\hat{\boldsymbol{z}}\cos\phi\sin\phi$，在点 $P_3=(2,\pi/4,2)$；

(d) $\boldsymbol{D}=\hat{\boldsymbol{x}}y^2/(x^2+y^2)-\hat{\boldsymbol{y}}x^2/(x^2+y^2)+\hat{\boldsymbol{z}}4$，在点 $P_4=(1,-1,2)$。

3.4 节至 3.7 节

3.36 计算下列标量函数的梯度：

(a) $T=3/(x^2+z^2)$

(b) $V=xy^2z^4$

(c) $U=z\cos\phi/(1+r^2)$

(d) $W=\mathrm{e}^{-R}\sin\theta$

* (e) $S=4x^2\mathrm{e}^{-z}+y^3$

(f) $N=r^2\cos^2\phi$

(g) $M=R\cos\theta\sin\phi$

3.37 对于下列各标量场，求∇T 的解析解，并用相应的箭头来表示。

(a) $T=10+x$，$-10\leqslant x\leqslant 10$

* (b) $T=x^2$，$-10\leqslant x\leqslant 10$

(c) $T=100+xy$，$-10\leqslant x$，$y\leqslant 10$

(d) $T=x^2y^2$，$-10\leqslant x$，$y\leqslant 10$

(e) $T=20+x+y$，$-10\leqslant x$，$y\leqslant 10$

(f) $T=1+\sin(\pi x/3)$，$-10\leqslant x\leqslant 10$

* (g) $T=1+\cos(\pi x/3)$，$-10\leqslant x\leqslant 10$

(h) $T=15+r\cos\phi$，$0\leqslant r\leqslant 10$，$0\leqslant\phi\leqslant 2\pi$

(i) $T=15+r\cos^2\phi$，$0\leqslant r\leqslant 10$，$0\leqslant\phi\leqslant 2\pi$

*3.38 标量函数 T 的梯度为$\nabla T=\hat{\boldsymbol{z}}\mathrm{e}^{-3z}$，如果在 $z=0$ 处 $T=10$，求 $T(z)$的表达式。

3.39 按照类似于推导式(3.82)的方法，在球坐标系中推导出式(3.83)关于∇的表达式。

*3.40 对于标量函数 $V=xy^2-z^2$，确定其沿矢量 $\boldsymbol{A}=(\hat{\boldsymbol{x}}-\hat{\boldsymbol{y}}z)$方向的方向导数表达式，并计算其在点 $P=(1,-1,4)$的值。

3.41 计算图 P3.41 中 $\boldsymbol{E}=\hat{\boldsymbol{x}}x-\hat{\boldsymbol{y}}y$ 沿圆形路径

P_1 至 P_2 的线积分。

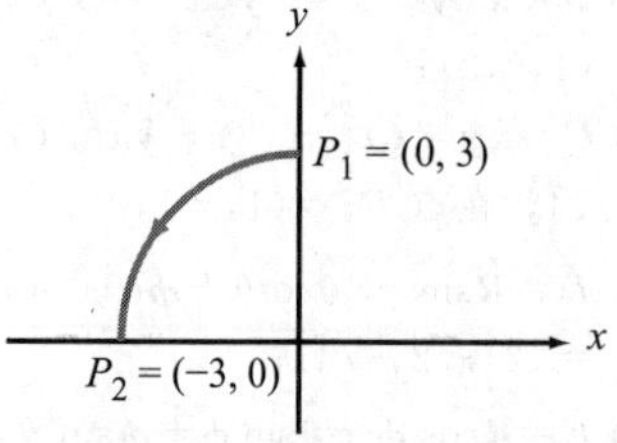

图 P3.41 习题 3.41 图

3.42 计算标量函数 $T=\frac{1}{2}e^{-r/5}\cos\phi$ 沿径向 $\hat{\boldsymbol{r}}$ 的方向导数，并计算其在点 $P=(2,\pi/4,3)$的值。

* 3.43 计算标量函数 $U=\frac{1}{R}\sin^2\theta$ 沿距离方向 $\hat{\boldsymbol{R}}$ 的方向导数，并计算其在点 $P=(5,\pi/4,\pi/2)$的值。

3.44 下列矢量场如图 P3.44 所示以箭头形式表示。计算$\nabla\cdot\mathbf{A}$ 的解析解，并将计算结果与基于图中箭头形式所预想的结果进行比较。

(a) $\mathbf{A}=-\hat{\boldsymbol{x}}\cos x\sin y+\hat{\boldsymbol{y}}\sin x\cos y$，$-\pi\leqslant x$，$y\leqslant\pi$

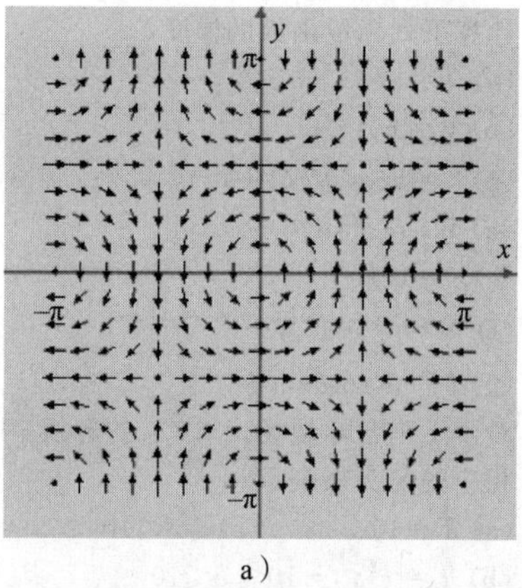

a)

(b) $\mathbf{A}=-\hat{\boldsymbol{x}}\sin 2y+\hat{\boldsymbol{y}}\cos 2x$，$-\pi\leqslant x$，$y\leqslant\pi$

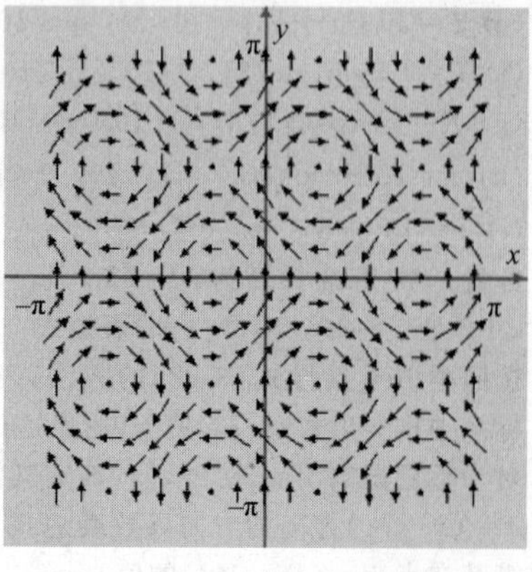

b)

(c) $\mathbf{A}=-\hat{\boldsymbol{x}}xy+\hat{\boldsymbol{y}}y^2$，$-10\leqslant x$，$y\leqslant10$

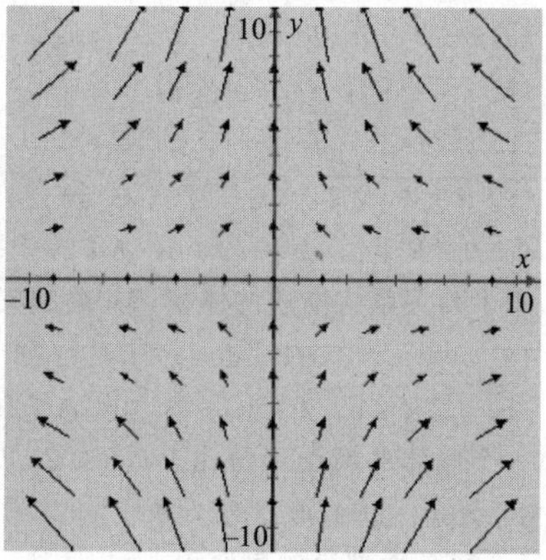

c)

(d) $\mathbf{A}=-\hat{\boldsymbol{x}}\cos x+\hat{\boldsymbol{y}}\sin y$，$-\pi\leqslant x$，$y\leqslant\pi$

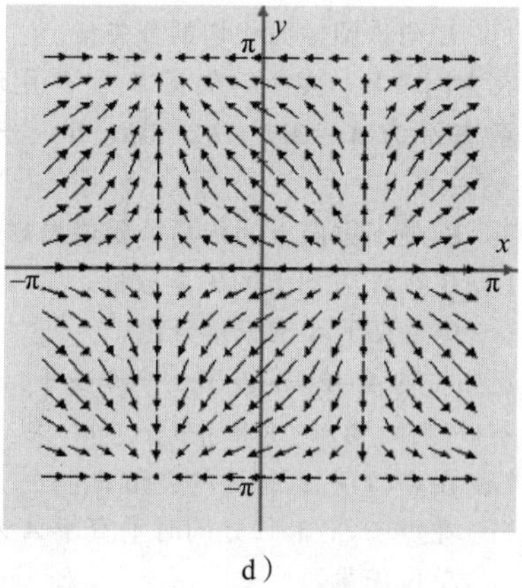

d)

(e) $\mathbf{A}=\hat{\boldsymbol{x}}x$，$-10\leqslant x\leqslant10$

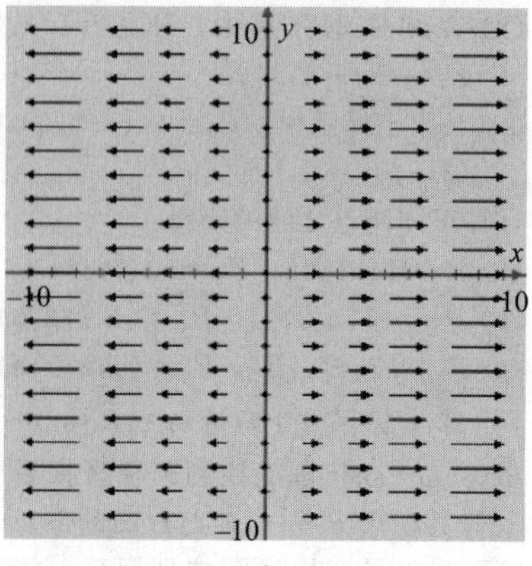

e)

(f) $\mathbf{A}=\hat{\mathbf{x}}xy^2$，$-10\leqslant x$，$y\leqslant 10$

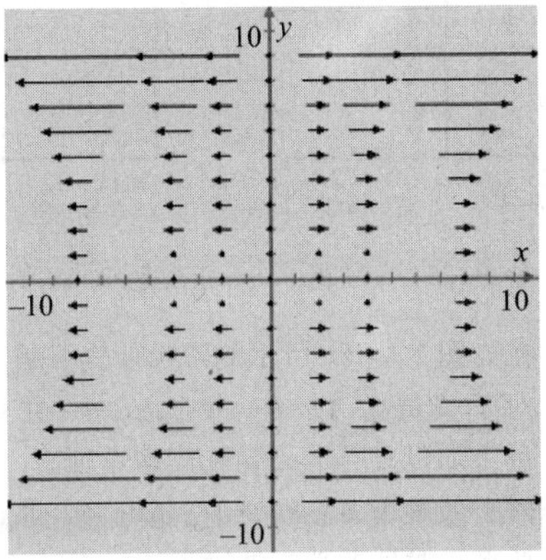

f)

(g) $\mathbf{A}=\hat{\mathbf{x}}xy^2+\hat{\mathbf{y}}x^2y$，$-10\leqslant x$，$y\leqslant 10$

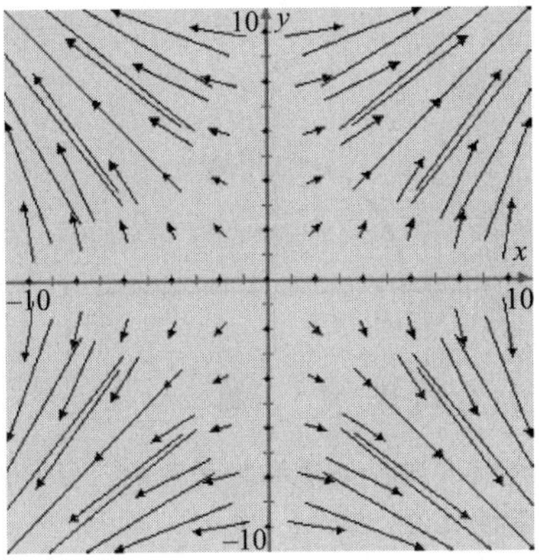

g)

(h) $\mathbf{A}=\hat{\mathbf{x}}\sin\left(\frac{\pi x}{10}\right)+\hat{\mathbf{y}}\sin\left(\frac{\pi y}{10}\right)$，$-10\leqslant x$，$y\leqslant 10$

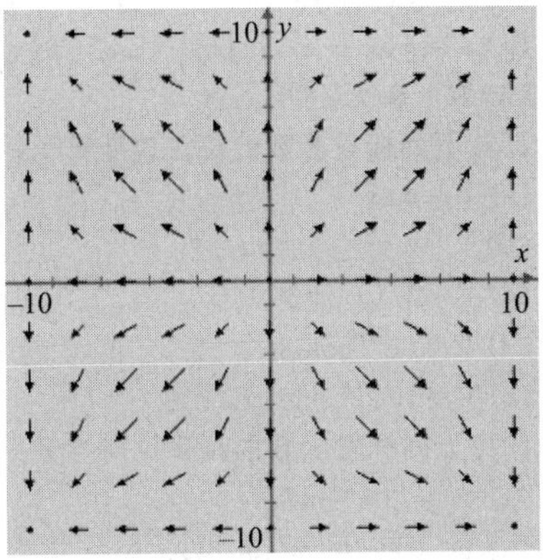

h)

(i) $\mathbf{A}=\hat{\mathbf{r}}r+\hat{\boldsymbol{\phi}}r\cos\phi$，$0\leqslant r\leqslant 10$，$0\leqslant\phi\leqslant 2\pi$

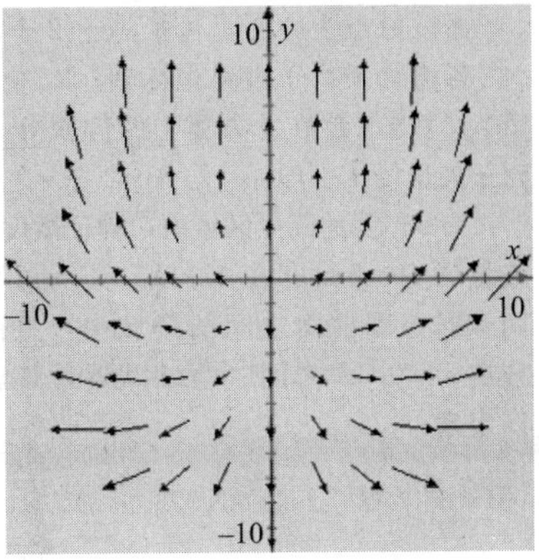

i)

(j) $\mathbf{A}=\hat{\mathbf{r}}r^2+\hat{\boldsymbol{\phi}}r^2\sin\phi$，$0\leqslant r\leqslant 10$，$0\leqslant\phi\leqslant 2\pi$

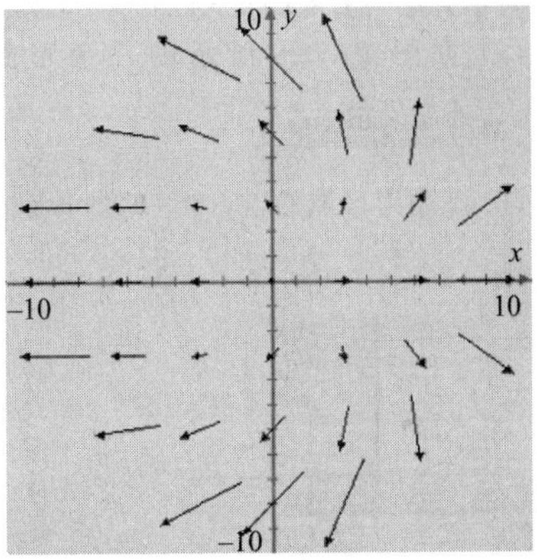

j)

图 P3.44 习题 3.44 图

3.45 标量函数 $V=2\sin x+xy^2+ye^{2z}$。计算∇V，并求其在点 $P(0,1,2)$的值。

3.46 标量函数 $V=\dfrac{2z}{x^2+y^2}$。

(a) 计算直角坐标系中的∇V；

(b) 将(a)的结果从直角坐标系变换到圆柱坐标系；

(c) 将 V 的表达式变换到圆柱坐标系，然后在圆柱坐标系中计算∇V，并比较(b)和(c)的计算结果。

*3.47 矢量场 $\boldsymbol{E}$ 具有以下特性：(a) $\boldsymbol{E}$ 矢量都朝向 $\hat{\boldsymbol{R}}$ 方向；(b) $\boldsymbol{E}$ 的大小仅是与原点的距离的函数；(c) $\boldsymbol{E}$ 在原点处为零；(d) 每一点都满足$\nabla\cdot\boldsymbol{E}=12$。求满足这些特性的 $\boldsymbol{E}$ 的表达式。

3.48 对于矢量场 $\boldsymbol{E}=\hat{\boldsymbol{x}}xz-\hat{\boldsymbol{y}}yz^2-\hat{\boldsymbol{z}}xy$，通过计算验证散度定理：

(a) 计算流出立方体表面的总通量，该立方体以原点为中心，边长等于 2 个单位且各边均平行于直角坐标轴；

(b) 计算 $\nabla\cdot\boldsymbol{E}$ 在立方体上的体积分。

3.49 对于矢量场 $\boldsymbol{E}=\hat{\boldsymbol{r}}10\mathrm{e}^{-r}-\hat{\boldsymbol{z}}3z$，在 $r=2$，$z=0$，$z=4$ 包围的圆柱区域内，验证散度定理。

* 3.50 矢量场 $\boldsymbol{D}=\hat{\boldsymbol{r}}r^3$ 存在于 $r=1$ 和 $r=2$ 定义的两个同心圆柱面之间的区域中，且两个圆柱在 $z=0\sim5$ 之间。通过以下计算验证散度定理：

(a) $\oint_S \boldsymbol{D}\cdot\mathrm{d}\boldsymbol{s}$

(b) $\int_v \nabla\cdot\boldsymbol{D}\,\mathrm{d}v$

3.51 对于矢量场 $\boldsymbol{D}=\hat{\boldsymbol{R}}3R^2$，在 $R=1$ 和 $R=2$ 定义的球壳之间的封闭区域，计算散度定理表达式左右两边的值。

3.52 对于矢量场 $\boldsymbol{E}=\hat{\boldsymbol{x}}xy-\hat{\boldsymbol{y}}(x^2+2y^2)$，计算：

(a) 如图 P3.52a 所示的三角形路径的 $\oint_C \boldsymbol{E}\cdot\mathrm{d}\boldsymbol{l}$；

(b) 三角形区域的 $\int_S (\nabla\times\boldsymbol{E})\cdot\mathrm{d}\boldsymbol{s}$。

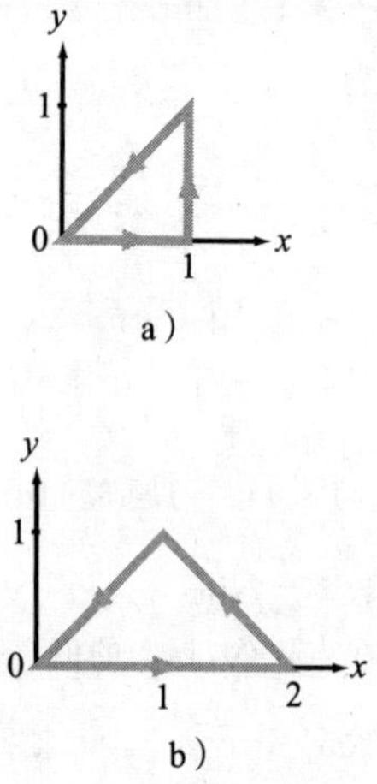

图 P3.52 习题 3.52 和习题 3.53 图

3.53 在如图 P3.52b 所示的路径计算习题 3.52。

3.54 对于矢量场 $\boldsymbol{B}=\hat{\boldsymbol{r}}r\cos\phi+\hat{\boldsymbol{\phi}}\sin\phi$，通过以下计算，验证斯托克斯定理：

(a) 如图 P3.54a 所示的半圆形路径的 $\oint_C \boldsymbol{B}\cdot\mathrm{d}\boldsymbol{l}$；

(b) 半圆形区域的 $\int_S (\nabla\times\boldsymbol{B})\cdot\mathrm{d}\boldsymbol{s}$。

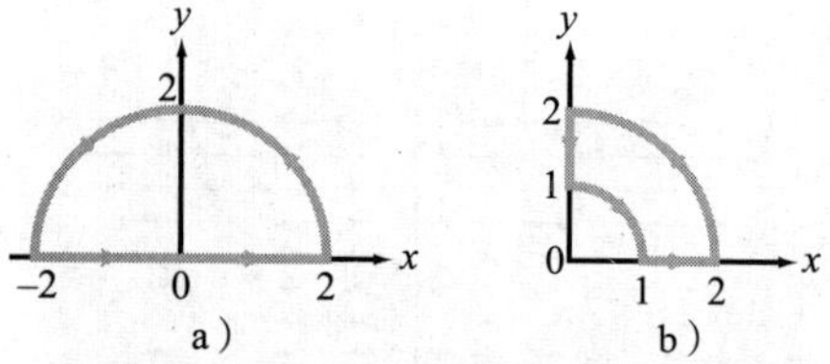

图 P3.54 习题 3.54 和习题 3.55 图

3.55 在如图 P3.54b 所示的路径计算习题 3.54。

3.56 对于矢量场 $\boldsymbol{A}=\hat{\boldsymbol{R}}\cos\theta+\hat{\boldsymbol{\phi}}\sin\theta$，在单位半球上通过计算验证斯托克斯定理。

3.57 对于矢量场 $\boldsymbol{B}=\hat{\boldsymbol{r}}\cos\phi+\hat{\boldsymbol{\phi}}\sin\phi$，通过以下计算，验证斯托克斯定理：

(a) 如图 P3.57 所示的四分之一圆路径的 $\oint_C \boldsymbol{B}\cdot\mathrm{d}\boldsymbol{l}$；

(b) 四分之一圆区域的 $\int_S (\nabla\times\boldsymbol{B})\cdot\mathrm{d}\boldsymbol{s}$。

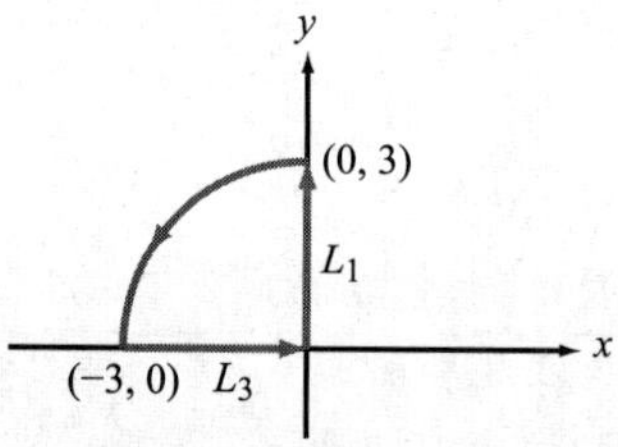

图 P3.57 习题 3.57 图

3.58 判断下列各矢量场为无散的、保守的或两者兼具的：

* (a) $\boldsymbol{A}=\hat{\boldsymbol{x}}x^2-\hat{\boldsymbol{y}}2xy$

(b) $\boldsymbol{B}=\hat{\boldsymbol{x}}x^2-\hat{\boldsymbol{y}}y^2+\hat{\boldsymbol{z}}2z$

(c) $\boldsymbol{C}=\hat{\boldsymbol{r}}(\sin\phi)/r^2+\hat{\boldsymbol{\phi}}(\cos\phi)/r^2$

* (d) $\boldsymbol{D}=\hat{\boldsymbol{R}}/R$

(e) $\boldsymbol{E}=\hat{\boldsymbol{r}}\left(3-\dfrac{r}{1+r}\right)+\hat{\boldsymbol{z}}z$

(f) $\boldsymbol{F}=(\hat{\boldsymbol{x}}y+\hat{\boldsymbol{y}}x)/(x^2+y^2)$

(g) $\boldsymbol{G}=\hat{\boldsymbol{x}}(x^2+z^2)-\hat{\boldsymbol{y}}(y^2+x^2)-\hat{\boldsymbol{z}}(y^2+z^2)$

* (h) $\boldsymbol{H}=\hat{\boldsymbol{R}}(R\mathrm{e}^{-R})$

3.59 计算下列标量函数的拉普拉斯算子：

(a) $V=4xy^2z^3$

(b) $V=xy+yz+zx$

* (c) $V=3/(x^2+y^2)$

(d) $V=5\mathrm{e}^{-r}\cos\phi$

(e) $V=10\mathrm{e}^{-R}\sin\theta$

3.60 计算下列标量函数的拉普拉斯算子：

(a) $V_1=10r^3\sin2\phi$

(b) $V_2=(2/R^2)\cos\theta\sin\phi$

第4章 静电学

学习目标

1. 计算任意分布的电荷产生的电场和电位。
2. 高斯定律的应用。
3. 给定物体内部每一点的电场，计算任意形状物体的电阻 R。
4. 描述电阻性传感器和电容性传感器的工作原理。
5. 计算双导体结构的电容。

4.1 麦克斯韦方程组

现代电磁学理论是以麦克斯韦方程组的4个基本关系式为基础的，即

$$\nabla \cdot \boldsymbol{D} = \rho_{\mathrm{v}} \tag{4.1a}$$

$$\nabla \times \boldsymbol{E} = -\frac{\partial \boldsymbol{B}}{\partial t} \tag{4.1b}$$

$$\nabla \cdot \boldsymbol{B} = 0 \tag{4.1c}$$

$$\nabla \times \boldsymbol{H} = \boldsymbol{J} + \frac{\partial \boldsymbol{D}}{\partial t} \tag{4.1d}$$

式中，$\boldsymbol{E}$ 和 $\boldsymbol{D}$ 是电场强度和电通量密度，两者的关系式为 $\boldsymbol{D} = \varepsilon \boldsymbol{E}$，这里 ε 是介电常数；$\boldsymbol{H}$ 和 $\boldsymbol{B}$ 是磁场强度和磁通量密度，两者的关系式为 $\boldsymbol{B} = \mu \boldsymbol{H}$，这里 μ 是磁导率；ρ_{v} 为每单位体积的电荷密度[㊀]；$\boldsymbol{J}$ 为每单位面积的电流密度[㊁]。这些场和通量 $\boldsymbol{E}$、$\boldsymbol{D}$、$\boldsymbol{B}$ 和 $\boldsymbol{H}$ 已在1.3节中进行了介绍，ρ_{v} 和 $\boldsymbol{J}$ 将在4.2节中进行讨论。麦克斯韦方程组适用于任何媒质，包括自由空间(真空)。通常，以上所有参量都依赖于空间位置和时间 t。1873年，詹姆斯·克拉克·麦克斯韦在一篇经典论文中阐述了这些方程，首次建立了统一的电和磁的理论。麦克斯韦方程组是在库仑、高斯、安培、法拉第等人实验观察的基础上推导出来的，它们不仅概括了电场和电荷之间以及磁场和电流之间的联系，而且还给出了电场、磁场和通量之间的双向耦合关系。麦克斯韦方程组联合一些辅助关系构成了电磁理论的基本原理。

> 在**静态**条件下，麦克斯韦方程组中出现的所有参量都不是时间的函数(即 $\partial/\partial t = 0$)。这种情况发生在空间所有电荷都固定不动，如果它们运动，它们的运动速度是稳定的，因此 ρ_{v} 和 $\boldsymbol{J}$ 在时间上是恒定的。

在这些情况下，式(4.1b)和式(4.1d)中 $\boldsymbol{B}$ 和 $\boldsymbol{D}$ 对时间的导数为零，麦克斯韦方程组简化为以下两对方程：

静电学

$$\nabla \cdot \boldsymbol{D} = \rho_{\mathrm{v}} \tag{4.2a}$$

$$\nabla \times \boldsymbol{E} = 0 \tag{4.2b}$$

静磁学

$$\nabla \cdot \boldsymbol{B} = 0 \tag{4.3a}$$

㊀ ρ_{v} 为体电荷密度，即每单位体积中的电荷量。——译者注

㊁ $\boldsymbol{J}$ 为体电流密度，即每单位面积上通过的电流量。——译者注

$$\nabla\times\boldsymbol{H}=\boldsymbol{J} \tag{4.3b}$$

麦克斯韦的4个方程分为非耦合的两对，第一对仅涉及电场强度 $\boldsymbol{E}$ 和电通量密度 $\boldsymbol{D}$，第二对仅涉及磁场强度 $\boldsymbol{H}$ 和磁通量密度 $\boldsymbol{B}$。

> 在静态条件下，电场和磁场是**解耦**的(即独立的)。

只要电荷和电流的空间分布不随时间变化，我们就可以把电和磁视为两种不同且独立的现象来研究。我们将静态条件下对电现象和磁现象的研究分别称为静电学和静磁学。静电学是本章的主题，静磁学将在第5章中进行学习。研究静电现象和静磁现象所获得的经验，将对后续章节中处理时变场、电荷密度和电流等更复杂的问题非常有价值。

静电学不仅是研究时变场的基础，而且它本身就是一个重要领域。许多电子设备和系统都是以静电学原理为基础的，包括X射线机、示波器、静电喷墨打印机、液晶显示器、复印机、微机电开关和加速度计，以及许多基于固态的控制设备。静电学原理还可以指导医疗诊断传感器的设计，例如记录心跳模式的心电图和记录大脑活动的脑电图，以及许多工业应用的开发。

4.2　电荷和电流分布

在电磁学中，我们会遇到各种形式的电荷分布。当电荷运动时，这些电荷分布构成电流分布。电荷和电流可以分布在空间的一定体积内、一个表面上或者一条线上。

4.2.1　电荷密度

在原子尺度上，材料中的电荷分布是离散的，这意味着电荷只存在于电子和原子核所在的位置，其他地方则不存在。在电磁学中，我们通常对研究更大尺度的现象感兴趣，通常比相邻原子之间的间距大3个或更多的数量级。在这样的宏观尺度上，可以忽略电荷分布的不连续性，将基本体元 $\Delta\upsilon$ 中包含的净电荷视为均匀分布的。因此，体电荷密度 ρ_v 定义为

$$\rho_v=\lim_{\Delta\upsilon\to 0}\frac{\Delta q}{\Delta\upsilon}=\frac{dq}{d\upsilon}\quad (C/m^3) \tag{4.4}$$

式中，Δq 是体元 $\Delta\upsilon$ 中包含的电荷量。通常，ρ_v 取决于空间位置(x,y,z)和时间 t，所以 $\rho_v=\rho_v(x,y,z,t)$。从物理上讲，ρ_v 表示以(x,y,z)为中心的体积 $\Delta\upsilon$ 中单位体积的平均电荷量，其中 $\Delta\upsilon$ 足够大到可以容纳大量原子，但它又足够小，可以视为宏观尺度上所考虑的一个点。ρ_v 随空间位置的变化称为空间分布(或简称为分布)。体积 υ 中包含的总电荷为

$$Q=\int_{\upsilon}\rho_v\,d\upsilon\quad (C) \tag{4.5}$$

在某些情况下，尤其是涉及导体时，电荷可能会分布在材料的表面上，这里关心的参量是面电荷密度 ρ_s，其定义为

$$\rho_s=\lim_{\Delta s\to 0}\frac{\Delta q}{\Delta s}=\frac{dq}{ds}\quad (C/m^2) \tag{4.6}$$

式中，Δq 是面元 Δs 上的电荷量。类似地，为了某些实际情况，如果电荷被限制在一条线上，而且该线不一定是直线，我们就可以用线电荷密度 ρ_l 来描述其分布，定义为

$$\rho_l=\lim_{\Delta l\to 0}\frac{\Delta q}{\Delta l}=\frac{dq}{dl}\quad (C/m) \tag{4.7}$$

例4-1　线电荷分布

计算图4-1a所示的沿 z 轴方向的圆柱管中所包含的总电荷 Q。线电荷密度为 $\rho_l=2z$，

其中 z 为距管底端的距离，单位为 m。圆柱管长为 10cm。

解： 总电荷 Q 为

$$Q=\int_0^{0.1}\rho_l\,\mathrm{d}z=\int_0^{0.1}2z\,\mathrm{d}z=z^2\Big|_0^{0.1}=10^{-2}\,\mathrm{C}$$ ◀

例 4-2 面电荷分布

图 4-1b 所示带有电荷的圆盘，其面电荷密度沿方位角对称且随 r 线性增加，从圆盘中心的零增加到 $r=3\mathrm{cm}$ 的 $6\mathrm{C/m^2}$。求圆盘面上的总电荷。

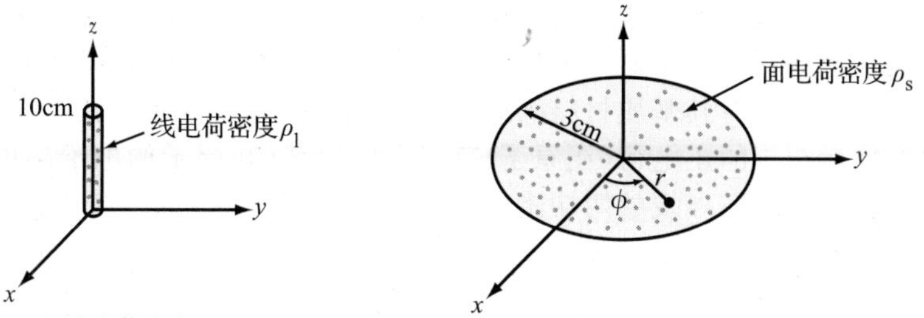

a）线电荷分布　　b）面电荷分布

图 4-1　例 4-1 和例 4-2 的电荷分布

解： 由于 ρ_s 关于方位角 ϕ 是对称的，因此它仅依赖于 r 并可表示为

$$\rho_s=\frac{6r}{3\times10^{-2}}=2\times10^2 r$$

式中，r 的单位为 m。在极坐标中，微分面元为 $\mathrm{d}s=r\,\mathrm{d}r\,\mathrm{d}\phi$，对于图 4-1b 所示的圆盘，$\phi$ 的积分限为 0 到 2π，r 的积分限为 0 到 $3\times10^{-2}\mathrm{m}$。因此，

$$Q=\int_S\rho_s\,\mathrm{d}s=\int_0^{2\pi}\int_0^{3\times10^{-2}}(2\times10^2 r)r\,\mathrm{d}r\,\mathrm{d}\phi=2\pi\times2\times10^2\,\frac{r^3}{3}\Big|_0^{3\times10^{-2}}=11.31\mathrm{mC}$$ ◀

练习 4-1　位于 x-y 平面中的正方形板的尺寸为 $-3\mathrm{m}\leqslant x\leqslant3\mathrm{m}$ 和 $-3\mathrm{m}\leqslant y\leqslant3\mathrm{m}$。如果面电荷密度为 $\rho_s=4y^2(\mu\mathrm{C/m^2})$，求该板上的总电荷。

答案： $Q=0.432\mathrm{mC}$。（参见Ⓔⓜ）

练习 4-2　一个以原点为中心的厚球壳，从 $R=2\mathrm{cm}$ 延伸到 $R=3\mathrm{cm}$。如果它的体电荷密度为 $\rho_v=3R\times10^{-4}(\mathrm{C/m^3})$，求球壳中包含的总电荷。

答案： $Q=0.61\mathrm{nC}$。（参见Ⓔⓜ）

4.2.2 电流密度

考虑一个体电荷密度为 ρ_v 的管子(见图 4-2a)，管中的电荷沿管轴以速度 $\boldsymbol{u}$ 移动。在时间间隔 Δt 内，电荷移动的距离为 $\Delta l=u\Delta t$。因此，在时间 Δt 内通过管子横截面 $\Delta s'$ 的电荷量为

$$\Delta q'=\rho_v\Delta v=\rho_v\Delta l\Delta s'=\rho_v u\Delta s'\Delta t \qquad (4.8)$$

现在考虑更普遍的情况，即电荷流经表面 Δs，Δs 的法线 $\hat{\boldsymbol{n}}$ 不一定与 $\boldsymbol{u}$ 平行(见图 4-2b)。在这种情况下，流经 Δs 的电荷 Δq 为

$$\Delta q=\rho_v\boldsymbol{u}\cdot\Delta\boldsymbol{s}\Delta t \qquad (4.9)$$

式中，$\Delta\boldsymbol{s}=\hat{\boldsymbol{n}}\Delta s$。管中流过的总电流为

$$\Delta I=\frac{\Delta q}{\Delta t}=\rho_v\boldsymbol{u}\cdot\Delta\boldsymbol{s}=\boldsymbol{J}\cdot\Delta\boldsymbol{s} \qquad (4.10)$$

式中，

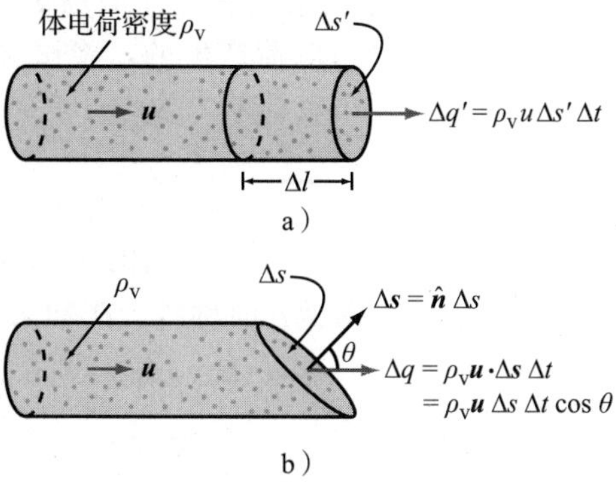

图 4-2　电荷以速度 $\boldsymbol{u}$ 移动穿过截面 $\Delta s'$ 和截面 Δs

$$\boldsymbol{J}=\rho_v \boldsymbol{u} \quad (\mathrm{A/m^2}) \tag{4.11}$$

被定义为电流密度，单位为 $\mathrm{A/m^2}$(安培每平方米)。推广到任意曲面 S，则流过它的总电流为

$$I=\int_S \boldsymbol{J}\cdot \mathrm{d}\boldsymbol{s} \quad (\mathrm{A}) \tag{4.12}$$

由于带电物质的实际运动而产生的电流称为**运流电流**，$\boldsymbol{J}$ 称为**运流电流密度**。

例如，由风驱动带电云会产生运流电流。在某些情况下，构成运流电流的带电物质仅由带电粒子组成，例如扫描电子显微镜的电子束或等离子推进系统的离子束。

当电流由带电粒子相对其基质材料的运动引起时，$\boldsymbol{J}$ 称为传导电流密度。例如，在金属导线中，存在数量相等的正电荷(在原子核中)和负电荷(在原子的电子层中)，正电荷和负电荷都很难移动，如果在导线的两端施加电压，只有那些位于原子最外层电子层中的电子才能从一个原子被推到另一个原子。

这种电子在原子间的运动构成了**传导电流**。从导线中出来的电子不一定是从另一端进入导线的电子。

4.6 节将详细讨论传导电流所遵循的欧姆定律，而运流电流不遵循该定律。

概念问题 4-1：在静态条件下麦克斯韦方程组会发生什么变化？

概念问题 4-2：电流密度 $\boldsymbol{J}$ 与体电荷密度 ρ_v 有何关系？

概念问题 4-3：运流电流和传导电流有什么不同？

4.3 库仑定律

本章的主要目的之一是灵活应用由特定电荷分布产生的电场强度 $\boldsymbol{E}$ 以及相关电通量密度 $\boldsymbol{D}$ 的表达式。我们的讨论将限于固定的电荷密度产生的静电场。

我们首先回顾 1.3.2 节中介绍的基于库仑对带电体间电作用力的实验结果所得到的电场表达式。库仑定律最初用于空气中的电荷，后来推广到媒质中，它意味着：

1) 孤立电荷 q 在空间产生的电场 $\boldsymbol{E}$，在任意给定点 P，$\boldsymbol{E}$ 由下式给出：

$$\boldsymbol{E}=\hat{\boldsymbol{R}}\frac{q}{4\pi\varepsilon R^2} \quad (\mathrm{V/m}) \tag{4.13}$$

式中，$\hat{\boldsymbol{R}}$ 是从 q 指向 P 的单位矢量(见图 4-3)，R 是它们之间的距离，ε 是点 P 处媒质的介电常数。

2) 当空间中某给定点存在电场 $\boldsymbol{E}$，该电场可能是由单个电荷或分布电荷产生的，将试验电荷 q' 置于 P 点时，$\boldsymbol{E}$ 作用于该电荷的力为

$$\boldsymbol{F}=q'\boldsymbol{E} \quad (\mathrm{N}) \tag{4.14}$$

式中，$\boldsymbol{F}$ 的单位为 N(牛顿)，q' 的单位为 C(库仑)，$\boldsymbol{E}$ 的单位为 N/C，与 4.5 节给出的 V/m 等效。

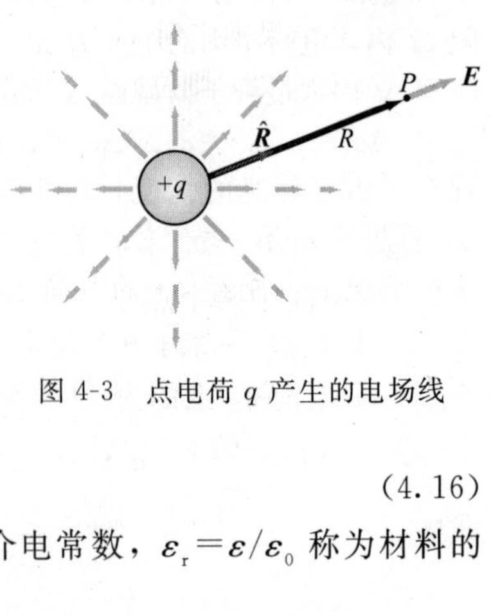

图 4-3　点电荷 q 产生的电场线

对于介电常数为 ε 的材料，$\boldsymbol{D}$ 和 $\boldsymbol{E}$ 的关系式如下：

$$\boldsymbol{D}=\varepsilon\boldsymbol{E} \tag{4.15}$$

式中，

$$\varepsilon=\varepsilon_r\varepsilon_0 \tag{4.16}$$

这里 $\varepsilon_0=8.85\times10^{-12}\approx(1/36\pi)\times10^{-9}\,\mathrm{F/m}$ 是自由空间的介电常数，$\varepsilon_r=\varepsilon/\varepsilon_0$ 称为材料的

相对介电常数(或介电常数)。对于大多数材料和广泛条件，ε 都与 $\boldsymbol{E}$ 的大小和方向无关[如式(4.15)所示]。

如果ε 与 $\boldsymbol{E}$ 的大小无关，由于 $\boldsymbol{D}$ 和 $\boldsymbol{E}$ 呈线性关系，则称材料是**线性**的；如果ε 与 $\boldsymbol{E}$ 的方向无关，则称材料是**各向同性**的。

材料通常不表现出非线性介电常数，除非 $\boldsymbol{E}$ 的振幅非常大(接近介质的击穿电场，将在4.7节中讨论)，而各向异性仅存在于某些具有特殊晶体结构的材料中。因此，除了在非常特殊的环境下使用独特的材料，$\boldsymbol{D}$ 和 $\boldsymbol{E}$ 实际上是冗余的：对于已知ε 的材料，知道了 $\boldsymbol{D}$ 或 $\boldsymbol{E}$ 中的任意一个，就足以确定另外一个。

4.3.1 多个点电荷产生的电场

由单个点电荷产生的电场 $\boldsymbol{E}$ 的表达式(4.13)可以推广到多个点电荷。首先考虑两个点电荷 q_1 和 q_2，它们的位置矢量分别为 $\boldsymbol{R}_1$ 和 $\boldsymbol{R}_2$(在图4-4中从原点开始测量)。计算 P 点的电场 $\boldsymbol{E}$，P 点对应的位置矢量为 $\boldsymbol{R}$。在 P 点处，仅由 q_1 产生的电场 $\boldsymbol{E}_1$ 由式(4.13)给出，其中用 $|\boldsymbol{R}-\boldsymbol{R}_1|$ 替换 q_1 与 P 之间的距离 R，用$(\boldsymbol{R}-\boldsymbol{R}_1)/|\boldsymbol{R}-\boldsymbol{R}_1|$ 替换单位矢量 $\hat{\boldsymbol{R}}$。所以，

$$\boldsymbol{E}_1=\frac{q_1(\boldsymbol{R}-\boldsymbol{R}_1)}{4\pi\varepsilon|\boldsymbol{R}-\boldsymbol{R}_1|^3} \quad (\mathrm{V/m}) \tag{4.17a}$$

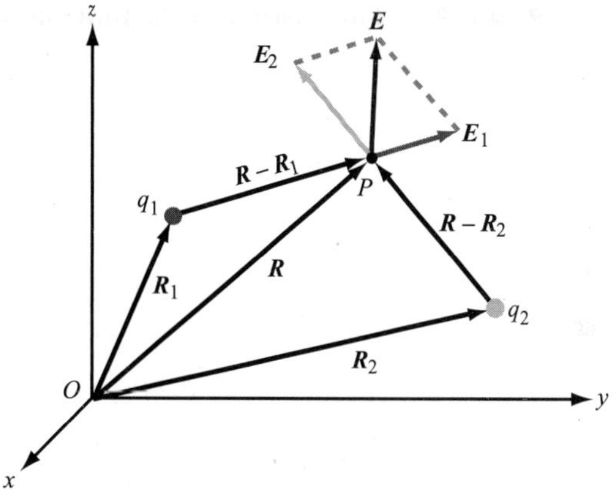

图4-4 由两个电荷在 P 点产生的电场 $\boldsymbol{E}$ 等于 $\boldsymbol{E}_1$ 和 $\boldsymbol{E}_2$ 的矢量和

类似地，在 P 点仅由 q_2 产生的电场为

$$\boldsymbol{E}_2=\frac{q_2(\boldsymbol{R}-\boldsymbol{R}_2)}{4\pi\varepsilon|\boldsymbol{R}-\boldsymbol{R}_2|^3} \quad (\mathrm{V/m}) \tag{4.17b}$$

电场遵循线性叠加原理。

因此，P 点由 q_1 和 q_2 共同产生的总电场 $\boldsymbol{E}$ 为

$$\boldsymbol{E}=\boldsymbol{E}_1+\boldsymbol{E}_2=\frac{1}{4\pi\varepsilon}\left[\frac{q_1(\boldsymbol{R}-\boldsymbol{R}_1)}{|\boldsymbol{R}-\boldsymbol{R}_1|^3}+\frac{q_2(\boldsymbol{R}-\boldsymbol{R}_2)}{|\boldsymbol{R}-\boldsymbol{R}_2|^3}\right] \tag{4.18}$$

将上述结果推广到 N 个点电荷的情况，由于电荷 q_1，q_2，…，q_N 位于位置矢量为 $\boldsymbol{R}_1$，$\boldsymbol{R}_2$,…,$\boldsymbol{R}_N$ 的点处，则位置矢量为 $\boldsymbol{R}$ 的 P 点的电场 $\boldsymbol{E}$ 等于所有电荷产生的电场的矢量和。所以，

$$\boldsymbol{E}=\frac{1}{4\pi\varepsilon}\sum_{i=1}^{N}\frac{q_i(\boldsymbol{R}-\boldsymbol{R}_i)}{|\boldsymbol{R}-\boldsymbol{R}_i|^3} \quad (\mathrm{V/m}) \tag{4.19}$$

例4-3 两个点电荷产生的电场

自由空间中两个点电荷 $q_1=2\times10^{-5}$C 和 $q_2=-4\times10^{-5}$C 分别位于直角坐标系中的点(1,3,−1)和点(−3,1,−2)。求：(a) 点(3,1,−2)处的电场 $\boldsymbol{E}$，(b) 作用在位于该点的 8×10^{-5}C 电荷 q_3 上的力。所有距离都以米为单位。

解：(a) 由式(4.18)，$\varepsilon=\varepsilon_0$(自由空间)，电场 $\boldsymbol{E}$ 为

$$\boldsymbol{E}=\frac{1}{4\pi\varepsilon_0}\left[q_1\frac{(\boldsymbol{R}-\boldsymbol{R}_1)}{|\boldsymbol{R}-\boldsymbol{R}_1|^3}+q_2\frac{(\boldsymbol{R}-\boldsymbol{R}_2)}{|\boldsymbol{R}-\boldsymbol{R}_2|^3}\right] \quad (\mathrm{V/m})$$

$\boldsymbol{R}_1$、$\boldsymbol{R}_2$ 和 $\boldsymbol{R}$ 分别为

$$\boldsymbol{R}_1=\hat{\boldsymbol{x}}+\hat{\boldsymbol{y}}3-\hat{\boldsymbol{z}}$$
$$\boldsymbol{R}_2=-\hat{\boldsymbol{x}}3+\hat{\boldsymbol{y}}-\hat{\boldsymbol{z}}2$$
$$\boldsymbol{R}=\hat{\boldsymbol{x}}3+\hat{\boldsymbol{y}}-\hat{\boldsymbol{z}}2$$

因此，

$$\boldsymbol{E}=\frac{1}{4\pi\varepsilon_0}\left[\frac{2(\hat{\boldsymbol{x}}2-\hat{\boldsymbol{y}}2-\hat{\boldsymbol{z}})}{27}-\frac{4(\hat{\boldsymbol{x}}6)}{216}\right]\times10^{-5}\,\text{V/m}=\frac{\hat{\boldsymbol{x}}-\hat{\boldsymbol{y}}4-\hat{\boldsymbol{z}}2}{108\pi\varepsilon_0}\times10^{-5}\,\text{V/m}$$

(b) 作用在 q_3 上的力为

$$\boldsymbol{F}=q_3\boldsymbol{E}=8\times10^{-5}\times\frac{\hat{\boldsymbol{x}}-\hat{\boldsymbol{y}}4-\hat{\boldsymbol{z}}2}{108\pi\varepsilon_0}\times10^{-5}\,\text{N}=\frac{\hat{\boldsymbol{x}}2-\hat{\boldsymbol{y}}8-\hat{\boldsymbol{z}}4}{27\pi\varepsilon_0}\times10^{-10}\,\text{N}$$ ◀

练习 4-3　自由空间中，4 个 10μC 的电荷分别位于直角坐标系中(−3,0,0)、(3,0,0)、(0,−3,0)和(0,3,0)点上，求作用于位于点(0,0,4)处的 20μC 电荷上的力。所有距离均以米为单位。

答案： $\boldsymbol{F}=\hat{\boldsymbol{z}}0.23\text{N}$。(参见Ⓔⓜ)

练习 4-4　在 x 轴上的 $x=3$ 和 $x=7$ 处有两个相同的电荷。空间中哪一点处的净电场为零?

答案： 在点(5,0,0)处。(参见Ⓔⓜ)

练习 4-5　在氢原子中，电子和质子的平均距离为 5.3×10^{-11}m。求两个粒子之间的电场力 F_e 的大小，并将其与它们之间的重力 F_g 进行比较。

答案： $F_e=8.2\times10^{-8}$N，$F_g=3.6\times10^{-47}$N。(参见Ⓔⓜ)

4.3.2　分布电荷产生的电场

现在将离散点电荷产生的场的结果推广到连续分布电荷的情况。考虑一个体积 υ'，其中包含体电荷密度为 ρ_v 的分布电荷，ρ_v 在 υ'内可能随空间变化(见图 4-5)。微分体元 $d\upsilon'$ 中包含的电荷量为 $dq=\rho_v d\upsilon'$，在 P 点产生的微分电场为

$$d\boldsymbol{E}=\hat{\boldsymbol{R}}'\frac{dq}{4\pi\varepsilon_0 R'^2}=\hat{\boldsymbol{R}}'\frac{\rho_v d\upsilon'}{4\pi\varepsilon R'^2}\qquad(4.20)$$

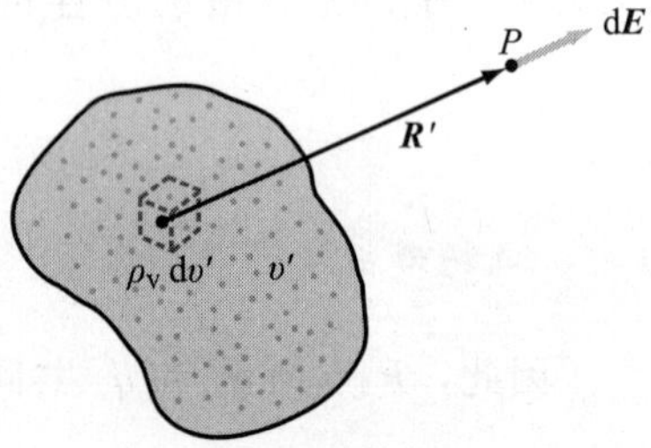

图 4-5　体分布电荷产生的电场

式中，$\hat{\boldsymbol{R}}'$是从微分体元 $d\upsilon'$到 P 点的矢量。应用线性叠加原理，通过对 υ'中所有微分电荷产生的场进行积分，可以获得总电场 $\boldsymbol{E}$。因此，

$$\boldsymbol{E}=\int_{\upsilon'}d\boldsymbol{E}=\frac{1}{4\pi\upsilon'\varepsilon}\int_{\upsilon'}\hat{\boldsymbol{R}}'\frac{\rho_v d\upsilon'}{R'^2}\quad(\text{体分布})\qquad(4.21\text{a})$$

值得注意的是，一般来说，在积分体积 υ'内，R'和 $\hat{\boldsymbol{R}}'$均是随位置变化的函数。

如果电荷以面电荷密度 ρ_s 分布在曲面 S'上，则 $dq=\rho_s ds'$；如果电荷以线电荷密度 ρ_l 沿线 l'分布，则 $dq=\rho_l dl'$。因此，由面分布电荷和线分布电荷产生的电场分别为

$$\boldsymbol{E}=\frac{1}{4\pi\varepsilon}\int_{S'}\hat{\boldsymbol{R}}'\frac{\rho_s ds'}{R'^2}\quad(\text{面分布})\qquad(4.21\text{b})$$

$$\boldsymbol{E}=\frac{1}{4\pi\varepsilon}\int_{l'}\hat{\boldsymbol{R}}'\frac{\rho_l dl'}{R'^2}\quad(\text{线分布})\qquad(4.21\text{c})$$

例 4-4　电荷环的电场

半径为 b 的圆环上均匀分布线电荷密度为 ρ_l 的正电荷。该环位于自由空间中的 x-y 平面，如图 4-6 所示。求在圆环轴上距其中心 h 处点 $P=(0,0,h)$的电场强度 $\boldsymbol{E}$。

解：首先考虑在图 4-6a 中圆柱坐标为$(b,\phi,0)$的微分环段产生的电场。该环段长度为 $\mathrm{d}l=b\,\mathrm{d}\phi$，含电荷为 $\mathrm{d}q=\rho_l\mathrm{d}l=\rho_l b\,\mathrm{d}\phi$。从环段 1 到点 $P(0,0,h)$的距离矢量 $\boldsymbol{R}_1'$ 为

$$\boldsymbol{R}_1'=-\hat{\boldsymbol{r}}b+\hat{\boldsymbol{z}}h$$

从中得出：

$$R_1'\,|\boldsymbol{R}_1'|=\sqrt{b^2h^2},\quad \boldsymbol{R}_1'=\frac{\boldsymbol{R}_1'}{|\boldsymbol{R}_1'|}=\frac{-\hat{\boldsymbol{r}}b+\hat{\boldsymbol{z}}h}{\sqrt{b^2+h^2}}$$

环段 1 中包含的电荷在点 $P=(0,0,h)$处产生的电场为

$$\mathrm{d}\boldsymbol{E}_1=\frac{1}{4\pi\varepsilon_0}\hat{\boldsymbol{R}}_1'\frac{\rho_l\mathrm{d}l}{R_1'^2}=\frac{\rho_l b}{4\pi\varepsilon_0}\frac{(-\hat{\boldsymbol{r}}b+\hat{\boldsymbol{z}}h)}{(b^2+h^2)^{3/2}}\mathrm{d}\phi$$

该场 $\mathrm{d}\boldsymbol{E}_1$ 有沿$-\hat{\boldsymbol{r}}$ 方向的分量 $\mathrm{d}\boldsymbol{E}_{1r}$ 和沿 $\hat{\boldsymbol{z}}$ 方向的分量 $\mathrm{d}\boldsymbol{E}_{1z}$。由于对称性，图 4-6b 中微分环段 2 位于环段 1 的正对面，其产生的场 $\mathrm{d}\boldsymbol{E}_2$ 与 $\mathrm{d}\boldsymbol{E}_1$ 大小相同，只是 $\mathrm{d}\boldsymbol{E}_2$ 的 $\hat{\boldsymbol{r}}$ 分量与 $\mathrm{d}\boldsymbol{E}_1$ 的 $\hat{\boldsymbol{r}}$ 分量反向。因此，求和中的 $\hat{\boldsymbol{r}}$ 分量相抵消而 $\hat{\boldsymbol{z}}$ 分量相加。这两个场的和为

$$\mathrm{d}\boldsymbol{E}=\mathrm{d}\boldsymbol{E}_1+\mathrm{d}\boldsymbol{E}_2=\hat{\boldsymbol{z}}\frac{\rho_l bh}{2\pi\varepsilon_0}\frac{\mathrm{d}\phi}{(b^2+h^2)^{3/2}}\tag{4.22}$$

由于由方位角范围 $0\leqslant\phi\leqslant\pi$(圆环的右半部分)定义的半圆中的每一个环段都有一个对称的环段位于$\phi+\pi$，因此可以通过在半圆上对式(4.22)积分来获得由环产生的总场：

$$\boldsymbol{E}=\hat{\boldsymbol{z}}\frac{\rho_l bh}{2\pi\varepsilon_0(b^2+h^2)^{3/2}}\int_0^{\pi}\mathrm{d}\phi=\hat{\boldsymbol{z}}\frac{\rho_l bh}{2\varepsilon_0(b^2+h^2)^{3/2}}=\hat{\boldsymbol{z}}\frac{h}{4\pi\varepsilon_0(b^2+h^2)^{3/2}}Q\tag{4.23}$$

式中，$Q=2\pi b\rho_l$ 是环上的总电荷。◀

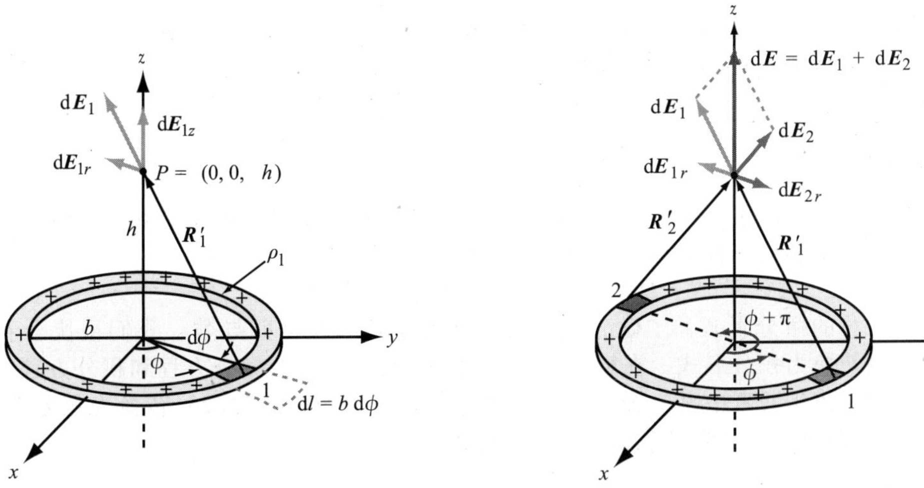

a)　　　　b)

图 4-6　线电荷密度为 ρ_l 的电荷环(例 4-4)

例 4-5　电荷圆盘的电场

一个半径为 a 的圆盘位于 x-y 平面上(见图 4-7)，其上的均匀电荷密度为 ρ_s，求其在 P 点产生的电场，P 点在直角坐标系中的坐标为$(0,0,h)$。另外，通过使 $a\to\infty$ 计算面电荷密度为 ρ_s 的无穷大薄板产生的 $\boldsymbol{E}$。

解：根据例 4-4 中所得到的环电荷在其轴上产生的电场的表达式，可以通过将圆盘考虑为一组同心环来求其在轴上所产生的场。半径为 r，宽度为 $\mathrm{d}r$ 的环面积为 $\mathrm{d}s=2\pi r\,\mathrm{d}r$，其上含有电荷为 $\mathrm{d}q=\rho_s\mathrm{d}s=2\pi\rho_s r\,\mathrm{d}r$。使用式(4.23)，并用 r 代替b，得到由环所产生的场的表达式：

$$\mathrm{d}\boldsymbol{E}=\hat{\boldsymbol{z}}\frac{h}{4\pi\boldsymbol{\varepsilon}_0(r^2+h^2)^{3/2}}(2\pi\rho_s r\,\mathrm{d}r)$$

将该表达式从 $r=0$ 到 $r=a$ 积分得到 P 点的总场：

$$\boldsymbol{E}=\hat{\boldsymbol{z}}\frac{\rho_s h}{2\boldsymbol{\varepsilon}_0}\int_0^a\frac{r\,\mathrm{d}r}{(r^2+h^2)^{3/2}}=\pm\hat{\boldsymbol{z}}\frac{\rho_s}{2\boldsymbol{\varepsilon}_0}\left(1-\frac{|h|}{\sqrt{a^2+h^2}}\right)\tag{4.24}$$

式中，$h>0$ 选正号(P 点在圆盘上方)，$h<0$ 选负号(P 点在圆盘下方)。

对于 $a=\infty$ 的无限大电荷薄板：

$$\boldsymbol{E}=\pm\hat{\boldsymbol{z}}\frac{\rho_s}{2\boldsymbol{\varepsilon}_0}\quad(\text{无限大电荷薄板})\tag{4.25}$$

注意，对于无限大电荷薄板，在 x-y 平面上方所有点的 $\boldsymbol{E}$ 都是相同的，类似的结论也适用于 x-y 平面下方的点。◀

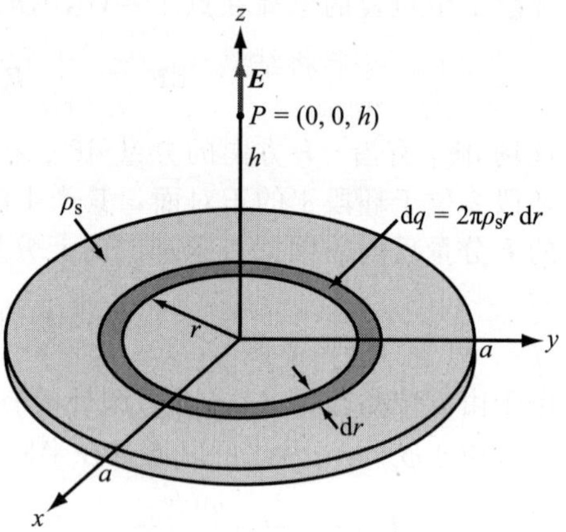

图 4-7　带有面电荷密度 ρ_s 的电荷圆盘，$P=(0,0,h)$处的电场指向 z 方向(例 4-5)

概念问题 4-4：描述材料的介电常数时，线性和各向同性是什么意思？

概念问题 4-5：如果空间某一点的电场为零，这是否意味着该点没有电荷？

概念问题 4-6：陈述应用于计算分布电荷产生电场的线性叠加原理。

练习 4-6　自由空间中有两个无限大薄板，一个位于 $z=0$ 处(x-y 平面)并具有均匀面电荷密度 ρ_s，另一个位于 $z=2\text{m}$ 处并具有均匀面电荷密度 $-\rho_s$，求各处的 $\boldsymbol{E}$。

答案：$z<0$ 时，$\boldsymbol{E}=0$；$0<z<2\text{m}$ 时，$\boldsymbol{E}=\hat{\boldsymbol{z}}\rho_s/\boldsymbol{\varepsilon}_0$；$z>2\text{m}$ 时，$\boldsymbol{E}=0$。(参见Ⓔⓜ)

4.4　高斯定律

在本节中，我们使用麦克斯韦方程组来确定库仑定律所隐含的电场表达式，并提出计算电荷产生的电场的另一种方法。为此，重新将式(4.1a)写为

$$\nabla\cdot\boldsymbol{D}=\rho_v\quad(\text{高斯定律的微分形式})\tag{4.26}$$

这就是高斯定律的微分形式。“微分”指的是散度运算涉及空间导数。我们很快会看到式(4.26)可以转换为积分形式。在解决电磁问题时，我们经常在微分方程和积分方程之间来回切换，这取决于两者中哪一个更适合或更方便使用。要将式(4.26)转换为积分形式，先将等式两边都乘以 $\mathrm{d}\upsilon$ 并在任意体积 υ 上进行积分：

$$\int_\upsilon\nabla\cdot\boldsymbol{D}\,\mathrm{d}\upsilon=\int_\upsilon\rho_v\,\mathrm{d}\upsilon=Q\tag{4.27}$$

式中，Q 是包围在 υ 中的总电荷。式(3.98)给出的散度定理表明，任何矢量的散度在体积 υ 上的体积分等于该矢量通过包围 υ 的封闭曲面 S 的总外向通量。因此，对于矢量 $\boldsymbol{D}$ 有

$$\int_\upsilon\nabla\cdot\boldsymbol{D}\,\mathrm{d}\upsilon=\oint_S\boldsymbol{D}\cdot\mathrm{d}\boldsymbol{s}\tag{4.28}$$

将式(4.27)与式(4.28)进行比较，得到

$$\oint_S\boldsymbol{D}\cdot\mathrm{d}\boldsymbol{s}=Q\quad(\text{高斯定律的积分形式})\tag{4.29}$$

高斯定律的积分形式如图 4-8 所示，对于每个微分面元 $\mathrm{d}\boldsymbol{s}$，$\boldsymbol{D}\cdot\mathrm{d}\boldsymbol{s}$ 是穿过面元 $\mathrm{d}\boldsymbol{s}$ 向外流出 υ 的电场通量，通过曲面 S 的总通量等于其所包围的电荷 Q。曲面 S 称为**高斯面**。

高斯定律的积分形式可以用来确定以单个孤立点电荷 q 为中心、半径为 R 的闭合球形高斯面 S 上的 $\boldsymbol{D}$(见图 4-9)。从对称性考虑，假设 q 为正，$\boldsymbol{D}$ 的方向必须沿单位矢量 $\hat{\boldsymbol{R}}$ 径向向外，且在 S 上所有点处 $\boldsymbol{D}$ 的大小 D_R 都相同。因此，S 上的任意点：

$$\boldsymbol{D}=\hat{\boldsymbol{R}}D_R \tag{4.30}$$

且 $\mathrm{d}\boldsymbol{s}=\hat{\boldsymbol{R}}\mathrm{d}s$。应用高斯定律有

$$\oint_S \boldsymbol{D}\cdot\mathrm{d}\boldsymbol{s}=\oint_S \hat{\boldsymbol{R}}D_R\cdot\hat{\boldsymbol{R}}\mathrm{d}s=\oint_S D_R\mathrm{d}s=D_R(4\pi R^2)=q \tag{4.31}$$

求解 D_R，然后将结果代入式(4.30)中，便可得到介电常数为ε 的介质中孤立点电荷产生的电场 $\boldsymbol{E}$ 的表达式为

$$\boldsymbol{E}=\frac{\boldsymbol{D}}{\varepsilon}=\hat{\boldsymbol{R}}\frac{q}{4\pi\varepsilon R^2}\quad(\mathrm{V/m}) \tag{4.32}$$

式(4.32)与由库仑定律得到的式(4.13)是一致的，毕竟，麦克斯韦方程组包含了库仑定律。对于这种孤立点电荷的简单情况，用库仑定律还是高斯定律来推导 $\boldsymbol{E}$ 的表达式是无关紧要的，但是，当处理多个点电荷或连续分布电荷时，采取哪种方法却尤为重要。尽管库仑定律可以用来求解任意电荷分布的 $\boldsymbol{E}$，高斯定律却比库仑定律更容易使用，但它的实用性也仅限于电荷对称分布的情况。

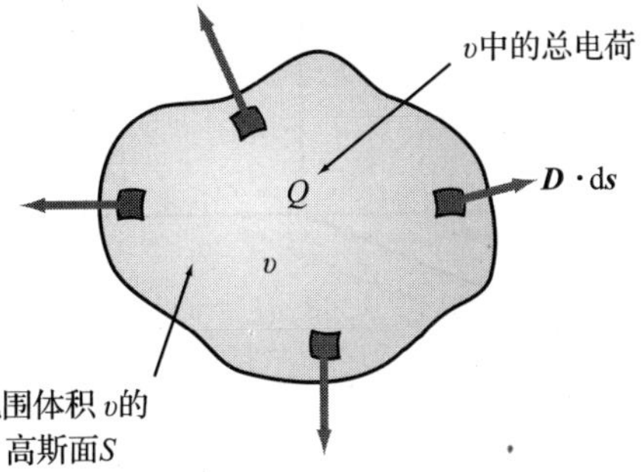

图 4-8 高斯定律的积分形式表明了 $\boldsymbol{D}$ 通过表面的向外通量与包围的电荷 Q 成正比

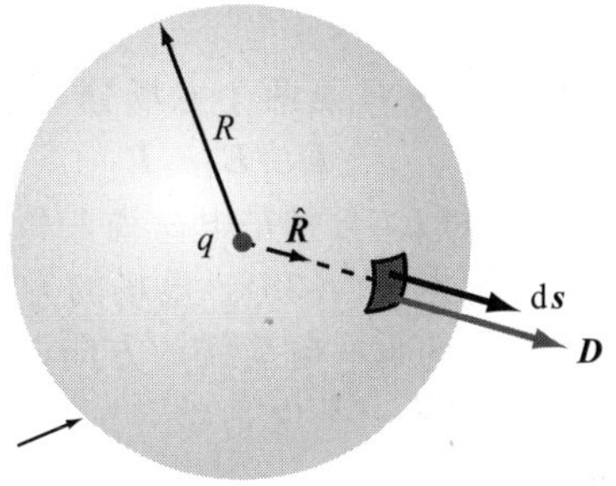

图 4-9 点电荷 q 产生的 $\boldsymbol{D}$

由式(4.29)给出的高斯定律为求解电通量密度 $\boldsymbol{D}$ 提供了一种方便的方法。当电荷分布具有对称性时，我们可以推断 $\boldsymbol{D}$ 的大小和方向的变化是空间位置的函数，这有助于在巧妙选择的高斯面上对 $\boldsymbol{D}$ 进行积分。

因为在高斯面上的每一点，$\mathrm{d}\boldsymbol{s}$ 的方向都是沿着它的外法向方向，所以只有 $\boldsymbol{D}$ 在表面上的法向分量才对式(4.29)的积分有贡献。为了成功应用高斯定律，应根据对称性选择高斯面 S，以便在 S 的每个微面上，$\boldsymbol{D}$ 的大小都是恒定的，其方向垂直于微面或完全与微面相切。这些将在例 4-6 中进行说明。

例 4-6 无限长线电荷的电场

利用高斯定律求出自由空间中沿 z 轴放置的具有均匀线电荷密度 ρ_l 的无限长直线电荷所产生的 $\boldsymbol{E}$ 的表达式。

解： 由于该线电荷的电荷密度沿线是均匀的，长度无限延伸且沿 z 轴放置，考虑到对称性，$\boldsymbol{D}$ 在径向 $\hat{\boldsymbol{r}}$ 方向，并且与ϕ 和 z 无关，即 $\boldsymbol{D}=\hat{\boldsymbol{r}}D_r$。因此，构造一个半径为 r 高度为 h 的有限圆柱高斯面，该曲面的轴线与线电荷共轴(见图 4-10)，该圆柱面内的总电荷为

$Q=\rho_l h$。由于 $\boldsymbol{D}$ 沿 $\hat{\boldsymbol{r}}$ 方向，圆柱的上下表面对式(4.29)左边的面积分没有贡献，仅圆柱的曲面对积分有贡献。因此，

$$\int_0^h\int_0^{2\pi}\hat{\boldsymbol{r}}D_r\cdot\hat{\boldsymbol{r}}r\,\mathrm{d}\phi\,\mathrm{d}z=\rho_l h$$

或

$$2\pi h D_r r=\rho_l h$$

由此得到

$$\boldsymbol{E}=\frac{\boldsymbol{D}}{\varepsilon_0}=\hat{\boldsymbol{r}}\frac{D_r}{\varepsilon_0}=\hat{\boldsymbol{r}}\frac{\rho_l}{2\pi\varepsilon_0 r}\quad（无限长线电荷）\quad(4.33)$$

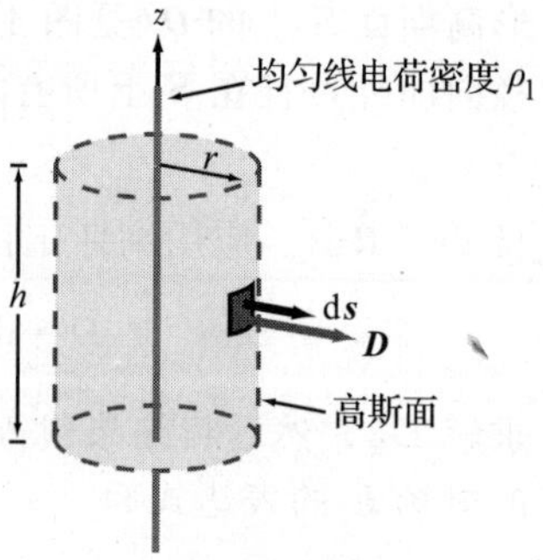

图 4-10　围绕无限长线电荷的高斯面(例 4-6)

值得注意的是，式(4.33)适用于任何无限长的电荷线，无论其位置和方向如何，只要 $\hat{\boldsymbol{r}}$ 被正确定义为从电荷线到观察点的径向距离矢量(即 $\hat{\boldsymbol{r}}$ 垂直于电荷线)即可。◀

例 4-7　两条无限长电荷线

如图 4-11 所示，自由空间中存在两条无限长电荷线：第一条位于 x-y 平面且与 x 轴平行，携带线电荷密度为 $\rho_{l_1}=1\text{nC/m}$ 的电荷；第二条位于 y-z 平面且与 y 轴平行，携带线电荷密度为 $\rho_{l_2}=-2\text{nC/m}$ 的电荷。求原点 O 处的电场。

解：电场 $\boldsymbol{E}$ 是两个电场分量之和，即

$$\boldsymbol{E}=\boldsymbol{E}_1+\boldsymbol{E}_2$$

式中，$\boldsymbol{E}_1$ 和 $\boldsymbol{E}_2$ 分别是电荷线 1 和电荷线 2 产生的电场。根据式(4.33)，电场的方向 $\hat{\boldsymbol{r}}$ 垂直于电荷线，并指向远离电荷线的方向(如果 ρ_l 为正)。因此，对于第一条电荷线，$\rho_{l_1}=1\text{nC/m}$、$\hat{\boldsymbol{r}}_1=-\hat{\boldsymbol{y}}$、$r_1=2$，则

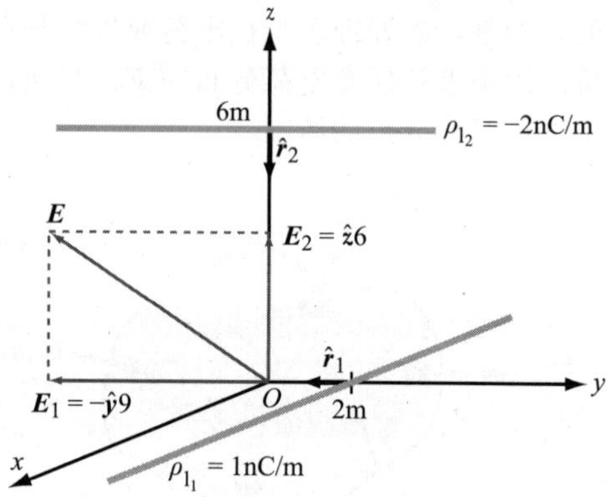

图 4-11　两条无限长电荷线(例 4-7)

$$\boldsymbol{E}_1=\frac{\hat{\boldsymbol{r}}_1\rho_{l_1}}{2\pi\varepsilon_0 r_1}=\frac{-\hat{\boldsymbol{y}}10^{-9}}{2\pi\times\dfrac{1}{36\pi}\times10^{-9}\times2}\text{V/m}=-\hat{\boldsymbol{y}}9\text{V/m}$$

类似地，对于第二条电荷线，$\rho_{l_2}=-2\text{nC/m}$、$\hat{\boldsymbol{r}}_2=-\hat{\boldsymbol{z}}$、$r_2=6$，则

$$\boldsymbol{E}_2=\frac{\hat{\boldsymbol{r}}_2\rho_{l_2}}{2\pi\varepsilon_0 r_2}=\frac{-\hat{\boldsymbol{z}}(-2)\times10^{-9}}{2\pi\times\dfrac{1}{36\pi}\times10^{-9}\times6}\text{V/m}=\hat{\boldsymbol{z}}6\text{V/m}$$

因此得到

$$\boldsymbol{E}=\boldsymbol{E}_1+\boldsymbol{E}_2=(-\hat{\boldsymbol{y}}9+\hat{\boldsymbol{z}}6)\text{V/m}$$ ◀

概念问题 4-7：解释高斯定律。在什么情况下高斯定律是有用的？

概念问题 4-8：应该如何选择高斯面？

练习 4-7　在自由空间中的 $x=1$ 和 $x=-1$ 处存在两条平行于 z 轴且带有均匀线电荷密度为 ρ_l 的无限长电荷线。求沿 y 轴的任意点处的 $\boldsymbol{E}$。

答案：$\boldsymbol{E}=\hat{\boldsymbol{y}}\rho_l y/[\pi\varepsilon_0(y^2+1)]$。(参见EM)

练习 4-8　半径为 a 的薄球壳携带均匀面电荷密度为 ρ_s 的电荷。利用高斯定律确定自由空间中各处的 $\boldsymbol{E}$。

答案：$\mathbf{E}=\begin{cases}0, & R<a \\ \hat{\mathbf{R}}\rho_s a^2/(\varepsilon R^2), & R>a\end{cases}$ （参见㊣）

练习 4-9 半径为 a 的球体中含有均匀体电荷密度为 ρ_v 的电荷。利用高斯定律确定：(a) $R\leqslant a$ 的 $\mathbf{D}$，(b) $R\geqslant a$ 的 $\mathbf{D}$。

答案：(a) $\mathbf{D}=\hat{\mathbf{R}}\rho_v R/3$，(b) $\mathbf{D}=\hat{\mathbf{R}}\rho_v a^3/(3R^2)$。（参见㊣）

4.5 标量电位

电路运行通常由流过支路的电流和节点处的电压来描述，电路中两点之间的电位差 V 表示将单位电荷从一点移动到另一点所需要的功或位能。

虽然在分析电路时，可以不考虑电路中存在的电场，但事实上，正是这些电场的存在，才会导致在电阻或电容等电路元件两端产生电位差。电场 $\mathbf{E}$ 和电位差 V 之间的关系是本节的主题。

4.5.1 电位作为电场的函数

我们首先考虑在 $-y$ 方向的均匀电场 $\mathbf{E}=-\hat{\mathbf{y}}E$ 中的正电荷 q 的简单情况（见图 4-12）。电场 $\mathbf{E}$ 的存在会沿 $-y$ 方向给电荷施加力 $\mathbf{F}_e=q\mathbf{E}$。为了使电荷沿 $+y$ 方向移动（对抗力 $\mathbf{F}_e$），需要提供一个外力 $\mathbf{F}_{ext}$ 来抵消 $\mathbf{F}_e$，这需要消耗能量。要使 q 不加速（以恒定速度）运动，作用在电荷上的净力必须为零，这意味着 $\mathbf{F}_{ext}+\mathbf{F}_e=0$，或者

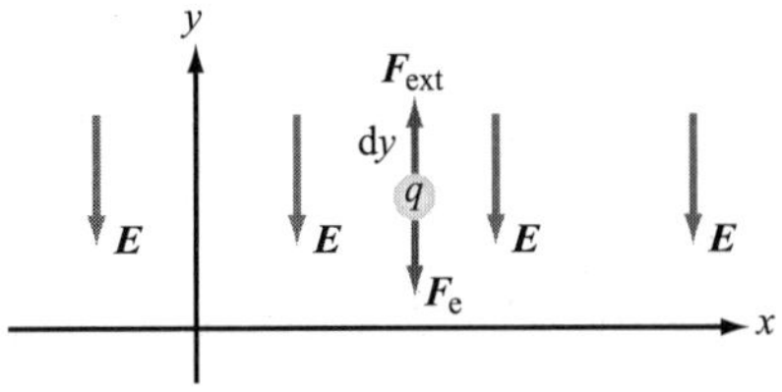

图 4-12 将电荷 q 逆电场 $\mathbf{E}$ 移动距离 dy 所做的功为 $dW=qE dy$

$$\mathbf{F}_{ext}=-\mathbf{F}_e=-q\mathbf{E} \tag{4.34}$$

在施加力 $\mathbf{F}_{ext}$ 的情况下，将任何物体移动矢量微分距离 $d\mathbf{l}$ 所做的功（或消耗的能量）为

$$dW=\mathbf{F}_{ext}\cdot d\mathbf{l}=-q\mathbf{E}\cdot d\mathbf{l} \quad (\mathrm{J}) \tag{4.35}$$

功（或能量）以 J（焦耳）为单位。如果电荷沿 $\hat{\mathbf{y}}$ 移动距离 dy，则

$$dW=-q(-\hat{\mathbf{y}}E)\cdot\hat{\mathbf{y}}dy=qE dy \tag{4.36}$$

单位电荷的微分电位能量 dW 称为微分电位（或微分电压）dV，即

$$dV=\frac{dW}{q}=-\mathbf{E}\cdot d\mathbf{l} \quad (\mathrm{J/C}\ 或\ \mathrm{V}) \tag{4.37}$$

V 的单位是 V（伏特）且 1V＝1J/C。由于 V 以 V 为单位，因此电场以 V/m 表示。

将点电荷从 P_1 点移动到 P_2 点（见图 4-13）对应的电位差，可通过式（4.37）沿这两点之间的任意路径的积分得到，即

$$\int_{P_1}^{P_2} dV=-\int_{P_1}^{P_2}\mathbf{E}\cdot d\mathbf{l} \tag{4.38}$$

或

$$V_{21}=V_2-V_1=-\int_{P_1}^{P_2}\mathbf{E}\cdot d\mathbf{l} \tag{4.39}$$

式中，V_1 和 V_2 分别是 P_1 点和 P_2 点的电位。式（4.39）右边的线积分结果与连接 P_1 点和 P_2 点的特定积分路径无关，这是能量守恒定律的直接推论。举例来说，考虑地球引力场中的一个粒子，如果粒子从地球表面的高度 h_1 上升到高度 h_2，粒子将获得与 (h_2-h_1) 成正比的位能。如果首先将粒子从高度 h_1 提升到高度 h_3 且高度 h_3 高于高度 h_2，从而得到与 (h_3-h_1) 成正比的位能，然后通过消耗与 (h_3-h_2) 成正比的位能，使其回落到高度 h_2，则其所增加的净位能再次与 (h_2-h_1) 成正比。

同样的原理也适用于电位能 W 和电位差 (V_2-V_1)。电路中在两个节点之间无论沿着哪条路径，两个节点之间的电位差均相同。此外，基尔霍夫电压定律指出，沿一个闭合回

路的净电压降为零。如果在图 4-13 中先沿路径 1 从 P_1 点到 P_2 点，然后经路径 2 从 P_2 点返回 P_1 点，式(4.39)的右边变成闭合回路，左边则为零。事实上，静电场 $\boldsymbol{E}$ 沿任何闭合路径 C 的线积分均为零，即

$$\oint_C \boldsymbol{E} \cdot \mathrm{d}\boldsymbol{l}=0 \quad (\text{静电场}) \tag{4.40}$$

沿任何闭合路径的线积分为零的矢量场称为**保守场**或**无旋场**。因此，静电场 $\boldsymbol{E}$ 是保守场。

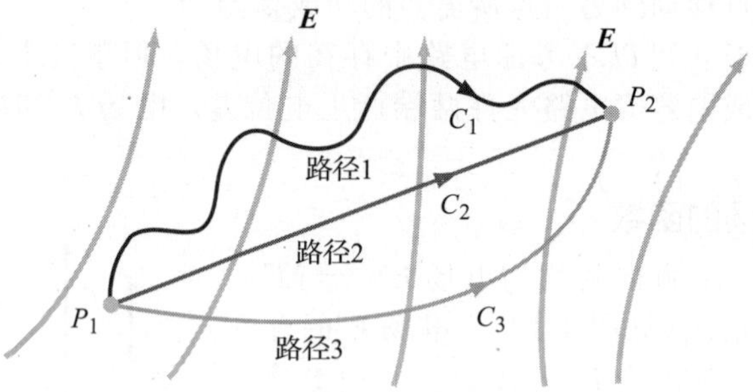

图 4-13 在静电学中，P_2 和 P_1 之间的电位差与它们之间电场的线积分的积分路径无关

正如我们将在第 6 章中看到的，如果 $\boldsymbol{E}$ 是随时间变化的函数，则它不再是保守场，并且其沿闭合路径的线积分不一定为零。

静电场的保守性质可以从麦克斯韦的第二个方程式(4.1b)推导出来。如果$\partial/\partial t=0$，则

$$\nabla \times \boldsymbol{E}=0 \tag{4.41}$$

如果在开放面 S 上对$\nabla \times \boldsymbol{E}$ 进行面积分，然后应用式(3.107)表示的斯托克斯定理，将面积分转换为线积分，则得到

$$\int_S (\nabla \times \boldsymbol{E}) \cdot \mathrm{d}\boldsymbol{s}=\oint_C \boldsymbol{E} \cdot \mathrm{d}\boldsymbol{l}=0 \tag{4.42}$$

式中，C 是围绕 S 的闭合轮廓线。因此，式(4.41)是式(4.40)的等效微分形式。

现在我们定义空间中一点的电位 V。然而，在此之前，首先回顾一下电路模型，就像不能为电路中的节点指定绝对电压一样，空间中的点也不能具有绝对电位。电路中节点的电压值是相对于方便选取的参考点来测量的，而参考点的电压设置为零，我们称参考点为地。将相同的原理应用于电位 V，通常(但并非总是如此)，将参考点选择在无穷远处，也就是说，在式(4.39)中，假设当 P_1 处于无穷远时 $V_1=0$。因此，在任意点 P 处的电位 V 为

$$V=-\int_{\infty}^{P} \boldsymbol{E} \cdot \mathrm{d}\boldsymbol{l} \quad (\mathrm{V}) \tag{4.43}$$

例 4-8 ***E* 沿两条路径计算 *V***

如果无论积分路径如何选择，矢量场在两点之间的线积分总是相同的，则称该场为保守场。在给定的空间区域中，场 $\boldsymbol{E}$ 表示为

$$\boldsymbol{E}=\hat{\boldsymbol{x}} x^2+\hat{\boldsymbol{y}} y^2+\hat{\boldsymbol{z}} z^2 \tag{4.44}$$

(a) 通过$\nabla \times \boldsymbol{E}=0$ 来证明 $\boldsymbol{E}$ 是保守场；

(b) 沿图 4-14 中点 1 和点 2 之间的直线路径，计算两点之间的电位差 V_{21}；

(c) 沿点 1 和点 2 之间的路径 $ABCD$ 计算 V_{21}。

解：(a) 给定电场的分量为 $E_x=x^2$，$E_y=y^2$，$E_z=z^2$。对 $\boldsymbol{E}$ 进行旋度运算得出

$$\nabla\times\boldsymbol{E}=\begin{vmatrix}\hat{\boldsymbol{x}} & \hat{\boldsymbol{y}} & \hat{\boldsymbol{z}}\\ \dfrac{\partial}{\partial x} & \dfrac{\partial}{\partial y} & \dfrac{\partial}{\partial z}\\ x^2 & y^2 & z^2\end{vmatrix}=\hat{\boldsymbol{x}}\left(\frac{\partial z^2}{\partial y}-\frac{\partial y^2}{\partial z}\right)-\hat{\boldsymbol{y}}\left(\frac{\partial z^2}{\partial x}-\frac{\partial x^2}{\partial z}\right)+\hat{\boldsymbol{z}}\left(\frac{\partial y^2}{\partial x}-\frac{\partial x^2}{\partial y}\right)$$

$$=\hat{\boldsymbol{x}}(0-0)-\hat{\boldsymbol{y}}(0-0)+\hat{\boldsymbol{z}}(0-0)=0$$

(b) V_{21} 由下式给出：

$$V_{21}=-\int_{P_1}^{P_2}\boldsymbol{E}\cdot\mathrm{d}\boldsymbol{l}$$

直线路径位于 x-y 平面上，因此用线性形式 $y=ax+b$ 来描述。在点 1 处，$x_1=1$、$y_1=-2$，因此，

$$-2=a+b$$

同样地，在点 2 处，$x_2=3$、$y_2=2$，因此，

$$2=3a+b$$

由这两个方程得到 $a=2$，$b=-4$，则

$$y=2x-4 \tag{4.45}$$

由于路径 P_1-P_2 完全位于 x-y 平面，可以在 $\boldsymbol{E}$ 的表达式中设置 $z=0$。此外，可以使用式(4.45)将 $\boldsymbol{E}$ 化简为单个变量的函数：

$$\boldsymbol{E}=\hat{\boldsymbol{x}}x^2+\hat{\boldsymbol{y}}y^2+\hat{\boldsymbol{z}}z^2|_{z=0,y=2x-4}=\hat{\boldsymbol{x}}x^2+\hat{\boldsymbol{y}}(2x-4)^2 \tag{4.46}$$

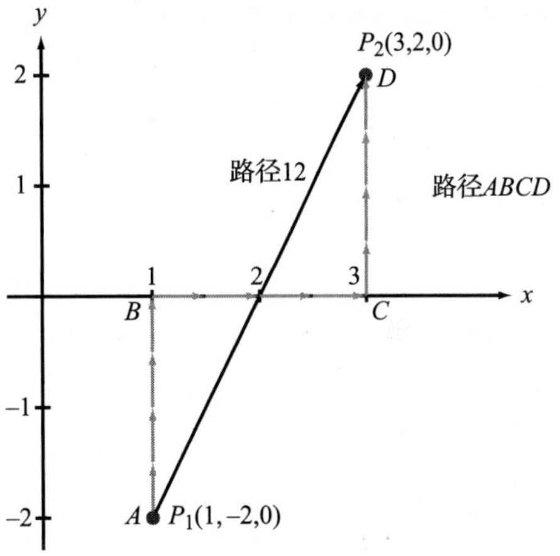

图 4-14　沿两条路径计算 V_{21}(例 4-8)

一般情况下，

$$\mathrm{d}\boldsymbol{l}=\hat{\boldsymbol{x}}\mathrm{d}x+\hat{\boldsymbol{y}}\mathrm{d}y+\hat{\boldsymbol{z}}\mathrm{d}z$$

在 x-y 平面中，$\mathrm{d}z=0$，并且沿着 $y=2x-4$ 给出的直线路径：

$$\mathrm{d}y=2\mathrm{d}x \tag{4.47}$$

因此，

$$\mathrm{d}\boldsymbol{l}=\hat{\boldsymbol{x}}\mathrm{d}x+\hat{\boldsymbol{y}}2\mathrm{d}x \tag{4.48}$$

则电位差为

$$\begin{aligned}V_{21}&=-\int_{P_1}^{P_2}\boldsymbol{E}\cdot\mathrm{d}\boldsymbol{l}=-\int_1^3\left[\hat{\boldsymbol{x}}x^2+\hat{\boldsymbol{y}}(2x-4)^2\right]\cdot(\hat{\boldsymbol{x}}\mathrm{d}x+\hat{\boldsymbol{y}}2\mathrm{d}x)\\&=-\int_1^3\left[x^2+2(2x-4)^2\right]\mathrm{d}x=-\int_1^3(9x^2-32x+32)\mathrm{d}x=-14\mathrm{V}\end{aligned} \tag{4.49}$$

(c) 图 4-14 中的路径 $ABCD$ 由 3 个部分组成。

A 到 B：

$$\boldsymbol{E}=\hat{\boldsymbol{x}}x^2+\hat{\boldsymbol{y}}y^2+\hat{\boldsymbol{z}}z^2|_{x=1,z=0}=\hat{\boldsymbol{x}}1+\hat{\boldsymbol{y}}y^2 \tag{4.50a}$$

$$\mathrm{d}\boldsymbol{l}=\hat{\boldsymbol{y}}\mathrm{d}y \tag{4.50b}$$

B 到 C：

$$\boldsymbol{E}=\hat{\boldsymbol{x}}x^2+\hat{\boldsymbol{y}}y^2+\hat{\boldsymbol{z}}z^2|_{y=0,z=0}=\hat{\boldsymbol{x}}x^2 \tag{4.51a}$$

$$\mathrm{d}\boldsymbol{l}=\hat{\boldsymbol{x}}\mathrm{d}x \tag{4.51b}$$

C 到 D：

$$\boldsymbol{E}=\hat{\boldsymbol{x}}x^2+\hat{\boldsymbol{y}}y^2+\hat{\boldsymbol{z}}z^2|_{x=3,z=0}=\hat{\boldsymbol{x}}9+\hat{\boldsymbol{y}}y^2 \tag{4.52a}$$

$$\mathrm{d}\boldsymbol{l}=\hat{\boldsymbol{y}}\mathrm{d}y \tag{4.52b}$$

因此，

$$V_{21}=-\int_{P_1}^{P_2}\boldsymbol{E}\cdot \mathrm{d}\boldsymbol{l}=-\left[\int_{A@x=1,y=-2}^{B@x=1,y=0}(\hat{\boldsymbol{x}}1+\hat{\boldsymbol{y}}y^2)\cdot\hat{\boldsymbol{y}}\mathrm{d}y+\int_{B@x=1,y=0}^{C@x=3,y=0}\hat{\boldsymbol{x}}x^2\cdot\hat{\boldsymbol{x}}\mathrm{d}x+\int_{C@x=3,y=0}^{D@x=3,y=2}(\hat{\boldsymbol{x}}9+\hat{\boldsymbol{y}}y^2)\cdot\hat{\boldsymbol{y}}\mathrm{d}y\right]$$
$$=-\left(\frac{y^3}{3}\bigg|_{-2}^{0}+\frac{x^3}{3}\bigg|_{1}^{3}+\frac{y^3}{3}\bigg|_{0}^{2}\right)=-\left(\frac{8}{3}+\frac{27}{3}-\frac{1}{3}+\frac{8}{3}\right)\mathrm{V}=-14\mathrm{V} \tag{4.53}$$

该结果与式(4.49)沿点 1 和点 2 之间的直线路径的积分结果相同。

4.5.2　点电荷的电位

位于原点处的点电荷 q 产生的电场由式(4.32)给出：

$$\boldsymbol{E}=\hat{\boldsymbol{R}}\frac{q}{4\pi\varepsilon R^2}\quad(\mathrm{V/m}) \tag{4.54}$$

该场是径向的，并且随着观察者与电荷之间距离 R 的平方衰减。

如前所述，式(4.43)中两点之间积分路径的选择是任意的。因此，为了便捷，可以选择沿径向 $\hat{\boldsymbol{R}}$ 的路径，在这种情况下，$\mathrm{d}\boldsymbol{l}=\hat{\boldsymbol{R}}\mathrm{d}R$，且

$$V=-\int_{\infty}^{R}\left(\hat{\boldsymbol{R}}\frac{q}{4\pi\varepsilon R^2}\right)\cdot\hat{\boldsymbol{R}}\mathrm{d}R=\frac{q}{4\pi\varepsilon R}\quad(\mathrm{V}) \tag{4.55}$$

如果电荷 q 位于原点以外的位置，例如在位置矢量 $\boldsymbol{R}_1$ 处，则在观察点位置矢量 $\boldsymbol{R}$ 处的 V 变为

$$V=\frac{q}{4\pi\varepsilon|\boldsymbol{R}-\boldsymbol{R}_1|}\quad(\mathrm{V}) \tag{4.56}$$

式中，$|\boldsymbol{R}-\boldsymbol{R}_1|$ 是观察点与电荷 q 所在位置之间的距离。前面应用于电场 $\boldsymbol{E}$ 的叠加原理也适用于电位 V。因此，若 N 个离散点电荷 $q_1,q_2,\cdots,q_N$ 分别位于位置矢量 $\boldsymbol{R}_1,\boldsymbol{R}_2,\cdots,\boldsymbol{R}_N$ 处，则观察点的电位为

$$V=\frac{1}{4\pi\varepsilon}\sum_{i=1}^{N}\frac{q_i}{|\boldsymbol{R}-\boldsymbol{R}_i|}\quad(\mathrm{V}) \tag{4.57}$$

4.5.3　连续分布电荷的电位

为了获得分布于体积 υ' 内、表面 S' 上或沿线 l' 上的连续分布电荷产生的电位 V 的表达式，本节①将分别用 $\rho_{\mathrm{v}}\mathrm{d}\upsilon'$、$\rho_{\mathrm{s}}\mathrm{d}s'$ 和 $\rho_{\mathrm{l}}\mathrm{d}l'$ 替换式(4.57)中的 q_i；②将求和转换为积分；③定义 $R'=|\boldsymbol{R}-\boldsymbol{R}_i|$ 为积分点和观察点之间的距离。由这些步骤可以导出下列表达式：

$$V=\frac{1}{4\pi\varepsilon}\int_{\upsilon'}\frac{\rho_{\mathrm{v}}}{R'}\mathrm{d}\upsilon'\quad(体分布) \tag{4.58a}$$

$$V=\frac{1}{4\pi\varepsilon}\int_{S'}\frac{\rho_{\mathrm{s}}}{R'}\mathrm{d}s'\quad(面分布) \tag{4.58b}$$

$$V=\frac{1}{4\pi\varepsilon}\int_{l'}\frac{\rho_{\mathrm{l}}}{R'}\mathrm{d}l'\quad(线分布) \tag{4.58c}$$

4.5.4　电场作为电位的函数

4.5.1 节用 $\boldsymbol{E}$ 的线积分来表示 V。下面通过分析式(4.37)来探讨这种逆关系式：

$$\mathrm{d}V=-\boldsymbol{E}\cdot\mathrm{d}\boldsymbol{l} \tag{4.59}$$

对于标量函数 V，式(3.73)给出：

$$\mathrm{d}V=\nabla V\cdot\mathrm{d}\boldsymbol{l} \tag{4.60}$$

式中，∇V 是 V 的梯度。将式(4.59)与式(4.60)进行比较可以得出

$$\boldsymbol{E}=-\nabla V \tag{4.61}$$

V 和 $\boldsymbol{E}$ 之间的这种微分关系，使我们可以首先计算 V，然后计算 V 的负梯度来确定任何电荷分布的 $\boldsymbol{E}$。

由式(4.57)～式(4.58c)给出的 V 的表达式涉及标量求和及标量积分，因此通常比 4.3 节根据库仑定律导出的 $\boldsymbol{E}$ 的表达式中的矢量求和及矢量积分更容易计算。所以，虽然求解 $\boldsymbol{E}$ 的电位的方法分为两步，但它在概念上和计算上都比基于库仑定律的直接方法更简单。

例 4-9 电偶极子的电场

电偶极子由两个大小相等、极性相反、间距为 d 的点电荷组成(见图 4-15a)。求解任意给定点 P 处的 V 和 $\boldsymbol{E}$，其中 P 点距偶极子中心的距离 $R\gg d$，偶极子位于自由空间中。

解： 为了简化推导，将偶极子沿着 z 轴放置且中心位于原点(见图 4-15a)。对于图 4-15a 所示的两个电荷，应用式(4.57)可得

$$V=\frac{1}{4\pi\varepsilon_0}\left(\frac{q}{R_1}+\frac{-q}{R_2}\right)=\frac{q}{4\pi\varepsilon_0}\left(\frac{R_2-R_1}{R_1R_2}\right)$$

由于 $d\ll R$，图 4-15a 中标记为 R_1 和 R_2 的线近似彼此平行，在这种情况下，采用以下近似：

$$R_2-R_1\approx d\cos\theta,\quad R_1R_2\approx R^2$$

因此，

$$V=\frac{qd\cos\theta}{4\pi\varepsilon_0R^2} \tag{4.62}$$

若要将此结果推广到任意方向的偶极子，则需要注意式(4.62)的分子可以表示为 $q\boldsymbol{d}$(其中 $\boldsymbol{d}$ 是从 $-q$ 到 $+q$ 的距离矢量)和从偶极子中心指向观测点 P 的单位矢量 $\hat{\boldsymbol{R}}$ 的点积，即

$$qd\cos\theta=q\boldsymbol{d}\cdot\hat{\boldsymbol{R}}=\boldsymbol{p}\cdot\hat{\boldsymbol{R}} \tag{4.63}$$

式中，$\boldsymbol{p}=q\boldsymbol{d}$ 称为偶极矩。将式(4.63)代入式(4.62)，可得

$$V=\frac{\boldsymbol{p}\cdot\hat{\boldsymbol{R}}}{4\pi\varepsilon_0R^2}\quad(\text{电偶极子}) \tag{4.64}$$

在球坐标系中，式(4.61)可由下式给出：

$$\boldsymbol{E}=-\nabla V=-\left(\hat{\boldsymbol{R}}\frac{\partial V}{\partial R}+\hat{\boldsymbol{\theta}}\frac{1}{R}\frac{\partial V}{\partial\theta}+\hat{\boldsymbol{\phi}}\frac{1}{R\sin\theta}\frac{\partial V}{\partial\phi}\right) \tag{4.65}$$

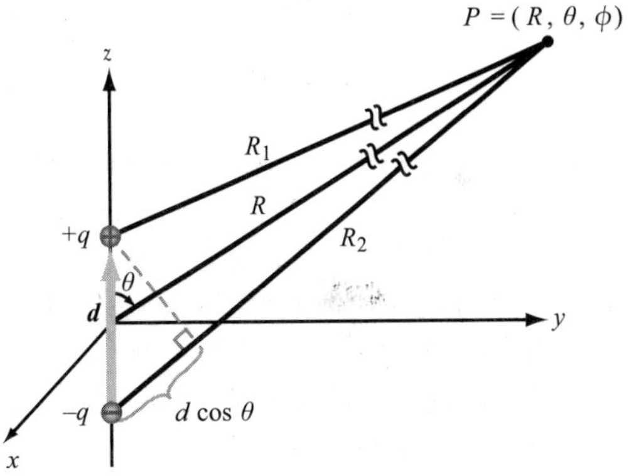

a）电偶极子

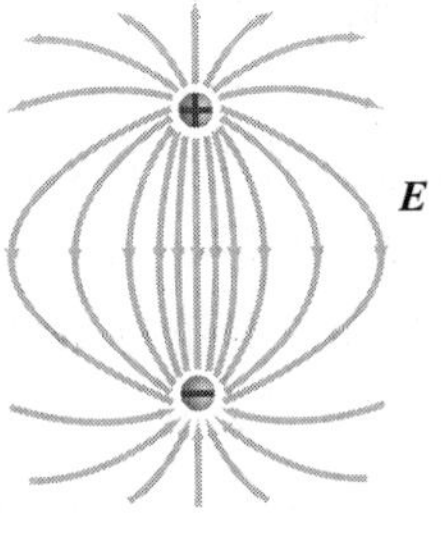

b）电场模式图

图 4-15 偶极矩为 $\boldsymbol{p}=q\boldsymbol{d}$ 的电偶极子(例 4-9)

这里使用了球坐标系中 ∇V 的表达式，计算式(4.62)中 V 关于 R 和 θ 的导数，然后代入式(4.65)得到

$$\boldsymbol{E}=\frac{qd}{4\pi\varepsilon_0R^3}(\hat{\boldsymbol{R}}2\cos\theta+\hat{\boldsymbol{\theta}}\sin\theta)\quad(\text{V/m}) \tag{4.66}$$

这里强调，由式(4.64)和式(4.66)给出的 V 和 $\boldsymbol{E}$ 的表达式仅适用于 $R\gg d$ 的情况。计算两个偶极子电荷附近点的 V 和 $\boldsymbol{E}$ 时，必须进行所有的计算，而不能使用推导式(4.62)时的远距离近似。通过对 $\boldsymbol{E}$ 的精确计算得到的场图见图 4-15b。 ◀

4.5.5 泊松方程

利用 $\boldsymbol{D}=\varepsilon\boldsymbol{E}$，式(4.26)给出的高斯定律的微分形式可表示为

$$\nabla\cdot\boldsymbol{E}=\frac{\rho_{\mathrm{v}}}{\varepsilon} \tag{4.67}$$

将式(4.61)代入式(4.67)可得

$$\nabla\cdot(\nabla V)=-\frac{\rho_{\mathrm{v}}}{\varepsilon} \tag{4.68}$$

使用式(3.110)给出的标量函数 V 的拉普拉斯算子，有

$$\nabla^2 V=\nabla\cdot(\nabla V)=\frac{\partial^2 V}{\partial x^2}+\frac{\partial^2 V}{\partial y^2}+\frac{\partial^2 V}{\partial z^2} \tag{4.69}$$

可以将式(4.68)表示为简写形式：

$$\nabla^2 V=-\frac{\rho_{\mathrm{v}}}{\varepsilon}\quad(\text{泊松方程}) \tag{4.70}$$

这就是*泊松方程*。对于体电荷密度为 ρ_{v} 的体积 υ'，前面导出并由式(4.58a)表示的 V 的解为

$$V=\frac{1}{4\pi\varepsilon}\int_{\upsilon'}\frac{\rho_{\mathrm{v}}}{R'}\mathrm{d}\upsilon' \tag{4.71}$$

这个解满足式(4.70)。如果所考虑的媒质不含电荷，则式(4.70)简化为

$$\nabla^2 V=0\quad(\text{拉普拉斯方程}) \tag{4.72}$$

式(4.72)称为*拉普拉斯方程*。泊松方程和拉普拉斯方程对于求解边界上 V 已知区域中的静电位 V 是有用的，例如给定电位差的电容器极板之间的区域。

概念问题 4-9：什么是保守场？

概念问题 4-10：为什么空间某点的电位总是相对于某个参考点的电位来定义？

概念问题 4-11：解释为什么式(4.40)是基尔霍夫电压定律的数学表述。

概念问题 4-12：为什么对于给定的电荷分布，先计算 V，然后用 $\boldsymbol{E}=-\nabla V$ 求 $\boldsymbol{E}$，通常比直接用库仑定律计算 $\boldsymbol{E}$ 更容易？

概念问题 4-13：什么是电偶极子？

练习 4-10 已知 4 个 20μC 点电荷位于自由空间中 x-y 平面上以原点为中心的 2m×2m 正方形的 4 个角处。求解该 4 个电荷在原点处产生的电位。

答案：$V=[\sqrt{2}\times10^{-5}/(\pi\varepsilon_0)]$V。(参见EM)

练习 4-11 半径为 a 的球壳表面均匀分布面电荷密度为 ρ_{s} 的电荷，求球壳中心的：(a) 电位，(b) 电场。

答案：(a) $V=(\rho_{\mathrm{s}}a/\varepsilon)$V，(b) $\boldsymbol{E}=0$。(参见EM)

技术简介 7：电阻式传感器

电子传感器是一种能够对施加的刺激做出反应的装置，它能产生一个与刺激强度相关的电压、电流或其他属性的电信号。

> 可能的刺激包括一系列广泛的物理、化学和生物量，包括温度、压力、位置、距离、运动、速度、加速度、浓度(气体或液体)、血流等。

感知过程取决于测量电阻、电容、电感、感应电动势(emf)、振荡频率或时间延迟等。从汽车、飞机到计算机和手机，几乎所有使用电子系统的仪器都离不开传感器(如

图 TF7-1 所示)。本技术简介涵盖了电阻式传感器。**电容式传感器、电感式传感器和电动势传感器将在后面的章节中进行介绍。**

系统	缩写	传感器个数
车距监控防撞系统	DTR	3
电控传动系统	ECT	9
车顶控制单元	RCU	7
防锁刹车系统	ABS	4
中控锁系统	ZV	3
动态光束调平	LWR	6
共轨燃油喷射	CDI	11
自动空调	AAC	13
主动车身控制系统	ABC	12
胎压监测	TPM	11
电子稳定程序	ESP	14
驻车系统	PTS	12

图 TF7-1 大多数汽车使用 100 多个传感器

压敏电阻

根据式(4.70)可知，圆柱形电阻或导线的电阻由 $R=l/\sigma A$ 给出，其中 l 是圆柱体的长度、A 是其横截面积、σ 是其材料的电导率。通过施加外力拉伸导线，使 l 增大、A 减小，这样可以使 R 增大(见图 TF7-2)；相反，压缩导线会导致 R 减小。希腊语 piezein 的意思是按压，压敏电阻一词由此而来。**这不应与压电效应相混淆，压电效应是一种电动势效应(参见技术简介 12 中的电动势式传感器)。**

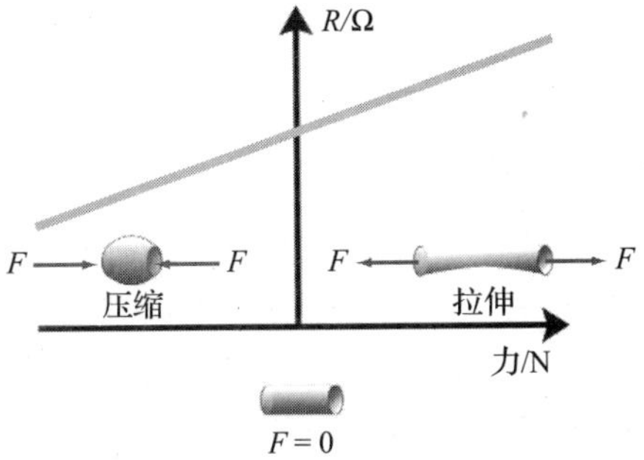

图 TF7-2 压敏电阻的阻值随作用力的变化而变化

压敏电阻器的电阻 R 与外加的力 F 之间的关系可用近似线性方程来表示：

$$R=R_0\left(1+\frac{\alpha F}{A_0}\right)$$

式中，R_0 是无应力电阻($@F=0$)；A_0 是电阻的无应力横截面积；α 是电阻材料的压阻系数。如果力 F 导致电阻体拉伸，则为正；如果力 F 使电阻体压缩，则为负。

弹性电阻式传感器非常适合测量表面的形变 z(见图 TF7-3)，可以与施加在表面上的压力关联在一起。如果将 z 记录为时间的函数，则有可能得出表面运动的速度和加速度。为了实现高纵向压阻灵敏度(由作用力引起的归一化电阻变化 $\Delta R/R_0$ 与相应长度变化 $\Delta l/l_0$ 之比)，压敏电阻通常被设计为一种蛇形线(见图 TF7-4a)，其粘合在柔性塑料基片上并粘接于被检测形变物体的表面上。铜和镍合金通常用于制造传感器的导线，在某些应用中也用硅替代(见图 TF7-4b)，因为硅具有非常高的压阻灵敏度。

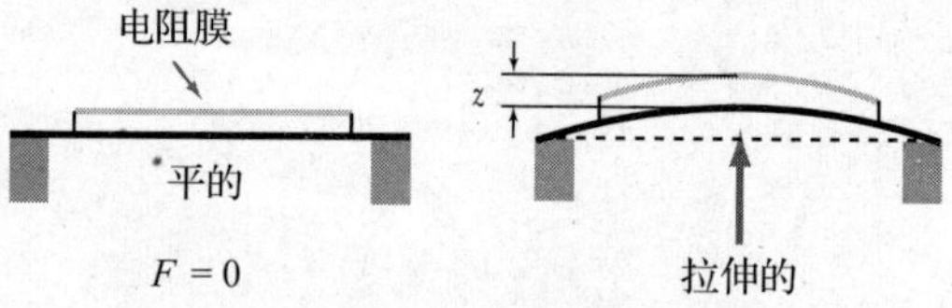

图 TF7-3　压敏电阻膜

通过将压敏电阻器连接到惠斯通电桥电路(见图 TF7-5)，其中其他 3 个电阻的值均为 R_0(无外力时压敏电阻器的电阻值)，输出电压与归一化电阻变化值 $\Delta R/R_0$ 成正比。

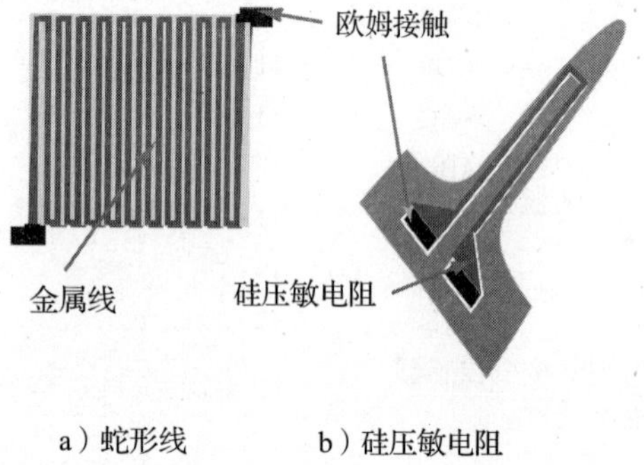

图 TF7-4　金属和硅压敏电阻器

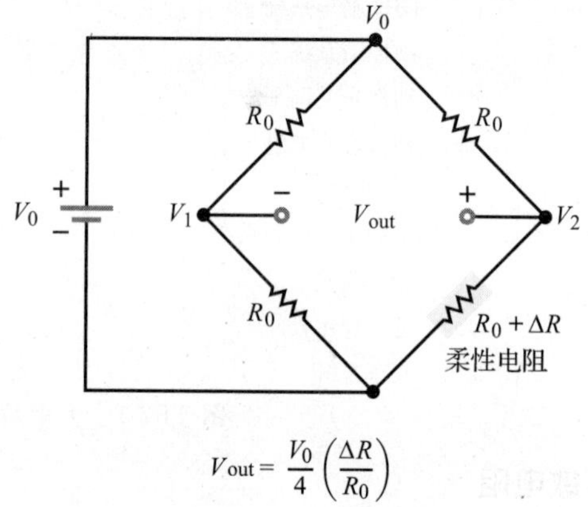

图 TF7-5　带压敏电阻的惠斯通电桥电路

4.6　导体

媒质的电磁本构参数是指它的介电常数ε、磁导率 μ 和电导率 σ。如果材料的本构参数不随空间位置变化，则称其为均匀材料；如果材料的本构参数与方向无关，则称其为各向同性材料。大多数材料都是各向同性的，但有些晶体不是。在本书中，假设所有的材料都是均匀的和各向同性的。本节讨论 σ，4.7 节讨论ε，关于 μ 的讨论将推迟到第 5 章。

材料的**电导率**是衡量电子在外加电场的作用下通过材料的容易程度。

根据电导率的大小材料可分为导体(金属)或电介质(绝缘体)。导体中在原子的最外层有大量松散的电子,在没有外加电场的情况下,这些相对自由的电子以随机方向和不同速度运动着。它们的随机运动使通过导体的平均电流为零。然而,在外加电场的作用下,电子从一个原子向另一个原子迁移,迁移方向与外加电场相反。它们的运动产生传导电流,传导电流密度为

$$\boldsymbol{J}=\sigma\boldsymbol{E}(\mathrm{A/m^2}) \quad (欧姆定律) \tag{4.73}$$

式中,σ 是材料的电导率,单位为 S/m(西门子每米)。

在另一种称为电介质的材料中,电子被紧密地束缚在原子中,以至于在电场的作用下很难将它们脱离。因此,没有明显的传导电流流动。

理想电介质是指 $\sigma=0$ 的材料;相反,**理想导体**是指 $\sigma=\infty$ 的材料,一些被称为超导体的材料表现出这样的特性。

大多数金属的电导率 σ 在 $10^6\sim10^7$ S/m 之间,而良好绝缘体的电导率 σ 在 $10^{-10}\sim10^{-17}$ S/m 之间(见表 4-1)。一类被称为半导体的材料,虽然它们的电导率比金属小得多,但仍然允许传导电流存在,例如纯锗的电导率为 2.2S/m。部分材料的电导率在表 4-1 中给出。

材料的导电性取决于几个因素,包括温度和所含的杂质。一般来说,金属的 σ 随温度的降低而增大。大多数超导体工作在绝对零度附近。

表 4-1　一些常用材料在 20℃ 时的电导率

材料		电导率 σ/(S/m)
导体	银	6.2×10^7
	铜	5.8×10^7
	金	4.1×10^7
	铝	3.5×10^7
	铁	10^7
	汞	10^6
	碳	3×10^4
半导体	纯锗	2.2
	纯硅	4.4×10^{-4}
绝缘体	玻璃	10^{-12}
	石蜡	10^{-15}
	云母	10^{-15}
	熔融石英	10^{-17}

概念问题 4-14:材料的电磁本构参数是什么?

概念问题 4-15:如何将材料分为导体、半导体或电介质?什么是超导体?

概念问题 4-16:理想电介质的电导率是多少?

4.6.1 漂移速度

在导电材料中,电子的漂移速度 $\boldsymbol{u}_e$ 与外部施加的电场 $\boldsymbol{E}$ 的关系式为

$$\boldsymbol{u}_e=-\mu_e\boldsymbol{E} \quad (\mathrm{m/s}) \tag{4.74a}$$

式中，μ_e 是一种材料性质，称为电子迁移率，单位为 $\mathrm{m^2/V\cdot s}$。在半导体中，电流是由于电子或空穴的运动而产生的，并且由于空穴是正电荷载流子，因此空穴漂移速度 $\boldsymbol{u}_h$ 与 $\boldsymbol{E}$ 同向，即

$$\boldsymbol{u}_h=\mu_h\boldsymbol{E} \quad (\mathrm{m/s}) \tag{4.74b}$$

式中，μ_h 是空穴迁移率。迁移率表示带电粒子的有效质量和外加电场对其加速的平均距离，这个平均距离就是带电粒子在外加电场作用下加速，其与原子碰撞而停止，然后再次开始加速之前的距离平均。由式(4.11)可知，含有体电荷密度为 ρ_v 的电荷以速度 $\boldsymbol{u}$ 移动，媒质中的电流密度 $\boldsymbol{J}=\rho_v\boldsymbol{u}$。在最一般的情况下，电流密度由电子引起的 $\boldsymbol{J}_e$ 分量和空穴引起的 $\boldsymbol{J}_h$ 分量组成。因此，总传导电流密度为

$$\boldsymbol{J}=\boldsymbol{J}_e+\boldsymbol{J}_h=\rho_{ve}\boldsymbol{u}_e+\rho_{vh}\boldsymbol{u}_h \quad (\mathrm{A/m^2}) \tag{4.75}$$

式中，$\rho_{ve}=-N_e e$，$\rho_{vh}=N_h e$，N_e 和 N_h 分别为单位体积中自由电子数和自由空穴数，$e=1.6\times10^{-19}\mathrm{C}$ 为单个空穴或电子的绝对电荷量。利用式(4.74a)和式(4.74b)可得

$$\boldsymbol{J}=(-\rho_{ve}\mu_e+\rho_{vh}\mu_h)\boldsymbol{E}=\sigma\boldsymbol{E} \tag{4.76}$$

式中，括号内的量定义为材料的电导率 σ。因此，

$$\sigma=-\rho_{ve}\mu_e+\rho_{vh}\mu_h=(N_e\mu_e+N_h\mu_h)e \quad (\mathrm{S/m}) \quad (\text{半导体}) \tag{4.77a}$$

它的单位是 S/m。对于良导体，$N_h\mu_h\ll N_e\mu_e$，式(4.77a)化简为

$$\sigma=-\rho_{ve}\mu_e=N_e\mu_e e \quad (\mathrm{S/m}) \quad (\text{良导体}) \tag{4.77b}$$

由式(4.76)可知，在 $\sigma=0$ 的**理想电介质**中，无论 $\boldsymbol{E}$ 是多少，均有 $\boldsymbol{J}=0$；类似地，在 $\sigma=\infty$ 的**理想导体**中，无论 $\boldsymbol{J}$ 是多少，均有 $\boldsymbol{E}=\boldsymbol{J}/\sigma=0$。

理想电介质：$\boldsymbol{J}=0$

理想导体：$\boldsymbol{E}=0$

因为对于大多数金属(如银、铜、金和铝)，σ 大约为 $10^6\mathrm{S/m}$ 量级(见表 4-1)，所以实际中通常将其视为理想导体，并在其内部设置 $\boldsymbol{E}=0$。

理想导体是一种等电位媒质，这意味着导体中的每一点的电位都是相同的。这一性质来源于导体中两点之间的电位差等于它们之间 $\boldsymbol{E}$ 的线积分 V_{21} 的事实，如式(4.39)所示。因为在理想导体中，所有位置的 $\boldsymbol{E}=0$，所以电位差 $V_{21}=0$。然而，事实上导体是等位体并不一定意味着导体与其他导体之间的电位差为零。每个导体都是等位体，但是在两个导体表面上电荷分布的不同会使它们之间产生电位差。

例 4-10 铜线中的传导电流

电导率为 $5.8\times10^7\mathrm{S/m}$、电子迁移率为 $0.0032\mathrm{m^2/V\cdot s}$、直径为 2mm 的铜线位于 20mV/m 的电场中。求：(a) 自由电子的体电荷密度 ρ_{ve}，(b) 电流密度 J，(c) 导线中流动的电流 I，(d) 电子的漂移速度 u_e，(e) 自由电子的体密度 N_e。

解：(a) $\rho_{ve}=-\dfrac{\sigma}{\mu_e}=-\dfrac{5.8\times10^7}{0.0032}\mathrm{C/m^3}=-1.81\times10^{10}\mathrm{C/m^3}$

(b) $J=\sigma E=5.8\times10^7\times20\times10^{-3}\mathrm{A/m^2}=1.16\times10^6\mathrm{A/m^2}$

(c) $I=JA=J\left(\dfrac{\pi d^2}{4}\right)=1.16\times10^6\left(\dfrac{\pi\times4\times10^{-6}}{4}\right)\mathrm{A}=3.64\mathrm{A}$

(d) $u_e=-\mu_e E=-0.0032\times20\times10^{-3}\mathrm{m/s}=-6.4\times10^{-5}\mathrm{m/s}$

负号表示 $\boldsymbol{u}_e$ 在 $\boldsymbol{E}$ 相反的方向。

(e) $N_e=-\dfrac{\rho_{ve}}{e}=\dfrac{1.81\times10^{10}}{1.6\times10^{-19}}\text{个}/\mathrm{m^3}=1.13\times10^{29}\ \text{个}/\mathrm{m^3}$ ◀

模块 4.1(电荷产生的场) 对于任意一组点电荷群，该模块会计算并在二维网格上显示出电场 $\boldsymbol{E}$ 和电位 V。用户可以指定电荷的位置、大小和极性。

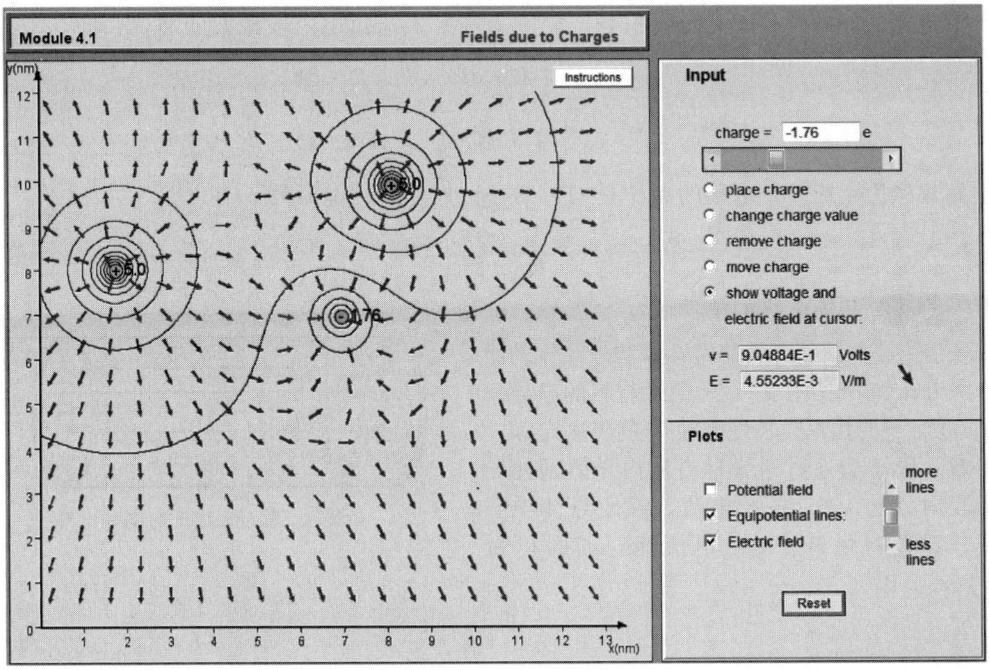

练习 4-12 铝的电导率为 3.5×10^7 S/m、电子迁移率为 $0.0015\text{m}^2/\text{V}\cdot\text{s}$。求铝中自由电子的密度 N_e。

答案： $N_e=1.46\times10^{29}$ 个/m^3。(参见Ⓔⓜ)

练习 4-13 流过一个 100m 长、横截面均匀的导线的电流密度为 $3\times10^5\text{A/m}^2$。如果导线材料的电导率为 2×10^7 S/m，求沿着导线长度的电压降 V。

答案： $V=1.5$V。(参见Ⓔⓜ)

4.6.2 电阻

为了验证微分形式欧姆定律的实用性，我们将应用其推导长度为 l 且均匀横截面面积为 A 的导体电阻 R 的表达式，如图 4-16 所示。导体轴沿 x 方向从点 x_1 延伸到点 x_2，即 $l=x_2-x_1$。施加在导体两端上的电压 V 产生的电场为 $\boldsymbol{E}=\hat{\boldsymbol{x}}E_x$，$\boldsymbol{E}$ 的方向是从电位较高的点(图 4-16 中的点 1)到电位较低的点(点 2)。应用式(4.39)得到 V 和 E_x 之间的关系式为

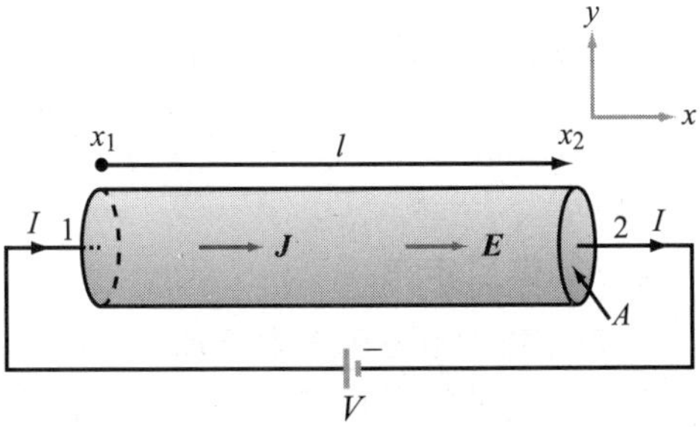

图 4-16 连接到直流电压源 V 的横截面为 A 且长度为 l 的线性电阻

$$V=V_1-V_2=-\int_{x_2}^{x_1}\boldsymbol{E}\cdot\mathrm{d}\boldsymbol{l}=-\int_{x_2}^{x_1}\hat{\boldsymbol{x}}E_x\cdot\hat{\boldsymbol{x}}\mathrm{d}l=E_x l\quad(\text{V})\tag{4.78}$$

利用式(4.73)，在 x_2 处流过横截面 A 的电流为

$$I=\int_A\boldsymbol{J}\cdot\mathrm{d}\boldsymbol{s}=\int_A\sigma\boldsymbol{E}\cdot\mathrm{d}\boldsymbol{s}=\sigma E_x A\quad(\text{A})\tag{4.79}$$

由 $R=V/I$ 可知，式(4.78)与式(4.79)的比值为

$$R=\frac{l}{\sigma A}\quad(\Omega) \tag{4.80}$$

现在，我们将 R 的结果推广到任意形状的电阻，注意到电阻两端的电压 V 等于 $\boldsymbol{E}$ 在两个指定点之间的路径 l 上的线积分，电流 I 等于 $\boldsymbol{J}$ 流过电阻横截面的通量，即

$$R=\frac{V}{I}=\frac{-\int_l \boldsymbol{E}\cdot \mathrm{d}\boldsymbol{l}}{\int_S \boldsymbol{J}\cdot \mathrm{d}\boldsymbol{s}}=\frac{-\int_l \boldsymbol{E}\cdot \mathrm{d}\boldsymbol{l}}{\int_S \sigma\boldsymbol{E}\cdot \mathrm{d}\boldsymbol{s}} \tag{4.81}$$

R 的倒数称为电导 G，电导的单位是 Ω^{-1} 或 S。对于线性电阻器，有

$$G=\frac{1}{R}=\frac{\sigma A}{l}\quad(\mathrm{S}) \tag{4.82}$$

例 4-11 同轴电缆的电导

长度为 l 的同轴电缆的内导体和外导体的半径分别为 a 和 b(见图 4-17)。绝缘材料的电导率为 σ。推导绝缘层单位长度电导 G' 的表达式。

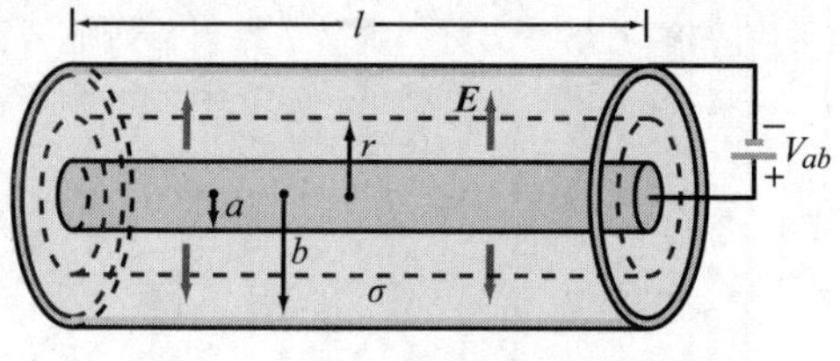

图 4-17 例 4-11 的同轴电缆

解： 设 I 为通过绝缘材料从内导体到外导体沿径向(沿 $\hat{\boldsymbol{r}}$)流动的总电流。在距导体中心轴线任意径向距离 r 处，电流流经的面积为 $A=2\pi rl$。因此，

$$\boldsymbol{J}=\hat{\boldsymbol{r}}\,\frac{I}{A}=\hat{\boldsymbol{r}}\,\frac{I}{2\pi rl} \tag{4.83}$$

由 $\boldsymbol{J}=\sigma\boldsymbol{E}$ 可以得到

$$\boldsymbol{E}=\hat{\boldsymbol{r}}\,\frac{I}{2\pi\sigma rl} \tag{4.84}$$

在电阻器中，电流从高电位流向低电位。因此，如果 $\boldsymbol{J}$ 沿 $\hat{\boldsymbol{r}}$ 方向，则内导体的电位一定高于外导体的电位。所以，导体之间的电位差为

$$V_{ab}=-\int_a^b \boldsymbol{E}\cdot \mathrm{d}\boldsymbol{l}=-\int_a^b \frac{I}{2\pi\sigma l}\,\frac{\hat{\boldsymbol{r}}\cdot\hat{\boldsymbol{r}}\,\mathrm{d}r}{r}=\frac{I}{2\pi\sigma l}\ln\left(\frac{b}{a}\right) \tag{4.85}$$

则单位长度的电导为

$$G'=\frac{G}{l}=\frac{1}{Rl}=\frac{I}{V_{ab}l}=\frac{2\pi\sigma}{\ln(b/a)}\quad(\mathrm{S/m}) \tag{4.86}$$

◀

4.6.3 焦耳定律

现在我们考虑在静电场 $\boldsymbol{E}$ 存在的导电媒质中耗散的功率。媒质中含有自由电子和空穴，相应的体电荷密度分别为 ρ_{ve} 和 ρ_{vh}。体积元 $\Delta\upsilon$ 中含有的电子和空穴的电荷量分别为 $q_{\mathrm{e}}=\rho_{\mathrm{ve}}\Delta\upsilon$ 和 $q_{\mathrm{h}}=\rho_{\mathrm{vh}}\Delta\upsilon$。作用于 q_{e} 和 q_{h} 上的电场力分别为 $\boldsymbol{F}_{\mathrm{e}}=q_{\mathrm{e}}\boldsymbol{E}=\rho_{\mathrm{ve}}\boldsymbol{E}\Delta\upsilon$ 和 $\boldsymbol{F}_{\mathrm{h}}=q_{\mathrm{h}}\boldsymbol{E}=\rho_{\mathrm{vh}}\boldsymbol{E}\Delta\upsilon$。电场力将 q_{e} 移动微分距离 Δl_{e} 和将 q_{h} 移动微分距离 Δl_{h} 时消耗的功(能量)为

$$\Delta W=\boldsymbol{F}_{\mathrm{e}}\cdot\Delta\boldsymbol{l}_{\mathrm{e}}+\boldsymbol{F}_{\mathrm{h}}\cdot\Delta\boldsymbol{l}_{\mathrm{h}} \tag{4.87}$$

功率 P 以 W(瓦特)为单位，定义为能量随时间的变化率。ΔW 对应的功率为

$$\begin{aligned}\Delta P&=\frac{\Delta W}{\Delta t}=\boldsymbol{F}_{\mathrm{e}}\cdot\frac{\Delta\boldsymbol{l}_{\mathrm{e}}}{\Delta t}+\boldsymbol{F}_{\mathrm{h}}\cdot\frac{\Delta\boldsymbol{l}_{\mathrm{h}}}{\Delta t}=\boldsymbol{F}_{\mathrm{e}}\cdot\boldsymbol{u}_{\mathrm{e}}+\boldsymbol{F}_{\mathrm{h}}\cdot\boldsymbol{u}_{\mathrm{h}}\\&=(\rho_{\mathrm{ve}}\boldsymbol{E}\cdot\boldsymbol{u}_{\mathrm{e}}+\rho_{\mathrm{vh}}\boldsymbol{E}\cdot\boldsymbol{u}_{\mathrm{h}})\Delta\upsilon=\boldsymbol{E}\cdot\boldsymbol{J}\Delta\upsilon\end{aligned} \tag{4.88}$$

式中，$\boldsymbol{u}_{\mathrm{e}}=\Delta\boldsymbol{l}_{\mathrm{e}}/\Delta t$ 和 $\boldsymbol{u}_{\mathrm{h}}=\Delta\boldsymbol{l}_{\mathrm{h}}/\Delta t$ 分别是电子和空穴的漂移速度。使用式(4.75)导出了式(4.88)的最后一步。对于体积 υ，总耗散功率为

$$P=\int_{v} \boldsymbol{E} \cdot \boldsymbol{J} \mathrm{d} v \quad (\mathrm{W}) \quad (\text{焦耳定律}) \tag{4.89}$$

考虑式(4.73)，可得

$$P=\int_{v} \sigma|\boldsymbol{E}|^{2} \mathrm{d} v \quad (\mathrm{W}) \tag{4.90}$$

式(4.89)是焦耳定律的数学表达式。以前面考虑的电阻器为例，$|\boldsymbol{E}|=E_x$ 且体积为 $v=lA$。将式(4.90)中的体积分解为 A 上的面积分和 l 上的线积分的乘积，则有

$$P=\int_{v} \sigma|\boldsymbol{E}|^{2} \mathrm{d} v=\int_{A} \sigma E_{x} \mathrm{d} s \int_{l} E_{x} \mathrm{d} l=(\sigma E_{x} A)(E_{x} l)=I V \quad (\mathrm{W}) \tag{4.91}$$

这里用式(4.78)表示电压 V，用式(4.79)表示电流 I。当 $V=IR$ 时，便可得到我们熟悉的表达式

$$P=I^{2} R \quad (\mathrm{W}) \tag{4.92}$$

概念问题 4-17：绝缘体、半导体和导体之间的本质区别是什么？

概念问题 4-18：证明图 4-17 所示同轴电缆中消耗的功率为 $P=\dfrac{I^{2} \ln (b / a)}{2 \pi \sigma l}$。

练习 4-14　一根 50m 长的铜线，其截面为圆形且半径 $r=2\mathrm{cm}$，已知铜的电导率为 $5.8\times10^{7}\mathrm{S/m}$。求：(a) 导线的电阻 R，(b) 如果导线两端的电压为 1.5mV，导线耗散的功率。

答案：(a) $R=6.9\times10^{-4}\Omega$，(b) $P=3.3\mathrm{mW}$。(参见EM)

练习 4-15　应用式(4.90)重复求解练习 4-14(b)。(参见EM)

技术简介 8：作为电池的超级电容器

作为最近加入电子学术语中的名词，**超级电容器**(supercapacitor)、**超大容量电容器**(ultracapacitor)和**纳米电容器**(nanocapacitor)，这些名称表明它们是某种程度上不同于或优于传统电容器的器件。这些只是制造商在传统电容器上附加的花哨名字，还是我们在讨论一种真的不同类型的电容器？

上述三个名称是指一种储能装置的变体(见图 TF8-1)，其技术名称为**电化学双层电容器**(EDLC)，这种储能装置通过混合工艺实现，融合了传统静电电容器和电化学伏打电池的特点。

图 TF8-1　超级电容器的例子

本技术简介将这种相对较新的装置称为超级电容器。这种电池在储能方面远远优于传统电容器，但电容器的充放电速度比电池快得多。作为一种混合技术，超级电容器可提供介于电池和传统电容器之间的功能。目前，超级电容器的应用范围广泛，从大型发动机(卡车、机车、潜艇等)中的电动机启动到数码相机中的闪光灯，其用途正迅速扩展到消费电子产品(手机、MP3 播放器、笔记本电脑)和电动汽车(见图 TF8-2)。

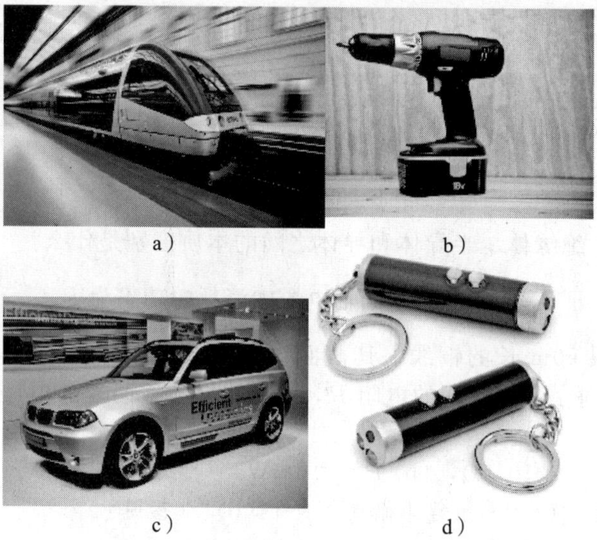

图 TF8-2　使用超级电容器的系统示例

电容器的储能限制

能量密度 W' 通常以 Wh/kg 为单位，$1\text{Wh}=3.6\times10^3\text{J}$。因此，一个装置的能量容量用其质量来归一化。对于电池来说，W' 的范围从铅酸电池的 30Wh/kg 左右，到锂离子电池的 150Wh/kg。相比之下，传统电容器的 W' 很少超过 0.02Wh/kg。我们通过考虑极板面积为 A、极板间距为 d 的小型平行板电容器来考查是什么因素限制了电容器的 W' 值。为了简单起见，我们指定电容器的额定电压为 1V(电容器两端最大的预期电压)。我们的目标是将能量密度 W' 最大化，对于平行板电容器，$C=\varepsilon A/d$，式中 ε 是绝缘材料的介电常数。使用式(4.131)导出

$$W'=\frac{W}{m}=\frac{1}{2m}CV^2=\frac{\varepsilon AV^2}{2md}\quad (\text{J/kg})$$

式中，m 是电容器中的导电板和绝缘材料的质量。为了保持分析的简单性，这里假设这些极板可以做得很薄，以至于相对于绝缘材料的质量可以忽略它们的质量。如果材料密度为 $\rho(\text{kg/m}^3)$，则 $m=\rho Ad$，得到

$$W'=\frac{\varepsilon V^2}{2\rho d^2}\quad (\text{J/kg})$$

为了最大限度地提高 W'，需要选择最小可能的 d 值，但是也必须意识到与介质击穿相关的约束。为了避免电容器的两个极板之间产生火花，电场强度不应超过绝缘材料的介电强度 E_{ds}。在电容器常用的各种材料中，云母的 E_{ds} 值最高，接近 $2\times10^8\text{V/m}$。击穿电压 V_{br} 与 E_{ds} 的关系式为 $V_{\text{br}}=E_{\text{ds}}d$，因此，考虑到电容器的额定电压为 1V，我们选择 V_{br} 为 2V，从而允许 50% 的安全裕度。当 $V_{\text{br}}=2\text{V}$，$E_{\text{ds}}=2\times10^8\text{V/m}$ 时，d 不应小于 10^{-8}m，即 10nm。对于云母，$\varepsilon\approx6\,\varepsilon_0$，$\rho=3\times10^3\text{kg/m}^3$。忽略导体之间间隔仅为 10nm 的电容器的制造相关的实际问题，由能量密度的表达式得到 $W'\approx90\text{J/kg}$。将 W' 转换为

Wh/kg(除以 3.6×10^3J/Wh)得到额定电压为 1V 的传统电容器的能量密度为

$$W'_{max}=2.5\times10^{-2}\,\text{Wh/kg}$$

传统电容器的储能能力比锂离子电池的储能能力小 4 个数量级。

储能比较

图 TF8-3 上部的表格显示了通常用于表征能量存储设备性能的 4 个属性的典型值或取值范围。除了能量密度 W'之外，它们还包括功率密度 P'、充电和放电速率，以及在性能下降之前可以承受的充电/放电循环次数。对于大多数储能设备，放电速率通常小于充电速率，但是出于讨论的目的，我们将它们视为相等。作为一阶近似，放电速率与 P'和 W'的关系式如下：

$$T=\frac{W'}{P'}$$

超级电容器比传统电容器能多存储 100～1000 倍的能量，但比电池少 10 倍(见图 TF8-3)。另外，超级电容器可以在几秒钟内释放储存的能量，而电池则需要几小时。

储能装置

特征	传统电容器	超级电容器	电池
能量密度 W'/(Wh/kg)	约10^{-2}	1～10	5～150
功率密度 P'/(W/kg)	1000～10 000	1000～5000	10～500
充电和放电速率 T	10^{-3}s	1s～1min	1～5h
循环次数 N_c	∞	约10^6	约10^3

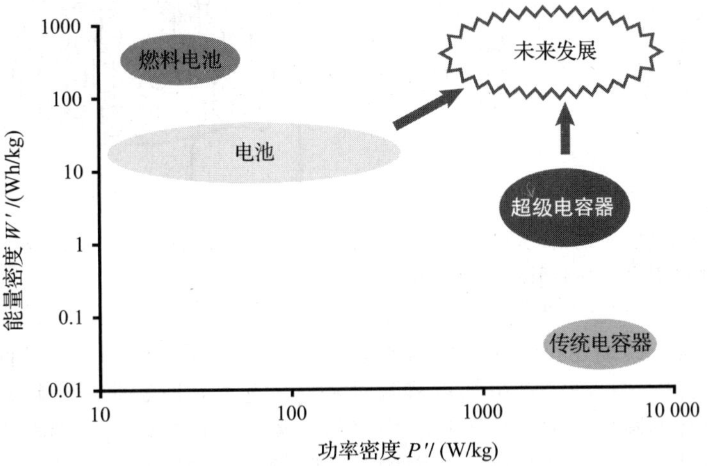

图 TF8-3　储能装置的比较

此外，超级电容器的循环次数约为 100 万次，而可充电电池的循环次数只有 1000 次。由于这些特点，超级电容器极大地扩展了电容器在电子电路和系统中的范围和使用。

未来发展

图 TF8-3 中的右上角代表 $W'\approx100\sim1000$Wh/kg，$P'\approx10^3\sim10^4$W/kg 的理想储能装置，对应的放电速率为 $T\approx10\sim100$ms。目前的研究旨在拓展电池和超级电容器的能力，朝着能源动力这个有价值的领域发展。

4.7　电介质

导体和电介质的本质区别在于导体原子最外层的电子仅被原子弱束缚，因此它们可以在材料中自由迁移，而在电介质中，它们则被原子强束缚。在没有电场的情况下，非极性分子中的电子在原子核周围形成对称的电子云，电子云的中心与原子核重合(见图 4-18a)。带正电的原子核产生的电场吸引并维持周围的电子云，相邻原子的电子云相互排斥。当导体受到外加电场的作用时，每个原子中束缚最松散的电子可以从一个原子跳到下一个原子，从而形成电流。但是，在电介质中，外加的电场 $\mathbf{E}$ 无法影响电荷的大规模迁移，因为它们都无法自由移动。取而代之的是，这种情况下，$\mathbf{E}$ 通过使电子云中心远离原子核将材料中的原子或分子*极化*(见图 4-18b)。极化的原子或分子可以用一个电偶极子来表示，该电偶极子由原子核中的电荷 $+q$ 和电子云中心的 $-q$ 组成(见图 4-18c)。每个这样的电偶极子都会建立一个小电场，该电场从带正电的原子核指向带负电的电子云中心。这种*感应电场*，称为*极化场*，通常比 $\mathbf{E}$ 弱且方向相反。因此，电介质材料中的净电场小于 $\mathbf{E}$。在微观层面上，每个偶极子都表现出类似于例 4-9 所述的偶极矩。在受均匀外部电场作用的电介质材料中，偶极子会呈线性一致排列，如图 4-19 所示。在材料的上下边缘，偶极子排列分别显示出正的表面电荷和负的表面电荷。

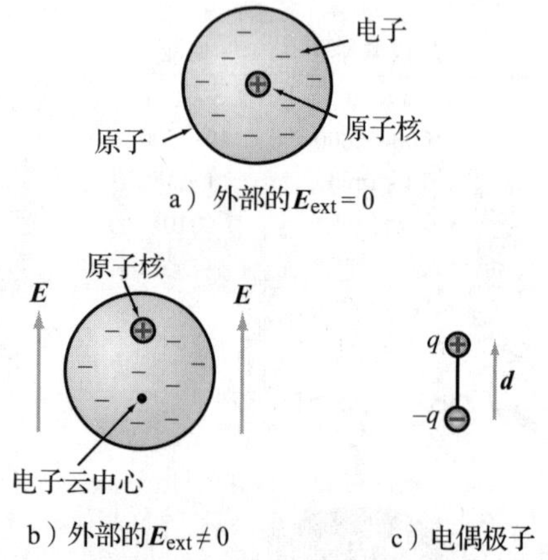

图 4-18　在没有外部电场 $\mathbf{E}$ 的情况下，电子云中心与原子核中心重合，但是当施加外部电场时，两个中心之间的距离为 d

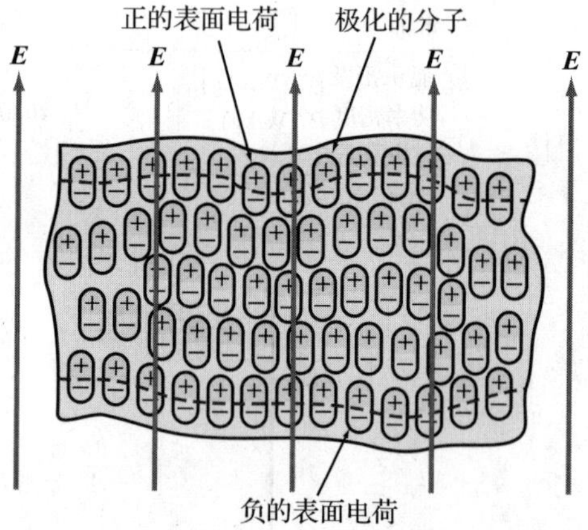

图 4-19　被外部电场 $\mathbf{E}$ 极化的电介质

需要强调的是，此描述仅适用于没有永久偶极矩的非极性分子。非极性分子只有在外加电场作用下才会极化；当外加电场被移除时，分子返回其原始非极化状态。

在诸如水的有极性材料中，分子具有内建的*永久性偶极矩*，这些偶极矩在没有外加电场的情况下是随机取向的，并且由于它们的取向随机，有极性材料的偶极矩不会产生宏观的净偶极矩(在宏观尺度上，材料中的每个点代表一个包含数千个分子的小体积)。在外加电场的作用下，永久性偶极子倾向于沿电场方向排列，类似于图 4-19 所示的非极性材料。

4.7.1　极化场

在自由空间中，$\mathbf{D}=\varepsilon_0\mathbf{E}$，而电介质材料中微观偶极子的存在使这种关系式变为

$$\mathbf{D}=\varepsilon_0\mathbf{E}+\mathbf{P} \tag{4.93}$$

式中，$\mathbf{P}$ 称为*极化场*[㊀]，说明了材料的极化特性。极化场由电场 $\mathbf{E}$ 产生，并取决于材料的

㊀ $\mathbf{P}$ 也称为极化强度。——译者注

性质。如果产生的极化场 $\boldsymbol{P}$ 的大小与 $\boldsymbol{E}$ 的大小直接成正比，则认为电介质是线性的；如果 $\boldsymbol{P}$ 和 $\boldsymbol{E}$ 方向相同，则电介质是各向同性的。有些晶体沿某些方向(例如晶轴)的极化比其他方向更强，在这种各向异性电介质中，$\boldsymbol{E}$ 和 $\boldsymbol{P}$ 可以具有不同的方向。如果媒质的本构参数(ε、μ 和 σ)在整个媒质中保持恒定，则称该媒质是均匀的。目前的讨论仅限于线性、各向同性且均匀的媒质。对于此类媒质，$\boldsymbol{P}$ 和 $\boldsymbol{E}$ 成正比，表示为

$$\boldsymbol{P}=\varepsilon_0\chi_e\boldsymbol{E} \tag{4.94}$$

式中，χ_e 称为材料的电极化率。将式(4.94)代入式(4.93)中，可得

$$\boldsymbol{D}=\varepsilon_0\boldsymbol{E}+\varepsilon_0\chi_e\boldsymbol{E}=\varepsilon_0(1+\chi_e)\boldsymbol{E}=\varepsilon\boldsymbol{E} \tag{4.95}$$

将材料的介电常数ε 定义为

$$\varepsilon=\varepsilon_0(1+\chi_e) \tag{4.96}$$

通常用相对于自由空间的介电常数ε_0 来表征材料的介电常数，也就是用相对介电常数 $\varepsilon_r=\varepsilon/\varepsilon_0$ 来表示。表 4-2 中列出了一些常用材料的ε_r 值。在自由空间，$\varepsilon_r=1$，对于大多数导体，$\varepsilon_r\approx1$。空气的相对介电常数在海平面处大约为 1.0006，并会随高度的增加而减小，直至 1。除了在某些特殊情况下，例如计算电磁波长距离穿过大气层的折射(弯曲)时，空气可以被当作自由空间来处理。

表 4-2　常用材料的相对介电常数和介电强度

材料	相对介电常数ε_r	介电强度 E_{ds}/(MV/m)
空气(海平面)	1.0006	3
石油	2.1	12
聚苯乙烯	2.6	20
玻璃	4.5～10	25～40
石英	3.8～5	30
胶木	5	20
云母	5.4～6	200

注：$\varepsilon=\varepsilon_r\varepsilon_0$ 且$\varepsilon_0=8.854\times10^{-12}$F/m。

4.7.2　介质击穿

前面的电介质极化模型假定 $\boldsymbol{E}$ 的大小不超过某个临界值，该临界值称为材料的介电强度 E_{ds}。超过这个值，电子将从分子中分离，并以传导电流的形式加速通过材料。当发生这种情况时，可能会产生火花，并且由于电子与分子结构的碰撞，电介质材料会遭受永久性损坏。这种性质上的突变称为介质击穿(dielectric breakdown)。

介电强度 E_{ds} 是材料在不会击穿情况下可以承受的 $\boldsymbol{E}$ 的最大值[⊖]。

介质击穿可发生在气体、液体和固体中，介电强度 E_{ds} 取决于材料成分、温度和湿度等因素。对于空气，E_{ds} 约为 3MV/m；对于玻璃，为 25～40MV/m；对于云母，为 200MV/m(见表 4-2)。

相对于地面的电位为 V 的带电雷雨云，在其下方的空气中感应电场 $E=V/d$，其中 d 是云层到地面的高度。如果 V 足够大，以至于 E 超过空气的介电强度，就会发生电离，闪电放电随之而来。例 4-12 讨论了平行板电容器的击穿电压 V_{br}。

⊖ E_{ds} 也称为介质的击穿场强。——译者注

例 4-12 介质击穿

在极板间距为 d 的平行板电容器中，两极板间电介质材料中的电场 E 与两极板之间的电压 V 相关，即

$$E=\frac{V}{d}$$

击穿电压 V_{br} 对应于 $E=E_{ds}$ 时的 V 值，其中 E_{ds} 是极板间介质材料的介电强度，即

$$V_{br}=E_{ds}d$$

如果 V 大于 V_{br}，则电荷将在两个极板之间产生“放电”。

填充石英的薄电容器工作于 60V。如果 $d=0.01\text{mm}$，击穿电压是多少？与工作电压相比如何？

解： 根据表 4-2，石英的 $E_{ds}=30\times10^6\text{V/m}$。因此，击穿电压为

$$V_{br}=E_{ds}d=30\times10^6\times10^{-5}\text{V}=300\text{V}$$

它比 60V 的工作电压高得多。因此，电容器不会出现介质击穿的问题。◀

概念问题 4-19： 什么是极性材料？什么是非极性材料？

概念问题 4-20： **D** 和 **E** 是否始终指向同一方向？如果不是，什么情况下不是？

概念问题 4-21： 当介质击穿时会发生什么？

4.8　电边界条件

如果一个矢量场的大小或方向均不随位置的变化而发生突变，则称该矢量场**在空间上是连续的**。

虽然电场在相邻的不同媒质中可能是连续的，但是在它们之间的边界面上也可能是不连续的。边界条件规定了两种媒质分界面上切向和法向场分量在该界面上的相互关系。在此，我们将导出适用于任意两种不同媒质的界面上的 **E**、**D** 和 **J**[⊖]的一组通用边界条件，无论它们是两种介质，还是导体和介质。当然，电介质也可以是自由空间。即使这些边界条件是在静态条件下导出的，它们对时变电场仍然有效。图 4-20 显示了介电常数为 ε_1 的媒质 1 和介电常数为 ε_2 的媒质 2 之间的分界面。在通常情况下，界面上有面电荷密度为 ρ_s 的表面电荷(与介质的极化电荷密度无关)。

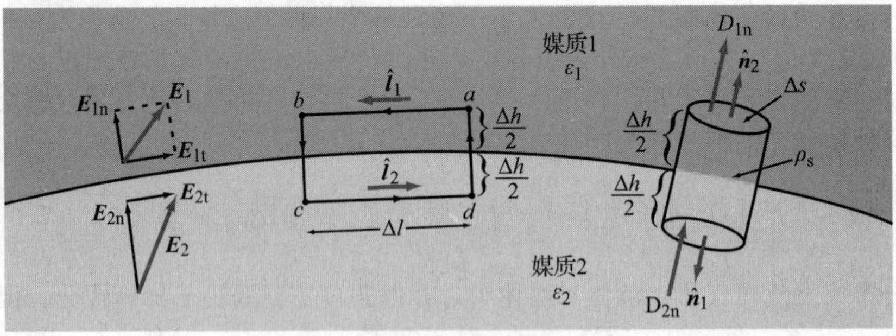

图 4-20　两种媒质之间的分界面

为了推导出 **E** 和 **D** 切向分量的边界条件，考虑图 4-20 所示的闭合矩形环路 $abcda$，并应用由式(4.40)表示的电场的保守性质，该性质描述了静电场沿闭合路径的积分始终为零。通过让 $\Delta h\to0$，bc 段和 da 段对线积分的贡献为零。因此，

⊖　这里不仅有 **J** 还应该有 ρ。——译者注

$$\oint_C \boldsymbol{E}\cdot \mathrm{d}\boldsymbol{l}=\int_a^b \boldsymbol{E}_1\cdot \hat{\boldsymbol{l}}_1 \mathrm{d}l+\int_c^d \boldsymbol{E}_2\cdot \hat{\boldsymbol{l}}_2 \mathrm{d}l=0 \tag{4.97}$$

式中，$\hat{\boldsymbol{l}}_1$ 和 $\hat{\boldsymbol{l}}_2$ 是沿着 ab 段和 cd 段的单位矢量，$\boldsymbol{E}_1$ 和 $\boldsymbol{E}_2$ 是媒质 1 和媒质 2 中的电场。接下来，将 $\boldsymbol{E}_1$ 和 $\boldsymbol{E}_2$ 分解为与边界面相切的分量和垂直的分量(见图 4-20)，即

$$\boldsymbol{E}_1=\boldsymbol{E}_{1\mathrm{t}}+\boldsymbol{E}_{1\mathrm{n}} \tag{4.98a}$$

$$\boldsymbol{E}_2=\boldsymbol{E}_{2\mathrm{t}}+\boldsymbol{E}_{2\mathrm{n}} \tag{4.98b}$$

注意 $\hat{\boldsymbol{l}}_1=-\hat{\boldsymbol{l}}_2$，因此得出

$$(\boldsymbol{E}_1-\boldsymbol{E}_2)\cdot \hat{\boldsymbol{l}}_1=0 \tag{4.99}$$

换而言之，对于所有的与边界面相切的 $\hat{\boldsymbol{l}}_1$，$\boldsymbol{E}_1$ 沿 $\hat{\boldsymbol{l}}_1$ 的分量等于 $\boldsymbol{E}_2$ 沿 $\hat{\boldsymbol{l}}_1$ 的分量。因此，

$$\boldsymbol{E}_{1\mathrm{t}}=\boldsymbol{E}_{2\mathrm{t}} \quad (\mathrm{V/m}) \tag{4.100}$$

因此，电场的切向分量在任意两种媒质的分界面上都是**连续的。**

将 $\boldsymbol{D}_1$ 和 $\boldsymbol{D}_2$ 分解为切向分量和法向分量[按照式(4.98)的方式]时，需要注意 $\boldsymbol{D}_{1\mathrm{t}}=\varepsilon_1\boldsymbol{E}_{1\mathrm{t}}$，$\boldsymbol{D}_{2\mathrm{t}}=\varepsilon_2\boldsymbol{E}_{2\mathrm{t}}$，电通量密度切向分量的边界条件为

$$\frac{\boldsymbol{D}_{1\mathrm{t}}}{\varepsilon_1}=\frac{\boldsymbol{D}_{2\mathrm{t}}}{\varepsilon_2} \tag{4.101}$$

接下来，应用式(4.29)所示的高斯定律来确定 $\boldsymbol{E}$ 和 $\boldsymbol{D}$ 法向分量的边界条件。根据高斯定律，$\boldsymbol{D}$ 通过图 4-20 所示的小圆柱体的三个表面的总外向通量必须等于包含在圆柱体内的总电荷量。使圆柱体的高度 $\Delta h\to 0$，通过侧面的总通量将趋于零。另外，即使两种媒质中碰巧都包含自由电荷密度，压缩后的圆柱体中唯一剩下的电荷就是分布在边界面上的电荷。因此，$Q=\rho_s\Delta s$，并且

$$\oint_S \boldsymbol{D}\cdot \mathrm{d}\boldsymbol{s}=\int_{\text{顶}} \boldsymbol{D}_1\cdot \hat{\boldsymbol{n}}_2 \mathrm{d}s+\int_{\text{底}} \boldsymbol{D}_2\cdot \hat{\boldsymbol{n}}_1 \mathrm{d}s=\rho_s\Delta s \tag{4.102}$$

式中，$\hat{\boldsymbol{n}}_1$ 和 $\hat{\boldsymbol{n}}_2$ 分别是圆柱体下表面和上表面的外法向单位矢量。重要的是要记住：将任何媒质表面的法向单位矢量始终定义为远离该媒质向外的方向。由于 $\hat{\boldsymbol{n}}_1=-\hat{\boldsymbol{n}}_2$，因此式(4.102)简化为

$$\hat{\boldsymbol{n}}_2\cdot(\boldsymbol{D}_1-\boldsymbol{D}_2)=\rho_s \quad (\mathrm{C/m^2}) \tag{4.103}$$

如果 $D_{1\mathrm{n}}$ 和 $D_{2\mathrm{n}}$ 表示 $\boldsymbol{D}_1$ 和 $\boldsymbol{D}_2$ 沿 $\hat{\boldsymbol{n}}_2$ 的法向分量，则

$$D_{1\mathrm{n}}-D_{2\mathrm{n}}=\rho_s \quad (\mathrm{C/m^2}) \tag{4.104}$$

$\boldsymbol{D}$ 的法向分量在两种不同媒质的带电边界面处会突然变化，其改变值等于表面电荷密度。如果边界面处不存在电荷，则 D_n 在边界面上是连续的。

$\boldsymbol{E}$ 对应的边界条件为

$$\hat{\boldsymbol{n}}_2\cdot(\varepsilon_1\boldsymbol{E}_1-\varepsilon_2\boldsymbol{E}_2)=\rho_s \tag{4.105a}$$

或

$$\varepsilon_1 E_{1\mathrm{n}}-\varepsilon_2 E_{2\mathrm{n}}=\rho_s \tag{4.105b}$$

综上所述，①$\boldsymbol{E}$ 的保守性导致 $\boldsymbol{E}$ 的切向分量在分界面上连续。

$$\nabla\times\boldsymbol{E}=0\leftrightarrow\oint_C \boldsymbol{E}\cdot \mathrm{d}\boldsymbol{l}=0 \tag{4.106}$$

②$\boldsymbol{D}$ 的散度性质导致 $\boldsymbol{D}$ 的法向分量在分界面上发生变化，变化量为 ρ_s。

$$\nabla\cdot\boldsymbol{D}=\rho_v\leftrightarrow\oint_S \boldsymbol{D}\cdot \mathrm{d}\boldsymbol{s}=Q \tag{4.107}$$

表 4-3 给出了适用于不同类型媒质分界面上的边界条件。

表 4-3 边界条件

场分量	任意两种媒质	媒质 1	媒质 2
		电介质$\boldsymbol{\varepsilon}_1$	导体
切向 $\boldsymbol{E}$	$\boldsymbol{E}_{1t}=\boldsymbol{E}_{2t}$	$\boldsymbol{E}_{1t}=\boldsymbol{E}_{2t}=0$	
切向 $\boldsymbol{D}$	$\boldsymbol{D}_{1t}/\varepsilon_1=\boldsymbol{D}_{2t}/\varepsilon_2$	$\boldsymbol{D}_{1t}=\boldsymbol{D}_{2t}=0$	
法向 $\boldsymbol{E}$	$\varepsilon_1 E_{1n}-\varepsilon_2 E_{2n}=\rho_s$	$E_{1n}=\rho_s/\varepsilon_1$	$E_{2n}=0$
法向 $\boldsymbol{D}$	$D_{1n}-D_{2n}=\rho_s$	$D_{1n}=\rho_s$	$D_{2n}=0$

注：1. ρ_s 是边界处的面电荷密度。

2. $\boldsymbol{E}_1$、$\boldsymbol{D}_1$、$\boldsymbol{E}_2$ 和 $\boldsymbol{D}_2$ 的法向分量沿媒质 2 的外法向单位矢量 $\hat{\boldsymbol{n}}_2$ 的方向。

例 4-13 边界条件的应用

x-y 平面是介电常数为$\boldsymbol{\varepsilon}_1$ 和$\boldsymbol{\varepsilon}_2$ 的两种媒质的分界面，该分界面上无自由电荷，如图 4-21 所示。如果媒质 1 中的电场为 $\boldsymbol{E}_1=\hat{\boldsymbol{x}}E_{1x}+\hat{\boldsymbol{y}}E_{1y}+\hat{\boldsymbol{z}}E_{1z}$，求：(a) 媒质 2 中的电场 $\boldsymbol{E}_2$，(b) 角度 θ_1 和 θ_2。

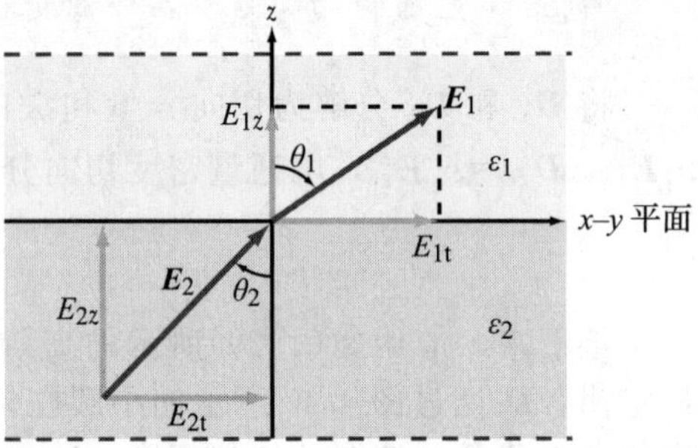

图 4-21 在两种电介质的分界面上边界条件的应用(例 4-13)

解：(a) 令 $\boldsymbol{E}_2=\hat{\boldsymbol{x}}E_{2x}+\hat{\boldsymbol{y}}E_{2y}+\hat{\boldsymbol{z}}E_{2z}$。我们的任务是根据已知 $\boldsymbol{E}_1$ 的分量求解 $\boldsymbol{E}_2$ 的分量。边界的法线是 $\hat{\boldsymbol{z}}$ 方向。因此，场的 x 和 y 分量与边界面相切，而 z 分量与边界面垂直。在无电荷界面处，$\boldsymbol{E}$ 的切向分量和 $\boldsymbol{D}$ 的法向分量都是连续的。所以，

$$E_{2x}=E_{1x},\quad E_{2y}=E_{1y}$$

$$D_{2z}=D_{1z}\ \text{或}\ \boldsymbol{\varepsilon}_2 E_{2z}=\boldsymbol{\varepsilon}_1 E_{1z}$$

因此，

$$\boldsymbol{E}_2=\hat{\boldsymbol{x}}E_{1x}+\hat{\boldsymbol{y}}E_{1y}+\hat{\boldsymbol{z}}\frac{\boldsymbol{\varepsilon}_1}{\boldsymbol{\varepsilon}_2}E_{1z} \tag{4.108}$$

(b) $\boldsymbol{E}_1$ 和 $\boldsymbol{E}_2$ 的切向分量为

$$E_{1t}=\sqrt{E_{1x}^2+E_{1y}^2},\quad E_{2t}=\sqrt{E_{2x}^2+E_{2y}^2}$$

θ_1 和 θ_2 由下式给出：

$$\tan\theta_1=\frac{E_{1t}}{E_{1z}}=\frac{\sqrt{E_{1x}^2+E_{1y}^2}}{E_{1z}}$$

$$\tan\theta_2=\frac{E_{2t}}{E_{2z}}=\frac{\sqrt{E_{2x}^2+E_{2y}^2}}{E_{2z}}=\frac{\sqrt{E_{1x}^2+E_{1y}^2}}{(\boldsymbol{\varepsilon}_1/\boldsymbol{\varepsilon}_2)E_{1z}}$$

这两个角度的关系式为

$$\frac{\tan\theta_2}{\tan\theta_1}=\frac{\boldsymbol{\varepsilon}_2}{\boldsymbol{\varepsilon}_1} \tag{4.109}$$

◀

练习 4-16 在图 4-21 中，如果 $\boldsymbol{E}_2=(\hat{\boldsymbol{x}}2-\hat{\boldsymbol{y}}3+\hat{\boldsymbol{z}}3)\,\mathrm{V/m}$，$\boldsymbol{\varepsilon}_1=2\,\boldsymbol{\varepsilon}_0$，$\boldsymbol{\varepsilon}_2=8\,\boldsymbol{\varepsilon}_0$，边界上无电荷，求 $\boldsymbol{E}_1$。

答案：$\boldsymbol{E}_1=(\hat{\boldsymbol{x}}2-\hat{\boldsymbol{y}}3+\hat{\boldsymbol{z}}12)\,\mathrm{V/m}$。(参见Ⓔⓜ)

练习 4-17 如果边界上有面电荷密度为 $\rho_s=3.54\times10^{-11}\,\mathrm{C/m^2}$ 的面电荷，重复练

习 4-16 的问题。

答案： $\boldsymbol{E}_1=(\hat{\boldsymbol{x}}2-\hat{\boldsymbol{y}}3+\hat{\boldsymbol{z}}14)\mathrm{V/m}$。(参见㊎)

4.8.1　电介质-导体边界

考虑媒质 1 为电介质，而媒质 2 为理想导体的情况。在理想导体中，由于电场和电通量为零，因此有 $\boldsymbol{E}_2=\boldsymbol{D}_2=0$，意味着 $\boldsymbol{E}_2$ 和 $\boldsymbol{D}_2$ 的切向分量和法向分量均为零。因此，由式(4.100)和式(4.104)可知，在电介质与导体边界面处的场满足

$$E_{1\mathrm{t}}=D_{1\mathrm{t}}=0 \tag{4.110a}$$

$$D_{1\mathrm{n}}=\varepsilon_1 E_{1\mathrm{n}}=\rho_{\mathrm{s}} \tag{4.110b}$$

这两个边界条件可以组合成

$$\boldsymbol{D}_1=\varepsilon_1\boldsymbol{E}_1=\hat{\boldsymbol{n}}\rho_s \quad (\text{在导体表面}) \tag{4.111}$$

式中，$\hat{\boldsymbol{n}}$ 是垂直于导体表面向外方向的单位矢量。

当 ρ_s 为正时，电场线直接指向远离导体表面的方向；当 ρ_s 为负时，电场线直接指向导体表面。

如图 4-22 所示，无限大的导体平板置于均匀电场 $\boldsymbol{E}_1$ 中。平板上方和下方电介质的介电常数均为ε_1。由于 $\boldsymbol{E}_1$ 指向远离上表面方向，因此平板上表面会感应出正电荷，其电荷密度为 $\rho_{\mathrm{s}}=\varepsilon_1|\boldsymbol{E}_1|$。而在下表面，$\boldsymbol{E}_1$ 指向该表面，因此，感应电荷的密度为$-\rho_{\mathrm{s}}$。这些表面电荷在导体内部产生电场 $\boldsymbol{E}_{\mathrm{i}}$，导致导体中的总电场 $\boldsymbol{E}=\boldsymbol{E}_1+\boldsymbol{E}_{\mathrm{i}}$。为了满足导体中 $\boldsymbol{E}$ 为零的条件，$\boldsymbol{E}_{\mathrm{i}}$ 必须等于$-\boldsymbol{E}_1$。

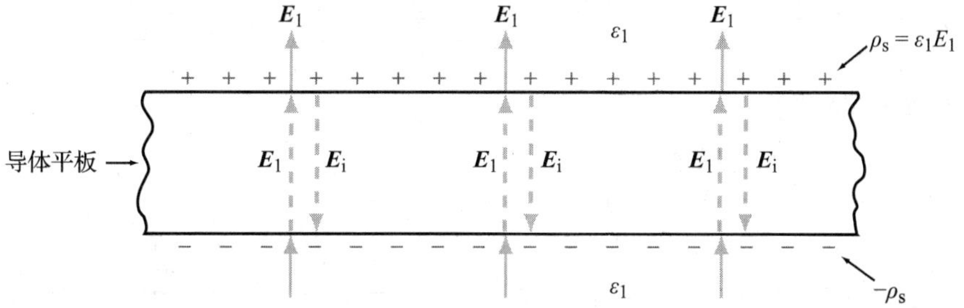

图 4-22　当导体平板放置在外电场$\boldsymbol{E}_1$ 中时，聚集在导体表面的电荷会产生内部电场$\boldsymbol{E}_{\mathrm{i}}=-\boldsymbol{E}_1$，因此，导体内部的总电场为零

如果将一个金属球放在静电场中(见图 4-23)，则正电荷和负电荷分别聚集在上半球面和下半球面上。球体的存在导致电场线弯曲以满足式(4.111)所表示的条件，也就是说，$\boldsymbol{E}$ 总是垂直于导体边界面的。

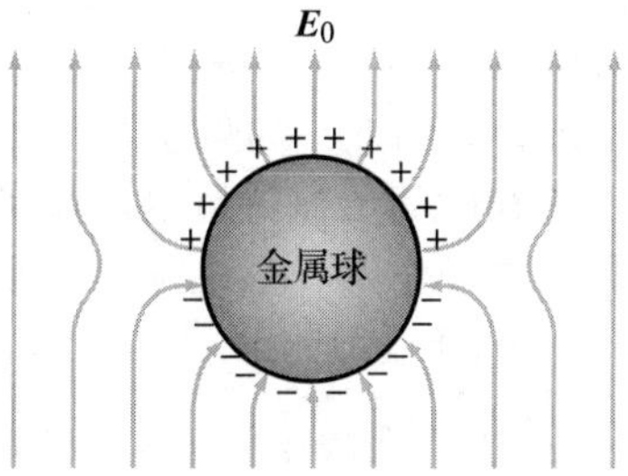

图 4-23　置于外电场$\boldsymbol{E}_0$ 中的金属球

模块 4.2(相邻电介质中的电荷)　在两个相邻的具有可选介电常数的半平面中，用户可以将点电荷放置在空间中的任意位置，并选择其大小和极性。然后，该模块可显示出 $\boldsymbol{E}$、V 和 V 的等位线。

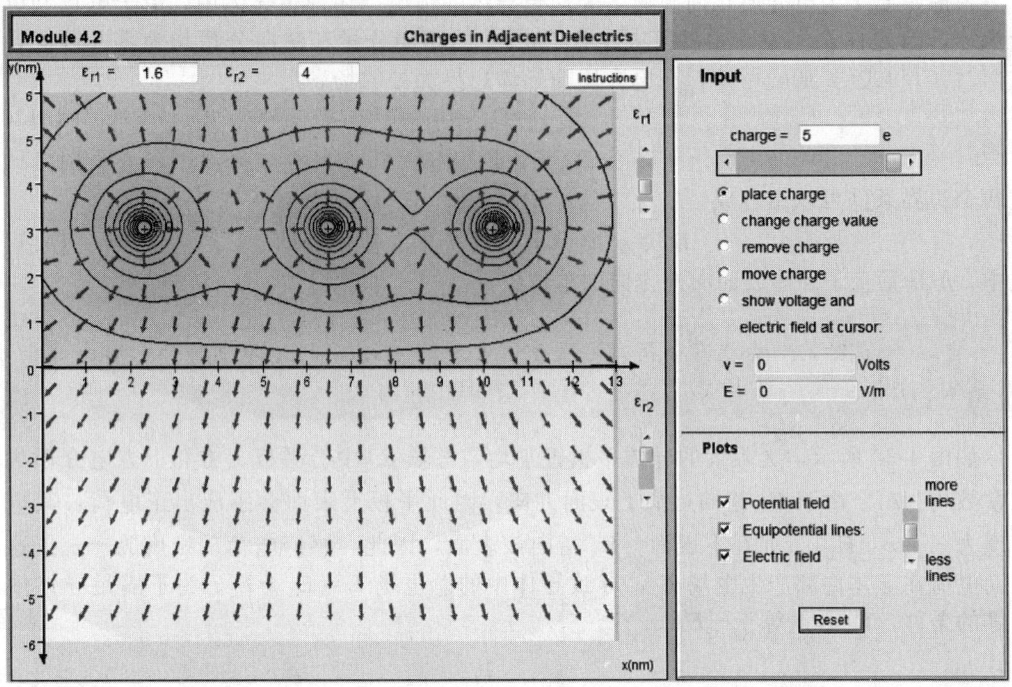

4.8.2　导体-导体边界

现在，我们考察两种媒质边界的一般情况：两者都不是理想电介质或理想导体(见图 4-24)。媒质 1 的介电常数和电导率为 ε_1 和 σ_1，媒质 2 的介电常数和电导率为 ε_2 和 σ_2，在它们之间的分界面上存在面电荷密度为 ρ_s 的面电荷。对于电场，由式(4.100)和式(4.105b)给出

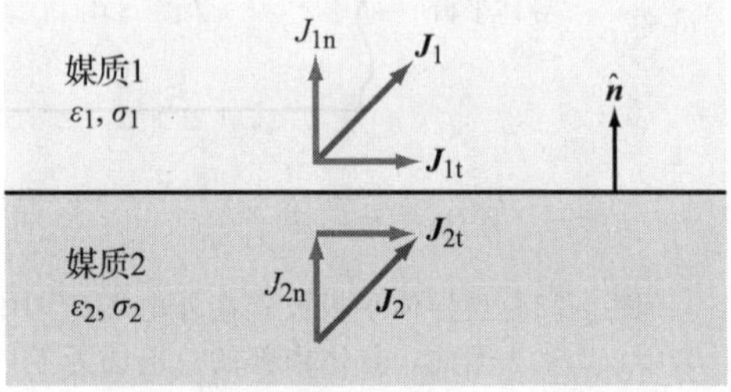

图 4-24　两种导电媒质间的边界

$$\boldsymbol{E}_{1t}=\boldsymbol{E}_{2t},\quad \varepsilon_1 E_{1n}-\varepsilon_2 E_{2n}=\rho_s \quad (4.112)$$

由于涉及的是导电媒介，电场会产生电流密度 $\boldsymbol{J}_1=\sigma_1\boldsymbol{E}_1$ 和 $\boldsymbol{J}_2=\sigma_2\boldsymbol{E}_2$。因此，

$$\frac{\boldsymbol{J}_{1t}}{\sigma_1}=\frac{\boldsymbol{J}_{2t}}{\sigma_2},\quad \varepsilon_1\frac{J_{1n}}{\sigma_1}-\varepsilon_2\frac{J_{2n}}{\sigma_2}=\rho_s \tag{4.113}$$

电流切向分量 $\boldsymbol{J}_{1t}$ 和 $\boldsymbol{J}_{2t}$ 表示在两种媒质中沿平行于边界的方向流动的电流，因此，它们之间没有电荷转移。而法向分量却并非如此。如果 $J_{1n}\neq J_{2n}$，则到达边界的电荷量与离开边界的电荷量不同。因此，ρ_s 不能在时间上保持恒定，这就违反了静电学要求所有场和电荷保持恒定的条件。因此，在静电学条件下，$\boldsymbol{J}$ 的法向分量必须在穿过两个不同媒质的边界时连续。当令式(4.113)中 $J_{1n}=J_{2n}$ 时，则有

$$J_{1n}\left(\frac{\varepsilon_1}{\sigma_1}-\frac{\varepsilon_2}{\sigma_2}\right)=\rho_s \quad (\text{静电学}) \tag{4.114}$$

概念问题 4-22：导体-电介质边界上的电场边界条件是什么？

概念问题 4-23：在静态电场条件下，要求在两个导体之间的边界处 $J_{1n}=J_{2n}$，这是为什么？

技术简介 9：电容式传感器

感知就是对刺激做出的反应(参阅有关电阻式传感器的技术简介 7)。如果刺激改变了电容器的**几何形状**，通常是其导电单元(电容器的极板)之间的间距，或位于它们之间的绝缘材料的有效**介电性质**，电容器就可以用作传感器。电容式传感器应用广泛，下面是几个例子。

液位计

图 TF9-1a 中的两个金属电极(通常是棒或板)形成一个电容器，电容值与它们之间材料的**介电常数**成正比。如果液体截面的高度为 h_f，其上方空气区域的高度为$(h-h_f)$，则总电容等于两个电容器的并联，即

$$C=C_f+C_a=\varepsilon_f w\frac{h_f}{d}+\varepsilon_a w\frac{(h-h_f)}{d}$$

式中，w 是极板的宽度，d 是极板的间距，ε_f 和ε_a 分别是液体和空气的介电常数。将表达式重新整理成线性方程：

$$C=kh_f+C_0$$

式中，常数系数 $k=(\varepsilon_f-\varepsilon_a)w/d$，$C_0=\varepsilon_a wh/d$ 是储液罐完全排空时的电容。利用线性方程，通过电桥电路测量 C 的值，来确定液体高度(见图 TF9-1b)。

输出电压 V_{out} 是电源电压 v_g、空罐电容 C_0 和未知液体高度 h_f 的函数。

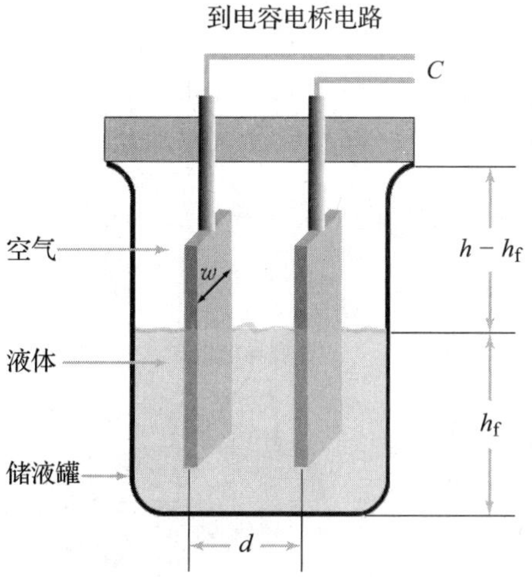

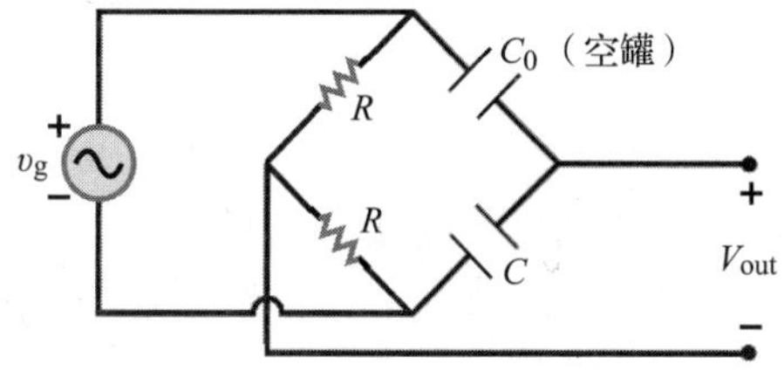

图 TF9-1　液位计和相关的电桥电路，其中 C_0 为空罐的电容，C 为被测储液罐的电容

湿度传感器

在硅基板上制备呈交指状(以提高 A/d 比)的薄膜金属电极(见图 TF9-2)，指间间距的典型值通常约为 0.2μm。电极间填充材料的有效介电常数随周围环境的相对湿度而变化，因此，电容器变为湿度传感器。

压力传感器

一个柔性金属薄膜将具有参考压力 P_0 的充油腔与另一个充有气体或液体的腔室隔开，压力传感器用来测量气体或液体的压力 P（见图 TF9-3a）。该薄膜夹在两个平行导电板之间，并且彼此电隔离，从而形成两个串联的电容器，如图 TF9-3b 所示。当 $P>P_0$ 时，薄膜会朝下板的方向弯曲，因此，d_1 增大 d_2 减小，C_1 减小 C_2 增大（见图 TF9-3c）；当 $P<P_0$ 时，则相反。采用如图 TF9-1b 所示的电容电桥电路，可以对传感器进行校准，测量压力 P 的精度更高。

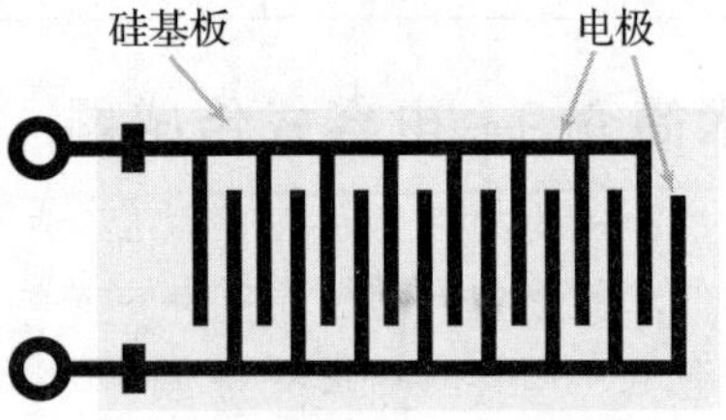

图 TF9-2 用作湿度传感器的交指电容器

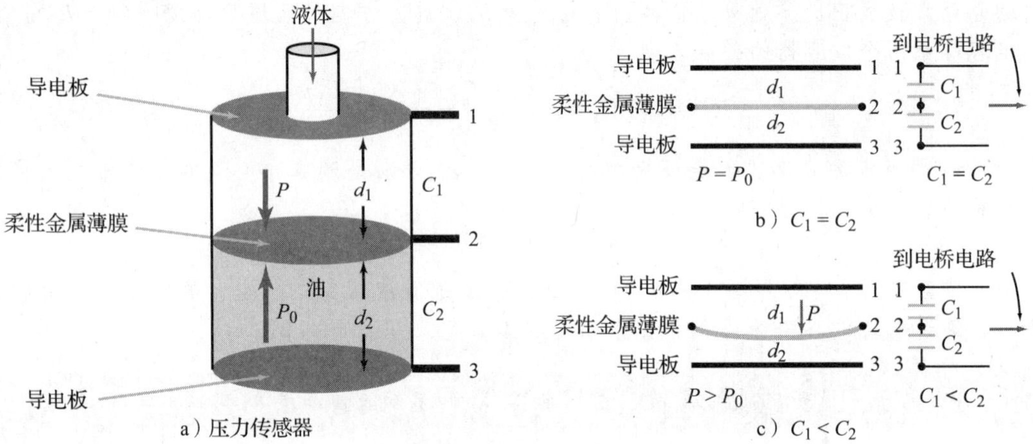

图 TF9-3 压力传感器对柔性金属薄膜形变的响应

非接触式传感器

精密定位是半导体器件制造以及许多机械系统操作和控制的关键组成部分，非接触式传感器用来感知沉积、蚀刻和切割过程中硅晶圆的位置，而无须与晶圆直接接触。

> 非接触式传感器也用于在设备制造中的感知和控制机器人手臂，以及定位硬盘驱动器、复印机滚筒、印刷机和其他类似的系统。

图 TF9-4 中的同心板电容器由两个共享同一平面的金属导电板组成，但这两个金属导电板通过绝缘材料彼此电隔离。当连接到电压源时，两块导电板上会形成极性相反的电荷，从而在两块导电板之间形成电场。同样的原理适用于图 TF9-5 中的邻近平板电容器。在这两种情况下，电容值取决于导电元件的形状和尺寸，以及导电元件之间含有电场线的电介质的有效介电常数。通常，电容器表面会覆盖一层不导电材料薄膜，目的是保持平板表面清洁无尘。

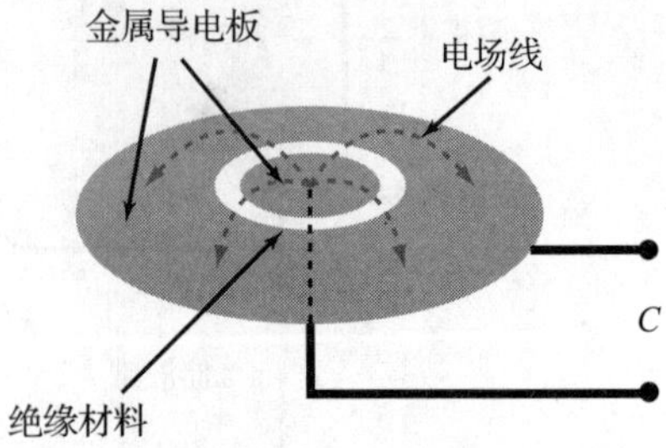

图 TF9-4 同心板电容器

> 在电容器附近引入外部物体（见图 TF9-5b）会改变媒质的有效介电常数，扰动电场线，并改变平板上的电荷分布。

这反过来又改变了电容值，该电容值可以用电容表或电桥电路来测量。因此，电容器成为近距离传感器，并且其灵敏度部分取决于外部物体介电常数与未受扰动媒质介电常数的差异程度，以及其是否由导电材料制成。

指纹成像仪

非接触式传感器的一个有趣延伸是指纹成像仪的开发，指纹成像仪是由二维阵列电容式传感器单元组成的，用于记录指纹的电表征（见图 TF9-6）。每个传感器单元都由一个连接到电容测量电路的邻近平板电容器组成（见图 TF9-7）。指纹成像仪的整个表面被一层不导电的氧化物薄膜覆盖。当手指放在氧化物薄膜表面上时，它会根据指纹的脊和谷与传感器单元之间的距离，不同程度地扰动各个传感器单元的电场线。

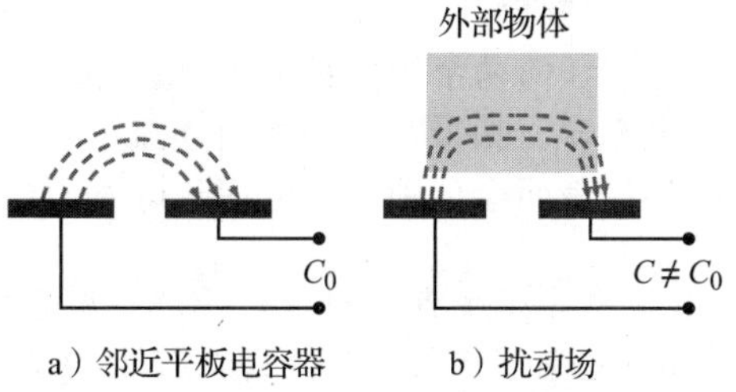

图 TF9-5 邻近平板电容器及其扰动场

考虑到单个传感器的侧面尺寸为 65μm 的量级，成像仪能够以每英寸[⊖] 400 个点或更好的分辨率记录指纹图像。

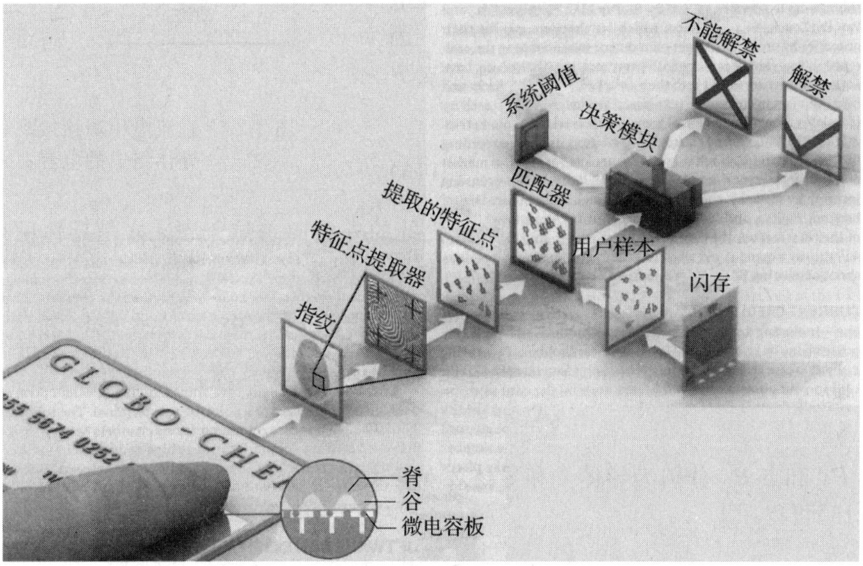

图 TF9-6 指纹匹配系统的组成

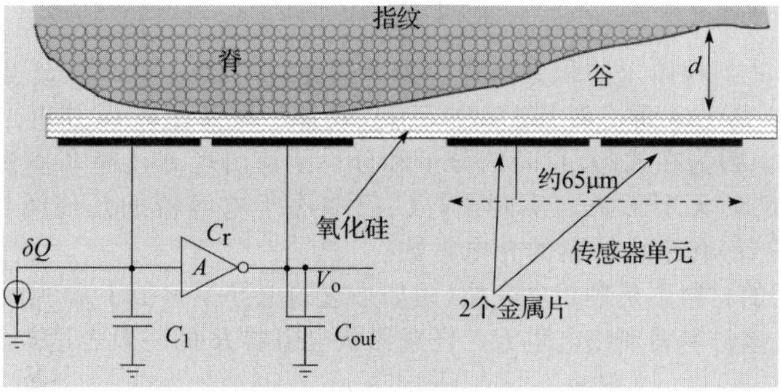

图 TF9-7 指纹识别表征

⊖ 1 英寸等于 2.54 厘米。——编辑注

4.9 电容

当任何两个导体被绝缘(电介质)媒质隔开时，无论它们形状和大小如何，均会形成一个电容器。如果在它们之间连接了一个直流电压源(见图 4-25)，则连接到电源正极和负极的导体表面会分别积聚电荷＋Q 和－Q。

当导体中存在额外电荷时，电荷会分布在导体表面，使导体内各处电场保持为零，从而确保导体中每一点的电位都相同。

双导体结构的电容定义为

$$C=\frac{Q}{V}\quad (\mathrm{C/V} \text{ 或 } \mathrm{F}) \tag{4.115}$$

式中，V 是导体之间的电位(电压)差。电容的单位为 F(法拉)，相当于 C/V(库仑每伏)。

导体表面上存在的自由电荷会产生电场 $\boldsymbol{E}$(见图 4-25)，该电场线源于正电荷，终于负电荷。由于导体表面上 $\boldsymbol{E}$ 的切向分量始终为零，因此 $\boldsymbol{E}$ 总是垂直于导体表面。导体表面上任意点 $\boldsymbol{E}$ 的法向分量为

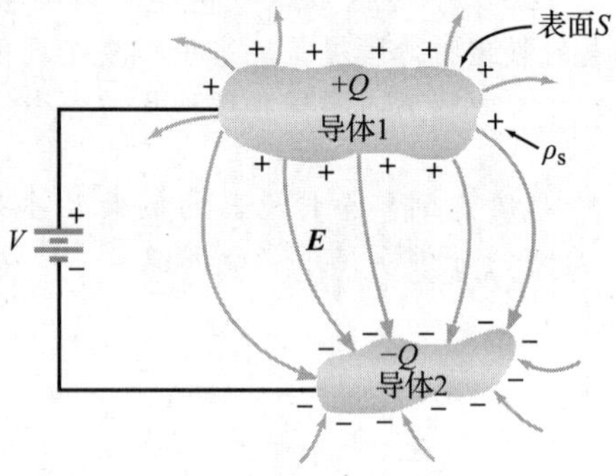

图 4-25 直流电压源连接到由两个导体组成的电容器

$$E_n=\hat{\boldsymbol{n}}\cdot\boldsymbol{E}=\frac{\rho_s}{\varepsilon}\quad(\text{在导体表面}) \tag{4.116}$$

式中，ρ_s 是该点的面电荷密度，$\hat{\boldsymbol{n}}$ 是同一位置处的外法向单位矢量，ε 是导体间电介质媒质的介电常数。电荷 Q 等于表面 S 上 ρ_s 的积分(见图 4-25)：

$$Q=\int_S\rho_s\,\mathrm{d}s=\int_S\varepsilon\hat{\boldsymbol{n}}\cdot\boldsymbol{E}\,\mathrm{d}s=\int_S\varepsilon\boldsymbol{E}\cdot\mathrm{d}\boldsymbol{s} \tag{4.117}$$

式中使用了式(4.116)。由式(4.39)可得电压 V 与 $\boldsymbol{E}$ 的关系式为

$$V=V_{12}=-\int_{P_2}^{P_1}\boldsymbol{E}\cdot\mathrm{d}\boldsymbol{l} \tag{4.118}$$

式中，点 P_1 和点 P_2 分别为导体 1 和导体 2 上任意的两个点。将式(4.117)和式(4.118)代入式(4.115)可得

$$C=\frac{\int_S\varepsilon\boldsymbol{E}\cdot\mathrm{d}\boldsymbol{s}}{-\int_l\boldsymbol{E}\cdot\mathrm{d}\boldsymbol{l}}\quad(\mathrm{F}) \tag{4.119}$$

式中，l 是从导体 2 到导体 1 的积分路径。为了避免应用式(4.119)时产生符号错误，重要的是要记住表面 S 是＋Q 面，而且 P_1 在 S 上(或者，如果计算 C 并得出负的结果，只需要改变符号即可)。因为在式(4.119)的分子和分母中均出现 $\boldsymbol{E}$，那么任意特定结构的电容器的 C 值始终与 $\boldsymbol{E}$ 的大小无关。实际上，C 仅取决于电容器的几何结构(两个导体的尺寸、形状和相对位置)和绝缘材料的介电常数。

如果导体之间的材料不是理想电介质(即如果它的电导率 σ 很小)，则电流可以流过导体之间的材料，并且该材料表现出电阻 R。任意形状电阻器 R 的一般表达式由式(4.81)给出：

$$R=\frac{-\int_l\boldsymbol{E}\cdot\mathrm{d}\boldsymbol{l}}{\int_S\sigma\boldsymbol{E}\cdot\mathrm{d}\boldsymbol{s}}\quad(\Omega) \tag{4.120}$$

对于具有均匀 σ 和 ε 的媒质，式(4.119)和式(4.120)的乘积为

$$RC=\frac{\varepsilon}{\sigma} \tag{4.121}$$

这个简单的关系式使我们在已知 C 的情况下能够求出 R，反之亦然。

模块 4.3(导体平面上的电荷) 将电荷放置在与导体平面相邻的电介质中时，导体中的一些电荷会移动到其表面边界上，从而满足表 4-3 中给出的边界条件。该模块显示各处的 $\boldsymbol{E}$ 和 V，并显示在电介质-导体边界处的 ρ_s。

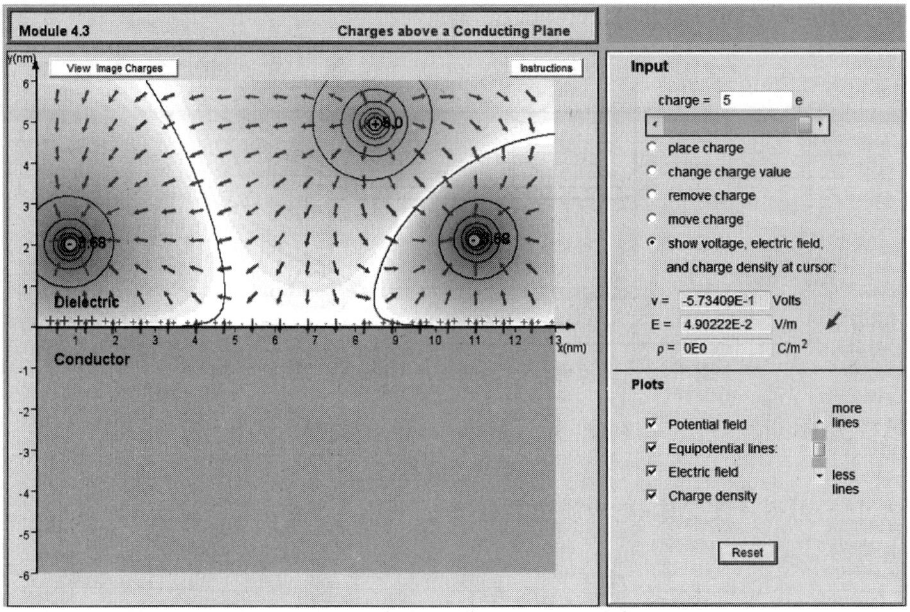

模块 4.4(导体球附近的电荷) 该模块类似于模块 4.3，不同之处在于该模块的导体是一个可选择尺寸的球体。

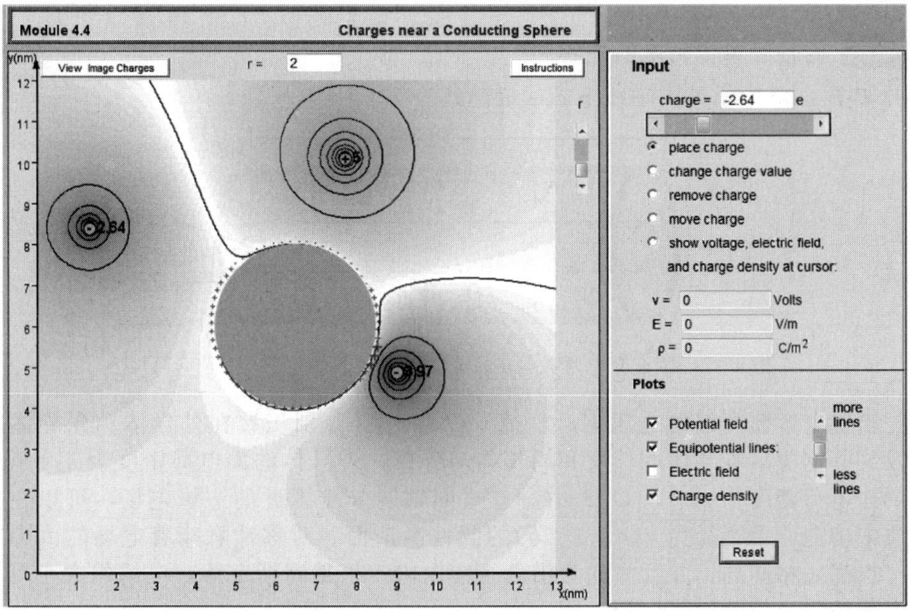

例 4-14 平行板电容器的电容

推导由两个平行板组成的平行板电容器电容 C 的表达式，这里每个板的表面积为 A，两板隔开的距离为 d。电容器中填充介电常数为ε 的电介质材料。

解： 在图 4-26 中，将电容器的下极板放置在 x-y 平面，上极板放置在 $z=d$ 平面。由于施加的电压差为 V，电荷 $+Q$ 和 $-Q$ 分别聚集在电容器顶部和底部极板上。如果极板的尺寸比间距 d 大得多，则这些电荷将近似均匀地分布在整个极板上，并在它们之间产生一个指向 $-\hat{z}$ 方向的准均匀场。另外，在电容器边缘附近将存在*边缘电场*，但是由于大部分电场存在于两极板之间，因此其影响可以忽略。

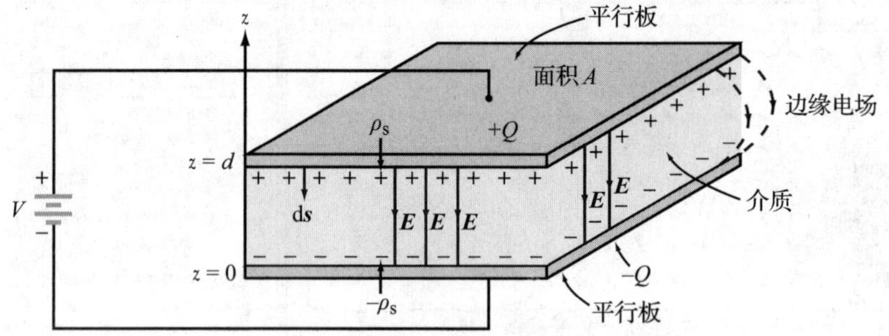

图 4-26　直流电压源连接到平行板电容器(例 4-14)

上极板上的电荷密度为 $\rho_s=Q/A$。因此，在电介质中：

$$\boldsymbol{E}=-\hat{z}E$$

并由式(4.116)可得，在导体-电介质边界处 $\boldsymbol{E}$ 的大小为 $E=\rho_s/\varepsilon=Q/\varepsilon A$。由式(4.118)可得，电压差为

$$V=-\int_0^d \boldsymbol{E}\cdot \mathrm{d}\boldsymbol{l}=-\int_0^d(-\hat{z}E)\cdot\hat{z}\,\mathrm{d}z=Ed \tag{4.122}$$

电容为

$$C=\frac{Q}{V}=\frac{Q}{Ed}=\frac{\varepsilon A}{d} \tag{4.123}$$

式中使用了关系式 $E=Q/\varepsilon A$。◀

例 4-15 同轴线单位长度的电容

推导如图 4-27 所示的同轴线电容的表达式。

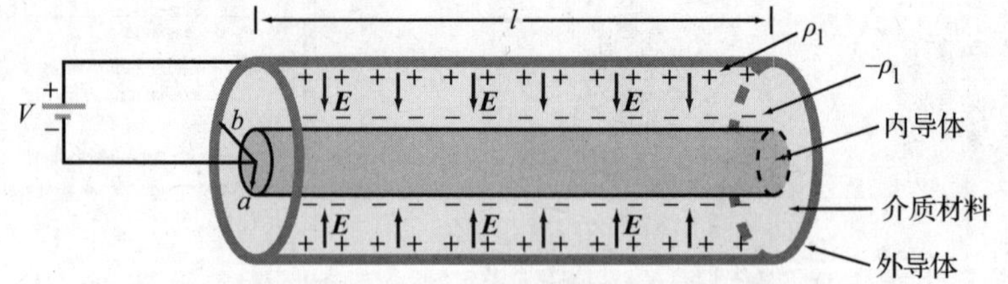

图 4-27　填充介电常数为ε 的绝缘材料的同轴电容器(例 4-15)

解： 给定电容器两端的电压 V，电荷 $+Q$ 和 $-Q$ 分别积聚在外导体和内导体的表面上。假设这些电荷沿着导体的长度和周长均匀分布，外导体的面电荷密度为 $\rho_s'=Q/2\pi bl$，内导体的面电荷密度为 $\rho_s''=-Q/2\pi al$。忽略同轴线末端附近的边缘电场，可以在导体间的电介质中构造一个半径为 $r(a<r<b)$的圆柱高斯面。对称性意味着电场的大小在此面上的所有点都是相同的，并且方向为沿着径向向内。根据高斯定律，电场的大小等于所包围的总电荷的绝对值除以表面积，即

$$\boldsymbol{E}=-\hat{\boldsymbol{r}}\frac{Q}{2\pi\varepsilon rl} \tag{4.124}$$

外导体和内导体之间的电位差 V 为

$$V=-\int_a^b \boldsymbol{E}\cdot \mathrm{d}\boldsymbol{l}=-\int_a^b\left(-\hat{\boldsymbol{r}}\frac{Q}{2\pi\varepsilon rl}\right)\cdot(\hat{\boldsymbol{r}}\mathrm{d}r)=\frac{Q}{2\pi\varepsilon l}\ln\left(\frac{b}{a}\right) \tag{4.125}$$

则电容 C 为

$$C=\frac{Q}{V}=\frac{2\pi\varepsilon l}{\ln(b/a)} \tag{4.126}$$

同轴线单位长度的电容为

$$C'=\frac{C}{l}=\frac{2\pi\varepsilon}{\ln(b/a)}\quad(\mathrm{F/m}) \tag{4.127}$$

◀

概念问题 4-24： 双导体结构的电容与导体间绝缘材料的电阻有什么关系？

概念问题 4-25： 什么是边缘电场？在什么情况下可以将其忽略？

4.10 静电位能

连接到电容器上的电源在给电容器充电时消耗能量，如果电容器极板由有效电阻为零的良导体制成且两个极板之间介质的电导率可以忽略，则没有真正的电流可以流过介质，电容器的任何位置都不会发生欧姆损耗。那么给电容器充电所消耗的能量会流向何处呢？能量最终以静电位能的形式存储在电介质中，储存的能量 W_e 与 Q、C 和 V 有关。

假设通过将电容器两端的电压从 $v=0$ 升高到 $v=V$ 来给电容器充电，在此过程中，电荷 $+q$ 累积在一个导体上，$-q$ 累积在另一个导体上。实际上，电荷 q 已从其中一个导体转移到另一个导体。电容器两端的电压 v 与 q 的关系式为

$$v=\frac{q}{C} \tag{4.128}$$

根据 v 的定义，将额外增量电荷 $\mathrm{d}q$ 从一个导体转移到另一个导体所需要做的功 $\mathrm{d}W_e$ 为

$$\mathrm{d}W_e=v\,\mathrm{d}q=\frac{q}{C}\mathrm{d}q \tag{4.129}$$

如果我们在一个初始不带电的电容器的导体之间转移的总电荷为 Q，则所做的总功为

$$W_e=\int_0^Q\frac{q}{C}\mathrm{d}q=\frac{1}{2}\frac{Q^2}{C}\quad(\mathrm{J}) \tag{4.130}$$

使用 $C=Q/V$，式中 V 是最终的电压，则 W_e 也可以表示为

$$W_e=\frac{1}{2}CV^2\quad(\mathrm{J}) \tag{4.131}$$

例 4-14 讨论的平行板电容器的电容由式(4.123)给出，即 $C=\varepsilon A/d$，式中 A 是单个极板的面积，d 是两极板之间的距离。同样，电容器两端的电压 V 与介质中电场 E 的大小有关，即 $V=Ed$。在式(4.131)中使用这两个表达式，可得

$$W_e=\frac{1}{2}\frac{\varepsilon A}{d}(Ed)^2=\frac{1}{2}\varepsilon E^2(Ad)=\frac{1}{2}\varepsilon E^2 \upsilon \tag{4.132}$$

式中，$\upsilon=Ad$ 是电容器的体积。该表达式肯定了在本节开始时所作的断言，即在电容器充电时所消耗的能量被存储在两个导体之间存在电场的电介质材料中。

静电能量密度 w_e 定义为单位体积的静电位能 W_e：

$$w_e=\frac{W_e}{\upsilon}=\frac{1}{2}\varepsilon E^2\quad(\mathrm{J/m^3}) \tag{4.133}$$

虽然该表达式是针对平行板电容器得出的，但是它同样适用于任何含有电场 $\boldsymbol{E}$ 的介质，包括真空。此外，对于任何体积 υ，其存储的总静电位能为

$$W_e = \frac{1}{2}\int_{\upsilon} \varepsilon E^2 \mathrm{d}\upsilon \quad (\mathrm{J}) \tag{4.134}$$

回到平行板电容器，带相反电荷的平板通过电场力 $\boldsymbol{F}_e$ 彼此吸引。根据图 4-28 的坐标系，作用在上极板的电场力沿 $-\hat{\boldsymbol{z}}$ 方向（由于受下极板的吸引）。

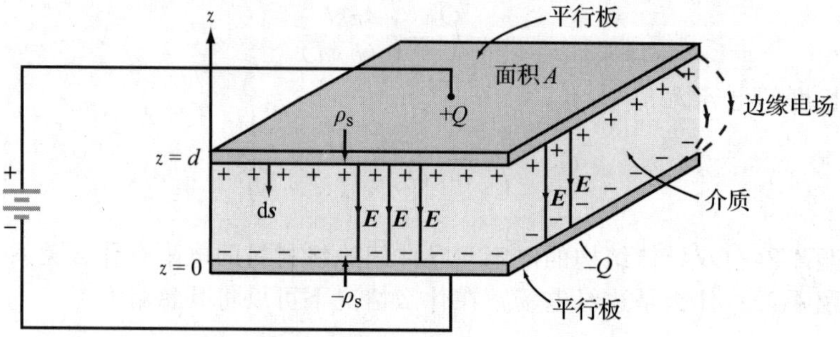

图 4-28 直流电压源连接到平行板电容器

因此，可以得到

$$\boldsymbol{F}_e = -\hat{\boldsymbol{z}}F_e \quad （作用在上极板的力） \tag{4.135}$$

我们的计划是从能量的角度来计算 $\boldsymbol{F}_e$。首先将间距 d 转换为变量 z，并将 $C=\varepsilon A/z$ 代入式(4.131)，可得

$$W_e = \frac{1}{2}CV^2 = \frac{1}{2}\frac{\varepsilon AV^2}{z} \tag{4.136}$$

如果 V 保持恒定，则增加极板的间距 z 时，W_e 会减小。如果施加一个向上的外力 $\boldsymbol{F}=-\boldsymbol{F}_e$ 来抵抗静电力 $\boldsymbol{F}_e$，并使上极板向上移动距离 $\mathrm{d}z$，则所消耗的机械功为

$$\mathrm{d}W = \boldsymbol{F}\cdot\hat{\boldsymbol{z}}\mathrm{d}z \tag{4.137}$$

$\mathrm{d}W$ 等于电容器中存储的静电能的损失，即

$$\mathrm{d}W = -\mathrm{d}W_e \tag{4.138}$$

同样，$\boldsymbol{F}_e=-\boldsymbol{F}$，则

$$\mathrm{d}W_e = \boldsymbol{F}_e\cdot\hat{\boldsymbol{z}}\mathrm{d}z = -\hat{\boldsymbol{z}}F_e\cdot\hat{\boldsymbol{z}}\mathrm{d}z = -F_e\mathrm{d}z \tag{4.139}$$

由式(4.136)可得

$$\mathrm{d}W_e = -\frac{1}{2}\varepsilon\frac{AV^2}{z^2}\mathrm{d}z \tag{4.140}$$

将式(4.139)和式(4.140)中的 z 用 d 替换得到

$$F_e = \frac{1}{2}\varepsilon\frac{AV^2}{d^2} \tag{4.141a}$$

$$\boldsymbol{F}_e = -\hat{\boldsymbol{z}}\,\frac{1}{2}\varepsilon A\,\frac{V^2}{d^2}(\mathrm{N}) \quad （平行板电容器） \tag{4.141b}$$

这是施加在上极板的静电力。作用在下极板的力与之大小相同，方向相反。

式(4.139)给出的关系适用于 $\mathrm{d}\boldsymbol{l}=\hat{\boldsymbol{z}}\mathrm{d}z$ 的电容器。以上结果可以推广到 $\mathrm{d}\boldsymbol{l}$ 沿任意方向的情况，即

$$\boldsymbol{F}_e = -\nabla W_e \tag{4.142}$$

例 4-16 作用在滑动介质上的力

如图 4-29 所示的平行板电容器极板的长度为 l，宽度为 w，它们之间的间距为 d。电

容器中含有一个尺寸为 $l\times w\times d$ 且介电常数为ε 的介质块。这个介质块可以沿其长度方向滑入和滑出电容器腔。当介质块部分位于腔外且电容器两端电压为 V 时，计算作用在介质块上的力 $\boldsymbol{F}_e$。

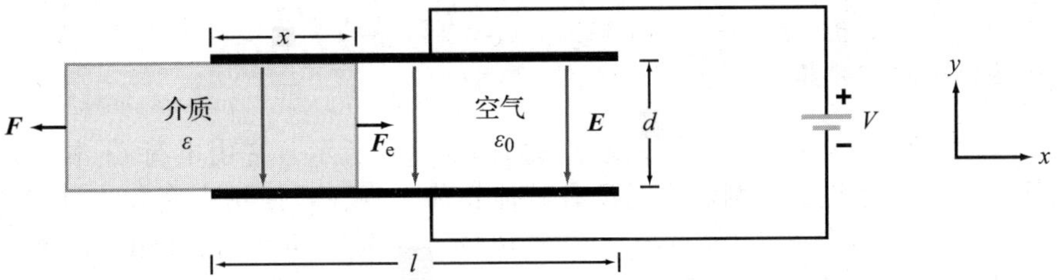

图 4-29 具有可滑动介质块的平行板电容器

解： 由式(4.122)可知，电容器腔内的电场为

$$E=\frac{V}{d}$$

在包含介质块的截面和空气截面中都如此。电容器的总静电能由两部分组成：一部分是体积为 $v_1=xwd$ 且介电常数为ε 的介质块中的静电能；另一部分是体积为 $v_2=(l-x)wd$ 且介电常数为ε_0 的空气中的静电能。因此，

$$\begin{aligned}W_e&=\frac{1}{2}\varepsilon E^2 v_1+\frac{1}{2}\varepsilon_0 E^2 v_2=\frac{1}{2}\varepsilon\left(\frac{V}{d}\right)^2 xwd+\frac{1}{2}\varepsilon_0\left(\frac{V}{d}\right)^2(l-x)wd\\&=\frac{1}{2}\frac{V^2}{d}w\left[\varepsilon x+\varepsilon_0(l-x)\right]\end{aligned}\tag{4.143}$$

由于$\varepsilon>\varepsilon_0$，因此当 $x=l$(介质块完全位于腔内)时，静电能最大。将介质块从电容器中滑出时，需要施加外部机械力 $\boldsymbol{F}$ 来对抗静电力 $\boldsymbol{F}_e$，静电力 $\boldsymbol{F}_e$ 的趋势是抵抗 W_e 的减小。因此，$\boldsymbol{F}_e$ 的方向是将介质块拉回到电容器中。

$\boldsymbol{F}_e$ 的大小可由下式得到：

$$F_e=\frac{\mathrm{d}W_e}{\mathrm{d}x}=\frac{\mathrm{d}}{\mathrm{d}x}\left\{\frac{1}{2}\frac{V^2}{d}w\left[\varepsilon x+\varepsilon_0(l-x)\right]\right\}=\frac{1}{2}\frac{V^2}{d}w(\varepsilon-\varepsilon_0)\tag{4.144}$$

◀

概念问题 4-26： 为了将电荷 q 从无穷远移动到空间中的给定点，需要消耗一定量的功 W。W 对应的能量去哪里了？

概念问题 4-27： 当电压源跨接在电容器上时，作用在其两个导电面上的电场力是什么方向？

练习 4-18 同轴电缆的内导体和外导体的半径分别为 2cm 和 5cm，它们之间绝缘材料的相对介电常数为 4。外导体上的(等效)线电荷密度为 $\rho_l=10^{-4}$C/m。使用例 4-15 中导出的 $\boldsymbol{E}$ 的表达式计算存储在长度为 20cm 电缆中的总能量。

答案： $W_e=4.1$J。(参见Ⓔⓜ)

4.11 镜像法

考虑一个点电荷位于水平无限大的理想导电板上方距离 d 处的情况(见图 4-30a)。我们希望确定平板上方空间中任意点的 V 和 $\boldsymbol{E}$，以及平板表面上的面电荷分布。本章介绍了求解 $\boldsymbol{E}$ 的三种方法，第一种方法基于库仑定律，需要知道所有电荷的大小和位置。在该情况下，电荷 Q 在平板上感应出未知且不均匀的电荷分布，因此，不能采用库仑法。第二种方法基于高斯定律，同样难以使用，因为目前还不清楚如何构造一个高斯曲面，使 $\boldsymbol{E}$ 仅

与之相切或仅与之垂直。第三种方法是在已知边界条件下求解 V 的泊松方程或拉普拉斯方程后，再使用 $\mathbf{E}=-\nabla V$ 来计算电场，但这涉及数学问题。换一种思路，当前的问题可以使用镜像理论来解决。

在无限大的理想导体平面上方，任意给定的电荷结构等效于移走导体平面后给定电荷结构及其镜像结构的组合。

位于导体平面上方电荷 Q 的等效镜像法如图 4-30b 所示。它由电荷 Q 本身和与 Q 相距 $2d$ 的镜像电荷 $-Q$ 组成，两者之间没有其他物体。现在，使用库仑方法可以很容易求出由两个孤立点电荷在任意点(x,y,z)产生的电场，如例 4-17 所示。根据对称性，两个电荷的组合在原导体平面上的任意点产生的电位 $V=0$。如果电荷所在的空间存在一个以上的接地平面，就有必要建立其相对于每一个平面的像，然后在其余平面上建立这些像的像。这个过程一直继续，直到所有接地平面上都满足 $V=0$ 的条件。镜像法不仅适用于点电荷，而且也适用于分布电荷，例如图 4-31 所示的线分布电荷和体分布电荷。一旦确定了 $\mathbf{E}$，平板上的感应电荷可由下式求出：

$$\rho_s=(\hat{\mathbf{n}}\cdot\mathbf{E})\varepsilon_0 \tag{4.145}$$

式中，$\hat{\mathbf{n}}$ 是平面的法向单位矢量(见图 4-30a)。

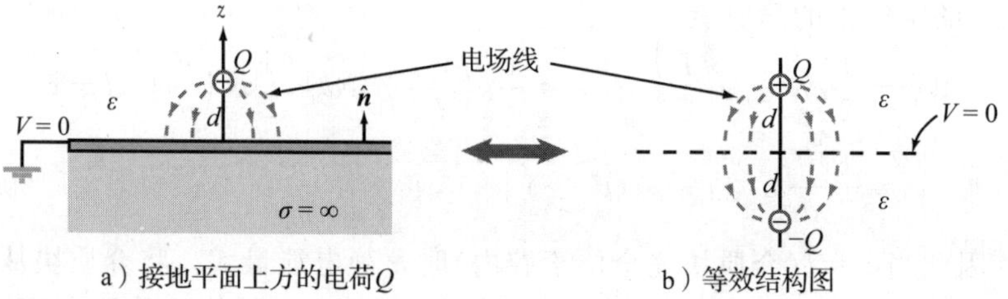

图 4-30 根据镜像理论，接地的理想导体平面上方的电荷 Q 等效于移走接地平面后的 Q 及其镜像 $-Q$

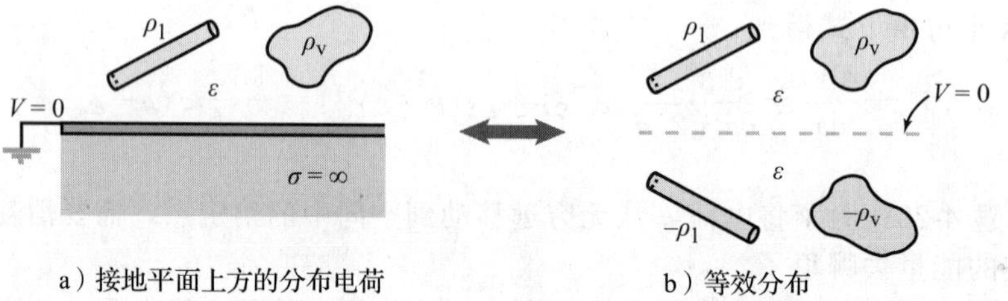

图 4-31 导体平面上方的分布电荷及其镜像法的等效分布

例 4-17 导体平面上方电荷的镜像法

使用镜像法，确定 $z>0$ 区域中任意点 $P(x,y,z)$处，由自由空间中与 $z=0$ 的接地导体平面距离为 d 的电荷 Q 产生的 $\mathbf{E}$。

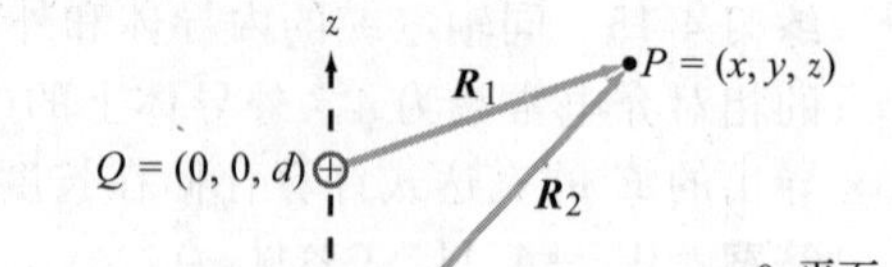

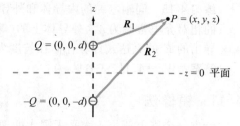

图 4-32 应用镜像法求 P 点的 $\mathbf{E}$(例 4-17)

解：在图 4-32 中，电荷 Q 位于点$(0,0,d)$，其镜像 $-Q$ 位于点$(0,0,-d)$。由式(4.19)可知，两个电荷在点 $P(x,y,z)$处产生的电场为

$$\mathbf{E}=\frac{1}{4\pi\varepsilon_0}\left(\frac{Q\mathbf{R}_1}{R_1^3}+\frac{-Q\mathbf{R}_2}{R_2^3}\right)=\frac{Q}{4\pi\varepsilon_0}\left\{\frac{\hat{\mathbf{x}}x+\hat{\mathbf{y}}y+\hat{\mathbf{z}}(z-d)}{[x^2+y^2+(z-d)^2]^{3/2}}-\frac{\hat{\mathbf{x}}x+\hat{\mathbf{y}}y+\hat{\mathbf{z}}(z+d)}{[x^2+y^2+(z+d)^2]^{3/2}}\right\}$$

式中，$z>0$。◀

概念问题 4-28：镜像法的基本前提是什么？

概念问题 4-29：在给定电荷分布的情况下，本章介绍的计算空间给定点电场 $\boldsymbol{E}$ 的方法有哪几种？

练习 4-19 使用例 4-17 的结果求出导体表面上的面电荷密度 ρ_s。

答案：$\rho_s=-Qd/[2\pi(x^2+y^2+d^2)^{3/2}]$。（参见㊣）

习题

4.2 节

* 4.1 在直角坐标系中，一个边长 2m 的立方体位于第一象限，其中一个角位于原点。如果体电荷密度为 $\rho_v=xy^2e^{-2z}$ (mC/m³)，求立方体中的总电荷。

4.2 若 $\rho_v=20rz$ (mC/m³)，求由 $r\leqslant 2$m 和 $0\leqslant z\leqslant 3$m 定义的圆柱体中的总电荷。

* 4.3 若 $\rho_v=10R^2\cos^2\theta$ (mC/m³)，求由 $R\leqslant 2$m 和 $0\leqslant\theta\leqslant\pi/4$ 定义的圆锥中的总电荷。

4.4 若线电荷密度为 $\rho_l=24y^2$ (mC/m)，求 y 轴上从 $y=-5$ 到 $y=5$ 线段上分布的总电荷。

4.5 在下列给定面电荷密度的情况下，求由 $r\leqslant a$ 和 $z=0$ 定义的圆盘上的总电荷：

(a) $\rho_s=\rho_{s0}\cos\phi$ (C/m²)

(b) $\rho_s=\rho_{s0}\sin^2\phi$ (C/m²)

(c) $\rho_s=\rho_{s0}e^{-r}$ (C/m²)

(d) $\rho_s=\rho_{s0}e^{-r}\sin^2\phi$ (C/m²)

式中，ρ_{s0} 是常数。

4.6 如果 $\boldsymbol{J}=\hat{\boldsymbol{y}}4xz$ (A/m²)，计算流过四个角的坐标为(0,0,0)、(2,0,0)、(2,0,2)和(0,0,2)的正方形的电流 I。

* 4.7 如果 $\boldsymbol{J}=\hat{\boldsymbol{R}}5/R$ (A/m²)，求通过 $R=5$m 的球面的电流 I。

4.8 半径为 r_0 的圆柱状电子束的电荷密度为

$$\rho_v=\frac{-\rho_0}{1+r^2}\quad (\text{C/m}^3)$$

式中，ρ_0 为正常数。电子束的轴与 z 轴重合。

(a) 计算长度为 L 的电子束中的总电荷；

(b) 如果电子以均匀的速度 u 在 $+z$ 方向上移动，计算穿过 z 平面电流的大小和方向。

4.9 半径为 a 的圆形电子束由以恒定速度 u 沿 $+z$ 方向移动的电子组成。电子束的轴与 z 轴重合。电子体电荷密度为 $\rho_v=-cr^2$ (C/m³)，式中 c 是常数，r 是距电子束轴的径向距离。

* (a) 计算单位长度的电荷密度；

(b) 计算穿过 z 平面的电流。

4.10 如图 P4.10 所示，半径为 b 的半圆形电荷线带有均匀 ρ_l。使用例 4-4 中给出的材料计算原点处的电场。

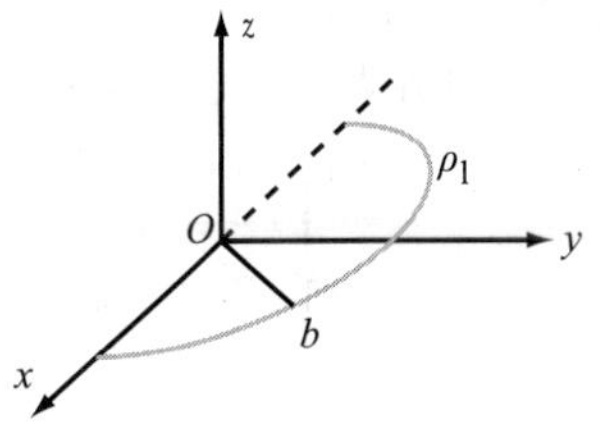

图 P4.10 习题 4.10 图

4.3 节

* 4.11 在边长为 2m 的正方形的四个角处各有一个 40μC 的电荷，求该正方形中心上方 5m 处的电场。

4.12 3 个 $q=3$nC 的点电荷位于 x-y 平面上一个三角形的三个角上，一个角在原点，一个角在点(2cm,0,0)，第三个角在点(0,2cm,0)。求作用于原点处电荷上的力。

* 4.13 电荷 $q_1=6\mu$C 位于(1cm,1cm,0)处，电荷 q_2 位于(0,0,4cm)处。q_2 为何值时，电场 $\boldsymbol{E}$ 在(0,2cm,0)处没有 y 方向的分量？

4.14 在空气中沿 z 轴从 $z=0$ 到 $z=5$cm 之间有一线电荷，其 $\rho_l=8\mu$C/m。求点(0,10cm,0)处的 $\boldsymbol{E}$。

4.15 在 x-y 平面上，由 $r=2$cm 和 $0\leqslant\phi\leqslant\pi/4$ 定义的弧线上分布有电荷，如果 $\rho_l=5\mu$C/m。求点(0,0,z)处的 $\boldsymbol{E}$，并在下列位置处计算 $\boldsymbol{E}$ 的值：

* (a) 原点

(b) $z=5$cm

(c) $z=-5$cm

4.16 一均匀密度为 ρ_l 的线电荷沿 z 轴在 $z=-L/2$ 和 $z=L/2$ 之间延伸。应用库仑定律导出 x-y 平面上任意点 $P(r,\phi,0)$ 处电场的表达式，并证明当 L 趋于无穷大时，该表达式可以简化为式(4.33)给出的表达式。

* 4.17 对半径为 a 的带电圆盘重复例 4-5 的问题，但现在假设面电荷密度随 r 变化，即 $\rho_s=\rho_{s0}r^2$ (C/m²)，式中 ρ_{s0} 为常数。

4.18 如果作用在其中任何一个电荷上的力的大小和方向与作用在其他任何一个电荷上的力相同，则称在不同位置的多个电荷处于平衡状态。假设有两个负电荷：一个位于原点并带有电荷$-9e$；另一个位于$+x$轴上，与第一个负电荷的距离为d，并带有电荷$-36e$。确定第三个电荷的位置、极性和大小，使整个系统处于平衡状态。

4.4 节

*4.19 三根平行于z轴的无限长线电荷位于如图 P4.19 所示的风筝形排列的三个角处。如果两个直角三角形是对称的，对应的边相等，证明原点处的电场为零。

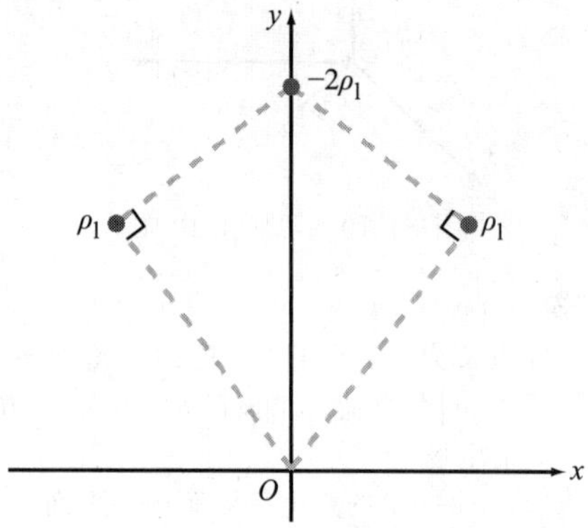

图 P4.19 习题 4.19 图

4.20 三根无限长线电荷$\rho_{l_1}=3\text{nC/m}$、$\rho_{l_2}=-3\text{nC/m}$和$\rho_{l_3}=3\text{nC/m}$都与z轴平行。如果它们各自穿过x-y平面的点$(0,-b)$、$(0,0)$和$(0,b)$，求点$(a,0,0)$处的电场，并计算当$a=2\text{cm}$，$b=1\text{cm}$时的电场值。

4.21 一个位于x-y平面上的水平带在y方向上的宽度为d，在x方向上无限长。如果该水平带处于空气中并且具有均匀的电荷分布ρ_s，应用库仑定律导出距该水平带中心线上方h处的P点的电场表达式，将该结果扩展到d为无穷大的特殊情况，并将其与式(4.25)进行比较。

4.22 已知电通量密度$\boldsymbol{D}=\hat{\boldsymbol{x}}2(x+y)+\hat{\boldsymbol{y}}(3x-2y)(\text{C/m}^2)$。

(a) 应用式(4.26)求ρ_v；

(b) 求边长为 2m 的正立方体所包含的总电荷Q，该立方体位于第一象限且边分别与x、y和z轴重合，一个角位于原点；

(c) 应用式(4.29)求立方体中的总电荷。

*4.23 当$\boldsymbol{D}=\hat{\boldsymbol{x}}xy^3z^3(\text{C/m}^2)$时，重复习题 4.22 的问题。

4.24 电荷Q_1均匀分布在半径为a的薄球壳上，电荷Q_2均匀分布在另一个半径为b的薄球壳上且$b>a$。应用高斯定律，求区域$R<a$，$a<R<b$和$R>b$中的电场$\boldsymbol{E}$。

*4.25 一个以原点为球心，半径为a的介质球内部的电通量密度为$\boldsymbol{D}=\hat{\boldsymbol{R}}\rho_0 R(\text{C/m}^2)$，式中$\rho_0$是常数。计算球体内的总电荷。

4.26 在空间的某个区域中，圆柱坐标系中给出的体电荷密度为$\rho_v=5re^{-r}(\text{C/m}^3)$，应用高斯定律求$\boldsymbol{D}$。

*4.27 一个含有均匀体电荷密度ρ_{v0}的无限长圆柱壳，其半径从$r=1\text{m}$扩展到$r=3\text{m}$。应用高斯定律求所有区域中的$\boldsymbol{D}$。

4.28 如果电荷密度随距原点的距离线性增加，已知原点处的$\rho_v=0$，$R=2\text{m}$处的$\rho_v=4\text{C/m}^3$，求$\boldsymbol{D}$的相应变化。

4.29 一个外半径为b的球壳中含有一个半径为$a(a<b)$的无电荷腔体(见图 P4.29)，如果球壳中的体电荷密度为$\rho_v=-\dfrac{\rho_{v0}}{R^2}(a\leqslant R\leqslant b)$其中$\rho_{v0}$是一个正常数，求所有区域中的$\boldsymbol{D}$。

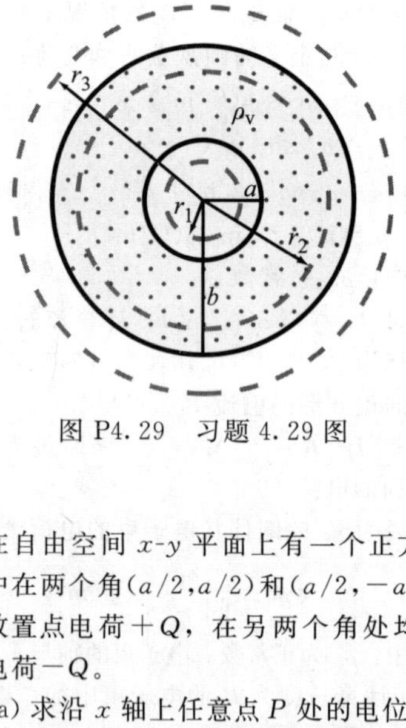

图 P4.29 习题 4.29 图

4.5 节

*4.30 在自由空间x-y平面上有一个正方形，其中在两个角$(a/2,a/2)$和$(a/2,-a/2)$处均放置点电荷$+Q$，在另两个角处均放置点电荷$-Q$。

(a) 求沿x轴上任意点P处的电位；

(b) 计算$x=a/2$处V的值。

4.31 如图 4-7 所示的半径为a的圆盘上有均匀分布的面电荷密度为ρ_s的电荷。

(a) 推导z轴上点$P(0,0,z)$处电位V的表达式；

(b) 利用结果求$\boldsymbol{E}$，并在$z=h$处计算。将最终结果与基于库仑定律得到的式(4.24)进行比较。

4.32 一个半径为a的圆环电荷位于x-y平面上且圆心在原点处，假设该环处于空气中且具有均匀线电荷密度ρ_l。

(a) 证明$(0,0,z)$处的电位为$V=$

$\rho_l a/[2\varepsilon_0(a^2+z^2)^{1/2}]$；

*（b）计算相应的电场 $\boldsymbol{E}$。

4.33　空气中沿 z 轴有一线电荷密度为 ρ_l 的无限长电荷线，证明径向距离分别为 r_1 和 r_2 的两点之间的电位差为 $V_{12}=(\rho_l/2\pi\varepsilon_0)\ln(r_2/r_1)$。

*4.34　一线电荷的线电荷密度为 ρ_l 且长度为 l，该线电荷与 z 轴重合，并且从 $z=-l/2$ 到 $z=l/2$，求在 x-y 平面上与原点相距 b 处的电位 V。

4.35　对于图 4-15 所示的电偶极子，$d=1\text{cm}$ 且在 $R=1\text{m}$，$\theta=0°$ 处，$|\boldsymbol{E}|=4\text{mV/m}$。求 $R=2\text{m}$，$\theta=90°$ 处的 $\boldsymbol{E}$。

4.36　画出图 P4.36 所示的每种电位 V 分布对应的电场 $\boldsymbol{E}$ 分布。

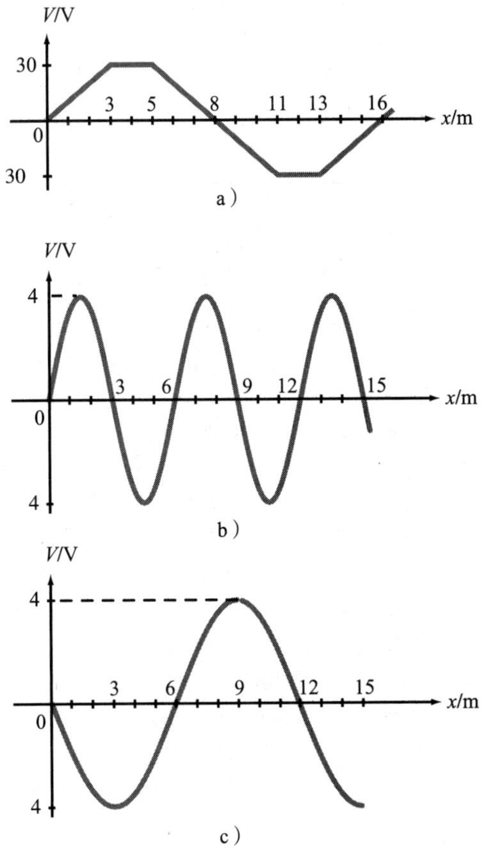

图 P4.36　习题 4.36 图

*4.37　如图 P4.37 所示，两条平行于 z 轴的无限长电荷线位于 x-z 平面上：一个线电荷密度为 ρ_l 且位于 $x=a$；另一个线电荷密度为 $-\rho_l$ 且位于 $x=-a$。推导点 $P=(x,y)$ 相对于原点电位 $V(x,y)$ 的表达式。

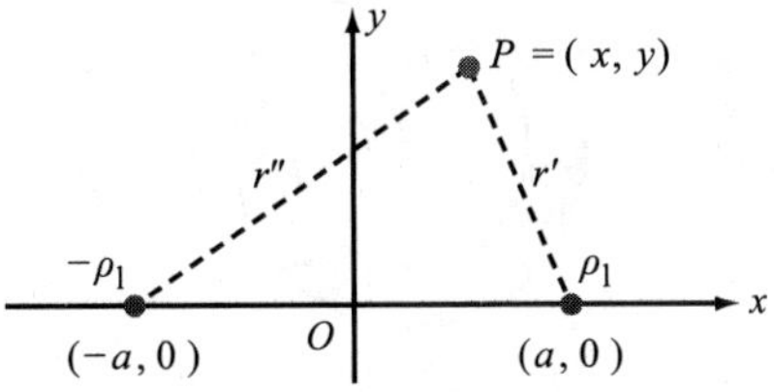

图 P4.37　习题 4.37 图

4.38　已知电场 $\boldsymbol{E}=\hat{\boldsymbol{R}}\dfrac{18}{R^2}(\text{V/m})$，求点 A 相对于点 B 的电位，其中点 A 位于 $+2\text{m}$ 处，点 B 位于 -4m 处(均在 z 轴上)。

*4.39　均匀线电荷密度为 $\rho_l=9\text{nC/m}$ 的无限长电荷线位于 x-y 平面上 $x=2\text{m}$ 处且与 y 轴平行。利用习题 4.33 的结果，在直角坐标系中求点 $A(3\text{m},0,4\text{m})$ 相对于点 $B(0,0,0)$ 的电位 V_{AB}。

4.40　有一个 $\rho_{s_1}=0.2\text{nC/m}^2$ 的均匀电荷片位于 x-y 平面上，另一个 $\rho_{s_2}=-0.2\text{nC/m}^2$ 的均匀电荷片位于 $z=6\text{m}$ 平面上。对于点 $A(0,0,6\text{m})$、点 $B(0,0,0)$ 和点 $C(0,-2\text{m},2\text{m})$，求 V_{AB}、V_{BC} 和 V_{AC}。

4.6 节

4.41　一半径为 4mm，长度为 8cm 的圆柱硅棒。如果在此圆柱硅棒两端施加 5V 的电压，并且 $\mu_e=0.13\text{m}^2/\text{V}\cdot\text{s}$，$\mu_h=0.05\text{m}^2/\text{V}\cdot\text{s}$，$N_e=1.5\times10^{16}$ 个$/\text{m}^3$，$N_h=N_e$。求：

（a）硅的电导率

（b）棒中流动的电流 I

*（c）漂移速度 $\boldsymbol{u}_e$ 和 $\boldsymbol{u}_h$

（d）棒的电阻

（e）棒中消耗的功率

4.42　当圆柱棒为锗时，重复习题 4.41 的问题，其中 $\mu_e=0.4\text{m}^2/\text{V}\cdot\text{s}$，$\mu_h=0.2\text{m}^2/\text{V}\cdot\text{s}$，$N_e=N_h=2.4\times10^{19}$ 个$/\text{m}^3$。

4.43　一个长 100m，横截面均匀的导体，其两端的压降为 4V。如果流过的电流密度为 $1.4\times10^6\text{A/m}^2$，确认导体的材料。

4.44　一个长度为 l 的同轴电阻器由两个同心圆柱体组成。内圆柱体的半径为 a，由电导率为 σ_1 的材料制成。外圆柱体半径从 $r=a$ 到 $r=b$，由电导率为 σ_2 的材料制成。如果电阻器的两端加上导电盖板，证明两端之间的电阻为 $R=l/\{\pi[\sigma_1a^2+\sigma_2(b^2-a^2)]\}$。

*4.45　应用习题 4.44 的结果，求一个长为 20cm 且由 $\sigma=3\times10^4\text{S/m}$ 的碳制成的空心圆柱体的电阻(见图 P4.45)。

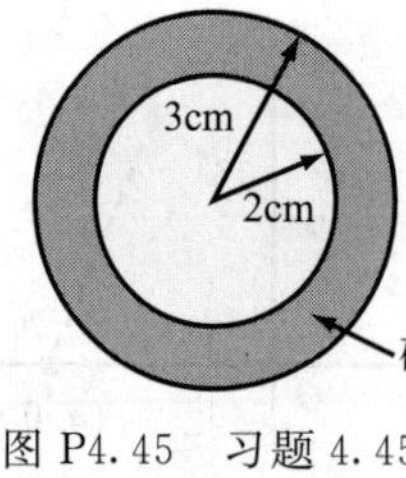

图 P4.45　习题 4.45 图

4.46　一个厚 2×10^{-3} mm 的正方形铝板的表面为 5cm×5cm。求下列问题：
(a) 正方形对边之间的电阻；
(b) 两个方形面之间的电阻。

4.47　一个圆柱形碳电阻器的长度为 8cm，其圆形横截面的直径 $d=1$mm。
(a) 求电阻 R；
(b) 为了使电阻降低 40%，在碳电阻器上覆盖一层厚度为 t 的铜，根据习题 4.44 的结果求 t。

4.8 节

*4.48　参考图 4-21，如果 $\boldsymbol{E}_2=(\hat{\boldsymbol{x}}3-\hat{\boldsymbol{y}}2+\hat{\boldsymbol{z}}2)$ V/m，$\varepsilon_1=2\varepsilon_0$，$\varepsilon_2=18\varepsilon_0$，边界上的面电荷密度 $\rho_s=3.54\times10^{-11}$ C/m²，求 $\boldsymbol{E}_1$ 以及 $\boldsymbol{E}_2$ 与 z 轴之间的夹角。

4.49　半径为 a 的无限长圆柱体被不含自由电荷的电介质包围。如果在 $r\geqslant a$ 区域中电场的切向分量为 $\boldsymbol{E}_t=-\hat{\boldsymbol{\phi}}\cos\phi/r^2$，求该区域中的 $\boldsymbol{E}$。

*4.50　如果中心位于原点，半径为 5cm 的导体球表面上的 $\boldsymbol{E}=\hat{\boldsymbol{R}}150$ V/m，该球表面上的总电荷 Q 是多少？

4.51　如图 P4.51 所示，有三个厚度相等但介电常数不同的平面介质板，如果空气中的 $\boldsymbol{E}_0$ 与 z 轴成 45°的夹角，求其他层中 $\boldsymbol{E}$ 的角度。

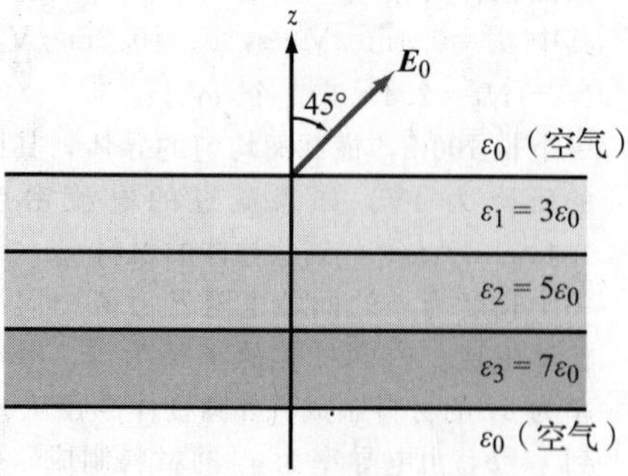

图 P4.51　习题 4.51 图

4.9 节和 4.10 节

4.52　平行板电容器的 $A=5$cm²，$d=2$cm，$\varepsilon_r=4$，如果电容器两端电压为 50V，求电容器极板之间的吸引力。

4.53　当电场 $\boldsymbol{E}$ 的强度超过材料中任何位置的介电强度时，材料中就会发生介质击穿。在例 4-15 的同轴电容器中：
*(a) r 取何值时，$|\boldsymbol{E}|$ 最大？
(b) 如果 $a=1$cm，$b=2$cm，电介质材料是 $\varepsilon_r=6$ 的云母，则击穿电压是多少？

4.54　一个电荷为 $Q_e=-1.6\times10^{-19}$C，质量为 $m_e=9.1\times10^{-31}$kg 的电子被注入空气填充的平行板电容器带负电极板附近一点上。此平行板电容器的极板间距为 1cm，两个矩形极板的面积均为 10cm²（见图 P4.54）。如果电容器两端的电压为 10V，求：
(a) 作用在电子上的力；
(b) 电子的加速度；
(c) 假设电子从静止开始，它到达带正电极板所需要的时间。

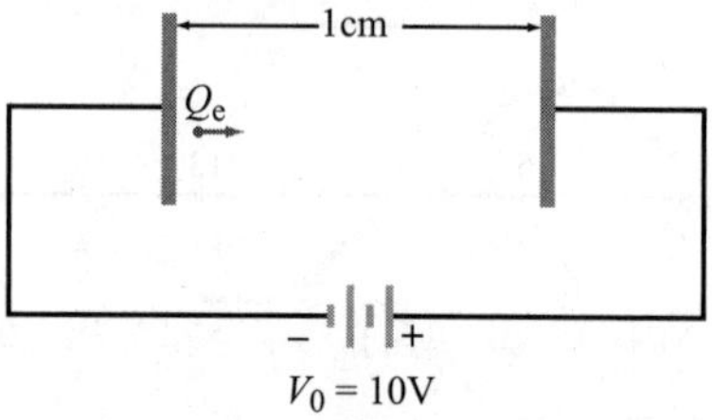

图 P4.54　习题 4.54 图

*4.55　在 $\varepsilon_r=4$ 的电介质中，已知电场为 $\boldsymbol{E}=[\hat{\boldsymbol{x}}(x^2+2z)+\hat{\boldsymbol{y}}x^2-\hat{\boldsymbol{z}}(y+z)]$ V/m。计算存储在区域 $-1\text{m}\leqslant x\leqslant1\text{m}$，$0\leqslant y\leqslant2\text{m}$，$0\leqslant z\leqslant3\text{m}$ 中的静电能。

4.56　如图 P4.56a 所示，一个由两个平行导电板组成的电容器，两板之间的距离为 d。两板之间的空间有两种相邻的电介质：一种介电常数为 ε_1，表面积为 A_1；另一种介电常数为 ε_2，表面积为 A_2。本习题的目的是证明图 P4.56a 所示结构的电容 C 等效于两个并联电容，如图 P4.56b 所示：

$$C=C_1+C_2 \tag{4.146}$$

式中，

$$C_1=\frac{\varepsilon_1A_1}{d} \tag{4.147}$$

$$C_2=\frac{\varepsilon_2A_2}{d} \tag{4.148}$$

求解下列问题：
(a) 两种电介质中的 $\boldsymbol{E}_1$ 和 $\boldsymbol{E}_2$；
(b) 每种电介质中存储的能量，并使用该结果计算 C_1 和 C_2；
(c) 利用存储在电容器中的总能量获得 C 的表达式，并证明式(4.146)确实是有效的。

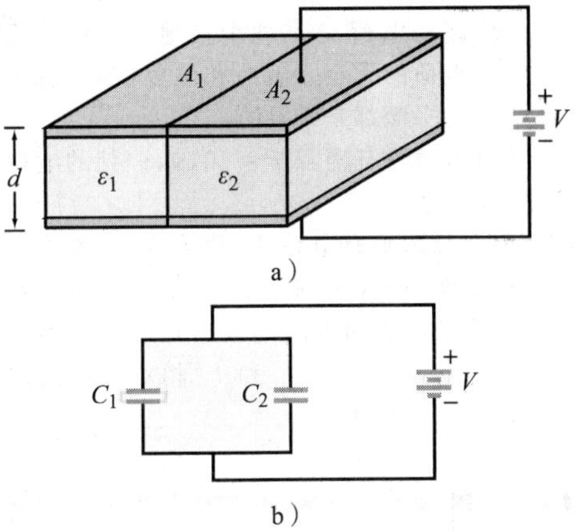

图 P4.56　习题 4.56 图

4.57　根据习题 4.56 的结果求解下列各种结构的电容：

*(a) 导电板位于如图 P4.57a 所示结构的顶部和底部；

(b) 导电板位于如图 P4.57a 所示结构的前面和后面；

(c) 导电板位于如图 P4.57b 所示圆柱结构的顶部和底部。

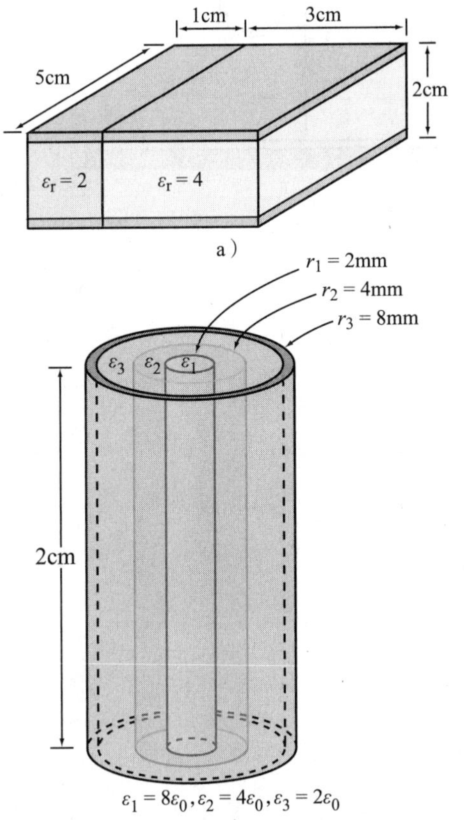

图 P4.57　习题 4.57 和习题 4.59 图

4.58　如图 P4.58 所示的电容器由两层平行介质层组成。从能量角度来证明整个电容器的等效电容 C 等于两个独立层电容 C_1 和 C_2 的串联组合，即

$$C=\frac{C_1C_2}{C_1+C_2} \tag{4.149}$$

式中，

$$C_1=\varepsilon_1\frac{A}{d_1},\quad C_2=\varepsilon_2\frac{A}{d_2}$$

(a) 令 V_1 和 V_2 分别为横跨上部和下部介质的电位，对应的电场 E_1 和 E_2 是多少？通过在两个介质层界面处应用合适的边界条件，推导由 ε_1、ε_2、V 以及电容器的指定尺寸表示的 E_1 和 E_2 的明确表达式；

(b) 计算在每个介质层中存储的能量，然后使用求和得出 C 的表达式；

(c) 证明 C 由式(4.149)表示。

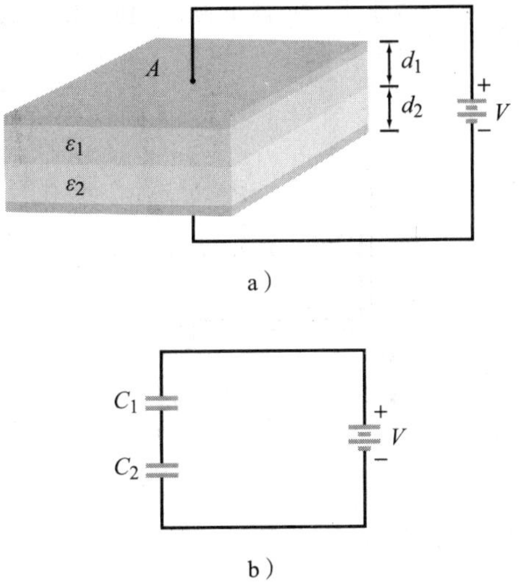

图 P4.58　习题 4.58 图

4.59　如果将导电板置于图 P4.57a 所示结构的左右两侧，利用习题 4.58 得到的表达式，求该结构的电容。

4.60　如图 P4.60 所示，同轴电容器由两个同心的导电圆柱面组成：一个半径为 a，另一个半径为 b。分开两个导电面的绝缘层被平均分为两个半圆柱部分：一个填充介质 ε_1，另一个填充介质 ε_2。

(a) 用长度 l 和给定的量推导出 C 的表达式；

*(b) 当 $a=2\text{mm}$，$b=6\text{mm}$，$\varepsilon_1=2$，$\varepsilon_2=4$，$l=4\text{cm}$ 时，计算 C 的值。

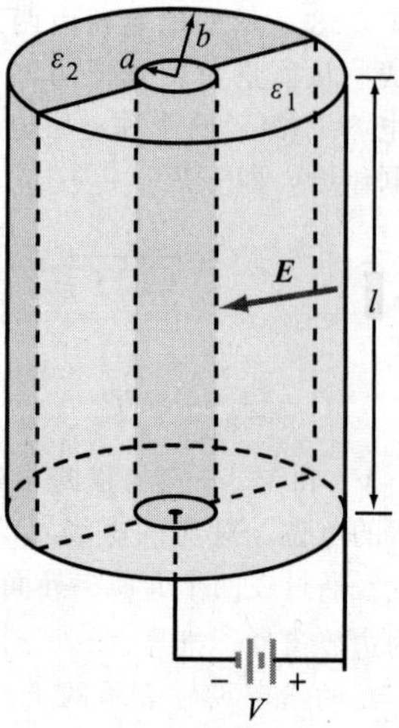

图 P4.60 习题 4.60 图

4.11 节

4.61 如图 P4.61 所示，电荷 Q 位于 x-y 平面接地半平面上方 d 处，与 x-z 平面上的另一个接地半平面距离也为 d。使用镜像法确定下列问题：

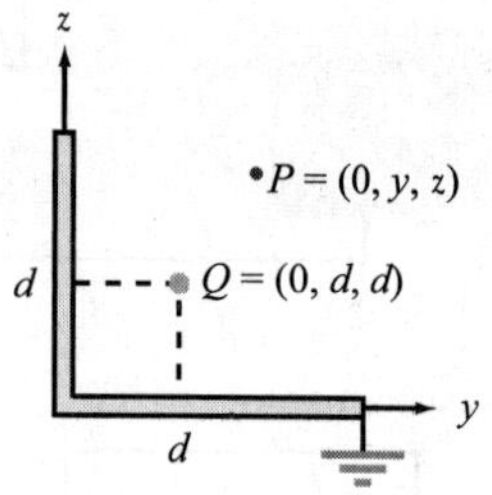

图 P4.61 习题 4.61 图

(a) 建立电荷 Q 在两个接地平面中的镜像电荷的大小、极性和位置(假设每个接地平面都是无限的)；

(b) 计算在任意点 $P=(0,y,z)$处的电位和电场。

4.62 两个分别载有电流 I_1 和 I_2 的导线位于导电平面上方，电流的方向如图 P4.62 所示。注意，电流的方向是根据正电荷的移动来定义的，那么与 I_1 和 I_2 相对应的镜像电流的方向是什么？

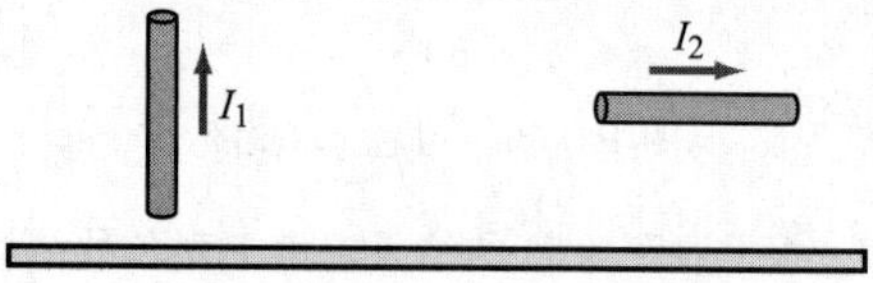

图 P4.62 习题 4.62 图

*4.63 如图 P4.63 所示，用镜像法求解距离平行导体平面 d 处半径为 a 的无限长导体圆柱的单位长度电容。

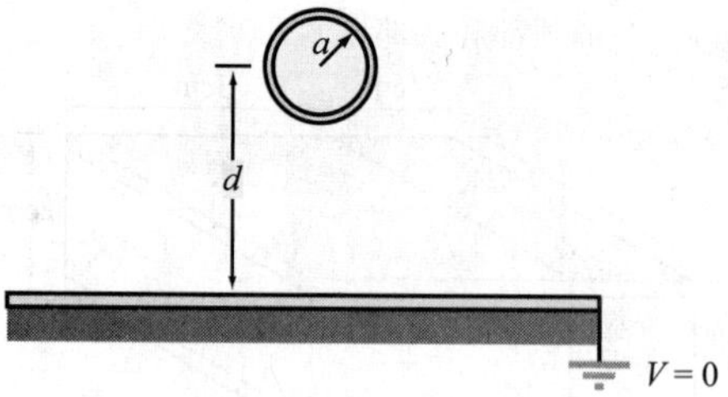

图 P4.63 习题 4.63 图

第 5 章
静磁学

学习目标

1. 计算置于磁场中的载流导线受到的磁场力，以及磁场施加在电流回路上的力矩。
2. 应用毕奥-萨伐尔定律计算电流分布产生的磁场。
3. 掌握安培定律在具有适当对称性的结构中的应用。
4. 解释铁磁材料中的磁滞现象。
5. 计算螺线管、同轴传输线或其他结构的电感。
6. 将存储在某一区域中的磁能与该区域中的磁场分布联系起来。

本章关于静磁学的内容与第 4 章关于静电学的内容对应。静止电荷产生静电场，而恒定电流(即不随时间变化的电流)产生静磁场。当$\partial/\partial t=0$ 时，磁导率为 μ 的媒质中的磁场表达为麦克斯韦方程组的第二对方程式(4.3a)和式(4.3b)：

$$\nabla\cdot\boldsymbol{B}=0 \tag{5.1a}$$

$$\nabla\times\boldsymbol{H}=\boldsymbol{J} \tag{5.1b}$$

式中，$\boldsymbol{J}$ 是电流密度。磁通量密度 $\boldsymbol{B}$ 和磁场强度 $\boldsymbol{H}$ 的关系式为

$$\boldsymbol{B}=\mu\boldsymbol{H} \tag{5.2}$$

第 4 章在介绍电介质中的电场时指出，仅当媒质为线性且各向同性时，$\boldsymbol{D}=\varepsilon\boldsymbol{E}$ 才有效。对于大多数材料，这些性质都是适用的，因此介电常数ε 通常视为与 $\boldsymbol{E}$ 的大小和方向无关的标量常数。类似的描述也适用于式(5.2)。对于铁磁材料，其 $\boldsymbol{B}$ 与 $\boldsymbol{H}$ 之间的关系是非线性的。此外，大多数材料的磁导率都用常数来表征。

对于大多数电介质和金属(不包括铁磁材料)，$\mu=\mu_0$。

本章的目的是深入理解在不同媒质中由不同分布的恒定电流产生的磁通量密度 $\boldsymbol{B}$ 和磁场强度 $\boldsymbol{H}$ 与恒定电流之间的关系，并且引入一些相关量，诸如矢量磁位 $\boldsymbol{A}$、磁能密度 w_m 和导电结构的电感 L 等。表 5-1 阐明了这些静磁量和对应静电量之间的对偶关系。

表 5-1　静电学和静磁学的特性

特性	静电学	静磁学
源	静电荷 ρ_v	恒定电流 $\boldsymbol{J}$
场和通量	$\boldsymbol{E}$ 和 $\boldsymbol{D}$	$\boldsymbol{H}$ 和 $\boldsymbol{B}$
本构参数	ε 和 σ	μ
微分形式方程	$\nabla\cdot\boldsymbol{D}=\rho_v$	$\nabla\cdot\boldsymbol{B}=0$
	$\nabla\times\boldsymbol{E}=0$	$\nabla\times\boldsymbol{H}=\boldsymbol{J}$
积分形式方程	$\oint_S\boldsymbol{D}\cdot d\boldsymbol{s}=Q$	$\oint_S\boldsymbol{B}\cdot d\boldsymbol{s}=0$
	$\oint_C\boldsymbol{E}\cdot d\boldsymbol{l}=0$	$\oint_C\boldsymbol{H}\cdot d\boldsymbol{l}=I$
位函数	标量 V $\boldsymbol{E}=-\nabla V$	矢量 $\boldsymbol{A}$ $\boldsymbol{B}=\nabla\times\boldsymbol{A}$
能量密度	$w_e=\frac{1}{2}\varepsilon E^2$	$w_m=\frac{1}{2}\mu H^2$
作用于电荷 q 上的力	$\boldsymbol{F}_e=q\boldsymbol{E}$	$\boldsymbol{F}_m=q\boldsymbol{u}\times\boldsymbol{B}$
电路元件	C，R	L

5.1 磁场力和磁力矩

空间中某一点的电场 $\boldsymbol{E}$ 定义为放置在该点处的带单位电荷的试验粒子所受的电场力 $\boldsymbol{F}_e$。我们现在用在空间某点处，作用在以速度 $\boldsymbol{u}$ 运动的带电试验粒子上的*磁场力* $\boldsymbol{F}_m$ 来定义该点的*磁通量密度* $\boldsymbol{B}$。实验表明，在磁场中以速度 $\boldsymbol{u}$ 运动的带电荷 q 的粒子所受的磁场力 $\boldsymbol{F}_m$ 为

$$\boldsymbol{F}_m = q\boldsymbol{u} \times \boldsymbol{B} \quad (\mathrm{N}) \tag{5.3}$$

因此，$\boldsymbol{B}$ 的单位为 N/(C · m/s)，也称为特斯拉(T)。对于带正电的粒子，$\boldsymbol{F}_m$ 的方向为叉积 $\boldsymbol{u} \times \boldsymbol{B}$ 的方向，该叉积垂直于包含 $\boldsymbol{u}$ 和 $\boldsymbol{B}$ 的平面并遵循右手定则；如果 q 为负，则 $\boldsymbol{F}_m$ 的方向相反(见图 5-1)。$\boldsymbol{F}_m$ 的大小为

$$F_m = quB\sin\theta \tag{5.4}$$

式中，θ 是 $\boldsymbol{u}$ 和 $\boldsymbol{B}$ 之间的夹角。

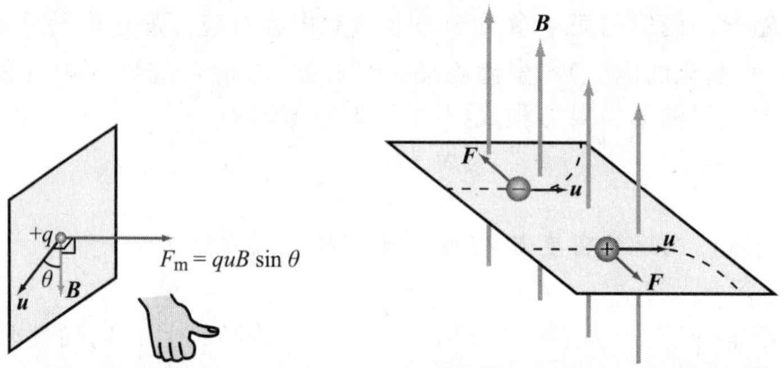

a）垂直于$\boldsymbol{B}$和$\boldsymbol{u}$　　b）取决于电荷极性（正或负）

图 5-1　在磁场中运动的带电粒子所受的磁场力方向

> 我们注意到，当 $\boldsymbol{u}$ 垂直于 $\boldsymbol{B}(\theta=90°)$ 时，$\boldsymbol{F}_m$ 最大；当 $\boldsymbol{u}$ 平行于 $\boldsymbol{B}(\theta=0°$ 或 $\theta=180°)$ 时，$\boldsymbol{F}_m$ 为零。

如果一个带电粒子位于同时存在电场 $\boldsymbol{E}$ 和磁场 $\boldsymbol{B}$ 的空间中，则该粒子受到的总电磁力为

$$\boldsymbol{F} = \boldsymbol{F}_e + \boldsymbol{F}_m = q\boldsymbol{E} + q\boldsymbol{u} \times \boldsymbol{B} = q(\boldsymbol{E} + \boldsymbol{u} \times \boldsymbol{B}) \tag{5.5}$$

式(5.5)表示的力也称为*洛伦兹力*。电场力和磁场力表现出许多重要差异：

1）电场力始终沿电场方向，而磁场力始终垂直于磁场。

2）无论带电粒子是否运动，带电粒子都受到电场力的作用；而带电粒子只有在运动时才受到磁场力的作用。

3）电场力在移动带电粒子时消耗能量；而带电粒子移动时，磁场力不做功。

最后一条需要进一步阐述：因为磁场力 $\boldsymbol{F}_m$ 总是垂直于 $\boldsymbol{u}$，所以 $\boldsymbol{F}_m \cdot \boldsymbol{u} = 0$。因此，当粒子移动 $\mathrm{d}\boldsymbol{l} = \boldsymbol{u}\mathrm{d}t$ 的微分距离时，所做的功为

$$\mathrm{d}W = \boldsymbol{F}_m \cdot \mathrm{d}\boldsymbol{l} = (\boldsymbol{F}_m \cdot \boldsymbol{u})\mathrm{d}t = 0 \tag{5.6}$$

> 由于没有做功，磁场不能改变带电粒子的动能；磁场可以改变带电粒子的运动方向，但不能改变其速度。

练习 5-1　如果电子在垂直于磁场沿 $+x$ 方向运动时，会向 $-z$ 方向偏转，那么磁场的方向是什么？

答案： $+y$ 方向。(参见EM)

练习 5-2 若质子以 2×10^{6} m/s 的速度穿过磁通量密度为 2.5T 的磁场，所受的磁场力为 4×10^{-13}N，则磁场与质子速度之间的夹角是多少？

答案： $\theta=30°$或 150°。(参见Ⓔⓜ)

练习 5-3 速度为 $\boldsymbol{u}$ 的带电粒子在存在均匀场 $\boldsymbol{E}=\hat{\boldsymbol{x}}E$ 和 $\boldsymbol{B}=\hat{\boldsymbol{y}}B$ 的媒质中运动。若该粒子所受的合力为零，则其速度 $\boldsymbol{u}$ 为多大？

答案： $\boldsymbol{u}=\hat{\boldsymbol{z}}E/B$($\boldsymbol{u}$ 也可以具有任意的 y 分量 u_y)。(参见Ⓔⓜ)

5.1.1 载流导线上的磁场力

流经导线的电流由带电粒子在导线材料中漂移形成。因此，当载流导线置于磁场中时，它所受的力等于导线内运动的带电粒子所受的磁场力之和。例如，如图 5-2 所示，沿 z 方向的导线放置于沿 $-\hat{\boldsymbol{x}}$ 方向(进入页面的方向)的磁场 $\boldsymbol{B}$ 中(由磁铁产生)。当导线中没有电流时，$\boldsymbol{F}_{\mathrm{m}}=0$，导线保持垂直方向(见图 5-2a)；当导线中引入电流时，如果电流方向向上($+\hat{\boldsymbol{z}}$ 方向)，则导线向左偏移($-\hat{\boldsymbol{y}}$ 方向)；如果电流向下($-\hat{\boldsymbol{z}}$ 方向)，则导线向右偏移($+\hat{\boldsymbol{y}}$ 方向)。这些偏移的方向与式(5.3)的叉积方向一致。

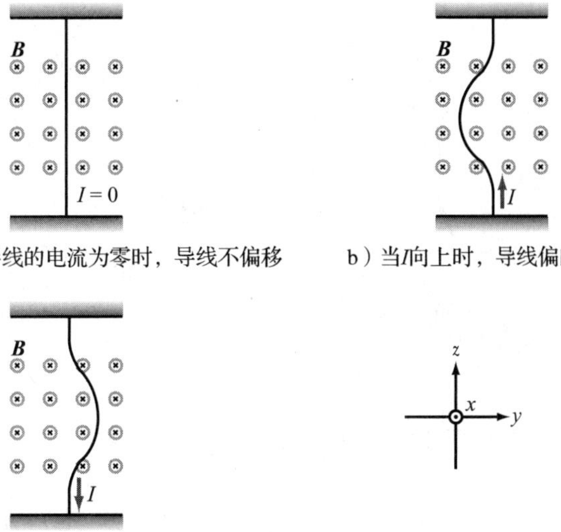

a）当流过导线的电流为零时，导线不偏移　　b）当I向上时，导线偏向左侧

c）当I向下时，导线偏向右侧

图 5-2 将略微柔软的垂直导线置于方向指向页面的磁场中(如叉号所示)

为了量化 $\boldsymbol{F}_{\mathrm{m}}$ 和导线中流动的电流 I 之间的关系，我们首先考虑横截面积为 A 且微分长度为 $\mathrm{d}\boldsymbol{l}$ 的一小段线，其中 $\mathrm{d}\boldsymbol{l}$ 的方向表示电流的方向。不失一般性，假设构成电流 I 的载流子完全为电子，对于理想导体，这一假设总是有效的。如果导线中自由电子的电荷密度为 $\rho_{\mathrm{ve}}=-N_{\mathrm{e}}e$，其中 N_{e} 是单位体积内移动的电子数，则导线单位体积中移动电荷总量为

$$\mathrm{d}Q=\rho_{\mathrm{ve}}A\,\mathrm{d}l=-N_{\mathrm{e}}eA\,\mathrm{d}l \tag{5.7}$$

在存在磁场 $\boldsymbol{B}$ 的情况下，作用于 $\mathrm{d}Q$ 的磁场力为

$$\mathrm{d}\boldsymbol{F}_{\mathrm{m}}=\mathrm{d}Q\boldsymbol{u}_{\mathrm{e}}\times\boldsymbol{B}=-N_{\mathrm{e}}eA\,\mathrm{d}l\boldsymbol{u}_{\mathrm{e}}\times\boldsymbol{B} \tag{5.8a}$$

式中，$\boldsymbol{u}_{\mathrm{e}}$ 是电子的漂移速度。由于电流的方向定义为正电荷的流动方向，因此电子漂移速度 $\boldsymbol{u}_{\mathrm{e}}$ 平行于 $\mathrm{d}\boldsymbol{l}$，但方向相反。因此，$\mathrm{d}l\boldsymbol{u}_{\mathrm{e}}=-\mathrm{d}\boldsymbol{l}u_{\mathrm{e}}$，式(5.8a)变为

$$\mathrm{d}\boldsymbol{F}_{\mathrm{m}}=N_{\mathrm{e}}eAu_{\mathrm{e}}\mathrm{d}\boldsymbol{l}\times\boldsymbol{B} \tag{5.8b}$$

由式(4.11)和式(4.12)可知，电荷密度为 $\rho_{\mathrm{ve}}=-N_{\mathrm{e}}e$，速度为 $-u_{\mathrm{e}}$ 的电子流过截面积 A 的电流 I 为

$$I=\rho_{\mathrm{ve}}(-u_{\mathrm{e}})A=(-N_{\mathrm{e}}e)(-u_{\mathrm{e}})A=N_{\mathrm{e}}eAu_{\mathrm{e}}$$

因此，式(5.8b)可以简化为

$$d\boldsymbol{F}_{\mathrm{m}}=I\,d\boldsymbol{l}\times\boldsymbol{B}\ (\mathrm{N}) \tag{5.9}$$

对于载有电流 I 的闭合电路 C，磁场力的矢量和为

$$\boldsymbol{F}_{\mathrm{m}}=I\oint_{C} d\boldsymbol{l}\times\boldsymbol{B}\ (\mathrm{N}) \tag{5.10}$$

如果图 5-3a 所示的闭合导线位于均匀的外部磁场 $\boldsymbol{B}$ 中，则 $\boldsymbol{B}$ 可以从式(5.10)的积分中提取出来，即

$$\boldsymbol{F}_{\mathrm{m}}=I\left(\oint_{C} d\boldsymbol{l}\right)\times\boldsymbol{B}=0 \tag{5.11}$$

这个结果是依据无穷小矢量 $d\boldsymbol{l}$ 在闭合路径上的矢量和等于零的结论得出的，该结果表明在均匀磁场中作用于任何闭合电流回路上的总磁场力为零。

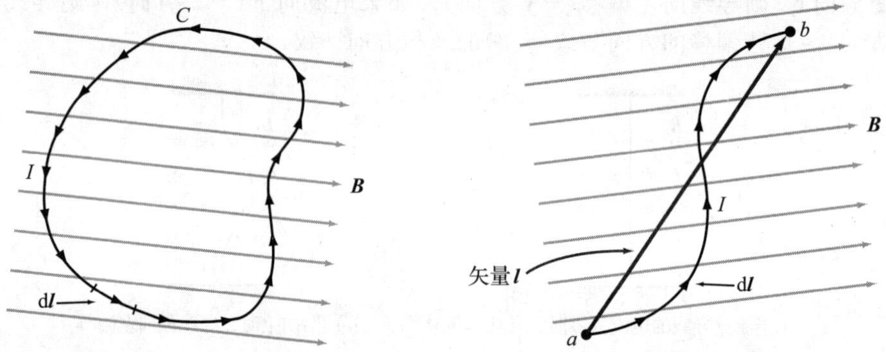

a）因为位移矢量dl在闭合回路上的积分为零，所以作用在闭合电流回路上的合力为零

b）线段上的力正比于两端点之间的矢量（$\boldsymbol{F}_{\mathrm{m}}=I\boldsymbol{l}\times\boldsymbol{B}$）

图 5-3　均匀磁场中的导线

这个结果并不意味着作用于导线中每一点的力都为零，而是施加在闭合导线不同部分上力的矢量和为零。

在静磁学中，所有的电流都流经闭合路径。为了理解其中的原因，考虑图 5-3b 中的弯曲导线，该导线上的电流 I 从点 a 流到点 b。在此过程中，负电荷累积在 a 处，而正电荷累积在 b 处，这些电荷的时变性质违反了式(5.1a)和式(5.1b)的静态假设。

如果我们对作用于均匀磁场中线段 l(见图 5-3b)上的磁场力感兴趣(同时意识到它是闭合电流回路的一部分)，则可以对式(5.9)进行积分得到

$$\boldsymbol{F}_{\mathrm{m}}=I\left(\int_{l} d\boldsymbol{l}\right)\times\boldsymbol{B}=I\boldsymbol{l}\times\boldsymbol{B} \tag{5.12}$$

式中，$\boldsymbol{l}$ 是从 a 指向 b 的矢量(见图 5-3b)。$d\boldsymbol{l}$ 从 a 到 b 的积分结果与 a 和 b 之间的路径无关。对于闭合回路来说，点 a 和点 b 变为同一点，在这种情况下，$\boldsymbol{l}=0$，则 $\boldsymbol{F}_{\mathrm{m}}=0$。

例 5-1　作用在半圆环导线上的力

如图 5-4 所示的半圆环导线位于 x-y 平面，载有电流 I。该闭合回路位于均匀磁场 $\boldsymbol{B}=\hat{\boldsymbol{y}}B_0$ 中。求：(a) 作用于直线段上的磁场力 $\boldsymbol{F}_1$，(b) 作用于弯曲线段上的磁场力 $\boldsymbol{F}_2$。

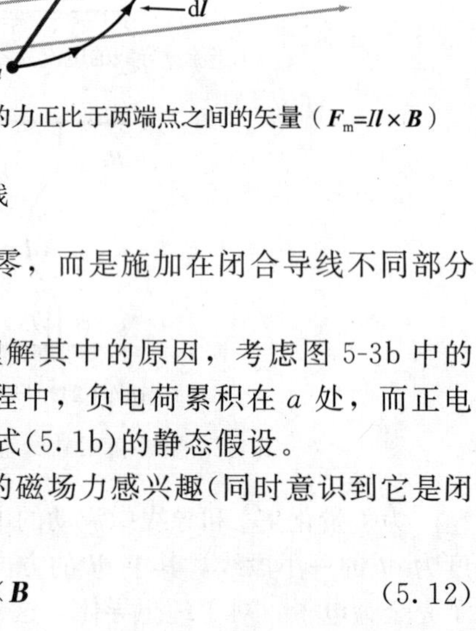

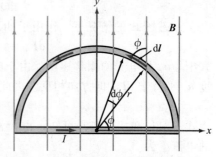

图 5-4　均匀场中的半圆环导线(例 5-1)

解：(a) 为了计算 $\boldsymbol{F}_1$，考虑电路的直线段部分长度为 $2r$，电流方向为 $+\hat{\boldsymbol{x}}$ 方向，应用式(5.12)以

及 $\boldsymbol{l}=\hat{\boldsymbol{x}}2r$ 得到

$$\boldsymbol{F}_1=\hat{\boldsymbol{x}}(2Ir)\times\hat{\boldsymbol{y}}B_0=\hat{\boldsymbol{z}}2IrB_0 \quad (\text{N})$$

图 5-4 中的 $\hat{\boldsymbol{z}}$ 方向为穿出纸面的方向。

(b) 为了计算 $\boldsymbol{F}_2$，考虑半圆环弯曲部分上一微分长度 $\mathrm{d}\boldsymbol{l}$ 小段，$\mathrm{d}\boldsymbol{l}$ 的方向与电流的方向一致。由于 $\mathrm{d}\boldsymbol{l}$ 和 $\boldsymbol{B}$ 都在 x-y 平面内，叉积 $\mathrm{d}\boldsymbol{l}\times\boldsymbol{B}$ 指向 $-z$ 方向，并且 $\mathrm{d}\boldsymbol{l}\times\boldsymbol{B}$ 的大小与 $\sin\phi$ 成正比，其中 ϕ 是 $\mathrm{d}\boldsymbol{l}$ 和 $\boldsymbol{B}$ 之间的夹角。另外，$\mathrm{d}\boldsymbol{l}$ 的大小为 $\mathrm{d}l=r\,\mathrm{d}\phi$。所以，

$$\boldsymbol{F}_2=I\int_0^{\pi}\mathrm{d}\boldsymbol{l}\times\boldsymbol{B}=-\hat{\boldsymbol{z}}I\int_0^{\pi}rB_0\sin\phi\,\mathrm{d}\phi=-\hat{\boldsymbol{z}}2IrB_0 \quad (\text{N})$$

作用在导线弯曲部分上的力为 $-\hat{\boldsymbol{z}}$ 方向是穿入纸面方向。注意，$\boldsymbol{F}_2=-\boldsymbol{F}_1$ 意味着作用在闭环上的合力为零，虽然作用在其两部分的力相反。◀

模块 5.1(静态场中电子的运动)　该模块演示了在单独电场、单独磁场或两者同时作用下运动电子所受的洛伦兹力。

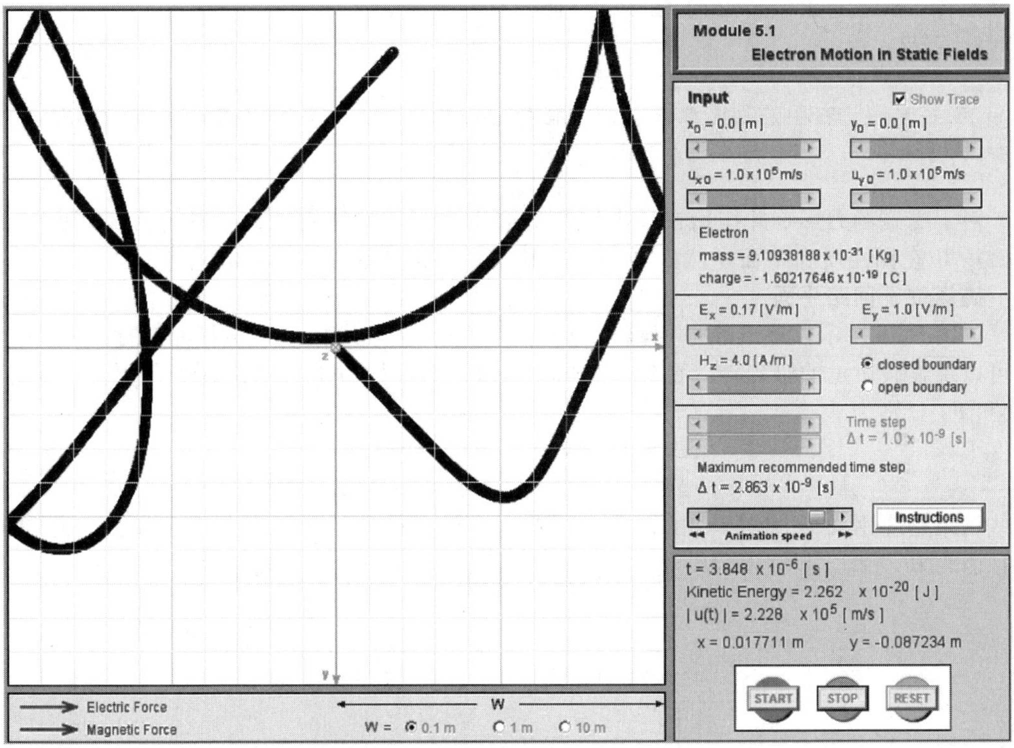

概念问题 5-1： 电场力 $\boldsymbol{F}_e$ 和磁场力 $\boldsymbol{F}_m$ 的主要区别是什么？

概念问题 5-2： 载有恒定电流 I 的 10cm 长的导线两端固定在 x 轴的两个点上，即 $x=0$ 和 $x=6$cm。如果导线在 x-y 平面且位于磁场 $\boldsymbol{B}=\hat{\boldsymbol{y}}B_0$ 中，则以下哪种放置方式会在导线上产生更大的磁场力？(a) 导线为 V 形，其三个角点位于(0,0)，(3,4)和(6,0)；(b) 导线为开路矩形，其四个角点位于(0,0)，(0,2)，(6,2)和(6,0)。

练习 5-4　有一个水平导线，单位长度质量为 0.2kg/m，载有沿 $+\hat{\boldsymbol{x}}$ 方向的 4A 电流。如果将导线放置在均匀 $\boldsymbol{B}$ 中，为了用磁场力恰好能垂直向上托起导线，所需 $\boldsymbol{B}$ 的最小值应该是多少？方向如何？(提示：重力加速度为 $\boldsymbol{g}=-\hat{\boldsymbol{z}}9.8\text{m/s}^2$。)

答案： $\boldsymbol{B}=\hat{\boldsymbol{y}}0.49$T。(参见Ⓔⓜ)

5.1.2 作用在载流回路上的磁力矩

当力作用在可以绕固定轴旋转的刚体上时，这个刚体通常会以绕该轴旋转的方式做出反应。角加速度取决于作用力矢量 $\boldsymbol{F}$ 和距离矢量 $\boldsymbol{d}$ 的叉积，距离矢量 $\boldsymbol{d}$ 是由旋转轴上一点(使 $\boldsymbol{d}$ 垂直于轴)到 $\boldsymbol{F}$ 的作用点(见图 5-5)的距离。$\boldsymbol{d}$ 的长度称为*力臂*，这个叉积为

$$\boldsymbol{T}=\boldsymbol{d}\times\boldsymbol{F}(\mathrm{N\cdot m}) \tag{5.13}$$

$\boldsymbol{T}$ 称为*力矩*。虽然力矩既不表示功也不表示能量，但 $\boldsymbol{T}$ 的单位与功或能量的单位相同。作用于图 5-5 所示的圆盘上的力 $\boldsymbol{F}$ 位于 x-y 平面内且与 $\boldsymbol{d}$ 的夹角为 θ。因此，

$$\boldsymbol{T}=\hat{\boldsymbol{z}}rF\sin\theta \tag{5.14}$$

式中，$|\boldsymbol{d}|=r$ 是圆盘的半径，$F=|\boldsymbol{F}|$。由式(5.14)可知，沿 $+z$ 方向的力矩可使圆柱体逆时针旋转；反之，沿 $-z$ 方向的力矩可使圆柱体顺时针旋转。

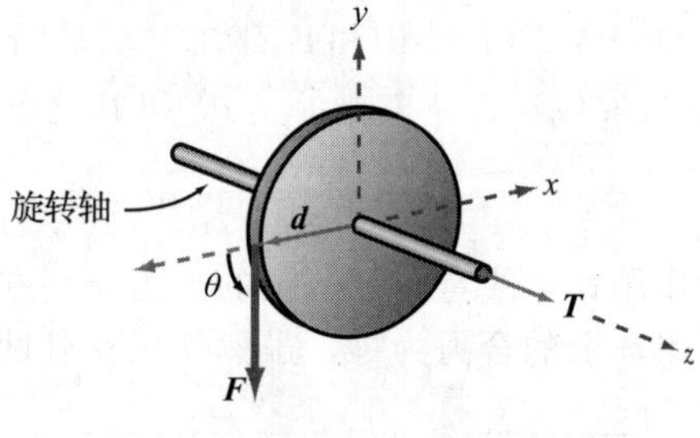

图 5-5 力 $\boldsymbol{F}$ 作用在可以绕 z 轴旋转的圆盘上，产生力矩 $\boldsymbol{T}=\boldsymbol{d}\times\boldsymbol{F}$，该力矩使圆盘旋转

> 这些方向受**右手法则**支配：当右手拇指沿力矩的方向时，四指表示力矩试图使物体旋转的方向。

对于受磁场力影响并作用在导电回路上的*磁力矩*，可先从一个简单的情况开始讨论，即磁场 $\boldsymbol{B}$ 在回路所在平面，然后再扩展到 $\boldsymbol{B}$ 与回路面法线夹角为 θ 的更普遍情况。

磁场位于回路平面

如图 5-6a 所示，矩形导电回路由电流为 I 的刚性导线构成，该回路位于 x-y 平面，并可以绕虚线所示的轴旋转。在外部均匀磁场 $\boldsymbol{B}=\hat{\boldsymbol{x}}B_0$ 影响下，回路臂 1 和臂 3 受到的力 $\boldsymbol{F}_1$ 和 $\boldsymbol{F}_3$ 分别为

$$\boldsymbol{F}_1=I(-\hat{\boldsymbol{y}}b)\times(\hat{\boldsymbol{x}}B_0)=\hat{\boldsymbol{z}}IbB_0 \tag{5.15a}$$

$$\boldsymbol{F}_3=I(\hat{\boldsymbol{y}}b)\times(\hat{\boldsymbol{x}}B_0)=-\hat{\boldsymbol{z}}IbB_0 \tag{5.15b}$$

这些结果是应用式(5.12)得到的。我们注意到，作用在臂 1 和臂 3 上的磁场力方向相反，并且因为 $\boldsymbol{B}$ 与臂 2 和臂 4 的电流方向平行，所以这两个臂上没有磁场力。

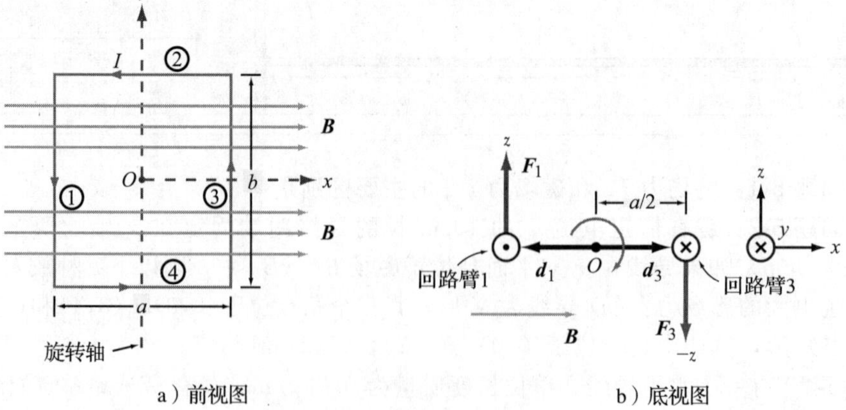

图 5-6 沿 y 轴旋转的矩形回路

图 5-6b 所示的回路底视图显示，力 $\boldsymbol{F}_1$ 和力 $\boldsymbol{F}_3$ 产生对于原点 O 的力矩，使回路沿顺

时针方向旋转。这两个力的力臂均为 $a/2$，但是 $\boldsymbol{d}_1$ 和 $\boldsymbol{d}_3$ 的方向相反，所以总磁力矩为

$$\boldsymbol{T}=\boldsymbol{d}_1\times\boldsymbol{F}_1+\boldsymbol{d}_3\times\boldsymbol{F}_3=\left(-\hat{\boldsymbol{x}}\ \frac{a}{2}\right)\times(\hat{\boldsymbol{z}}IbB_0)+\left(\hat{\boldsymbol{x}}\ \frac{a}{2}\right)\times(-\hat{\boldsymbol{z}}IbB_0)=\hat{\boldsymbol{y}}IabB_0=\hat{\boldsymbol{y}}IAB_0 \tag{5.16}$$

式中，$A=ab$ 是回路的面积。右手法则表明，旋转方向是顺时针方向。式(5.16)的结果仅当磁场 $\boldsymbol{B}$ 平行于回路平面时才有效。一旦回路开始旋转，磁力矩 $\boldsymbol{T}$ 就会减小，当旋转到四分之一圈时，磁力矩变为零，下面将讨论这种情况。

磁场垂直于矩形回路的旋转轴

在图 5-7 中，$\boldsymbol{B}=\hat{\boldsymbol{x}}B_0$，磁场仍然垂直于回路的旋转轴，但是由于磁场方向与回路面的法线 $\hat{\boldsymbol{n}}$ 成角度 θ，因此矩形回路的四个臂上的磁场力都不为零。但是，力 $\boldsymbol{F}_2$ 和力 $\boldsymbol{F}_4$ 大小相等，方向相反，并且沿着旋转轴方向，因此它们合成的总磁力矩为零。无论 θ 为多大，臂 1 和臂 3 中的电流方向始终垂直于 $\boldsymbol{B}$，因此由式(5.15)可知，$\boldsymbol{F}_1$ 和 $\boldsymbol{F}_3$ 的表达式与之前的相同，并且当 $0\leqslant\theta\leqslant\pi/2$ 时，它们的力臂的大小为 $(a/2)\sin\theta$，如图 5-7b 所示。因此，由磁场施加的关于旋转轴的合力矩的大小与式(5.16)相同，只是增加了 $\sin\theta$：

$$T=IAB_0\sin\theta \tag{5.17}$$

根据式(5.17)可知，当磁场平行于回路平面($\theta=90°$)时，磁力矩最大；当磁场垂直于回路平面($\theta=0$)时，磁力矩为零。如果回路由 N 匝组成且每匝的磁力矩都由式(5.17)表示，则总磁力矩为

$$T=NIAB_0\sin\theta \tag{5.18}$$

将物理量 NIA 称为回路的*磁矩* m。现在，考虑矢量磁矩

$$\boldsymbol{m}=\hat{\boldsymbol{n}}NIA=\hat{\boldsymbol{n}}m \quad (\mathrm{A\cdot m^2}) \tag{5.19}$$

式中，$\hat{\boldsymbol{n}}$ 是回路面的法向单位矢量。由*右手定则可知：当右手的四个手指朝着电流 I 方向时，拇指的方向指向 $\hat{\boldsymbol{n}}$ 的方向*。若用 $\boldsymbol{m}$ 表示，则磁力矩矢量 $\boldsymbol{T}$ 可以写为

$$\boldsymbol{T}=\boldsymbol{m}\times\boldsymbol{B} \quad (\mathrm{N\cdot m}) \tag{5.20}$$

虽然式(5.20)是针对 $\boldsymbol{B}$ 垂直于矩形回路的旋转轴导出的，但是该表达式对于任意方向的 $\boldsymbol{B}$ 和任意形状的回路均适用。

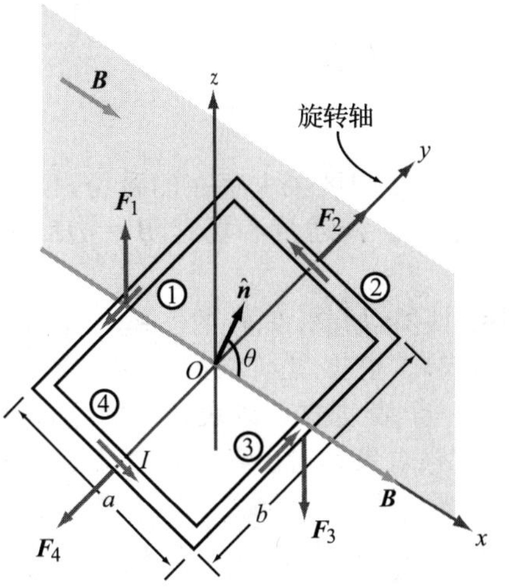

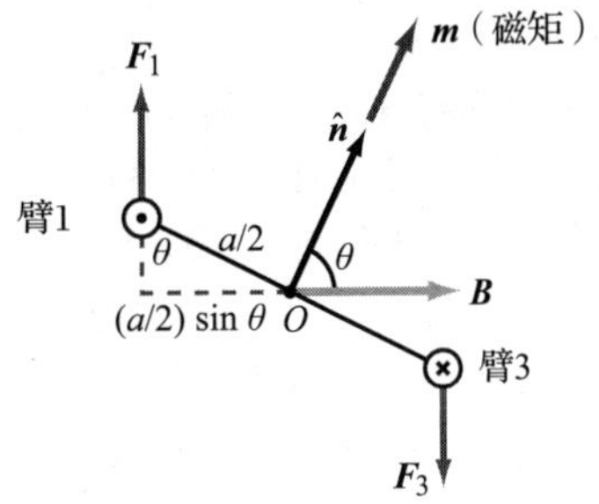

图 5-7 磁通量密度为 $\boldsymbol{B}$ 的均匀磁场中的矩形回路，$\boldsymbol{B}$ 垂直于回路的旋转轴，但与回路面法线 $\hat{\boldsymbol{n}}$ 形成 θ 角

模块 5.2(线源产生的磁场) 该模块允许将 z 向线电流放置在显示平面(x-y 平面)中的任意位置，选择其大小和方向，然后观察所产生 $\boldsymbol{B}(x,y)$的空间分布图。

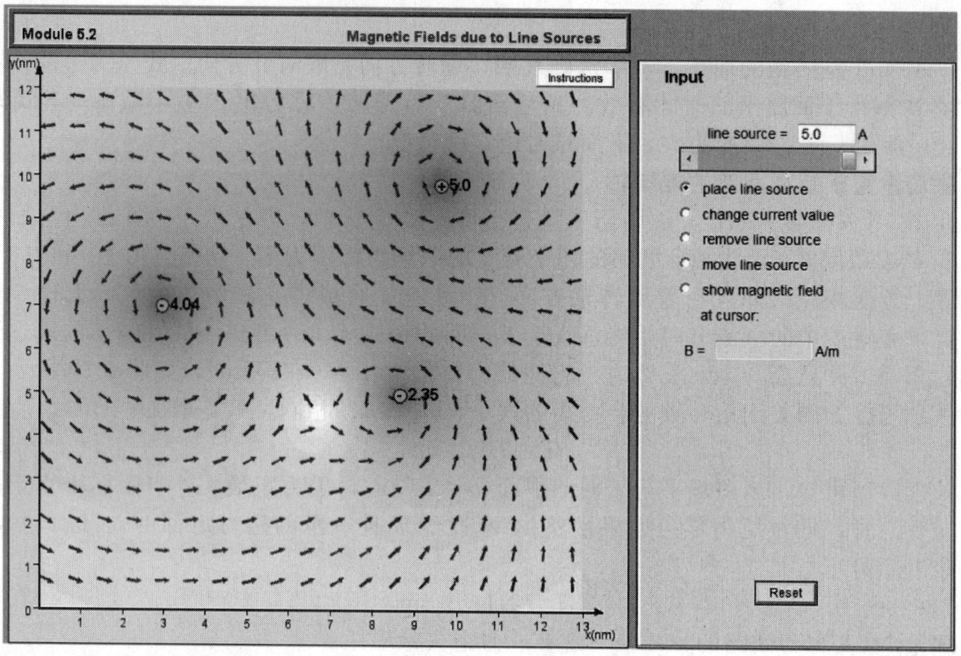

概念问题 5-3：回路磁矩的方向是如何定义的？

概念问题 5-4：如果有两根长度相等的导线，一根形成闭合的方形回路，另一根形成闭合的圆形回路，两根导线载有相同的电流，并且两个回路面都平行于均匀磁场，则哪个回路的磁力矩更大？

练习 5-5 一个 100 匝边长为 0.5m 的正方形线圈位于均匀磁通量密度为 0.2T 的磁场中。如果作用在线圈上的最大磁力矩为 4×10^{-2}N·m，则线圈中流过的电流为多大？

答案：$I=8$mA。(参见ⒺⓂ)

5.2 毕奥-萨伐尔定律

在上一节中，我们使用磁通量密度 $\boldsymbol{B}$ 表示给定空间区域中存在的磁场，下面研究磁场强度 $\boldsymbol{H}$。这样做的目的是提醒读者，对于大多数材料，通量和场呈 $\boldsymbol{B}=\mu\boldsymbol{H}$ 的线性关系，可由一个量推导出另一个量(假设 μ 是已知的)。

汉斯·奥斯特(Hans Oersted)通过载流导线使罗盘指针偏转的实验，证明了电流产生的磁场在导线周围形成闭合回路(参阅 1.3.3 节)。根据奥斯特的结论，让·毕奥(Jean Biot)和费利克斯·萨伐尔(Félix Savart)得出了一个表达式，该表达式将空间中任意一点的磁场 $\boldsymbol{H}$ 与产生 $\boldsymbol{H}$ 的电流 I 联系起来。毕奥-萨伐尔定律指出，恒定电流 I 通过微分长度矢量 d$\boldsymbol{l}$ 产生的微分磁场 d$\boldsymbol{H}$ 为

$$\mathrm{d}\boldsymbol{H}=\frac{I}{4\pi}\frac{\mathrm{d}\boldsymbol{l}\times\hat{\boldsymbol{R}}}{R^2}\quad(\mathrm{A/m})\tag{5.21}$$

式中，$\boldsymbol{R}=\hat{\boldsymbol{R}}R$ 是从 d$\boldsymbol{l}$ 到观察点 P 之间的距离矢量，如图 5-8 所示。$\boldsymbol{H}$ 的单位是 A/m。重要的是要记住式(5.21)中假设 d$\boldsymbol{l}$ 沿着电流 I 的方向，单位矢量 $\hat{\boldsymbol{R}}$ 是从电流微元指向观测点的方向。

由式(5.21)可知，d$\boldsymbol{H}$ 随 R^{-2} 变化，这类似于由电荷产生的电场与距离的关系。但

是，与电场矢量 $\boldsymbol{E}$ 不同的是：$\boldsymbol{E}$ 的方向在连接电荷与观测点之间距离矢量 $\hat{\boldsymbol{R}}$ 的方向，而 $\boldsymbol{H}$ 则垂直于由电流微元 $\mathrm{d}\boldsymbol{l}$ 和距离矢量 $\hat{\boldsymbol{R}}$ 形成的平面。在图 5-8 中的 P 点，$\mathrm{d}\boldsymbol{H}$ 的方向指向页面外，而在 P' 点，$\mathrm{d}\boldsymbol{H}$ 的方向指向页面内。

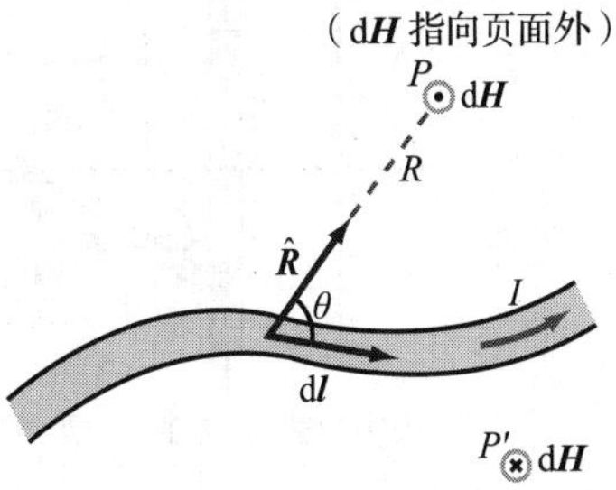

图 5-8 电流微元 $I\mathrm{d}\boldsymbol{l}$ 产生的磁场强度 $\mathrm{d}\boldsymbol{H}$，点 P 与点 P' 处的场方向相反

为了确定一个有限尺寸导线产生的总磁场 $\boldsymbol{H}$，需要对该导线的所有电流微元产生的磁场进行求和。因此，毕奥-萨伐尔定律变为

$$\boldsymbol{H}=\frac{I}{4\pi}\int_{l}\frac{\mathrm{d}\boldsymbol{l}\times\hat{\boldsymbol{R}}}{R^{2}}\quad(\mathrm{A/m})\tag{5.22}$$

式中，l 是 I 流经的路径。

5.2.1 面分布电流和体分布电流产生的磁场

毕奥-萨伐尔定律也可以用分布电流来表示（见图 5-9），例如以 $\mathrm{A/m^2}$ 为单位的体电流密度 $\boldsymbol{J}$ 或以 A/m 为单位的面电流密度 $\boldsymbol{J}_s$。面电流密度 $\boldsymbol{J}_s$ 适用于导体面上以有效厚度为零的薄片式流动的电流。当电流被确定为面 S 上的 $\boldsymbol{J}_s$ 或体积 V 中的 $\boldsymbol{J}$ 时，可以使用下面的等价关系式：

$$I\mathrm{d}\boldsymbol{l}\Leftrightarrow\boldsymbol{J}_s\mathrm{d}s\Leftrightarrow\boldsymbol{J}\mathrm{d}v\tag{5.23}$$

将毕奥-萨伐尔定律表示为

$$\boldsymbol{H}=\frac{1}{4\pi}\int_{S}\frac{\boldsymbol{J}_s\times\hat{\boldsymbol{R}}}{R^{2}}\mathrm{d}s\quad（面电流）\tag{5.24a}$$

$$\boldsymbol{H}=\frac{1}{4\pi}\int_{v}\frac{\boldsymbol{J}\times\hat{\boldsymbol{R}}}{R^{2}}\mathrm{d}v\quad（体电流）\tag{5.24b}$$

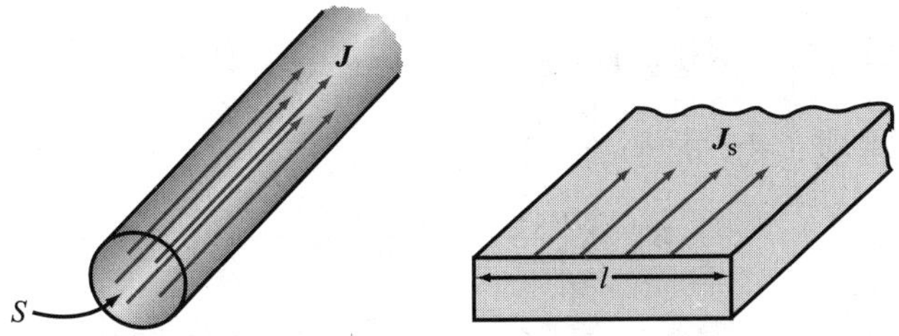

a）体电流密度$\boldsymbol{J}$　　b）面电流密度$\boldsymbol{J}_s$

图 5-9 流过圆柱横截面 S 的总电流为 $I=\int_S\boldsymbol{J}\cdot\mathrm{d}\boldsymbol{s}$，流过导体表面的总电流为 $I=\int_l\boldsymbol{J}_s\cdot\mathrm{d}\boldsymbol{l}$

例 5-2 导线的磁场

如图 5-10 所示，长度为 l 载有电流 I 的导线沿 z 轴放置。求 x-y 平面上距导线 r 处 P 点的磁通量密度 $\boldsymbol{B}$。导线是闭合回路的一部分，但目前仅研究此部分导线。

解： 由图 5-10 可知，I 沿 $+\hat{\boldsymbol{z}}$ 方向。因此，微分长度矢量为 $\mathrm{d}\boldsymbol{l}=\hat{\boldsymbol{z}}\mathrm{d}z$，且 $\mathrm{d}\boldsymbol{l}\times\hat{\boldsymbol{R}}=\mathrm{d}z(\hat{\boldsymbol{z}}\times\hat{\boldsymbol{R}})=\hat{\boldsymbol{\phi}}\sin\theta\mathrm{d}z$，其中 $\hat{\boldsymbol{\phi}}$ 是方位向，θ 是 $\mathrm{d}\boldsymbol{l}$ 和 $\hat{\boldsymbol{R}}$ 之间的夹角。应用式(5.22)可得

$$\boldsymbol{H}=\frac{I}{4\pi}\int_{z=-l/2}^{z=l/2}\frac{\mathrm{d}\boldsymbol{l}\times\hat{\boldsymbol{R}}}{R^{2}}=\hat{\boldsymbol{\phi}}\frac{I}{4\pi}\int_{-l/2}^{l/2}\frac{\sin\theta}{R^{2}}\mathrm{d}z\tag{5.25}$$

式中，R 和 θ 都与积分变量 z 相关，但径向距离 r 则与 z 无关。方便起见，通过以下关系式将积分变量由 z 转换为 θ：

$$R=r\csc\theta\tag{5.26a}$$

$$z=-r\cot\theta\tag{5.26b}$$

$$\mathrm{d}z=r\csc^{2}\theta\mathrm{d}\theta\tag{5.26c}$$

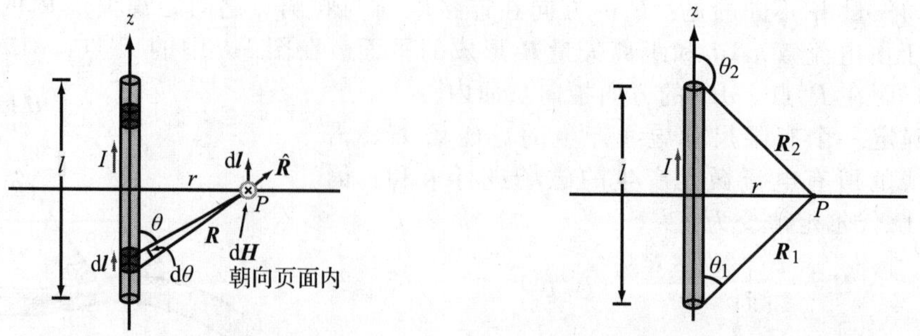

a）由电流微元 d$\boldsymbol{l}$ 在点 P 处产生的磁场 d$\boldsymbol{H}$

b）极限角 θ_1 和 θ_2 分别为矢量 $I\mathrm{d}\boldsymbol{l}$ 和两个导体端点到点 P 的距离矢量之间的夹角

图 5-10 载有电流 I 长度为 l 的导线(例 5-2)

将式(5.26a)和式(5.26c)代入式(5.25)，有

$$\boldsymbol{H}=\hat{\boldsymbol{\phi}}\frac{I}{4\pi}\int_{\theta_1}^{\theta_2}\frac{\sin\theta r\csc^2\theta\mathrm{d}\theta}{r^2\csc^2\theta}=\hat{\boldsymbol{\phi}}\frac{I}{4\pi r}\int_{\theta_1}^{\theta_2}\sin\theta\mathrm{d}\theta=\hat{\boldsymbol{\phi}}\frac{I}{4\pi r}(\cos\theta_1-\cos\theta_2) \tag{5.27}$$

式中，θ_1 和 θ_2 分别是 $z=-l/2$ 和 $z=l/2$ 时的积分极限角。由图 5-10b 的直角三角形可以得出

$$\cos\theta_1=\frac{l/2}{\sqrt{r^2+(l/2)^2}} \tag{5.28a}$$

$$\cos\theta_2=-\cos\theta_1=\frac{-l/2}{\sqrt{r^2+(l/2)^2}} \tag{5.28b}$$

因此，

$$\boldsymbol{B}=\mu_0\boldsymbol{H}=\hat{\boldsymbol{\phi}}\frac{\mu_0 Il}{2\pi r\sqrt{4r^2+l^2}} \quad (\mathrm{T}) \tag{5.29}$$

对于 $l\gg r$ 的无限长导线，式(5.29)简化为

$$\boldsymbol{B}=\hat{\boldsymbol{\phi}}\frac{\mu_0 I}{2\pi r} \quad (\text{无限长导线}) \tag{5.30}$$

这是一个非常重要的表达式，它指出在载有电流 I 的导线附近，产生的磁场形成围绕导线的同心圆(见图 5-11)，其强度与 I 成正比，与距离 r 成反比。

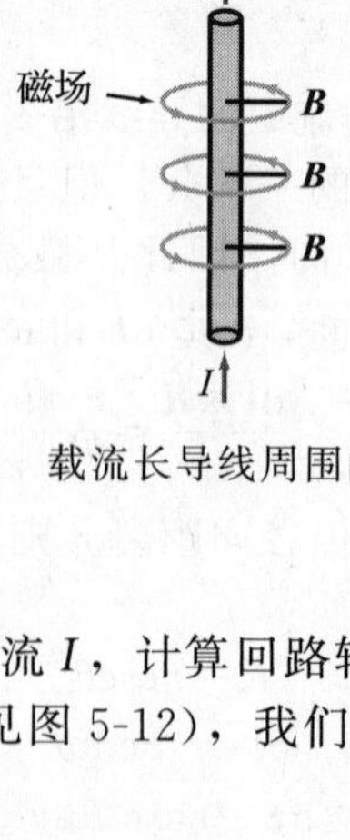

图 5-11 载流长导线周围的磁场

◀

例 5-3 圆环回路的磁场

半径为 a 的圆环回路载有恒定电流 I，计算回路轴上一点的磁场强度 $\boldsymbol{H}$。

解：将圆环放置在 x-y 平面上(见图 5-12)，我们的任务是推导出点 $P(0,0,z)$处 $\boldsymbol{H}$ 的表达式。

首先注意，圆环上的任何电流微元 $\mathrm{d}\boldsymbol{l}$ 都与距离矢量 $\boldsymbol{R}$ 垂直，并且圆环上所有电流微元都与 P 点有相同的距离 R 且 $R=\sqrt{a^2+z^2}$。由式(5.21)可知，电流微元 $\mathrm{d}\boldsymbol{l}$ 产生的 $\mathrm{d}\boldsymbol{H}$ 的大小为

$$\mathrm{d}H=\frac{I}{4\pi R^2}|\mathrm{d}\boldsymbol{l}\times\hat{\boldsymbol{R}}|=\frac{I\,\mathrm{d}l}{4\pi(a^2+z^2)} \tag{5.31}$$

$\mathrm{d}\boldsymbol{H}$ 的方向垂直于包含 $\boldsymbol{R}$ 和 $\mathrm{d}\boldsymbol{l}$ 的平面。$\mathrm{d}\boldsymbol{H}$ 在 r-z 平面中（见图 5-12），因此，它有分量 $\mathrm{d}H_r$ 和 $\mathrm{d}H_z$。考虑电流微元 $\mathrm{d}\boldsymbol{l}'$，它与 $\mathrm{d}\boldsymbol{l}$ 沿直径位置对称，方向相反，那么由 $\mathrm{d}\boldsymbol{l}'$ 和 $\mathrm{d}\boldsymbol{l}$ 产生的磁场的 z 分量方向相同，是相加关系，而它们的 r 分量因彼此方向相反而相互抵消。因此，磁场强度仅有 z 分量，即

$$\mathrm{d}\boldsymbol{H}=\hat{\boldsymbol{z}}\,\mathrm{d}H_z=\hat{\boldsymbol{z}}\,\mathrm{d}H\cos\theta=\hat{\boldsymbol{z}}\,\frac{I\cos\theta}{4\pi(a^2+z^2)}\mathrm{d}l \tag{5.32}$$

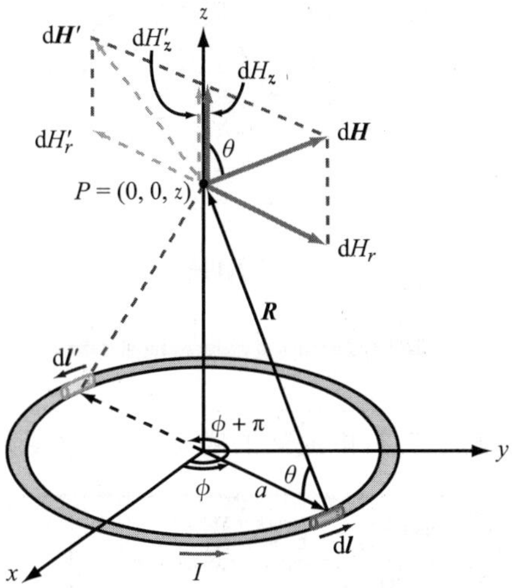

图 5-12 载有电流 I 的圆环(例 5-3)

对于圆环轴上的固定点 $P(0,0,z)$，式(5.32)中除了 $\mathrm{d}l$ 外，其余量都是常数。所以，将式(5.32)在半径为 a 的圆周上积分得到

$$\boldsymbol{H}=\hat{\boldsymbol{z}}\,\frac{I\cos\theta}{4\pi(a^2+z^2)}\oint\mathrm{d}l=\hat{\boldsymbol{z}}\,\frac{I\cos\theta}{4\pi(a^2+z^2)}(2\pi a) \tag{5.33}$$

通过关系式 $\cos\theta=a/(a^2+z^2)^{1/2}$ 可得

$$\boldsymbol{H}=\hat{\boldsymbol{z}}\,\frac{Ia^2}{2(a^2+z^2)^{3/2}}\quad(\mathrm{A/m}) \tag{5.34}$$

在回路中心($z=0$)，式(5.34)简化为

$$\boldsymbol{H}=\hat{\boldsymbol{z}}\,\frac{I}{2a}\quad(z=0) \tag{5.35}$$

在离圆环非常远的点($z^2\gg a^2$)，式(5.34)简化为

$$\boldsymbol{H}=\hat{\boldsymbol{z}}\,\frac{Ia^2}{2|z|^3}\quad(|z|\gg a) \tag{5.36}$$

◀

5.2.2 磁偶极子的磁场

根据式(5.19)给出的电流回路磁矩 $\boldsymbol{m}$ 的定义，位于 x-y 平面上（见图 5-12）单匝回路的磁矩 $\boldsymbol{m}=\hat{\boldsymbol{z}}m$，其中 $m=I\pi a^2$。因此，式(5.36)可以表示为

$$\boldsymbol{H}=\hat{\boldsymbol{z}}\,\frac{m}{2\pi|z|^3}\quad(|z|\gg a) \tag{5.37}$$

该表达式适用于圆环轴上远离圆环的点 P。如果在球坐标系中，求解任意点 $P(R,\theta,\phi)$ 的 $\boldsymbol{H}$，其中 R 为圆环中心到 P 点的距离，可以得到以下表达式：

$$\boldsymbol{H}=\frac{m}{4\pi R^3}(\hat{\boldsymbol{R}}\,2\cos\theta+\hat{\boldsymbol{\theta}}\sin\theta)\quad(R\gg a) \tag{5.38}$$

若电流环的尺寸远小于环与观测点之间的距离，则该电流环称为**磁偶极子**。这是因为它的磁场线图类似于永磁体的磁场线图，也与电偶极子的电场线图类似（见图 5-13）。

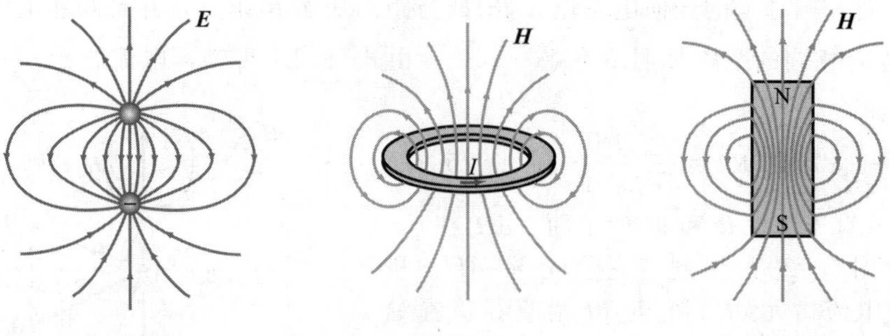

a）电偶极子　　　　b）磁偶极子　　　　c）条形磁铁

图 5-13　在远离源的地方，三种情况的场图是相似的

模块 5.3（电流环的磁场）　考察沿环路轴的磁场如何随环路参数的变化而变化。

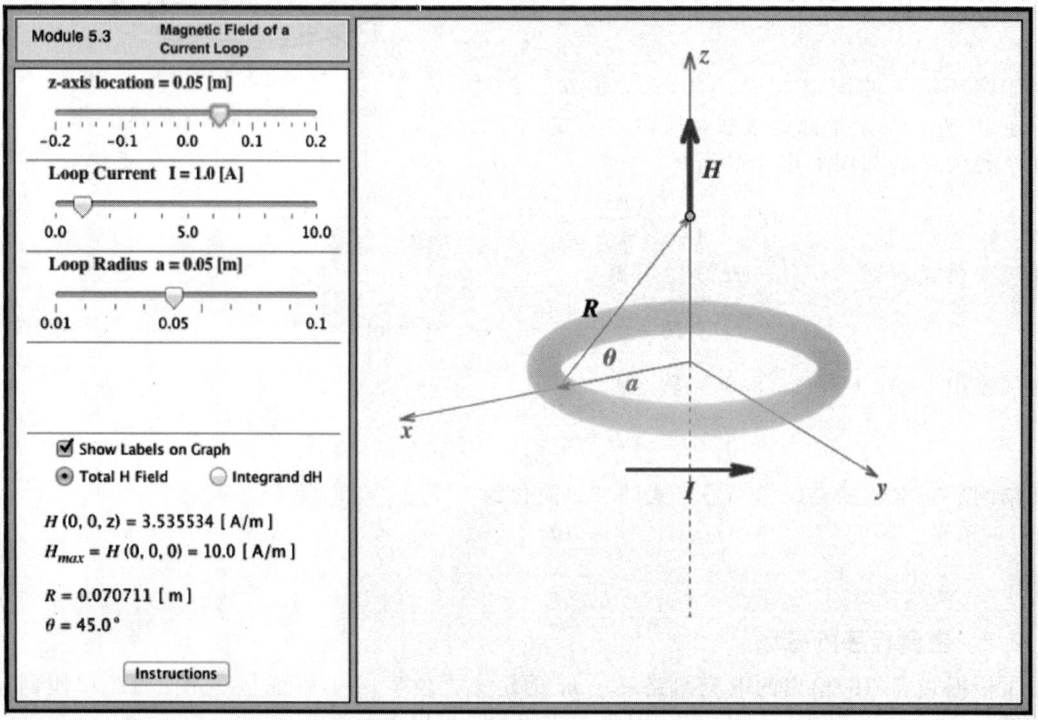

概念问题 5-5：两根无限长的平行导线载有大小相等的电流。如果两电流方向相同或方向相反，那么两根电流导线在它们之间中点处产生的磁场分别是多少？将其与仅一根导线产生的磁场进行比较。

概念问题 5-6：设计一个右手法则，用来判断载流导线产生的磁场的方向。

概念问题 5-7：什么是磁偶极子？描述其磁场分布。

练习 5-6　半无限长导线沿 z 轴从 $z=0$ 扩展到 $z=\infty$，如果该导线中的电流 I 沿 z 的正方向流动，求在 x-y 平面上距导线径向距离 r 处的 $\boldsymbol{H}$。

答案：$\boldsymbol{H}=\hat{\boldsymbol{\phi}}\dfrac{I}{4\pi r}$（A/m）。（参见Ⓔⓜ）

练习 5-7　有 4A 电流的导线围成一个圆环回路，如果该回路中心的磁场为 20A/m，求：(a) 仅有 1 匝时的回路半径，(b) 10 匝时的回路半径。

答案：(a) $a=10\text{cm}$，(b) $a=1\text{m}$。(参见Ⓔⓜ)

练习 5-8　导线形成的正方形回路放置在 x-y 平面上且该回路中心位于原点，其各边都平行于 x 轴或 y 轴。该回路的边长为 40cm，载有电流 5A，当从上往下看时，电流的方向为顺时针方向，计算该回路中心的磁场。

答案：$\boldsymbol{H}=-\hat{\boldsymbol{z}}\dfrac{4I}{\sqrt{2}\pi l}=-\hat{\boldsymbol{z}}11.25\text{A/m}$。(参见Ⓔⓜ)

5.2.3　两个平行导线之间的磁场力

5.1.1 节讨论了置于外部磁场中的载流导线所受的磁场力 $\boldsymbol{F}_{\mathrm{m}}$。但是，导线中的电流自身也会产生磁场。因此，如果将两个载流导线放置在彼此附近，它们彼此将给对方施加磁场力。假设有两根非常长的(或等效为无限长)、直的、独立的平行导线，它们之间的距离为 d，分别位于 $y=-d/2$ 和 $y=d/2$，分别载有 z 方向的电流 I_1 和 I_2(见图 5-14)。用 $\boldsymbol{B}_1$ 表示在电流 I_2 处由电流 I_1 产生的磁场，用 $\boldsymbol{B}_2$ 表示在电流 I_1 处由电流 I_2 产生的磁场。由式(5.30)，在 I_2 处令 $I=I_1$，$r=d$，$\hat{\boldsymbol{\phi}}=-\hat{\boldsymbol{x}}$，则磁场 $\boldsymbol{B}_1$ 为

$$\boldsymbol{B}_1=-\hat{\boldsymbol{x}}\frac{\mu_0 I_1}{2\pi d} \tag{5.39}$$

由磁场 $\boldsymbol{B}_1$ 作用于长度为 l 且电流为 I_2 导线上的磁场力 $\boldsymbol{F}_2$ 可通过式(5.12)得到

$$\boldsymbol{F}_2=I_2 l\hat{\boldsymbol{z}}\times\boldsymbol{B}_1=I_2 l\hat{\boldsymbol{z}}\times(-\hat{\boldsymbol{x}})\frac{\mu_0 I_1}{2\pi d}=-\hat{\boldsymbol{y}}\frac{\mu_0 I_1 I_2 l}{2\pi d} \tag{5.40}$$

单位长度上的力为

$$\boldsymbol{F}_2'=\frac{\boldsymbol{F}_2}{l}=-\hat{\boldsymbol{y}}\frac{\mu_0 I_1 I_2}{2\pi d} \tag{5.41}$$

对于电流为 I_1 的导线单位长度所受的力进行类似分析得到

$$\boldsymbol{F}_1'=\hat{\boldsymbol{y}}\frac{\mu_0 I_1 I_2}{2\pi d} \tag{5.42}$$

因此，两条载有相同方向电流的平行导线以相等的力彼此吸引。如果电流方向相反，则两条导线将以相等的力相互排斥。

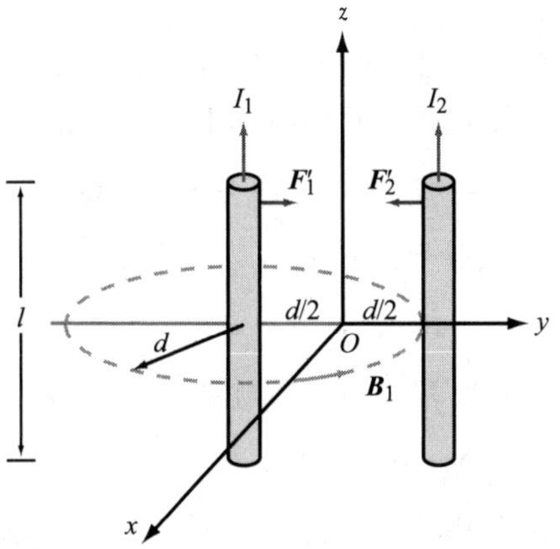

图 5-14　平行载流导线上的磁场力

模块 5.4(两个平行导线之间的磁场力) 观察作用在平行载流导线上的磁场力的方向和大小。

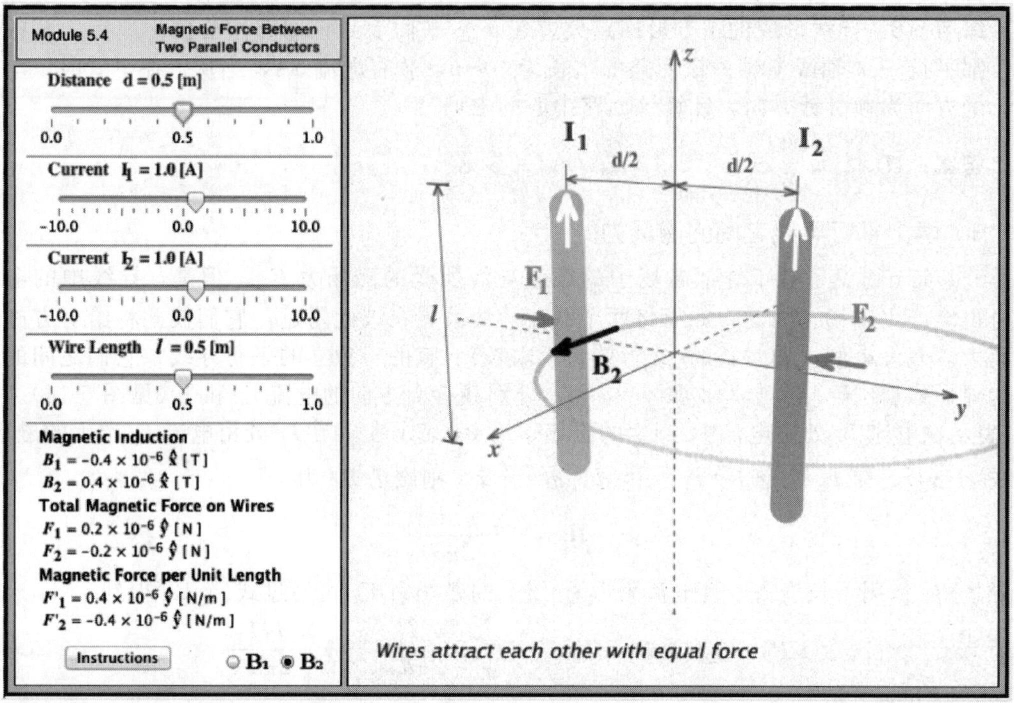

练习 5-9 将图 5-14 中电流为 I_2 的导线旋转到平行于 x 轴，那么在这种情况下，$\boldsymbol{F}_2$ 是多少？

答案： $\boldsymbol{F}_2=0$。(参见㊣)

5.3 静磁场的麦克斯韦方程组

目前为止，我们已经介绍了利用毕奥-萨伐尔定律求解自由空间中任何形式的电流分布产生的磁通量密度 $\boldsymbol{B}$ 和磁场 $\boldsymbol{H}$，并研究了磁场如何对运动的带电粒子和载流导体施加磁场力等问题。现在讨论静磁场的另外两个重要性质。

5.3.1 磁高斯定律

在第 4 章中，我们了解到电通量密度 $\boldsymbol{D}$ 通过闭合面的净向外通量等于该面所包含的净电荷 Q，此性质被称为(电)高斯定律，并用数学上的微分和积分形式表示为

$$\nabla \cdot \boldsymbol{D}=\rho_{\mathrm{v}} \Leftrightarrow \oint_S \boldsymbol{D} \cdot \mathrm{d}\boldsymbol{s}=Q \tag{5.43}$$

应用散度定理完成以上微分到积分形式的转换，由曲面 S 包围的体积 υ 中的总电荷 $Q=\int_{\upsilon}\rho_{\mathrm{v}}\,\mathrm{d}\upsilon$ (见 4.4 节)。

式(5.43)对应的静磁场形式通常称为*磁高斯定律*：

$$\nabla \cdot \boldsymbol{B}=0 \Leftrightarrow \oint_S \boldsymbol{B} \cdot \mathrm{d}\boldsymbol{s}=0 \tag{5.44}$$

微分形式是麦克斯韦方程组四个基本方程之一，而积分形式是借助散度定理得到的。请注意，磁高斯定律等号右边为零，这反映了在自然界中不存在类似点电荷的等效磁荷这个事实。

假想的类似于点电荷的磁荷称为**磁单极子**。然而，磁单极子总是成对出现(即偶极子)。

无论将永磁体细分成多少个碎块，即使细分到原子水平，每一个新的碎块都始终具有一个磁北极和一个磁南极。因此，不存在与电荷 q 或体电荷密度 ρ_v 等效的磁荷。

正式来说，“高斯定律”这个名称指的是电的情况，虽然没有特别提到电。式(5.44)描述的性质被称为“孤立磁单极子不存在定律”“磁通守恒定律”“磁高斯定律”等。通常采用“磁高斯定律”这个名称，因为它提醒我们自然界中电和磁的定律之间的相似性与差异性。

电高斯定律与磁高斯定律之间的差异性可以通过场线来说明。电场线源自正电荷，终止于负电荷。因此，对于图 5-15a 所示的电偶极子的电场线，通过围绕电荷的闭合表面的净电通量不为零。然而，磁场线总是形成连续的闭合回路。正如在 5.2 节中看到的那样，由于电流产生的磁场线不会在任何点开始或终止。这一点对于图 5-11 的直导线和图 5-12 的圆环回路，以及其他任何形式的电流分布都是正确的，对于条形磁铁也是如此(见图 5-15b)。由于磁场线形成闭合回路，因此无论其形状如何，通过磁体任一磁极周围的任何闭合表面(或通过任何其他闭合表面)的净磁通量始终为零。

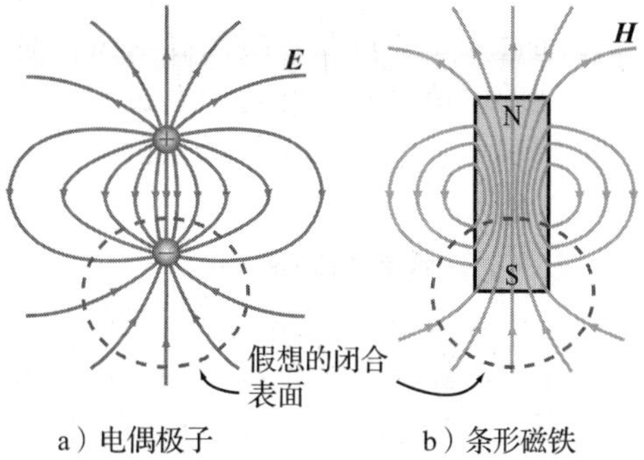

图 5-15 通过围绕电荷的闭合表面的净电通量不为零，通过磁体任一磁极周围的任何闭合表面的净磁通量为零

5.3.2 安培定律

在第 4 章中，我们了解到静电场是保守场，这意味着电场沿闭合路径的线积分始终为零。静电场的这种特性以微分和积分形式表示为

$$\nabla\times\boldsymbol{E}=0\Leftrightarrow\oint_C \boldsymbol{E}\cdot \mathrm{d}\boldsymbol{l}=0 \tag{5.45}$$

通过将斯托克斯定理应用到轮廓为 C 的曲面 S 上，可以完成上述微分到积分形式的转换。

式(5.45)对应的静磁场形式就是所谓的安培定律，表示为

$$\nabla\times\boldsymbol{H}=\boldsymbol{J}\Leftrightarrow\oint_C \boldsymbol{H}\cdot \mathrm{d}\boldsymbol{l}=I \tag{5.46}$$

式中，I 是流过 S 的总电流。该微分形式也是麦克斯韦方程组的基本方程之一，通过对式(5.46)两边在表面 S 上积分，得到积分形式

$$\int_S (\nabla\times\boldsymbol{H})\cdot \mathrm{d}\boldsymbol{s}=\int_S \boldsymbol{J}\cdot \mathrm{d}\boldsymbol{s} \tag{5.47}$$

然后使用斯托克斯定理和 $I=\int \boldsymbol{J}\cdot \mathrm{d}\boldsymbol{s}$，即可得到积分形式。

安培定律中轮廓线 C 的方向约定为使 I 和 $\boldsymbol{H}$ 满足先前与毕奥-萨伐尔定律相关的右手定则，即如果 I 的方向与右手拇指的方向一致，则轮廓线 C 的方向应沿着其余四个手指的方向。

简言之，安培定律表明，$\boldsymbol{H}$ 沿闭合路径的线积分等于流经该路径包围的表面的电流。要应用安培定律，电流必须穿过闭合路径，如图 5-16a 和 b 所示的两种情况，$\boldsymbol{H}$ 的线积分都等于电流 I，即使积分路径是完全不同的形状，并且 $\boldsymbol{H}$ 的大小在图 5-16b 中的路径上是

不均匀的。同理，由于图 5-16c 中的路径没有包围电流 I，因此即使积分路径上的 $\boldsymbol{H}$ 都不为零，$\boldsymbol{H}$ 沿该闭合路径的线积分也为零。

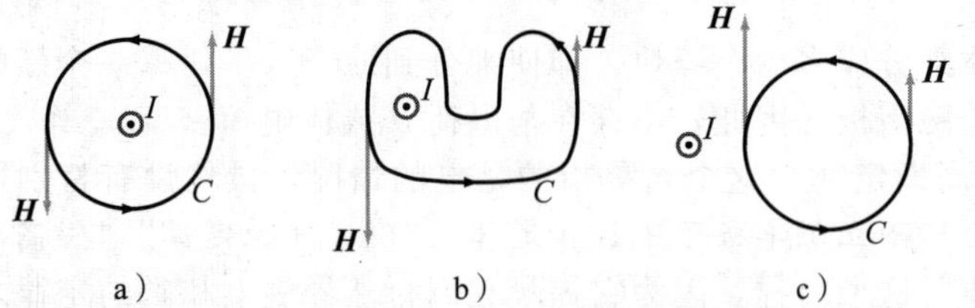

图 5-16 安培定律指出，$\boldsymbol{H}$ 在闭合曲线 C 上的线积分等于流经该曲线所界定的面的电流

通过 4.4 节可知，应用高斯定律时，它对计算电通量密度 $\boldsymbol{D}$ 的有用性仅限于具有一定对称性的电荷分布，并且计算过程取决于正确选择包含电荷的高斯曲面。安培定律也有类似的限制——它的用途仅限于对称的电流分布，允许在它们周围选择合适的*安培环路*，如例 5-4 至例 5-6 所示。

例 5-4 长导线的磁场

一根半径为 a 的长（接近无限长）直导线载有稳定电流 I，电流在其横截面上均匀分布。求下列距离导线轴线 r 处的磁场 $\boldsymbol{H}$：(a) $r \leqslant a$（导线内部），(b) $r \geqslant a$（导线外部）。

解：(a) 选择 I 沿 $+z$ 方向（见图 5-17a）。为了确定在距离 $r=r_1 \leqslant a$ 处的 $\boldsymbol{H}_1$，选择安培环路 C_1 为半径 $r=r_1$ 的圆形路径（见图 5-17b）。在这种情况下，采用如下形式的安培定律：

$$\oint_{C_1} \boldsymbol{H}_1 \cdot \mathrm{d}\boldsymbol{l}_1 = I_1 \tag{5.48}$$

式中，I_1 是穿过 C_1 的总电流 I 的一部分。根据对称性，$\boldsymbol{H}_1$ 的大小在环路 C_1 上任何点处是恒定的，并且其方向在路径的任何点处都平行于该回路。此外，为了满足右手定则，设定 I 沿 z 方向，且 $\boldsymbol{H}_1$ 必须在 $+\phi$ 方向上。因此，$\boldsymbol{H}_1=\hat{\boldsymbol{\phi}}H_1$，$\mathrm{d}\boldsymbol{l}_1=\hat{\boldsymbol{\phi}}r_1\,\mathrm{d}\phi$，式(5.48)的左侧变为

$$\oint_{C_1} \boldsymbol{H}_1 \cdot \mathrm{d}\boldsymbol{l}_1 = \int_0^{2\pi} H_1(\hat{\boldsymbol{\phi}} \cdot \hat{\boldsymbol{\phi}}) r_1 \mathrm{d}\phi = 2\pi r_1 H_1$$

流经 C_1 包围的面积的电流 I_1 等于总电流 I 乘以 C_1 包围的面积与导线总横截面之比：

$$I_1 = \left(\frac{\pi r_1^2}{\pi a^2}\right) I = \left(\frac{r_1}{a}\right)^2 I$$

式(5.48)两边相等，然后求解 $\boldsymbol{H}_1$ 得到

$$\boldsymbol{H}_1 = \hat{\boldsymbol{\phi}} H_1 = \hat{\boldsymbol{\phi}} \frac{r_1}{2\pi a^2} I \quad (r_1 \leqslant a) \tag{5.49a}$$

(b) 对于 $r=r_2 \geqslant a$，选择包含所有电流 I 的路径 C_2。因此 $\boldsymbol{H}_2=\hat{\boldsymbol{\phi}}H_2$，$\mathrm{d}\boldsymbol{l}_2=\hat{\boldsymbol{\phi}}r_2\,\mathrm{d}\phi$，并且

$$\oint_{C_2} \boldsymbol{H}_2 \cdot \mathrm{d}\boldsymbol{l}_2 = 2\pi r_2 H_2 = I$$

所以，

$$\boldsymbol{H}_2 = \hat{\boldsymbol{\phi}} H_2 = \hat{\boldsymbol{\phi}} \frac{I}{2\pi r_2} \quad (r_2 \geqslant a) \tag{5.49b}$$

忽略下标 2，可以看到式(5.49b)对应 $\boldsymbol{B}=\mu_0\boldsymbol{H}$ 的表达式与式(5.30)相同，而式(5.30)是根据毕奥-萨伐尔定律推导出来的。

H 的大小是随 r 变化的函数，如图 5-17c 所示：在 $r=0$ 和 $r=a$ 之间（导体内部），H 线性增加；当 $r>a$（导体外部）时，H 随 $1/r$ 减小。

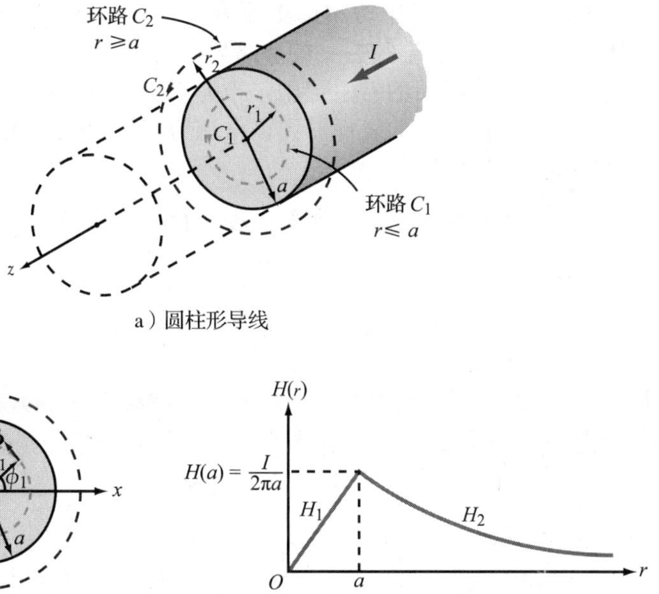

a）圆柱形导线

b）导线横截面

c）H 随 r 变化的曲线

图 5-17　半径为 a 的无限长导线沿 $+z$ 方向载有均匀电流 I（例 5-4）

练习 5-10　一个长同轴电缆中，电流 I 流入内导体，并通过其外导体返回。在同轴电缆外部区域中的磁场是多少？为什么？

答案：在同轴电缆外部 $\boldsymbol{H}=0$，因为环绕电缆的安培环路所包围的净电流为零。

练习 5-11　金属铌在冷却至 9K 以下时变成零电阻的超导材料，但当其表面磁通量密度超过 0.12T 时，其超导特性就停止了。求直径为 0.1mm 的铌线所携带的最大电流为多少时，它可以保持超导状态？

答案：$I=30$A。（参见Ⓔⓜ）

例 5-5　环形线圈内的磁场

环形线圈（也称为环形螺线管）是一种由导线密绕成的环形结构（见图 5-18）。为了清晰可见，我们在图中绘制的各匝的间隔相距较远，但实际上，它们是紧密缠绕的，形成近似圆形的环。该环形线圈用于多个电路的磁耦合以及测量材料的磁性质，如后面的图 5-31 所示。对于载有电流 I 的 N 匝环形线圈，求在以下三个区域中的磁场 $\boldsymbol{H}$：$r<a$，$a<r<b$ 和 $r>b$。所有区域都位于线圈的方位对称面内。

解：从对称性来看，显然 $\boldsymbol{H}$ 在方位向上是均匀的。如果构造一个以原点为中心且半径 $r<a$ 的圆形安培环路，则不会有电流穿过环路界定的表面。所以，

$$\boldsymbol{H}=0(r<a)$$

类似地，对于半径 $r>b$ 的安培环路，流过其表面的净电流也为零，原因是相同数量的载流线圈在两个方向上穿过该表面。所以，

$$\boldsymbol{H}=0(r>b)$$

对于环形线圈内部区域，构造一条半径为 r 的路径（见图 5-18）。由例 5-3 可知，每个线圈中心处的磁场 $\boldsymbol{H}$ 都沿线圈轴线方向，在这种情况

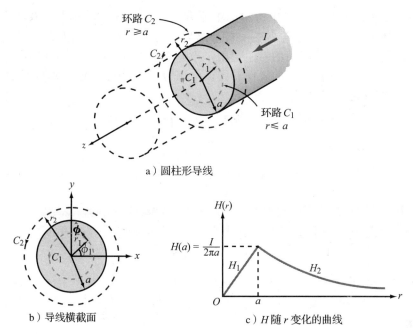

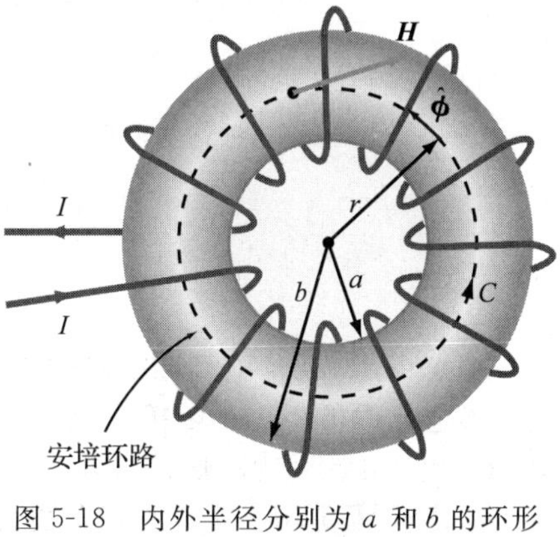

图 5-18　内外半径分别为 a 和 b 的环形线圈，线圈的间距通常比图中所示要紧密得多（例 5-5）

下，磁场为ϕ方向。鉴于图 5-18 中所示的电流方向，右手定则告诉我们 $\boldsymbol{H}$ 必须在$-\phi$方向上，因此，$\boldsymbol{H}=-\hat{\boldsymbol{\phi}}H$。穿过半径为 r 的环路界定的表面的总电流为 NI，其方向为进入页面方向。根据与安培定律相关的右手定则，当拇指指向沿环路 C 的方向时，如果电流在右手四个手指的方向上穿过环路的表面，则该电流为正。因此，流经回路界定的表面的电流为$-NI$。应用安培定律可得

$$\oint_C \boldsymbol{H}\cdot \mathrm{d}\boldsymbol{l}=\int_0^{2\pi}(-\hat{\boldsymbol{\phi}}\mathrm{H})\cdot\hat{\boldsymbol{\phi}}r\,\mathrm{d}\phi=-2\pi rH=-NI$$

因此，$H=NI/(2\pi r)$，且

$$\boldsymbol{H}=-\hat{\boldsymbol{\phi}}H=-\hat{\boldsymbol{\phi}}\frac{NI}{2\pi r}\quad(a<r<b)\tag{5.50}$$

◀

缠绕在圆环上的载流线圈所产生的磁场完全被限制在环形线圈内部：

$$\boldsymbol{H}=\begin{cases}0 & r<a\\ -\hat{\boldsymbol{\phi}}\dfrac{NI}{2\pi r} & a<r<b\\ 0 & r>b\end{cases}$$

例 5-6　无限大电流片的磁场

在 x-y 平面上有一个无限大的电流片，其面电流密度为 $\boldsymbol{J}_s=\hat{\boldsymbol{x}}J_s$(见图 5-19)，求空间各处的磁场 $\boldsymbol{H}$。

解：从对称性和右手定则考虑，对于 $z>0$ 和 $z<0$，$\boldsymbol{H}$ 必须沿图 5-19 所示的方向：

$$\boldsymbol{H}=\begin{cases}-\hat{\boldsymbol{y}}H & z>0\\ \hat{\boldsymbol{y}}H & z<0\end{cases}$$

为了计算安培定律中的线积分，选择围绕电流片尺寸为 l 和 w 的矩形安培环路(见图 5-19)。J_s 表示沿 y 方向单位长度上流过的电流，则穿过矩形环路表面的总电流为 $I=J_s l$。因此，沿逆时针方向在环路上应用安培定律，并注意 $\boldsymbol{H}$ 垂直于长度为 w 的路径，可得

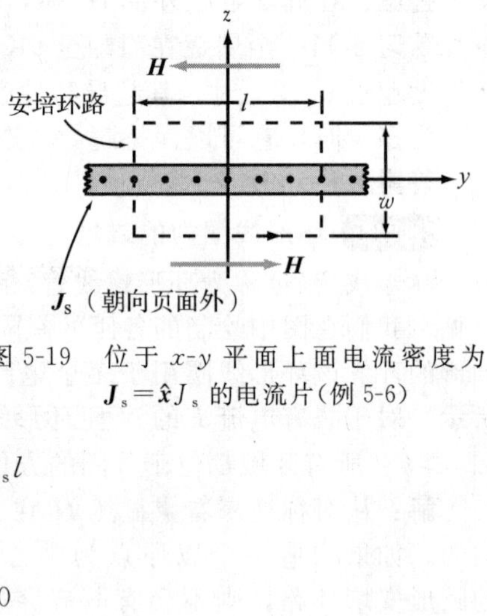

图 5-19　位于 x-y 平面上面电流密度为 $\boldsymbol{J}_s=\hat{\boldsymbol{x}}J_s$ 的电流片(例 5-6)

$$\oint_C \boldsymbol{H}\cdot\mathrm{d}\boldsymbol{l}=2Hl=J_s l$$

从中可以得到结果

$$\boldsymbol{H}=\begin{cases}-\hat{\boldsymbol{y}}\dfrac{J_s}{2} & z>0\\ \hat{\boldsymbol{y}}\dfrac{J_s}{2} & z<0\end{cases}\tag{5.51}$$

◀

概念问题 5-8：电场和磁场之间的根本区别是什么？

概念问题 5-9：如果 $\boldsymbol{H}$ 在闭合环路上的线积分为零，是否意味着在环路上的每个点都有 $\boldsymbol{H}=0$？如果不是，则意味着什么？

概念问题 5-10：比较应用毕奥-萨伐尔定律与安培定律计算载流导线产生的磁场的实用性。

概念问题 5-11：什么是环形线圈？环形线圈外部的磁场是多少？

5.4 矢量磁位

在第4章对静电场的讨论中，我们将静电位 V 定义为对电场 $\boldsymbol{E}$ 的线积分，并发现 V 和 $\boldsymbol{E}$ 的关系式为 $\boldsymbol{E}=-\nabla V$。事实证明，这种关系式不仅可以用于将电路元件(如电阻和电容)中的电场分布与元件两端的电压联系起来，还可以用于通过先利用式(4.48)来计算给定分布电荷的 V，再确定 $\boldsymbol{E}$。下面探讨与磁通量密度 $\boldsymbol{B}$ 有关的类似方法。

根据式(5.44)可知，$\nabla\cdot\boldsymbol{B}=0$。我们希望用磁位来定义 $\boldsymbol{B}$，但这种定义必须保证 $\boldsymbol{B}$ 的散度始终为零。这可以通过利用式(3.106b)给出的矢量恒等式来实现。该矢量恒等式表明，对于任意矢量 $\boldsymbol{A}$：

$$\nabla\cdot(\nabla\times\boldsymbol{A})=0 \tag{5.52}$$

因此，通过引入矢量磁位 $\boldsymbol{A}$，使得

$$\boldsymbol{B}=\nabla\times\boldsymbol{A}\quad(\mathrm{Wb/m^2}) \tag{5.53}$$

我们保证了$\nabla\cdot\boldsymbol{B}=0$，其中 $\boldsymbol{B}$ 的单位为 T，等效单位为 $\mathrm{Wb/m^2}$(韦伯每平方米)，因此 $\boldsymbol{A}$ 的单位为 Wb/m。

5.4.1 矢量泊松方程

由于 $\boldsymbol{B}=\mu\boldsymbol{H}$，式(5.46)给出的安培定律的微分形式可以写成

$$\nabla\times\boldsymbol{B}=\mu\boldsymbol{J} \tag{5.54}$$

如果将式(5.53)代入式(5.54)可得

$$\nabla\times(\nabla\times\boldsymbol{A})=\mu\boldsymbol{J} \tag{5.55}$$

对于任意矢量 $\boldsymbol{A}$，它的拉普拉斯算子遵守式(3.113)给出的矢量恒等式，即

$$\nabla^2\boldsymbol{A}=\nabla(\nabla\cdot\boldsymbol{A})-\nabla\times(\nabla\times\boldsymbol{A}) \tag{5.56}$$

根据定义，在直角坐标系中，$\nabla^2\boldsymbol{A}$ 为

$$\nabla^2\boldsymbol{A}=\left(\frac{\partial^2}{\partial x^2}+\frac{\partial^2}{\partial y^2}+\frac{\partial^2}{\partial z^2}\right)\boldsymbol{A}=\hat{\boldsymbol{x}}\,\nabla^2A_x+\hat{\boldsymbol{y}}\,\nabla^2A_y+\hat{\boldsymbol{z}}\,\nabla^2A_z \tag{5.57}$$

式(5.55)与式(5.56)联合得到

$$\nabla(\nabla\cdot\boldsymbol{A})-\nabla^2\boldsymbol{A}=\mu\boldsymbol{J} \tag{5.58}$$

这个方程中包含$\nabla\cdot\boldsymbol{A}$ 这一项。事实证明，在指定$\nabla\cdot\boldsymbol{A}$ 的值或数学形式方面有相当大的自由度，而且不会与式(5.53)所表示的要求冲突。对 $\boldsymbol{A}$ 的这些制约中最简单的是

$$\nabla\cdot\boldsymbol{A}=0 \tag{5.59}$$

在式(5.58)中应用上式可得出矢量泊松方程

$$\nabla^2\boldsymbol{A}=-\mu\boldsymbol{J} \tag{5.60}$$

利用式(5.57)给出的$\nabla^2\boldsymbol{A}$ 的定义，矢量泊松方程可分解为三个标量泊松方程

$$\nabla^2A_x=-\mu J_x \tag{5.61a}$$

$$\nabla^2A_y=-\mu J_y \tag{5.61b}$$

$$\nabla^2A_z=-\mu J_z \tag{5.61c}$$

在静电学中，由式(4.70)给出的标量电位 V 的泊松方程为

$$\nabla^2V=-\frac{\rho_{\mathrm{v}}}{\varepsilon} \tag{5.62}$$

且当体积 υ' 中有体电荷分布 ρ_{v} 时，上式的解由式(4.71)给出：

$$V=\frac{1}{4\pi\varepsilon}\int_{\upsilon'}\frac{\rho_{\mathrm{v}}}{R'}\mathrm{d}\upsilon' \tag{5.63}$$

关于 A_x、A_y、A_z 的泊松方程在数学形式上与式(5.62)相同，因此，对于分布在体积 υ' 中的电流密度为 $\boldsymbol{J}$ 的 x 分量 J_x，式(5.61a)的解为

$$A_x=\frac{\mu}{4\pi}\int_{v'}\frac{J_x}{R'}\mathrm{d}v' \quad (\mathrm{Wb/m}) \tag{5.64}$$

可以根据 J_y 和 J_z 写出 A_y 和 A_z 的类似解。这三个解可以组合成一个矢量解

$$\boldsymbol{A}=\frac{\mu}{4\pi}\int_{v'}\frac{\boldsymbol{J}}{R'}\mathrm{d}v' \quad (\mathrm{Wb/m}) \tag{5.65}$$

由式(5.23)可知，如果电流分布在表面 S' 上，则 $\boldsymbol{J}\mathrm{d}v'$ 应替换为 $\boldsymbol{J}_s\mathrm{d}s'$，而 v' 应替换为 S'；同样，对于线分布，$\boldsymbol{J}\mathrm{d}v'$ 应替换为 $I\mathrm{d}\boldsymbol{l}'$，并且应在相关路径 l' 上进行积分。

> 矢量磁位为计算载流导线产生的磁场提供了除毕奥-萨伐尔定律和安培定律之外的第三种方法。

对于给定的电流分布，可以用式(5.65)求出 $\boldsymbol{A}$，然后使用式(5.53)求出 $\boldsymbol{B}$。除了具有几何形状对称的简单电流分布可以应用安培定律外，在实际中，我们经常使用毕奥-萨伐尔定律和矢量磁位提供的方法，在这两种方法中，后者通常更容易应用，因为式(5.65)的积分比式(5.22)的积分更容易。

5.4.2　磁通量

穿过表面 S 的磁通量 Φ 定义为通过该表面的总磁通量，即

$$\Phi=\int_S \boldsymbol{B}\cdot\mathrm{d}\boldsymbol{s} \quad (\mathrm{Wb}) \tag{5.66}$$

将式(5.53)代入式(5.66)，然后利用斯托克斯定理，可以得到

$$\Phi=\int_S(\nabla\times\boldsymbol{A})\cdot\mathrm{d}\boldsymbol{s}=\oint_C\boldsymbol{A}\cdot\mathrm{d}\boldsymbol{l} \quad (\mathrm{Wb}) \tag{5.67}$$

式中，C 是界定曲面 S 的轮廓。因此，Φ 可由式(5.66)或式(5.67)来计算，至于哪一个积分更容易，由具体情况而定。

技术简介 10：电磁铁

19 世纪 20 年代，**威廉·斯特金**(William Sturgeon)发明了第一个实用的**电磁铁**。如今，电磁铁的原理已被用于电动机、硬盘和磁带驱动器读/写磁头中的继电器开关、扬声器、磁悬浮等许多场合。

基本原理

电磁铁有不同形状，包括如图 TF10-1 所示的线性**螺线管**和**马蹄形**。在这两种情况下，当电流流过缠绕在磁心上的绝缘导线时，就会产生类似于条形磁铁产生的磁场线的磁场。磁场强度与电流、匝数和磁心材料的磁导率成正比，通过使用**铁磁性磁心**，磁场强度可以增加几个数量级，这取决于铁磁材料的纯度。当受到磁场的作用时，铁磁材料(如铁或镍)会被磁化，其本身就像磁铁一样。

电磁继电器

电磁继电器是一种开关或断路器，可通过磁激活到“开”和“关”的位置。例如，电话设备中使用的低功率**振簧继电器**(见图 TF10-2)，该继电器由两个小间隙隔开的扁平的镍铁叶片组成。叶片结构被设计为在没有外力的情况下，叶片保持分离和不连接状态(在“关”的位置)，叶片之间的电接触(在“开”的位置)是通过沿叶片长度施加磁场来实现的。通过缠绕在玻璃外壳周围的导线中的电流产生的磁场，两个叶片呈现相反的磁极，从而迫使它们吸在一起而闭合间隙。

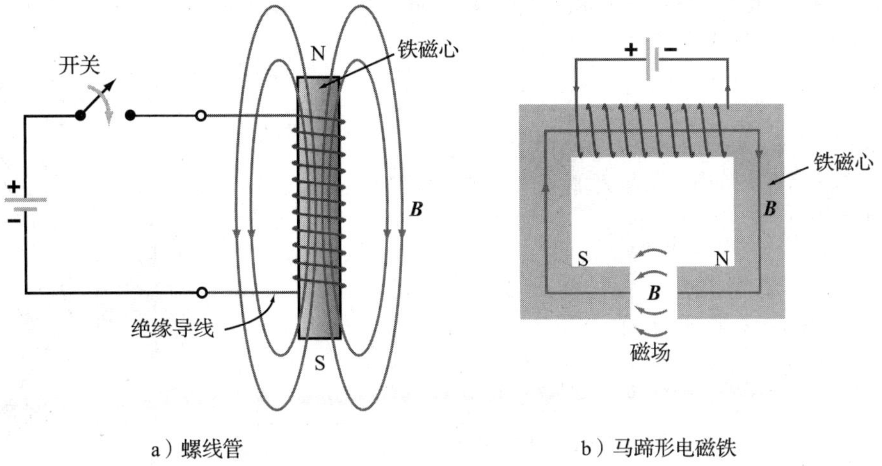

图 TF10-1　螺线管和马蹄形电磁铁

门铃

在门铃电路中(见图 TF10-3)，门铃按钮是一个开关，按下它可通过合适的降压变压器将电路与家用交流电源连接。来自电源的电流通过只有一端固定的接触臂(另一端可移动)流经电磁铁，然后流向开关。在电磁铁绕组中流动的电流会产生磁场，磁场将接触臂非固定端(其上有一根铁棒)朝电磁铁方向拉近，从而失去与金属接触体的连接，切断了电路中的电流。由于没有了磁场拉动接触臂，它会迅速恢复到原来的位置，重新建立起电路中的电流。只要持续按下门铃按钮，这种往复循环每秒钟会重复多次，在每一次循环中，连接在接触臂上的铃舌臂会撞击金属铃并产生清脆的声音。

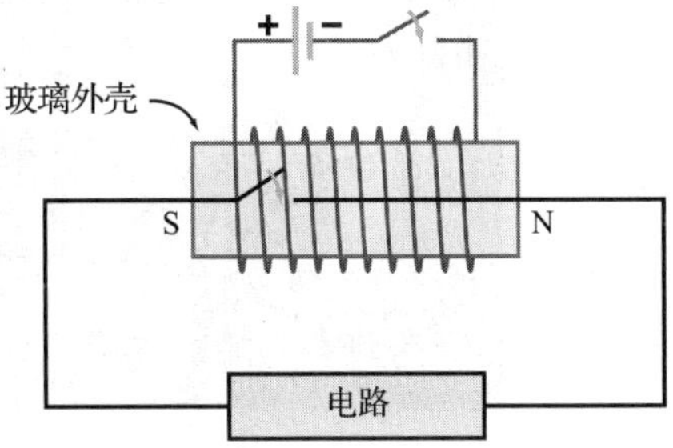

图 TF10-2　微型振簧继电器(为便于说明，放大了尺寸)

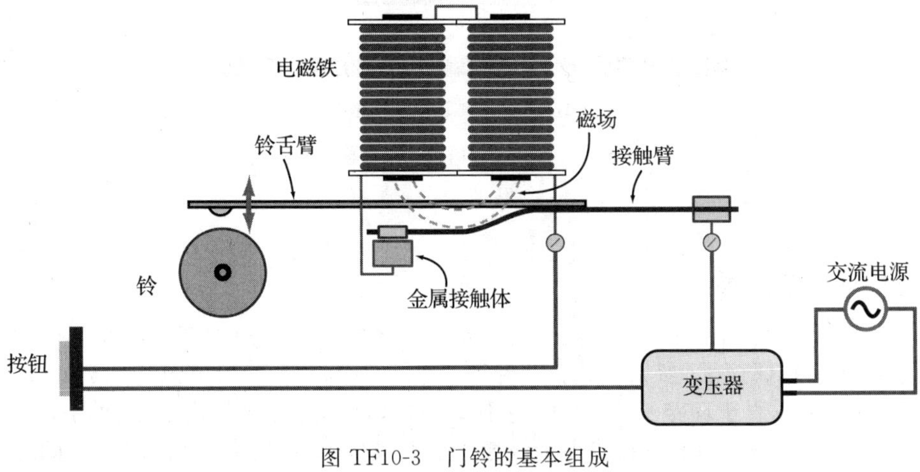

图 TF10-3　门铃的基本组成

扬声器

通过使用固定的永磁体和可移动的电磁铁的组合，电磁铁在电信号的激励下，可以使扬声器的电磁铁/扬声圆锥体(见图 TF10-4)前后移动。锥体振动产生的声波频率分布与电信号频谱中包含的频率分布相同。

磁悬浮

磁悬浮列车(见图 TF10-5a)简称为 maglevs，其速度可高达 500km/h，主要原因是列车与轨道之间没有摩擦。

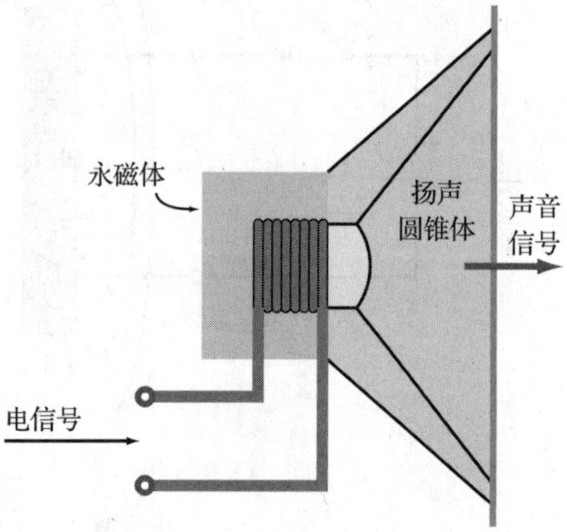

图 TF10-4　扬声器的基本结构

磁悬浮列车基本上悬浮在轨道上方大于或等于 1cm 的高度，这是通过磁悬浮实现的(见图 TF10-5b)。磁悬浮列车上安装有超导电磁铁，这些电磁铁可在列车两侧导轨内的线圈中感应电流。磁悬浮列车的超导电磁铁和导轨线圈之间的磁场相互作用不仅使列车悬浮，而且还推动列车沿着轨道前进。

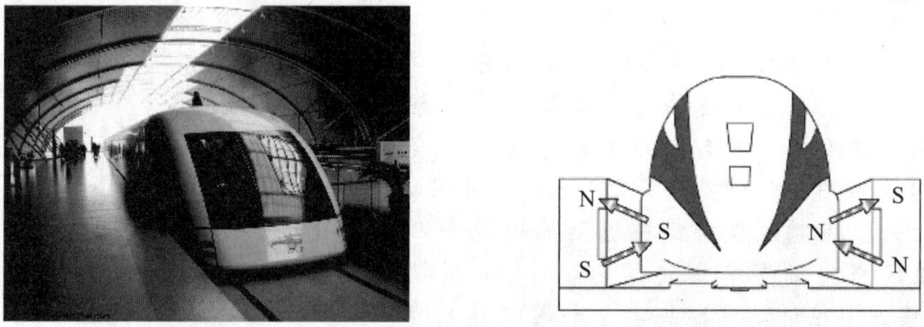

a) 磁悬浮列车　　b) 磁悬浮列车的电动悬浮

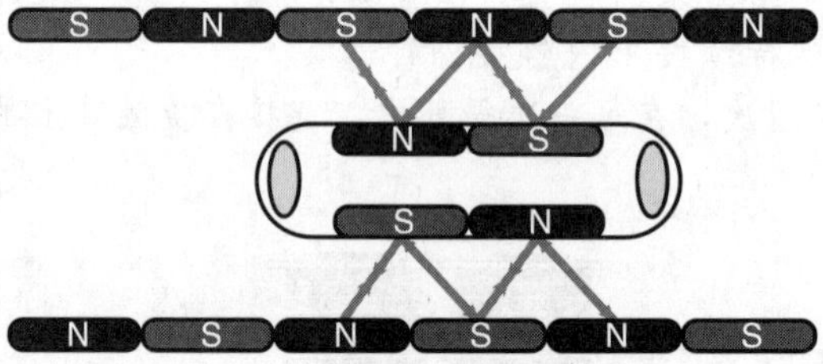

c) 通过线圈推进电动磁悬浮

图 TF10-5　磁悬浮列车及其原理

5.5　材料的磁性质

由于电流环产生的磁场线与永磁体所显示的磁场线的分布图相似，电流环可被视为具有北极和南极的磁偶极子(参见 5.2.2 节和图 5-13)。面积为 A 的电流环的磁矩 $\boldsymbol{m}$ 的大小为 $m=IA$，方向垂直于环路平面(根据右手定则)。材料的磁化是由于下面两个因素产生的原子尺度的电流环：①电子和质子围绕原子核及其内部的轨道运动；②电子的自旋。质子运动产生的磁矩通常比电子的磁矩小三个数量级，因此，原子总的轨道磁矩和自旋磁矩由其电子的磁矩之和决定。

材料的磁性质是由其原子的磁偶极矩与外部磁场的相互作用决定的。这种行为的本质取决于材料的晶体结构，并依据磁性质将材料分为**抗磁质、顺磁质**或**铁磁质**。

抗磁质材料的原子没有永久磁矩。相反，尽管顺磁质和铁磁质材料的组织结构有很大不同，但它们都具有永久磁偶极矩的原子。

5.5.1 电子轨道磁矩和自旋磁矩

本节将介绍原子的半经典直观模型，用于定量了解电子磁矩的起源。电荷为$-e$的电子以恒定速度u在半径为r的圆轨道上运动(见图5-20a)，在时间$T=2\pi r/u$内完成了一个圆周运动。电子的这种圆周运动构成了一个微小的电流环，其电流I为

$$I=-\frac{e}{T}=-\frac{eu}{2\pi r} \tag{5.68}$$

相关的轨道磁矩$\boldsymbol{m}_{\text{o}}$的大小为

$$m_{\text{o}}=IA=\left(-\frac{eu}{2\pi r}\right)(\pi r^2)=-\frac{eur}{2}=-\left(\frac{e}{2m_{\text{e}}}\right)L_{\text{e}} \tag{5.69}$$

式中，$L_{\text{e}}=m_{\text{e}}ur$是电子的角动量，$m_{\text{e}}$是其质量。根据量子物理学，轨道角动量是量子化的，具体来说，L_{e}总是$\hbar=h/2\pi$的整数倍，其中h为普朗克常数，即$L_{\text{e}}=0,\hbar,2\hbar,\cdots$，因此，电子轨道磁矩的最小非零值为

$$m_{\text{o}}=-\frac{e\hbar}{2m_{\text{e}}} \tag{5.70}$$

尽管所有材料都包含具有磁偶极矩的电子，但大多数材料实际上都是非磁性的，这是因为，在没有外部磁场的情况下，大多数材料的原子(的磁矩)的方向都是随机的，因此它们的净磁矩为零或很小。

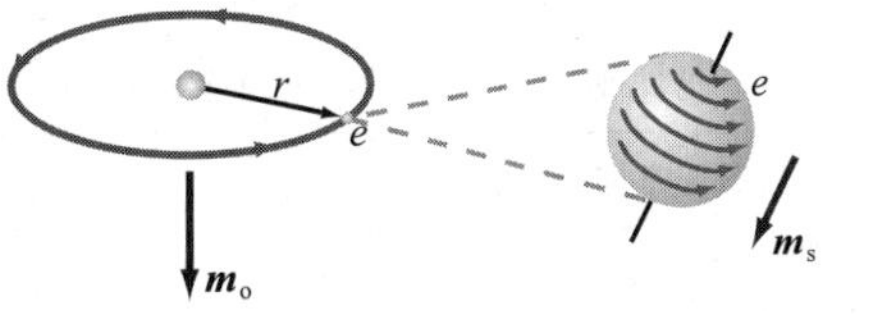

a)绕轨运行的电子　　b)自旋的电子

图5-20 电子绕着原子核旋转时产生轨道磁矩$\boldsymbol{m}_{\text{o}}$，电子绕着自身旋转轴旋转时产生自旋磁矩$\boldsymbol{m}_{\text{s}}$

除了由于其轨道运动产生的磁矩外，电子还由于绕其自身轴的自旋运动而具有固有的自旋磁矩$\boldsymbol{m}_{\text{s}}$(见图5-20b)。由量子理论推测$\boldsymbol{m}_{\text{s}}$的大小为

$$m_{\text{s}}=-\frac{e\hbar}{2m_{\text{e}}} \tag{5.71}$$

它等于最小轨道磁矩$\boldsymbol{m}_{\text{o}}$。具有偶数个电子的原子，它的电子通常成对存在，而每一对的电子的自旋方向相反，从而抵消彼此的自旋磁矩；如果原子的电子数为奇数，则由于电子未配对，原子具有非零的净自旋磁矩。

5.5.2 磁导率

在第4章中，我们了解到自由空间中电通量密度与电场强度之间的关系式为$\boldsymbol{D}=\varepsilon_0\boldsymbol{E}$，而在介质材料中，两者的关系式修改为$\boldsymbol{D}=\varepsilon_0\boldsymbol{E}+\boldsymbol{P}$。同样，自由空间中的$\boldsymbol{B}=\mu_0\boldsymbol{H}$关系式也修改为

$$\boldsymbol{B}=\mu_0\boldsymbol{H}+\mu_0\boldsymbol{M}=\mu_0(\boldsymbol{H}+\boldsymbol{M}) \tag{5.72}$$

式中，磁化矢量$\boldsymbol{M}$定义为材料单位体积中所含原子磁偶极矩的矢量和。在不考虑比例因素情况下，式(5.72)中$\boldsymbol{B}$、$\boldsymbol{H}$和$\boldsymbol{M}$的角色及含义对应于式(4.93)中$\boldsymbol{D}$、$\boldsymbol{E}$和$\boldsymbol{P}$的角色和含义。此外，正如在大多数电介质中，$\boldsymbol{P}$和$\boldsymbol{E}$是线性相关的，在大多数磁性材料中，$\boldsymbol{M}$和$\boldsymbol{H}$也满足如下关系式：

$$\boldsymbol{M}=\chi_{\text{m}}\boldsymbol{H} \tag{5.73}$$

式中，χ_m 是一个无量纲的量，称为材料的磁化率。对于抗磁质和顺磁质材料，χ_m 是一个(与温度相关的)常数，在给定温度下 **M** 和 **H** 呈线性关系；铁磁质材料却并非如此，它的 **M** 和 **H** 之间的关系不仅是非线性的，而且还取决于材料的“历史”，这部分将在下一节解释。

基于以上事实，我们可以联合式(5.72)和式(5.73)得到

$$\boldsymbol{B}=\mu_0(\boldsymbol{H}+\chi_m\boldsymbol{H})=\mu_0(1+\chi_m)\boldsymbol{H} \tag{5.74}$$

或者

$$\boldsymbol{B}=\mu\boldsymbol{H} \tag{5.75}$$

式中，材料的磁导率 μ 与 χ_m 的关系式为

$$\mu=\mu_0(1+\chi_m)\quad (\text{H/m}) \tag{5.76}$$

通常，用相对磁导率 μ_r 来定义材料的磁性质更方便，即

$$\mu_r=\frac{\mu}{\mu_0}=1+\chi_m \tag{5.77}$$

通常，根据材料的 χ_m 值将材料分为抗磁质、顺磁质或铁磁质(见表 5-2)。抗磁质材料具有负磁化率，而顺磁质材料具有正磁化率，但是，这两种材料的 χ_m 绝对值都在 10^{-5} 数量级，这使得在大多数应用中，相对于式(5.77)中的 1，χ_m 可以忽略。

表 5-2 磁性材料的性质

	抗磁质	顺磁质	铁磁质
永磁偶极矩	没有	有，但很弱	有，很强
主要磁化机理	电子轨道磁矩	电子自旋磁矩	磁畴
感应磁场方向(相对于外磁场)	相反	相同	磁滞现象(见图 5-22)
常见物质	铋、铜、钻石、金、铅、汞、银、硅	铝、钙、铬、镁、铌、铂、钨	铁、镍、钴
χ_m 的典型值	$\approx -10^{-5}$	$\approx 10^{-5}$	$\lvert\chi_m\rvert \gg 1$ 和磁滞
μ_r 的典型值	≈ 1	≈ 1	$\lvert\mu_r\rvert \gg 1$ 和磁滞

因此，对于抗磁质和顺磁质材料(包括电介质材料和大多数金属)，其 $\mu_r \approx 1$ 或 $\mu \approx \mu_0$。相比之下，铁磁质材料的 $\lvert\mu_r\rvert \gg 1$，例如纯铁的 $\lvert\mu_r\rvert$ 约为 2×10^5。

铁磁质材料将在下一小节讨论。

练习 5-12 磁化矢量 **M** 是单位体积(1m^3)中包含的所有原子磁矩的矢量和。如果有某种类型的铁，单位体积中包含 8.5×10^{28} 个原子，每个原子提供一个电子，其自旋磁矩与外加磁场方向一致。求：(a)单电子的自旋磁矩，其中 $m_e=9.1\times10^{-31}\text{kg}$，$\hbar=1.06\times10^{-34}\text{J}\cdot\text{s}$，(b)**M** 的大小。

答案：(a) $m_s=9.3\times10^{-24}\text{A}\cdot\text{m}^2$，(b) $M=7.9\times10^5\text{A/m}$。(参见EM)

5.5.3 铁磁质材料的磁滞现象

铁磁质材料(包括铁、镍和钴)由于它们的磁矩倾向于沿着外部磁场的方向排列，因此表现出独特的磁性质。此外，即使在外部磁场被移除后，这些材料仍然保持部分磁化状态。因为这些特殊性质，铁磁质材料被用于制造永磁体。

理解铁磁质材料特性的关键是磁畴的概念，磁畴是微观区域(约 10^{-10}m^3)，在该区域

中所有原子(通常为 10^{19} 个原子)的磁矩永久性相互对齐排列。这种排列发生在所有铁磁质材料中，是由构成单个磁畴的磁偶极矩之间的强耦合力引起的。在没有外部磁场的情况下，各个磁畴呈随机取向(见图 5-21a)，导致净磁化强度为零。形成相邻磁畴间边界的畴壁由薄过渡区组成。当将未磁化的铁磁质材料样品放置在外加磁场中时，磁畴与外加磁场部分对齐，如图 5-21b 所示。定量地理解磁畴是如何形成的以及它们在外加磁场影响下的行为，需要大量的量子力学知识，这超出了目前的讨论范围。因此，当前的讨论仅限于定性描述磁化过程及其含义。

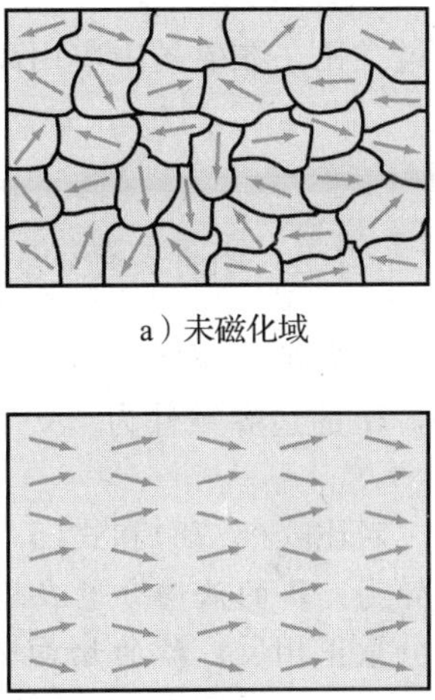

a) 未磁化域

b) 磁化域

图 5-21　铁磁质材料中未磁化域和磁化域的比较

铁磁质材料的磁化行为用它的 B-H 磁化曲线来描述，其中 B 和 H 是指材料中磁通量密度 $\mathbf{B}$ 和磁场 $\mathbf{H}$ 的幅值。假设有一个未磁化的铁样品，在图 5-22 中用 O 点表示。通过增加流过绕在样品周围导线中的电流使 $\mathbf{H}$ 连续增加，$\mathbf{B}$ 也沿着 B-H 曲线从 O 点增加到 A_1 点，此时几乎所有的磁畴都与 $\mathbf{H}$ 排列一致。A_1 点代表饱和条件。然后，如果将 $\mathbf{H}$ 从 A_1 点的值减小到零(通过减少导线上的电流)，则磁化曲线将沿着从 A_1 到 A_2 的路径，在 A_2 点外部磁场 $\mathbf{H}$ 为零(由于通过导线的电流为零)，但是材料中的磁通量密度 $\mathbf{B}$ 却不为零，$\mathbf{B}$ 在 A_2 点的大小称为*剩余磁通量密度* B_r。该材料现在已经磁化了，并且可以作为永磁体使用，这是由于其磁畴的很大一部分保持了对齐。如果改变 $\mathbf{H}$ 的方向并增加其强度，会导致 $\mathbf{B}$ 从 A_2 点的 B_r 减小到 A_3 点的零，并且如果 $\mathbf{H}$ 在保持其方向的同时，强度进一步增加，则磁化强度在 A_4 点达到饱和状态。最后，当 $\mathbf{H}$ 返回到零，然后在正方向上再次增大时，曲线沿着从 A_4 到 A_1 的路径变化。这个过程叫作*磁滞*，磁滞意味着“滞后”。磁滞回线的存在意味着铁磁质材料中的磁化过程不仅取决于磁场 $\mathbf{H}$，而且取决于材料的磁化史。磁滞回线的形状和范围取决于铁磁质材料的性质和 $\mathbf{H}$ 变化的峰-峰值范围。*硬铁磁质材料*的特点是具有较宽的磁滞回线(见图 5-23a)，因为它们有很大的剩余磁通量密度 B_r，不容易被外部磁场消磁。硬铁磁质材料可用于制造电机和发电机的永磁体。*软铁磁质材料*的磁滞回线较窄(见图 5-23b)，因此它们更容易被磁化和消磁。为了使铁磁质材料消磁，材料都要经历多次磁滞循环，同时逐渐减小外加磁场的峰-峰值范围。

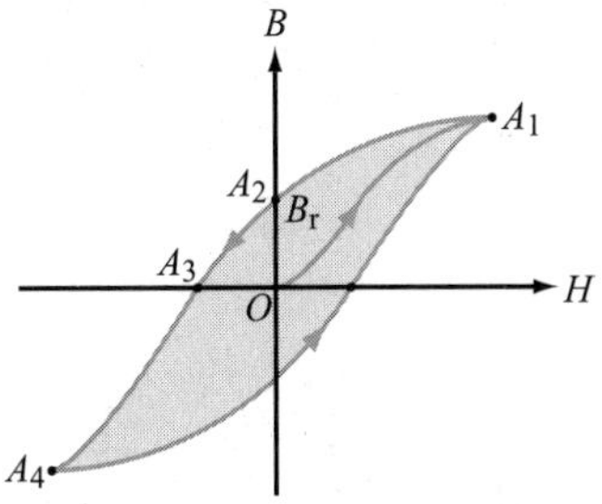

图 5-22　铁磁质材料的典型磁滞回线

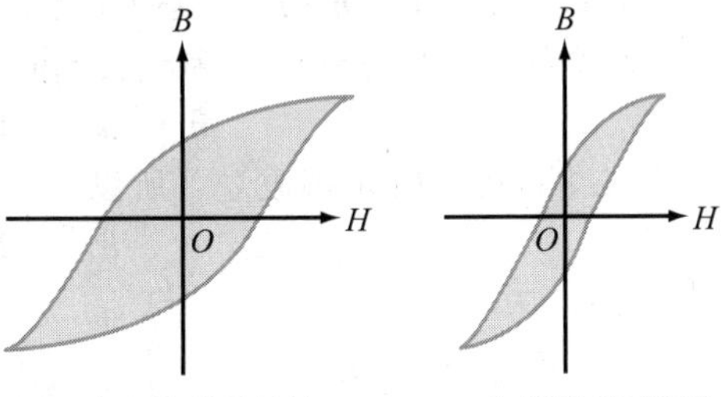

a) 硬铁磁质材料　　b) 软铁磁质材料

图 5-23　磁滞回线的比较

概念问题 5-12：磁性材料分为哪三种类型？它们相对磁导率的典型值是多少？

概念问题 5-13：铁磁质材料磁滞的原因是什么？

概念问题 5-14：磁滞回线描述了什么？软铁磁质材料和硬铁磁质材料的磁滞回线有什么不同？

5.6 磁边界条件

在第4章中，我们推导出了一组边界条件，描述了在两种不同媒质边界处，第一种媒质中的$\boldsymbol{D}$和$\boldsymbol{E}$与第二种媒质中的$\boldsymbol{D}$和$\boldsymbol{E}$的关系。现在要对$\boldsymbol{B}$和$\boldsymbol{H}$推导一组类似的边界条件。通过在一个跨越边界的柱面上应用高斯定律，我们确定了两种媒质中电通量密度的法向分量之差等于面电荷密度ρ_s，即

$$\oint_S \boldsymbol{D}\cdot d\boldsymbol{s}=Q\rightarrow D_{1n}-D_{2n}=\rho_s \tag{5.78}$$

通过类比，在磁场中应用高斯定律，如式(5.44)所示，得出以下结论：

$$\oint_S \boldsymbol{B}\cdot d\boldsymbol{s}=0\rightarrow B_{1n}=B_{2n} \tag{5.79}$$

因此，$\boldsymbol{B}$的法向分量在两个相邻媒质的边界面上是连续的。

因为对于线性且各向同性的媒质，$\boldsymbol{B}_1=\mu_1\boldsymbol{H}_1$，$\boldsymbol{B}_2=\mu_2\boldsymbol{H}_2$，所以对应于式(5.79)可知，$\boldsymbol{H}$的边界条件为

$$\mu_1 H_{1n}=\mu_2 H_{2n} \tag{5.80}$$

对比式(5.78)和式(5.79)可以看出，跨越边界的磁通量密度和电通量密度之间的显著差异为：*$\boldsymbol{B}$的法向分量在边界上连续，但$\boldsymbol{D}$的法向分量不连续(除非$\rho_s=0$)*。$\boldsymbol{E}$和$\boldsymbol{H}$的切向分量正相反：*$\boldsymbol{E}$的切向分量在边界上连续，而$\boldsymbol{H}$的切向分量不连续(除非面电流密度$\boldsymbol{J}_s=0$)*。为了获得$\boldsymbol{H}$切向分量的边界条件，我们使用第4章中确立$\boldsymbol{E}$切向分量边界条件的相同步骤。参照图5-24，在一个闭合的矩形路径上应用安培定律，其中矩形路径的边长分别为Δl和Δh，然后令$\Delta h\rightarrow 0$得到

$$\oint_C \boldsymbol{H}\cdot d\boldsymbol{l}=\int_a^b \boldsymbol{H}_1\cdot\hat{\boldsymbol{l}}_1 dl+\int_c^d \boldsymbol{H}_2\cdot\hat{\boldsymbol{l}}_2 dl=I \tag{5.81}$$

式中，I是沿右手定则指定的方向(当右手的四个手指指向回路C方向时，拇指的方向就是I的方向)穿过回路表面的净电流。当回路的Δh接近零时，回路界定的表面接近一条长度为Δl的细线。穿过此细线表面的总电流为$I=J_s\Delta l$，其中J_s是面电流密度$\boldsymbol{J}_s$垂直于回路表面的分量大小，也就是$J_s=\boldsymbol{J}_s\cdot\hat{\boldsymbol{n}}$，其中$\hat{\boldsymbol{n}}$是回路表面的法线。考虑到这些因素，式(5.81)变成

$$(\boldsymbol{H}_1-\boldsymbol{H}_2)\cdot\hat{\boldsymbol{l}}_1\Delta l=\boldsymbol{J}_s\cdot\hat{\boldsymbol{n}}\Delta l \tag{5.82}$$

矢量$\hat{\boldsymbol{l}}_1$可以表示为$\hat{\boldsymbol{l}}_1=\hat{\boldsymbol{n}}\times\hat{\boldsymbol{n}}_2$，其中$\hat{\boldsymbol{n}}$和$\hat{\boldsymbol{n}}_2$分别为回路表面和媒质2表面的法线(见图5-24)。将此关系式应用于式(5.82)，并利用矢量恒等式$\boldsymbol{A}\cdot(\boldsymbol{B}\times\boldsymbol{C})=\boldsymbol{B}\cdot(\boldsymbol{C}\times\boldsymbol{A})$得到

$$\hat{\boldsymbol{n}}\cdot[\hat{\boldsymbol{n}}_2\times(\boldsymbol{H}_1-\boldsymbol{H}_2)]=\boldsymbol{J}_s\cdot\hat{\boldsymbol{n}} \tag{5.83}$$

由于式(5.83)对任何$\hat{\boldsymbol{n}}$都成立，所以，

$$\hat{\boldsymbol{n}}_2\times(\boldsymbol{H}_1-\boldsymbol{H}_2)=\boldsymbol{J}_s \tag{5.84}$$

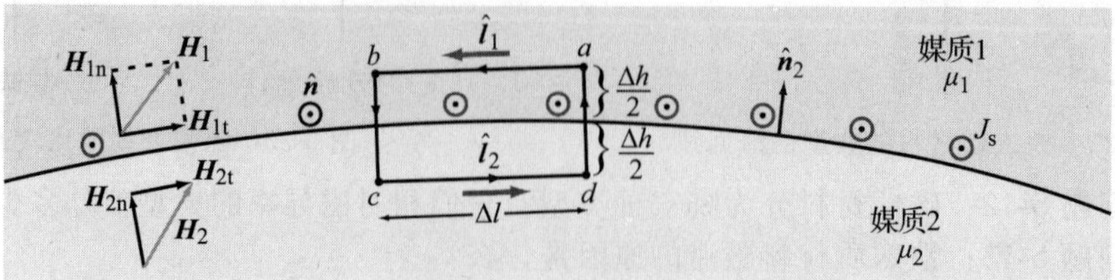

图5-24 磁导率为μ_1的媒质1与磁导率为μ_2的媒质2之间的边界

这个等式表明，在界面上平行于 $\mathbf{J}_s$ 的 $\mathbf{H}$ 分量是连续的，而垂直于 $\mathbf{J}_s$ 的 $\mathbf{H}$ 分量是不连续的，两者相差 $\mathbf{J}_s$。

表面电流只能存在于理想导体和超导体的表面上，因此，在电导率有限的导电媒质界面上，$\mathbf{J}_s=0$，则

$$H_{1t}=H_{2t} \tag{5.85}$$

例 5-7 倾斜平面边界

在图 5-25 中，由 $y+2x=2$ 定义的平面将磁导率为 μ_1 的媒质 1 和磁导率为 μ_2 的媒质 2 分开。如果边界上不存在表面电流，并且 $\mathbf{B}_1=(\hat{\mathbf{x}}2+\hat{\mathbf{y}}3)\mathrm{T}$，求 $\mathbf{B}_2$ 以及当 $\mu_2=2\mu_1$ 时 $\mathbf{B}_2$ 的值。

解： 为了在两种媒质之间的平面上应用边界条件，首先需要得到垂直于边界面的单位矢量的表达式。为了应用式(5.84)给出的边界条件，需要得到 $\hat{\mathbf{n}}_2$ 的表达式，这里 $\hat{\mathbf{n}}_2$ 是指向远离媒质 2 的单位矢量(见图 5-25)。

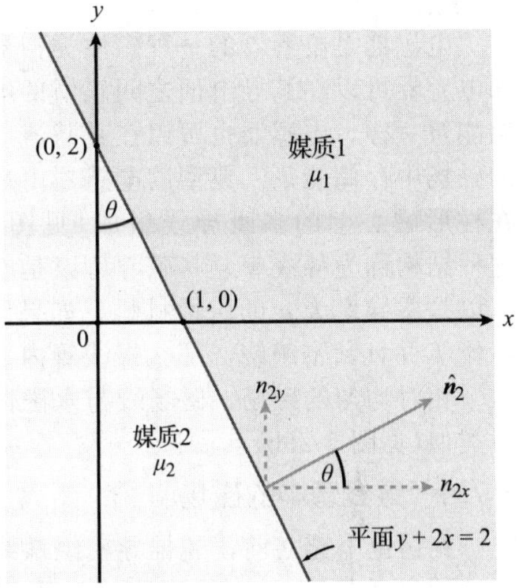

图 5-25 平面 $y+2x=2$ 隔开的磁性媒质(例 5-7)

由图 5-25 中小三角形的几何形状可得

$$\theta=\arctan\left(\frac{1}{2}\right)=26.57^\circ$$

因此，

$$\hat{\mathbf{n}}_2=\hat{\mathbf{x}}\cos\theta+\hat{\mathbf{y}}\sin\theta=\hat{\mathbf{x}}0.89+\hat{\mathbf{y}}0.45$$

$\mathbf{B}_1$ 有沿 $\hat{\mathbf{n}}_2$ 的法向分量 $\mathbf{B}_{1n}$ 和切向分量 $\mathbf{B}_{1t}$：

$$\mathbf{B}_1=\mathbf{B}_{1n}+\mathbf{B}_{1t}$$

式中，

$$\mathbf{B}_{1n}=B_{1n}\hat{\mathbf{n}}_2$$

且

$$B_{1n}=\hat{\mathbf{n}}_2\cdot\mathbf{B}_1=(\hat{\mathbf{x}}\cos\theta+\hat{\mathbf{y}}\sin\theta)\cdot(\hat{\mathbf{x}}2+\hat{\mathbf{y}}3)=2\cos\theta+3\sin\theta$$

$\mathbf{B}_1$ 的切向分量为

$$\begin{aligned}\mathbf{B}_{1t}&=\mathbf{B}_1-\mathbf{B}_{1n}=\mathbf{B}_1-B_{1n}\hat{\mathbf{n}}_2=(\hat{\mathbf{x}}2+\hat{\mathbf{y}}3)-(2\cos\theta+3\sin\theta)(\hat{\mathbf{x}}\cos\theta+\hat{\mathbf{y}}\sin\theta)\\&=\hat{\mathbf{x}}(2-2\cos^2\theta-3\sin\theta\cos\theta)+\hat{\mathbf{y}}(3-2\cos\theta\sin\theta-3\sin^2\theta)\end{aligned}$$

边界条件要求：

$$\mathbf{B}_{1n}=\mathbf{B}_{2n}$$

和

$$\frac{\mathbf{B}_{1t}}{\mu_1}=\frac{\mathbf{B}_{2t}}{\mu_2}$$

所以导出：

$$\begin{aligned}\mathbf{B}_2&=\mathbf{B}_{2n}+\mathbf{B}_{2t}=\mathbf{B}_{1n}+\frac{\mu_2}{\mu_1}\mathbf{B}_{1t}=B_{1n}\hat{\mathbf{n}}_2+\frac{\mu_2}{\mu_1}\mathbf{B}_{1t}\\&=(2\cos\theta+3\sin\theta)(\hat{\mathbf{x}}\cos\theta+\hat{\mathbf{y}}\sin\theta)+\frac{\mu_2}{\mu_1}[\hat{\mathbf{x}}(2-2\cos^2\theta-3\sin\theta\cos\theta)+\hat{\mathbf{y}}(3-2\cos\theta\sin\theta-3\sin^2\theta)]\\&=\hat{\mathbf{x}}\left[2\cos^2\theta+3\sin\theta\cos\theta+\frac{\mu_2}{\mu_1}(2-2\cos^2\theta-3\sin\theta\cos\theta)\right]+\\&\quad\hat{\mathbf{y}}\left[2\cos\theta\sin\theta+3\sin^2\theta+\frac{\mu_2}{\mu_1}(3-2\cos\theta\sin\theta-3\sin^2\theta)\right]\end{aligned}$$

对于 $\theta=26.57°$，$\mu_2=2\mu_1$，可得 $\boldsymbol{B}_2=(\hat{\boldsymbol{x}}1.2+\hat{\boldsymbol{y}}4.6)$T。◀

练习 5-13　在图 5-24 中，如果 $\boldsymbol{H}_2=(\hat{\boldsymbol{x}}3+\hat{\boldsymbol{z}}2)$A/m，求 $\boldsymbol{H}_1$ 与 $\hat{\boldsymbol{n}}_2=\hat{\boldsymbol{z}}$ 之间的角度，其中 $\mu_{r1}=2$，$\mu_{r2}=8$，$\boldsymbol{J}_s=0$。

答案：$\theta=20.6°$。(参见EM)

5.7　电感

电感器是电容器的一种磁性类似器件。正如电容器可以在其导电面之间媒质的电场中存储能量一样，电感器也可以在其载流导体附近的磁场中存储能量。典型的电感器由螺旋缠绕在柱形磁心上的多匝导线组成(见图 5-26a)，这种结构称为螺线管，其磁心可以是空气，也可以是磁导率为 μ 的磁性材料。如果导线携带电流 I 并且紧密缠绕，那么螺线管内部将产生一个相对均匀的磁场，磁场线与永磁体的磁场线类似(见图 5-26b)。

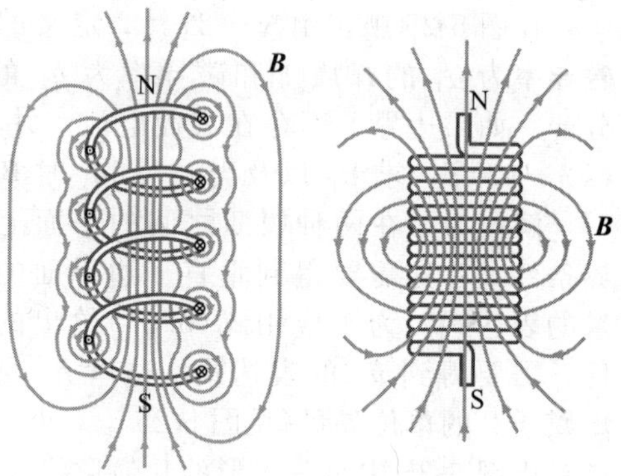

a）松绕螺线管　　b）密绕螺线管

图 5-26　松绕螺线管的磁场线和密绕螺线管的磁场线

5.7.1　螺线管中的磁场

在讨论电感之前，先推导密绕螺线管内部区域的磁通量密度 $\boldsymbol{B}$ 的表达式。该螺线管的长度为 l，半径为 a，包括 N 匝载流为 I 的线圈。单位长度的匝数为 $n=N/l$，这种密绕的情况表明，单匝的螺距与螺线管半径相比较小，即使形状有点螺旋，也可以将其视为圆形环路(见图 5-27a)。现在考虑螺线管轴线上 P 点的磁通量密度 $\boldsymbol{B}$。在例 5-3 中，我们推导出了沿半径为 a 的圆形环路的轴线上距中心距离为 z 的 $\boldsymbol{H}$ 的表达式为

$$\boldsymbol{H}=\hat{\boldsymbol{z}}\,\frac{I'a^2}{2(a^2+z^2)^{3/2}} \tag{5.86}$$

式中，I'是环路上的电流。如果我们将一段长度为 $\mathrm{d}z$ 的螺线管视为由 $n\mathrm{d}z$ 匝组成的等效回路，其携带的电流 $I'=In\mathrm{d}z$，则 P 点的感应场为

$$\mathrm{d}\boldsymbol{B}=\mu\,\mathrm{d}\boldsymbol{H}=\hat{\boldsymbol{z}}\,\frac{\mu nIa^2}{2(a^2+z^2)^{3/2}}\mathrm{d}z \tag{5.87}$$

可通过对螺线管整个长度进行积分得到 P 点的总场 $\boldsymbol{B}$。相对容易的计算方法是用角度 θ 来表示变量 z，通过 P 点到螺线管上的任一点得到下面的关系式：

$$z=a\tan\theta \tag{5.88a}$$

$$a^2+z^2=a^2+a^2\tan^2\theta=a^2\sec^2\theta \tag{5.88b}$$

$$\mathrm{d}z=a\sec^2\theta\,\mathrm{d}\theta \tag{5.88c}$$

将上面的后两式代入式(5.87)，并从 θ_1 到 θ_2 积分，可以得到

$$\boldsymbol{B}=\hat{\boldsymbol{z}}\,\frac{\mu nIa^2}{2}\int_{\theta_1}^{\theta_2}\frac{a\sec^2\theta\,\mathrm{d}\theta}{a^3\sec^3\theta}=\hat{\boldsymbol{z}}\,\frac{\mu nI}{2}(\sin\theta_2-\sin\theta_1) \tag{5.89}$$

如果螺线管长度 l 远大于其半径 a，则 P 点到螺线管末端有 $\theta_1\approx-90°$，$\theta_2\approx90°$，式(5.89)可以化简为

$$\boldsymbol{B}\approx\hat{\boldsymbol{z}}\mu nI=\frac{\hat{\boldsymbol{z}}\mu NI}{l}\quad(\text{长螺线管的 } l/a\gg1) \tag{5.90}$$

虽然式(5.90)是针对螺线管中点处的 $\boldsymbol{B}$ 推导而得的，但在螺线管内部除了末端附近的所有地方都近似有效。

现在我们回到关于电感的讨论，电感包括自感和互感。自感代表线圈或电路与其自身的磁通链[⊖]；互感涉及另一个电路中电流产生的磁场在该电路中产生的磁通链。通常，当使用电感一词时，指的是自感。

练习 5-14　利用式(5.89)推导在一个非常长的螺线管的轴线端点处 $\boldsymbol{B}$ 的表达式。端点处的 $\boldsymbol{B}$ 与螺线管中点处的 $\boldsymbol{B}$ 相比有何变化？

答案： 在端点处 $\boldsymbol{B}=\hat{\boldsymbol{z}}(\mu NI/2l)$，端点处的 $\boldsymbol{B}$ 是中点处的一半。(参见Ⓔⓜ)

5.7.2　螺线管的自感

从式(5.66)中可知，与表面 S 交链的磁通量 Φ 为

$$\Phi=\int_S \boldsymbol{B}\cdot \mathrm{d}\boldsymbol{s}\quad (\mathrm{Wb}) \tag{5.91}$$

在螺线管中，近似均匀的磁场穿过其整个横截面，根据式(5.90)得出，连接单个回路的磁通量为

$$\Phi=\int_S \hat{\boldsymbol{z}}\left(\mu\frac{N}{l}I\right)\cdot\hat{\boldsymbol{z}}\,\mathrm{d}s=\mu\frac{N}{l}IS \tag{5.92}$$

式中，S 是环路的横截面积(见图 5-27b)。磁通链 Λ 定义为链接给定电路或导电结构的总磁通量。如果一个结构由多个回路的单个导体组成(如螺线管)，则 Λ 等于链接该结构所有回路的磁通量。对于一个 N 匝的螺线管，有

$$\Lambda=N\Phi=\mu\frac{N^2}{l}IS\quad(\mathrm{Wb}) \tag{5.93}$$

任何导电结构的自感定义为磁通链 Λ 与流过结构的电流 I 之比：

$$L=\frac{\Lambda}{I}\quad(\mathrm{H}) \tag{5.94}$$

电感的单位是(H)亨利，相当于 Wb/A。

对于螺线管，利用式(5.93)得到

$$L=\mu\frac{N^2}{l}S\quad(\text{螺线管}) \tag{5.95}$$

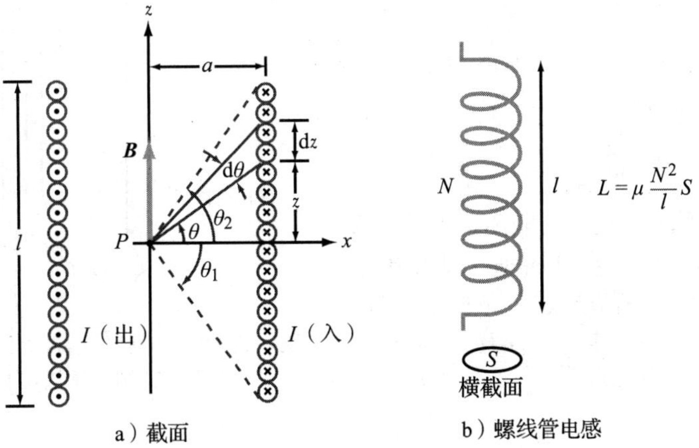

a) 截面　　b) 螺线管电感

图 5-27　计算螺线管轴线上点 P 处 $\boldsymbol{H}$ 的截面以及螺线管电感

5.7.3　其他导体的自感

螺线管由单个横截面积为 S 的单个电感器构成，另外，假如该结构由两个独立导体组

⊖ 磁通链简称磁链。——译者注

成，如图 5-28 所示的平行线和同轴线的情况，则与任何一条长度 l 的线相关联的磁通链 Λ 指的是通过两个导体之间封闭表面的磁通量 Φ，如图 5-28 中的阴影区域。实际上，还有一些磁通量穿过导体本身，但这个可以通过假设电流只在导体表面流动而忽略不计，在这种情况下，导体内部的磁场消失了。这个假设的合理性在于我们的关注点是计算 Λ 来确定给定结构的电感，而电感主要是在交流(即时变电流、电压和磁场)情况下考虑的。正如我们将在 7.5 节中看到的，在交流条件下，导体中流动的电流集中在导体表面的一个薄层内。

对于平行线，交流电流在导线的外表面流动；对于同轴线，电流在内导体的外表面和外导体的内表面上流动(载流表面是指存在于导体之间区域中与电场和磁场相邻的表面)。

对于类似图 5-28 所示的双导体结构，电感为

$$L=\frac{\Lambda}{I}=\frac{\Phi}{I}=\frac{1}{I}\int_S \boldsymbol{B}\cdot \mathrm{d}\boldsymbol{s} \tag{5.96}$$

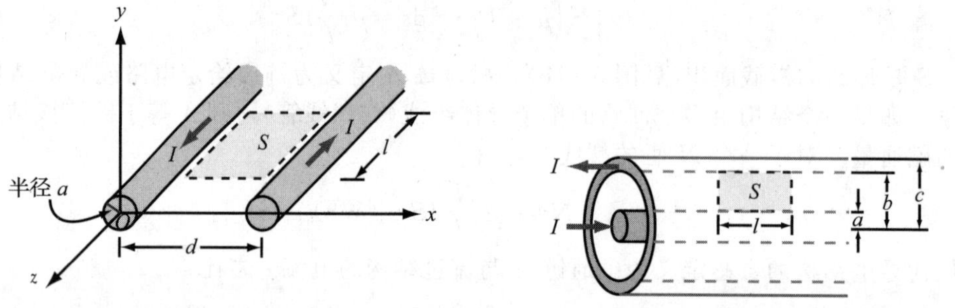

a）平行线　　b）同轴线

图 5-28　为了计算双导体传输线单位长度的电感，需要计算通过导体之间 S 面的磁通量

例 5-8 同轴线的电感

推导同轴线单位长度的电感表达式，该同轴线内外导体的半径分别为 a 和 b(见图 5-29)，其绝缘材料的磁导率为 μ。

解：内导体中的电流 I 在两个导体之间产生的 $\boldsymbol{B}$ 可由式(5.30)给出：

$$\boldsymbol{B}=\hat{\boldsymbol{\phi}}\frac{\mu I}{2\pi r} \tag{5.97}$$

式中，r 是离同轴线轴线的径向距离。考虑一段长度为 l 的传输线段，如图 5-29 所示。因为 $\boldsymbol{B}$ 垂直于导体之间的平面 S，所以通过 S 的磁通量为

$$\Phi=l\int_a^b B\,\mathrm{d}r=l\int_a^b \frac{\mu I}{2\pi r}\mathrm{d}r=\frac{\mu I l}{2\pi}\ln\left(\frac{b}{a}\right) \tag{5.98}$$

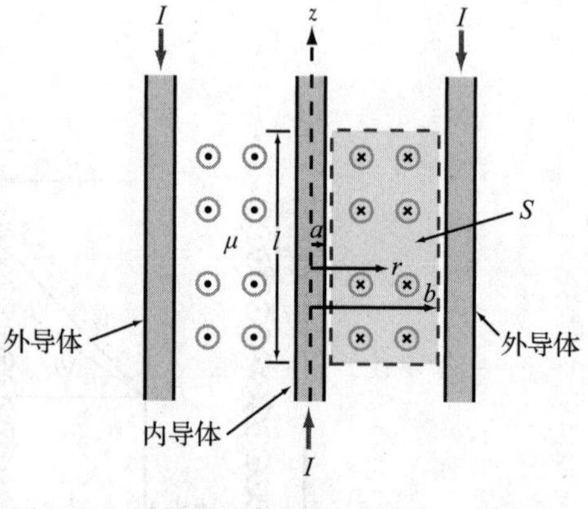

图 5-29　同轴线的截面图(例 5-8)，⊗和⊙分别表示进出页面的 $\boldsymbol{H}$

再利用式(5.96)，得到同轴线单位长度的电感为

$$L'=\frac{L}{l}=\frac{\Phi}{lI}=\frac{\mu}{2\pi}\ln\left(\frac{b}{a}\right) \tag{5.99}$$

◀

5.7.4　互感

两种不同导电结构之间的磁耦合用它们之间的互感来描述。为了简单起见，考虑两个多

匝闭合环路的情况，其环路曲面分别为 S_1 和 S_2，流经第一个环路的电流为 I_1(见图 5-30)，第二个环路中无电流流过。由 I_1 产生的 $\boldsymbol{B}_1$ 穿过环路 2 的磁通量 Φ_{12} 为

$$\Phi_{12}=\int_{S_2}\boldsymbol{B}_1\cdot d\boldsymbol{s} \tag{5.100}$$

如果环路 2 由 N_2 匝组成，并且所有匝均以完全相同的方式与 $\boldsymbol{B}_1$ 耦合，则通过环路 2 的总磁通链为

$$\Lambda_{12}=N_2\Phi_{12}=N_2\int_{S_2}\boldsymbol{B}_1\cdot d\boldsymbol{s} \tag{5.101}$$

则与这种磁耦合相关的互感为

$$L_{12}=\frac{\Lambda_{12}}{I_1}=\frac{N_2}{I_1}\int_{S_2}\boldsymbol{B}_1\cdot d\boldsymbol{s}\quad (\mathrm{H}) \tag{5.102}$$

互感在变压器中很重要，其中两个或多个电路的绕组共用一个磁心，如图 5-31 所示的环形线圈。

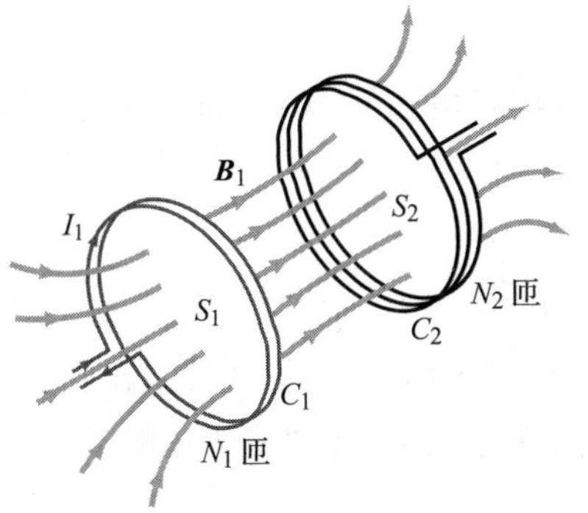

图 5-30 环路 1 中电流 I_1 产生的磁场线交链与环路 2 的面 S_2

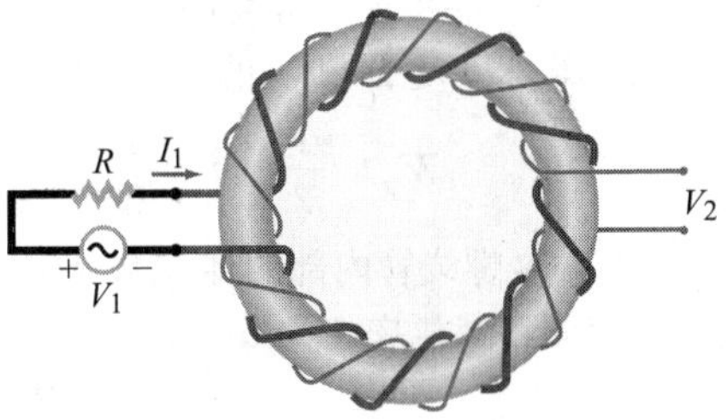

图 5-31 用作变压器的两个绕组的环形线圈

例 5-9 互感

如图 5-32 所示的矩形导电回路与载流为 I 的长直导线共面，计算导线与回路之间的互感。

解： 根据式(5.102)，互感由下式给出：

$$L_{12}=\frac{N_2}{I_1}\int_{S_2}\boldsymbol{B}_1\cdot d\boldsymbol{s}$$

在本例中，$I_1=I$ 是第一个导体(直导线)所载的电流，S_2 是第二个导体(矩形回路)的横截面积，$\boldsymbol{B}_1$ 是由第一个导体(直导线)产生的磁场。另外，因为该回路只有一匝，所以 $N_2=1$，在 y-z 平面的右侧，电流 I 产生的磁场进入页面($-\hat{\boldsymbol{x}}$ 方向)：

$$\boldsymbol{B}=-\hat{\boldsymbol{x}}\,\frac{\mu_0 I}{2\pi y}$$

式中，y 是与导线的距离。当用 $-\hat{\boldsymbol{x}}$ 代替 $\hat{\boldsymbol{\phi}}$，y 代替 r 时，该表达式与式(5.97)相同。为了计算通过回路(进入页面)的磁通量，需要定义微分面积 $d\boldsymbol{s}=-\hat{\boldsymbol{x}}\,dy\,dz$。因此，

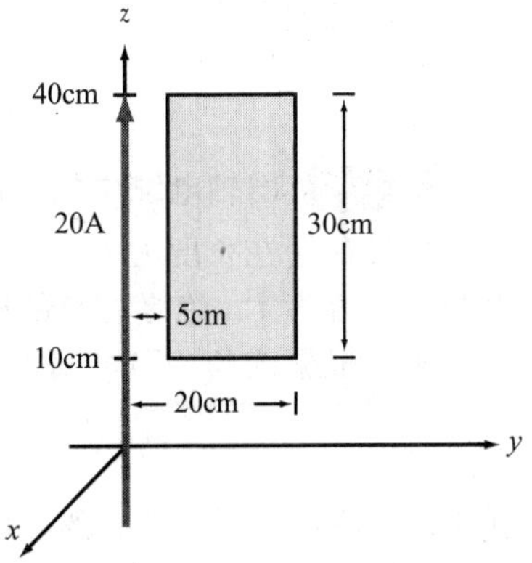

图 5-32 例 5-9 图

$$L_{12}=\frac{1}{I}\int_{0.05}^{0.20}\int_{0.1}^{0.4}\left(-\hat{\boldsymbol{x}}\,\frac{\mu_0 I}{2\pi y}\right)\cdot(-\hat{\boldsymbol{x}}\,dy\,dz)$$
$$=\frac{\mu_0}{2\pi}\int_{0.05}^{0.20}\frac{dy}{y}\int_{0.1}^{0.4}dz=\frac{0.3\mu_0}{2\pi}(\ln y)\Big|_{0.05}^{0.20}=\frac{0.3\mu_0}{2\pi}\ln\left(\frac{0.2}{0.05}\right)=83\,\mathrm{nH}$$ ◀

概念问题 5-15：长螺线管内部的磁场是什么样的？

概念问题 5-16：自感和互感有什么区别？

概念问题 5-17：螺线管的电感与其匝数 N 有什么关系？

5.8 磁能

在 4.10 节，我们通过研究电容器从零电压充电到某个最终电压 V 的过程中所消耗的能量发生了什么变化来介绍静电能。我们通过考虑一个电感为 L 的电感器连接到电流源的情况，引入磁能的概念。假设流过电感器的电流 i 从零增加到最终值 I，根据电路理论，我们知道电感器两端的瞬时电压 $v=L\mathrm{d}i/\mathrm{d}t$（见第 6 章中麦克斯韦方程组的推导），从而证明对电感器使用 i-v 关系的合理性。功率 p 等于 v 和 i 的乘积，功率对时间的积分是功或能量。因此，在电感器中建立电流 I 所消耗的总能量(单位为 J)为

$$W_{\mathrm{m}}=\int p\,\mathrm{d}t=\int iv\,\mathrm{d}t=L\int_0^I i\,\mathrm{d}i=\frac{1}{2}LI^2 \quad (\mathrm{J}) \tag{5.103}$$

我们将其称为存储在电感器中的磁能。

为了证明这种联系，下面将考虑螺线管电感器，其电感由式(5.95)给出，即 $L=\mu N^2S/l$，其内部磁通量密度的大小由式(5.90)给出，即 $B=\mu NI/l$，所以 $I=Bl/(\mu N)$。利用式(5.103)以及 L 和 I 的表达式，可以得到

$$W_{\mathrm{m}}=\frac{1}{2}LI^2=\frac{1}{2}\left(\mu\frac{N^2}{l}S\right)\left(\frac{Bl}{\mu N}\right)^2=\frac{1}{2}\frac{B^2}{\mu}(lS)=\frac{1}{2}\mu H^2 \upsilon \tag{5.104}$$

式中，$\upsilon=lS$ 是螺线管内部的体积且 $H=B/\mu$。W_{m} 的表达式表明，在电感器中建立电流所消耗的能量存储在磁能密度为 w_{m} 的磁场中。磁能密度 w_{m} 的定义是单位体积的磁能 W_{m}，即

$$w_{\mathrm{m}}=\frac{W_{\mathrm{m}}}{\upsilon}=\frac{1}{2}\mu H^2 \quad (\mathrm{J/m^3}) \tag{5.105}$$

虽然该表达式是针对螺线管导出的，但对于具有 $\boldsymbol{H}$ 的任何媒质都成立。

此外，对于含有磁导率为 μ 的材料(包括磁导率为 μ_0 的自由空间)的体积 υ，磁场 $\boldsymbol{H}$ 中存储的总磁能为

$$W_{\mathrm{m}}=\frac{1}{2}\int_{\upsilon}\mu H^2\,\mathrm{d}\upsilon \quad (\mathrm{J}) \tag{5.106}$$

例 5-10 同轴电缆中的磁能

推导存储在长度为 l，内外半径分别为 a 和 b 的同轴电缆中磁能的表达式，其中流经电缆的电流为 I，绝缘材料的磁导率为 μ。

解：根据式(5.97)可知，绝缘材料中的磁场大小为

$$H=\frac{B}{\mu}=\frac{I}{2\pi r}$$

式中，r 是到内导体中心的径向距离(见图 5-29)。因此，存储在同轴电缆中的磁能为

$$W_{\mathrm{m}}=\frac{1}{2}\int_{\upsilon}\mu H^2\,\mathrm{d}\upsilon=\frac{\mu I^2}{8\pi^2}\int_{\upsilon}\frac{1}{r^2}\mathrm{d}\upsilon$$

由于 H 仅是 r 的函数，我们选取 $\mathrm{d}\upsilon$ 为一个长度为 l，半径为 r，厚度为沿径向方向 $\mathrm{d}r$ 的圆柱壳。因此，$\mathrm{d}\upsilon=2\pi rl\,\mathrm{d}r$，且

$$W_{\mathrm{m}}=\frac{\mu I^2}{8\pi^2}\int_a^b\frac{1}{r^2}\cdot 2\pi rl\,\mathrm{d}r=\frac{\mu I^2 l}{4\pi}\ln\left(\frac{b}{a}\right)=\frac{1}{2}LI^2 \quad (\mathrm{J})$$

式中，L 由式(5.99)给出。 ◀

技术简介 11：电感式传感器

不同线圈之间的磁耦合形成了不同类型电感式传感器的基础。电感式传感器的应用包括在设备制造过程中位置和位移（具有亚毫米分辨率）的测量、导电物体的近距离探测以及其他相关应用。

线性可变差动变压器(Linear Variable Differential Transformer，LVDT)

LVDT 包括一个连接到交流电源（通常是频率在 1～10kHz 范围内的正弦波）的初级线圈和一对次级线圈，所有线圈共用一个磁心（见图 TF11-1）。

磁心的作用是将初级线圈产生的磁通量耦合到两个次级线圈中，在每个次级线圈上感应输出电压。两个次级线圈反向连接，因此当磁心位于 LVDT 的磁性中心时，两个次级线圈各自的输出信号会相互抵消，从而产生零输出电压。磁心通过非磁性推杆与外界连接，当推杆将磁心移离磁性中心时，两个次级线圈感应的磁通量不再相等，导致输出电压不为零。因为输出电压的幅值在一个宽工作范围内是位移的线性函数（见图 TF11-2），所以 LVDT 被称为“线性”变压器。

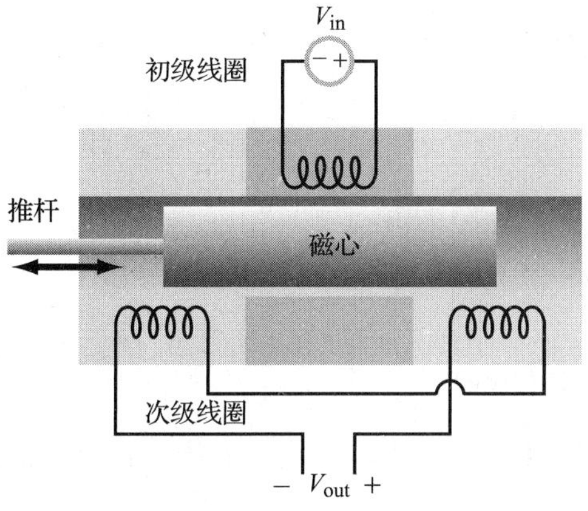

图 TF11-1　线性可变差动变压器(LVDT)电路

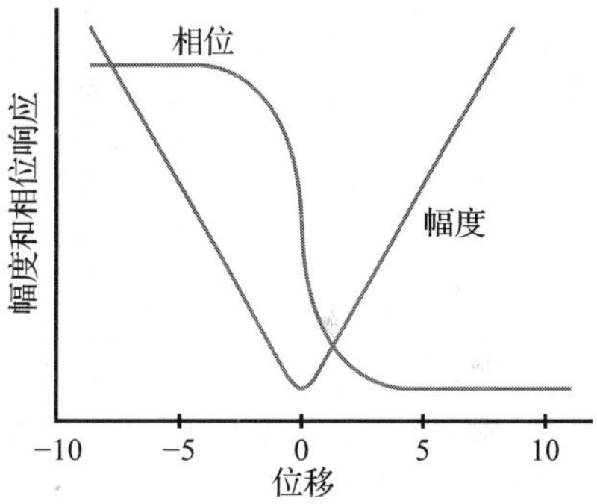

图 TF11-2　幅度和相位响应作为磁心远离中心位移的函数

图 TF11-3 中 LVDT 模型的剖面图描述了三个线圈的结构，其中两个次级线圈跨接在初级线圈的两侧，它们缠绕在包含磁心和推杆的玻璃管上。图 TF11-4 给出了应用实例。

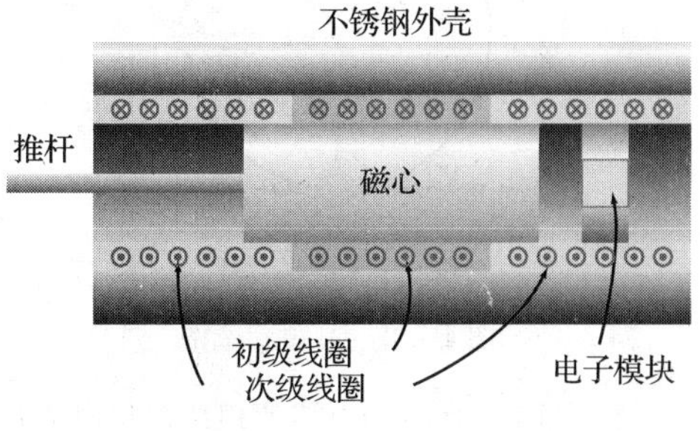

图 TF11-3　LVDT 模型的剖面图

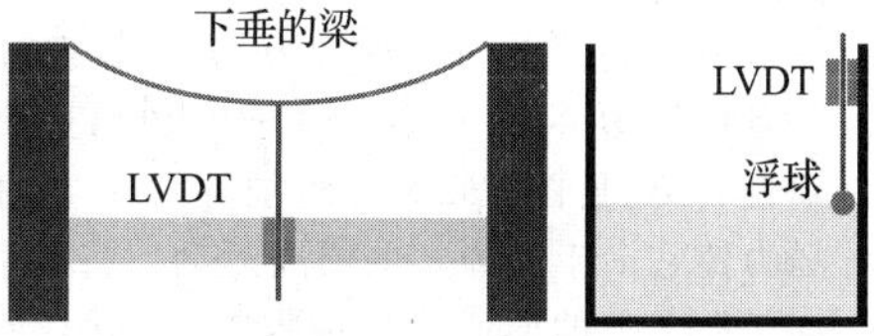

图 TF11-4　用于梁弯曲度测量和作为液位计的 LVDT

涡流近距传感器

我们可以利用变压器原理构建涡流近距传感器，其中次级线圈的输出电压成为判断在其附近是否有导电物体存在的灵敏指示器(见图 TF11-5)。

当物体被放置在次级线圈前，线圈的磁场在物体中诱导涡流(圆形)电流，涡流产生的磁场方向与次级线圈的磁场相反。

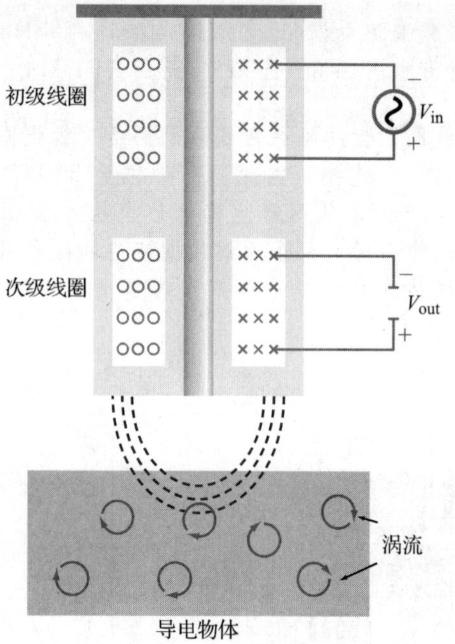

图 TF11-5 涡流近距传感器

磁通量的减小导致输出电压的下降，其变化幅度取决于物体的导电性质及其与传感器的距离。

习题

5.1 节

*5.1 速度为 8×10^6 m/s 的电子沿着 $+x$ 方向投射到包含均匀磁通量密度 $\boldsymbol{B}=(\hat{\boldsymbol{x}}4-\hat{\boldsymbol{z}}3)$ T 的媒质中。已知电子的电荷量 $e=1.6\times10^{-19}$C，电子的质量 $m_e=9.1\times10^{-31}$kg，求电子的初始加速度矢量(即当它被投射到媒质中时的加速度)。

5.2 一个带电荷量为 q，质量为 m 的粒子引入具有均匀 $\boldsymbol{B}$ 的媒质中，粒子的初始速度 $\boldsymbol{u}$ 垂直于 $\boldsymbol{B}$(见图 P5.2)，施加在粒子上的磁场力使它沿半径为 a 的圆周运动。将 $\boldsymbol{F}_m$ 等同于粒子上的向心力，请根据 q、m、u 和 $\boldsymbol{B}$ 来确定 a。

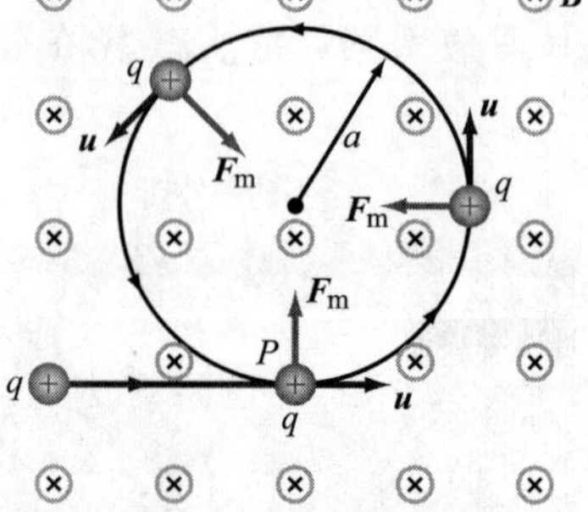

图 P5.2 习题 5.2 图

5.3 如图 P5.3 所示的电路使用两个相同的弹簧来支撑质量为 20g，长为 10cm 的水平导线。

在没有磁场的情况下，导线的重量会导致两弹簧各拉伸 0.2cm。当在水平导线所在区域中施加均匀磁场时，观察到每个弹簧多拉伸了 0.5cm。磁通量密度 $\boldsymbol{B}$ 是多少？弹簧的弹力方程为 $F=kd$，其中 k 为弹簧常数，d 为弹簧被拉伸的距离。

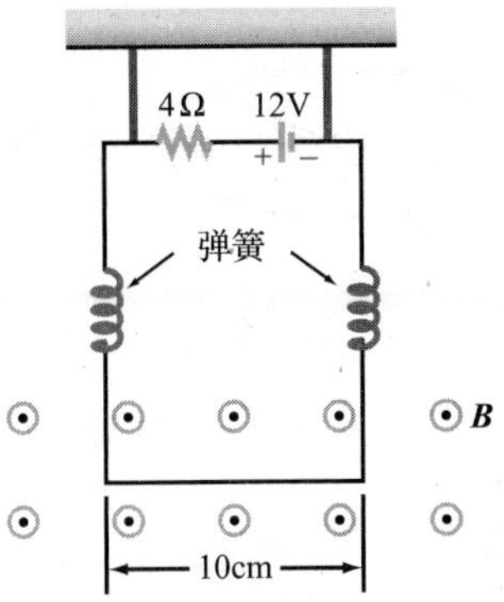

图 P5.3 习题 5.3 图

*5.4 如图 P5.4 所示的矩形回路由 20 匝密绕的线圈组成，用铰链固定于 z 轴。回路平面与 y 轴成 30°夹角，绕组中的电流为 0.5A。存在均匀磁场 $\boldsymbol{B}=\hat{\boldsymbol{y}}2.4\text{T}$ 的情况下，施加在回路上的力矩大小是多少？从上往下看，线圈的旋转方向是顺时针还是逆时针？

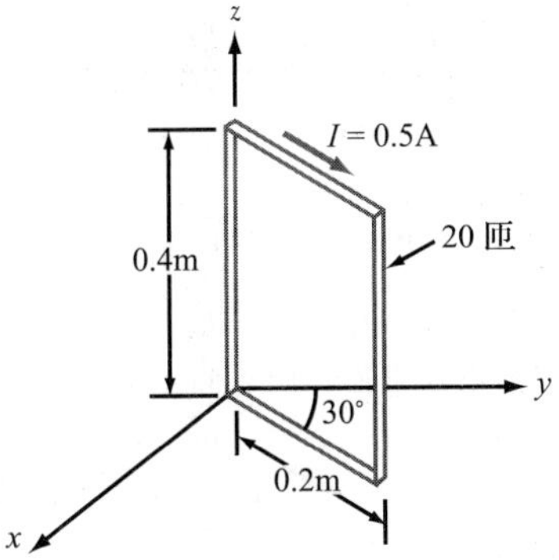

图 P5.4 习题 5.4 图

5.5 圆柱坐标系中，一根 2m 长的直导线位于 $r=4\text{cm}$，$\phi=\pi/2$ 且 $-1\text{m}\leqslant z\leqslant 1\text{m}$ 的位置，其上载有沿 $+z$ 轴方向的 5A 电流。

*(a) 如果 $\boldsymbol{B}=\hat{\boldsymbol{r}}0.2\cos\phi\text{T}$，则作用在导线上的磁场力是多少？

(b) 若使该导线沿 $-\phi$ 方向绕 z 轴旋转一周（保持 $r=4\text{cm}$），需要做多少功？

(c) ϕ 为多少时力最大？

5.6 如图 P5.6 所示，一个有 20 匝的矩形线圈，其长 $l=30\text{cm}$，宽 $w=10\text{cm}$，并放置在 y-z 平面中。

(a) 如果将该载有电流 $I=10\text{A}$ 的线圈放置在 $\boldsymbol{B}=2\times10^{-2}(\hat{\boldsymbol{x}}+\hat{\boldsymbol{y}}2)\text{T}$ 的磁场中，计算作用在线圈上的磁力矩；

(b) 磁力矩为零时，角度 ϕ 为多少？

(c) 磁力矩为最大时，角度 ϕ 为多少？并计算最大磁力矩的值。

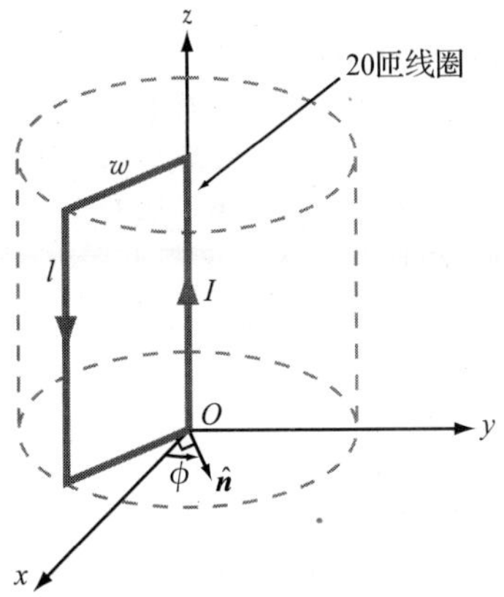

图 P5.6 习题 5.6 图

5.2 节

*5.7 一个 8cm×12cm 的矩形线圈位于 x-y 平面，线圈中心位于原点，长边平行于 x 轴。回路电流沿顺时针方向（从上往下看），电流大小为 50A。求回路中心的磁通量密度。

5.8 使用例 5-2 描述的方法，根据图 P5.8 所示几何结构，推导该线电流在任意点 P 处产生磁场 $\boldsymbol{H}$ 的表达式。如果导线两端位于 $z_1=3\text{m}$ 和 $z_2=7\text{m}$ 处，且电流为 $I=15\text{A}$，求在 $P=(2,\phi,0)$ 处的 $\boldsymbol{H}$。

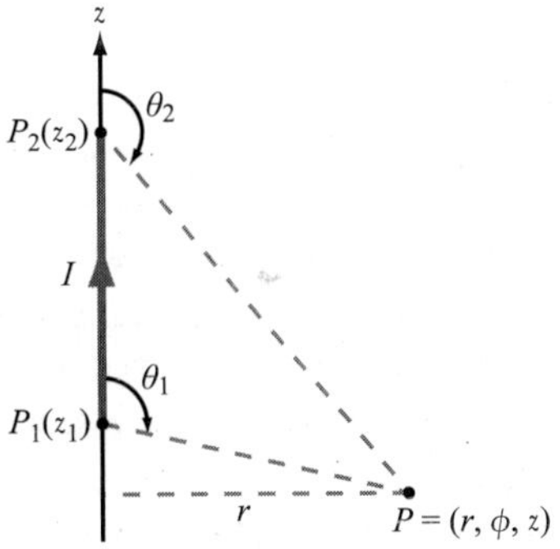

图 P5.8 习题 5.8 图

*5.9 如图 P5.9 所示的回路由径向线和圆心位于 P 点的圆弧组成。用 a、b、θ 和 I 确定 P 点处的 $\boldsymbol{H}$。

5.10 自由空间由 $0\leqslant x\leqslant w$ 和 $-\infty\leqslant y\leqslant\infty$ 定义的无限长薄导电片，其上载有均匀面电流密度为 $\boldsymbol{J}_s=\hat{\boldsymbol{y}}5\text{A/m}$ 的电流。在直角坐标系中，推导点 $P=(0,0,z)$ 处的磁场表达式。

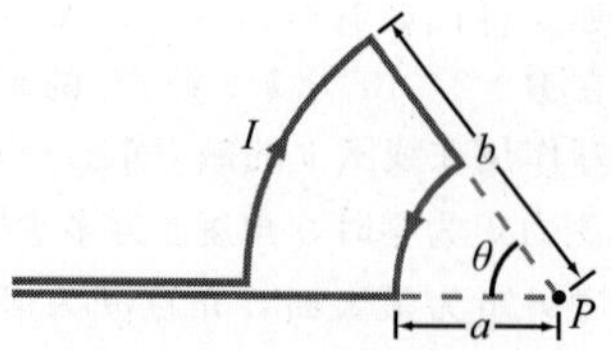

图 P5.9 习题 5.9 图

*5.11 在 x-y 平面中一个 20 匝圆形线圈附近，放置一根无限长导线，其上载有沿 $+x$ 方向流动的 25A 电流(见图 P5.11)。如果线圈中心的磁场为零，确定线圈中电流的方向和大小。

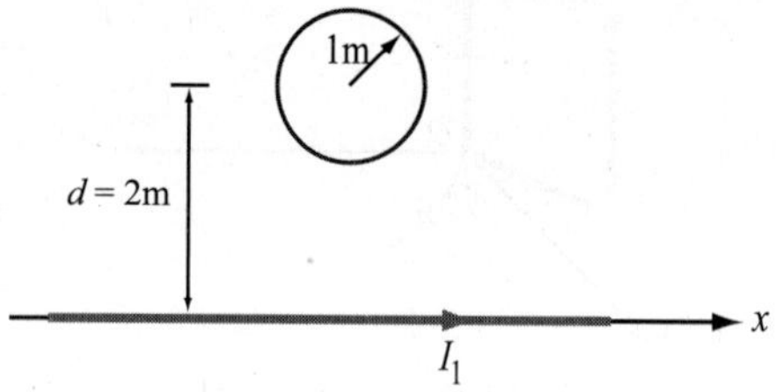

图 P5.11 习题 5.11 图

5.12 两根无限长的平行导线载有 6A 方向相反的电流。求图 P5.12 中 P 点处的磁通量密度。

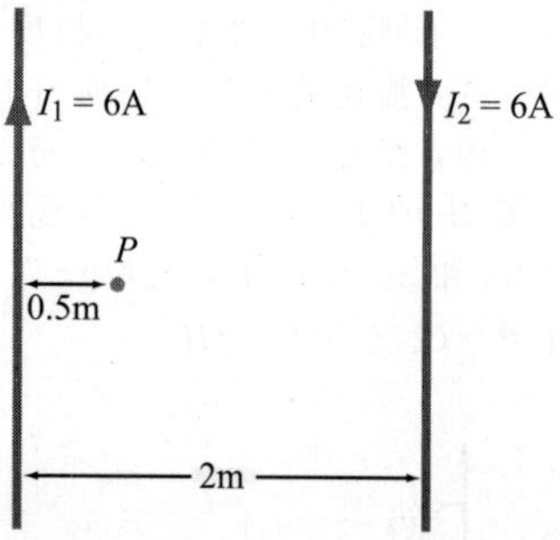

图 P5.12 习题 5.12 图

*5.13 一根东西走向的长电力电缆架设在地面上方 8m 高处。如果当电流流过电缆时，放置在地面的磁场计记录的磁通量密度为 15μT，当电流为零时磁通量密度为 20μT，那么 I 的大小是多少?

5.14 如图 P5.14 所示，两个平行的环形回路分别载有 40A 的电流。第一个回路位于 x-y 平面，中心为原点，第二个回路的中心位于 $z=2$m 处。如果两个回路具有相同的半径 $a=3$m，求以下位置处的磁场：

(a) $z=0$

(b) $z=1$m

(c) $z=2$m

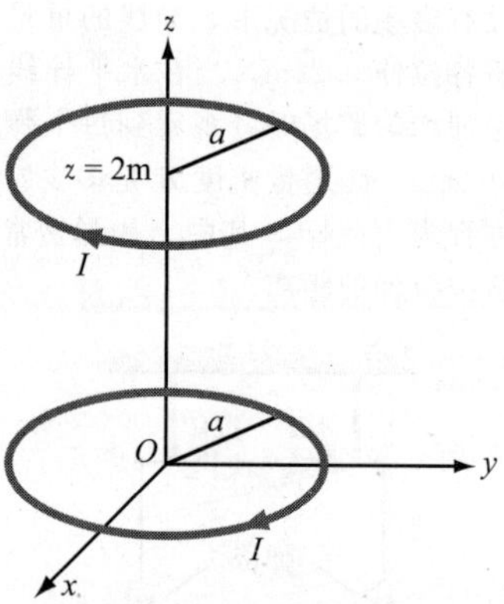

图 P5.14 习题 5.14 图

5.15 一个半径为 a 载有电流 I_1 的圆环位于 x-y 平面中，如图 P5.15 所示。另外，一个平行于 z 轴的载流为 I_2 的无限长导线位于 $y=y_0$ 处。

(a) 求 $P=(0,0,h)$处的 $\boldsymbol{H}$；

(b) 当 $a=3$cm，$y_0=10$cm，$h=4$cm，$I_1=10$A，$I_2=20A$ 时，计算 $\boldsymbol{H}$ 的值。

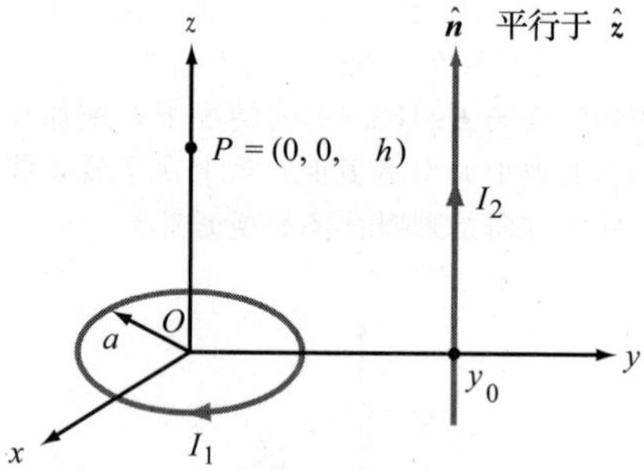

图 P5.15 习题 5.15 图

*5.16 如图 P5.16 所示，一根长直导线位于矩形回路所在平面，两者间距为 $d=0.1$m。回路的尺寸为 $a=0.2$m，$b=0.5$m，电流 $I_1=20$A，$I_2=30$A，求作用在回路上的净磁场力。

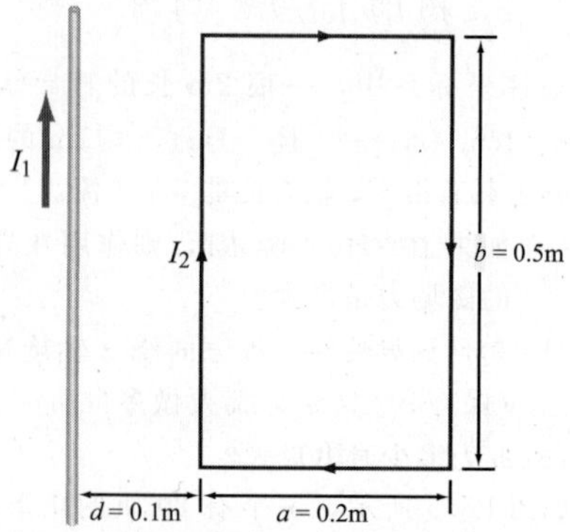

图 P5.16 习题 5.16 图

5.17 如图P5.17所示，两条平行的长导线分别载有电流I，并各自由两个8cm长的杆支撑，且导线单位长度的质量为1.2g/cm。由于作用在导线上的排斥力，支撑杆之间的角度θ为10°，求I的大小并确定两条导线中电流的相对方向。

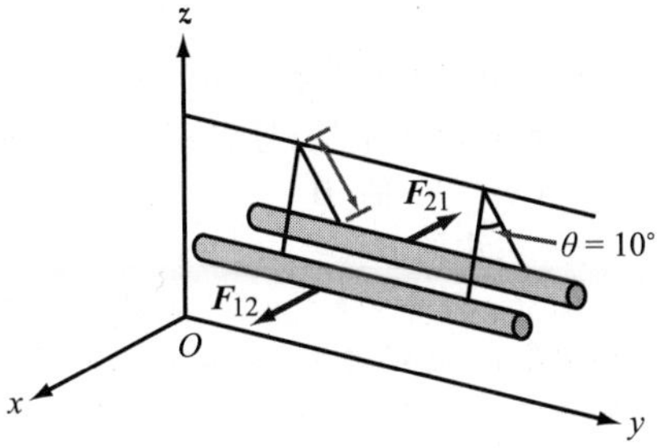

图P5.17 习题5.17图

5.18 在x-y平面上有一个沿x方向宽度为w的无限长薄导电片，并载有$-y$方向的电流I。求下列问题：

*(a) 在薄片中心上方高度h处P点的磁场（见图P5.18）；

(b) 有一根无限长导线通过P点且平行于薄片，如果其上载有的电流与薄片上的电流大小相等，但方向相反，求施加在无限长导线单位长度上的力。

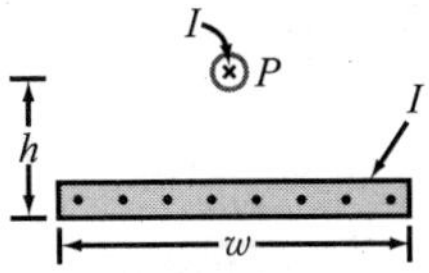

图P5.18 习题5.18图

5.19 三根平行的长导线如图P5.19所示方式排列。求作用在载有电流I_3的导线上单位长度的力。

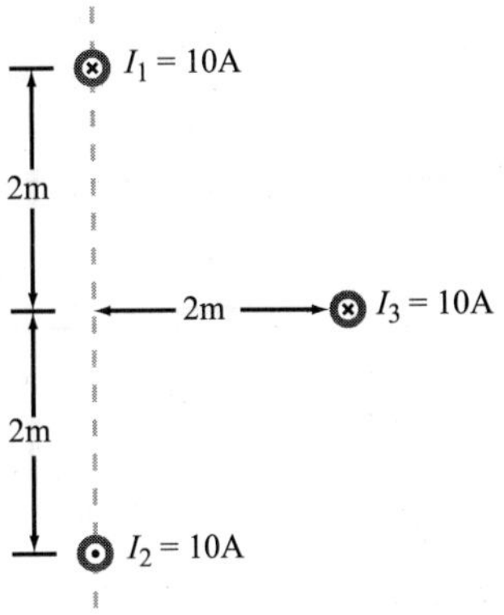

图P5.19 习题5.19图

*5.20 如图P5.20所示，一个边长为2m的正方形载流环，其上电流为$I_1=5\text{A}$。如果引入一条载有电流$I_2=10\text{A}$的长直导线，位于回路两侧边中点的上方，求作用在回路上的净磁力。

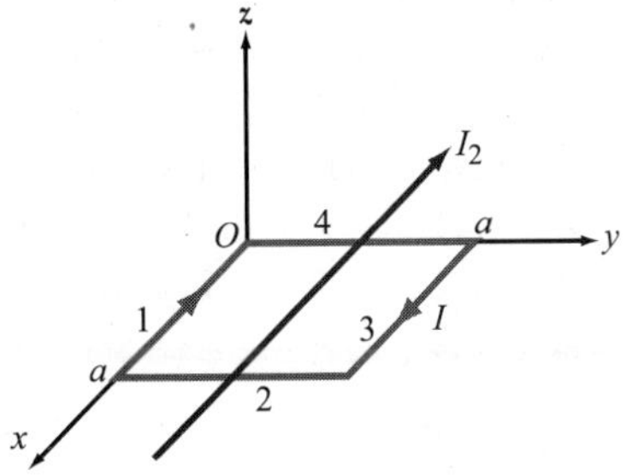

图P5.20 习题5.20图

5.3节

5.21 电流I在长同轴电缆的内导体中沿$+z$方向流动，再经外导体返回。内导体的半径为a，外导体的内外半径分别为b和c。

(a) 计算下列各区域中的磁场：$0\leqslant r\leqslant a$，$a\leqslant r\leqslant b$，$b\leqslant r\leqslant c$和$r\geqslant c$；

(b) 给定$I=10\text{A}$，$a=2\text{cm}$，$b=4\text{cm}$，$c=5\text{cm}$，在$r=0$至$r=10\text{cm}$范围内画出$\boldsymbol{H}$的大小随r变化的曲线。

5.22 一个轴线与z轴重合的长圆柱导体，其半径为a，载有电流密度为$\boldsymbol{J}=\hat{\boldsymbol{z}}J_0/r$的电流，其中$J_0$是常数，$r$是到圆柱轴线的径向距离。推导下列区域中磁场$\boldsymbol{H}$的表达式：

(a) $0\leqslant r\leqslant a$

(b) $r>a$

5.23 当电流密度为$\boldsymbol{J}=\hat{\boldsymbol{z}}J_0/\mathrm{e}^{-r}$时，重复习题5.22的问题。

*5.24 在某个导电区域中，用圆柱坐标表示的磁场为$\boldsymbol{H}=\hat{\boldsymbol{\phi}}\dfrac{4}{r}[1-(1+3r)\mathrm{e}^{-3r}]\text{A/m}$，求该区域中的电流密度$\boldsymbol{J}$。

5.25 一个轴线与z轴重合的圆柱导体的内部磁场为

$$\boldsymbol{H}=\hat{\boldsymbol{\phi}}\frac{2}{r}[1-(4r+1)\mathrm{e}^{-4r}]\text{A/m}\quad(r\leqslant a)$$

其中a是导体的半径。如果$a=5\text{cm}$，那么导体中流过的总电流是多少？

5.4节

5.26 参考图5-10：

*(a) 推导出x-y平面上距离导线r处P点的矢量磁位$\boldsymbol{A}$的表达式；

(b) 由$\boldsymbol{A}$的表达式推导$\boldsymbol{B}$。证明这里得到的

结果与通过应用毕奥-萨伐尔定律得出的式(5.29)给出的表达式相同。

5.27 在给定的空间区域中，矢量磁位 $\boldsymbol{A}=[\hat{\boldsymbol{x}}5\cos\pi y+\hat{\boldsymbol{z}}(2+\sin\pi x)]\mathrm{Wb/m}$。

*(a) 求 $\boldsymbol{B}$；

(b) 利用式(5.66)计算通过一个边长为 0.25m 正方形环的磁通量，假设此环位于 x-y 平面，其中心在原点，并且其边缘平行于 x 轴和 y 轴；

(c) 利用式(5.67)再次计算 Φ。

5.28 已知均匀电流密度 $\boldsymbol{J}=\hat{\boldsymbol{z}}J_0(\mathrm{A/m^2})$ 产生的矢量磁位为

$$\boldsymbol{A}=-\hat{\boldsymbol{z}}\frac{\mu_0 J_0}{4}(x^2+y^2)\quad(\mathrm{Wb/m})$$

(a) 应用矢量泊松方程验证以上描述；

(b) 根据 $\boldsymbol{A}$ 的表达式求 $\boldsymbol{H}$；

(c) 将 $\boldsymbol{J}$ 的表达式与安培定律结合在一起求 $\boldsymbol{H}$，并将该结果与(b)得到的结果进行比较。

*5.29 一个在 $z=-L/2$ 和 $z=L/2$ 之间延伸的细电流微元，载有沿 $+\hat{\boldsymbol{z}}$ 方向的电流，通过半径为 a 的圆形横截面的电流为 I。

(a) 求距原点很远的点 P 处的 $\boldsymbol{A}$（假设 R 比 L 大很多，因此可以认为点 P 与电流微元上各点的距离大致相同）；

(b) 求对应的 $\boldsymbol{H}$。

5.5 节

5.30 在玻尔(Bohr)1913 年提出的氢原子模型中，电子以 $2\times10^6\mathrm{m/s}$ 的速度在半径为 $5\times10^{-11}\mathrm{m}$ 的圆形轨道中绕原子核运动。这种情况下，电子运动产生的磁矩的大小是多少？

*5.31 铁的原子密度为 8.5×10^{28} 个/$\mathrm{m^3}$。在饱和状态下，铁中电子自旋磁矩的一致排列对总磁通量密度 $\boldsymbol{B}$ 的贡献为 1.5T。如果单个电子的自旋磁矩为 $9.27\times10^{-24}\mathrm{A\cdot m^2}$，则每个原子中有多少个电子对这个饱和场有贡献？

5.6 节

5.32 x-y 平面是两种磁导率分别为 μ_1 和 μ_2 的磁性媒质的分界面(见图 P5.32)。如果界面上没有面电流且媒质 1 中的磁场为 $\boldsymbol{H}_1=\hat{\boldsymbol{x}}H_{1x}+\hat{\boldsymbol{y}}H_{1y}+\hat{\boldsymbol{z}}H_{1z}$，求：

(a) $\boldsymbol{H}_2$；

(b) θ_1 和 θ_2；

(c) 当 $H_{1x}=2\mathrm{A/m}$，$H_{1y}=0$，$H_{1z}=4\mathrm{A/m}$，$\mu_1=\mu_0$，$\mu_2=4\mu_0$ 时，求 $\boldsymbol{H}_2$、θ_1 和 θ_2。

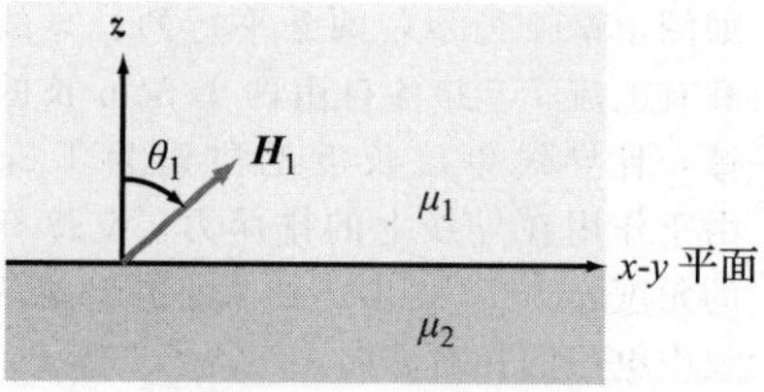

图 P5.32 习题 5.32 图

*5.33 已知面电流密度为 $\boldsymbol{J}_s=\hat{\boldsymbol{x}}8\mathrm{A/m}$ 的电流片位于两种磁性媒质的分界面 $y=0$ 处，且媒质 1 中（$y>0$）的 $\boldsymbol{H}_1=\hat{\boldsymbol{z}}11\mathrm{A/m}$，求媒质 2($y<0$)中的 $\boldsymbol{H}_2$。

5.34 在图 P5.34 中，$x-y=1$ 定义的平面是磁导率为 μ_1 的媒质 1 与磁导率为 μ_2 的媒质 2 的分界面。如果分界面上不存在表面电流且 $\boldsymbol{B}_1=(\hat{\boldsymbol{x}}2+\hat{\boldsymbol{y}}3)\mathrm{T}$，求 $\boldsymbol{B}_2$，并在 $\mu_1=5\mu_2$ 时，计算 $\boldsymbol{B}_2$ 的值。（提示：首先推导出给定平面的法向单位矢量方程。）

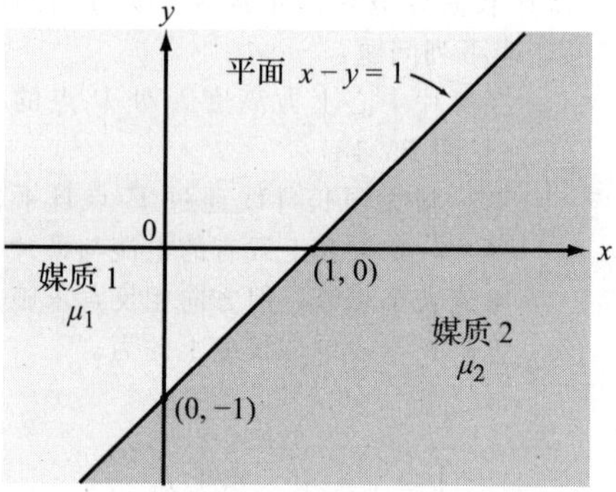

图 P5.34 习题 5.34 图

*5.35 空气与铁块的分界面为 $z=0$ 平面。如果空气中 $\boldsymbol{B}_1=\hat{\boldsymbol{x}}4-\hat{\boldsymbol{y}}6+\hat{\boldsymbol{z}}8(z\geqslant0)$，当铁的磁导率 $\mu=5000\mu_0$ 时，求铁中的 $\boldsymbol{B}_2(z\leqslant0)$。

5.36 证明如果在如图 P5.36 所示的平行界面上不存在面电流密度，则 θ_4 和 θ_1 之间的关系与 μ_2 无关。

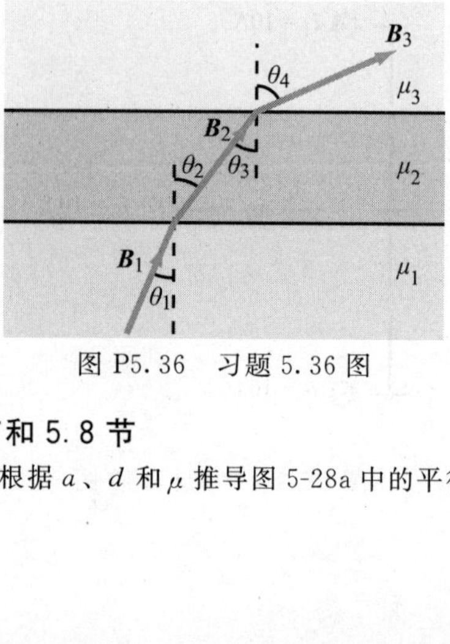

图 P5.36 习题 5.36 图

5.7 节和 5.8 节

*5.37 根据 a、d 和 μ 推导图 5-28a 中的平行线的

单位长度自感的表达式，其中 a 是导线的半径，d 是两导线轴线之间的距离，μ 是导线所在媒质的磁导率。

5.38　一个 400 匝的螺线管，其长度为 20cm，半径为 5cm，并载有 12A 的电流。如果 $z=0$ 表示螺线管的中点，范围为 $-10\text{cm}\leqslant z\leqslant 10\text{cm}$，以步长 1cm 绘制 $|\boldsymbol{H}(z)|$ 作为沿螺线管轴线 z 的函数的曲线图。

5.39　已知同轴线的内导体半径为 5cm，外导体的内半径为 10cm，若传输直流电流 I，那么在同轴线内长 3m 空气填充的绝缘介质中存储了多少磁能？

*5.40　如图 P5.40 所示，计算环形回路和线电流之间的互感。

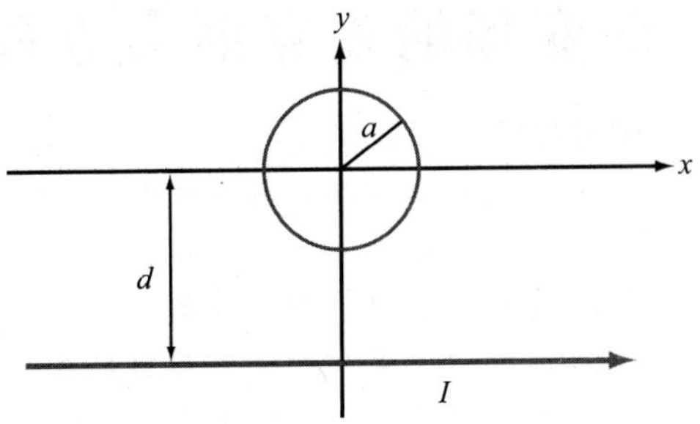

图 P5.40　习题 5.40 图

第6章

时变场的麦克斯韦方程组

学习目标

1. 应用法拉第定律，计算放置在时变磁场中的固定线圈或在含有磁场的媒质中移动线圈上的感应电压。

2. 描述电磁发电机的工作原理。

3. 计算与时变电场相关的位移电流。

4. 计算电荷在已知ε和σ的材料中的耗散率。

动态场电荷产生电场，电流产生磁场。只要电荷和电流的分布在时间上保持恒定，那么它们所产生的场也会保持恒定；如果电荷和电流随时间变化，那么电场和磁场也随之变化。此外，电场和磁场会相互耦合，并以电磁波的形式在空间中传播。这些波的例子包括光波、X射线、红外线、伽马射线和无线电波(如图1-16所示)。

为了研究时变的电磁现象，我们需要同时考虑整个麦克斯韦方程组。这些方程在第4章的开头部分进行了介绍，表6-1中给出了微分形式和积分形式的方程。在静态情况下($\partial/\partial t=0$)，使用第一对麦克斯韦方程研究电现象(第4章)，使用第二对方程研究磁现象(第5章)。在动态情况下($\partial/\partial t\neq0$)，电场和磁场之间存在耦合，如表6-1中的第二个和第四个方程所表示的那样，阻止了静态场中电场和磁场的这种分解。第一个方程表示电的高斯定律，它对静态场和动态场是相同的。第三个方程是磁的高斯定律，也是这样的。相比之下，第二个方程和第四个方程——法拉第定律和安培定律，性质则完全不同。法拉第定律表示了随时间变化的磁场会产生电场的事实，而安培定律描述了随时间变化的电场必然伴随着磁场。

表6-1　麦克斯韦方程组

名称	微分形式	积分形式	
电高斯定律	$\nabla\cdot\boldsymbol{D}=\rho_{\mathrm{v}}$	$\oint_S\boldsymbol{D}\cdot\mathrm{d}\boldsymbol{s}=Q$	(6.1)
法拉第定律	$\nabla\times\boldsymbol{E}=-\dfrac{\partial\boldsymbol{B}}{\partial t}$	$\oint_C\boldsymbol{E}\cdot\mathrm{d}\boldsymbol{l}=-\int_S\dfrac{\partial\boldsymbol{B}}{\partial t}\cdot\mathrm{d}\boldsymbol{s}$	(6.2)*
磁高斯定律(不存在磁荷)	$\nabla\cdot\boldsymbol{B}=0$	$\oint_S\boldsymbol{B}\cdot\mathrm{d}\boldsymbol{s}=0$	(6.3)
安培定律	$\nabla\times\boldsymbol{H}=\boldsymbol{J}+\dfrac{\partial\boldsymbol{D}}{\partial t}$	$\oint_C\boldsymbol{H}\cdot\mathrm{d}\boldsymbol{l}=\int_S\left(\boldsymbol{J}+\dfrac{\partial\boldsymbol{D}}{\partial t}\right)\cdot\mathrm{d}\boldsymbol{s}$	(6.4)

注：*对于固定的表面S。

本章及后续各章的一些论述，与第4章和第5章关于静电和直流电流的特殊情况的结论不相同。当$\partial/\partial t$为0时，动态场的表现会退化为静态场的情况。

本章从研究法拉第定律和安培定律及其一些实际应用开始，然后结合麦克斯韦方程组，得到ρ_{v}和$\boldsymbol{J}$，标量位V和矢量位$\boldsymbol{A}$，$\boldsymbol{E}$、$\boldsymbol{D}$、$\boldsymbol{H}$和$\boldsymbol{B}$之间的关系式。我们对最一般的时变情况和特殊的正弦时变情况都是这样进行的。

6.1　法拉第定律

电和磁之间的密切联系是由奥斯特建立的，他证明了一根携带电流的导线对罗盘的指针施加了一个力，当电流沿着$\hat{\boldsymbol{z}}$方向时，罗盘上的指针总是指向$\hat{\boldsymbol{\phi}}$方向。作用在指针上的力是由导线中电流产生的磁场造成的。根据这一发现，法拉第假设，如果电流产生磁场，那么反过来也应该成立：磁场应该在导线中产生电流。为了验证他的假设，他在伦敦的实验室里历经大约 10 年的时间进行了大量的实验，目的都是让磁场在导线中产生电流。亨利在纽约奥尔巴尼也进行了类似的工作，他将电线放置在各种尺寸的永磁体或载流线圈旁边，但都没有检测到电流，最终，这些实验导致了法拉第和亨利的以下发现。

磁场可以在闭合回路中产生电流，但前提是与回路面交链的磁通量随时间变化。感应过程的关键是**变化**。

为了阐明感应过程，考虑如图 6-1 所示的布置。一个连接到检流计(19 世纪用于检测电流的灵敏仪器)的导电回路被放置在连接到电池的导电线圈旁边。线圈中的电流产生磁场 $\boldsymbol{B}$，磁场线穿过回路。在 5.4 节中，我们定义了通过回路的磁通量 Φ 为磁通量密度的法向分量在回路面 S 上的积分，即

$$\Phi=\int_S \boldsymbol{B}\cdot \mathrm{d}\boldsymbol{s}\quad (\mathrm{Wb}) \tag{6.5}$$

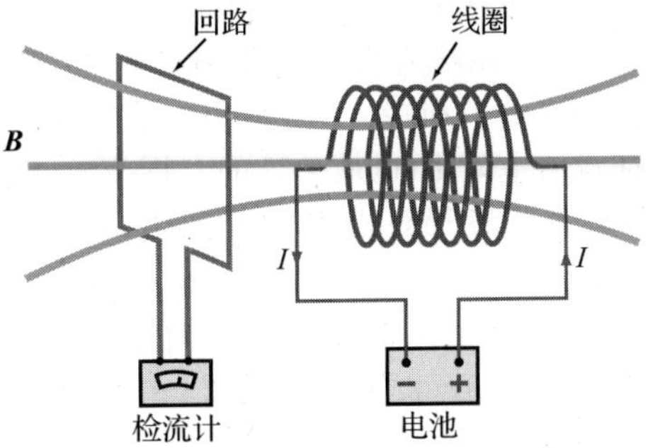

图 6-1　通过方形回路的磁通量随时间变化时，检流计(安培计的前身)显示偏转

在静态的条件下，线圈中的直流电流产生恒定的磁场 $\boldsymbol{B}$，该磁场进而又产生通过回路的恒定磁通量。当磁通量恒定时，检流计检测不到电流。然而，当电池断开时，线圈中的电流就会中断，磁场就会降为零，随之而来的磁通量的变化会导致检流计的指针瞬间偏转。当电池重新连接时，检流计再次表现出短暂的偏转，但偏转的方向相反。因此，当磁通量变化时，回路中会感应出电流，而电流的方向取决于磁通量是增加的(当电池连接时)还是减少的(当电池断开时)。进一步发现，当电池连接到线圈时，如果回路转动或移动，无论接近或远离线圈，回路中都会有电流流动。虽然线圈产生的磁场 $\boldsymbol{B}$ 没有改变，但回路的物理运动改变了与其表面 S 交链的磁通量。

检流计是伏特计和安培计的前身，当检流计检测到流过回路的电流时，意味着在检流计两端感应到了电压。这个电压被称为电动势(emf) V_{emf}，这个过程被称为电磁感应。在 N 匝闭合导电回路中感应的电动势为

$$V_{\mathrm{emf}}=-N\frac{\mathrm{d}\Phi}{\mathrm{d}t}=-N\frac{\mathrm{d}}{\mathrm{d}t}\int_S \boldsymbol{B}\cdot \mathrm{d}\boldsymbol{s}\quad (\mathrm{V}) \tag{6.6}$$

尽管亨利也独立发现了式(6.6)的结果，但这个发现归功于法拉第，称为法拉第定律。下一节将解释式(6.6)中负号的重要性。

我们注意到，式(6.6)中的导数是磁场 $\boldsymbol{B}$ 和微分面积 $\mathrm{d}\boldsymbol{s}$ 的总时间导数。因此，在下列三种情况中的任何一种情况下，都会在闭合的导电回路中产生电动势：

①在时变磁场中固定回路上感应的电动势称为感生电动势 $V_{\mathrm{emf}}^{\mathrm{tr}}$。

②在静态磁场 $\boldsymbol{B}$ 中移动(相对于 $\boldsymbol{B}$ 的法向分量)的面积随时间变化的回路上感应的电动势称为动生电动势 $V_{\mathrm{emf}}^{\mathrm{m}}$。

③回路在时变场 $\boldsymbol{B}$ 中移动。

总的电动势为

$$V_{\mathrm{emf}}=V_{\mathrm{emf}}^{\mathrm{tr}}+V_{\mathrm{emf}}^{\mathrm{m}} \tag{6.7}$$

如果回路固定(情况①)，则 $V_{\mathrm{emf}}^{\mathrm{m}}=0$；如果 $\boldsymbol{B}$ 为静态(情况②)，则 $V_{\mathrm{emf}}^{\mathrm{tr}}=0$；对于情况③，两项都很重要。下面各节将分别对这三种情况进行研究。

6.2 时变磁场中的固定回路

如图 6-2a 所示，轮廓为 C，面积为 S 的固定单匝导电圆形回路置于时变磁场 $\boldsymbol{B}(t)$ 中，如前所述，当 S 固定且磁场随时间变化时，感应的电动势称为感生电动势，并用 $V_{\mathrm{emf}}^{\mathrm{tr}}$ 表示。由于回路固定，式(6.6)中的 $\mathrm{d}/\mathrm{d}t$ 仅作用于 $\boldsymbol{B}(t)$，因此，

$$V_{\mathrm{emf}}^{\mathrm{tr}}=-N\int_S \frac{\partial \boldsymbol{B}}{\partial t}\cdot \mathrm{d}\boldsymbol{s} \quad (感生电动势) \tag{6.8}$$

式中，全导数 $\mathrm{d}/\mathrm{d}t$ 移到积分号内部，变成偏导数$\partial/\partial t$，意味着只作用于 $\boldsymbol{B}(t)$。感生电动势是出现在端 1 和端 2 一个小开口之间的电压差，即使没有电阻 R 也是一样的，即 $V_{\mathrm{emf}}^{\mathrm{tr}}=V_{12}$，其中 V_{12} 为环路开口端上的开路电压。在直流条件下，$V_{\mathrm{emf}}^{\mathrm{tr}}=0$。对于图 6-2a 所示的回路和由式(6.8)给出的电动势 $V_{\mathrm{emf}}^{\mathrm{tr}}$ 的相关定义，回路的微分面元 $\mathrm{d}\boldsymbol{s}$ 的法线方向可以选择向上或向下。这两种选择与图 6-2a 中端 1 和端 2 极性的相反命名有关。

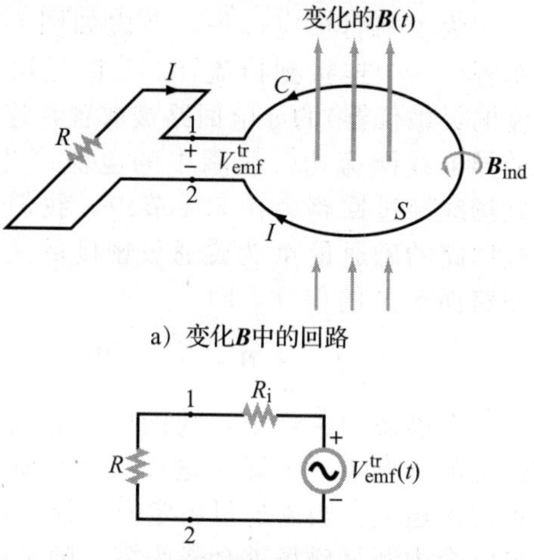

a）变化$\boldsymbol{B}$中的回路

b）等效电路

图 6-2 固定回路位于变化的磁场 $\boldsymbol{B}(t)$ 中及其等效电路

V_{emf} 的右手法则

$\mathrm{d}\boldsymbol{s}$ 的方向和 $V_{\mathrm{emf}}^{\mathrm{tr}}$ 极性之间的关系由下面的右手法则确定：如果 $\mathrm{d}\boldsymbol{s}$ 的方向是右手的拇指方向，那么四指表示回路 C 的方向，该方向总是穿过开口从 $V_{\mathrm{emf}}^{\mathrm{tr}}$ 的正极指向负极。

如果回路具有内阻 R_{i}，那么图 6-2a 的电路可以用图 6-2b 所示的等效电路来表示，此时流过电路的电流 I 为

$$I=\frac{V_{\mathrm{emf}}^{\mathrm{tr}}}{R+R_{\mathrm{i}}} \tag{6.9}$$

对于良导体，R_{i} 通常很小，与实际的 R 值相比可以忽略不计。

> $V_{\mathrm{emf}}^{\mathrm{tr}}$ 的极性及因此产生 I 的方向由**楞次定律**来确定，该定律表示回路中的电流方向总是与产生电流 I 的磁通量 $\Phi(t)$ 的变化相对抗。

电流 I 会产生一个其自身的磁场$\boldsymbol{B}_{\mathrm{ind}}$，对应的磁通量为 Φ_{ind}。$\boldsymbol{B}_{\mathrm{ind}}$ 的方向由右手法则决定：如果 I 在顺时针方向，那么通过 S 面的$\boldsymbol{B}_{\mathrm{ind}}$ 指向下方；反之，如果 I 在逆时针方向，则 $\boldsymbol{B}_{\mathrm{ind}}$ 指向 S 面的上方。如果原始的 $\boldsymbol{B}(t)$随时间增大，意味着 $\mathrm{d}\Phi/\mathrm{d}t>0$，根据楞次定律，$I$ 的方向为图 6-2a 所示的方向，使$\boldsymbol{B}_{\mathrm{ind}}$ 的方向与 $\boldsymbol{B}(t)$相反。因此，端 2 的电位比端 1 的电位高，$V_{\mathrm{emf}}^{\mathrm{tr}}$ 为负值。然而，当 $\boldsymbol{B}(t)$保持方向不变，但是幅度减小时，$\mathrm{d}\Phi/\mathrm{d}t$ 变为负值，电流必须反向，其产生的磁场$\boldsymbol{B}_{\mathrm{ind}}$ 与 $\boldsymbol{B}(t)$的方向相同，以对抗 $\boldsymbol{B}(t)$的变化(减小)，这时 $V_{\mathrm{emf}}^{\mathrm{tr}}$ 为正值。

> 记住这一点很重要：$\boldsymbol{B}_{\mathrm{ind}}$ 的作用是为了对抗 $\boldsymbol{B}(t)$的变化，而不是 $\boldsymbol{B}(t)$本身。

尽管在图 6-2a 中回路的端 1 和端 2 之间存在一个小开口，我们仍然将其视为具有轮廓 C 的闭合回路。这样做的目的是建立 $\boldsymbol{B}$ 和与感应电动势 $V_{\mathrm{emf}}^{\mathrm{tr}}$ 相关的电场 $\boldsymbol{E}$ 之间的联系。同时，在沿回路上任一点的电场 $\boldsymbol{E}$ 与流过回路的电流 I 相关。对于轮廓 C，$V_{\mathrm{emf}}^{\mathrm{tr}}$ 与电场 $\boldsymbol{E}$ 的关系式为

$$V_{emf}^{tr}=\oint_C \boldsymbol{E}\cdot d\boldsymbol{l} \tag{6.10}$$

对于 $N=1$(一匝回路)，令式(6.8)和式(6.10)相等，则给出

$$\oint_C \boldsymbol{E}\cdot d\boldsymbol{l}=-\int_S \frac{\partial \boldsymbol{B}}{\partial t}\cdot d\boldsymbol{s} \tag{6.11}$$

这就是表 6-1 给出的法拉第定律的积分形式。应该记住，轮廓 C 的方向和 d$\boldsymbol{s}$ 的方向是由右手法则联系起来的。

将斯托克斯定理应用于式(6.11)的左边，我们有

$$\int_S (\nabla\times\boldsymbol{E})\cdot d\boldsymbol{s}=-\int_S \frac{\partial \boldsymbol{B}}{\partial t}\cdot d\boldsymbol{s} \tag{6.12}$$

为了使所有 S 的选择下，这两个积分都相等，它们的被积函数必须相等，这就给出

$$\nabla\times\boldsymbol{E}=-\frac{\partial \boldsymbol{B}}{\partial t} \quad \text{(法拉第定律)} \tag{6.13}$$

该微分形式的法拉第定律表明，时变磁场可感应电场，该电场的旋度等于 $\boldsymbol{B}$ 对时间导数的负值。尽管法拉第定律的推导一开始是考虑与物理电路相关的场，但式(6.13)适用于空间中的任意一点，无论该点处是否存在物理电路。

例 6-1 变化磁场中的电感器

如图 6-3 所示，一个由细导线绕成的半径为 a 的 N 匝圆环形电感器，电感器位于 x-y 平面，中心处于坐标原点，并且与电阻 R 相连接。磁场 $\boldsymbol{B}=B_0(\hat{\boldsymbol{y}}2+\hat{\boldsymbol{z}}3)\sin\omega t$，其中 ω 为角频率。求：

(a) 与电感器单匝交链的磁通量；

(b) $N=10$，$B_0=0.2$T，$a=10$cm，$\omega=10^3$ rad/s 时的感生电动势；

(c) $t=0$ 时刻 V_{emf}^{tr} 的极性；

(d) $R=1$kΩ 时电路中的感应电流(假设导线的电阻远小于 R)。

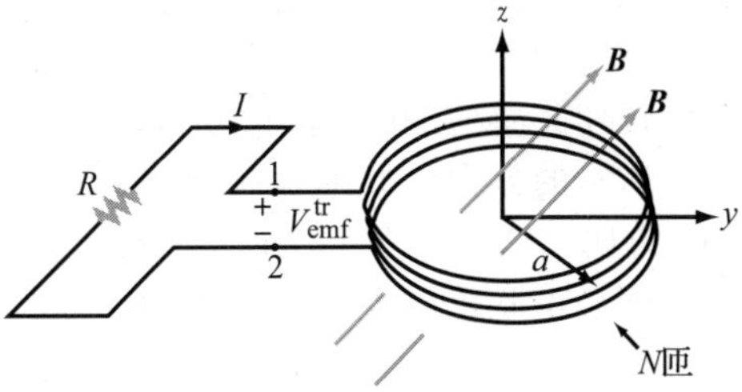

图 6-3 x-y 平面上的 N 匝圆环形回路，磁场 $\boldsymbol{B}=B_0(\hat{\boldsymbol{y}}2+\hat{\boldsymbol{z}}3)\sin\omega t$(例 6-1)

解：(a) 定义 d$\boldsymbol{s}$ 向上(沿 $+\hat{\boldsymbol{z}}$ 方向)，与电感器每一匝交链的磁通量为

$$\Phi=\int_S \boldsymbol{B}\cdot d\boldsymbol{s}=\int_S [B_0(\hat{\boldsymbol{y}}2+\hat{\boldsymbol{z}}3)\sin\omega t]\cdot\hat{\boldsymbol{z}}ds=3\pi a^2B_0\sin\omega t$$

(b) 为了求 V_{emf}^{tr}，可以应用式(6.8)或直接应用式(6.6)给出的一般表达式。后种方法给出了

$$V_{emf}^{tr}=-N\frac{d\Phi}{dt}=-N\frac{d}{dt}(3\pi a^2B_0\sin\omega t)=-3\pi N\omega a^2B_0\cos\omega t$$

选择 d$\boldsymbol{s}$ 的方向向上，V_{emf}^{tr} 的极性由右手法则决定，图 6-3 中轮廓 C 的方向从 V_{emf}^{tr} 的正端到负端通过间隙，即

$$V_{emf}^{tr}=V_1-V_2=-3\pi N\omega a^2B_0\cos\omega t$$

当 $N=10$，$B_0=0.2$T，$a=10$cm，$\omega=10^3$ rad/s 时，有

$$V_{emf}^{tr}=-188.5\cos 10^3t\,\text{V}$$

(c) 向上方向通过每一匝的磁通量为 $\Phi=3\pi a^2B_0\sin\omega t$，在 $t=0$ 时刻，$\Phi=0$，但是

$$\left.\frac{d\Phi}{dt}\right|_{t=0}=3\pi a^2\omega B_0\cos\omega t\,\Big|_{t=0}=3\pi a^2\omega B_0>0$$

可见，虽然在 $t=0$ 时刻，磁通量本身为零，但其时间导数为正值。所以，在 $t=0$ 时刻磁通量在增加，楞次定律要求电流 I 的方向使得其产生的磁通量 Φ_{ind} 抵抗 Φ 的变化，由于定

义 Φ 向上，其在 $t=0$ 时刻增加，通过回路的 Φ_{ind} 应该向下以减缓 Φ 的增加。所以，I 应该在图 6-3 所示的方向上。

由于 I 从电阻的正电压端流向负电压端，因此，在 $t=0$ 时刻，V_{12} 应该是负的，即

$$V_{\text{emf}}^{\text{tr}}=V_1-V_2=-188.5\text{V}$$

(d) 电流 I 为

$$I=\frac{V_2-V_1}{R}=\frac{188.5}{10^3}\cos 10^3 t\,\text{A}=0.19\cos 10^3 t\,\text{A}$$ ◀

例 6-2 楞次定律

求如图 6-4 所示的电路中 2Ω 和 4Ω 电阻两端的电压 V_1 和 V_2。回路位于 x-y 面，其面积为 4m^2，磁通量密度 $\boldsymbol{B}=-\hat{\boldsymbol{z}}0.3t\text{T}$，导线的内部电阻可以忽略。

解：通过回路的磁通量为

$$\Phi=\int_S \boldsymbol{B}\cdot \text{d}\boldsymbol{s}=\int_S(-\hat{\boldsymbol{z}}0.3t)\cdot\hat{\boldsymbol{z}}\text{d}s=-0.3t\times 4\text{Wb}=-1.2t\text{Wb}$$

对应的感生电动势为

$$V_{\text{emf}}^{\text{tr}}=-\frac{\text{d}\Phi}{\text{d}t}=1.2\text{V}$$

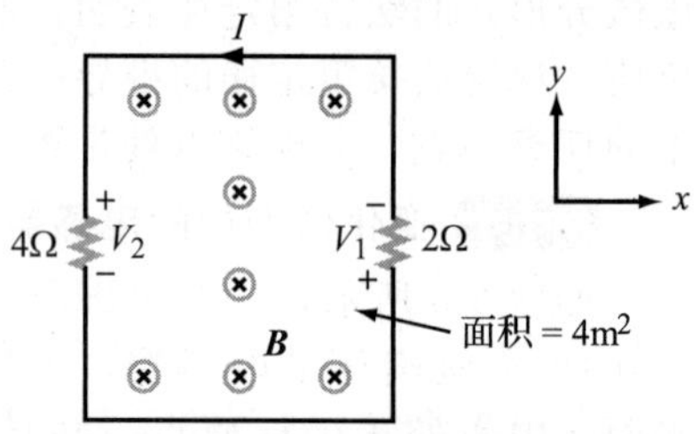

图 6-4 例 6-2 图

由于通过回路的磁通量沿 $-z$ 方向(进入页面)，而且幅度随时间 t 增加，楞次定律指出，感应电流 I 的方向应该使其感应的$\boldsymbol{B}_{\text{ind}}$ 抵抗 Φ 的变化。因此，I 为电路中所示的方向，原因是在回路面内部区域中$\boldsymbol{B}_{\text{ind}}$ 沿 $+z$ 方向。这意味着 V_1 和 V_2 为正电压。

两个串联电阻上的总电压为 1.2V，因此，

$$I=\frac{V_{\text{emf}}^{\text{tr}}}{R_1+R_2}=\frac{1.2}{2+4}\text{A}=0.2\text{A}$$

$$V_1=IR_1=0.2\times 2\text{V}=0.4\text{V}$$

$$V_2=IR_2=0.2\times 4\text{V}=0.8\text{V}$$ ◀

模块 6.1(时变磁场中的圆环回路) 通过模拟回路中磁通量变化产生的感应电流，证明了法拉第定律。

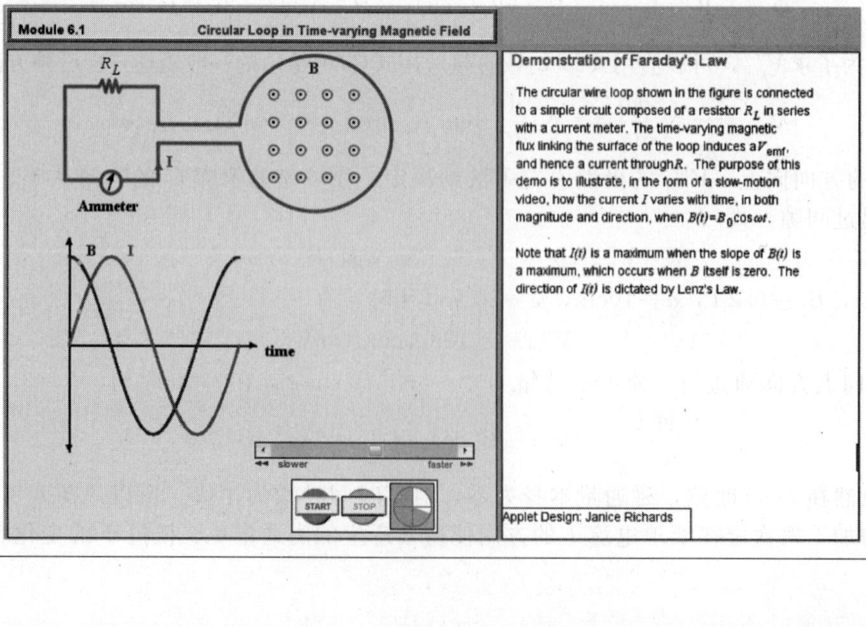

概念问题 6-1：解释法拉第定律和楞次定律的作用。

概念问题 6-2：在什么情况下闭合回路的净电压为零？

概念问题 6-3：假设与图 6-4(例 6-2)所示的回路交链的磁通量密度为 $\boldsymbol{B}=-\hat{\boldsymbol{z}}0.3\mathrm{e}^{-t}\,\mathrm{T}$。当 $t\geqslant 0$ 时，图 6-4 所示的电流方向是什么？

练习 6-1　对于图 6-3 所示的回路，如果 $\boldsymbol{B}=\hat{\boldsymbol{y}}B_0\cos\omega t\,\mathrm{T}$，求 $V_{\mathrm{emf}}^{\mathrm{tr}}$ 是多少？

答案：由于 $\boldsymbol{B}$ 与回路表面 $\mathrm{d}\boldsymbol{s}$ 的法向垂直，则 $V_{\mathrm{emf}}^{\mathrm{tr}}=0$。(参见EM)

练习 6-2　假设例 6-1 中的回路替换为一个中心位于坐标原点，边长为 20cm，两个边分别平行于 x 轴和 y 轴的 10 匝方形回路。如果 $\boldsymbol{B}=\hat{\boldsymbol{z}}B_0x^2\cos 10^3t\,\mathrm{T}$，而且 $B_0=100$，求电路中的电流。

答案：$I=-133\sin 10^3t$ mA。(参见EM)

6.3　理想变压器

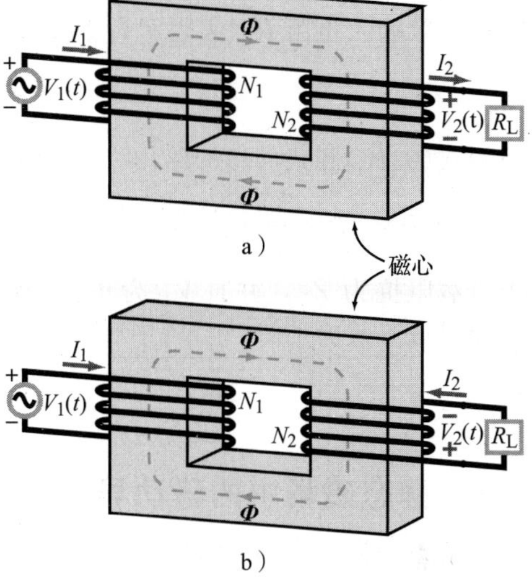

图 6-5　在变压器中，I_1 和 I_2 的方向使其中一个产生的磁通量与另一个产生的磁通量反向

如图 6-5a 所示的变压器由绕在同一个磁心上的两个线圈组成。初级线圈为 N_1 匝，连接到交流电压源 $V_1(t)$；次级线圈为 N_2 匝，连接到负载电阻 R_L。理想变压器中磁心的磁导率为无穷大($\mu=\infty$)，磁通量被限制在磁心中。

定义两个线圈中的电流 I_1 和 I_2 的流动方向，当 I_1 和 I_2 均为正时，I_2 产生的磁通量与 I_1 产生的磁通量相反。变压器得名于它在初级线圈和次级线圈之间的电流、电压和阻抗的变换，反之亦然。

在变压器初级侧，电压源 V_1 在初级线圈中产生电流 I_1，该电流在磁心中建立磁通量 Φ。磁通量 Φ 和电压 V_1 由法拉第定律联系起来：

$$V_1=-N_1\frac{\mathrm{d}\Phi}{\mathrm{d}t} \tag{6.14}$$

次级侧也存在类似的关系式：

$$V_2=-N_2\frac{\mathrm{d}\Phi}{\mathrm{d}t} \tag{6.15}$$

式(6.14)和式(6.15)联立给出

$$\frac{V_1}{V_2}=\frac{N_1}{N_2} \tag{6.16}$$

在理想无耗变压器中，连接到初级侧的源所提供的所有瞬时功率都被传送到次级侧的负载。因此，磁心中没有功率损失，即

$$P_1=P_2 \tag{6.17}$$

由于 $P_1=V_1I_1$ 和 $P_2=V_2I_2$，由式(6.16)可得

$$\frac{I_1}{I_2}=\frac{N_2}{N_1} \tag{6.18}$$

因此，尽管式(6.16)给出的电压比与相应的匝数比成正比，但是电流比等于匝数比的倒数。如果 $N_1/N_2=0.1$，则次级线圈的电压 V_2 是初级线圈电压 V_1 的 10 倍，但是电流 I_2

仅为 $I_1/10$。

图 6-5b 所示的变压器与图 6-5a 所示的变压器完全相同，只是次级线圈的绕组方向不同。由于这种变化，图 6-5b 中 I_2 的方向和 V_2 的极性与图 6-5a 中的相反。

图 6-5a 中的次级线圈中的电压和电流关系式为 $V_2=I_2R_L$。对于初级线圈，变压器可以由等效输入电阻 R_{in} 来表示，如图 6-6 所示，该电阻定义为

$$R_{in}=\frac{V_1}{I_1} \tag{6.19}$$

使用式(6.16)和式(6.18)给出

$$R_{in}=\frac{V_2}{I_2}\left(\frac{N_1}{N_2}\right)^2=\left(\frac{N_1}{N_2}\right)^2R_L \tag{6.20}$$

当负载阻抗为 Z_L，并且 V_1 为正弦源时，式(6.20)的相量域等效为

$$Z_{in}=\left(\frac{N_1}{N_2}\right)^2Z_L \tag{6.21}$$

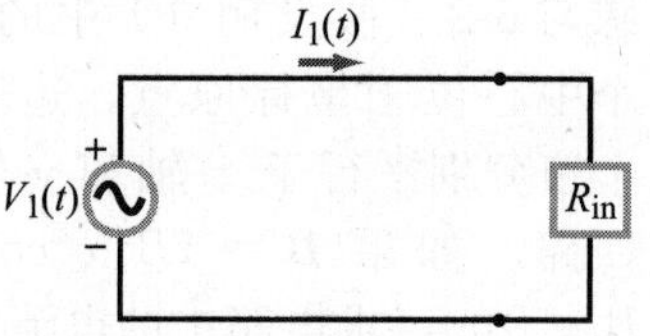

图 6-6 变压器初级侧的等效电路

6.4 静态磁场中的移动导体

考虑一根长度为 l 的导线，该导线以恒定速度 $\boldsymbol{u}$ 穿过静态磁场 $\boldsymbol{B}=\hat{\boldsymbol{z}}B_0$，如图 6-7 所示。导线中含有自由电子，由式(5.3)可知，磁场 $\boldsymbol{B}$ 作用在电荷量为 q 且以速度 $\boldsymbol{u}$ 移动的粒子上的磁场力 $\boldsymbol{F}_m$ 为

$$\boldsymbol{F}_m=q(\boldsymbol{u}\times\boldsymbol{B}) \tag{6.22}$$

该磁场力等价于电场 $\boldsymbol{E}_m$ 作用在粒子上的电场力，即

$$\boldsymbol{E}_m=\frac{\boldsymbol{F}_m}{q}=\boldsymbol{u}\times\boldsymbol{B} \tag{6.23}$$

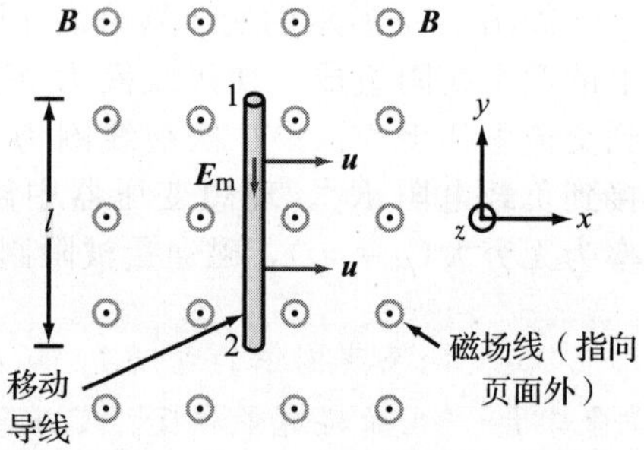

图 6-7 静态磁场中以速度 $\boldsymbol{u}$ 移动的导线

由带电粒子移动产生的场 $\boldsymbol{E}_m$ 称为**动生电场**，其方向垂直于 $\boldsymbol{u}$ 和 $\boldsymbol{B}$ 所在平面。对于图 6-7 所示的导线，$\boldsymbol{E}_m$ 沿 $-\hat{\boldsymbol{y}}$ 方向。作用在导线中电子(负电荷)上的磁场力导致电子沿 $-\boldsymbol{E}_m$ 方向漂移，即朝向图 6-7 中标注为 1 的导线端，进而在端 1 和端 2 之间感应出电压差，端 2 为高电位。该感应电压称为**动生电动势** V_{emf}^m，并且定义为 $\boldsymbol{E}_m$ 沿线从端 2 到端 1 之间的线积分，即

$$V_{emf}^m=V_{12}=\int_2^1\boldsymbol{E}_m\cdot d\boldsymbol{l}=\int_2^1(\boldsymbol{u}\times\boldsymbol{B})\cdot d\boldsymbol{l} \tag{6.24}$$

对于导线而言，$\boldsymbol{u}\times\boldsymbol{B}=\hat{\boldsymbol{x}}u\times\hat{\boldsymbol{z}}B_0=-\hat{\boldsymbol{y}}uB_0$ 且 $d\boldsymbol{l}=\hat{\boldsymbol{y}}dl$，所以，

$$V_{emf}^m=V_{12}=-uB_0l \tag{6.25}$$

一般情况下，如果轮廓为 C 的闭合回路的任意部分以速度 $\boldsymbol{u}$ 穿过静态磁场 $\boldsymbol{B}$，则感应的动生电动势为

$$V_{emf}^m=\oint_C(\boldsymbol{u}\times\boldsymbol{B})\cdot d\boldsymbol{l} \quad (动生电动势) \tag{6.26}$$

只有电路中那些穿过磁场线的部分才对 V_{emf}^m 有贡献。

例 6-3 滑动棒

如图 6-8 所示的矩形回路有恒定的宽度 l，但是由于导体棒以匀速 $\boldsymbol{u}$ 在静态磁场 $\boldsymbol{B}=\hat{\boldsymbol{z}}B_0x$ 中滑动，因此回路的长度 x_0 随时间增加。注意，$\boldsymbol{B}$ 随 x 线性增加，该棒在 $t=0$ 时

刻从 $x=0$ 开始滑动。求端 1 和端 2 之间的动生电动势，以及流过电阻 R 的电流 I。假设回路的电阻 $R_{in} \ll R$。

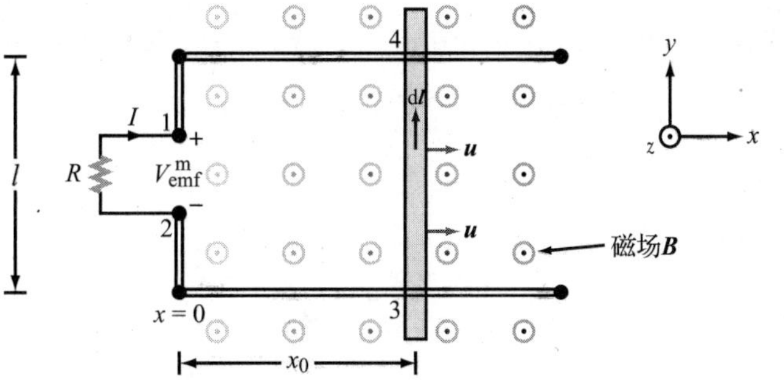

图 6-8　滑动棒以速度 $\boldsymbol{u}$ 在随 x 线性增加的磁场 $\boldsymbol{B}=\hat{\boldsymbol{z}}B_0x$ 中(例 6-3)

解： 该问题可以用式(6.26)给出的动生电动势表达式或法拉第定律的一般公式来求解。我们现在证明用这两种方法可以得到相同的结果。

(a) 动生电动势

该滑动棒是电路中唯一穿过磁场线 $\boldsymbol{B}$ 的部分，是回路 2341 中唯一对 V_{emf}^{m} 有贡献的部分。因此，在 $x=x_0$ 时，有

$$V_{emf}^{m}=V_{12}=V_{43}=\int_3^4(\boldsymbol{u}\times\boldsymbol{B})\cdot \mathrm{d}\boldsymbol{l}=\int_3^4(\hat{\boldsymbol{x}}u\times\hat{\boldsymbol{z}}B_0x_0)\cdot\hat{\boldsymbol{y}}\,\mathrm{d}l=-uB_0x_0l$$

通过 $x_0=ut$ 将回路的长度与 u 联系起来，所以，

$$V_{emf}^{m}=-B_0u^2lt\quad(\mathrm{V})\tag{6.27}$$

(b) 总的电动势

由于 $\boldsymbol{B}$ 是静态的，$V_{emf}^{tr}=0$，仅有 $V_{emf}=V_{emf}^{m}$。为了验证用一般形式的法拉第定律得到相同的结果，计算通过回路面的磁通量 Φ。所以，

$$\Phi=\int_S\boldsymbol{B}\cdot\mathrm{d}\boldsymbol{s}=\int_S(\hat{\boldsymbol{z}}B_0x)\cdot\hat{\boldsymbol{z}}\,\mathrm{d}x\,\mathrm{d}y=B_0l\int_0^{x_0}x\,\mathrm{d}x=\frac{B_0lx_0^2}{2}\tag{6.28}$$

将 $x_0=ut$ 代入式(6.28)，然后计算磁通量对时间的导数的负值，得到

$$V_{emf}=-\frac{\mathrm{d}\Phi}{\mathrm{d}t}=-\frac{\mathrm{d}}{\mathrm{d}t}\left(\frac{B_0lu^2t^2}{2}\right)=-B_0u^2lt\quad(\mathrm{V})\tag{6.29}$$

该结果与式(6.27)完全相同。由于 V_{12} 为负，电流 $I=B_0u^2lt/R$ 按如图 6-8 所示的方向流动。◀

例 6-4　移动的回路

如图 6-9 所示，处于 x-y 平面的矩形回路以速度 $\boldsymbol{u}=\hat{\boldsymbol{y}}5\mathrm{m/s}$ 在磁场中从原点开始移动，已知磁场为 $\boldsymbol{B}(y)=\hat{\boldsymbol{z}}0.2\mathrm{e}^{-0.1y}\mathrm{T}$。如果 $R=5\Omega$，求回路的边位于 $y_1=2\mathrm{m}$ 和 $y_2=2.5\mathrm{m}$ 时的瞬时电流。回路的电阻可以忽略。

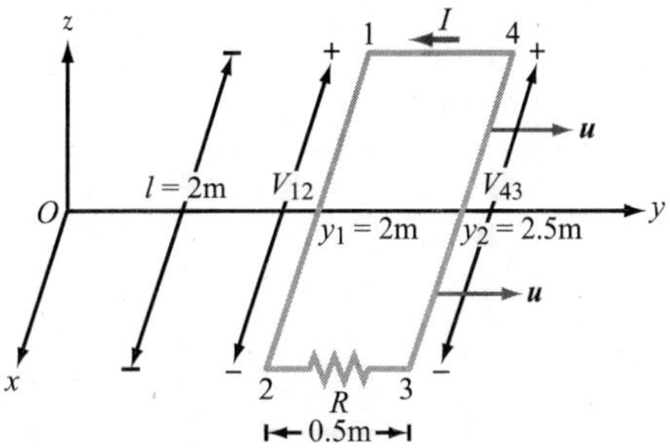

图 6-9　例 6-4 图

解： 由于 $\boldsymbol{u}\times\boldsymbol{B}$ 沿 $\hat{\boldsymbol{x}}$ 方向，只在沿 $\hat{\boldsymbol{x}}$ 方向的两条边感应电压，命名为点 1 到点 2 的边和点 3 到点 4 的边。如果 $\boldsymbol{B}$ 是均匀的，两条边感应的电压相同，电阻两端的净电压应该为零。但现在的情况是，$\boldsymbol{B}$ 随 y 按指数减小，因此边 1-2 和边 3-4 的感应电压值不同，边 1-2 在 $y_1=2\mathrm{m}$ 处，对应的磁场为

$$\boldsymbol{B}(y_1)=\hat{\boldsymbol{z}}0.2\mathrm{e}^{-0.1y_1}=\hat{\boldsymbol{z}}0.2\mathrm{e}^{-0.2}\mathrm{T}$$

则感应电压 V_{12} 由下式给出：

$$V_{12}=\int_2^1[\boldsymbol{u}\times\boldsymbol{B}(y_1)]\cdot\mathrm{d}\boldsymbol{l}=\int_{l/2}^{-l/2}(\hat{\boldsymbol{y}}5\times\hat{\boldsymbol{z}}0.2\mathrm{e}^{-0.2})\cdot\hat{\boldsymbol{x}}\mathrm{d}x$$
$$=-\mathrm{e}^{-0.2}l=-2\mathrm{e}^{-0.2}\mathrm{V}=-1.637\mathrm{V}$$

类似有

$$V_{43}=-uB(y_2)l=-5\times0.2\mathrm{e}^{-0.25}\times2\mathrm{V}=-1.558\mathrm{V}$$

因此，电流的方向如图 6-9 所示，其大小为

$$I=\frac{V_{43}-V_{12}}{R}=\frac{0.079}{5}\mathrm{mA}=15.8\mathrm{mA}\quad◀$$

例 6-5　电线旁边的移动杆

如图 6-10 所示，在一根载有电流 $I=10\mathrm{A}$ 的导线旁，有一个 30cm 长的金属杆以恒定的速度 $\boldsymbol{u}=\hat{\boldsymbol{z}}5\mathrm{m/s}$ 移动。求 V_{12}，其中 1 和 2 是杆的两端。

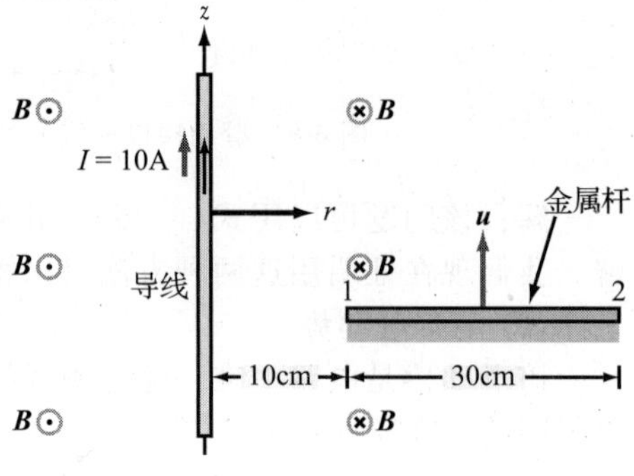

图 6-10　例 6-5 图

解：电流 I 产生的磁场为

$$\boldsymbol{B}=\hat{\boldsymbol{\phi}}\frac{\mu_0 I}{2\pi r}$$

式中，r 为到导线的径向距离，$\hat{\boldsymbol{\phi}}$ 的方向在金属杆一侧是指向页面内的方向。在 $\boldsymbol{B}$ 存在的情况下，杆的移动产生的动生电动势为

$$V_{12}=\int_{40\mathrm{cm}}^{10\mathrm{cm}}(\boldsymbol{u}\times\boldsymbol{B})\cdot\mathrm{d}\boldsymbol{l}=\int_{40\mathrm{cm}}^{10\mathrm{cm}}\left(\hat{\boldsymbol{z}}5\times\hat{\boldsymbol{\phi}}\frac{\mu_0 I}{2\pi r}\right)\cdot\hat{\boldsymbol{r}}\mathrm{d}r$$
$$=-\frac{5\mu_0 I}{2\pi}\int_{40\mathrm{cm}}^{10\mathrm{cm}}\frac{\mathrm{d}r}{r}=-\frac{5\times4\pi\times10^{-7}\times10}{2\pi}\times\ln\left(\frac{10}{40}\right)\mathrm{V}=13.9\mu\mathrm{V}\quad◀$$

模块 6.2(在恒定磁场中旋转的回路)　通过矩形回路在磁场中旋转演示电磁发电机的原理。

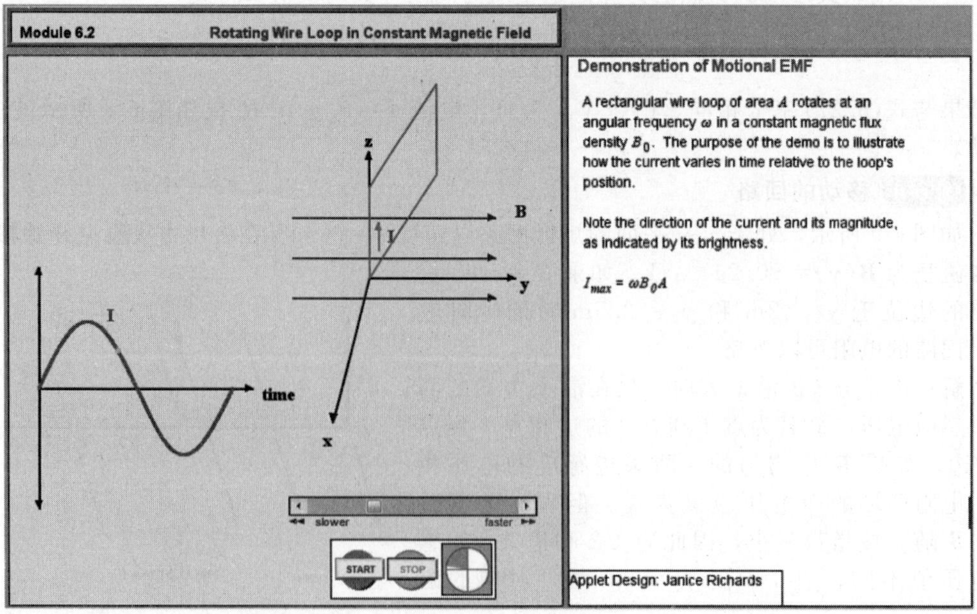

概念问题 6-4：假设图 6-8 的导电棒滑动过程中不存在摩擦，且电路的水平臂很长。因此，如果给滑动棒一个初始推力，棒应该以恒定的速度继续移动，棒的运动不断产生感应电动势形式的电能。这是一个有效的论点吗？如果不是，为什么？我们不需要通过其他方式提供等量的能量，能产生电能吗？

概念问题 6-5：图 6-10 中杆内流动的电流是稳定的电流吗？检查电荷 q 在端 1 和端 2 所受的力，并进行比较。

练习 6-3　对于图 6-9 中的运动回路，当回路的边位于 $y_1=4\text{m}$ 和 $y_2=4.5\text{m}$ 处时，求 I。另外，反向运动，使 $\boldsymbol{u}=-\hat{\boldsymbol{y}}5\text{m/s}$。

答案：$I=-13\text{mA}$。（参见Ⓔⓜ）

练习 6-4　假设转动图 6-9 所示的回路，使回路面与 x-z 面平行，这种情况下的 I 是多少？

答案：$I=0$。（参见Ⓔⓜ）

6.5　电磁发电机

电磁发电机是电磁电动机的逆问题，图 6-11 说明了这两种设备的工作原理。永磁体在其两极之间的槽中产生静态磁场 $\boldsymbol{B}$，如图 6-11a 所示，当电流通过导电回路时，电流在回路的 1-2 段和 3-4 段中流向相反，在这两段上的感应磁场力也是相反的，产生扭矩，使回路围绕它的旋转轴旋转。因此，在电动机中，电压源提供的电能以回路旋转的形式转换为机械能，该机械能可以耦合给滑轮、齿轮或其他可移动物体。

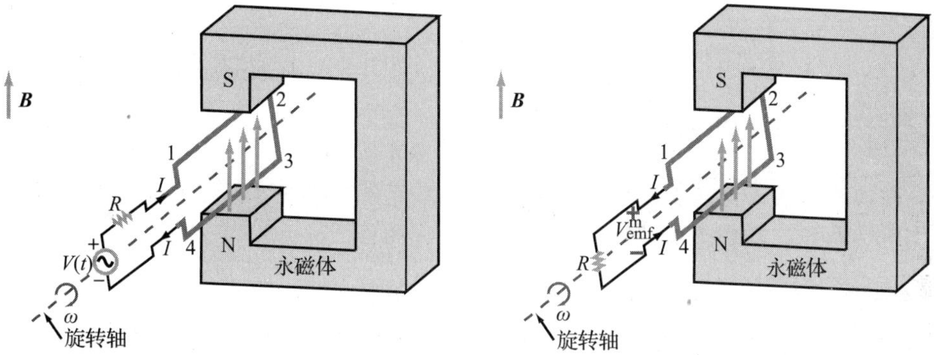

a）交流电动机　　b）交流发电机

图 6-11　交流电动机和交流发电机的原理

如果不是通过电流使回路转动，而是通过外力使回路转动，回路在磁场中的运动产生动生电动势 $V_{\text{emf}}^{\text{m}}$，如图 6-11b 所示。因此，电动机就变成了发电机，机械能被转换成电能。

让我们用图 6-12 所示的坐标系更详细地研究电磁发电机的运行。该磁场为

$$\boldsymbol{B}=\hat{\boldsymbol{z}}B_0 \tag{6.30}$$

导电回路的旋转轴沿 x 轴。回路的 1-2 段和 3-4 段的长度均为 l，并且当回路旋转时，两者都穿过磁通量线。其他两段的宽度都是 w，当循环旋转时，它们都不会穿过 $\boldsymbol{B}$。因此，只有 1-2 段和 3-4 段对动生电动势 $V_{\text{emf}}^{\text{m}}$ 有贡献。

因为回路以 ω 绕其轴旋转，所以 1-2 段运动的速度 $\boldsymbol{u}$ 为

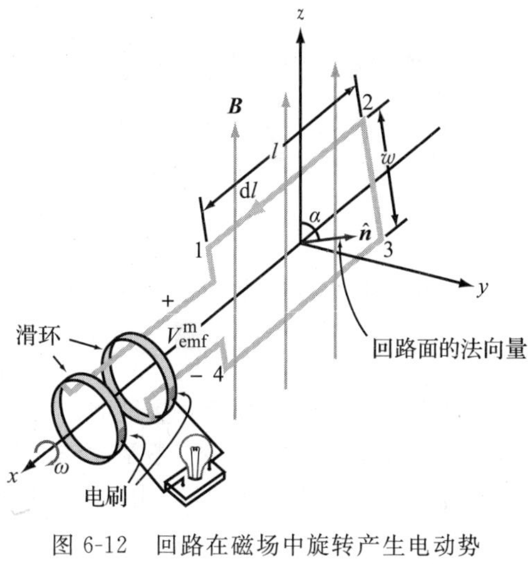

图 6-12　回路在磁场中旋转产生电动势

$$\boldsymbol{u}=\hat{\boldsymbol{n}}\omega\frac{w}{2} \tag{6.31}$$

式中，$\hat{\boldsymbol{n}}$ 为回路面的法向量，它与 z 轴的夹角为 α，因此，

$$\hat{\boldsymbol{n}}\times\hat{\boldsymbol{z}}=\hat{\boldsymbol{x}}\sin\alpha \tag{6.32}$$

3-4 段以速度 $-\boldsymbol{u}$ 运动。应用式(6.26)，结合我们选择的 $\hat{\boldsymbol{n}}$，得到

$$\begin{aligned}V_{\text{emf}}^{\text{m}}&=V_{14}=\int_{2}^{1}(\boldsymbol{u}\times\boldsymbol{B})\cdot\mathrm{d}\boldsymbol{l}+\int_{4}^{3}(\boldsymbol{u}\times\boldsymbol{B})\cdot\mathrm{d}\boldsymbol{l}\\&=\int_{-l/2}^{l/2}\left[\left(\hat{\boldsymbol{n}}\omega\frac{w}{2}\right)\times\hat{\boldsymbol{z}}B_0\right]\cdot\hat{\boldsymbol{x}}\,\mathrm{d}x+\int_{l/2}^{-l/2}\left[\left(-\hat{\boldsymbol{n}}\omega\frac{w}{2}\right)\times\hat{\boldsymbol{z}}B_0\right]\cdot\hat{\boldsymbol{x}}\,\mathrm{d}x\end{aligned} \tag{6.33}$$

将式(6.32)代入式(6.33)，可以得到

$$V_{\text{emf}}^{\text{m}}=wl\omega B_0\sin\alpha=A\omega B_0\sin\alpha \tag{6.34}$$

式中，$A=wl$ 为回路面积。角度 α 与 ω 的关系式为

$$\alpha=\omega t+C_0 \tag{6.35}$$

式中，C_0 为由初始条件决定的常数。例如，如果 $t=0$ 时，$\alpha=0$，则 $C_0=0$。一般情况下，

$$V_{\text{emf}}^{\text{m}}=A\omega B_0\sin(\omega t+C_0)\quad(\text{V}) \tag{6.36}$$

应用式(6.6)给出的法拉第定律的一般形式，也可以得到同样的结果。与回路面交链的磁通量为

$$\Phi=\int_S\boldsymbol{B}\cdot\mathrm{d}\boldsymbol{s}=\int_S\hat{\boldsymbol{z}}B_0\cdot\hat{\boldsymbol{n}}\,\mathrm{d}s=B_0A\cos\alpha=B_0A\cos(\omega t+C_0) \tag{6.37}$$

则

$$V_{\text{emf}}=-\frac{\mathrm{d}\Phi}{\mathrm{d}t}=-\frac{\mathrm{d}}{\mathrm{d}t}[B_0A\cos(\omega t+C_0)]=A\omega B_0\sin(\omega t+C_0) \tag{6.38}$$

该结果与式(6.36)给出的结果完全相同。

> 旋转回路产生的电压在时间上是正弦的，其角频率等于旋转回路的角频率 ω，其振幅等于回路面积、磁铁产生的磁场和角频率 ω 的乘积。

概念问题 6-6：对比交流电动机和交流发电机的工作原理。

概念问题 6-7：图 6-12 为单匝旋转回路，10 匝这样的回路产生的电动势是多少？

概念问题 6-8：图 6-12 所示回路的磁通量当 $\alpha=0$ 时(回路位于 x-y 平面)最大，由式(6.34)可知，$\alpha=0$ 时感应电动势为零；当 $\alpha=90°$时，与回路交链的磁通量为零，但 $V_{\text{emf}}^{\text{m}}$ 为最大值。这符合你的预期吗？为什么？

6.6　时变磁场中的移动导体

对于在时变磁场中移动的单匝导电回路的一般情况，感应电动势是感生电动势与动生电动势的和。所以，由式(6.8)和式(6.26)的和给出：

$$V_{\text{emf}}=V_{\text{emf}}^{\text{tr}}+V_{\text{emf}}^{\text{m}}=-\int_S\frac{\partial\boldsymbol{B}}{\partial t}\cdot\mathrm{d}\boldsymbol{s}+\oint_C(\boldsymbol{u}\times\boldsymbol{B})\cdot\mathrm{d}\boldsymbol{l} \tag{6.39}$$

V_{emf} 也可以由一般形式的法拉第定律给出：

$$V_{\text{emf}}=-\frac{\mathrm{d}\Phi}{\mathrm{d}t}=-\frac{\mathrm{d}}{\mathrm{d}t}\int_S\boldsymbol{B}\cdot\mathrm{d}\boldsymbol{s}\quad(\text{总的电动势}) \tag{6.40}$$

事实上，可以用数学方法证明，式(6.39)的右边与式(6.40)的右边是等价的。对于具体问题，选择使用式(6.39)还是式(6.40)通常是根据哪个更容易使用来决定的。在任何一种情况下，对于 N 匝回路，式(6.39)和式(6.40)的右边应乘以 N。

例 6-6 电磁发电机

求 6.5 节电磁发电机的旋转回路处于磁场 $\boldsymbol{B}=\hat{\boldsymbol{z}}B_0\cos\omega t$ 中时的感应电压。假设 $t=0$ 时，$\alpha=0$。

解： 用 $B_0\cos\omega t$ 代替式(6.37)中的 B_0，得出的磁通量为

$$\Phi=B_0A\cos^2\omega t$$

则

$$V_{\mathrm{emf}}=-\frac{\mathrm{d}\Phi}{\mathrm{d}t}=-\frac{\mathrm{d}}{\mathrm{d}t}(B_0A\cos^2\omega t)=2B_0A\omega\cos\omega t\sin\omega t=B_0A\omega\sin2\omega t$$ ◀

6.7 位移电流

微分形式的安培定律为

$$\nabla\times\boldsymbol{H}=\boldsymbol{J}+\frac{\partial\boldsymbol{D}}{\partial t}\quad(\text{安培定律})\tag{6.41}$$

式(6.41)两边在轮廓为 C 的任意开放表面 S 上积分，有

$$\int_S(\nabla\times\boldsymbol{H})\cdot\mathrm{d}\boldsymbol{s}=\int_S\boldsymbol{J}\cdot\mathrm{d}\boldsymbol{s}+\int_S\frac{\partial\boldsymbol{D}}{\partial t}\cdot\mathrm{d}\boldsymbol{s}\tag{6.42}$$

$\boldsymbol{J}$ 的面积分等于流过 S 的传导电流 I_c，$\nabla\times\boldsymbol{H}$ 的面积分可以由斯托克斯定理转换为 $\boldsymbol{H}$ 在 S 边界轮廓 C 上的线积分，即

$$\int_S\boldsymbol{J}\cdot\mathrm{d}\boldsymbol{s}=I_c$$

$$\int_S(\nabla\times\boldsymbol{H})\cdot\mathrm{d}\boldsymbol{s}=\oint_C\boldsymbol{H}\cdot\mathrm{d}\boldsymbol{l}$$

则

$$\oint_C\boldsymbol{H}\cdot\mathrm{d}\boldsymbol{l}=I_c+\int_S\frac{\partial\boldsymbol{D}}{\partial t}\cdot\mathrm{d}\boldsymbol{s}\quad(\text{安培定律})\tag{6.43}$$

式(6.43)右边的第二项当然具有与 I_c 相同的单位(安培)，原因是它正比于电通量密度 $\boldsymbol{D}$ 对时间的导数，$\boldsymbol{D}$ 也称为电位移矢量，所以式(6.43)右边的第二项称为位移电流 I_d，即

$$I_d=\int_S\boldsymbol{J}_d\cdot\mathrm{d}\boldsymbol{s}=\int_S\frac{\partial\boldsymbol{D}}{\partial t}\cdot\mathrm{d}\boldsymbol{s}\tag{6.44}$$

式中，$\boldsymbol{J}_d=\partial\boldsymbol{D}/\partial t$ 表示位移电流密度。由式(6.44)可得

$$\oint_C\boldsymbol{H}\cdot\mathrm{d}\boldsymbol{l}=I_c+I_d=I\tag{6.45}$$

式中，I 为总电流。在静电学中，$\partial\boldsymbol{D}/\partial t=0$，所以 $I_d=0$，$I=I_c$。位移电流的概念最早是由詹姆斯·克拉克·麦克斯韦在 1873 年提出的，当时他阐述了时变条件下电和磁的统一理论。

通常以平行板电容器为例来说明位移电流 I_d 的物理意义。图 6-13 所示的简单电路由一个电容器和一个交流电压源组成，该电压源 $V_s(t)$ 为

$$V_s(t)=V_0\cos\omega t\quad(\mathrm{V})\tag{6.46}$$

根据式(6.45)，流过任意面的总电流一般由传导电流 I_c 和位移电流 I_d 组成。让我们通过以下两个假想的表面分别求出 I_c 和 I_d：①导线的横截面 S_1；②电容器的截面 S_2(见图 6-13)。将导线中的传导电流和位移电流表示为 I_{1c} 和 I_{1d}，将通过电容器的传导电流和位移电流表示为 I_{2c} 和 I_{2d}。

在完全导电的导线中，$\boldsymbol{D}=\boldsymbol{E}=0$，所以式(6.44)给出 $I_{1d}=0$。至于 I_{1c}，我们由电路理论可知，I_{1c} 和电容器两端电压 V_C 的关系式为

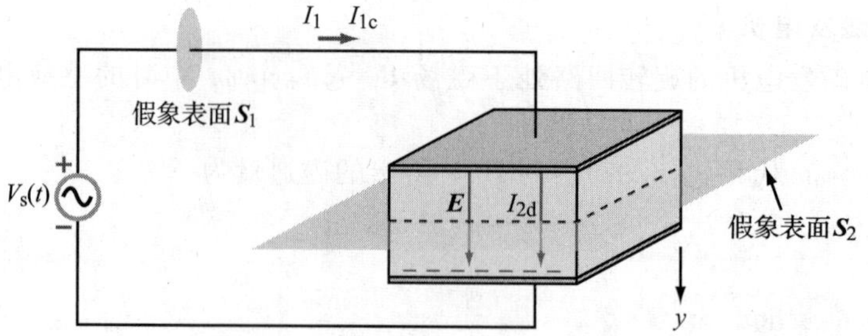

图 6-13　电容器绝缘材料中的位移电流 I_{2d} 等于导线中的传导电流 I_{1c}

$$I_{1c}=C\frac{\mathrm{d}V_C}{\mathrm{d}t}=C\frac{\mathrm{d}}{\mathrm{d}t}(V_0\cos\omega t)=-CV_0\omega\sin\omega t \tag{6.47}$$

式中使用了 $V_C=V_s(t)$。由于 $I_{1d}=0$，导线中的总电流简单地表示为 $I_1=I_{1c}=-CV_0\omega\sin\omega t$。

在电容器极板之间介电常数为ε的理想电介质中，$\sigma=0$，由于不存在传导电流，因此 $I_{2c}=0$。为了确定 I_{2d}，我们应该使用式(6.44)。由例 4-14 可知，电介质中的电场 $\boldsymbol{E}$ 与电容器极板之间的电压 V_C 相关，即

$$\boldsymbol{E}=\hat{\boldsymbol{y}}\frac{V_C}{d}=\hat{\boldsymbol{y}}\frac{V_0}{d}\cos\omega t \tag{6.48}$$

式中，d 为极板之间的间距，$\hat{\boldsymbol{y}}$ 为 $t=0$ 时由高电位极板指向低电位极板的方向。应用式(6.44)与 $\mathrm{d}\boldsymbol{s}=\hat{\boldsymbol{y}}\mathrm{d}s$ 得到位移电流 I_{2d} 为

$$\begin{aligned}I_{2d}&=\int_S\frac{\partial\boldsymbol{D}}{\partial t}\cdot\mathrm{d}\boldsymbol{s}=\int_A\left[\frac{\partial}{\partial t}\left(\hat{\boldsymbol{y}}\frac{\varepsilon V_0}{d}\cos\omega t\right)\right]\cdot(\hat{\boldsymbol{y}}\mathrm{d}s)\\&=-\frac{\varepsilon A}{d}V_0\omega\sin\omega t=-CV_0\omega\sin\omega t\end{aligned} \tag{6.49}$$

式中使用了面积为 A 的平行板电容器的电容关系式 $C=\varepsilon A/d$。导电板之间电介质区域 I_{2d} 的表达式与式(6.47)给出的导线中传导电流 I_{1c} 的表达式完全相同。事实上，这两个电流相等保证了流过电路的总电流的连续性。

虽然位移电流不传输自由电荷，但它仍然表现得像真实电流一样。

在电容器的例子中，我们将导线视为理想导体，并假设电容器极板之间的空间填满了理想电介质。如果导线具有有限的电导率 σ_w，那么导线中的 $\boldsymbol{D}$ 就不为零。因此，电流 I_1 应该由传导电流 I_{1c} 和位移电流 I_{1d} 组成，即 $I_1=I_{1c}+I_{1d}$。同理，如果电容器中间隔材料电介质具有非零的电导率 σ_d，那么自由电荷将在两个极板之间流动，I_{2c} 将不为零。这种情况下，流过电容器的总电流应该为 $I_2=I_{2c}+I_{2d}$。无论在什么情况下，电容器中的总电流始终等于导线中的总电流，即 $I_1=I_2$。

例 6-7 位移电流密度

流过电导率为 $\sigma=2\times10^7\,\mathrm{S/m}$，相对介电常数为$\varepsilon_r=1$ 的导线的传导电流为 $I_c=2\sin\omega t$ mA。如果 $\omega=10^9\,\mathrm{rad/s}$，求位移电流。

解：传导电流 $I_c=JA=\sigma EA$，式中 A 为导线的横截面积。所以，

$$E=\frac{I_c}{\sigma A}=\frac{2\times10^{-3}\sin\omega t}{2\times10^7A}\,\mathrm{V/m}=\frac{1\times10^{-10}}{A}\sin\omega t\,\mathrm{V/m}$$

应用式(6.44)以及 $D=\varepsilon E$，得到

$$I_d=J_dA=\varepsilon A\frac{\partial E}{\partial t}=\varepsilon A\frac{\partial}{\partial t}\left(\frac{1\times10^{-10}}{A}\sin\omega t\right)=\varepsilon\omega\times10^{-10}\cos\omega t=0.885\times10^{-12}\cos\omega t\,\mathrm{A}$$

式中使用了 $\omega=10^9\,\mathrm{rad/s}$ 和 $\varepsilon=\varepsilon_0=8.85\times10^{-12}\,\mathrm{F/m}$。注意，$I_c$ 和 I_d 在相位上是正交的(它们之间有 90°相差)。同时，I_d 大约比 I_c 小 9 个数量级，这也是在良导体中常忽略位移电流的原因。◀

模块 6.3(位移电流)　观察通过平行板电容器的位移电流。

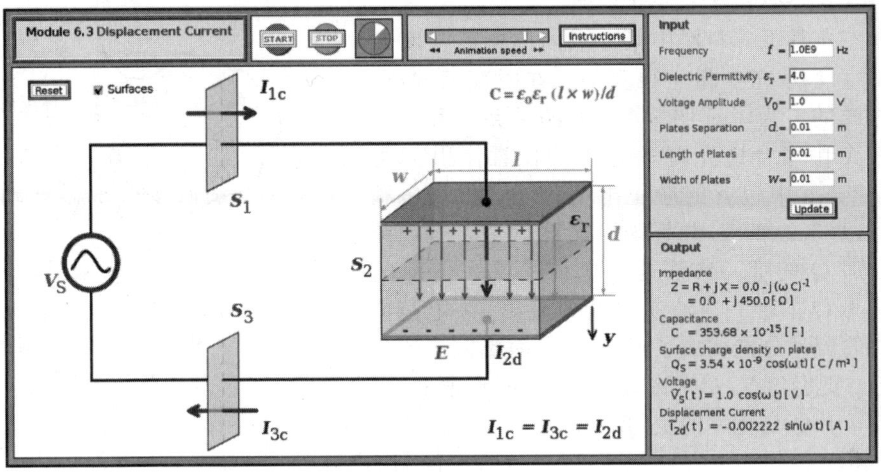

练习 6-5　电导率为 $\sigma=100\,\mathrm{S/m}$，介电常数 $\varepsilon=4\varepsilon_0$ 的不良导体，在角频率 ω 为多少时，传导电流密度 $\boldsymbol{J}$ 的幅值等于位移电流密度 $\boldsymbol{J}_d$ 的幅值?

答案: $\omega=2.82\times10^{12}\,\mathrm{rad/s}$。(参见Ⓔⓜ)

6.8　电磁场的边界条件

在第 4 章和第 5 章中，我们应用静态条件下麦克斯韦方程组的积分形式，得到了适用于连续介质分界面上 $\boldsymbol{E}$、$\boldsymbol{D}$、$\boldsymbol{B}$ 和 $\boldsymbol{H}$ 的切向分量和法向分量的边界条件(4.8 节为 $\boldsymbol{E}$ 和 $\boldsymbol{D}$，5.6 节为 $\boldsymbol{B}$ 和 $\boldsymbol{H}$)。在动态情况下，麦克斯韦方程组(表 6-1)包含了在静电学和静磁学中没有考虑的两个新项，即法拉第定律中的 $\partial\boldsymbol{B}/\partial t$ 和安培定律中的 $\partial\boldsymbol{D}/\partial t$。

尽管如此，前边推导的静电场和静磁场的边界条件对时变场仍然有效。

这是因为，如果我们对时变场应用前面章节中提到的方法，会发现上述项的组合随着图 4-20 和图 5-24 中矩形回路的面积趋于零而接近于零。

电场和磁场的边界条件见表 6-2。

表 6-2　电场和磁场的边界条件

场分量	一般形式	媒质 1 介质　媒质 2 介质	媒质 1 介质　媒质 2 导体
切向 $\boldsymbol{E}$	$\hat{\boldsymbol{n}}_2\times(\boldsymbol{E}_1-\boldsymbol{E}_2)=0$	$E_{1t}=E_{2t}$	$E_{1t}=E_{2t}=0$
法向 $\boldsymbol{D}$	$\hat{\boldsymbol{n}}_2\cdot(\boldsymbol{D}_1-\boldsymbol{D}_2)=\rho_s$	$D_{1n}-D_{2n}=\rho_s$	$D_{1n}=\rho_s$　$D_{2n}=0$
切向 $\boldsymbol{H}$	$\hat{\boldsymbol{n}}_2\times(\boldsymbol{H}_1-\boldsymbol{H}_2)=\boldsymbol{J}_s$	$H_{1t}=H_{2t}$	$H_{1t}=J_s$　$H_{2t}=0$
法向 $\boldsymbol{B}$	$\hat{\boldsymbol{n}}_2\cdot(\boldsymbol{B}_1-\boldsymbol{B}_2)=0$	$B_{1n}=B_{2n}$	$B_{1n}=B_{2n}=0$

注：1. ρ_s 为边界面上的电荷密度。
2. $\boldsymbol{J}_s$ 为边界面上的电流密度。
3. 所有场的法向分量沿 $\hat{\boldsymbol{n}}_2$ 方向，为媒质 2 的外法向单位矢量。
4. $E_{1t}=E_{2t}$ 隐含着切向分量的大小相等，方向平行。
5. $\boldsymbol{J}_s$ 的方向垂直于 $(\boldsymbol{H}_1-\boldsymbol{H}_2)$。

概念问题 6-9：当传导电流流过材料时，一定数量的电荷从一端进入材料，相同数量的电荷从另一端离开。位移电流通过理想介质时，类似的情况是什么？

概念问题 6-10：利用式(6.43)给出的安培定律的积分形式，验证 $\boldsymbol{H}$ 的切向分量在两种电介质边界上连续的边界条件。

6.9 电荷-电流连续性关系

在静态条件下，材料中某一点的体电荷密度 ρ_v 和电流密度 $\boldsymbol{J}$ 是完全相互独立的。在时变情况下，则不是这样的。为了证明 ρ_v 和 $\boldsymbol{J}$ 的关系，我们首先考虑一个由闭合边界面 S 包围的任意体积 υ（见图 6-14），在 υ 中包含的净正电荷为 Q。根据电荷守恒定律（1.3.2 节），电荷既不能被创造，也不能消失，增加 Q 的唯一方法是正电荷净流入体积 υ。同理，减小 Q 的唯一方法是电荷净流出 υ。电荷向内和向外的流动分别构成了通过 S 表面流入或流出 υ 的电流。我们定义 I 为穿过 S 流出 υ 的净电流。因此，I 等于 Q 变化率的负值，即

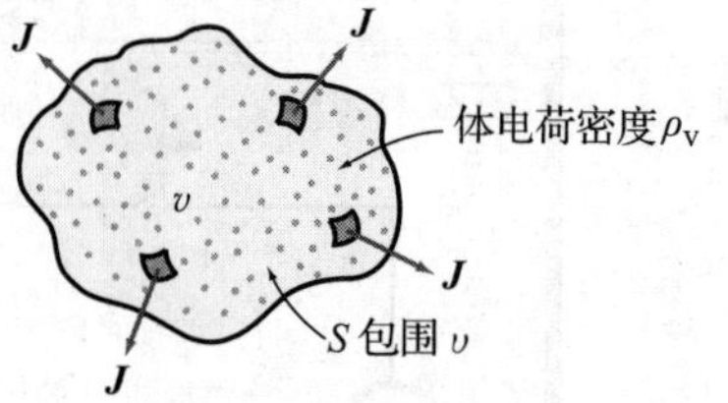

图 6-14 流出体积 υ 的总电流等于电流密度 $\boldsymbol{J}$ 通过表面 S 的通量，进而等于包围在体积 υ 中电荷的减少率

$$I=-\frac{\mathrm{d}Q}{\mathrm{d}t}=-\frac{\mathrm{d}}{\mathrm{d}t}\int_{\upsilon}\rho_v\,\mathrm{d}\upsilon \tag{6.50}$$

式中，ρ_v 为 υ 中的体电荷密度。根据式(4.12)，电流 I 也可以定义为电流密度 $\boldsymbol{J}$ 通过面 S 的向外通量。所以，

$$\oint_S \boldsymbol{J}\cdot\mathrm{d}\boldsymbol{s}=-\frac{\mathrm{d}}{\mathrm{d}t}\int_{\upsilon}\rho_v\,\mathrm{d}\upsilon \tag{6.51}$$

通过使用式(3.98)给出的散度定理，可以将 $\boldsymbol{J}$ 的面积分转换为其散度 $\nabla\cdot\boldsymbol{J}$ 的体积分，得到

$$\oint_S \boldsymbol{J}\cdot\mathrm{d}\boldsymbol{s}=\int_{\upsilon}\nabla\cdot\boldsymbol{J}\,\mathrm{d}\upsilon=-\frac{\mathrm{d}}{\mathrm{d}t}\int_{\upsilon}\rho_v\,\mathrm{d}\upsilon \tag{6.52}$$

对于固定的体积 υ，仅对 ρ_v 进行时间导数运算。所以，对时间的导数运算可以将其移入积分内部并表示为对 ρ_v 的偏导数：

$$\int_{\upsilon}\nabla\cdot\boldsymbol{J}\,\mathrm{d}\upsilon=-\int_{\upsilon}\frac{\partial\rho_v}{\partial t}\mathrm{d}\upsilon \tag{6.53}$$

对于任意体积 υ，式(6.53)两边的体积分都相等，则 υ 内每一点它们的被积函数必须相等，因此，

$$\nabla\cdot\boldsymbol{J}=-\frac{\partial\rho_v}{\partial t} \tag{6.54}$$

这就是电荷-电流连续性关系式，或简称为电荷连续性方程。

如果在体积元 $\Delta\upsilon$（例如一个小的圆柱体）中的体电荷密度不是时间的函数（即 $\partial\rho_v/\partial t=0$），这意味着流出 $\Delta\upsilon$ 的电流为零，或等效为流入 $\Delta\upsilon$ 的电流等于流出的电流。这种情况下，式(6.54)隐含着

$$\nabla\cdot\boldsymbol{J}=0 \tag{6.55}$$

其等效的积分形式[由式(6.51)]为

$$\oint_S \boldsymbol{J}\cdot\mathrm{d}\boldsymbol{s}=0\quad(\text{基尔霍夫电流定律}) \tag{6.56}$$

让我们通过考虑连接电路中两个或多个支路的结点（或节点）来考察式(6.56)的含义。无论多小，结点都有一个被表面 S 包围的体积 υ。图 6-15 所示的结点被画成一个立方体，

其尺寸被人为放大，以方便当前的讨论。该结点有六个侧面(表面)，它们共同构成了与式(6.56)给出的闭合曲面积分相关的表面 S。对于每一个侧面，这个积分表示流出该面的电流。所以，式(6.56)可以表示为

$$\sum_i I_i = 0 \quad \text{(基尔霍夫电流定律)} \tag{6.57}$$

式中，I_i 为流出第 i 个面的电流。对于图 6-15 所示的结点，式(6.57)变为$(I_1+I_2+I_3)=0$。在其一般形式中，式(6.57)是基尔霍夫电流定律的表达式，该定律表明，在电路中，从一个结点流出的所有电流之和为零。

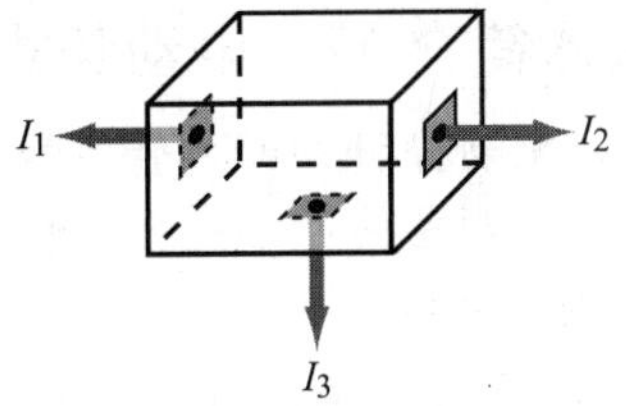

图 6-15 基尔霍夫电流定律表明流出结点的所有电流的代数和为零

6.10 导体中自由电荷的消散

我们前面说过，导体中的电流是通过在外加电场的影响下松散附着的电子运动来实现的。然而，这些电子并不是多余的电荷，它们的电荷量由原子核中等量的正电荷平衡。换句话说，导体材料是电中性的，导体中的净电荷密度为零($\rho_v=0$)。如果在导体内部某点引入额外的自由电荷 q，则会发生什么呢？这些额外的电荷会产生电场，迫使最接近额外电荷的材料中的电荷位置重新排列，这反过来又会导致其他电荷移动，依此类推。这个过程一直持续到导体材料中重新建立电中性，并且在导体表面上驻留等于 q 的电荷。

额外的电荷消散的速度有多快？为了回答这个问题，让我们在导体内部引入体电荷密度 ρ_{vo}，然后找出它衰减为零的速率。由式(6.54)可知，电荷连续性方程为

$$\nabla \cdot \boldsymbol{J} = -\frac{\partial \rho_v}{\partial t} \tag{6.58}$$

在导体中，欧姆定律的微分形式由式(4.73)给出，表示为 $\boldsymbol{J}=\sigma\boldsymbol{E}$。因此，

$$\sigma \nabla \cdot \boldsymbol{E} = -\frac{\partial \rho_v}{\partial t} \tag{6.59}$$

下一步，使用式(6.1)，$\nabla \cdot \boldsymbol{E}=\rho_v/\varepsilon$，得到偏微分方程

$$\frac{\partial \rho_v}{\partial t} + \frac{\sigma}{\varepsilon}\rho_v = 0 \tag{6.60}$$

在 $t=0$ 时给定 $\rho_v=\rho_{vo}$，式(6.60)的解为

$$\rho_v(t) = \rho_{vo}\mathrm{e}^{-(\sigma/\varepsilon)t} = \rho_{vo}\mathrm{e}^{-t/\tau_r} \quad (\mathrm{C/m^3}) \tag{6.61}$$

式中，$\tau_r=\varepsilon/\sigma$ 称为弛豫时间常数。由式(6.61)可以看出，初始额外电荷 ρ_{vo} 以速率 τ_r 按指数规律衰减。在 $t=\tau_r$ 时，初始电荷 ρ_{vo} 衰减到其初始值的 $1/\mathrm{e}\approx 37\%$；在 $t=3\tau_r$ 时，将衰减到 $t=0$ 时刻初始值的 $\mathrm{e}^{-3}\approx 5\%$。对于铜，$\varepsilon\approx\varepsilon_0=8.854\times10^{-12}\,\mathrm{F/m}$，$\sigma=5.8\times10^{7}\,\mathrm{S/m}$，$\tau_r=1.53\times10^{-19}\,\mathrm{s}$。所以，导体中电荷的消散过程非常迅速。相反，在良绝缘体中，其衰减速率非常慢。对于$\varepsilon=6\,\varepsilon_0$，$\sigma=10^{-15}\,\mathrm{S/m}$ 的云母，$\tau_r=5.31\times10^{4}\,\mathrm{s}$，近似为 14.8h。

概念问题 6-11： 解释如何由电荷连续性方程导出基尔霍夫电流定律。

概念问题 6-12： 理想导体中电荷消散的弛豫时间常数是多少？理想电介质中又是多少？

练习 6-6 已知石英的$\varepsilon_r=5$，$\sigma=10^{-17}\,\mathrm{S/m}$，求：(a) 弛豫时间常数，(b) 电荷密度衰减到初始值 1%的时间。

答案： (a) $\tau_r=51.2$ 天，(b) 236 天。(参见Ⓔⓜ)

技术简介 12：电动势式传感器

电动势(EMF)式传感器是一种能产生感应电压来响应外部刺激的装置。本技术简介包括三种类型的电动势式传感器：压电换能器、法拉第磁通传感器和热电偶。

压电换能器

压电性是某些晶体(如石英)表现出的特性，当晶体受到机械压力时，会发生电极化，从而在其上产生电压。

晶体由等效偶极子表示的极畴组成(见图 TF12-1)。在没有外力的情况下，极畴在整个材料中是随机取向的，但是当在晶体上施加压缩或拉伸应力时，极畴会沿着晶体的一个主轴排列，从而导致在晶体表面出现净极化(电荷)，压缩和拉伸产生相反极性的电压。1880 年，居里兄弟(Curie brothers)、皮埃尔(Pierre)和保罗-雅克(Paul-Jacques)，发现了压电效应(piezein 在希腊语中是按压或挤压的意思)。一年后，李普曼(Lippmann)预测了相反的性质：如果受到电场作用，晶体会改变形状。

压电效应是一个**可逆的(双向的)**机电过程，施力会在晶体上产生电压；反之，施加电压会改变晶体的形状。

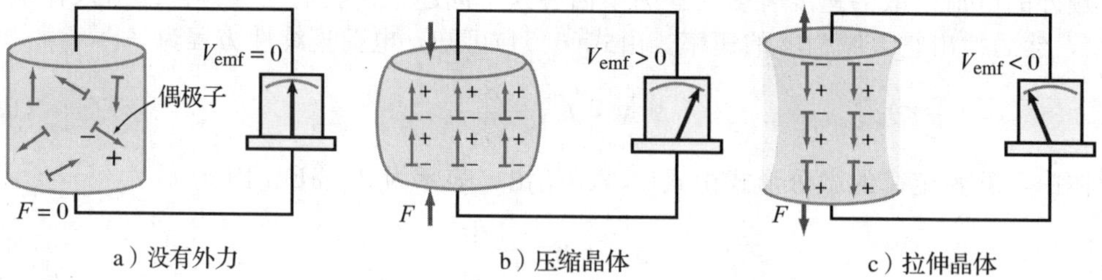

图 TF12-1 压电晶体对施加外力的响应

压电晶体可用于**麦克风**，将声波引起的(晶体表面的)机械振动转化为相应的电信号，而**扬声器**则采用相反的过程将电信号转化为声音。除了具有与钢相当的刚度外，有些压电材料对施加在其上的力表现出非常高的灵敏度，在大的动态范围内具有优良的线性度。它们可以用来测量小至纳米(10^{-9}m)的表面变形，这使得它们作为**扫描隧道显微镜**中的定位传感器具有特别的吸引力。作为**加速度计**，它们可以测量低至 10^{-4}g，高至 100g 的加速度(其中 g 为重力加速度)。压电晶体和陶瓷被用于打火机和燃气炉的火花发生器，在钟表和电子线路中作为精准振荡器，在医疗**超声波**诊断设备中作为换能器(见图 TF12-2)，还有许多其他应用。

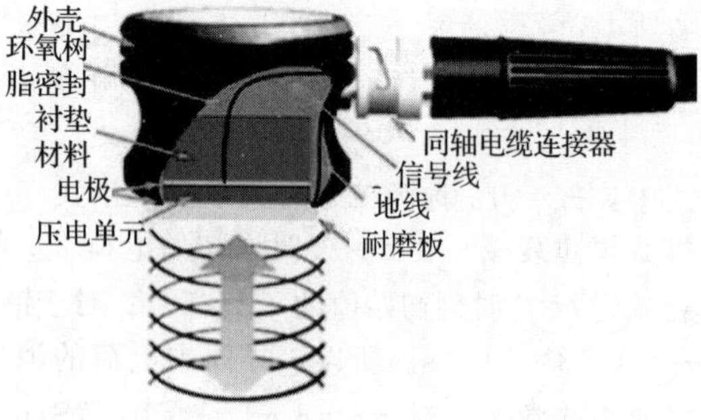

图 TF12-2 使用压电晶体的超声波换能器

法拉第磁通传感器

根据法拉第定律[见式(6.6)]，导电回路两端感应的电动势直接与通过该回路的磁通

量随时间的变化率成正比。如图 TF12-3 所示结构，有

$$V_{emf} = -uB_0 l$$

式中，$u = dx/dt$ 为回路的**速度**（进入或离开磁铁腔体），将回路进入腔体的方向定义为 u 的正向；B_0 为磁铁的磁场；l 为回路宽度。当 B_0 和 l 保持固定时，$V_{emf}(t)$ 随时间的变化变为 $u(t)$ 随时间变化的直接指标。$u(t)$ 对时间的导数为**加速度** $a(t)$。

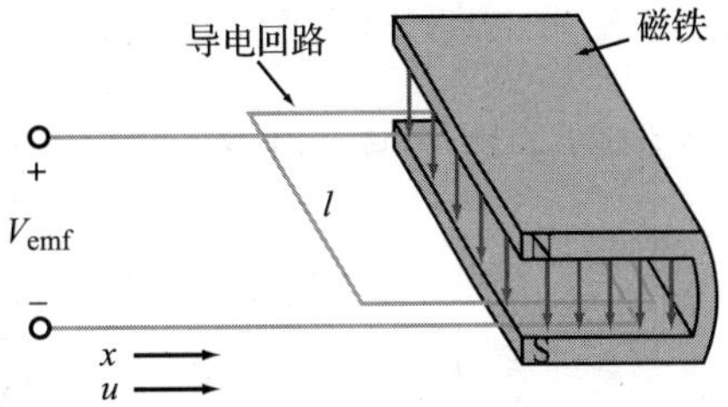

图 TF12-3　在法拉第磁通传感器中，感应电动势直接与回路的速度（进入或离开磁铁腔体）成正比

热电偶

1821 年，**托马斯·塞贝克**（Thomas Seebeck）发现，当两种不同导电材料（如铋和铜）组成的结受热时，会产生热感应电动势，也就是我们现在所说的塞贝克电位 V_S（见图 TF12-4）。当连接到电阻时，流过电阻的电流为 $I = V_S/R$。

1826 年，**A. C. 贝克勒尔**（A. C. Becquerel）提出了利用这个特性来测量一个结的未知温度 T_2 相对于（冷）参考结的温度 T_1 的方法。现在将这样的热电发生器称为热电偶。最初，利用冰池使 T_1 保持在 0℃，但在今天的温度传感器设计中，使用人工结来替代。人工结是一种电路，它产生的电位等于参考结在温度 T_1 时的期望电位。

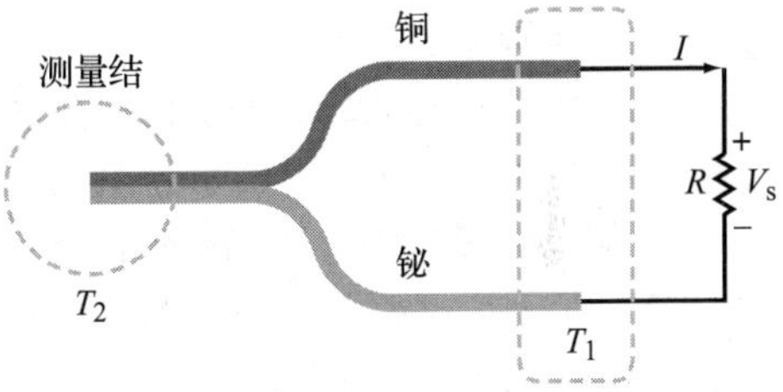

图 TF12-4　热电偶的原理

6.11　电磁位

我们对法拉第定律和安培定律的讨论，揭示了时变电场和磁场之间联系的两个方面。现在研究这种相互关系对标量电位 V 和矢量磁位 $\boldsymbol{A}$ 的影响。

在静态情况下，法拉第定律简化为

$$\nabla \times \boldsymbol{E} = 0 \quad \text{（静态情况）} \tag{6.62}$$

这说明静态电场 $\boldsymbol{E}$ 是保守的。根据矢量微积分的规则，如果矢量场 $\boldsymbol{E}$ 是保守的，那么它可以表示为一个标量的梯度。所以，在第 4 章中，我们将 $\boldsymbol{E}$ 定义为

$$\boldsymbol{E} = -\nabla V \quad \text{（静电场）} \tag{6.63}$$

在动态情况下，法拉第定律为

$$\nabla \times \boldsymbol{E} = -\frac{\partial \boldsymbol{B}}{\partial t} \tag{6.64}$$

根据关系式 $\boldsymbol{B} = \nabla \times \boldsymbol{A}$，式(6.64)可以表示为

$$\nabla \times \boldsymbol{E} = -\frac{\partial}{\partial t}(\nabla \times \boldsymbol{A}) \tag{6.65}$$

可以重新写为

$$\nabla \times \left(\boldsymbol{E} + \frac{\partial \boldsymbol{A}}{\partial t}\right) = 0 \quad \text{（动态情况）} \tag{6.66}$$

现在定义

$$\boldsymbol{E}'=\boldsymbol{E}+\frac{\partial \boldsymbol{A}}{\partial t} \tag{6.67}$$

使用该定义，式(6.66)变为

$$\nabla\times\boldsymbol{E}'=0 \tag{6.68}$$

按照从式(6.62)推导出式(6.63)的相同逻辑，我们定义

$$\boldsymbol{E}'=-\nabla V \tag{6.69}$$

将式(6.67)中的$\boldsymbol{E}'$代入式(6.69)，然后解出$\boldsymbol{E}$，有

$$\boldsymbol{E}=-\nabla V-\frac{\partial \boldsymbol{A}}{\partial t}\quad（动态情况） \tag{6.70}$$

在静态情况下，式(6.70)简化为式(6.63)。

当知道了标量电位V和矢量磁位$\boldsymbol{A}$时，$\boldsymbol{E}$可以由式(6.70)得到，$\boldsymbol{B}$由下式得到：

$$\boldsymbol{B}=\nabla\times\boldsymbol{A} \tag{6.71}$$

接下来，我们将研究V和$\boldsymbol{A}$以及它们的源的关系：时变情况下的电荷和电流分布ρ_{v}和$\boldsymbol{J}$。

6.11.1　滞后位

考虑如图6-16所示的情况，在嵌入介电常数为ε的理想介质中的体积υ'中分布有体密度为ρ_{v}的电荷。如果这是一个静态电荷分布，则由式(4.58a)可知，在空间中位置矢量$\boldsymbol{R}$所指定的观测点处的电位$V(\boldsymbol{R})$为

$$V(\boldsymbol{R})=\frac{1}{4\pi\varepsilon}\int_{\upsilon'}\frac{\rho_{\mathrm{v}}(\boldsymbol{R}_{\mathrm{i}})}{R'}\mathrm{d}\upsilon' \tag{6.72}$$

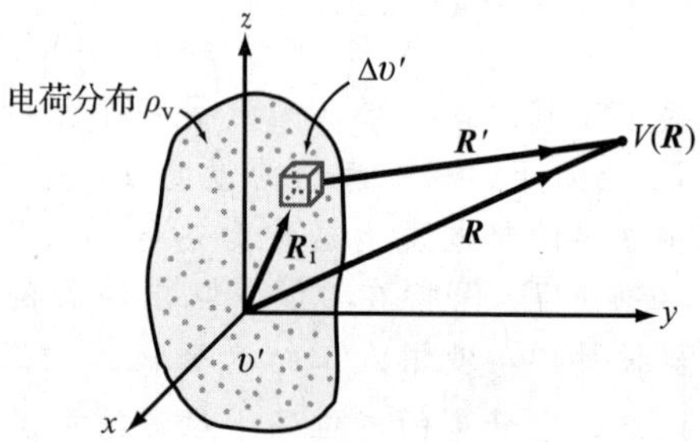

图6-16　在体积υ'中的电荷分布ρ_{v}产生的电位$V(\boldsymbol{R})$

式中，$\boldsymbol{R}_{\mathrm{i}}$表示包含体电荷密度$\rho_{\mathrm{v}}(\boldsymbol{R}_{\mathrm{i}})$的体积元$\Delta\upsilon'$的位置矢量，$R'=|\boldsymbol{R}-\boldsymbol{R}_{\mathrm{i}}|$为$\Delta\upsilon'$与观察点之间的距离。如果电荷分布是时变的，可以针对动态情况将式(6.72)重新写为

$$V(\boldsymbol{R},t)=\frac{1}{4\pi\varepsilon}\int_{\upsilon'}\frac{\rho_{\mathrm{v}}(\boldsymbol{R}_{\mathrm{i}},t)}{R'}\mathrm{d}\upsilon' \tag{6.73}$$

但是这种形式没有考虑"反应时间"。如果V_1是由某个确定的电荷分布ρ_{v1}产生的电位，ρ_{v1}突然变成ρ_{v2}，在距离R'处的电位需要一段有限时间由V_1变成V_2。换句话说，$V(\boldsymbol{R},t)$不能瞬间变化。延迟时间为$t'=R'/u_{\mathrm{p}}$，其中u_{p}为媒质中电荷分布和观察点之间的传播速度。所以，时刻t的$V(\boldsymbol{R},t)$对应于较早时刻，即$(t-t')$时刻的ρ_{v}。因此，式(6.73)应该重新写为

$$V(\boldsymbol{R},t)=\frac{1}{4\pi\varepsilon}\int_{\upsilon'}\frac{\rho_{\mathrm{v}}(\boldsymbol{R}_{\mathrm{i}},\ t-R'/u_{\mathrm{p}})}{R'}\mathrm{d}\upsilon'\quad(\mathrm{V}) \tag{6.74}$$

$V(\boldsymbol{R},t)$称为滞后标量位。如果传播媒质是真空，则u_{p}等于光速c。

类似地，滞后矢量位$\boldsymbol{A}(\boldsymbol{R},t)$与电流密度$\boldsymbol{J}$的关系式为

$$\boldsymbol{A}(\boldsymbol{R},t)=\frac{\mu}{4\pi}\int_{\upsilon'}\frac{\boldsymbol{J}(\boldsymbol{R}_{\mathrm{i}},\ t-R'/u_{\mathrm{p}})}{R'}\mathrm{d}\upsilon'\quad(\mathrm{Wb/m}) \tag{6.75}$$

该表达式是通过将式(5.65)给出的静磁矢量位$\boldsymbol{A}(\boldsymbol{R})$的表达式扩展到时变情况下得到的。

6.11.2　时谐位

由式(6.74)和式(6.75)给出的滞后标量位和滞后矢量位的表达式，在静态和动态条件下以及任意时间相关的源函数ρ_{v}和$\boldsymbol{J}$，都是有效的。由于V和$\boldsymbol{A}$与ρ_{v}和$\boldsymbol{J}$呈线性关系，

而且 $\boldsymbol{E}$ 和 $\boldsymbol{B}$ 与 V 和 $\boldsymbol{A}$ 也呈线性关系，所有这些量之间的关系都服从线性系统的规则。在分析线性系统时，我们可以利用正弦时间函数来确定系统对任意时变源的响应。正如 1.7 节所指出的，如果时间依赖是由一个(非正弦)周期时间函数描述的，它总是可以展开为正弦分量的傅里叶级数；而当时间函数是非周期的时，可以由傅里叶积分表示。无论哪种情况，如果线性系统对所有稳态正弦激励的响应都是已知的，则可以利用叠加原理来确定其对任意时间依赖性激励的响应。因此，系统的正弦响应构成了一个基本构件，可用于确定由任意时间函数描述的源引起的响应。在这种情况下，时谐一词通常被用作“稳态正弦时间相关”的同义词。

在本小节中，我们将推导时谐源引起的标量位和矢量位的表达式。假设 $\rho_v(\boldsymbol{R}_i,t)$ 是角频率为 ω 的正弦时间函数，即

$$\rho_v(\boldsymbol{R}_i,t)=\rho_v(\boldsymbol{R}_i)\cos(\omega t+\phi) \tag{6.76}$$

首先在 1.7 节中介绍，然后在第 2 章中广泛应用于研究波在传输线上传播的相量分析，是分析时谐波的有用工具。时谐电荷分布 $\rho_v(\boldsymbol{R}_i,t)$ 与其相量 $\widetilde{\rho}_v(\boldsymbol{R}_i)$ 的关系式为

$$\rho_v(\boldsymbol{R}_i,t)=\mathrm{Re}[\widetilde{\rho}_v(\boldsymbol{R}_i)\mathrm{e}^{\mathrm{j}\omega t}] \tag{6.77}$$

比较式(6.76)和式(6.77)可见，在该情况下，$\widetilde{\rho}_v(\boldsymbol{R}_i)=\rho_v(\boldsymbol{R}_i)\mathrm{e}^{\mathrm{j}\phi}$。

接下来，在式(6.77)中通过用 $(t-R'/u_p)$ 代替 t 将滞后电荷密度 $\rho_v(\boldsymbol{R}_i,t-R'/u_p)$ 表示为相量形式：

$$\begin{aligned}\rho_v(\boldsymbol{R}_i,t-R'/u_p)&=\mathrm{Re}[\widetilde{\rho}_v(\boldsymbol{R}_i)\mathrm{e}^{\mathrm{j}\omega(t-R'/u_p)}]\\&=\mathrm{Re}[\widetilde{\rho}_v(\boldsymbol{R}_i)\mathrm{e}^{-\mathrm{j}\omega R'/u_p}\mathrm{e}^{\mathrm{j}\omega t}]\\&=\mathrm{Re}[\widetilde{\rho}_v(\boldsymbol{R}_i)\mathrm{e}^{-\mathrm{j}kR'}\mathrm{e}^{\mathrm{j}\omega t}]\end{aligned} \tag{6.78}$$

式中，

$$k=\frac{\omega}{u_p} \tag{6.79}$$

称为传播媒质的波数或相位常数(通常，相位常数用符号 β 表示，对于无耗介质，通常用符号 k 表示，称为波数)。类似地，用下式定义时间函数 $V(\boldsymbol{R},t)$ 的相量 $\widetilde{V}(\boldsymbol{R})$：

$$V(\boldsymbol{R},t)=\mathrm{Re}[\widetilde{V}(\boldsymbol{R})\mathrm{e}^{\mathrm{j}\omega t}] \tag{6.80}$$

将式(6.78)和式(6.80)代入式(6.74)，得到

$$\mathrm{Re}[\widetilde{V}(\boldsymbol{R})\mathrm{e}^{\mathrm{j}\omega t}]=\mathrm{Re}\left[\frac{1}{4\pi\varepsilon}\int_{v'}\frac{\widetilde{\rho}_v(\boldsymbol{R}_i)\mathrm{e}^{-\mathrm{j}kR'}}{R'}\mathrm{e}^{\mathrm{j}\omega t}\,\mathrm{d}v'\right] \tag{6.81}$$

令式(6.81)两边方括号中的量相等，并消去共同的因子 $\mathrm{e}^{\mathrm{j}\omega t}$，得到相量域的表达式

$$\widetilde{V}(\boldsymbol{R})=\frac{1}{4\pi\varepsilon}\int_{v'}\frac{\widetilde{\rho}_v(\boldsymbol{R}_i)\mathrm{e}^{-\mathrm{j}kR'}}{R'}\mathrm{d}v' \quad (\mathrm{V}) \tag{6.82}$$

对于任意给定的电荷分布，可以用式(6.82)来计算 $\widetilde{V}(\boldsymbol{R})$。所得的结果可以用式(6.80)来求解 $V(\boldsymbol{R},t)$。类似地，由式(6.75)给出的 $\boldsymbol{A}(\boldsymbol{R},t)$ 的表达式可以转换为

$$\boldsymbol{A}(\boldsymbol{R},t)=\mathrm{Re}[\widetilde{\boldsymbol{A}}(\boldsymbol{R})\mathrm{e}^{\mathrm{j}\omega t}] \tag{6.83}$$

式中，

$$\widetilde{\boldsymbol{A}}(\boldsymbol{R})=\frac{\mu}{4\pi}\int_{v'}\frac{\widetilde{\boldsymbol{J}}(\boldsymbol{R}_i)\mathrm{e}^{-\mathrm{j}kR'}}{R'}\mathrm{d}v' \tag{6.84}$$

式中，$\widetilde{\boldsymbol{J}}(\boldsymbol{R}_i)$ 为对应 $\boldsymbol{J}(\boldsymbol{R}_i,t)$ 的相量函数。

对应于 $\widetilde{\boldsymbol{A}}$ 的磁场相量 $\widetilde{\boldsymbol{H}}$ 由下式给出：

$$\widetilde{\boldsymbol{H}}=\frac{1}{\mu}\nabla\times\widetilde{\boldsymbol{A}} \tag{6.85}$$

回想一下，时域中的微分等价于相量域中乘以 jω，在非导电介质中($\boldsymbol{J}=0$)，式(6.41)给出的安培定律变为

$$\nabla\times\widetilde{\boldsymbol{H}}=\mathrm{j}\omega\varepsilon\widetilde{\boldsymbol{E}} \quad 或 \quad \widetilde{\boldsymbol{E}}=\frac{1}{\mathrm{j}\omega\varepsilon}\nabla\times\widetilde{\boldsymbol{H}} \tag{6.86}$$

因此，给定相量形式的时谐电流密度分布 $\widetilde{\boldsymbol{J}}$，可以用式(6.84)～式(6.86)来确定 $\widetilde{\boldsymbol{E}}$ 和 $\widetilde{\boldsymbol{H}}$。相量矢量 $\widetilde{\boldsymbol{E}}$ 和 $\widetilde{\boldsymbol{H}}$ 也由法拉第定律的相量形式联系起来：

$$\nabla\times\widetilde{\boldsymbol{E}}=-\mathrm{j}\omega\mu\widetilde{\boldsymbol{H}} \quad 或 \quad \widetilde{\boldsymbol{H}}=-\frac{1}{\mathrm{j}\omega\mu}\nabla\times\widetilde{\boldsymbol{E}} \tag{6.87}$$

例 6-8 $\boldsymbol{E}$ 和 $\boldsymbol{H}$ 的关系

在$\varepsilon=16\,\varepsilon_0$，$\mu=\mu_0$ 的不导电媒质中，电磁波的电场强度为

$$\boldsymbol{E}(z,t)=\hat{\boldsymbol{x}}10\sin(10^{10}t-kz) \quad (\mathrm{V/m}) \tag{6.88}$$

求相应的磁场强度 $\boldsymbol{H}$ 及 k 的值。

解：首先求 $\boldsymbol{E}(z,t)$的相量 $\widetilde{\boldsymbol{E}}(z)$，由于给出的 $\boldsymbol{E}(z,t)$为正弦函数，本书中相量是参考余弦函数定义的，将式(6.88)重新写为

$$\boldsymbol{E}(z,t)=\hat{\boldsymbol{x}}10\cos(10^{10}t-kz-\pi/2)=\mathrm{Re}[\widetilde{\boldsymbol{E}}(z)\mathrm{e}^{\mathrm{j}\omega t}] \quad (\mathrm{V/m}) \tag{6.89}$$

式中，$\omega=10^{10}\,\mathrm{rad/s}$，且

$$\widetilde{\boldsymbol{E}}(z)=\hat{\boldsymbol{x}}10\mathrm{e}^{-\mathrm{j}kz}\mathrm{e}^{-\mathrm{j}\pi/2}=-\hat{\boldsymbol{x}}\mathrm{j}10\mathrm{e}^{-\mathrm{j}kz} \tag{6.90}$$

为了求 $\widetilde{\boldsymbol{H}}(z)$和 k，我们将完成一个“循环”：使用法拉第定律给出的 $\widetilde{\boldsymbol{E}}(z)$的表达式求 $\widetilde{\boldsymbol{H}}(z)$；然后使用安培定律给出的 $\widetilde{\boldsymbol{H}}(z)$求 $\widetilde{\boldsymbol{E}}(z)$，再与 $\widetilde{\boldsymbol{E}}(z)$的原始表达式进行比较；比较的结果将得到 k 的值。应用式(6.87)得到

$$\begin{aligned}\widetilde{\boldsymbol{H}}(z)&=-\frac{1}{\mathrm{j}\omega\mu}\nabla\times\widetilde{\boldsymbol{E}}=-\frac{1}{\mathrm{j}\omega\mu}\begin{vmatrix}\hat{\boldsymbol{x}} & \hat{\boldsymbol{y}} & \hat{\boldsymbol{z}}\\ \dfrac{\partial}{\partial x} & \dfrac{\partial}{\partial y} & \dfrac{\partial}{\partial z}\\ -\mathrm{j}10\mathrm{e}^{-\mathrm{j}kz} & 0 & 0\end{vmatrix}\\&=-\frac{1}{\mathrm{j}\omega\mu}\left[\hat{\boldsymbol{y}}\frac{\partial}{\partial z}(-\mathrm{j}10\mathrm{e}^{-\mathrm{j}kz})\right]=-\hat{\boldsymbol{y}}\mathrm{j}\frac{10k}{\omega\mu}\mathrm{e}^{-\mathrm{j}kz}\end{aligned} \tag{6.91}$$

到目前为止，已经使用式(6.90)的 $\widetilde{\boldsymbol{E}}(z)$求出了 $\widetilde{\boldsymbol{H}}(z)$，但是 k 仍然未知。为了求 k，使用式(6.86)中的 $\widetilde{\boldsymbol{H}}(z)$求 $\widetilde{\boldsymbol{E}}(z)$：

$$\widetilde{\boldsymbol{E}}(z)=\frac{1}{\mathrm{j}\omega\varepsilon}\nabla\times\widetilde{\boldsymbol{H}}=\frac{1}{\mathrm{j}\omega\varepsilon}\left[-\hat{\boldsymbol{x}}\frac{\partial}{\partial z}\left(-\mathrm{j}\frac{10k}{\omega\mu}\mathrm{e}^{-\mathrm{j}kz}\right)\right]=-\hat{\boldsymbol{x}}\mathrm{j}\frac{10k^2}{\omega^2\mu\varepsilon}\mathrm{e}^{-\mathrm{j}kz} \tag{6.92}$$

式(6.90)与式(6.92)相等得到

$$k^2=\omega^2\mu\varepsilon$$

或

$$k=\omega\sqrt{\mu\varepsilon}=4\omega\sqrt{\mu_0\varepsilon_0}=\frac{4\omega}{c}=\frac{4\times10^{10}}{3\times10^8}\mathrm{rad/m}=133\mathrm{rad/m} \tag{6.93}$$

利用已知的 k 值，瞬时磁场强度由下式给出：

$$\boldsymbol{H}(z,t)=\mathrm{Re}[\widetilde{\boldsymbol{H}}(z)\mathrm{e}^{\mathrm{j}\omega t}]=\mathrm{Re}\left(-\hat{\boldsymbol{y}}\mathrm{j}\frac{10k}{\omega\mu}\mathrm{e}^{-\mathrm{j}kz}\mathrm{e}^{\mathrm{j}\omega t}\right)=\hat{\boldsymbol{y}}0.11\sin(10^{10}t-133z) \quad (\mathrm{A/m}) \tag{6.94}$$

我们注意到，k 与无耗传输线相位常数表达式[式(2.49)]是相同的。 ◀

练习 6-7 在$\varepsilon=9\,\varepsilon_0$，$\mu=\mu_0$ 的无耗媒质中传播的电磁波的磁场强度为

$$\boldsymbol{H}(z,t)=\hat{\boldsymbol{x}}0.3\cos(10^8t-kz+\pi/4) \quad (\mathrm{A/m})$$

求 $\boldsymbol{E}(z,t)$ 和 k。

答案： $\boldsymbol{E}(z,t)=-\hat{\boldsymbol{y}}37.7\cos(10^8t-z+\pi/4)$ (V/m)，　$k=1$ rad/m。(参见Ⓔⓜ)

习题

6.1 节至 6.6 节

*6.1　图 P6.1 中下边回路的开关在 $t=0$ 时闭合，随后在 $t=t_1$ 时打开。在这两个时间点上，上边回路中的电流 I 的方向(顺时针或逆时针)是什么？

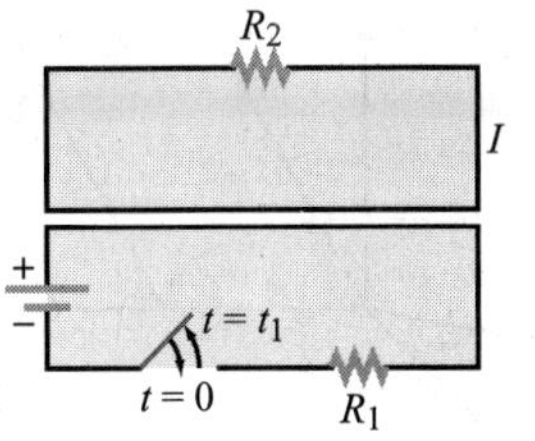

图 P6.1　习题 6.1 图

6.2　图 P6.2 中的回路位于 x-y 平面，而且 $\boldsymbol{B}=\hat{\boldsymbol{z}}B_0\sin\omega t$，$B_0$ 为正。下列时刻电流 I 的方向($\hat{\boldsymbol{\phi}}$ 或 $-\hat{\boldsymbol{\phi}}$)是什么？

(a) $t=0$

(b) $\omega t=\pi/4$

(c) $\omega t=\pi/2$

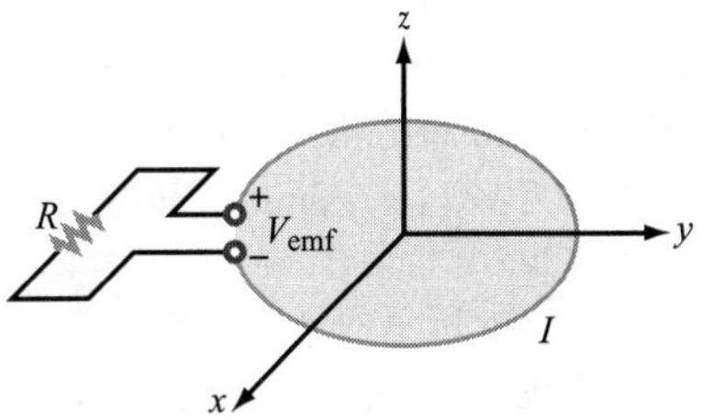

图 P6.2　习题 6.2 图

6.3　线圈由 100 圈电线绕在一个边长为 0.25m 的正方形框架上组成。线圈的中心位于原点，每条边平行于 x 轴或 y 轴。如果给出如下磁场，求感应在线圈开路端之间的感应电动势。

*(a) $\boldsymbol{B}=\hat{\boldsymbol{z}}20\mathrm{e}^{-3t}$ (T)

(b) $\boldsymbol{B}=\hat{\boldsymbol{z}}20\cos x\cos 10^3t$ (T)

(c) $\boldsymbol{B}=\hat{\boldsymbol{z}}20\cos x\sin 2y\cos 10^3t$ (T)

6.4　将内阻为 0.5Ω 的固定导电回路置于时变磁场中。当回路闭合时，有 5A 的电流流过。如果回路打开，形成一个小的间隙，并将一个 2Ω 电阻连接在该开路端，则流过回路的电流是多少？

*6.5　面积为 0.02m^2 的圆环电视天线置于幅度均匀的 300MHz 信号中。当面向最大响应时，圆环感应的电动势峰值为 30mV。入射波 $\boldsymbol{B}$ 的峰值大小是多少？

6.6　如图 P6.6 所示的方形回路与一根长直导线共面，导线载有电流 $I(t)=5\cos(2\pi\times10^4t)$A。

(a) 确定该回路上一小间隙上的感应电动势；

(b) 确定流过连接在间隙上 4Ω 电阻的电流的方向和幅度，该环路的内阻为 1Ω。

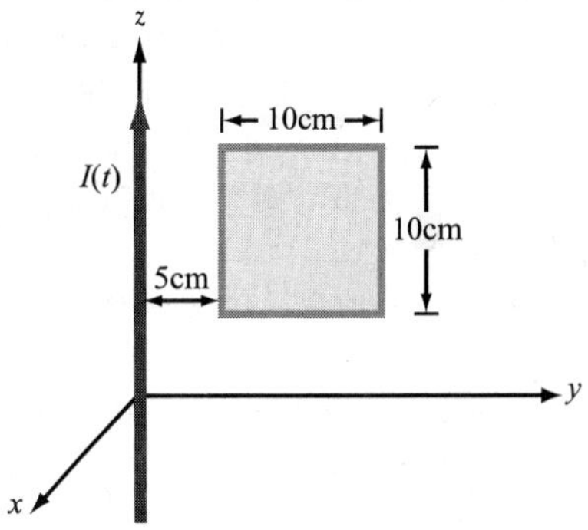

图 P6.6　习题 6.6 图

*6.7　如图 P6.7 所示矩形导电回路以每分钟 6000 转的速度在均匀磁通量密度中旋转，给定 $\boldsymbol{B}=\hat{\boldsymbol{y}}50$mT。如果回路的内阻为 0.5Ω，求回路中的感应电流。

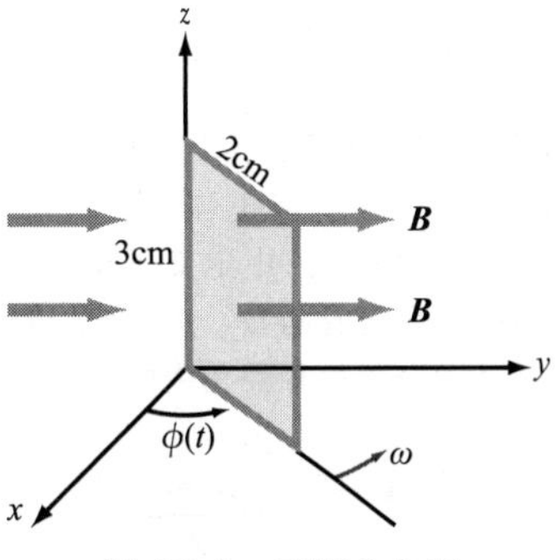

图 P6.7　习题 6.7 图

6.8　如图 P6.8 所示的变压器由一根与 z 轴重合的长导线组成，导线携带电流 $I=I_0\cos\omega t$，将磁能耦合到位于 x-y 平面并以原点为中心的环形线圈。环形铁心采用相对磁导率 μ_r 的铁磁材料制成，其上密绕 100 匝的线圈并感应电压 V_{emf}。

(a) 推导 V_{emf} 的表达式；

(b) 当 $f=60$Hz，$\mu_r=4000$，$a=5$cm，$b=6$cm，$c=2$cm，$I_0=50$A 时，计算 V_{emf}。

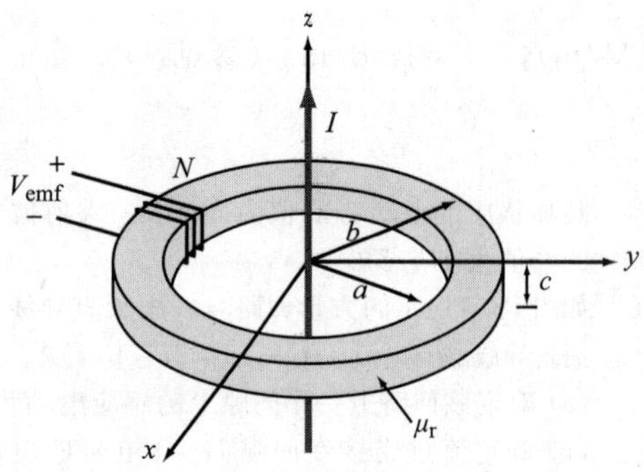

图 P6.8　习题 6.8 图

6.9　一个 5cm×10cm 的长方形导电回路，其中一侧有一个小的空气间隙，正以每分钟 7200 转的速度旋转。如果 $\boldsymbol{B}$ 垂直于回路的轴，其幅度为 6×10^{-6}T，则空气间隙上感应的峰值电压是多少？

*6.10　一根 50cm 长的金属杆绕 z 轴以每分钟 90 转的速率旋转，其端 1 固定在如图 P6.10 所示的原点。当 $\boldsymbol{B}=\hat{\boldsymbol{z}}2\times10^{-4}$T 时，求感应的电动势 V_{12}。

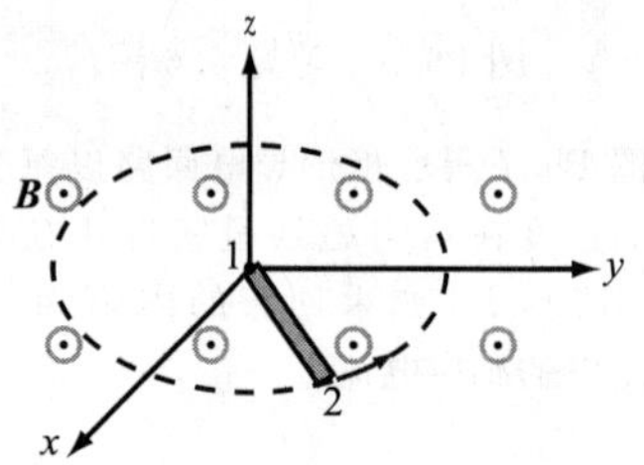

图 P6.10　习题 6.10 图

6.11　如图 P6.11 所示的回路以恒定的速度 $\boldsymbol{u}=\hat{\boldsymbol{y}}7.5$m/s 远离载有电流 $I_1=10$A 的导线。如果 $R=10\Omega$，图中定义了 I_2 的方向，求 I_2 随 y_0 变化的函数，y_0 为导线与回路之间的距离。忽略回路的内阻。

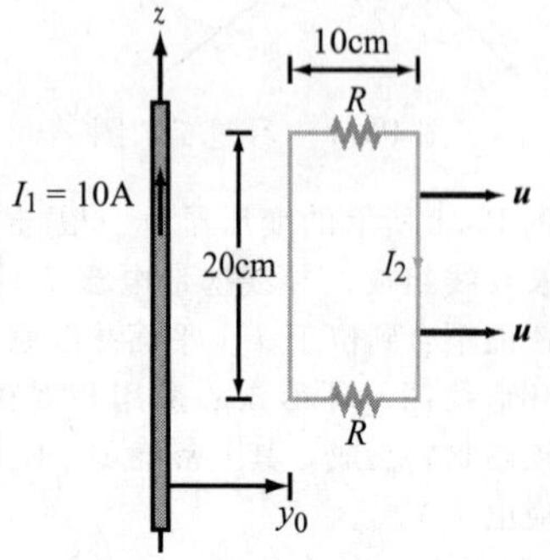

图 P6.11　习题 6.11 图

*6.12　如图 6-12 所示的电磁发电机与电阻为 150Ω 的灯泡相连。如果面积为 0.1m² 的回路在均匀磁通量密度 $B_0=0.4$T 中以每分钟 3600 转的速度旋转，求在灯泡上产生的电流振幅。

6.13　如图 P6.13 所示，一个圆形导电盘位于 x-y 平面，且以均匀角速度 ω 绕 z 轴旋转。该圆盘的半径为 a，置于均匀磁通量密度 $\boldsymbol{B}=\hat{\boldsymbol{z}}B_0$ 中。推导出在边缘处感应的相对于圆盘中心的电动势的表达式。

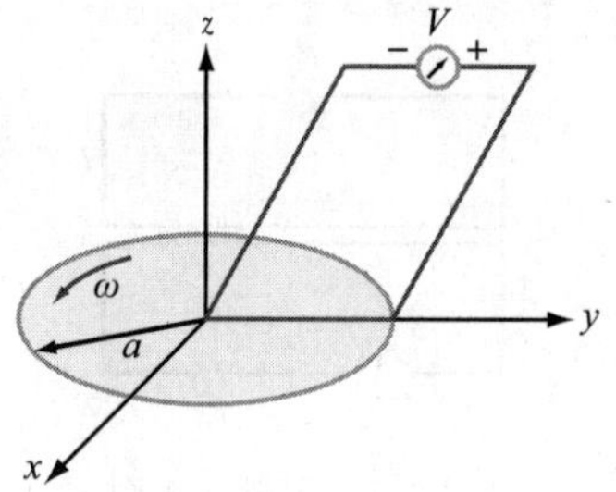

图 P6.13　习题 6.13 图

6.7 节

6.14　平行板电容器的两个极板面积均为 10cm²，间距为 2cm。电容器中填充 $\varepsilon=4\varepsilon_0$ 的电介质材料，两端施加的电压为 $V(t)=30\cos(2\pi\times10^6t)$V。求位移电流。

*6.15　一个同轴电容器的长度为 $l=6$cm，使用 $\varepsilon_r=9$ 的绝缘介质材料。圆柱导体的半径分别为 0.5cm 和 1cm。如果施加在电容器上的电压为 $V(t)=50\sin(120\pi t)$V，则位移电流是多少？

6.16　如图 P6.16 所示的平行板电容器填充相对介电常数为 ε_r，电导率为 σ 的有耗介质材料。极板间距为 d，每个极板的面积为 A。电容器连接到时变电压源 $V(t)$。

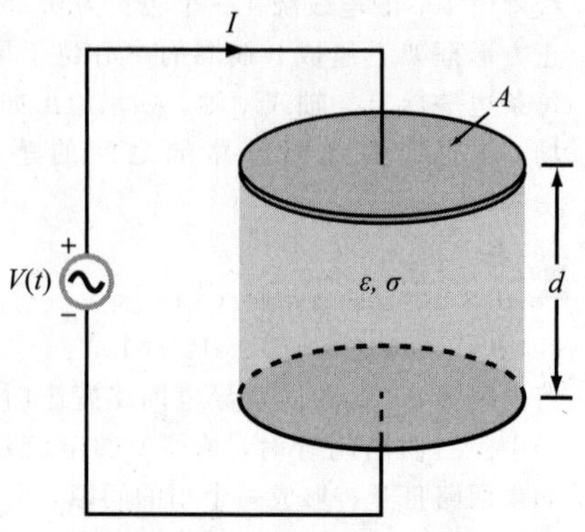

图 P6.16　习题 6.16 图

(a) 根据给定的量，推导出电容器内部两个极板之间传导电流 I_c 的表达式；

(b) 推导出电容器内部位移电流 I_d 的表达式；

(c) 根据(a) 和(b) 所得到的表达式，给出电容器的等效电路；

(d) 在 $A=4\text{cm}^2$，$d=0.5\text{cm}$，$\sigma=2.5\text{S/m}$，$V(t)=10\cos(3\pi\times10^3 t)\text{V}$ 条件下，计算电路元件的值。

*6.17 在由 $\sigma=10^{-2}\text{S/m}$，$\mu_r=1$，$\varepsilon_r=36$ 表征的湿土壤中，当频率为多少时，传导电流密度的大小与位移电流密度相等？

6.18 海水中传播的电磁波具有随时间变化的电场 $\boldsymbol{E}=\hat{\boldsymbol{z}}E_0\cos\omega t$。如果海水的介电常数为 $81\varepsilon_0$，电导率为 4S/m，在下列频率下求海水中的传导电流密度与位移电流密度的幅值比：

(a) 1kHz

*(b) 1MHz

(c) 1GHz

(d) 100GHz

6.9 节和 6.10 节

6.19 当 $t=0$ 时，在相对介电常数 $\varepsilon_r=9$ 的材料内部引入密度为 ρ_{v0} 的电荷。如果当 $t=1\mu\text{s}$ 时，电荷密度消散到 $10^{-3}\rho_{v0}$，则材料的电导率是多少？

*6.20 如果导电媒质中的电流密度为 $\boldsymbol{J}(x,y,z;t)=(\hat{\boldsymbol{x}}z-\hat{\boldsymbol{y}}4y^2+\hat{\boldsymbol{z}}2x)\cos\omega t$，确定对应的电荷分布 $\rho_v(x,y,z;t)$。

6.21 在某种媒质中，电流密度 $\boldsymbol{J}$ 的方向指向圆柱坐标的径向，其大小与 ϕ 和 z 无关。给定媒质中的电荷密度为 $\rho_v=\rho_0 r\cos\omega t(\text{C/m}^3)$，确定 $\boldsymbol{J}$。

6.22 如果用对电荷消散的阻力来描述材料作为绝缘体的好坏，下面两种材料中哪一种更好？

干土壤：$\varepsilon_r=2.5$，$\sigma=10^{-4}\text{S/m}$

淡水：$\varepsilon_r=80$，$\sigma=10^{-3}\text{S/m}$

6.11 节

6.23 在空气中传播的电磁波的电场为 $\boldsymbol{E}(z,t)=\hat{\boldsymbol{x}}4\cos(6\times10^8 t-2z)+\hat{\boldsymbol{y}}3\sin(6\times10^8 t-2z)(\text{V/m})$，求对应的磁场 $\boldsymbol{H}(z,t)$。

*6.24 在 $\varepsilon_r=4\varepsilon_0$，$\mu=\mu_0$，$\sigma=0$ 的电介质材料中的磁场为 $\boldsymbol{H}(y,t)=\hat{\boldsymbol{x}}5\cos(2\pi\times10^7 t+ky)(\text{A/m})$，求 k 和对应的电场 $\boldsymbol{E}$。

6.25 给定电场 $\boldsymbol{E}=\hat{\boldsymbol{x}}E_0\sin ay\cos(\omega t-kz)$，其中 E_0、a、ω 和 k 为常数，求 $\boldsymbol{H}$。

*6.26 在球坐标系下给出一短偶极子天线辐射的电场为 $\boldsymbol{E}(R,\theta;t)=\hat{\boldsymbol{\theta}}\dfrac{2\times10^{-2}}{R}\sin\theta\cos(6\pi\times10^8 t-2\pi R)(\text{V/m})$，求 $\boldsymbol{H}(R,\theta;t)$。

6.27 赫兹偶极子是一根短导线，在其长度 l 上携带近似恒定的电流。如果将这样的偶极子沿 z 轴放置，中点位于原点，流过它的电流为 $i(t)=I_0\cos\omega t$，求：

(a) 球坐标系下观察点 $Q(R,\theta,\phi)$ 处的滞后矢量位 $\widetilde{\boldsymbol{A}}(R,\theta,\phi)$；

(b) 磁场相量 $\widetilde{\boldsymbol{H}}(R,\theta,\phi)$。

(假设 l 足够小以使观察点到偶极子所有点的距离近似相等，即 $R'\approx R$。)

6.28 已知自由空间中的磁场为 $\boldsymbol{H}=\hat{\boldsymbol{\phi}}\dfrac{36}{r}\cos(6\times10^9 t-kz)(\text{mA/m})$。求：

*(a) k

(b) $\boldsymbol{E}$

(c) $\boldsymbol{J}_d$

6.29 给定电介质中的磁场为 $\boldsymbol{H}=\hat{\boldsymbol{y}}6\cos2z\sin(2\times10^7 t-0.1x)(\text{A/m})$，其中 x 和 z 的单位为 m。求：

(a) $\boldsymbol{E}$

(b) $\boldsymbol{J}_d$

(c) ρ_v

第7章 平面波传播

学习目标

1. 用数学方法描述 TEM 波的电场和磁场。
2. 描述电磁波的极化特性。
3. 将波的传播参数与媒质的本构参数联系起来。
4. 表征导体中电流的流动，并用其计算同轴电缆的电阻。
5. 计算电磁波在无耗和有耗媒质中的功率比。

第 6 章已经介绍了时变电场产生磁场，反之，时变磁场产生电场。这种循环模式经常导致电磁波在自由空间和媒质中传播。当波在均匀媒质中传播，而且没有与障碍物或材料的界面相互作用时，称其为*无界波*。由太阳发射的光波和天线发射的无线电波就是很好的例子。无界波在无耗和有耗媒质中都可以传播，在*无耗媒质*(例如空气和理想介质)中传播的波与在无耗传输线中传播的波类似，因为没有衰减。当波在*有耗媒质*(具有非零电导率的材料，如水)中传播时，电磁波所携带的部分功率转换为热量，一个由定点源(如天线)产生的波以*球面波*的形式向外扩散，如图 7-1a 所示。虽然天线可能在某些方向辐射的能量比其他方向多，但球面波在所有方向以相同的速度传播。对于距离源非常远的观察者来说，球面波的*波阵面*看起来近似为平面，就好像是*均匀平面波*的一部分，在与波阵面相切的平面上所有点都具有相同的性质(见图 7-1b)。平面波很容易用直角坐标系来描述，在数学上比用球坐标系描述球面波要更容易。

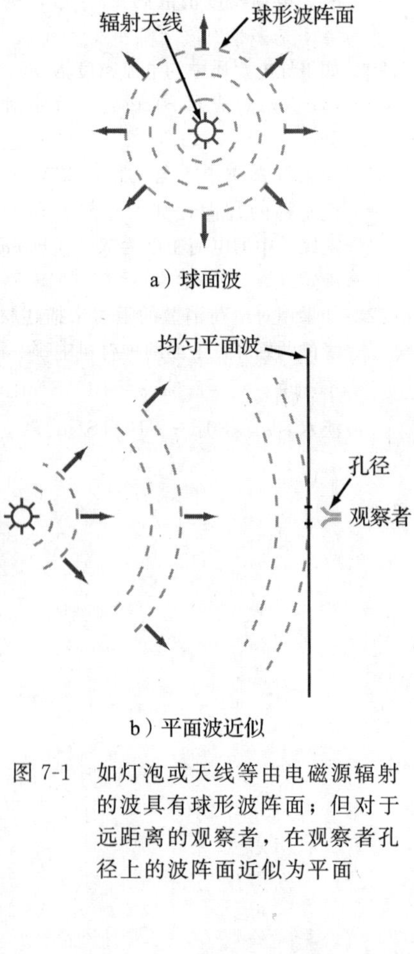

a）球面波

b）平面波近似

图 7-1　如灯泡或天线等由电磁源辐射的波具有球形波阵面；但对于远距离的观察者，在观察者孔径上的波阵面近似为平面

当波沿材料结构传播时，称其为*导波*。地球表面和电离层构成一个自然平行边界结构，能够引导 HF 波段(参见图 1-17，3～30MHz)的短波无线电波传输。事实上，电离层在这些频率上是很好的反射体，因此允许波在两个边界之间曲折前进(如图 7-2 所示)。我们在第 2 章中讨论波沿传输线传播时，涉及电压和电流。对于如图 7-3 所示的传输线电路，交流电压源激励起沿同轴线向负载传输的入射波，除非负载与传输线匹配，否则部分(或全部)入射波被反射回信号源。在传输线上任意点，瞬时电压 $V(z,t)$ 是入射波和反射波的总和，入射波和反射波均随时间呈正弦变化。与同轴线内外导体之间电压相关的是在导体之间电介质中存在径向电场 $\boldsymbol{E}(z,t)$，由于 $V(z,t)$ 随时间呈正弦变化，因此 $\boldsymbol{E}(z,t)$ 也随时间呈正弦变化，而且沿内导体流动的电流在包围其的介质材料中感应出周向磁场 $\boldsymbol{H}(z,t)$。这些耦合的场 $\boldsymbol{E}(z,t)$ 和 $\boldsymbol{H}(z,t)$ 构成了电磁波。所以，我们可以根据导线上的电压和导线中的电流，或导体之间媒质中的电场和磁场来对传输线上传输的波进行建模。

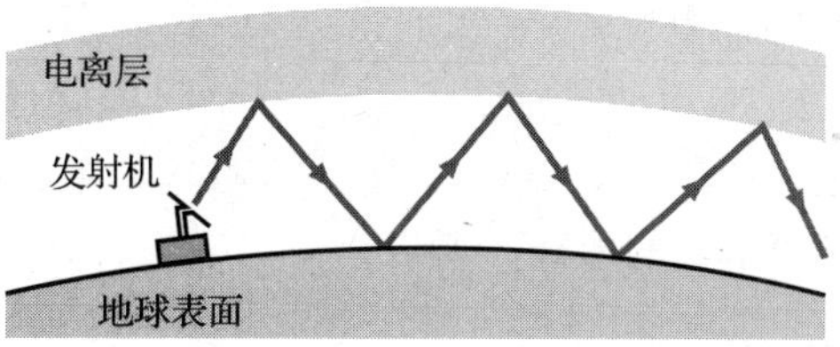

图 7-2　大气层顶部以电离层为界，底部以地球表面为界，形成高频波段无线电波传播的导向结构

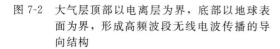

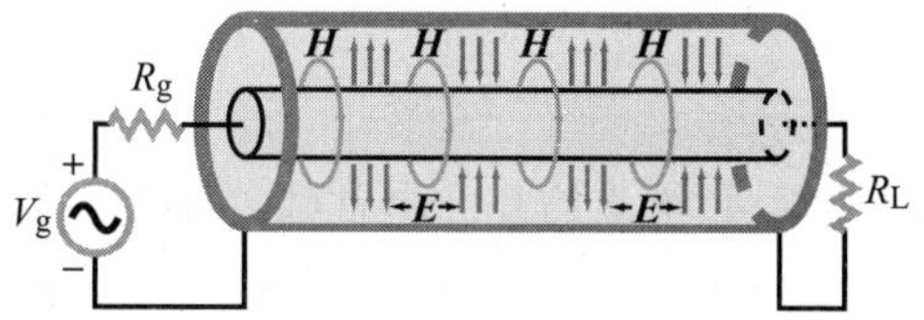

图 7-3　在同轴传输线中传播的电磁波由内外导体之间的电介质中的时变电场和磁场组成

本章主要关注波在无界媒质中的传播，无界波在科学和工程上有许多实际应用，我们既考虑无耗媒质也考虑有耗媒质。虽然严格地讲，均匀平面波不可能存在，本章研究它们是为了提高我们对波在无耗和有耗媒质中传播的物理理解。在第 8 章中，我们将研究平面波和球面波在不同媒质边界上的反射和透射。在第 9 章中，我们将讨论天线对波的辐射和接收过程。

7.1　时谐场

时变电场和磁场($\boldsymbol{E}$、$\boldsymbol{D}$、$\boldsymbol{B}$ 和 $\boldsymbol{H}$)以及它们的源(电荷密度 ρ_v 和电流密度 $\boldsymbol{J}$)通常依赖于空间坐标(x,y,z)和时间变量 t。但当它们的时间变化是角频率 ω 的正弦函数时，这些量可以用仅依赖于(x,y,z)的相量表示。矢量相量 $\widetilde{\boldsymbol{E}}(x,y,z)$和瞬时场 $\boldsymbol{E}(x,y,z;t)$的关系式为

$$\boldsymbol{E}(x,y,z;t)=\mathrm{Re}[\widetilde{\boldsymbol{E}}(x,y,z)\mathrm{e}^{\mathrm{j}\omega t}] \tag{7.1}$$

类似的定义可以应用于 $\boldsymbol{D}$、$\boldsymbol{B}$ 和 $\boldsymbol{H}$，以及 ρ_v 和 $\boldsymbol{J}$。对于介电常数为ε，磁导率为 μ，电导率为 σ 的线性、各向同性的均匀媒质，麦克斯韦方程组式(6.1)～式(6.4)在相量域中具有如下形式：

$$\nabla\cdot\widetilde{\boldsymbol{E}}=\widetilde{\rho}_v/\varepsilon \tag{7.2a}$$

$$\nabla\times\widetilde{\boldsymbol{E}}=-\mathrm{j}\omega\mu\widetilde{\boldsymbol{H}} \tag{7.2b}$$

$$\nabla\cdot\widetilde{\boldsymbol{H}}=0 \tag{7.2c}$$

$$\nabla\times\widetilde{\boldsymbol{H}}=\widetilde{\boldsymbol{J}}+\mathrm{j}\omega\varepsilon\widetilde{\boldsymbol{E}} \tag{7.2d}$$

为了推导这些方程，我们使用了 $\boldsymbol{D}=\varepsilon\boldsymbol{E}$ 和 $\boldsymbol{B}=\mu\boldsymbol{H}$，以及时谐量在时域中的微分相应于在相量域中乘以 $\mathrm{j}\omega$ 的事实。这些方程是本章所讨论主题的出发点。

7.1.1　复介电常数

在电导率为 σ 的媒质中，传导电流密度 $\widetilde{\boldsymbol{J}}$ 与 $\widetilde{\boldsymbol{E}}$ 的关系式为 $\widetilde{\boldsymbol{J}}=\sigma\widetilde{\boldsymbol{E}}$。假设媒质中没有其他电流流动，式(7.2d)可以写为

$$\nabla\times\widetilde{\boldsymbol{H}}=\widetilde{\boldsymbol{J}}+\mathrm{j}\omega\varepsilon\widetilde{\boldsymbol{E}}=(\sigma+\mathrm{j}\omega\varepsilon)\widetilde{\boldsymbol{E}}=\mathrm{j}\omega\left(\varepsilon-\mathrm{j}\,\frac{\sigma}{\omega}\right)\widetilde{\boldsymbol{E}} \tag{7.3}$$

通过将复介电常数ε_c 定义为

$$\varepsilon_c=\varepsilon-\mathrm{j}\,\frac{\sigma}{\omega} \tag{7.4}$$

式(7.3)可以重新写为

$$\nabla\times\widetilde{\boldsymbol{H}}=\mathrm{j}\omega\varepsilon_c\widetilde{\boldsymbol{E}} \tag{7.5}$$

在无源媒质中，$\widetilde{\rho}_v=0$。所以，麦克斯韦方程组变为

$$\nabla\cdot\widetilde{\boldsymbol{E}}=0 \tag{7.6a}$$

$$\nabla\times\widetilde{\boldsymbol{E}}=-\mathrm{j}\omega\mu\widetilde{\boldsymbol{H}} \tag{7.6b}$$

$$\nabla\cdot\widetilde{\boldsymbol{H}}=0 \tag{7.6c}$$

$$\nabla\times\widetilde{\boldsymbol{H}}=\mathrm{j}\omega\,\varepsilon_{\mathrm{c}}\widetilde{\boldsymbol{E}} \tag{7.6d}$$

由式(7.4)给出的复介电常数ε_{c}通常写成实部ε'和虚部ε''的形式。所以，

$$\varepsilon_{\mathrm{c}}=\varepsilon-\mathrm{j}\,\frac{\sigma}{\omega}=\varepsilon'-\mathrm{j}\varepsilon'' \tag{7.7}$$

式中，

$$\varepsilon'=\varepsilon \tag{7.8a}$$

$$\varepsilon''=\frac{\sigma}{\omega} \tag{7.8b}$$

对于$\sigma=0$的无耗媒质，可得$\varepsilon''=0$和$\varepsilon_{\mathrm{c}}=\varepsilon'=\varepsilon$。

7.1.2 波动方程

接下来，我们推导$\widetilde{\boldsymbol{E}}$和$\widetilde{\boldsymbol{H}}$的波动方程，然后求解方程得到$\widetilde{\boldsymbol{E}}$和$\widetilde{\boldsymbol{H}}$作为空间变量$(x,y,z)$的函数的明确表达式。为此，从对式(7.6b)的两边取旋度开始，得到

$$\nabla\times(\nabla\times\widetilde{\boldsymbol{E}})=-\mathrm{j}\omega\mu(\nabla\times\widetilde{\boldsymbol{H}}) \tag{7.9}$$

将式(7.6d)代入式(7.9)可得

$$\nabla\times(\nabla\times\widetilde{\boldsymbol{E}})=-\mathrm{j}\omega\mu(\mathrm{j}\omega\varepsilon_{\mathrm{c}}\widetilde{\boldsymbol{E}})=\omega^{2}\mu\varepsilon_{\mathrm{c}}\widetilde{\boldsymbol{E}} \tag{7.10}$$

由式(3.113)可知，$\widetilde{\boldsymbol{E}}$的旋度的旋度为

$$\nabla\times(\nabla\times\widetilde{\boldsymbol{E}})=\nabla(\nabla\cdot\widetilde{\boldsymbol{E}})-\nabla^{2}\widetilde{\boldsymbol{E}} \tag{7.11}$$

式中，$\nabla^{2}\widetilde{\boldsymbol{E}}$为$\widetilde{\boldsymbol{E}}$的拉普拉斯，在直角坐标系下为

$$\nabla^{2}\widetilde{\boldsymbol{E}}=\left(\frac{\partial^{2}}{\partial x^{2}}+\frac{\partial^{2}}{\partial y^{2}}+\frac{\partial^{2}}{\partial z^{2}}\right)\widetilde{\boldsymbol{E}} \tag{7.12}$$

根据式(7.6a)，在式(7.10)中使用式(7.11)，得到

$$\nabla^{2}\widetilde{\boldsymbol{E}}+\omega^{2}\mu\varepsilon_{\mathrm{c}}\widetilde{\boldsymbol{E}}=0 \tag{7.13}$$

这就是所谓的$\widetilde{\boldsymbol{E}}$的齐次波动方程。定义传播常数$\gamma$为

$$\gamma^{2}=-\omega^{2}\mu\varepsilon_{\mathrm{c}} \tag{7.14}$$

式(7.13)可以写为

$$\nabla^{2}\widetilde{\boldsymbol{E}}-\gamma^{2}\widetilde{\boldsymbol{E}}=0\quad(\widetilde{\boldsymbol{E}}\text{ 的波动方程}) \tag{7.15}$$

为了推导出式(7.15)，我们对式(7.6b)两边取旋度，然后用式(7.6d)消去$\widetilde{\boldsymbol{H}}$，得到仅含$\widetilde{\boldsymbol{E}}$的方程。如果将这个过程反过来，即对式(7.6d)两边取旋度，然后用式(7.6b)消去$\widetilde{\boldsymbol{E}}$，则可以得到$\widetilde{\boldsymbol{H}}$的波动方程：

$$\nabla^{2}\widetilde{\boldsymbol{H}}-\gamma^{2}\widetilde{\boldsymbol{H}}=0\quad(\widetilde{\boldsymbol{H}}\text{ 的波动方程}) \tag{7.16}$$

因为$\widetilde{\boldsymbol{E}}$和$\widetilde{\boldsymbol{H}}$的波动方程在形式上相同，所以它们的解也具有相同的形式。

7.2 平面波在无耗媒质中的传播

电磁波的性质(如相速u_{p}和波长λ)依赖于角频率ω和媒质的三个本构参数：ε、μ和σ。如果媒质是不导电的($\sigma=0$)，则波在传播过程中没有衰减。所以，这种媒质称为无耗媒质。由于在无耗媒质中$\varepsilon_{\mathrm{c}}=\varepsilon$，式(7.14)变为

$$\gamma^{2}=-\omega^{2}\mu\varepsilon \tag{7.17}$$

对于无耗媒质，习惯上将波数k定义为

$$k=\omega\sqrt{\mu\varepsilon} \tag{7.18}$$

根据式(7.17)，$\gamma^2=-k^2$，则式(7.15)变为

$$\nabla^2\widetilde{\boldsymbol{E}}+k^2\widetilde{\boldsymbol{E}}=0 \tag{7.19}$$

7.2.1 均匀平面波

在直角坐标系下电场相量定义为

$$\widetilde{\boldsymbol{E}}=\hat{\boldsymbol{x}}\widetilde{E}_x+\hat{\boldsymbol{y}}\widetilde{E}_y+\hat{\boldsymbol{z}}\widetilde{E}_z \tag{7.20}$$

将式(7.12)代入式(7.19)得到

$$\left(\frac{\partial^2}{\partial x^2}+\frac{\partial^2}{\partial y^2}+\frac{\partial^2}{\partial z^2}\right)(\hat{\boldsymbol{x}}\widetilde{E}_x+\hat{\boldsymbol{y}}\widetilde{E}_y+\hat{\boldsymbol{z}}\widetilde{E}_z)+k^2(\hat{\boldsymbol{x}}\widetilde{E}_x+\hat{\boldsymbol{y}}\widetilde{E}_y+\hat{\boldsymbol{z}}\widetilde{E}_z)=0 \tag{7.21}$$

为了满足式(7.21)，方程左边矢量的每一个分量都必须为零。所以，

$$\left(\frac{\partial^2}{\partial x^2}+\frac{\partial^2}{\partial y^2}+\frac{\partial^2}{\partial z^2}+k^2\right)\widetilde{E}_x=0 \tag{7.22}$$

类似的表达式也适用于 $\widetilde{E}_y$ 和 $\widetilde{E}_z$。

均匀平面波的特征是电场和磁场在无限大平面上的所有点都具有相同的性质。

如果这个无限大面恰好为 x-y 平面，那么 $\boldsymbol{E}$ 和 $\boldsymbol{H}$ 将不随 x 和 y 变化。因此，$\partial\widetilde{E}_x/\partial x=0$，$\partial\widetilde{E}_x/\partial y=0$，所以式(7.22)简化为

$$\frac{\mathrm{d}^2\widetilde{E}_x}{\mathrm{d}z^2}+k^2\widetilde{E}_x=0 \tag{7.23}$$

类似的表达式也适用于 $\widetilde{E}_y$、$\widetilde{H}_x$ 和 $\widetilde{H}_y$。剩余的 $\widetilde{\boldsymbol{E}}$ 和 $\widetilde{\boldsymbol{H}}$ 的分量为零，即 $\widetilde{E}_z=\widetilde{H}_z=0$。为了证明 $\widetilde{E}_z=0$，考虑式(7.6d)的 z 分量，即

$$\hat{\boldsymbol{z}}\left(\frac{\partial\widetilde{H}_y}{\partial x}-\frac{\partial\widetilde{H}_x}{\partial y}\right)=\hat{\boldsymbol{z}}\mathrm{j}\omega\varepsilon\widetilde{E}_z \tag{7.24}$$

由于$\partial\widetilde{H}_x/\partial y=\partial\widetilde{H}_y/\partial x=0$，因此 $\widetilde{E}_z=0$。对式(7.6b)的类似处理可以得到 $\widetilde{H}_z=0$。

这意味着平面波沿传播方向上没有电场和磁场分量。

由式(7.23)给出的相量 $\widetilde{E}_x$ 的常微分方程的通解为

$$\widetilde{E}_x(z)=\widetilde{E}_x^+(z)+\widetilde{E}_x^-(z)=E_{x0}^+\mathrm{e}^{-\mathrm{j}kz}+E_{x0}^-\mathrm{e}^{\mathrm{j}kz} \tag{7.25}$$

式中，E_{x0}^+ 和 E_{x0}^- 为由边界条件确定的常数。式(7.25)给出的解与式(2.54a)给出的无耗传输线上相量电压 $\widetilde{V}(z)$的解在形式上类似。式(7.25)中第一项包含负指数函数 $\mathrm{e}^{-\mathrm{j}kz}$，表示振幅为 E_{x0}^+ 的波沿$+z$ 方向传播。同样，第二项(包含 $\mathrm{e}^{\mathrm{j}kz}$)表示振幅为 E_{x0}^- 的波沿$-z$ 方向传播。假设 $\widetilde{\boldsymbol{E}}$ 仅有 x 方向的分量(即 $\widetilde{E}_y=0$)，而且 $\widetilde{E}_x$ 仅与沿$+z$ 方向传播的波相关(即 $E_{x0}^-=0$)。在这种条件下：

$$\widetilde{\boldsymbol{E}}(z)=\hat{\boldsymbol{x}}\widetilde{E}_x^+(z)=\hat{\boldsymbol{x}}E_{x0}^+\mathrm{e}^{-\mathrm{j}kz} \tag{7.26}$$

为了求解与该波相关的磁场 $\widetilde{\boldsymbol{H}}$，在式(7.6b)中应用 $\widetilde{E}_y=\widetilde{E}_z=0$，则

$$\nabla\times\widetilde{\boldsymbol{E}}=\begin{vmatrix}\hat{\boldsymbol{x}} & \hat{\boldsymbol{y}} & \hat{\boldsymbol{z}}\\ \dfrac{\partial}{\partial x} & \dfrac{\partial}{\partial y} & \dfrac{\partial}{\partial z}\\ \widetilde{E}_x^+(z) & 0 & 0\end{vmatrix}=-\mathrm{j}\omega\mu(\hat{\boldsymbol{x}}\widetilde{H}_x+\hat{\boldsymbol{y}}\widetilde{H}_y+\hat{\boldsymbol{z}}\widetilde{H}_z) \tag{7.27}$$

对于沿$+z$ 方向传播的均匀平面波，$\partial E_x^+(z)/\partial x=\partial E_x^+(z)/\partial y=0$。所以，式(7.27)给出：

$$\widetilde{H}_x=0 \tag{7.28a}$$

$$\widetilde{H}_y=\frac{1}{-j\omega\mu}\frac{\partial\widetilde{E}_x^+(z)}{\partial z} \tag{7.28b}$$

$$\widetilde{H}_z=\frac{1}{-j\omega\mu}\frac{\partial\widetilde{E}_x^+(z)}{\partial y}=0 \tag{7.28c}$$

在式(7.28b)中使用式(7.26)给出：

$$\widetilde{H}_y(z)=\frac{k}{\omega\mu}E_{x0}^+e^{-jkz}=H_{y0}^+e^{-jkz} \tag{7.29}$$

式中，H_{y0}^+ 为 $\widetilde{H}_y(z)$的振幅，而且由下式给出：

$$H_{y0}^+=\frac{k}{\omega\mu}E_{x0}^+ \tag{7.30}$$

对于传输线上从源向负载传播的波，其电压和电流相量的振幅 V_0^+ 和 I_0^+ 与传输线的特性阻抗 Z_0 相关。电磁波的电场和磁场之间也存在类似的联系。无耗媒质的本征阻抗定义为

$$\eta=\frac{\omega\mu}{k}=\frac{\omega\mu}{\omega\sqrt{\mu\varepsilon}}=\sqrt{\frac{\mu}{\varepsilon}}\quad(\Omega) \tag{7.31}$$

式中使用了式(7.18)给出的 k 的表达式。

根据式(7.31)，沿 $+z$ 方向传播的平面波，其电场 $\boldsymbol{E}$ 在 $\hat{\boldsymbol{x}}$ 方向上，则其电场和磁场为

$$\widetilde{\boldsymbol{E}}(z)=\hat{\boldsymbol{x}}\widetilde{E}_x^+(z)=\hat{\boldsymbol{x}}E_{x0}^+e^{-jkz} \tag{7.32a}$$

$$\widetilde{\boldsymbol{H}}(z)=\hat{\boldsymbol{y}}\ \frac{\widetilde{E}_x^+(z)}{\eta}=\hat{\boldsymbol{y}}\ \frac{E_{x0}^+}{\eta}e^{-jkz} \tag{7.32b}$$

平面波的电场和磁场相互垂直且两者均与传播方向垂直(见图 7-4)，这些属性使波成为**横电磁(TEM)波**。

TEM 波的其他例子包括同轴线中传播的波($\boldsymbol{E}$ 沿 $\hat{\boldsymbol{r}}$ 方向，$\boldsymbol{H}$ 沿 $\hat{\boldsymbol{\phi}}$ 方向，传播方向为 $\hat{\boldsymbol{z}}$ 方向)和天线辐射的球面波。

一般情况下，E_{x0}^+ 为复数，其幅值为 $|E_{x0}^+|$，相位为ϕ^+，即

$$E_{x0}^+=|E_{x0}^+|e^{j\phi^+} \tag{7.33}$$

所以，瞬时电场和磁场为

$$\begin{aligned}\boldsymbol{E}(z,t)&=\mathrm{Re}[\widetilde{\boldsymbol{E}}(z)e^{j\omega t}]\\&=\hat{\boldsymbol{x}}|E_{x0}^+|\cos(\omega t-kz+\phi^+)\quad(\mathrm{V/m})\end{aligned} \tag{7.34a}$$

$$\begin{aligned}\boldsymbol{H}(z,t)&=\mathrm{Re}[\widetilde{\boldsymbol{H}}(z)e^{j\omega t}]\\&=\hat{\boldsymbol{y}}\ \frac{|E_{x0}^+|}{\eta}\cos(\omega t-kz+\phi^+)\quad(\mathrm{A/m})\end{aligned} \tag{7.34b}$$

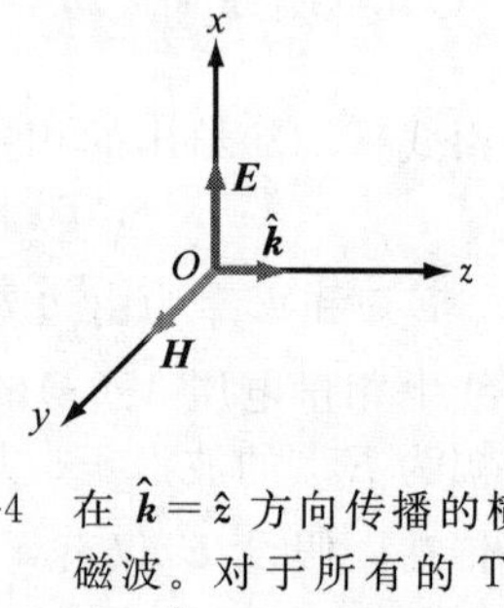

图 7-4 在 $\hat{\boldsymbol{k}}=\hat{\boldsymbol{z}}$ 方向传播的横电磁波。对于所有的 TEM 波，$\hat{\boldsymbol{k}}$ 平行于 $\boldsymbol{E}\times\boldsymbol{H}$

因为 $\boldsymbol{E}(z,t)$和 $\boldsymbol{H}(z,t)$具有关于 z 和 t 相同的函数依赖关系，所以说它们是同相的：当其中之一的幅值达到最大时，另一个的幅值也达到最大。$\widetilde{\boldsymbol{E}}$ 和 $\widetilde{\boldsymbol{H}}$ 同相的事实是波在无耗媒质中传播的特性。

根据 1.4 节中关于波动的介绍，我们推断出波的相速为

$$u_p=\frac{\omega}{k}=\frac{\omega}{\omega\sqrt{\mu\varepsilon}}=\frac{1}{\sqrt{\mu\varepsilon}}\quad(\mathrm{m/s}) \tag{7.35}$$

波长为

$$\lambda=\frac{2\pi}{k}=\frac{u_p}{f}\quad (\mathrm{m}) \tag{7.36}$$

在真空中，$\varepsilon=\varepsilon_0$，$\mu=\mu_0$，则相速 u_p 和式(7.31)给出的本征阻抗 η 为

$$u_p=c=\frac{1}{\sqrt{\mu_0\varepsilon_0}}=3\times10^8\,\mathrm{m/s} \tag{7.37}$$

$$\eta=\eta_0=\sqrt{\frac{\mu_0}{\varepsilon_0}}=120\pi\Omega\approx377\Omega \tag{7.38}$$

式中，c 为光速，η_0 称为自由空间的本征阻抗。

例 7-1 空气中的平面电磁波

本例类似于例 1-1 给出的“水中的声波”问题。

空气中沿 $+z$ 方向传播的 1MHz 平面波的电场在 x 方向。如果该场在 $t=0$，$z=50$m 达到峰值 1.2πmV/m，求 $\boldsymbol{E}(z,t)$ 和 $\boldsymbol{H}(z,t)$ 的表达式。绘出它们在 $t=0$ 时随 z 变化的曲线。

解：在 $f=1$MHz，空气中的波长为

$$\lambda=\frac{c}{f}=\frac{3\times10^8}{1\times10^6}\mathrm{m}=300\mathrm{m}$$

对应的波数为 $k=(2\pi/300)$rad/m。由式(7.34a)给出的沿 $+z$ 方向传播，电场在 x 方向的波的一般表达式为

$$\boldsymbol{E}(z,t)=\hat{\boldsymbol{x}}\,|E_{x0}^{+}|\cos(\omega t-kz+\boldsymbol{\phi}^{+})=\hat{\boldsymbol{x}}1.2\pi\cos\left(2\pi\times10^6t-\frac{2\pi z}{300}+\boldsymbol{\phi}^{+}\right)\mathrm{mV/m}$$

当余弦函数的自变量等于零或 2π 的整数倍时，电场 $\boldsymbol{E}(z,t)$ 最大。在 $t=0$，$z=50$m，满足这个条件，则

$$-\frac{2\pi\times50}{300}+\boldsymbol{\phi}^{+}=0\ \text{或}\ \boldsymbol{\phi}^{+}=\frac{\pi}{3}$$

所以，

$$\boldsymbol{E}(z,t)=\hat{\boldsymbol{x}}1.2\pi\cos\left(2\pi\times10^6t-\frac{2\pi z}{300}+\frac{\pi}{3}\right)\mathrm{mV/m}$$

由式(7.34b)，有

$$\boldsymbol{H}(z,t)=\hat{\boldsymbol{y}}\,\frac{E(z,t)}{\eta_0}=\hat{\boldsymbol{y}}10\cos\left(2\pi\times10^6t-\frac{2\pi z}{300}+\frac{\pi}{3}\right)\mu\mathrm{A/m}$$

式中使用了 $\eta_0\approx120\pi\Omega$。

当 $t=0$ 时，

$$\boldsymbol{E}(z,0)=\hat{\boldsymbol{x}}1.2\pi\cos\left(\frac{2\pi z}{300}-\frac{\pi}{3}\right)\mathrm{mV/m}$$

$$\boldsymbol{H}(z,0)=\hat{\boldsymbol{y}}10\cos\left(\frac{2\pi z}{300}-\frac{\pi}{3}\right)\mu\mathrm{A/m}$$

图 7-5 给出了 $\boldsymbol{E}(z,0)$ 和 $\boldsymbol{H}(z,0)$ 随 z 变化的曲线。◀

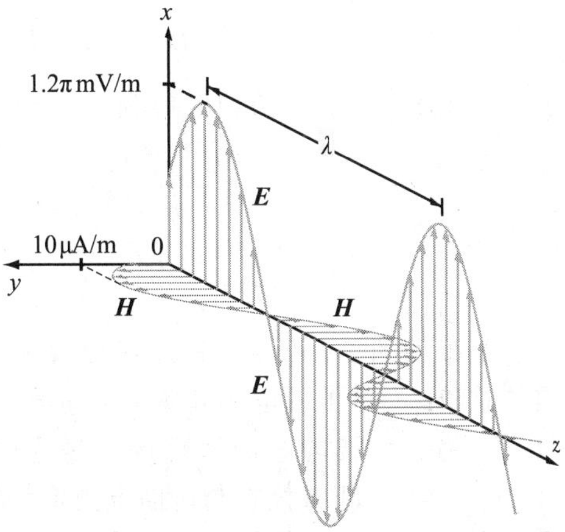

图 7-5　例 7-1 中的平面波在 $t=0$ 时 $\boldsymbol{E}$ 和 $\boldsymbol{H}$ 的空间变化

7.2.2　E 与 H 之间的一般关系

可以证明，对于由单位矢量 $\hat{\boldsymbol{k}}$ 表示的沿任意方向传播的均匀平面波，电场和磁场相量 $\widetilde{\boldsymbol{E}}$ 和 $\widetilde{\boldsymbol{H}}$ 的关系式为

$$\widetilde{\boldsymbol{H}}=\frac{1}{\eta}\hat{\boldsymbol{k}}\times\widetilde{\boldsymbol{E}} \tag{7.39a}$$

$$\widetilde{\boldsymbol{E}}=-\eta\hat{\boldsymbol{k}}\times\widetilde{\boldsymbol{H}} \tag{7.39b}$$

下面应用右手定则：当我们右手的四个手指从 $\boldsymbol{E}$ 的方向转向 $\boldsymbol{H}$ 的方向时，拇指的指向为波的传播方向 $\hat{\boldsymbol{k}}$。

由式(7.39)给出的关系，不仅对无耗媒质有效，而且对有耗媒质也有效。我们在后面7.4节会看到，有耗媒质 η 的表达式与式(7.31)给出的结果不同。只要使用与波传播的媒质相适应的 η 的表达式，由式(7.39)给出的关系始终保持。

$\boldsymbol{E}$ 在 $\hat{\boldsymbol{x}}$ 方向沿 $+z$ 传播的波

我们将式(7.32a)表示的波应用到式(7.39a)中，传播方向 $\hat{\boldsymbol{k}}=\hat{\boldsymbol{z}}$，$\widetilde{\boldsymbol{E}}=\hat{\boldsymbol{x}}\widetilde{E}_x^+(z)$。所以，

$$\widetilde{\boldsymbol{H}}=\frac{1}{\eta}\hat{\boldsymbol{k}}\times\widetilde{\boldsymbol{E}}=\frac{1}{\eta}(\hat{\boldsymbol{z}}\times\hat{\boldsymbol{x}})\widetilde{E}_x^+(z)=\hat{\boldsymbol{y}}\,\frac{\widetilde{E}_x^+(z)}{\eta} \tag{7.40}$$

这与式(7.32b)给出的结果相同。

$\boldsymbol{E}$ 在 $\hat{\boldsymbol{x}}$ 方向沿 $-z$ 传播的波

对于沿 $-z$ 方向传播的波，电场由下式给出：

$$\widetilde{\boldsymbol{E}}=\hat{\boldsymbol{x}}\widetilde{E}_x^-(z)=\hat{\boldsymbol{x}}E_{x0}^-\mathrm{e}^{\mathrm{j}kz} \tag{7.41}$$

应用式(7.39a)给出：

$$\widetilde{\boldsymbol{H}}=\frac{1}{\eta}(-\hat{\boldsymbol{z}}\times\hat{\boldsymbol{x}})\widetilde{E}_x^-(z)=-\hat{\boldsymbol{y}}\,\frac{\widetilde{E}_x^-(z)}{\eta}=-\hat{\boldsymbol{y}}\,\frac{E_{x0}^-}{\eta}\mathrm{e}^{\mathrm{j}kz} \tag{7.42}$$

所以，在这种情况下，$\widetilde{\boldsymbol{H}}$ 指向负 y 方向。

$\boldsymbol{E}$ 在 $\hat{\boldsymbol{x}}$ 和 $\hat{\boldsymbol{y}}$ 方向沿 $+z$ 传播的波

一般情况下，沿 $+z$ 传播的均匀平面波可能有 x 和 y 分量，其中 $\widetilde{\boldsymbol{E}}$ 给定为

$$\widetilde{\boldsymbol{E}}=\hat{\boldsymbol{x}}\widetilde{E}_x^+(z)+\hat{\boldsymbol{y}}\widetilde{E}_y^+(z) \tag{7.43a}$$

相关的磁场为

$$\widetilde{\boldsymbol{H}}=\hat{\boldsymbol{x}}\widetilde{H}_x^+(z)+\hat{\boldsymbol{y}}\widetilde{H}_y^+(z) \tag{7.43b}$$

应用式(7.39a)给出：

$$\widetilde{\boldsymbol{H}}=\frac{1}{\eta}\hat{\boldsymbol{z}}\times\widetilde{\boldsymbol{E}}=-\hat{\boldsymbol{x}}\,\frac{\widetilde{E}_y^+(z)}{\eta}+\hat{\boldsymbol{y}}\,\frac{\widetilde{E}_x^+(z)}{\eta} \tag{7.44}$$

式(7.43b)与式(7.44)相等得到

$$\widetilde{H}_x^+(z)=-\frac{\widetilde{E}_y^+(z)}{\eta},\qquad \widetilde{H}_y^+(z)=\frac{\widetilde{E}_x^+(z)}{\eta} \tag{7.45}$$

结果如图7-6所示。该波可以视为两个波的总和：一个波的电场和磁场分量为(E_x^+，H_y^+)，另一个波的电场和磁场分量为(E_y^+，H_x^+)。通常，TEM波在与传播方向垂直的平面上可以有指向任意方向的电场，相关的磁场也处于同一平面，其方向由式(7.39a)决定。

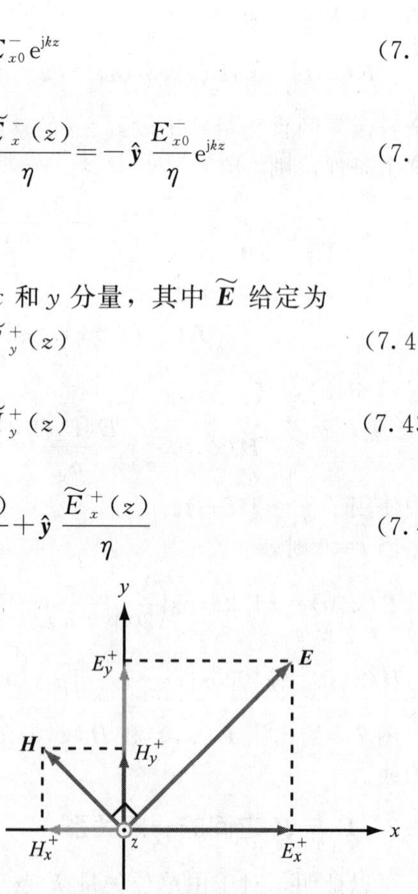

图7-6 电磁波($\boldsymbol{E}$,$\boldsymbol{H}$)等效于两个波的和：一个的场为(E_x^+,H_y^+)，另一个的场为(E_y^+,H_x^+)。两个波都沿 $+z$ 方向传播

模块 7.1(**E** 和 **H** 的联系)　选择 **E** 和 **H** 的方向和幅度并观察所得到的波矢量。

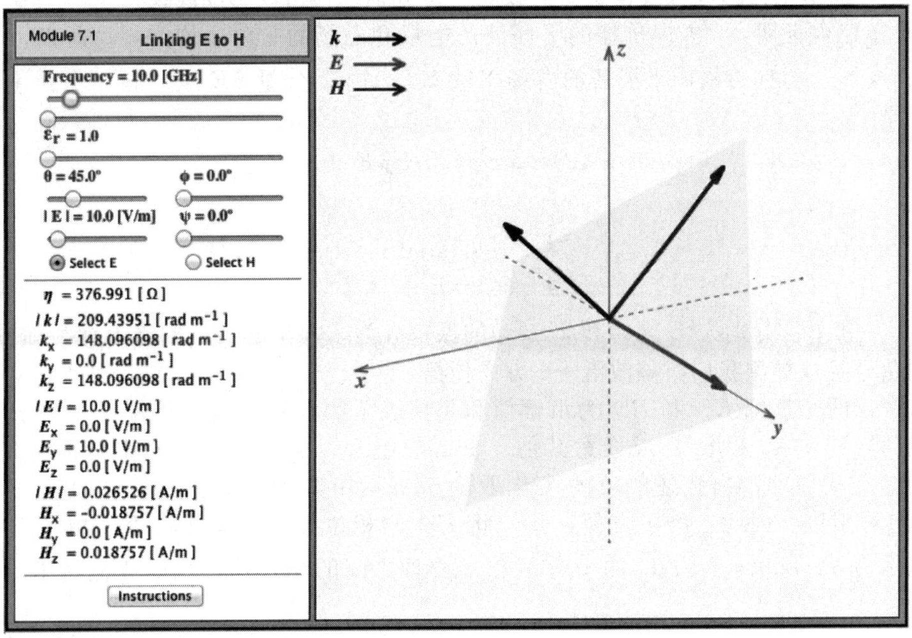

概念问题 7-1：什么是均匀平面波？描述其物理和数学性质。在什么条件下可以将球面波视为平面波？

概念问题 7-2：因为 $\widetilde{\boldsymbol{E}}$ 和 $\widetilde{\boldsymbol{H}}$ 由相同形式的波动方程[式(7.15)和式(7.16)]控制，这是否意味着 $\widetilde{\boldsymbol{E}}=\widetilde{\boldsymbol{H}}$？请解释。

概念问题 7-3：如果 TEM 波沿 $\hat{\boldsymbol{y}}$ 方向传播，那么其电场是否有 $\hat{\boldsymbol{x}}$、$\hat{\boldsymbol{y}}$ 和 $\hat{\boldsymbol{z}}$ 方向的分量？请解释。

练习 7-1　10MHz 的均匀平面波在 $\mu=\mu_0$，$\varepsilon_r=9$ 的非磁性媒质中传播。求：(a) 相速，(b) 波数，(c) 媒质中的波长，(d) 媒质的本征阻抗。

答案：(a) $u_p=1\times10^8$ m/s，(b) $k=0.2\pi$rad/m，(c) $\lambda=10$m，(d) $\eta=125.67\Omega$。(参见EM)

练习 7-2　在本征阻抗为 188.5Ω 的无耗媒质中传播的均匀平面波的电场相量为 $\widetilde{\boldsymbol{E}}=\hat{\boldsymbol{z}}10e^{-j4\pi y}$mV/m。求：(a) 相关的磁场相量，(b) 如果媒质是非磁性的($\mu=\mu_0$)，$\boldsymbol{E}(y,t)$的瞬时表达式。

答案：(a) $\widetilde{\boldsymbol{H}}=\hat{\boldsymbol{x}}53e^{-j4\pi y}$ μA/m，(b) $\boldsymbol{E}(y,t)=\hat{\boldsymbol{z}}10\cos(6\pi\times10^8 t-4\pi y)$mV/m。(参见EM)

练习 7-3　如果在本征阻抗 $\eta=100\Omega$ 的媒质中传播的均匀平面波的磁场相量为 $\widetilde{\boldsymbol{H}}=(\hat{\boldsymbol{y}}10+\hat{\boldsymbol{z}}20)e^{-j4x}$ mA/m，求相关的电场相量。

答案：$\widetilde{\boldsymbol{E}}=(-\hat{\boldsymbol{z}}+\hat{\boldsymbol{y}}2)e^{-j4x}$ V/m。(参见EM)

练习 7-4　对于磁场 $\widetilde{\boldsymbol{H}}=\hat{\boldsymbol{y}}(10e^{-j3x}-20e^{j3x})$mA/m，重复练习 7-3。

答案：$\widetilde{\boldsymbol{E}}=-\hat{\boldsymbol{z}}(e^{-j3x}+2e^{j3x})$V/m。(参见EM)

7.3　波的极化

均匀平面波的**极化**是在空间中给定点上由 **E** 矢量的端点(在与传播方向垂直的方向上)随时间变化描绘出的轨迹。

在最一般的情况下，$\boldsymbol{E}$ 端点的轨迹是一个椭圆，这种波称为椭圆极化。在一定条件下，椭圆可以退化为圆或直线，这时的极化状态分别称为圆极化或线极化。

7.2 节已经证明，z 方向传播的平面波的电场和磁场的 z 分量均为零。所以，在最一般情况下，$+z$ 方向传播的平面波的电场相量 $\widetilde{\boldsymbol{E}}(z)$ 由 x 分量 $\hat{\boldsymbol{x}}\widetilde{E}_x(z)$ 和 y 分量 $\hat{\boldsymbol{y}}\widetilde{E}_y(z)$ 组成，即

$$\widetilde{\boldsymbol{E}}(z)=\hat{\boldsymbol{x}}\widetilde{E}_x(z)+\hat{\boldsymbol{y}}\widetilde{E}_y(z) \tag{7.46}$$

式中，

$$\widetilde{E}_x(z)=E_{x0}\mathrm{e}^{-\mathrm{j}kz} \tag{7.47a}$$

$$\widetilde{E}_y(z)=E_{y0}\mathrm{e}^{-\mathrm{j}kz} \tag{7.47b}$$

式中，E_{x0} 和 E_{y0} 分别为 $\widetilde{E}_x(z)$ 和 $\widetilde{E}_y(z)$ 的振幅。为了简单起见，省略上标为加号的项，e^{-jkz} 的负号足以提醒我们，该波沿 $+z$ 方向传播。

通常，两个振幅 E_{x0} 和 E_{y0} 为由幅值和相位表示的复数，波的相位是相对于参考状态定义的，如 $z=0$ 和 $t=0$ 或任意其他 z 和 t 的组合。从下面的讨论中可以清楚看到，式(7.46)和式(7.47)所描述的波的极化取决于 E_{y0} 相对于 E_{x0} 的相位，而不是 E_{x0} 和 E_{y0} 的绝对相位。因此，为了方便，我们将 E_{x0} 的相位设为零，并将 E_{y0} 相对于 E_{x0} 的相位表示为 δ。所以，δ 为 $\widetilde{\boldsymbol{E}}$ 的 y 分量和 x 分量之间的相位差，从而我们将 E_{x0} 和 E_{y0} 定义为

$$E_{x0}=a_x \tag{7.48a}$$

$$E_{y0}=a_y\mathrm{e}^{\mathrm{j}\delta} \tag{7.48b}$$

式中，$a_x=|E_{x0}|\geqslant 0$ 和 $a_y=|E_{y0}|\geqslant 0$ 分别为 E_{x0} 和 E_{y0} 的幅值。所以，根据定义，a_x 和 a_y 不能设为负值。将式(7.48)代入式(7.47)，则总电场相量为

$$\widetilde{\boldsymbol{E}}(z)=(\hat{\boldsymbol{x}}a_x+\hat{\boldsymbol{y}}a_y\mathrm{e}^{\mathrm{j}\delta})\mathrm{e}^{-\mathrm{j}kz} \tag{7.49}$$

对应的瞬时电场为

$$\boldsymbol{E}(z,t)=\mathrm{Re}[\widetilde{\boldsymbol{E}}(z)\mathrm{e}^{\mathrm{j}\omega t}]=\hat{\boldsymbol{x}}a_x\cos(\omega t-kz)+\hat{\boldsymbol{y}}a_y\cos(\omega t-kz+\delta) \tag{7.50}$$

模块 7.2(平面波)　观察沿 z 方向传播的平面波，注意 $\boldsymbol{E}$ 和 $\boldsymbol{H}$ 的时间和空间变化。研究波的性质如何随所选择的波参数(频率和 $\boldsymbol{E}$ 的幅值及相位)和媒质的本构参数(ε、μ 和 σ)而变化。

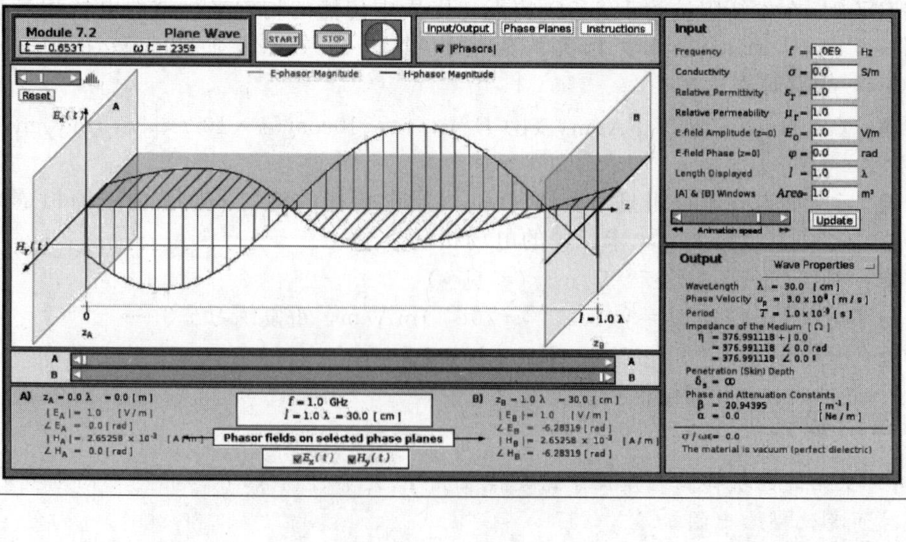

当描述空间中给定点上的电场时，两个特别感兴趣的属性是其幅值和方向。$\boldsymbol{E}(z,t)$ 的幅值为

$$|\boldsymbol{E}(z,t)|=[E_x^2(z,t)+E_y^2(z,t)]^{1/2}=[a_x^2\cos^2(\omega t-kz)+a_y^2\cos^2(\omega t-kz+\delta)]^{1/2} \tag{7.51}$$

电场 $\boldsymbol{E}(z,t)$ 有 x 和 y 方向的分量。在指定位置 z，$\boldsymbol{E}(z,t)$ 的方向由其倾斜角 Ψ 来表征，Ψ 定义为 $\boldsymbol{E}(z,t)$ 与 x 轴的夹角，由下式给出：

$$\Psi(z,t)=\arctan\left[\frac{E_y(z,t)}{E_x(z,t)}\right] \tag{7.52}$$

一般情况下，$\boldsymbol{E}(z,t)$ 的幅值和方向均是 z 和 t 的函数。接下来，我们研究一些特殊情况。

7.3.1　线极化

> 如果对于固定 z 点，$\boldsymbol{E}(z,t)$ 的端点随时间变化的轨迹是一段直线，则该波称为线极化。当 $E_x(z,t)$ 和 $E_y(z,t)$ **同相**($\delta=0$)或**反相**($\delta=\pi$)时，就会发生这种情况。

在这些条件下，式(7.50)简化为

$$\boldsymbol{E}(z,t)=(\hat{\boldsymbol{x}}a_x+\hat{\boldsymbol{y}}a_y)\cos(\omega t-kz)\quad（同相） \tag{7.53a}$$

$$\boldsymbol{E}(z,t)=(\hat{\boldsymbol{x}}a_x-\hat{\boldsymbol{y}}a_y)\cos(\omega t-kz)\quad（反相） \tag{7.53b}$$

让我们研究一下反相情况，场的幅值为

$$|\boldsymbol{E}(z,t)|=(a_x^2+a_y^2)^{1/2}\cos(\omega t-kz) \tag{7.54a}$$

倾斜角为

$$\Psi=\arctan\left(\frac{-a_y}{a_x}\right)\quad（反相） \tag{7.54b}$$

我们注意到，Ψ 与 z 和 t 均无关。图 7-7 显示了 $z=0$ 处，半个周期内 $\boldsymbol{E}$ 端点轨迹的线段。在其他任意的 z 处，这个轨迹都是相同的。当 $z=0$，$t=0$ 时，$|\boldsymbol{E}(0,0)|=(a_x^2+a_y^2)^{1/2}$。当 $\omega t=\pi/2$ 时，$\boldsymbol{E}(0,t)$ 矢量的长度递减到零。当 $\omega t=\pi$ 时，$\boldsymbol{E}(0,t)$ 矢量在 x-y 平面的第二象限反方向增大到 $(a_x^2+a_y^2)^{1/2}$。由于 Ψ 与 z 和 t 无关，$\boldsymbol{E}(z,t)$ 保持在与 x 轴夹角为 Ψ 的方向，在通过原点的直线上来回振荡。

如果 $a_y=0$，$\Psi=0°$ 或 $180°$，则波为 x 极化；反之，如果 $a_x=0$，$\Psi=90°$ 或 $-90°$，则波为 y 极化。

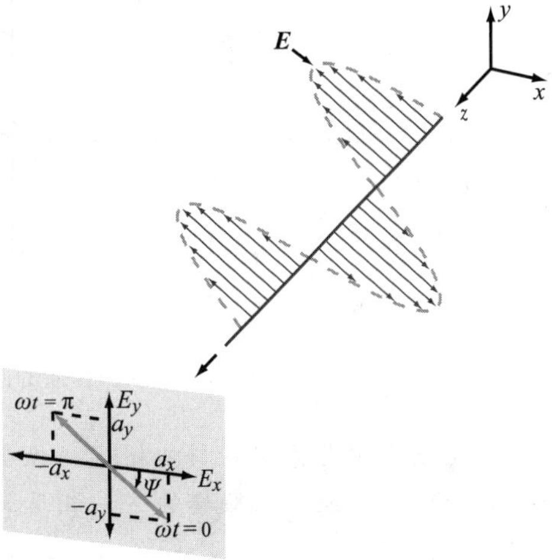

图 7-7　沿 $+z$ 方向(穿出页面)传播的线极化波

7.3.2　圆极化

我们现在考虑 $\widetilde{\boldsymbol{E}}(z)$ 的 x 和 y 分量幅值相等且相位差 $\delta=\pm\pi/2$ 的特殊情况。结果很快就会显现出来，当 $\delta=\pi/2$ 时，该波的极化称为*左旋圆极化*；当 $\delta=-\pi/2$ 时，称为*右旋圆极化*。

左旋圆(LHC)极化

对于 $a_x=a_y=a$ 且 $\delta=\pi/2$，式(7.49)和式(7.50)变为

$$\widetilde{\boldsymbol{E}}(z)=(\hat{\boldsymbol{x}}a+\hat{\boldsymbol{y}}a\mathrm{e}^{\mathrm{j}\pi/2})\mathrm{e}^{-\mathrm{j}kz}=a(\hat{\boldsymbol{x}}+\mathrm{j}\hat{\boldsymbol{y}})\mathrm{e}^{-\mathrm{j}kz} \tag{7.55a}$$

$$\begin{aligned}\boldsymbol{E}(z,t)&=\mathrm{Re}[\widetilde{\boldsymbol{E}}(z)\mathrm{e}^{\mathrm{j}\omega t}]\\&=\hat{\boldsymbol{x}}a\cos(\omega t-kz)+\hat{\boldsymbol{y}}a\cos(\omega t-kz+\pi/2)\end{aligned}$$

$$=\hat{\boldsymbol{x}}a\cos(\omega t-kz)-\hat{\boldsymbol{y}}a\sin(\omega t-kz) \tag{7.55b}$$

对应的电场幅值和倾斜角分别为

$$|\boldsymbol{E}(z,t)|=[E_x^2(z,t)+E_y^2(z,t)]^{1/2}$$

$$=[a^2\cos^2(\omega t-kz)+a^2\sin^2(\omega t-kz)]^{1/2}=a \tag{7.56a}$$

$$\Psi(z,t)=\arctan\left[\frac{E_y(z,t)}{E_x(z,t)}\right]=\arctan\left[\frac{-a\sin(\omega t-kz)}{a\cos(\omega t-kz)}\right]=-(\omega t-kz) \tag{7.56b}$$

我们观察到，$\boldsymbol{E}$ 的幅值与 z 和 t 无关，而 Ψ 与 z 和 t 有关。这些函数依赖性与线极化情况相反。

在 $z=0$ 处，式(7.56b)给出 $\Psi=-\omega t$，负号表示倾斜角随时间的增加而减小。如图 7-8a 所示，$\boldsymbol{E}(t)$的端点在 x-y 平面上绘出一个圆，且随时间沿顺时针方向旋转(当沿波的传播方向看时)。这样的波称为左旋圆极化，原因是当左手的拇指指向波的传播方向(这种情况下为 z 方向)时，其余四指指向 $\boldsymbol{E}$ 的旋转方向。

右旋圆(RHC)极化

对于 $a_x=a_y=a$ 且 $\delta=-\pi/2$，有

$$|\boldsymbol{E}(z,t)|=a,\quad \Psi=\omega t-kz \tag{7.57}$$

$\boldsymbol{E}(0,t)$随 t 变化的轨迹如图 7-8b 所示。对于右旋圆极化，当右手的拇指指向波的传播方向时，其余四指指向 $\boldsymbol{E}$ 的旋转方向。图 7-9 为螺旋天线辐射的右旋圆极化波。

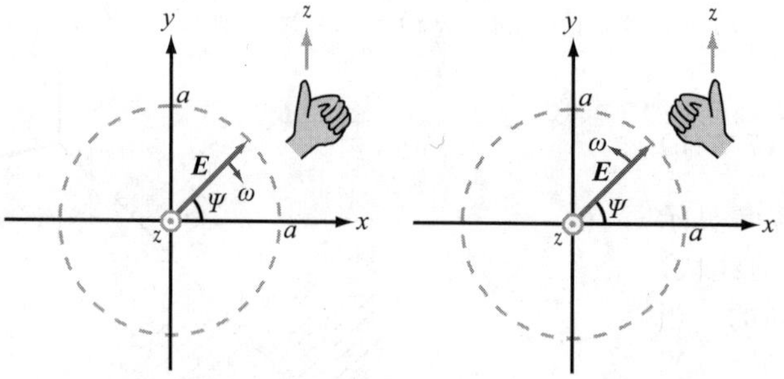
a）左旋圆极化　　b）右旋圆极化

图 7-8　沿 $+z$ 方向(穿出页面)传播的圆极化波

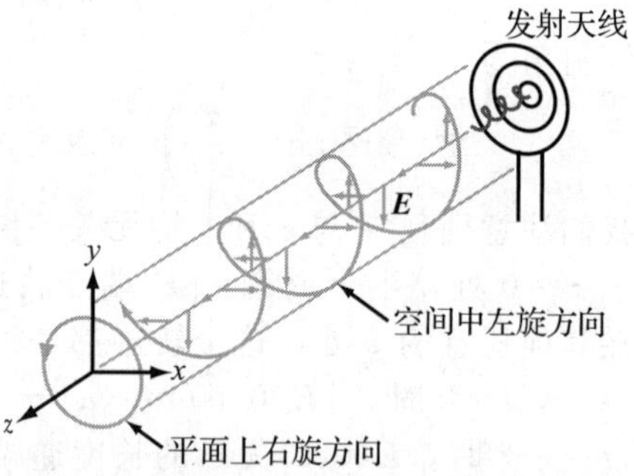

图 7-9　螺旋天线辐射的右旋圆极化波

极化手性是根据在与传播方向正交的固定平面上 $\boldsymbol{E}$ 随时间旋转方向定义的，与在固定时间点，$\boldsymbol{E}$ 随距离旋转的方向相反。

例 7-2　右旋圆极化波

电场幅值为 3mV/m 的右旋圆极化波在 $\varepsilon=4\varepsilon_0$，$\mu=\mu_0$，$\sigma=0$ 的媒质中沿 $+y$ 方向传播。如果频率为 100MHz，导出 $\boldsymbol{E}(y,t)$和 $\boldsymbol{H}(y,t)$的表达式。

解： 由于波沿 $+y$ 方向传播，其场一定有沿 x 和 z 方向的分量。$\boldsymbol{E}(y,t)$的旋转方向如图 7-10 所示，其中 $\hat{\boldsymbol{y}}$ 指出页面。通过与图 7-8b 所示的右旋圆极化波比较，设定 $\widetilde{\boldsymbol{E}}(y)$的 z 分量相位为零，而 x 分量有相移 $\delta=-\pi/2$。两个分量的幅值均为 $a=3\text{mV/m}$。所以，

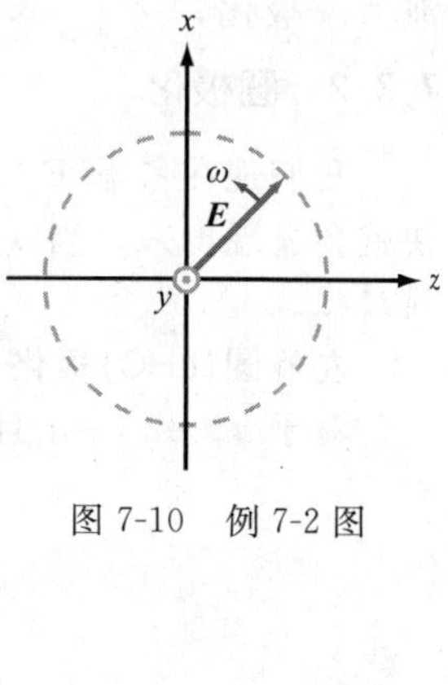

图 7-10　例 7-2 图

$$\widetilde{\boldsymbol{E}}(y)=\hat{\boldsymbol{x}}\widetilde{E}_x+\hat{\boldsymbol{z}}\widetilde{E}_z=\hat{\boldsymbol{x}}a\mathrm{e}^{-\mathrm{j}\pi/2}\mathrm{e}^{-\mathrm{j}ky}+\hat{\boldsymbol{z}}a\mathrm{e}^{-\mathrm{j}ky}$$

$$=(-\hat{\boldsymbol{x}}\mathrm{j}+\hat{\boldsymbol{z}})3\mathrm{e}^{-\mathrm{j}ky}\ \text{mV/m}$$

应用式(7.39a)得到

$$\widetilde{\boldsymbol{H}}(y)=\frac{1}{\eta}\hat{\boldsymbol{y}}\times\widetilde{\boldsymbol{E}}(y)=\frac{1}{\eta}\hat{\boldsymbol{y}}\times(-\hat{\boldsymbol{x}}\mathrm{j}+\hat{\boldsymbol{z}})3\mathrm{e}^{-\mathrm{j}ky}=\frac{3}{\eta}(\hat{\boldsymbol{z}}\mathrm{j}+\hat{\boldsymbol{x}})\mathrm{e}^{-\mathrm{j}ky}\,\mathrm{mA/m}$$

当 $\omega=2\pi f=2\pi\times10^8\,\mathrm{rad/s}$ 时，波数 k 为

$$k=\frac{\omega\sqrt{\varepsilon_r}}{c}=\frac{2\pi\times10^8\sqrt{4}}{3\times10^8}\mathrm{rad/m}=\frac{4}{3}\pi\mathrm{rad/m}$$

本征阻抗 η 为

$$\eta=\frac{\eta_0}{\sqrt{\varepsilon_r}}\approx\frac{120\pi}{\sqrt{4}}\Omega=60\pi\Omega$$

瞬时场 $\boldsymbol{E}(y,t)$ 和 $\boldsymbol{H}(y,t)$ 为

$$\begin{aligned}\boldsymbol{E}(y,t)&=\mathrm{Re}[\widetilde{\boldsymbol{E}}(y)\mathrm{e}^{\mathrm{j}\omega t}]=\mathrm{Re}[(-\hat{\boldsymbol{x}}\mathrm{j}+\hat{\boldsymbol{z}})3\mathrm{e}^{-\mathrm{j}ky}\mathrm{e}^{\mathrm{j}\omega t}]\\&=3[\hat{\boldsymbol{x}}\sin(\omega t-ky)+\hat{\boldsymbol{z}}\cos(\omega t-ky)]\mathrm{mV/m}\\\boldsymbol{H}(y,t)&=\mathrm{Re}[\widetilde{\boldsymbol{H}}(y)\mathrm{e}^{\mathrm{j}\omega t}]=\mathrm{Re}\left[\frac{3}{\eta}(\hat{\boldsymbol{z}}\mathrm{j}+\hat{\boldsymbol{x}})\mathrm{e}^{-\mathrm{j}ky}\mathrm{e}^{\mathrm{j}\omega t}\right]\\&=\frac{1}{20\pi}[\hat{\boldsymbol{x}}\cos(\omega t-ky)-\hat{\boldsymbol{z}}\sin(\omega t-ky)]\mathrm{mA/m}\end{aligned}$$

◀

7.3.3　椭圆极化

既不是线极化，也不是圆极化的平面波为椭圆极化，即 $\boldsymbol{E}(z,t)$ 的端点在与传播方向垂直的平面上画出一个椭圆，椭圆的形状和场的旋转方向(左手或右手)由比值 $\left(\frac{a_y}{a_x}\right)$ 和相位差 δ 决定。

如图 7-11 所示的极化椭圆，沿 ξ 方向的主轴长度为 a_ξ，沿 η 方向的短轴长度为 a_η。旋转角 γ 定义为椭圆主轴与参考方向的夹角，这里选择参考方向为 x 轴，γ 的范围限定在 $-\pi/2\leqslant\gamma\leqslant\pi/2$。椭圆的形状及其旋向由椭圆率角 χ 来表征，定义为

$$\tan\chi=\pm\frac{a_\eta}{a_\xi}=\pm\frac{1}{R}\qquad(7.58)$$

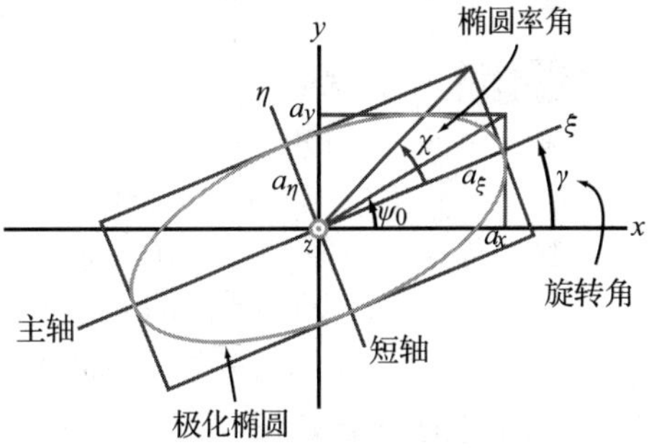

图 7-11　沿 z 方向(穿出页面)传播的波在 x-y 平面上的极化椭圆

正号对应于左旋，负号对应于右旋。χ 的取值范围限定在 $-\pi/4\leqslant\chi\leqslant\pi/4$。$R=a_\xi/a_\eta$ 称为极化椭圆的轴比，它在对应于圆极化的 1 和对应于线极化的 ∞ 之间变化。γ 和 χ 与波参数 a_x、a_y 和 δ 之间的关系式为

$$\tan2\gamma=\tan(2\Psi_0)\cos\delta\,(-\pi/2\leqslant\gamma\leqslant\pi/2)\qquad(7.59\mathrm{a})$$

$$\sin2\chi=\sin(2\Psi_0)\sin\delta\,(-\pi/4\leqslant\chi\leqslant\pi/4)\qquad(7.59\mathrm{b})$$

式中，Ψ_0 为辅助角，定义为

$$\tan\Psi_0=\frac{a_y}{a_x}\quad\left(0\leqslant\Psi_0\leqslant\frac{\pi}{2}\right)\qquad(7.60)$$

角度 (γ,χ) 的不同组合的极化椭圆示意图如图 7-12 所示。对于 $\chi=45°$，椭圆退化为圆；而对于 $\chi=0$，则退化为线。

正的 χ 对应于 $\sin\delta>0$，与左旋相关；负的 χ 对应于 $\sin\delta<0$，与右旋相关。

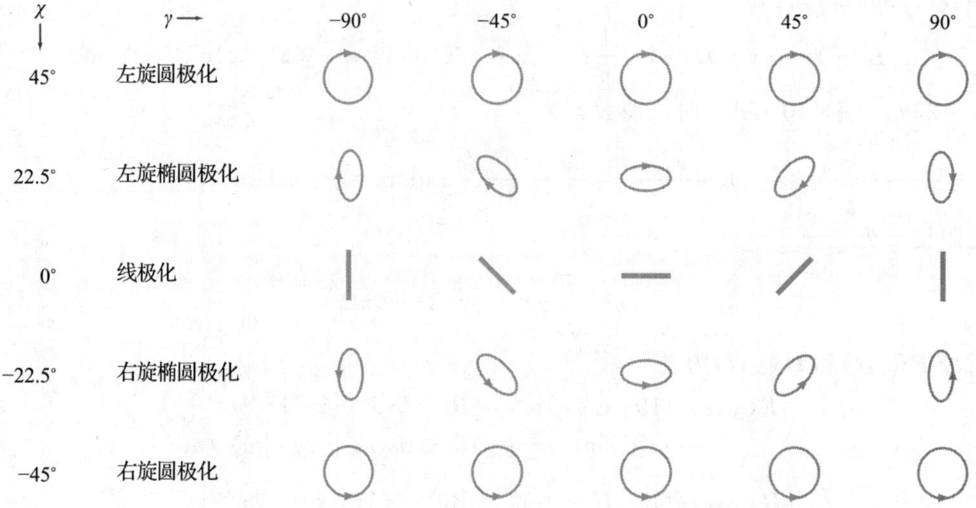

图 7-12　对于穿出页面传播的波，角度(γ,χ)的不同组合的极化椭圆示意图

根据定义，幅值 a_x 和 a_y 为非负数，比值 a_y/a_x 可以在 0(x 线极化时)和∞(y 线极化时)之间变化。因此，Ψ_0 被限制在 $0\leqslant\Psi_0\leqslant 90°$ 范围内。由式(7.59a)可以得到 γ 的两种可能的解，两者均在 $-\pi/2$ 到 $\pi/2$ 的定义范围。正确的选择由下面规则确定：

$$\begin{cases}\gamma>0, & 当\ \cos\delta>0\\ \gamma<0, & 当\ \cos\delta<0\end{cases}$$

综上所述，旋转角 γ 的符号与 $\cos\delta$ 的符号相同，椭圆率角 χ 的符号与 $\sin\delta$ 的符号相同。

例 7-3　极化状态

确定平面波的极化状态，其电场为

$$\boldsymbol{E}(z,t)=[\hat{\boldsymbol{x}}3\cos(\omega t-kz+30°)-\hat{\boldsymbol{y}}4\sin(\omega t-kz+45°)]\mathrm{mV/m}$$

解：首先，将第二项转换为余弦参考：

$$\begin{aligned}\boldsymbol{E}(z,t)&=\hat{\boldsymbol{x}}3\cos(\omega t-kz+30°)-\hat{\boldsymbol{y}}4\cos(\omega t-kz+45°-90°)\\&=\hat{\boldsymbol{x}}3\cos(\omega t-kz+30°)-\hat{\boldsymbol{y}}4\cos(\omega t-kz-45°)\end{aligned}$$

对应场的相量 $\widetilde{\boldsymbol{E}}(z)$ 为

$$\begin{aligned}\widetilde{\boldsymbol{E}}(z)&=\hat{\boldsymbol{x}}3\mathrm{e}^{-\mathrm{j}kz}\mathrm{e}^{\mathrm{j}30°}-\hat{\boldsymbol{y}}4\mathrm{e}^{-\mathrm{j}kz}\mathrm{e}^{-\mathrm{j}45°}=\hat{\boldsymbol{x}}3\mathrm{e}^{-\mathrm{j}kz}\mathrm{e}^{\mathrm{j}30°}+\hat{\boldsymbol{y}}4\mathrm{e}^{-\mathrm{j}kz}\mathrm{e}^{-\mathrm{j}45°}\mathrm{e}^{\mathrm{j}180°}\\&=\hat{\boldsymbol{x}}3\mathrm{e}^{-\mathrm{j}kz}\mathrm{e}^{\mathrm{j}30°}+\hat{\boldsymbol{y}}4\mathrm{e}^{-\mathrm{j}kz}\mathrm{e}^{\mathrm{j}135°}\end{aligned}$$

式中已经用 $\mathrm{e}^{\mathrm{j}180°}$ 代替了第二项的负号以使两项均具有正的幅值，因此可以使用前面给出的定义。根据 $\widetilde{\boldsymbol{E}}(z)$ 的表达式，x 和 y 分量的相角分别为 $\delta_x=30°$ 和 $\delta_y=135°$，给出的相位差为 $\delta=\delta_y-\delta_x=135°-30°=105°$。辅助角 Ψ_0 为

$$\Psi_0=\arctan\left(\frac{a_y}{a_x}\right)=\arctan\left(\frac{4}{3}\right)=53.1°$$

由式(7.59a)可知：

$$\tan 2\gamma=\tan(2\Psi_0)\cos\delta=\tan 106.2°\cos 105°=0.89$$

这给出 γ 的两个解，分别为 $\gamma=20.8°$ 和 $\gamma=-69.2°$。由于 $\cos\delta<0$，γ 的正确值为 $\gamma=-69.2°$。由式(7.59b)可知：

$$\sin 2\chi=\sin(2\Psi_0)\sin\delta=\sin 106.2°\sin 105°=0.93\ 或\ \chi=34.0°$$

χ 的值表明该波是椭圆极化，正值说明是左旋的。◀

模块 7.3(极化 I)　指定 $\boldsymbol{E}$ 的 x 和 y 分量的幅值和相位后，用户可以在 x-y 平面上观察到 $\boldsymbol{E}$ 的轨迹。

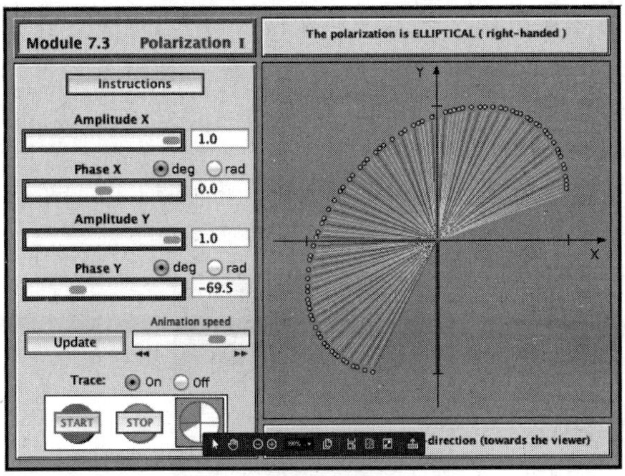

模块 7.4(极化 II)　指定 $\boldsymbol{E}$ 的 x 和 y 分量的幅值和相位后，用户可以在指定的长度跨度内观察 $\boldsymbol{E}$ 矢量的三维轮廓。

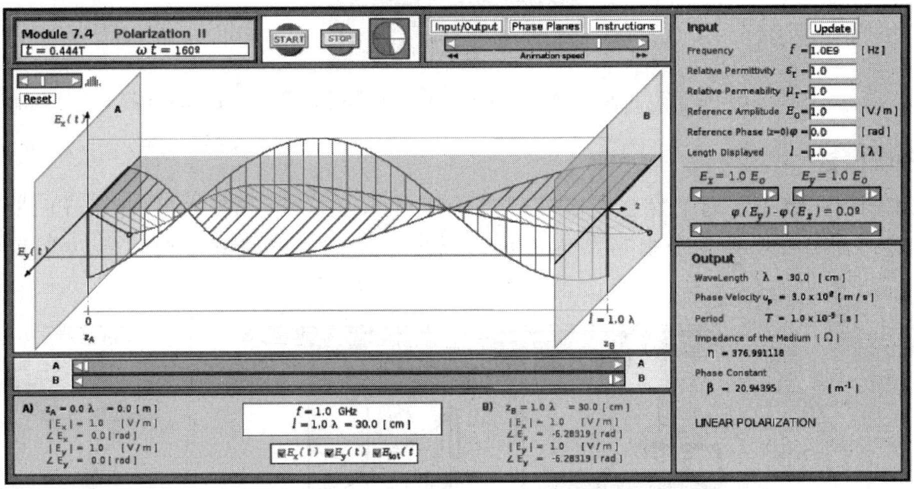

概念问题 7-4：椭圆极化波由幅值 a_x 和 a_y 以及相位差 δ 来表征，如果 a_x 和 a_y 均不为零，为了使极化退化到线极化，δ 应该取多少？

概念问题 7-5：下面两种描述哪个定义了右旋圆极化波？如果一个波入射到观察者身上，在观察者来看：(a) 在与传播方向垂直的固定平面上作为时间的函数，电场逆时针旋转；(b) 在固定时间 t 上作为距离的函数，电场逆时针旋转。

练习 7-5　已知平面波的电场为 $\boldsymbol{E}(z,t)=\hat{\boldsymbol{x}}3\cos(\omega t-kz)+\hat{\boldsymbol{y}}4\cos(\omega t-kz)$(V/m)。确定：(a) 极化状态，(b) $\boldsymbol{E}$ 的模，(c) 辅助角。

答案：(a) 线极化，(b) $|\boldsymbol{E}|=5\cos(\omega t-kz)$(V/m)，(c) $\Psi_0=53.1°$。(参见 EM)

练习 7-6　如果 TEM 波的电场相量为 $\widetilde{\boldsymbol{E}}=(\hat{\boldsymbol{y}}-\hat{\boldsymbol{z}}\mathrm{j})\mathrm{e}^{-\mathrm{j}kx}$，确定极化状态。

答案：右旋圆极化。(参见 EM)

技术简介 13：射频识别系统

1973 年，美国颁布了两项独立的关于射频识别(RFID)概念的专利。第一个专利授予马里奥·卡杜罗(Mario Cardullo)，是一种带有可重写存储器的有源 RFID 标签。有源标签有自己的电源(如电池)，而无源 RFID 标签则没有。第二个专利授予查尔斯·沃顿(Charles Walton)，他提出在无钥匙门禁(不用钥匙开锁)系统中使用无源标签。此后不久，人们开发了一种用于跟踪牛的无源 RFID 标签(见图 TF13-1)，并迅速扩展到许多商业企业——从跟踪车辆和消费品到供应链管理和汽车防盗系统。

图 TF13-1　20 世纪 70 年代开发的用于跟踪奶牛的无源 RFID 标签

RFID 系统概述

在 RFID 系统中，通信发生在**阅读器**(实际上是**收发器**)和**标签**之间(见图 TF13-2)。当阅读器访问标签时，标签会根据具体的应用程序，提供有关其身份的信息以及其他相关信息。

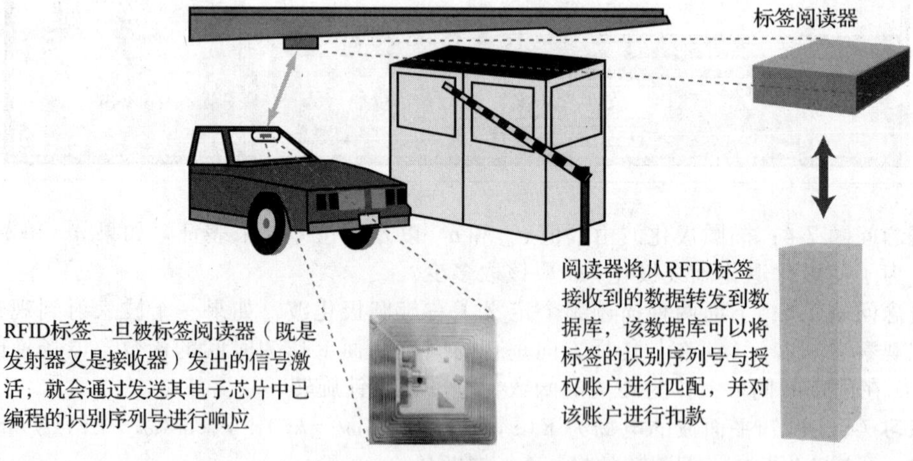

标签阅读器
阅读器将从RFID标签接收到的数据转发到数据库，该数据库可以将标签的识别序列号与授权账户进行匹配，并对该账户进行扣款
RFID标签一旦被标签阅读器（既是发射器又是接收器）发出的信号激活，就会通过发送其电子芯片中已编程的识别序列号进行响应

图 TF13-2　通过 EZ-Pass[⊖]示例说明 RFID 系统的工作原理

从本质上讲，标签是一个由阅读器指挥的**应答器**。

⊖　一种美国的公路电子收费系统。——编辑注

RFID 标签的功能和相关能力取决于两个重要属性：①标签是无源的还是有源的，②标签的工作频率。通常，RFID 标签会一直处于休眠状态，直到阅读器的天线发出电磁信号才会被激活。电磁信号的磁场在标签电路所含的线圈中感应出电流(见图 TF13-3)。对于无源标签，感应电流必须足以产生能够激活芯片并将响应传输给阅读器所需的功率。

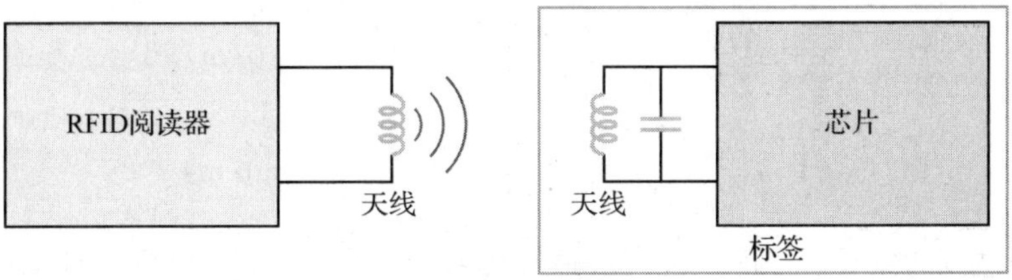

图 TF13-3 RFID 阅读器与标签通信的简化示意图。在 RFID 通信常使用的两个较低的载波频率(125kHz 和 13.56MHz)中，线圈电感器充当磁性天线。设计工作在更高频率(900MHz 和 2.54GHz)的系统，使用偶极子天线代替

无源 RFID 系统限于(阅读器和标签之间)**短距离读取**，范围在 30cm～3m，取决于系统的频段(见表 TT13-1)。

有源 RFID 系统的明显优势是，它们可以在更远的距离上工作，并且不需要从阅读器的天线接收信号来激活。然而，有源标签的制造成本要比无源标签昂贵得多。

RFID 的频段

表 TF13-1 给出了 RFID 系统常用频段的比较。一般来说，更高频率的标签可以在更远的读取距离内工作，可以携带更高的数据速率，但它们的制造成本更高。

表 TF13-1 RFID 系统常用频段的比较

频段	LF	HF	UHF	微波
RFID 频率	125～134kHz	13.56MHz	865～956MHz	2.45GHz
读取距离	≤0.5m	≤1.5m	≤5m	≤10m
数据速率	1kbit/s	25kbit/s	30kbit/s	100kbit/s
典型应用	• 动物识别 • 汽车钥匙/防盗 • 门禁控制	• 智能卡 • 电子防盗 • 航空行李跟踪 • 图书馆书籍跟踪	• 供应链管理 • 物流管理	• 车辆收费 • 铁路车辆监控

7.4 平面波在有耗媒质中的传播

为了研究波在有耗(导电)媒质中的传播，我们回到式(7.15)给出的波动方程：

$$\nabla^2 \widetilde{\mathbf{E}} - \gamma^2 \widetilde{\mathbf{E}} = 0 \tag{7.61}$$

式中，

$$\gamma^2 = -\omega^2 \mu \varepsilon_c = -\omega^2 \mu (\varepsilon' - \mathrm{j}\varepsilon'') \tag{7.62}$$

式中，$\varepsilon' = \varepsilon$，$\varepsilon'' = \sigma/\omega$。由于 γ 为复数，我们将其表示为

$$\gamma = \alpha + \mathrm{j}\beta \tag{7.63}$$

式中，α 为媒质的衰减常数，β 为相位常数。通过用$(\alpha + \mathrm{j}\beta)$代替式(7.62)中的 γ，得到

$$(\alpha + \mathrm{j}\beta)^2 = (\alpha^2 - \beta^2) + \mathrm{j}2\alpha\beta = -\omega^2 \mu \varepsilon' + \mathrm{j}\omega^2 \mu \varepsilon'' \tag{7.64}$$

复数代数的规则要求方程一边的实部和虚部分别等于另一边的实部和虚部。因此，

$$\alpha^2-\beta^2=-\omega^2\mu\varepsilon' \tag{7.65a}$$

$$2\alpha\beta=\omega^2\mu\,\varepsilon'' \tag{7.65b}$$

联立求解这两个方程，给出 α 和 β 的解为

$$\alpha=\omega\left\{\frac{\mu\varepsilon'}{2}\left[\sqrt{1+\left(\frac{\varepsilon''}{\varepsilon'}\right)^2}-1\right]\right\}^{1/2}\quad(\text{Np/m}) \tag{7.66a}$$

$$\beta=\omega\left\{\frac{\mu\varepsilon'}{2}\left[\sqrt{1+\left(\frac{\varepsilon''}{\varepsilon'}\right)^2}+1\right]\right\}^{1/2}\quad(\text{rad/m}) \tag{7.66b}$$

对于电场为 $\widetilde{\boldsymbol{E}}=\hat{\boldsymbol{x}}\widetilde{E}_x(z)$沿 z 方向传播的均匀平面波，式(7.61)给出的波动方程简化为

$$\frac{\mathrm{d}^2\widetilde{E}_x(z)}{\mathrm{d}z^2}-\gamma^2\widetilde{E}_x(z)=0 \tag{7.67}$$

由式(7.67)给出的波动方程的通解包括两个波：一个沿$+z$ 方向传播，另一个沿$-z$ 方向传播。假设仅存在前者，由波动方程的解得到

$$\widetilde{\boldsymbol{E}}(z)=\hat{\boldsymbol{x}}\widetilde{E}_x(z)=\hat{\boldsymbol{x}}E_{x0}\mathrm{e}^{-\gamma z}=\hat{\boldsymbol{x}}E_{x0}\mathrm{e}^{-\alpha z}\mathrm{e}^{-\mathrm{j}\beta z} \tag{7.68}$$

可以应用式(7.2b) $\nabla\times\widetilde{\boldsymbol{E}}=-\mathrm{j}\omega\mu\widetilde{\boldsymbol{H}}$，或者使用式(7.39a) $\widetilde{\boldsymbol{H}}=(\hat{\boldsymbol{k}}\times\widetilde{\boldsymbol{E}})/\eta_c$，来确定相关的磁场 $\widetilde{\boldsymbol{H}}$，这里 η_c 为有耗媒质的本征阻抗。两种方法均给出：

$$\widetilde{\boldsymbol{H}}(z)=\hat{\boldsymbol{y}}\widetilde{H}_y(z)=\hat{\boldsymbol{y}}\,\frac{\widetilde{E}_x(z)}{\eta_c}=\hat{\boldsymbol{y}}\,\frac{E_{x0}}{\eta_c}\mathrm{e}^{-\alpha z}\mathrm{e}^{-\mathrm{j}\beta z} \tag{7.69}$$

式中，

$$\eta_c=\sqrt{\frac{\mu}{\varepsilon_c}}=\sqrt{\frac{\mu}{\varepsilon'}}\left(1-\mathrm{j}\,\frac{\varepsilon''}{\varepsilon'}\right)^{-1/2}\quad(\Omega) \tag{7.70}$$

我们在前面特别提到过，在无耗媒质中 $\boldsymbol{E}(z,t)$与 $\boldsymbol{H}(z,t)$是同相位的。但是在有耗媒质中，这一性质不再成立，原因是 η_c 为复数。这一事实将在后面的例 7-4 中证明。

由式(7.68)可知，$\widetilde{E}_x(z)$的幅值为

$$|\widetilde{E}_x(z)|=|E_{x0}\mathrm{e}^{-\alpha z}\mathrm{e}^{-\mathrm{j}\beta z}|=|E_{x0}|\mathrm{e}^{-\alpha z} \tag{7.71}$$

它随 z 呈指数衰减，衰减速率由衰减常数 α 决定。由于 $\widetilde{H}_y=\dfrac{\widetilde{E}_x}{\eta_c}$，$\widetilde{H}_y$ 的幅值也随 $\mathrm{e}^{-\alpha z}$ 衰减。随着场的衰减，电磁波所携带的部分能量转换为传导产生的热能。当波的传播距离为 $z=\delta_s$ 时，其中，

$$\delta_s=\frac{1}{\alpha}\quad(\text{m}) \tag{7.72}$$

波的幅值减小到 $\mathrm{e}^{-1}\approx0.37$ 倍(见图 7-13)。在 $z=3\delta_s$ 处，场的幅值减小为其初始值的5%，而在 $z=5\delta_s$ 处，则减小为其初始值的1%。

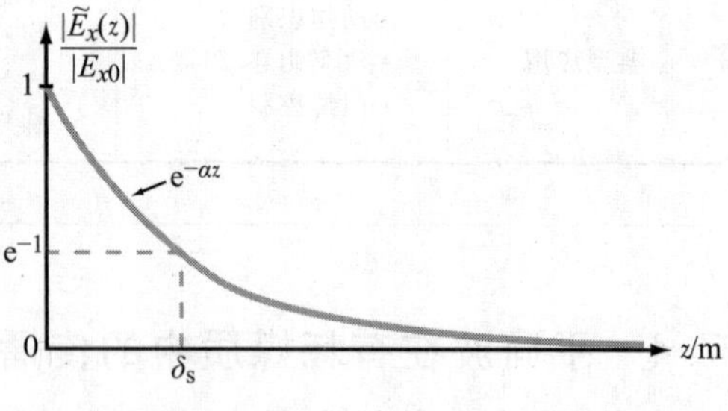

图 7-13　$\widetilde{E}_x(z)$的幅值随距离 z 衰减。趋肤深度 δ_s 为 $|\widetilde{E}_x(z)|/|E_{x0}|=\mathrm{e}^{-1}$ 或 $z=\delta_s=1/\alpha$ 时的 z 值

该距离 δ_s 称为媒质的**趋肤深度**，它表征了电磁波能够穿透导电媒质的深度。

在理想介质中，$\sigma=0$，$\varepsilon''=0$。由式(7.66a)得到 $\alpha=0$，所以 $\delta_s=\infty$，即在自由空间

中，平面波可以没有衰减地传播到无穷远。在理想导体中，$\sigma=\infty$，由式(7.66a)得到 $\alpha=\infty$，所以 $\delta_s=0$。如果同轴电缆的外导体的厚度设计为几个趋肤深度厚，那么它可以防止电缆内部的能量向外泄漏，也可以屏蔽外部的电磁能量渗透到电缆中。

由式(7.66a)、式(7.66b)和式(7.70)给出的关于 α、β 和 η_c 的表达式，对于任何线性、各向同性和均匀的媒质均有效。对于理想介质($\sigma=0$)，这些表达式简化为无耗情况(7.2 节)下的表达式，其中 $\alpha=0$，$\beta=k=\omega\sqrt{\mu\varepsilon}$，$\eta_c=\eta$。对于有耗媒质，在所有这些表达式中均出现比值$\varepsilon''/\varepsilon'=\sigma/\omega\varepsilon$，该比值在划分媒质的损耗程度方面起着重要作用。当$\varepsilon''/\varepsilon'\ll 1$ 时，媒质被认为是低损耗媒质；而当$\varepsilon''/\varepsilon'\gg 1$ 时，被认为是良导体。实际中，如果$\varepsilon''/\varepsilon'<10^{-2}$，就可以认为是低损耗媒质；而当$\varepsilon''/\varepsilon'>10^2$ 时，就可以认为是良导体；而当 $10^{-2}\leqslant\varepsilon''/\varepsilon'\leqslant 10^2$ 时，则为准导体。对于低损耗媒质和良导体，可以大大简化式(7.66)给出的表达式。

7.4.1　低损耗媒质

由式(7.62)可知，γ 的一般表达式为

$$\gamma=\mathrm{j}\omega\sqrt{\mu\varepsilon'}\left(1-\mathrm{j}\frac{\varepsilon''}{\varepsilon'}\right)^{1/2} \tag{7.73}$$

当$|x|\ll 1$ 时，函数$(1-x)^{1/2}$ 可以用其二项式级数展开的前两项近似表示，即$(1-x)^{1/2}\approx 1-x/2$。将这个近似应用于 $x=\mathrm{j}\,\varepsilon''/\varepsilon'$和$\varepsilon''/\varepsilon'\ll 1$ 的低损耗媒质的式(7.73)中，可以得到

$$\gamma\approx\mathrm{j}\omega\sqrt{\mu\varepsilon'}\left(1-\mathrm{j}\frac{\varepsilon''}{2\varepsilon'}\right) \tag{7.74}$$

式(7.74)的实部和虚部为

$$\alpha\approx\frac{\omega\varepsilon''}{2}\sqrt{\frac{\mu}{\varepsilon'}}=\frac{\sigma}{2}\sqrt{\frac{\mu}{\varepsilon}}\quad(\mathrm{Np/m}) \tag{7.75a}$$

$$\beta\approx\omega\sqrt{\mu\varepsilon'}=\omega\sqrt{\mu\varepsilon}\quad(\mathrm{rad/m}) \tag{7.75b}$$

(低损耗媒质)

我们注意到，β 的表达式与无耗介质的波数 k 相同。将二项式近似$(1-x)^{1/2}\approx 1-x/2$ 应用到式(7.70)中，得到

$$\eta_c\approx\sqrt{\frac{\mu}{\varepsilon'}}\left(1+\mathrm{j}\frac{\varepsilon''}{2\varepsilon'}\right)=\sqrt{\frac{\mu}{\varepsilon}}\left(1+\mathrm{j}\frac{\sigma}{2\omega\varepsilon}\right) \tag{7.76a}$$

在实际中，因为$\varepsilon''/\varepsilon'=\sigma/\omega\varepsilon<10^{-2}$，式(7.76a)的第二项通常被忽略，因此，

$$\eta_c\approx\sqrt{\frac{\mu}{\varepsilon}} \tag{7.76b}$$

该式与无耗情况的式(7.31)相同。

7.4.2　良导体

当$\varepsilon''/\varepsilon'>100$ 时，式(7.66a)、式(7.66b)和式(7.70)可以近似为

$$\alpha\approx\omega\sqrt{\frac{\mu\varepsilon''}{2}}=\omega\sqrt{\frac{\mu\sigma}{2\omega}}=\sqrt{\pi f\mu\sigma}\quad(\mathrm{Np/m}) \tag{7.77a}$$

$$\beta\approx\alpha\approx\sqrt{\pi f\mu\sigma}\quad(\mathrm{rad/m}) \tag{7.77b}$$

$$\eta_c\approx\sqrt{\mathrm{j}\frac{\mu}{\varepsilon''}}=(1+\mathrm{j})\sqrt{\frac{\pi f\mu}{\sigma}}=(1+\mathrm{j})\frac{\alpha}{\sigma}\quad(\Omega) \tag{7.77c}$$

式(7.77c)中使用了式(1.53)：$\sqrt{j}=(1+j)/\sqrt{2}$。对于$\sigma=\infty$的理想导体，由这些表达式得出$\alpha=\beta=\infty$，$\eta_c=0$。理想导体相当于传输线中的短路。

各种类型媒质的传播参数总结见表7-1。

表7-1　各种类型媒质的传播参数总结

	任意媒质	无耗媒质 ($\sigma=0$)	低损耗媒质 ($\varepsilon''/\varepsilon'\ll 1$)	良导体 ($\varepsilon''/\varepsilon'\gg 1$)	单位
$\alpha=$	$\omega\left\{\frac{\mu\varepsilon'}{2}\left[\sqrt{1+\left(\frac{\varepsilon''}{\varepsilon'}\right)^2}-1\right]\right\}^{1/2}$	0	$\approx\frac{\sigma}{2}\sqrt{\frac{\mu}{\varepsilon}}$	$\approx\sqrt{\pi f\mu\sigma}$	Np/m
$\beta=$	$\omega\left\{\frac{\mu\varepsilon'}{2}\left[\sqrt{1+\left(\frac{\varepsilon''}{\varepsilon'}\right)^2}+1\right]\right\}^{1/2}$	$\omega\sqrt{\mu\omega}$	$\approx\omega\sqrt{\mu\omega}$	$\approx\sqrt{\pi f\mu\sigma}$	rad/m
$\eta_c=$	$\sqrt{\frac{\mu}{\varepsilon'}}\left(1-j\frac{\varepsilon''}{\varepsilon'}\right)^{1/2}$	$\sqrt{\frac{\mu}{\varepsilon}}$	$\approx\sqrt{\frac{\mu}{\varepsilon}}$	$\approx(1+j)\frac{\alpha}{\sigma}$	Ω
$u_p=$	ω/β	$1/\sqrt{\mu\varepsilon}$	$\approx 1/\sqrt{\mu\varepsilon}$	$\approx\sqrt{4\pi f/\mu\sigma}$	m/s
$\lambda=$	$2\pi/\beta=u_p/f$	u_p/f	$\approx u_p/f$	$\approx u_p/f$	m

注：$\varepsilon'=\varepsilon$；$\varepsilon''=\sigma/\omega$；自由空间中，$\varepsilon=\varepsilon_0$，$\mu=\mu_0$；实际中，当一种材料满足$\varepsilon''/\varepsilon'=\sigma/\omega\varepsilon<0.01$时，可以认为是低损耗媒质，而当$\varepsilon''/\varepsilon'>100$时，可以认为是良导体。

例7-4　海水中的平面波

均匀平面波在海水中传播，假设x-y平面正好位于海平面以下，波沿$+z$方向传播到海水中。海水的本构参数为$\varepsilon_r=80$，$\mu_r=1$，$\sigma=4\text{S/m}$。如果$z=0$处的磁场为

$$\boldsymbol{H}(0,t)=\hat{\boldsymbol{y}}100\cos(2\pi\times10^3t+15°)\quad(\text{mA/m})$$

(a) 推导$\boldsymbol{E}(z,t)$和$\boldsymbol{H}(z,t)$的表达式；

(b) 确定$\boldsymbol{E}$的幅值衰减到$z=0$处初始值的1%时的深度。

解：(a) 由于$\boldsymbol{H}$在$\hat{\boldsymbol{y}}$方向，且传播方向为$\hat{\boldsymbol{z}}$方向，则$\boldsymbol{E}$必须在$\hat{\boldsymbol{x}}$方向。所以，相量场的一般表达式为

$$\widetilde{\boldsymbol{E}}(z)=\hat{\boldsymbol{x}}E_{x0}\mathrm{e}^{-\alpha z}\mathrm{e}^{-\mathrm{j}\beta z}\tag{7.78a}$$

$$\widetilde{\boldsymbol{H}}(z)=\hat{\boldsymbol{y}}\frac{E_{x0}}{\eta_c}\mathrm{e}^{-\alpha z}\mathrm{e}^{-\mathrm{j}\beta z}\tag{7.78b}$$

为了确定海水的α、β和η_c，首先计算比值$\varepsilon''/\varepsilon'$。由$\boldsymbol{H}(0,t)$余弦函数的辐角，可以推算出$\omega=2\pi\times10^3\,\text{rad/s}$。所以，$f=1\text{kHz}$。因此，

$$\frac{\varepsilon''}{\varepsilon'}=\frac{\sigma}{\omega\varepsilon}=\frac{4}{2\pi\times10^3\times80\times(10^{-9}/36\pi)}=9\times10^5$$

这说明海水在1kHz是良导体，允许使用表7-1给出的良导体的表达式：

$$\alpha=\sqrt{\pi f\mu\sigma}=\sqrt{\pi\times10^3\times4\pi\times10^{-7}\times4}\,\text{Np/m}=0.126\text{Np/m}\tag{7.79a}$$

$$\beta=\alpha=0.126\text{rad/m}\tag{7.79b}$$

$$\eta_c=(1+\mathrm{j})\frac{\alpha}{\sigma}=(\sqrt{2}\mathrm{e}^{\mathrm{j}\pi/4})\frac{0.126}{4}\Omega=0.044\mathrm{e}^{\mathrm{j}\pi/4}\Omega\tag{7.79c}$$

由于没有给出电场振幅E_{x0}的明确信息，假设它是复数，即$E_{x0}=|E_{x0}|\mathrm{e}^{\mathrm{j}\phi_0}$。波的瞬时电场和磁场为

$$\boldsymbol{E}(z,t)=\mathrm{Re}(\hat{\boldsymbol{x}}\,|E_{x0}|\,\mathrm{e}^{\mathrm{j}\phi_0}\,\mathrm{e}^{-\alpha z}\,\mathrm{e}^{-\mathrm{j}\beta z}\,\mathrm{e}^{\mathrm{j}\omega t})$$

$$=\hat{\boldsymbol{x}}\,|E_{x0}|\,\mathrm{e}^{-0.126z}\cos(2\pi\times10^3t-0.126z+\phi_0)\ \mathrm{V/m} \tag{7.80a}$$

$$\boldsymbol{H}(z,t)=\mathrm{Re}\left(\hat{\boldsymbol{y}}\,\frac{|E_{x0}|\,\mathrm{e}^{\mathrm{j}\phi_0}}{0.044\mathrm{e}^{\mathrm{j}\pi/4}}\mathrm{e}^{-\alpha z}\,\mathrm{e}^{-\mathrm{j}\beta z}\,\mathrm{e}^{\mathrm{j}\omega t}\right)$$

$$=\hat{\boldsymbol{y}}22.5\,|E_{x0}|\,\mathrm{e}^{-0.126z}\cos(2\pi\times10^3t-0.126z+\phi_0-45^\circ)\ \mathrm{A/m} \tag{7.80b}$$

在 $z=0$ 处：

$$\boldsymbol{H}(0,t)=\hat{\boldsymbol{y}}22.5\,|E_{x0}|\cos(2\pi\times10^3t+\phi_0-45^\circ)\ \mathrm{A/m} \tag{7.81}$$

将式(7.81)与问题陈述中给出的表达式进行比较：$\boldsymbol{H}(0,t)=\hat{\boldsymbol{y}}100\cos(2\pi\times10^3t+15^\circ)\ \mathrm{mA/m}$

我们推断出：

$$22.5\,|E_{x0}|=100\times10^{-3}$$

即

$$|E_{x0}|=4.44\mathrm{mV/m}$$

且

$$\phi_0-45^\circ=15^\circ\text{或}\phi_0=60^\circ$$

所以，$\boldsymbol{E}(z,t)$和$\boldsymbol{H}(z,t)$的最终表达式为

$$\boldsymbol{E}(z,t)=\hat{\boldsymbol{x}}4.44\mathrm{e}^{-0.126z}\cos(2\pi\times10^3t-0.126z+60^\circ)\ \mathrm{mV/m} \tag{7.82a}$$

$$\boldsymbol{H}(z,t)=\hat{\boldsymbol{y}}100\mathrm{e}^{-0.126z}\cos(2\pi\times10^3t-0.126z+15^\circ)\ \mathrm{mA/m} \tag{7.82b}$$

◀

> 由于在有耗媒质中$\boldsymbol{E}(z,t)$和$\boldsymbol{H}(z,t)$不再有相同的恒定相位角，因此它们不再作为z和t的函数同步振荡。

(b) $\boldsymbol{E}$ 的幅值减小到 $z=0$ 处初始值的 1%的深度由下式得到：

$$0.01=\mathrm{e}^{-0.126z}$$

或

$$z=\frac{\ln(0.01)}{-0.126}\mathrm{m}=36.55\mathrm{m}\approx37\mathrm{m}$$

模块 7.5(波的衰减)　观察在有耗媒质中传播的平面波轮廓。确定媒质的趋肤深度、传播参数和本征阻抗。

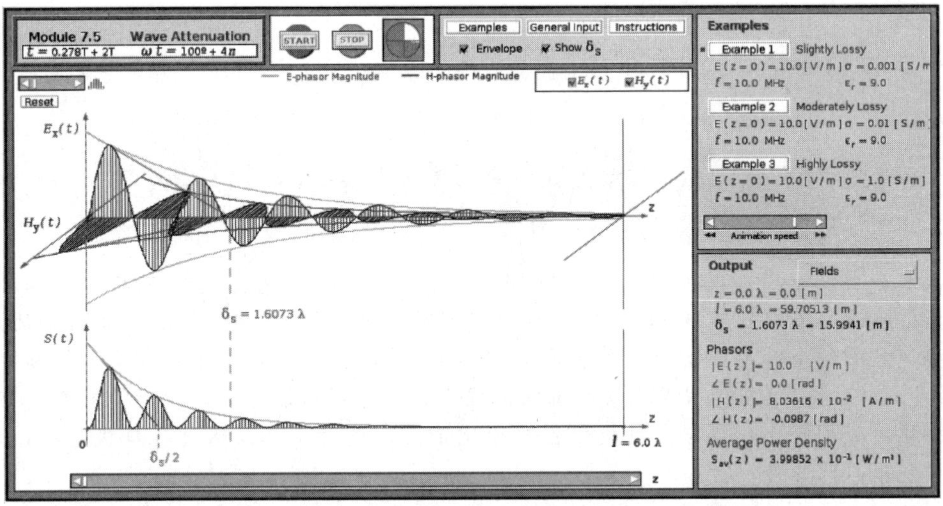

练习 7-7 铜的本构参数为 $\mu=\mu_0=4\pi\times10^{-7}$ H/m，$\varepsilon=\varepsilon_0\approx(1/36\pi)\times10^{-9}$ F/m 和 $\sigma=5.8\times10^7$ S/m。假设这些参数与频率无关，确定在电磁频谱内(参见图 1-16)铜是良导体的频率范围。

答案： $f<1.04\times10^{16}$ Hz，这包括电磁频谱的射频、红外、可见光和部分紫外线区域。(参见Ⓔⓜ)

练习 7-8 在什么频率范围内，$\varepsilon_r=3$，$\mu_r=1$，$\sigma=10^{-4}$ S/m 的干土壤可以看作低损耗介质?

答案： $f>60$MHz。(参见Ⓔⓜ)

练习 7-9 对于在趋肤深度为 δ_s 的媒质中传播的波，与初始值相比，在 $3\delta_s$ 距离处 $\boldsymbol{E}$ 的幅值是多少?

答案： $e^{-3}\approx0.05$ 或 5%。(参见Ⓔⓜ)

技术简介 14：液晶显示

液晶显示(LCD)用于数字时钟、蜂窝电话、台式和笔记本计算机、一些电视机和其他电子系统中。与以前的显示技术(如阴极射线管)相比，它们具有明显的优势，因为它们更轻、更薄，工作中消耗的电能也更少。液晶显示技术依赖于一类被称为液晶的材料的特殊电学和光学性质，这类材料最早是在 19 世纪 80 年代由植物学家**弗里德里希·赖尼策**(Friedrich Reinitzer)发现的。

物理原理

> **液晶**既不是纯固体，也不是纯液体，它是两者的混合体。

一个特别有趣的种类是**扭曲向列型液晶**，当材料被夹在具有正交方向的**细沟槽玻璃衬底**之间时，它的棒状分子有一种自然的倾向，即呈现**扭曲的螺旋结构**(见图 TF14-1)。注意，与沟槽表面接触的分子沿沟槽平行排列，从入口衬底的 y 方向到出口衬底的 x 方向。分子螺旋使晶体表现得**像波极化器**，非极化光沿螺旋的方向入射到入口衬底上，其极化(电场方向)与沟槽方向平行地穿过出口衬底，如图 TF14-1 所示为沿 x 方向。因此，入射光的 x 和 y 分量中，只有 y 分量被允许通过 y 极化滤光片，但由于液晶分子促进了螺旋作用，从液晶结构中出来的光是 x 极化的。

LCD 结构

如图 TF14-2 所示为 OFF 和 ON 状态的单像素 LCD 结构，OFF 对应亮像素，ON 对应暗像素。

> 夹在中间的液晶层(通常**厚度为 5μm** 或人类头发的 1/20)被一对正交极化的光学滤光片横跨在两头。

当液晶层没有施加电压时(见图 TF14-2a)，入射的非极化光通过入口极化器时被极化，然后随着分子螺旋旋转 90°，最后从出口极化器出来，使出口表面具有明亮的外观。向列型液晶的一个有用特性是，在电场(由跨层电压差引起)的影响下，它们的螺旋将解扭(见图 TF14-2b)。解扭的程度取决于电场的强度。当光穿过晶体时，由于没有螺旋来旋转波的极化，光的极化变得与出口极化器的极化正交，没有光可以通过出口极化器，因此，像素呈现出黑暗的外观。

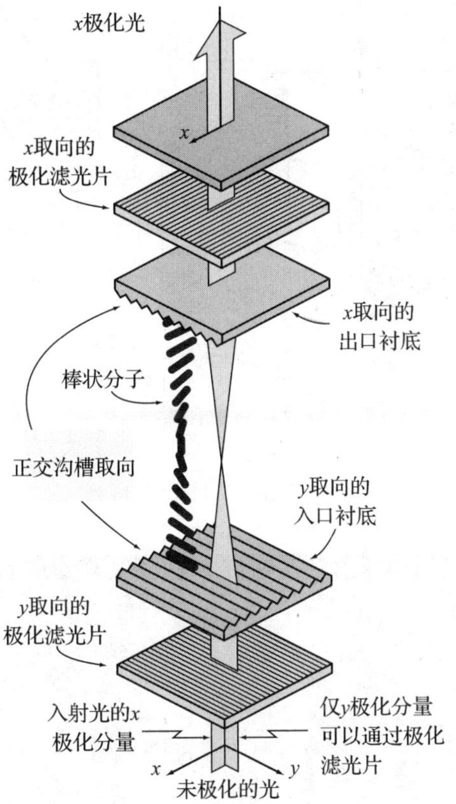

图 TF14-1　液晶的棒状分子夹在正交方向的细沟槽衬底之间，导致通过它的光的电场旋转 90°

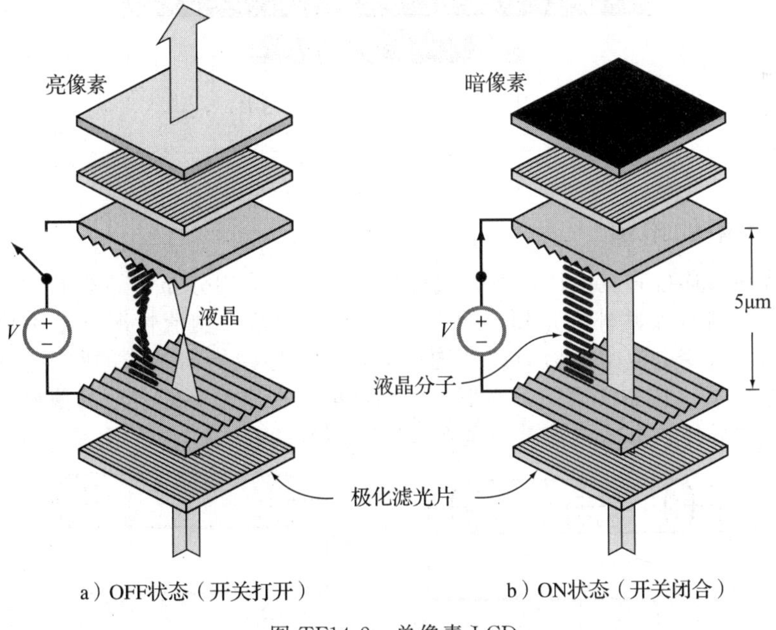

图 TF14-2　单像素 LCD

通过将这一概念扩展到**二维像素阵列**，并设计一种单独控制每个像素电压的方案(通常使用薄膜晶体管)，就可以显示如图 TF14-3 所示的完整图像。对于彩色 LCD 显示器(见图 TF14-4)，每个像素由三个带有互补色(红、绿、蓝)滤光片的子像素组成。

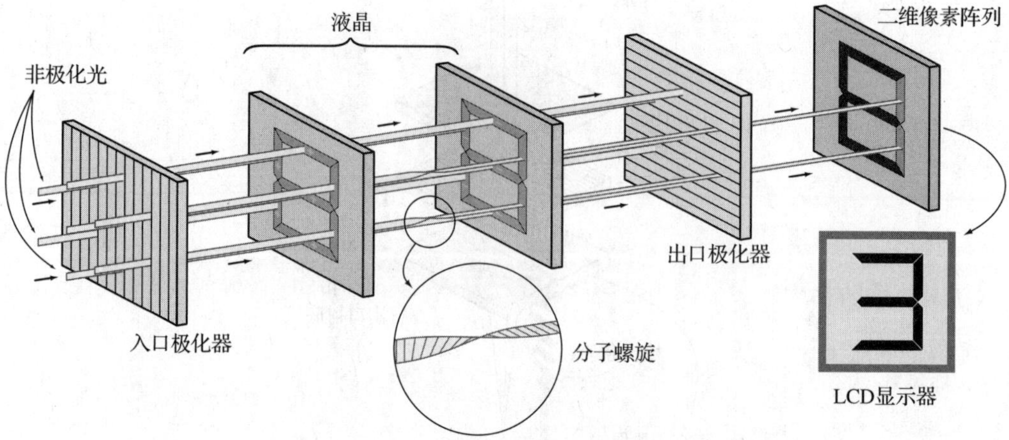

图 TF14-3 二维 LCD 阵列

图 TF14-4 彩色 LCD 显示器

7.5 良导体中的电流

当在导线两端连接直流电压源时，流过导线的电流均匀分布于导线的横截面上，即电流密度 $\boldsymbol{J}$ 沿导线轴线及其外围是相等的(见图 7-14a)。这在交流情况下是不成立的。正如我们所看到的，时变电流密度沿导线外围最大，并随导线指向轴线的距离呈指数下降(见图 7-14b)。事实上，在非常高的频率下，大部分电流在靠近导线表面的薄层中流动，如果导线材料是理想导体，那么电流就完全在导线表面流动。

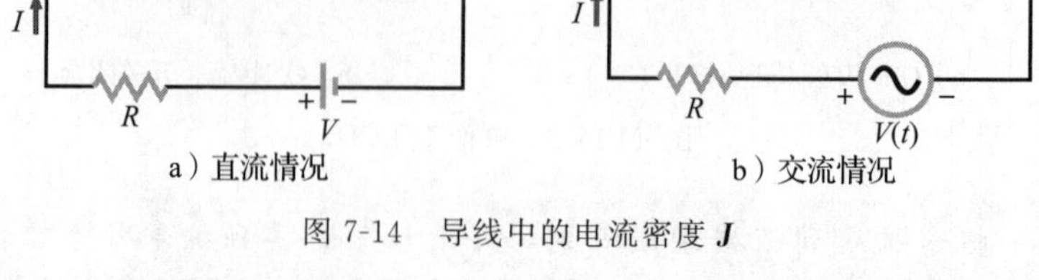

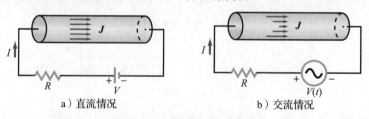

图 7-14 导线中的电流密度 $\boldsymbol{J}$

在分析具有圆形截面的导线之前，我们先考虑半无限大导体的简单几何结构，如

图 7-15a 所示。导体与理想介质的平面分界面为 x-y 平面，如果在 $z=0^-$ 处(正好在边界以上)，介质中存在 x 极化的电场 $\widetilde{\boldsymbol{E}}=\hat{\boldsymbol{x}}E_0$，则在导电媒质中感应出相同极化的场，并以平面波的形式沿 $+z$ 方向传播。由于边界条件要求任意两个相邻媒质的边界上 $\boldsymbol{E}$ 的切向分量保持连续，因此在 $z=0^+$ 处(正好在边界以下)的电场也为 $\widetilde{\boldsymbol{E}}=\hat{\boldsymbol{x}}E_0$。

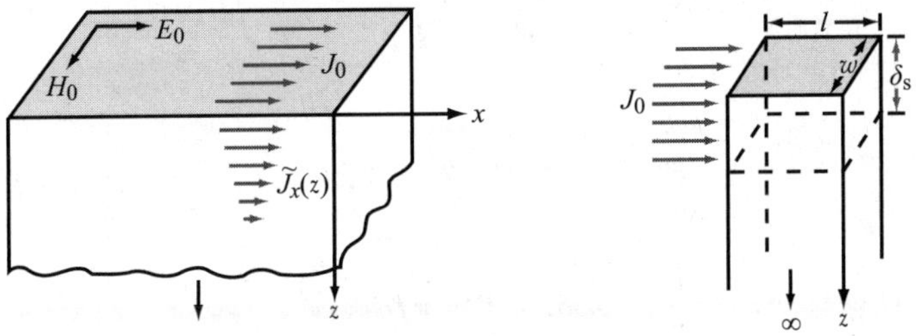

a) $\widetilde{J}_x(z)$按指数衰减　　b) 在趋肤深度 δ_s 上等效的 J_0

图 7-15　在导体中电流密度 $\widetilde{J}_x(z)$ 随 z 按指数衰减。流过宽度为 w 从 $z=0$ 到 $z=\infty$ 截面的总电流等效于恒定电流密度 J_0 流过深度为 δ_s 截面的电流

导体中任意深度 z 的电磁场为

$$\widetilde{\boldsymbol{E}}(z)=\hat{\boldsymbol{x}}E_0\mathrm{e}^{-\alpha z}\mathrm{e}^{-\mathrm{j}\beta z} \tag{7.83a}$$

$$\widetilde{\boldsymbol{H}}(z)=\hat{\boldsymbol{y}}\frac{E_0}{\eta_c}\mathrm{e}^{-\alpha z}\mathrm{e}^{-\mathrm{j}\beta z} \tag{7.83b}$$

由 $\boldsymbol{J}=\sigma\boldsymbol{E}$ 可知，电流沿 x 方向流动，其密度为

$$\widetilde{\boldsymbol{J}}(z)=\hat{\boldsymbol{x}}\widetilde{J}_x(z) \tag{7.84}$$

式中，

$$\widetilde{J}_x(z)=\sigma E_0\mathrm{e}^{-\alpha z}\mathrm{e}^{-\mathrm{j}\beta z}=J_0\mathrm{e}^{-\alpha z}\mathrm{e}^{-\mathrm{j}\beta z} \tag{7.85}$$

式中，$J_0=\sigma E_0$ 为表面上电流密度的幅值。根据式(7.72)定义的趋肤深度 $\delta_s=1/\alpha$，并利用式(7.77b)表示的良导体中 $\alpha=\beta$，式(7.85)可以写为

$$\widetilde{J}_x(z)=J_0\mathrm{e}^{-(1+\mathrm{j})z/\delta_s}\quad(\mathrm{A/m^2}) \tag{7.86}$$

流过在 y 方向宽度为 w，在 z 方向深度由 0 扩展到 ∞ 的矩形带中的电流为

$$\widetilde{I}=w\int_0^\infty\widetilde{J}_x(z)\mathrm{d}z=w\int_0^\infty J_0\mathrm{e}^{-(1+\mathrm{j})z/\delta_s}\mathrm{d}z=\frac{J_0w\delta_s}{1+\mathrm{j}}\quad(\mathrm{A}) \tag{7.87}$$

式(7.87)的分子表示电流密度 J_0 均匀流过宽度为 w 和深度为 δ_s 的薄表面。由于 $\widetilde{J}_x(z)$ 随深度 z 按指数衰减，当导体的厚度 d 超过几倍的趋肤深度时，有限厚度 d 的导体可以视为电等效无限厚度的导体。事实上，如果 $d=3\delta_s$[代替式(7.87)积分中的 ∞]，式(7.87)右端的结果引入的误差小于 5%；如果 $d=5\delta_s$，误差小于 1%。

在表面上(见图 7-15b)长度 l 上的电压为

$$\widetilde{V}=E_0l=\frac{J_0}{\sigma}l \tag{7.88}$$

所以，宽度为 w，长度为 l，深度 $d=\infty$(或实际中，$d>5\delta_s$)导体板的阻抗为

$$Z=\frac{\widetilde{V}}{\widetilde{I}}=\frac{1+\mathrm{j}}{\sigma\delta_s}\frac{l}{w}\quad(\Omega) \tag{7.89}$$

习惯上将 Z 表示为

$$Z=Z_s\frac{l}{w} \tag{7.90}$$

式中，Z_s 称为导体的内阻抗或表面阻抗，定义为长度 $l=1\text{m}$，宽度 $w=1\text{m}$ 的导体的阻抗。所以，

$$Z_s=\frac{1+\mathrm{j}}{\sigma\delta_s}\quad(\Omega)\tag{7.91}$$

由于 Z_s 的电抗部分为正，Z_s 可以定义为

$$Z_s=R_s+\mathrm{j}\omega L_s$$

式中，

$$R_s=\frac{1}{\sigma\delta_s}=\sqrt{\frac{\pi f\mu}{\sigma}}\quad(\Omega)\tag{7.92a}$$

$$L_s=\frac{1}{\omega\sigma\delta_s}=\frac{1}{2}\sqrt{\frac{\mu}{\pi f\sigma}}\quad(\text{H})\tag{7.92b}$$

这里使用了式(7.77a)：$\delta_s=1/\alpha\approx1/\sqrt{\pi f\mu\sigma}$。根据表面电阻 R_s，宽为 w 长为 l 的导体板的交流电阻为

$$R=R_s\frac{l}{w}=\frac{l}{\sigma\delta_s w}\quad(\Omega)\tag{7.93}$$

交流电阻 R 的表达式等效于截面为 $A=\delta_s w$，长度为 l 的导体板的直流电阻。

导体板所得到的结果可以扩展到如图 7-16a 所示的同轴电缆。如果导体为 $\sigma=5.8\times10^7\text{S/m}$ 的铜，1MHz 上的趋肤深度为 $\delta_s=1/\sqrt{\pi f\mu\sigma}=0.066\text{mm}$，并且由于 δ_s 随 $1/\sqrt{f}$ 变化，频率越高，趋肤深度越小。当内导体的半径 a 大于 $5\delta_s$，即在 1MHz 上的 0.33mm 时，其“深度”可以认为是无穷大，类似的规则也适用于外导体的厚度。为了计算内导体的电阻，注意电流集中于表面附近，而且近似等于流过深度为 δ_s，周长为 $2\pi a$ 薄层的均匀电流。换句话说，内导体的电阻与深度为 δ_s 宽度为 $w=2\pi a$ 的导体板的电阻近似相同，如图 7-16b 所示。通过在式(7.93)中设定 $w=2\pi a$ 并且除以 l 得到对应单位长度的电阻：

$$R_1'=\frac{R}{l}=\frac{R_s}{2\pi a}\quad(\Omega/\text{m})\tag{7.94}$$

同样，对于外导体，电流集中于导体的内表面靠近两导体之间绝缘媒质的深度为 δ_s 的薄层中，也就是电磁场存在的地方。半径为 b 的外导体单位长度的电阻为

$$R_2'=\frac{R_s}{2\pi b}\quad(\Omega/\text{m})\tag{7.95}$$

同轴电缆单位长度总的交流电阻为

$$R'=R_1'+R_2'=\frac{R_s}{2\pi}\left(\frac{1}{a}+\frac{1}{b}\right)\quad(\Omega/\text{m})\tag{7.96}$$

该表达式在第 2 章中用于表示同轴线单位长度的电阻。

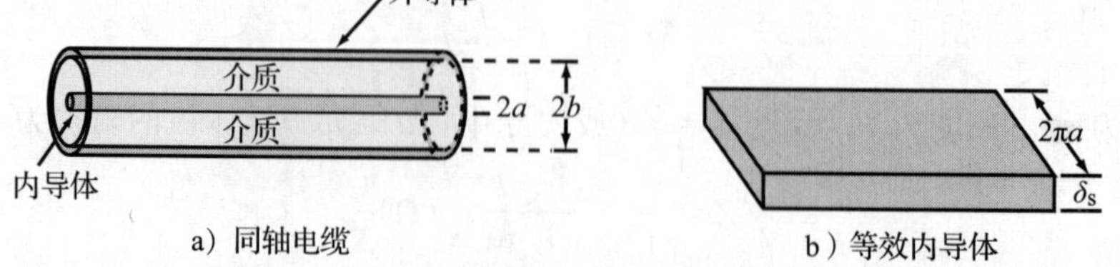

图 7-16　同轴电缆的内导体被宽度为 $2\pi a$，深度为 δ_s 的导体板代替，就像其表面在底部沿长度切开并展开为平面几何形状

模块 7.6(导体中的电流)　该模块显示导体中电流密度的指数衰减。

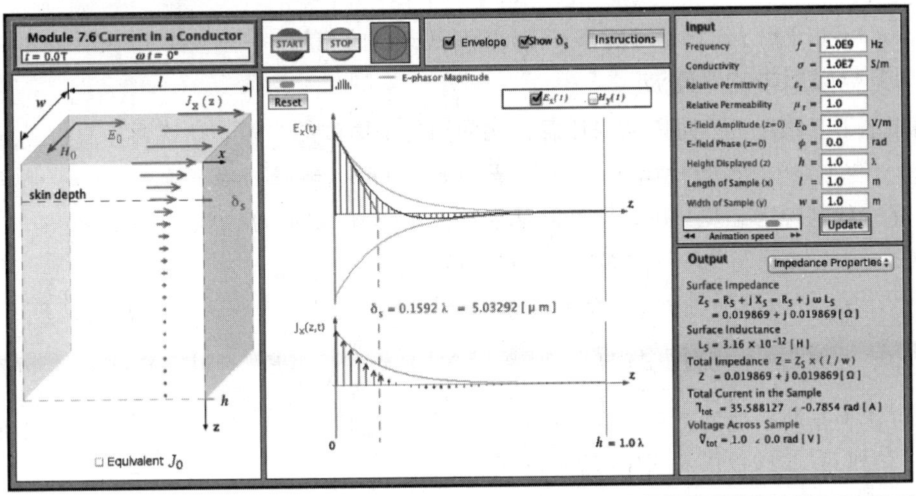

概念问题 7-6：低损耗媒质的 β 和无耗媒质的 β 有何不同？

概念问题 7-7：良导体中 $\boldsymbol{H}$ 的相位是超前还是滞后于 $\boldsymbol{E}$ 的相位的？值是多少？

概念问题 7-8：衰减是指波在有耗媒质中传播时会损失能量。损失能量会发生什么？

概念问题 7-9：导电媒质是色散的还是非色散的？解释其原因。

概念问题 7-10：比较流过导线的直流电流和交流电流；比较导线对应的直流电阻和交流电阻。

7.6　电磁功率密度

本节讨论电磁波所携带的功率流。对于具有电场 $\boldsymbol{E}$ 和磁场 $\boldsymbol{H}$ 的任意电磁波，坡印廷矢量 $\boldsymbol{S}$ 定义为

$$\boldsymbol{S}=\boldsymbol{E}\times\boldsymbol{H}\quad(\mathrm{W/m^2})\tag{7.97}$$

$\boldsymbol{S}$ 的单位为(V/m)×(A/m)=(W/m²)，$\boldsymbol{S}$ 的方向沿波的传播方向。因此，$\boldsymbol{S}$ 表示单位面积上波所携带的功率(或功率密度)。如图 7-17 所示，如果波入射到一个外表面单位法向矢量为 $\hat{\boldsymbol{n}}$，面积为 A 的孔径上，那么流过孔径或被孔径截取的总功率为

$$P=\int_A \boldsymbol{S}\cdot\hat{\boldsymbol{n}}\,\mathrm{d}A\quad(\mathrm{W})\tag{7.98}$$

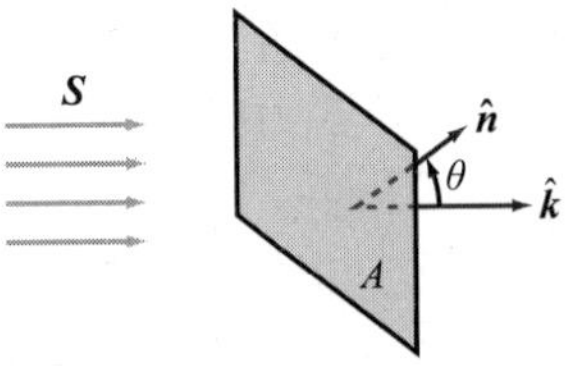

图 7-17　通过孔径的电磁功率流

对于传播方向为 $\hat{\boldsymbol{k}}$ 的均匀平面波，如果 $\hat{\boldsymbol{k}}$ 与 $\hat{\boldsymbol{n}}$ 的夹角为 θ，则 $P=SA\cos\theta$，其中 $S=|\boldsymbol{S}|$。

除了 $\boldsymbol{S}$ 的单位是每单位面积之外，式(7.97)是通过传输线的瞬时功率 $P(z,t)$ 标量表达式的矢量类比：

$$P(z,t)=v(z,t)i(z,t)\tag{7.99}$$

式中，$v(z,t)$ 和 $i(z,t)$ 为传输线上的瞬时电压和电流。

由于 $\boldsymbol{E}$ 和 $\boldsymbol{H}$ 均为时间的函数，因此坡印廷矢量 $\boldsymbol{S}$ 也是时间的函数。然而，在实际中，更令人兴趣的量是波的平均功率密度 $\boldsymbol{S}_{\mathrm{av}}$，它是 $\boldsymbol{S}$ 的时间平均值：

$$\boldsymbol{S}_{\mathrm{av}}=\frac{1}{2}\mathrm{Re}(\widetilde{\boldsymbol{E}}\times\widetilde{\boldsymbol{H}}^*)\quad(\mathrm{W/m^2})\tag{7.100}$$

该式可以视为传输线所携带的时间平均功率的式(2.107)的电磁等效，即

$$P_{av}(z)=\frac{1}{2}\mathrm{Re}[\widetilde{V}(z)\widetilde{I}^*(z)] \tag{7.101}$$

式中，$\widetilde{V}(z)$和$\widetilde{I}(z)$分别为对应于$v(z,t)$和$i(z,t)$的相量。

7.6.1 无耗媒质中的平面波

回想一下，沿$+z$方向传播的任意极化的均匀平面波的一般表达式为

$$\widetilde{\boldsymbol{E}}(z)=\hat{\boldsymbol{x}}\widetilde{E}_x(z)+\hat{\boldsymbol{y}}\widetilde{E}_y(z)=(\hat{\boldsymbol{x}}E_{x0}+\hat{\boldsymbol{y}}E_{y0})\mathrm{e}^{-\mathrm{j}kz} \tag{7.102}$$

式中，在一般情况下，E_{x0}和E_{y0}可以是复数。$\widetilde{\boldsymbol{E}}(z)$的幅值为

$$|\widetilde{\boldsymbol{E}}|=(\widetilde{\boldsymbol{E}}\cdot\widetilde{\boldsymbol{E}}^*)^{1/2}=(|E_{x0}|^2+|E_{y0}|^2)^{1/2} \tag{7.103}$$

应用式(7.39a)可以得到与$\widetilde{\boldsymbol{E}}(z)$相关的相量磁场

$$\widetilde{\boldsymbol{H}}(z)=(\hat{\boldsymbol{x}}\widetilde{H}_x+\hat{\boldsymbol{y}}\widetilde{H}_y)\mathrm{e}^{-\mathrm{j}kz}=\frac{1}{\eta}\hat{\boldsymbol{z}}\times\widetilde{\boldsymbol{E}}=\frac{1}{\eta}(-\hat{\boldsymbol{x}}E_{y0}+\hat{\boldsymbol{y}}E_{x0})\mathrm{e}^{-\mathrm{j}kz} \tag{7.104}$$

该波可以认为是两个波的总和：一个由场$(\widetilde{E}_x,\widetilde{H}_y)$组成，另一个由场$(\widetilde{E}_y,\widetilde{H}_x)$组成。将式(7.102)和式(7.104)代入式(7.100)得到

$$\boldsymbol{S}_{av}=\hat{\boldsymbol{z}}\frac{1}{2\eta}(|E_{x0}|^2+|E_{y0}|^2)=\hat{\boldsymbol{z}}\frac{|\widetilde{\boldsymbol{E}}|^2}{2\eta}\quad(\mathrm{W/m^2})\quad(\text{无耗媒质}) \tag{7.105}$$

该式表明，功率在z方向流动，其平均功率密度等于$(\widetilde{E}_x,\widetilde{H}_y)$和$(\widetilde{E}_y,\widetilde{H}_x)$波平均功率密度之和。注意，$\boldsymbol{S}_{av}$仅依赖于$\eta$和$|\widetilde{\boldsymbol{E}}|$，只要它们的电场具有相同的幅值，不同极化的波具有相同的平均功率密度。

例 7-5 太阳能

如果太阳照射地球表面的功率密度为$1\mathrm{kW/m^2}$，求：(a) 太阳辐射的总功率，(b) 地球截获的总功率，(c) 入射到地球表面功率密度的电场。假设所有太阳光是在单一频率上，地球绕太阳的轨道半径R_s近似为$1.5\times10^8\mathrm{km}$，地球的平均半径R_e为6380km。

解： (a) 假设太阳辐射是各向同性的(所有方向的辐射相同)，其辐射的总功率为$S_{av}A_{sph}$，其中A_{sph}为半径为R_s的球壳的面积(见图 7-18a)。所以，

$$P_{sun}=S_{av}(4\pi R_s^2)=1\times10^3\times4\pi\times(1.5\times10^{11})^2\mathrm{W}=2.8\times10^{26}\mathrm{W}$$

(b) 参考图 7-18b 可知，地球截面$A_e=\pi R_e^2$截获的功率为

$$P_{int}=S_{av}(\pi R_e^2)=1\times10^3\times\pi\times(6.38\times10^6)^2\mathrm{W}=1.28\times10^{17}\mathrm{W}$$

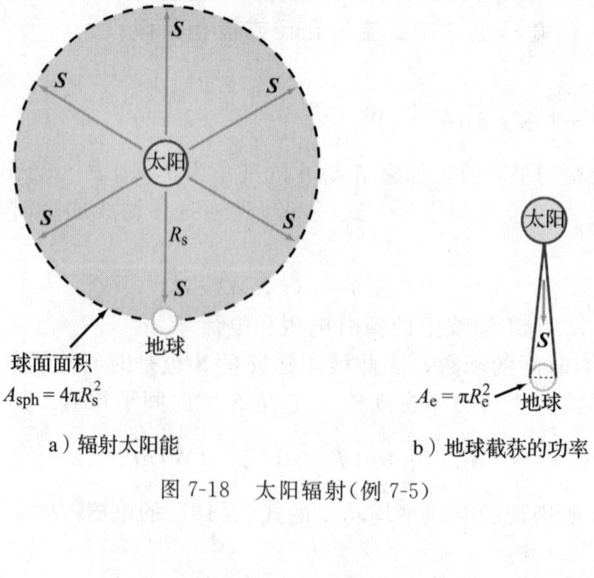

图 7-18 太阳辐射(例 7-5)

(c)平均功率密度 S_{av} 与电场幅值 $|\widetilde{E}|=E_0$ 的关系式为

$$S_{av}=\frac{E_0^2}{2\eta_0}$$

式中，对于空气，$\eta_0=377\Omega$。所以，

$$E_0=\sqrt{2\eta_0 S_{av}}=\sqrt{2\times377\times10^3}\text{V/m}=870\text{V/m}$$ ◀

7.6.2 有耗媒质中的平面波

式(7.68)和式(7.69)给出的表达式描述了在传播常数为 $\gamma=\alpha+j\beta$ 的有耗媒质中，沿 $+z$ 方向传播的 x 极化平面波的电场和磁场。将这些表达式扩展到包含 x 和 y 两个方向分量的波的一般情况，我们得到

$$\widetilde{\boldsymbol{E}}(z)=\hat{\boldsymbol{x}}\widetilde{E}_x(z)+\hat{\boldsymbol{y}}\widetilde{E}_y(z)=(\hat{\boldsymbol{x}}E_{x0}+\hat{\boldsymbol{y}}E_{y0})\text{e}^{-\alpha z}\text{e}^{-j\beta z} \tag{7.106a}$$

$$\widetilde{\boldsymbol{H}}(z)=\frac{1}{\eta_c}(-\hat{\boldsymbol{x}}E_{y0}+\hat{\boldsymbol{y}}E_{x0})\text{e}^{-\alpha z}\text{e}^{-j\beta z} \tag{7.106b}$$

式中，η_c 为有耗媒质的本征阻抗。应用式(7.100)得到

$$\boldsymbol{S}_{av}(z)=\frac{1}{2}\text{Re}(\widetilde{\boldsymbol{E}}\times\widetilde{\boldsymbol{H}}^*)=\frac{\hat{\boldsymbol{z}}(|E_{x0}|^2+|E_{y0}|^2)}{2}\text{e}^{-2\alpha z}\text{Re}\left(\frac{1}{\eta_c^*}\right) \tag{7.107}$$

将 η_c 表示为极坐标形式：

$$\eta_c=|\eta_c|\text{e}^{j\theta_\eta} \tag{7.108}$$

式(7.107)可以重新写为

$$\boldsymbol{S}_{av}(z)=\hat{\boldsymbol{z}}\frac{|\widetilde{E}(0)|^2}{2|\eta_c|}\text{e}^{-2\alpha z}\cos\theta_\eta \quad (\text{W/m}^2)\quad(\text{有耗媒质}) \tag{7.109}$$

式中，$|\widetilde{E}(0)|=(|E_{x0}|^2+|E_{y0}|^2)^{1/2}$ 为 $\widetilde{\boldsymbol{E}}(z)$ 在 $z=0$ 处的幅值。

> 平均功率密度 $\boldsymbol{S}_{av}$ 随 z 按 $\text{e}^{-2\alpha z}$ 衰减，而 $\widetilde{\boldsymbol{E}}(z)$ 和 $\widetilde{\boldsymbol{H}}(z)$ 按 $\text{e}^{-\alpha z}$ 衰减。

当波传播距离 $z=\delta_s=1/\alpha$ 时，其电场和磁场的幅值减小到初始值的 $\text{e}^{-1}\approx37\%$，而平均功率密度减小到初始值的 $\text{e}^{-2}\approx14\%$。

7.6.3 功率比的分贝标度

功率 P 的单位是 W(瓦)，在许多工程问题中，感兴趣的量是两个功率 P_1 和 P_2 的比，如传输线上的入射功率和反射功率，通常比值 P_1/P_2 可以变化几个数量级。分贝(dB)标度是对数的，所以提供了功率比的方便表示，特别在绘制 P_1/P_2 的数值随某些感兴趣的变量变化的曲线时，利用分贝标度会更方便。如果

$$G=\frac{P_1}{P_2} \tag{7.110}$$

则

$$G[\text{dB}]=10\log G=10\log\left(\frac{P_1}{P_2}\right)\quad(\text{dB}) \tag{7.111}$$

表 7-2 给出了 G 和对应 $G[\text{dB}]$值的对比。虽然分贝是针对功率比定义的，但有时可以用于表示其他量。例如，如果 $P_1=V_1^2/R$ 为 t_1 时刻电压 V_1 在电阻 R 上耗散的功率，$P_2=V_2^2/R$ 为 t_2 时刻在相同电阻上耗散的功率，则

$$G[\text{dB}]=10\log\left(\frac{P_1}{P_2}\right)=10\log\left(\frac{\frac{V_1^2}{R}}{\frac{V_2^2}{R}}\right)=20\log\left(\frac{V_1}{V_2}\right)=20\log(g)=g[\text{dB}] \tag{7.112}$$

式中，$g=\dfrac{V_1}{V_2}$为电压比。注意，对于电压(或电流)比，系数是20，而不是10，这样得到G[dB]$=g$[dB]。

衰减率表示$\boldsymbol{S}_{\text{av}}(z)$的幅值作为传播距离的函数的减小速率，定义为

$$A=10\log\left[\frac{S_{\text{av}}(z)}{S_{\text{av}}(0)}\right]=10\log(\mathrm{e}^{-2\alpha z})$$
$$=-20\alpha z\log \mathrm{e}=-8.68\alpha z$$
$$=-\alpha[\text{dB/m}]z \quad (\text{dB}) \tag{7.113}$$

式中，

$$\alpha[\text{dB/m}]=8.68\alpha(\text{Np/m}) \tag{7.114}$$

由于$\boldsymbol{S}_{\text{av}}(z)$直接与$|\boldsymbol{E}(z)|^2$成正比，则

$$A=10\log\left[\frac{|E(z)|^2}{|E(0)|^2}\right]=20\log\left[\frac{|E(z)|}{|E(0)|}\right] \quad (\text{dB}) \tag{7.115}$$

表 7-2　自然数字和分贝表示的功率比

G	G[dB]
10^x	$10x$dB
4	6dB
2	3dB
1	0dB
0.5	−3dB
0.25	−6dB
0.1	−10dB
10^{-3}	−30dB

例 7-6　潜水艇天线接收的功率

位于海平面以下200m的潜水艇使用线天线接收1kHz的传输信号。求例7-4中的电磁波入射到潜水艇天线上的平均功率密度。

解：由例7-4可知，$|\widetilde{E}(0)|=|E_{x0}|=4.44\text{mV/m}$，$\alpha=0.126\text{Np/m}$，$\eta_c=0.044\angle 45°\Omega$。应用式(7.109)得到

$$\boldsymbol{S}_{\text{av}}(z)=\hat{\boldsymbol{z}}\frac{|E_0|^2}{2|\eta_c|}\mathrm{e}^{-2\alpha z}\cos\theta_\eta=\hat{\boldsymbol{z}}\frac{(4.44\times10^{-3})^2}{2\times0.044}\mathrm{e}^{-0.252z}\cos45°\text{mW/m}^2=\hat{\boldsymbol{z}}0.16\mathrm{e}^{-0.252z}\text{mW/m}^2$$

在$z=200$m处，入射平均功率密度为

$$\boldsymbol{S}_{\text{av}}=\hat{\boldsymbol{z}}(0.16\times10^{-3}\mathrm{e}^{-0.252\times200})=\hat{\boldsymbol{z}}2.1\times10^{-26}\text{W/m}^2$$ ◀

练习 7-10　将下列功率比G的值转换为分贝：(a) 2.3，(b) 4×10^3，(c) 3×10^{-2}。

答案：(a) 3.6dB，(b) 36dB，(c) −15.2dB。(参见Ⓔⓜ)

练习 7-11　求下列功率比G的分贝值对应的电压比g：(a) 23dB，(b) −14dB，(c) −3.6dB。

答案：(a) 14.13，(b) 0.2，(c) 0.66。(参见Ⓔⓜ)

习题

7.2 节

7.1　在非磁性材料中传播的波的磁场为$\boldsymbol{H}=\hat{\boldsymbol{z}}30\cos(10^8t-0.5y)\text{mA/m}$。求：*(a) 波的传播方向，(b) 相速，*(c) 材料中的波长，(d) 材料的相对介电常数，(e) 电场相量。

7.2　写出在相对介电常数$\varepsilon_r=9$的无耗非磁性媒质中沿$+y$方向传播的1GHz正弦平面波的电场和磁场的一般表达式。已知电场沿x方向极化，其峰值为6V/m，在$t=0$，$y=2$cm处，场强为4V/m。

7.3　均匀平面波的电场相量为$\widetilde{\boldsymbol{E}}=\hat{\boldsymbol{y}}10\mathrm{e}^{\mathrm{j}0.2z}\text{V/m}$。如果波的相速为$1.5\times10^8$m/s，媒质的相对磁导率为$\mu_r=2.4$。求：*(a) 波长，(b) 波的频率$f$，(c) 媒质的相对介电常数，(d) 磁场$\boldsymbol{H}(z,t)$。

7.4　在非磁性材料中传播的平面波的电场为

$$\boldsymbol{E}=[\hat{\boldsymbol{y}}3\sin(\pi\times10^7t-0.2\pi x)+\hat{\boldsymbol{z}}4\sin(\pi\times10^7t-0.2\pi x)]\text{V/m}$$

确定：(a) 波长，(b) ε_r，(c) $\boldsymbol{H}$。

*7.5　由空气中的源辐射的波入射到土壤表面，一部分波传输到土壤中。如果空气中的波长为60cm，土壤中的波长为20cm，土壤的相对介电常数是多少？假设土壤为低损耗媒质。

7.6　平面波在$\varepsilon_r=2.56$的无耗非磁性电介质材料中传播，其电场为$\boldsymbol{E}=\hat{\boldsymbol{y}}20\cos(6\pi\times10^9t-kz)\text{V/m}$。确定：(a) f、u_p、λ、k和η，

(b) 磁场 $\boldsymbol{H}$。

7.7 在非磁性材料中传播的平面波的磁场为

$$\boldsymbol{H}=\hat{\boldsymbol{x}}60\cos(2\pi\times10^7t+0.1\pi y)+\hat{\boldsymbol{z}}30\cos(2\pi\times10^7t+0.1\pi y)\text{mA/m}$$

确定：*(a) 波长，(b) ε_r，(c) $\boldsymbol{E}$。

7.8 在相对介电常数$\varepsilon_r=4$ 的干燥土壤中，沿$-x$ 方向传播的 60MHz 平面波，有沿 z 方向极化的电场。假设干燥土壤近似无损耗，给定磁场峰值为 10mA/m，当 $t=0$，$x=-0.75$m 时测量的值为 7mA/m，推导该波电场和磁场的完整表达式。

7.3 节

*7.9 模值为 2V/m 的右旋圆极化波在自由空间中沿$-z$ 方向传播，已知波长为 6cm，写出波的电场矢量表达式。

7.10 已知某电磁波的电场表示为 $\boldsymbol{E}(z,t)=\hat{\boldsymbol{x}}a_x\cos(\omega t-kz)+\hat{\boldsymbol{y}}a_y\cos(\omega t-kz+\delta)$，在下列情况下，判断波的极化状态，确定极化角$(\gamma,\chi)$，绘出 $\boldsymbol{E}(0,t)$的轨迹，并使用模块 7.3 验证答案。

(a) $a_x=3$V/m，$a_y=4$V/m，$\delta=0$

(b) $a_x=3$V/m，$a_y=4$V/m，$\delta=180°$

(c) $a_x=3$V/m，$a_y=3$V/m，$\delta=45°$

(d) $a_x=3$V/m，$a_y=4$V/m，$\delta=-135°$

7.11 在自由空间中传播的均匀平面波的电场为 $\widetilde{\boldsymbol{E}}=(\hat{\boldsymbol{x}}+\mathrm{j}\hat{\boldsymbol{y}})30\mathrm{e}^{-\mathrm{j}\pi z/6}$ V/m。确定在 $z=0$ 平面上，$t=0$、5ns 和 10ns 时刻，电场强度的模值和方向。

*7.12 在$\varepsilon_r=36$ 电介质中传播的均匀平面波的磁场为 $\widetilde{\boldsymbol{H}}=30(\hat{\boldsymbol{y}}+\mathrm{j}\hat{\boldsymbol{z}})\mathrm{e}^{-\mathrm{j}\pi x/6}$ mA/m。确定在$x=0$ 平面上，$t=0$ 和 5ns 时刻，电场强度的模值和方向。

7.13 形式为 $\widetilde{\boldsymbol{E}}=\hat{\boldsymbol{x}}a_x\mathrm{e}^{-\mathrm{j}kz}$ 的线极化平面波，可以表示为幅度为 a_R 的右旋圆极化波和幅度为 a_L 的左旋圆极化波之和。通过求解由 a_x 表示的 a_R 和 a_L 的表达式来证明这种说法。

*7.14 椭圆极化平面波的电场为 $\boldsymbol{E}(z,t)=[-\hat{\boldsymbol{x}}10\sin(\omega t-kz-60°)+\hat{\boldsymbol{y}}30\cos(\omega t-kz)]$ V/m。确定：(a) 极化角(γ,χ)，(b) 旋转方向。

7.15 比较下列每一对平面波的极化状态。

(a) 波 1：$\boldsymbol{E}_1=\hat{\boldsymbol{x}}2\cos(\omega t-kz)+\hat{\boldsymbol{y}}2\sin(\omega t-kz)$

波 2：$\boldsymbol{E}_2=\hat{\boldsymbol{x}}2\cos(\omega t+kz)+\hat{\boldsymbol{y}}2\sin(\omega t+kz)$

(b) 波 1：$\boldsymbol{E}_1=\hat{\boldsymbol{x}}2\cos(\omega t-kz)-\hat{\boldsymbol{y}}2\sin(\omega t-kz)$

波 2：$\boldsymbol{E}_2=\hat{\boldsymbol{x}}2\cos(\omega t+kz)-\hat{\boldsymbol{y}}2\sin(\omega t+kz)$

7.16 已知平面波的电场为 $\boldsymbol{E}(z,t)=\hat{\boldsymbol{x}}\sin(\omega t+kz)+\hat{\boldsymbol{y}}2\cos(\omega t+kz)$。绘出 $\boldsymbol{E}(0,t)$的轨迹，并由绘出的轨迹确定极化状态。

7.4 节

7.17 对于下列每一组参数，确定材料是低损耗介质、准导体或良导体，然后计算 α、β、λ、u_p 和 η_c。

*(a) 在 10GHz 时，$\mu_r=1$、$\varepsilon_r=5$ 和 $\sigma=10^{-12}$S/m 的玻璃；

(b) 在 100MHz 时，$\mu_r=1$、$\varepsilon_r=12$ 和 $\sigma=0.3$S/m 的动物组织；

(c) 在 1kHz 时，$\mu_r=1$、$\varepsilon_r=3$ 和 $\sigma=10^{-4}$S/m 的木头。

7.18 干燥土壤的特征参数为$\varepsilon_r=2.5$、$\mu_r=1$ 和 $\sigma=10^{-4}$S/m。在下列频率上，确定干燥土壤是否能够被视为良导体、准导体或低损耗介质，然后计算 α、β、λ、u_p 和 η_c：(a) 60Hz，(b) 1kHz，(c) 1MHz，(d) 1GHz。

*7.19 在由$\varepsilon_r=9$、$\mu_r=1$ 和 $\sigma=0.1$S/m 表征的媒质中，确定 100MHz 上磁场超前电场的相角。

7.20 绘制在 1kHz～10GHz 范围内海水的趋肤深度 δ_s 随频率变化的曲线(使用对数-对数刻度)。海水的本构参数为 $\mu_r=1$、$\varepsilon_r=80$ 和 $\sigma=4$S/m。

*7.21 忽略空气-土壤分界面的反射，如果 3GHz 入射波在湿土壤边界的幅值为 10V/m，在多少深度处幅值会衰减到 1mV/m？湿土壤的本构参数为 $\mu_r=1$、$\varepsilon_r=9$ 和 $\sigma=5\times10^{-4}$S/m。

7.22 忽略空气-水分界面的反射，如果空气中 1GHz 入射波在水面处的幅值为 20V/m，在多少深度处幅值会衰减到 1μV/m？1GHz 时水的本构参数为 $\mu_r=1$，$\varepsilon_r=80$，$\sigma=1$S/m。

*7.23 某非磁性导电材料在 5GHz 上的趋肤深度为 3μm。确定材料中的相速。

7.24 根据在 1MHz 下进行的波衰减和反射测量，确定某种媒质的本征阻抗为 $28.1\angle45°\,\Omega$，趋肤深度为 2m。求：(a) 材料的电导率，(b) 媒质中的波长，(c) 相速。

*7.25 平面波在某非磁性媒质中传播，其电场为 $\boldsymbol{E}=\hat{\boldsymbol{z}}25\mathrm{e}^{-30x}\cos(2\pi\times10^9t-40x)$ V/m，推导对应的 $\boldsymbol{H}$ 表达式。

7.26 平面波在某非磁性媒质中传播，其磁场为 $\boldsymbol{H}=\hat{\boldsymbol{y}}60e^{-10z}\cos(2\pi\times10^8t-12z)$ mA/m，推导对应的 $\boldsymbol{E}$ 表达式。

7.27 在 2GHz 上，肉的电导率在 1S/m 量级。当将一种材料置于微波炉中，并施加电磁场时，由于导电材料中存在的电磁场会造成其能量以热的形式耗散。

(a) 如果材料中的峰值电场为 E_0，推导电导率为 σ 的材料中每立方毫米耗散的时间平均功率的表达式；

(b) 当电场 $E_0=4\times10^4$ V/m 时，计算其结果。

7.5 节

7.28 在非磁性有耗媒质中，300MHz 的平面波的磁场相量为 $\widetilde{\boldsymbol{H}}=(\hat{\boldsymbol{x}}-j4\hat{\boldsymbol{z}})e^{-2y}e^{-j9y}$ A/m，推导出电场和磁场矢量的时域表达式。

*7.29 一个矩形铜块高度为 30cm(沿 z 方向)，当波从上面入射到铜块上时，在铜块中会感应出 $+x$ 方向的电流。确定 1kHz 时，铜块的交流电阻和直流电阻的比值。

7.30 在 10MHz 上重复习题 7.29。

7.31 同轴电缆的内、外导体的半径分别为 0.5cm 和 1cm。导体由 $\mu_r=1$、$\varepsilon_r=1$ 和 $\sigma=5.8\times10^7$ S/m 的铜制成，外导体的厚度为 0.5mm。在 10MHz 时：

(a) 就流过导体的电流而言，导体的厚度是否足以被认为是无限厚的呢？

(b) 确定表面电阻 R_s；

(c) 确定电缆单位长度的交流电阻。

7.32 在 1GHz 上重复习题 7.31。

7.6 节

*7.33 在空气中传播的平面波的磁场为 $\boldsymbol{H}=\hat{\boldsymbol{x}}50\sin(2\pi\times10^7t-ky)$ mA/m。确定该波所携带的平均功率密度。

7.34 电磁波在 $\varepsilon_r=9$ 的非磁性媒质中传播，其电场为

$$\boldsymbol{E}=[\hat{\boldsymbol{y}}3\cos(\pi\times10^7t+kx)-\hat{\boldsymbol{z}}2\cos(\pi\times10^7t+kx)]\text{V/m}$$

确定该波的传播方向和该波所携带的平均功率密度。

7.35 在水中向下传播的均匀平面波的电场相量为 $\widetilde{\boldsymbol{E}}=\hat{\boldsymbol{x}}5e^{-0.2z}e^{-j0.2z}$ V/m，其中 $\hat{\boldsymbol{z}}$ 为向下的方向，$z=0$ 为水面。如果 $\sigma=4$S/m：

(a) 推导平均功率密度的表达式；

(b) 确定衰减速率；

*(c) 确定平均功率密度衰减 40dB 的深度。

7.36 椭圆极化平面波在 $\varepsilon_r=4$ 的无耗非磁性媒质中传播，其磁场的幅值为 $H_{y0}=3$mA/m 和 $H_{z0}=4$mA/m。求通过 y-z 平面上面积为 20cm^2 的口径的平均功率密度。

*7.37 波在无耗非磁性媒质中传播，其电场幅值为 24.56V/m，平均功率密度为 2.4W/m^2。确定该波的相速。

7.38 在微波频率上，人体暴露的安全功率密度为 1mW/cm^2。雷达辐射波的电场幅值 E 随距离按 $E(R)=(3000/R)$V/m 衰减，其中 R 为距离，单位是 m。不安全范围的半径是多少？

7.39 考虑如图 P7.39 所示的虚拟矩形盒子，求：

(a) 在空气中平面波 $\boldsymbol{E}=\hat{\boldsymbol{x}}E_0\cos(\omega t-ky)$(V/m)进入该盒子的净功率流量 $P(t)$，

*(b) 进入盒子的净时间平均功率密度。

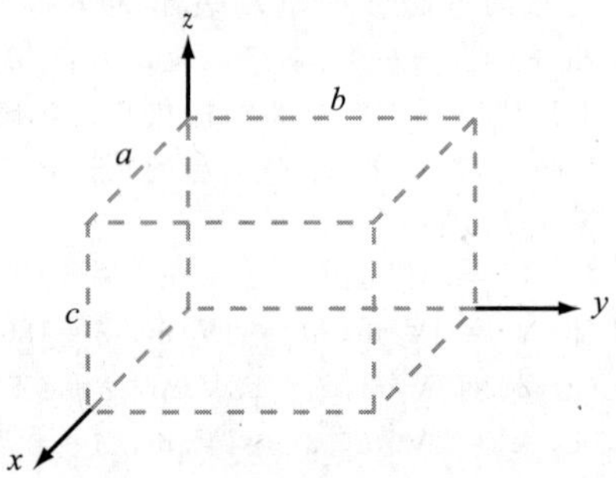

图 P7.39 习题 7.39 和习题 7.40 图

7.40 波在有耗媒质中传播，重复习题 7.39，其中

$$\boldsymbol{E}=\hat{\boldsymbol{x}}100e^{-20y}\cos(2\pi\times10^9t-40y)\text{V/m}$$

$$\boldsymbol{H}=-\hat{\boldsymbol{z}}0.64e^{-20y}\cos(2\pi\times10^9t-40y-36.85^\circ)\text{A/m}$$

该盒子的尺寸为 $a=1$cm，$b=2$cm，$c=0.5$cm。

7.41 已知波的电场为 $\boldsymbol{E}=\hat{\boldsymbol{x}}E_0\cos(\omega t-kz)$。

*(a) 计算时间平均电场能量密度 $(w_e)_{av}=\dfrac{1}{T}\int_0^T w_e\,dt=\dfrac{1}{2T}\int_0^T\varepsilon E^2\,dt$；

(b) 计算时间平均磁场能量密度 $(w_m)_{av}=\dfrac{1}{T}\int_0^T w_m\,dt=\dfrac{1}{2T}\int_0^T\mu H^2\,dt$；

(c) 证明 $(w_e)_{av}=(w_m)_{av}$。

7.42 一组科学家正在设计一种雷达，作为测量南极大陆冰层深度的探测器。为了测量由冰岩边界反射产生的可探测回波，冰盖的厚度不应超过三个趋肤深度。如果冰的 $\varepsilon_r'=3$，$\varepsilon_r''=10^{-2}$，在勘探区域的最大预期冰层厚度是 1.2km，那么雷达可用的频率范围是多少？

第 8 章

波的反射与透射

学习目标

1. 描述平面波垂直入射和斜入射到平面边界上的反射和透射特性。
2. 计算光纤的传输特性。
3. 描述波在矩形波导中的传播。
4. 确定矩形谐振腔中的谐振模式。

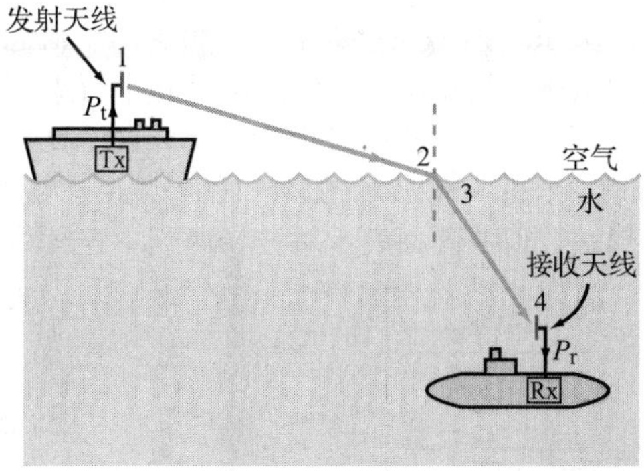

图 8-1　舰载发射机(Tx)和潜水艇接收机(Rx)之间的信号路径

图 8-1 描述了由舰载发射天线发射的信号被潜水艇上接收天线接收的传播路径，从发射机开始(图 8-1 中用 Tx 表示)，信号沿传输线传输到发射天线，发射机(信号源)输出功率 P_t 与送给天线的功率之间的关系由第 2 章中的传输线方程决定。如果传输线是近似无耗的，并且与发射天线正确匹配，那么 P_t 将全部传送给天线。如果天线本身也是无耗的，其将传输线提供的导行波功率 P_t 全部转换为向外辐射到空间的球面波，辐射过程是第 9 章的主题。从表示船上天线位置的点 1 到表示波入射到水面上的点 2，信号的传播特性由波在无耗媒质中的传播方程来描述，这部分内容涵盖于第 7 章。当波碰到空气-水的边界时，一部分被边界反射，而另一部分穿过边界透射进水中，该透射波发生折射，其传播方向比入射波更加靠近法线方向，本章将讨论反射和透射过程。波由表示紧靠水面以下的点 3 到表示潜水艇天线的点 4 的传播服从波在有耗媒质中的传播规律，这部分内容也在第 7 章中进行了讨论。最后，在水中向潜水艇传播的波所携带的功率部分被接收天线截获，接收功率 P_r 经过传输线传送给接收机。天线的接收特性将在第 9 章中介绍。总之，本书讨论了从发射机开始到接收机终止的传播过程中每一个与波相关的内容。

本章首先研究平面波入射到平面边界上的反射和透射特性，结尾部分包括波导和空腔谐振器，在应用的讨论中包括光纤和激光。

8.1　垂直入射波的反射和透射

我们在第 2 章中知道，当导波遇到两条具有不同特性阻抗的传输线的接点时，入射波部分被反射回源端，部分通过接点传输到另一条传输线上。当均匀平面波遇到两种具有不同本征阻抗的半空间材料的边界时，会发生相同的情况。事实上，图 8-2b 的情况与图 8-2a 的传输线结构完全类似。图 8-2b 中控制电场和磁场之间关系的边界条件与我们在第 2 章中给出的传输线上的电压和电流的边界条件一一对应。

为了方便起见，我们将波分为被平面边界反射和通过平面边界透射两部分。在本节中，我们的讨论将限制在如图 8-3a 所示的垂直入射情况，在 8.2 节到 8.4 节中，我们将研究如图 8-3b 所示的更一般的斜入射情况。我们将验证传输线和平面波之间的类比关系，以便可以使用传输线等效模型、工具(例如史密斯圆图)和技术(例如四分之一波长匹配)来快速求解平面波问题。

然而，在继续讨论之前，我们应该先解释射线和波阵面(或波前)的概念以及它们之间

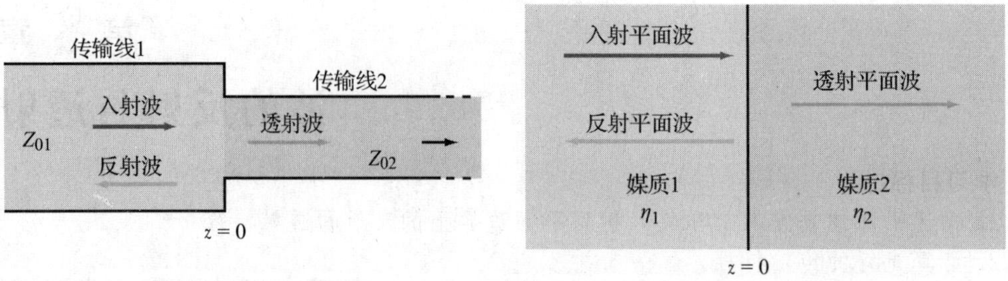

a）不同传输线之间的边界　　b）不同媒质之间的边界

图 8-2　两个不同传输线之间的不连续类似于两个不同媒质的不连续

的关系，因为在本章中始终用这两个概念来表示电磁波。射线是一条直线，表示由波所携带的电磁能量流动的方向，所以它平行于传播单位矢量 $\hat{\boldsymbol{k}}$。波阵面是波的相位为常数的面，它垂直于波矢量 $\hat{\boldsymbol{k}}$。因此，射线垂直于波阵面。图 8-3b 中入射波、反射波和透射波的射线表示等效于图 8-3c 所示的波阵面表示。这两种表示是互补的，射线表示是一种比较容易使用的图形法，而波阵面表示对波在遇到不连续边界时所发生的现象提供了更好的物理理解。

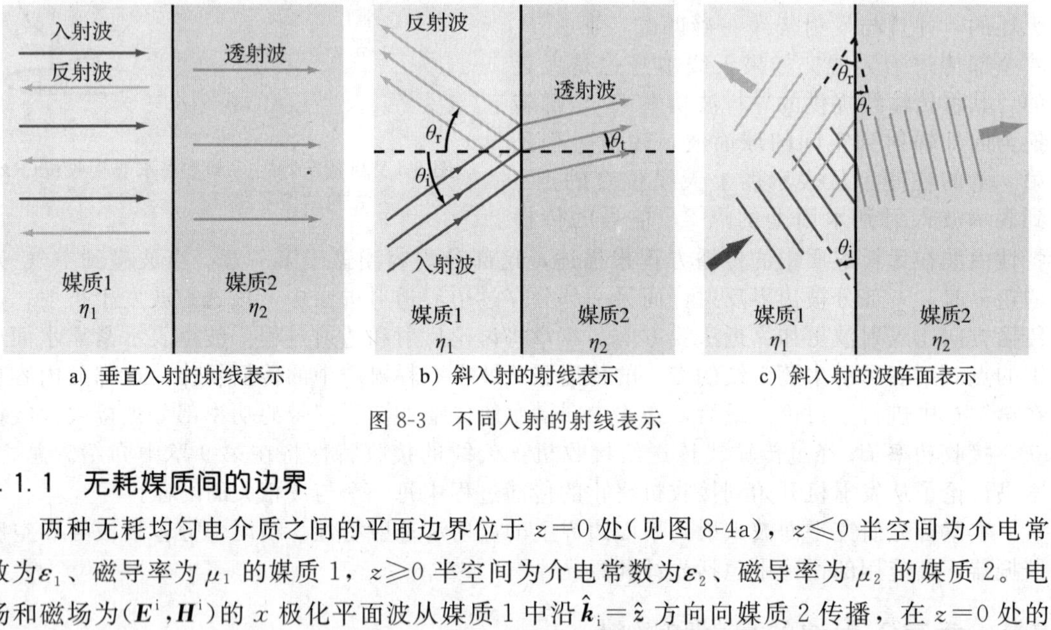

a）垂直入射的射线表示　　b）斜入射的射线表示　　c）斜入射的波阵面表示

图 8-3　不同入射的射线表示

8.1.1 无耗媒质间的边界

两种无耗均匀电介质之间的平面边界位于 $z=0$ 处(见图 8-4a)，$z\leqslant 0$ 半空间为介电常数为ε_1、磁导率为 μ_1 的媒质 1，$z\geqslant 0$ 半空间为介电常数为ε_2、磁导率为 μ_2 的媒质 2。电场和磁场为($\boldsymbol{E}^{\mathrm{i}},\boldsymbol{H}^{\mathrm{i}}$)的 x 极化平面波从媒质 1 中沿 $\hat{\boldsymbol{k}}_{\mathrm{i}}=\hat{\boldsymbol{z}}$ 方向向媒质 2 传播，在 $z=0$ 处的边界面上产生反射和透射。在媒质 1 中产生沿 $\hat{\boldsymbol{k}}_{\mathrm{r}}=-\hat{\boldsymbol{z}}$ 方向传播的反射波，其电场和磁场为($\boldsymbol{E}^{\mathrm{r}},\boldsymbol{H}^{\mathrm{r}}$)，在媒质 2 中产生沿 $\hat{\boldsymbol{k}}_{\mathrm{t}}=\hat{\boldsymbol{z}}$ 方向传播的透射波，其电场和磁场为($\boldsymbol{E}^{\mathrm{t}},\boldsymbol{H}^{\mathrm{t}}$)。基于 7.2 节和 7.3 节的平面波公式，这三个波用相量形式表示如下：

入射波

$$\widetilde{\boldsymbol{E}}^{\mathrm{i}}(z)=\hat{\boldsymbol{x}}E_0^{\mathrm{i}}\mathrm{e}^{-\mathrm{j}k_1 z} \tag{8.1a}$$

$$\widetilde{\boldsymbol{H}}^{\mathrm{i}}(z)=\hat{\boldsymbol{z}}\times\frac{\widetilde{\boldsymbol{E}}^{\mathrm{i}}(z)}{\eta_1}=\hat{\boldsymbol{y}}\,\frac{E_0^{\mathrm{i}}}{\eta_1}\mathrm{e}^{-\mathrm{j}k_1 z} \tag{8.1b}$$

反射波

$$\widetilde{\boldsymbol{E}}^{\mathrm{r}}(z)=\hat{\boldsymbol{x}}E_0^{\mathrm{r}}\mathrm{e}^{\mathrm{j}k_1 z} \tag{8.2a}$$

$$\widetilde{\boldsymbol{H}}^{\mathrm{r}}(z)=(-\hat{\boldsymbol{z}})\times\frac{\widetilde{\boldsymbol{E}}^{\mathrm{r}}(z)}{\eta_1}=-\hat{\boldsymbol{y}}\,\frac{E_0^{\mathrm{r}}}{\eta_1}\mathrm{e}^{\mathrm{j}k_1 z} \tag{8.2b}$$

透射波

$$\widetilde{\boldsymbol{E}}^{\mathrm{t}}(z)=\hat{\boldsymbol{x}}E_0^{\mathrm{t}}\mathrm{e}^{-\mathrm{j}k_2z} \tag{8.3a}$$

$$\widetilde{\boldsymbol{H}}^{\mathrm{t}}(z)=\hat{\boldsymbol{z}}\times\frac{\widetilde{\boldsymbol{E}}^{\mathrm{t}}(z)}{\eta_2}=\hat{\boldsymbol{y}}\ \frac{E_0^{\mathrm{t}}}{\eta_2}\mathrm{e}^{-\mathrm{j}k_2z} \tag{8.3b}$$

式中，E_0^{i}、E_0^{r} 和 E_0^{t} 分别为 $z=0$ 处(两种媒质的边界面)入射波、反射波和透射波电场的振幅。媒质 1 的波数和本征阻抗分别为 $k_1=\omega\sqrt{\mu_1\varepsilon_1}$ 和 $\eta_1=\sqrt{\mu_1/\varepsilon_1}$，媒质 2 的波数和本征阻抗分别为 $k_2=\omega\sqrt{\mu_2\varepsilon_2}$ 和 $\eta_2=\sqrt{\mu_2/\varepsilon_2}$。

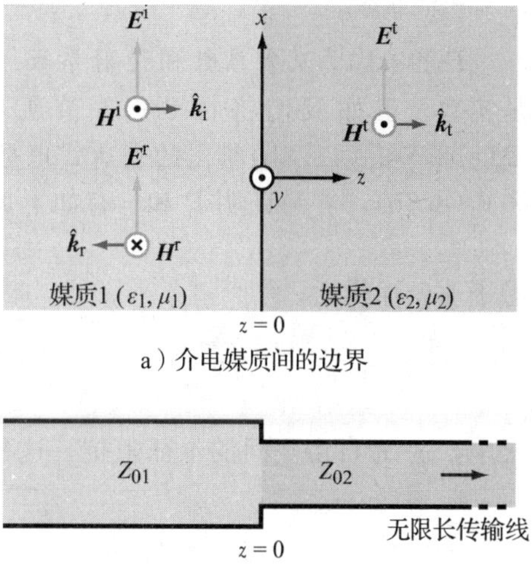

b）传输线模拟

图 8-4　由 x-y 面分开的两种介电媒质可以用传输线来模拟

振幅 E_0^{i} 是由入射波源产生的，所以假设是已知的。我们的目标是将 E_0^{r} 和 E_0^{t} 与 E_0^{i} 联系起来。为此，我们使用 $z=0$ 处总电场和磁场边界条件，根据表 6-2 可知，总电场的切向分量在两种相邻媒质的边界上总是连续的，在边界上没有电流源的情况下，切向磁场也是连续的。目前情况下，入射波、反射波和透射波的电场和磁场均与边界相切。

媒质 1 中的总电场 $\widetilde{\boldsymbol{E}}_1(z)$ 是入射波电场与反射波电场之和，类似的描述也适用于磁场 $\widetilde{\boldsymbol{H}}_1(z)$。所以，

媒质 1

$$\widetilde{\boldsymbol{E}}_1(z)=\widetilde{\boldsymbol{E}}^{\mathrm{i}}(z)+\widetilde{\boldsymbol{E}}^{\mathrm{r}}(z)=\hat{\boldsymbol{x}}(E_0^{\mathrm{i}}\mathrm{e}^{-\mathrm{j}k_1z}+E_0^{\mathrm{r}}\mathrm{e}^{\mathrm{j}k_1z}) \tag{8.4a}$$

$$\widetilde{\boldsymbol{H}}_1(z)=\widetilde{\boldsymbol{H}}^{\mathrm{i}}(z)+\widetilde{\boldsymbol{H}}^{\mathrm{r}}(z)=\hat{\boldsymbol{y}}\ \frac{1}{\eta_1}(E_0^{\mathrm{i}}\mathrm{e}^{-\mathrm{j}k_1z}-E_0^{\mathrm{r}}\mathrm{e}^{\mathrm{j}k_1z}) \tag{8.4b}$$

媒质 2 中只有透射波，总场为

媒质 2

$$\widetilde{\boldsymbol{E}}_2(z)=\widetilde{\boldsymbol{E}}^{\mathrm{t}}(z)=\hat{\boldsymbol{x}}E_0^{\mathrm{t}}\mathrm{e}^{-\mathrm{j}k_2z} \tag{8.5a}$$

$$\widetilde{\boldsymbol{H}}_2(z)=\widetilde{\boldsymbol{H}}^{\mathrm{t}}(z)=\hat{\boldsymbol{y}}\ \frac{E_0^{\mathrm{t}}}{\eta_2}\mathrm{e}^{-\mathrm{j}k_2z} \tag{8.5b}$$

在边界上($z=0$)，电场和磁场的切向分量是连续的。因此，

$$\widetilde{\boldsymbol{E}}_1(0)=\widetilde{\boldsymbol{E}}_2(0)\text{或}E_0^{\mathrm{i}}+E_0^{\mathrm{r}}=E_0^{\mathrm{t}} \tag{8.6a}$$

$$\widetilde{\boldsymbol{H}}_1(0)=\widetilde{\boldsymbol{H}}_2(0)\text{或}\frac{E_0^{\mathrm{i}}}{\eta_1}-\frac{E_0^{\mathrm{r}}}{\eta_1}=\frac{E_0^{\mathrm{t}}}{\eta_2} \tag{8.6b}$$

求解这些方程，用 E_0^{i} 来表示 E_0^{r} 和 E_0^{t}，得到

$$E_0^{\mathrm{r}}=\left(\frac{\eta_2-\eta_1}{\eta_2+\eta_1}\right)E_0^{\mathrm{i}}=\Gamma E_0^{\mathrm{i}} \tag{8.7a}$$

$$E_0^{\mathrm{t}}=\left(\frac{2\eta_2}{\eta_2+\eta_1}\right)E_0^{\mathrm{i}}=\tau E_0^{\mathrm{i}} \tag{8.7b}$$

式中，

$$\Gamma=\frac{E_0^{\mathrm{r}}}{E_0^{\mathrm{i}}}=\frac{\eta_2-\eta_1}{\eta_2+\eta_1}\quad\text{(垂直入射)} \tag{8.8a}$$

$$\tau=\frac{E_0^{\mathrm{t}}}{E_0^{\mathrm{i}}}=\frac{2\eta_2}{\eta_2+\eta_1}\quad(垂直入射)\tag{8.8b}$$

Γ 和 τ 称为反射系数和透射系数。对于无耗媒质，η_1 和 η_2 为实数，因此，Γ 和 τ 也是实数。正如我们将在 8.1.4 节所看到的，对于导电媒质，即使 η_1 和 η_2 为复数，式(8.8a)和式(8.8b)给出的表达式也是适用的。所以，Γ 和 τ 也可以是复数。由式(8.8a)和式(8.8b)，容易证明 Γ 和 τ 有如下关系式：

$$\tau=1+\Gamma\quad(垂直入射)\tag{8.9}$$

对于非磁性媒质，

$$\eta_1=\frac{\eta_0}{\sqrt{\varepsilon_{\mathrm{r}_1}}},\qquad \eta_2=\frac{\eta_0}{\sqrt{\varepsilon_{\mathrm{r}_2}}}$$

式中，η_0 为自由空间的本征阻抗。这种情况下，式(8.8a)可以表示为

$$\Gamma=\frac{\sqrt{\varepsilon_{\mathrm{r}_1}}-\sqrt{\varepsilon_{\mathrm{r}_2}}}{\sqrt{\varepsilon_{\mathrm{r}_1}}+\sqrt{\varepsilon_{\mathrm{r}_2}}}\quad(非磁性媒质)\tag{8.10}$$

8.1.2 传输线类比

如图 8-4b 所示的传输线结构由特性阻抗为 Z_{01} 的无耗传输线在 $z=0$ 处连接到特性阻抗为 Z_{02} 的无限长无耗传输线。无限长传输线的输入阻抗等于其特性阻抗，所以在 $z=0$ 处，电压反射系数(由第一条传输线看向边界)为

$$\Gamma=\frac{Z_{02}-Z_{01}}{Z_{02}+Z_{01}}$$

该式在形式上与式(8.8a)相同，平面波和传输线上的波的类比不止于此。为了进一步演示这个类比，我们将这两种情况相关的方程总结于表 8-1 中，比较表明传输线上的量($\widetilde{V}$，$\widetilde{I}$，β，Z_0)与平面波的量($\widetilde{E}$，$\widetilde{H}$，k，η)之间存在一一对应关系。

表 8-1　两种无耗媒质分界面垂直入射的平面波方程与传输线方程之间的类比

平面波(图 8-4a)	传输线(图 8-4b)
$\widetilde{\boldsymbol{E}}_1(z)=\hat{\boldsymbol{x}}E_0^{\mathrm{i}}(\mathrm{e}^{-\mathrm{j}k_1z}+\Gamma\mathrm{e}^{\mathrm{j}k_1z})$　(8.11a)	$\widetilde{V}_1(z)=V_0^+(\mathrm{e}^{-\mathrm{j}\beta_1z}+\Gamma\mathrm{e}^{\mathrm{j}\beta_1z})$　(8.11b)
$\widetilde{\boldsymbol{H}}_1(z)=\hat{\boldsymbol{y}}\dfrac{E_0^{\mathrm{i}}}{\eta_1}(\mathrm{e}^{-\mathrm{j}k_1z}-\Gamma\mathrm{e}^{\mathrm{j}k_1z})$　(8.12a)	$\widetilde{I}_1(z)=\dfrac{V_0^+}{Z_{01}}(\mathrm{e}^{-\mathrm{j}\beta_1z}-\Gamma\mathrm{e}^{\mathrm{j}\beta_1z})$　(8.12b)
$\widetilde{\boldsymbol{E}}_2(z)=\hat{\boldsymbol{x}}\tau E_0^{\mathrm{i}}\mathrm{e}^{-\mathrm{j}k_2z}$　(8.13a)	$\widetilde{V}_2(z)=\tau V_0^+\mathrm{e}^{-\mathrm{j}\beta_2z}$　(8.13b)
$\widetilde{\boldsymbol{H}}_2(z)=\hat{\boldsymbol{y}}\tau\dfrac{E_0^{\mathrm{i}}}{\eta_2}\mathrm{e}^{-\mathrm{j}k_2z}$　(8.14a)	$\widetilde{I}_2(z)=\tau\dfrac{V_0^+}{Z_{02}}\mathrm{e}^{-\mathrm{j}\beta_2z}$　(8.14b)
$\Gamma=(\eta_2-\eta_1)/(\eta_2+\eta_1)$	$\Gamma=(Z_{02}-Z_{01})/(Z_{02}+Z_{01})$
$\tau=1+\Gamma$	$\tau=1+\Gamma$
$k_1=\omega\sqrt{\mu_1\varepsilon_1}$，$k_2=\omega\sqrt{\mu_2\varepsilon_2}$	$\beta_1=\omega\sqrt{\mu_1\varepsilon_1}$，$\beta_2=\omega\sqrt{\mu_2\varepsilon_2}$
$\eta_1=\sqrt{\mu_1/\varepsilon_1}$，$\eta_2=\sqrt{\mu_2/\varepsilon_2}$	Z_{01} 和 Z_{02} 取决于传输线参数

这种对应关系允许我们使用第 2 章所提出的技术(包括计算阻抗变换的史密斯圆图法)求解平面波传播问题。

在媒质 1 中，同时存在入射波和反射波(见图 8-4a)，会产生驻波图。通过与传输线情况的类比，媒质 1 中的驻波比定义为

$$S=\frac{|\widetilde{E}_1|_{\max}}{|\widetilde{E}_1|_{\min}}=\frac{1+|\Gamma|}{1-|\Gamma|} \tag{8.15}$$

如果两种媒质的阻抗相等($\eta_1=\eta_2$)，则 $\Gamma=0$，$S=1$；如果媒质 2 为 $\eta_2=0$ 的理想导体(等效于短路传输线)，则 $\Gamma=-1$，$S=\infty$。

媒质 1 中，由边界到电场强度最大值处的距离(用 $l_{\max}$ 表示)，可以用传输线上式(2.70)给出的电压最大值的表达式进行相同的描述：

$$-z=l_{\max}=\frac{\theta_r+2n\pi}{2k_1}=\frac{\theta_r\lambda_1}{4\pi}+\frac{n\lambda_1}{2}\quad\begin{cases}n=1,\ 2,\ \cdots & \text{如果}\ \theta_r<0\\ n=0,\ 1,\ 2,\ \cdots & \text{如果}\ \theta_r\geqslant 0\end{cases} \tag{8.16}$$

式中，$\lambda_1=2\pi/k_1$，θ_r 为 Γ 的相角(即 $\Gamma=|\Gamma|e^{j\theta_r}$，$\theta_r$ 的范围为 $-\pi<\theta_r\leqslant\pi$)。$l_{\max}$ 的表达式不仅在两种媒质均为无耗介质时有效，而且在媒质 1 为低损耗介质时也有效。此外，媒质 2 可以是介质或导体。当两种媒质均是无耗介质时，如果 $\eta_2>\eta_1$，则 $\theta_r=0$；如果 $\eta_2<\eta_1$，则 $\theta_r=\pi$。

两个相邻最大值点之间的距离为 $\lambda_1/2$，最大值点与最近的最小值点之间的距离为 $\lambda_1/4$。电场最小值点出现在：

$$l_{\min}=\begin{cases}l_{\max}+\lambda_1/4, & \text{如果}\ l_{\max}<\lambda_1/4\\ l_{\max}-\lambda_1/4, & \text{如果}\ l_{\max}\geqslant\lambda_1/4\end{cases} \tag{8.17}$$

8.1.3　无耗媒质中的功率流

图 8-4a 中入射波和反射波均处于媒质 1 中，它们一起组成了表 8-1 中式(8.11a)和式(8.12a)给出的总电场和总磁场 $\widetilde{\boldsymbol{E}}_1(z)$ 和 $\widetilde{\boldsymbol{H}}_1(z)$。利用式(7.100)，媒质 1 中流动的净平均功率密度为

$$\begin{aligned}\boldsymbol{S}_{\text{av1}}(z)&=\frac{1}{2}\text{Re}[\widetilde{\boldsymbol{E}}_1(z)\times\widetilde{\boldsymbol{H}}_1^*(z)]=\frac{1}{2}\text{Re}\left[\hat{\boldsymbol{x}}E_0^{\text{i}}(e^{-jk_1z}+\Gamma e^{jk_1z})\times\hat{\boldsymbol{y}}\frac{E_0^{\text{i}*}}{\eta_1}(e^{jk_1z}-\Gamma^*e^{-jk_1z})\right]\\&=\hat{\boldsymbol{z}}\frac{|E_0^{\text{i}}|^2}{2\eta_1}(1-|\Gamma|^2)\end{aligned} \tag{8.18}$$

该式类似于无耗传输线情况下的式(2.106)。式(8.18)括号中的第一和第二项分别表示入射波和反射波的平均功率密度。所以，

$$\boldsymbol{S}_{\text{av1}}=\boldsymbol{S}_{\text{av}}^{\text{i}}+\boldsymbol{S}_{\text{av}}^{\text{r}} \tag{8.19a}$$

式中，

$$\boldsymbol{S}_{\text{av}}^{\text{i}}=\hat{\boldsymbol{z}}\frac{|E_0^{\text{i}}|^2}{2\eta_1} \tag{8.19b}$$

$$\boldsymbol{S}_{\text{av}}^{\text{r}}=-\hat{\boldsymbol{z}}|\Gamma|^2\frac{|E_0^{\text{i}}|^2}{2\eta_1}=-|\Gamma|^2\boldsymbol{S}_{\text{av}}^{\text{i}} \tag{8.19c}$$

即使当两种媒质均为无耗介质时，Γ 为纯实数，我们仍然选择将其视为复数，是为了使式(8.19c)在媒质 2 导电时仍然有效。

媒质 2 中透射波的平均功率密度为

$$\boldsymbol{S}_{\text{av2}}(z)=\frac{1}{2}\text{Re}[\widetilde{\boldsymbol{E}}_2(z)\times\widetilde{\boldsymbol{H}}_2^*(z)]=\frac{1}{2}\text{Re}\left(\hat{\boldsymbol{x}}\tau E_0^{\text{i}}e^{-jk_2z}\times\hat{\boldsymbol{y}}\tau^*\frac{E_0^{\text{i}*}}{\eta_2}e^{jk_2z}\right)=\hat{\boldsymbol{z}}|\tau|^2\frac{|E_0^{\text{i}}|^2}{2\eta_2} \tag{8.20}$$

通过使用式(8.8)，容易证明，对于无耗媒质有

$$\frac{\tau^2}{\eta_2}=\frac{1-\Gamma^2}{\eta_1}\quad(\text{无耗媒质}) \tag{8.21}$$

因此，

$$\boldsymbol{S}_{\mathrm{av1}}=\boldsymbol{S}_{\mathrm{av2}}$$

从功率守恒的角度来看，这个结论是意料之中的。

例 8-1　雷达天线罩设计

如图 8-5 所示，10GHz 机载雷达使用安装在介质天线罩后边的支架上的窄波束扫描天线。虽然天线罩的形状不是平面的，但在雷达波束的窄范围内，它可以近似为平面。如果天线罩的材料为$\varepsilon_{\mathrm{r}}=9$，$\mu_{\mathrm{r}}=1$ 的无耗介质，选择厚度 d，使天线罩对雷达波束透明。结构完整性要求 d 大于 2.3cm。

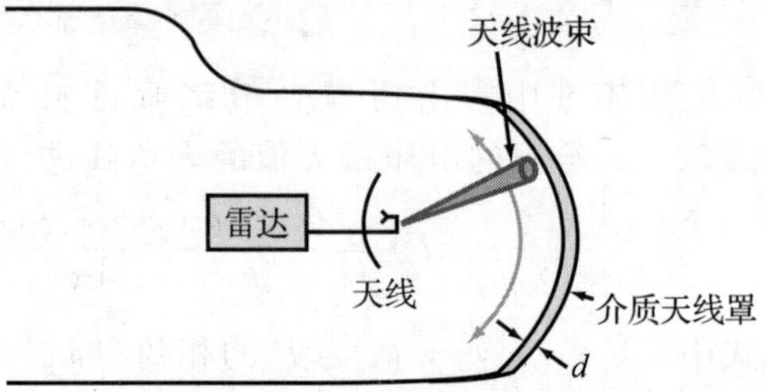

图 8-5　透过厚度为 d 的机载天线罩的天线波束(例 8-1)

解： 图 8-6a 给出了天线罩的一小部分的放大图，媒质 1(空气)中的入射波可以近似为平面波，其本征阻抗为 η_0。媒质 2(天线罩)的厚度为 d，本征阻抗为 η_{r}。媒质 3(空气)为半无限大空间，其本征阻抗为 η_0。图 8-6b 给出了等效的传输线模型，其中选择 $z=0$ 与天线罩的外表面重合，负载阻抗 $Z_{\mathrm{L}}=\eta_0$ 表示半无限空气媒质在天线罩右边的输入阻抗。

为了使天线罩对入射波“显现”透明，在 $z=-d$ 处的反射系数必须为零，从而才能保证入射功率全部传输到媒质 3。由于在图 8-6b 中 $Z_{\mathrm{L}}=\eta_0$，如果在 $z=-d$ 处 $Z_{\mathrm{in}}=\eta_0$，则不会出现反射，这可以通过选择 $d=n\lambda_2/2$(参见 2.8.4 节)来实现，其中 λ_2 为媒质 2 中的波长，n 为正整数。在 10GHz，空气中的波长为 $\lambda_0=c/f=3\mathrm{cm}$，在天线罩材料中的波长为

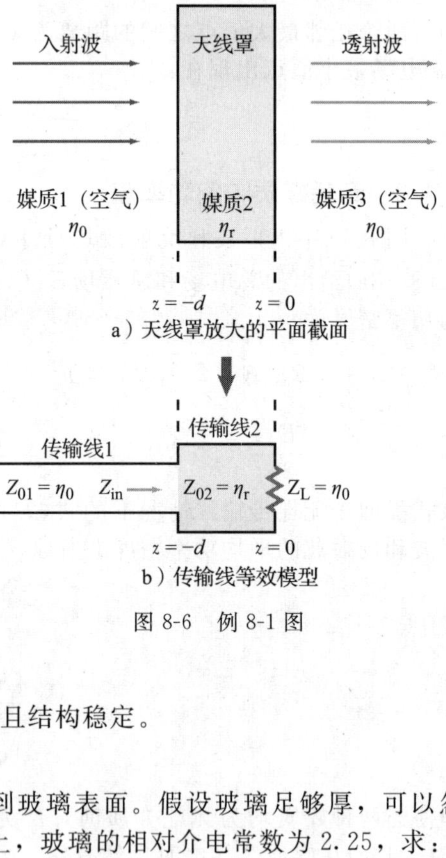

a）天线罩放大的平面截面

b）传输线等效模型

图 8-6　例 8-1 图

$$\lambda_2=\frac{\lambda_0}{\sqrt{\varepsilon_{\mathrm{r}}}}=\frac{3}{3}\mathrm{cm}=1\mathrm{cm}$$

因此，选择 $d=5\lambda_2/2=2.5\mathrm{cm}$，天线罩无反射，而且结构稳定。◀

例 8-2　黄光入射到玻璃表面

一束波长为 0.6μm 的黄光在空气中垂直入射到玻璃表面。假设玻璃足够厚，可以忽略其背面的表面，如果玻璃表面位于 $z=0$ 的平面上，玻璃的相对介电常数为 2.25，求：

(a) 媒质 1(空气)中电场最大值的位置；

(b) 驻波比；

(c) 透射到玻璃中的功率占入射功率的百分比。

解： (a) 首先确定 η_1、η_2 和 Γ 的值：

$$\eta_1=\sqrt{\frac{\mu_1}{\varepsilon_1}}=\sqrt{\frac{\mu_0}{\varepsilon_0}}\approx 120\pi\Omega$$

$$\eta_2=\sqrt{\frac{\mu_2}{\varepsilon_2}}=\sqrt{\frac{\mu_0}{\varepsilon_0}}\cdot\frac{1}{\sqrt{\varepsilon_r}}\approx\frac{120\pi}{\sqrt{2.25}}\Omega=80\pi\Omega$$

$$\Gamma=\frac{\eta_2-\eta_1}{\eta_2+\eta_1}=\frac{80\pi-120\pi}{80\pi+120\pi}=-0.2$$

所以，$|\Gamma|=0.2$，$\theta_r=\pi$。由式(8.16)可知，电场幅值最大的位置为

$$l_{\max}=\frac{\theta_r\lambda_1}{4\pi}+\frac{n\lambda_1}{2}=\frac{\lambda_1}{4}+n\frac{\lambda_1}{2}\quad(n=0,1,2,\cdots)$$

式中，$\lambda_1=0.6\mu m$。

(b) $S=\dfrac{1+|\Gamma|}{1-|\Gamma|}=\dfrac{1+0.2}{1-0.2}=1.5$

(c) 透射到玻璃媒质中的功率占入射功率的百分比，等于式(8.20)给出的透射功率密度与入射功率密度 $S_{av}^i=|E_0^i|^2/2\eta_1$ 之比：

$$\frac{S_{av_2}}{S_{av}^i}=\tau^2\frac{\dfrac{|E_0^i|^2}{2\eta_2}}{\dfrac{|E_0^i|^2}{2\eta_1}}=\tau^2\frac{\eta_1}{\eta_2}$$

由式(8.21)可得

$$\frac{S_{av_2}}{S_{av}^i}=1-|\Gamma|^2=1-(0.2)^2=0.96\text{ 或 }96\%$$ ◀

8.1.4　有耗媒质间的边界

在 8.1.1 节中，我们考虑了无耗媒质中的平面波垂直入射到另一个无耗媒质的平面边界上的问题，现在将所得到的表达式推广到有耗媒质中。在本构参数为(ε,μ,σ)的媒质中，传播常数 $\gamma=\alpha+j\beta$ 和本征阻抗 η_c 均为复数。α、β 和 η_c 的一般表达式分别由式(7.66a)、式(7.66b)和式(7.70)给出，对于低损耗媒质和良导体的特殊情况，其近似表达式在表 7-2 中给出。如果媒质 1 和媒质 2 的本构参数分别为$(\varepsilon_1,\mu_1,\sigma_1)$和$(\varepsilon_2,\mu_2,\sigma_2)$(见图 8-7)，则可以从表 8-1 中的式(8.11)～式(8.14)得到媒质 1 和媒质 2 中电场和磁场的表达式，其中用 γ 代替 jk，用 η_c 代替 η。

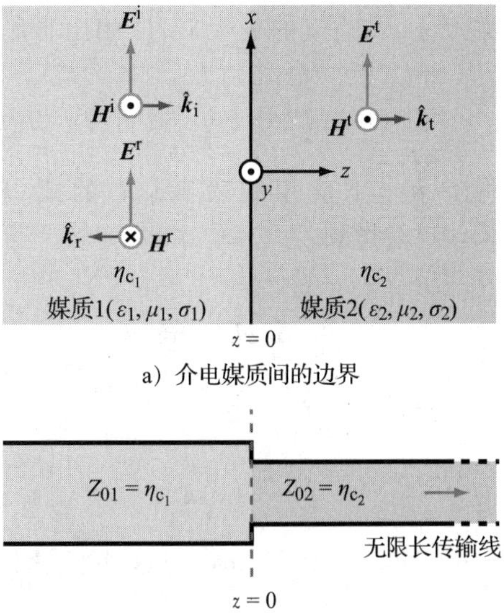

a) 介电媒质间的边界

b) 传输线模拟

图 8-7　两个有耗媒质间平面边界上的垂直入射

媒质 1

$$\widetilde{\boldsymbol{E}}_1(z)=\hat{\boldsymbol{x}}E_0^i(e^{-\gamma_1 z}+\Gamma e^{\gamma_1 z})\quad(8.22a)$$

$$\widetilde{\boldsymbol{H}}_1(z)=\hat{\boldsymbol{y}}\frac{E_0^i}{\eta_{c_1}}(e^{-\gamma_1 z}-\Gamma e^{\gamma_1 z})\quad(8.22b)$$

媒质 2

$$\widetilde{\boldsymbol{E}}_2(z)=\hat{\boldsymbol{x}}\tau E_0^i e^{-\gamma_2 z}\quad(8.23a)$$

$$\widetilde{\boldsymbol{H}}_2(z)=\hat{\boldsymbol{y}}\tau\frac{E_0^i}{\eta_{c_2}}e^{-\gamma_2 z}\quad(8.23b)$$

式中，$\gamma_1=\alpha_1+j\beta_1$，$\gamma_2=\alpha_2+j\beta_2$，且

$$\Gamma=\frac{\eta_{c_2}-\eta_{c_1}}{\eta_{c_2}+\eta_{c_1}} \tag{8.24a}$$

$$\tau=1+\Gamma=\frac{2\eta_{c_2}}{\eta_{c_2}+\eta_{c_1}} \tag{8.24b}$$

因为 η_{c_1} 和 η_{c_2} 通常为复数，所以 Γ 和 τ 也为复数。

例 8-3 金属表面上的垂直入射

1GHz 的沿 $+z$ 方向传播的 x 极化平面波，从空气入射到铜表面。空气-铜的界面位于 $z=0$ 处，铜具有 $\varepsilon_r=1$，$\mu_r=1$ 和 $\sigma=5.8\times10^7$S/m。如果入射波电场的振幅为 12mV/m，推导空气中瞬时电场和磁场的表达式。假设金属表面有几倍的趋肤深度厚。

解：在媒质 1(空气)中，$\alpha=0$

$$\beta=k_1=\frac{\omega}{c}=\frac{2\pi\times10^9}{3\times10^8}\text{rad/m}=\frac{20\pi}{3}\text{rad/m}$$

$$\eta_1=\eta_0=377\Omega,\ \lambda=\frac{2\pi}{k_1}=0.3\text{m}$$

当 $f=1$GHz 时，由于

$$\frac{\varepsilon''}{\varepsilon'}=\frac{\sigma}{\omega\varepsilon_r\varepsilon_0}=\frac{5.8\times10^7}{2\pi\times10^9\times(10^{-9}/36\pi)}=1\times10^9\gg1$$

因此，铜为良导体。使用式(7.77c)得到

$$\eta_{c_2}=(1+\text{j})\sqrt{\frac{\pi f\mu}{\sigma}}=(1+\text{j})\left(\frac{\pi\times10^9\times4\pi\times10^{-7}}{5.8\times10^7}\right)^{1/2}\text{m}\Omega=8.25(1+\text{j})\text{m}\Omega$$

由于 η_{c_2} 与空气的 $\eta_0=377\Omega$ 相比非常小，铜表面的效应就像短路一样。所以，

$$\Gamma=\frac{\eta_{c_2}-\eta_0}{\eta_{c_2}+\eta_0}\approx-1$$

将 $\Gamma=-1$ 应用到表 8-1 中的式(8.11)和式(8.12)得到

$$\widetilde{\boldsymbol{E}}_1(z)=\hat{\boldsymbol{x}}E_0^{\text{i}}(\text{e}^{-\text{j}k_1z}-\text{e}^{\text{j}k_1z})=-\hat{\boldsymbol{x}}\text{j}2E_0^{\text{i}}\sin k_1z \tag{8.25a}$$

$$\widetilde{\boldsymbol{H}}_1(z)=\hat{\boldsymbol{y}}\frac{E_0^{\text{i}}}{\eta_1}(\text{e}^{-\text{j}k_1z}+\text{e}^{\text{j}k_1z})=\hat{\boldsymbol{y}}2\frac{E_0^{\text{i}}}{\eta_1}\cos k_1z \tag{8.25b}$$

式中，$E_0^{\text{i}}=12$mV/m，与这些相量相关的瞬时场为

$$\boldsymbol{E}_1(z,t)=\text{Re}[\widetilde{\boldsymbol{E}}_1(z)\text{e}^{\text{j}\omega t}]=\hat{\boldsymbol{x}}2E_0^{\text{i}}\sin k_1z\sin\omega t=\hat{\boldsymbol{x}}24\sin(20\pi z/3)\sin(2\pi\times10^9t)\text{mV/m}$$

$$\boldsymbol{H}_1(z,t)=\text{Re}[\widetilde{\boldsymbol{H}}_1(z)\text{e}^{\text{j}\omega t}]=\hat{\boldsymbol{y}}2\frac{E_0^{\text{i}}}{\eta_1}\cos k_1z\cos\omega t=\hat{\boldsymbol{y}}64\cos(20\pi z/3)\cos(2\pi\times10^9t)\mu\text{A/m}$$

$\boldsymbol{E}_1(z,t)$和$\boldsymbol{H}_1(z,t)$的幅值曲线如图 8-8 所

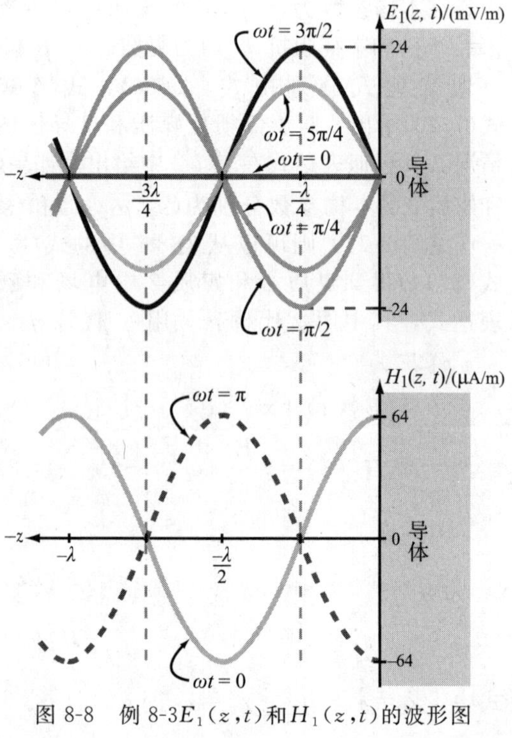

图 8-8 例 8-3$E_1(z,t)$和$H_1(z,t)$的波形图

示，其中给出的是不同的 ωt 值下，随负 z 变化的曲线。波形图表明重复周期为 $\lambda/2$，E 和 H 在空间上和时间上相位均正交(90°相移)。这种特性与短路传输线上的电压和电流完全相同。◀

模块 8.1(理想导体上的入射)　观察由垂直入射到导体平面上的入射波和导体的反射波结合形成的驻波图。

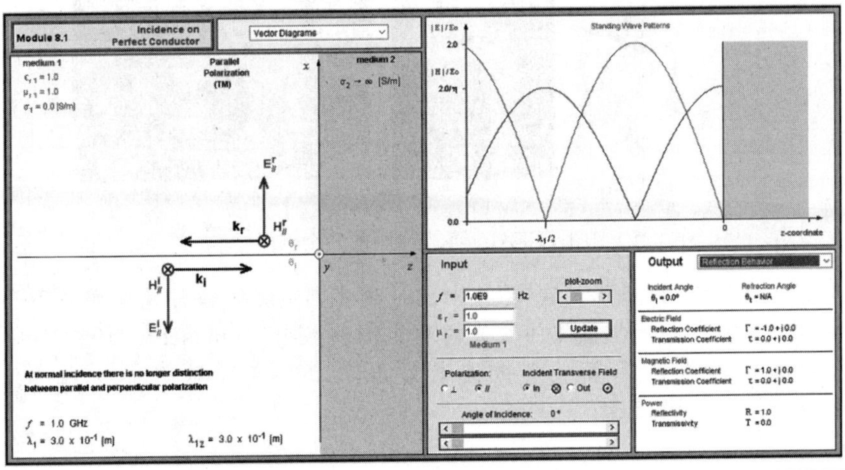

概念问题 8-1：在 Γ 和 τ 表达式的推导中使用了什么边界条件？

概念问题 8-2：在例 8-1 的雷达天线罩设计中，媒质 1 中的所有入射能量最终都传输到媒质 3 中，反之亦然。这是否意味着在媒质 2 中没有反射发生？请解释。

概念问题 8-3：基于边界条件解释为什么在介质和理想导体之间的边界上必须有 $\Gamma=-1$。

练习 8-1　为了消除垂直入射平面波的反射，在两种相对介电常数分别为 $\varepsilon_{r_1}=1$ 和 $\varepsilon_{r_3}=16$ 的半无限大媒质之间，插入一个厚度为 d，相对介电常数为 ε_{r_2} 的介质板。利用四分之一波长变换技术来选择 d 和 ε_{r_2}，假设 $f=3\text{GHz}$。

答案：$\varepsilon_{r_2}=4$，$d=(1.25+2.5n)\text{cm}$，$n=0,1,2,\cdots$。(参见Ⓔⓜ)

练习 8-2　用复介电常数表示两种非磁性导电媒质边界上垂直入射时的反射系数。

答案：由媒质 1$(\varepsilon_1,\mu_1,\sigma_1)$入射到媒质 2$(\varepsilon_2,\mu_2,\sigma_2)$，

$$\Gamma=\frac{\sqrt{\varepsilon_{c_1}}-\sqrt{\varepsilon_{c_2}}}{\sqrt{\varepsilon_{c_1}}+\sqrt{\varepsilon_{c_2}}}$$

式中，$\varepsilon_{c_1}=\varepsilon_1-\mathrm{j}\sigma_1/\omega$，$\varepsilon_{c_2}=\varepsilon_2-\mathrm{j}\sigma_2/\omega$。(参见Ⓔⓜ)

练习 8-3　推导媒质 1 和媒质 2 中由式(8.22a)～式(8.23b)所描述的场的平均功率密度表达式，假设媒质 1 为弱有耗媒质，其 η_{c_1} 近似为实数。

答案：(参见Ⓔⓜ)

$$\boldsymbol{S}_{\text{av}_1}=\hat{\boldsymbol{z}}\frac{|E_0^{\text{i}}|^2}{2\eta_{c_1}}(\mathrm{e}^{-2\alpha_1 z}-|\Gamma|^2\mathrm{e}^{2\alpha_1 z}),\quad \boldsymbol{S}_{\text{av}_2}=\hat{\boldsymbol{z}}|\tau|^2\frac{|E_0^{\text{i}}|^2}{2}\mathrm{e}^{-2\alpha_2 z}\mathrm{Re}\left(\frac{1}{\eta_{c_2}^*}\right)$$

技术简介 15：激光器

激光可用于 CD 和 DVD 播放器、条形码阅读器、眼科手术和众多其他系统和应用中(见图 TF15-1)。

激光(laser)是放大受激辐射光(Light Amplification by Stimulated Emission of Radiation)首字母的缩写，激光是**单色的**(单波长)、**相干的**(均匀波前)窄波束光源。

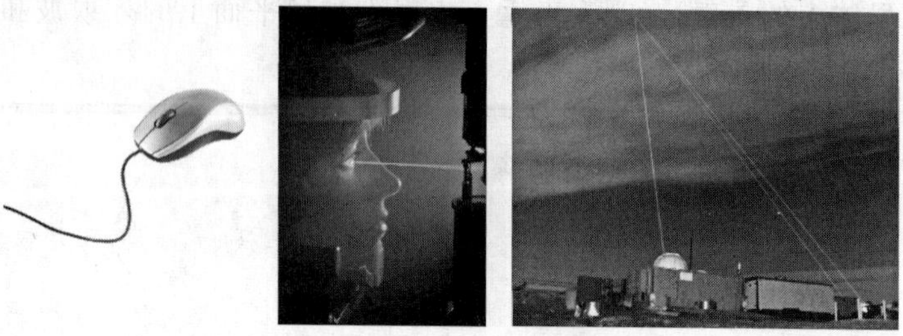

a) b) c)

图 TF15-1 激光应用的几个例子

激光与其他光源(如太阳或灯泡)形成对比，这些其他光源通常包含许多不同波长具有随机相位的波(非相干)。产生微波的激光源称为**微波激射器**(maser)。1953 年查尔斯·汤斯(Charles Townes)建造了第一个微波激射器，1960 年希欧多尔·梅曼(Theodore Maiman)构建了第一个激光器。

基本原理

尽管原子具有复杂的量子力学结构，但它可以方便地用被电子云包围的原子核(包含质子和中子)来模拟。与任何给定物质的原子或分子相关联的是一组特定的**量子化**(离散)的**能态**(轨道)，电子可以占据这些能态。由外部源提供能量(以热的形式，暴露在强光下，或其他方式)可以使电子从较低的能态跃迁到较高的能态(**激发态**)。受激的原子称为**泵浦**，原因是其增加了高能态电子的数量(见图 TF15-2a)。当处于激发态的电子转移到较低能态时，会发生光子(光能)的**自激发射**(见图 TF15-2b)，当发射的光子“引诱”另一个原子处于激发态的电子转移到较低的状态时，会发生**受激发射**(见图 TF15-2c)，从而发射出能量、波长和波前(相位)相同的第二个光子。

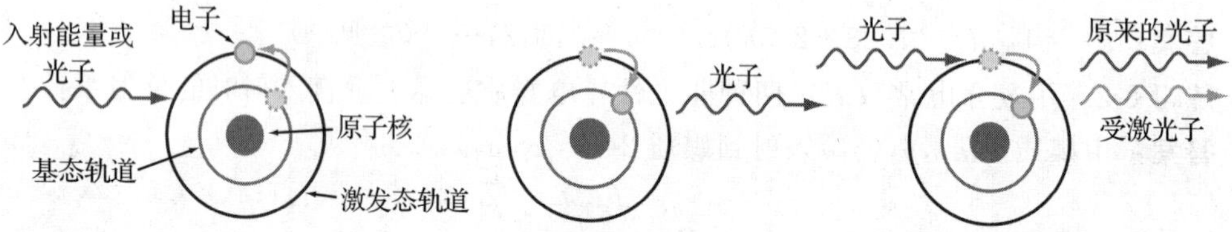

a) 将电子泵入激发态 b) 自激发射 c) 受激发射

图 TF15-2 电子激发和光子发射

工作原理

高度放大的受激发射称为**激射**。

产生激射的媒质可以是固体、液体或气体。图 TF15-3 给出了由闪光管(类似于照相机的闪光灯)包围的红宝石晶体的激光器原理图。在晶体的一端放置理想反射镜，另一端放置部分反射镜。闪光管发出的光激发原子，有些原子会发生自激发

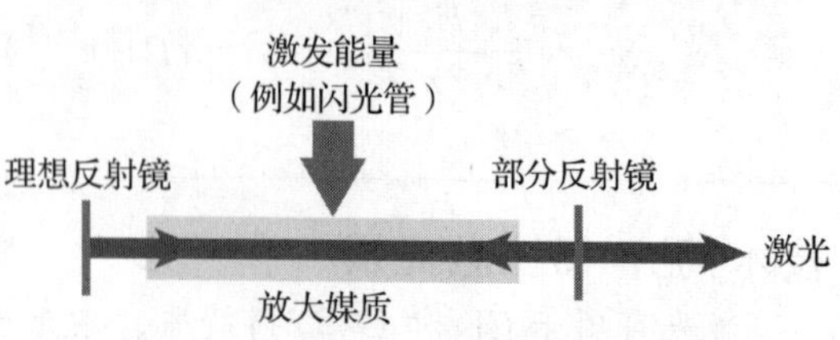

图 TF15-3 激光器原理图

射，产生的光子会引起其他原子发生受激发射。光子沿晶体轴向运动，并在两个反射镜之间来回反弹，引起额外的受激发射(即放大)，仅有一小部分光子通过部分反射镜输出。

由于所有的受激发射的光子都相同，因此激光器产生的光波是单一波长的。

发射光的波长(颜色)

任何物质的原子都具有特定的能态，激发的高能态和稳定的低能态之间的能量差决定了发射光子(电磁波)的波长。通过选择合适的产生激光的材料，可以产生波长为紫外线、可见光、红外线或微波波段的单色波。

8.2　斯内尔定律

在上一节中，我们研究了垂直入射到两种不同媒质平面边界上的平面波的反射和透射。现在考虑如图 8-9 所示的斜入射情况，为了简单起见，假设所有媒质都是无耗的。$z=0$ 平面形成媒质 1 和媒质 2 之间的边界面，其本构参数分别为(ε_1，μ_1)和(ε_2，μ_2)。图 8-9 中方向为 $\hat{\boldsymbol{k}}_i$ 的两条线表示垂直于入射波波前的射线，方向为 $\hat{\boldsymbol{k}}_r$ 和 $\hat{\boldsymbol{k}}_t$ 的类似射线，是与反射波和透射波相关的射线。入射角、反射角和透射角(或折射角)分别为 θ_i、θ_r 和 θ_t，它们的定义与边界面法线(z 轴)有关。这三个角度由斯内尔定律关联在一起，通过考虑这三个波的波前传播，我们很快将其推导出来。入射波射线与边界相交于 O 和 O'，这里 A_iO 表示入射波的等相位波前。同样，A_rO'和 A_tO'分别为反射波和透射波的等相位波前(见图 8-9)。入射波和反射波在媒质 1 中以相同的相速 $u_{p_1}=1/\sqrt{\mu_1\varepsilon_1}$ 传播，而透射波在媒质 2 中以相速 $u_{p_2}=1/\sqrt{\mu_2\varepsilon_2}$ 传播。入射波从 A_i 传播到 O'的时间与反射波从 O 传播到 A_r 的时间相同，与透射波从 O 传播到 A_t 的时间也相同。因为时间等于距离除以速度，所以，

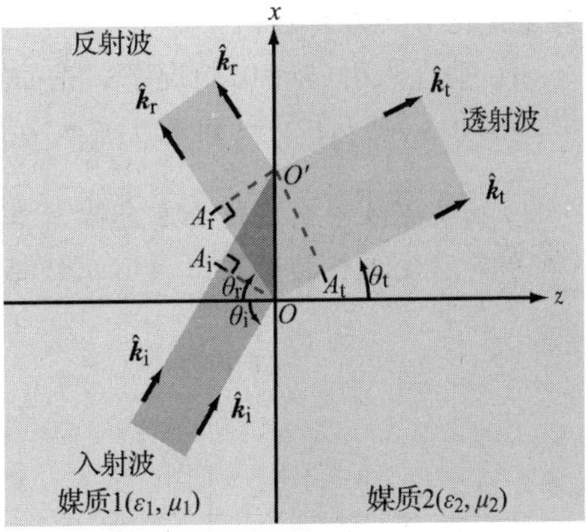

图 8-9　波在两种不同媒质平面边界上的反射和透射

$$\frac{\overline{A_iO'}}{u_{p_1}}=\frac{\overline{OA_r}}{u_{p_1}}=\frac{\overline{OA_t}}{u_{p_2}} \tag{8.26}$$

从图 8-9 中的三个直角三角形，我们推断出

$$\overline{A_iO'}=\overline{OO'}\sin\theta_i \tag{8.27a}$$

$$\overline{OA_r}=\overline{OO'}\sin\theta_r \tag{8.27b}$$

$$\overline{OA_t}=\overline{OO'}\sin\theta_t \tag{8.27c}$$

在式(8.26)中使用这些表达式得到

$$\theta_i=\theta_r\quad\text{(斯内尔反射定律)} \tag{8.28a}$$

$$\frac{\sin\theta_t}{\sin\theta_i}=\frac{u_{p_2}}{u_{p_1}}=\sqrt{\frac{\mu_1\varepsilon_1}{\mu_2\varepsilon_2}}\quad\text{(斯内尔折射定律)} \tag{8.28b}$$

斯内尔反射定律表明反射角等于入射角，**斯内尔折射定律**给出了由相速比表示的 $\sin\theta_t$ 和 $\sin\theta_i$ 之间的关系。

媒质的折射率 n 定义为自由空间的相速(即光速 c)与媒质中的相速之比。所以，

$$n=\frac{c}{u_{\mathrm{p}}}=\sqrt{\frac{\mu\varepsilon}{\mu_0\varepsilon_0}}=\sqrt{\mu_{\mathrm{r}}\varepsilon_{\mathrm{r}}} \quad (\text{折射率}) \tag{8.29}$$

根据式(8.29)，将式(8.28b)改写为

$$\frac{\sin\theta_{\mathrm{t}}}{\sin\theta_{\mathrm{i}}}=\frac{n_1}{n_2}=\sqrt{\frac{\mu_{\mathrm{r}_1}\varepsilon_{\mathrm{r}_1}}{\mu_{\mathrm{r}_2}\varepsilon_{\mathrm{r}_2}}} \tag{8.30}$$

对于非磁性材料，$\mu_{\mathrm{r}_1}=\mu_{\mathrm{r}_2}=1$，这种情况下：

$$\frac{\sin\theta_{\mathrm{t}}}{\sin\theta_{\mathrm{i}}}=\frac{n_1}{n_2}=\sqrt{\frac{\varepsilon_{\mathrm{r}_1}}{\varepsilon_{\mathrm{r}_2}}}=\frac{\eta_2}{\eta_1} \quad (\mu_1=\mu_2) \tag{8.31}$$

通常，材料的密度越高，其介电常数就越大。对于空气，$\mu_{\mathrm{r}}=\varepsilon_{\mathrm{r}}=1$，折射率为 $n_0=1$。由于非磁性材料 $n=\sqrt{\varepsilon_{\mathrm{r}}}$，如果一种材料的折射率比另一种材料的折射率大，那么通常其密度比另一种材料高。

在垂直入射($\theta_{\mathrm{i}}=0$)情况下，正如期望的那样，式(8.31)给出 $\theta_{\mathrm{t}}=0$。当斜入射时，如果 $n_2>n_1$，则 $\theta_{\mathrm{t}}<\theta_{\mathrm{i}}$；如果 $n_2<n_1$，则 $\theta_{\mathrm{t}}>\theta_{\mathrm{i}}$。

如果波入射到密度更高的媒质上(见图 8-10a)，透射波向内(向 z 轴)折射；如果波入射到密度更低的媒质上，则正好相反(见图 8-10b)。

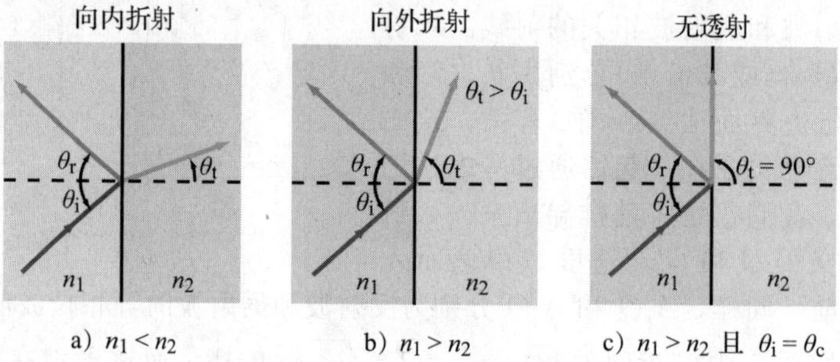

图 8-10 斯内尔定律表明$\theta_{\mathrm{i}}=\theta_{\mathrm{r}}$，$\sin\theta_{\mathrm{t}}=(n_1/n_2)\sin\theta_{\mathrm{i}}$

一种特别有趣的现象是 $\theta_{\mathrm{t}}=\pi/2$，如图 8-10c 所示，这种情况下，折射波沿表面传播，没有能量传输到媒质 2 中。对应于 $\theta_{\mathrm{t}}=\pi/2$ 的入射角 θ_{i} 称为临界角 θ_{c}，由式(8.30)得到

$$\sin\theta_{\mathrm{c}}=\frac{n_2}{n_1}\sin\theta_{\mathrm{t}}\bigg|_{\theta_{\mathrm{t}}=\pi/2}=\frac{n_2}{n_1} \tag{8.32a}$$

$$\sin\theta_{\mathrm{c}}=\sqrt{\frac{\varepsilon_{\mathrm{r}_2}}{\varepsilon_{\mathrm{r}_1}}} \quad (\mu_1=\mu_2) \quad (\text{临界角}) \tag{8.32b}$$

如果 θ_{i} 超过 θ_{c}，入射波被全反射，折射波成为沿两种媒质边界传播的非均匀表面波。这种波的情形称为全内反射。

例 8-4 波束通过平板

如图 8-11 所示，折射率为 n_2 的介质板被折射率为 n_1 的媒质包围。如果 $\theta_{\mathrm{i}}<\theta_{\mathrm{c}}$，证明出射波束与入射波束平行。

证明：在平板的上表面，斯内尔定律给出：

$$\sin\theta_2=\frac{n_1}{n_2}\sin\theta_1 \tag{8.33}$$

类似地，在平板的下表面：

$$\sin\theta_3=\frac{n_2}{n_3}\sin\theta_2=\frac{n_2}{n_1}\sin\theta_2 \tag{8.34}$$

将式(8.33)代入式(8.34)得到

$$\sin\theta_3=\left(\frac{n_2}{n_1}\right)\left(\frac{n_1}{n_2}\right)\sin\theta_1=\sin\theta_1$$

所以 $\theta_3=\theta_1$。该平板移动了波束的位置，但波束的方向保持不变。

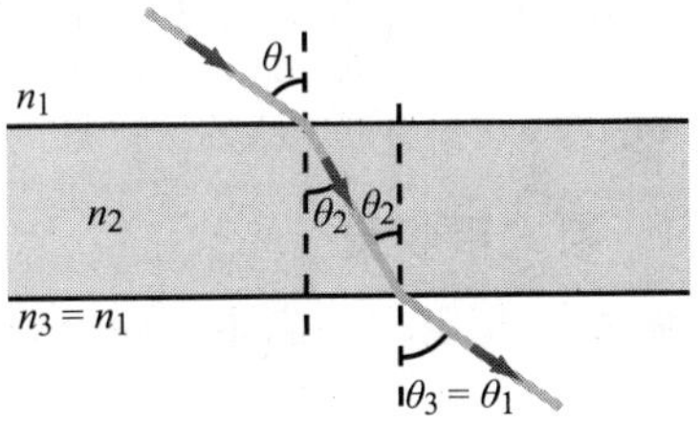

图 8-11　如果介质板具有平行边界且两侧被折射率相同的介质包围，则出射角 θ_3 等于入射角 θ_1(例 8-4)

练习 8-4　在电磁频谱的可见光部分，水的折射率为 1.33，由水下光源产生的向上照射的光波的临界角是多少？

答案：$\theta_c=48.8°$。(参见Ⓔⓜ)

练习 8-5　如果练习 8-4 的光源位于水面以下 1m 深处，如果其光束为各向同性的(在所有方向辐射)，在水面以上观察，它会照亮多大的圆？

答案：圆的直径为 2.28m。(参见Ⓔⓜ)

8.3　光纤

如图 8-12a 所示，通过连续多次的全内反射，光可以被引导穿过由玻璃或透明塑料制成的细介质棒，该细介质棒称为光纤。由于光被限制在棒内传播，仅有的功率损耗是由光纤发送端和接收端的反射以及光纤材料的吸收(因为它不是理想电介质)引起的。光纤对于宽带信号传输以及许多成像应用是非常有用的。

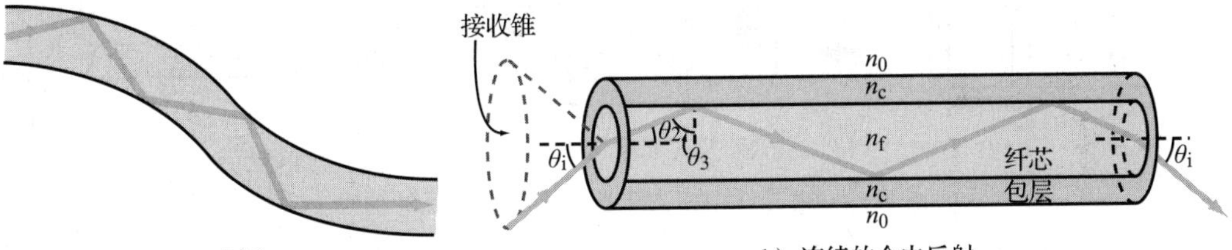

a) 光纤　　b) 连续的全内反射

图 8-12　只要反射角超过全内反射的临界角，波就可以沿着光纤传播

光纤通常由折射率为 n_f 的圆柱形纤芯和包围纤芯的另一种折射率 n_c 较低的圆筒形包层组成。当大量的光纤紧密包装在一起时，包层提供了光纤之间的光隔离，从而避免了光从一根光纤泄漏到另一根光纤中。为了保证全内反射，纤芯中的入射角 θ_3 必须等于或大于波从光纤介质(n_f)入射到包层介质(n_c)的临界角 θ_c。由式(8.32a)有

$$\sin\theta_c=\frac{n_c}{n_f} \tag{8.35}$$

为了满足全内反射的要求 $\theta_3\geqslant\theta_c$，必须使 $\sin\theta_3\geqslant n_c/n_f$。$\theta_3$ 的余角 θ_2 满足 $\cos\theta_2=\sin\theta_3$。因此，必要条件可以写为

$$\cos\theta_2\geqslant\frac{n_c}{n_f} \tag{8.36}$$

此外，由斯内尔定律可知，θ_2 与光纤端面的入射角 θ_i 之间的关系式为

$$\sin\theta_2=\frac{n_0}{n_f}\sin\theta_i \tag{8.37}$$

式中，n_0 为光纤周围媒质的折射率(对于空气，$n_0=1$；如果光纤在水中，$n_0=1.33$)，或

$$\cos\theta_2=\left[1-\left(\frac{n_0}{n_f}\right)^2\sin^2\theta_i\right]^{1/2} \tag{8.38}$$

将式(8.38)代入式(8.36)的左边，并求解 $\sin\theta_i$ 得到

$$\sin\theta_i\leqslant\frac{1}{n_0}(n_f^2-n_c^2)^{1/2} \tag{8.39}$$

8.3.1 最大接收锥

接收角 θ_a 定义为满足全内反射条件时的最大 θ_i 值：

$$\sin\theta_a=\frac{1}{n_0}(n_f^2-n_c^2)^{1/2} \tag{8.40}$$

θ_a 等于光纤接收锥角的一半。在接收锥内以任意入射角入射到纤芯端面上的射线，都可以在纤芯中传播，这意味着可以有大量的射线路径，称其为模式，光能通过这些路径在纤芯中传播。具有大角度 θ_i 的射线比沿光纤轴线传播的射线的路径更长，图 8-13 给出了三种模式。因此，不同的模式在光纤两端之间有不同的传播时间。光纤的这种特性称为模式色散，而且具有改变用于数据传输的脉冲形状的不良效应。入射到光纤端面的矩形脉冲被分解成许多模式，而不同的模式不能同时到达光纤的另一端，脉冲就会在形状和长度上发生畸变。在如图 8-13 所示的例子中，光纤输入侧的窄矩形脉冲的宽度为 τ_i，间隔时间为 T。经过纤芯传播以后，模式色散造成脉冲看起来更像一个拉长的宽度为 τ 的正弦波。如果输出脉冲拉长太大，使得 $\tau>T$，输出信号就会变模糊，从而无法从输出信号中破译传输的信息。因此，为了保证传输的脉冲在光纤输出端可以识别，τ 必须小于 T。为了留有安全余量，通常的做法是设计传输系统使 $T\geqslant 2\tau$。

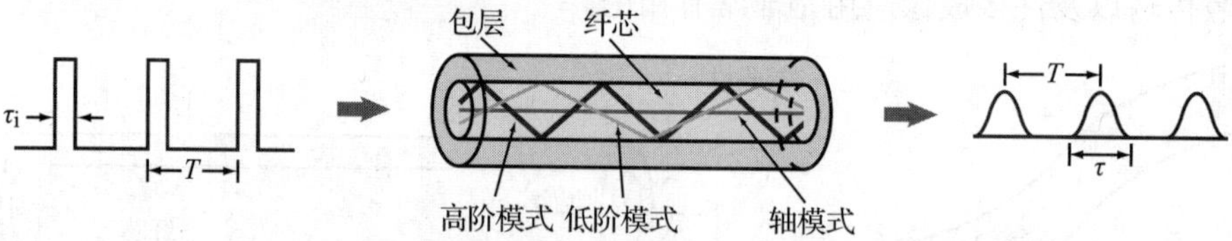

图 8-13 由光纤中模式色散引起的矩形脉冲的畸变

拉长的宽度 τ 等于最慢射线与最快射线到达时间的时延 Δt，最慢的射线是传输距离最长的射线，对应于以接收角 θ_a 入射到光纤输入面上的射线。从图 8-12b 中的几何图形和式(8.36)可知，该射线对应于 $\cos\theta_2=n_c/n_f$。对于长度为 l 的光纤，该射线传输的路径长度为

$$l_{max}=\frac{l}{\cos\theta_2}=l\frac{n_f}{n_c} \tag{8.41}$$

它在光纤中以速度 $u_p=c/n_f$ 传播的时间为

$$t_{max}=\frac{l_{max}}{u_p}=\frac{ln_f^2}{cn_c} \tag{8.42}$$

沿轴向传播的射线传播时间最短，即

$$t_{min}=\frac{l}{u_p}=\frac{l}{c}n_f \tag{8.43}$$

所以，总时延为

$$\tau=\Delta t=t_{max}-t_{min}=\frac{ln_f}{c}\left(\frac{n_f}{n_c}-1\right)\quad(\mathrm{s}) \tag{8.44}$$

如前所述，为了从传输的信号中检索出需要的信息，输入脉冲的脉冲间隔周期 T 应不短于 2τ。这反过来意味着，通过光纤传输的最大数据率(每秒的比特数)或每秒的脉冲数

量是有限的，即

$$f_p=\frac{1}{T}=\frac{1}{2\tau}=\frac{cn_c}{2ln_f(n_f-n_c)}\quad (\text{bit/s}) \tag{8.45}$$

例 8-5 光纤上的传输数据率

一根 1km 长的光纤(在空气中)由折射率为 1.52 的纤芯和折射率为 1.49 的包层组成。求：

(a) 接收角 θ_a；

(b) 通过光纤传输的信号的最大数据率。

解：(a) 由式(8.40)可知：

$$\sin\theta_a=\frac{1}{n_0}(n_f^2-n_c^2)^{1/2}=[(1.52)^2-(1.49)^2]^{1/2}=0.3$$

这对应于 $\theta_a=17.5°$。

(b) 由式(8.45)可知：

$$f_p=\frac{cn_c}{2ln_f(n_f-n_c)}=\frac{3\times10^8\times1.49}{2\times10^3\times1.52\times(1.52-1.49)}\text{bit/s}=4.9\text{Mb/s}$$ ◀

8.3.2 受限于接收锥

式(8.45)给出的数据率表达式适用于耦合进入光纤中的光被限制在由式(8.40)给出的接收角 θ_a 所定义的接收锥内的情况，如果进入锥大于接收锥，则部分光会通过包层泄漏出光纤，这不仅降低了光所携带的功率，而且可能对邻近光纤中携带的信号造成干扰。

另外，如果可以使进入锥小于接收锥，则可以安全地提高数据率。用 $\theta_i(\max)$ 表示进入锥的最大角度，由式(8.38)将 $\theta_2(\max)$ 与 $\theta_i(\max)$ 联系起来：

$$\cos\theta_2(\max)=\left[1-\left(\frac{n_0}{n_f}\right)^2\sin^2\theta_i(\max)\right]^{1/2}$$

重复式(8.41)～式(8.45)的步骤，可以得到

$$f_p=\frac{c}{2ln_f}\left[\frac{\cos\theta_2(\max)}{1-\cos\theta_2(\max)}\right]\quad [\theta_i(\max)<\theta_a]$$

练习 8-6 如果例 8-5 中包层材料的折射率增加到 1.50，则新的最大数据率是多少？

答案：7.4Mb/s。(参见Ⓔⓜ)

模块 8.2(多模阶跃折射率光纤) 选取纤芯和包层的各项指标，观察波在光纤内部传播的锯齿形图。

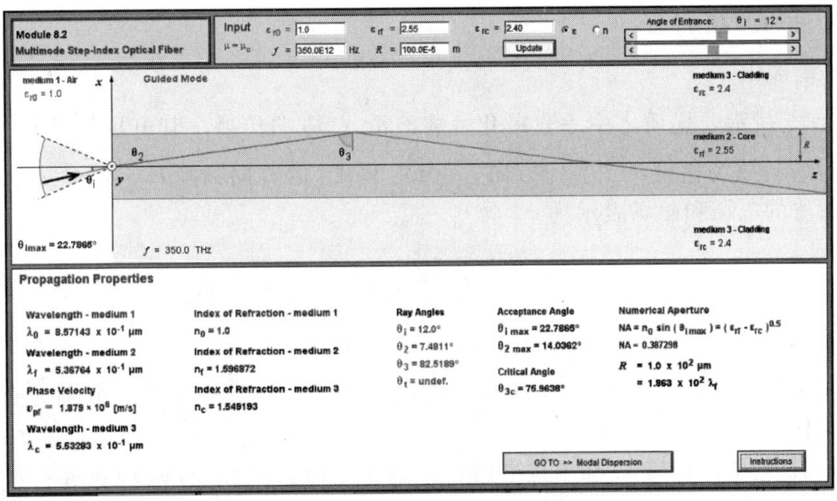

8.4　斜入射波的反射和透射

在本节中，我们将建立平面波斜入射到不同媒质之间的平面边界上的反射和透射的理论。我们的处理方法与 8.1 节中关于垂直入射情况的处理方法相同，并且超出了 8.2 节中关于斯内尔定律的处理方法，后者仅提供了关于反射角和折射角的信息。

对于垂直入射，两种媒质之间边界上的反射系数 Γ 和透射系数 τ 与入射波的极化无关，因为无论波的极化如何，垂直入射平面波的电场和磁场都与边界面相切。当斜入射波传播方向与界面法线的夹角 $\theta_i \neq 0$ 时，情况则不同。

入射面定义为包含边界面法线和入射波传播方向的平面。

一个任意极化的波可以表示为两个正交极化波的叠加，其中一个电场平行于入射面（平行极化），另一个电场垂直于入射面（垂直极化）。这两个极化形式如图 8-14 所示，其中入射面位于 x-z 平面。$\boldsymbol{E}$ 垂直于入射面的极化称为横电（TE）极化，因为 $\boldsymbol{E}$ 与入射面垂直；$\boldsymbol{E}$ 平行于入射面的极化称为横磁（TM）极化，因为在这种情况下，其磁场与入射面垂直。

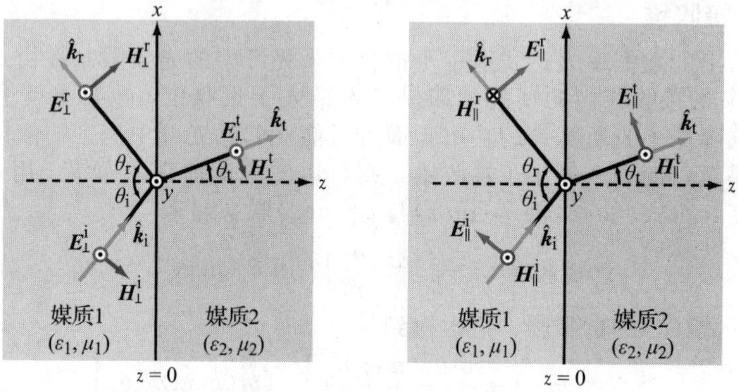

a）垂直极化　　　b）平行极化

图 8-14　入射面是包含波传播方向 $\hat{\boldsymbol{k}}_i$ 和边界法线的平面，目前情况下，包含 $\hat{\boldsymbol{k}}_i$ 和 $\hat{\boldsymbol{z}}$ 的入射面与纸面重合

对于任意极化波的一般情况，通常将入射波（$\boldsymbol{E}^i$，$\boldsymbol{H}^i$）分解为垂直极化分量（$\boldsymbol{E}^i_\perp$，$\boldsymbol{H}^i_\perp$）和平行极化分量（$\boldsymbol{E}^i_\parallel$，$\boldsymbol{H}^i_\parallel$）。然后，根据两种入射极化分量确定反射波（$\boldsymbol{E}^r_\perp$，$\boldsymbol{H}^r_\perp$）和（$\boldsymbol{E}^r_\parallel$，$\boldsymbol{H}^r_\parallel$），将反射波相加，得到对应于原始入射波的总反射波（$\boldsymbol{E}^r$，$\boldsymbol{H}^r$）。类似的过程可以用来确定总透射波（$\boldsymbol{E}^t$，$\boldsymbol{H}^t$）。

8.4.1　垂直极化

如图 8-15 所示，媒质 1 中垂直极化入射波沿 x_i 方向传播，其电场相量 $\widetilde{\boldsymbol{E}}^i_\perp$ 指向 y 方向，与其对应的磁场相量 $\widetilde{\boldsymbol{H}}^i_\perp$ 沿 y_i 方向，由 $\widetilde{\boldsymbol{E}}^i_\perp$ 和 $\widetilde{\boldsymbol{H}}^i_\perp$ 的方向判断 $\widetilde{\boldsymbol{E}}^i_\perp \times \widetilde{\boldsymbol{H}}^i_\perp$ 指向传播方向 $\hat{\boldsymbol{x}}_i$。该平面波的电场和磁场表示为

$$\widetilde{\boldsymbol{E}}^i_\perp = \hat{\boldsymbol{y}} E^i_{\perp 0} \mathrm{e}^{-\mathrm{j}k_1 x_i} \tag{8.46a}$$

$$\widetilde{\boldsymbol{H}}^i_\perp = \hat{\boldsymbol{y}}_i \frac{E^i_{\perp 0}}{\eta_1} \mathrm{e}^{-\mathrm{j}k_1 x_i} \tag{8.46b}$$

式中，$E^i_{\perp 0}$ 为 $x_i = 0$ 处电场相量的振幅，$k_1 = \omega\sqrt{\mu_1 \varepsilon_1}$ 和 $\eta_1 = \sqrt{\mu_1/\varepsilon_1}$ 分别为媒质 1 的波数和本征阻抗。

由图 8-15 可见，距离 x_i 和单位矢量 $\hat{\boldsymbol{y}}_i$ 可以用全局坐标系（x，y，z）表示为

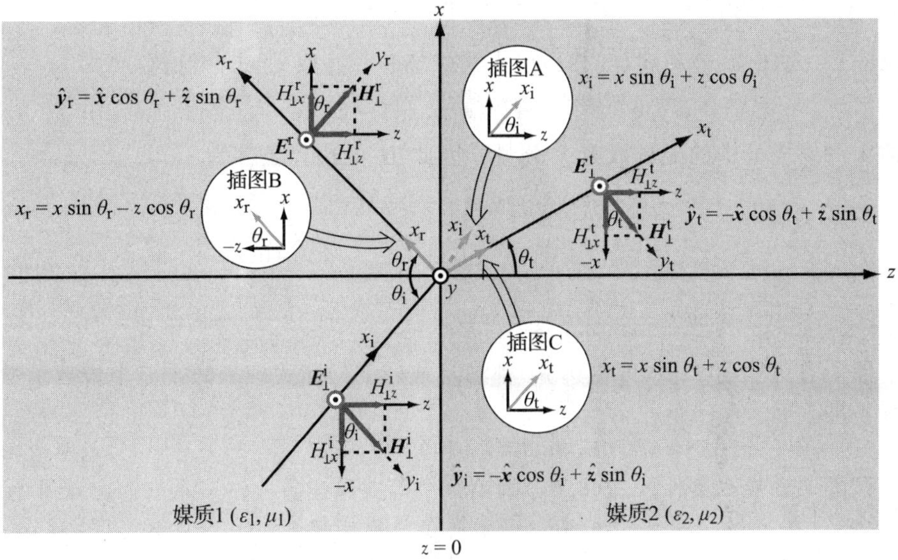

图 8-15　垂直极化平面波以角度θ_i 入射到平面边界

$$x_i = x\sin\theta_i + z\cos\theta_i \tag{8.47a}$$

$$\hat{\boldsymbol{y}}_i = -\hat{\boldsymbol{x}}\cos\theta_i + \hat{\boldsymbol{z}}\sin\theta_i \tag{8.47b}$$

将式(8.47a)和式(8.47b)代入式(8.46a)和式(8.46b)得到

入射波

$$\widetilde{\boldsymbol{E}}^i_\perp = \hat{\boldsymbol{y}}E^i_{\perp 0}\mathrm{e}^{-\mathrm{j}k_1(x\sin\theta_i + z\cos\theta_i)} \tag{8.48a}$$

$$\widetilde{\boldsymbol{H}}^i_\perp = (-\hat{\boldsymbol{x}}\cos\theta_i + \hat{\boldsymbol{z}}\sin\theta_i)\frac{E^i_{\perp 0}}{\eta_1}\mathrm{e}^{-\mathrm{j}k_1(x\sin\theta_i + z\cos\theta_i)} \tag{8.48b}$$

利用图 8-15 给出的反射波和透射波的方向关系，这些场由下列公式给出：

反射波

$$\widetilde{\boldsymbol{E}}^r_\perp = \hat{\boldsymbol{y}}E^r_{\perp 0}\mathrm{e}^{-\mathrm{j}k_1 x_r} = \hat{\boldsymbol{y}}E^r_{\perp 0}\mathrm{e}^{-\mathrm{j}k_1(x\sin\theta_r - z\cos\theta_r)} \tag{8.49a}$$

$$\widetilde{\boldsymbol{H}}^r_\perp = \hat{\boldsymbol{y}}_r\frac{E^r_{\perp 0}}{\eta_1}\mathrm{e}^{-\mathrm{j}k_1 x_r} = (\hat{\boldsymbol{x}}\cos\theta_r + \hat{\boldsymbol{z}}\sin\theta_r)\frac{E^r_{\perp 0}}{\eta_1}\mathrm{e}^{-\mathrm{j}k_1(x\sin\theta_r - z\cos\theta_r)} \tag{8.49b}$$

透射波

$$\widetilde{\boldsymbol{E}}^t_\perp = \hat{\boldsymbol{y}}E^t_{\perp 0}\mathrm{e}^{-\mathrm{j}k_2 x_t} = \hat{\boldsymbol{y}}E^t_{\perp 0}\mathrm{e}^{-\mathrm{j}k_2(x\sin\theta_t + z\cos\theta_t)} \tag{8.49c}$$

$$\widetilde{\boldsymbol{H}}^t_\perp = \hat{\boldsymbol{y}}_t\frac{E^t_{\perp 0}}{\eta_2}\mathrm{e}^{-\mathrm{j}k_2 x_t} = (-\hat{\boldsymbol{x}}\cos\theta_t + \hat{\boldsymbol{z}}\sin\theta_t)\frac{E^t_{\perp 0}}{\eta_2}\mathrm{e}^{-\mathrm{j}k_2(x\sin\theta_t + z\cos\theta_t)} \tag{8.49d}$$

式中，θ_r 和 θ_t 为图 8-15 所示的反射角和折射角，k_2 和 η_2 分别为媒质 2 的波数和本征阻抗。我们的目的是用表征入射波的参数(即入射角 θ_i 和振幅 $E^i_{\perp 0}$)来表示反射波和透射波。式(8.49a)～式(8.49d)给出的四个表达式包含四个未知数：$E^r_{\perp 0}$、$E^t_{\perp 0}$、θ_r 和 θ_t。虽然可以用斯内尔定律将角度 θ_r 和 θ_t 与 θ_i 联系起来[式(8.28a)和式(8.28b)]，但是这里将它们暂时视为未知数，因为我们打算证明，通过应用 $z=0$ 处的边界条件推导出斯内尔定律。媒质 1 中的总电场为入射电场和反射电场之和，即$\widetilde{\boldsymbol{E}}^1_\perp = \widetilde{\boldsymbol{E}}^i_\perp + \widetilde{\boldsymbol{E}}^r_\perp$；对于媒质 1 中的总磁场也有类似描述，即$\widetilde{\boldsymbol{H}}^1_\perp = \widetilde{\boldsymbol{H}}^i_\perp + \widetilde{\boldsymbol{H}}^r_\perp$。边界条件表明，在两种媒质边界上 $\widetilde{\boldsymbol{E}}$ 和 $\widetilde{\boldsymbol{H}}$ 的切向分量必须连续，与边界相切的场分量在 $\hat{\boldsymbol{x}}$ 和 $\hat{\boldsymbol{y}}$ 方向。由于媒质 1 和媒质 2 中的电场仅存在 $\hat{\boldsymbol{y}}$ 分量，因此 $\widetilde{\boldsymbol{E}}$ 的边界条件为

$$(\widetilde{E}^{\mathrm{i}}_{\perp y}+\widetilde{E}^{\mathrm{r}}_{\perp y})\bigg|_{z=0}=\widetilde{E}^{\mathrm{t}}_{\perp y}\bigg|_{z=0} \tag{8.50}$$

将式(8.48a)、式(8.49a)和式(8.49c)代入式(8.50)，并取 $z=0$，得到：

$$E^{\mathrm{i}}_{\perp 0}\mathrm{e}^{-\mathrm{j}k_1 x\sin\theta_{\mathrm{i}}}+E^{\mathrm{r}}_{\perp 0}\mathrm{e}^{-\mathrm{j}k_1 x\sin\theta_{\mathrm{r}}}=E^{\mathrm{t}}_{\perp 0}\mathrm{e}^{-\mathrm{j}k_2 x\sin\theta_{\mathrm{t}}} \tag{8.51}$$

由于媒质 1 和媒质 2 中的磁场没有 $\hat{\boldsymbol{y}}$ 分量，因此 $\widetilde{\boldsymbol{H}}$ 的边界条件为

$$(\widetilde{H}^{\mathrm{i}}_{\perp x}+\widetilde{H}^{\mathrm{r}}_{\perp x})\bigg|_{z=0}=\widetilde{H}^{\mathrm{t}}_{\perp x}\bigg|_{z=0} \tag{8.52}$$

或者

$$-\frac{E^{\mathrm{i}}_{\perp 0}}{\eta_1}\cos\theta_{\mathrm{i}}\mathrm{e}^{-\mathrm{j}k_1 x\sin\theta_{\mathrm{i}}}+\frac{E^{\mathrm{r}}_{\perp 0}}{\eta_1}\cos\theta_{\mathrm{r}}\mathrm{e}^{-\mathrm{j}k_1 x\sin\theta_{\mathrm{r}}}=-\frac{E^{\mathrm{t}}_{\perp 0}}{\eta_2}\cos\theta_{\mathrm{t}}\mathrm{e}^{-\mathrm{j}k_2 x\sin\theta_{\mathrm{t}}} \tag{8.53}$$

为了使所有可能的 x 值(即沿边界)都满足式(8.51)和式(8.53)，三个指数函数的变量必须相等，即

$$k_1\sin\theta_{\mathrm{i}}=k_1\sin\theta_{\mathrm{r}}=k_2\sin\theta_{\mathrm{t}} \tag{8.54}$$

这就是所谓的*相位匹配条件*。式(8.54)的第一个等式给出：

$$\theta_{\mathrm{r}}=\theta_{\mathrm{i}}\quad\text{（斯内尔反射定律）} \tag{8.55}$$

由第二个等式得到

$$\frac{\sin\theta_{\mathrm{t}}}{\sin\theta_{\mathrm{i}}}=\frac{k_1}{k_2}=\frac{\omega\sqrt{\mu_1\varepsilon_1}}{\omega\sqrt{\mu_2\varepsilon_2}}=\frac{n_1}{n_2}\quad\text{（斯内尔折射定律）} \tag{8.56}$$

式(8.55)和式(8.56)所表示的结果与前面 8.2 节中用入射波、反射波和透射波的波前所经过的射线路径推导的结果相同。

根据式(8.54)，式(8.51)和式(8.53)给出的边界条件可简化为

$$E^{\mathrm{i}}_{\perp 0}+E^{\mathrm{r}}_{\perp 0}=E^{\mathrm{t}}_{\perp 0} \tag{8.57a}$$

$$\frac{\cos\theta_{\mathrm{i}}}{\eta_1}(-E^{\mathrm{i}}_{\perp 0}+E^{\mathrm{r}}_{\perp 0})=-\frac{\cos\theta_{\mathrm{t}}}{\eta_2}E^{\mathrm{t}}_{\perp 0} \tag{8.57b}$$

这两个方程联合求解，得到垂直极化情况下反射系数和透射系数的表达式：

$$\varGamma_{\perp}=\frac{E^{\mathrm{r}}_{\perp 0}}{E^{\mathrm{i}}_{\perp 0}}=\frac{\eta_2\cos\theta_{\mathrm{i}}-\eta_1\cos\theta_{\mathrm{t}}}{\eta_2\cos\theta_{\mathrm{i}}+\eta_1\cos\theta_{\mathrm{t}}} \tag{8.58a}$$

$$\tau_{\perp}=\frac{E^{\mathrm{t}}_{\perp 0}}{E^{\mathrm{i}}_{\perp 0}}=\frac{2\eta_2\cos\theta_{\mathrm{i}}}{\eta_2\cos\theta_{\mathrm{i}}+\eta_1\cos\theta_{\mathrm{t}}} \tag{8.58b}$$

这两个系数正式称为*垂直极化的菲涅尔反射系数和透射系数*，它们的关系式为

$$\tau_{\perp}=1+\varGamma_{\perp} \tag{8.59}$$

如果媒质 2 为理想导体($\eta_2=0$)，则式(8.58)简化为 $\varGamma_{\perp}=-1$，$\tau_{\perp}=0$，这意味着入射波全部被导电媒质反射。

对于 $\mu_1=\mu_2=\mu_0$ 的非磁性媒质，借助式(8.56)，$\varGamma_{\perp}$ 的表达式可以写为

$$\varGamma_{\perp}=\frac{\cos\theta_{\mathrm{i}}-\sqrt{(\varepsilon_2/\varepsilon_1)-\sin^2\theta_{\mathrm{i}}}}{\cos\theta_{\mathrm{i}}+\sqrt{(\varepsilon_2/\varepsilon_1)-\sin^2\theta_{\mathrm{i}}}}\quad(\mu_1=\mu_2) \tag{8.60}$$

由于 $\varepsilon_2/\varepsilon_1=(n_2/n_1)^2$，该表达式也可以用折射率 n_1 和 n_2 写出。

例 8-6 波斜入射到土壤表面

使用图 8-15 所示坐标系，一个由远距离天线辐射的平面波从空气中入射到 $z=0$ 处的平面土壤表面。入射波的电场为

$$\boldsymbol{E}^{\mathrm{i}}=\hat{\boldsymbol{y}}100\cos(\omega t-\pi x-1.73\pi z)\ \mathrm{V/m} \tag{8.61}$$

假设土壤为相对介电常数为 4 的无耗介质。

(a) 求 k_1、k_2 和入射角 θ_i；

(b) 推导空气中和土壤中总电场的表达式；

(c) 求土壤中传播的波所携带的平均功率密度。

解：(a) 首先将式(8.61)转换为相量形式，类似式(8.46a)给出的表达式：

$$\widetilde{\boldsymbol{E}}^{i}=\hat{\boldsymbol{y}}100\mathrm{e}^{-\mathrm{j}\pi x-\mathrm{j}1.73\pi z}\ \mathrm{V/m}=\hat{\boldsymbol{y}}100\mathrm{e}^{-\mathrm{j}k_1 x_i}\ \mathrm{V/m} \tag{8.62}$$

式中，x_i 为波传播的轴，且

$$k_1 x_i=\pi x+1.73\pi z \tag{8.63}$$

使用式(8.47a)得到

$$k_1 x_i=k_1 x\sin\theta_i+k_1 z\cos\theta_i \tag{8.64}$$

所以，

$$k_1\sin\theta_i=\pi$$
$$k_1\cos\theta_i=1.73\pi$$

合起来得到

$$k_1=\sqrt{\pi^2+(1.73\pi)^2}\ \mathrm{rad/m}=2\pi\mathrm{rad/m}$$

$$\theta_i=\arctan\left(\frac{\pi}{1.73\pi}\right)=30°$$

媒质 1(空气)中的波长为

$$\lambda_1=\frac{2\pi}{k_1}=1\mathrm{m}$$

媒质 2(土壤)中的波长为

$$\lambda_2=\frac{\lambda_1}{\sqrt{\varepsilon_{r_2}}}=\frac{1}{\sqrt{4}}\mathrm{m}=0.5\mathrm{m}$$

对应的媒质 2 中的波数为

$$k_2=\frac{2\pi}{\lambda_2}=4\pi\mathrm{rad/m}$$

由于 $\widetilde{\boldsymbol{E}}^{i}$ 在 $\hat{\boldsymbol{y}}$ 方向，因此为垂直极化($\hat{\boldsymbol{y}}$ 垂直于包含表面法线 $\hat{\boldsymbol{z}}$ 和传播方向 $\hat{\boldsymbol{x}}_i$ 的入射面)。

(b) 已知 $\theta_i=30°$，借助式(8.56)得到透射角 θ_t：

$$\sin\theta_t=\frac{k_1}{k_2}\sin\theta_i=\frac{2\pi}{4\pi}\sin30°=0.25$$

或

$$\theta_t=14.5°$$

由于 $\varepsilon_1=\varepsilon_0$，$\varepsilon_2=\varepsilon_{r_2}\varepsilon_0=4\varepsilon_0$，借助式(8.59)和式(8.60)确定垂直极化的反射系数和透射系数：

$$\Gamma_{\perp}=\frac{\cos\theta_i-\sqrt{(\varepsilon_2/\varepsilon_1)-\sin^2\theta_i}}{\cos\theta_i+\sqrt{(\varepsilon_2/\varepsilon_1)-\sin^2\theta_i}}=-0.38$$

$$\tau_{\perp}=1+\Gamma_{\perp}=0.62$$

利用式(8.48a)和式(8.49a)以及 $E^{i}_{\perp 0}=100\mathrm{V/m}$ 和 $\theta_i=\theta_r$，媒质 1 中的总电场为

$$\begin{aligned}\widetilde{\boldsymbol{E}}^{1}_{\perp}&=\widetilde{\boldsymbol{E}}^{i}_{\perp}+\widetilde{\boldsymbol{E}}^{r}_{\perp}=\hat{\boldsymbol{y}}E^{i}_{\perp 0}\mathrm{e}^{-\mathrm{j}k_1(x\sin\theta_i+z\cos\theta_i)}+\hat{\boldsymbol{y}}\Gamma E^{i}_{\perp 0}\mathrm{e}^{-\mathrm{j}k_1(x\sin\theta_i-z\cos\theta_i)}\\&=\hat{\boldsymbol{y}}100\mathrm{e}^{-\mathrm{j}(\pi x+1.73\pi z)}-\hat{\boldsymbol{y}}38\mathrm{e}^{-\mathrm{j}(\pi x-1.73\pi z)}\end{aligned}$$

媒质 1 中对应的瞬时电场为

$$\begin{aligned}\boldsymbol{E}^{1}_{\perp}(x,z,t)&=\mathrm{Re}(\widetilde{\boldsymbol{E}}^{1}_{\perp}\mathrm{e}^{\mathrm{j}\omega t})\\&=\hat{\boldsymbol{y}}[100\cos(\omega t-\pi x-1.73\pi z)-38\cos(\omega t-\pi x+1.73\pi z)]\mathrm{V/m}\end{aligned}$$

在媒质 2 中，利用式(8.49c)和 $E^{t}_{\perp 0}=\tau_{\perp}E^{i}_{\perp 0}$ 得到

$$\widetilde{\boldsymbol{E}}^{\mathrm{t}}_{\perp}=\hat{\boldsymbol{y}}\tau_{\perp}E^{\mathrm{i}}_{\perp 0}\mathrm{e}^{-\mathrm{j}k_2(x\sin\theta_{\mathrm{t}}+z\cos\theta_{\mathrm{t}})}=\hat{\boldsymbol{y}}62\mathrm{e}^{-\mathrm{j}(\pi x+3.87\pi z)}$$

对应的瞬时电场为

$$\boldsymbol{E}^{\mathrm{t}}_{\perp}(x,z,t)=\mathrm{Re}(\widetilde{\boldsymbol{E}}^{\mathrm{t}}_{\perp}\mathrm{e}^{\mathrm{j}\omega t})=\hat{\boldsymbol{y}}62\cos(\omega t-\pi x-3.87\pi z)\mathrm{V/m}$$

(c) 在媒质 2 中，$\eta_2=\eta_0/\sqrt{\varepsilon_{\mathrm{r}_2}}\approx 120\pi/\sqrt{4}\,\Omega=60\pi\Omega$，该波所携带的平均功率密度为

$$S^{\mathrm{t}}_{\mathrm{av}}=\frac{|E^{\mathrm{t}}_{\perp 0}|^2}{2\eta_2}=\frac{62^2}{2\times 60\pi}\mathrm{W/m^2}=10.2\mathrm{W/m^2}$$ ◀

8.4.2 平行极化

如果我们交换前一小节所述的垂直极化中 $\boldsymbol{E}$ 和 $\boldsymbol{H}$，同时记住 $\boldsymbol{E}\times\boldsymbol{H}$ 必须指向入射波、反射波和透射波的传播方向，最终就可以得到如图 8-16 所示的平行极化。现在电场位于入射面，而与其相关的磁场垂直于入射面。

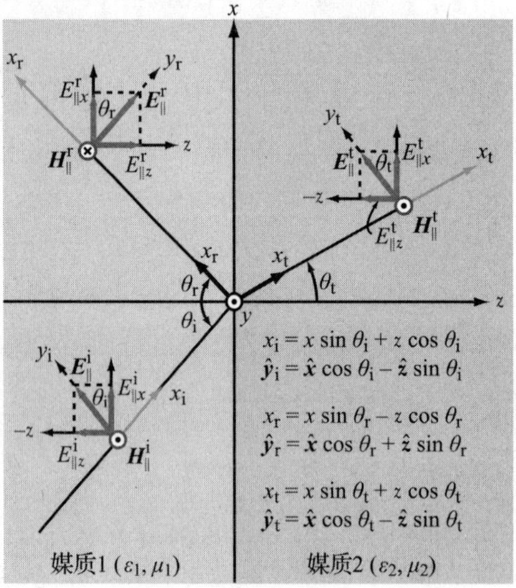

图 8-16 平行极化平面波以角度θ_{i} 入射到平面边界

参考图 8-16 所示的方向，给出入射波、反射波和透射波的场表达式如下：

入射波

$$\widetilde{\boldsymbol{E}}^{\mathrm{i}}_{\parallel}=\hat{\boldsymbol{y}}_{\mathrm{i}}E^{\mathrm{i}}_{\parallel 0}\mathrm{e}^{-\mathrm{j}k_1x_{\mathrm{i}}}=(\hat{\boldsymbol{x}}\cos\theta_{\mathrm{i}}-\hat{\boldsymbol{z}}\sin\theta_{\mathrm{i}})E^{\mathrm{i}}_{\parallel 0}\mathrm{e}^{-\mathrm{j}k_1(x\sin\theta_{\mathrm{i}}+z\cos\theta_{\mathrm{i}})} \tag{8.65a}$$

$$\widetilde{\boldsymbol{H}}^{\mathrm{i}}_{\parallel}=\hat{\boldsymbol{y}}\frac{E^{\mathrm{i}}_{\parallel 0}}{\eta_1}\mathrm{e}^{-\mathrm{j}k_1x_{\mathrm{i}}}=\hat{\boldsymbol{y}}\frac{E^{\mathrm{i}}_{\parallel 0}}{\eta_1}\mathrm{e}^{-\mathrm{j}k_1(x\sin\theta_{\mathrm{i}}+z\cos\theta_{\mathrm{i}})} \tag{8.65b}$$

反射波

$$\widetilde{\boldsymbol{E}}^{\mathrm{r}}_{\parallel}=\hat{\boldsymbol{y}}_{\mathrm{r}}E^{\mathrm{r}}_{\parallel 0}\mathrm{e}^{-\mathrm{j}k_1x_{\mathrm{r}}}=(\hat{\boldsymbol{x}}\cos\theta_{\mathrm{r}}+\hat{\boldsymbol{z}}\sin\theta_{\mathrm{r}})E^{\mathrm{r}}_{\parallel 0}\mathrm{e}^{-\mathrm{j}k_1(x\sin\theta_{\mathrm{r}}-z\cos\theta_{\mathrm{r}})} \tag{8.65c}$$

$$\widetilde{\boldsymbol{H}}^{\mathrm{r}}_{\parallel}=-\hat{\boldsymbol{y}}\frac{E^{\mathrm{r}}_{\parallel 0}}{\eta_1}\mathrm{e}^{-\mathrm{j}k_1x_{\mathrm{r}}}=-\hat{\boldsymbol{y}}\frac{E^{\mathrm{r}}_{\parallel 0}}{\eta_1}\mathrm{e}^{-\mathrm{j}k_1(x\sin\theta_{\mathrm{r}}-z\cos\theta_{\mathrm{r}})} \tag{8.65d}$$

透射波

$$\widetilde{\boldsymbol{E}}^{\mathrm{t}}_{\parallel}=\hat{\boldsymbol{y}}_{\mathrm{t}}E^{\mathrm{t}}_{\parallel 0}\mathrm{e}^{-\mathrm{j}k_2x_{\mathrm{t}}}=(\hat{\boldsymbol{x}}\cos\theta_{\mathrm{t}}-\hat{\boldsymbol{z}}\sin\theta_{\mathrm{t}})E^{\mathrm{t}}_{\parallel 0}\mathrm{e}^{-\mathrm{j}k_2(x\sin\theta_{\mathrm{t}}+z\cos\theta_{\mathrm{t}})} \tag{8.65e}$$

$$\widetilde{\boldsymbol{H}}^{\mathrm{t}}_{\parallel}=\hat{\boldsymbol{y}}\frac{E^{\mathrm{t}}_{\parallel 0}}{\eta_2}\mathrm{e}^{-\mathrm{j}k_2x_{\mathrm{t}}}=\hat{\boldsymbol{y}}\frac{E^{\mathrm{t}}_{\parallel 0}}{\eta_2}\mathrm{e}^{-\mathrm{j}k_2(x\sin\theta_{\mathrm{t}}+z\cos\theta_{\mathrm{t}})} \tag{8.65f}$$

通过在 $z=0$ 处匹配两种媒质中 $\widetilde{\boldsymbol{E}}$ 和 $\widetilde{\boldsymbol{H}}$ 的切向分量，我们再次得到斯内尔定律所定义的关系式，以及平行极化的菲涅尔反射系数和透射系数表达式：

$$\Gamma_{\parallel}=\frac{E^{r}_{\parallel 0}}{E^{i}_{\parallel 0}}=\frac{\eta_2\cos\theta_t-\eta_1\cos\theta_i}{\eta_2\cos\theta_t+\eta_1\cos\theta_i} \tag{8.66a}$$

$$\tau_{\parallel}=\frac{E^{t}_{\parallel 0}}{E^{i}_{\parallel 0}}=\frac{2\eta_2\cos\theta_i}{\eta_2\cos\theta_t+\eta_1\cos\theta_i} \tag{8.66b}$$

用上边的表达式可以证明该关系式：

$$\tau_{\parallel}=(1+\Gamma_{\parallel})\frac{\cos\theta_i}{\cos\theta_t} \tag{8.67}$$

我们注意到，在前面关于垂直极化的关系中，当第二种媒质为 $\eta_2=0$ 的理想导体时，入射波在边界处被全反射。对于平行极化也是如此，在式(8.66)中取 $\eta_2=0$，得到 $\Gamma_{\parallel}=-1$，$\tau_{\parallel}=0$。

对于非磁性材料，式(8.66a)变为

$$\Gamma_{\parallel}=\frac{-(\varepsilon_2/\varepsilon_1)\cos\theta_i+\sqrt{(\varepsilon_2/\varepsilon_1)-\sin^2\theta_i}}{(\varepsilon_2/\varepsilon_1)\cos\theta_i+\sqrt{(\varepsilon_2/\varepsilon_1)-\sin^2\theta_i}}\quad(\mu_1=\mu_2) \tag{8.68}$$

为了说明 $\Gamma_{\perp}$ 和 $\Gamma_{\parallel}$ 的大小随角度的变化，图 8-17 显示了波从空气入射到三种不同类型介质表面的曲线：干土壤($\varepsilon_r=3$)、湿土壤($\varepsilon_r=25$)和水($\varepsilon_r=81$)。对于每种表面，①当垂直入射($\theta_i=0$)时，$\Gamma_{\perp}=\Gamma_{\parallel}$，正如预料的那样；②当掠入射($\theta_i=90°$)时，$\Gamma_{\perp}=\Gamma_{\parallel}=1$；③在布儒斯特角上，$\Gamma_{\parallel}$ 趋向于零。对于磁性材料($\mu_1\neq\mu_2$)，在某个角上，$\Gamma_{\perp}$ 也可能为零；但是对于非磁性材料，仅平行极化有布儒斯特角，我们很快会看到，其值依赖于 $\varepsilon_2/\varepsilon_1$。

> 在布儒斯特角上，入射波的平行极化分量全部透射进媒质 2 中。

8.4.3 布儒斯特角

布儒斯特角 θ_B 定义为当菲涅尔反射系数 $\Gamma=0$ 时的入射角 θ_i。

垂直极化

对于垂直极化，通过令式(8.58a)给出的 $\Gamma_{\perp}$ 的表达式的分子等于零，可以得到布儒斯特角 $\theta_{B\perp}$，即

$$\eta_2\cos\theta_i=\eta_1\cos\theta_t \tag{8.69}$$

通过①对式(8.69)两边平方，②使用式(8.56)，③求解 θ_i，然后将 θ_i 表示为 $\theta_{B\perp}$，得到

$$\sin\theta_{B\perp}=\sqrt{\frac{1-(\mu_1\varepsilon_2/\mu_2\varepsilon_1)}{1-(\mu_1/\mu_2)^2}} \tag{8.70}$$

由于当 $\mu_1=\mu_2$ 时，式(8.70)的分母趋向于零，对于非磁性材料 $\theta_{B\perp}$ 不存在。

平行极化

对于平行极化，通过令式(8.66a)中 $\Gamma_{\parallel}$ 的分子等于零，可以得到 $\Gamma_{\parallel}=0$ 的布儒斯特角 $\theta_{B\parallel}$。结果与式(8.70)相同，但是要交换 μ 和 ε 的位置，即

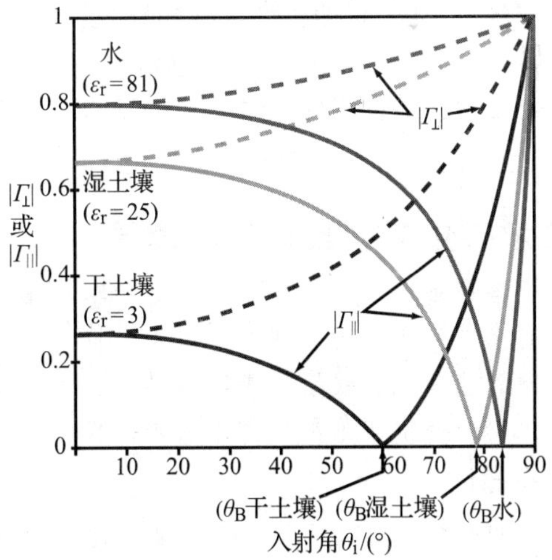

图 8-17　在干土壤、湿土壤和水面上 $|\Gamma_{\perp}|$ 和 $|\Gamma_{\parallel}|$ 随 θ_i 变化的曲线。对于每一种表面，在布儒斯特角上都有 $|\Gamma_{\parallel}|=0$

$$\sin\theta_{B\parallel}=\sqrt{\frac{1-(\varepsilon_1\mu_2/\varepsilon_2\mu_1)}{1-(\varepsilon_1/\varepsilon_2)^2}} \tag{8.71}$$

对于非磁性媒质，

$$\theta_{B\parallel}=\arcsin\sqrt{\frac{1}{1+(\varepsilon_1/\varepsilon_2)}}=\arctan\sqrt{\frac{\varepsilon_2}{\varepsilon_1}}\quad(\mu_1=\mu_2) \tag{8.72}$$

布儒斯特角也称为极化角。这是由于当由垂直极化分量和平行极化分量组成的入射波，以布儒斯特角 $\theta_{B\parallel}$ 入射到非磁性表面时，平行极化分量全部透射进第二种媒质中，只有垂直极化分量被表面反射。自然光，包括太阳光和大多数人造光源产生的光是非极化的，原因是光波的电场方向在与传播方向垂直的平面上的角度是随机变化的。因此，平均而言，自然光强度的一半为垂直极化，另一半为平行极化。当非极化光以布儒斯特角入射到表面上时，反射波严格地为垂直极化。所以，该表面起着极化器的作用。

概念问题 8-4：当 $n_2>n_1$ 时，由媒质 $1(n_1)$ 入射到媒质 $2(n_2)$ 的波能否发生全反射？

概念问题 8-5：应用于 8.1.1 节垂直入射的边界条件与 8.4.1 节垂直极化波斜入射的边界条件有什么差别？

概念问题 8-6：为什么布儒斯特角也称为极化角？

概念问题 8-7：在边界上，入射电场和反射电场切向分量的矢量和必须等于透射电场的切向分量。对于 $\varepsilon_{r_1}=1$ 和 $\varepsilon_{r_2}=16$，求布儒斯特角，然后通过画图，测量在布儒斯特角上这三个电场切向分量的比例，来验证前边描述的有效性。

练习 8-7 空气中的波以 $\theta_i=50°$ 入射到土壤表面。如果土壤的 $\varepsilon_r=4$，$\mu_r=1$，求 $\Gamma_\perp$、$\tau_\perp$、$\Gamma_\parallel$ 和 $\tau_\parallel$。

答案：$\Gamma_\perp=-0.48$，$\tau_\perp=0.52$，$\Gamma_\parallel=-0.16$，$\tau_\parallel=0.58$。(参见Ⓔ)

练习 8-8 求练习 8-7 给出的边界的布儒斯特角。

答案：$\theta_B=63.4°$。(参见Ⓔ)

练习 8-9 证明由式(8.65a)～式(8.65f)给出的入射波、反射波和透射波电场和磁场沿 x 方向具有相同的指数相位函数。

答案：借助式(8.55)和式(8.56)，所有六个场均随 $e^{-jk_1x\sin\theta_i}$ 变化。(参见Ⓔ)

技术简介 16：条形码阅读器

条形码是由一系列特定宽度的平行条组成的，通常是印刷在白色背景上的黑色条，用来表示有关产品及其制造商信息的特定**二进制代码**。**激光扫描仪**可以读取代码，并将信息传输到计算机、收银机或显示屏上。无论是安装在杂货店收银台的固定式扫描仪，还是可以像枪一样指向条形码物体的手持设备，条形码阅读器的基本操作都是相同的。

基本操作

扫描仪使用激光束对准以每分钟 6000 转的速度高速旋转的多面**旋转镜**(见图 TF16-1)，旋转镜产生**扇形光束**来照亮物体上的条形码。此外，通过激光照射到多个反射面上，光束可以偏转到许多不同的方向，扩大扫描对象的位置和方向的范围。这样的目的是这些被条形码反射的光束中总有一个方向的光束被光探测器(**传感器**)捕获，然后读取编码序列(白色条反射激光，黑色条不反射)，并将它转换成 1 和 0 的二进制序列(见图 TF16-2)。为了消除环境光的干扰，条形码阅读器使用图 TF16-1 所示的**玻璃滤光片**，来阻挡除了以激光波长为中心的窄波段以外的所有光。

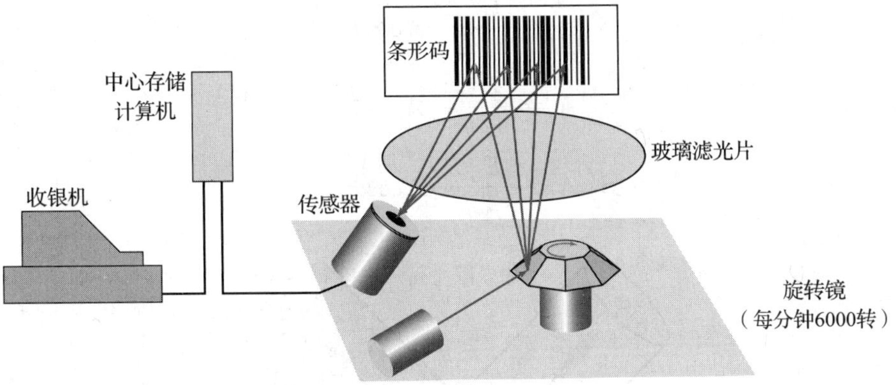

图 TF16-1　条形码阅读器的组成

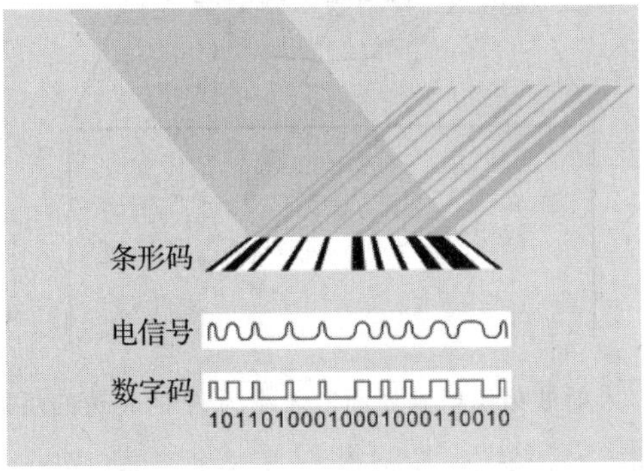

图 TF16-2　包含在反射激光束中的条形码

8.5　反射率和透射率

前边推导的反射系数和透射系数是反射波和透射波的电场振幅与入射波电场振幅的比值，现在考虑功率比，从垂直极化情况开始。图 8-18 所示电磁能量的圆形波束入射到两种相邻无耗媒质的边界上，波束照射光斑的面积为 A，入射波束、反射波束和透射波束的电场振幅分别为 $E^{i}_{\perp 0}$、$E^{r}_{\perp 0}$ 和 $E^{t}_{\perp 0}$。入射波束、反射波束和透射波束所携带的平均功率密度为

$$S^{i}_{\perp}=\frac{|E^{i}_{\perp 0}|^{2}}{2\eta_{1}} \tag{8.73a}$$

$$S^{r}_{\perp}=\frac{|E^{r}_{\perp 0}|^{2}}{2\eta_{1}} \tag{8.73b}$$

$$S^{t}_{\perp}=\frac{|E^{t}_{\perp 0}|^{2}}{2\eta_{2}} \tag{8.73c}$$

式中，η_1 和 η_2 分别为媒质 1 和媒质 2 的本征阻抗。入射波束、反射波束和透射波束的横截面积分别为

$$A_{i}=A\cos\theta_{i} \tag{8.74a}$$

$$A_{r}=A\cos\theta_{r} \tag{8.74b}$$

$$A_{t}=A\cos\theta_{t} \tag{8.74c}$$

对应波束携带的平均功率为

$$P_{\perp}^{i}=S_{\perp}^{i}A_{i}=\frac{|E_{\perp 0}^{i}|^{2}}{2\eta_{1}}A\cos\theta_{i} \tag{8.75a}$$

$$P_{\perp}^{r}=S_{\perp}^{r}A_{r}=\frac{|E_{\perp 0}^{r}|^{2}}{2\eta_{1}}A\cos\theta_{r} \tag{8.75b}$$

$$P_{\perp}^{t}=S_{\perp}^{t}A_{t}=\frac{|E_{\perp 0}^{t}|^{2}}{2\eta_{2}}A\cos\theta_{t} \tag{8.75c}$$

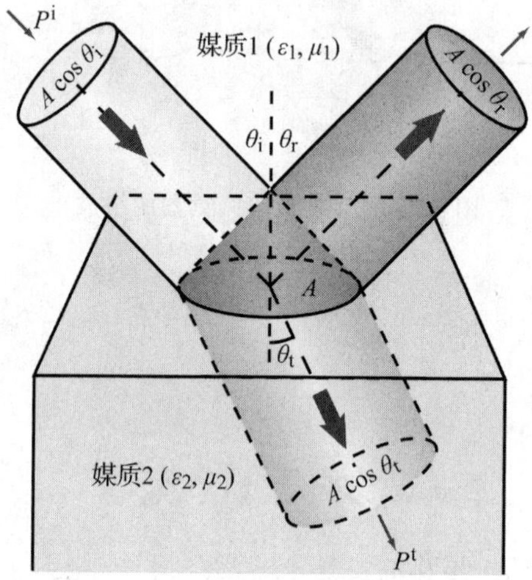

图 8-18　入射波束照射到界面上大小为 A 的光斑的反射和透射

反射率 R(光学中也叫反射比)定义为反射功率与入射功率之比，则垂直极化的反射率为

$$R_{\perp}=\frac{P_{\perp}^{r}}{P_{\perp}^{i}}=\frac{|E_{\perp 0}^{r}|^{2}\cos\theta_{r}}{|E_{\perp 0}^{i}|^{2}\cos\theta_{i}}=\left|\frac{E_{\perp 0}^{r}}{E_{\perp 0}^{i}}\right|^{2} \tag{8.76}$$

根据斯内尔反射定律，我们使用了 $\theta_r=\theta_i$。反射电场振幅与入射电场振幅之比 $|E_{\perp 0}^{r}/E_{\perp 0}^{i}|$ 等于反射系数 $\Gamma_{\perp}$ 的大小。所以，

$$R_{\perp}=|\Gamma_{\perp}|^{2} \tag{8.77}$$

类似，对于平行极化，有

$$R_{\parallel}=\frac{P_{\parallel}^{r}}{P_{\parallel}^{i}}=|\Gamma_{\parallel}|^{2} \tag{8.78}$$

透射率 T(光学中也叫透射比)定义为透射功率与入射功率之比，即

$$T_{\perp}=\frac{P_{\perp}^{t}}{P_{\perp}^{i}}=\frac{|E_{\perp 0}^{t}|^{2}}{|E_{\perp 0}^{i}|^{2}}\frac{\eta_{1}}{\eta_{2}}\frac{A\cos\theta_{t}}{A\cos\theta_{i}}=|\tau_{\perp}|^{2}\left(\frac{\eta_{1}\cos\theta_{t}}{\eta_{2}\cos\theta_{i}}\right) \tag{8.79a}$$

$$T_{\parallel}=\frac{P_{\parallel}^{t}}{P_{\parallel}^{i}}=|\tau_{\parallel}|^{2}\left(\frac{\eta_{1}\cos\theta_{t}}{\eta_{2}\cos\theta_{i}}\right) \tag{8.79b}$$

入射波、反射波和透射波不必遵守电场守恒、磁场守恒或功率密度守恒定律，但是它们必须遵守功率守恒定律。

事实上，在许多情况下，透射电场比入射电场大。功率守恒要求入射功率等于反射功率与透射功率之和。换言之，对于垂直极化情况，有

$$P_{\perp}^{i}=P_{\perp}^{r}+P_{\perp}^{t} \tag{8.80}$$

或

$$\frac{|E^{i}_{\perp 0}|^2}{2\eta_1}A\cos\theta_i=\frac{|E^{r}_{\perp 0}|^2}{2\eta_1}A\cos\theta_r+\frac{|E^{t}_{\perp 0}|^2}{2\eta_2}A\cos\theta_t \tag{8.81}$$

使用式(8.76)、式(8.79a)和式(8.79b)得到

$$R_{\perp}+T_{\perp}=1 \tag{8.82a}$$

$$R_{\parallel}+T_{\parallel}=1 \tag{8.82b}$$

或

$$|\Gamma_{\perp}|^2+|\tau_{\perp}|^2\left(\frac{\eta_1\cos\theta_t}{\eta_2\cos\theta_i}\right)=1 \tag{8.83a}$$

$$|\Gamma_{\parallel}|^2+|\tau_{\parallel}|^2\left(\frac{\eta_1\cos\theta_t}{\eta_2\cos\theta_i}\right)=1 \tag{8.83b}$$

图 8-19 给出了空气-玻璃界面上($R_{\parallel}$，$T_{\parallel}$)随 θ_i 变化的曲线。注意，$R_{\parallel}$ 与 $T_{\parallel}$ 的和总是等于 1，如式(8.82b)规定的那样。我们也注意到，在布儒斯特角 θ_B 上，$R_{\parallel}=0$，$T_{\parallel}=1$。表 8-2 给出了垂直入射和斜入射时 Γ、τ、R 和 T 的一般表达式的总结。

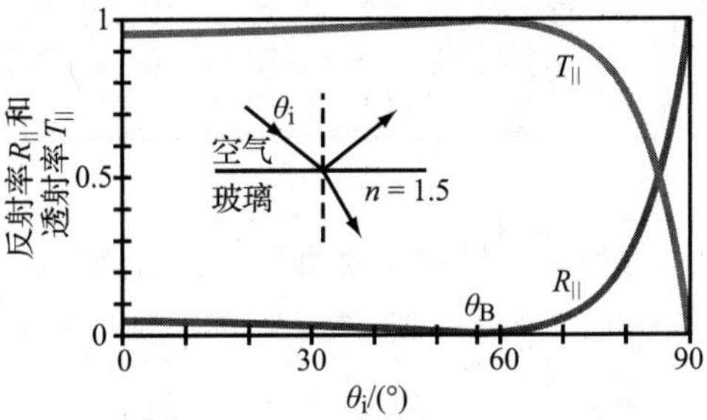

图 8-19　空气-玻璃界面上($R_{\parallel}$，$T_{\parallel}$)随 θ_i 变化的曲线

表 8-2　当波由本征阻抗为 η_1 的媒质入射到本征阻抗为 η_2 的媒质时，Γ、τ、R 和 T 的表达式。θ_i 和 θ_t 分别为入射角和透射角

性质	垂直入射 $\theta_i=\theta_t=0$	垂直极化	平行极化
反射系数	$\Gamma=\frac{\eta_2-\eta_1}{\eta_2+\eta_1}$	$\Gamma_{\perp}=\frac{\eta_2\cos\theta_i-\eta_1\cos\theta_t}{\eta_2\cos\theta_i+\eta_1\cos\theta_t}$	$\Gamma_{\parallel}=\frac{\eta_2\cos\theta_t-\eta_1\cos\theta_i}{\eta_2\cos\theta_t+\eta_1\cos\theta_i}$
透射系数	$\tau=\frac{2\eta_2}{\eta_2+\eta_1}$	$\tau_{\perp}=\frac{2\eta_2\cos\theta_i}{\eta_2\cos\theta_i+\eta_1\cos\theta_t}$	$\tau_{\parallel}=\frac{2\eta_2\cos\theta_i}{\eta_2\cos\theta_t+\eta_1\cos\theta_i}$
Γ 和 τ 的关系	$\tau=1+\Gamma$	$\tau_{\perp}=1+\Gamma_{\perp}$	$\tau_{\parallel}=(1+\Gamma_{\parallel})\frac{\cos\theta_i}{\cos\theta_t}$
反射率	$R=\|\Gamma\|^2$	$R_{\perp}=\|\Gamma_{\perp}\|^2$	$R_{\parallel}=\|\Gamma_{\parallel}\|^2$
透射率	$T=\|\tau\|^2\left(\frac{\eta_1}{\eta_2}\right)$	$T_{\perp}=\|\tau_{\perp}\|^2\frac{\eta_1\cos\theta_t}{\eta_2\cos\theta_i}$	$T_{\parallel}=\|\tau_{\parallel}\|^2\frac{\eta_1\cos\theta_t}{\eta_2\cos\theta_i}$
R 和 T 的关系	$T=1-R$	$T_{\perp}=1-R_{\perp}$	$T_{\parallel}=1-R_{\parallel}$

注：$\sin\theta_t=\sqrt{\mu_1\varepsilon_1/\mu_2\varepsilon_2}\sin\theta_i$，$\eta_1-\sqrt{\mu_1/\varepsilon_1}$，$\eta_2=\sqrt{\mu_2/\varepsilon_2}$；对于非磁性媒质，$\eta_2/\eta_1=n_1/n_2$。

模块 8.3(斜入射)　通过指定入射到两种无耗介质之间的平面边界上的平面波的频率、极化和入射角，该模块可以显示矢量信息以及反射系数和透射系数随入射角变化的曲线图。

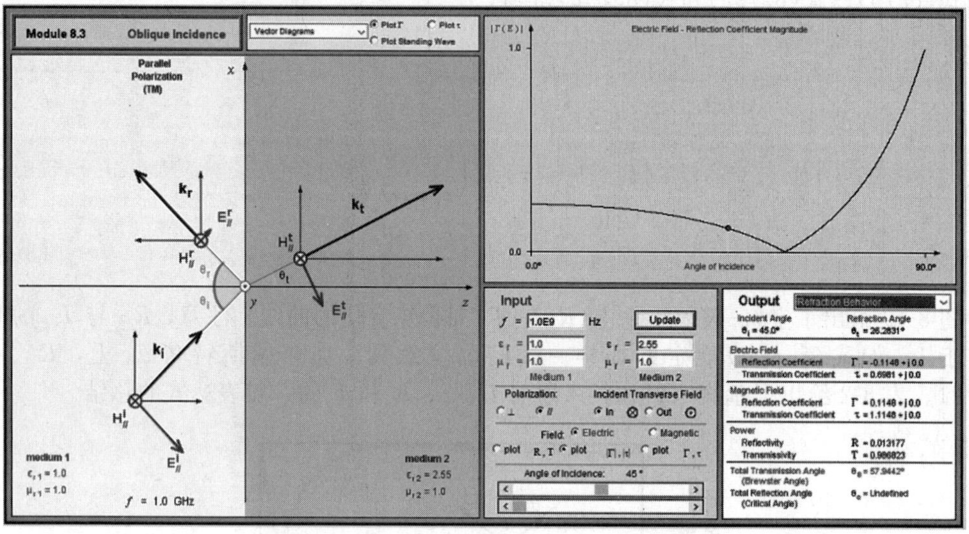

模块 8.4(有耗媒质中的斜入射)　该模块将模块 8.1 的功能扩展到媒质 2 为有耗的情况。

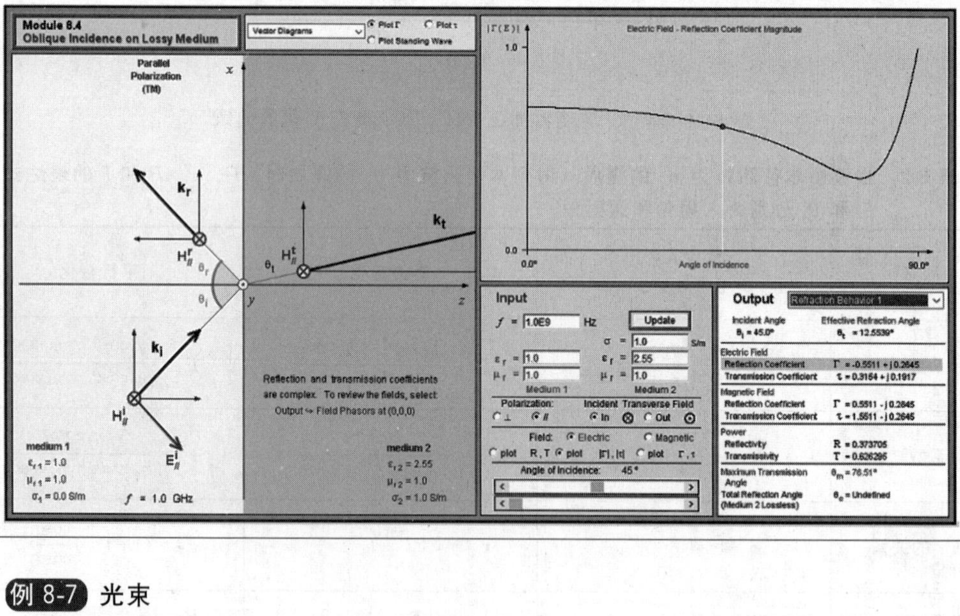

例 8-7　光束

一束 5W 的圆形截面光束，由空气入射到折射率为 5 的电介质平面边界上，如果入射角为 60°，而且入射波为平行极化，求折射角以及包含在反射波束和透射波束中的功率。

解： 由式(8.56)可知：

$$\sin\theta_t=\frac{n_1}{n_2}\sin\theta_i=\frac{1}{5}\sin 60^\circ=0.17 \quad 或 \quad \theta_t=10^\circ$$

由于$\varepsilon_2/\varepsilon_1=n_2^2/n_1^2=(5)^2=25$，由式(8.68)得到平行极化的反射系数为

$$\Gamma_{\parallel}=\frac{-(\varepsilon_2/\varepsilon_1)\cos\theta_i+\sqrt{(\varepsilon_2/\varepsilon_1)-\sin^2\theta_i}}{(\varepsilon_2/\varepsilon_1)\cos\theta_i+\sqrt{(\varepsilon_2/\varepsilon_1)-\sin^2\theta_i}}=\frac{-25\cos60^\circ+\sqrt{25-\sin^2 60^\circ}}{25\cos60^\circ+\sqrt{25-\sin^2 60^\circ}}=-0.435$$

所以，反射功率和透射功率为

$$P^r_{\parallel}=P^i_{\parallel}|\Gamma_{\parallel}|^2=5\times(0.435)^2\,\mathrm{W}=0.95\mathrm{W}$$

$$P^t_{\parallel}=P^i_{\parallel}-P^r_{\parallel}=(5-0.95)\mathrm{W}=4.05\mathrm{W}$$

◀

8.6　波导

在第 2 章中，我们讨论了两类传输线，即支持横电磁(TEM)模传输线和不支持 TEM 模传输线。一类属于 TEM 的传输线(见图 2-4)，包括同轴线、双导线和平行板线，支持与传播方向正交的 **E** 场和 **H** 场。另一类传输线通常称为高阶传输线，支持的场中可能是 **E** 或 **H** 与传播方向 $\hat{\boldsymbol{k}}$ 正交，但不是同时正交。所以，**E** 或 **H** 中至少有一个具有沿着 $\hat{\boldsymbol{k}}$ 的分量。

> 如果 **E** 与 $\hat{\boldsymbol{k}}$ 正交，**H** 不与 $\hat{\boldsymbol{k}}$ 正交，则称其为**横电**(TE)模；如果 **H** 与 $\hat{\boldsymbol{k}}$ 正交，**E** 不与 $\hat{\boldsymbol{k}}$ 正交，则称其为**横磁**(TM)模。

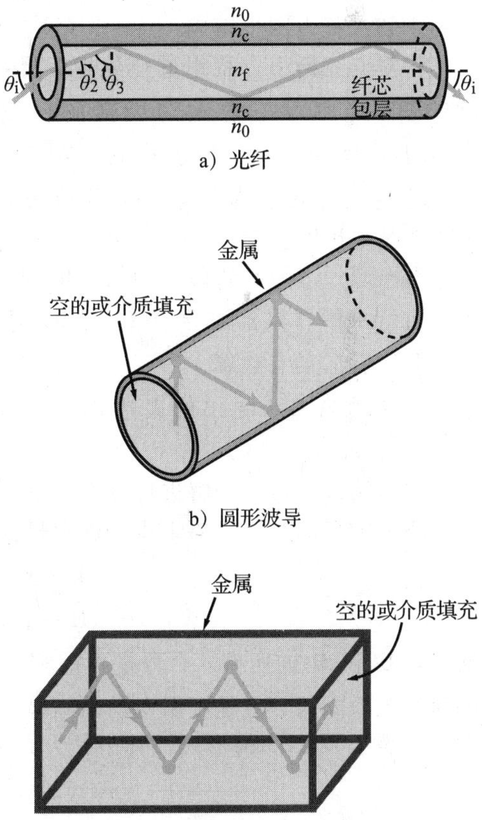

a) 光纤

b) 圆形波导

c) 矩形波导

图 8-20　波在光纤、圆形波导和矩形波导中的连续反射传输

在所有高阶传输线中，最常用的两种是光纤和金属波导。如 8.3 节所述，利用(内)纤芯和(外)包层之间边界的全内反射，波被引导通过连续锯齿形路径沿光纤传播(见图 8-20a)。另外一种在芯的边界获得全内反射的途径是在其表面覆盖导电材料，在适当条件下(后面将详细说明)，在空心导体管内部激励的波，经过类似于光纤中连续内反射的过程，使波在管道中传播，如图 8-20b 和 c 所示的圆形波导和矩形波导。大多数波导应用要求空气填充的波导，但在某些情况下，波导可以填充介质材料，用于改变其传播速度或阻抗，也可以抽真空消除空气分子，以防止电压击穿，提高其功率传输能力。

同轴线与矩形波导连接的方法如图 8-21 所示，同轴线的外导体与金属波导的外壳相连接，内导体通过一个小孔伸入波导内部(不接触导电面)。在突出的内导体和波导内表面之间延伸的时变电场线，提供了将信号从同轴线传输到波导所需的激励。相反，中心导体可以像探针一样，将来自波导的信号耦合到同轴线中。

对于引导频率低于 30GHz 的电磁波的传播，同轴线是目前为止应用最广泛的传输线。但是对于更高的频率，同轴线受到很多限制：①为了仅传播 TEM 模，必须缩小同轴线的内外导体的尺寸，以满足一定的尺寸-波长要求，这使同轴线制造更加困难；②更小的截面尺寸降低了电缆的功率容量(受介质击穿的限制)；③介质损耗随频率上升而增加。由于这些原因，在许多工作频率在 5～100GHz 范围内的雷达和通信系统中，特别是那些要求传输高电平射频功率的应用中，用金属波导代替同轴线。虽然圆形和椭圆形截面的波导在有些微波系统中已有使用，但是矩形一直是更为普遍的几何形状。

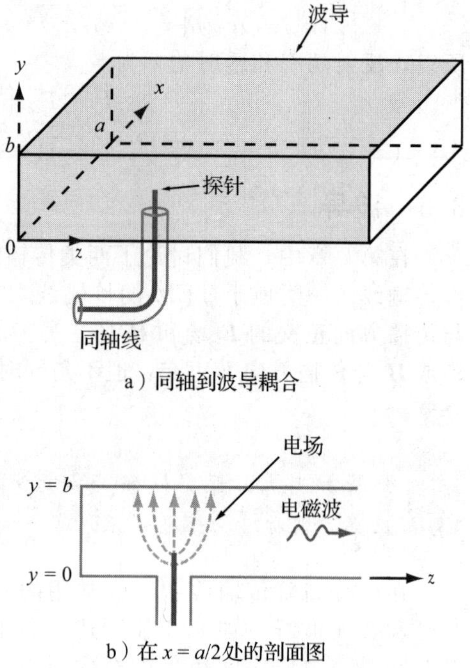

a）同轴到波导耦合

b）在 $x = a/2$ 处的剖面图

图 8-21　同轴线的内导体可以激发波导中的电磁波

8.7　$\boldsymbol{E}$ 和 $\boldsymbol{H}$ 的一般关系

接下来两节的目的是推导矩形波导中 TE 模和 TM 模的 $\boldsymbol{E}$ 和 $\boldsymbol{H}$ 的表达式，并研究它们的传播特性。我们选择如图 8-22 所示的坐标系，其中传播方向沿 $\hat{\boldsymbol{z}}$ 轴。对于 TE 模，电场位于传播方向的横向，所以 $\boldsymbol{E}$ 可以有 $\hat{\boldsymbol{x}}$ 和 $\hat{\boldsymbol{y}}$ 方向的分量，但没有 $\hat{\boldsymbol{z}}$ 方向的分量。相反，$\boldsymbol{H}$ 有 $\hat{\boldsymbol{z}}$ 方向的分量，而且可能有 $\hat{\boldsymbol{x}}$ 或 $\hat{\boldsymbol{y}}$ 方向的分量，或者两个方向的分量都有。TM 模的情况正好相反。

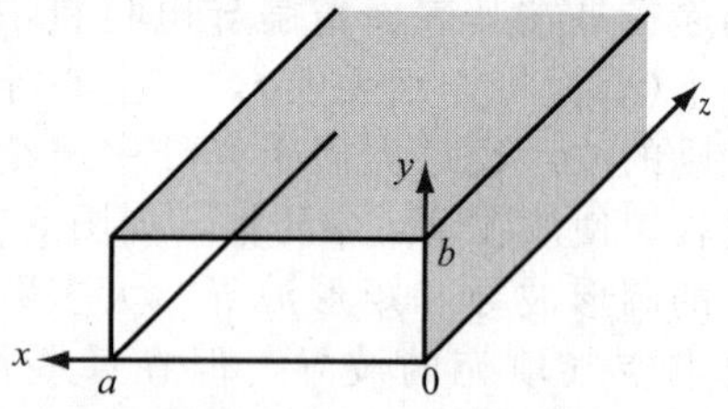

图 8-22　波导坐标系

求解过程由四步组成：

1)对麦克斯韦方程组进行处理，得到相量域中用 $\widetilde{E}_z$ 和 $\widetilde{H}_z$ 表示的场横向分量 $\widetilde{E}_x$、$\widetilde{E}_y$、$\widetilde{H}_x$ 和 $\widetilde{H}_y$ 的一般表达式。对于 TE 情况，这些表达式变为仅是 $\widetilde{H}_z$ 的函数；对于 TM 情况则相反。

2)对式(7.15)和式(7.16)给出的齐次波动方程进行求解，得到波导中 $\widetilde{E}_z$(TM 情况)和 $\widetilde{H}_z$(TE 情况)的有效解。

3)使用第 1 步导出的表达式，得到 $\widetilde{E}_x$、$\widetilde{E}_y$、$\widetilde{H}_x$ 和 $\widetilde{H}_y$。

4)对第 3 步得到的解进行分析，确定 TE 波和 TM 波的相速和其他特性。

本节的目的是实现第 1 步的既定目标，我们从相量域 $\boldsymbol{E}$ 场和 $\boldsymbol{H}$ 场的一般形式开始：

$$\widetilde{\boldsymbol{E}} = \hat{\boldsymbol{x}}\widetilde{E}_x + \hat{\boldsymbol{y}}\widetilde{E}_y + \hat{\boldsymbol{z}}\widetilde{E}_z \tag{8.84a}$$

$$\widetilde{\boldsymbol{H}} = \hat{\boldsymbol{x}}\widetilde{H}_x + \hat{\boldsymbol{y}}\widetilde{H}_y + \hat{\boldsymbol{z}}\widetilde{H}_z \tag{8.84b}$$

通常，$\widetilde{\boldsymbol{E}}$ 和 $\widetilde{\boldsymbol{H}}$ 的所有六个分量可能都依赖于(x,y,z)，虽然我们还不知道它们与(x,y)的函数关系如何，但是根据先前的经验表明，可以将沿$+z$ 方向传播的波的 $\widetilde{\boldsymbol{E}}$ 和 $\widetilde{\boldsymbol{H}}$ 与 z 的关系表示为 $e^{-j\beta z}$ 的形式，其中 β 为尚未确定的相位常数。因此，采用下面这种形式：

$$\widetilde{E}_x(x,y,z) = \widetilde{e}_x(x,y)e^{-j\beta z} \tag{8.85}$$

式中，$\widetilde{e}_x(x,y)$描述了 $\widetilde{E}_x(x,y,z)$仅依赖(x,y)变化的情况，可以将式(8.85)的形式用于 $\widetilde{\boldsymbol{E}}$ 和 $\widetilde{\boldsymbol{H}}$ 的所有其他分量。因此，

$$\widetilde{\boldsymbol{E}} = (\hat{\boldsymbol{x}}\widetilde{e}_x + \hat{\boldsymbol{y}}\widetilde{e}_y + \hat{\boldsymbol{z}}\widetilde{e}_z)e^{-j\beta z} \tag{8.86a}$$

$$\widetilde{\boldsymbol{H}} = (\hat{\boldsymbol{x}}\widetilde{h}_x + \hat{\boldsymbol{y}}\widetilde{h}_y + \hat{\boldsymbol{z}}\widetilde{h}_z)e^{-j\beta z} \tag{8.86b}$$

该符号刻意表明，对照 $\widetilde{E}$ 和 $\widetilde{H}$ 随(x,y,z)变化，小写的 $\widetilde{e}$ 和 $\widetilde{h}$ 仅随(x,y)变化。

在由介电常数ε和磁导率 μ 表征的无耗(电导率 $\sigma=0$)无源媒质中(如波导内部)，由式(7.2b)和式(7.2d)给出在 $\boldsymbol{J}=0$ 时的麦克斯韦旋度方程组为

$$\nabla\times\widetilde{\boldsymbol{E}}=-\mathrm{j}\omega\mu\widetilde{\boldsymbol{H}} \tag{8.87a}$$

$$\nabla\times\widetilde{\boldsymbol{H}}=\mathrm{j}\omega\varepsilon\widetilde{\boldsymbol{E}} \tag{8.87b}$$

将式(8.86)代入式(8.87)，并回想一下，每个旋度方程实际上可以分解为三个独立方程，每一个方程对应一个单位矢量 $\hat{\boldsymbol{x}}$、$\hat{\boldsymbol{y}}$ 和 $\hat{\boldsymbol{z}}$ 方向，得到下列关系式：

$$\frac{\partial\widetilde{e}_z}{\partial y}+\mathrm{j}\beta\widetilde{e}_y=-\mathrm{j}\omega\mu\widetilde{h}_x \tag{8.88a}$$

$$-\mathrm{j}\beta\widetilde{e}_x-\frac{\partial\widetilde{e}_z}{\partial x}=-\mathrm{j}\omega\mu\widetilde{h}_y \tag{8.88b}$$

$$\frac{\partial\widetilde{e}_y}{\partial x}-\frac{\partial\widetilde{e}_x}{\partial y}=-\mathrm{j}\omega\mu\widetilde{h}_z \tag{8.88c}$$

$$\frac{\partial\widetilde{h}_z}{\partial y}+\mathrm{j}\beta\widetilde{h}_y=\mathrm{j}\omega\varepsilon\widetilde{e}_x \tag{8.88d}$$

$$-\mathrm{j}\beta\widetilde{h}_x-\frac{\partial\widetilde{h}_z}{\partial x}=\mathrm{j}\omega\varepsilon\widetilde{e}_y \tag{8.88e}$$

$$\frac{\partial\widetilde{h}_y}{\partial x}-\frac{\partial\widetilde{h}_x}{\partial y}=\mathrm{j}\omega\varepsilon\widetilde{e}_z \tag{8.88f}$$

式(8.88)中将对 z 的微分用乘以$-\mathrm{j}\beta$ 来代替。通过对这些方程进行代数处理，可以得到用 $\widetilde{\boldsymbol{E}}$ 和 $\widetilde{\boldsymbol{H}}$ 的 z 分量表示 x 和 y 分量的表达式，即

$$\widetilde{E}_x=\frac{-\mathrm{j}}{k_c^2}\left(\beta\frac{\partial\widetilde{E}_z}{\partial x}+\omega\mu\frac{\partial\widetilde{H}_z}{\partial y}\right) \tag{8.89a}$$

$$\widetilde{E}_y=\frac{\mathrm{j}}{k_c^2}\left(-\beta\frac{\partial\widetilde{E}_z}{\partial y}+\omega\mu\frac{\partial\widetilde{H}_z}{\partial x}\right) \tag{8.89b}$$

$$\widetilde{H}_x=\frac{\mathrm{j}}{k_c^2}\left(\omega\varepsilon\frac{\partial\widetilde{E}_z}{\partial y}-\beta\frac{\partial\widetilde{H}_z}{\partial x}\right) \tag{8.89c}$$

$$\widetilde{H}_y=\frac{-\mathrm{j}}{k_c^2}\left(\omega\varepsilon\frac{\partial\widetilde{E}_z}{\partial x}+\beta\frac{\partial\widetilde{H}_z}{\partial y}\right) \tag{8.89d}$$

这里，

$$k_c^2=k^2-\beta^2=\omega^2\mu\varepsilon-\beta^2 \tag{8.90}$$

式中，k 为之前定义的无界媒质中的波数，即

$$k=\omega\sqrt{\mu\varepsilon} \tag{8.91}$$

常数 k_c 称为截止波数，原因将在后面(8.8 节)说明。只要我们有 $\widetilde{E}_z$ 和 $\widetilde{H}_z$ 的数学表达式，就可以用式(8.89)很容易得到 $\widetilde{\boldsymbol{E}}$ 和 $\widetilde{\boldsymbol{H}}$ 的 x 和 y 分量。对于 TE 模，$\widetilde{E}_z=0$，所以我们只需要知道 $\widetilde{H}_z$，而对于 TM 情况则正好相反。

8.8　矩形波导中的 TM 模

在上一节中，我们推导了用 $\widetilde{E}_z$ 和 $\widetilde{H}_z$ 表示 $\widetilde{E}_x$、$\widetilde{E}_y$、$\widetilde{H}_x$ 和 $\widetilde{H}_y$ 的表达式，由于对 TM 模情况，其 $\widetilde{H}_z=0$，工作简化为求 $\widetilde{E}_z$ 的有效解。我们从 $\widetilde{\boldsymbol{E}}$ 的齐次波动方程出发，对于由无界媒质中波数 k 表征的无耗媒质，式(7.19)给出的波动方程为

$$\nabla^2\widetilde{\boldsymbol{E}}+k^2\widetilde{\boldsymbol{E}}=0 \tag{8.92}$$

为了满足式(8.92)，其 $\hat{\boldsymbol{x}}$、$\hat{\boldsymbol{y}}$、$\hat{\boldsymbol{z}}$ 分量都必须独立满足该方程。$\hat{\boldsymbol{z}}$ 分量由下式给出：

$$\frac{\partial^2\widetilde{E}_z}{\partial x^2}+\frac{\partial^2\widetilde{E}_z}{\partial y^2}+\frac{\partial^2\widetilde{E}_z}{\partial z^2}+k^2\widetilde{E}_z=0 \tag{8.93}$$

采用式(8.85)给出的数学形式，即

$$\widetilde{E}_z(x,y,z)=\widetilde{e}_z(x,y)\mathrm{e}^{-\mathrm{j}\beta z} \tag{8.94}$$

式(8.93)可以简化为

$$\frac{\partial^2\widetilde{e}_z}{\partial x^2}+\frac{\partial^2\widetilde{e}_z}{\partial y^2}+k_c^2\widetilde{e}_z=0 \tag{8.95}$$

式中，k_c^2 由式(8.90)定义。

这种形式的偏微分方程(对 x 和 y 分别独立求导)允许将它的解假设为乘积形式：

$$\widetilde{e}_z(x,y)=X(x)Y(y) \tag{8.96}$$

将式(8.96)代入式(8.95)，然后将所有项除以 $X(x)Y(y)$ 得到

$$\frac{1}{X}\frac{\mathrm{d}^2X}{\mathrm{d}x^2}+\frac{1}{Y}\frac{\mathrm{d}^2Y}{\mathrm{d}y^2}+k_c^2=0 \tag{8.97}$$

为了满足式(8.97)，前两项都必须为常数。所以，定义分离常数 k_x 和 k_y，使得

$$\frac{1}{X}\frac{\mathrm{d}^2X}{\mathrm{d}x^2}+k_x^2=0 \tag{8.98a}$$

$$\frac{1}{Y}\frac{\mathrm{d}^2Y}{\mathrm{d}y^2}+k_y^2=0 \tag{8.98b}$$

且

$$k_c^2=k_x^2+k_y^2 \tag{8.99}$$

在求解式(8.98)之前，我们应该考虑其解必须满足的约束条件。电场 $\widetilde{E}_z$ 平行于波导的四个壁，由于在导体壁上电场切向分量为零，在 x 为 0 和 a，y 为 0 和 b 的四个波导壁上，边界条件要求 $\widetilde{E}_z$ 为零(见图 8-22)。为了满足这些边界条件，选择正弦函数作为 $X(x)$和 $Y(y)$的解，即

$$\widetilde{e}_z=X(x)Y(y)=(A\cos k_x x+B\sin k_x x)(C\cos k_y y+D\sin k_y y) \tag{8.100}$$

这些形式的 $X(x)$和 $Y(y)$肯定满足式(8.98)给出的微分方程。$\widetilde{e}_z$ 的边界条件为

$$\widetilde{e}_z=0,\quad 在\ x=0\ 和\ a \tag{8.101a}$$

$$\widetilde{e}_z=0,\quad 在\ y=0\ 和\ b \tag{8.101b}$$

为了满足在 $x=0$ 处，$\widetilde{e}_z=0$，要求 $A=0$；类似地，为了满足在 $y=0$ 处，$\widetilde{e}_z=0$，要求 $C=0$。为了满足在 $x=a$ 处，$\widetilde{e}_z=0$，要求

$$k_x=\frac{m\pi}{a},\quad m=1,2,3,\cdots \tag{8.102a}$$

类似地，为了满足在 $y=b$ 处，$\widetilde{e}_z=0$，要求

$$k_y=\frac{n\pi}{b},\quad n=1,2,3,\cdots \tag{8.102b}$$

所以，

$$\widetilde{E}_z=\widetilde{e}_z\mathrm{e}^{-\mathrm{j}\beta z}=E_0\sin\left(\frac{m\pi x}{a}\right)\sin\left(\frac{n\pi y}{b}\right)\mathrm{e}^{-\mathrm{j}\beta z} \tag{8.103}$$

式中，$E_0=BD$ 为波导中波的振幅。记住，对于 TM 模，$\widetilde{H}_z=0$，现在可以将式(8.103)代入式(8.89)得到 $\widetilde{\boldsymbol{E}}$ 和 $\widetilde{\boldsymbol{H}}$ 的横向分量，即

$$\widetilde{E}_x=\frac{-\mathrm{j}\beta}{k_c^2}\left(\frac{m\pi}{a}\right)E_0\cos\left(\frac{m\pi x}{a}\right)\sin\left(\frac{n\pi y}{b}\right)\mathrm{e}^{-\mathrm{j}\beta z} \tag{8.104a}$$

$$\widetilde{E}_y=\frac{-\mathrm{j}\beta}{k_c^2}\left(\frac{n\pi}{b}\right)E_0\sin\left(\frac{m\pi x}{a}\right)\cos\left(\frac{n\pi y}{b}\right)\mathrm{e}^{-\mathrm{j}\beta z} \tag{8.104b}$$

$$\widetilde{H}_x=\frac{\mathrm{j}\omega\varepsilon}{k_c^2}\left(\frac{n\pi}{b}\right)E_0\sin\left(\frac{m\pi x}{a}\right)\cos\left(\frac{n\pi y}{b}\right)\mathrm{e}^{-\mathrm{j}\beta z} \tag{8.104c}$$

$$\widetilde{H}_y=\frac{-\mathrm{j}\omega\varepsilon}{k_c^2}\left(\frac{m\pi}{a}\right)E_0\cos\left(\frac{m\pi x}{a}\right)\sin\left(\frac{n\pi y}{b}\right)\mathrm{e}^{-\mathrm{j}\beta z} \tag{8.104d}$$

整数 m 和 n 的每个组合都表示一个可行的解或一个模式，表示为 TM_{mn}。与每个 mn 模相关的是波导内部区域的特定的场分布。图 8-23 给出了波导在两个不同截面上 TM_{11} 模的 $\boldsymbol{E}$ 和 $\boldsymbol{H}$ 的场线。

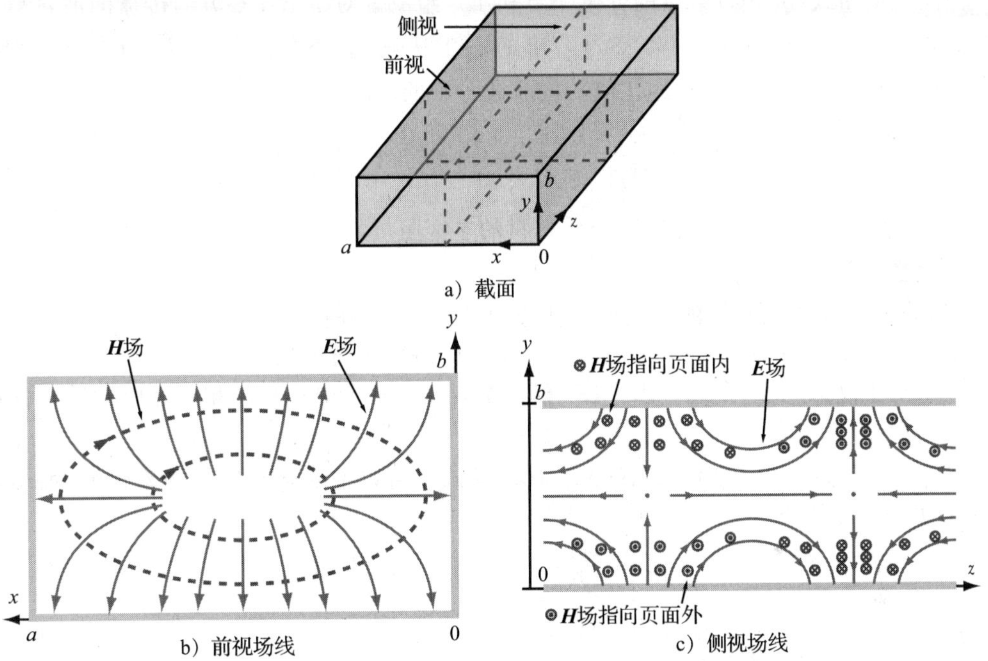

图 8-23　TM_{11} 模在两个截面上的电场线和磁场线

根据式(8.103)和式(8.104)，截面为 $a\times b$ 的矩形波导可以支持许多不同模式的波传播，但是离散的，场结构由整数 m 和 n 指定。场表达式中唯一没有确定的量是包含在指数 $\mathrm{e}^{-\mathrm{j}\beta z}$ 中的传播常数 β。通过联合式(8.90)、式(8.99)和式(8.102)，得到 β 的表达式如下：

$$\beta=\sqrt{k^2-k_c^2}=\sqrt{\omega^2\mu\varepsilon-\left(\frac{m\pi}{a}\right)^2-\left(\frac{n\pi}{b}\right)^2}\quad(\text{TE 和 TM}) \tag{8.105}$$

虽然 β 的表达式是针对 TM 模推导的，但其对 TE 模也适用。

指数函数 $\mathrm{e}^{-\mathrm{j}\beta z}$ 描述了沿 $+z$ 方向传播的波，如果 β 为实数，相当于 $k>k_c$。如果 $k<k_c$，则 β 变为虚数：$\beta=-\mathrm{j}\alpha$，α 为实数。这种情况下，$\mathrm{e}^{-\mathrm{j}\beta z}=\mathrm{e}^{-\alpha z}$，产生振幅随 z 以衰减函数 $\mathrm{e}^{-\alpha z}$ 快速衰减的凋落波。对应于每一个模式(m,n)，存在一个 $\beta=0$ 时的截止频率 f_{mn}。通过在式(8.105)中设 $\beta=0$，然后求 f 得到

$$f_{mn}=\frac{u_{p0}}{2}\sqrt{\left(\frac{m}{a}\right)^2+\left(\frac{n}{b}\right)^2}\quad(\text{TE 和 TM}) \tag{8.106}$$

式中，$u_{p0}=1/\sqrt{\mu\varepsilon}$ 为本构参数为 ε 和 μ 的无界媒质中 TEM 波的相速。

给定模式的波只有当其频率 $f>f_{mn}$ 时，才可以在波导中传播，因为只有这时 β 为实数。

具有最低截止频率的模称为主模。TM 模中 TM_{11} 模是主模，TE 模中 TE_{10} 模是主模，对于 TE 模允许 m 和 n 中有一个为零，对于 TM 模两者均不能为零[因为如果 m 或 n 中任一个为零，式(8.103)中的 $\widetilde{E}_z$ 为零，所有其他场分量也为零]。

联合式(8.105)和式(8.106)，可以用 f_{mn} 将 β 表示为

$$\beta=\frac{\omega}{u_{p0}}\sqrt{1-\left(\frac{f_{mn}}{f}\right)^2}\quad (\text{TE 和 TM}) \tag{8.107}$$

波导中 TE 波或 TM 波的相速为

$$u_p=\frac{\omega}{\beta}=\frac{u_{p0}}{\sqrt{1-(f_{mn}/f)^2}}\quad (\text{TE 和 TM}) \tag{8.108}$$

横向电场由式(8.104)给出的分量 $\widetilde{E}_x$ 和 $\widetilde{E}_y$ 组成。对于沿 $+z$ 方向传播的波，与 $\widetilde{E}_x$ 相关的磁场为 $\widetilde{H}_y$[根据由式(7.39a)给出的右手法则]。类似地，与 $\widetilde{E}_y$ 相关的磁场为 $\widetilde{H}_x$。通过使用式(8.104)得到的比值，构成波导中的波阻抗：

$$Z_{TM}=\frac{\widetilde{E}_x}{\widetilde{H}_y}=-\frac{\widetilde{E}_y}{\widetilde{H}_x}=\frac{\beta\eta}{k}=\eta\sqrt{1-\left(\frac{f_{mn}}{f}\right)^2} \tag{8.109}$$

式中，$\eta=\sqrt{\mu/\varepsilon}$ 为波导中填充的电介质材料的本征阻抗。

例 8-8 模式特性

TM 波在介电常数未知的介质填充波导中传播，其磁场的 y 分量为

$$H_y=6\cos(25\pi x)\sin(100\pi y)\sin(1.5\pi\times10^{10}t-109\pi z)\,\text{mA/m}$$

如果波导尺寸为 $a=2b=4$cm，求：(a) 模式数，(b) 波导中材料的相对介电常数，(c) 相速，(d) E_x 的表达式。

解：(a) 比较式(8.104d)给出的 $\widetilde{H}_y$ 的表达式，可以推断出变量 x 的系数为 $m\pi/a$，y 的系数为 $n\pi/b$，所以

$$25\pi=\frac{m\pi}{4\times10^{-2}},\quad 100\pi=\frac{n\pi}{2\times10^{-2}}$$

得到 $m=1$，$n=2$。所以，模式为 TM_{12}。

(b) H_y 表达式中的第二个正弦函数表示 $\sin(\omega t-\beta z)$，这意味着

$$\omega=1.5\pi\times10^{10}\,\text{rad/s}\quad 或\quad f=7.5\text{GHz}$$
$$\beta=109\pi\,\text{rad/m}$$

重新写出式(8.105)，得到 $\varepsilon_r=\varepsilon/\varepsilon_0$ 由其他量表示的表达式：

$$\varepsilon_r=\frac{c^2}{\omega^2}\left[\beta^2+\left(\frac{m\pi}{a}\right)^2+\left(\frac{n\pi}{b}\right)^2\right]$$

式中，c 为光速。代入已知的值得到

$$\varepsilon_r=\frac{(3\times10^8)^2}{(1.5\pi\times10^{10})^2}\times\left[(109\pi)^2+\left(\frac{\pi}{4\times10^{-2}}\right)^2+\left(\frac{2\pi}{2\times10^{-2}}\right)^2\right]=9$$

(c) $u_p=\dfrac{\omega}{\beta}=\dfrac{1.5\pi\times10^{10}}{109\pi}\,\text{m/s}=1.38\times10^8\,\text{m/s}$

这个值比光速慢。然而如后面在 8.9 节解释的，波导中的相速可能超过 c，但是波导中能量的速度为群速 u_g，这个速度永远不会大于 c。

(d) 由式(8.109)，

$$Z_{TM}=\eta\sqrt{1-(f_{12}/f)^2}$$

对于 TM_{12} 模，用式(8.106)得到 $f_{12}=5.15$GHz，在 Z_{TM} 表达式中使用这个值和 $f=$

7.5GHz 以及

$$\eta=\sqrt{\mu/\varepsilon}=\frac{\sqrt{\mu_0/\varepsilon_0}}{\sqrt{\varepsilon_r}}=\frac{377}{\sqrt{9}}\Omega=125.67\Omega$$

得到

$$Z_{TM}=91.3\Omega$$

所以，

$$\begin{aligned}E_x&=Z_{TM}H_y=91.3\times 6\cos(25\pi x)\sin(100\pi y)\sin(1.5\pi\times 10^{10}t-109\pi z)\text{mV/m}\\&=0.55\cos(25\pi x)\sin(100\pi y)\sin(1.5\pi\times 10^{10}t-109\pi z)\text{V/m}\end{aligned}$$

◀

概念问题 8-8：当频率高于 30GHz 时，同轴线的主要限制是什么？

概念问题 8-9：TE 模在传播方向上是否有零磁场？

概念问题 8-10：将 $\widetilde{e}_z$ 的解选择为正弦和余弦函数的基本原理是什么？

概念问题 8-11：什么是凋落波？

练习 8-10　对于 $a=b$ 的方形波导，TM_{11} 模的 $\widetilde{E}_x/\widetilde{E}_y$ 的值是多少？

答案：$\tan(\pi y/a)/\tan(\pi x/a)$。

练习 8-11　在填充 $\varepsilon_r=4$ 材料的波导中，主模 TM_{11} 的截止频率是多少？波导的尺寸为 $a=2b=5\text{cm}$。

答案：对于 TM_{11}，$f_{11}=3.35\text{GHz}$。

练习 8-12　当 $f=f_{mn}$ 时，TE 模或 TM 模相速的大小是多少？

答案：$u_p=\infty$！（见 8.10 节的解释）。

8.9　矩形波导中的 TE 模

在 TM 模情况下，波没有沿 $+z$ 方向的磁场(即 $\widetilde{H}_z=0$)，我们在前一节的处理中，首先得到了 $\widetilde{E}_z$ 的解，然后用这个解推导出了 $\widetilde{\boldsymbol{E}}$ 和 $\widetilde{\boldsymbol{H}}$ 的横向分量表达式。对于 TE 模情况，除了交换 $\widetilde{E}_z$ 和 $\widetilde{H}_z$ 的角色以外，处理过程基本相同。该过程可以得到

$$\widetilde{E}_x=\frac{j\omega\mu}{k_c^2}\left(\frac{n\pi}{b}\right)H_0\cos\left(\frac{m\pi x}{a}\right)\sin\left(\frac{n\pi y}{b}\right)e^{-j\beta z}\tag{8.110a}$$

$$\widetilde{E}_y=\frac{-j\omega\mu}{k_c^2}\left(\frac{m\pi}{a}\right)H_0\sin\left(\frac{m\pi x}{a}\right)\cos\left(\frac{n\pi y}{b}\right)e^{-j\beta z}\tag{8.110b}$$

$$\widetilde{H}_x=\frac{j\beta}{k_c^2}\left(\frac{m\pi}{a}\right)H_0\sin\left(\frac{m\pi x}{a}\right)\cos\left(\frac{n\pi y}{b}\right)e^{-j\beta z}\tag{8.110c}$$

$$\widetilde{H}_y=\frac{j\beta}{k_c^2}\left(\frac{n\pi}{b}\right)H_0\cos\left(\frac{m\pi x}{a}\right)\sin\left(\frac{n\pi y}{b}\right)e^{-j\beta z}\tag{8.110d}$$

$$\widetilde{H}_z=H_0\cos\left(\frac{m\pi x}{a}\right)\cos\left(\frac{n\pi y}{b}\right)e^{-j\beta z}\tag{8.110e}$$

当然，$\widetilde{E}_z=0$。由式(8.106)、式(8.107)和式(8.108)给出的 f_{mn}、β 和 u_p 的表达式保持不变。

> 如果 m 或 n 为零时，并不是所有的场都为零，因此当 $a>b$ 时最低的 TE 模为 TE_{10} 模，当 $a<b$ 时为 TE_{01} 模。习惯上，设定 a 为尺寸较长的维度，这样 TE_{10} 模为事实上的主模。

TE 模和 TM 模另外的区别是波阻抗的表达式。对于 TE 模：

$$Z_{TE}=\frac{\widetilde{E}_x}{\widetilde{H}_y}=-\frac{\widetilde{E}_y}{\widetilde{H}_x}=\frac{\eta}{\sqrt{1-(f_{mn}/f)^2}}\tag{8.111}$$

表 8-3 总结了 TE 模和 TM 模的各种波特性的表达式。作为参考，表 8-3 中给出了无界空间传播的 TEM 模的相应表达式。

表 8-3　填充本构参数为ε和μ的介质材料尺寸为$a\times b$的矩形波导中 TE 模和 TM 模的波特性，这里作为参考给出了在无界空间传播的 TEM 平面波的情况

矩形波导		平面波
TE 模	TM 模	TEM 模
$\widetilde{E}_x=\frac{j\omega\mu}{k_c^2}\left(\frac{n\pi}{b}\right)H_0\cos\left(\frac{m\pi x}{a}\right)\sin\left(\frac{n\pi y}{b}\right)e^{-j\beta_z}$	$\widetilde{E}_x=\frac{-j\beta}{k_c^2}\left(\frac{m\pi}{a}\right)E_0\cos\left(\frac{m\pi x}{a}\right)\sin\left(\frac{n\pi y}{b}\right)e^{-j\beta_z}$	$\widetilde{E}_x=E_{x0}e^{-j\beta z}$
$\widetilde{E}_y=\frac{-j\omega\mu}{k_c^2}\left(\frac{m\pi}{a}\right)H_0\sin\left(\frac{m\pi x}{a}\right)\cos\left(\frac{n\pi y}{b}\right)e^{-j\beta_z}$	$\widetilde{E}_y=\frac{-j\beta}{k_c^2}\left(\frac{n\pi}{b}\right)E_0\sin\left(\frac{m\pi x}{a}\right)\cos\left(\frac{n\pi y}{b}\right)e^{-j\beta_z}$	$\widetilde{E}_y=E_{y0}e^{-j\beta z}$
$\widetilde{E}_z=0$	$\widetilde{E}_z=E_0\sin\left(\frac{m\pi x}{a}\right)\sin\left(\frac{n\pi y}{b}\right)e^{-j\beta_z}$	$\widetilde{E}_z=0$
$\widetilde{H}_x=-\widetilde{E}_y/Z_{TE}$	$\widetilde{H}_x=-\widetilde{E}_y/Z_{TM}$	$\widetilde{H}_x=-\widetilde{E}_y/\eta$
$\widetilde{H}_y=-\widetilde{E}_x/Z_{TE}$	$\widetilde{H}_y=-\widetilde{E}_x/Z_{TM}$	$\widetilde{H}_y=\widetilde{E}_x/\eta$
$\widetilde{H}_z=H_0\cos\left(\frac{m\pi x}{a}\right)\cos\left(\frac{n\pi y}{b}\right)e^{-j\beta z}$	$\widetilde{H}_z=0$	$\widetilde{H}_z=0$
$Z_{TE}=\eta/\sqrt{1-(f_c/f)^2}$	$Z_{TM}=\eta\sqrt{1-(f_c/f)^2}$	$\eta=\sqrt{\mu/\varepsilon}$
TE 模和 TM 模的共同性质		
$f_c=\frac{u_{p0}}{2}\sqrt{\left(\frac{m}{a}\right)^2+\left(\frac{n}{b}\right)^2}$		f_c 不适用
$\beta=k\sqrt{1-(f_c/f)^2}$		$k=\omega\sqrt{\mu\varepsilon}$
$u_p=\frac{\omega}{\beta}=u_{p0}/\sqrt{1-(f_c/f)^2}$		$u_{p0}=1/\sqrt{\mu\varepsilon}$

例 8-9　截止频率

对于尺寸为 $a=3\text{cm}$，$b=2\text{cm}$ 的空心矩形波导，求频率在 20GHz 以下的所有模式的截止频率。在什么频率范围内波导支持单主模传播？

解： 空心矩形波导有 $\varepsilon=\varepsilon_0$ 和 $\mu=\mu_0$。所以 $u_{p0}=1/\sqrt{\mu_0\varepsilon_0}=c$，用式(8.106)得到截止频率，如图 8-24 所示，其中 TE_{10} 模从 5GHz 开始，为了避免所有其他的模式，将工作频率范围限制在 5～7.5GHz。◀

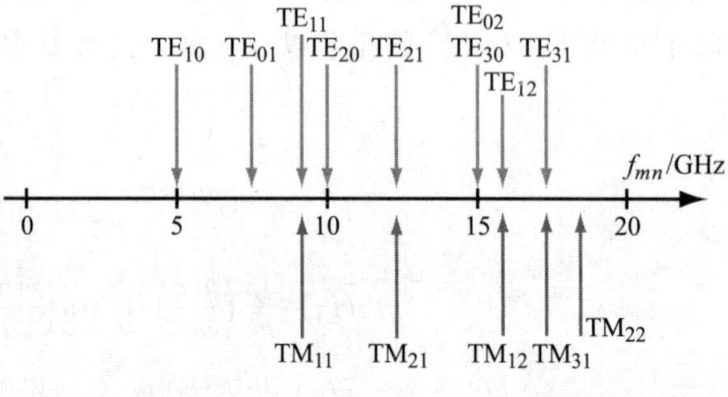

图 8-24　尺寸为 $a=3\text{cm}$ 和 $b=2\text{cm}$ 的空心矩形波导中 TE 模和 TM 模的截止频率(例 8-9)

8.10　传播速度

当波用来通过媒质或沿传输线传输信息时，信息被编码到波的振幅、频率或相位中。一个简单的例子如图 8-25 所示，其中频率为 f 的高频载波被一个低频高斯脉冲调幅，图 8-25b 中的波形为图 8-25a 中高斯脉冲与高频载波相乘的结果。

通过傅里叶分析，图 8-25b 中的波形等效于一组具有特定振幅和频率的正弦波的叠加。精确等效可能需要大量(或无穷)的频率分量，但在实际中，通常可以用高频载波频率 f 周围相对窄的频带内的波群，来高保真表示调制后的波形。包络或等效地波群在媒质中传播的速度称为群速 u_g。因此，u_g 是波群携带能量的速度以及在其中编码信息传播的速度。根据传播媒质是否色散，u_g 可能等于或不等于相速 u_p。在 2.1.1 节中，我们将色散传输线描述为一种“相速不是常数，而是频率的函数”的传输线，因此，其上传播的脉冲形状随着沿线传播逐渐失真。矩形波导是一种色散传输线，原因是在其中传输的 TE 模或 TM 模的相速是频率的强函数[根据式(8.108)]，特别是当频率靠近截止频率 f_{mn} 时。我们很快会看到，当 $f \gg f_{mn}$ 时，不仅在电场和磁场的取向方面，而且在它们的相速与频率的依赖关系方面，TE 模和 TM 模的特性都接近于 TEM 模。

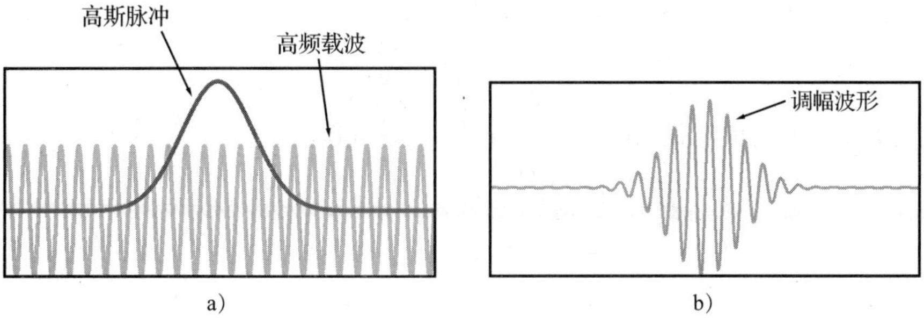

图 8-25　调幅波形是高斯脉冲与高频载波的乘积

现在，我们将更详细地研究 u_p 和 u_g。相速定义为波的正弦波形的速度，即

$$u_p = \frac{\omega}{\beta} \tag{8.112}$$

而群速由下式给出：

$$u_g = \frac{1}{d\beta/d\omega} \tag{8.113}$$

虽然本书没有推导式(8.113)，但是理解其性质对金属波导中 TE 模和 TM 模是很重要的。利用式(8.107)给出的 β 的表达式：

$$u_g = \frac{1}{d\beta/d\omega} = u_{p0}\sqrt{1-(f_{mn}/f)^2} \tag{8.114}$$

如前所述，u_{p0} 为无界媒质中的相速。考虑到式(8.108)给出的相速 u_p，有

$$u_p u_g = u_{p0}^2 \tag{8.115}$$

当频率高于截止频率($f > f_{mn}$)时，$u_p \geqslant u_{p0}$ 且 $u_g \leqslant u_{p0}$。当 $f \to \infty$ 或($f_{mn}/f) \to 0$ 时，TE 模和 TM 模接近于 TEM 情况，有 $u_p = u_g = u_{p0}$。

ω-β 图是描述媒质或传输线传输特性的一种有用的图形工具。在图 8-26 中，从原点开始的直线表示在无界媒质中(或在 TEM 传输线上)传输的 TEM 波的 ω-β 关系，TEM 波传输线为 TE/TM 模 ω-β 曲线的比较提供了参考。在 ω-β 直线或曲线上的给定位置，ω 与 β 之比定义了 $u_p = \omega/\beta$，而曲线上该点的斜率 $d\omega/d\beta$ 定义了群速 u_g。对于 TEM 波传输线，ω 对 β 的比值和斜率的值相等(因此 $u_p = u_g$)，而且直线从 $\omega = 0$ 开始。相比之下，每一个 TE/TM 模的曲线从模式特定的截止频率开始，低于截止频率的波不能在波导中传播。当接近截止频率时，u_p 和 u_g 的值差别非常大。事实上，在截止频率上 $u_p = \infty$，$u_g = 0$。在频率远大于 f_{mn} 的频谱另一端，TE/TM 模的 ω-β 曲线接近于

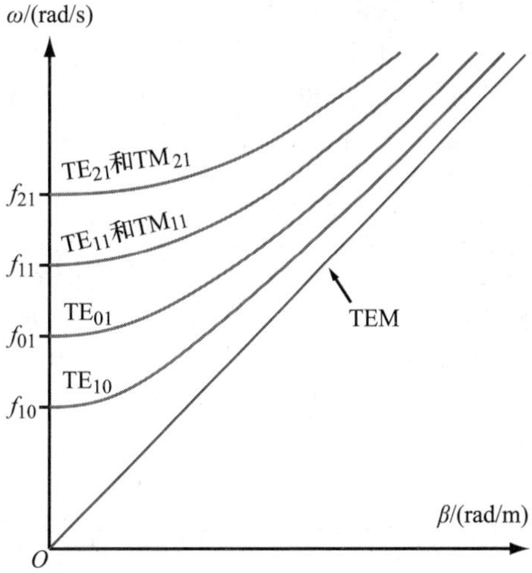

图 8-26　空心矩形波导中 TE 模和 TM 模的 ω-β 图，直线对应于无界媒质或 TEM 传输线情况

TEM 波传输线。应该注意，对于 TE 模和 TM 模，u_p 可能很容易超过光速，而 u_g 则不会。因为 u_g 表示的是实际能量的传播速度，并没有违背爱因斯坦关于物理现象的速度是有上限的。

截至目前，我们已经描述了波导中的场，但是还没有用平面波通过沿波导连续反射曲折传播来解释波导中的场。要做到这一点，考虑 TE_{10} 模的简单情况。对于 $m=1$，$n=0$，由式（8.110）给出的唯一非零电场分量是 $\widetilde{E}_y$，所以，

$$\widetilde{E}_y = -\mathrm{j}\frac{\omega\mu}{k_c^2}\left(\frac{\pi}{a}\right)H_0\sin\left(\frac{\pi x}{a}\right)\mathrm{e}^{-\mathrm{j}\beta z} \tag{8.116}$$

对于任意变量 θ，利用恒等式 $\sin\theta=(\mathrm{e}^{\mathrm{j}\theta}-\mathrm{e}^{-\mathrm{j}\theta})/2\mathrm{j}$，可得

$$\begin{aligned}
\widetilde{E}_y &= \left(\frac{\omega\mu\pi H_0}{2k_c^2 a}\right)(\mathrm{e}^{-\mathrm{j}\pi x/a}-\mathrm{e}^{\mathrm{j}\pi x/a})\mathrm{e}^{-\mathrm{j}\beta z}\\
&= E_0'\left[\mathrm{e}^{-\mathrm{j}(\beta z+\pi x/a)}-\mathrm{e}^{-\mathrm{j}(\beta z-\pi x/a)}\right]\\
&= E_0'(\mathrm{e}^{-\mathrm{j}\beta z'}-\mathrm{e}^{-\mathrm{j}\beta z''})
\end{aligned} \tag{8.117}$$

我们已经将两个指数项的系数合并为常数 E_0'。第一个指数项表示以传播常数 β 沿 z' 方向传播的波，式中，

$$z' = z+\frac{\pi x}{\beta a} \tag{8.118a}$$

第二项表示沿 z'' 方向传播的波：

$$z'' = z-\frac{\pi x}{\beta a} \tag{8.118b}$$

如图 8-27a 所示，很明显 z' 方向相对于 z 的夹角为 θ'，z'' 方向的夹角为 $\theta''=-\theta'$。这意味着 TE_{10} 模的电场 $\widetilde{E}_y$（以及与其相关的磁场 $\widetilde{H}$）由图 8-27b 所示的两个沿 $+z$ 方向在波导两个相对壁之间以锯齿形传播的 TEM 波组成。在锯齿方向（z' 和 z''），每个波分量的相速为 u_{p0}，但是沿 z 方向的两个波合成的相速为 u_p。

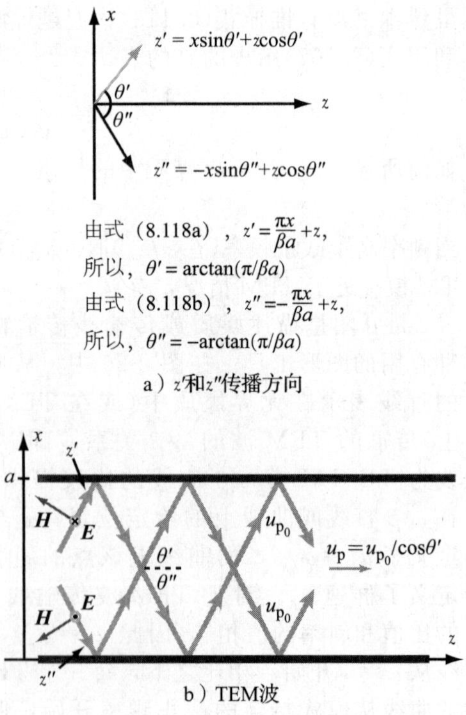

由式（8.118a），$z'=\frac{\pi x}{\beta a}+z$，所以，$\theta'=\arctan(\pi/\beta a)$

由式（8.118b），$z''=-\frac{\pi x}{\beta a}+z$，所以，$\theta''=-\arctan(\pi/\beta a)$

a）z' 和 z'' 传播方向

例 8-10 锯齿角

对于 TE_{10} 模，用比值 f/f_{10} 表示锯齿角 θ'，在 $f=f_{10}$ 和 $f\gg f_{10}$ 计算 θ' 的值。

解： 由图 8-27 可知，

$$\theta'_{10}=\arctan\left(\frac{\pi}{\beta_{10}a}\right)$$

式中，加入下标 10 是为了提醒该表达式专门适用于 TE_{10} 模。对于 $m=1$ 和 $n=0$，式（8.106）简化为 $f_{10}=u_{p0}/2a$，用式（8.107）给出的表达式代替 β，并用 $u_{p0}/2f_{10}$ 代替 a，得到

$$\theta'=\arctan\left[\frac{1}{\sqrt{(f/f_{10})^2-1}}\right]$$

b）TEM 波

图 8-27　用两个 TEM 波构造 TE_{10} 模

在 $f=f_{10}$，$\theta'=90°$，这意味着波在波导两侧壁之间以垂直入射来回反弹，在 z 方向没有传播。在频谱的另一端，当 $f\gg f_{10}$，θ' 接近 0，波变为像 TEM 波一样沿波导直线传播。◀

概念问题 8-12：TE 波的主模为 TE_{10}，而 TM 波的主模却为 TM_{11}，为什么不是 TM_{10}？

概念问题 8-13：为什么 u_p 超过光速 c 是可以接受的，而 u_g 却不能？

练习 8-13　当 f 接近 f_{mn} 时，TE 模和 TM 模的波阻抗看起来像什么？

答案：当 $f=f_{mn}$ 时，Z_{TE} 看起来像开路，Z_{TM} 看起来像短路。

练习 8-14　空心波导中 TE_{10} 模在 $f=2f_{10}$ 时，求：(a) u_p，(b) u_g，(c) 锯齿角 θ'。

答案：(a) $u_p=1.15c$，(b) $u_g=0.87c$，(c) $\theta'=30°$。

8.11　空腔谐振器

矩形波导有四面金属壁，当将剩余的两个端面用导体壁连接时，波导就变成了腔体。通过腔体设计使其谐振于特定的频率，它们可以用作微波振荡器、放大器和带通滤波器的电路器件。

如图 8-28a 所示的矩形腔体，其尺寸为 $a\times b\times d$，连接到两个同轴电缆上，通过输入和输出探针向腔体输入和提取信号。作为带通滤波器，谐振腔的功能是，除了在特定中心频率 f_0 周围窄带内的频率以外，阻止输入信号的所有其他频谱成分，f_0 为腔体的谐振频率。图 8-28b 描述了典型信号的输入频谱，图 8-28c 为窄带输出频谱，这两个频谱的比较演示了腔体的滤波作用。

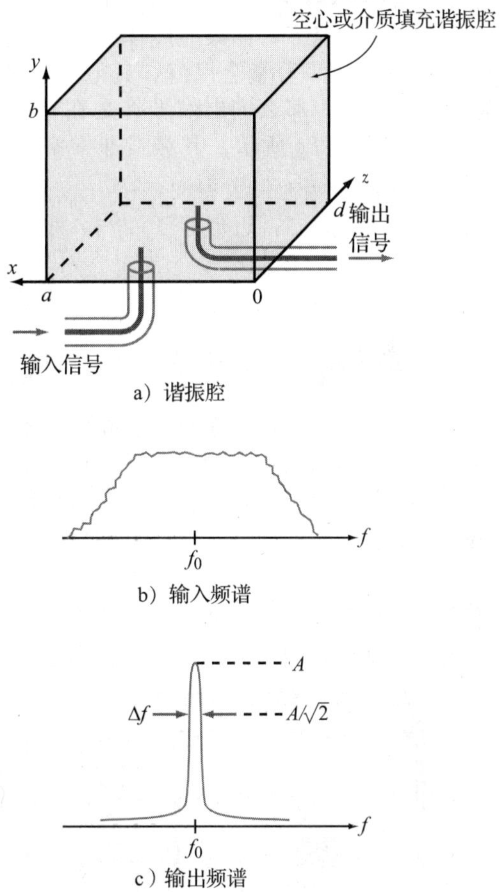

a）谐振腔
b）输入频谱
c）输出频谱

图 8-28　谐振腔支持以谐振频率 f_0 为中心的窄带

在矩形波导中，场构成了沿 x 和 y 方向的驻波和沿 $\hat{z}$ 方向的行波。相对于传播方向定义了 TE 波和 TM 波，TE 表示 $\boldsymbol{E}$ 全部在 $\hat{z}$ 的横向上，TM 表示 $\boldsymbol{H}$ 没有沿 $\hat{z}$ 方向的分量。腔体中不存在特定的传播方向，即没有场传播。相反，在所有三个方向上存在驻波。因此，术语 TE 和 TM 需要通过定义相对于三个直角坐标轴中的某一个方向来进行修正。为了一致性，我们将继续定义横向是垂直于 $\hat{z}$ 的平面上的任何方向。

矩形波导中的 TE 模由单一传播的波组成，其 $\widetilde{H}_z$ 分量由式(8.110e)给出，即

$$\widetilde{H}_z=H_0\cos\left(\frac{m\pi x}{a}\right)\cos\left(\frac{n\pi y}{b}\right)\mathrm{e}^{-\mathrm{j}\beta z} \tag{8.119}$$

式中，相位因子 $\mathrm{e}^{-\mathrm{j}\beta z}$ 表示沿 $+\hat{z}$ 方向传播。因为腔体在 $z=0$ 和 $z=d$ 处均有导电壁，它将包含两种波：一种振幅为 H_0 沿 $+\hat{z}$ 方向传播，另一种振幅为 H_0^- 沿 $-\hat{z}$ 方向传播。所以，

$$\widetilde{H}_z=(H_0\mathrm{e}^{-\mathrm{j}\beta z}+H_0^-\mathrm{e}^{\mathrm{j}\beta z})\cos\left(\frac{m\pi x}{a}\right)\cos\left(\frac{n\pi y}{b}\right) \tag{8.120}$$

边界条件要求在导电边界上 $\widetilde{\boldsymbol{H}}$ 的法向分量为零，因此，在 $z=0$ 和 $z=d$ 处，$\widetilde{H}_z$ 必须为零。为了满足条件，必须有 $H_0^-=-H_0$ 和 $\beta d=p\pi$，其中 $p=1,2,3,\cdots$。此时，式(8.120)变为

$$\widetilde{H}_z=-2\mathrm{j}H_0\cos\left(\frac{m\pi x}{a}\right)\cos\left(\frac{n\pi y}{b}\right)\sin\left(\frac{p\pi z}{d}\right) \tag{8.121}$$

对于 TE 模，$\widetilde{E}_z=0$，使用式(8.89)，可以很容易推导出 $\widetilde{\boldsymbol{E}}$ 和 $\widetilde{\boldsymbol{H}}$ 所有的其他分量。类似的过程也可以用来表征 TM 模情况下的腔体。

8.11.1 谐振频率

对 β 施加的量化条件，即 $\beta=p\pi/d$，p 只能为整数值，其结果是，对于(m,n,p)的任意一组特定整数集，腔体内的波只能存在一个谐振频率 f_{mnp}，其值必须满足式(8.105)。该 f_{mnp} 的表达式为

$$f_{mnp}=\frac{u_{p0}}{2}\sqrt{\left(\frac{m}{a}\right)^2+\left(\frac{n}{b}\right)^2+\left(\frac{p}{d}\right)^2} \tag{8.122}$$

对于 TE 模，m 和 n 从 0 开始，p 从 1 开始。TM 模的情况正好相反。给出一个例子，尺寸为 $a=2\text{cm}$，$b=3\text{cm}$ 和 $d=4\text{cm}$ 的矩形空腔，TE_{101} 模的谐振频率为 $f_{101}=8.38\text{GHz}$。

8.11.2 品质因数

在理想情况下，如果在腔体中引入一组频率来激励确定的 TE 模或 TM 模，则只有该模 f_{mnp} 处的频率分量会保留，其他所有的频率分量都将衰减。如果用探针将谐振波的样本耦合出腔体，那么输出信号将是在 f_{mnp} 上的单色正弦波。实际中，腔体展现的频率响应类似于图 8-28c 所示，其频带非常窄，但不是理想的尖峰。腔体的带宽 Δf 定义为在频率 f_{mnp} 两侧振幅为最大振幅(在 f_{mnp} 上)的 $1/\sqrt{2}$ 的两个频率之间的频率范围。归一化带宽定义为 $\Delta f/f_{mnp}$，近似等于腔体品质因数 Q 的倒数，即

$$Q\approx\frac{f_{mnp}}{\Delta f} \tag{8.123}$$

> 品质因数定义为存储在腔体中的能量与在腔体壁中传导产生的耗散能量之比。

对于具有理想导电壁的理想腔体，不存在能量损耗，Q 为无穷大，$\Delta f\approx 0$。金属的电导率非常高(但不是无穷大)，所以具有金属壁的真实腔体，在其体积中存储了耦合到其内部的大部分能量，然而，它也会因为热传导而损失一些能量。Q 的典型值为 10 000 量级，这远远高于用集总参数 RLC 电路可以实现的值。

模块 8.5(矩形波导) 根据指定的波导尺寸、频率 f、模式类型(TE 或 TM)和模式数，该模块可以提供有关波阻抗、截止频率和其他波属性的信息，还能显示波导内部的电场和磁场分布。

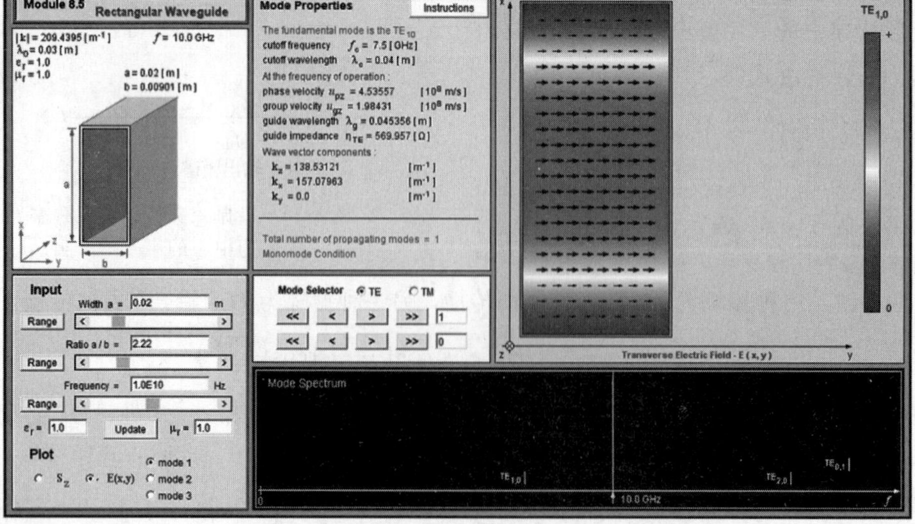

例 8-11 谐振腔的 Q 值

工作于 TE_{101} 模的空腔谐振器的品质因数为

$$Q=\frac{1}{\delta_s}\frac{abd(a^2+d^2)}{[a^3(d+2b)+d^3(a+2b)]} \tag{8.124}$$

式中，$\delta_s=1/\sqrt{\pi f_{mnp}\mu_0\sigma_c}$为趋肤深度，$\sigma_c$ 为导电壁的电导率。设计一个 TE_{101} 模谐振频率为 12.6GHz 的立方体腔，并评估其带宽。腔壁由铜制成。

解：对于 $a=b=d$，$m=1$，$n=0$，$p=1$ 以及 $u_{p0}=c=3\times10^8$ m/s，式(8.122)简化为

$$f_{101}=\frac{3\sqrt{2}\times10^8}{2a} \quad (\text{Hz})$$

对于 $f_{101}=12.6\text{GHz}$，得出 $a=1.68\text{cm}$

在 $f_{101}=12.6\text{GHz}$ 上，铜的趋肤深度($\sigma_c=5.8\times10^7$ S/m)为

$$\delta_s=\frac{1}{(\pi f_{101}\mu_0\sigma_c)^{1/2}}=\frac{1}{(\pi\times12.6\times10^9\times4\pi\times10^{-7}\times5.8\times10^7)^{1/2}}\text{m}=5.89\times10^{-7}\text{m}$$

式(8.124)中取 $a=b=d$，立方腔 Q 的表达式变为

$$Q=\frac{a}{3\delta_s}=\frac{1.68\times10^{-2}}{3\times5.89\times10^{-7}}\approx9500$$

所以，谐振器的带宽为

$$\Delta f\approx\frac{f_{101}}{Q}=\frac{12.6\times10^9}{9500}\text{MHz}\approx1.3\text{MHz}$$ ◀

习题

8.1 节

*8.1 空气中电场振幅为 20V/m 的平面波垂直入射到$\varepsilon_r=25$ 的无耗非磁性媒质表面。求：

(a) 反射系数和透射系数；

(b) 空气中的驻波比；

(c) 入射波、反射波和透射波的平均功率密度。

8.2 在$\varepsilon_{r_1}=2.25$ 的媒质 1 中传播的平面波垂直入射到$\varepsilon_{r_2}=4$ 的媒质 2 中。两种媒质都是非磁性、非导电性材料，入射波的电场为$\boldsymbol{E}^i=\hat{\boldsymbol{y}}8\cos(6\pi\times10^9t-30\pi x)$ V/m。

(a) 推导两种媒质中各自的电场和磁场的时域表达式；

(b) 求入射波、反射波和透射波的平均功率密度。

8.3 在$\varepsilon_{r_1}=9$ 的媒质 1 中传播的平面波垂直入射到$\varepsilon_{r_2}=4$ 的媒质 2 中。两种媒质都是非磁性、非导电性材料，入射波的磁场为$\boldsymbol{H}^i=\hat{\boldsymbol{z}}2\cos(2\pi\times10^9t-ky)$ A/m。

(a) 推导两种媒质中各自的电场和磁场的时域表达式；

*(b) 求入射波、反射波和透射波的平均功率密度。

8.4 200MHz 电场模值为 5V/m 的左旋圆极化平面波由空气垂直入射到$\varepsilon_r=4$ 的电介质，电介质在 $z\geqslant0$ 所定义的区域。

(a) 当 $z=0$，$t=0$ 时，电场为正的最大值，写出入射波电场的相量表达式；

(b) 计算反射系数和透射系数；

(c) 写出反射波、透射波和 $z\leqslant0$ 区域总场的电场相量表达式；

(d) 求入射平均功率被边界反射的百分比和透射到第二种媒质的百分比。

8.5 重复习题 8.4，但是用$\varepsilon_r=2.25$、$\mu_r=1$ 和 $\sigma=10^{-4}$ S/m 的不良导体代替电介质。

8.6 50MHz 电场振幅为 50V/m 的平面波，从空气垂直入射到$\varepsilon_r=36$ 的半无限大理想电介质，求：

*(a) Γ；

(b) 入射波和反射波的平均功率密度；

(c) 空气中电场强度 $|\boldsymbol{E}|$ 最小值的点距离边界的最近距离。

*8.7 习题 8.6 中空气中总电场的最大振幅是多少？最大值点到边界最近的距离为多少？

8.8 重复习题 8.6，但是用$\varepsilon_r=1$、$\mu_r=1$ 和 $\sigma=2.78\times10^{-3}$ S/m 的导体代替电介质。

*8.9 如图 P8.9 所示的三个理想电介质区域。媒质 1 中的波垂直入射到 $z=-d$ 的边界上，不产生反射的ε_{r_2} 和 d 的组合是什么？用ε_{r_1}

和ε_{r_3}及波的频率 f 表示。

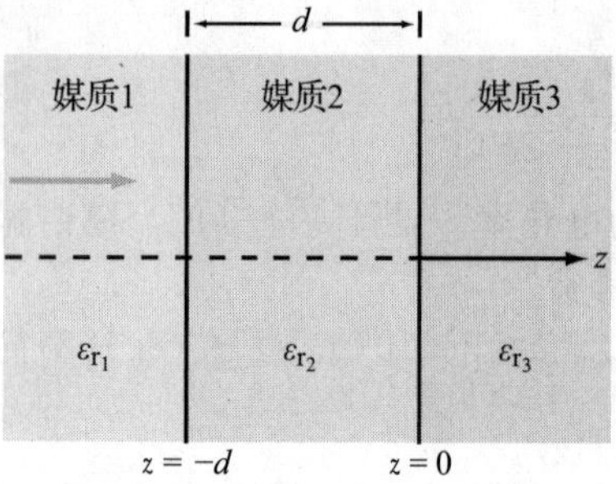

图 P8.9 习题 8.9 图

8.10 对于图 P8.9 所示的结构，当$\varepsilon_{r_1}=1$、$\varepsilon_{r_2}=9$、$\varepsilon_{r_3}=4$、$d=1.2\text{m}$ 和 $f=50\text{MHz}$ 时，用传输线方程(或史密斯圆图)计算 $z=-d$ 处的输入阻抗，同时计算入射波平均功率密度被结构反射的百分比。假设所有媒质都是无耗和非磁性的。

*8.11 重复习题 8.10，但是将ε_{r_1}和ε_{r_3}互换。

8.12 空气中波长为 0.61μm 的橙色光进入$\varepsilon_r=1.44$ 的玻璃块。在玻璃中嵌入的传感器中出现的是什么颜色的光？颜色的波长范围紫色为 0.39～0.45μm，蓝色为 0.45～0.49μm，绿色为 0.49～0.58μm，黄色为 0.58～0.60μm，橙色为 0.60～0.62μm，红色为 0.62～0.78μm。

*8.13 一未知频率的平面波从空气垂直入射到理想导体表面。利用电场仪来测量空气中的总电场在距离导体表面 2m 的距离处总是零，而且在距离导体更近的距离上没有观察到这种电场为零的情况。入射波的频率是多少？

8.14 考虑真空中的 $\lambda=0.6\mu\text{m}$ 的黄光照射空气中的肥皂薄膜。将该薄膜视为$\varepsilon_r=1.72$ 的平面介质板，其两侧被空气包围。当垂直入射时，什么厚度的薄膜会对黄光产生强烈反射？

*8.15 5MHz 电场振幅为 10V/m 的平面波，由空气垂直入射到$\varepsilon_r=4$、$\mu_r=1$ 和 $\sigma=100\text{S/m}$ 的半无限大导电材料上，求穿透导电媒质 2mm 厚度的单位面积中耗散(损耗)的平均功率。

8.16 在海平面上空飞行的飞机上装载的 0.5MHz 的天线产生的波，以垂直入射平面波的形式接近水面，其电场振幅为 3000V/m。海水的电磁参数为$\varepsilon_r=72$、$\mu_r=1$ 和 $\sigma=4\text{S/m}$。该飞机正试图向水面下深度为 d 的潜水艇发送信息，如果潜水艇接收机要求信号的最小振幅为 0.01μV/m，则可以成功通信的最大深度 d 是多少？

8.2 节和 8.3 节

*8.17 如图 P8.17 所示，一束光线以角度 θ 入射到空气中的棱镜上。光线在第一个表面发生折射，在第二个表面再次发生折射。根据棱镜的顶角ϕ和折射率 n，确定光线可以从另一边射出的 θ 最小值。如果 $n=1.4$，$\phi=60°$，求该最小 θ。

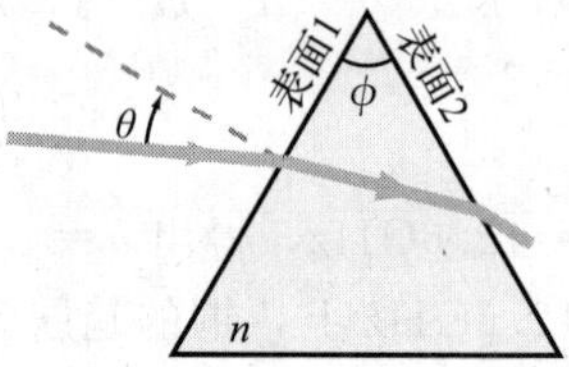

图 P8.17 习题 8.17 图

8.18 有些类型的玻璃的折射率随波长变化，某棱镜材料的折射率为

$$n=1.71-\frac{4}{30}\lambda_0 \quad (\lambda_0 \text{ 的单位为 } \mu\text{m})$$

式中，λ_0 为真空中的波长。用该棱镜来分散白光，如图 P8.18 所示。白光以 50°的角度入射，红光的波长为 0.7μm，紫光的波长为 0.4μm，求它们的色散角。

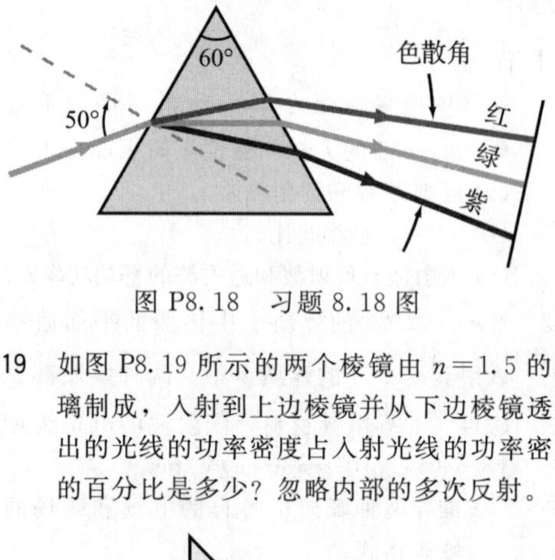

图 P8.18 习题 8.18 图

*8.19 如图 P8.19 所示的两个棱镜由 $n=1.5$ 的玻璃制成，入射到上边棱镜并从下边棱镜透射出的光线的功率密度占入射光线的功率密度的百分比是多少？忽略内部的多次反射。

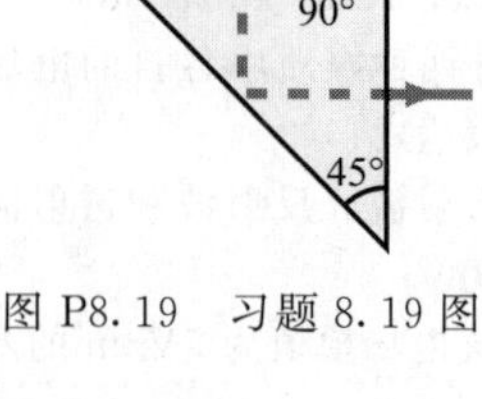

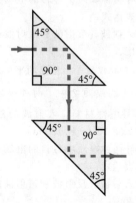

图 P8.19 习题 8.19 图

8.20　平行极化平面波从空气以角度 $\theta_i=30°$ 入射到一对电介质层，如图 P8.20 所示。求：

(a) 折射角 θ_2、θ_3 和 θ_4；

(b) 横向距离 d。

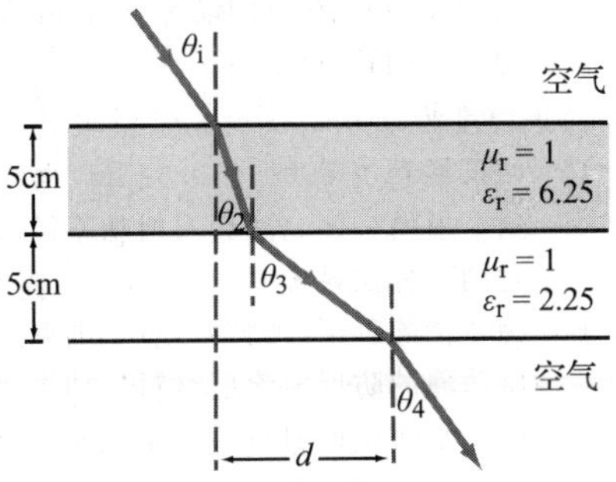

图 P8.20　习题 8.20 图

8.21　光线以 45°的入射角通过如图 P8.21 所示的两种电介质材料。如果光线以 2cm 的高度入射第一种电介质的表面，那么它打到屏幕上的高度为多少？

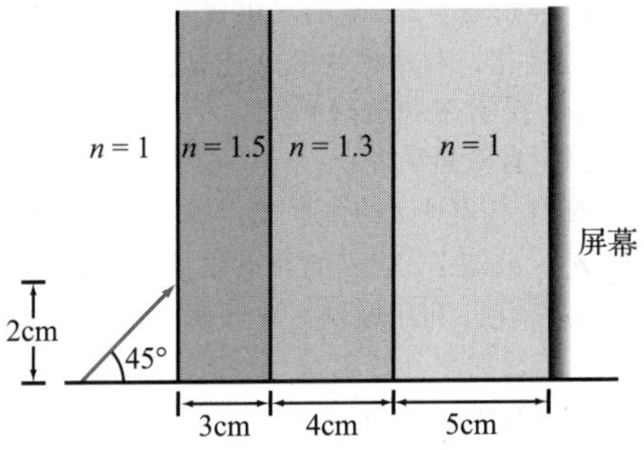

图 P8.21　习题 8.21 图

*8.22　如图 P8.22 所示的烧杯，其底部有一块玻璃，玻璃上面是水。玻璃在水面以下未知深度处有一个气泡。当从 60°的角度俯视，气泡出现在 6.81cm 深度处。气泡的真实深度是多少？

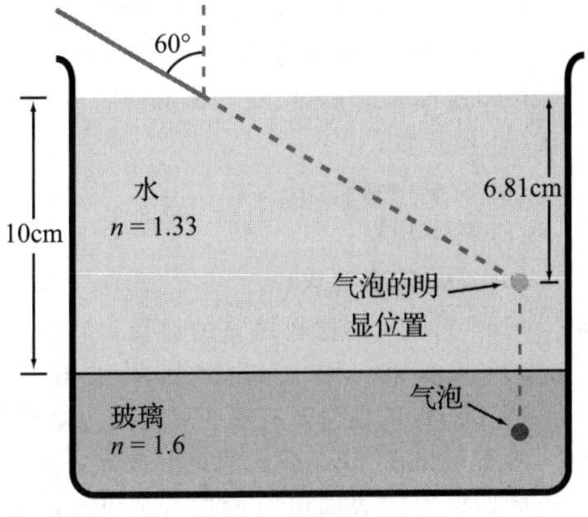

图 P8.22　习题 8.22 图

8.23　如图 P8.23 所示，$n=1.5$ 的玻璃半圆柱体的平面为水平面，在其水平面上有一滴油。当光线沿径向射向油滴时，如果 θ 超过 53°则会发生全内反射，求油的折射率。

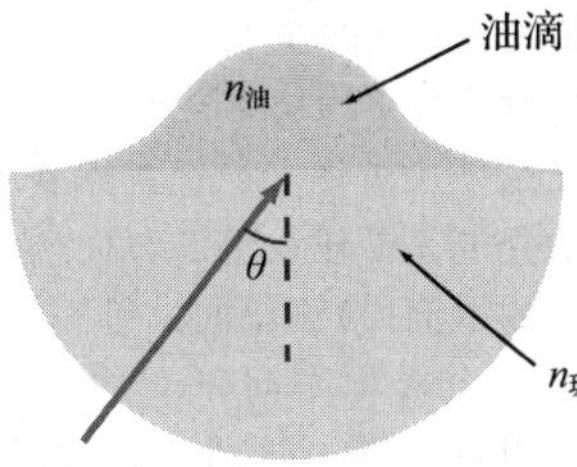

图 P8.23　习题 8.23 图

*8.24　一枚硬币位于深度为 30cm 的饮水机底部。如果在水面上漂浮一张纸，求完全遮挡硬币时纸的直径，把硬币看成一个点，设水的折射率 $n=1.33$。

8.25　假设例 8-5 中的光纤浸在水中($n=1.33$)而不是空气中。求这种情况下的 θ_a 和 f_p。

8.26　如图 8-12b 所示，对于入射到光纤发送端的光线，在整个接收锥内的情况，推导出式(8.45)。假设入射光线约束在垂直入射和 θ' 之间较窄的范围内，其中 $\theta'<\theta_a$。

(a) 根据 θ' 求 f_p 的表达式；

*(b) 当 $\theta'=5°$ 时，计算例 8-5 的 f_p。

8.4 节和 8.5 节

8.27　一根 2km 长的光纤，使用 $n_f=1.6$ 的纤芯和 $n_c=1.57$ 的包层。计算最大数据率，并使用模块 8.2 验证结果，工作频率为 100THz。

8.28　一根 3km 长的光纤，使用 $n_f=1.51$ 的纤芯和 $n_c=1.48$ 的包层。计算最大数据率，并使用模块 8.2 验证结果，工作频率为 300THz。

8.29　空气中的平面波 $\widetilde{\boldsymbol{E}}^i=\hat{\boldsymbol{y}}20e^{-j(3x+4z)}$ V/m，入射到 $\boldsymbol{\varepsilon}_r=4$ 的电介质材料的平面表面上，该材料占据 $z\geqslant 0$ 的半空间。确定：

(a) 入射波的极化；

*(b) 入射角；

(c) 反射电场和磁场的时域表达式；

(d) 透射电场和磁场的时域表达式；

(e) 介质中波携带的平均功率密度。

8.30　重复习题 8.29，对于空气中的波 $\widetilde{\boldsymbol{H}}^i=\hat{\boldsymbol{y}}2\times 10^{-2}e^{-j(8x+6z)}$ A/m，入射到 $\boldsymbol{\varepsilon}_r=9$ 的电介质媒质($z\geqslant 0$)的边界平面上。

8.31　空气中的平面波 $\widetilde{\boldsymbol{E}}^i=(\hat{\boldsymbol{x}}9-\hat{\boldsymbol{y}}4-\hat{\boldsymbol{z}}6)e^{-j(2x+3z)}$ V/m，入射到 $\boldsymbol{\varepsilon}_r=2.25$ 的电介质材料的平面上，电介质占据 $z\geqslant 0$ 的半空

间。确定：

*(a) 入射角 θ_i；

(b) 该波的频率；

(c) 反射波的电场 $\widetilde{\boldsymbol{E}}^{r}$；

(d) 透射波的电场 $\widetilde{\boldsymbol{E}}^{t}$；

(e) 透射波的平均功率密度。

8.32 自然光是随机极化光，这意味着平均而言，一半的光能是沿任意给定方向(在与传播方向垂直的平面内)极化的，另一半的能量是沿与第一个极化方向正交的方向极化的。所以，当自然光入射到平面边界时，可以认为其能量的一半是平行极化波的形式，另一半是垂直极化波的形式。当自然光以70°的角度照射到 $n=1.5$ 的玻璃片时，求入射功率被平面边界反射的百分比。

*8.33 平行极化平面波从空气中以布儒斯特角入射到 $\varepsilon_r=9$ 的电介质。折射角是多少？

8.34 利用模块 8.3 重复习题 8.33。

8.35 垂直极化波从空气中以 30°入射角斜入射到平面玻璃与空气的界面上。波的频率为 600THz(1THz$=10^{12}$Hz)，对应的是绿光，玻璃的折射率为 1.6。如果入射波的电场振幅为 50V/m，确定：

(a) 反射系数和透射系数；

(b) 玻璃中 $\boldsymbol{E}$ 和 $\boldsymbol{H}$ 的瞬时表达式。

8.36 利用模块 8.3 重复习题 8.35 的(a)。

8.37 证明反射系数 $\Gamma_\perp$ 可以写为以下形式：

$$\Gamma_\perp=\frac{\sin(\theta_t-\theta_i)}{\sin(\theta_t+\theta_i)}$$

8.38 证明对于非磁性媒质，反射系数 $\Gamma_\parallel$ 可以写为以下形式：

$$\Gamma_\parallel=\frac{\tan(\theta_t-\theta_i)}{\tan(\theta_t+\theta_i)}$$

*8.39 电场幅度为 10V/m 的平行极化光束从空气中入射到 $\mu_r=1$，$\varepsilon_r=2.6$ 的聚苯乙烯上。如果在空气-聚苯乙烯平面边界的入射角为 50°，确定：

(a) 反射率和透射率；

(b) 如果界面上被入射波束照亮的光斑面积为 1m^2，求入射光束、反射光束和透射光束所携带的功率。

8.40 利用模块 8.3 重复习题 8.39 的(a)。

8.41 50MHz 电场模值为 30V/m 的右旋圆极化平面波，从空气中垂直入射到 $\varepsilon_r=9$ 的电介质上，该电介质在 $z\geqslant 0$ 所定义的区域。

(a) 假设在 $z=0$ 和 $t=0$ 处入射波电场是正的最大值，写出入射波的电场相量表达式；

(b) 计算反射系数和透射系数；

(c) 写出反射波、透射波和 $z\leqslant 0$ 区域总场的电场相量表达式；

(d) 求由边界反射的平均功率和透射到第二种媒质中的平均功率分别占入射平均功率的百分比。

8.42 考虑厚度为 5mm，$\varepsilon_r=2.56$ 的玻璃平板。

*(a) 如果绿色光束($\lambda_0=0.52\mu$m)垂直入射到平板的一侧，那么入射功率被玻璃反射的百分比是多少？

(b) 为了消除反射，需要在玻璃的两边加一层薄薄的防反射涂层材料。如果可以自由指定防反射材料的厚度及相对介电常数，它们应该是多少？

8.43 在空气中的垂直极化波以 30°入射角入射到理想导体表面，该波的频率为 2GHz。利用模块 8.1 确定离导体表面最近的电场最大值的位置。

8.44 空气中 2GHz 的平面波以 60°入射角入射到 $\varepsilon_r=4$、$\sigma=2$S/m 的导电媒质上。该波为平行极化。利用模块 8.4 计算：

(a) 反射率和透射率；

(b) 有效折射角。

8.45 空气中 2GHz 的平面波以 60°入射角入射到 $\varepsilon_r=4$、$\sigma=2$S/m 的导电媒质上。该波为垂直极化。利用模块 8.4 计算：

(a) 反射率和透射率；

(b) 有效折射角。

8.6 节至 8.11 节

8.46 推导式(8.89b)。

*8.47 用空心矩形波导来传输载波频率为 6GHz 的信号。选择波导尺寸使得主 TE 模的截止频率比载波频率低 25%，下一个模式的截止频率至少比载波频率高 25%。

8.48 TE 波在未知介电常数媒质填充的波导中传播，该波导尺寸为 $a=5$cm 和 $b=3$cm。如果其电场的 x 分量为 $E_x=-36\cos(40\pi x)\sin(100\pi y)\sin(2.4\pi\times10^{10}t-52.9\pi z)$V/m，求：

(a) 模式数；

(b) 波导中材料的 ε_r；

(c) 截止频率；

(d) H_y 的表达式。

*8.49 用 $\varepsilon_r=2.25$ 的材料填充的波导，其尺寸为 $a=2$cm 和 $b=1.4$cm。如果波导传输 10.5GHz 的信号，有哪些可能的传输模式？

8.50 对于工作在 TE_{10} 模式的矩形波导，推导波导四壁上的表面电荷密度 $\widetilde{\rho}_s$ 和表面电流密度 $\widetilde{\boldsymbol{J}}_s$ 的表达式。

*8.51　在 20GHz 时使用尺寸为 $a=1\text{cm}$ 和 $b=0.7\text{cm}$ 的波导。在下列条件下确定主模的波阻抗：

(a) 波导是空的；

(b) 波导中填充聚苯乙烯($\varepsilon_r=2.25$)。

8.52　一个矩形窄脉冲叠加在频率为 9.5GHz 的载波上，用其在 $a=3\text{cm}$ 和 $b=2\text{cm}$ 的空心波导中激励所有可能的模式。如果波导的长度为 100m，那么每一个激励起的模式到达接收终端需要的时间是多少？

*8.53　如果 TE_{10} 模的锯齿角 θ' 为 25°，那么 TE_{20} 模的锯齿角为多少？

8.54　测量一个空气填充立方腔体的 TE_{101} 的频率响应，显示其 Q 值为 4802，如果其体积为 64mm^3，那么其侧壁所用的材料是什么？

8.55　一个由铝制成的空腔的尺寸为 $a=4\text{cm}$ 和 $d=3\text{cm}$，在下列条件下计算 TE_{101} 模的 Q 值：

*(a) $b=2\text{cm}$；

(b) $b=3\text{cm}$。

8.56　用尺寸为 $a=2\text{cm}$ 和 $b=1\text{cm}$ 的空心矩形波导来传输 20GHz 的信号。利用模块 8.5 确定：

(a) TE_{10} 模的截止频率；

(b) 所有可能的传输模式。

8.57　用尺寸为 $a=4\text{cm}$ 和 $b=2\text{cm}$ 的空心矩形波导来传输 12GHz 的信号。利用模块 8.5 确定：

(a) TE_{10} 模的截止频率；

(b) 所有可能的传输模式。

第9章
辐射和天线

学习目标

1. 计算偶极子天线辐射波的电场和磁场。
2. 根据天线方向图、方向性系数、波束宽度和辐射电阻表征天线的辐射。
3. 在自由空间通信系统中应用弗里斯传输公式。
4. 计算孔径天线辐射波的电场和磁场。
5. 计算多单元天线阵的天线方向图。

天线是一种将沿传输线传播的被导电磁波转换为无界媒质(通常为自由空间)中传播的电磁波的转换器，反之亦然。图 9-1 为一个类似于喇叭的天线发射波的情况，其中喇叭作为波导和自由空间之间的过渡区。

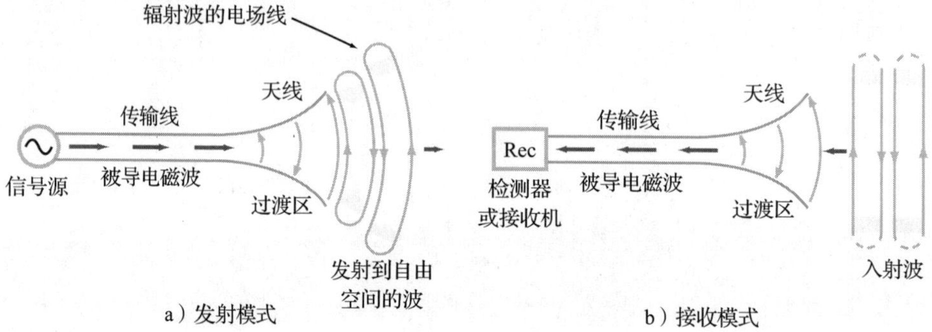

图 9-1 作为被导电磁波和自用空间波之间转换器的天线

天线的形状和尺寸各不相同(见图 9-2)，广泛应用于无线电和电视的发射和接收、无线电波通信系统、蜂窝电话、雷达系统、汽车防撞传感器和许多其他领域。天线的辐射和阻抗特性是由其形状、尺寸和材料性质来决定的，天线的尺寸通常用其发射或接收电磁波的波长 λ 来度量。一个 1m 长的偶极子天线在工作波长 $\lambda=2$m，与一个 1cm 长的偶极子天线在工作波长 $\lambda=2$cm，具有相同的性质。所以，在本章大多数的讨论中，天线的尺寸是以波长为单位的。

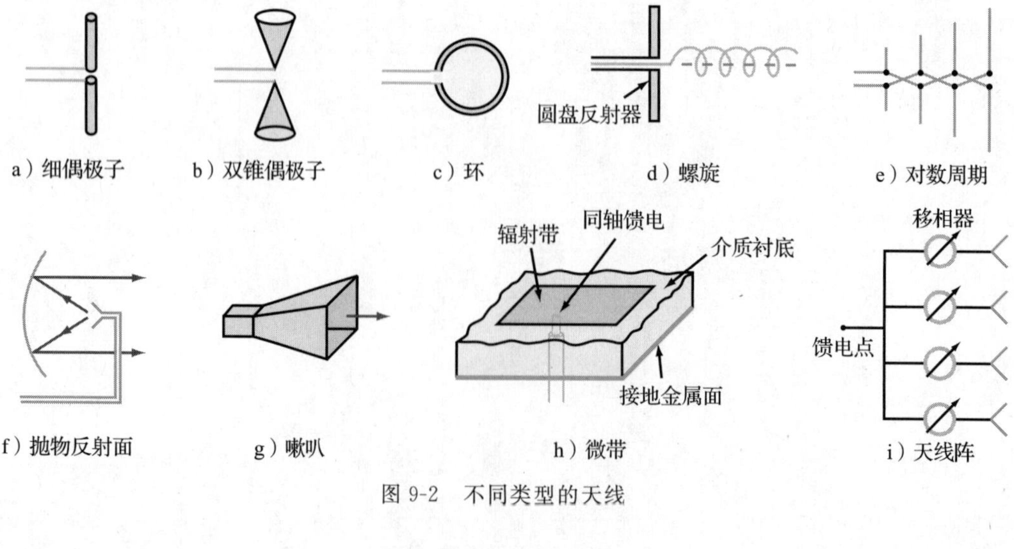

图 9-2 不同类型的天线

互易性

方向性函数是描述天线辐射功率在各方向上相对分布的函数，即所谓的天线辐射方向图(或简称天线方向图)。各向同性天线是指在所有方向均匀辐射的假想天线，通常在描述真实天线的辐射特性时，将各向同性天线作为参考辐射器。

> 大多数天线是**互易**器件，发射和接收时具有相同的天线方向图。

互易性意味着，如果在发射模式下，一个给定天线在 A 方向的发射功率是 B 方向发射功率的 100 倍，那么在接收模式下，其对 A 方向入射来的电磁辐射的敏感度是 B 方向的 100 倍。图 9-2 中所有的天线都服从互易性，但不是所有的天线都是互易器件。有些由非线性半导体或铁氧体材料组成的固态天线不满足互易性，这些非互易天线超出了本章的范围，所以本章假设天线都是互易的。使用互易性非常方便，甚至当天线被用于接收时，也可以通过发射模式计算天线的天线方向图。

为了全面描述天线的特性，我们需要研究其辐射特性和阻抗。辐射特性包括天线方向图和发射模式时辐射波的极化状态，也称为天线的极化。

> 天线作为一种互易器件，工作在接收模式时，只能从入射波中提取电场与天线极化状态相匹配的那部分入射波分量。

第二个方面是天线阻抗，当天线用作发射时，将来自信号源的功率传输给天线，或反之；当天线用作接收时，将天线的接收功率传输给负载。这些将在 9.5 节中进行讨论。应该注意，在贯穿本章的讨论中，假设天线与终端连接的传输线是阻抗匹配的，从而避免了与之相关的反射问题。

辐射源

辐射源分为两类：电流和孔径场。偶极子和环天线(见图 9-2a 和 c)是电流源的例子，在导线中流动的时变电流产生辐射电磁场。喇叭天线(见图 9-2g)是第二类源的例子，因为喇叭口面上的电场和磁场是辐射场的源。孔径场是由喇叭壁表面感应的时变电流产生的，所以所有的辐射场本质上都是由时变电流产生的。选择电流或孔径场作为源，仅仅是根据天线结构计算的方便性，后续将研究与这两种源相关的辐射过程。

远场区

点源辐射的波本质上是球面波，波阵面以相速 u_p(或者在自由空间中以光速 c)向外扩展。如果发射天线和接收天线之间的距离 R 足够大，使得在接收天线口面处的波阵面可以视为平面(见图 9-3)，则可以说接收孔径位于发射点源的远场区(或远区)。该区域特别重要，因为对于大多数应用，观察点的位置确实处于天线的远场区，允许使用远场平面波近似来简化辐射场的数学计算；反之，远场平面波近似提供了方便的技术来综合出适当的天线结构，从而产生所需的远场方向图。

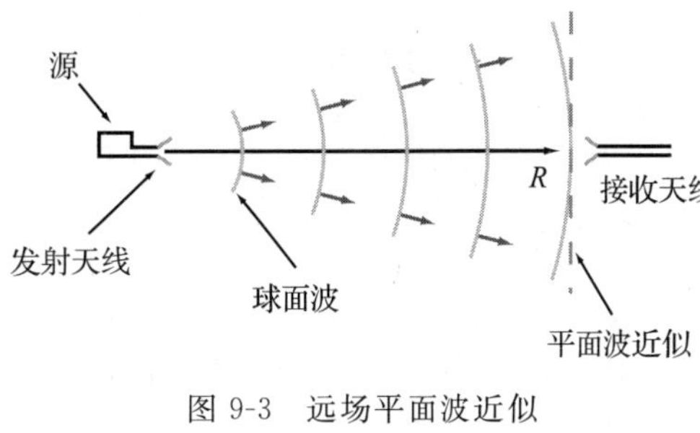

图 9-3　远场平面波近似

天线阵

当多个天线一起工作时，这种组合称为天线阵(见图 9-2i)。天线列作为一个整体，表现得好像它是一个单一的天线，通过控制每一个单元天线馈电的幅度和相位，可以控制阵列天线方向图的形状，并以电子方式控制波束的方向。这些将在9.9节～9.11节讨论。

9.1　赫兹偶极子

线天线可以看成是由大量的极小短导电单元组成的，其中每个单元都很短，因此可以认为电流在其长度上是均匀分布的。将所有这些微分天线的场按适当的幅值和相位进行积分，就可以得到整个天线的场。我们将首先研究这种微分天线的辐射特性，该微分天线即赫兹偶极子，在9.3节中，我们将把该结果扩展到计算半波偶极子的辐射场，半波偶极子在许多应用中通常作为标准天线使用。

> **赫兹偶极子**是一个细直导线，其长度 l 与波长 λ 相比非常短，长度 l 不应该超过$\lambda/50$。

这种情况下，如图9-4所示，导线沿 z 轴放置，载有正弦变化的电流，即

$$i(t)=I_0\cos\omega t=\mathrm{Re}(I_0\mathrm{e}^{\mathrm{j}\omega t})\quad(\mathrm{A})\tag{9.1}$$

式中，I_0 为电流振幅。由式(9.1)可知，相量电流 $\widetilde{I}=I_0$。虽然在偶极子两端的电流必须为零，但在整个偶极子的长度上，将其视为常数。

通常的方法是通过滞后矢量位 $\boldsymbol{A}$ 来求解电流源在空间中 Q 点(见图9-4)产生的辐射电场和磁场。由式(6.84)可知，从含有相量电流分布 $\widetilde{\boldsymbol{J}}$ 的体积 υ' 到距离矢量 $\boldsymbol{R}$ 处，滞后矢量位 $\widetilde{\boldsymbol{A}}(R)$ 为

$$\widetilde{\boldsymbol{A}}(R)=\frac{\mu_0}{4\pi}\int_{\upsilon'}\frac{\widetilde{\boldsymbol{J}}\,\mathrm{e}^{-\mathrm{j}kR'}}{R'}\mathrm{d}\upsilon'\tag{9.2}$$

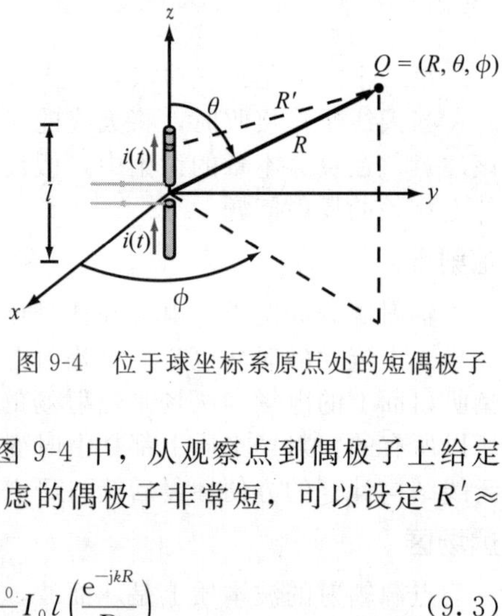

图9-4　位于球坐标系原点处的短偶极子

式中，μ_0 为自由空间的磁导率(由于观察点在空气中)，$k=\omega/c=2\pi/\lambda$ 为波数。对于偶极子，电流密度为 $\widetilde{\boldsymbol{J}}=\hat{\boldsymbol{z}}\left(\frac{I_0}{s}\right)$，其中 s 为偶极子导线的截面积，$\mathrm{d}\upsilon'=s\mathrm{d}z$，积分限从 $z=-l/2$ 到 $z=l/2$。在图9-4中，从观察点到偶极子上给定点的距离 R' 与到中心的距离 R 不同，但是由于所考虑的偶极子非常短，可以设定 $R'\approx R$。所以，

$$\widetilde{\boldsymbol{A}}=\frac{\mu_0}{4\pi}\frac{\mathrm{e}^{-\mathrm{j}kR}}{R}\int_{-l/2}^{l/2}\hat{\boldsymbol{z}}I_0\mathrm{d}z=\hat{\boldsymbol{z}}\frac{\mu_0}{4\pi}I_0 l\left(\frac{\mathrm{e}^{-\mathrm{j}kR}}{R}\right)\tag{9.3}$$

$\widetilde{\boldsymbol{A}}$ 的方向与电流的方向(z 方向)相同。

> 函数 $\mathrm{e}^{-\mathrm{j}kR}/R$ 叫作**球面传播因子**。它解释了幅值随着距离以 $1/R$ 衰减，相位变化用 $\mathrm{e}^{-\mathrm{j}kR}$ 表示。

我们的目的是表征距天线固定距离 R 处辐射功率的方向特征，天线的方向图在球坐标系中给出(见图9-5)，变量 R、θ 和 ϕ 分别称为距离、天顶角和方位角。因此，我们需要将 $\widetilde{\boldsymbol{A}}$ 写成球坐标分量，借助式(3.65c)，将 $\hat{\boldsymbol{z}}$ 表示为球坐标：

$$\hat{\boldsymbol{z}}=\hat{\boldsymbol{R}}\cos\theta-\hat{\boldsymbol{\theta}}\sin\theta\tag{9.4}$$

将式(9.4)代入式(9.3)得到

$$\widetilde{\boldsymbol{A}}=(\hat{\boldsymbol{R}}\cos\theta-\hat{\boldsymbol{\theta}}\sin\theta)\frac{\mu_0 I_0 l}{4\pi}\left(\frac{\mathrm{e}^{-\mathrm{j}kR}}{R}\right)=\hat{\boldsymbol{R}}\widetilde{A}_R+\hat{\boldsymbol{\theta}}\widetilde{A}_\theta+\hat{\boldsymbol{\phi}}\widetilde{A}_\phi\tag{9.5}$$

式中，

$$\widetilde{A}_R=\frac{\mu_0 I_0 l}{4\pi}\cos\theta\left(\frac{e^{-jkR}}{R}\right) \quad (9.6a)$$

$$\widetilde{A}_\theta=-\frac{\mu_0 I_0 l}{4\pi}\sin\theta\left(\frac{e^{-jkR}}{R}\right) \quad (9.6b)$$

$$\widetilde{A}_\phi=0$$

知道 $\widetilde{\mathbf{A}}$ 的球坐标分量后，下一步就很简单了，我们应用式(6.85)和式(6.86)给出的自由空间关系：

$$\widetilde{\boldsymbol{H}}=\frac{1}{\mu_0}\nabla\times\widetilde{\boldsymbol{A}} \quad (9.7a)$$

$$\widetilde{\boldsymbol{E}}=\frac{1}{j\omega\varepsilon_0}\nabla\times\widetilde{\boldsymbol{H}} \quad (9.7b)$$

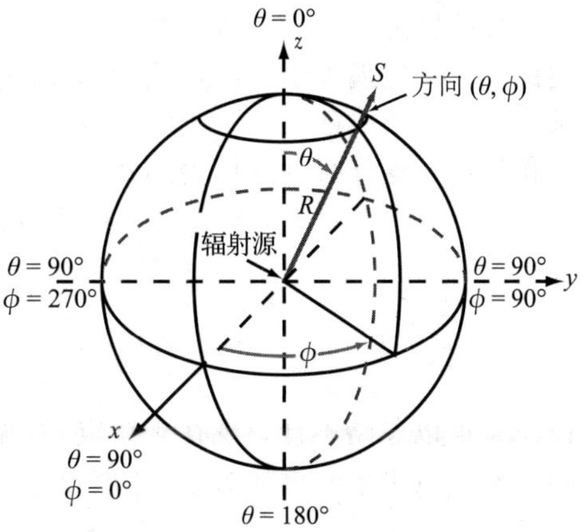

图 9-5　球坐标系

得到表达式：

$$\widetilde{H}_\phi=\frac{I_0 l k^2}{4\pi}e^{-jkR}\left[\frac{j}{kR}+\frac{1}{(kR)^2}\right]\sin\theta \quad (9.8a)$$

$$\widetilde{E}_R=\frac{2I_0 l k^2}{4\pi}\eta_0 e^{-jkR}\left[\frac{1}{(kR)^2}-\frac{j}{(kR)^3}\right]\cos\theta \quad (9.8b)$$

$$\widetilde{E}_\theta=\frac{I_0 l k^2}{4\pi}\eta_0 e^{-jkR}\left[\frac{j}{kR}+\frac{1}{(kR)^2}-\frac{j}{(kR)^3}\right]\sin\theta \quad (9.8c)$$

式中，$\eta_0=\sqrt{\mu_0/\varepsilon_0}\approx 120\pi\Omega$ 为自由空间的本征阻抗。剩余的分量($\widetilde{H}_R$、$\widetilde{H}_\theta$ 和 $\widetilde{E}_\phi$)在任何位置都为零。图 9-6 绘出了短偶极子辐射波的电场线。

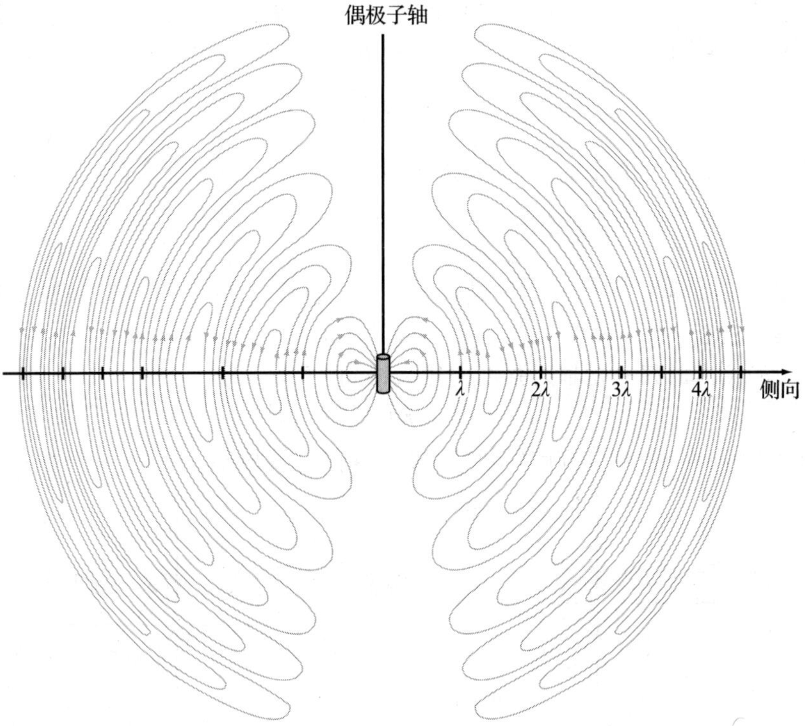

图 9-6　振荡的偶极子周围在给定瞬间的电场线

9.1.1　远场近似

如前所述，在大多数天线应用中，主要感兴趣的是天线在距离源很远的地方的天线方向图。对于电偶极子来说，这相当于距离 R 满足 $R \gg \lambda$，或等效为 $kR = 2\pi R/\lambda \gg 1$。这个条件允许忽略式(9.8a)～式(9.8c)中随 $1/(kR)^2$ 和 $1/(kR)^3$ 变化的项，剩下的是随 $1/kR$ 变化的项，这样得到远场表达式：

$$\widetilde{E}_\theta = \frac{jI_0 lk\eta_0}{4\pi}\left(\frac{e^{-jkR}}{R}\right)\sin\theta \quad (\text{V/m}) \tag{9.9a}$$

$$\widetilde{H}_\phi = \frac{\widetilde{E}_\theta}{\eta_0} \quad (\text{A/m}) \tag{9.9b}$$

而 $\widetilde{E}_R$ 可以忽略不计。现在观察点 Q(见图 9-4)的波类似于均匀平面波，其电场和磁场同相，并且由媒质的本征阻抗 η_0 联系起来，它们的方向相互正交，而且与传播方向($\hat{\boldsymbol{R}}$)垂直。两个场均与 $\sin\theta$ 成正比，与ϕ 无关(从对称性考虑应该是这样的)。

9.1.2　功率密度

给定 $\widetilde{\boldsymbol{E}}$ 和 $\widetilde{\boldsymbol{H}}$，可以用式(7.100)得到辐射波的时间平均坡印廷矢量，也称为功率密度，即

$$\boldsymbol{S}_{av} = \frac{1}{2}\text{Re}(\widetilde{\boldsymbol{E}} \times \widetilde{\boldsymbol{H}}^*) \quad (\text{W/m}^2) \tag{9.10}$$

对于短偶极子，用式(9.9a)和式(9.9b)得到

$$\boldsymbol{S}_{av} = \hat{\boldsymbol{R}}S(R,\ \theta) \tag{9.11}$$

式中，

$$S(R,\ \theta) = \left(\frac{\eta_0 k^2 I_0^2 l^2}{32\pi^2 R^2}\right)\sin^2\theta = S_0\sin^2\theta \quad (\text{W/m}^2) \tag{9.12}$$

任意天线的方向图函数用归一化辐射强度 $F(\theta,\phi)$来描述，其定义为在指定距离 R 处的功率密度 $S(R,\theta,\phi)$与 S_{max} 之比，S_{max} 为 $S(R,\theta,\phi)$在相同距离上的最大值。所以，

$$F(\theta,\phi) = \frac{S(R,\theta,\phi)}{S_{max}} \quad (\text{无量纲}) \tag{9.13}$$

对于赫兹偶极子，式(9.12)中的$\sin^2\theta$ 表明在侧向($\theta=\pi/2$)辐射最大，对应于方位面，则

$$S_{max} = S_0 = \frac{\eta_0 k^2 I_0^2 l^2}{32\pi^2 R^2} = \frac{15\pi I_0^2}{R^2}\left(\frac{l}{\lambda}\right)^2 \quad (\text{W/m}^2) \tag{9.14}$$

式中使用了 $k=2\pi/\lambda$ 和 $\eta_0 \approx 120\pi$。可以看出，S_{max} 直接与 I_0^2 和 l^2(l 用波长度量)成正比，随距离以 $1/R^2$ 衰减。

由式(9.13)给出的归一化辐射强度的定义得到

$$F(\theta,\phi) = F(\theta) = \sin^2\theta \tag{9.15}$$

$F(\theta)$在俯仰方向(θ 面)和方位方向(ϕ 面)的图形如图 9-7 所示。

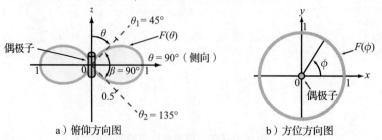

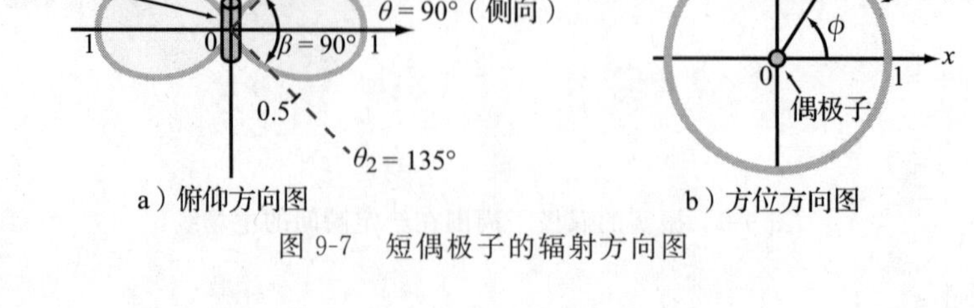

图 9-7　短偶极子的辐射方向图

短偶极子沿偶极子轴方向没有能量辐射，最大辐射($F=1$)出现在**侧向**($\theta=90°$)。由于 $F(\theta)$ 与 ϕ 无关，在 θ-ϕ 空间的方向图呈圆环形分布。

概念问题 9-1： 大多数的天线属于互易器件的说法意味着什么？

概念问题 9-2： 天线远场区的辐射波是什么样的？

概念问题 9-3： 在赫兹偶极子中，流过导线的电流的基本假设是什么？

概念问题 9-4： 概述将导线中的电流与辐射功率密度联系起来的基本步骤。

练习 9-1　一个 1m 长的偶极子，由幅值为 5A、频率为 5MHz 的电流激励。在 2km 距离处，天线在其侧向辐射的功率密度是多少？

答案： $S_0=8.2\times10^{-8}\,\mathrm{W/m^2}$。(参见EM)

9.2　天线辐射特性

天线方向图描述了在固定距离上天线远场方向特性，通常天线的方向图是一个显示辐射场强度或功率密度随方向变化的三维图形，其方向由天顶角 θ 和方位角 ϕ 来表示。

由互易性可知，接收天线的方向图与其工作于发射模式时的方向图相同。

如图 9-8 所示，发射天线位于观测球面原点处，穿过微分面元 dA 辐射的微分功率为

$$dP_{rad}=\boldsymbol{S}_{av}\cdot d\boldsymbol{A}=\boldsymbol{S}_{av}\cdot\hat{\boldsymbol{R}}\,dA=S\,dA\quad(\mathrm{W})\tag{9.16}$$

式中，S 为时间平均坡印廷矢量$\boldsymbol{S}_{av}$ 的径向分量。在天线的任意远场区，$\boldsymbol{S}_{av}$ 总是径向的。在球坐标系中：

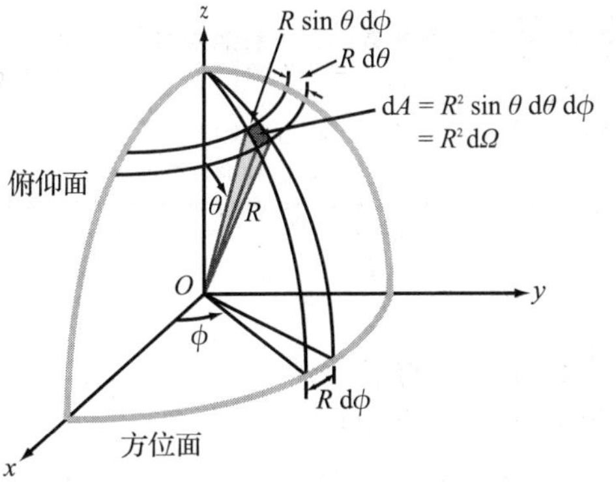

图 9-8　立体角的定义 $d\Omega=\sin\theta d\theta d\phi$

$$dA=R^2\sin\theta d\theta d\phi\tag{9.17}$$

与 dA 相关的立体角 $d\Omega$ 定义为对应的面积除以 R^2，表示为

$$d\Omega=\frac{dA}{R^2}=\sin\theta d\theta d\phi\quad(\mathrm{sr})\tag{9.18}$$

值得注意，平面角是用弧度来度量的，完整圆的平面角为 2πrad，立体角是用立体弧度(sr)来度量的，球面的立体角为 $\Omega=(4\pi R^2)/R^2=4\pi$sr，半球的立体角为 2πsr。

利用关系 $dA=R^2d\Omega$，dP_{rad} 可以重新写为

$$dP_{rad}=R^2S(R,\theta,\phi)d\Omega\tag{9.19}$$

天线通过固定距离 R 的球面上辐射的总功率，用式(9.19)在整个球面上进行积分得到

$$P_{rad}=R^2\int_0^{2\pi}\int_0^{\pi}S(R,\theta,\phi)\sin\theta d\theta d\phi=R^2S_{max}\int_0^{2\pi}\int_0^{\pi}F(\theta,\phi)\sin\theta d\theta d\phi$$

$$=R^2 S_{\max}\iint_{4\pi} F(\theta,\phi)\,\mathrm{d}\Omega \quad (\mathrm{W}) \tag{9.20}$$

式中，$F(\theta,\phi)$为式(9.13)定义的归一化辐射强度。积分符号下面的符号 4π 作为一个缩写，表示 θ 和ϕ 的积分限，P_{rad} 称为总辐射功率。

模块 9.1(赫兹偶极子，$l \ll \lambda$)　对于原点处沿 z 轴的短偶极子，该模块显示了 $\boldsymbol{E}$ 和 $\boldsymbol{H}$ 在水平面和垂直面上的场分布，也给出了辐射过程和流过偶极子上电流的动画。

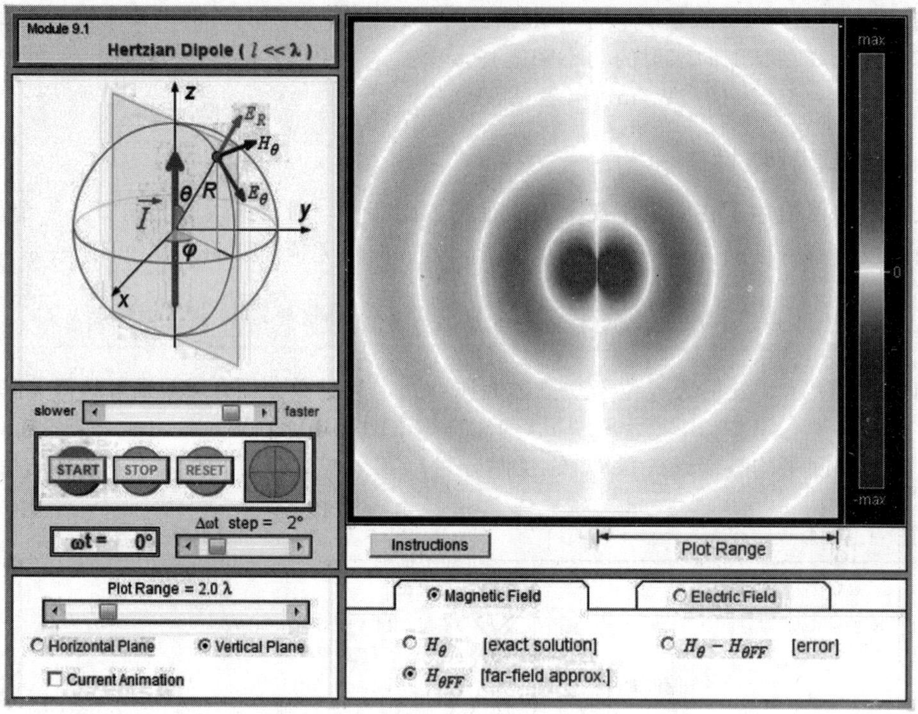

9.2.1　天线方向图

在如图 9-8 所示的球坐标系中，每一个天顶角 θ 和方位角ϕ 的特定组合表示一个特定的方向，归一化辐射强度 $F(\theta,\phi)$表征天线辐射能量的方向图，$F(\theta,\phi)$作为 θ 和ϕ 的函数绘出的图构成了三维方向图(如图 9-9 所示)。

通常，在球坐标系中，将 $F(\theta,\phi)$在特定平面上以二维图的形式表示出来是很有意义的。最常用的两个平面是俯仰面和方位面。俯仰面也称为 θ 平面，是一个对应于ϕ 取常数的平面。例如，$\phi=0$ 定义了 x-z 面，$\phi=90°$定义了 y-z 面，这两个面均是俯仰面(见图 9-8)。在任意平面上，$F(\theta,\phi)$随 θ 的变化构成了俯仰面上的二维方向图，然而，这并不是说，在所有的俯仰面上，其方向图必然是相同的。

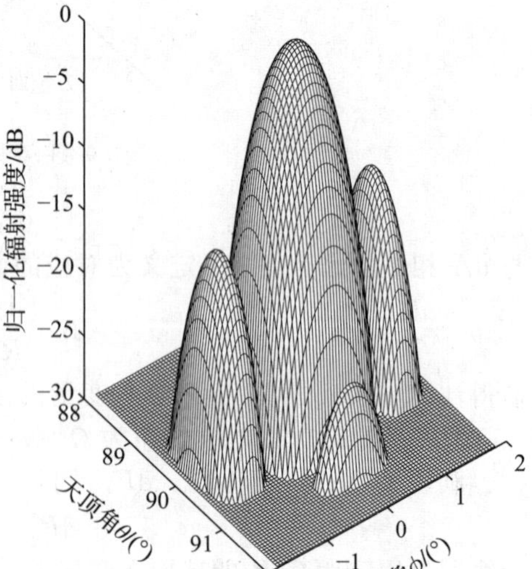

图 9-9　窄波束天线的三维方向图

方位面也称为ϕ 平面，是由 $\theta=90°$指定的

x-y 面。通常，将俯仰面和方位面称为球坐标系的两个主平面。

有些天线具有窄波束的高方向性方向图，在这种情况下，通常用分贝表示 F 可以方便绘制出天线的方向图，即

$$F(\mathrm{dB})=10\log F$$

如图 9-10a 所示的天线方向图是在极坐标中用分贝绘制的，其中将方向图的强度用作径向变量。这种格式可以方便直观地解释辐射波瓣的定向分布。

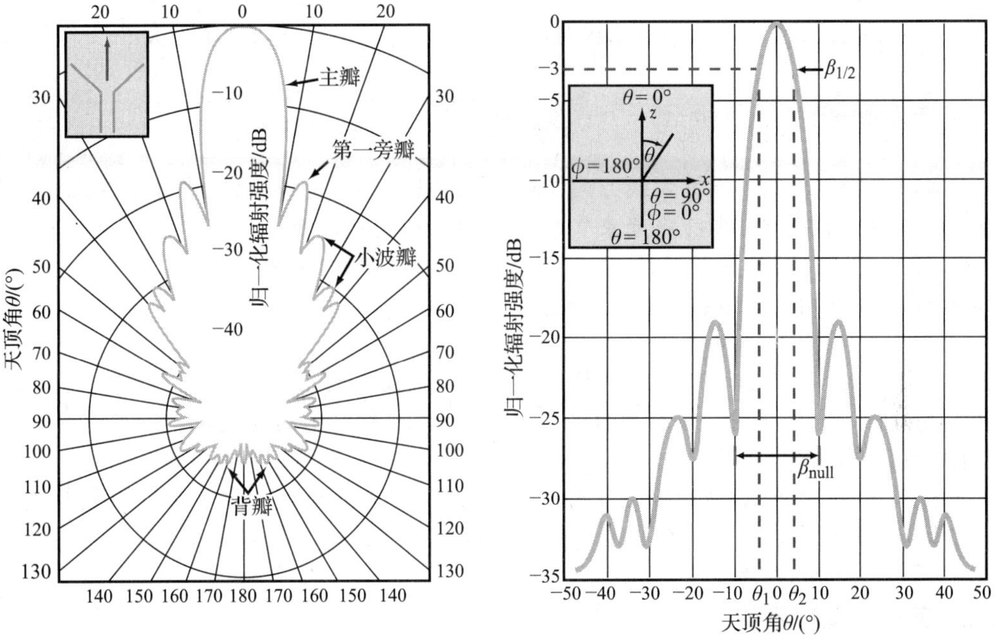

a）极坐标　　b）直角坐标

图 9-10　微波天线归一化天线方向图的表示

另外一种常用的考察窄波束天线方向图的格式是如图 9-10b 所示的直角坐标，它很容易通过改变水平轴的尺度来扩展方向图。这些曲线仅表示球坐标中一个平面上的变化：$\phi=0$ 平面。除非方向图关于 ϕ 对称，否则需要另外定义 $F(\theta,\phi)$ 随整个 θ 和 ϕ 变化的方向图。

严格地讲，θ 总是正的，其定义为从 0°（z 方向）到 180°（$-z$ 方向），然而在图 9-10b 中的 θ 具有正的和负的值。这并不矛盾，而是绘制天线方向图的另一种形式。图形的右半边表示对应于 $\phi=0$，在 x-z 平面上 θ 沿顺时针方向增加时，$F(\mathrm{dB})$ 随 θ 的变化（见图 9-10b）；图形的左半边表示对应于 $\phi=180°$，$F(\mathrm{dB})$ 随 θ 逆时针方向增加的变化。所以，负的 θ 值仅表示方向 (θ,ϕ) 在 x-z 平面的左半边。

图 9-10a 所示方向图表示天线具有较强的方向性，因为大部分能量在称为*主瓣*的窄扇区内辐射。除了主瓣以外，该方向图也显示了几个*旁瓣*和*背瓣*。对于大多数应用，这些额外的波瓣是不需要的，原因是对于发射天线它们表示能量的浪费，而对于接收天线意味着潜在的干扰。

9.2.2　波束尺寸

对于具有单一主瓣的天线，*方向图立体角* Ω_p 描述天线方向图（见图 9-11）主瓣的等效宽度，定义为归一化辐射强度 $F(\theta,\phi)$ 在球面上的积分，即

$$\Omega_p=\iint_{4\pi}F(\theta,\phi)\,\mathrm{d}\Omega\quad(\mathrm{sr})\tag{9.21}$$

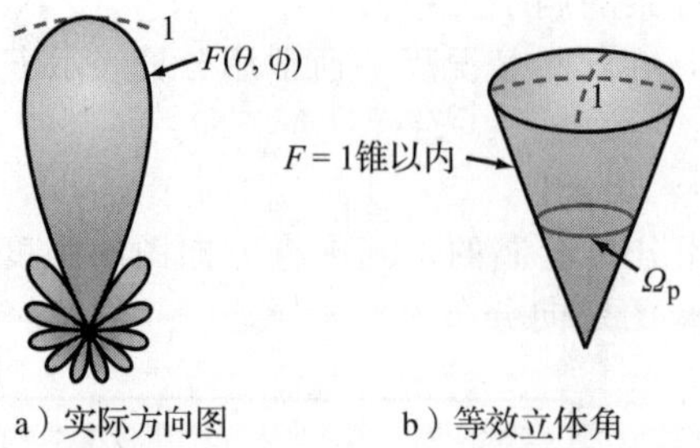

图 9-11　方向图立体角 Ω_p 定义了一个等效锥，实际天线所有的辐射集中在这个锥内，锥内均匀分布的强度等于实际方向图的最大值

对于在所有方向上 $F(\theta,\phi)=1$ 的各向同性天线，$\Omega_p=4\pi$sr。

方向图立体角表征了三维天线方向图的方向特性。为了描述给定平面上主瓣的宽度，使用的术语是波束宽度。半功率波束宽度或简称为波束宽度 β，定义为 $F(\theta,\phi)$ 的大小等于其峰值的一半（或以分贝度量的 -3dB）时两个方向之间的夹角。例如，对于如图 9-10b 所示的方向图，β 由下式给出：

$$\beta=\theta_2-\theta_1 \tag{9.22}$$

式中，θ_1 和 θ_2 为 $F(\theta,0)=0.5$ 的半功率角度（θ_2 为较大的角度值，θ_1 为较小的角度值，如图 9-10b 所示）。如果方向图是对称的，而且 $F(\theta,\phi)$ 的峰值出现在 $\theta=0$，则 $\beta=2\theta_2$。对于之前图 9-7a 所示的短偶极子的方向图，当 $\theta=90°$ 时，$F(\theta)$ 最大，θ_2 为 $135°$，θ_1 为 $45°$，所以 $\beta=135°-45°=90°$。波束宽度 β 也是所谓的 3dB 波束宽度。除了半功率波束宽度以外，对于某些应用来说，还存在其他有意义的波束尺寸，如零波束宽度 β_{null}，其为峰值两侧第一个零点之间的夹角宽度（见图 9-10b）。

9.2.3　天线方向性系数

天线的方向性系数 D 定义为其最大归一化辐射强度 $F_{\max}$（根据定义这个值等于 1）与 $F(\theta,\phi)$ 在所有方向（4π 空间）上的平均值之比：

$$D=\frac{F_{\max}}{F_{\text{av}}}=\frac{1}{\dfrac{1}{4\pi}\iint_{4\pi}F(\theta,\phi)\,\mathrm{d}\Omega}=\frac{4\pi}{\Omega_p}\quad（无量纲）\tag{9.23}$$

这里，Ω_p 为由式(9.21)所定义的方向图立体角。因此，天线方向图的 Ω_p 越窄，方向性系数越大。对于各向同性天线，$\Omega_p=4\pi$，其方向性系数 $D_{\text{iso}}=1$。

将式(9.20)代入式(9.23)，D 可以表示为

$$D=\frac{4\pi R^2 S_{\max}}{P_{\text{rad}}}=\frac{S_{\max}}{S_{\text{av}}} \tag{9.24}$$

式中，$S_{\text{av}}=P_{\text{rad}}/(4\pi R^2)$ 为辐射功率密度的平均值，等于天线总的辐射功率 P_{rad} 除以半径为 R 的球的表面积。

由于 $S_{\text{av}}=S_{\text{iso}}$，其中 S_{iso} 为各向同性天线辐射的功率密度，D 表示天线辐射的最大功率密度与各向同性天线辐射的功率密度的比值，两者是在相同的距离 R 和相同的输入功率激励下测量的。

通常，D 用分贝表示：$D(\text{dB})=10\log D$。注意，尽管我们经常用分贝来表示某些无量纲的量，但是在本章给出的关系式中使用它们之前，应该将分贝值转换为自然值。

对于如图 9-12 所示的具有单主瓣指向 z 方向的天线，Ω_p 可以近似为半功率波束宽度 β_{xz} 和 β_{yz} 的乘积（弧度）：

$$\Omega_p \approx \beta_{xz}\beta_{yz} \tag{9.25}$$

$$D=\frac{4\pi}{\Omega_p}\approx\frac{4\pi}{\beta_{xz}\beta_{yz}} \quad (单主瓣) \tag{9.26}$$

虽然这种关系是近似的，但它提供了一种有用的方法，可以通过测量两个正交平面上波束宽度来估计天线的方向性系数，这两个正交平面的交点是主瓣的轴线。

例 9-1　天线的辐射特性

已知一个仅在上半球辐射的天线的归一化辐射强度为 $F(\theta,\phi)=\cos^2\theta$，求：(a) 最大辐射的方向，(b) 方向图的立体角，(c) 方向性系数，(d) y-z 平面的半功率波束宽度。

解： 已知仅在上半球辐射的天线等效于

$$F(\theta,\phi)=F(\theta)=\begin{cases}\cos^2\theta, & 0\leqslant\theta\leqslant\pi/2,\ 0\leqslant\phi\leqslant 2\pi\\ 0, & 其余\end{cases}$$

(a) 函数 $F(\theta)=\cos^2\theta$ 与 ϕ 无关，当 $\theta=0°$ 时最大。$F(\theta)$ 的极坐标图如图 9-13 所示。

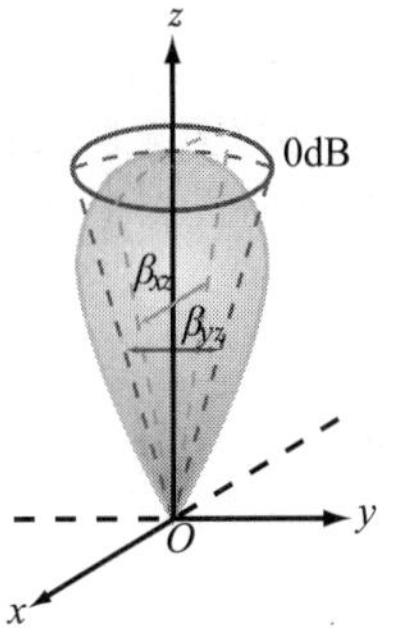

图 9-12　单向天线方向图的立体角近似等于两个主平面半功率波束宽度的乘积，即 $\Omega_p\approx\beta_{xz}\beta_{yz}$

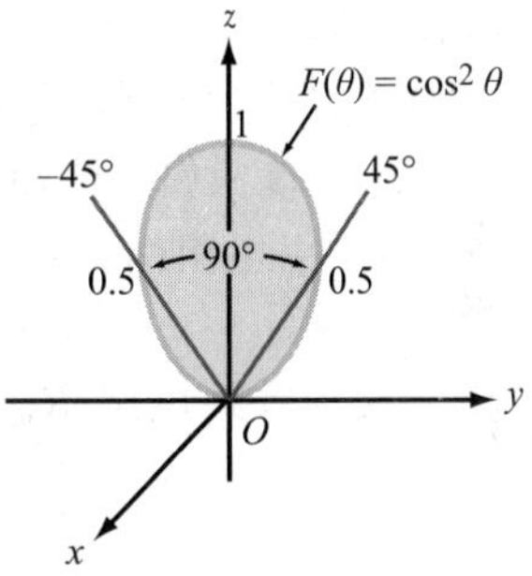

图 9-13　$F(\theta)$ 的极坐标图

(b) 由式(9.21)可知，方向图的立体角 Ω_p 为

$$\Omega_p=\iint_{4\pi}F(\theta,\phi)\,d\Omega=\int_0^{2\pi}\int_0^{\pi/2}\cos^2\theta\sin\theta\,d\theta\,d\phi=\int_0^{2\pi}-\frac{\cos^3\theta}{3}\bigg|_0^{\pi/2}d\phi=\int_0^{2\pi}\frac{1}{3}d\phi=\frac{2\pi}{3}\text{sr}$$

(c) 应用式(9.23)得到

$$D=\frac{4\pi}{\Omega_p}=4\pi\left(\frac{3}{2\pi}\right)=6$$

对应于 $D(\text{dB})=10\log 6=7.78\text{dB}$。

(d) 通过设 $F(\theta)=0.5$ 得到半功率波束宽度，即

$$F(\theta)=\cos^2\theta=0.5$$

由此给出半功率度角 $\theta_1=-45°$ 和 $\theta_2=45°$。所以，

$$\beta=\theta_2-\theta_1=90°$$ ◀

例 9-2　赫兹偶极子的方向性系数

计算赫兹偶极子的方向性系数。

解： 在式(9.23)中应用 $F(\theta)=\sin^2\theta$[由式(9.15)得到]可得

$$D=\frac{4\pi}{\iint_{4\pi}F(\theta,\phi)\sin\theta\,d\theta\,d\phi}=\frac{4\pi}{\iint_{4\pi}\sin^3\theta\,d\theta\,d\phi}=\frac{4\pi}{8\pi/3}=1.5$$

或等效为 1.76dB。 ◀

9.2.4　天线增益

在提供给天线的总功率 P_t(发射机功率)中，一部分 P_{rad} 被辐射到空中，剩余的 P_{loss}

以热的形式耗散在天线结构中。辐射效率 ξ 定义为 P_{rad} 与 P_t 的比值：

$$\xi=\frac{P_{rad}}{P_t}\quad(无量纲) \tag{9.27}$$

天线的增益定义为

$$G=\frac{4\pi R^2 S_{max}}{P_t} \tag{9.28}$$

该式类似于式(9.24)给出的方向性系数 D 的表达式，区别是这里参考的是提供给天线的输入功率 P_t，而不是辐射的功率 P_{rad}。由式(9.27)可知，

$$G=\xi D\quad(无量纲) \tag{9.29}$$

增益计入了天线材料中的欧姆损耗，而方向性系数却没有。对于无耗天线，$\xi=1$，则 $G=D$。

9.2.5　辐射电阻

对于一端连接提供功率 P_t 的信号源，另一端连接天线的传输线来说，天线仅是具有输入阻抗 Z_{in} 的负载。如果传输线是无耗的，而且与天线阻抗匹配，那么 P_t 全部传输给天线。一般，Z_{in} 由电阻性分量 R_{in} 和电抗性分量 X_{in} 组成：

$$Z_{in}=R_{in}+jX_{in} \tag{9.30}$$

电阻性分量定义为等效电阻 R_{in}，当流过它的交流电流的振幅为 I_0 时，其消耗的平均功率为

$$P_t=\frac{1}{2}I_0^2R_{in} \tag{9.31}$$

由于 $P_t=P_{rad}+P_{loss}$，R_{in} 可以定义为辐射电阻 R_{rad} 与损耗电阻 R_{loss} 的和：

$$R_{in}=R_{rad}+R_{loss} \tag{9.32}$$

式中，

$$P_{rad}=\frac{1}{2}I_0^2R_{rad} \tag{9.33a}$$

$$P_{loss}=\frac{1}{2}I_0^2R_{loss} \tag{9.33b}$$

式中，I_0 为激励天线的正弦电流振幅。如前所述，辐射效率是 P_{rad} 与 P_t 的比值：

$$\xi=\frac{P_{rad}}{P_t}=\frac{P_{rad}}{P_{rad}+P_{loss}}=\frac{R_{rad}}{R_{rad}+R_{loss}} \tag{9.34}$$

由远场功率密度在球面上积分计算 P_{rad}，然后将结果代入式(9.33a)来计算辐射电阻 R_{rad}。

例 9-3　赫兹偶极子的辐射电阻和辐射效率

将一段 4cm 长、中心馈电的偶极子作为 75MHz 的天线。天线用铜制成，半径为 $a=0.4$mm。由式(7.92a)和式(7.94)可知，长度为 l 的圆导线的损耗电阻为

$$R_{loss}=\frac{l}{2\pi a}\sqrt{\frac{\pi f\mu_c}{\sigma_c}} \tag{9.35}$$

式中，μ_c 和 σ_c 分别为导线的磁导率和电导率。计算该偶极子天线的辐射电阻和辐射效率。

解：对于 75MHz，

$$\lambda=\frac{c}{f}=\frac{3\times10^8}{7.5\times10^7}\text{m}=4\text{m}$$

天线长度与波长比为 $l/\lambda=4\text{cm}/4\text{m}=10^{-2}$，所以这是一个短偶极子。由式(9.24)可知，

$$P_{rad}=\frac{4\pi R^2}{D}S_{max} \tag{9.36}$$

对于赫兹偶极子，S_{max} 由式(9.14)给出，由例 9-2 可知 $D=1.5$，所以，

$$P_{rad}=\frac{4\pi R^2}{1.5}\times\frac{15\pi I_0^2}{R^2}\left(\frac{l}{\lambda}\right)^2=40\pi^2 I_0^2\left(\frac{l}{\lambda}\right)^2 \tag{9.37}$$

令该结果等于式(9.33a)，然后求解辐射电阻 R_{rad}，得到

$$R_{rad}=80\pi^2(l/\lambda)^2 \quad (\Omega) \quad (\text{短偶极子}) \tag{9.38}$$

对于 $l/\lambda=10^{-2}$，$R_{rad}=0.08\Omega$。

下一步确定损耗电阻 R_{loss}。对于铜，$\mu_c\approx\mu_0=4\pi\times10^{-7}\text{H/m}$，$\sigma_c=5.8\times10^7\text{S/m}$。所以，

$$R_{loss}=\frac{l}{2\pi a}\sqrt{\frac{\pi f\mu_c}{\sigma_c}}=\frac{4\times10^{-2}}{2\pi\times4\times10^{-4}}\times\left(\frac{\pi\times75\times10^6\times4\pi\times10^{-7}}{5.8\times10^7}\right)^{1/2}\Omega=0.036\Omega$$

所以，辐射效率为

$$\xi=\frac{R_{rad}}{R_{rad}+R_{loss}}=\frac{0.08}{0.08+0.036}=0.69$$

因此，该偶极子的效率为 69%。 ◀

概念问题 9-5：方向图立体角表示的是什么？

概念问题 9-6：各向同性天线的方向性系数的大小是多少？

概念问题 9-7：什么物理性质和材料性质影响固定长度赫兹偶极子天线的辐射效率？

练习 9-2 一个天线具有锥形天线方向图，θ 在 0°～45°之间，归一化辐射强度 $F(\theta)=1$，θ 在 45°～180°之间，归一化辐射强度为零，方向图与方位角 ϕ 无关。求：(a) 方向图立体角，(b) 方向性系数。

答案：(a) $\Omega_p=1.84\text{sr}$，(b) $D=6.83$ 或等效的 8.3dB。(参见Ⓔⓜ)

练习 9-3 短偶极子在 1km 外辐射的最大功率密度为 60nW/m^2。如果 $I_0=10\text{A}$，求辐射电阻。

答案：$R_{rad}=10\text{m}\Omega$。(参见Ⓔⓜ)

9.3 半波偶极子天线

在 9.1 节中，我们推导了长度为 $l\ll\lambda$ 的赫兹偶极子辐射的电场和磁场表达式。现在用这些表达式作为基础来构建半波偶极子天线辐射场的表达式，之所以这样命名是因为它的长度 $l=\lambda/2$。如图 9-14 所示，半波偶极子由在中心馈电的细导线组成，它的中心由一段传输线将信号源连接到天线终端。流过导线的电流相对于偶极子的中心呈对称分布，在其两端电流为零。$i(t)$ 的数学表达式为

$$i(t)=I_0\cos\omega t\cos kz=\text{Re}(I_0\cos kz\,e^{j\omega t}) \tag{9.39a}$$

其相量为

$$\widetilde{I}(z)=I_0\cos kz \quad -\lambda/4\leqslant z\leqslant\lambda/4 \tag{9.39b}$$

式中，$k=2\pi/\lambda$。式(9.9a)给出了长度为 l，激励电流为 I_0 的赫兹偶极子天线辐射远场 $\widetilde{E}_\theta$ 的表达式，现在将这个表达式改写为长度为 dz，激励电流为 $\widetilde{I}(z)$的无限小偶极子段在观察点 Q(见图 9-14b)产生的辐射场，该偶极子段到观察点的距离为 s。所以，

$$d\widetilde{E}_\theta(z)=\frac{jk\eta_0}{4\pi}\widetilde{I}(z)dz\left(\frac{e^{-jks}}{s}\right)\sin\theta_s \tag{9.40a}$$

相关的磁场为

$$d\widetilde{H}_\phi(z)=\frac{d\widetilde{E}_\theta(z)}{\eta_0} \tag{9.40b}$$

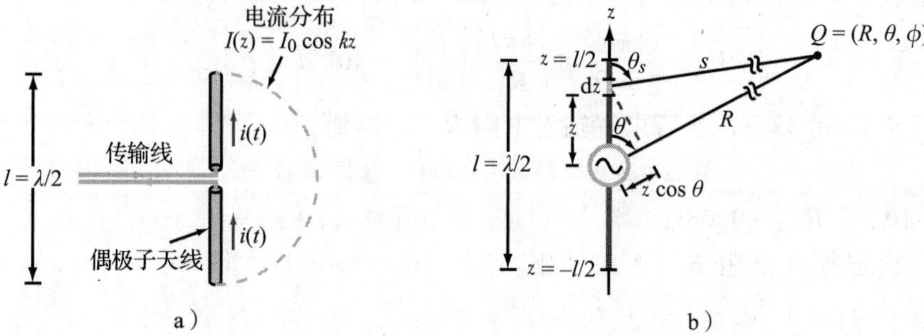

图 9-14 中心馈电的半波偶极子

通过对组成天线的所有赫兹偶极子的场积分，可以得到整个天线辐射的远场：

$$\widetilde{E}_\theta=\int_{z=-\lambda/4}^{\lambda/4} d\widetilde{E}_\theta \tag{9.41}$$

在进行该积分计算之前，先做两个近似。第一个近似与球传播因子的幅值 $1/s$ 相关，在图 9-14b 中，电流元到观测点 Q 的距离 s 相对于偶极子长度来说太大了，可以忽略 s 与 R 的差对 $1/s$ 的影响。所以设定 $1/s\approx 1/R$，基于相同的原因，设定 $\theta_s\approx\theta$。当观察点位于 z 轴时，s 和 R 之间的偏差 Δ 的最大值等于 $\lambda/4$(相当于天线长度的一半)。如果 $R\gg\lambda$，这个误差对 $1/s$ 的影响非常小。第二个近似与相位因子 e^{-jks} 有关。距离的偏差 Δ 对应的相位误差为 $k\Delta=(2\pi/\lambda)(\lambda/4)=\pi/2$。根据经验，大于 $\pi/8$ 的相位误差是不可接受的，因为它可能会导致计算的 $\widetilde{E}_\theta$ 值有很大的误差。因此，对于相位因子来说，$s\approx R$ 的近似太过粗糙，不能使用。更容易接受的选择是使用*平行射线近似*，得到

$$s\approx R-z\cos\theta \tag{9.42}$$

如图 9-14b 所示。

在式(9.40a)中的相位因子中用式(9.42)代替 s，其余地方用 R 代替 s，用 θ 代替 θ_s，得到

$$d\widetilde{E}_\theta(z)=\frac{jk\eta_0}{4\pi}\widetilde{I}(z)dz\left(\frac{e^{-jkR}}{R}\right)\sin\theta e^{jkz\cos\theta} \tag{9.43}$$

通过①将式(9.43)代入式(9.41)，②使用式(9.39b)给出的 $\widetilde{I}(z)$ 的表达式，③进行积分，可以得到下面的结果：

$$\widetilde{E}_\theta=j60I_0\left\{\frac{\cos[(\pi/2)\cos\theta]}{\sin\theta}\right\}\left(\frac{e^{-jkR}}{R}\right) \tag{9.44a}$$

$$\widetilde{H}_\phi=\frac{\widetilde{E}_\theta}{\eta_0} \tag{9.44b}$$

对应的时间平均功率密度为

$$S(R,\theta)=\frac{|\widetilde{E}_\theta|^2}{2\eta_0}=\frac{15I_0^2}{\pi R^2}\left\{\frac{\cos^2[(\pi/2)\cos\theta]}{\sin^2\theta}\right\}=S_0\left\{\frac{\cos^2[(\pi/2)\cos\theta]}{\sin^2\theta}\right\}\quad (W/m^2) \tag{9.45}$$

研究式(9.45)发现，当 $\theta=\pi/2$ 时，$S(R,\theta)$最大，其值为

$$S_{max}=S_0=\frac{15I_0^2}{\pi R^2}$$

所以，归一化辐射强度为

$$F(\theta)=\frac{S(R,\ \theta)}{S_0}=\left\{\frac{\cos[(\pi/2)\cos\theta]}{\sin\theta}\right\}^2 \tag{9.46}$$

半波偶极子的天线方向图与图 9-7 所示的短偶极子的环状方向图大致相同，其方向性系数略大一些(1.64 对比短偶极子的 1.5)，但是其辐射电阻为 73Ω(如 9.3.2 节所示)，这比短偶极子的辐射电阻大了几个数量级。

9.3.1　λ/2 偶极子的方向性系数

为了计算半波偶极子的方向性系数 D 和辐射电阻 R_{rad}，首先需要用式(9.20)计算总辐射功率：

$$P_{rad}=R^2\iint_{4\pi} S(R,\ \theta)\mathrm{d}\Omega=\frac{15I_0^2}{\pi}\int_0^{2\pi}\int_0^{\pi}\left\{\frac{\cos[(\pi/2)\cos\theta]}{\sin\theta}\right\}^2\sin\theta\mathrm{d}\theta\mathrm{d}\phi \tag{9.47}$$

在ϕ 上的积分等于 2π，在 θ 上的积分得到 1.22，因此，

$$P_{rad}=36.6I_0^2\quad(\mathrm{W}) \tag{9.48}$$

由式(9.45)可知，$S_{max}=15I_0^2/(\pi R^2)$。将该结果代入式(9.24)，得到半波偶极子的方向性系数 D 为

$$D=\frac{4\pi R^2 S_{max}}{P_{rad}}=\frac{4\pi R^2}{36.6I_0^2}\left(\frac{15I_0^2}{\pi R^2}\right)=1.64 \tag{9.49}$$

或等效为 2.15dB。

9.3.2　λ/2 偶极子的辐射电阻

由式(9.33a)可得

$$R_{rad}=\frac{2P_{rad}}{I_0^2}=\frac{2\times 36.6I_0^2}{I_0^2}\approx 73\Omega \tag{9.50}$$

从例 9-3 可以看到，由于赫兹偶极子的辐射电阻与损耗电阻 R_{loss} 在数值上同等量级，其辐射效率 ξ 相当小。在例 9-3 中 4cm 长的偶极子，$R_{rad}=0.08\Omega$(在 75MHz 时)，$R_{loss}=0.036\Omega$。如果保持频率不变，将偶极子的长度增加到 2m(75MHz 时，$\lambda=4$m)，R_{rad} 变为 73Ω，R_{loss} 增加到 1.8Ω。辐射效率从短偶极子的 69%增加到半波偶极子的 98%。更重要的事实是，实际中不可能将传输线与电阻为 0.1Ω 量级的天线相匹配，但当 $R_{rad}=73\Omega$ 时，很容易做到阻抗匹配。

另外，对于半波偶极子，由于 $R_{loss}\ll R_{rad}$，则 $R_{in}\approx R_{rad}$，式(9.30)变为

$$Z_{in}\approx R_{rad}+\mathrm{j}X_{in} \tag{9.51}$$

推导半波偶极子的 X_{in} 表达式非常复杂，已经超出了本书的范围。但值得注意的是，X_{in} 是 l/λ 的强函数，其值从 $l/\lambda=0.5$ 时的 42Ω 降低到 $l/\lambda=0.48$ 时的零，而 R_{rad} 近似保持不变。因此，通过将半波偶极子的长度减小 4%，Z_{in} 变为纯实数且等于 73Ω，在不使用匹配网络的情况下，将偶极子匹配到 73Ω 的传输线成为可能。

9.3.3　四分之一波长单极子天线

> 当将从底部的源激励的四分之一波长单极子天线置于导电平面上时(见图 9-15a)，其在地面以上区域的天线方向图与自由空间中的半波偶极子的天线方向图相同。

这是由于根据镜像理论(4.11 节)，导电平面可以用 $\lambda/4$ 的单极子镜像代替，如图 9-15b 所示。可见，$\lambda/4$ 单极子辐射的电场与式(9.44a)给出的电场完全相同，其归一化辐射强度由式(9.46)给出。但是，其辐射被限制在由 $0\leqslant\theta\leqslant\pi/2$ 所定义的上半空间，所以单极子辐射的功率仅为偶极子的一半。因此，对于 $\lambda/4$ 单极子，$P_{rad}=18.3I_0^2$，其辐射电阻 $R_{rad}=36.5\Omega$。

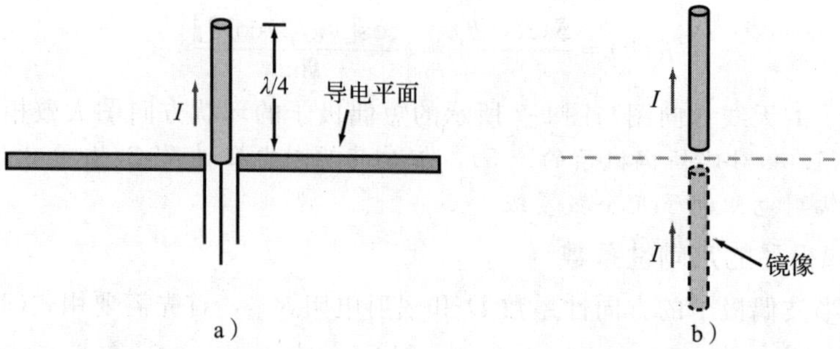

图 9-15　置于导电平面上的四分之一波长单极子等效于自由空间的完整半波偶极子

该用于四分之一波长单极子的方法也适用于任意置于导电平面上的垂直导线天线，包括赫兹单极子。

概念问题 9-8：工作于下列频率的半波偶极子的物理长度是多少？(a) 1MHz(AM 广播频段)，(b) 100MHz(FM 广播频段)，(c) 10GHz(微波频段)。

概念问题 9-9：半波偶极子的天线方向图与赫兹偶极子的有何不同？比较它们的方向性系数、辐射电阻和辐射效率。

概念问题 9-10：与半波偶极子相比，四分之一波长单极子的辐射效率如何？假设两者由相同的材料制成，而且有相同的截面积。

练习 9-4　对于半波偶极子天线，评估 $F(\theta)$ 随 θ 的变化，求俯仰面(包含偶极子轴的平面)上的半功率波束宽度。

答案：$\beta=78°$。(参见ⒺⓂ)

练习 9-5　如果半波偶极子在 1km 距离上辐射的最大功率密度为 $50\mu\text{W/m}^2$，那么电流的振幅 I_0 是多少？

答案：$I_0=3.24\text{A}$。(参见ⒺⓂ)

9.4　任意长度的偶极子

到目前为止，我们已经研究了赫兹偶极子和半波偶极子的辐射特性。现在考虑相对于波长 λ 任意长度 l 的线形偶极子的更一般情况，对于中心馈电的偶极子，如图 9-16 所示，流过偶极子两半部分的电流是对称的，而且在其两端点处必须为零。

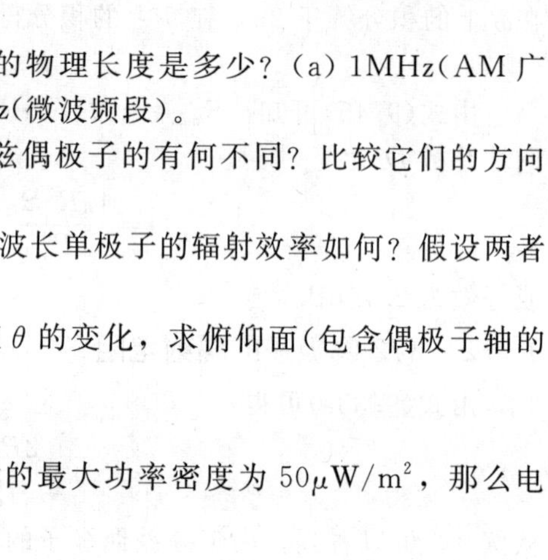

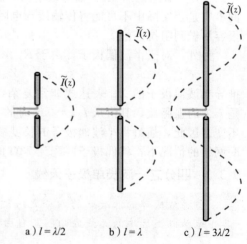

图 9-16　三种中心馈电偶极子的电流分布

因此，电流相量 $\widetilde{I}(z)$ 可以表示为在 $z=\pm l/2$ 处为零的正弦函数：

$$\widetilde{I}(z)=\begin{cases}I_0\sin[k(l/2-z)], & 0\leqslant z\leqslant l/2\\ I_0\sin[k(l/2+z)], & -l/2\leqslant z<0\end{cases}\tag{9.52}$$

式中，I_0 为电流的振幅。这种天线辐射波的电场、磁场和相关功率密度的计算方法与之前半波偶极子天线的计算方法基本相同，唯一不同的是电流分布 $\widetilde{I}(z)$。如果将式(9.52)代入式(9.43)，可以得到位于 z 处微元 $\mathrm{d}z$ 辐射波的微分电场 $\mathrm{d}\widetilde{E}_\theta$：

$$\mathrm{d}\widetilde{E}_\theta(z)=\frac{\mathrm{j}k\eta_0 I_0}{4\pi}\left(\frac{\mathrm{e}^{-\mathrm{j}kR}}{R}\right)\sin\theta\,\mathrm{e}^{\mathrm{j}kz\cos\theta}\mathrm{d}z\times\begin{cases}\sin[k(l/2-z)], & 0\leqslant z\leqslant l/2\\ \sin[k(l/2+z)], & -l/2\leqslant z<0\end{cases}\tag{9.53}$$

该偶极子辐射的总场为

$$\widetilde{E}_\theta=\int_{-l/2}^{l/2}\mathrm{d}\widetilde{E}_\theta=\int_0^{l/2}\mathrm{d}\widetilde{E}_\theta+\int_{-l/2}^{0}\mathrm{d}\widetilde{E}_\theta$$
$$=\frac{\mathrm{j}k\eta_0 I_0}{4\pi}\left(\frac{\mathrm{e}^{-\mathrm{j}kR}}{R}\right)\sin\theta\times\left\{\int_0^{l/2}\mathrm{e}^{\mathrm{j}kz\cos\theta}\sin[k(l/2-z)]\mathrm{d}z+\int_{-l/2}^{0}\mathrm{e}^{\mathrm{j}kz\cos\theta}\sin[k(l/2+z)]\mathrm{d}z\right\} \tag{9.54}$$

如果用欧拉恒等式将 $\mathrm{e}^{\mathrm{j}kz\cos\theta}$ 表示为 $\mathrm{e}^{\mathrm{j}kz\cos\theta}=\cos(kz\cos\theta)+\mathrm{j}\sin(kz\cos\theta)$，对两部分进行积分得到

$$\widetilde{E}_\theta=\mathrm{j}60I_0\left(\frac{\mathrm{e}^{-\mathrm{j}kR}}{R}\right)\left[\frac{\cos\left(\frac{kl}{2}\cos\theta\right)-\cos\left(\frac{kl}{2}\right)}{\sin\theta}\right] \tag{9.55}$$

该偶极子辐射的时间平均功率密度为

$$S(\theta)=\frac{|\widetilde{E}_\theta|^2}{2\eta_0}=\frac{15I_0^2}{\pi R^2}\left[\frac{\cos\left(\frac{\pi l}{\lambda}\cos\theta\right)-\cos\left(\frac{\pi l}{\lambda}\right)}{\sin\theta}\right]^2 \tag{9.56}$$

式中使用了关系 $\eta_0\approx120\pi\Omega$ 和 $k=2\pi/\lambda$。当 $l=\lambda/2$ 时，式(9.56)简化为式(9.45)给出的半波偶极子的表达式。图 9-17 绘出了长度分别为 $\lambda/2$、λ 和 $3\lambda/2$ 时的归一化辐射强度 $F(\theta)=S(R,\theta)/S_{\max}$ 曲线。$l=\lambda/2$ 和 $l=\lambda$ 的偶极子具有类似的天线方向图，两者的最大辐射方向均在 $\theta=90°$，但是全波偶极子的半功率波束宽度要比半波偶极子的窄，全波偶极子的 $S_{\max}=60I_0^2/(\pi R^2)$，这个值是半波偶极子的四倍。长度 $l=3\lambda/2$ 的偶极子的方向图有多个波瓣，其最大辐射方向不在 $\theta=90°$。

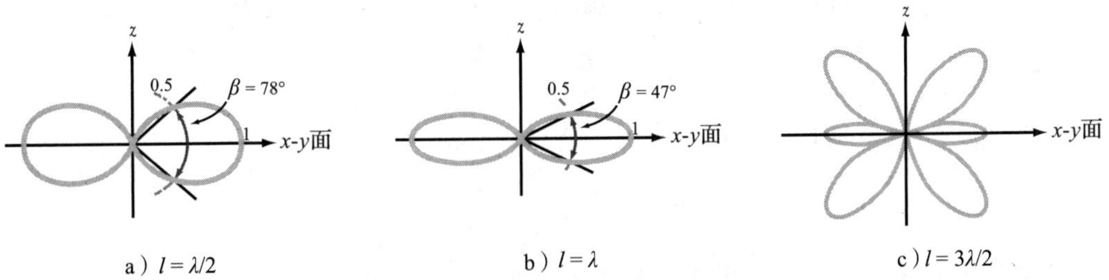

图 9-17　长度为 $\lambda/2$、λ 和 $3\lambda/2$ 的偶极子的天线方向图

> **模块 9.2(线形偶极子天线)**　对于任意给定长度(以 λ 为单位)的线形天线，该模块显示沿线的电流分布，以及水平面和俯仰面的远场天线方向图，也可以计算天线辐射的总功率、辐射电阻和天线的方向性系数。

9.5　接收天线的有效面积

到目前为止，天线一直被视为能量的定向辐射器。现在来研究相反的过程，即接收天线如何从入射波中提取能量并将其传递给负载。天线从功率密度为 S_i(W/m²)的入射波中提取能量，并将其转换为截获功率 P_{int}(W)送给匹配负载的能力由有效面积 A_e 来表征：

$$A_e=\frac{P_{int}}{S_i}\quad(\mathrm{m}^2) \tag{9.57}$$

A_e 的其他常用名称包括有效孔径和接收截面积。天线的接收过程可以用戴维南等效电路来建模(见图 9-18)，该模型由电压 $\widetilde{V}_{oc}$ 与天线输入阻抗 Z_{in} 串联组成。其中，$\widetilde{V}_{oc}$ 是入射波在天线终端感应的开路电压，Z_L 为连接到天线的负载阻抗(表示接收机或其他某种电路)。

一般，Z_{in} 和 Z_L 都为复数：

$$Z_{in}=R_{rad}+jX_{in} \tag{9.58a}$$

$$Z_L=R_L+jX_L \tag{9.58b}$$

式中，R_{rad} 表示天线的辐射电阻(假设 $R_{loss}\ll R_{rad}$)。为了使传输给负载的功率最大，必须选择负载阻抗使 $Z_L=Z_{in}^*$，或等效地 $R_L=R_{rad}$，$X_L=-X_{in}$。这种情况下，电路简化为源 $\widetilde{V}_{oc}$ 与一个等于 $2R_{rad}$ 的电阻相连接。由于 $\widetilde{V}_{oc}$ 为正弦电压相量，传递给负载的时间平均功率为

$$P_L=\frac{1}{2}|\widetilde{I}_L|^2R_{rad}=\frac{1}{2}\left(\frac{|\widetilde{V}_{oc}|}{2R_{rad}}\right)^2R_{rad}=\frac{|\widetilde{V}_{oc}|^2}{8R_{rad}} \tag{9.59}$$

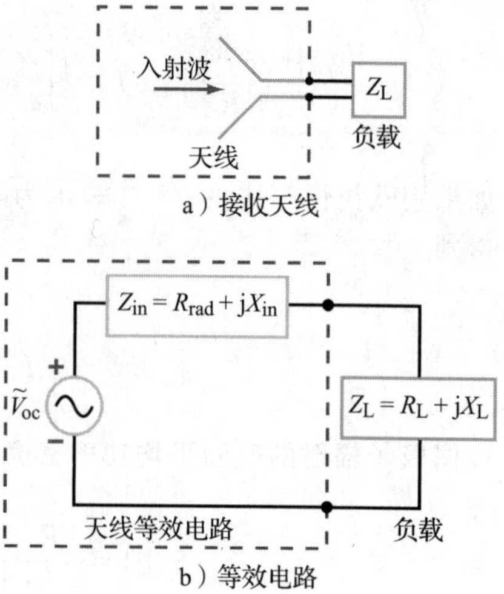

图 9-18 接收天线及其等效电路

式中，$\widetilde{I}_L=\widetilde{V}_{oc}/(2R_{rad})$为流过电路的相量电流。由于天线是无耗的，因此截获功率 P_{int} 都送给了负载电阻 R_L。所以，

$$P_{int}=P_L=\frac{|\widetilde{V}_{oc}|^2}{8R_{rad}} \tag{9.60}$$

对于与天线极化方向平行的入射波电场 $\widetilde{E}_i$，所携带的功率密度为

$$S_i=\frac{|\widetilde{E}_i|^2}{2\eta_0}=\frac{|\widetilde{E}_i|^2}{240\pi} \tag{9.61}$$

由式(9.60)和式(9.61)的比得到

$$A_e=\frac{P_{int}}{S_i}=\frac{30\pi|\widetilde{V}_{oc}|^2}{R_{rad}|\widetilde{E}_i|^2} \tag{9.62}$$

接收天线上感应的开路电压 $\widetilde{V}_{oc}$ 是由入射场 $\widetilde{E}_i$ 产生的，但是它们之间的关系与所考虑的天线有关。举例说明，考虑 9.1 节中的短偶极子天线，由于与波长 λ 相比，短偶极子的长度 l 很小，入射场感应的电流沿长度是均匀的，开路电压简单为 $\widetilde{V}_{oc}=\widetilde{E}_il$。注意，对于短偶极子 $R_{rad}=80\pi^2(l/\lambda)^2$[见式(9.38)]，并且使用 $\widetilde{V}_{oc}=\widetilde{E}_il$，式(9.62)简化为

$$A_e=\frac{3\lambda^2}{8\pi}\quad(\mathrm{m}^2)\quad(\text{短偶极子}) \tag{9.63}$$

例 9-2 已经证明赫兹偶极子的方向性系数 $D=1.5$，应用 D，式(9.63)可以重新写为

$$A_e=\frac{\lambda^2D}{4\pi}\quad(\mathrm{m}^2)\quad(\text{任意天线}) \tag{9.64}$$

尽管式(9.64)给出的 A_e 和 D 之间的关系是由赫兹偶极子推导而来的，但是可以证明对于匹配条件下的**任意天线**都是有效的。

模块 9.3(线形天线的详细分析)　该模块是模块 9.2 的补充，提供了关于指定线形天线的大量信息，包括方向性系数，以及电流和场的分布图。

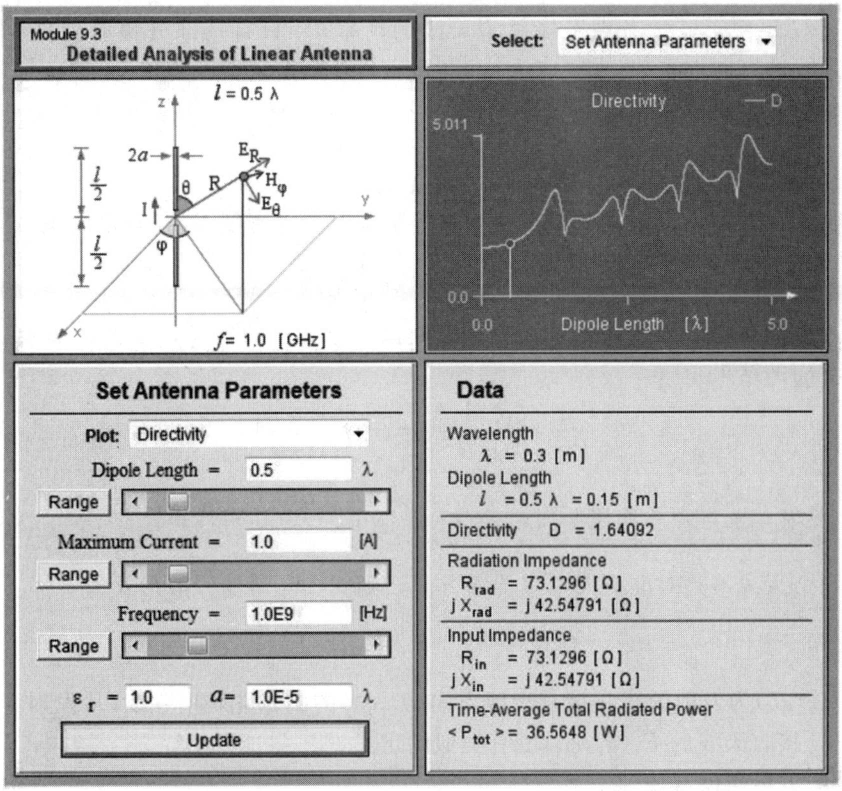

练习 9-6　已知天线的有效面积为 $9\mathrm{m}^2$，其在 3GHz 时的方向性系数是多少分贝？

答案： $D=40.53\mathrm{dB}$。(参见㊣)

练习 9-7　在 100MHz 时，天线的方向图立体角为 1.3sr。求：(a) 天线的方向性系数 D，(b) 有效面积 A_e。

答案： (a) $D=9.67$，(b) $A_e=6.92\mathrm{m}^2$。(参见㊣)

9.6　弗里斯传输公式

图 9-19 所示两个天线是自由空间中通信链路的一部分，天线之间的距离 R 足够大，使每个天线都位于另一天线的远场区。发射天线和接收天线的有效面积分别为 A_t 和 A_r，辐射效率分别为 ξ_t 和 ξ_r。我们的目的是寻找提供给发射天线的功率 P_t 与传输给接收天线的功率 P_{rec} 之间的关系。一如既往，假设两个天线与它们各自的传输线阻抗匹配。起初我们考虑两个天线是定向的，因此每个天线的天线方向图的峰值指向另一个天线的方向。

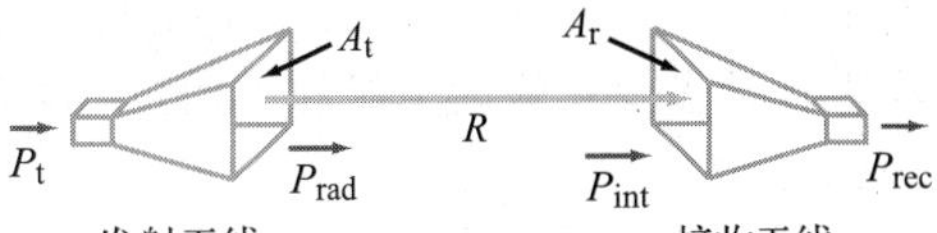

图 9-19　发射机-接收机配置

首先，我们将发射天线视为一个无耗的各向同性辐射体。在距离各向同性发射天线 R 处，入射到接收天线上的功率密度等于发射功率 P_t 除以半径为 R 的球的表面积：

$$S_{iso}=\frac{P_t}{4\pi R^2} \tag{9.65}$$

真实的发射天线既不是无耗的，也不是各向同性的，所以真实天线产生的功率密度 S_r 为

$$S_r = G_t S_{iso} = \xi_t D_t S_{iso} = \frac{\xi_t D_t P_t}{4\pi R^2} \tag{9.66}$$

式中，增益 $G_t = \xi_t D_t$，ξ_t 考虑了提供给天线的功率 P_t 只有一部分辐射到自由空间，D_t 表示发射天线的方向性系数(在接收天线方向)。另外，由式(9.64)可知，D_t 与 A_t 的关系为 $D_t = 4\pi A_t/\lambda^2$。所以，式(9.66)变为

$$S_r = \frac{\xi_t A_t P_t}{\lambda^2 R^2} \tag{9.67}$$

在接收天线一侧，接收天线截获的功率等于入射功率密度 S_r 与有效面积 A_r 的乘积：

$$P_{int} = S_r A_r = \frac{\xi_t A_t A_r P_t}{\lambda^2 R^2} \tag{9.68}$$

传输给接收机的功率 P_{rec} 等于截获功率 P_{int} 乘以接收天线的辐射效率 ξ_r，即 $P_{rec} = \xi_r P_{int}$，由此得到下面的结果：

$$\frac{P_{rec}}{P_t} = \frac{\xi_t \xi_r A_t A_r}{\lambda^2 R^2} = G_t G_r \left(\frac{\lambda}{4\pi R}\right)^2 \tag{9.69}$$

这个关系就是所谓的**弗里斯传输公式**，P_{rec}/P_t 叫作**功率传输比**。

如果两个天线不是对准最大功率传输方向，则式(9.69)的一般形式为

$$\frac{P_{rec}}{P_t} = G_t G_r \left(\frac{\lambda}{4\pi R}\right)^2 F_t(\theta_t, \phi_t) F_r(\theta_r, \phi_r) \tag{9.70}$$

式中，$F_t(\theta_t, \phi_t)$ 为发射天线在接收天线方向 (θ_t, ϕ_t) 的归一化辐射强度(从发射天线方向图可以看出)，接收天线的 $F_r(\theta_r, \phi_r)$ 也有类似的定义。

例 9-4 卫星通信系统

一个 6GHz 的直播广播电视卫星系统通过一个直径 2m 的抛物面天线从距离地球表面约 40 000km 的地方发射 100W 的功率。每个电视频道占用 5MHz 带宽。由于天线拾取到的电磁噪声和接收机电子系统产生的噪声，家用电视接收机的噪声电平为

$$P_n = KT_{sys}B \quad (\text{W}) \tag{9.71}$$

式中，T_{sys}[以 K(开尔文)为单位]是一个被称为*系统噪声温度*的指标，其表征接收机-天线组合的噪声性能；K 为玻耳兹曼常数(1.38×10^{-23} J/K)；B 为接收机带宽，单位为 Hz。

信噪比 S_n(不应该与功率密度 S 混淆)定义为 P_{rec} 与 P_n 的比：

$$S_n = P_{rec}/P_n \quad (\text{无量纲}) \tag{9.72}$$

对于 $T_{sys} = 580$K 的接收机，$S_n = 40$dB 的高质量电视接收时，要求的抛物面接收天线的最小直径是多少？假设卫星和地面接收天线是无耗的，而且假设它们的有效面积等于其物理面积。

解： 已知下面的量：

$P_t = 100$W，$f = 6\text{GHz} = 6\times10^9$ Hz，$S_n = 10^4$，发射天线的直径 $d_t = 2$m，$T_{sys} = 580$K，$R = 40\,000\text{km} = 4\times10^7$ m，$B = 5\text{MHz} = 5\times10^6$ Hz，波长 $\lambda = c/f = 5\times10^{-2}$ m，卫星发射天线的面积为 $A_t = \pi d_t^2/4 = \pi\text{m}^2$。

由式(9.71)可得接收机噪声功率为

$$P_n = KT_{sys}B = 1.38\times10^{-23}\times580\times5\times10^6\ \text{W} = 4\times10^{-14}\ \text{W}$$

在 $\xi_t = \xi_r = 1$ 情况下，由式(9.69)可得

$$P_{rec} = \frac{P_t A_t A_r}{\lambda^2 R^2} = \frac{100\pi A_r}{(5\times10^{-2})^2(4\times10^7)^2} = 7.85\times10^{-11} A_r$$

现在可以通过令 P_{rec}/P_n 与 $S_n=10^4$ 相等来确定接收天线的面积 A_r：

$$10^4=\frac{7.85\times10^{-11}A_r}{4\times10^{-14}}$$

得到 $A_r=5.1\text{m}^2$。所以，要求的最小直径 $d_r=\sqrt{4A_r/\pi}=2.55\text{m}$。◀

练习 9-8　如果例 9-4 所描述的通信系统的工作频率加倍到 12GHz，那么所需的家庭接收电视天线的最小直径为多少？

答案： $d_r=1.27\text{m}$。(参见Ⓔⓜ)

练习 9-9　一个 3GHz 的微波链路由两个相同的天线组成，每个天线的增益为 30dB。如果给定发射机的输出功率为 1kW，两个天线间的距离为 1km，求接收功率。

答案： $P_{rec}=6.33\times10^{-4}\text{W}$。(参见Ⓔⓜ)

练习 9-10　抛物面天线的有效面积近似等于其物理孔径面积。如果 10GHz 时方向性系数为 30dB，其有效面积是多少？如果频率增加到 30GHz，新的方向性系数是多少？

答案： $A_e=0.07\text{m}^2$，$D=39.44\text{dB}$。(参见Ⓔⓜ)

技术简介 17：电磁场的健康风险

使用手机会致癌吗？暴露在与输电线相关的电磁场(EMF)中会对人类健康造成风险吗？家用电器、电话、电线和我们每天使用的无数电子产品所产生的电磁辐射会危及我们的健康吗(见图 TF17-1)？尽管一些流行媒体报道称低电平的电磁辐射与许多疾病之间存在因果关系，但根据美国和欧洲的政府及专业委员会发布的报告，给出如下答案。

否，没有风险，只要制造商遵守政府批准的**最大允许暴露**(Maximum Permissible Exposure，MPE)电平标准。至于手机，官方报告称，他们的结论仅限于使用手机在 15 年之内，因为尚未获得使用更长时间的数据。

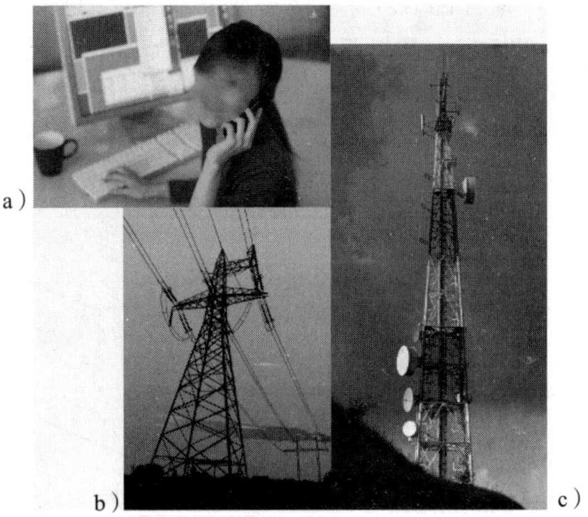

图 TF17-1　由电力线、手机、电视塔和许多其他电路和设备发射的电磁场

电磁场的生理效应

电磁频率为 f 的光子所携带的能量为 $E=hf$，式中 h 为普朗克常数。穿过物质的光子与物质的原子或分子之间相互作用的模式在很大程度上取决于 f，如果 f 大于 10^{15} Hz [落入电磁频谱的紫外(UV)频段]，光子的能量足以使原子或分子完全释放出电子，使其

成为自由电子，从而使受影响的原子或分子电离。因此，由这种电磁波携带的能量称为**电离辐射能量**，与电离辐射相比(见图 TF17-2)，在**非电离辐射**中，光子可能会导致电子移动到更高的能级，但不会将其从宿主原子或分子中移出。

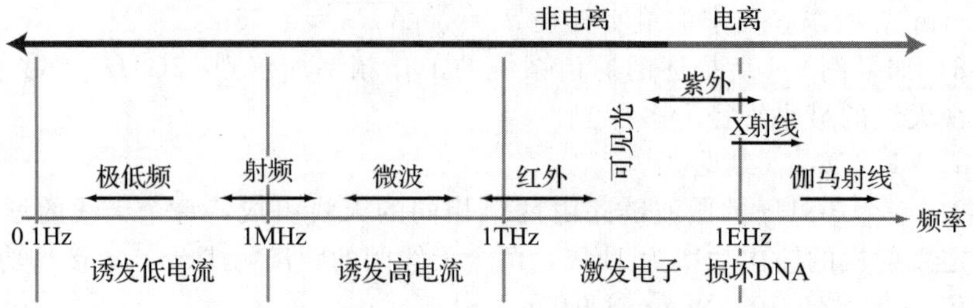

图 TF17-2　不同类型的电磁辐射

评估暴露在电磁场中的健康风险非常复杂，包含很多因素，其中包括：①频率 f，②电场和磁场的强度，③暴露的时间(连续还是不连续，脉冲还是均匀)，④暴露的是身体的什么部位。我们知道，强激光照射会灼伤眼角膜，高强度 X 射线会损伤活性组织并致癌。事实上，当暴露强度和/或持续时间超过一定的安全限度时，任何形式的电磁能量都是危险的。政府和专业安全委员会的任务是设立最大允许暴露(MPE)强度，以保护人们免受与电磁辐射相关的不良健康影响。在美国，相关标准是 IEEE STD C95.6(2002 年颁布)，该标准给出了 1Hz～3kHz 范围内的电磁场限值；IEEE STD 95.1(2005 年颁布)涉及 3kHz～300GHz 的频率范围。在欧洲，MPE 强度的设立由欧盟委员会的新兴和新确定的健康风险科学委员会(SCENIHR)负责。

当频率低于 100kHz 时，目的是尽量减少暴露在电场中的不良影响，因为电场会导致神经和肌肉细胞受到**电刺激**；在 5MHz 以上，主要的问题是组织过度加热；在 100kHz～5MHz 的过渡区域，设计安全标准来同时防止电刺激和过度加热。

频率范围 $0 \leqslant f \leqslant 3$kHz：图 TF17-3 的曲线给出了低于 3kHz 频率范围内电场和磁场的 MPE 值。根据 IEEE STD C95.6，足以证明无论是电场 E 还是磁场 H，该曲线均与 MPE 电平兼容。依据 H 的曲线，暴露在 60Hz 的场中不应该超过 720A/m。在电力线下方，由电力线产生的磁场的值通常在 2～6A/m，至少比 H 既定的安全强度低两个数量级。

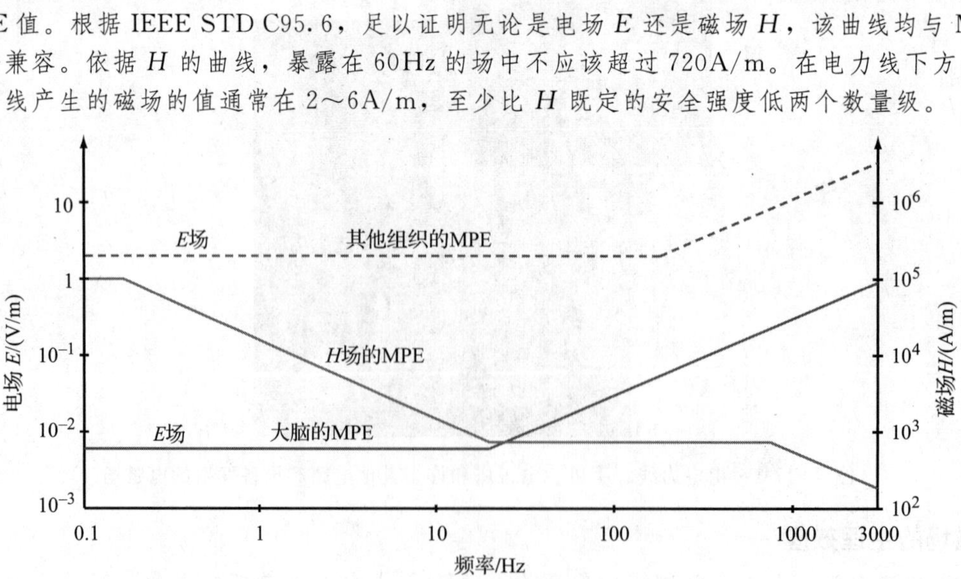

图 TF17-3　频率 0.1Hz～3kHz 范围内 E 和 H 的 MPE 强度

频率范围 3kHz≤f≤300GHz：当频率低于 500MHz 时，MPE 是根据电磁能量的电场和磁场强度来指定的(见图 TF17-4)。100MHz～300GHz(及以上)，MPE 是用 E 和 H 的乘积，即功率密度 S 来表示的。手机工作在 1～2GHz 频段，其指定的 MPE 为 $1W/m^2$(或等效于 $0.1mW/cm^2$)。

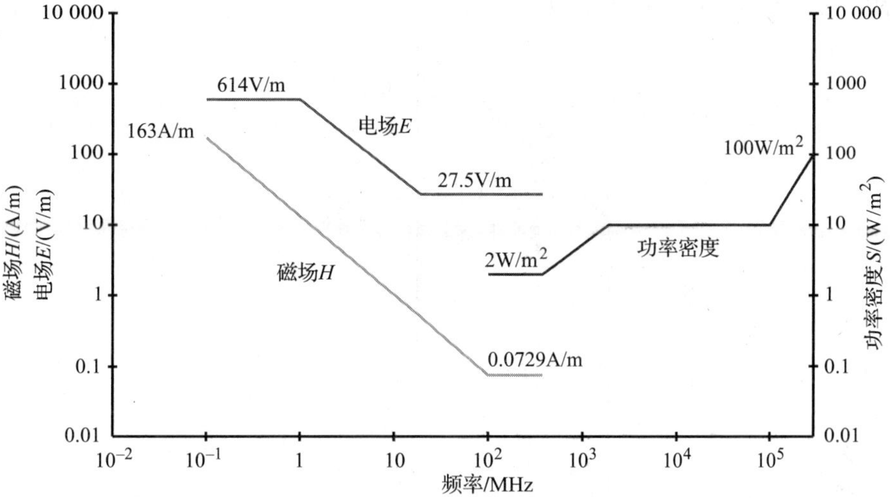

图 TF17-4 10kHz～300GHz 频率范围的 MPE 强度

底线

我们不断受到电磁能量的辐射——从太阳照射到所有物质释放的黑体辐射。我们的身体一直都在吸收、反射和发射电磁能量。活的生物体(包括人类)需要暴露在电磁辐射下才能生存，但过度暴露会造成不良影响。术语"过度暴露"意味着一组变量之间的复杂关系，这些变量包括场强、暴露时间、模式(连续、脉冲等)、身体部位等。排放标准是由美国联邦通信委员会和其他国家类似的政府机构，基于流行病学研究、实验观察以及电磁能量如何与生物材料相互作用的理论而建立的。一般而言，这些标准规定的最大允许暴露强度通常比已知会造成不良影响的强度低两个数量级，但是，考虑到涉及变量的多样性，不能保证遵守这些标准就能完全避免健康风险。底线是：运用常识！

9.7 大孔径天线的辐射

对于线天线而言，辐射源是由沿线分布电流的很多无限小电流元组成，在空间给定位置的总辐射场等于所有电流元辐射场的总和或积分。孔径天线也有类似的情况，只不过现在辐射源是孔径面上的电场分布。考虑如图 9-20 所示的喇叭天线，其通过同轴线与源连接，同轴线的外导体与喇叭的金属壁相连，内导体通过一个小孔部分进入喇叭的喉部，突出的导体就像单极子天线，产生向喇叭孔径外辐射的波，到达喇叭孔径上波的电场 $E_a(x_a, y_a)$是随 x_a 和 y_a 变化的函数，称为电场孔径分布或照射。在喇叭内部，波的传播由喇叭几何结构导引，但是当波从被导波过渡到无界波时，其波前上的每一点都可作为球面次级子波的源，这个孔径可以用各向同性辐射体的分布来表示。在远处 Q 点，所有来自这些辐射体

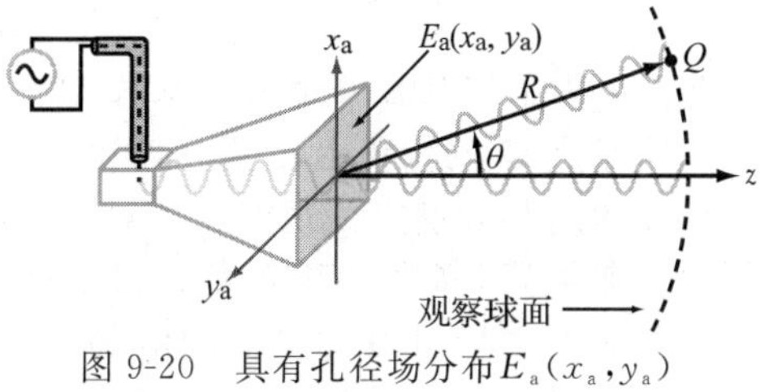

图 9-20 具有孔径场分布 $E_a(x_a, y_a)$ 的喇叭天线

发出的波组合构成了置于该观测点的接收机观察到的总波。

上述喇叭天线的辐射过程同样适用于电磁波入射的任意孔径。例如，如果当光源通过一个准直透镜来照射不透明屏上开的孔隙时(如图 9-21a 所示)，该孔隙成为二次球面子波的源，非常像喇叭天线的孔径。如图 9-21b 所示的抛物面反射天线，可以用反射面前边一个面上的电场分布的虚拟孔径来描述。

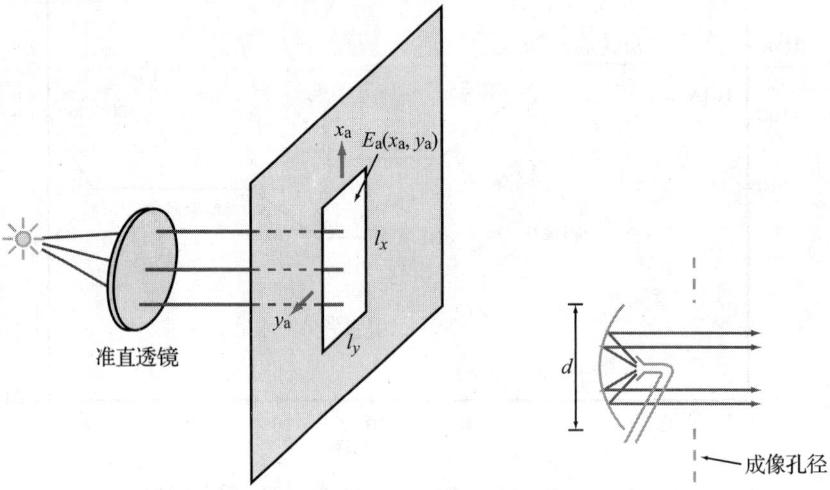

a）不透明屏上的孔隙　　b）抛物面反射天线

图 9-21　孔径的辐射

计算孔径辐射波的电磁场有两种数学公式，第一种是基于基尔霍夫定律的标量公式，第二种是基于麦克斯韦方程组的矢量公式。本节只介绍标量绕射技术，不仅是因为它固有的简单性，而且也因为它在实际中应用广泛。

标量公式有效性的关键要求是天线孔径在其每个主要维度上的长度至少有几个波长。

这种天线的显著特征是其高方向性以及相应的窄波束，这使它在雷达和自由空间微波通信系统中具有吸引力。这种应用中常用的频率范围是 1～30GHz 的微波频段。由于对应的波长范围在 1～30cm，实际中(在这个频率范围)构造和使用的天线的孔径尺寸具有多个波长。

图 9-22 中的 x_a-y_a 平面(标为孔径面 A)上包含一个电场分布为 $E_a(x_a, y_a)$的孔径。为了方便起见，孔径形状选择矩形，其尺寸为沿 x_a 为 l_x，沿 y_a 为 l_y，但这里讨论的公式已经足够一般化，可以涵盖任意二维孔径分布，包括圆形和椭圆形孔径。在图 9-22 中距离孔径面 A 的 z 处，有一个坐标轴为(x, y)的观察面 O，这两个平面的坐标轴平行，距离为 z。z 足够大，使得观察面上任意点 Q 都处于孔径的远场区。为了满足远场条件，必须有

$$R \geqslant 2d^2/\lambda \quad (\text{远场区}) \tag{9.73}$$

式中，d 为辐射孔径的最大线性尺寸。

观察点 Q 的位置由孔径中心和 Q 点之间的距离 R 以及角度 θ 和 ϕ 确定(见图 9-22)，这两个角度共同确定了观察点相对于孔径坐标系的方向。在偶极子天线的处理中，将偶极子沿 z 轴放置，θ 称为天顶角。目前情况下，z 轴与含有天线孔径的平面正交，θ 通常称为俯仰角。入射到 Q 点的波的电场相量由 $\widetilde{E}(R, \theta, \phi)$来表示，基尔霍夫标量绕射理论给出了辐射场 $\widetilde{E}(R, \theta, \phi)$和孔径照射场 $\widetilde{E}_a(x_a, y_a)$之间的关系：

$$\widetilde{E}(R,\theta,\phi)=\frac{\mathrm{j}}{\lambda}\left(\frac{\mathrm{e}^{-\mathrm{j}kR}}{R}\right)\widetilde{h}(\theta,\phi) \tag{9.74}$$

式中，

$$\widetilde{h}(\theta,\phi)=\iint_{-\infty}^{\infty}\widetilde{E}_{\mathrm{a}}(x_{\mathrm{a}},y_{\mathrm{a}})\exp[\mathrm{j}k\sin\theta(x_{\mathrm{a}}\cos\phi+y_{\mathrm{a}}\sin\phi)]\mathrm{d}x_{\mathrm{a}}\mathrm{d}y_{\mathrm{a}} \tag{9.75}$$

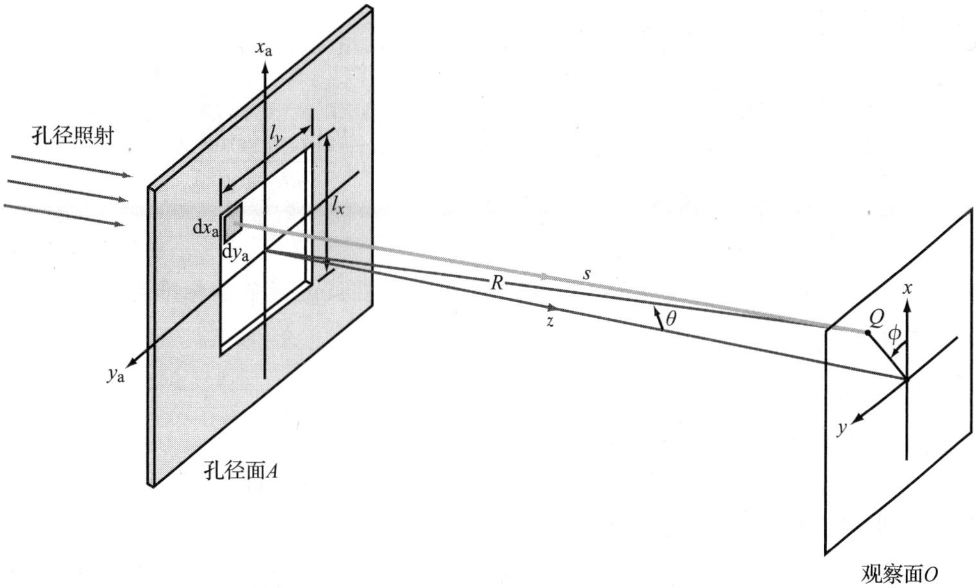

图 9-22　x_{a}-y_{a} 面上的孔径在 $z=0$ 处的辐射

我们将 $\widetilde{h}(\theta,\phi)$称为 $\widetilde{E}(R,\theta,\phi)$的形状因子。积分限写为无穷，可以理解为孔径以外 $\widetilde{E}_{\mathrm{a}}(x_{\mathrm{a}},y_{\mathrm{a}})$恒为零。球传播因子 $\mathrm{e}^{-\mathrm{j}kR}/R$ 表示波在孔径中心和观测点之间的传播，$\widetilde{h}(\theta,\phi)$表示激励场 $\widetilde{E}_{\mathrm{a}}(x_{\mathrm{a}},y_{\mathrm{a}})$在孔径面上的积分，考虑到[通过式(9.75)中的指数函数]R 和 s 之间的近似距离差，其中 s 为到孔径面上任意点$(x_{\mathrm{a}},y_{\mathrm{a}})$的距离(如图 9-22 所示)。

在基尔霍夫标量公式中，辐射场 $\widetilde{E}(R,\theta,\phi)$的极化方向与孔径场 $\widetilde{E}_{\mathrm{a}}(x_{\mathrm{a}},y_{\mathrm{a}})$的极化方向相同。

此外，辐射波的功率密度为

$$S(R,\theta,\phi)=\frac{|\widetilde{E}(R,\theta,\phi)|^{2}}{2\eta_{0}}=\frac{|\widetilde{h}(\theta,\phi)|^{2}}{2\eta_{0}\lambda^{2}R^{2}} \tag{9.76}$$

9.8　均匀孔径分布的矩形孔径

为了说明标量绕射技术，考虑一个高为 l_x，宽为 l_y 的矩形孔径，l_x 和 l_y 的长度至少有几个波长，孔径由给定的均匀场分布(即恒定值)来激励：

$$\widetilde{E}_{\mathrm{a}}(x_{\mathrm{a}},y_{\mathrm{a}})=\begin{cases}E_{0} & -l_x/2\leqslant x_{\mathrm{a}}\leqslant l_x/2,\ -l_y/2\leqslant y_{\mathrm{a}}\leqslant l_y/2\\ 0 & \text{其余位置}\end{cases} \tag{9.77}$$

为了数学上简单，将研究限制在 x-z 平面内固定距离 R 上的天线方向图，其对应于$\phi=0$。在这种情况下，式(9.75)简化为

$$\widetilde{h}(\theta)=\int_{-l_y/2}^{l_y/2}\int_{-l_x/2}^{l_x/2}E_{0}\exp(\mathrm{j}kx_{\mathrm{a}}\sin\theta)\mathrm{d}x_{\mathrm{a}}\mathrm{d}y_{\mathrm{a}} \tag{9.78}$$

在准备进行积分前，引入中间变量 u，定义为

$$u=k\sin\theta=\frac{2\pi\sin\theta}{\lambda} \tag{9.79}$$

所以，

$$\begin{aligned}\widetilde{h}(\theta)&=E_0\int_{-l_x/2}^{l_x/2}\mathrm{e}^{\mathrm{j}ux_a}\mathrm{d}x_a\int_{-l_y/2}^{l_y/2}\mathrm{d}y_a=E_0\left(\frac{\mathrm{e}^{\mathrm{j}ul_x/2}-\mathrm{e}^{-\mathrm{j}ul_x/2}}{\mathrm{j}u}\right)\cdot l_y\\&=\frac{2E_0l_y}{u}\left(\frac{\mathrm{e}^{\mathrm{j}ul_x/2}-\mathrm{e}^{-\mathrm{j}ul_x/2}}{2\mathrm{j}}\right)=\frac{2E_0l_y}{u}\sin(ul_x/2)\end{aligned} \tag{9.80}$$

用定义的表达式替换 u，得到

$$\begin{aligned}\widetilde{h}(\theta)&=\frac{2E_0l_y}{\left(\frac{2\pi}{\lambda}\sin\theta\right)}\sin(\pi l_x\sin\theta/\lambda)=E_0l_xl_y\frac{\sin(\pi l_x\sin\theta/\lambda)}{\pi l_x\sin\theta/\lambda}\\&=E_0A_p\mathrm{sinc}(\pi l_x\sin\theta/\lambda)\end{aligned} \tag{9.81}$$

式中，$A_p=l_xl_y$ 为孔径的物理面积。同时，式中使用了 sinc 函数的标准定义，对于任意变量 t，其定义为

$$\mathrm{sinc}t=\frac{\sin t}{t} \tag{9.82}$$

由式(9.76)可得观察点功率密度的表达式：

$$S(R,\theta)=S_0\mathrm{sinc}^2(\pi l_x\sin\theta/\lambda)\quad(x\text{-}z\ \text{平面}) \tag{9.83}$$

式中，$S_0=E_0^2A_p^2/(2\eta_0\lambda^2R^2)$。

当自变量为零时，sinc 函数最大，sinc(0)=1。

这发生在 $\theta=0$ 的时候。所以，在固定距离 R 上，$S_{max}=S(\theta=0)=S_0$。归一化辐射强度为

$$F(\theta)=\frac{S(R,\theta)}{S_{max}}=\mathrm{sinc}^2(\pi l_x\sin\theta/\lambda)=\mathrm{sinc}^2(\pi\gamma)\quad(x\text{-}z\ \text{平面}) \tag{9.84}$$

图 9-23 给出了 $F(\theta)$作为中间变量 $\gamma=(l_x/\lambda)\sin\theta$ 函数的曲线。方向图零点出现在非零整数 γ 处。

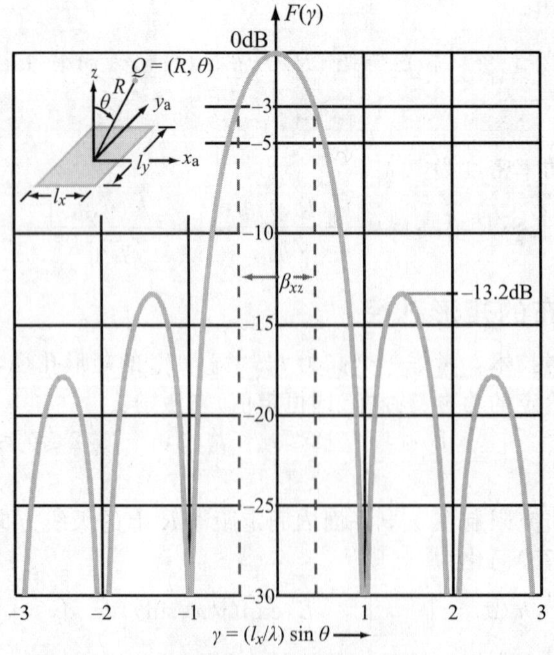

图 9-23　均匀照射 x-z 面上($\phi=0$)矩形孔径的归一化辐射强度方向图

9.8.1　波束宽度

归一化辐射强度 $F(\theta)$在 x-z 平面上是对称的，其最大值在瞄准线方向(这种情况下，$\theta=0$)。半功率波束宽度 $\beta_{xz}=\theta_2-\theta_1$，其中 θ_1 和 θ_2 是 $F(\theta,0)=0.5$(或用分贝表示的 -3dB)时的 θ 值，如图 9-23 所示。由于方向图关于 $\theta=0$ 对称，$\theta_1=-\theta_2$，则 $\beta_{xz}=2\theta_2$。θ_2 可以由下面的方程求解得到：

$$F(\theta_2)=\mathrm{sinc}^2(\pi l_x\sin\theta/\lambda)=0.5 \tag{9.85}$$

从 sinc 函数值的列表中发现式(9.85)的结果为

$$\frac{\pi l_x}{\lambda}\sin\theta_2=1.39 \tag{9.86}$$

或

$$\sin\theta_2=0.44\,\frac{\lambda}{l_x} \tag{9.87}$$

由于$\lambda/l_x\ll1$(标量绕射理论的基本条件是孔径尺寸必须远大于波长 λ)，θ_2 是一个小角度，这时可以使用近似 $\sin\theta_2\approx\theta_2$。所以，

$$\beta_{xz}=2\theta_2\approx2\sin\theta_2=0.88\,\frac{\lambda}{l_x}\quad(\mathrm{rad}) \tag{9.88a}$$

对于 y-z 平面($\phi=\pi/2$)上也给出了类似的结果：

$$\beta_{yz}=0.88\,\frac{\lambda}{l_y}\quad(\mathrm{rad}) \tag{9.88b}$$

均匀孔径分布(在孔径上 $\widetilde{E}_{\mathrm{a}}=E_0$)产生的远场方向图具有最窄的波束宽度。

第一旁瓣电平比峰值低 13.2dB(见图 9-23)，这等效于峰值的 4.8%。如果预期的应用中要求更低的旁瓣电平(为了避免来自天线方向图主瓣以外方向的干扰)，可以通过锥削孔径分布来实现，即一种中心最大，向边缘递减的分布。

锥削孔径分布的方向图能够提供较低的旁瓣，但是主瓣会变宽。

锥削越陡峭，旁瓣电平越低，主瓣越宽。通常，在一个给定平面上的波束宽度，比如 x-z 平面的波束宽度为

$$\beta_{xz}=k_x\,\frac{\lambda}{l_x} \tag{9.89}$$

式中，k_x 为与锥削度有关的常数。对于没有锥削的均匀分布，$k_x=0.88$；对于高度锥削分布，$k_x\approx2$；典型情况下，$k_x\approx1$。

为了说明天线尺寸和对应波束形状之间的关系，图 9-24 中给出了圆形反射面和圆柱形反射面的天线方向图。圆形反射面具有圆对称的方向图，而圆柱形反射面的方向图在与

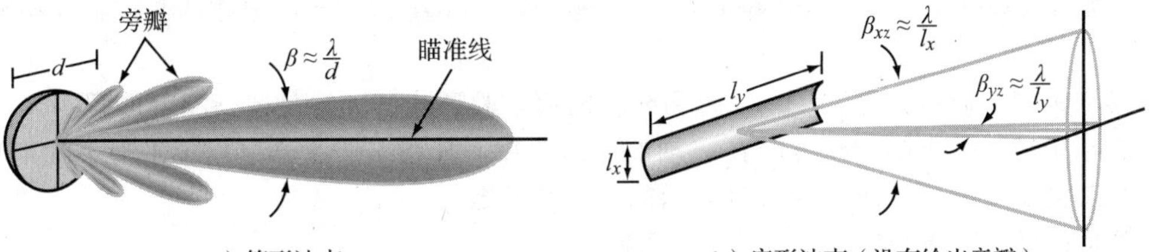

a) 笔形波束　　b) 扇形波束(没有给出旁瓣)

图 9-24　天线方向图

其长尺寸对应的方位面上有窄波束，在与其窄尺寸对应的俯仰面上有宽波束。对于圆对称天线方向图，波束宽度 β 与直径 d 的近似关系为 $\beta \approx \lambda/d$。

9.8.2 方向性系数和有效面积

在 9.2.3 节中，对瞄准线在 z 方向的单主瓣天线，推导了天线方向性系数 D 与半功率波束宽度 β_{xz} 和 β_{yz} 的近似表达式[见式(9.26)]：

$$D \approx \frac{4\pi}{\beta_{xz}\beta_{yz}} \tag{9.90}$$

如果我们利用近似关系 $\beta_{xz} \approx \lambda/l_x$，$\beta_{yz} \approx \lambda/l_y$，则有

$$D \approx \frac{4\pi l_x l_y}{\lambda^2} = \frac{4\pi A_p}{\lambda^2} \tag{9.91}$$

对于任意天线，式(9.64)给出了其方向性系数和有效面积的关系：

$$D = \frac{4\pi A_e}{\lambda^2} \tag{9.92}$$

对于孔径天线，其有效孔径面积与物理孔径面积近似相等，即 $A_e \approx A_p$。

模块 9.4(大型抛物面反射器) 对于任意指定的反射面直径 d(其中 $d \geqslant 2\lambda$)和照射锥削因子 α，该模块显示辐射场的方向图，并计算相关的波束宽度和方向性系数。

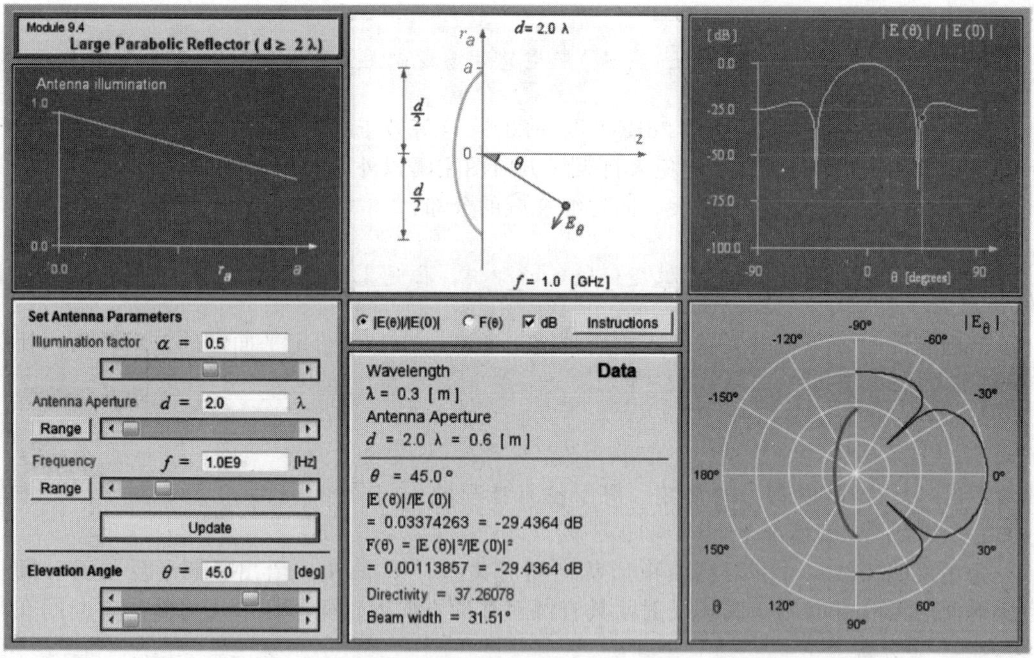

练习 9-11 通过计算 $t=1.39$ 时 $\mathrm{sinc}^2 t$ 的值，验证式(9.86)是式(9.85)的解。

练习 9-12 一个瞄准线方向在 z 轴的方形孔径，其在 x-z 平面和 y-z 平面上的半功率波束宽度均为 3°，求其用分贝表示的方向性系数。

答案： $D=4583.66=36.61\text{dB}$。(参见Ⓜ)

练习 9-13 用标量绕射理论计算孔径天线辐射场必须满足的条件是什么？是否可以用其来计算眼睛瞳孔($d \approx 0.2\text{cm}$)在可见光谱范围($\lambda=0.35 \sim 0.7\mu\text{m}$)的方向图？眼睛方

向图在 $\lambda=0.5\mu m$ 的波束宽度是多少？

答案： $\beta\approx\lambda/d=2.5\times10^{-4}\,rad=0.86'$（分弧度，$60'=1^{\circ}$）。（参见㊞）

9.9　天线阵

调幅（AM）广播在 535kHz～1605kHz 频段工作，所使用的天线是安装在高塔上的垂直偶极子，天线的高度范围在 $\lambda/6\sim5\lambda/8$ 之间，其高度取决于所要求的工作特性以及其他考虑因素，它们的物理高度在 46m～274m 不等，近似在 AM 频段中间的 1MHz 上，波长为 300m。由于单极子的辐射场在水平面上是均匀的（如 9.1 节和 9.3 节讨论的），除非同时使用两个或多个天线，否则不可能直接产生指向特定方向的水平方向图，特定的方向可以包括 AM 电台服务的城市，以及回避工作于相同频率的其他站的服务方向（从而避免干扰效应）。当两个或多个天线一起使用时，这种组合称为天线阵。

AM 广播天线阵列只是许多用于通信系统和雷达应用中的一个例子。天线阵为天线设计者提供了从非常简单的天线单元出发，获得高方向性、窄波束、低旁瓣、可调波束以及天线方向图赋形等灵活性的可能。图 9-25 所示为由 5184 个独立偶极子天线单元组成的发射阵列和由 4660 个单元组成的接收阵列构成的超大型雷达系统，该雷达系统是美国空军太空监视网络的一部分，工作于 442MHz，合成的峰值发射功率为 30MW！

图 9-25　部署在美国佛罗里达州狭长地带靠近弗里波特市附近的 AN/FPS-85 相控阵雷达。在雷达站周围设有禁飞区，这是对弹射座椅和军用飞机上携带的弹药等电爆炸装置的安全考虑

虽然阵列不需要由相似的辐射单元组成，但大多数阵列实际上使用的是相同的单元，如偶极子、槽、喇叭天线或抛物面天线。组成阵列的天线单元可以以不同的方式排列，但最常见的是线性一维结构（其中单元沿直线排列），以及二维格栅结构（其中单元位于平面网格上）。通过控制阵列单元激励的相对幅度，可以综合出所期望的阵列远场天线方向图形状。

此外，通过电控固态移相器，可以控制阵列单元的相对相位来电子操纵天线阵列的波束指向。

阵列天线的这种灵活性导致了大量的应用，包括电子操控和多波束的产生。

本节和后续两节的目的是给读者介绍阵列理论的基本原理，以及用于天线方向图赋形和控制主瓣的设计技术，讨论仅限于相邻单元等间距的一维线性阵列。

如图 9-26 所示，N 个相同辐射单元沿 z 轴排列的线阵，这些辐射单元用一个共同的振荡器经过分支网络来馈电，每一个分支中串联一个放大器（或衰减器）和移相器，用以控制该分支天线单元馈电的幅度和相位。

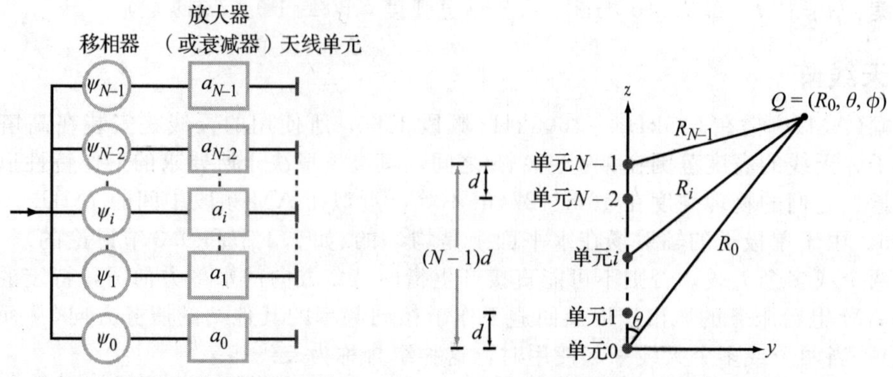

a）具有独立幅度和相位控制的阵列单元　　b）相对于观察点的阵列几何结构

图 9-26　线性阵列的配置和几何结构

在任意辐射单元的远场区，单元电场强度 $\widetilde{E}_e(R,\theta,\phi)$ 可以表示为两个函数的乘积：一个是球传播因子 e^{-jkR}/R，描述了对距离 R 的依赖关系；另一个是 $\widetilde{f}_e(\theta,\phi)$，描述了单元电场的方向依赖关系。所以，独立单元的辐射场为

$$\widetilde{E}_e(R,\theta,\phi)=\frac{e^{-jkR}}{R}\widetilde{f}_e(\theta,\phi) \tag{9.93}$$

对应的功率密度 S_e 为

$$S_e(R,\theta,\phi)=\frac{1}{2\eta_0}|\widetilde{E}_e(R,\theta,\phi)|^2=\frac{1}{2\eta_0 R^2}|\widetilde{f}_e(\theta,\phi)|^2 \tag{9.94}$$

所以，对于图 9-26b 所示阵列，单元 i 在距离为 R_i 的观察点 Q 处产生的远区场为

$$\widetilde{E}_i(R_i,\theta,\phi)=A_i\frac{e^{-jkR_i}}{R_i}\widetilde{f}_e(\theta,\phi) \tag{9.95}$$

式中，$A_i=a_i e^{j\Psi_i}$ 是复馈电系数，表示产生 $\widetilde{E}_i$ 的激励幅度为 a_i，相位为 Ψ_i，该激励是相对于参考激励的，实际中，用一个单元的激励作为参考。注意，阵列中不同的单元有不同的 R_i 和 A_i，但是由于所有的单元是相同的，所有单元的 $\widetilde{f}_e(\theta,\phi)$ 都是相同的，因此它们展现相同的方向图。

在观察点 $Q(R_0,\theta,\phi)$ 处的总场是 N 个单元产生的场之和：

$$\widetilde{E}(R_0,\theta,\phi)=\sum_{i=0}^{N-1}\widetilde{E}_i(R_i,\theta,\phi)=\left(\sum_{i=0}^{N-1}A_i\frac{e^{-jkR_i}}{R_i}\right)\widetilde{f}_e(\theta,\phi) \tag{9.96}$$

式中，R_0 表示从坐标系中心到 Q 点的距离，将其选择为第 0 个单元的位置。为了使长度 $l=(N-1)d$ 的阵列满足式(9.73)给出的远场条件(其中 d 为相邻单元的间距)，距离 R_0 应该足够大并满足

$$R_0\geqslant\frac{2l^2}{\lambda}=\frac{2(N-1)^2d^2}{\lambda} \tag{9.97}$$

就辐射场的大小而言，这一条件允许忽略从 Q 点到各个单元之间距离的差异。因此，对于所有的 i，可以在式(9.96)的分母中设 $R_i=R_0$。对于传播因子中的相位部分，可以使用平行射线近似，即

$$R_i\approx R_0-z_i\cos\theta=R_0-id\cos\theta \tag{9.98}$$

式中，$z_i=id$ 为第 i 个单元与第 0 个单元之间的距离(见图 9-27)，在式(9.96)中使用这两个近似可以得到

$$\widetilde{E}(R_0,\theta,\phi)=\widetilde{f}_e(\theta,\phi)\left(\frac{e^{-jkR_0}}{R_0}\right)\left(\sum_{i=0}^{N-1}A_i e^{jikd\cos\theta}\right) \tag{9.99}$$

对应的阵列天线功率密度为

$$S(R_0,\theta,\phi)=\frac{1}{2\eta_0}|\widetilde{E}(R_0,\theta,\phi)|^2=\frac{1}{2\eta_0 R_0^2}|\widetilde{f}_e(\theta,\phi)|^2\left|\sum_{i=0}^{N-1}A_i e^{jikd\cos\theta}\right|^2$$

$$=S_e(R_0,\theta,\phi)\left|\sum_{i=0}^{N-1}A_i e^{jikd\cos\theta}\right|^2 \tag{9.100}$$

式中使用了式(9.94)。该表达式为两个因子的乘积：第一个因子 $S_e(R_0,\theta,\phi)$为独立单元辐射能量的功率密度；第二个因子称为阵因子，它是各独立单元位置和馈电系数的函数，而与所采用的特定类型的辐射单元无关。

阵因子表示 N 个各向同性辐射单元的远场辐射强度。

阵因子表示为

$$F_a(\theta)=\left|\sum_{i=0}^{N-1}A_i e^{jikd\cos\theta}\right|^2 \tag{9.101}$$

则天线阵的功率密度写为

$$S(R_0,\theta,\phi)=S_e(R_0,\theta,\phi)F_a(\theta) \tag{9.102}$$

这个方程展示了方向图乘积原理。该原理允许用各向同性辐射器替换阵列单元，来计算阵列远场功率方向图，得到阵因子 $F_a(\theta)$，然后乘以单个单元的功率密度 $S_e(R_0,\theta,\phi)$(所有单元都相同)，从而求出天线阵的远场功率密度。

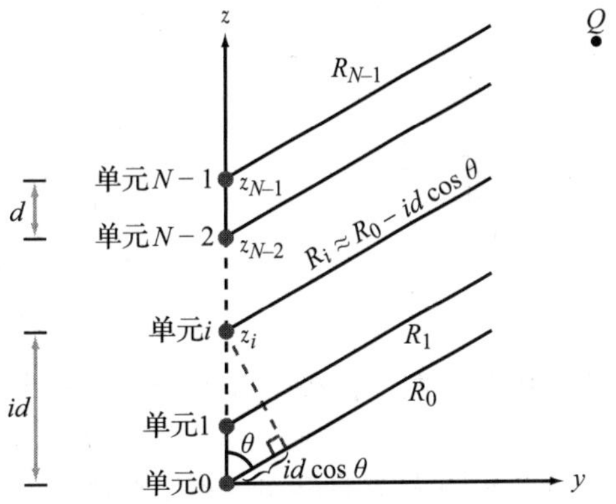

图 9-27　单元和远处观测点之间的射线近似平行线，因此距离 $R_i \approx R_0 - id\cos\theta$

通常，馈电系数 A_i 是复振幅，由幅度因子 a_i 和相位因子 Ψ_i 组成，即

$$A_i=a_i e^{j\Psi_i} \tag{9.103}$$

将式(9.103)代入式(9.101)得到

$$F_a(\theta)=\left|\sum_{i=0}^{N-1}a_i e^{j\Psi_i}e^{jikd\cos\theta}\right|^2 \tag{9.104}$$

阵因子由两个输入函数控制：由 a_i 给定的阵列幅度分布和由 Ψ_i 给定的阵列相位分布。

幅度分布用于控制阵列天线方向图的形状，而相位分布用于控制阵列天线方向图的方向。

例 9-5　二元垂直偶极子阵列

一个 AM 广播电台使用两个相距 $\lambda/2$ 垂直方向的半波偶极子，如图 9-28a 所示。从第一个偶极子位置到第二个偶极子位置的矢量指向东方，两个偶极子等幅激励，东边的偶极子相对于另一个偶极子具有 $-\pi/2$ 相移，求解并绘出天线阵在水平面的方向图。

解： 由式(9.104)给出的阵因子是针对沿 z 轴排列的辐射器导出的，为了保持坐标系相同，选择向东的方向为 z 轴，如图 9-28b 所示，第一个偶极子置于 $z=-\lambda/4$，第二个置于 $z=\lambda/4$，偶极子在与其轴垂直的平面上辐射是均匀的，这时该平面为水平面。所以，对于图 9-28b 中所有的角度 θ，$S_e=S_0$，其中 S_0 为每一个偶极子单独辐射功率密度的最

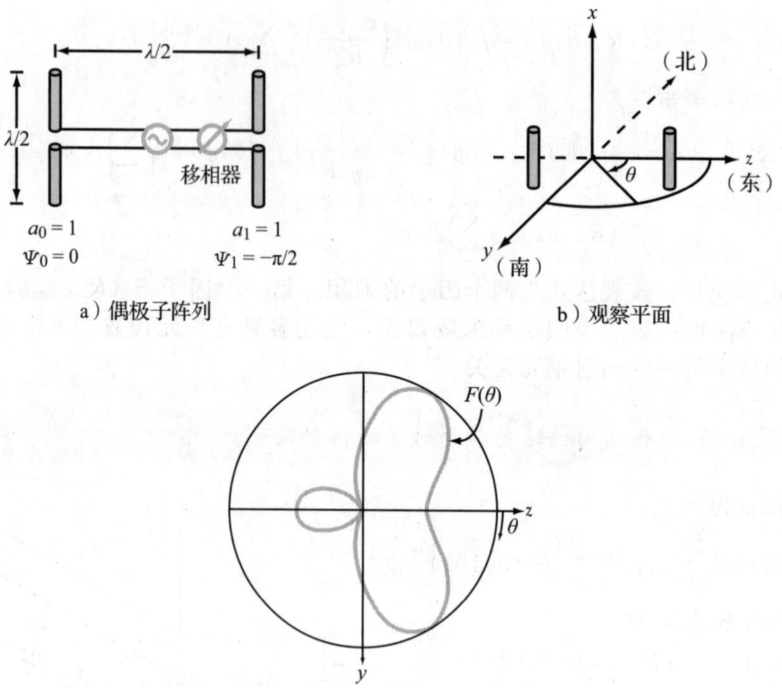

a）偶极子阵列　b）观察平面

c）水平面方向图

图 9-28　例 9-5 图

大值。因此，两个偶极子阵列辐射的功率密度为

$$S(R,\theta)=S_0F_a(\theta)$$

对于两个相距 $\lambda/2$ 的单元，等幅激励($a_0=a_1=1$)，$\Psi_0=0$，$\Psi_1=-\pi/2$，式(9.104)变为

$$F_a(\theta)=\left|\sum_{i=0}^{1}a_i e^{j\Psi_i}e^{jikd\cos\theta}\right|^2=\left|1+e^{-j\pi/2}e^{j(2\pi/\lambda)(\lambda/2)\cos\theta}\right|^2=\left|1+e^{j(\pi\cos\theta-\pi/2)}\right|^2$$

$|1+e^{jx}|^2$ 形式的函数可以通过从两项中提出 $e^{jx/2}$ 来计算：

$$|1+e^{jx}|^2=|e^{jx/2}(e^{-jx/2}+e^{jx/2})|^2=|e^{jx/2}|^2\left|2\left(\frac{e^{-jx/2}+e^{jx/2}}{2}\right)\right|^2$$

$e^{jx/2}$ 的模值为 1，括号中的函数为 $\cos(x/2)$。所以，

$$|1+e^{jx}|^2=4\cos^2\left(\frac{x}{2}\right)$$

将该结果应用到 $F_a(\theta)$中，有

$$F_a(\theta)=4\cos^2\left(\frac{\pi}{2}\cos\theta-\frac{\pi}{4}\right)$$

则阵列辐射的功率密度为

$$S(R,\ \theta)=S_0F_a(\theta)=4S_0\cos^2\left(\frac{\pi}{2}\cos\theta-\frac{\pi}{4}\right)$$

这个函数的最大值为 $S_{max}=4S_0$，出现在余弦函数的自变量为零时，即

$$\frac{\pi}{2}\cos\theta-\frac{\pi}{4}=0$$

解为 $\theta=60°$。用最大值对 $S(R,\theta)$归一化，得到归一化辐射强度为

$$F(\theta)=\frac{S(R,\ \theta)}{S_{max}}=\cos^2\left(\frac{\pi}{2}\cos\theta-\frac{\pi}{4}\right)$$

图 9-28c 所示为 $F(\theta)$的方向图。◀

例 9-6 方向图综合

在例 9-5 中，已知阵列参量 a_0、a_1、Ψ_0、Ψ_1 和 d，要求确定二元偶极子阵列的方向图。现在考虑相反的过程，给定要求的期望方向图，确定阵列参量来满足这些要求。

给定如图 9-28b 所示的两个垂直偶极子，确定阵列参量使得阵列最大辐射指向东方，而且在北方或南方没有辐射。

解： 由例 9-5 可知，由于每一个偶极子在 y-z 平面上所有方向辐射相同，因此二元偶极子阵列在该平面的天线方向图仅由阵因子 $F_a(\theta)$ 控制，阵因子图的形状取决于三个参数：幅度比 a_1/a_0，相位差 $\Psi_1-\Psi_0$ 和间距 d（见图 9-29a）。为了方便，选择 $a_0=1$，$\Psi_0=0$，因此，式(9.101)变为

$$F_a(\theta)=\left|\sum_{i=0}^{1}a_i e^{j\Psi_i}e^{jikd\cos\theta}\right|^2=\left|1+a_1 e^{j\Psi_1}e^{j(2\pi d/\lambda)\cos\theta}\right|^2$$

下一步，考虑使 $\theta=90°$时(如图 9-29a 所示的南北方向)，F_a 为零。对于 y 轴上的任意观察点，图 9-29a 中的距离 R_0 和 R_1 相等，这意味着两个偶极子辐射到观察点的波的传播相位相等且传播时间也相等，因此，为了满足所描述的条件，需要选择 $a_1=a_0$，$\Psi_1=\pm\pi$。这样选择，两个偶极子辐射信号具有相等的幅度和相反的相位，从而干涉相消。这个结论可以在 $\theta=90°$，$a_1=a_0=1$，$\Psi_1=\pm\pi$ 情况下，通过计算阵因子来验证：

$$F_a(\theta=90°)=\left|1+1e^{\pm j\pi}\right|^2=|1-1|=0$$

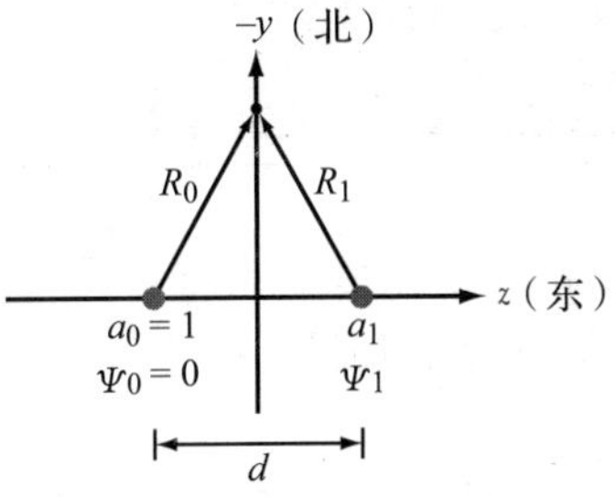

a）阵列布置

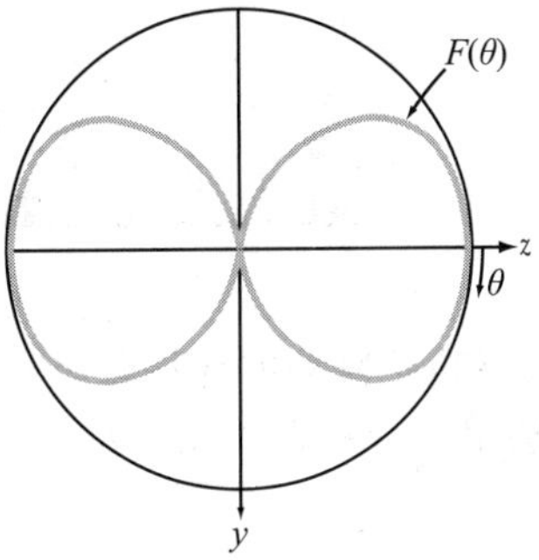

b）阵列方向图

图 9-29 例 9-6 图

Ψ_1 有两个值，即 π 和 $-\pi$，可以得到相同的间距 d 的值，满足阵列天线方向图最大方向指向东方(对应 $\theta=0°$)的要求。选择 $\Psi_1=-\pi$ 来验证 $\theta=0°$的阵因子：

$$F_a(\theta=0)=\left|1+1e^{-j\pi}e^{j2\pi d/\lambda}\right|^2=\left|1+e^{j(-\pi+2\pi d/\lambda)}\right|^2$$

为了使 $F_a(\theta=0)$最大，需要第二项的相角为零或 2π 的整数倍，即

$$-\pi+\frac{2\pi d}{\lambda}=2n\pi$$

或者

$$d=(2n+1)\frac{\lambda}{2},\quad n=0,1,2,\cdots$$

综上所述，在 $a_1=a_0$，$\Psi_1-\Psi_0=-\pi$，$d=(2n+1)\lambda/2$ 条件下，二元偶极子阵列满足了给定的要求。

对于 $d=\lambda/2$，阵因子为

$$\begin{aligned}F_a(\theta)&=\left|1+e^{-j\pi}e^{j\pi\cos\theta}\right|^2=\left|1-e^{j\pi\cos\theta}\right|^2\\&=\left|2je^{-j(\pi/2)\cos\theta}\left[\frac{e^{j(\pi/2)\cos\theta}-e^{-j(\pi/2)\cos\theta}}{2j}\right]\right|^2=4\sin^2\left(\frac{\pi}{2}\cos\theta\right)\end{aligned}$$

阵因子的最大值为 4，这是等幅二元阵可以获得的最大电平。$F_a(\theta)$的最大方向在 $\theta=0°$

(东)和 $\theta=180°$(西)，如图 9-29b 所示。 ◀

模块 9.5(二元偶极子阵列) 给定两个垂直偶极子，用户可以指定它们各自的长度和电流最大值，以及它们之间的距离和激励电流的相位差。该模块生成远区场和功率方向图曲线，并且计算最大方向性系数和总辐射功率。

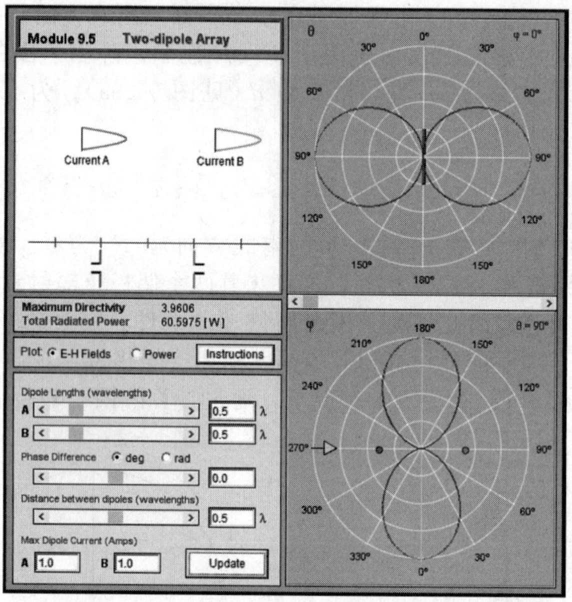

模块 9.6(二元偶极子阵列的详细分析) 该模块扩展了模块 9.5 的显示和计算能力，提供了 $\boldsymbol{E}$ 和 $\boldsymbol{H}$ 的单个分量在天线任意范围内的图，包括近场。

练习 9-14 推导 $a_0=1$，$a_1=3$ 同相激励二元阵的阵因子表达式。单元沿 z 轴排列，间距为 $\lambda/2$。

答案：$F_a(\theta)=[10+6\cos(\pi\cos\theta)]$。(参见Ⓔⓜ)

练习 9-15 有一沿 z 轴排列的等间距 N 元阵列，等幅同相馈电，即 $A_i=1$，$i=0,1,\cdots,(N-1)$。侧向阵因子的大小是多少？

答案：$F_a(\theta=90°)=N^2$。(参见Ⓔⓜ)

9.10 均匀相位分布的 N 元阵列

我们现在考虑具有等间距 d 和等相位激励的 N 元阵列，即 $\Psi_i=\Psi_0$，$i=1,2,\cdots,(N-1)$。该同相单元阵列有时称为侧射阵，原因是阵因子的天线方向图的主波束总是在阵轴的侧向。由式(9.104)可知，阵因子为

$$F_a(\theta)=\left|\mathrm{e}^{\mathrm{j}\Psi_0}\sum_{i=0}^{N-1}a_i\mathrm{e}^{\mathrm{j}ikd\cos\theta}\right|^2=\left|\mathrm{e}^{\mathrm{j}\Psi_0}\right|^2\left|\sum_{i=0}^{N-1}a_i\mathrm{e}^{\mathrm{j}ikd\cos\theta}\right|^2=\left|\sum_{i=0}^{N-1}a_i\mathrm{e}^{\mathrm{j}ikd\cos\theta}\right|^2 \tag{9.105}$$

相邻单元辐射场之间的相位差为

$$\gamma=kd\cos\theta=\frac{2\pi d}{\lambda}\cos\theta \tag{9.106}$$

根据 γ，式(9.105)的紧凑形式为

$$F_a(\gamma)=\left|\sum_{i=0}^{N-1}a_i e^{ji\gamma}\right|^2 \quad （均匀相位） \tag{9.107}$$

对于 $a_i=1$，$i=0,1,\cdots,(N-1)$ 的均匀幅度分布，式(9.107)变为

$$F_a(\gamma)=|1+e^{j\gamma}+e^{j2\gamma}+\cdots+e^{j(N-1)\gamma}|^2 \tag{9.108}$$

可以用下面的方法将该等比级数写为更加紧凑的形式。首先，定义

$$F_a(\gamma)=|f_a(\gamma)|^2 \tag{9.109}$$

式中，

$$f_a(\gamma)=1+e^{j\gamma}+e^{j2\gamma}+\cdots+e^{j(N-1)\gamma} \tag{9.110}$$

下一步，用 $e^{j\gamma}$ 乘以 $f_a(\gamma)$ 得到

$$f_a(\gamma)e^{j\gamma}=e^{j\gamma}+e^{j2\gamma}+\cdots+e^{jN\gamma} \tag{9.111}$$

用式(9.110)减去式(9.111)得到

$$f_a(\gamma)(1-e^{j\gamma})=1-e^{jN\gamma} \tag{9.112}$$

从而得到

$$f_a(\gamma)=\frac{1-e^{jN\gamma}}{1-e^{j\gamma}}=\frac{e^{jN\gamma/2}}{e^{j\gamma/2}}\frac{(e^{-jN\gamma/2}-e^{jN\gamma/2})}{(e^{-j\gamma/2}-e^{j\gamma/2})}=e^{j(N-1)\gamma/2}\,\frac{\sin(N\gamma/2)}{\sin(\gamma/2)} \tag{9.113}$$

将 $f_a(\gamma)$ 与其复共轭相乘，得到

$$F_a(\gamma)=\frac{\sin^2(N\gamma/2)}{\sin^2(\gamma/2)} \quad （均匀幅度和相位） \tag{9.114}$$

由式(9.108)可知，当所有项都为 1 时，$F_a(\gamma)$ 最大，这发生在 $\gamma=0$（或等效于 $\theta=\pi/2$），且 $F_a(0)=N^2$。所以，归一化阵因子为

$$F_{an}(\gamma)=\frac{F_a(\gamma)}{F_{a,\max}}=\frac{\sin^2(N\gamma/2)}{N^2\sin^2(\gamma/2)}=\frac{\sin^2\left(\frac{N\pi d}{\lambda}\cos\theta\right)}{N^2\sin^2\left(\frac{\pi d}{\lambda}\cos\theta\right)} \tag{9.115}$$

图 9-30 给出了 $N=6$，$d=\lambda/2$ 时 $F_{an}(\gamma)$ 的极坐标曲线图。注意，这仅仅是阵因子的天线方向图，天线阵的方向图等于该方向图和单个单元方向图的乘积，正如前面关于方向图乘积原理的讨论一样。

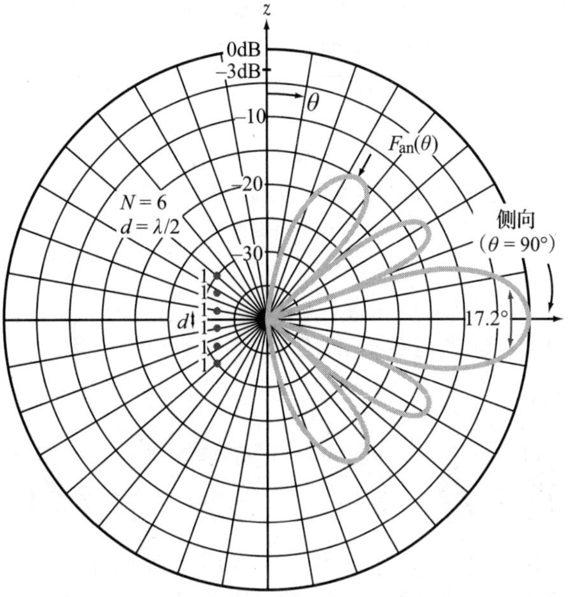

图 9-30　间距 $d=\lambda/2$ 的均匀激励的六元阵的归一化阵列方向图

例 9-7 多波束阵列

推导间距 $d=7\lambda/2$ 的等激励二元阵的阵因子表达式，并绘出阵列方向图。

解：等激励($a_0=a_1=1$)二元阵($N=2$)的阵因子为

$$F_a(\gamma)=\left|\sum_{i=0}^{1}a_i e^{ji\gamma}\right|^2=|1+e^{j\gamma}|^2=|e^{j\gamma/2}(e^{-j\gamma/2}+e^{j\gamma/2})|^2$$
$$=|e^{j\gamma/2}|^2|e^{-j\gamma/2}+e^{j\gamma/2}|^2=4\cos^2(\gamma/2)$$

式中，$\gamma=(2\pi d/\lambda)\cos\theta$。如图 9-31 所示，其归一化阵列方向图由七个波束组成，所有波束都有相同的峰值，但是波束宽度不同。在 $\theta=0$ 和 $\theta=\pi$ 角度范围内的波束数量等于阵元间距 d 用 $\lambda/2$ 度量的数目。◀

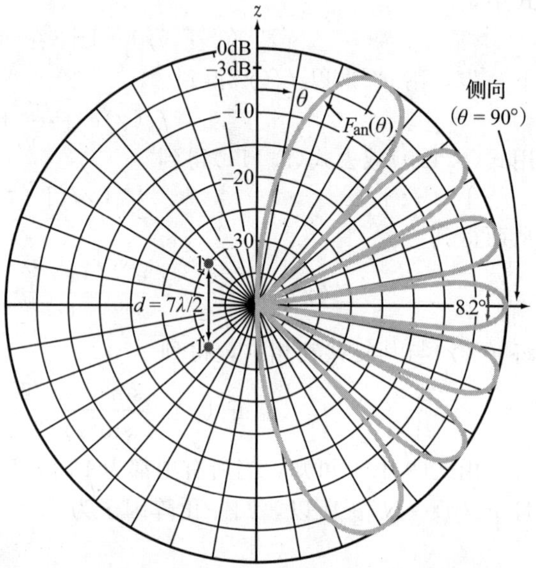

图 9-31 间距 $d=7\lambda/2$ 的二元阵的归一化阵列方向图

9.11 阵列的电子扫描

上一节讨论的是均匀相位阵列，其中所有馈电系数的相位 $\Psi_0\sim\Psi_{N-1}$ 均相等。本节研究在相邻单元之间使用相位延迟作为工具，将阵列天线波束从 $\theta=90°$的侧向电子操控到任意期望方向 θ_0。除了不需要机械操纵天线来改变波束方向外，电子操控还允许波束以非常快的速度扫描。

通过在阵列上应用**线性相位分布**实现电子操控，如 $\Psi_0=0$，$\Psi_1=-\delta$，$\Psi_2=-2\delta$ 等。

如图 9-32 所示，第 i 个单元相对于第 0 个单元的相位为

$$\Psi_i=-i\delta \tag{9.116}$$

式中，δ 为相邻单元的相位延迟增量。将式(9.116)代入式(9.104)得到

$$F_a(\theta)=\left|\sum_{i=0}^{N-1}a_i e^{-ji\delta}e^{jikd\cos\theta}\right|^2=\left|\sum_{i=0}^{N-1}a_i e^{ji(kd\cos\theta-\delta)}\right|^2=\left|\sum_{i=0}^{N-1}a_i e^{ji\gamma'}\right|^2=F_a(\gamma') \tag{9.117}$$

式中引入了一个新变量：

$$\gamma'=kd\cos\theta-\delta \tag{9.118}$$

为了更清晰，用角度 θ_0 来定义相移 δ，角度 θ_0 称为扫描角：

$$\delta=kd\cos\theta_0 \tag{9.119}$$

所以，γ'变为

$$\gamma'=kd(\cos\theta-\cos\theta_0) \tag{9.120}$$

由式(9.117)给出的阵因子与之前推导的均匀相位阵列的阵因子有相同的函数形式[见式(9.107)]，不同的是用 γ'代替了 γ。

无论阵列的幅度如何分布，当用线性相位分布激励时，其阵因子 $F_a(\gamma')$可以从假设均匀相位分布阵列的阵因子表达式 $F_a(\gamma)$得到，不过要用 γ'代替 γ。

如果幅度分布关于阵列中心对称，当 $\gamma'=0$ 时，阵因子 $F_a(\gamma')$最大。当相位均匀($\delta=0$)时，这个条件对应于方向 $\theta=90°$，这也是为什么均匀相位分布的阵列被称为侧射阵

的原因。根据式(9.120)可知，在线性相控阵中，当 $\theta=\theta_0$ 时，$\gamma'=0$。因此，通过沿阵列使用线性相位，阵列的方向图沿 $\cos\theta$ 轴移动 $\cos\theta_0$，将最大辐射方向由侧向($\theta=90°$)转向 $\theta=\theta_0$ 方向。为了将波束操控到端射方向($\theta=0$)，相移增量 δ 应该等于 kd 弧度。

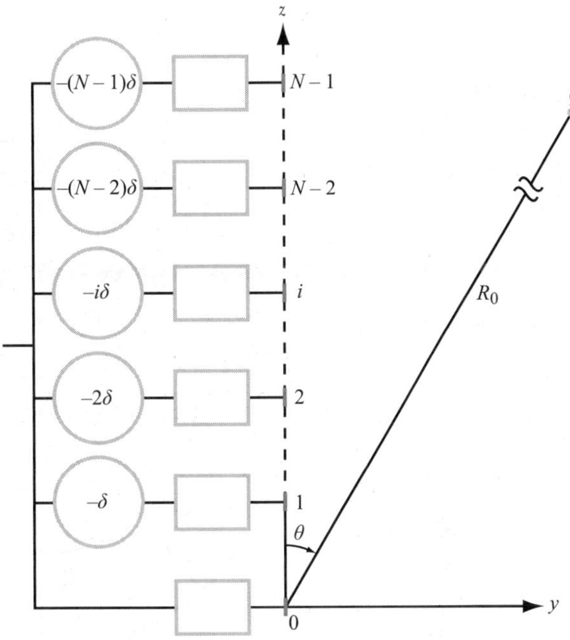

图 9-32　线性相位的应用

模块 9.7(N 元阵列)　该模块显示 N 个相同的等间距天线阵列的远场方向图，N 为 1～6 之间可选的整数，可以模拟两种类型的天线：$\lambda/2$ 偶极子和抛物面反射器。该模块提供了方向图乘积原理的可视化示例。

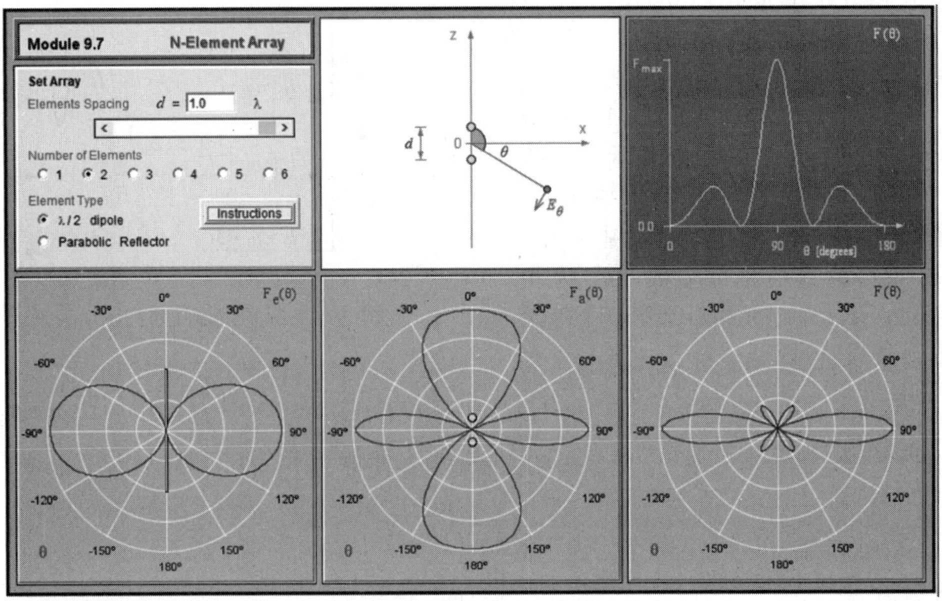

9.11.1 均匀幅度激励

为了用实例说明波束操控的过程，考虑均匀幅度激励 N 元阵，其归一化阵因子由式(9.115)给出，用 γ' 代替 γ，有

$$F_{an}(\gamma')=\frac{\sin^2(N\gamma'/2)}{N^2\sin^2(\gamma'/2)} \tag{9.121}$$

式中，γ' 由式(9.120)定义。对于 $N=10$，$d=\lambda/2$ 的阵列，图 9-33 显示了 $\theta_0=0°$、45°和 90°时 $F_{an}(\theta)$ 主波束的形状。我们注意到，随着阵列波束从侧射方向转向端射方向，半功率波束宽度增大。

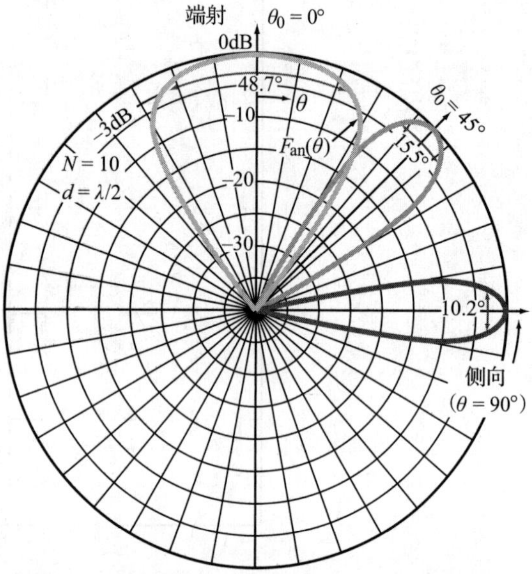

图 9-33 相邻单元间距为 $\lambda/2$ 的十元阵的归一化阵列方向图。所有单元等幅激励，相位沿阵列线性分布，主波束从侧向($\theta_0=90°$)转向到任意扫描角 θ_0，同相激励对应于 $\theta_0=90°$

9.11.2 阵列馈电

根据前面的讨论，为了将天线波束控制到角度 θ_0，必须满足两个条件：①相位分布必须沿阵列为线性的，②相位延迟增量 δ 的大小必须满足式(9.119)。这两个条件联合确定了波束从 $\theta=90°$(侧向)倾斜到 $\theta=\theta_0$。这可以通过使用电控移相器控制每一个辐射单元的激励相位来实现。另外，可以用一种称为**频率扫描**的技术来同时控制所有单元的相位。图 9-34 给出了用于频率扫描阵列的馈电装置。一个共同的馈电点通过不同长度的传输线连接到辐射单元，相对于第 0 个单元，第 1 个单元从公共馈电点到辐射单元的路径比第 0 个单元长了 l，第 2 个单元比第 0 个单元长了 $2l$，第 3 个单元长了 $3l$。

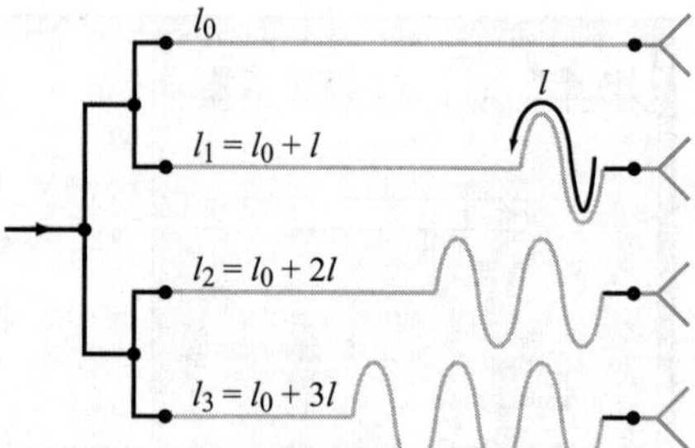

图 9-34 频率扫描阵列的馈电装置

所以，第 i 个单元的路径长为

$$l_i=il+l_0 \tag{9.122}$$

式中，l_0 为第 0 个单元的路径长度。频率为 f 的波通过长度为 l_i 的传输线时，其相位用相位因子 $e^{-j\beta l_i}$ 来表征，$\beta=2\pi f/u_p$ 为传输线的相位常数，u_p 为相速。因此，第 i 个单元相对于第 0 个单元的相位延迟增量为

$$\Psi_i(f)=-\beta(l_i-l_0)=-\frac{2\pi}{u_p}f(l_i-l_0)=-\frac{2\pi i}{u_p}fl \tag{9.123}$$

假设在给定的参考频率 f_0 上，选择长度增量 l 使得

$$l=\frac{n_0u_p}{f_0} \tag{9.124}$$

式中，n_0 为特定的正整数。这种情况下，相位延迟 $\Psi_1(f_0)$ 变为

$$\Psi_1(f_0)=-2\pi\left(\frac{f_0l}{u_p}\right)=-2n_0\pi \tag{9.125}$$

类似地，$\Psi_2(f_0)=-4n_0\pi$，$\Psi_3(f_0)=-6n_0\pi$，即在 f_0 上，所有单元有相等的相位(在 2π 的倍数内)，阵列在侧向辐射。如果 f 改变为 $f_0+\Delta f$，则第 1 个单元相对于第 0 个单元的新相移为

$$\begin{aligned}\Psi_1(f_0+\Delta f)&=-\frac{2\pi}{u_p}(f_0+\Delta f)l=-\frac{2\pi f_0 l}{u_p}-\left(\frac{2\pi l}{u_p}\right)\Delta f\\&=-2n_0\pi-2n_0\pi\left(\frac{\Delta f}{f_0}\right)=-2n_0\pi-\delta\end{aligned} \tag{9.126}$$

式中使用了式(9.124)，而且 δ 定义为

$$\delta=2n_0\pi\left(\frac{\Delta f}{f_0}\right) \tag{9.127}$$

类似地，$\Psi_2(f_0+\Delta f)=2\Psi_1$，$\Psi_3(f_0+\Delta f)=3\Psi_1$。忽略 2π 及其倍数的因素(由于它们对辐射场的相对相位没有影响)，可以看出相移增量与频偏($\Delta f/f_0$)成正比。因此，在 N 元阵中，对 Δf 的控制提供了对 δ 的直接控制，进而根据式(9.119)控制扫描角 θ_0。令式(9.119)与式(9.127)相等，并求解 $\cos\theta_0$ 得到

$$\cos\theta_0=\frac{2n_0\pi}{kd}\left(\frac{\Delta f}{f_0}\right) \tag{9.128}$$

当频率 f 从 f_0 到 $f_0+\Delta f$ 变化时，$k=2\pi/\lambda=2\pi f/c$ 也随频率变化。但是，如果 $\Delta f/f_0$ 很小，我们可以将 k 视为常数，即 $k=2\pi f_0/c$。在式(9.128)中使用该近似给 $\cos\theta_0$ 造成的误差在 $\Delta f/f_0$ 量级。

例 9-8 电子操控

设计一个具有以下特性的可操控六元阵：

1) 所有单元等幅激励。

2) 当 $f_0=10\text{GHz}$ 时，阵列在侧向辐射，阵元间距为 $d=\lambda_0/2$，其中 $\lambda_0=c/f_0=3\text{cm}$。

3) 在俯仰面 $\theta_0=30°\sim150°$ 范围内，可以电子操纵阵列方向图。

4) 天线阵由压控振荡器激励，其频率变化范围为 9.5～10.5GHz。

5) 阵列使用如图 9-34 所示的馈电布置，传输线的相速为 $u_p=0.8c$。

解：该阵列波束应该被操控从 $\theta_0=30°\sim150°$ 变化(见图 9-35)。对于 $\theta_0=30°$，

$$kd=\left(\frac{2\pi}{\lambda_0}\right)\left(\frac{\lambda_0}{2}\right)=\pi$$

由式(9.128)可得

$$0.87=2n_0\left(\frac{\Delta f}{f_0}\right) \tag{9.129}$$

已知 $f_0=10\text{GHz}$，振荡器的频率变化范围为($f_0-0.5\text{GHz}$)～($f_0+0.5\text{GHz}$)。所以，$\Delta f_{max}=0.5\text{GHz}$。为了满足式(9.129)，需要选择 n_0 使 Δf 尽可能接近且不大于 Δf_{max}。当 $\Delta f=\Delta f_{max}$ 时，求解式(9.129)中的 n_0 得到

$$n_0=\frac{0.87}{2}\frac{f_0}{\Delta f_{max}}=8.7$$

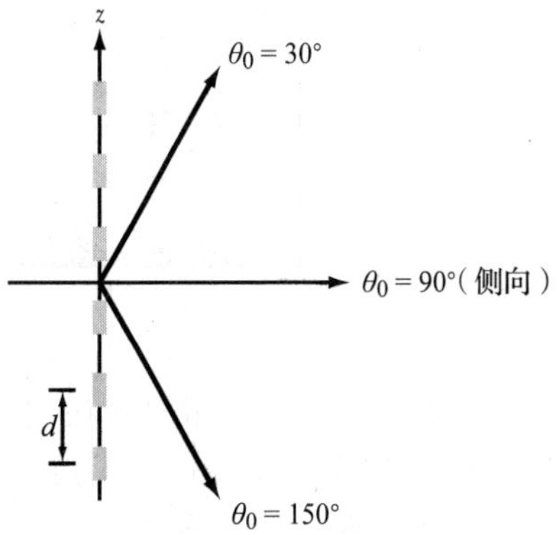

图 9-35 例 9-8 图

由于 n_0 不为整数，需要通过向上取整来修正，所以设 $n_0=9$。应用式(9.124)确定长度增量 l 的值：

$$l=\frac{n_0u_p}{f_0}=\frac{9\times0.8\times3\times10^8}{10^{10}}\text{m}=21.6\text{cm}$$

综上，当 $N=6$，$kd=\pi$ 时，式(9.121)变为

$$F_{an}(\gamma')=\frac{\sin^2(3\gamma')}{36\sin^2(\gamma'/2)}$$

式中，$\gamma'=kd(\cos\theta-\cos\theta_0)=\pi(\cos\theta-\cos\theta_0)$且

$$\cos\theta_0=\frac{2n_0\pi}{kd}\left(\frac{\Delta f}{f_0}\right)=18\left(\frac{f-10}{10}\right) \tag{9.130}$$

阵列方向图的形状类似于图 9-30，其主波束指向 $\theta=\theta_0$。对于 $f=f_0=10\text{GHz}$，$\theta_0=90°$(侧向)；对于 $f=10.48\text{GHz}$，$\theta_0=30°$；对于 $f=9.52\text{GHz}$，$\theta_0=150°$；对于 30°～150°之间的任意值，式(9.130)给出了计算所需振荡器频率的方法。◀

模块 9.8(均匀偶极子阵列) 对于一个多达 50 个相同的垂直偶极子的可选长度和电流最大值的阵列，由相邻阵元之间的增量相位延迟 δ 激励，该模块显示阵列的仰角和方位方向图。通过改变 δ，可以在水平面上控制阵列方向图。

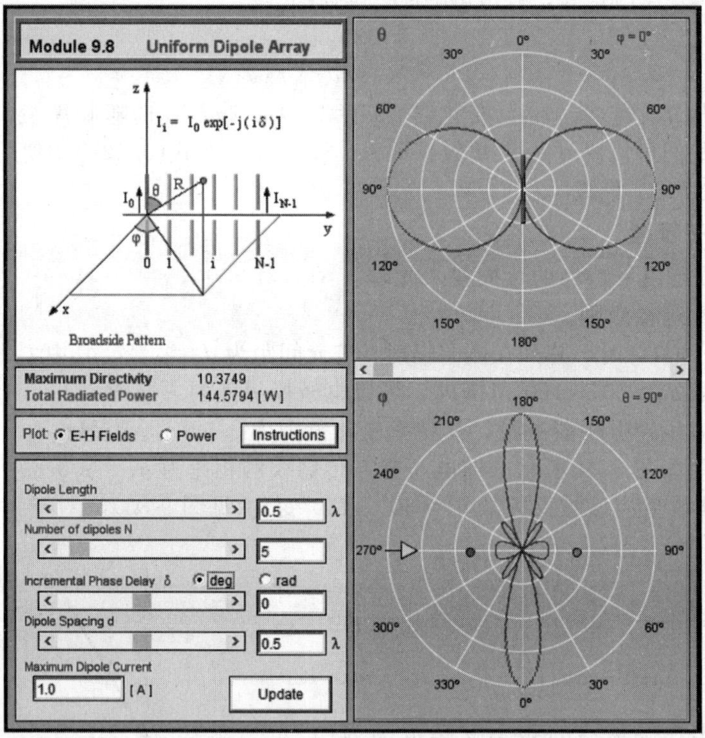

概念问题 9-11：为什么天线阵是有用的？给出典型应用的例子。

概念问题 9-12：解释如何用方向图乘积原理计算天线阵的天线方向图。

概念问题 9-13：对于线性阵列，阵列的幅度和相位起什么作用？

概念问题 9-14：解释电子波束转向操控是如何实现的。

概念问题 9-15：为什么频率扫描是一种有吸引力的操控天线阵波束的技术？

习题

9.1 节和 9.2 节

*9.1 中心馈电的赫兹偶极子，激励电流 $I_0=20\text{A}$，如果偶极子长度为 $\lambda/50$，求距离为 1km 处最大的辐射功率密度。

9.2 一个 50cm 长的中心馈电偶极子沿 z 方向放置在原点，由 1MHz 的源激励。如果电流幅

度为 $I_0=10\mathrm{A}$，确定：

(a) 在天线方向图侧向 2km 处辐射的功率密度；

(b) 在角度 $\theta=85^\circ\sim95^\circ$扇区内辐射的功率占总功率的百分比。

9.3　一个 1m 长的偶极子，由频率为 1MHz 幅度为 12A 的电流激励。该偶极子在与偶极子轴线 45°方向距离 5km 处辐射的平均功率密度是多少？

*9.4　天线的归一化辐射强度为

$$F(\theta,\phi)=\begin{cases}1, & 0\leqslant\theta\leqslant60^\circ,\ 0\leqslant\phi\leqslant2\pi\\ 0, & \text{其余方向}\end{cases}$$

确定：

(a) 最大辐射方向；

(b) 方向性系数；

(c) 波束立体角；

(d) x-z 平面的半功率波束宽度。

建议：先画草图再计算所需数值。

9.5　如果天线的归一化辐射强度为

$$F(\theta,\phi)=\begin{cases}\sin^2\theta\cos^2\phi, & 0\leqslant\theta\leqslant\pi,\ -\pi/2\leqslant\phi\leqslant\pi/2\\ 0, & \text{其余方向}\end{cases}$$

重复习题 9.4。

9.6　一个 2m 长中心馈电的偶极子天线，工作在 1MHz 的广播频段，该偶极子由半径为 1mm 的铜线制成。

(a) 确定天线的辐射效率；

*(b) 天线增益的分贝值是多少？

(c) 若天线辐射功率为 80W，则需要的电流是多大？信号源需要给天线提供多少功率？

9.7　对于工作在 5MHz 的 20cm 长天线重复习题 9.6。

9.8　确定短偶极子辐射效率与频率的依赖关系，并绘出 600kHz～60MHz 范围的关系曲线。该偶极子由铜制成，其长度为 10cm，圆形截面的半径为 1mm。

*9.9　若方向图立体角为 1.5sr 的天线，辐射功率为 60W，则在距离 1km 范围内天线辐射的最大功率密度是多少？

9.10　若辐射效率为 90%的天线的方向性系数为 7.0dB，则其用分贝表示的增益是多少？

*9.11　圆形抛物反射面天线的天线方向图由半功率波束宽度为 3°的圆形主瓣和几个小的旁瓣组成，忽略小的旁瓣，估计天线的方向性系数(dB)。

9.12　已知某天线的归一化辐射强度为 $F(\theta)=\exp(-20\theta^2)$，$0\leqslant\theta\leqslant\pi$，其中 θ 为弧度。确定：

(a) 半功率波束宽度；

(b) 方向图立体角；

(c) 天线的方向性系数。

9.3 节和 9.4 节

9.13　对于工作在 150MHz 广播/电视频段的 1m 长半波偶极子，重复习题 9.6。

*9.14　假设半波偶极子天线的损耗电阻小到可以忽略，并且忽略天线阻抗的电抗分量，计算连接到偶极子天线的 50Ω 传输线上的驻波比。

9.15　50cm 长的偶极子由幅度 $I_0=5\mathrm{A}$ 的正弦时变电流激励。在给定振荡频率上确定天线的辐射功率：

(a) 1MHz

(b) 300MHz

9.16　对于长度为 $l(l\ll\lambda)$的短偶极子，不像 9.1 节中那样，将电流 $\widetilde{I}(z)$视为沿偶极子的常数，而是描述一种更现实的近似，以确保在偶极子两端电流趋近于零，将 $\widetilde{I}(z)$ 描述为下列三角形函数：

$$\widetilde{I}(z)=\begin{cases}I_0(1-2z/l), & 0\leqslant z\leqslant l/2\\ I_0(1+2z/l), & -l/2\leqslant z\leqslant0\end{cases}$$

如图 P9.16 所示。用该电流分布确定：

*(a) 远场 $\widetilde{\boldsymbol{E}}(R,\theta,\phi)$；

(b) 功率密度 $S(R,\theta,\phi)$；

(c) 方向性系数 D；

(d) 辐射电阻 R_{rad}。

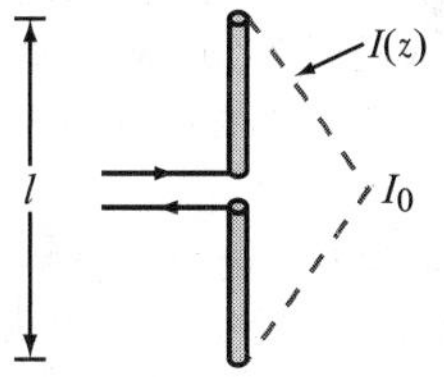

图 P9.16　习题 9.16 图

9.17　对于长度为 $l=3\lambda/2$ 的偶极子天线：

*(a) 确定最大辐射方向；

(b) 确定 $S_{\max}$ 的表达式；

(c) 绘出归一化天线方向图 $F(\theta)$的曲线；

(d) 将方向图与图 9-17c 所示的方向图进行对比。

9.18　对于长度为 $l=\lambda/4$ 的偶极子天线：

(a) 确定最大辐射方向；

(b) 确定 $S_{\max}$ 的表达式；

(c) 绘出归一化天线方向图 $F(\theta)$的曲线。

9.19　对于长度为 $l=3\lambda/4$ 的偶极子天线，重复习题 9.17(a)～(c)。

*9.20 对于长度为 $l=\lambda$ 的偶极子天线，重复习题 9.17(a)～(c)。

9.21 一个汽车天线是位于导电表面上的垂直单极子。对于工作在 1MHz 的 1m 长的汽车天线，重复习题 9.6。天线的导线是铝制成的，其 $\mu_c=\mu_0$，$\sigma_c=3.5\times10^7$S/m，直径为 1cm。

9.22 对于长度为 $l=2.5\lambda$ 的偶极子天线，使用模块 9.2 确定：

(a) 近似的最大辐射方向；

(b) 天线的方向性系数；

(c) 天线的辐射电阻。

9.23 对于长度为 $l=3\lambda$ 的偶极子天线，使用模块 9.2 确定：

(a) 近似的最大辐射方向；

(b) 天线的方向性系数；

(c) 天线的辐射电阻。

9.24 偶极子天线的辐射阻抗为 $Z_{\text{rad}}=R_{\text{rad}}+\mathrm{j}X_{\text{rad}}$，对于长度为 $l=\lambda/2$ 的偶极子天线，$R_{\text{rad}}=73.13\Omega$，$X_{\text{rad}}=42.55\Omega$。使用模块 9.3 修正 l 的值，使 X_{rad} 小于 1Ω。

(a) l 的值是多少？

(b) 对应的 R_{rad} 是多少？

9.5 节和 9.6 节

9.25 确定 100MHz 的半波偶极子天线的有效面积，并将其与直径为 2cm 的导线的物理截面进行比较。

*9.26 一个 3GHz 的视距微波通信链路由两个直径为 1m 的无耗抛物面天线组成。如果天线之间的距离为 40km 且良好接收，接收天线需要 10nW 的接收功率，则发射功率应该是多少？

9.27 一个半波偶极子电视广播天线在 50MHz 上发射 1kW 的功率。位于 30km 处具有 3dB 增益的家庭电视天线接收的功率是多少？

*9.28 一个 150MHz 的通信链路由两个相距 2km 的垂直半波偶极子天线组成。若天线是无耗的，信号占有的带宽为 3MHz，接收机的系统噪声温度为 600K，期望的信噪比为 17dB 则要求的发射机功率是多少？

9.29 考虑如图 P9.29 所示的通信系统，所有部件均正确匹配。如果 $P_t=10$W，$f=6$GHz，确定：

(a) 在接收天线处的功率密度是多少(假设天线正确对准)？

(b) 接收的功率是多少？

(c) 如果 $T_{\text{sys}}=1000$K，接收机的带宽为 20MHz，则用分贝表示的信噪比是多少？

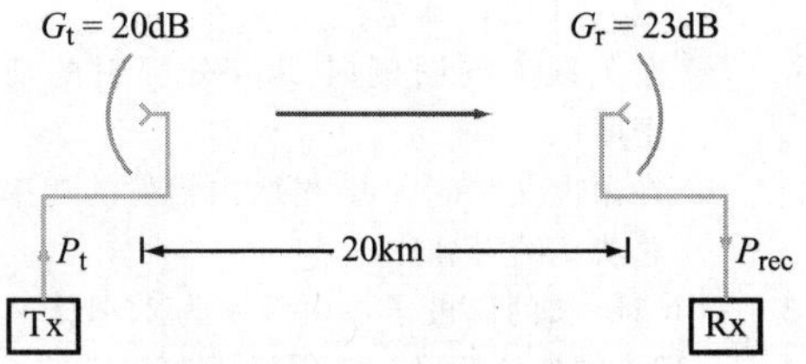

图 P9.29 习题 9.29 图

9.30 如图 P9.30 所示，两个位于 100m 高塔上的垂直半波偶极子天线互相对准，塔之间的距离为 5km。如果发射天线由 50MHz 幅度 $I_0=2$A 的电流激励，确定：

*(a) 在没有地表面的情况下，接收天线接收的功率(假设两个天线均是无耗的)；

(b) 经地面反射后接收天线的接收功率，假设地面是平坦的，$\varepsilon_r=9$，$\sigma=10^{-3}$S/m。

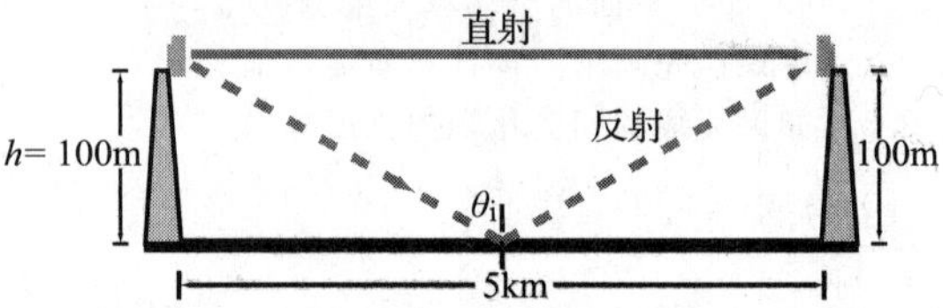

图 P9.30 习题 9.30 图

9.31 如图 P9.31 所示，半波偶极子通过匹配传输线连接到信号源。偶极子的方向性系数

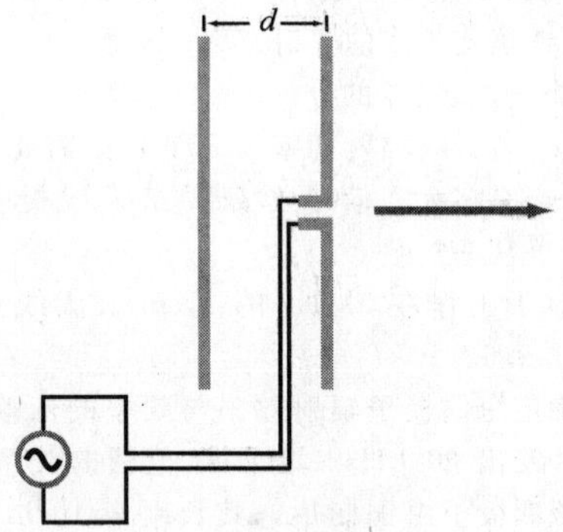

图 P9.31 习题 9.31 图

可以通过在其后面距离 d 处放置的反射棒来修正。下列情况下其前向的反射率是多少？

(a) $d=\lambda/4$

(b) $d=\lambda/2$

9.32 如图 P9.32 所示，拥有两个天线的卫星转发器，一个天线指向地面站 1，另一个指向地面站 2。所有的天线都是抛物面天线，天线 A_1 和 A_4 的直径为 4m，天线 A_2 和 A_3 的直径为 2m，卫星转发器和每一个地面站的距离均为 40 000km。卫星转发器接收到

天线 A_2 接收的信号后，将其功率增益提高 80dB，再将信号（由天线 A_3）发送给 A_4。该系统工作频率为 10GHz，P_t = 1kW。确定接收功率 P_r。假设所有的天线均是无耗的。

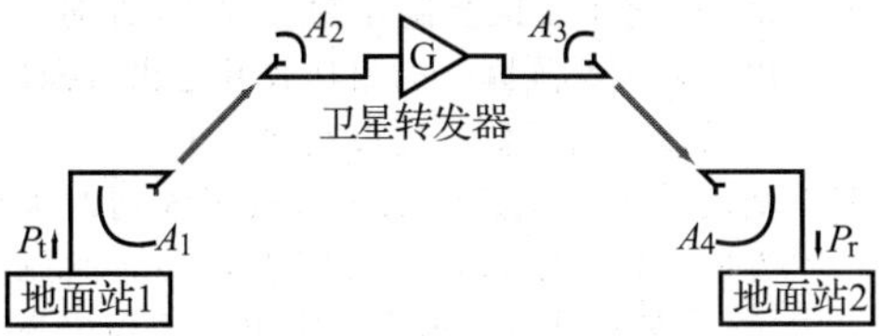

图 P9.32　习题 9.32 图

9.7 节和 9.8 节

*9.33　均匀照射的孔径长度为 $l_x = 20\lambda$。确定 x-z 平面上第一零点之间的波束宽度。

9.34　所谓 10dB 波束宽度是指 $F(\theta)$ 低于其峰值 10dB 的两个角度之间的波束宽度。确定长度为 $l_x = 10\lambda$ 的均匀照射孔径在 x-z 平面上的 10dB 波束宽度。

*9.35　位于 x-y 平面上高 2m（沿 x 方向）和宽 1m（沿 y 方向）的均匀照射矩形孔径，如果 f = 10GHz，确定：

(a) 天线方向图在俯仰面（x-z 平面）和方位面（y-z 平面）的波束宽度；

(b) 以分贝表示的方向性系数。

9.36　一个圆形孔径天线在 20GHz 上具有圆形波束，其波束宽度为 3°。

(a) 以分贝表示的方向性系数是多少？

(b) 如果天线的面积加倍，新的方向性系数和波束宽度各是多少？

(c) 如果孔径保持和(a)一致，但是频率加倍到 40GHz，那么其方向性系数和波束宽度变成多少？

9.37　将工作在 10GHz 的直径 1m 的孔径天线的方向性系数 D_{ant} 与工作在 $\lambda = 0.5\mu m$ 可见光的眼睛瞳孔的方向性系数 D_{eye} 进行比较。假设瞳孔为直径为 4mm 的圆形孔径。

*9.38　一个 94GHz 汽车防撞雷达使用了安装在保险杠上方的矩形孔径天线，如果天线长 1m 高 10cm，确定：

(a) 俯仰和方位波束宽度；

(b) 距离 300m 处波束在水平面上的宽度范围。

9.39　微波望远镜由非常灵敏的接收机连接到 100m 的抛物面天线组成，在 20GHz 频率上测量天体的辐射能量。如果天线波束指向月球，月球对地球张开的平面角为 0.5°，则月球的横截面将被波束占用的比例是多少？

9.40　一个抛物面天线的直径为 $d = 5\lambda$，使用模块 9.4 来计算天线的三个参量——方向性系数 D、波束宽度 β 和主瓣旁边的第一副瓣电平，以上计算分别在三种锥削因子下进行：$\alpha = 0$、$\alpha = 0.5$ 和 $\alpha = 1$。

9.41　已知抛物面天线的直径为 $d = 10\lambda$，使用模块 9.4 来选择使波束宽度不超过 6° 的锥削因子的最高值。

9.9 节至 9.11 节

9.42　二元阵由沿 z 轴间隔为 d 的两个各向同性天线组成，坐标系中的 z 轴指向东方，x 轴指向天顶。如果 a_0 和 a_1 分别为在 $z = 0$ 和 $z = d$ 处的天线激励幅度，δ 为在 $z = d$ 处的天线相对于另一个天线的激励相位，则在下列情况下求阵因子，并绘出 x-z 平面上的方向图：

*(a) $a_0 = a_1 = 1$，$\delta = \pi/4$，$d = \lambda/2$

(b) $a_0 = 1$，$a_1 = 2$，$\delta = 0$，$d = \lambda$

(c) $a_0 = a_1 = 1$，$\delta = -\pi/2$，$d = \lambda/2$

(d) $a_0 = 1$，$a_1 = 2$，$\delta = \pi/4$，$d = \lambda/2$

(e) $a_0 = 1$，$a_1 = 2$，$\delta = \pi/2$，$d = \lambda/4$

9.43　如果习题 9.42(a) 中的天线为平行的，阵轴线沿 x 方向的垂直赫兹偶极子，确定 x-z 平面上的归一化辐射强度并绘出曲线。

*9.44　考虑如图 9-29a 所示的二元偶极子阵列，如果两个偶极子激励的馈电系数相同（$a_0 = a_1 = 1$ 和 $\Psi_0 = \Psi_1 = 0$），选择 d/λ 使阵因子在 $\theta = 45°$ 最大。

9.45　选择 d/λ 使习题 9.44 的阵列方向图在 $\theta = 45°$ 有一个零点，而不是最大。

9.46　计算并绘制一个等相位和均匀幅度分布激励的五元线阵的归一化阵因子，确定其半功率波束宽度。阵元间隔为 $3\lambda/4$。

9.47　将习题 9.46 中的激励改为锥削幅度分布，即中心单元的幅度为 1，两个相邻单元幅度均为 0.5，最外边两个单元的幅度为 0.25，重复习题 9.46。

9.48　对于九元阵，重复习题 9.46。

*9.49　一个单元间距为 $d = \lambda/2$ 的五元线阵，其激励相位均匀分布，幅度分布由二项式分布给出：

$$a_i = \frac{(N-1)!}{i!\,(N-i-1)!},\quad i = 0,1,\cdots,(N-1)$$

式中，N 为单元个数。推导阵因子的表达式。

9.50　一个沿 z 轴排列的各向同性单元组成的三元线阵，阵元间隔为 $\lambda/4$，如图 P9.50 所示。中心单元的激励幅度是上下两个单元的二倍，相对中间单元下边单元的相位为$-\pi/2$，上边单元的相位为$\pi/2$。确定阵因子并绘制其在俯仰面上的方向图。

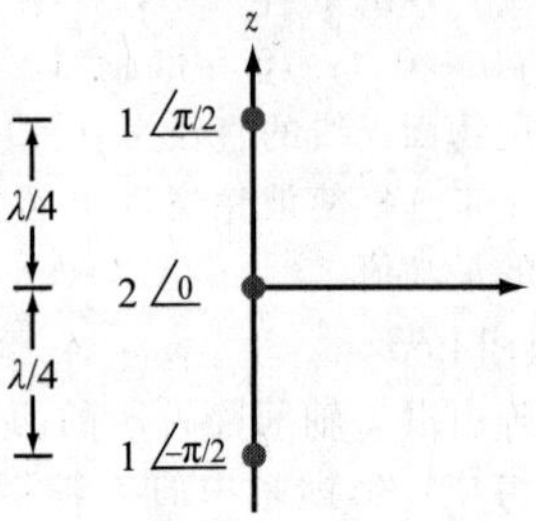

图 P9.50　习题 9.50 图

*9.51　一个单元间距为$\lambda/2$的等幅激励八元线阵，为了将主波束控制在侧下方 60°的方向，相邻单元的相位延迟增量是多少？同时给出阵因子的表达式并绘出图形。

9.52　一个沿 z 轴排列的等间距十二元线阵，单元间隔为$d=\lambda/2$。选择合适的相位延迟增量δ，将主波束控制在侧上方 30°方向。给出受控天线阵因子的表达式并绘出方向图，并由该方向图估计波束宽度。

9.53　使用模块 9.5 确定二元偶极子阵列的天线方向图，每个偶极子长度为 0.5λ，间隔为$\lambda/2$，等幅馈电，但是一个单元的相位超前另一个 90°。

9.54　重复习题 9.53，将两个偶极子的间距改为$d=1\lambda$。

第10章 卫星通信系统和雷达传感器

学习目标

1. 描述卫星转发器的基本工作原理。

2. 计算通信链路的功率预算。

3. 描述雷达如何实现空间和角度的分辨，计算最大探测范围，并解释探测概率与虚警概率之间的权衡。

4. 计算雷达观测到的多普勒频移。

5. 描述单脉冲雷达技术。

本章概述卫星通信系统和雷达传感器，重点介绍它们与电磁相关的方面。

10.1 卫星通信系统

当今世界由庞大的通信网络连接起来，这些通信网络为固定终端和移动终端提供了大量的语音、数据和视频服务(见图 10-1)。该网络的可行性和有效性在很大程度上归功于轨道卫星系统，这些卫星系统作为中继站，对地球表面的覆盖范围很广。从赤道上空 35 786km 高的地球同步轨道上，卫星可以俯瞰超过三分之一的地球表面，并能够连接其覆盖区域内的任意两点(见图 10-2)。通信卫星工程的历史可以追溯到 20 世纪 50 年代，美国海军利用月球作为无源反射器，中继传递了华盛顿特区与夏威夷之间的低数据率通信。人造地球卫星的第一次重大发展发生在 1957 年 10 月，当时苏联发射了斯普特尼克 1 号(Sputnik Ⅰ)并用其向地面接收站传送(单向)遥测信息长达 21 天。随后，另外一颗遥测卫星——探索者 1 号(Explore Ⅰ)，于 1958 年 1 月由美国发射。同年 12 月发生了一项重要进展，美国发射了斯科尔(Score)卫星，并用其广播了艾森豪威尔总统的新年贺词，这标志着首次通过人造卫星实现了双向语音通信。

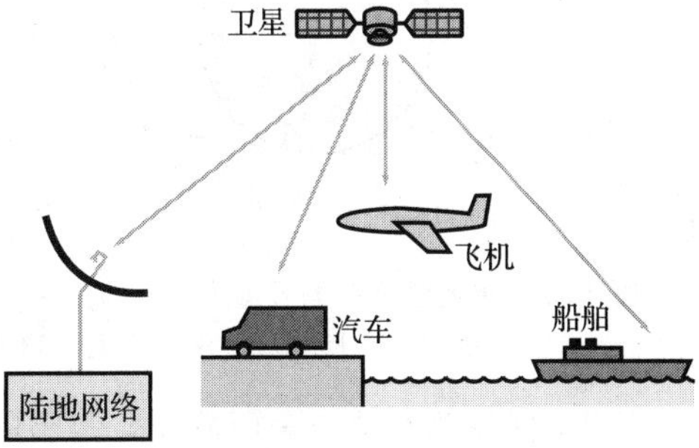

图 10-1　卫星通信网络的组成

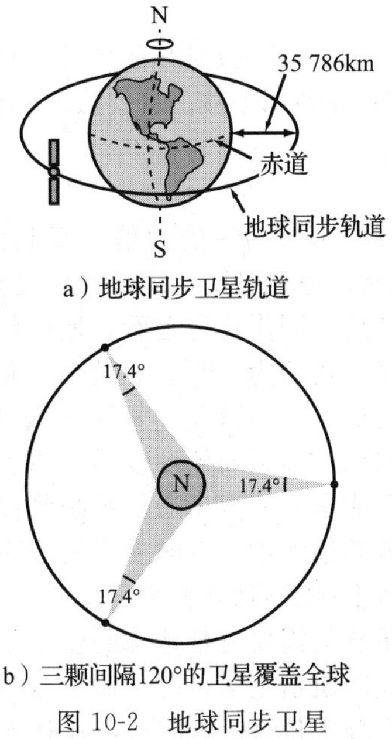

图 10-2　地球同步卫星

在这些成就之后的一系列空间活动，导致许多国家为商业和政府服务开发了可运营的通信卫星。本节介绍卫星通信链路，着重考虑发射机-接收机功率计算、传播、频率分配和天线设计等。

若卫星在地球同步轨道上绕地球运行，当卫星的圆轨道面和地球赤道面相同时，其轨道周期与地球自转周期相同，因此卫星相对于地球表面看起来是静止的。一颗质量为 M_s 的卫星在绕地球的圆轨道上(见图 10-3)受到两种

力的作用：万有引力 F_g 和离心力 F_c。这两种力的大小分别为

$$F_g = \frac{GM_sM_e}{R_0^2} \tag{10.1}$$

$$F_c = \frac{M_su_s^2}{R_0} = M_s\omega^2R_0 \tag{10.2}$$

式中，$G=6.67\times10^{-11}\mathrm{N\cdot m^2/kg^2}$ 为引力常量，$M_e=5.98\times10^{24}\mathrm{kg}$ 为地球质量，R_0 为卫星到地心的距离，u_s 为卫星的速度。对于旋转的物体，$u_s=\omega R_0$，其中 ω 为角速度。为了使卫星保持在轨道上，作用在其上的这两个相反的力必须大小相等，即

$$G\frac{M_sM_e}{R_0^2} = M_s\omega^2R_0 \tag{10.3}$$

由此得到 R_0 的解为

$$R_0 = \left(\frac{GM_e}{\omega^2}\right)^{1/3} \tag{10.4}$$

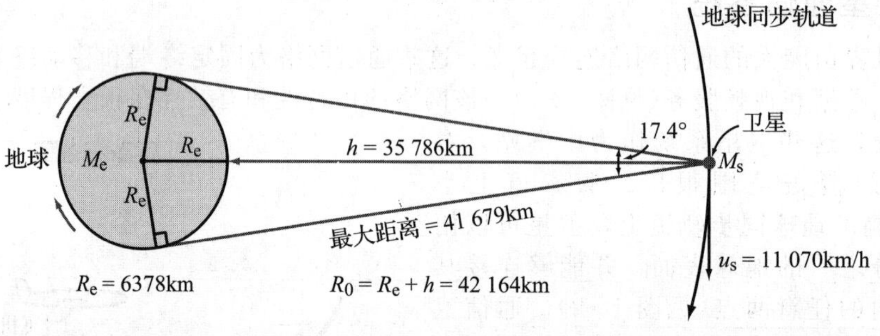

图 10-3　在地球轨道上质量为 M_s 的卫星。对于地球同步轨道，卫星和地球中心之间的距离 R_0 应该是 42 164km；在赤道上，这相当于在地球表面上空 35 786km 的高度

为了保持相对地球表面静止，卫星的角速度必须与地球绕其自身的轴旋转的角速度相同。所以，

$$\omega = \frac{2\pi}{T} \tag{10.5}$$

式中，T 为一个恒星日的周期，单位为 s。考虑了地球绕太阳的旋转，一个恒星日等于 23 小时 56 分钟 4.1 秒。将式(10.5)代入式(10.4)得到

$$R_0 = \left(\frac{GM_eT^2}{4\pi^2}\right)^{1/3} \tag{10.6}$$

代入 T、M_e 和 G 的数值，得到的结果为 $R_0=42\,164\mathrm{km}$，减去赤道上地球的平均半径 6378km，得到卫星到地面的高度 $h=35\,786\mathrm{km}$。

从地球同步轨道上看，地球的视角为 17.4°，沿赤道覆盖地球约 18 000km 的弧长，对应的经度角约为 160°。在地球赤道面上空的地球同步轨道上，三颗等间隔的卫星可以实现对赤道面的完全覆盖，而且三颗卫星的波束之间有明显的重叠。关于两极的覆盖，全球波束可以到达赤道两侧纬度为 81°的地面站。

并非所有的卫星通信系统都使用地球同步轨道上的航天器，事实上，由于发射功率的限制或其他考虑，有时需要使用高度低得多的轨道来工作。在这种情况下，卫星位于高椭圆轨道上(以满足开普勒定律)，使部分轨道(其近地点附近)到地球表面的距离仅为几百公里。虽然只需要三颗地球同步卫星就可以对地球表面提供近全球范围的覆盖，但是当卫星在高椭圆轨道上运行时，需要数量庞大的卫星才能提供近全球覆盖。后者的一个很好的例子是全球定位系统(GPS)，在技术简介 5 中介绍。

10.2 卫星转发器

通信卫星起着远距离中继器的作用，它接收来自地面站的上行链路信号，处理该信号，然后经下行链路(再发射)到地球上预期的目的地。国际电信联盟已经为卫星通信分配了特定的频段(见表 10-1)，其中大多数美国商业卫星的频带是 4/6GHz 频段(3.7～4.2GHz 下行链路和 5.925～6.425GHz 上行链路)和 12/14GHz 频段(11.7～12.2GHz 下行链路和 14.0～14.5GHz 上行链路)，每个上行链路和下行链路的频段都分配了 500MHz 带宽。地球到卫星的上行链路段和卫星到地球的下行链路段使用不同的频段，可以使用相同的天线实现这两个功能，同时可以防止两个信号之间的干扰。下行链路频段通常使用比上行链路频段低的载波频率，因为频率越低经地球大气层衰减越小，从而降低了对卫星输出功率的要求。

表 10-1 通信卫星的频率分配

用途	下行链路频率/MHz	上行链路频率/MHz
商用(C 波段)	3700～4200	5925～6425
军用(X 波段)	7250～7750	7900～8400
商用(K 波段)		
美国国内	11 700～12 200	14 000～14 500
国际	10 950～11 200	27 500～31 000
海事	1535～1542.5	1635～1644
航空	1543.5～1558.8	1645～1660
广播服务	2500～2535	2655～2690
	11 700～12 750	
遥测、跟踪和指挥	137～138，401～402，1525～1540	

我们将使用 4/6GHz 频段作为模型来讨论卫星中继器的工作，但要记住，无论使用哪种特定的通信频段，中继器的功能结构基本相同。

图 10-4 所示为典型的 12 信道转发器通信系统的组成。每个信道的路径为从天线的接收点开始，经过中继器的传输，最后通过天线再发射，这个称为**转发器**。将可用的 500MHz 带宽分配给 12 个信道(转发器)，每个信道的带宽为 36MHz，信道之间间隔 4MHz。转发器的基本功能是：①相邻射频(RF)信道的隔离，②频率转换，③放大。利用**频分多址**(FDMA)——一种常用的信息传输方案，每个转发器在 36MHz 带宽内可以容纳数千个独立的电话信道(电话语音信号要求最小带宽为 3kHz，因此每个电话信道的频率间隔标称为 4kHz)、几路电视(TV)信道(每路要求带宽为 6MHz)、数百万比特的数据，或三者的组合。

当发射和接收使用同一个天线时，使用**双工器**完成信号分离。双工器的类型有很多种，但其中最容易理解的是如图 10-5 所示的环形器。环形器是一种三端口器件，使用了放置于永磁铁产生的磁场中的铁氧体材料，以实现从端口 1 到端口 2，端口 2 到端口 3，端口 3 到端口 1 的功率流动，而不能反方向流动。当天线连接到端口 1 时，只有端口 2 有接收信号；如果端口 2 完全匹配到带通滤波器，则端口 2 没有反射信号传到端口 3。同样，连接到端口 3 的发射信号，由环形器传输给端口 1，再由天线发射出去。

在如图 10-4 所示的双工器后边，接收信号通过接收机带通滤波器，保证了接收信号和发射信号之间的隔离，接收机滤波器覆盖的带宽为 5.925～6.425GHz，其中包含了所有

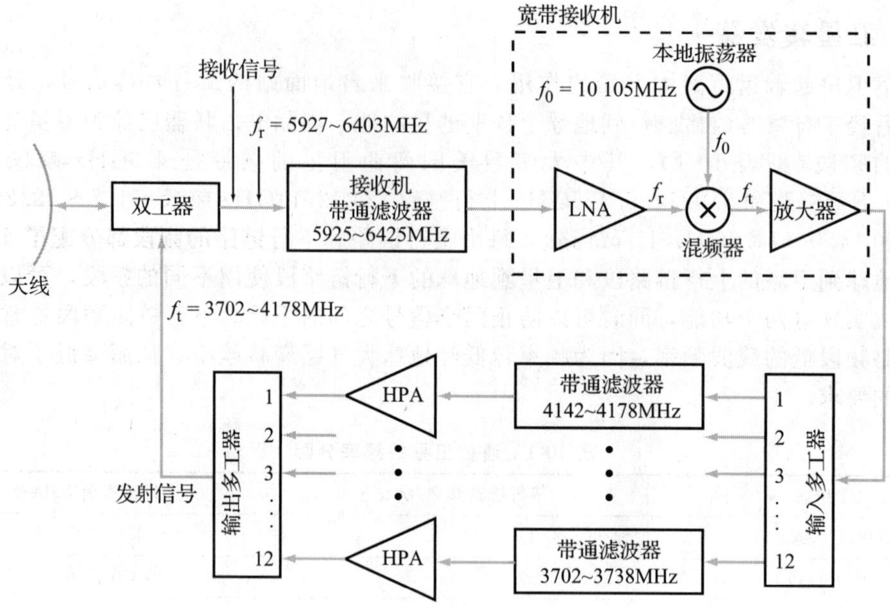

图 10-4　12 信道转发器通信系统的组成

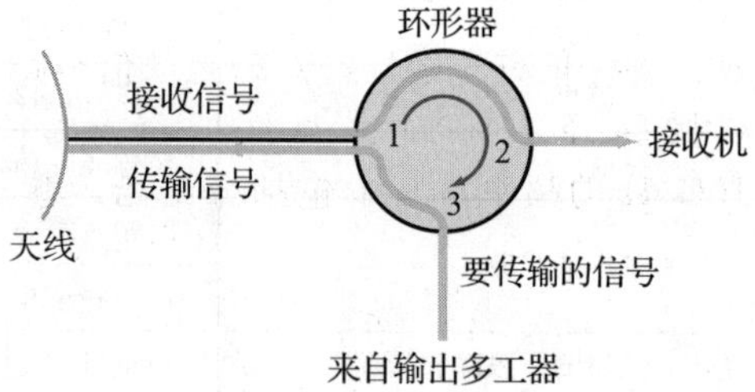

图 10-5　铁氧体环形器的基本原理

12 个信道的累积带宽。第 1 个信道为 5927～5963MHz，第 2 个信道为 5967～6003MHz，以此类推，直到第 12 个信道，其覆盖范围为 6367～6403MHz。沿着信号路径，下一个子系统是宽带接收机，该接收机由三部分组成：低噪声宽带放大器、频率变换器和输出放大器。频率转换器由可以产生频率为 f_0=10 105MHz 信号的稳定本地振荡器和与之相连的非线性微波混频器组成。混频器的作用是将接收信号的频率 f_r(覆盖的频率范围为 5927～6403MHz)转换为较低频率的信号 $f_t=f_0-f_r$。因此，接收信号频段的低端从 5927MHz 转换为 4178MHz，高端从 6403MHz 转换为 3702MHz。转换的结果是使 12 个信道拥有了新的频率范围，但是这些信号载有与接收信号相同的信息(调制)。原理上，现在接收机的输出信号可以进一步放大，然后经过双工器传输给天线发回地球。相反，接收机的输出信号经过多工器和一组窄带带通滤波器分成 12 个转发器信道，其中每一个带通滤波器覆盖一个转发器信道的带宽。12 个信道中的每个信号被各自的高功率放大器(HPA)放大，然后 12 个信道由另一个多工器组合到一起，再将组合后的频谱传输给双工器。这种信道分离和重组过程作为一种安全措施，防止当大功率放大器发生完全故障或性能下降时失去所有 12 个信道。

利用极化分集可以在相同的 500MHz 带宽上，使卫星中继器的信息容量加倍，从 12 个信道增加到 24 个信道。例如，取代在信道 1(5927～5963MHz)上发射一个信道的信息，地面站在相同的频段上利用不同的天线极化配置，如右旋圆极化(RHC)和左旋圆极化(LHC)，向卫星发送两个携带不同信息的信号。卫星天线配备的馈电装置可以独立接收这两种圆极化的信号，两种极化之间的干扰可以忽略。这种情况使用两个双工器，一个连接到右旋圆极化馈源，另一个连接到左旋圆极化馈源，如图 10-6 所示。

10.3 通信链路功率预算

卫星通信链路的上行链路和下行链路（见图 10-7）均遵循弗里斯传输公式（见 9.6 节），该公式表明，增益为 G_t 的发射机天线和增益为 G_r 的接收机天线相距 R，若发射功率为 P_t，则接收功率 P_r 为

$$P_r = P_t G_t G_r \left(\frac{\lambda}{4\pi R}\right)^2 \tag{10.7}$$

该表达式适用于如自由空间等无耗媒质。为了解释地球大气层中的云和雨的衰减（当它们出现在传播路径中时），以及由某些大气气体的吸收（主要是氧气和水蒸气），我们将式（10.7）重新写为

$$P_{ri} = \gamma(\theta) P_r = \gamma(\theta) P_t G_t G_r \left(\frac{\lambda}{4\pi R}\right)^2 \tag{10.8}$$

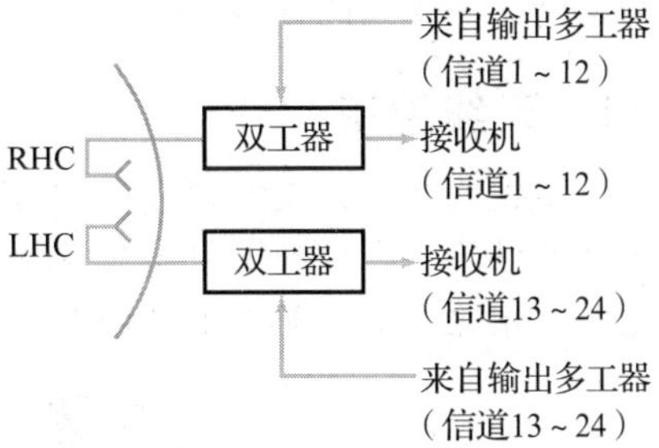

图 10-6 采用极化分集将信道数从 12 增加到 24

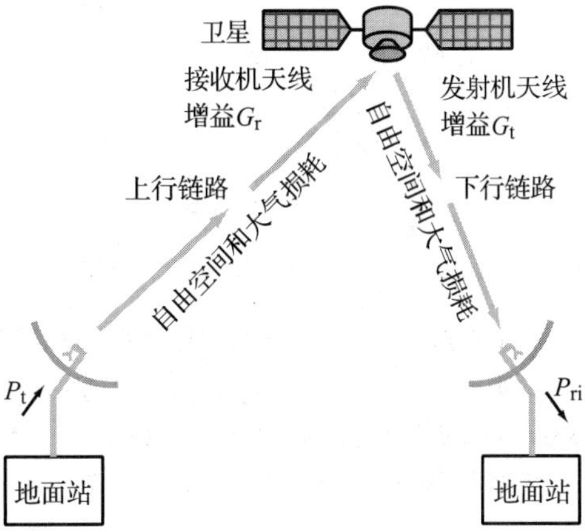

图 10-7 卫星转发器

现在，P_{ri} 表示计入大气损耗时接收机的输入功率，$\gamma(\theta)$ 为天顶角 θ 处的大气层单向透射率。除了依赖 θ 之外，$\gamma(\theta)$ 是通信链路频率和传播路径上降雨率条件的函数。在低于 10GHz 的频率，其中包括分配给卫星通信的 4/6GHz 频段，大气气体的吸收非常小，衰减主要是云和雨造成的。因此，在大多数情况下 $\gamma(\theta)$ 的量级通常在 0.5～1。透射率为 0.5 意味着为了接收到指定的功率水平，需要发射两倍的功率（与自由空间情况相比）。在各种大气衰减源中，最严重的是降雨，其衰减系数随频率升高而迅速增大。因此，随着通信系统的频率向微波范围的更高频段增加，大气衰减对于发射机的功率要求就显得更加重要。

在接收机输出端出现的噪声 P_{no} 由三部分组成：①由接收机电子器件内部产生的噪声；②由天线接收的外部来源的噪声，包括大气的辐射；③天线材料热辐射的噪声。所有噪声源的组合可以用等效的系统噪声温度 T_{sys} 表示，T_{sys} 定义为

$$P_{no} = G_{rec} K T_{sys} B \tag{10.9}$$

式中，K 为玻耳兹曼常数，G_{rec} 和 B 分别为接收机的功率增益和带宽。当输入噪声电平为

$$P_{ni} = \frac{P_{no}}{G_{rec}} = K T_{sys} B \tag{10.10}$$

输出噪声电平 P_{no} 与无噪声接收机的输出相同。

信噪比定义为在等效无噪声接收机输入端信号功率和噪声功率之比，即

$$S_n = \frac{P_{ri}}{P_{ni}} = \frac{\gamma(\theta) P_t G_t G_r}{K T_{sys} B} \left(\frac{\lambda}{4\pi R}\right)^2 \tag{10.11}$$

通信系统的性能由两组因素控制。第一组包括用于发射机端的编码、调制、合成和发射，以及用于接收机端的接收、分离、解调和解码的信号处理技术。第二组包含通信链路中的增益和损耗，它们用信噪比 S_n 来表示。对于给定的信号处理技术，S_n 决定了接收信号的质量，如数字数据传输中的比特误码率，以及音频和视频传输中的声音和图像质量。非常高质量的信号传输需要非常高的 S_n 值，在卫星广播电视中，有些系统被设计成可提

供的 S_n 值超过 50dB(或 10^5)。

卫星链路的性能取决于上行链路和下行链路的综合性能。如果其中一部分性能不好，那么无论另一部分的性能有多好，综合性能也不好。

10.4　天线波束

大多数地面站天线的设计目的是提供高方向性波束(以避免干扰效应)，而卫星天线系统的设计目的是产生与卫星服务区域相匹配的赋形波束。对于全球覆盖，需要 17.4°的波束宽度。相比之下，对于小区域的发射和接收，需要 1°或更小的波束宽度(见图 10-8)。

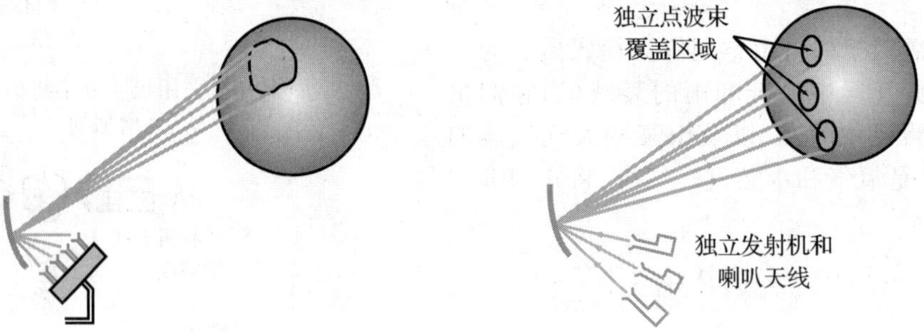

a）区域覆盖　　b）多点波束

图 10-8　用于覆盖地球表面特定区域的点波束和多点波束卫星天线系统

波束宽度 β 为 1°的天线产生的点波束在地面上覆盖直径约 630km 的区域。

波束大小与天线增益直接相关，继而与发射机功率的要求相关。天线增益 G 与方向性系数 D 的关系式为 $G=\xi D$，其中 ξ 为辐射效率，D 与波束宽度 β 的关系由式(9.26)给出。对于圆形波束，有

$$G=\xi \frac{4\pi}{\beta^2} \tag{10.12}$$

式中，β 的单位为 rad。对于无耗天线($\xi=1$)，全球波束的 $\beta=17.4°(=0.3\text{rad})$，对应于天线增益 $G=136$ 或 21.3dB。另外，1°的窄波束对应的天线增益为 41 253 或 46.2dB。

为了适应与卫星系统相关的各种通信功能，使用了四种主要类型的天线。

1) 用于遥测、跟踪和指挥功能的甚高频(VHF)和超高频(UHF)偶极子和螺旋天线。

2) 产生全球覆盖宽波束的喇叭和相对较小的抛物面天线(直径在几厘米量级)。

3) 提供区域覆盖点波束(见图 10-8a)或多点波束(见图 10-8b)的由一个或多个喇叭馈电组成的抛物面天线。

4) 用于产生多个点波束及波束操控和扫描的由多个独立辐射单元组成的天线阵。

概念问题 10-1： 与地球同步轨道相比，椭圆卫星轨道的优点和缺点是什么？

概念问题 10-2： 为什么卫星通信系统的上行链路和下行链路使用不同的频率？哪个链路使用更高的频率？为什么？

概念问题 10-3： 如何使用天线极化增加通信系统的信道数量？

概念问题 10-4： 对接收机总系统噪声温度有贡献的噪声源有什么？

10.5　雷达传感器

雷达(radar)一词来自短语无线电探测与测距(radio detection and ranging)，它表达了现代雷达系统的部分(而不是全部)特征。历史上，雷达系统最初是在无线电频段上开发和应用的，包括微波频段，但是现在也有工作于光波段的光波雷达或激光雷达。多年以来，雷达这个名称已经失去了其原始的含义，而是表示任何一种有源的电磁传感器。这些传感

器使用其自身的源照射空间的某一区域，然后测量由该区域中包含的反射目标产生的回波。除了探测反射目标的存在，以及通过测量由雷达发射的短持续脉冲的时间延迟来确定距离以外，雷达还能够确定目标的位置及其径向速度。移动目标径向速度的测量是通过测量目标产生的多普勒频移来实现的。同时，反射脉冲的强度和形状带有反射目标的形状和材料性质的信息。

雷达在民用和军事领域中有广泛应用，包括空中交通管制、飞机导航、执法、武器系统的控制和制导、地球环境遥感、天气观察、天文学和汽车防撞等。用于各种类型雷达应用的频带从兆赫兹到高达 225GHz。

10.5.1　雷达系统的基本工作原理

图 10-9 所示为雷达系统的基本功能单元。同步器/调制器单元是为发射机和视频处理器/显示器单元同步运行服务的，它通过产生一串直流(dc)均匀分布的窄脉冲来实现这一目的。提供给发射机和视频处理器/显示器单元的这些脉冲，指定了雷达脉冲发射的时间。该发射机包含一个高功率射频(RF)振荡器，其开/关控制电压由同步器/调制器单元提供的脉冲来操控。因此，该发射机产生的射频能量脉冲，其持续时间和间隔与同步器/调制器单元产生的直流脉冲相等。每个脉冲都通过双工器提供给天线，并允许发射机和接收机之间共享天线。双工器通常称为收/发(T/R)开关，它首先在脉冲持续时间将发射机连接到天线，然后在周期剩余时间将天线连接到接收机，直到新的脉冲开始。然而，有些双工器是连续执行共享和隔离功能的无源器件。图 10-5 所示的环形器是无源双工器的例子。由天线发射的信号，一部分被反射物体(通常称为目标)拦截，并向多个方向散射。由目标再辐射回达雷的能量被该天线收集后传送给接收机，接收机处理该信号以检测目标的存在，并提取目标的位置和速度信息。接收机将反射的射频(RF)信号转换为频率较低的视频信号，并将其提供给视频处理器/显示器单元，该单元以适合预期应用的格式显示所提取的信息。伺服单元根据操作员、具有预置功能的控制单元或由另一个系统指挥的控制单元提供的控制信号，来定位天线波束的方向。例如，空中交通控制雷达的控制单元命令伺服单元在方位上连续旋转天线。相比之下，放置在飞机机头的雷达天线只能在特定的角扇区内来回扫描。

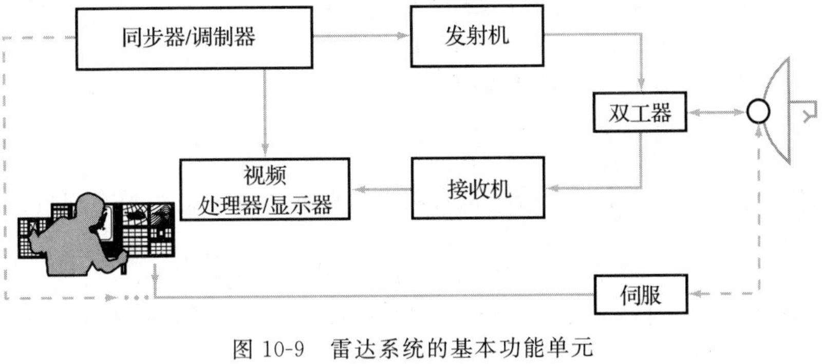

图 10-9　雷达系统的基本功能单元

10.5.2　不模糊距离

雷达发射能量的集合特征称为信号波形。对于脉冲雷达，这些特征包括：①载波频率 f，②脉冲宽度 τ，③脉冲重复频率 f_p(每秒钟的脉冲数量)或脉冲间隔周期 $T_p=1/f_p$，④脉冲内的调制(如果有)。其中的三个特征如图 10-10 所示。调制，即对信号幅度、频率或相位的控制，超出了本书的范围。

目标的距离是通过测量脉冲传到目标并从目标传回来的时间延迟 T 来确定的。对于距离为 R 的目标：

$$T=\frac{2R}{c} \tag{10.13}$$

式中，$c=3\times10^8$ m/s 为光速，因子 2 表示计算了双向传输。雷达可以明确测量的最大目标距离称为不模糊距离 R_u，由脉冲间隔周期 T_p 确定，即

$$R_u=\frac{cT_p}{2}=\frac{c}{2f_p} \tag{10.14}$$

R_u 对应于在下一个脉冲发射前接收到目标回波的最大距离。如果 T_p 太短，导致给定脉冲的回波信号可能在下一个脉冲发射之后才能回到接收机。这种情况下，目标的距离表现出比实际情况短得多。

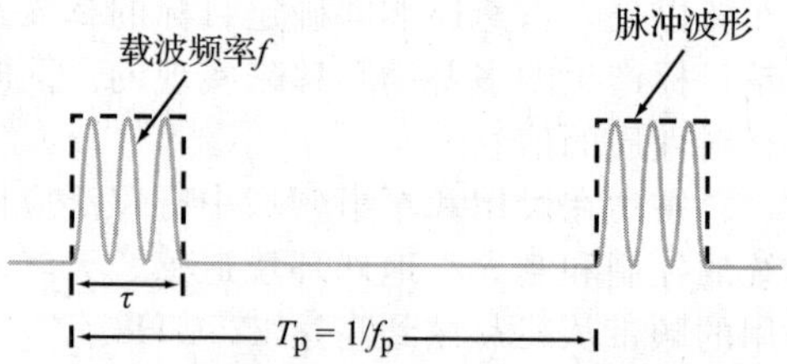

图 10-10　脉冲雷达以脉冲重复频率 f_p 发射连续的射频脉冲序列

例如，根据式(10.14)，如果用雷达来探测远到 100km 的目标，f_p 应该小于 1.5kHz，脉冲重复频率(PRF)越高，不模糊距离 R_u 越短。仅考虑 R_u，建议选择低 PRF。但是其他考虑则建议选择非常高的 PRF。正如我们将在 10.6 节看到的，雷达接收机的信噪比与 f_p 成正比，因此选择尽可能高的 PRF 是有利的。而且，除了确定最大不模糊距离 R_u 之外，PRF 也决定了雷达能够不模糊测量的最大多普勒频率(也是目标的最大径向速度)。如果相同的 PRF 不能同时满足最大不模糊距离和速度的要求，那么可能需要有一些折中的考虑。另外，也可以采用多 PRF 雷达系统，用一个 PRF 发射几个脉冲，用另外一个 PRF 发射另几个脉冲，然后将接收到的两组脉冲一起处理，可以消除单独使用 PRF 出现的模糊性。

10.5.3 距离和角度分辨率

如图 10-11 所示，考虑一个雷达观察距离为 R_1 和 R_2 的两个目标，设 $t=0$ 表示对应于发射脉冲开始的时间，脉冲宽度为 τ。目标 1 的返回脉冲在 $T_1=2R_1/c$ 时到达，且脉冲宽度为 τ(假设脉冲在空间的宽度远大于目标的径向范围)。类似地，目标 2 的返回脉冲在 $T_2=2R_2/c$ 时到达。只要当 $T_2\geqslant T_1+\tau$ 时，这两个目标可以分解为两个不同的目标，或等效于

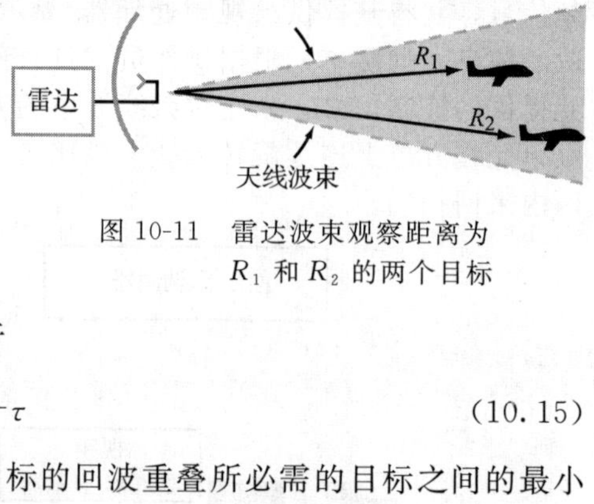

图 10-11　雷达波束观察距离为 R_1 和 R_2 的两个目标

$$\frac{2R_2}{c}\geqslant\frac{2R_1}{c}+\tau \tag{10.15}$$

雷达的距离分辨率 ΔR 定义为避免来自两个目标的回波重叠所必需的目标之间的最小间距。由式(10.15)可知：

$$\Delta R=R_2-R_1=c\tau/2 \tag{10.16}$$

有些雷达能够发射短到持续时间为 1ns 的脉冲，甚至更短的脉冲。对于 $\tau=1$ns，$\Delta R=15$cm。

雷达系统的基本角度分辨率由其天线的波束宽度 β 来决定，如图 10-12 所示。在距离 R 处对应的方位角分辨率 Δx 为

$$\Delta x=\beta R \tag{10.17}$$

式中，β 的单位为 rad。在某些情况下，可以使用特殊技术将角度分辨率提高到波束宽度的一小部分，一个例子是 10.8 节描述的单脉冲雷达。

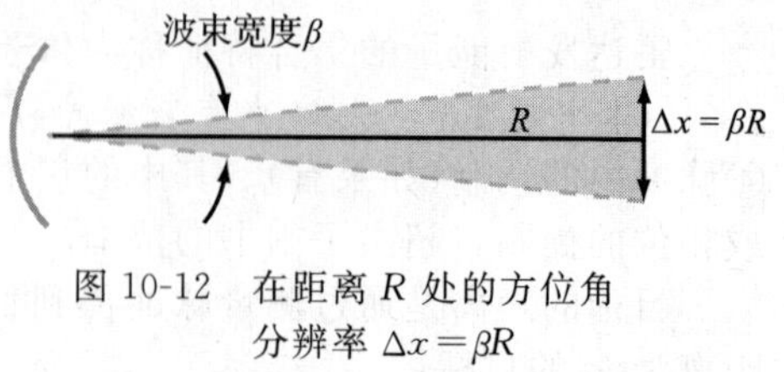

图 10-12　在距离 R 处的方位角分辨率 $\Delta x=\beta R$

10.6　目标检测

雷达对目标的检测受两个因素控制：①雷达接收机接收到的信号能量，该能量是目标反射的部分能量；②接收机产生的噪声能量。图 10-13 描述了雷达接收机的输出随时间的变化，并显示了两个目标产生的信号与外部噪声源以及组成接收机的器件所产生的噪声的对比。噪声所表现出的随机变化有时会使目标反射的信号与噪声峰值难以区分。在图 10-13 中，接收机输出端的平均噪声电平由 $P_{no}=G_{rec}P_{ni}$ 表示，其中 G_{rec} 为接收机增益，P_{ni} 为接收机输入端的参考噪声电平。功率电平 P_{r_1} 和 P_{r_2} 表示雷达观测到的两个目标的回波。由于噪声的随机性，必须对检测设定阈值检测电平 $P_{r_{min}}$。对于图 10-13 所示的阈值检测电平 1，雷达将检出两个目标，也检测到一个虚警。这种情况发生的概率称为虚警概率。另外，为了避免虚警将阈值检测电平提高到电平 2，雷达将检测不到第一个目标的存在。雷达检测目标存在的能力由检测概率来表征，因此，相对于平均噪声电平，设置阈值检测电平是在权衡两个概率的基础上折中决定的。

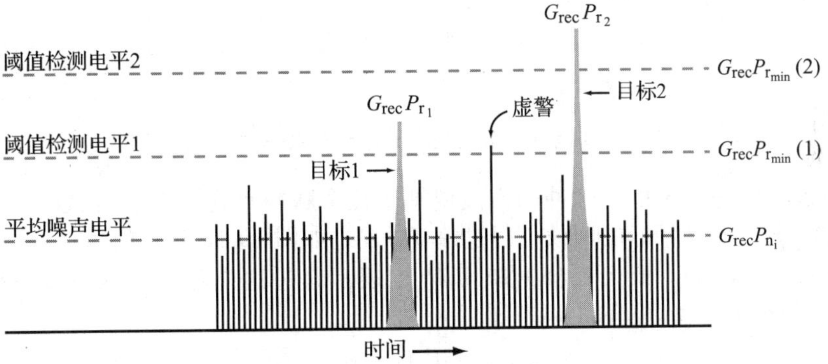

图 10-13　雷达接收机的输出随时间的变化

为了将噪声电平保持在最低，将接收机的带宽 B 设计成勉强能够通过接收脉冲中包含的大部分能量。这种设计称为匹配滤波器，要求 B 等于脉冲宽度 τ 的倒数(即 $B=1/\tau$)。所以，对于匹配滤波器接收机，式(10.10)变为

$$P_{ni}=KT_{sys}B=\frac{KT_{sys}}{\tau} \tag{10.18}$$

通过雷达方程，将雷达接收到的信号功率 P_r 与发射功率 P_t 联系起来。我们首先推导双基地雷达配置一般情况下的雷达方程，这种配置是发射机和接收机不一定在同一位置。然后将结果特殊化到单基地雷达情况，此时发射机和接收机放置于同一地点。在图 10-14 中，目标到发射机的距离为 R_t，到接收机的距离为 R_r。照射到目标上的功率密度为

$$S_t=\frac{P_t}{4\pi R_t^2}G_t \quad (\mathrm{W/m^2}) \tag{10.19}$$

式中，$P_t/4\pi R_t^2$ 表示由各向同性辐射器辐射的功率密度，G_t 为发射天线在目标方向的增益。目标由雷达截面积(RCS)σ_t($\mathrm{m^2}$)来表征，所以目标截获和再辐射的功率为

$$P_{rer}=S_t\sigma_t=\frac{P_tG_t\sigma_t}{4\pi R_t^2} \quad (\mathrm{W}) \tag{10.20}$$

该再辐射的功率扩散到球面上，结果是以功率密度 S_r 入射到接收雷达天线上，因此 S_r 为

$$S_r=\frac{P_{rer}}{4\pi R_r^2}=\frac{P_tG_t\sigma_t}{(4\pi R_tR_r)^2} \quad (\mathrm{W/m^2}) \tag{10.21}$$

利用有效面积 A_r 和辐射效率 ξ_r 可以将接收天线截获并发送(给接收机)的功率 P_r 表示为

$$P_{\mathrm{r}}=\xi_{\mathrm{r}}A_{\mathrm{r}}S_{\mathrm{r}}=\frac{P_{\mathrm{t}}G_{\mathrm{t}}\xi_{\mathrm{r}}A_{\mathrm{r}}\sigma_{\mathrm{t}}}{(4\pi R_{\mathrm{t}}R_{\mathrm{r}})^2}=\frac{P_{\mathrm{t}}G_{\mathrm{t}}G_{\mathrm{r}}\lambda^2\sigma_{\mathrm{t}}}{(4\pi)^3R_{\mathrm{t}}^2R_{\mathrm{r}}^2} \tag{10.22}$$

式中使用了式(9.29)和式(9.64)，将接收天线的有效面积 A_{r} 与其增益 G_{r} 联系起来。对于发射和接收使用相同天线的单基地雷达，$G_{\mathrm{t}}=G_{\mathrm{r}}=G$，$R_{\mathrm{t}}=R_{\mathrm{r}}=R$，所以，

$$P_{\mathrm{r}}=\frac{P_{\mathrm{t}}G^2\lambda^2\sigma_{\mathrm{t}}}{(4\pi)^3R^4}\quad（雷达方程） \tag{10.23}$$

与单向传输的通信系统不同，由式(10.22)可知 P_{r} 与 R^2 成反比。由式(10.23)的雷达方程可知，P_{r} 与 R^4 成反比，是两个单向传输过程的乘积。

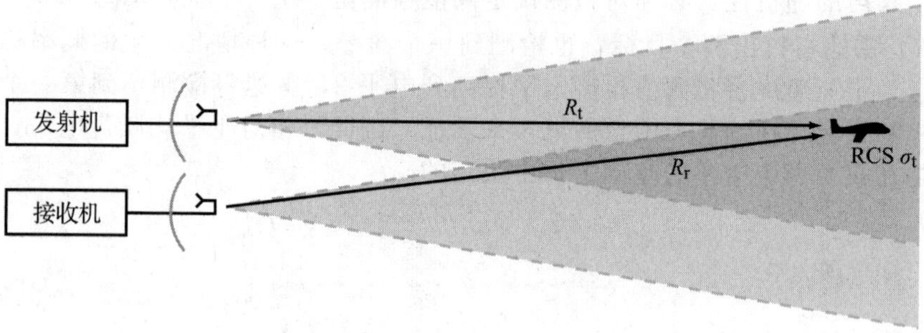

图 10-14　双基地雷达系统观测雷达截面积(RCS)为 σ_{t} 的目标

检测过程可以是基于单个脉冲的回波或基于几个脉冲回波的叠加(积累)，这里仅考虑单个脉冲的情况。如果目标的回波信号功率 P_{r} 超过如图 10-13 所示的阈值检测电平 $P_{\mathrm{r_{min}}}$，说明该目标是可检测的。最大可检测距离 $R_{\max}$ 表示超过这个距离目标不能被检测到，对应于式(10.23)中 $P_{\mathrm{r}}=P_{\mathrm{r_{min}}}$ 的距离。所以，

$$R_{\max}=\left[\frac{P_{\mathrm{t}}G^2\lambda^2\sigma_{\mathrm{t}}}{(4\pi)^3P_{\mathrm{r_{min}}}}\right]^{1/4} \tag{10.24}$$

信噪比等于接收信号功率 P_{r} 与式(10.18)给出的平均输入噪声功率 P_{ni} 的比值：

$$S_{\mathrm{n}}=\frac{P_{\mathrm{r}}}{P_{\mathrm{ni}}}=\frac{P_{\mathrm{r}}\tau}{KT_{\mathrm{sys}}} \tag{10.25}$$

最小信噪比 $S_{\min}$ 对应于 $P_{\mathrm{r}}=P_{\mathrm{r_{min}}}$ 时的信噪比：

$$S_{\min}=\frac{P_{\mathrm{r_{min}}}\tau}{KT_{\mathrm{sys}}} \tag{10.26}$$

将式(10.26)代入式(10.24)得到

$$R_{\max}=\left[\frac{P_{\mathrm{t}}\tau G^2\lambda^2\sigma_{\mathrm{t}}}{(4\pi)^3KT_{\mathrm{sys}}S_{\min}}\right]^{1/4} \tag{10.27}$$

乘积 $P_{\mathrm{t}}\tau$ 等于发射脉冲的能量。所以，根据式(10.27)，决定最大可检测距离的是发射脉冲的能量而不是发射功率电平。就最大检测距离而言，一个高功率窄脉冲和一个等能量低功率宽脉冲将产生相同的雷达性能。但是宽脉冲的距离分辨能力比短脉冲要差得多[见式(10.16)]。

最大可检测距离也随着信噪比的提高而增大，为了增加从目标接收到的总能量，可以通过积累多个脉冲的回波来实现。在指定的积累时间内积累的脉冲数量与 PRF 成正比，所以，从提高目标检测的角度来说，在其他因素允许的情况下使用尽可能高的 PRF 是有利的。

10.7　多普勒雷达

多普勒效应是由发射源、反射物体或接收装置的运动引起的波的频率偏移造成的。如

图 10-15 所示，由静止的各向同性点源辐射的波，随时间传播形成了从源开始的空间等间距的同心圆；相反，由移动源辐射的波在运动方向上被压缩，而在相反方向上被拉伸。压缩的波会缩短其波长，相当于增加了其频率；相反，拉伸的波会降低其频率。频率的变化称为多普勒频移 f_d。如果 f_t 为移动源辐射的波的频率，那么被静止的接收机观察到的波的频率 f_r 为

$$f_r = f_t + f_d \tag{10.28}$$

f_d 的大小和符号取决于速度矢量的方向，相对于连接源到接收机的距离矢量的方向。

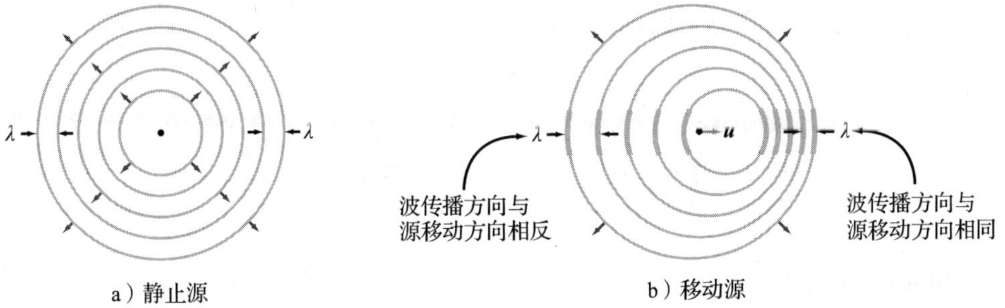

图 10-15　点源辐射的波。波在运动的方向上被压缩，在相反的方向上被拉伸，在运动的垂直方向上不受影响

假设源发射频率为 f_t 的电磁波(见图 10-16)，在与源的距离为 R 处，辐射波的电场为

$$E(R) = E_0 e^{j(\omega_t t - kR)} = E_0 e^{j\phi} \tag{10.29}$$

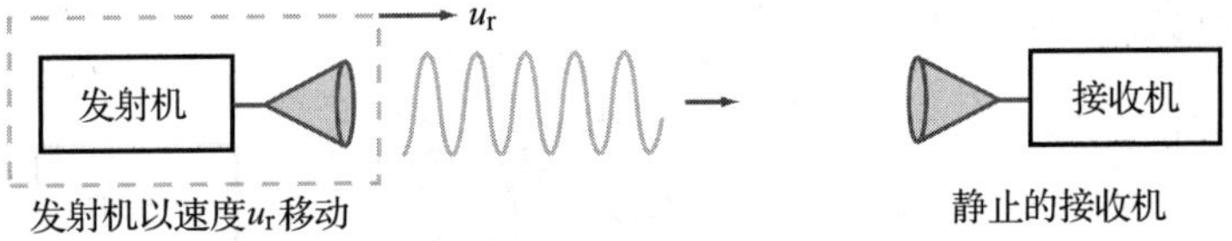

图 10-16　发射机以径向速度 u_r 接近静止的接收机

式中，E_0 为波的幅度，$\omega_t = 2\pi f_t$，$k = 2\pi/\lambda_t$，λ_t 为发射波的波长。幅度 E_0 取决于距离 R 和源天线的增益，但是这对多普勒效应无关紧要。参量ϕ 为

$$\phi = \omega_t t - kR = 2\pi f_t t - \frac{2\pi}{\lambda_t}R \tag{10.30}$$

ϕ 为辐射波的相位，相对于 $R=0$ 和参考时间 $t=0$ 的相位。如果源以径向速度 u_r 向接收机运动(如图 10-16 所示)或者反过来，源远离接收机，则

$$R = R_0 - u_r t \tag{10.31}$$

式中，R_0 为源和接收机在 $t=0$ 时刻的距离。所以，

$$\phi = 2\pi f_t t - \frac{2\pi}{\lambda_t}(R_0 - u_r t) \tag{10.32}$$

这是接收机检测到的信号相位。该波的频率定义为相位ϕ 除以 2π 后对时间的导数，即

$$f_r = \frac{1}{2\pi}\frac{d\phi}{dt} = f_t - \frac{u_r}{\lambda_t} \tag{10.33}$$

将式(10.33)与式(10.28)进行比较，得到 $f_d = u_r/\lambda_t$。对于雷达而言，该多普勒频移发生两次：一次是从雷达到目标的波，另一次是由目标反射回雷达的波。所以，$f_d = 2u_r/\lambda_t$。f_d 与方向的关系式由速度矢量和距离矢量的点积给出，则

$$f_d = -2\frac{u_r}{\lambda_t} = -\frac{2u}{\lambda_t}\cos\theta \tag{10.34}$$

式中，u_r 为 $\boldsymbol{u}$ 的径向速度分量，θ 为距离矢量和速度矢量之间的夹角(见图 10-17)。距离矢量的方向定义为从雷达指向目标。对于远离的目标(相对于雷达)，$0\leqslant\theta\leqslant90°$；对于接近的目标，$90°\leqslant\theta\leqslant180°$。

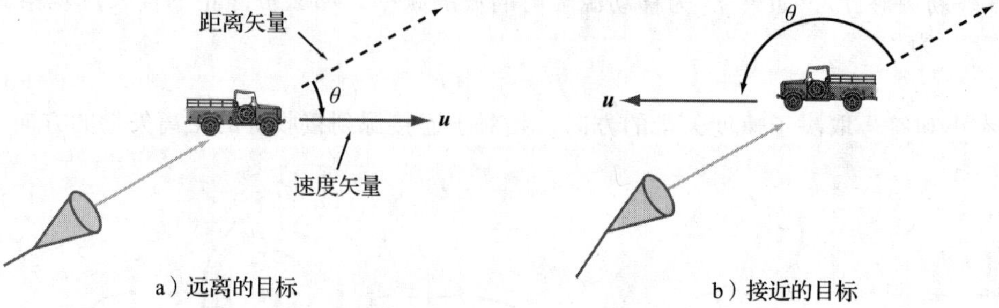

图 10-17 对于远离的目标($0\leqslant\theta\leqslant90°$)，多普勒频移为负；对于接近的目标($90°\leqslant\theta\leqslant180°$)，多普勒频移为正

10.8 单脉冲雷达

单脉冲雷达从单个脉冲的回波中获取信息，能够以其天线波束宽度的一小部分的角精度跟踪目标的运动方向。为了同时在俯仰和方位两个方向上跟踪目标，单脉冲雷达使用在焦点处的四个独立小喇叭天线(如抛物面)，如图 10-18 所示。单脉冲雷达系统有两种类型：第一种称为*比幅单脉冲*(幅值比较)，因为其跟踪信息是从四个喇叭接收到的回波的幅值中提取的；第二种称为*比相单脉冲*(相位比较)，因为其依赖于接收信号的相位信息。我们的讨论仅限于比幅方案。

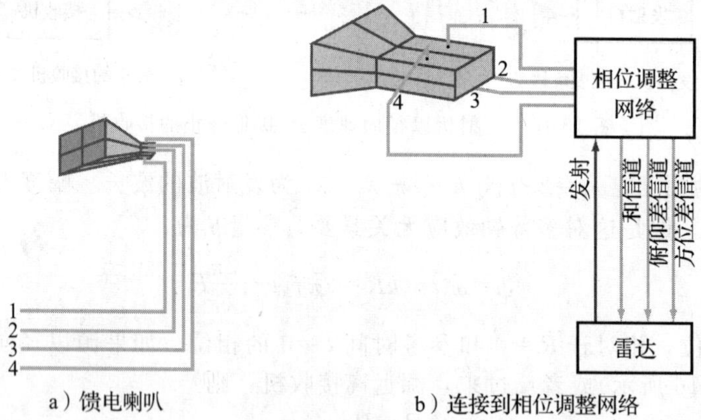

图 10-18 一种比幅单脉冲雷达的天线馈电装置

每一个喇叭可以独立产生自己的波束，其四个喇叭产生的四个波束指向稍有不同，图 10-19 表示两个相邻喇叭的波束。比幅单脉冲的基本原理是测量两个波束接收的回波信号的幅值，然后利用它们之间的差值将天线的瞄准线重新指向目标。通过计算机控制的移相器，如图 10-18 中的*相位调整网络*，将发射机发送给四元喇叭阵列的信号或将它们以不同方式接收的回波信号合成。该相位调整网络通过传输线使所有四个馈电同相激励，从而产生一个称为*和波束*的单一主波束。相位调整网络使用特殊的微波器件，使其能够在发射和接收模式中提供所需的功能。该器件的等效功能由如图 10-20 所示的电路描述。在接收阶段，相位调整网络使用功分器、功率合成器和移相器产生三个不同的输出信道，其中之一为和信道，对应于将所有四个喇叭的输出同相叠加，其方向图如图 10-21a 所示。第二个信道称为*俯仰差信道*，它首先将右上和左上的喇叭输出相加(见图 10-20b)，然后将右下

和左下的喇叭输出相加，最后从第一个和中减去第二个和。这个减法处理是通过在第一个和与第二个和相加之前，在第二个和的路径上附加一个 180°移相器来完成的。俯仰差方向图如图 10-21b 所示。如果观测目标在两个俯仰波束中间，那么两个波束接收的回波强度相同，因此，俯仰差信道产生零输出；如果目标不在两个俯仰波束中间，那么俯仰差信道的幅值将与目标偏离天线瞄准线的角度成正比，其符号表示偏差的方向。第三个信道(在图 10-20 中没有表示)为方位差信道，通过类似过程来实现，其产生的波束对应于右边两个喇叭之和与左边两个喇叭之和的差值。

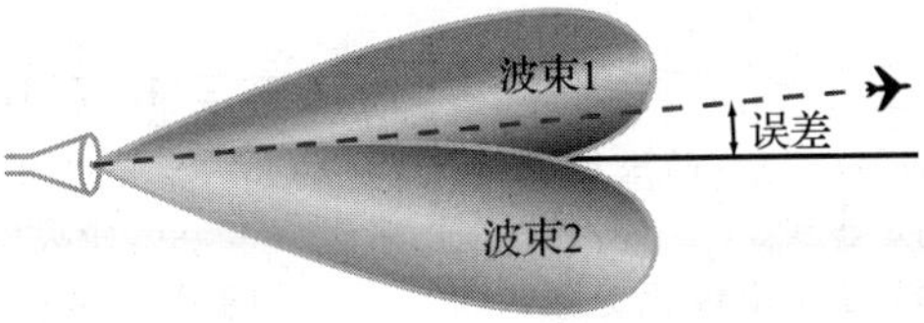

图 10-19　单脉冲雷达的两个重叠波束所观察到的目标

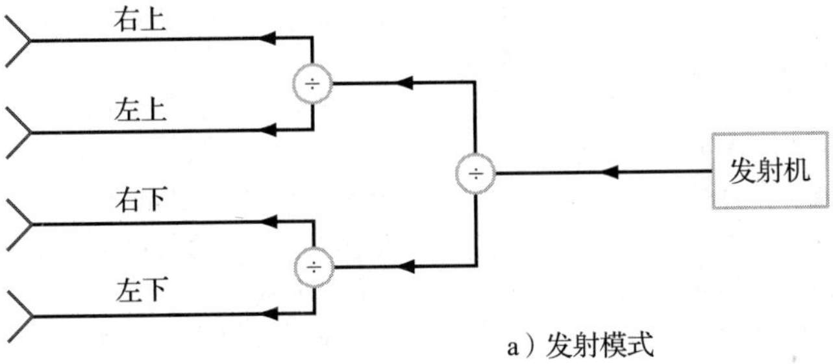

a）发射模式

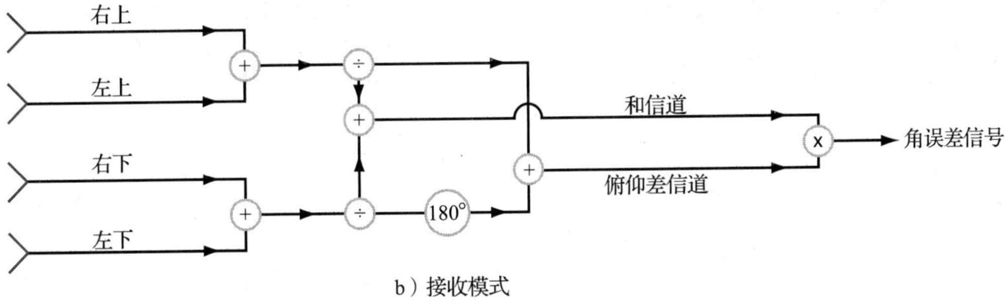

b）接收模式

图 10-20　相位调整网络在俯仰差信道的功能

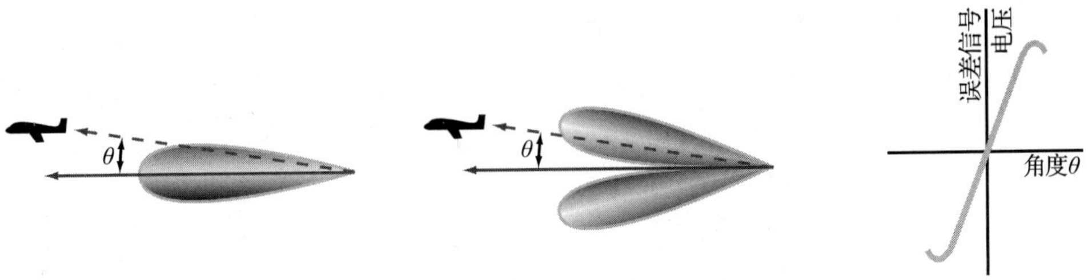

a）和方向图　b）俯仰差方向图　c）角误差信号

图 10-21　单脉冲天线

在实际应用中，利用差信道的输出与和信道的输出相乘来提高差信号的强度，并为提取角度符号提供参考，这个乘积称为角误差信号，如图 10-21c 所示。角误差信号激活伺服控制系统来重新定位天线的方向。沿方位方向应用类似的过程，通过利用方位差信道与和信道的乘积，单脉冲雷达提供了两个方向的自动跟踪，目标的距离是通过测量信号的往返时延来获得的。

概念问题 10-5：PRF 与不模糊距离有什么关系？

概念问题 10-6：解释虚警概率和检测概率与接收机噪声电平的关系。

概念问题 10-7：根据图 10-17 所示的几何关系，什么时候多普勒频移最大？

概念问题 10-8：单脉冲雷达的原理是什么？

习题

10.1 节至 10.4 节

*10.1 遥感卫星位于距离地面 1100km 高度的圆轨道上，它的轨道周期是多少？

10.2 带宽为 400MHz 的转发器使用极化分集。如果分配给传输单个电话信道的带宽为 4kHz，那么该转发器能够承载的电话信道数是多少？

*10.3 对于要求带宽为 6MHz 的电视信道，重复习题 10.2。

10.4 一颗地球同步卫星距地面接收站的距离为 40 000km，卫星发射天线为直径 1m 的圆孔径，地面站使用有效直径为 20cm 的抛物面天线。如果卫星在 12GHz 上发射 1kW 的功率，地面接收机用 1000K 的系统噪声温度来表征，那么接收 6MHz 带宽的电视信号的信噪比是多少？假设天线和大气无耗。

10.5 节至 10.8 节

*10.5 若一种汽车防撞雷达被设计用来探测 0.5km 距离内存在的车辆，则最大可使用的 PRF 是多少？

10.6 一种 10GHz 的气象雷达使用直径 15cm 的无耗天线。在距离 1km 处，如果脉冲宽度为 $1\mu s$，则该雷达可以分辨的体积尺寸是多少？

*10.7 雷达系统用如下参数表征：$P_t = 1kW$、$\tau = 0.1\mu s$、$G = 30dB$、$\lambda = 3cm$ 和 $T_{sys} = 1500K$。通常，汽车的雷达截面积为 $5m^2$。在信噪比最小为 13dB 的情况下，雷达能检测到汽车的最远距离是多少？

10.8 一个 3cm 波长的雷达位于 x-y 坐标系的原点，一辆汽车位于 $x = 100m$，$y = 200m$ 处，并以 120km/h 的速度向东（x 方向）行驶。雷达测量的多普勒频移是多少？

附录

部分习题答案

第1章

1.1 10cm

1.3 $p(x,t)=32.36\cos(4\pi\times10^3t-12.12\pi x+36°)\text{N/m}^2$

1.6 $u_p=0.83\text{m/s}$，$\lambda=10.47\text{m}$

1.8 (a) $y_1(x,t)$沿$+x$方向传播，$y_2(x,t)$沿$-x$方向传播

1.10 $\lambda=1.4\text{m}$

1.12 $y_2(t)$滞后于$y_1(t)30°$

1.14 $\alpha=2\times10^{-3}\text{Np/m}$

1.17 (c) $z_1z_2=18e^{j109.4°}$

1.18 (b) $z_2=1.22(-1+j)$

1.20 (c) $|z|^2=20$

1.21 (d) $t=0$；$s=6e^{j30°}$

1.23 $\ln z=1.76-j1.03$

1.26 $v_C(t)=15.57\cos(2\pi\times10^3t-81.5°)\text{V}$

1.27 (d) $i(t)=3.61\cos(\omega t+146.31°)\text{A}$

1.28 (d) $\widetilde{I}=-2e^{j3\pi/4}\text{A}=2e^{-j\pi}e^{j3\pi/4}\text{A}=2e^{-j\pi/4}\text{A}$

第2章

2.1 (a) $l/\lambda=1.33\times10^{-5}$，传输线可以被忽略；(c) $l/\lambda=0.4$，应该包括传输线效应

2.4 $R'=1.38\Omega/\text{m}$，$L'=1.57\times10^{-7}\text{H/m}$，$G'=0$，$C'=1.84\times10^{-10}\text{F/m}$

2.8 $\alpha=0.109\text{NP/m}$，$\beta=44.5\text{rad/m}$，$Z_0=(19.6+j0.030)\Omega$，$u_p=1.41\times10^8\text{m/s}$

2.10 $w=1.542\text{mm}$，$\lambda=0.044\text{m}$

2.14 $R'=1\Omega/\text{m}$，$L'=200\text{nH/m}$，$G'=400\mu\text{S/m}$，$C'=80\text{pF/m}$；$\lambda=2.5\text{m}$

2.16 $R'=0.6\Omega/\text{m}$，$L'=38.2\text{nH/m}$，$G'=0.5\text{mS/m}$，$C'=23.9\text{pF/m}$

2.18 (a) $b=4.2\text{mm}$，(b) $u_p=2\times10^8\text{m/s}$

2.21 $Z_L=(90-j120)\Omega$

2.23 $Z_0=55.9\Omega$

2.27 $Z_{in}=(40+j20)\Omega$

2.31 (a) $\Gamma=0.62e^{-j29.7°}$

2.32 (b) $\Gamma=0.16e^{-j80.54°}$

2.33 (a) $Z_{in_1}=(35.20-j8.62)\Omega$

2.35 $L=8.3\times10^{-9}\text{H}$

2.37 $l=\lambda/4+n\lambda/2$

2.39 $Z_{in}=\dfrac{100^2}{33.33}\Omega=300\Omega$

2.41 (b) $i_L(t)=3\cos(6\pi\times10^8t-135°)\text{A}$

2.42 (a) $Z_{in}=(41.25-j16.35)\Omega$

2.44 $P^i_{av}=10.0\text{mW}$；$P^r_{av}=-1.1\text{mW}$；$P^t_{av}=8.9\text{mW}$

2.45 (a) $P_{av}=0.29\text{W}$

2.47 (b) $\Gamma=0.62e^{-j29.7°}$

2.50 $Z_{in}=(66-j125)\Omega$

2.52 $Z_{01}=40\Omega$；$Z_{02}=250\Omega$

2.53 (b) $S=1.64$

2.55 (a) $Z_{in}=-j154\Omega$，(b) $0.074\lambda+(n\lambda/2)$，$n=0, 1, 2, \cdots$

2.57 $y_L=0.55+j0.26$

2.61 $Z_L=(41-j19.5)\Omega$

2.63 $Z_{in}=(95-j70)\Omega$

2.69 第一个解：支节距离天线 $d=0.199\lambda$，支节长度 $l=0.125\lambda$。第二个解：支节距离天线 $d=0.375\lambda$，支节长度 $l=0.375\lambda$

2.73 $Z_{in}=100\Omega$

2.78 $V_g=19.2V$；$R_g=30\Omega$；$l=525m$

2.82 (a) $l=1200m$，(b) $Z_L=0$，(c) $R_g=\left(\frac{1+\Gamma_g}{1-\Gamma_g}\right)Z_0=\left(\frac{1+0.25}{1-0.25}\right)50\Omega=83.3\Omega$，(d) $V_g=32V$

第3章

3.1 $\hat{\boldsymbol{a}}=\hat{\boldsymbol{x}}0.32+\hat{\boldsymbol{z}}0.95$

3.3 面积=36

3.5 (a) $A=\sqrt{14}$，$\hat{\boldsymbol{a}}=(\hat{\boldsymbol{x}}+\hat{\boldsymbol{y}}2-\hat{\boldsymbol{z}}3)/\sqrt{14}$；(e) $\boldsymbol{A}\cdot(\boldsymbol{B}\times\boldsymbol{C})=20$；(h) $(\boldsymbol{A}\times\hat{\boldsymbol{y}})\cdot\hat{\boldsymbol{z}}=1$

3.9 $\hat{\boldsymbol{a}}=\frac{\boldsymbol{A}}{|\boldsymbol{A}|}=\frac{-\hat{\boldsymbol{x}}-\hat{\boldsymbol{y}}y-\hat{\boldsymbol{z}}2}{\sqrt{5+y^2}}$

3.11 $\hat{\boldsymbol{a}}=(\hat{\boldsymbol{x}}2-\hat{\boldsymbol{z}}4)/\sqrt{20}$

3.13 $\boldsymbol{A}=\hat{\boldsymbol{x}}0.8+\hat{\boldsymbol{y}}1.6$

3.15 $\hat{\boldsymbol{c}}=\hat{\boldsymbol{x}}0.37+\hat{\boldsymbol{y}}0.56+\hat{\boldsymbol{z}}0.74$

3.17 $\boldsymbol{G}=\pm\left(-\hat{\boldsymbol{x}}\frac{8}{3}+\hat{\boldsymbol{y}}\frac{8}{3}+\hat{\boldsymbol{z}}\frac{4}{3}\right)$

3.22 (a) 圆柱坐标系中 $P_1=(2.24, 63.4°, 0)$，球坐标系中 $P_1=(2.24, 90°, 63.4°)$；(d) 圆柱坐标系中 $P_4=(2.83, 135°, -2)$，球坐标系中 $P_4=(3.46, 125.3°, 135°)$

3.24 (a) $P_1=(0, 0, 5)$

3.25 (c) $A=12$

3.26 (a) $V=21\pi/2$

3.30 (a) $\theta_{AB}=90°$，(b) $\pm(\hat{\boldsymbol{r}}0.487+\hat{\boldsymbol{\phi}}0.228+\hat{\boldsymbol{z}}0.843)$

3.32 (a) $d=\sqrt{3}$

3.34 (c) $\boldsymbol{C}(P_3)=\hat{\boldsymbol{r}}0.707+\hat{\boldsymbol{z}}4$，(e) $\boldsymbol{E}(P_5)=-\hat{\boldsymbol{r}}+\hat{\boldsymbol{\phi}}$

3.35 (c) $\boldsymbol{C}(P_3)=\hat{\boldsymbol{R}}0.854+\hat{\boldsymbol{\theta}}0.146-\hat{\boldsymbol{\phi}}0.707$

3.36 (e) $\nabla S=\hat{\boldsymbol{x}}8x\mathrm{e}^{-z}+\hat{\boldsymbol{y}}3y^2-\hat{\boldsymbol{z}}4x^2\mathrm{e}^{-z}$

3.37 (b) $\nabla T=\hat{\boldsymbol{x}}2x$，(g) $\nabla T=-\hat{\boldsymbol{x}}\frac{2\pi}{6}\sin\left(\frac{\pi x}{3}\right)$

3.38 $T(z)=10+(1-\mathrm{e}^{-3z})/3$

3.40 $\left(\frac{\mathrm{d}V}{\mathrm{d}l}\right)\bigg|_{(1,-1,4)}=2.18$

3.43 $\mathrm{d}U/\mathrm{d}l=-0.02$

3.47 $\boldsymbol{E}=\hat{\boldsymbol{R}}4R$

3.50 (a) $\oint\boldsymbol{D}\cdot\mathrm{d}\boldsymbol{s}=150\pi$，(b) $\int_v\nabla\cdot\boldsymbol{D}\mathrm{d}v=150\pi$

3.58 (a) $\boldsymbol{A}$ 是无散的，但不是保守的；(d) $\boldsymbol{D}$ 是保守的，但不是无散的；(h) $\boldsymbol{H}$ 是保守的，但不是无散的

3.59 (c) $\nabla^2\left(\frac{3}{x^2+y^2}\right)=\frac{12}{(x^2+y^2)^2}$

第4章

4.1 $Q=2.62mC$

4.3 $Q=86.65mC$

4.7 $I=314.2A$

4.9 (a) $\rho_l=-\frac{\pi ca^4}{2}C/m$

4.11 $\boldsymbol{E}=\hat{\boldsymbol{z}}51.2\text{kV/m}$

4.13 $q_2\approx-94.69\mu\text{C}$

4.15 (a) $\boldsymbol{E}=(-\hat{\boldsymbol{x}}1.6-\hat{\boldsymbol{y}}0.66)\text{MV/m}$

4.17 $\boldsymbol{E}=\hat{\boldsymbol{z}}(\rho_{s0}h/2\varepsilon_0)(\sqrt{a^2+h^2}+h^2/\sqrt{a^2+h^2}-2h)$

4.19 $\boldsymbol{E}=0$

4.23 (a) $\rho_v=y^3z^3$，(b) $Q=32\text{C}$，(c) $Q=32\text{C}$

4.25 $Q=4\pi\rho_0a^3$

4.27 $\boldsymbol{D}=\hat{\boldsymbol{r}}\dfrac{\rho_{v0}(r^2-1)}{2r}$，$1\text{m}\leqslant r\leqslant 3\text{m}$；$\boldsymbol{D}=\hat{\boldsymbol{r}}D_r=\hat{\boldsymbol{r}}\dfrac{4\rho_{v0}}{r}$，$r\geqslant 3\text{m}$

4.30 $R_1=\dfrac{a}{2}$，$R_3=\dfrac{a\sqrt{5}}{2}$，$V=\dfrac{0.55Q}{\pi\varepsilon_0a}$

4.32 (b) $\boldsymbol{E}=\hat{\boldsymbol{z}}(\rho_la/2\varepsilon_0)[z/(a^2+z^2)^{3/2}]$

4.34 $V(b)=\dfrac{\rho_l}{4\pi\varepsilon}\ln\left(\dfrac{l+\sqrt{l^2+4b^2}}{-l+\sqrt{l^2+4b^2}}\right)$

4.37 $V=\dfrac{\rho_l}{2\pi\varepsilon_0}\left[\ln\dfrac{a}{\sqrt{(x-a)^2+y^2}}-\ln\dfrac{a}{\sqrt{(x+a)^2+y^2}}\right]$

4.39 $V_{AB}=-117.09\text{V}$

4.41 (c) $\boldsymbol{u}_e=-8.125\boldsymbol{E}/|\boldsymbol{E}|\ \text{m/s}$；$\boldsymbol{u}_h=3.125\boldsymbol{E}/|\boldsymbol{E}|\ \text{m/s}$

4.45 $R=4.2\text{m}\Omega$

4.48 $\theta=61°$

4.50 $Q=\dfrac{3\pi\varepsilon_0}{2}$

4.53 (a) $r=a$ 处 $|\boldsymbol{E}|$ 最大

4.55 $W_e=4.62\times10^{-9}\text{J}$

4.57 (a) $C=3.1\text{pF}$

4.60 (b) $C=6.07\text{pF}$

4.63 $C'=\dfrac{\pi\varepsilon_0}{\ln[(2d/a)-1]}$ (C/m)

第5章

5.1 $\boldsymbol{a}=-\hat{\boldsymbol{y}}4.22\times10^{18}\text{m/s}^2$

5.4 $\boldsymbol{T}=-\hat{\boldsymbol{z}}1.66\text{N}\cdot\text{m}$；顺时针

5.5 (a) $\boldsymbol{F}=0$

5.7 $\boldsymbol{B}=-\hat{\boldsymbol{z}}0.6\text{mT}$

5.9 $\boldsymbol{H}=\hat{\boldsymbol{z}}\dfrac{I\theta(b-a)}{4\pi ab}$

5.11 $I_2=\dfrac{2aI_1}{2\pi Nd}=\dfrac{1\times25}{\pi\times20\times2}\text{A}=0.2\text{A}$

5.13 $I=200\text{A}$

5.16 $\boldsymbol{F}=-\hat{\boldsymbol{x}}0.4\text{mN}$

5.18 (a) $\boldsymbol{H}(0,\ 0,\ h)=-\hat{\boldsymbol{x}}\dfrac{I}{\pi w}\arctan\left(\dfrac{w}{2h}\right)$

5.20 $\boldsymbol{F}=\hat{\boldsymbol{y}}4\times10^{-5}\text{N}$

5.24 $\boldsymbol{J}=\hat{\boldsymbol{z}}36\text{e}^{-3r}\text{A/m}^2$

5.26 (a) $\boldsymbol{A}=\hat{\boldsymbol{z}}\dfrac{\mu_0I}{4\pi}\ln\left(\dfrac{l+\sqrt{l^2+4r^2}}{-l+\sqrt{l^2+4r^2}}\right)$

5.27 (a) $\boldsymbol{B}=(\hat{\boldsymbol{z}}5\pi\sin\pi y-\hat{\boldsymbol{y}}\pi\cos\pi x)\text{T}$

5.29 (a) $\boldsymbol{A}=\hat{\boldsymbol{z}}\mu_0IL/(4/\pi R)$，(b) $\boldsymbol{H}=(IL/4\pi)[(-\hat{\boldsymbol{x}}y+\hat{\boldsymbol{y}}x)/(x^2+y^2+z^2)^{3/2}]$

5.31 $n_e=1.5$ 电子/原子

5.33 $\boldsymbol{H}_2=\hat{\boldsymbol{z}}3$

5.35 $\boldsymbol{B}_2=\hat{\boldsymbol{x}}20\,000-\hat{\boldsymbol{y}}30\,000+\hat{\boldsymbol{z}}8$

5.37 $L'=(\mu/\pi)\ln[(d-a)/a]$ (H)

5.40 $\Phi=1.66\times10^{-6}\text{Wb}$

第6章

6.1 在 $t=0$，上边回路的电流为顺时针；在 $t=t_1$，上边回路的电流为逆时针

6.3 (a) $V_{\text{emf}}=375e^{-3t}$ V

6.5 $B_0=0.8\text{nA/m}$

6.7 $I_{\text{ind}}=37.7\sin(200\pi t)\text{mA}$

6.10 $V_{12}=-236\mu\text{V}$

6.12 $I=0.1\text{A}$

6.15 $I=0.82\cos(120\pi t)\mu\text{A}$

6.17 $f=5\text{MHz}$

6.18 (b) 888

6.20 $\rho_v=(8y/\omega)\sin\omega t+C_0$，其中 C_0 为积分常数

6.24 $k=(4\pi/30)\text{rad/m}$，$\boldsymbol{E}=-\hat{\boldsymbol{z}}941\cos(2\pi\times10^7t+4\pi y/30)\text{V/m}$

6.26 $\boldsymbol{H}(R,\ \theta;\ t)=\hat{\boldsymbol{\phi}}(53/R)\sin\theta\cos(6\pi\times10^8t-2\pi R)\mu\text{A/m}$

6.28 (a) $k=20\text{rad/m}$

第7章

7.1 (a) $+y$ 方向，(c) $\lambda=12.6\text{m}$

7.3 (a) $\lambda=31.42\text{m}$

7.5 $\varepsilon_r=9$

7.7 (a) $\lambda=20\text{m}$

7.9 $\boldsymbol{E}=\hat{\boldsymbol{x}}\sqrt{2}\cos(\omega t+kz)-\hat{\boldsymbol{y}}\sqrt{2}\sin(\omega t+kz)$ (V/m)

7.12 在 $x=0$ 和 $t=0$，$\boldsymbol{E}=-\hat{\boldsymbol{z}}1.885\text{V/m}$；在 $x=0$ 和 $t=5\text{ns}$，$\omega t=0.13\text{rad}$，$\boldsymbol{E}=-1.885(\hat{\boldsymbol{y}}0.13+\hat{\boldsymbol{z}}0.99)\text{V/m}$

7.14 (a) $\gamma=73.5°$和 $\chi=-8.73°$，(b) 右旋椭圆极化

7.17 (a) 低损耗介质；$\alpha=8.42\times10^{-11}\text{Np/m}$，$\beta=468.3\text{rad/m}$，$\lambda=1.34\text{cm}$，$u_p=1.34\times10^8\text{m/s}$，$\eta_c\approx168.5\Omega$

7.19 $\boldsymbol{H}$ 滞后于 $\boldsymbol{E}$ 31.72°

7.21 $z=287.82\text{m}$

7.23 $u_p=9.42\times10^4\text{m/s}$

7.25 $\boldsymbol{H}=-\hat{\boldsymbol{y}}0.16e^{-30x}\cos(2\pi\times10^9t-40x-36.85°)\text{A/m}$

7.29 $R_{\text{ac}}/R_{\text{dc}}=143.55$

7.33 $\boldsymbol{S}_{\text{av}}=\hat{\boldsymbol{y}}0.48\ \text{W/m}^2$

7.35 (c) $z=23.03\text{m}$

7.37 $u_p=1\times10^8\text{m/s}$

7.39 (b) $P_{\text{av}}=0$

7.41 (a) $(w_e)_{\text{av}}=\dfrac{\varepsilon E_0^2}{4}$

第8章

8.1 (a) $\Gamma=-0.67$，$\tau=0.33$；(b) $S=5$；(c) $S^i_{\text{av}}=0.52\text{W/m}^2$，$S^r_{\text{av}}=0.24\text{W/m}^2$，$S^t_{\text{av}}=0.28\text{W/m}^2$

8.3 (b) $\boldsymbol{S}^i_{\text{av}}=\hat{\boldsymbol{y}}251.34\text{W/m}^2$，$\boldsymbol{S}^r_{\text{av}}=\hat{\boldsymbol{y}}10.05\text{W/m}^2$，$\boldsymbol{S}^t_{\text{av}}=\hat{\boldsymbol{y}}241.29\text{W/m}^2$

8.6 (a) $\Gamma=-0.71$

8.7 $|\widetilde{\boldsymbol{E}}_1|_{\max}=85.5\text{V/m}$，$l_{\max}=1.5\text{m}$

8.9 $\varepsilon_{r_2}=\sqrt{\varepsilon_{r_1}\varepsilon_{r_3}}$，$d=c/[4f(\varepsilon_{r_1}\varepsilon_{r_3})^{1/4}]$

8.11 $Z_{in}(-d)=0.43\eta_0\angle -51.7°$，$|\Gamma|^2=0.24$

8.13 $f=75MHz$

8.15 $P'=(3.3\times10^{-3})^2\times\frac{10^2}{2}\times1.14\times(1-e^{-2\times44.43\times2\times10^{-3}})W/m^2=1.01\times10^{-4}\ W/m^2$

8.17 $\theta_{min}=20.4°$

8.19 $\frac{S^t}{S^i}=0.85$

8.22 $d=15cm$

8.24 $d=68.42cm$

8.26 (b) $f_p=59.88Mb/s$

8.29 (b) $\theta_i=36.87°$

8.31 (a) $\theta_i=33.7°$

8.33 $\theta_t=18.44°$

8.39 (a) $R=6.4\times10^{-3}$，$T=0.9936$；(b) $P^i=85mW$，$P^r=0.55mW$，$P^t=84.45mW$

8.42 (a) 9.4%

8.47 $a=3.33cm$，$b=2cm$

8.49 前四个模式中的任一个

8.51 (a) 570Ω(空)，(b) 290Ω(填充)

8.53 $\theta'_{20}=57.7°$

8.55 (a) $Q=8367$

第 9 章

9.1 $S_{max}=7.6\mu\ W/m^2$

9.4 (a) 最大辐射方向为圆锥 120°宽，中心围绕 $+z$ 轴；(b) $D=4=6dB$；(c) $\Omega_p=\pi sr=3.14sr$；(d) $\beta=120°$

9.6 (b) $G=-3.5dB$

9.9 $S_{max}=4\times10^{-5}\ W/m^2$

9.11 $D=36.61dB$

9.14 $S=1.46$

9.16 (a) $\widetilde{\mathbf{E}}(R,\theta,\phi)=\hat{\boldsymbol{\theta}}\widetilde{E}_\theta=\hat{\boldsymbol{\theta}}j\frac{I_0lk\eta_0}{8\pi}\left(\frac{e^{-jkR}}{R}\right)\sin\theta$ (V/m)

9.17 (a) $\theta_{max_1}=42.6°$，$\theta_{max_2}=137.4°$

9.20 (a) $\theta_{max_1}=90°$，$\theta_{max_2}=270°$；(b) $S_{max}=\frac{60I_0^2}{\pi R^2}$；(c) $F(\theta)=\frac{1}{4}\left[\frac{\cos(\pi\cos\theta)+1}{\sin\theta}\right]^2$

9.26 $P_t=259mW$

9.28 $P_t=75\mu W$

9.30 (a) $P_{rec}=3.6\times10^{-6}W$

9.33 $\beta_{null}=5.73°$

9.35 $D=45.6dB$

9.38 (a) $\beta_e=1.8°$，$\beta_a=0.18°$；(b) $\Delta y=\beta_aR=0.96m$

9.42 (a) $F_a(\theta)=4\cos^2\left[\frac{\pi}{8}(4\cos\theta+1)\right]$

9.44 $d/\lambda=1.414$

9.49 $F_a(\theta)=[6+8\cos(\pi\cos\theta)+2\cos(2\pi\cos\theta)]^2$

9.51 $\delta=-2.72rad=-155.9°$

第 10 章

10.1 $T=107.26min$

10.3 133.3 个≈133 个

10.5 $(f_p)_{max}=300kHz$

10.7 $R_{max}=4.84km$

图片来源

年代表 1 图 a：马格努斯，Photo Researchers/Science Source
年代表 1 图 b：艾萨克·牛顿，World History Archive/Alamy Stock Photo
年代表 1 图 c：本杰明·富兰克林，绘画/Alamy Stock Photo
年代表 1 图 d：由亚历山德罗·伏特发明的伏特堆的复制品，Gio. tto/Shutterstock
年代表 1 图 e：汉斯·克里斯蒂安·奥斯特，New York Public Library/Science Source
年代表 1 图 f：安德烈·玛丽·安培，Nickolae/Fotolia
年代表 1 图 g：迈克尔·法拉第，Nicku/Shutterstock
年代表 1 图 h：詹姆斯·克拉克·麦克斯韦，Nicku/Shutterstock
年代表 1 图 i：海因里希·赫兹，New York Public Library/Science Source
年代表 1 图 j：尼古拉·特斯拉，NASA
年代表 1 图 k：手的 X 射线图像，Science History Images/Alamy Stock Photo
年代表 1 图 l：阿尔伯特·爱因斯坦，LOC/Science Source
年代表 2 图 b：莫尔斯电报机复古雕刻插图，Morphart Creation/Shutterstock
年代表 2 图 c：托马斯·爱迪生，Education Images/Universal Images Group/Getty Images
年代表 2 图 d：亚历山大·格拉汉姆·贝尔制造的电话的复制品，Science & Society Picture Library/Getty Images
年代表 2 图 e：古列尔摩·马可尼，Pach Brothers/Library of Congress Prints and Photographs Division [LC-USZ62-39702]
年代表 2 图 f：李·德·福雷斯特，New York Public Library/Science Source
年代表 2 图 g：KDKA 广播了 1920 年美国总统选举的报道，Bettmann/Getty Images
年代表 2 图 h：弗拉基米尔·左里金，Album/Alamy Stock Photo
年代表 2 图 i：第二次世界大战中使用的雷达，Library of Congress Department of Prints and Photographs [LC-USZ62-101012]
年代表 2 图 j：肖克利、布拉顿和巴丁，New York Public Library/Science Source
年代表 2 图 k：1958 年左右建造的第一个工作的集成电路的杰克·凯比模型照片，Fotosearch/Archive Photos/Getty Images
年代表 2 图 l：刚性充气气球卫星在飞船悬挂器中进行拉伸应力测试，NASA
年代表 2 图 m：火星探路者，JPL/NASA
年代表 3 图 a：算盘，Sikarin Supphatada/Shutterstock
年代表 3 图 b：帕斯卡尔发明的加法器，New York Public Library/Science Source
年代表 3 图 c：万尼瓦尔·布什，Bettmann/Getty Images
年代表 3 图 d：莫克利和埃克特与 ENIAC，University of Pennsylvania/AP images
年代表 3 图 e：PDP-1 计算机，Volker Steger/Science Source
年代表 3 图 h：Apple Ⅰ计算机，Mark Richards/ZUMAPROSS. com/Alamy Stock Photo
年代表 3 图 i：IBM 个人计算机，Science & Society Picture Library/Getty Images
年代表 3 图 j：国际象棋爱好者在电视屏幕上观看世界国际象棋冠军卡斯帕罗夫，Adam Nadel/AP/Shutterstock
图 1-2a：超大射电望远镜阵列，NRAO/NASA
图 1-2b：全球定位系统，NRAO/NASA
图 1-2c：电机，ABB
图 1-2d 和图 TF14-4：电视机，Fad82/Shutterstock
图 1-2e：直接转换聚变能的核动力，John Slough/NASA
图 1-2f：跟踪站鸟瞰 VAFB，Ashley Tyler/US Air Force
图 1-2g：玻璃纤维光缆，Valentyn Volkov/123RF

图 1-2h：电信系统，*IEEE Spectrum*
图 1-2i：触摸屏智能手机，Oleksiy Mark/Shutterstock
图 TF1-1a：灯泡，Chones/Fotolia
图 TF1-1b：荧光灯，Wolf1984/Fotolia
图 TF1-1c：白光 LED，Marcello Bortolino/GettyImages
图 TF1-3：照明效率，National Research Council
图 1-17：美国无线电频谱各个频段及其主要分配，U. S. Department of Commerce
图 2-10c：电路板，Gabriel Rebeiz
图 TF4-1：微波消融治疗肝癌，Radiological Society of North America(RSNA)
图 TF4-2：经皮微波消融程序设置，Radiological Society of North America(RSNA)
图 TF4-3：高压纳秒脉冲通过传输线传输到肿瘤细胞，*IEEE Spectrum*
模块 3.2：屏幕截图(梯度)，由 Wolfram Mathematic 创建的图形，经授权使用
图 TF5-1：触摸屏智能手机，Oleksiy Mark/Shutterstock
图 TF5-2：全球定位系统，U. S. Department of Defense
图 TF5-3：SUV，Konstantin/Fotolia
模块 3.3：屏幕截图(散度)，由 Wolfram Mathematic 创建的图形，经授权使用
模块 3.4：屏幕截图(旋度)，由 Wolfram Mathematic 创建的图形，经授权使用
图 TF6-1：骨盆和脊柱 X 光片，Cozyta Moment/Getty Images
图 TF6-2：CT 扫描是先进的医学诊断技术，Tawesit/Fotolia
图 TF6-3c：正常大脑横轴(水平)数字增强 CT 扫描，Scott Camazine/Science
图 TF7-1：大多数汽车使用超过 100 个传感器，National Motor Museum/Shutterstock
图 TF8-2a：运行中的高速列车，Metlion/Fotolia
图 TF8-2b：无线电钻，Derek Hatfield/Shutterstock
图 TF8-2c：宝马 X3 概念油电混合动力车，Passage/Car Culture/Getty Images
图 TF8-2d：LED 手电筒激光笔，Artur Synenko/Shutterstock
图 TF9-6：指纹匹配系统的组成，*IEEE Spectrum*
图 TF9-7：指纹表示，M. Tartagni 博士，博洛尼亚大学，意大利
图 TF10-5a：磁悬浮列车，Qilai Shen/Bloomberg/Getty Images
图 TF10-5b 和 c：磁悬浮列车内部工作，National High Magnetic Field Laboratory
图 TF12-2：超声波换能器，NDT Resource
图 TF13-1：牧场上的泽西牛，LakeviewImages/Shutterstock
图 TF13-2：RFID 系统工作原理，Cary Wolinsky/Cavan Images/Alamy Stock Photo
图 TF15-1a：光学计算机鼠标，Satawat Anukul/123RF
图 TF15-1b：激光眼科手术，Will & Deni McIntyre/Science Source
图 TF15-1c：激光导星，NASA
图 TF17-1a：微笑的女人使用计算机，Edbockstock/Fotolia
图 TF17-1b：电力线和电塔，Ints Vikmanis/Alamy Stock Photo
图 TF17-1c：电信塔，Poliki/Fotolia
图 9-25：AN/FPS-85 相控阵雷达，NASA

参考文献

电磁学

Balanis, C. A., *Advanced Engineering Electromagnetics,* John Wiley & Sons, New York, 1989.

Cheng, D. K., *Fundamentals of Engineering Electromagnetics,* Addison Wesley, Reading, MA, 1993.

Hayt, W. H., Jr. and J. A. Buck, *Engineering Electromagnetics,* 7th ed., McGraw-Hill, New York, 2005.

Iskander, M. F., *Electromagnetic Fields & Waves*, Prentice Hall, Upper Saddle River, New Jersey, 2000.

King, R. W. P. and S. Prasad, *Fundamental Electromagnetic Theory and Applications,* Prentice Hall, Englewood Cliffs, New Jersey, 1986.

Ramo, S., J. R. Whinnery, and T. Van Duzer, *Fields and Waves in Communication Electronics,* 3rd ed., John Wiley & Sons, New York, 1994.

Rao, N. N., *Elements of Engineering Electromagnetics*, Prentice Hall, Upper Saddle River, New Jersey, 2004.

Shen, L. C. and J. A. Kong, *Applied Electromagnetism,* 3rd ed., PWS Engineering, Boston, Mass., 1995.

天线与电波传播

Balanis, C. A., *Antenna Theory: Analysis and Design,* John Wiley & Sons, New York, 2005.

Ishimaru, A., *Electromagnetic Wave Propagation, Radiation, and Scattering,* Prentice Hall, Upper Saddle River, New Jersey, 1991.

Stutzman, W. L. and G. A. Thiele, *Antenna Theory and Design*, John Wiley & Sons, New York, 1997.

光学工程

Bohren, C. F. and D. R. Huffman, *Absorption and Scattering of Light by Small Particles*, John Wiley & Sons, New York, 1998.

Born, M. and E. Wolf, *Principles of Optics*, 7th ed., Pergamon Press, New York, 1999.

Hecht, E., *Optics,* Addison-Wesley, Reading, MA, 2001.

Smith, W. J., *Modern Optical Engineering,* SPIE Press, 2007.

Walker, B. H., *Optical Engineering Fundamentals*, SPIE Press, 2009.

微波工程

Freeman, J. C., *Fundamentals of Microwave Transmission Lines,* John Wiley & Sons, New York, 1996.

Pozar, D. M., *Microwave Engineering,* Addison-Wesley, Reading, MA, 2004.

Richharia, M., *Satellite Communication Systems,* McGraw-Hill, New York, 1999.

Scott, A. W., *Understanding Microwaves,* John Wiley & Sons, New York, 2005.

Skolnik, M. I., *Introduction to Radar Systems,* 3rd ed., McGraw-Hill, New York, 2002.

Stimson, G. W., *Introduction to Airborne Radar,* Hughes Aircraft Company, El Segundo, California, 200l.